“十二五”普通高等教育本科国家级规划教材

电路 第6版

◆ 原著 邱关源

◆ 主编 罗先觉

中国教育出版传媒集团

高等教育出版社·北京

内容简介

本书为普通高等教育"十二五"国家级本科规划教材。为适应新工科建设、高等教育改革的大背景和科学技术发展需要，本次修订调整了状态方程等小节的内容顺序，新增了电流传输器和跨导放大器简介等内容；新增了一些密切联系工程实际的习题；每章前增加导读内容，章后增加思考题模块；教材呈现形式更加丰富，增加了部分重点知识点讲授视频的二维码，帮助学生自学及复习巩固。本书内容符合教育部高等学校电子电气基础课程教学指导分委员会制定的电路理论基础、电路分析基础课程的教学基本要求。

全书共分 18 章，主要内容有：电路模型和电路定律、电阻电路的等效变换、电阻电路的一般分析、电路定理、含有运算放大器的电阻电路、储能元件、一阶电路和二阶电路的时域分析、相量法、正弦稳态电路的分析、含有耦合电感的电路、电路的频率响应、三相电路、非正弦周期电流电路和信号的频谱、线性动态电路的复频域分析、电路方程的矩阵形式、二端口网络、非线性电路、均匀传输线，另有磁路和铁心线圈、电流传输器和跨导放大器简介、PSpice 简介和 MATLAB 简介四个附录。

本书可供高等学校电气类、自动化类、电子信息类、计算机类、仪器类、生物医学工程等专业师生作为电路课程的教材使用，也可供有关科技人员参考。

图书在版编目（CIP）数据

电路/邱关源原著；罗先觉主编. --6 版. --北京：高等教育出版社，2022.6（2024.10 重印）

ISBN 978-7-04-056553-9

Ⅰ. ①电… Ⅱ. ①邱… ②罗… Ⅲ. ①电路-高等学校-教材 Ⅳ. ①TM13

中国版本图书馆 CIP 数据核字（2021）第 143430 号

Dianlu

策划编辑 王 楠　责任编辑 王 楠　封面设计 李卫青　版式设计 杜微言
插图绘制 于 博　责任校对 刁丽丽　责任印制 刘思涵

出版发行 高等教育出版社
社　　址 北京市西城区德外大街 4 号
邮政编码 100120
印　　刷 高教社（天津）印务有限公司
开　　本 787mm×1092mm 1/16
印　　张 34.25
字　　数 720 千字
购书热线 010-58581118
咨询电话 400-810-0598
网　　址 http://www.hep.edu.cn
　　　　 http://www.hep.com.cn
网上订购 http://www.hepmall.com.cn
　　　　 http://www.hepmall.com
　　　　 http://www.hepmall.cn
版　　次 1979 年 7 月第 1 版
　　　　 2022 年 6 月第 6 版
印　　次 2024 年10月第 8 次印刷
定　　价 65.00 元

物 料 号 56553-00

作者声明

第6版序言

本书的第5版于2006年出版，此次出版的为第6版，主要目标是适应新工科建设、高等教育改革的大背景和科学技术发展需要。从2003年到2021年，我国高等教育经历了精品课程建设、精品资源共享课建设、精品在线开放课程建设和一流课程建设的发展历程，本书主编参与了国家级电路课程建设的全过程。因此，本书蕴含了电路国家级课程建设的经验和成果。

新版继续保持本书一贯重视基本内容、基本概念的特色，明确本课程主要任务是为电类专业的后续课程和学生未来工作需要准备必要的电路基础知识；新版继续保持适用面宽，兼顾强电专业和弱电专业的需要，也兼顾了各类高等学校的教学要求；虽然很多高校电路课程的总学时有所减少，但考虑到学生使用的方便和今后工作的需要，新版的教学内容依然保持知识体系的完整性和系统性；另外，与新版配套，将出版《电路（第6版）教学指导与习题分析》《电路实验》，方便广大学生学习和教师教学。

与第5版对比，新版共有18章和4个附录。新版呈现形式更加丰富，增加了部分重点知识点教学视频的二维码，帮助学生自学及复习巩固；在各章内容前增加了导读，对该章内容做简要介绍；考虑到状态方程虽然属于动态电路时域分析范畴，但属于矩阵方程，因此，将状态方程移到第15章；在第17章，增加了“小扰动下的动态电路分析”，将丰富学生对非线性动态电路的认识；在附录B，介绍了两种新的电路多端元件：电流传输器（CCII）和跨导放大器，以扩大学生对电路器件和电路模型的视野；书中标有星（*）号的内容属于延伸内容，供教师根据教学要求选用或供有兴趣的学生了解；为了培养学生的批判思维和创新意识，各章新增了思考题，以利于学生巩固所学和深入思考。

新版保留了第5版的大部分习题，补充了一些新习题，习题类型上增加了综合性和设计性题目，增加了少量工程案例，主要目的是培养学生理论联系工程实际的意识。少量标有星号的习题为有一定难度的综合性或设计性题目。每章习题后附有二维码，扫码可以了解部分习题的答案，全部答案和习题分析可参考与本书配套的《电路（第6版）教学指导与习题分析》。

为适应移动互联网发展和教学模式改革和创新，给学生和社会学习者提供网络学习环境，作者所在课程组在中国大学MOOC平台提供了“电路”MOOC（大规模在线开放课程），有助于学生预习、学习和课后复习。另外，课程组在高等教育出版社出版的《电路数字课程》，将提供更丰富的教学视频和其他课程资源。

参加本版修订工作的有江慰德、刘正兴、陈燕、刘崇新，全书经罗先觉修改、补充和定稿，王仲奕、罗先觉制作了与本书配套的电子教案。本书承大连理工大学陈希有教授仔细审阅，所提修改意见和建议非常中肯，大部分已被采纳，这些意见和建议对提高本书质量起到了重要作用。陈希有教授学术造诣深厚，在教材建设方面经验丰富，建树颇丰。在此，谨向陈教授致以衷心的感谢和崇高的敬意！

最后，感谢高等教育出版社与作者的长期合作，编辑们细致、认真的工作，使本书以美观规范的版式得以出版。感谢为打印书稿和绘图付出辛勤劳动的同志、同学们。

书中难免存在不足和错误之处，希望读者予以批评指正。意见请发送电子邮件至 luoxj@mail.xjtu.edu.cn。

编　者

2022年3月

第5版序言

本书的第4版于1999年出版,此次出版的为第5版,主要目标是适应电子与电气信息类专业人才培养方案和教学内容体系的改革以及高等教育迅速发展的形势。全书共有18章和3个附录。

新版继续保持过去重视基本内容、基本概念的特色,明确本课程的主要任务是为电子与电气信息类专业的后续课程和学生未来工作需要准备必要的基础知识;拓宽了适用面,使本教材更能兼顾强电专业和弱电专业的需要,也兼顾了各类高等学校的教学要求,有利于灵活、柔性地组织教学;考虑到现代教育技术的普及应用和读者使用的方便,虽然本课程的总学时有所减少,新版在教材内容上依然保持知识体系的完整性和系统性;另外,与新版配套,将出版《〈电路〉(第5版)学习指导与习题分析》和《〈电路〉(第5版)电子教案》,以方便广大学生学习和教师教学。

与第4版对比,新版在内容上做了一定的调整,进一步理顺了教学内容之间的关系,增加了一些新内容。具体的变动和调整主要有:(1) 增加了绪论。(2) 将第一章中关于电容元件和电感元件内容作为第六章,并补充了电容、电感的串联和并联的内容。(3) 将第六章(一阶电路)和第七章(二阶电路)合并为第七章(一阶电路和二阶电路的时域分析)。(4) 将第九章中的谐振部分单独作为第十一章(电路的频率响应),并补充了波特图等内容。(5) 在第十章补充了耦合电感的功率的内容。(6) 将第十三章(拉普拉斯变换)和第十四章(网络函数)合并为第十四章(线性动态电路的复频域分析)。(7) 增加了附录C——MATLAB简介。另外,新版还在电路定理和相量法等内容的阐述上做了进一步优化,有利于学习和组织教学。

书中标有星号(*)及排成小字的内容属于参考内容,可以取舍,不要求讲授。习题中也有少量是标有星号的。

新版保留了第4版的部分习题,补充了一些新习题,使习题类型有所增加,但总的习题数量基本不变。书后给出了部分习题的答案。全部答案和习题分析可参考与本书配套的《〈电路〉(第5版)学习指导与习题分析》。

书末附有索引和参考书目。

本教材的修订由罗先觉主持,参加修订工作的有罗先觉、江慰德、刘正兴、陈燕、刘崇新,全书经罗先觉修改、补充和定稿。本书承清华大学陆文娟教授、王树民教授和于歆杰副教授仔细审阅并提出宝贵修改意见,谨致以衷心谢意。

这里特别要感谢《电路》(1~4版)的主编邱关源教授为本教材的建设所做出的巨

大贡献。邱关源教授还对本次修订工作给予了热情的指导和帮助,在此向《电路》(1~4版)的所有编者,特别是主编邱关源教授,致以衷心的感谢。

最后,还要感谢为打印书稿和绘图付出辛勤劳动的同志们以及所有支持本书出版工作的其他同志。

书中不足和错误之处,希读者予以批评指正。意见请寄西安交通大学电气工程学院(邮编:710049),也可发送电子邮件至 luoxj@mail.xjtu.edu.cn。

编　者

2006年3月于西安

第4版序言

本书的第3版出版已10年。此次出版的为第4版,主要目标是适应教学内容和课程体系改革以及拓宽专业面的需求。

20世纪80年代后,国内外的一致意见认为本科电路课程的基本内容和范围大体上已趋稳定。新版保持过去重视基本内容、基本概念和慎重处理传统内容的特色;明确本课程主要任务是为后续课程和学生将来工作需要准备必要的基础知识,不强调电路理论学科本身的要求;进一步删简了一些过深内容或过于严谨的叙述;拓宽了适用面,使本教材更能兼顾强电和弱电类专业的需要;作了适当删简以适应学时数的削减。另外,还适度地引入了为学习本书的学生能接受的少量新内容,以开拓他们的眼界和思路。

与第3版对比,具体的变动和调整主要有:(1) 删去了"2*b*法",第十五章补充了列表法作为参考内容。(2) 非线性电路部分移后并作了删简;作为参考内容增加了有关"混沌电路"和"人工神经元电路"的初步知识的内容。(3) 删去了第3版第十九章(电路设计)和第二十章(开关电容网络简介)。(4) 在附录中增加了"PSPICE简介",同时把分布参数电路改为本书中的第十八章。

本版保留了第3版的部分习题,补充了一些新习题,使总的习题数量和类型有所增加。书后给出了部分习题的答案。全部答案可参考与本书配套的《〈电路〉(第4版)学习指导书》,该书中还提供了一些解题的思路。

书中标有星(*)号并排成小字的整节或其他排成小字的内容均属参考内容,可以取舍,不要求讲授。习题中也有少量是标有星号的。

书末附有索引。

参加本版修订工作的有江慰德、刘正兴、陈燕、罗先觉,全书经邱关源修改、补充和定稿。本书承天津大学杨山教授和孙雨耕教授仔细审阅并提出宝贵修改意见,谨致以衷心谢意。书稿经教育部"电路、信号系统和电磁场课程教学指导小组"审阅,同意作为教材出版。

书中不足和错误之处,希望读者予以批评指正。意见请寄西安交通大学电气工程学院。

编　者

1999年

第3版序言

本书的第1版《电路(电工原理Ⅰ)》和第2版《电路(修订本)》先后于1978年和1982年出版。此次出版的为第3版。新版本内容满足工科电工课程教学指导委员会于1986年制订的高等工业学校电路课程(130~160学时)的教学基本要求。全书共有20章和两个附录,分上、下两册出版。

与第2版对比,主要的变动和调整有:(1) 把图论的基本知识前移;补充了建立电路方程的2b法。(2) 把运算放大器前移,作为一种基本多端元件来处理,有关内容也随之而加强。(3) 非线性电路的部分内容经过改写并稍有充实。这部分移到了上册,目的是有利于配合后续课程的需要,不过仍可放在线性电路部分的后面来讲授。(4) 增加了电路设计的初步概念。除在个别章节中略有涉及外,专门增加了一章(第十九章),这可能有利于加强工程背景。(5) 增加了有关开关电容网络的初步知识(第二十章)。这新增加的两章均作为参考内容列入。(6) 个别图形符号和正弦电流电路部分的少量定义参照有关国家标准作了相应的变动。(7) 删去了网络的计算机辅助分析的内容。

本版对基本内容、传统内容和新内容的协调予以充分的注意,而以前两者为主。由于电路课程的教学时数不可能增多,除考虑到各部分内容的分量恰当外,删简了一些较繁琐的或过分强调技巧的内容,而力图突出基本概念和基本原理,并采用比较有效和精练的方式把问题交代清楚。这样做可能更有利于培养学生在教师指导下的自学能力。

考虑到一些专业的教学需要,书末增加了有关磁路的内容作为附录。本版本保留了第2版的部分例题和习题,而总的习题数量则有所增加,并增加了少量需要用计算机求解的练习。

书中标有星(*)号并排成小字的章节均属参考内容,可以根据实际需要和可能有所取舍,不一定都要讲授。

参加本版修订工作的有邱关源、刘正兴、叶金官。本书承哈尔滨工业大学周长源、刘润、高象贤同志仔细审阅并提出宝贵修改意见,谨致以衷心谢意。书稿经高等工业学校电路理论与信号分析课程教学指导小组同意作为教材出版。

本书在某些方面所作的变动和尝试,以及书中的不足和错误之处,均希读者予以批评指正。意见请寄西安交通大学电工原理教研室。

编　者

1988年

第2版序言

本书系《电路(电工原理I)》的修订本。修订本的内容及其次序的安排,基本上符合电工教材编审委员会于1980年6月审订的高等工业学校四年制电类(不包括无线电技术类)各专业试用的《电路教学大纲(草案)》。全书共有十四章和一个附录,分上、下两册出版。

与原版本对比,修订本加强和充实了基本的和传统的内容,并调整了原版本后半部分的一些内容。变动较大的地方有:(1) 电路元件的介绍集中在第一章。(2) 受控源的概念提到前面,因此各种分析和计算方法中均包括具有受控源的电路。(3) 过渡过程(时域分析)放在第三章,在正弦电流电路稳态分析的前面。但是,只要稍作一些补充,把第三章移到后面(即仍按原版本的次序)讲授也是可行的。有关部分的写法考虑了这种可能性。(4) 原版本的第三章(正弦电流电路的基本概念)不再单独作为一章,其中部分内容删去,部分内容放在本书的第一章,而其主要内容则结合在本书的第四章中。(5) 原版本的第十五章(状态方程)删去,部分内容分别放在本书的第十章和第十三章。(6) 原版本的第十三章(矩阵),十六章(计算方法),十八章(磁路和铁心线圈)均删去;计算方法的某些内容则移在本书的第十四章。(7) 非线性电路的大部分内容经过重写。(8) 增加了有关均匀传输线的内容,放在附录中。实质上这部分是本书的一章,主要供不设《电磁场》课程的专业选用,也供愿意在《电路》课程中讲授具有分布参数的电路的教师选用。(9) 增加了有关计算机辅助分析内容的一章,但全章作为参考内容处理。

本书保留了原版本的部分内容和例题。习题则全部重选,数量上略有减少,但类型则稍有增加。使用本书的教师可以适当地自选一些习题作为补充。

书中排成小字的内容,包括标有星号(*)的整节,以及排成大字的第十四章都属加深加宽的内容,供参考用。在使用本书教学时,这些内容均可根据实际需要和可能而有所取舍。

参加本书修订工作的有:邱关源、范丽娟、刘国柱、江慰德和刘正兴。本书初稿承哈尔滨工业大学周长源、高象贤和刘润同志仔细审阅,并提出宝贵的修改意见,谨致以衷心的谢意。书稿并经高等学校电工教材编审委员会电路理论及信号分析编审小组审查通过。

本书虽然在原版本的基础上,根据各方面的读者提出的建设性意见作了一些改进,但缺点和错误之处在所难免,希望读者予以批评指正。意见请寄西安交通大学电工原理教研室。

编　者

1982年

第 1 版序言

本书系根据 1977 年 11 月在合肥召开的全国高等学校工科基础课电工、无线电教材编写会议所通过的编写大纲编写的。

本书内容分为两大部分。第一部分(一至十一章、十八章)包括直流电路、正弦电流电路、非正弦周期电流电路、线性电路的过渡过程(经典法和运算法)、二端口网络以及磁路等,这部分属于电路理论的传统内容。第二部分(十二至十七章)包括多端元件和受控电源、网络图论、状态方程和计算非线性电阻电路的牛顿-拉夫逊法等,还有两章有关数学的内容即矩阵和计算方法,这部分反映了现代网络理论的某些新内容,以计算机辅助分析的基础知识和有源电路的初步分析为主。

书中对传统内容进行了精选,保证了必需的常用基础知识,删去了一些不常用的和陈旧的内容。在体系安排上,第二部分内容全部放在后面,可供选用,以便在使用时具有一定的灵活性。

本书只讨论集中参数电路,分布参数电路移至电磁场(电工原理Ⅱ)。

本书的基本部分为一至十一章,其中个别节如 §10-9 网络函数和 §10-10 复频率平面、极点和零点可作为参考内容。十二、十四两章也建议作为基本内容,但 §12-6 密勒定理可以不讲。十五章一般作为参考内容。十八章带有附录性质,如这部分内容放在有关后续课程中进行较为合适,可以不讲。十三章属于数学内容,但为学习以后几章所必需。十六章的内容是电路的计算机辅助分析所必须具备的基础知识。这两章究竟在哪门课程中讲授为宜,以及如何处理,都尚待进一步研究,本书暂集中为两章且保留在正文中。十七章可灵活处理。

估计总的讲课时数(包括本书全部内容)约 110 学时。

本书的一至九章和十八章是以我校 1973 年在校内发行的《电工基础》上、下册的一至十一章为基础进行改写的,参加该书这些部分编写工作的有:邱关源、范丽娟、刘国柱、夏承铨、宁超、肖衍明、周佩白、黄东泉、刘正兴、潘经慧等同志。这些部分的改写以及本书其余部分均由邱关源负责执笔。书稿最后的文字润色工作由黄东泉负责。

本书承哈尔滨工业大学周长源和刘润两位同志初审,提出了宝贵的修改意见,谨致以衷心的谢意。书稿经 1978 年 2 月在西安召开的审稿会议讨论通过。参加会议的有二十余单位,其中有哈尔滨工业大学、清华大学、重庆大学、浙江大学、南京工学院、中国科技大学、上海交通大学、北京工业大学、河北电力学院、成都工学院、吉林电力学院、河北水利水电学院以及其他(包括西安地区)十余所高等院校的代表。会上承兄弟院校的代表们提出宝贵修改意见，谨致以衷心的谢意。

限于我们的水平以及时间仓促，书中不妥和错误之处恐不在少数，希望读者予以批评指正。意见请寄西安交通大学电工原理教研室。

编　者

1978 年 3 月

目录

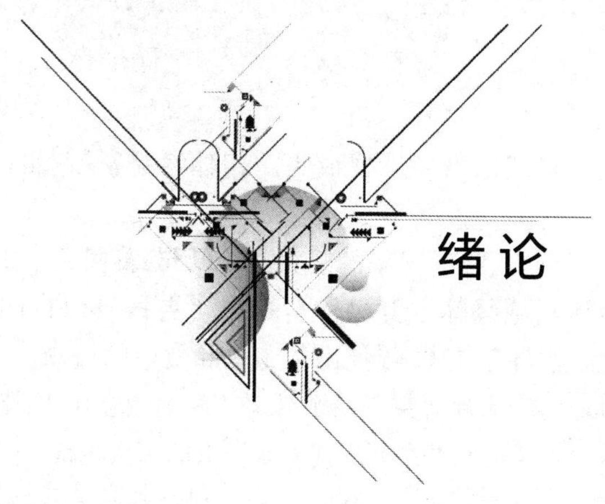

绪论

一、课程定位

“电路”课程是高等学校电类专业的重要专业基础课程，是所有强电专业和弱电专业的必修课。

学习本课程要求学生具备必要的电磁学和数学基础知识。“电路”课程以分析电路中的电磁现象，研究电路的基本规律及电路的分析方法为主要内容。“电路”课程理论严密、逻辑性强，有广阔的工程背景。

本课程的学习，对树立学生严肃认真的科学作风和理论联系实际的工程观点，培养学生的科学思维能力、分析计算能力、实验研究能力和科学归纳能力都有重要的作用。

通过本课程的学习，学生可以掌握电路的基本理论知识、电路的基本分析方法和初步的实验技能，为进一步学习电路理论打下初步的基础，为学习电类专业的后续课程准备必要的电路知识。因此，“电路”课程在整个电类专业的人才培养方案和课程体系中起着承前启后的重要作用。

将“电路”课程作为必修专业基础课程的普通高等学校的专业类如下：

1. 电气类；
2. 自动化类；
3. 计算机类；
4. 电子信息类；
5. 仪器类；
6. 生物医学工程类。

二、电路理论及相关科学技术的发展简史

电路理论是当代电气工程、电子科学技术、信息与通信工程、控制科学与工程、计算机科学与技术的重要基础理论之一。电路理论与这些学科相互促进、相互影响。经历

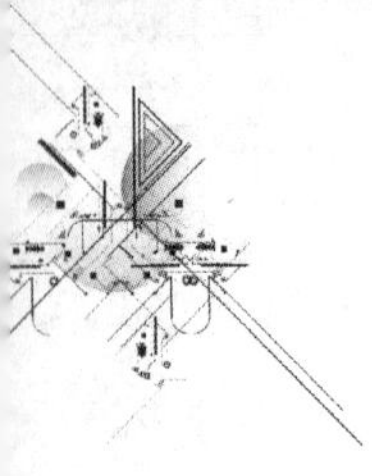

了一个多世纪的漫长道路以后，电路理论已经发展成为一门体系完整、逻辑严密、具有强大生命力的学科领域。

人类对电磁现象的认识始于对静电、静磁现象的观察。1729 年，英国人格雷（S. Gray，1666—1736）将材料分为两类：导体和绝缘体。美国科学家富兰克林（B. Franklin，1706—1790）在电的研究方面作了大量实验，并于 1749 年提出了正电和负电的概念。1785—1789 年，法国物理学家库仑（C. A. Coulomb）定量地研究了两个带电体间的相互作用，得出了历史上最早的静电学定律——库仑定律。这是人类在电磁现象认识上的一次飞跃。

19 世纪以前，电与磁的应用尚属凤毛麟角。1800 年，意大利物理学家伏特（A. Volta，1745—1827）发明了伏打电池，它能够把化学能不断地转变为电能，维持单一方向的持续电流。这一发明具有划时代的意义，它为人们深入研究电化学、电磁学以及它们的应用打下了物质基础。以后很快发现了电流的化学效应、热效应并利用电来照明等。

1820 年，丹麦物理学家奥斯特（H. C. Oersted，1777—1851）通过实验发现了电流的磁效应，在电与磁之间架起了一座桥梁，打开了近代电磁学的突破口。

1825 年，法国科学家安培（A. M. Ampere，1775—1836）提出了著名的安培环路定律。他从 1820 年开始在测量电流的磁效应中，发现两个载流导线可以互相吸引，又可以相互排斥。这一发现成为研究电学的基本定律，为电动机的发明作了理论上的准备。

1826 年，德国物理学家欧姆（G. S. Ohm，1787—1854）在多年实验基础上，提出了著名的欧姆定律：在恒定温度下，导线回路中的电流等于回路中的电动势与电阻之比。欧姆又将这一定律推广于任意一段导线上，并得出导线中的电流等于这一段导线上的电压与电阻之比。

1831 年，英国物理学家法拉第（M. Faraday，1791—1867）发现了电磁感应现象。当他继续奥斯特的实验时，他坚信既然电能产生磁，那么磁也能产生电。他终于发现在磁场中运动的导体会产生感生电动势，并能在闭合导体回路中产生电流。这一发现成为发电机和变压器的基本原理，从而使机械能变为电能成为可能。1832 年美国物理学家亨利（J. Henry，1797—1878）提出了表征线圈中自感应作用的自感系数 L。1834 年，俄国物理学家楞次（H. F. E. Lenz，1804—1865）提出感应电流方向的定律，即著名的楞次定律。

1838 年，画家出身的美国人莫尔斯（S. F. B. Morse，1791—1872）发明了电报。1844 年，他用电报机从华盛顿向 40 英里外的巴尔的摩发出了电文。

电报的出现，增加了对电路分析和计算的需要。1845 年，德国科学家基尔霍夫（G. R. Kirchhoff，1824—1887）在深入研究了欧姆的工作成果之后，提出了电路的两个基本定律——基尔霍夫电流定律（简称 KCL）和基尔霍夫电压定律（简称 KVL）。它是集总参数电路中电压、电流必然服从的规律。

1853 年，英国物理学家汤姆逊（W. Thomson，1824—1907）采用电阻、电感和电容的电路模型，分析了莱顿瓶的放电过程，得出电振荡的频率。同年德国物理学家亥姆霍兹（H. L. F. Helmholtz，1821—1894）提出电路中的等效发电机定理。由于国际通信需求的增加，1850—1855 年欧洲建成了英国、法国、意大利、土耳其之间的海底电报电缆。电

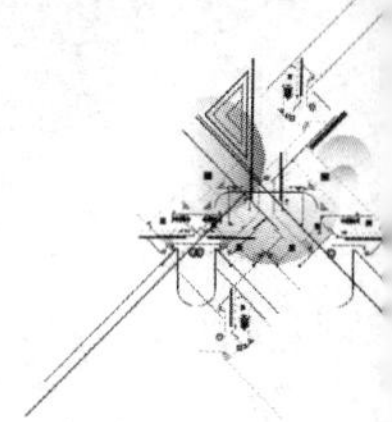

报信号经过远距离的电缆传送，产生了信号的衰减、延迟、失真等现象。1854 年，汤姆逊发表了电缆传输理论，分析了这些现象。1857 年，基尔霍夫考虑到架空传输线与电缆不同，得出了包括自感系数在内的完整的传输线上电压及电流的方程式，称之为电报方程或基尔霍夫方程。至此，包括传输线在内的电路理论就基本建立起来了。

1866 年，德国工程师西门子(E. W. Siemens，1816—1892)发现了电动机原理并用在了发电机的改进上。由于电在各方面的应用日益广泛，如照明、电解、电镀、电力拖动等，迫切需要更方便地获取电能，以提高效率、降低成本。1881 年，直流高压输电试验成功。但由于直流高压不便于用户直接使用，同年在发明变压器的基础上又实现了远距离交流高压输电。从此，电气化时代开始了。

1873 年，英国物理学家麦克斯韦(J. C. Maxwell，1831—1879)总结了当时所发现的种种电磁现象的规律，将它表达为麦克斯韦方程组，预言了电磁波的存在，为电路理论奠定了坚实的基础。1888 年，德国物理学家赫兹(H. R. Hertz，1857—1894)经过艰苦的反复实验，证明麦克斯韦所预言的电磁波确实存在。

1876 年，美国发明家贝尔(A. G. Bell，1847—1922)发明了电话。贝尔当时仅是一个聋哑人学校的教师，但凭借对电流作用敏感的认识和不懈的努力，达到了通过导线互相通话的目的。经过不断改进，到 1878 年，他实现了从波士顿到纽约之间 200 英里的首次长途通话。

1879 年，美国发明家爱迪生(T. A. Edison，1847—1931)发明了碳丝灯泡。1912 年，美国人 W. D. 库利奇发明了钨丝灯泡，成为最普及的照明用具。电灯的广泛使用，是电能应用的一次大普及，并改变了人们的生活。

1880 年，英国人 J. 霍普金森提出了形式上与欧姆定律相似的计算磁路用的定律。19 世纪末，交流电技术的迅速发展，促进交流电路理论的建立。1893 年，德裔美国科学家施泰因梅茨(C. P. Steinmetz，1865—1923)提出分析交流电路的复数符号法(相量法)，采用复数表示正弦形式的交流电，简化了交流电路的计算。瑞士数学家阿根德(J. R. Argand，1768—1813)提出的矢量图，也成为分析交流电路的有力工具。这些理论和方法，为此后电路理论的发展奠定了基础。

1894 年，意大利人马可尼(G. Marconi，1874—1937)和俄国物理学家波波夫(1859—1906)分别发明了无线电。没有受过正规大学教育的 20 岁的马可尼利用赫兹的火花振荡器作为发射器，通过电键的开、闭产生断续的电磁波信号。1895 年，他发射的信号传送距离为 1 km 以上；1897 年，发射的信号可在 20 km 之外接收到，从此开始了无线电通信的时代。

电真空器件的发明将电子工程的发展推进了一大步。英国科学家汤姆逊(J. J. Thomson，1856—1940)在 1895—1897 年间反复测试，证明了电子确实存在。随后，英国科学家弗莱明(J. A. Fleming，1849—1945)在爱迪生发明的热二极管的基础上发明了实用的真空二极管。它具有单向导电特性，能用来整流或检波。1907 年，美国人福雷斯特(L. D. Forest，1873—1961)发明了真空三极管，它对微弱电信号有放大作用。1914 年，福雷斯特用真空三极管又构成了振荡电路，使无线电通信系统更加先进。

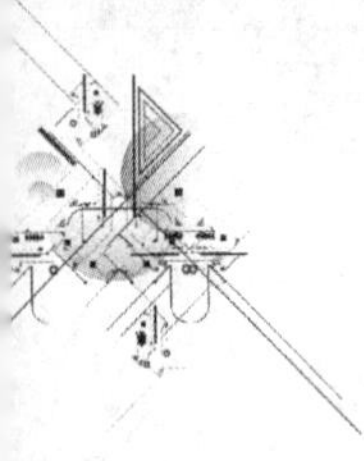

应用的需要导致了大规模发电及输配电的出现和发展。在 19 世纪末还发生过一场“交、直流之争”。以爱迪生为代表的一方主张应用直流电；另一方以特斯拉（N. Tesla，1856—1943）和威斯汀豪斯（G. Westinghouse，1846—1914）为代表，主张应用交流电。直到交流发电机、感应电动机、变压器等发明之后，充分显示了交流制的优点，交流制才得到广泛的应用。到 20 世纪 30 年代，电力传输线的电压已达到 22×10^4 V，供电范围达几百公里，形成比较复杂的电力网。

进入 20 世纪，1911 年，英国工程师亥维赛（O. Heaviside，1880—1925）提出阻抗的概念，还提出了求解电路暂态过程的运算法。1918 年，福台克（C. L. Fortescue）提出的对称分量法，简化了不对称三相电路的分析。这一方法至今仍为分析三相交流电机、电力系统不对称运行的常用方法。1920 年，G. A. 坎贝尔、K. 瓦格纳研究了梯形结构的滤波电路。1924 年，R. M. 福斯特提出电感电容二端网络的电抗定理。此后便建立了由给定频率特性设计电路的网络综合理论。

在电子管被发明后，电子电路技术迅速发展。1932 年，瑞典人 H. 奈奎斯特提出了由反馈电路的开环传递函数的频率特性判断闭环系统稳定性的判据。1945 年，美国人 H. W. 波特出版了《网络分析和反馈放大器》一书，总结了负反馈放大器的原理，由此形成了分析线性电路和控制系统的频域分析方法，并得到广泛的应用。

第二次世界大战中，雷达和近代控制技术的出现，对电路理论的发展起到了推进作用。1947 年 12 月 24 日，贝尔实验室的布拉顿（W. Brattain，1902—1987）、巴丁（J. Bardeen，1908—1991）和肖克利（W. Shockley，1910—1989）发明了一种点接触晶体管。这是一种全新的半导体器件，它的体积小，电性能稳定，功耗低。这项发明自从 1948 年公布于世起，很快就应用于通信、电视、计算机等领域，电子技术进入了半导体时代。

1958 年发明了集成电路，它将构成电子电路的电阻、电容、二极管、晶体管和导线都制造在一块几平方毫米的半导体芯片上，从而使体积大大缩小。现在集成电路已从含几十个晶体管的小规模集成电路发展到含上百万个晶体管的超大规模集成电路，从而电子技术进入了集成电路时代。

与此同时，电子计算机和各类微处理机也历经数代变迁，1947 年应用的电子计算机 ENIAC，含 18 000 个电子管，30 t，功耗 50 kW。目前，用集成电路制成的同样功能的电子计算机，重量不到 300 g，功耗仅 1/2 W。目前，计算机已广泛应用于生产、国防、科研、管理、教育和医疗卫生等领域。

从 20 世纪 30 年代开始，电路理论已成为一门独立的学科。建立了各种元器件的电路模型。成功地运用电阻、电容、电感、电压源、电流源等几种理想元件，近似地表征成千上万种实际电气装置。到 20 世纪 50 年代末，电路理论在学术体系上基本完善，这一发展阶段称为经典电路理论阶段。在 20 世纪 60 年代以后，电路理论又经历了一次重大的变革，这一变革的主要起源是新型电路元件的出现和计算机的冲击，电路理论无论在深度和广度方面均得到巨大的发展。因此，又称 20 世纪 60 年代以后的电路理论为近代电路理论。

近代电路理论的主要特点之一是吉尔曼（Gmellemin）将图论引入电路理论中。它为应用计算机进行电路分析和集成电路布线与板图设计等研究提供了有力的工具。特点之二是出现大量新的电路元件、有源器件,如使用低电压的 MOS 电路;摒弃电感元件的电路;进一步摒弃电阻的开关电容电路。当前,有源电路的综合设计正在迅速发展中。特点之三是在电路分析和设计中应用计算机后,使得对电路的优化设计和故障诊断成为可能,大大地提高了电子产品的质量并降低了成本。

三、 电路理论的应用与相关产业的发展历程

电路课程是高等学校电类专业的专业基础课,为该类专业的后续许多课程提供理论支持,例如,模拟电子技术、数字电子技术、信号与系统、电机学、电力系统分析、集成电路设计、自动控制、电力电子技术等课程都用到电路理论。

在科学技术发展中,电路理论与众多学科相互影响和相互促进。例如,电路理论在电力系统中应用,产生了电力系统分析这门学科,并为电力系统运行分析建立了理论体系。而当代电子技术从电子管、半导体晶体管、集成电路到超大规模集成电路,更离不开电路理论的支持和它的发展。当然,电子技术的发展也促进了电路理论的发展。例如,新型电子元器件的出现,促进了电路模型的多样化和建模理论的发展。

在工程技术实际和生活实际中,电路理论有非常广阔的应用。从简单的照明电路,到复杂的电力系统,从单个的手提电话、收音机、电视机,到卫星通信网络、计算机互联网,都与电路理论有一定的关系。可以说,只要在电能的产生、传输和使用的地方,就有电路理论的应用。而在信息产生、信息传递、信息处理的绝大多数场合,都可见到电路理论应用的例子。电路理论已经与我们的生活密不可分。

新中国成立 70 多年来,我国在中国共产党领导下,坚持走社会主义道路,实施科教兴国、可持续发展、人才强国、创新驱动发展等重大战略,在电力产业和电子信息产业取得了举世瞩目的发展成就。

首先回望新中国成立后,中国电力产业 70 多年来的发展历程。1949 年新中国成立前夕,中国全国的发电装机容量仅为 185 万千瓦,年发电量约 43 亿千瓦时。新中国成立后,电力发展进入了快车道。截止到 1979 年,全国形成了东北、华北、华东、华中、西北 5 个区域电网和 15 个独立省电网,发电装机容量达到 5281 万千瓦,是 1949 年的 29 倍。

1979 年后,中国进入了改革开放时期,中国经济高速发展的态势前所未有,国家在电力发展上采取了一系列重大举措,极大地促进了电力工业的快速发展。到 2000 年,全国形成了华北、东北、西北、华中、华东和南方六大区域电网和山东、福建、新疆、西藏、海南五个独立电网以及川渝跨省电网。到 2011 年 11 月,中国实现了除台湾地区以外的全国电网互联。2011 年,我国年发电量跃居世界第一位。

2012 年,中国进入中国特色社会主义新时代。2013 年,中国发电装机容量超过美国跃居世界第一位,其中新能源发电呈现超高速增长。2021 年 12 月底,中国发电装机容量达到 23.8 亿千瓦,其中,风电装机容量约 3.3 亿千瓦。太阳能发电装机容量约 3.1

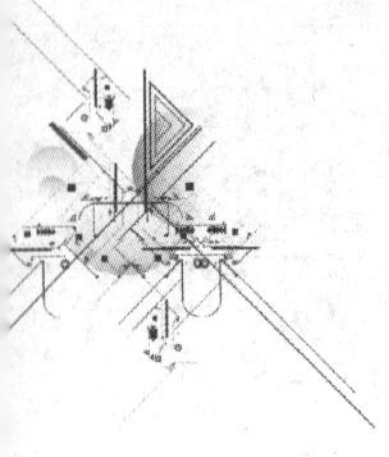

亿千瓦。

从电力装备制造产业看,我国在20世纪70年代就能制造30万千瓦火力发电机组和30万千瓦水力发电机组。目前,我国已经能够制造100万千瓦的大型火力发电机组和80万千瓦的大型水力发电机组,进入到大型发电机组制造国的先进行列。

其次,回顾新中国成立后,中国电子信息产业70多年的发展历程。1949年,新中国刚成立时,中国几乎没有电子信息工业,在新中国成立后的三十年,中国已经建立了比较完整的电子信息工业体系,可以生产有线通信网络、无线通信网络等,收音机使用很普及,已经成功地控制导弹和进行卫星测控。1958年,中国研制成功第一台小型电子管计算机。1965年,研制成功第一台晶体管计算机。1974年,研制成功采用集成电路的计算机。

中国进入改革开放时期以后,电子信息产业开始了快速发展的阶段。以移动通信为例,1987年11月,第一个模拟移动电话系统在广东建成并投入商用。1995年4月中国移动在全国15个省市相继建网,GSM数字移动电话网正式开通。2002年5月中国移动通信GPRS业务正式通入商用。2003年7月我国移动通信网络的规模和用户总量均居世界第一。2009年4月,中国移动通信进入3G时代。2013年12月,中国移动通信进入4G时代,截至2016年5月,中国4G用户已达到5.8亿。2019年6月,中国移动通信进入5G时代。

改革开放后,我国计算机的科学研究和应用普及也进入高速发展时期。以巨型计算机研发为例,1983年,研制成功每秒1亿次的银河-Ⅰ巨型机。2014年,研制成功每秒3.39亿亿次的天河二号巨型计算机。2016年,研制成功每秒9.3亿亿次神威·太湖之光巨型计算机。截至2018年,中国的超级计算机连续10次蝉联世界之冠,采用国产芯片的“神威·太湖之光”获得高性能计算应用最高奖“戈登·贝尔”奖。改革开放初期,只有科研院所和高等学校使用少量的计算机,在20世纪80年代和90年代,计算机迅速进入各行各业,在科学研究、企业技术进步中发挥了巨大的作用。进入21世纪后,中国的计算机使用渗透到所有行业领域,已达到高度普及。到2018年,平板电脑用户数量达到3.4亿户。

回顾新中国成立70多年电力产业和电子信息产业的发展历程,更加坚定我们把我国建成社会主义现代化强国的信心。中国将在中国共产党的领导下,坚定不移走中国特色社会主义道路,立足新发展阶段,贯彻创新、协调、绿色、开放、共享的新发展理念,继续推进经济社会的高质量发展,电力产业和电子信息产业一定能够不断创造出新的伟大成就。

四、电类专业面向的相关科学技术领域

中国已经开启了全面建设社会主义现代化强国的伟大征程,青年一代肩负历史重任。电类专业的学生面向的科学研究和工程技术领域是当代世界发展最迅速、创新成果不断涌现的领域。100多年前,电能的发明和利用,开辟了人类文明的新纪元,引发

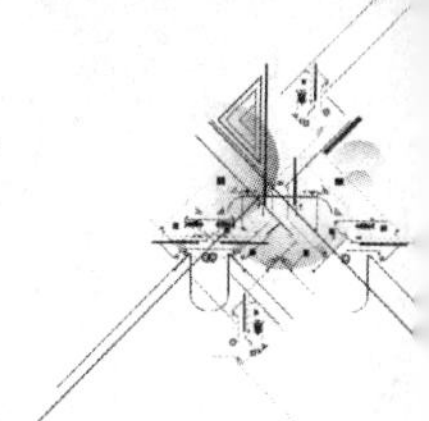

了第二次产业革命，使人类进入了电气时代。20世纪40年代以后相继发明的晶体管、集成电路、计算机，引发了第三次产业革命，人类进入了电子信息时代。进入21世纪以来，新一轮科技革命和产业变革正在兴起，中国必须深入实施科教兴国战略、人才强国战略、创新驱动发展战略，完善国家创新体系，加快建设科技强国，实现高水平科技自立自强。

对于电气工程及其自动化专业面向的科技创新和工程技术领域来说，立足中国富煤、贫油、少气的能源资源禀赋，大力发展以风电、太阳能发电为代表的新能源电力，构建新能源占比逐渐提高的新型电力系统就是必然选择。2020年9月22日，习近平在第七十五届联合国大会上宣布，中国力争2030年前二氧化碳排放达到峰值，努力争取2060年前实现碳中和目标。2022年，习近平在19届中央政治局第36次集体学习时指出，推进“双碳”工作是破解资源环境约束突出问题、实现可持续发展的迫切需要，是顺应技术进步趋势、推动经济结构转型升级的迫切需要，是满足人民群众日益增长的优美生态环境需求、促进人与自然和谐共生的迫切需要，是主动担当大国责任、推动构建人类命运共同体的迫切需要。从电气工程及其自动化专业的角度看，推进“双碳”工作，最主要的举措之一就是大力发展新能源电力。另一方面，由于中国经济发展水平的不平衡，东部地区经济发达而能源资源不足，西部地区经济发展较慢而能源资源充沛，这就需要通过特高压远距离输电，将西部电力输送到东部。2011年，中国实现了电网的全国联网。所有这一切，都给电网的安全稳定经济运行带来了巨大挑战。特别是为了实现双碳目标，未来的新型电力系统将以新能源电力为主，而新能源电力受天气因素影响，其发电功率呈现随机性、间歇性波动，这就给电网运行带来了巨大的风险和挑战。在电力的这场科技创新和产业变革中，存在一系列需要我们努力解决的富有挑战性的科学技术问题。

对于自动化专业面向的科技创新和工程技术领域来说，不但在工业生产部门广泛采用自动化技术，在人们的日常生活中，也随时随地感受到自动化带来的生活品质的提高。在航天工程、机器人、导弹制导等高技术领域中，自动化技术更是具有特别重要的作用。自动化已成为现代社会生活中不可缺少的一部分，自动化技术不但提高了产品质量和劳动生产率，而且将人类从繁重的劳动中解放出来。在新一轮科技革命和产业变革中，在控制理论与系统、系统科学与工程、自动化检测技术与装置、导航、制导与控制、机器人学与智能控制、智能制造自动化理论与技术、人工智能驱动的自动化等领域存在一系列富有挑战的科学技术问题。

对于计算机类专业面向的科技创新和工程技术领域来说，计算机已成为现代社会各行各业广泛使用的强有力的信息处理工具，对人类社会的进步已经并还将产生广泛深刻的影响。计算机在我国各行各业、生产生活中普及程度很高，在巨型计算机的研究领域也取得了举世瞩目的成就。在新一轮科技革命和产业变革中，计算机在大数据、云计算、新一代人工智能等领域扮演着极其重要的作用，我国在基础软硬件、开发平台、基本算法等方面瓶颈仍然突出，在软件理论与软件工程、信息安全、网络与系统安全领域存在一系列需要解决的科学技术问题。

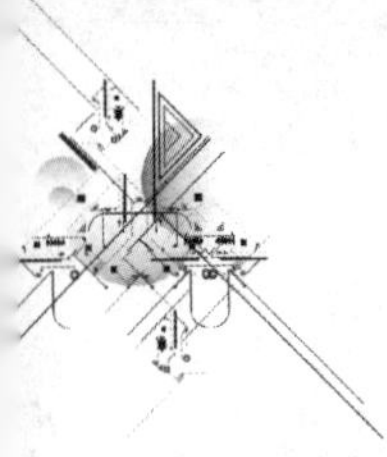

对于电子信息类专业（电子信息工程、通信工程、电子科学与技术、微电子科学与工程等专业）的学生来讲，未来从事的科技创新和工程技术领域非常广阔，电子信息类专业由“电子科学与技术”与“信息与通信工程”两个一级学科支撑。中国在图像识别、语音识别走在全球前列，5G 移动通信技术率先实现规模化应用，但我们同时看到，中国在高端芯片、基础元器件等瓶颈仍然突出，关键核心技术受制于人的局面没有得到根本性改变。在新一轮科技革命和产业变革中，高端芯片、基础元器件至关重要，移动通信、卫星通信和导航、复杂信息传输和处理、信息安全等领域存在一系列需要解决的重要问题。

综上所述，电类专业面对的科学技术领域在新一轮科技创新和产业变革中起着关键和决定性作用，存在很多需要我们攻坚克难的问题，而电类专业的青年可以在这些领域充分发挥自己的聪明才智，建功立业。青年一代要勇攀科学技术高峰，努力拼搏，敢于创新，为实现中华民族的伟大复兴，在全面建设社会主义现代化强国的征程上，书写最灿烂的人生篇章。

五、 电路理论和电路课程

电路理论是电气工程和电子科学技术的主要理论基础，是一门研究电路分析和网络综合与设计基本规律的基础工程学科。所谓电路分析是在电路给定、参数已知的条件下，通过求解电路中的电压、电流而了解电网络具有的特性；而网络综合是在给定电路技术指标的情况下，设计出电路并确定元件参数，使电路的性能符合设计要求。因此电路分析是电路理论中最基本的部分，是学习电路理论的入门课程，被列为电类各专业共同需要的专业基础课。

从 20 世纪 50 年代开始，我国高等工科学校的电类专业将电路理论与电磁场理论合为一门课程，称为“电工原理”，并列为专业基础课。其中电路理论部分的内容主要介绍线性电路的分析、磁路的计算以及均匀传输线。20 世纪 70 年代末，电路理论单独设课，内容上增加了电路方程的矩阵形式和计算机辅助分析等内容。由于电路理论为电类专业的专业基础课，在过去的 40 多年，其教学内容相对稳定。主要变化在教学内容优化、教学过程组织、教学方法和手段改革、实验教学改革、与“信号与系统”“自动控制”“模拟电子技术”等课程的协调等方面。

学好电路课程，要注意以下几个方面：

（1）理论联系实际。电路课程在电类专业的课程体系中，是电磁学与后续其他专业基础课和专业课之间的桥梁。电路课程同时具备理论课和专业课的特点，既理论体系完整，又与工程实际密切联系。因此，在学习电路课程过程中，要与工程实际相结合，一方面将实际电路问题抽象为电路模型，一方面学会应用电路理论去解决工程实际的问题。另外，要树立理论来自实践的观点，积极参加电路实验和相关的科技创新活动，培养自己的动手能力，通过电路实验，观察电路中的物理现象，发现问题，并应用电路理论去解决问题。

（2）注意各电路分析方法与数学方法之间的联系。研究面对一类电路问题时，如何从数学角度认识电路问题，用有效的数学方法去解决电路问题。例如，对于线性动态电路的分析，本书介绍了通过求解微分方程的时域分析法、求解复数代数方程的复频域法、求解一阶微分方程组的时域法。对于线性电阻电路的分析，无论是支路电流法，还是回路电流法和节点电压法，所列的电路方程都是线性代数方程组。

（3）注意运用唯物辩证法认识电路问题，从而从众多的电路分析方法中总结规律。注意电路分析方法中，哪些分析方法是特殊方法，哪些分析方法是普遍的方法；哪些方法可以应用到其他领域，哪些方法局限于电路理论。

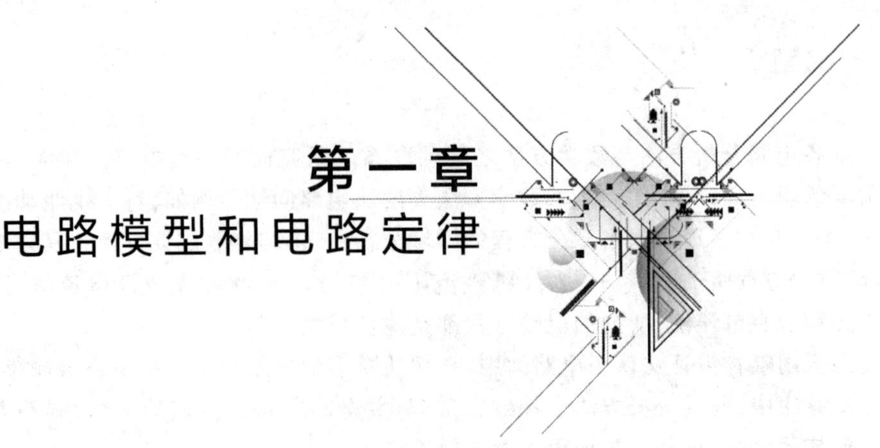

第一章 电路模型和电路定律

导读

电路理论以电路模型为研究对象,分析、计算电路模型中元件上的物理量。本章介绍电压电流的参考方向、电路元件的特性方程、基尔霍夫定律。在分析电路前,必须指定电路元件的电压和电流的参考方向。电路元件是通过端子上的电压、电流、电荷或磁通链这些物理量之间的关系来加以定义的,这种关系被称为元件的特性方程或组成关系。

电路中变量(物理量)受到两类约束:一类是元件的特性方程形成的变量的元件约束;另一类是因元件的相互连接而构成的变量的几何约束。变量的几何约束由基尔霍夫定律来表达,基尔霍夫定律是集总参数电路的基本定律。对于给定的电路,可凭借元件特性方程和基尔霍夫定律得到定解;反之,正确的电路解答也一定满足基尔霍夫定律。

§1-1 电路和电路模型

人们在工作和生活中会遇到很多实际电路。实际电路是为完成某种预期目的而设计、制作、运行的(也可以是在非预期情况,例如短路、漏电等)。电路是由电路零件、器件经导线连接而成的电通路装置。这里,电路零件常称为电路部件(例如电阻器、开关、蓄电池等);电路器件则是指由电路部件组成且具有某种功能的产品,如晶体管、集成电路等。实际电路常借助于电压、电流等物理量完成传输电能或信号、处理信号、记忆信息、测量、控制、计算等功能。其中,电能或电信号的发生器称为电源,用电设备称为负载。由于电路中产生的电压、电流是在电源的作用下产生的,因此电源又称为激励源或激励;由激励在电路中产生的电压、电流等称为响应。有时,根据激励与响应之间的因果关系,把激励称为输入,响应称为输出。

有些实际电路十分复杂,例如,电能的产生、输送和分配是通过发电机、变压器、输电线等完成的,它们形成了一个庞大而复杂的电路或系统。当前,集成电路的应用已渗透到许多领域,集成电路芯片可能小到不大于指甲,但在上面有成千上万个晶体管等部件、器件相互连接成一个电路或系统以达到某种预期的目的。现在,集成电路的集成度越来越高,在同样大小的芯片上所容纳的部件、器件数目越来越多,可达数百万或更多。这些电路都是比较复杂的,但有些电路非常简单,例如手电筒就是一个十分简单的电路。

本书的主要内容是介绍电路理论的基础知识并为后续课程的学习准备必要的基础。电路理论研究电路中发生的电磁现象,并用电流、电压、电荷、磁通等物理量来描述其中的过程。电路理论主要是计算电路中各部件、器件的端子电流和端子间的电压等电路变量,一般不涉及内部发生的物理过程。本书讨论的对象不是实际电路而是实际电路的电路模型。实际电路的电路模型是由理想电路元件相互连接而成的。理想元件是组成电路模型的最小单元,是具有某种确定电磁性质并有精确数学定义的基本结构,这是一种数学模型。在一定的工作条件下,理想电路元件及它们的组合足以模拟实际电路中部件、器件中发生的物理过程。在电路模型中各理想元件的端子是用“理想导线”①连接起来的。根据元件对外端子的数目,理想电路元件可分为二端、三端、四端元件等。

图 1-1(a)所示为一个简单的实际电路,这是一个由干电池和小灯泡用两根连接导线组成的照明电路。其电路模型如图 1-1(b)所示。图中的二端电阻元件 R 作为小灯泡的电路模型,反映了将电能转换为热能和光能这一物理现象;干电池用电压源 U_S 和电阻元件 R_S 的串联组合作为模型,分别反映了电池内部化学储能转换为电能以及电池本身耗能的物理过程。连接导线用理想导线(其电阻设为零)表示。

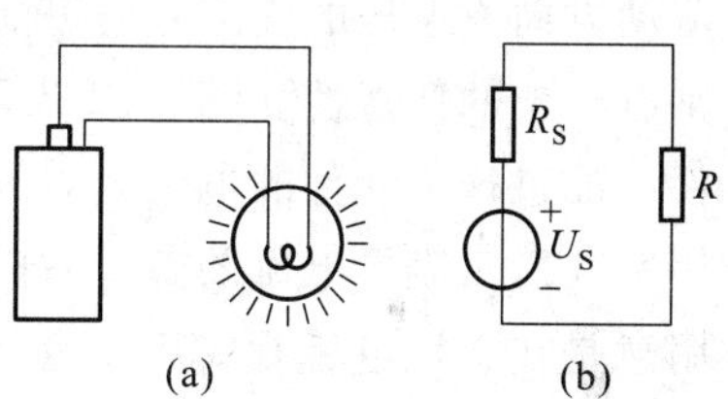

图 1-1　实际电路与电路模型示例

用理想电路元件或它们的组合模拟实际器件就是建立其模型,简称建模。建模时必须考虑工作条件,并按不同准确度的要求把给定工作情况下的主要物理现象和功能反映出来。例如,一个线圈的建模:在恒定电流情况下它在电路中仅反映为导线内电流引起的能量消耗,因此,它的模型就是一个电阻元件;在电流变化的情况下(包括交变电流),线圈电流产生的磁场会引起感应电压而参与作用,故电路模型除电阻元件外还应包含一个与之串联的电感元件;当电流变化甚快时(包括高频交流),还应计及线圈导体表面的电荷作用,即电容效应。所以其模型中还需要包含电容元件。可见,在不同的工作条件下,同一实际部件、器件可能采用不同的模型。模型取得恰当,对电路进行分析计算的结果就与实际情况接近;模型取得不恰当,会造成很大误差甚至导致错误的结果。但如果模型取得过于复杂则会造成分析困难,取得太简单则可能无法反映真实的物理现象。建模问题需要专门进行研究,本书不做介绍。

---

①　理想导线的电阻为零,且假设当导线中有电流时,导线内、外均无电场和磁场。

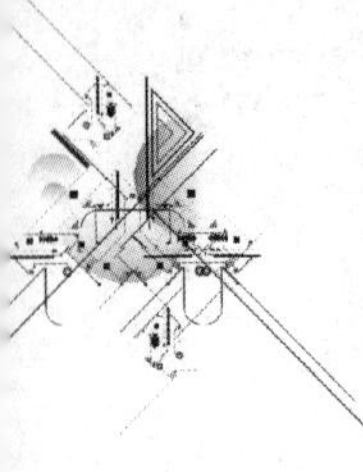

今后本书所涉及电路均指由理想电路元件构成的电路模型，同时，把理想电路元件简称电路元件①。

通常，电路又称电网络或网络②，本书中将不加区分地引用。电路理论（或电网络理论）是一门研究网络分析和网络综合或设计③的基础工程学科，它与近代系统理论有着密切的关系。本书的主要内容是电路分析，从电路的基本定律和定理出发，讨论在各种电源和信号源的作用下电路的分析、计算方法，为学习电气工程技术、电子和信息工程技术等建立必要的理论基础。

电流和电压的参考方向

§1-2　电流和电压的参考方向

电路理论中涉及的物理量主要有电流、电压、电荷和磁通，通常用 I、U、Q 和 Φ 分别表示④。磁通链用 Ψ 表示。另外，电功率和电能量也是重要的物理量，它们的符号分别为 P 和 W。

在电路分析中，当涉及某个元件或部分电路的电流或电压时，必须指定电流或电压的参考方向（有时也称为正方向），才能开始进行分析和计算。在电路中，电流的实际流动方向或电压的实际方向可能是未知的，也可能是随时间变动的。参考方向的给定则有一定的任意性。图 1-2 表示一个电路的一部分，其中的矩形框表示一个二端元件。流过这个元件的电流为 i，其实际方向可以是由 A 到 B，或是由 B 到 A。在该图中用实线箭头表示电流的参考方向，但它不一定就是电流的实际方向。指定参考方向的用意是在于把电流看成代数量。如果电流 i 的实际方向是由 A 到 B，如图(a)中虚线箭头所示，它与参考方向一致，则电流为正值，即 $i>0$；在图(b)中，指定的电流参考方向自 B 到 A（见实线箭头），如果电流的实际方向还是由 A 到 B（见虚线箭头），两者不一致，故电流为负值，即 $i<0$。这样，在指定的电流参考方向下，电流值的正和负就可以反映出电流的实际方向。另一方面，只有规定了参考方向以后，才能写出随时间变化的电流

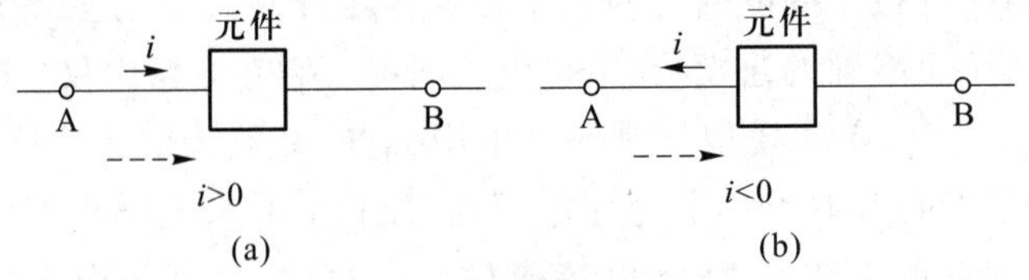

图 1-2　电流的参考方向

① 有时把实际电路部件、器件也称为“电路元件”。但本书中凡涉及“电路元件”均指理想化模型。

② 网络（network）的含义较为广泛，可引申至非电情况。例如“神经网络”“计算机网络”等。

③ 网络分析（analysis）问题，指给定电路结构、元件参数求解电路性能；网络综合（synthesis）问题，指给定电路性能要求，求电路结构、参数，是网络分析的逆问题；如果在综合过程中还考虑其他诸如灵敏度、优化、成本、工艺等因素则称为电路设计。

④ 当电路中的电流、电压、电荷等变量随时间变化时，一般用小写字母 i、u、q 等表示，用大写字母 I、U、Q 时则表示对应的变量是恒定量。但也不排除小写字母表示恒定变量的情况；可根据上、下文判断。

的函数式。电流的参考方向在电路图上一般用箭头表示,也可以用双下标表示,例如,i_{AB}表示电流的参考方向是由 A 到 B。

同理,对电路两点之间的电压也要指定参考方向或参考极性。在表达两点之间的电压时,用正极性(+)表示高电位,负极性(-)表示低电位,而正极指向负极的方向就是电压的参考方向。指定电压的参考方向后,电压就是一个代数量,在图 1-3 中,电压 u 的参考方向是由 A 指向 B,也就是假定 A 点的电位比 B 点的电位高;如果 A 点的电位确实高于 B 点的电位,即电压的实际方向是由 A 到 B,两者的方向一致,则 $u>0$;若实际电位是 B 点高于 A 点,则 $u<0$。有时为了图示方便,也可用一个箭头表示电压的参考方向(见图 1-3,本书内一般不采用此种表示)。还可以用双下标来表示电压,如 u_{AB}表示 A 与 B 之间的电压,其参考方向为 A 指向 B。

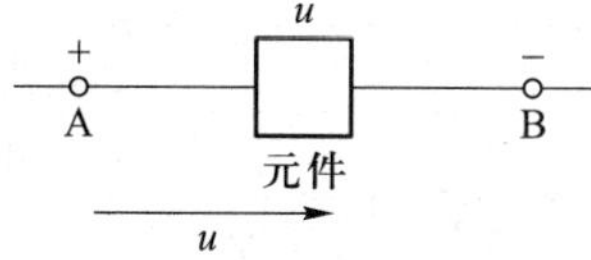

图 1-3　电压的参考方向

一个元件的电流和电压的参考方向可以独立地任意指定。如果指定流过元件的电流的参考方向是从标以电压正极性的一端指向负极性的一端,即两者的参考方向一致,则把电流和电压的这种参考方向称为关联参考方向,如图 1-4(a)所示;当两者不一致时,称为非关联参考方向。在图 1-4(b)中,N 表示电路的一个部分,它有两个端子与外电路连接,电流 i 的参考方向自电压 u 的正极性端流入电路,从负极性端流出,两者的参考方向一致,所以是关联参考方向;图 1-4(c)所示电流和电压的参考方向是非关联的。(上述两种说法,是对网络 N 而言;对于外电路,结果相反。)

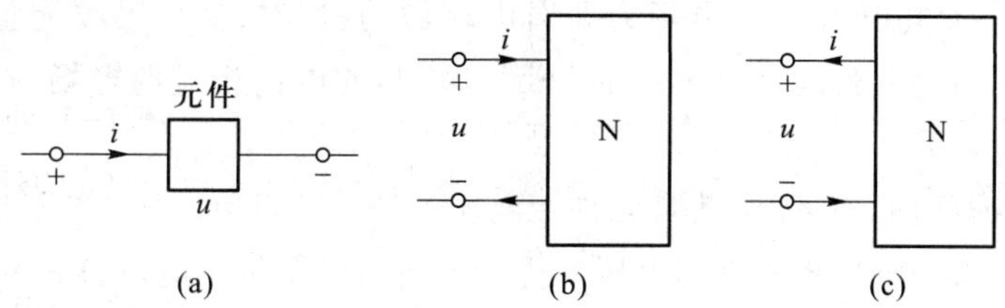

图 1-4　关联方向

在国际单位制(SI)中,电流的单位为 A(安培,简称安),电荷的单位为 C(库仑,简称库),电压的单位为 V(伏特,简称伏),磁通链的单位为 Wb(韦伯,简称韦)。表 1-1 列出了 SI 单位中规定的用来构成十进倍数或分数的词头。例如:1 μA(微安)= 10^{-6} A,2 kV(千伏)= 2×10^{3} V,2 GHz(吉赫)= 2 000 MHz = 2×10^{9} Hz,1 Tb(太比特)= 1 000 Gb = 10^{12} b 等。

表 1-1　SI 倍数与分数词头

倍率	词头名称词		词头符号	倍率	词头名称词		词头符号
10^{24}	尧[它]	yotta	Y	10^{18}	艾[可萨]	exa	E
10^{21}	泽[它]	zetta	Z	10^{15}	拍[它]	peta	P

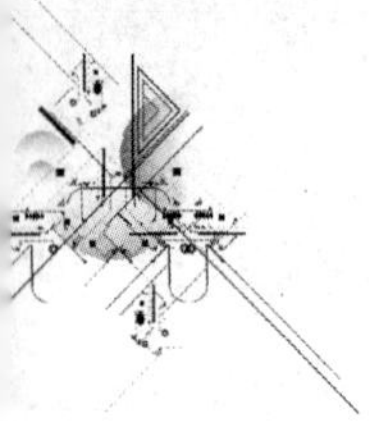

续表

倍率	词头名称词		词头符号	倍率	词头名称词		词头符号
10^{12}	太[拉]	tera	T	10^{-3}	毫	milli	m
10^{9}	吉[咖]	giga	G	10^{-6}	微	micro	μ
10^{6}	兆	mega	M	10^{-9}	纳[诺]	nano	n
10^{3}	千	kilo	k	10^{-12}	皮[可]	pico	p
10^{2}	百	hecto	h	10^{-15}	飞[母托]	femto	f
10	十	deca	da	10^{-18}	阿[托]	atto	a
10^{-1}	分	deci	d	10^{-21}	仄[普托]	zepto	z
10^{-2}	厘	centi	c	10^{-24}	幺[科托]	yocto	y

§1-3 电功率和能量

在电路的分析和计算中,能量和功率的计算是十分重要的。这是因为电路在工作状态下总伴随有电能的转移或与其他形式能量的相互交换;另一方面,电气设备、电路部件本身都有功率的限制,在使用时要注意其电流值或电压值是否超过额定值,过载会使设备或部件损坏,或是不能正常工作。

电功率与电压和电流密切相关。当正电荷从元件上电压的“+”极经元件运动到电压的“-”极时,与此电压相应的电场力要对电荷做功,这时,元件吸收能量;反之,正电荷从电压的“-”极经元件运动到电压的“+”极时,与此电压相应的电场力做负功,元件向外释放电能。

如果在 $\mathrm{d}t$ 时间内,有 $\mathrm{d}q$ 电荷自元件上电压的“+”极经历电压 u① 到达电压的“-”极。根据电压的定义(A、B 两点的电压 u 等于电场力将单位正电荷自 A 点移动至 B 点时所做的功),电场力所做功,也即元件吸收的能量为

$$\mathrm{d}W=u\mathrm{d}q$$

现在假设 i 在元件上与 u 成关联方向,由 i 的定义 $i=\mathrm{d}q/\mathrm{d}t$,有 $\mathrm{d}W=ui\mathrm{d}t$,功率是能量对时间的导数,故元件的吸收功率为

$$p=\frac{\mathrm{d}W}{\mathrm{d}t}=ui \tag{1-1}$$

在 t_0 到 t 的时间内,元件吸收的能量为

$$W(t)=\int \mathrm{d}W=\int_{q(t_0)}^{q(t)} u\mathrm{d}q=\int_{t_0}^{t} u(\xi)i(\xi)\mathrm{d}\xi \tag{1-2}$$

由于 u、i 都是代数量,因此,功率 p 和吸收的能量 W 也都是代数量。当 $p>0$,$W>0$,元件

① 本书通常把 $u(t)$、$i(t)$ 等简写为 u、i 等。

确实吸收功率与能量；当 $p<0, W<0$ 时，元件实际释放电能或发出功率。

当电流单位为 A，电压的单位为 V 时，能量的单位为 J（焦耳，简称焦），当时间的单位为 s（秒）时，功率的单位为 W（瓦特，简称瓦）。

在指定电压和电流的参考方向后，应用式（1-1）求功率 p 时应当注意：当电压和电流的参考方向在元件上为关联参考方向时，乘积“ui”表示元件吸收的功率；当 p 为正值时，表示该元件确实吸收功率。如果电压和电流的参考方向为非关联参考方向时，乘积“ui”则表示元件发出的功率，此时，当 p 为正值时，该元件确实发出功率。一个元件若吸收功率 100 W，也可以认为它发出功率-100 W。同理，一个元件若发出功率 100 W，也可以认为它吸收功率-100 W。这两种说法是一致的。

在图 1-5 中，已知某元件两端的电压为 5 V，A 点电位高于 B 点电位；电流 i 的实际方向为自 A 点到 B 点，其值为 2 A。根据图 1-5（a）中指定的参考方向，u 和 i 为关联参考方向，$u=5$ V，$i=2$ A。根据式（1-1），$p=10$ W，为正值，此元件吸收的功率为 10 W。如果指定的 u 和 i 的参考方向为非关联参考方向，如图 1-5（b）所示，则此时 $u=-5$ V，$i=2$ A。按式（1-1），元件发出的功率 $p=-10$ W，为负值。所以，此元件实际上还是吸收 10 W 功率，与按图 1-5（a）求得的结果一致。

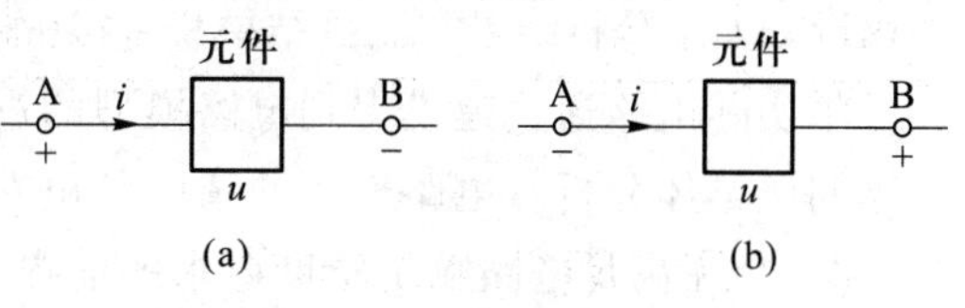

图 1-5　元件的功率

§1-4　电路元件

电路元件是电路中最基本的组成单元。电路元件通过其端子与外部连接。元件的特性通过与端子有关的电路物理量描述。每种元件通过端子的两种物理量反映一种确定的电磁关系。元件的两个端子的电路物理量之间的代数函数关系称为元件的端子特性（亦称元件特性）。元件的端子特性又称为元件的组成关系（constituent relation，简称 CR）。

集总（参数）元件[①]假定：在任何时刻，流入二端元件的一个端子的电流一定等于从另一端子流出的电流，且两个端子之间的电压为单值量。由集总元件构成的电路称为集总电路，或称具有集总参数的电路。用有限个集总元件及其组合模拟实际的部件和器件以及用集总电路作为实际电路的电路模型是有条件的，本书的第十八章将加以讨论。本书的其余各章只考虑集总电路。

电路物理量有电压 u、电流 i、电荷 q 以及磁通 Φ（或磁通链 Ψ）等。电阻元件的元件特性是电压与电流的代数关系 $f(u,i)=0$；电容元件的元件特性是电荷 q 与电压 u 的代数

① 集总参数（lumped parameter）元件是指有关电、磁场物理现象都由元件来“集总”表征。在元件外部不存在任何电场与磁场。如果元件外部有电场，进、出端子的电流就有可能不同；如果元件外部有磁场，两个端子之间的电压就可能不是单值的。

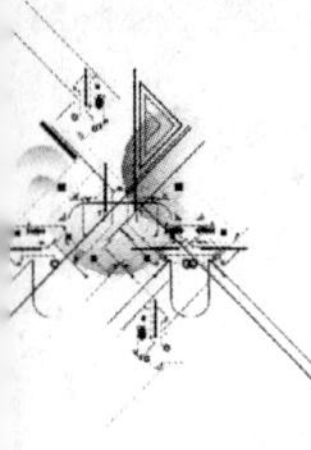

关系 $f(q,u)=0$；电感元件的元件特性是磁通链 Ψ 与电流 i 的代数关系 $f(\Psi,i)=0$。这三种特性称之为元件的伏安特性、库伏特性和韦安特性。它们分别是电阻元件、电容元件和电感元件的组成关系。如果表征元件特性的代数关系是一个线性关系，则该元件称为线性元件。如果表征元件特性的代数关系是一个非线性关系，则该元件称为非线性元件。

前文已提及，电路元件按与外部连接的端子数目可分为二端、三端、四端元件等。电路元件除可分为线性元件和非线性元件外，还可分为时不变元件和时变元件，无源元件和有源元件等。

电路理论来自工程实践，电路理论又指导工程实践，学习电路理论必须理论联系工程实际。电路模型是否准确，就要看用电路理论分析电路模型的结果与实际测量的结果是否相近。如果分析结果与测量结果相差很大，说明采用的电路模型不恰当、不准确。

将实际电路通过建模得到电路模型的过程，关键要抓主要矛盾或矛盾的主要方面，具体问题具体分析。电路模型的精度和电路分析的复杂程度是一对矛盾，在电路建模时，往往会在满足电路分析精度要求的前提下，尽可能采用简单的电路模型。

同一个实际电路部件或器件，当施加的激励频率不同时，我们就会根据实际情况选择不同的电路模型。例如电子线路中的晶体管，随着信号频率的增大，晶体管的结电容和极间电容的作用不容忽视，此时晶体管工作在低频时的电路模型不再适用，而应该采用附加了多个电容的晶体管的高频模型。在这里，工作频率就是矛盾转化的条件，在低频时可以忽略的电容效应在高频时必须考虑，电容效应就上升到矛盾的主要方面之一了。

另一方面，线性和非线性也是一对矛盾，线性是相对的，非线性是绝对的，线性和非线性是辩证统一的。在满足电路分析精度要求的条件下，很多实际电路部件采用线性元件表征。对很多非线性不强的电路元件，当电路元件的电压和电流值较小时，可以看作线性元件，称之为非线性元件的线性化。然而在很多情况下，由于电路元件的非线性使得电路的系统行为不能用线性电路解释时，就必须采用非线性元件来表征。

关于如何选择合适的电路元件进行电路建模，限于篇幅，这里不再展开讨论，希望学习者在本书的学习过程中加以注意，在后续课程的学习和今后的工作中给予关注。

§1-5 电阻元件

电阻器、灯泡、电炉等在一定条件下可以用二端线性电阻元件作为其模型（以后各章主要讨论二端元件，故将略去“二端”两字）。线性电阻元件是这样的理想元件：在电压和电流取关联参考方向时，在任何时刻它两端的电压和电流服从欧姆定律

$$u=Ri \tag{1-3}$$

线性电阻元件的图形符号见图 1-6(a)。上式中 R 为电阻元件的参数，称为元件的电阻。R 是一个正实常数。当电压单位为 V，电流单位为 A 时，电阻的单位为 Ω（欧姆，简称欧）。

令 $G=\dfrac{1}{R}$，式(1-3)变成

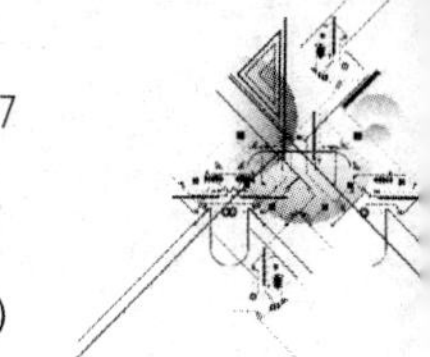

$$i=Gu \tag{1-4}$$

式中 G 称为电阻元件的电导。电导的单位是 S(西门子,简称西)。R 和 G 都是电阻元件的参数。

如果电压、电流参考方向取非关联参考方向,则

$$u=-Ri \text{ 或 } i=-Gu$$

式(1-3)和式(1-4)就是电阻元件的元件特性。由于电压和电流的单位是伏和安,因此电阻元件的特性称为伏安特性。图 1-6(b)画出线性电阻元件的伏安特性曲线,它是通过原点的一条直线。直线的斜率与元件的电阻 R 有关。如果在作图时,电压坐标的标尺为 m_u(m_u 为坐标轴上每单位长度代表的电压值),电流坐标的标尺为 m_i(m_i 为坐标轴上每单位长度代表的电流值),则有

$$R=\frac{u}{i}=\frac{m_u}{m_i}\frac{\overline{OU}}{\overline{OI}}=\frac{m_u}{m_i}\tan\theta$$ ①

$$G=\frac{i}{u}=\frac{m_i}{m_u}\frac{\overline{OI}}{\overline{OU}}=\frac{m_i}{m_u}\tan\alpha$$

图 1-6　电阻元件及其伏安特性

式中 $\overline{OU}$、$\overline{OI}$ 分别为电压 u 与电流 i 相应的 u 轴和 i 轴上的线段长度。

当一个线性电阻元件的端电压不论为何值时,流过它的电流恒为零值,就把它称为“开路”。开路的伏安特性在 u-i 平面上与电压轴重合,它相当于 $R=\infty$ 或 $G=0$,如图 1-7(a)所示。当流过一个线性电阻元件的电流不论为何值时,它的端电压恒为零值,就把它称为“短路”。短路的伏安特性在 u-i 平面上与电流轴重合,它相当于 $R=0$ 或 $G=\infty$,如图 1-7(b)所示。如果电路中的一对端子 1-1′之间呈断开状态,如图 1-7(c)所示,这相当于端子 1-1′之间接有 $R=\infty$ 的电阻,此时称端子 1-1′处于“开路”。如果把端子 1-1′用理想导线(电阻为零)连接起来,称这对端子 1-1′被短路,如图 1-7(d)所示。

当电压 u 和电流 i 取关联参考方向时,电阻元件消耗的功率为

$$p=ui=Ri^2=\frac{u^2}{R}=Gu^2=\frac{i^2}{G} \tag{1-5}$$

R 和 G 是正实常数,故功率 p 恒为非负值。所以线性电阻元件只能吸收能量而不能发出能量,是一种无源元件。

电阻元件从 t_0 到 t 的时间内吸收的电能为

$$W=\int_{t_0}^{t}Ri^2(\xi)\,\mathrm{d}\xi$$

电阻元件一般把吸收的电能转换成热能或其他形式的能量。

① 对于一个 $R=1\ \Omega$ 的电阻,如果取 $m_u/m_i=1$,则 $\theta=45°$;而当 $m_u/m_i=2$ 时,$\theta=26.6°$。

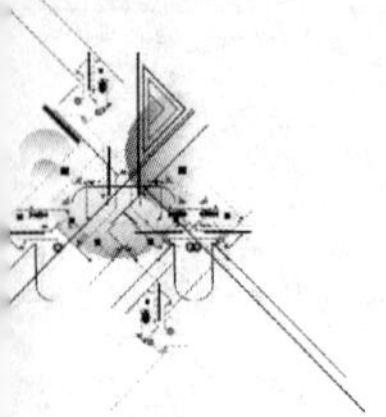

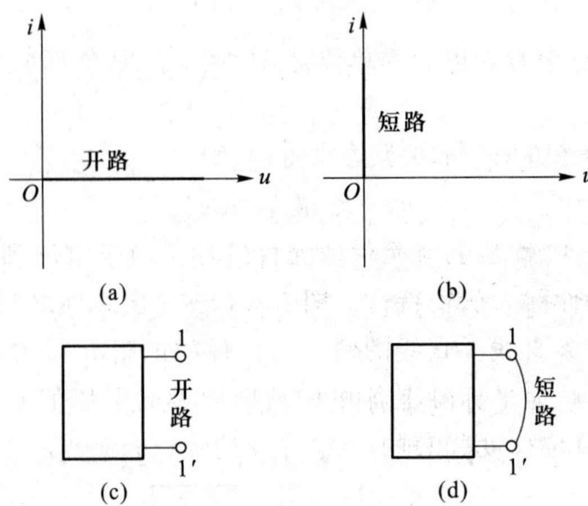

图 1-7　开路和短路的伏安特性

由于制作材料的电阻率与温度有关,(实际)电阻器通过电流后因发热会使温度改变,因此,严格说,电阻器带有非线性因素①。但是在正常工作条件下,温度变化有限,许多实际部件如金属膜电阻器、线绕电阻器等,它们的伏安特性近似为一条直线。所以用线性电阻元件作为它们的理想模型是合适的。

非线性电阻元件的伏安特性不是一条通过原点的直线。非线性电阻元件的电压电流关系一般可写为

$$u=f(i)\quad [\text{或 } i=h(u)]$$

如果一个电阻元件具有以下的电压电流关系:

$$u(t)=R(t)i(t)\quad [\text{或 } i(t)=G(t)u(t)]$$

这里 u 与 i 仍是比例关系,但比例系数 R 是随时间变化的,故称为时变电阻元件。

线性电阻元件的伏安特性位于第一、三象限。如果一个电阻元件的伏安特性位于第二、四象限,则此元件的电阻为负值,即 $R<0$。负电阻元件实际上是一个发出电能的元件。如果要获得这种元件,一般需要专门设计。

今后,为了叙述方便,把线性电阻元件简称为电阻,所以本书中“电阻”这个术语以及它的相应符号 R 一方面表示一个电阻元件,另一方面也表示此元件的参数。

§1-6　电压源和电流源

实际电源有电池、发电机、信号源等。电压源和电流源是从实际电源抽象得到的电

① 手电筒中的小电珠是一个典型的非线性热电阻。小电珠在室温时用欧姆表量得电阻小于 1 Ω,但在 2.5 V,0.3 A 额定工作情况下其电阻为 2.5 V/0.3 A=8.33 Ω。这是因为小电珠工作温度在 3 000 ℃以上,以致小电珠电阻增加了近十倍。

家用电器中常使用的 PTC(positive temperature coefficient)陶瓷为发热元件。这是一种具有正温度系数的半导体陶瓷,发热后,其电阻迅速增加而具有自动限制电流的能力。PTC 陶瓷通常由钛酸钡(BaTiO)等构成。

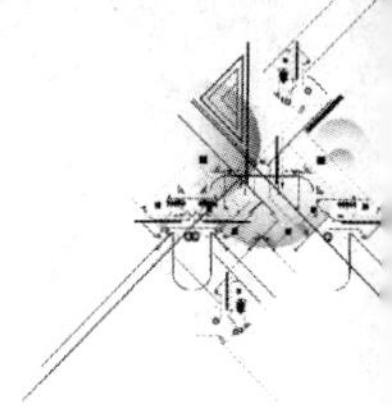

路模型，它们是二端有源元件。

电压源是一个理想电路元件，它的端电压 $u(t)$ 为

$$u(t)=u_S(t)①$$

式中 $u_S(t)$ 为给定的时间函数，称为电压源的激励电压。电压源电压 $u(t)$ 与通过元件的电流无关，总保持为给定的时间函数，而电流的大小则由外电路决定。电压源的图形符号如图 1-8(a)所示。当 $u_S(t)$ 为恒定值时，这种电压源称为恒定电压源或直流电压源，有时用图 1-8(b)所示图形符号表示，其中长线表示电源的"+"端，恒定的激励电压值则用大写的印刷体 U_S 表示。

图 1-9(a)示出电压源接外电路的情况。端子 1、2 之间的电压 $u(t)$ 等于 $u_S(t)$，不受外电路的影响。图 1-9(b)示出电压源在 t_1 时刻的伏安特性，它是一条不通过原点且与电流轴平行的直线。当 $u_S(t)$ 随时间改变时，这条平行于电流轴的直线也将随时间上下平移其位置。图 1-9(c)是直流电压源的伏安特性，它不随时间改变。

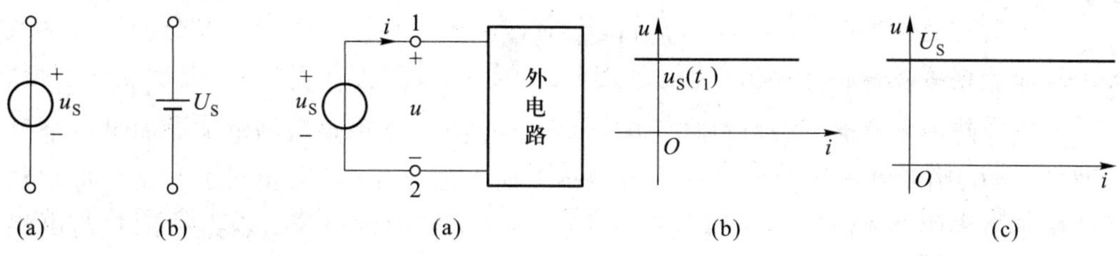

图 1-8　电压源

图 1-9　电压源的伏安特性

在图 1-9(a)中，电压源的电压和通过电压源的电流的参考方向取为非关联参考方向，此时，电压源发出的功率为

$$p(t)=u_S(t)i(t)$$

它也是与之连接的外电路所吸收的功率。

电压源不接外电路时，电流 i 为零值，这种情况称为"电压源处于开路"。如果一个电压源的电压 $u_S=0$，则此电压源的伏安特性为 $u-i$ 平面上的电流轴，它相当于短路。把激励电压值不为零的电压源短路是没有意义的，因为短路时端电压 $u=0$，这与电压源的特性不相容。

电流源是一个理想电路元件。它发出的电流 $i(t)$ 为

$$i(t)=i_S(t)$$

其中 $i_S(t)$ 为给定时间函数，称为电流源的激励电流。因而电流源的电流 $i(t)$ 与元件的端电压无关，并总保持为给定的时间函数。电流源的端电压由外电路决定②。电流源

---

① 这里 $u_S(t)$ 或 $u(t)$ 实际上是用来表示所考虑时间范围内的"波形曲线"或整个函数。$u(t)$ 或 $u_S(t)$ 也表示某一瞬间的电压值，即所谓瞬时值。严格来说，这两者是有区别的。

② 用于静电起电的范德格拉夫(Van der Graaff)发电机的端电压就是电流源电压的例子。当起电盘以恒定转速转动时，金属刷以固定速率从起电盘的金属片上得到电荷，也就是供给的电流接近恒定值。当电极间绝缘良好即外电路电阻很高时，可以得到很高的电压。反之，在周围空气潮湿而绝缘电阻不高时，就得不到高电压。

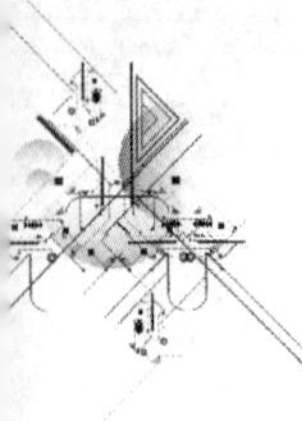

的图形符号示于图 1-10(a),图 1-10(b)示出了电流源接外电路的情况。图 1-10(c)为电流源在 t_1 时刻的伏安特性,它是一条不通过原点且与电压轴平行的直线。当 $i_S(t)$ 随时间改变时,这条平行于电压轴的直线将随之左右平移其位置。图 1-10(d)示出直流电流源的伏安特性,它不随时间改变。

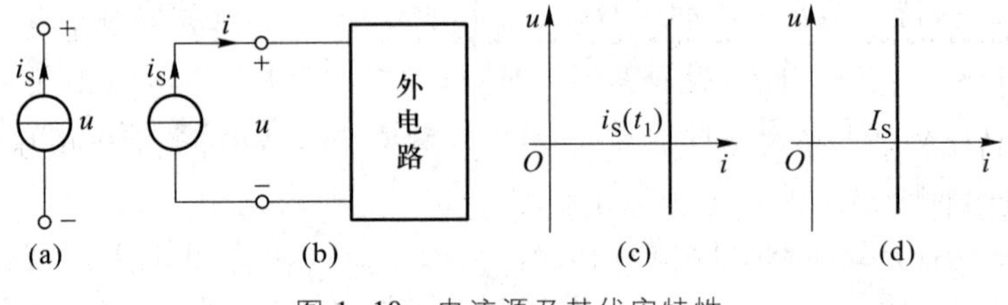

图 1-10　电流源及其伏安特性

在图 1-10(b)中,电流源电流和电压的参考方向为非关联参考方向,所以电流源发出的功率为

$$p(t)=u(t)i_S(t)$$

它也是所连外电路吸收的功率。

电流源两端短路时,其端电压 $u=0$,而 $i=i_S$,短路电流仍是激励电流。如果一个电流源的 $i_S=0$,则此电流源的伏安特性为 $u-i$ 平面上的电压轴,它相当于开路。将激励电流值不为零的电流源"开路"是没有意义的,因为开路时的电流 i 必须为零,这与电流源的特性不相容。

当电压源的电压 $u_S(t)$ 或电流源的电流 $i_S(t)$ 随时间作正弦规律变化时,则称为正弦电压源或正弦电流源。以正弦电压源为例,可写为

$$\begin{aligned}u_S(t)&=U_m\cos\left(\frac{2\pi}{T}t+\psi\right)\\&=U_m\cos(2\pi ft+\psi)\\&=U_m\cos(\omega t+\psi)\end{aligned}$$

式中,U_m 为正弦电压的最大值,T 为正弦函数的周期,$f=\dfrac{1}{T}$为其频率,单位为 Hz(赫兹,简称赫),$\omega=2\pi f$ 为角频率,ψ 为正弦函数的初相角。正弦电压也可以用 sine 函数表示(见第八章)。

常见实际电源(如发电机、蓄电池等)的工作机理比较接近电压源,其电路模型是电压源与电阻的串联组合。像光电池①及双极型晶体管等一类器件,工作时的特性比较接近电流源,其电路模型是电流源与电阻的并联组合。此外,专门设计的电子电路常作成具有电流源的性能而广泛应用于集成电路之中。

上述电压源和电流源常常被称为"独立"电源,"独立"二字是相对于下一节要介绍的"受控"电源来说的。

---

①　光电池的采光极板接受一定的光通量时,在一定的电压范围内,其输出电流几乎不变。相当于一个电流源。

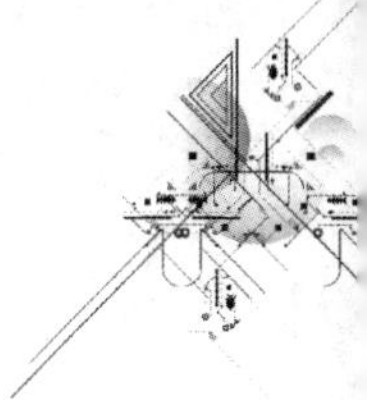

§1-7 受控电源

受控(电)源又称“非独立”电源。受控电压源的激励电压或受控电流源的激励电流与独立电压源的激励电压或独立电流源的激励电流有所不同,后者是独立量,前者则受到电路中某部分电压或电流的控制。

双极型晶体管的集电极电流受基极电流控制,运算放大器的输出电压受输入电压控制,所以这类器件的电路模型中要用到受控源。

受控电压源或受控电流源视控制量是电压或电流可分为电压控制电压源(VCVS)、电压控制电流源(VCCS)、电流控制电压源(CCVS)和电流控制电流源(CCCS)①4 种。这 4 种受控源的图形符号见图 1-11。为了与独立电源区别,用菱形符号表示其电源部分。图中 u_1 和 i_1 分别表示控制电压和控制电流,μ、r、g 和 β 分别是有关的控制系数,其中 μ 和 β 是无量纲的量,r 和 g 分别具有电阻和电导的量纲。这些系数为常数时,被控制量和控制量成正比,这种受控源为线性受控源。本书只考虑线性受控源,故一般将略去“线性”二字。

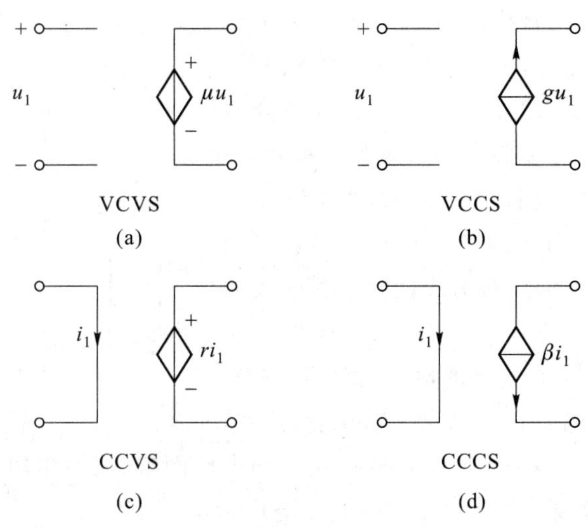

图 1-11 受控电源

在图 1-11 中把受控源表示为具有 4 个端子的电路模型,其中受控电压源或受控电流源具有一对端子,另一对控制端子则或为开路,或为短路,分别对应于控制量是电路某处的开路电压或短路电流。这样处理有时会带来方便。所以可以把受控源看作是一

① VCVS——voltage controlled voltage source。
VCCS——voltage controlled current source。
CCVS——current controlled voltage source。
CCCS——current controlled current source。

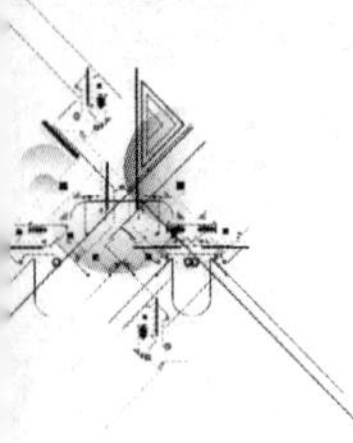

种四端元件,但在一般情况下,不一定要在图中专门标出控制量所在处的端子。

独立电源是电路中的"输入",它表示外界对电路的作用,电路中电压或电流是由于独立电源起的"激励"作用产生的。受控源则不同,它是用来反映电路中某处的电压或电流能控制另一处的电压或电流这一现象,或表示一处的电路变量与另一处电路变量之间的一种单方向的耦合关系。在求解具有受控源的电路时,可以把受控电压(电流)源作为电压(电流)源处理,但必须注意其激励电压(电流)是取决于控制量的。

例 1-1 图 1-12 中 $i_S=2$ A,VCCS 的控制系数 $g=2$ S,求 u。

解 由图 1-12 左部先求控制电压 u_1,$u_1=5i_S=10$ V;故 $u=2gu_1=2\times2\times10$ V $=40$ V。

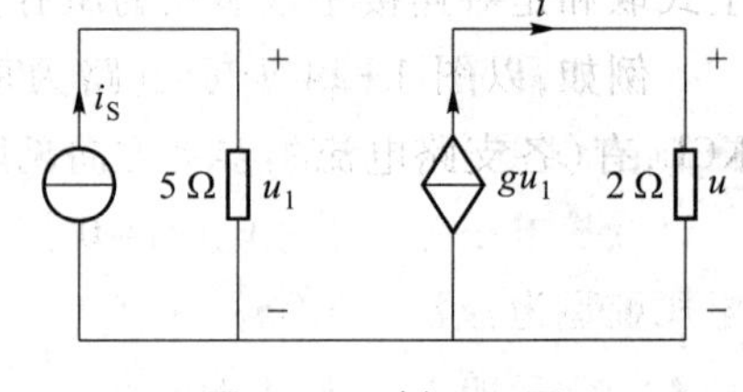

图 1-12 例 1-1 图

基尔霍夫定律

§1-8 基尔霍夫定律

集总电路由集总元件相互连接而成。基尔霍夫定律是集总电路的基本定律。为了说明基尔霍夫定律,先介绍支路、节点和回路的概念。为了简化说明,在本节中把组成电路的每一个二端元件称为一条支路,把支路的连接点称为节点。图 1-13 为一个具有六条支路、四个节点的电路,各支路和节点的编号如图所示。由支路所构成的闭合路径称为回路,如图中支路(1,3,4,6)。同理,支路(1,2,4,6)(1,2,5,6)(1,3,5,6)(2,3)(4,5)等也都分别构成回路。关于支路、节点和回路等概念的进一步介绍见 § 3-1。

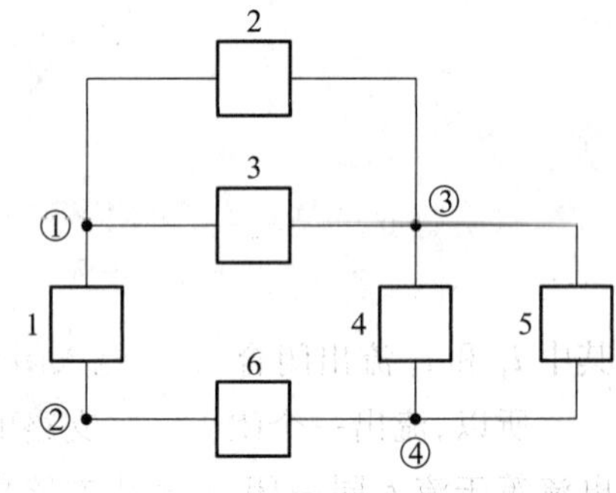

图 1-13 支路与节点

如果将电路中各个支路的电流和支路的电压(简称支路电流与支路电压)作为变量来看,这些变量受到两类约束。一类是元件的特性造成的约束。例如,线性电阻元件的电压与电流必须满足 $u=Ri$ 的关系;电流源元件的电压与电流必须满足 $i=i_S$。这种关系称为元件的电压电流关系(VCR)①,即 VCR 构成了变量的元件约束。另一类约束是由于元件的相互连接赋予支路电流之间或支路电压之间的约束关系,有时称为"几何"约束或"拓扑②"约束。这类约束由基尔霍夫定律来体现。

基尔霍夫定律包括电流定律和电压定律。

基尔霍夫电流定律(KCL)③指出:"在集总电路中,任何时刻,对任一节点,所有流

① VCR——voltage current relation。

② "拓扑"是一个数学名词。这里我们将它理解为"连接关系"。

③ KCL——Kirchhoff's current law。

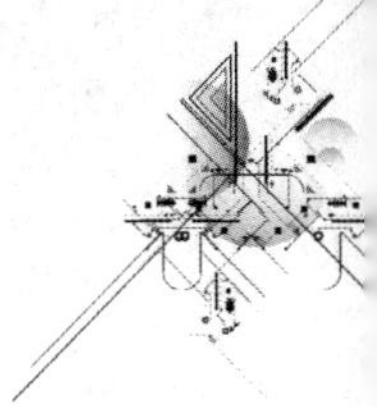

出节点的支路电流的代数和恒等于零”。此处,电流的“代数和”是根据电流是流出节点还是流入节点来说的。若流出节点的电流前面取“+”号,则流入节点的电流前面取“-”号;电流是流出节点还是流入节点,均根据电流的参考方向判断。所以对任一节点,KCL 表示为

$$\sum i=0$$

上式取和是对连接于该节点的所有支路电流进行的。

例如,以图 1-14 所示电路为例,对节点①应用 KCL,有(各支路电流的参考方向见图)

$$i_1+i_4-i_6=0$$

上式可写为

$$i_1+i_4=i_6$$

此式表明,流出节点①的支路电流等于流入该节点的支路电流。因此,KCL 也可理解为,任何时刻,流出任一节点的支路电流等于流入该节点的支路电流。

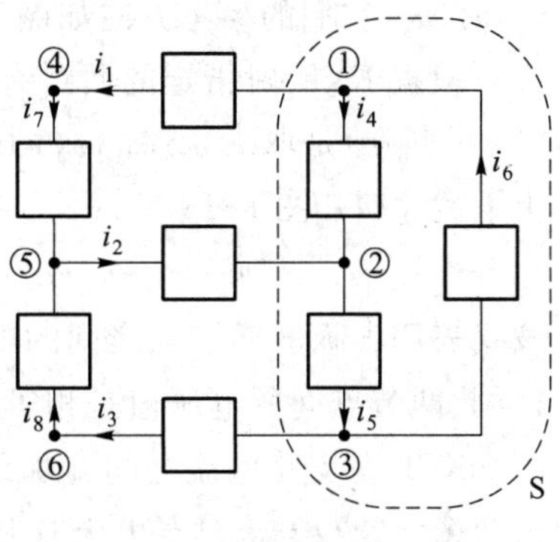

图 1-14 KCL

KCL 通常用于节点,但对包围几个节点的闭合面也是适用的。对图 1-14 所示电路,用虚线表示的闭合面 S 内有 3 个节点,即节点①、②和③。对这些节点分别有:

$$i_1+i_4-i_6=0$$

$$-i_2-i_4+i_5=0$$

$$i_3-i_5+i_6=0$$

以上 3 式相加后,得到流出闭合面 S 的电流代数和为

$$i_1-i_2+i_3=0$$ [①]

其中 i_1 和 i_3 流出闭合面,i_2 流入闭合面。

所以,流出一个闭合面的支路电流的代数和恒等于零;或者说,流出闭合面的支路电流等于流入同一闭合面的支路电流。这称为电流的连续性。KCL 是电荷守恒的体现。

基尔霍夫电压定律(KVL)[②]指出:“在集总电路中,任何时刻,沿任一回路,所有支路电压的代数和恒等于零。”

所以,沿任一回路有

$$\sum u=0$$

上式取和时,需要任意指定一个回路的绕行方向,凡支路电压的参考方向与回路的绕行方向一致时,该电压前面取“+”号;支路电压的参考方向与回路绕行方向相反时,该电压前面取“-”号。

---

① 这是因为仅在闭合面内流动的支路电流在各 KCL 式中各出现两次,一次为正、一次为负,其和必为零,不会在闭合面的 KCL 中出现。

② KVL——Kirchhoff's voltage law。

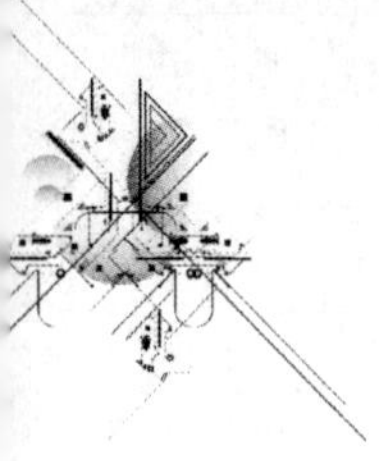

以图 1-15 所示电路为例，对支路(1,2,3,4)构成的回路列写 KVL 方程时，需要先指定各支路电压的参考方向和回路的绕行方向。绕行方向用虚线上的箭头表示，有关支路电压为 u_1、u_2、u_3、u_4，它们的参考方向如图 1-15 所示。

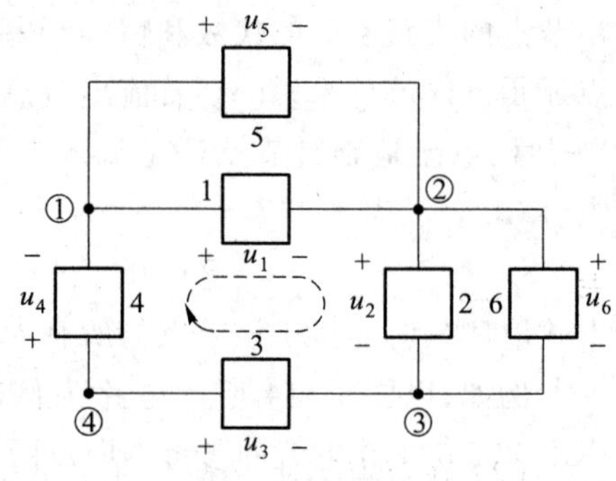

图 1-15　KVL

根据 KVL，对指定的回路有

$$u_1+u_2-u_3+u_4=0$$

由上式也可得

$$u_3=u_1+u_2+u_4$$

该式表明，④、③两节点之间的电压是单值的，不论沿支路 3 或沿支路 4、1、2 构成的路径，此两节点间的电压值是相等的。KVL 是电压与路径无关这一性质的反映[①]。

KCL 在支路电流之间施加线性约束关系；KVL 则对支路电压施加线性约束关系。这两个定律仅与元件的相互连接有关，而与元件的性质无关。不论元件是线性的还是非线性的，时变的还是时不变的，KCL 和 KVL 总是成立的。KCL 和 KVL 是集总电路的两个公设(公理)。

对一个电路应用 KCL 和 KVL 时，应对各节点和支路编号，并指定有关回路的绕行方向，同时指定各支路电流和支路电压的参考方向，一般两者取关联参考方向。

例 1-2　图 1-16 所示电路中，已知 $u_1=u_3=1\ \text{V}$，$u_2=4\ \text{V}$，$u_4=u_5=2\ \text{V}$，求电压 u_x。

解　对回路Ⅰ和Ⅱ分别列出 KVL 方程(支路的参考方向和回路的绕行方向如图 1-16 所示)：

$$-u_1+u_2+u_6-u_3=0$$

$$-u_6+u_4+u_5-u_x=0$$

u_6 在方程中出现二次，一次前面为"+"号(与回路Ⅰ绕行方向相同)、一次前面为"-"号(与回路Ⅱ绕行方向相反)。将两个方程相加消去 u_6，得

$$u_x=-u_1+u_2-u_3+u_4+u_5{}^{②}=6\ \text{V}$$

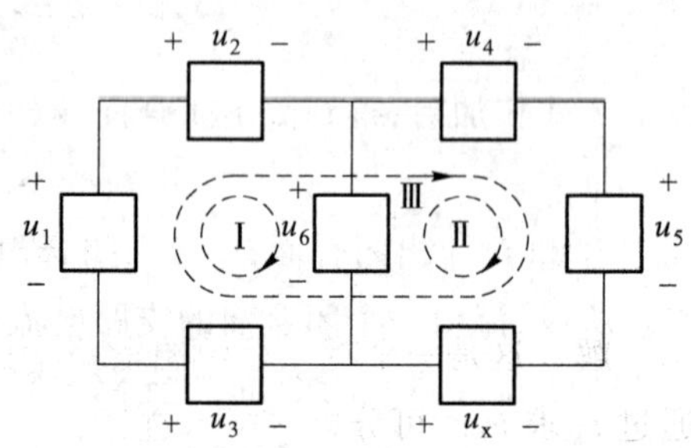

图 1-16　例 1-2 图

例 1-3　图 1-17 所示电路中，电阻 $R_1=1\ \Omega$，$R_2=2\ \Omega$，$R_3=10\ \Omega$，$U_{S1}=3\ \text{V}$，$U_{S2}=1\ \text{V}$。求电阻 R_1 两端的电压 U_1。

解　这是一个复杂电路。求解本题时，须同时应用 KCL、KVL 以及元件的 VCR。给出各支路电压与电流的参考方向如图所示。可依下列步骤进行：

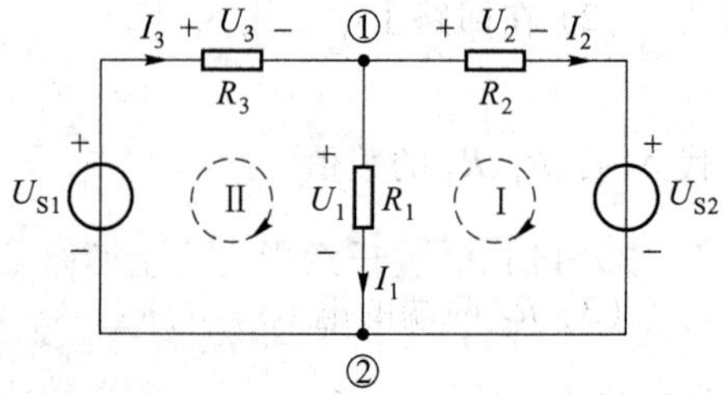

图 1-17　例 1-3 图

---

① 实质上，是能量守恒和转换定律的反映。

② 若沿图中的回路Ⅲ列出 KVL 方程，可得 $-u_1+u_2-u_3+u_4+u_5-u_x=0$，也可解出 u_x。

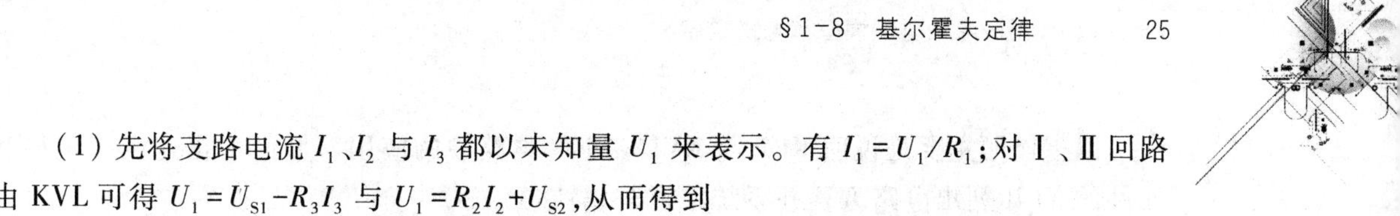

(1) 先将支路电流 I_1、I_2 与 I_3 都以未知量 U_1 来表示。有 $I_1=U_1/R_1$；对Ⅰ、Ⅱ回路由 KVL 可得 $U_1=U_{S1}-R_3I_3$ 与 $U_1=R_2I_2+U_{S2}$，从而得到

$$I_3=\frac{U_{S1}-U_1}{R_3}=\frac{3-U_1}{10}^{①}$$

与

$$I_2=\frac{U_1-U_{S2}}{R_2}=\frac{U_1-1}{2}$$

(2) 在节点①使用 KCL，有 $I_3=I_1+I_2$，即

$$\frac{3-U_1}{10}=\frac{U_1}{1}+\frac{U_1-1}{2}$$

从而解得

$$U_1=0.5\ \text{V}$$

例 1-4 图 1-18 电路中，已知 $R_1=2\ \text{k}\Omega$，$R_2=500\ \Omega$，$R_3=200\ \Omega$，$u_S=12\ \text{V}$，电流控制电流源的激励电流 $i_d=5i_1$。求电阻 R_3 两端的电压 u_3。

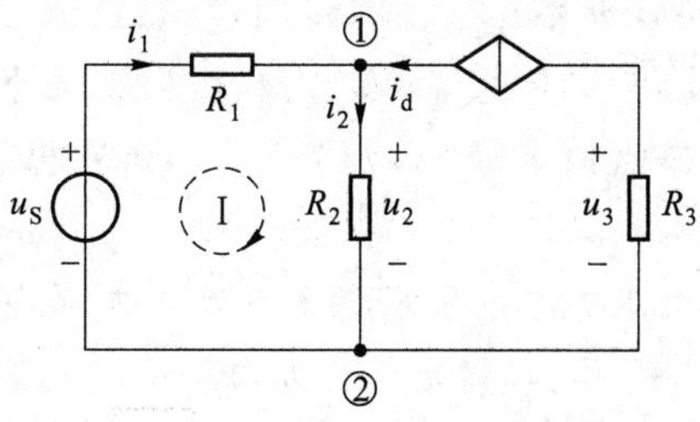

图 1-18 例 1-4 图

解 这是一个有受控源的电路，宜选择控制量 i_1 作为未知量先求解，解得 i_1 后再通过 i_d 求 u_3。可分以下步骤进行：

(1) 在节点①使用 KCL，可知流过 R_2 的电流 $i_2=i_1+i_d=i_1+5i_1=6i_1$。

(2) 在回路Ⅰ中使用 KVL，得

$$u_S=R_1i_1+R_2i_2=(R_1+6R_2)i_1$$

代入 u_S、R_1、R_2 的数值，可得

$$i_1=2.4\ \text{mA}$$

(3) R_3 两端的电压 u_3 为

$$u_3=-R_3i_d=-R_3\times5i_1=-2.4\ \text{V}$$

---

① 本书中为使方程或计算过程的表述更清晰易懂，部分算式将省略物理量的单位，仅描述其数值关系。例如本式的规范表述应为 $I_3=\frac{U_{S1}-U_1}{R_3}=\frac{3\ \text{V}-U_1}{10\ \Omega}$。

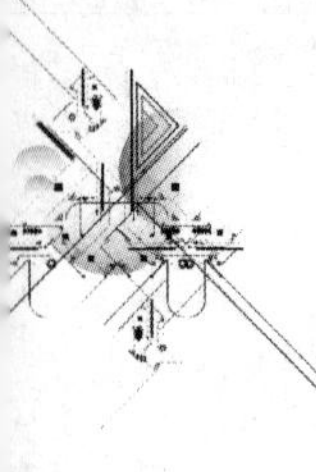

以上例题主要是说明 KCL 与 KVL 在求解电路中的应用。如何根据这两个定律和元件的 VCR 列出电路方程并系统地求解，将在第三章中介绍。

思考题

1-1　实际电路和电路模型的区别和联系。

1-2　实际电路元器件和理想元件的关系。

1-3　建立一个实际电路的集总参数电路模型要做哪些假设？

1-4　如何根据电压、电流的参考方向以及功率的符号，判断一个电路元件是吸收功率还是发出功率？

1-5　为什么说电阻元件是耗能元件？

1-6　在实际工程中使用电阻元件时，除了元件要符合电阻值的要求外，还要考虑哪些因素？

1-7　电位、电压和电动势的概念的差异有哪些？请以电压源为例说明。

1-8　为什么电压源不能短路？

1-9　为什么电流源不能开路？

1-10　在应用 KCL 时，各支路电流规定了参考方向，在 $\sum i=0$ 表达式中，流出节点的电流 i 前加“+”号，流入节点的电流 i 前加“-”号。如果电流方向采用实际方向，是否满足 KCL？

1-11　在应用 KVL 时，各支路电压规定了参考方向，在 $\sum u=0$ 表达式中，与指定绕行方向相同的电压 u 前加“+”号，与指定绕行方向相反的电压 u 前加“-”号。如果电压方向采用实际方向，是否满足 KVL？

1-12　一个 10 Ω 电阻器与一个 40 Ω 的电阻器串联后加以电压 100 V。这两个电阻的标称功率如何选定？

习　题

1-1　题 1-1 图中：

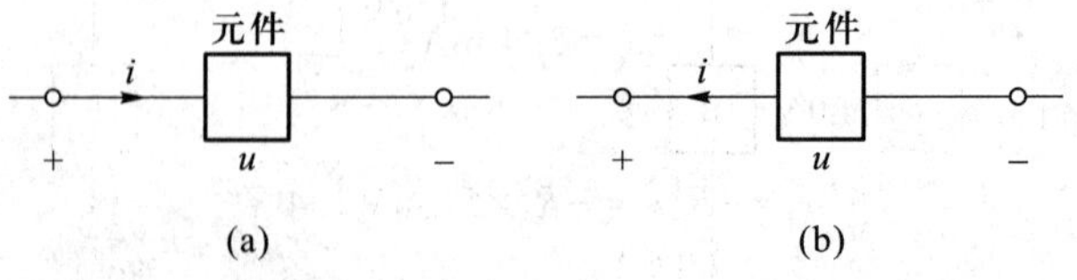

题 1-1 图

(1) u、i 的参考方向是否关联？

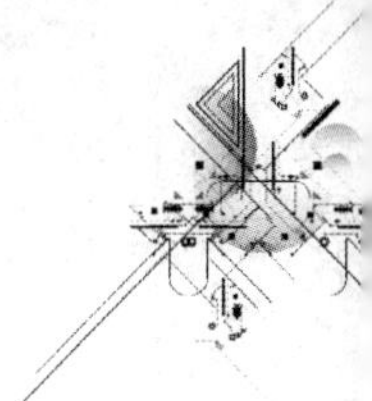

(2) ui 乘积表示什么功率？

(3) 如果在图(a)中 $u>0,i<0$，图(b)中 $u>0,i>0$，元件实际发出功率还是吸收功率？

1-2　在题 1-2 图(a)与(b)中，对于 N_A 与 N_B，u、i 的参考方向是否关联？此时乘积 ui 对 N_A 与 N_B 分别意味着什么功率？

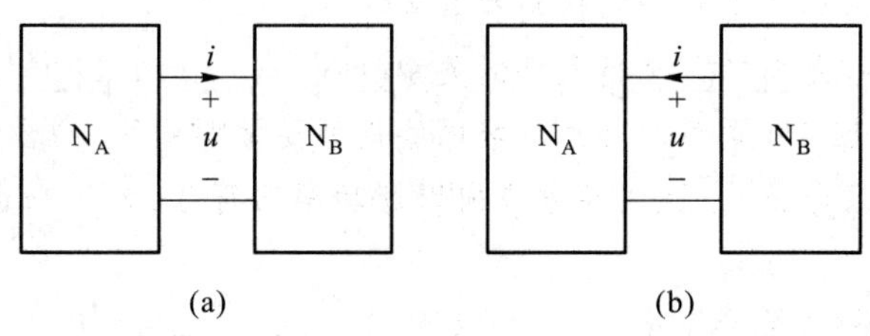

题 1-2 图

1-3　在题 1-3 图(a)中，已知 $I_1=500\ \text{mA}$，$I_S=100\ \text{mA}$，$U=30\ \text{V}$。求 N_A 与 N_B 以及电流源所吸收的功率。在图(b)中，已知 $U_2=10\ \text{V}$，$I_1=2\ \text{A}$，$U_S=30\ \text{V}$。求 N_A 与 N_B 以及电压源所吸收的功率。

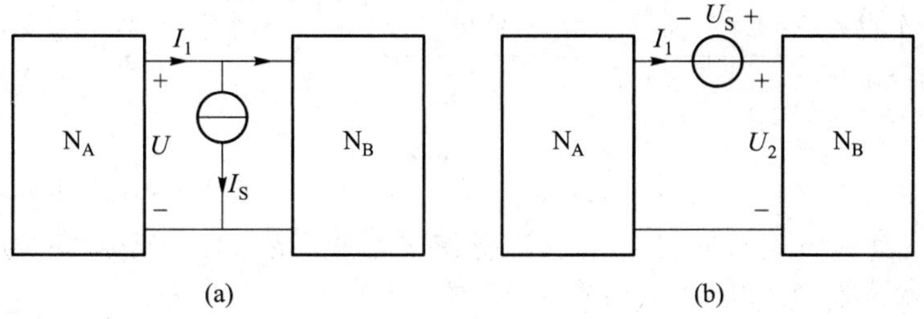

题 1-3 图

1-4　求解电路以后，校核所得结果的方法之一是核对电路中所有元件的功率平衡，即一部分元件发出的总功率应等于其他元件吸收的总功率。试校核题 1-4 图中电路所得解答是否正确。

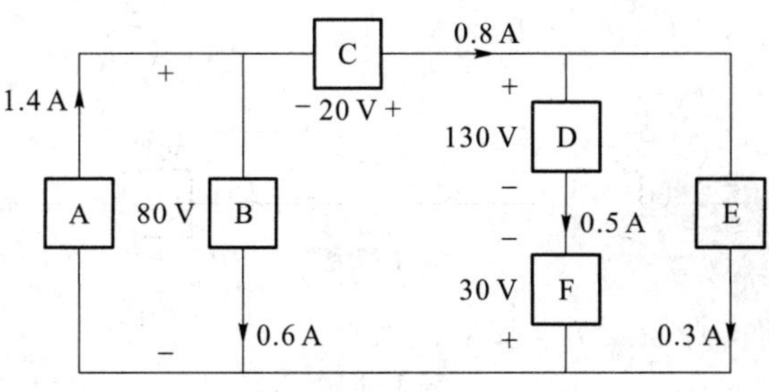

题 1-4 图

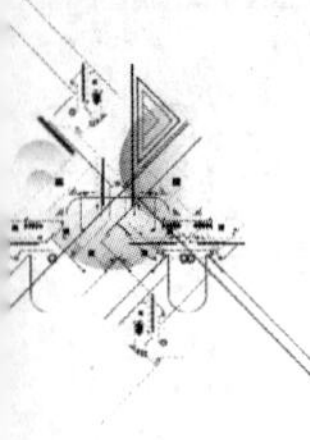

1-5　在指定的电压 u 和电流 i 的参考方向下，写出题 1-5 图所示各元件的 u 和 i 的约束方程(即 VCR)。

(a)　(b)　(c)

(d)　(e)　(f)

题 1-5 图

1-6　试求题 1-6 图中各电路中电压源、电流源及电阻的功率(须说明是吸收还是发出)。

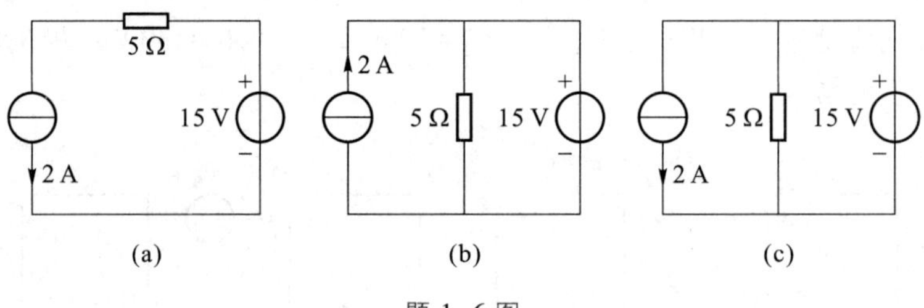

(a)　(b)　(c)

题 1-6 图

1-7　以电压 U 为纵轴，电流 I 为横轴，取适当的电压、电流标尺，在同一坐标上，画出以下元件及支路的电压、电流关系(仅画第一象限)。

(1) $U_S=10$ V 电压源，如题 1-7 图(a)所示。

(2) $R=5\ \Omega$ 线性电阻，如题 1-7 图(b)所示。

(3) U_S、R 的串联组合，如题 1-7 图(c)所示。

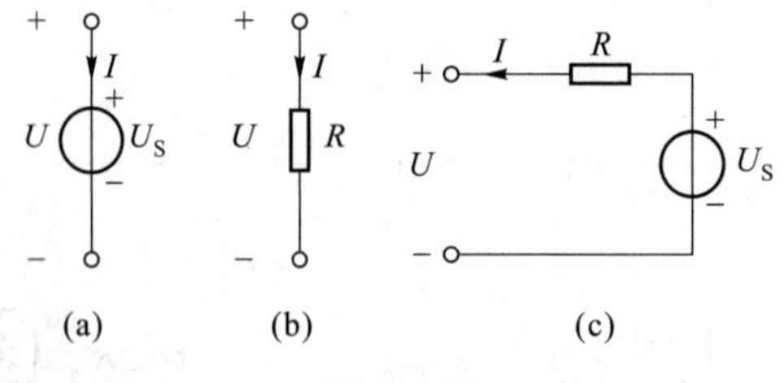

(a)　(b)　(c)

题 1-7 图

1-8　题 1-8 图中的电流 I 均为 2 A。

(1) 求各图中支路电压。

(2) 求各图中电源、电阻及支路的功率，并讨论功率平衡关系。

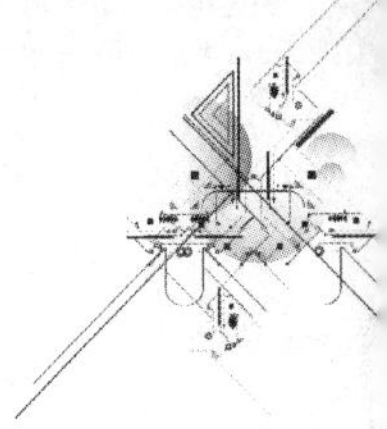

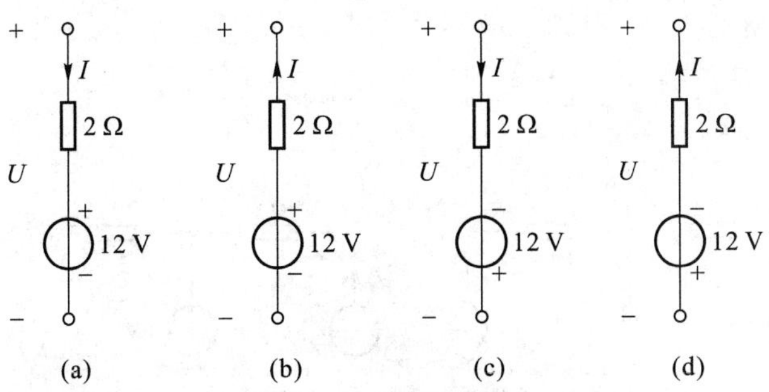

题 1-8 图

1-9 试求题 1-9 图中各电路的电压 U,并分别讨论其功率平衡。

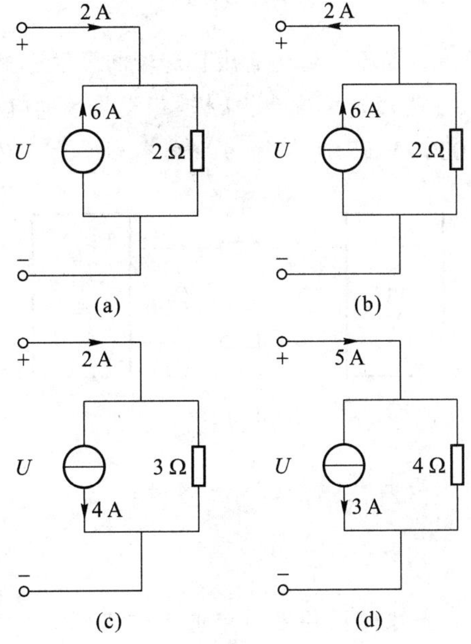

题 1-9 图

1-10 题 1-10 图中各电路的受控源是否可看为电阻?求各图中 a、b 端钮的等效电阻。

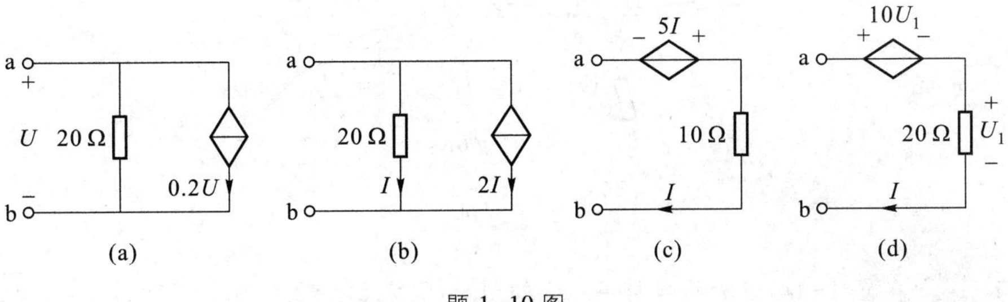

题 1-10 图

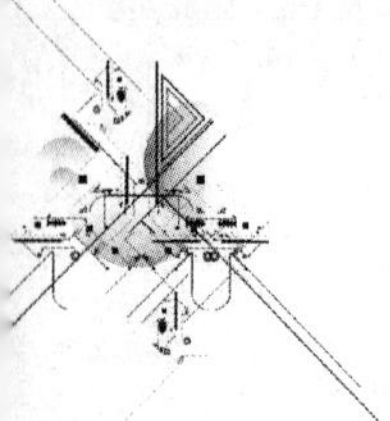

1-11　电路如题 1-11 图所示，试求：

(1) 图(a)中，i_1 与 u_{ab}。

(2) 图(b)中，u_{cb}。

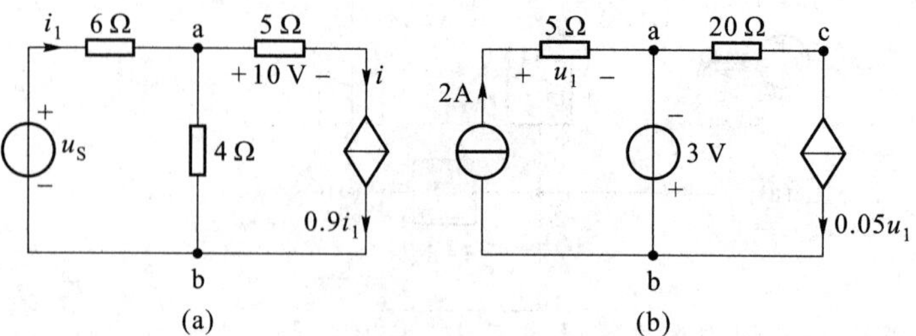

题 1-11 图

1-12　我国自葛洲坝水电站至上海的高压直流输电线示意图如题 1-12 图所示。输电线每根对地耐压为 500 kV，导线额定电流为 1 kA。每根导线电阻为 27 Ω(全长 1 088 km)。当首端线间电压 U_1 为 1 000 kV 时，可传输多少功率到上海？传输效率是多少？

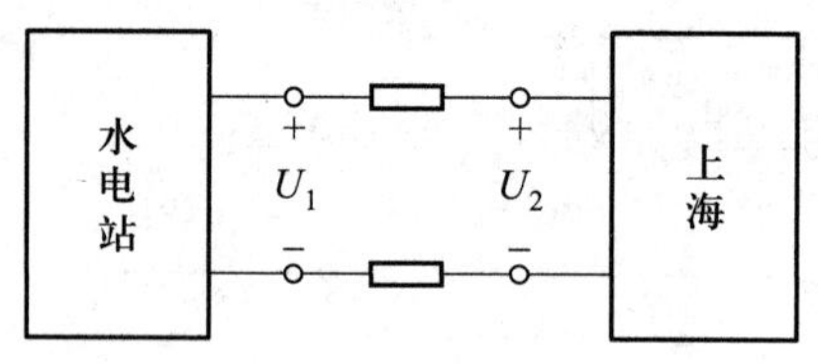

题 1-12 图

1-13　对题 1-13 图所示电路，若：

(1) R_1、R_2、R_3 不定。

(2) $R_1=R_2=R_3$。

在以上两种情况下，尽可能多地确定各电阻中的未知电流。

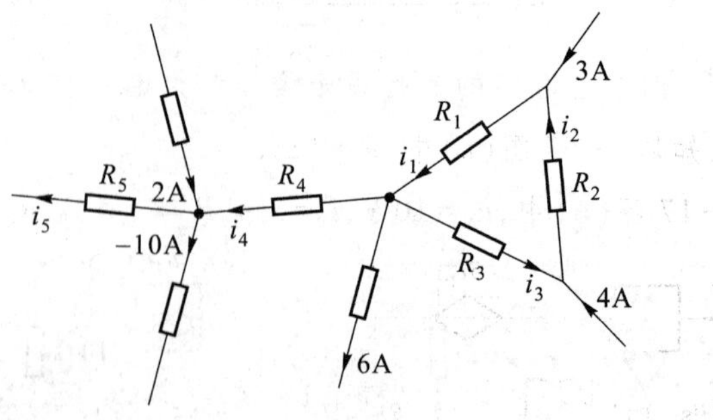

题 1-13 图

1-14　在题 1-14 图所示电路中，已知 $u_{12}=2$ V，$u_{23}=3$ V，$u_{25}=5$ V，$u_{37}=3$ V，$u_{67}=1$ V，尽可能多地确定其他各元件的电压。

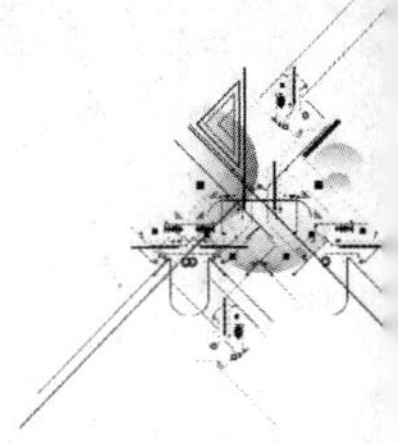

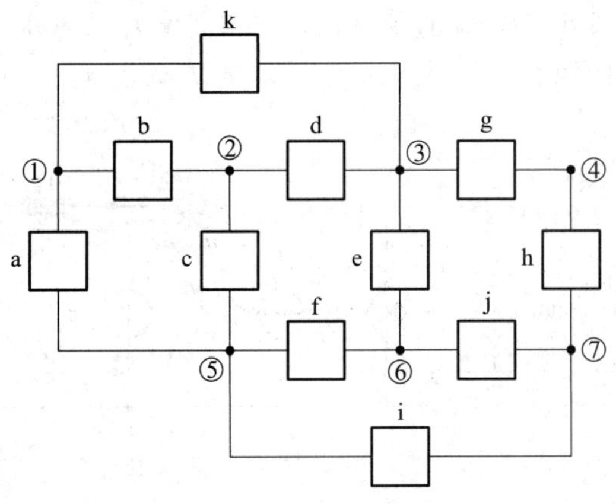

题 1-14 图

1-15 电路如题 1-15 图所示,试求每个元件发出或吸收的功率。

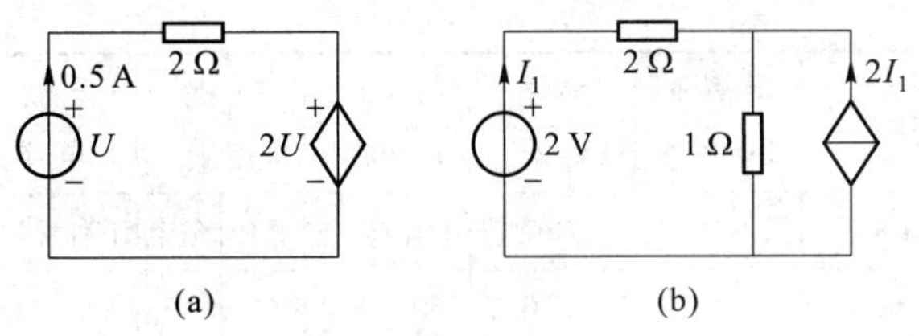

题 1-15 图

1-16 利用 KCL 与 KVL 求题 1-16 图中 I(提示:利用 KVL 将 180 V 电源支路电流用 I 来表示,然后在节点①写 KCL 方程求解)。

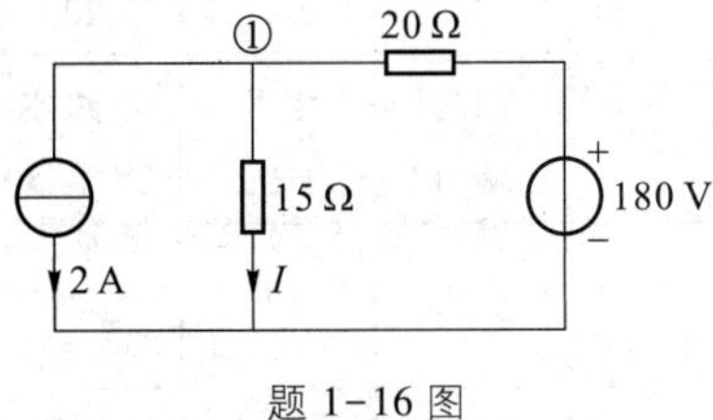

题 1-16 图

1-17 (1) 已知题 1-17 图(a)中,$R=2\ \Omega, i_1=1\ \text{A}$,求电流 i。

(2) 已知题 1-17 图(b)中,$u_S=10\ \text{V}, i_1=2\ \text{A}, R_1=4.5\ \Omega, R_2=1\ \Omega$,求 i_2。

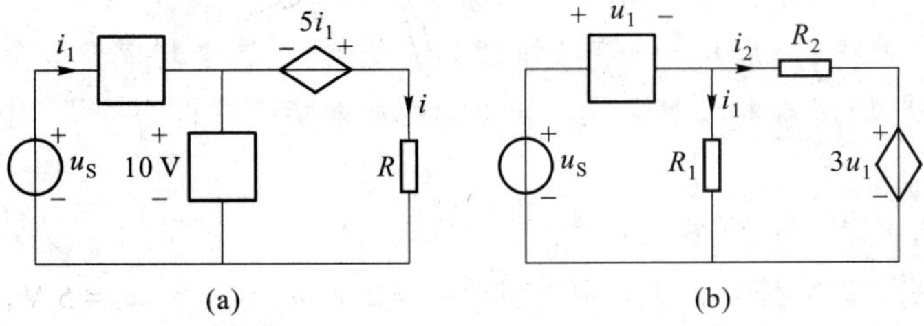

题 1-17 图

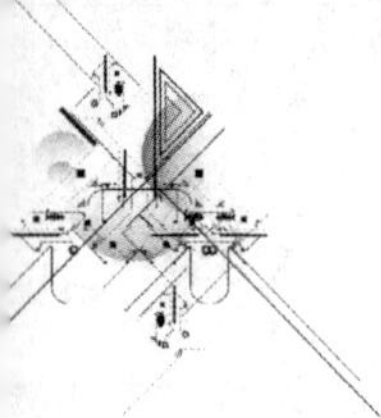

1-18　(1) 试求题 1-18 图(a)所示电路中控制量 I_1 及电压 U_0。

(2) 试求题 1-18 图(b)所示电路中控制量 u_1 及电压 u。

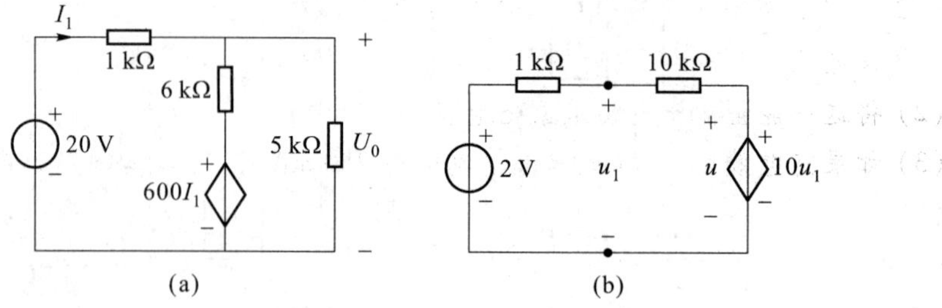

题 1-18 图

1-19　某同学用电能监控计量插座(一种可测小功率、电能的数字仪表)测得他家中一些家用电器在待机及正常工作情况下的消耗功率,列表如下:

家用电器用电量表

家用电器	小风扇	台灯	等离子 TV46 寸		液晶 TV42 寸		CRT TV20 寸		手提电脑		台式电脑		Modem (猫)	数字机顶盒
状态	工作	工作	工作	待机	工作	待机	工作	待机	工作	充电	工作	待机	工作	工作
功率/W	4.7	15.4	300	12	197	0.7	60	3.4	68	45	96	45	3	5

家用电器	智能机顶盒		空调 1.5 HP		空调 1 HP		台式音响	DVD 播放器		数字电子钟	喷墨打印机	Mini-iPad	iPhone
状态	工作	待机	工作	待机	工作	待机	工作	工作	待机	工作	工作	充电	充电
功率/W	5.9	0.3	1 000	3.4	770	4	34	7.5	1.7	22	1.8	7.9	11

家用电器	电冰箱	电饭锅	微波炉	抽油烟机	电开水壶	电热水淋浴器	无绳电话底座	传统手机	LED 充电手电筒
状态	工作	工作	工作(平均)	工作	工作	工作	充电	充电	充电
功率/W	140	1 210	1 200	26~170	1 570	1 650	1	4.8	0.4

上表中功率均为交流功率,计算电流时,参见 §9-4,可取平均功率因数 $\cos\varphi=0.85$。

(1) 在夏天白日,除厨房外,各家用大电器待机状态下,耗电功率为多少?

(2) 在夏天晚上,厨房及各家用大电器均在使用时,耗电功率为多少?

(3) 求在夏天,所有电器都在待机状态时的耗电功率。由于待机,月消耗电能多少度电?

(4) 入户导线、熔断器(或断路器)应如何选用?

(5) 估计一下夏天整户月消耗多少度电。

1-20　电解铝工业是耗电大户,每吨电解铝耗电 10 000 度电以上。某电解铝工厂通过改革将电解铝的耗电率降低了接近10%，该厂每年生产电解铝近1 000万吨。每年可节约电多少度？用电成本(以每度工业用电0.53元来计算)降低多少元？

1-21　某五号可充电电池的规格为：1.2 V，2 000 mAh。

(1) 该电池充足电后，电池所含的电能为多少？

(2) 将这一能量能做的功形象化地表示。

(3) 如果充电效率为50%，当充电电流为250 mA时，充电时间应为多少？

第一章部分习题答案

第二章 电阻电路的等效变换

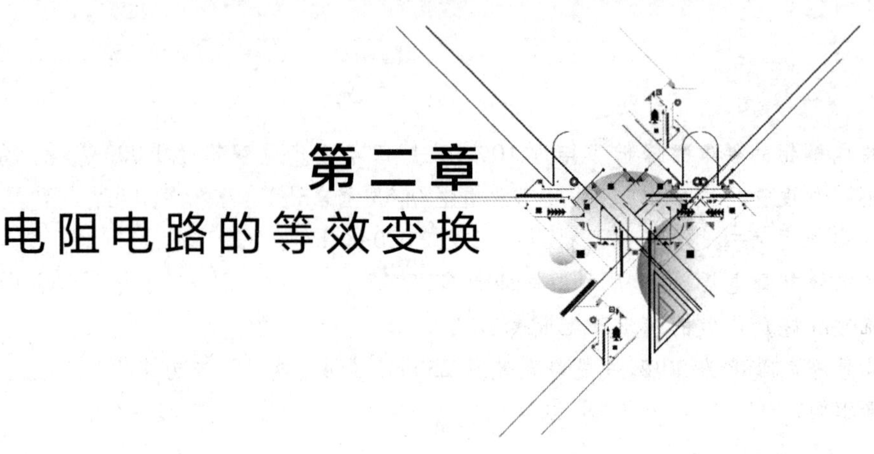

导 读

等效变换是电路分析中的一个重要概念。对于一些结构比较简单的电路,例如电路中仅有少数独立电源的电阻电路,常常可以应用等效变换的方法,使得部分电路得到变形而简化求解过程。简单电阻电路的等效变换包括:电阻的串联、并联与混联的变换,Y 形联结与 Δ 形联结的变换和电源的等效变换等。

本章为简单结构电阻电路的分析与计算,着重介绍等效变换的概念。

§2-1 电路的等效变换

由时不变线性无源元件、线性受控源和独立电源组成的电路,称为时不变线性电路,本书简称线性电路。本书的大部分内容是线性电路的分析。

如果构成电路的无源元件均为线性电阻,则称该电路为线性电阻性电路(或简称电阻电路)。本书第二、三、四章介绍电阻电路的分析。电路中电压源的电压或电流源的电流,可以是恒定值,也可以随时间按某种规律而变化;当电路中的独立电源都是恒定电源时,这类电路简称为直流电路。

对电路进行分析和计算时,有时可以把电路中某一部分简化,即用一个较为简单或另一种结构形式的电路代替该部分电路,以使整个电路便于计算。在图 2-1(a)中,右方虚线框中由几个电阻构成的电路可以用一个电阻 R_{eq}①[见图 2-1(b)]代替,使整个电路得以简化。进行代替的条件是使图 2-1(a)(b)中,端子 1-1′以右的部分有相同的伏安特性。电阻 R_{eq} 称为等效电阻,其值决定于被代替的原电路中各电阻的值以及它们的连接方式。

另一方面,当图 2-1(a)中端子 1-1′以右电路被 R_{eq} 代替后,1-1′以左部分电路的任何电压和电流都将维持与原电路相同。这就是电路的"等效概念"。更一般地说,当

① 下标 eq 为等效(equivalent)的简写。

电路中某一部分用其等效电路代替后,未被代替部分的电压和电流均应保持不变。也就是说,用等效电路的方法求解电路时,电压和电流保持不变的部分仅限于等效电路以外,这就是"对外等效"的概念。等效电路是被代替部分的简化或结构变形,因此,内部并不等效。例如,把图 2-1(a)所示电路简化后,不难按图 2-1(b)求得端子 1-1′以左部分的电流 i 和端子 1-1′的电压 u,它们分别等于原电路中的电流 i 和电压 u。但如果还要求图 2-1(a)虚线框内部的各电阻的电流,就必须回到原电路,利用已求得的电流 i 和电压 u 来求解。可见,"对外等效"也就是其外部特性等效。

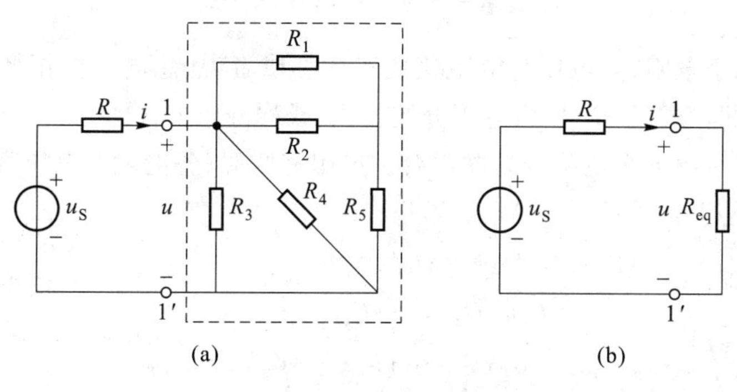

图 2-1　等效电阻

§2-2　电阻的串联和并联

等效电路是电路结构的一种变形(或变换),本节先讨论最简单的电阻串联和并联的情况。

图 2-2(a)所示电路为 n 个电阻 R_1、R_2、…、R_k、…、R_n 的串联组合。电阻串联时,每个电阻中的电流为同一电流。

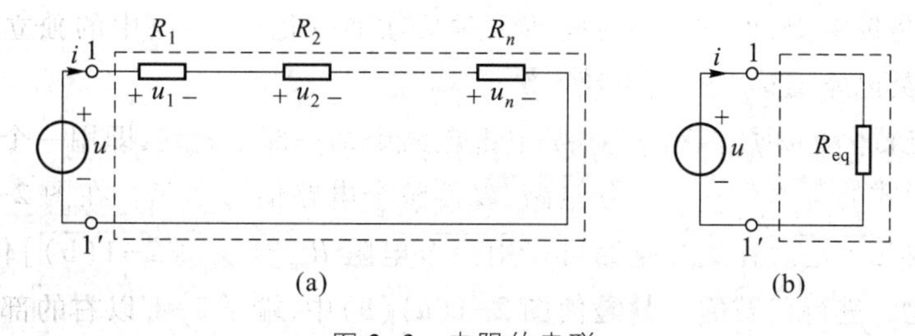

图 2-2　电阻的串联

应用 KVL,有

$$u=u_1+u_2+\cdots+u_k+\cdots+u_n$$

即总电压为各串联电阻分电压之和。

由于每个电阻的电流均为 i,有 $u_1=R_1i,u_2=R_2i,\cdots,u_k=R_ki,\cdots,u_n=R_ni$,代入上式得

$$u=(R_1+R_2+\cdots+R_k+\cdots+R_n)i=R_{eq}i$$

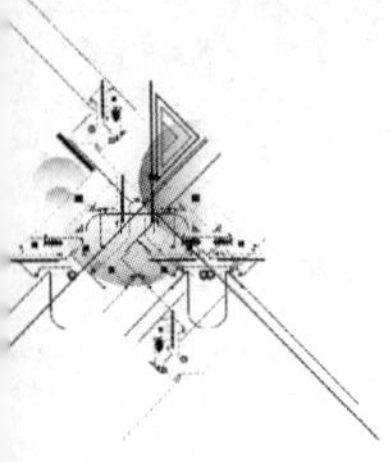

其中

$$R_{eq} \xlongequal{\text{def}①} \frac{u}{i} = R_1 + R_2 + \cdots + R_k + \cdots + R_n = \sum_{k=1}^{n} R_k \tag{2-1}$$

电阻 R_{eq} 是这些串联电阻的等效电阻。显然，当各电阻均为正值时，等效电阻必大于任一个参与串联的电阻。

电阻串联时，各电阻上的分电压为

$$u_k = R_k i = \frac{R_k}{R_{eq}} u \quad (k=1,2,\cdots,n) \tag{2-2}$$

可见，串联的每个电阻，其电压与电阻值成正比。或者说，总电压根据各个串联电阻的电阻值进行分配。式(2-2)称为电压分配公式，或称分压公式。

图 2-3(a)示出 n 个电阻的并联组合。电阻并联时，各电阻的电压为同一电压。总电流 i 可根据 KCL 写作

$$\begin{aligned} i &= i_1 + i_2 + \cdots + i_k + \cdots + i_n \\ &= G_1 u + G_2 u + \cdots + G_k u + \cdots + G_n u \\ &= (G_1 + G_2 + \cdots + G_k + \cdots + G_n) u = G_{eq} u \end{aligned}$$

即总电流为各并联电阻分电流之和，式中 G_1、G_2、$\cdots$、G_k、$\cdots$、G_n 为电阻 R_1、R_2、$\cdots$、R_k、$\cdots$、R_n 的电导，而

$$G_{eq} \xlongequal{\text{def}} \frac{i}{u} = G_1 + G_2 + \cdots + G_k + \cdots + G_n = \sum_{k=1}^{n} G_k \tag{2-3}$$

G_{eq} 是 n 个电阻并联后的等效电导。并联后的等效电阻 R_{eq} 为

$$R_{eq} = \frac{1}{G_{eq}} = \frac{1}{\sum\limits_{k=1}^{n} G_k} = \frac{1}{\sum\limits_{k=1}^{n} \frac{1}{R_k}}$$

或

$$\frac{1}{R_{eq}} = \sum_{k=1}^{n} \frac{1}{R_k}$$

不难看出，当各电阻均为正值时，等效电阻小于任一个参与并联的电阻。

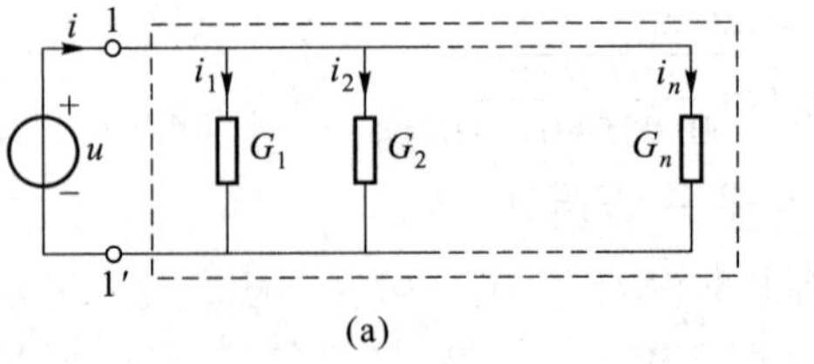

(a)

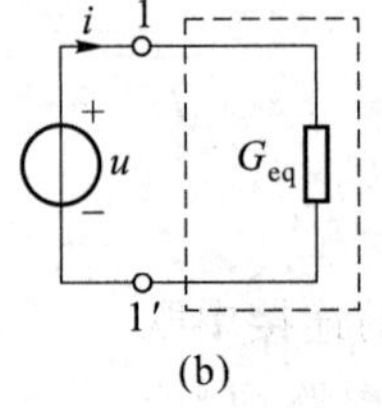

(b)

图 2-3　电阻的并联

---

① 符号“$\xlongequal{\text{def}}$”表示“按定义等于”。

电阻并联时，各电阻中的电流为

$$i_k = G_k u = \frac{G_k}{G_{eq}} i \quad (k=1,2,\cdots,n) \tag{2-4}$$

可见，每个并联电阻中的电流与它们各自的电导值成正比。上式称为电流分配公式，或称分流公式。

当 $n=2$ 时，即 2 个电阻并联时，如图 2-4(a)所示，等效电阻为

$$R_{eq} = \frac{1}{\dfrac{1}{R_1}+\dfrac{1}{R_2}} = \frac{R_1 R_2}{R_1+R_2}$$

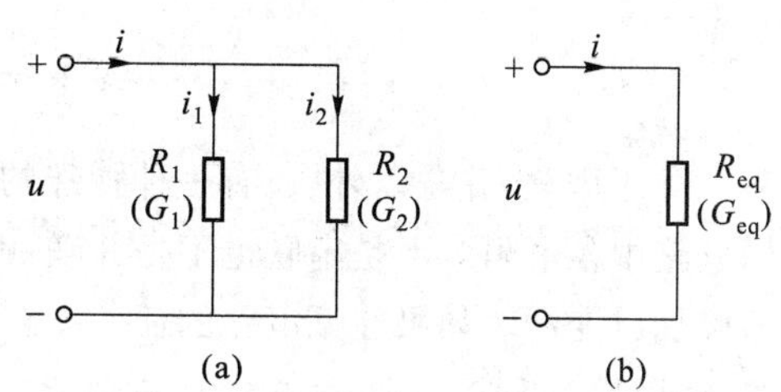

图 2-4　2 个电阻并联

两并联电阻的电流分别为

$$i_1 = \frac{G_1}{G_{eq}} i = \frac{R_2}{R_1+R_2} i$$

$$i_2 = \frac{G_2}{G_{eq}} i = \frac{R_1}{R_1+R_2} i$$

例 2-1　图 2-5 所示电路中，$I_S = 16.5$ mA，$R_S = 2$ kΩ，$R_1 = 40$ kΩ，$R_2 = 10$ kΩ，$R_3 = 25$ kΩ，求 I_1、I_2 和 I_3。

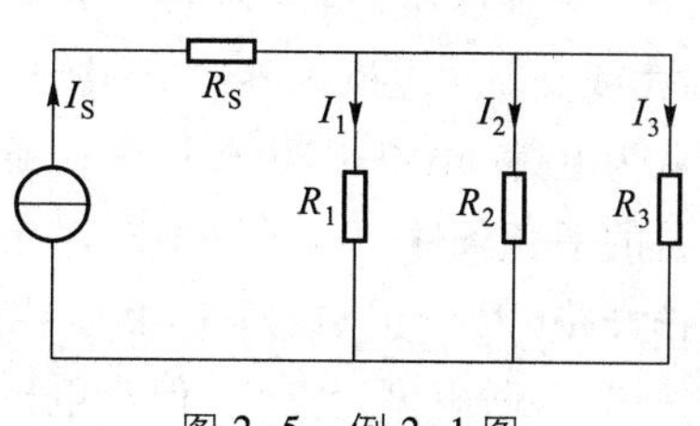

图 2-5　例 2-1 图

解　R_S 不影响 R_1、R_2、R_3 中电流的分配。现在 $G_1 = \dfrac{1}{R_1} = 0.025$ mS，$G_2 = \dfrac{1}{R_2} = 0.1$ mS，$G_3 = \dfrac{1}{R_3} = 0.04$ mS。按电流分配公式，有

$$\begin{aligned} I_1 &= \frac{G_1}{G_1+G_2+G_3} I_S = \frac{0.025}{0.025+0.1+0.04} \times 16.5 \text{ mA} \\ &= 2.5 \text{ mA} \\ I_2 &= \frac{G_2}{G_1+G_2+G_3} I_S = \frac{0.1}{0.025+0.1+0.04} \times 16.5 \text{ mA} \\ &= 10 \text{ mA} \\ I_3 &= \frac{G_3}{G_1+G_2+G_3} I_S = \frac{0.04}{0.025+0.1+0.04} \times 16.5 \text{ mA} \\ &= 4 \text{ mA} \end{aligned}$$

当电阻的连接中既有串联又有并联时，称为电阻的串、并联，或简称混联。图 2-6(a)(b)所示电路均为混联电路。在图 2-6(a)中，R_3 与 R_4 串联后与 R_2 并联，再与 R_1 串联。故有

$$R_{eq} = R_1 + \frac{R_2(R_3+R_4)}{R_2+R_3+R_4}$$

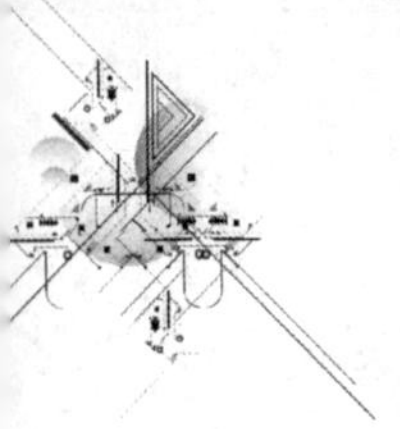

对于图 2-6(b)中电路,读者可自行求得 $R_{eq}=12\ \Omega$。

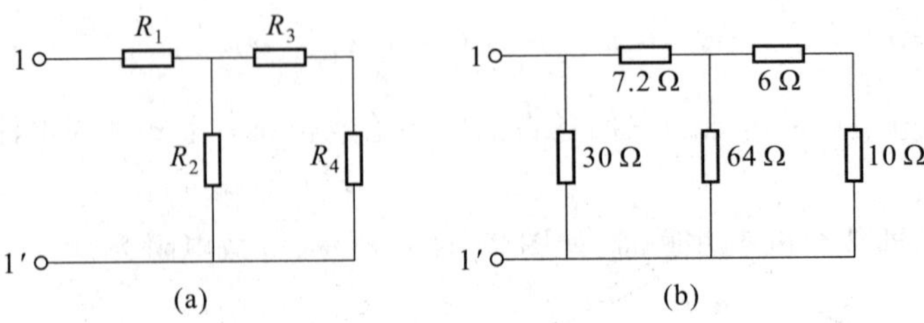

图 2-6 电阻的混联

除了串联、并联以外,还有一种特殊的连接形式是桥形连接。图 2-7(a)所示桥形结构电路中各电阻既不是串联也不是并联,因此无法根据电阻的串联、并联变换规律将电路结构加以变动。如果在该电路的任一支路中加入一个电压源就可得到图 2-7(b)所示电路,该电路又称为惠斯通电桥。其中 R_1、R_2、R_3、R_4 所在支路称为桥臂,R_5 支路称为对角线支路。不难证明,当满足条件 $R_1R_4=R_2R_3$ 时,对角线支路中电流为零,二端电压也为零,此时认为电桥处于平衡状态①,这一条件也称为电桥的平衡条件。电桥平衡时对角线支路可看作开路(因 $i=0$),或短路(因 $u=0$),电路就可按串、并联规律计算②。但当电桥不满足平衡条件时,就无法应用串、并联变换,而要应用下一节中电阻的 Y-Δ 等效变换。

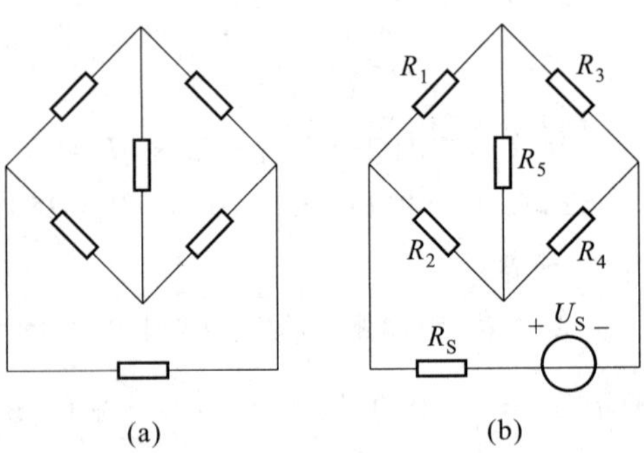

图 2-7 桥形结构与惠斯通电桥

§2-3 电阻的 Y 形联结和 Δ 形联结的等效变换

Y 形联结也称为星形(star)联结,Δ(delta)形联结也称为三角形联结。它们都有 3 个端子与外部相连。在图 2-7 所示电桥电路中,R_1,R_3,R_5 构成 Y 形联结(R_2,R_4,R_5 也构成 Y 形联结);R_1,R_2,R_5 构成 Δ 形联结(R_3,R_4,R_5 也构成 Δ 形联结)。图 2-8(a)(b)分别表示接于端子 1、2、3 的 Y 形联结与 Δ 形联结的三个电阻。端子 1、2、3 与电路的其他部分相连,图中没有画出电路的其他部分。当两种电路的电阻之间满足一定关系时,它们在端子 1、2、3 上及端子以外的特性可以相同,就是说它们可以互相等效变换。如果在它们的对应端子之间具有相同的电压 u_{12}、u_{23} 和 u_{31},而流入对应端子的电流分别相等,即 $i_1=i_1'$,$i_2=i_2'$,$i_3=i_3'$,在这种条件下,它们就彼此等效。这就是 Y-Δ 等效

① 电桥的这一特性常用于电气测量、控制电路之中。

② 由于 R_5 中电流为零,两端电压亦为零(R_5 为有限值),将该支路断开或短路均不会影响其他部分的电压、电流。

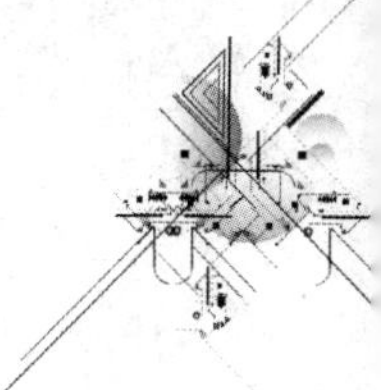

变换应满足的条件。

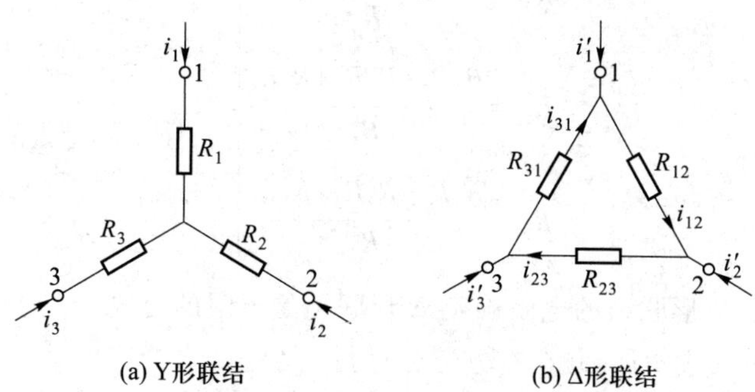

(a) Y形联结　(b) Δ形联结

图 2-8　Y 形联结和 Δ 形联结的等效变换

对于 Δ 形联结电路，各电阻中电流为

$$i_{12}=\frac{u_{12}}{R_{12}},\quad i_{23}=\frac{u_{23}}{R_{23}},\quad i_{31}=\frac{u_{31}}{R_{31}}$$

根据 KCL，端子电流分别为

$$\left.\begin{aligned}i'_1&=\frac{u_{12}}{R_{12}}-\frac{u_{31}}{R_{31}}\\ i'_2&=\frac{u_{23}}{R_{23}}-\frac{u_{12}}{R_{12}}\\ i'_3&=\frac{u_{31}}{R_{31}}-\frac{u_{23}}{R_{23}}\end{aligned}\right\}\tag{2-5}$$

对于 Y 形联结电路，应根据 KCL 和 KVL 联立求出端子电压与电流之间的关系，方程为

$$\left.\begin{aligned}&i_1+i_2+i_3=0\\ &R_1i_1-R_2i_2=u_{12}\\ &R_2i_2-R_3i_3=u_{23}\end{aligned}\right\}$$

并计及 $u_{12}+u_{23}+u_{31}=0$，可以解出电流

$$\left.\begin{aligned}i_1&=\frac{R_3u_{12}}{R_1R_2+R_2R_3+R_3R_1}-\frac{R_2u_{31}}{R_1R_2+R_2R_3+R_3R_1}\\ i_2&=\frac{R_1u_{23}}{R_1R_2+R_2R_3+R_3R_1}-\frac{R_3u_{12}}{R_1R_2+R_2R_3+R_3R_1}\\ i_3&=\frac{R_2u_{31}}{R_1R_2+R_2R_3+R_3R_1}-\frac{R_1u_{23}}{R_1R_2+R_2R_3+R_3R_1}\end{aligned}\right\}\tag{2-6}$$

由于不论 u_{12}、u_{23}、u_{31} 为何值，两个等效电路的对应的端子电流均相等，故式(2-5)与式(2-6)中电压 u_{12}、u_{23} 和 u_{31} 前面的系数应该对应地相等。于是得到

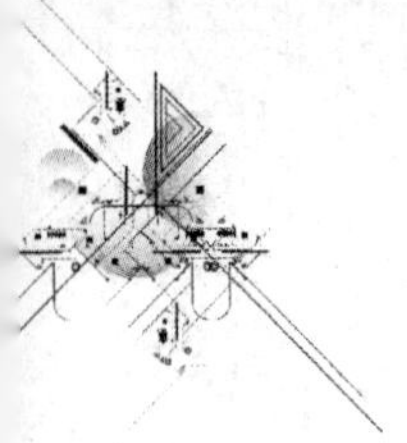

$$\left.\begin{aligned}R_{12}&=\frac{R_1R_2+R_2R_3+R_3R_1}{R_3}\\R_{23}&=\frac{R_1R_2+R_2R_3+R_3R_1}{R_1}\\R_{31}&=\frac{R_1R_2+R_2R_3+R_3R_1}{R_2}\end{aligned}\right\}\tag{2-7}$$

式(2-7)就是根据 Y 形联结的电阻确定 Δ 形联结的电阻的公式。

将式(2-7)中三式相加，并在右方通分可得

$$R_{12}+R_{23}+R_{31}=\frac{(R_1R_2+R_2R_3+R_3R_1)^2}{R_1R_2R_3}$$

代入 $R_1R_2+R_2R_3+R_3R_1=R_{12}R_3=R_{31}R_2$ 就可得到 R_1 的表达式。同理可得 R_2 和 R_3，公式分别为

$$\left.\begin{aligned}R_1&=\frac{R_{12}R_{31}}{R_{12}+R_{23}+R_{31}}\\R_2&=\frac{R_{23}R_{12}}{R_{12}+R_{23}+R_{31}}\\R_3&=\frac{R_{31}R_{23}}{R_{12}+R_{23}+R_{31}}\end{aligned}\right\}\tag{2-8}$$

式(2-8)就是根据 Δ 形联结的电阻确定 Y 形联结的电阻的公式。

为了便于记忆，以上互换公式可归纳为

$$\text{Y 形电阻}=\frac{\Delta\text{ 形相邻电阻的乘积}}{\Delta\text{ 形电阻之和}}$$

$$\Delta\text{ 形电阻}=\frac{\text{Y 形电阻两两乘积之和}}{\text{Y 形不相邻电阻}}$$

注意这些公式的量纲和端子 1、2、3 的互换性有助于记忆。

若 Y 形联结中 3 个电阻相等，即 $R_1=R_2=R_3=R_Y$，则等效 Δ 形联结中 3 个电阻也相等，它们等于

$$R_\Delta=R_{12}=R_{23}=R_{31}=3R_Y$$

或

$$R_Y=\frac{1}{3}R_\Delta$$

式(2-7)和式(2-8)也可用电导表示，例如式(2-7)可写成

$$G_{12}=\frac{G_1G_2}{G_1+G_2+G_3}$$

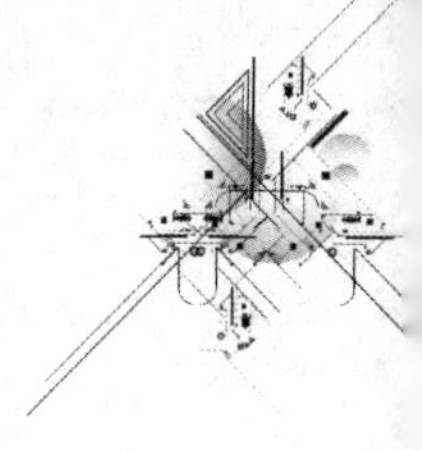

$$G_{23}=\frac{G_2G_3}{G_1+G_2+G_3}$$

$$G_{31}=\frac{G_3G_1}{G_1+G_2+G_3}$$

例 2-2　求图 2-9(a)所示桥形电路的总电阻 R_{12}。

解　将节点①、③、④内的Δ形电路用等效Y形电路替代，得到图 2-9(b)所示电路，其中

$$R_2=\frac{14\times21}{14+14+21}\ \Omega=6\ \Omega$$

$$R_3=\frac{14\times14}{14+14+21}\ \Omega=4\ \Omega$$

$$R_4=\frac{14\times21}{14+14+21}\ \Omega=6\ \Omega$$

然后用串、并联的方法，得到图 2-9(c)(d)(e)所示电路，从而求得

$$R_{12}=15\ \Omega$$

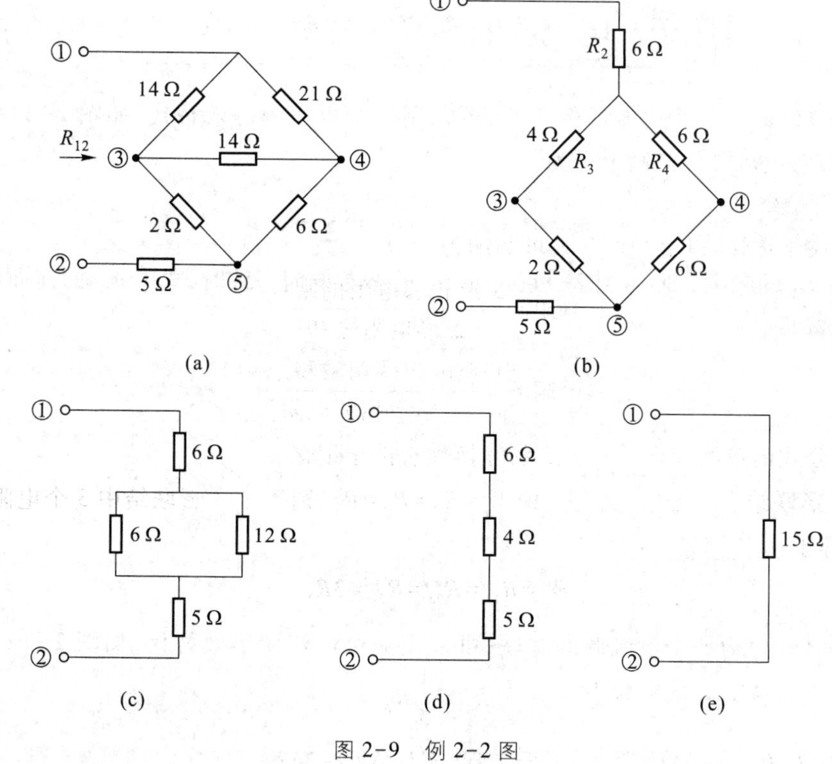

图 2-9　例 2-2 图

另一种方法是用Δ形电路来替代节点①、④、⑤内的Y形电路（以节点③为Y形联结的内部公共节点），求解过程如图 2-10 所示。

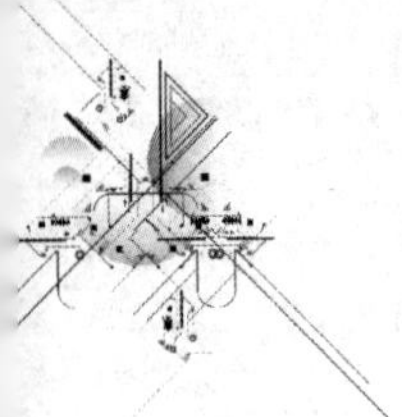

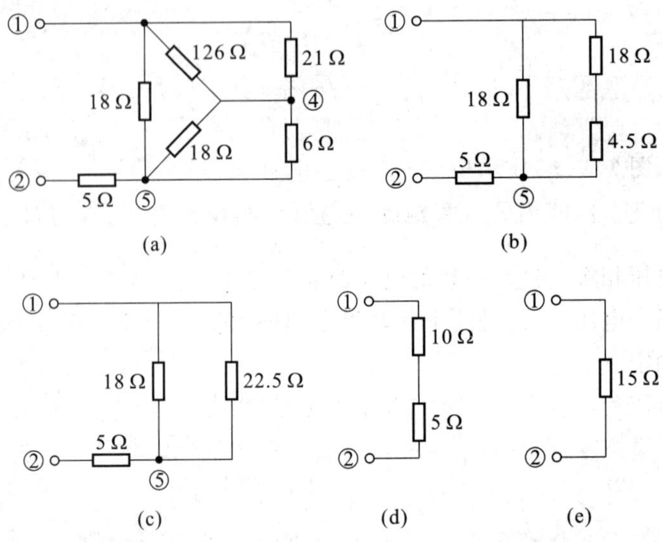

图 2-10 求解例 2-2 的另一种方法

§2-4 电压源、电流源的串联和并联

图 2-11(a)为 n 个电压源的串联,可以用一个电压源等效替代,如图 2-11(b)所示,这个等效电压源的激励电压为

$$u_{\mathrm{S}}=u_{\mathrm{S1}}+u_{\mathrm{S2}}+\cdots+u_{\mathrm{S}n}=\sum_{k=1}^{n}u_{\mathrm{S}k}$$

如果 $u_{\mathrm{S}k}$ 的参考方向与图 2-11(b)中 u_{S} 的参考方向一致时,式中 $u_{\mathrm{S}k}$ 的前面取"+"号,不一致时取"-"号。

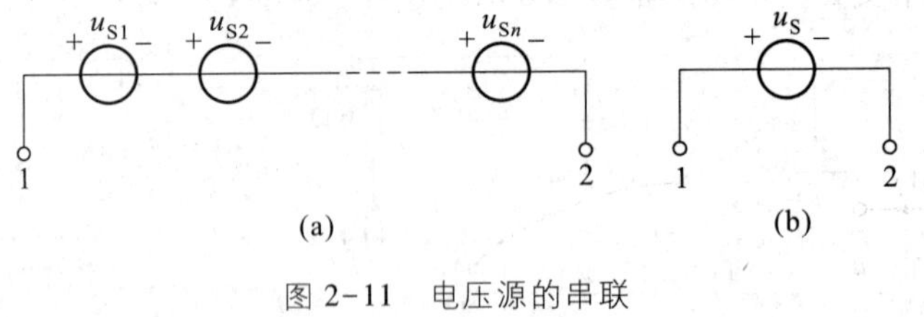

图 2-11 电压源的串联

图 2-12(a)为 n 个电流源的并联,可以用一个电流源等效替代,如图 2-12(b)所示。等效电流源的激励电流为

$$i_{\mathrm{S}}=i_{\mathrm{S1}}+i_{\mathrm{S2}}+\cdots+i_{\mathrm{S}n}=\sum_{k=1}^{n}i_{\mathrm{S}k}$$

如果 $i_{\mathrm{S}k}$ 的参考方向与图 2-12(b)中 i_{S} 的参考方向一致时,式中 $i_{\mathrm{S}k}$ 的前面取"+"号,不一致时取"-"号。

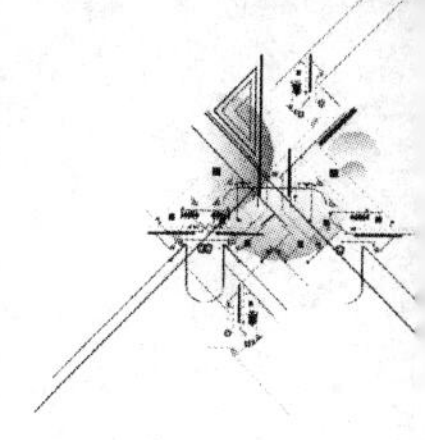

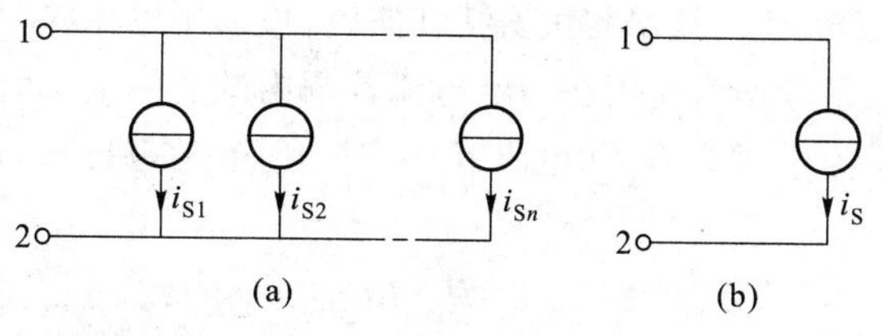

图 2-12 电流源的并联

只有激励电压相等且极性一致的电压源才允许并联,否则违背 KVL。并联后,其等效电路为其中任一电压源,但是这个并联组合向外部提供的电流在各个电压源之间如何分配则无法确定。

只有激励电流相等且方向一致的电流源才允许串联,否则违背 KCL。串联后,其等效电路为其任一电流源,但是这个串联组合的总电压如何在各个电流源之间分配则无法确定。

顺便指出:当一个电压源与电流源并联时,对外的作用如同该电压源,而电压源的电流要受所并电流源的影响;一个电流源与电压源串联时,对外的作用如同该电流源,而电流源的电压要受所串电压源的影响。

§2-5 实际电源的两种模型及其等效变换

电源的等效变换

图 2-13(a)所示为一个实际直流电源,例如一个干电池;图 2-13(b)是它的输出电压 u 与输出电流 i 的伏安特性曲线(虚线部分表示该电源已不能正常工作)。由于内部损耗,输出电压 u 随电流 i 的增大而减少,且不呈线性关系。输出电流 i 不可超过一定的限值,否则会导致电源损坏。不过在一段范围内电压和电流的关系近似为直线。如果把这一段直线加以延长而作为该电源的外特性,如图 2-13(c)所示,此时,它在 u 轴和 i 轴上各有一个交点,前者相当于 $i=0$ 时的电压,即开路电压 U_{OC}①;后者相当于 $u=0$

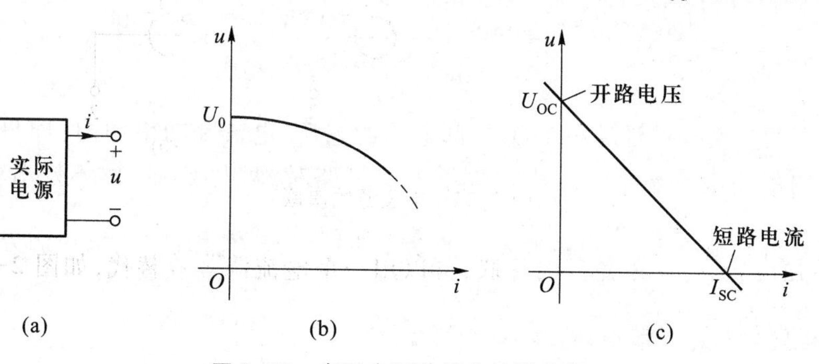

图 2-13 实际电源的伏安特性曲线

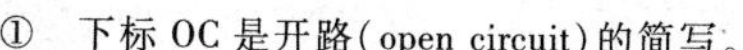

① 下标 OC 是开路(open circuit)的简写。

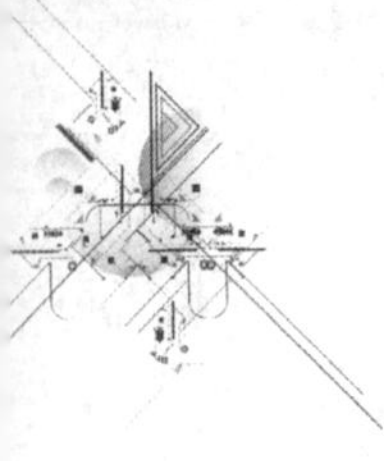

时的电流，即短路电流 I_{SC}[①]。根据此伏安特性曲线，可以用电压源和电阻的串联组合或电流源和电导的并联组合作为使用在一定电流范围内的实际电源的电路模型。

图 2-14(a) 所示为电压源 U_S 和电阻 R 的串联组合，在端子 1-1′处的电压 u 与(输出)电流 i 的关系为

$$u=U_S-Ri \tag{2-9}$$

图 2-14(c) 所示为电流源 I_S 与电导 G 的并联组合，在端子 1-1′处的电压 u 与(输出)电流 i 的关系为

$$i=I_S-Gu \tag{2-10}$$

如果令

$$G=\frac{1}{R},\quad I_S=GU_S \tag{2-11}$$

式(2-9)和式(2-10)所示的两个方程将完全相同，也就是在端子 1-1′处的 u 和 i 的关系将完全相同。式(2-11)就是这两种组合彼此对外等效必须满足的条件(注意 U_S 和 I_S 的参考方向，I_S 的参考方向由 U_S 的负极指向正极)。

当 $i=0$ 时，端子 1-1′处的电压为开路电压 U_{OC}，而 $U_{OC}=U_S$。当 $u=0$ 时，i 为把端子 1-1′短路后的短路电流 I_{SC}，而 $I_{SC}=I_S$。同时有 $U_{OC}=RI_{SC}$，或 $I_{SC}=GU_{OC}$。

图 2-14(b) 和 (d) 分别示出图 2-14(a) 和 (c) 所示电路在 i-u 平面上的伏安特性曲线，它们都是一条直线。当式(2-11)的条件满足时，它们将是同一条直线。

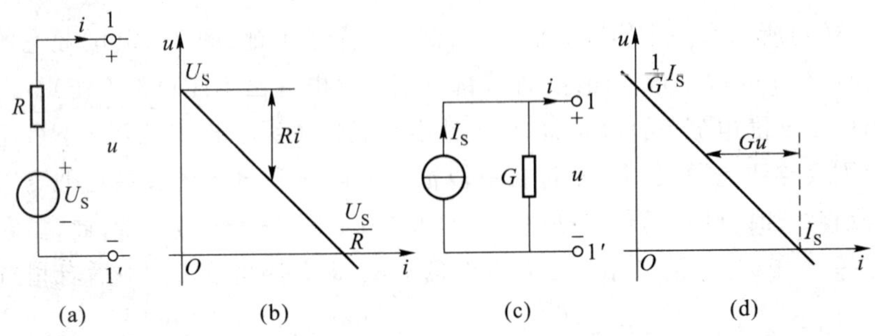

图 2-14　实际电源的两种电路模型

这种等效变换仅保证端子 1-1′外部电路的电压、电流和功率相同(即只是对外部等效)，对内部并无等效可言。例如，端子 1-1′开路时，两电路对外均不发出功率，但此时电压源发出的功率为零，电流源发出的功率为$\frac{I_S^2}{G}$。反之，短路时，电压源发出的功率为$\frac{U_S^2}{R}$，电流源发出的功率为零。

利用 § 2-2、§ 2-4 和本节的等效变换，就可以简化求解由电压源、电流源和电阻组

---

① 下标 SC 是短路(short circuit)的简写。

成的串、并联电路。

例 2-3　求图 2-15(a)所示电路中电流 i。

解　图 2-15(a)所示电路可简化为图 2-15(e)所示单回路电路。简化过程如图 2-15(b)(c)(d)(e)所示。由化简后的电路可求得电流为

$$i=\frac{5}{3+7}\text{ A}=0.5\text{ A}$$

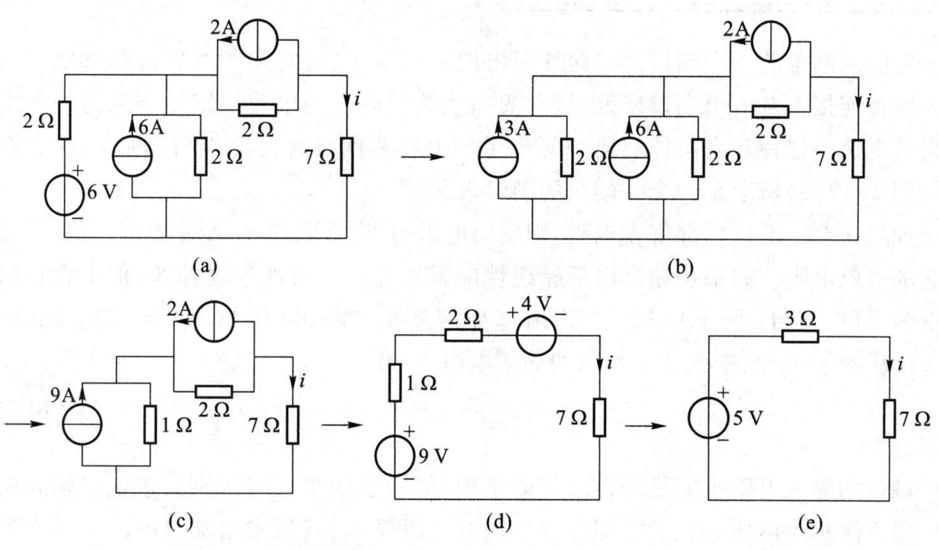

图 2-15　例 2-3 图

受控电压源、电阻的串联组合和受控电流源、电导的并联组合也可以用上述方法进行变换。此时可把受控电源当作独立电源一样来处理，但要注意在变换过程中必须保存控制量所在支路，而不要在变换中把它消掉。

例 2-4　图 2-16(a)所示电路中，已知 $u_S=12\text{ V}$，$R=2\ \Omega$，VCCS 的电流 i_C 受电阻 R 上的电压 u_R 控制，且 $i_C=gu_R$，$g=2\text{ S}$。求 u_R。

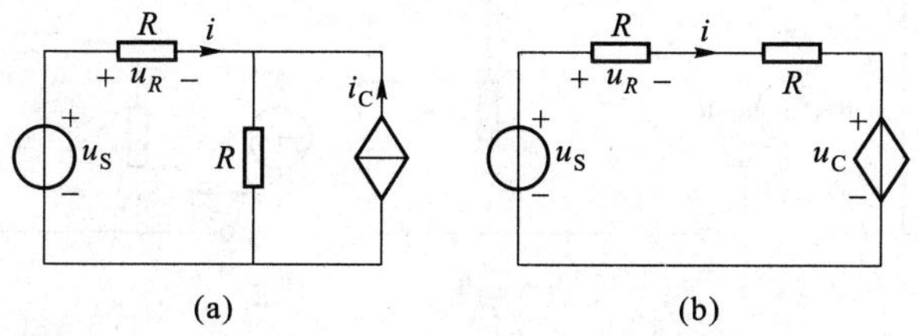

图 2-16　例 2-4 图

解　利用等效变换，把电压控制电流源和电导的并联组合变换为电压控制电压源和电阻的串联组合，如图 2-16(b)所示，其中 $u_C=Ri_C=2\times2\times u_R=4u_R$，而 $u_R=Ri$。按 KVL，有

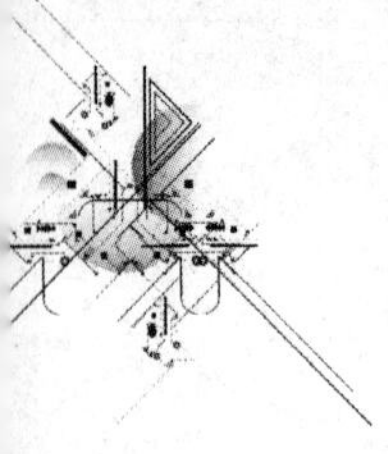

$$Ri+Ri+u_C=u_S$$

$$2u_R+4u_R=u_S$$

$$u_R=\frac{u_S}{6}=2\ \text{V}$$

§2-6　输入电阻

电路或网络的一个端口是它向外引出的一对端子，这对端子可以与外部电源或其他电路相连接。对一个端口来说，从它的一个端子流入的电流一定等于从另一个端子流出的电流。这种具有向外引出一对端子的电路或网络称为一端口(网络)或二端网络。图 2-17(a)所示是一个一端口的图形表示。

如果一个一端口内部仅含电阻，则应用电阻的串、并联和 Y-Δ 变换等方法，可以求得它的等效电阻。如果一端口内部除线性电阻以外还含有线性受控源，但不含任何独立电源，可以证明(见 §4-3)，不论内部如何复杂，端口电压与端口电流成正比[见图 2-17(a)]，因此，定义此一端口的输入电阻 R_i 为

$$R_i \overset{\text{def}}{=\!=} \frac{u}{i} \tag{2-12}$$

端口的输入电阻也就是端口的等效电阻，但两者的含意有区别。求端口输入电阻的一般方法称为电压、电流法，即在端口加以电压源 u_S，然后求出端口电流 i；或在端口加以电流源 i_S，然后求出端口电压 u。根据式(2-12)，$R_i=\frac{u_S}{i}=\frac{u}{i_S}$。测量一个电阻器的电阻就可以采用这种方法。

图 2-17(b)中一端口的输入电阻可通过电阻串、并联化简求得，图 2-17(c)所示电路具有桥形结构，应用 Y-Δ 变换后才能简化，也可以用电压、电流法求此两图的输入电阻，如图 2-17(b)(c)所示。

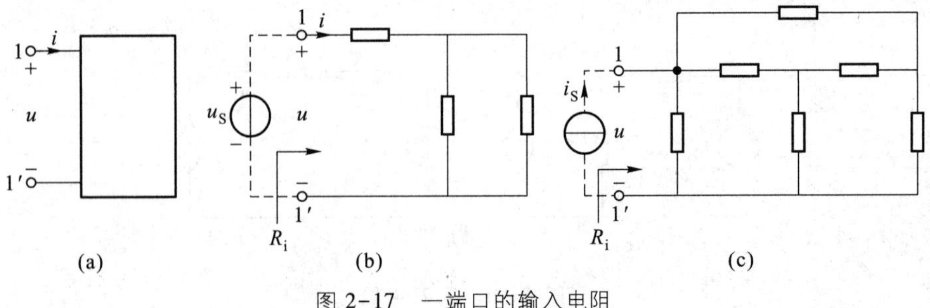

图 2-17　一端口的输入电阻

例 2-5　求图 2-18(a)所示一端口的输入电阻。

解　在端口 1-1′处加电压 u_S，求出 i，再由式(2-12)求输入电阻 R_i。

将 CCCS 和电阻 R_2 的并联组合等效变换为 CCVS 和电阻的串联组合，如图 2-18(b)

所示。根据 KVL,有

$$u_S=-R_2\alpha i+(R_2+R_3)i_1 \tag{1}$$

$$u_S=R_1 i_2 \tag{2}$$

再由 KCL,$i=i_1+i_2$,可得 $i_1=i-i_2=i-\frac{u_S}{R_1}$,代入式(1),整理后,有

$$R_i=\frac{u_S}{i}=\frac{R_1R_3+(1-\alpha)R_1R_2}{R_1+R_2+R_3}$$

上式分子中有负号出现,因此,当存在受控源时,在一定的参数条件下,R_i 有可能是零,也有可能是负值。例如,当 $R_1=R_2=1\ \Omega$,$R_3=2\ \Omega$,$\alpha=5$ 时,$R_i=-0.5\ \Omega$。§1-5 中曾指出负电阻元件实际是一个发出功率的元件。本例中一端口向外发出功率是由于受控源发出功率。

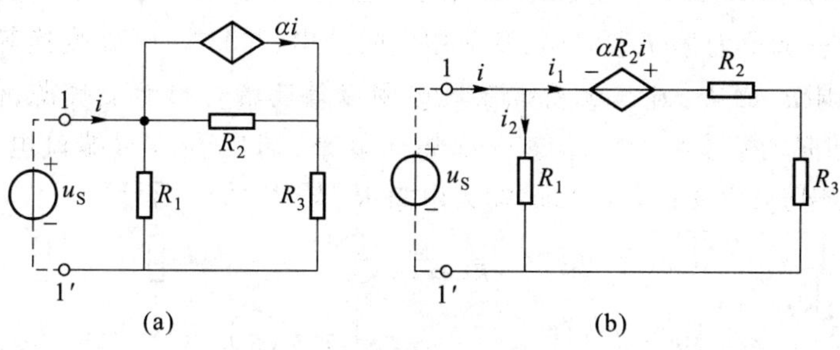

图 2-18 例 2-5 图

一个 CCVS,如果控制电流就是该受控源本身的电流,那么这个 CCVS 的输入电阻就是 R_α[见图 2-19(a)]或 $-R_\beta$[见图 2-19(b)];也就是说,可用电阻 R_α 来代替图 2-19(a)中的 CCVS,用 $-R_\beta$ 来代替图 2-19(b)中的 CCVS。同理,一个 VCCS,如果控制电压就是受控源本身的电压,也可以用 $-G$ 或 G 来代替这个 VCCS[见图 2-19(c)(d)]。

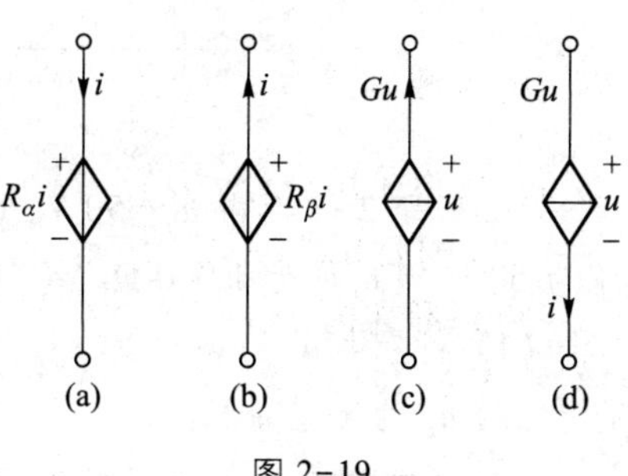

图 2-19

思考题

2-1 两个电压源并联,为什么两个电压源的电压必须相同?

2-2 两个电流源串联,为什么两个电流源的电流必须相同?

2-3 电压源并联一个电阻或电流源,对外等效电路是什么元件?为什么?

2-4 电流源串联一个电阻或电压源,对外等效电路是什么元件?为什么?

2-5 当满足什么条件,电压源串联电阻的支路可与电流源并联电阻的支路相互等效?当外接电路后,这两个电路的内部相互等效吗?为什么?

2-6 对于一个只含线性电阻的一端口,用串并联等效变换法和 Y-Δ 变换法求得

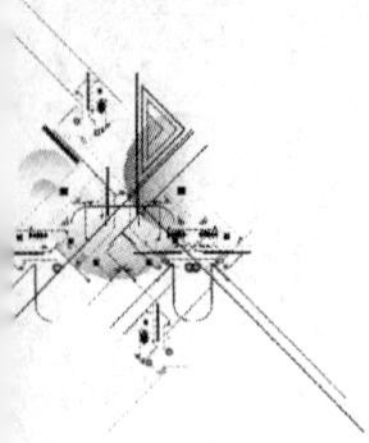

的等效电阻和外加电源法求得的输入电阻相等，为什么？

2-7　在求解习题 2-4 时，应用了电路对称性的特点。你能论证这样做的根据吗？

习　题

2-1　电路如题 2-1 图所示，已知 $u_S=100$ V，$R_1=2$ kΩ，$R_2=8$ kΩ。试求以下 3 种情况下的电压 u_2 和电流 i_2、i_3：

(1) $R_3=8$ kΩ。

(2) $R_3=\infty$（R_3 处开路）。

(3) $R_3=0$（R_3 处短路）。

2-2　电路如题 2-2 图所示，其中电阻、电压源和电流源均为已知，且为正值。

(1) 求电压 u_2 和电流 i_2。

(2) 若电阻 R_1 增大，对哪些元件的电压、电流有影响？影响如何？

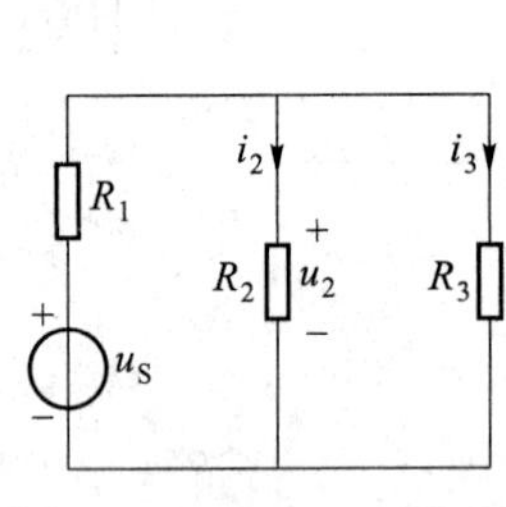

题 2-1 图

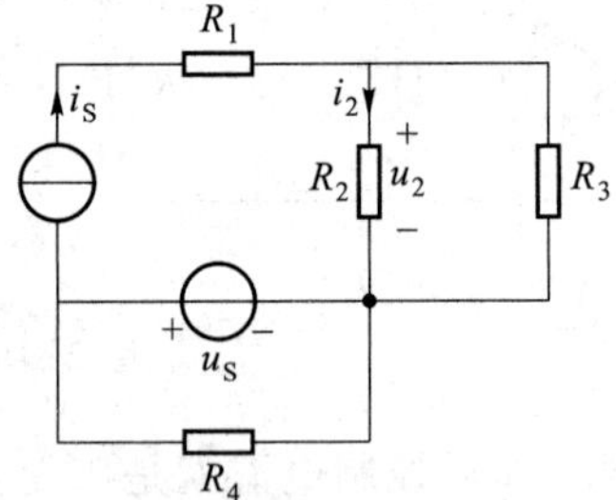

题 2-2 图

2-3　题 2-3 图中 $u_S=50$ V，$R_1=2$ kΩ，$R_2=8$ kΩ。现欲测量电压 u_o，所用电压表量程为 50 V，灵敏度为 1 000 Ω/V（即每伏量程电压表相当于 1 000 Ω 的电阻）。

(1) 测量得 u_o 为多少？

(2) u_o 的真值 u_{ot} 为多少？

(3) 如果测量误差以下式表示

$$\delta(\%)=\frac{u_o-u_{ot}}{u_{ot}}\times100\%$$

此时测量误差是多少？

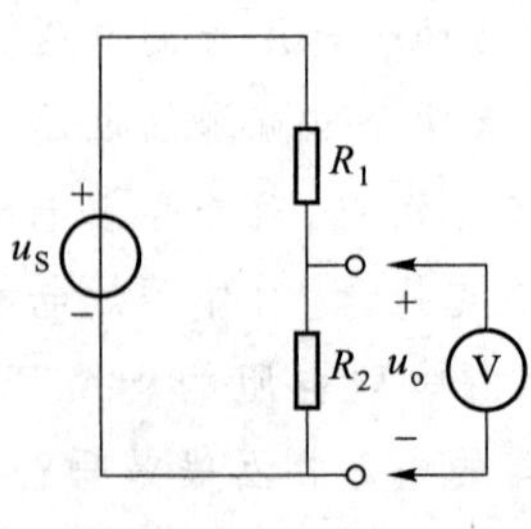

题 2-3 图

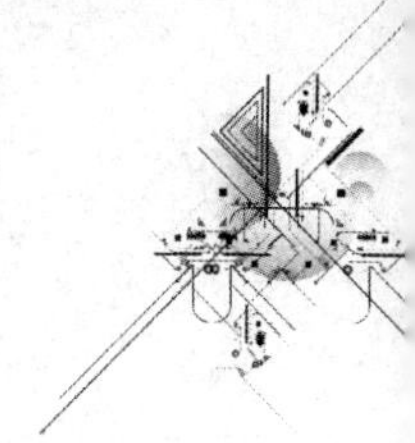

2-4　求题 2-4 图所示各电路的等效电阻 R_{ab}，其中 $R_1=R_2=1\ \Omega$，$R_3=R_4=2\ \Omega$，$R_5=4\ \Omega$，$G_1=G_2=1\ S$，$R=2\ \Omega$。

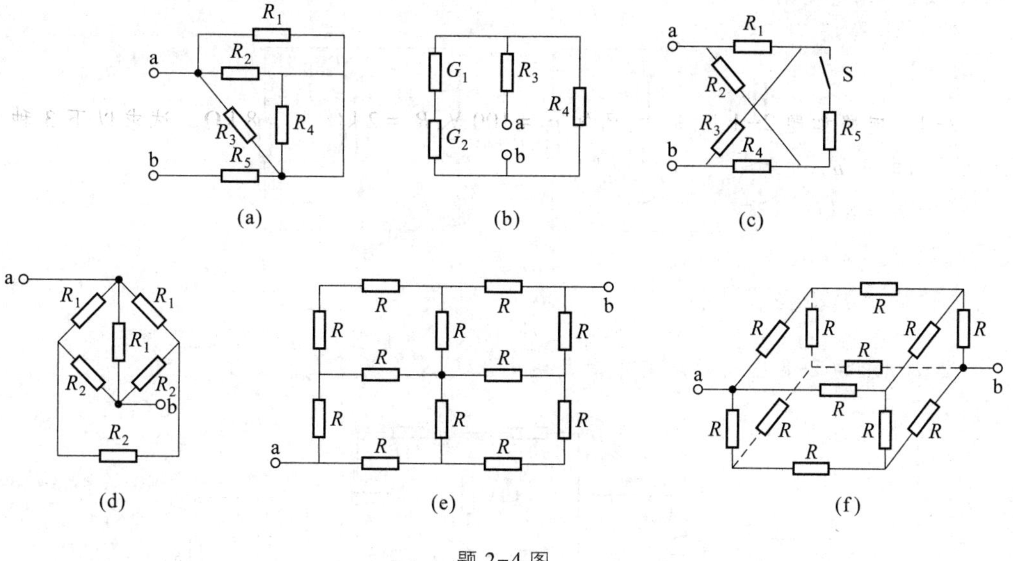

题 2-4 图

2-5　用 Δ-Y 等效变换法求题 2-5 图中 a、b 端的等效电阻。

(1) 将节点①、②、③之间的三个 9 Ω 电阻构成的 Δ 形电路变换为 Y 形电路。

(2) 将节点①、③、④与作为内部公共节点的②之间的三个 9 Ω 电阻构成的 Y 形电路变换为 Δ 形电路。

2-6　利用 Y-Δ 等效变换求题 2-6 图中 a、b 端的等效电阻。

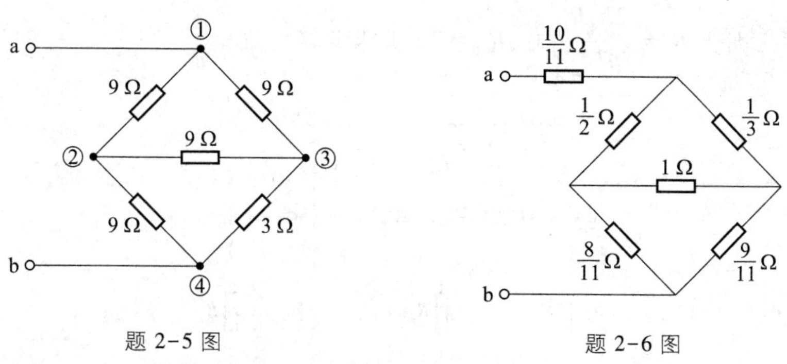

题 2-5 图　　　　题 2-6 图

2-7　在题 2-7 图(a)电路中，$u_{S1}=24\ V$，$u_{S2}=6\ V$，$R_1=12\ k\Omega$，$R_2=6\ k\Omega$，$R_3=2\ k\Omega$。题 2-7 图(b)为经电源变换后的等效电路。

(1) 求等效电路的 i_S 和 R。

(2) 根据等效电路求 R_3 中的电流和消耗的功率。

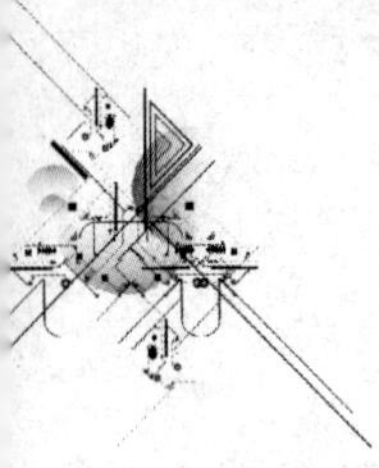

(3) 分别在题 2-7 图(a)(b)中求出 R_1、R_2 及 R_3 消耗的功率。

(4) u_{S1}、u_{S2} 发出的功率是否等于 i_S 发出的功率？R_1、R_2 消耗的功率是否等于 R 消耗的功率？为什么？

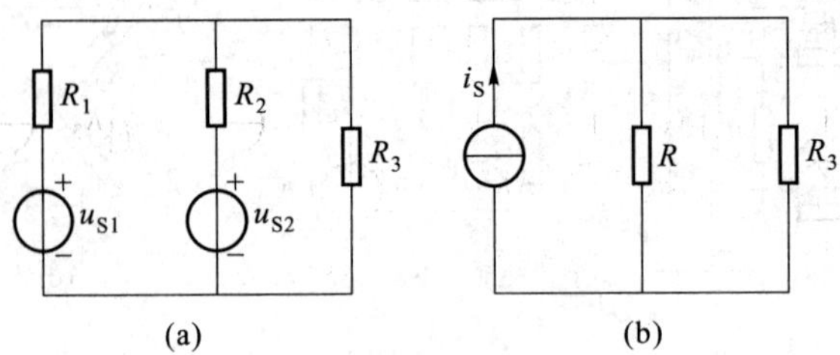

题 2-7 图

2-8　求题 2-8 图所示电路中对角线电压 U 及总电压 U_{ab}。

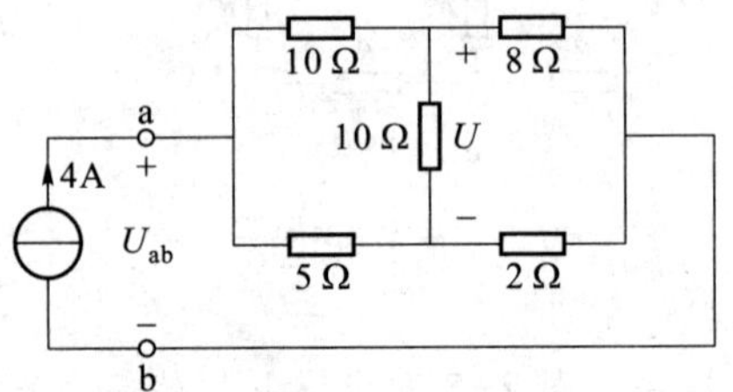

题 2-8 图

2-9　题 2-9 图所示电路为由桥 T 电路构成的衰减器。

(1) 试证明当 $R_2=R_1=R_L$ 时，$R_{ab}=R_L$，且有 $\frac{u_o}{u_i}=0.5$。

(2) 试证明当 $R_2=\frac{2R_1R_L^2}{3R_1^2-R_L^2}$ 时，$R_{ab}=R_L$，并求此时电压比 $\frac{u_o}{u_i}$。

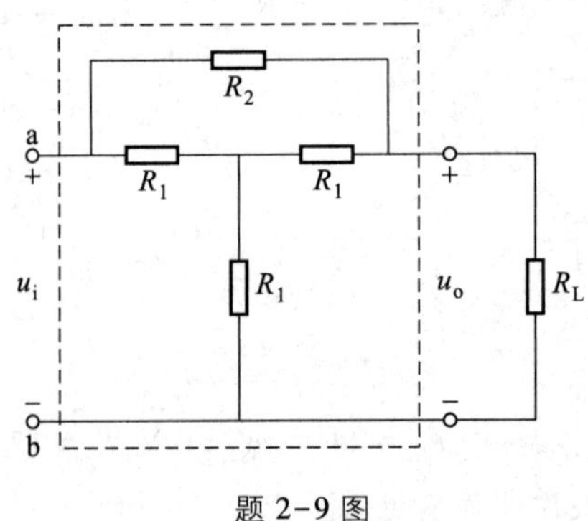

题 2-9 图

2-10　在题 2-10 图(a)中，$u_{S1}=45\text{ V}$，$u_{S2}=20\text{ V}$，$u_{S4}=20\text{ V}$，$u_{S5}=50\text{ V}$；$R_1=R_3=15\ \Omega$，

$R_2=20\ \Omega, R_4=50\ \Omega, R_5=8\ \Omega$；在题 2-10 图(b)中，$u_{S1}=20\ V, u_{S5}=30\ V, i_{S2}=8\ A, i_{S4}=17\ A$，$R_1=5\ \Omega, R_3=10\ \Omega, R_5=10\ \Omega$。利用电源的等效变换求题 2-10 图(a)(b)中电压 u_{ab}。

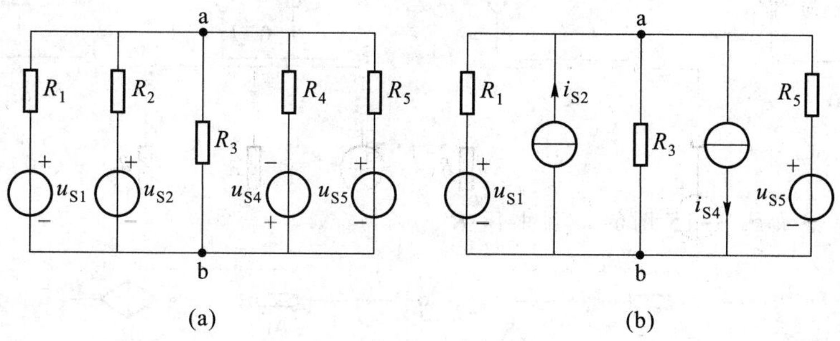

题 2-10 图

2-11 利用电源的等效变换，求题 2-11 图所示电路的电流 i。

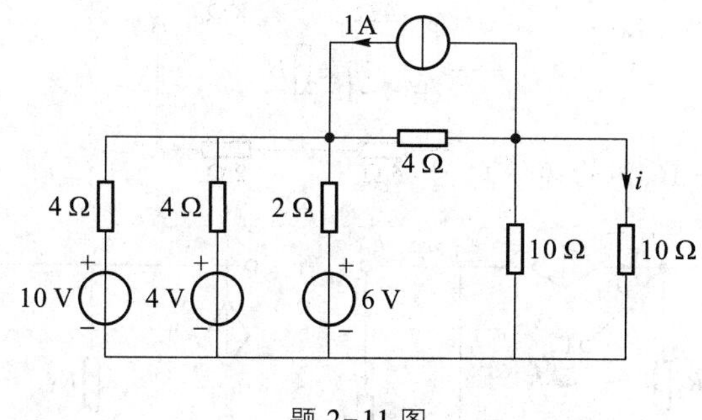

题 2-11 图

2-12 利用电源的等效变换，求题 2-12 图所示电路中的电压比$\frac{u_o}{u_S}$。已知 $R_1=R_2=2\ \Omega, R_3=R_4=1\ \Omega$。

2-13 题 2-13 图所示电路中 $R_1=R_3=R_4, R_2=2R_1$，CCVS 的电压 $u_c=4R_1i_1$，利用电源的等效变换求电压 u_{10}。

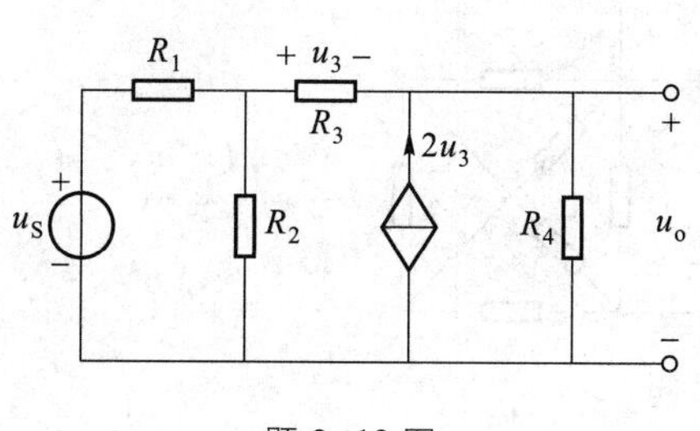

题 2-12 图

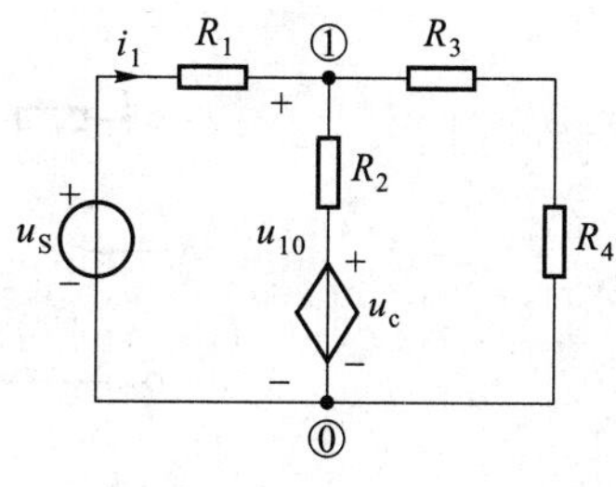

题 2-13 图

2-14 试求题 2-14 图中的输入电阻。

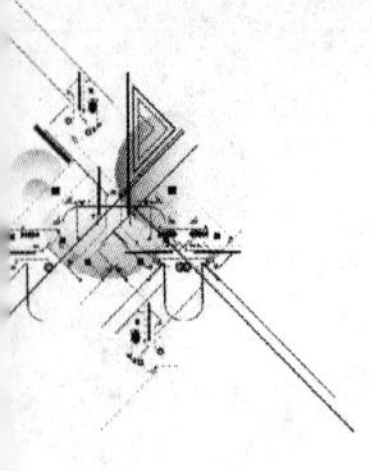

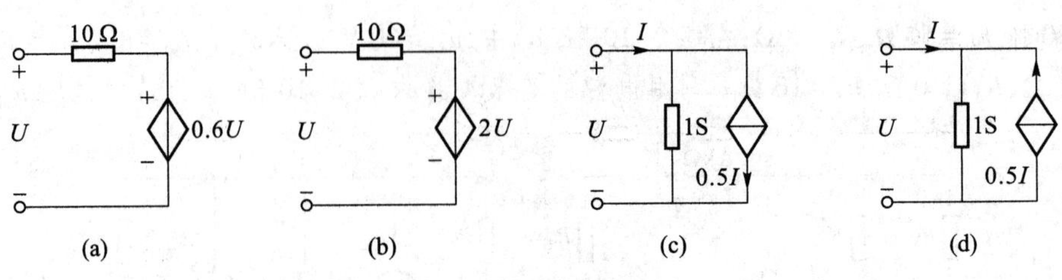

题 2-14 图

2-15　试求题 2-15 图的输入电阻 R_{ab}。

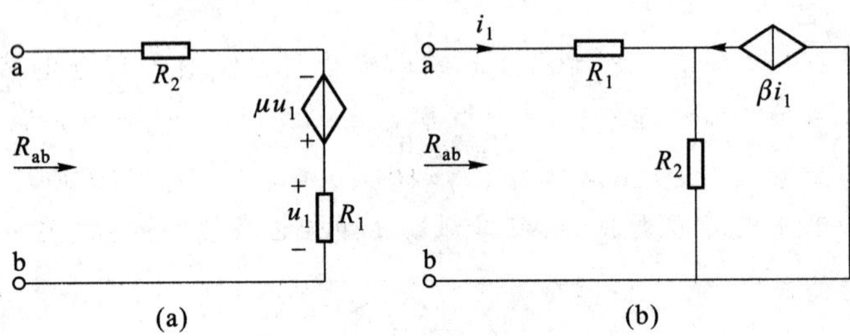

题 2-15 图

2-16　试求题 2-16 图的输入电阻 R_i。

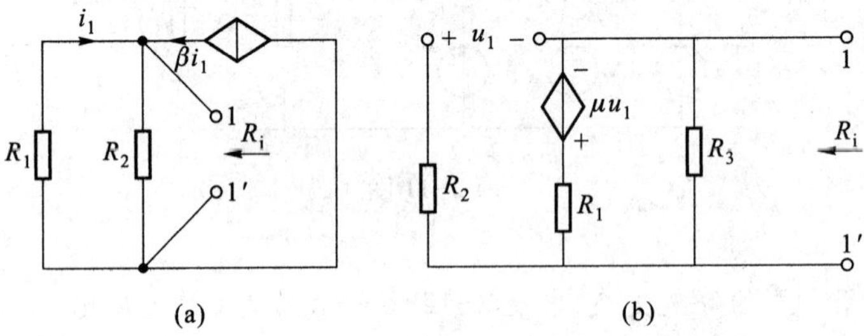

题 2-16 图

2-17　题 2-17 图所示电路中全部电阻均为 1 Ω，求输入电阻 R_i。

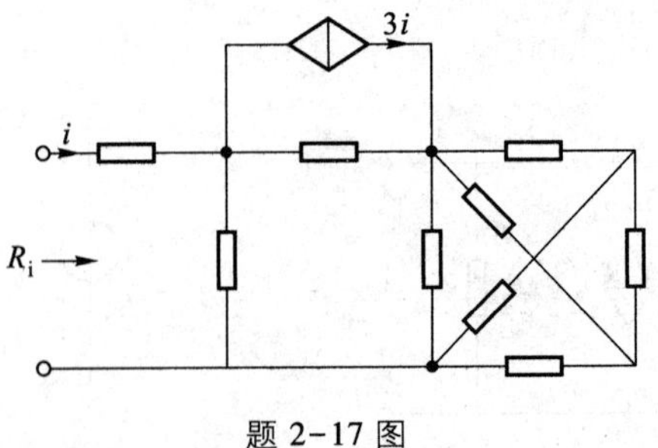

题 2-17 图

2-18　题 2-18 图为一个多量程电压表的电路图。表头灵敏度为 50 μA，内阻为 2 kΩ。现将电压量程扩大为 5 V，25 V，50 V 与 100 V 四挡。试根据电压的分压公式求

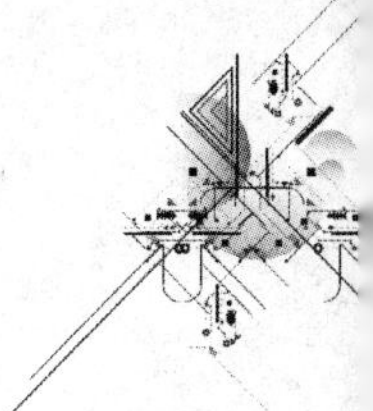

所需的附加电阻 R_1、R_2、R_3 与 R_4。

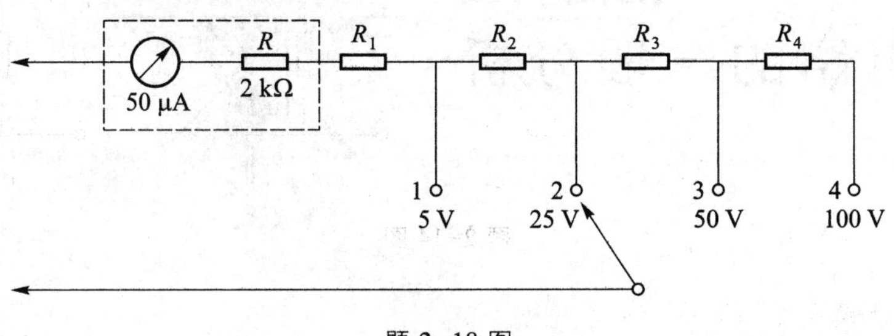

题 2-18 图

*2-19 题 2-19 图为实际使用的万用表中多量程电流表的部分电路，n_1 至 n_5 为各挡电流量程对表头电流值的倍数。现在要求各挡电流为：500 μA，1 mA，5 mA，50 mA 及 500 mA。即相应倍数为：$n_1=10$，$n_2=20$，$n_3=100$，$n_4=1\,000$，$n_5=10\,000$。请计算 5 个分流电阻 $R_1\sim R_5$ 的阻值。（提示：这是一个环形分流器。计算时，先从第一挡 $n_1=10$ 来算出五个分流电阻的总值，再从第二挡算出后四个分流电阻的和，直至最后一挡。）

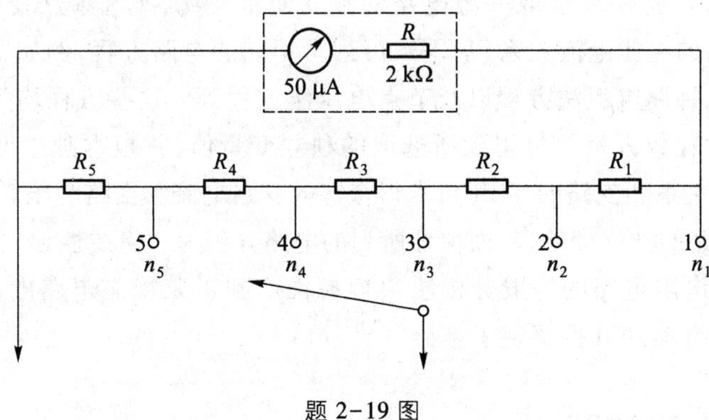

题 2-19 图

*2-20 题 2-20 图为倒 L 形电阻衰减器。如要求负载电阻 $R_L=50\ \Omega$ 能与信号源内阻 $R_S=300\ \Omega$ 匹配，求此时电阻 R_1，R_2 的值，并求衰减量是多少分贝（有关分贝的概念见§11-3）。

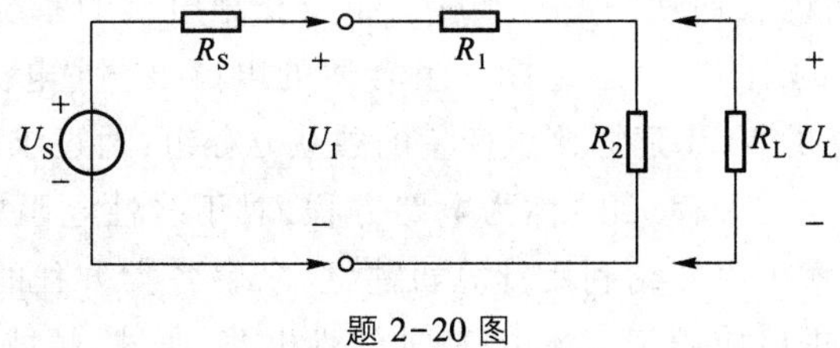

题 2-20 图

第二章部分习题答案

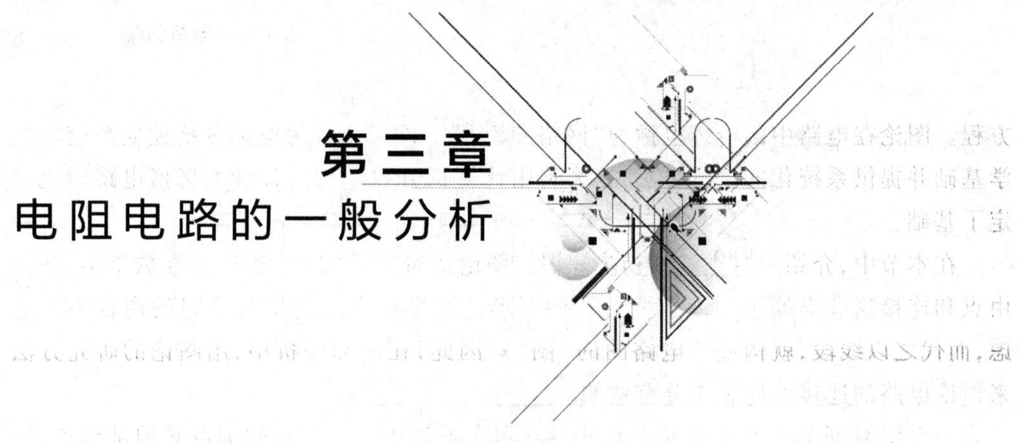

第三章 电阻电路的一般分析

导读

第二章介绍的等效变换法适用于比较简单的电路的分析，而本章介绍的电阻电路的一般分析法适用于复杂电路或大规模电路的分析、计算。电阻电路的一般分析法是一类系统的分析方法，首先需要选取一组电路的独立变量，根据所选独立变量的不同，应用KCL、KVL和支路的电压电流关系（VCR），可列写不同的电路方程，例如：支路电流方程，网孔电流法方程，回路电流法方程以及节点电压法方程等。这些方程均为线性代数方程组，求解这些线性代数方程组可得到所选取的独立变量值，并根据独立变量与支路电压（或支路电流）的关系和支路的VCR可求得全部的支路电流和支路电压。借助网络图论，可方便地选取电路的独立变量，从而保证所列的电路方程为一组线性独立的代数方程。

本章介绍的电阻电路的一般分析法很容易推广到正弦稳态电路的分析，并为应用计算机对电路进行辅助分析奠定了基础。

电路的图及KCL、KVL的独立方程数

§3-1 电路的图

对于结构较为简单的电路，直接应用基尔霍夫定律及第二章介绍的等效变换的方法来求解通常是有效的。但对于结构较为复杂的电路（例如有多个独立电源），等效法的应用就不太有效，有时反而使问题复杂化。本章介绍电路的系统求解法。这种方法的特点是不改变电路的结构，而是选择一组合适的电路变量（电流和/或电压），根据KCL和KVL以及元件的VCR建立该组变量的独立方程组，通过求解该组电路方程，得到所需的响应。所建立的方程（组）称为电路方程，对于线性电阻电路，它是一组线性代数方程。在第十五章中将介绍利用计算机建立、求解各类方程的辅助方法。电路方程的建立及求解还将推广应用于交流电路、非线性电路，时域、频域分析等领域之中。

在电路分析中，将以图论[①]为数学工具来选择电路独立变量，列出与之相应的独立

① 图论（graph theory）是研究离散对象二元关系结构的一个数学分支。图论中的元素是点和线。点用以表示不同的对象，两点间的线段表示该两对象间的某种关联关系。这种抽象提炼显然可适用于很多不同的领域。

方程。图论在电路中的应用也称为“网络图论①”。网络图论为电路分析建立严密的数学基础并提供系统化的表达方法，更为利用计算机分析、计算、设计大规模电路问题奠定了基础。

在本节中，介绍一些图论的初步知识。图论的研究对象是“图②”。在数学中，图是由点和连接这些点的边共同构成的几何图形。如果对电路图中各支路的内容不予考虑，而代之以线段，就构成了电路图的“图”。因此，在电路分析中，用图论的研究方法来讨论电路的连接性质是十分有效的。

一个图 G 是具有给定连接关系的节点和支路的集合。支路的端点必须是节点，但节点可允许是孤立节点。这点和电路图中支路和节点的概念是有差别的，在电路图中，支路是实体，节点则是支路的连接点，节点是由支路形成的，没有了支路也不存在节点。但在图论中，孤立节点允许存在，它表示一个与外界不发生联系的“事物”。这种差别并不妨碍图论在电路中的应用。

图 3-1(a)为一个具有 6 个电阻和 2 个独立电源的电路。如果认为每一个二端元件构成电路的一条支路，则图 3-1(b)就是该电路的“图”，它共有 5 个节点和 8 条支路。有时为了简化，可以把元件的串联组合作为一条支路处理，并以此为根据画出电路的图。例如，图 3-1(a)中电压源 u_{S1} 和电阻 R_1 的串联组合可以作为一条支路，这个电路的图将如图 3-1(c)所示，它共有 4 个节点和 7 条支路。如果再把元件的并联组合也作为一条支路③，例如，电流源 i_{S2} 和电阻 R_2 的并联组合，这样，图 3-1(c)将成为图 3-1(d)，它共有 4 个节点和 6 条支路。所以，当用不同的元件结构定义电路的一条支路时，该电路的图以及它的节点数和支路数将随之不同。

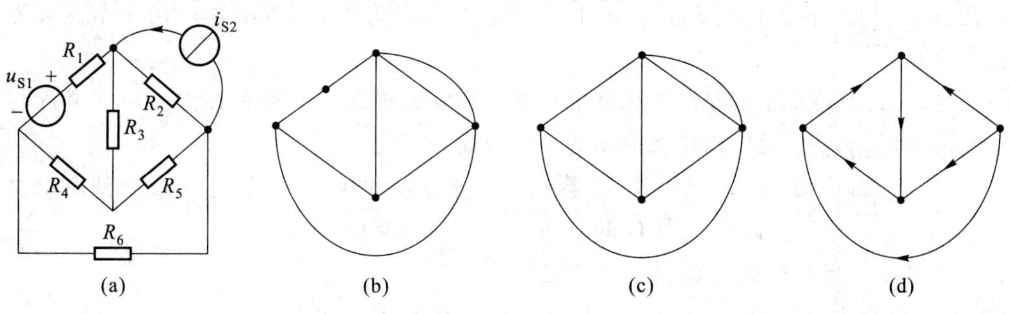

图 3-1　电路的图

在电路中通常要指定每一条支路中的电流参考方向，电压一般常取为关联参考方向。电路的图的每一条支路也可以指定一个方向，此方向即该支路电流(和电压)的参

① 网络图论的内容在 20 世纪 60 年代前常被称为网络拓扑(network topology)。

② 图(graph)是数学中的专门名词，与通常意义有所不同。图论中称点和线段为“顶点”和“边”。为避免引入过多术语，本书仍用“节点”和“支路”表示图中的点和线段。

③ 按照传统的讲法，支路是电路的一个分支，所以元件的并联组合一般不能作为一条支路。

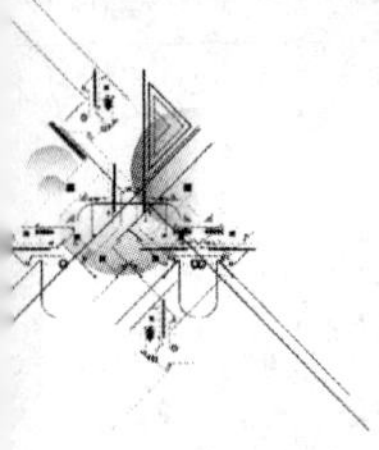

考方向。赋予支路方向的图称为"有向图",未赋予支路方向的图称为"无向图"。图 3-1(b)(c)为无向图,图 3-1(d)为有向图。

KCL 和 KVL 与支路的元件性质无关,因此可以利用电路的图来讨论如何列出 KCL 和 KVL 方程,并讨论它们的独立性。

§3-2　KCL 和 KVL 的独立方程数

图 3-2 示出一个电路的图,它的节点和支路都已分别编号,并给出了支路的方向,该方向也即支路电流和与之关联的支路电压的参考方向。

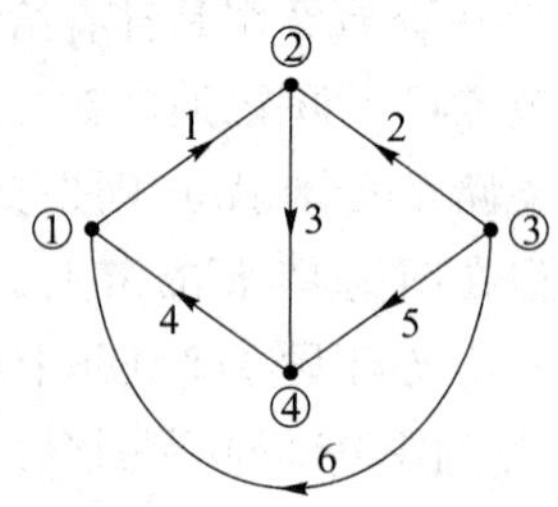

图 3-2　KCL 独立方程

对节点①、②、③、④分别列出 KCL 方程,有

$$i_1-i_4-i_6=0$$
$$-i_1-i_2+i_3=0$$
$$i_2+i_5+i_6=0$$
$$-i_3+i_4-i_5=0$$

由于对所有节点都列写了 KCL 方程,而每一支路无例外地与 2 个节点相连,且每个支路电流必然从其中一个节点流入,从另一个节点流出。因此,在所有 KCL 方程中,每个支路电流必然出现 2 次,一次为正,另一次为负(指每项前面的"+"或"-")。若把以上 4 个方程相加,必然得出等号两边为零的结果。这就是说,这 4 个方程不是相互独立的,但上列 4 个方程中的任意 3 个是独立的。可以证明①,对于具有 n 个节点的电路,在任意$(n-1)$个节点上可以得出$(n-1)$个独立的 KCL 方程。相应的$(n-1)$个节点称为独立节点。

讨论关于 KVL 独立方程数时要用到独立回路的概念。回路和独立回路的概念与支路的方向无关,因此可以用无向图的概念叙述。

从一个图 G 的某一节点出发,沿着一些支路移动而到达另一节点(或回到原出发点),这样的一系列支路构成图 G 的一条路径。一条支路本身也算为路径。当图 G 的任意两个节点之间至少存在一条路径时,图 G 就称为连通图②。例如,图 3-2 所示是连通图。如果一条路径的起点和终点重合,且经过的其他节点不出现重复,这条闭合路径就构成图 G 的一个回路。例如,对图 3-3 所示图 G,支路(1,5,8)(2,5,6)(1,2,3,4)(1,2,6,8)都是回路;其他还有支路(4,7,8)(3,6,7)(1,5,7,4)(3,4,8,6)(2,3,7,5)(1,2,6,7,4)(1,2,3,7,8)(2,3,4,8,5)(1,5,6,3,4)构成 9 个

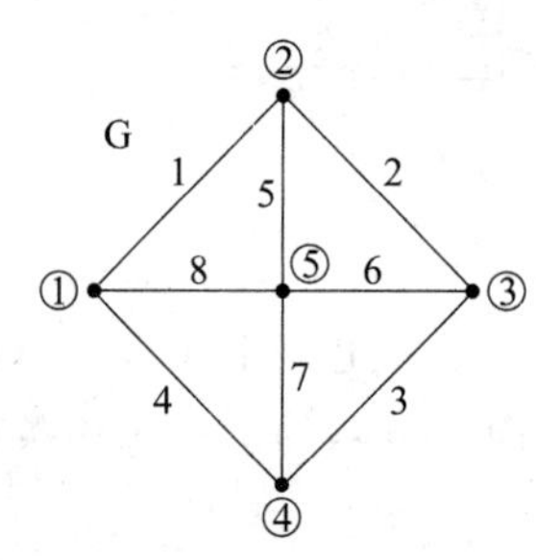

图 3-3　回路

① 应当指出,对于以下述及的连通图才有此结论。

② 本章所涉及的电路的图都是连通的,所有结论都是针对连通图来说的。

不同的回路;总共有 13 个不同的回路。但是独立回路数远少于总的回路数。

对每个回路可以应用 KVL 列出有关支路电压的方程。例如,对图 3-3 所示图 G,如果按支路(1,5,8)和支路(2,5,6)分别构成 2 个回路列出 2 个 KVL 方程,不论支路电压和绕行方向怎样指定,支路 5 的电压将在这 2 个方程中出现,因为该支路是这 2 个回路的共有支路。而把这 2 个方程相加或相减总可以把支路 5 的电压消去,而得到按支路(1,2,6,8)构成回路的 KVL 方程。可见这 3 个回路(方程)是相互不独立的,因为其中任何一个回路(方程)可以由其他 2 个回路(方程)导出。因此,这 3 个回路的 KVL 方程中只有 2 个是独立的。与之相应的回路就称为独立回路。

一个图的回路数很多,如何确定它的一组独立回路有时不太容易。利用"树"的概念有助于寻找一个图的独立回路组,从而得到独立的 KVL 方程组。

连通图 G 的树 T 定义为:包含图 G 的全部节点且不包含任何回路的连通子图。

对于图 3-3 所示图 G,符合上述定义的树有很多,图 3-4(a)(b)(c)绘出其中的 3 个。图 3-4(d)(e)不是该图的树,因为图 3-4(d)中包含了回路;图 3-4(e)则是非连通的。树中包含的支路称为该树的树支,而其他不属于树的支路则称为对应于该树的连支。例如图 3-4(a)的树,它具有树支(5,6,7,8);相应的连支为(1,2,3,4)。对图 3-4(b)所示树,其树支为(1,3,5,6);相应的连支为(2,4,7,8)。树支和连支一起构成图 G 的全部支路。

图 3-3 的图 G 有 5 个节点,图 3-4(a)(b)(c)所示图 G 的每一个树具有 4 条支路;图 3-4(d)出现了回路,它不是树,图 3-4(e)未包含全部节点,它也不是树。这个图 G 有许多不同的树①,但不论是哪一个树,树支数总是 4。可以证明,任一个具有 n 个节点的连通图,它的任何一个树的树支数为$(n-1)$②。

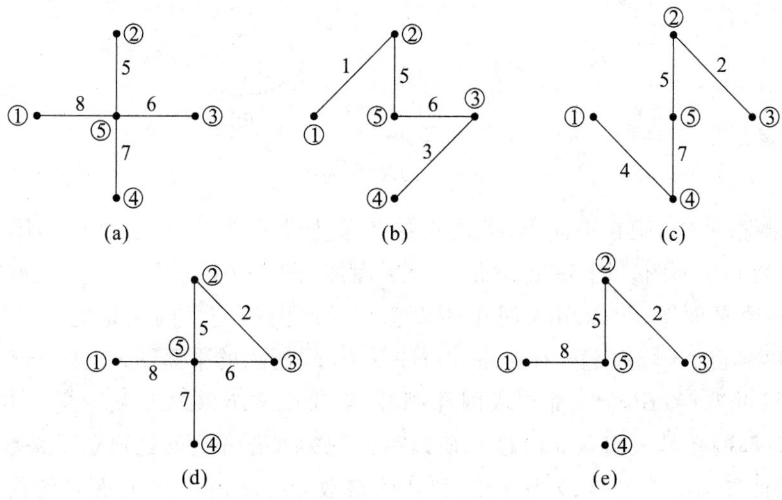

图 3-4　树

① 可以证明,该图 G 共有 45 个不同的树。

② 证明从略,可参考有关图论书籍。

由于连通图 G 的树支连接所有节点又不形成回路，因此，对于图 G 的任意一个树，加入一个连支后，就会形成一个回路，并且此回路除所加连支外均由树支组成，这种回路称为单连支回路或基本回路。对于图 3-5(a)所示图 G，取支路(1,4,5)为树，在图 3-5(b)中以实线表示，相应的连支为(2,3,6)。分别将这三个连支加入就可得到对应于这一树的三个基本回路，它们是(1,3,5)(1,2,4,5)和(4,5,6)。每一个基本回路仅含一个连支，且这一连支并不出现在其他基本回路中。由全部连支形成的基本回路构成基本回路组，基本回路的个数显然等于连支数。如果对基本回路组列写 KVL 方程，由于每个连支只在一个回路中出现，因此这些 KVL 方程必构成独立方程组。换言之，根据基本回路所列出的 KVL 方程组是独立方程。对一个具有 b 条支路和 n 个节点的电路，连支数 $l=b-n+1$，这也就是一个图的独立回路的数目。选择不同的树，就可以得到不同的基本回路组。图 3-5(c)(d)(e)是以支路(1,4,5)为树相对应的基本回路组。

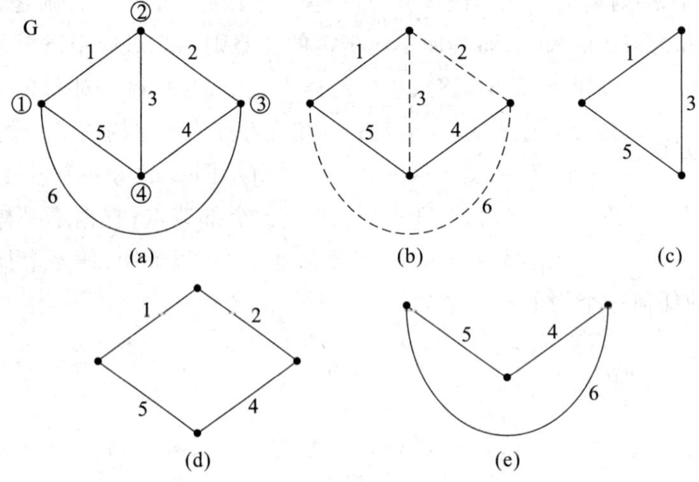

图 3-5　基本回路

如果能把一个图画在平面上，而使它的各条支路不产生交叉，这样的图称为平面图，否则称为非平面图。图 3-6(a)是一个平面图，图 3-6(b)则是一个典型的非平面图。对于一个平面图，可以引入网孔的概念。平面图的一个网孔是它的一个自然的“孔”，在其限定的区域内不再有支路。对图 3-6(a)所示的平面图，支路(1,3,5)(2,3,7)(4,5,6)(4,7,8)(6,8,9)都构成网孔①；支路(1,2,8,6)(2,3,4,8)等不构成网孔。平面图的全部网孔是一组独立回路②，所以平面图的网孔数也就是独立回路数。图 3-6(a)所示平面图有 5 个节点，9 条支路，独立回路数 $l=(b-n+1)=5$，而它的网孔数正好也是 5 个。

---

① 这些都是“内网孔”。平面图周界形成的回路有时称为“外网孔”。本书涉及的“网孔”不包括外网孔。

② 将图中 5 个内网孔的 KVL 方程相加减，得到外网孔的 KVL 方程，等号两边并不为零。

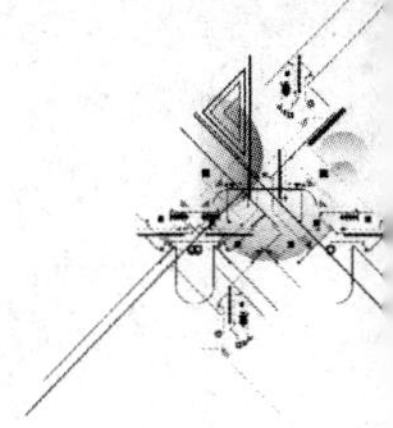

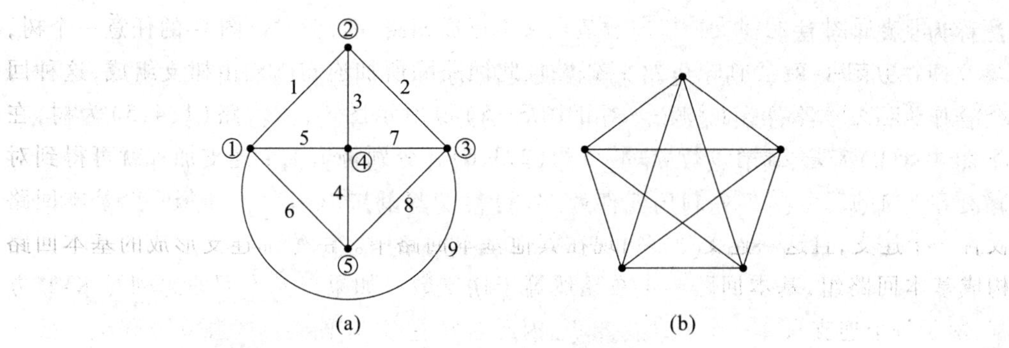

图 3-6 平面图与非平面图

一个电路的 KVL 独立方程数等于它的独立回路数。以图 3-7(a)所示电路的图为例,如果取支路(1,4,5)为树,则 3 个基本回路示于图 3-7(b)。按图中的电压和电流的参考方向及回路绕行方向,计及支路及回路的编号,可以列出 KVL 方程如下:

回路 1 $$u_1+u_3+u_5=0$$

回路 2 $$u_1-u_2+u_4+u_5=0$$

回路 3 $$-u_4-u_5+u_6=0$$

这是一组独立方程。

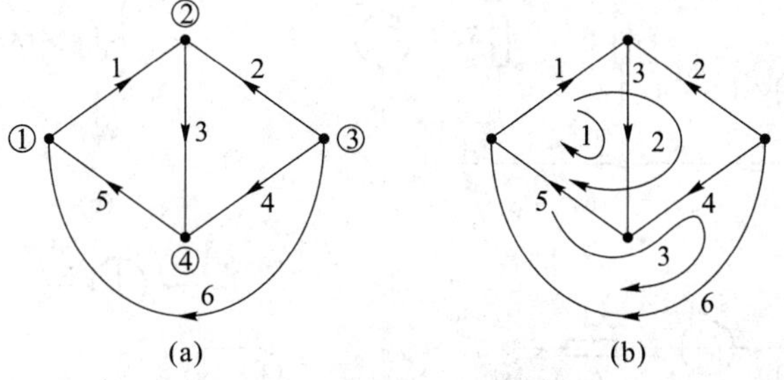

图 3-7 基本回路的 KVL 方程

§3-3 支路电流法

对一个具有 b 条支路和 n 个节点的电路,当以支路电压和支路电流为电路变量列写方程时,总计有 $2b$ 个未知量。根据 KCL 可以列出$(n-1)$个独立方程,根据 KVL 可以列出$(b-n+1)$个独立方程,根据元件的 VCR 又可列出 b 个方程。总计方程数为 $2b$,与未知量数相等。因此,可由 $2b$ 个方程解出 $2b$ 个支路电压和支路电流。这种方法称为 $2b$ 法。

为了减少求解的方程数,可以利用元件的 VCR 先将每条支路的电压以支路电流来表示,然后代入 KVL 方程,这样,支路电压就不出现在 KVL 方程中,可得到以 b 个支路电流为未知量的 b 个 KCL 和 KVL 方程。变量数和方程数从 $2b$ 个减少至 b 个。这种方

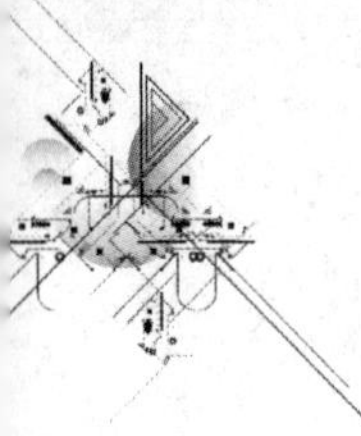

法称为支路电流法。

现在以图 3-8(a)所示电路为例说明支路电流法。把电压源 u_{S1} 和电阻 R_1 的串联组合作为一条支路;把电流源 i_{S5} 和电阻 R_5 的并联组合作为一条支路,这样电路的图就如图 3-8(b)所示,其节点数 $n=4$,支路数 $b=6$,各支路的方向和编号也示于图中。求解变量为 i_1、i_2、…、i_6。先利用元件的 VCR,将支路电压 u_1、u_2、…、u_6 以支路电流 i_1、i_2、…、i_6 表示。图 3-8(c)(d)给出支路 1 和支路 5 的结构,有

$$\left.\begin{aligned}u_1&=-u_{S1}+R_1i_1\\u_2&=R_2i_2\\u_3&=R_3i_3\\u_4&=R_4i_4\\u_5&=R_5i_5+R_5i_{S5}\\u_6&=R_6i_6\end{aligned}\right\}\tag{3-1}$$

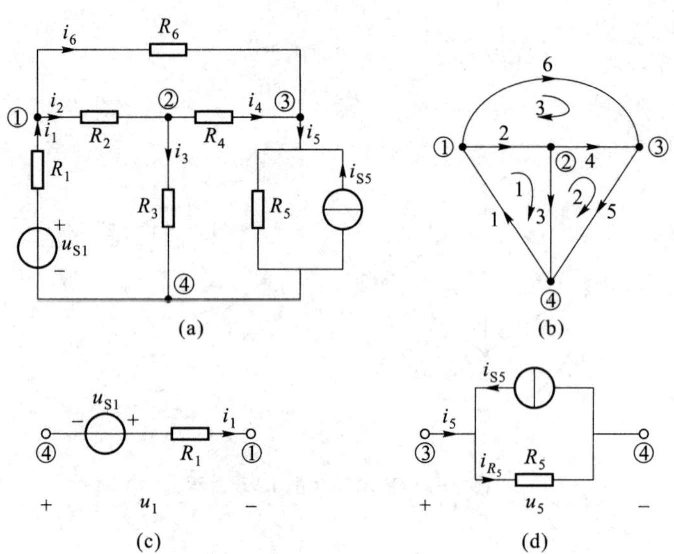

图 3-8　支路电流法

选择网孔作为独立回路,按图 3-8(b)所示回路绕行方向列出 KVL 方程

$$\left.\begin{aligned}u_1+u_2+u_3&=0\\-u_3+u_4+u_5&=0\\-u_2-u_4+u_6&=0\end{aligned}\right\}\tag{3-2}$$

将式(3-1)代入式(3-2),得

$$\left.\begin{aligned}-u_{S1}+R_1i_1+R_2i_2+R_3i_3&=0\\-R_3i_3+R_4i_4+R_5i_5+R_5i_{S5}&=0\\-R_2i_2-R_4i_4+R_6i_6&=0\end{aligned}\right\}\tag{3-3}$$

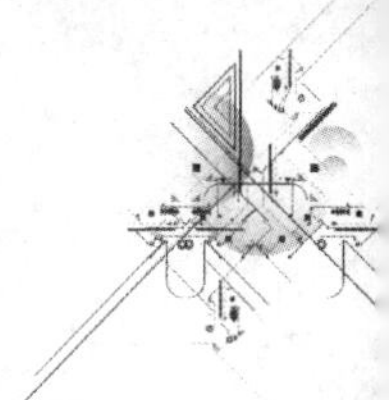

把上式中的 u_{S1} 和 $R_5 i_{S5}$ 项移到方程的右边后，与在独立节点①、②、③处列出的 KCL 方程联列，就组成了支路电流法的全部方程：

$$\left.\begin{aligned}&-i_1+i_2+i_6=0\\&-i_2+i_3+i_4=0\\&-i_4+i_5-i_6=0\\&R_1 i_1+R_2 i_2+R_3 i_3=u_{S1}\\&-R_3 i_3+R_4 i_4+R_5 i_5=-R_5 i_{S5}\\&-R_2 i_2-R_4 i_4+R_6 i_6=0\end{aligned}\right\}\tag{3-4}$$

式(3-4)中的 KVL 方程可归纳为

$$\sum R_k i_k=\sum u_{Sk}\tag{3-5}$$

此式须对所有的独立回路写出。式中 $R_k i_k$ 是回路中第 k 个支路中电阻上的电压，当 i_k 的参考方向与回路的方向一致时，该项在和式中取“+”号；不一致时，则取“-”号；式中右方 u_{Sk} 是回路中第 k 个支路的电源电压，电源电压包括电压源的激励电压，也包括由电流源引起的等效激励电压。例如在支路 5 中并无电压源，仅为电流源与电阻的并联组合，但可将其等效变换为电压源与电阻的串联组合，其等效电压源为 $u_{S5}=R_5 i_{S5}$，在取代数和时，当 u_{Sk} 与回路方向一致时前面取“-”号(因移在等号右侧)，u_{Sk} 与回路方向不一致时，前面取“+”号。式(3-5)实际上是 KVL 的另一种表达式，即任一回路中，电阻电压的代数和等于电压源电压的代数和(也可看作，任一回路中，电阻上电压降的代数和等于电压源上电压升的代数和)。

列出支路电流法的电路方程的步骤如下：

(1) 选定各支路电流的参考方向。

(2) 对$(n-1)$个独立节点列出 KCL 方程。

(3) 选取$(b-n+1)$个独立回路，指定回路的绕行方向，按照式(3-5)列出 KVL 方程。

支路电流法要求 b 个支路电压均能以支路电流表示，即存在式(3-1)形式的关系。当一条支路仅含电流源而不存在与之并联的电阻时，就无法将支路电压以支路电流表示。这种无并联电阻的电流源称为无伴电流源。当电路中存在这类支路时，必须加以处理后才能应用支路电流法①。

如果将支路电流用支路电压表示，然后代入 KCL 方程，连同支路电压的 KVL 方程，可得到以支路电压为变量的 b 个方程。这就是支路电压法。

§3-4　网孔电流法

在网孔电流法中，以网孔电流作为电路的独立变量，然后列出网孔 KVL 方程并求

---

① 处理方法见§3-5。

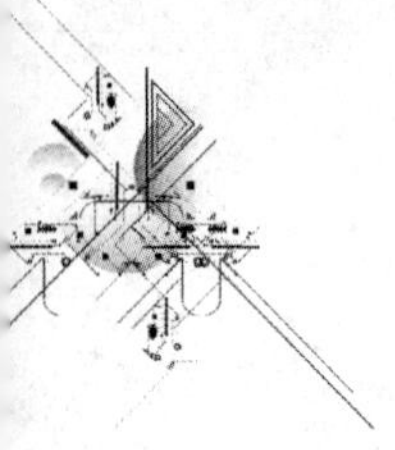

解。它仅适用于平面电路，以下通过图 3-9(a)所示电路说明。图 3-9(b)是此电路的图，该电路共有 3 条支路，给定的支路编号和参考方向如图所示。

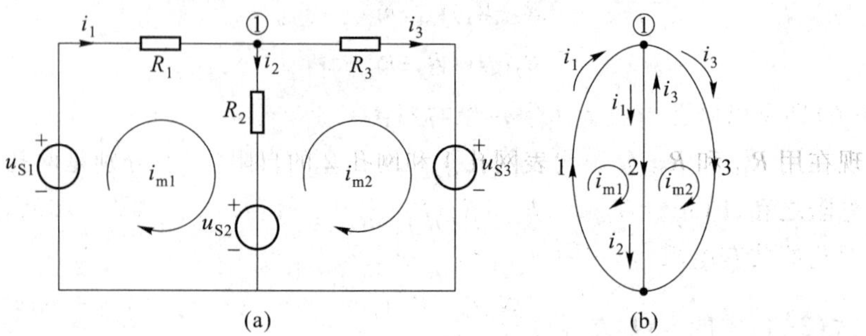

图 3-9　网孔电流法

在节点①应用 KCL，有

$$-i_1+i_2+i_3=0$$

或

$$i_2=i_1-i_3$$

可见，i_2 不是独立的，它由 i_1、i_3 决定。i_2 分为两部分，即图 3-9(b)中向下方向的 i_1 以及向上方向的 i_3。这两个电流可以看成是支路 1 与支路 3 中的电流 i_1 与 i_3 各自经过节点①后的延续，也就是将图中所有的电流归结为由两个沿网孔连续流动的假想电流 i_1 与 i_3 产生，这两个假想的电流称之为网孔电流 i_{m1} 与 i_{m2}①。根据给定的网孔电流和支路电流的参考方向，可以得出其间的关系：支路 1 只有电流 i_{m1} 流过，支路电流 $i_1=i_{m1}$；支路 3 只有电流 i_{m2} 流过，支路电流 $i_3=i_{m2}$；但是支路 2 有两个网孔电流同时流过，在给定的参考方向下[见图 3-9(a)]支路电流将是网孔电流的代数和，即 $i_2=i_{m1}-i_{m2}$。

由于网孔电流已经体现了电流连续即 KCL 的制约关系（换言之，根据网孔电流而计算的支路电流一定满足 KCL 方程，或称为自动满足 KCL），所以用网孔电流作为电路变量求解时只需列出 KVL 方程。全部网孔是一组独立回路，因而对应的 KVL 方程将是独立的，且独立方程个数与电路变量数均为全部网孔数，足以解出网孔电流，从而求得全部支路电流。这种方法称为网孔电流法。

现以图 3-9(a)所示电路为例，对网孔 1 与 2 列出 KVL 方程。列方程时，以各自的网孔电流方向为绕行方向，逐段写出电阻以及电源上的电压。对于网孔 1，从节点①出发直至回到出发节点，可得到

$$R_2(i_{m1}-i_{m2})+u_{S2}-u_{S1}+R_1i_{m1}=0$$

对网孔 2，则有

$$R_3i_{m2}+u_{S3}-u_{S2}+R_2(i_{m2}-i_{m1})=0$$

式中沿网孔 1 绕行方向列方程时，R_2 上的电压为 $R_2(i_{m1}-i_{m2})$，其中 i_{m2} 前的负号是因为

---

① 网孔(mesh)，以下标 m 表示网孔。

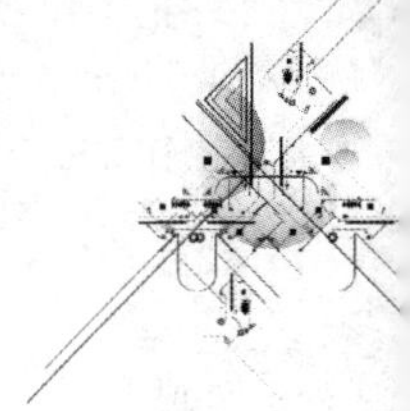

电流 i_{m2} 在 R_2 上的流动方向与 i_{m1} 相反的结果；同理，在网孔 2 的方程中，沿着网孔 2 绕行方向，R_2 上的电压则为 $R_2(i_{m2}-i_{m1})$，经整理后，有

$$\left.\begin{aligned}(R_1+R_2)i_{m1}-R_2i_{m2}&=u_{S1}-u_{S2}\\-R_2i_{m1}+(R_2+R_3)i_{m2}&=u_{S2}-u_{S3}\end{aligned}\right\}\tag{3-6}$$

式(3-6)即是以网孔电流为求解对象的网孔电流方程。

现在用 R_{11} 和 R_{22} 分别代表网孔 1 和网孔 2 的自阻，它们分别是网孔 1 和网孔 2 中所有电阻之和，即 $R_{11}=R_1+R_2$，$R_{22}=R_2+R_3$；用 R_{12} 和 R_{21} 代表网孔 1 和网孔 2 的互阻，即两个网孔的共有电阻，本例中 $R_{12}=R_{21}=-R_2$。上式可改写为

$$\left.\begin{aligned}R_{11}i_{m1}+R_{12}i_{m2}&=u_{S1}-u_{S2}\\R_{21}i_{m1}+R_{22}i_{m2}&=u_{S2}-u_{S3}\end{aligned}\right\}\tag{3-7}$$

此方程可理解为：$R_{11}i_{m1}$ 项代表网孔电流 i_{m1} 在网孔 1 内各电阻上引起的电压之和，$R_{22}i_{m2}$ 项代表网孔电流 i_{m2} 在网孔 2 内各电阻上引起的电压之和。由于网孔绕行方向和网孔电流方向取为一致，故 R_{11} 和 R_{22} 总为正值。$R_{12}i_{m2}$ 项代表网孔电流 i_{m2} 在网孔 1 中引起的电压，而 $R_{21}i_{m1}$ 项代表网孔电流 i_{m1} 在网孔 2 中引起的电压。当两个网孔电流在共有电阻上的参考方向相同时，$i_{m2}(i_{m1})$ 引起的电压与网孔 1（网孔 2）的绕行方向一致，应当为正；反之为负。为了使方程形式整齐，把这类电压前的“+”号或“-”号包括在有关的互阻中。这样，当通过网孔 1 和网孔 2 的共有电阻上的两个网孔电流的参考方向相同时，互阻（R_{12}、R_{21}）取正；反之则取负。故在本例中 $R_{12}=R_{21}=-R_2$。

对具有 m 个网孔的平面电路，网孔电流方程的一般形式可以由式(3-7)推广而得，即有

$$\left.\begin{aligned}R_{11}i_{m1}+R_{12}i_{m2}+R_{13}i_{m3}+\cdots+R_{1m}i_{mm}&=u_{S11}\\R_{21}i_{m1}+R_{22}i_{m2}+R_{23}i_{m3}+\cdots+R_{2m}i_{mm}&=u_{S22}\\\cdots\cdots\cdots\cdots&\\R_{m1}i_{m1}+R_{m2}i_{m2}+R_{m3}i_{m3}+\cdots+R_{mm}i_{mm}&=u_{Smm}\end{aligned}\right\}\tag{3-8}$$

式中具有相同双下标的电阻 R_{11}、R_{22}、R_{33} 等是各网孔的自阻；有不同下标的电阻 R_{12}、R_{13}、R_{23} 等是网孔间的互阻。自阻总是正的，互阻的正、负则视两网孔电流在共有支路上参考方向是否相同而定。方向相同时为正，方向相反时为负。显然，如果两个网孔之间没有共有支路，或者有共有支路但其电阻为零（例如共有支路上仅有电压源），则互阻为零。如果将所有网孔电流都取为顺（或逆）时钟方向，则所有互阻总是负的。在不含受控源的电阻电路的情况下，$R_{ik}=R_{ki}$。方程右方 u_{S11}、u_{S22}、⋯分别为网孔 1、网孔 2、⋯中所有电压源电压的代数和，各电压源的电压方向与网孔电流一致时，前面取“-”号，反之取“+”号。

例 3-1 在图 3-10 所示直流电路中，电阻和电压源均为已知，试用网孔电流法求各支路电流。

解 电路为平面电路，共有 3 个网孔。

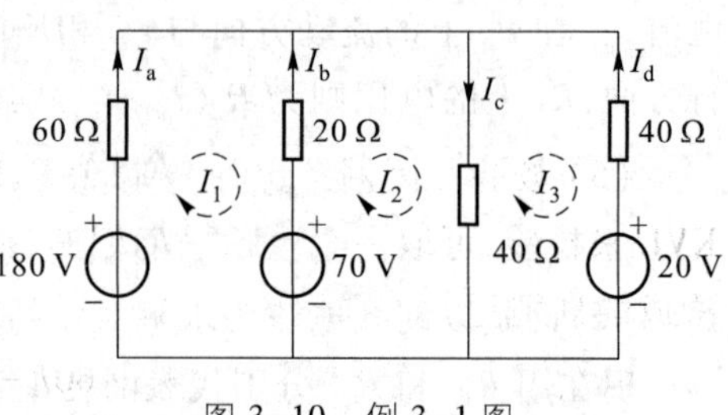

图 3-10 例 3-1 图

(1) 设定网孔电流 I_1、I_2、I_3，如图 3-10 所示。

(2) 列网孔电流方程。

(a) 方法一。沿网孔方向逐段写电压法：从底部节点出发，沿各网孔应用 KVL，写出各段的电压直到回至出发点。这些电压之和应为零。

网孔 m_1 $$-180+60I_1+20(I_1-I_2)+70=0$$

网孔 m_2 $$-70+20(I_2-I_1)+40(I_2-I_3)=0$$

网孔 m_3 $$40(I_3-I_2)+40I_3+20=0$$

再经整理就可得到网孔电流方程。

(b) 方法二。使用网孔电流方程的一般形式(3-8)，直接写出网孔的自阻、互阻及网孔电压源电压和等项而得到网孔电流方程。可求得

$$R_{11}=(60+20)\ \Omega=80\ \Omega$$

$$R_{22}=(20+40)\ \Omega=60\ \Omega$$

$$R_{33}=(40+40)\ \Omega=80\ \Omega$$

$$R_{12}=R_{21}=-20\ \Omega$$

$$R_{13}=R_{31}=0$$

$$R_{23}=R_{32}=-40\ \Omega$$

$$U_{S11}=(180-70)\ \mathrm{V}=110\ \mathrm{V}$$

$$U_{S22}=70\ \mathrm{V}$$

$$U_{S33}=-20\ \mathrm{V}$$

故网孔电流方程为

$$\left.\begin{aligned}&80I_1-20I_2=110\\&-20I_1+60I_2-40I_3=70\\&-40I_2+80I_3=-20\end{aligned}\right\}$$

与方法一所得方程组相同。

(3) 用消去法或行列式法求解所得方程组，可解得

$$I_1=2\ \mathrm{A}$$

$$I_2=2.5\ \mathrm{A}$$

$$I_3=1\ \mathrm{A}$$

(4) 指定各支路电流如图 3-10 所示，有

$$I_a=I_1=2\ \mathrm{A}$$

$$I_b=-I_1+I_2=0.5\ \mathrm{A}$$

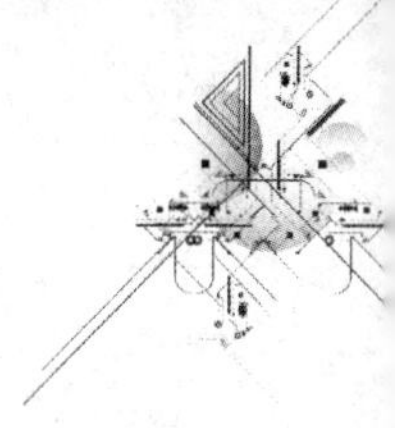

$$I_c = I_2 - I_3 = 1.5\ \text{A}$$

$$I_d = -I_3 = -1\ \text{A}$$

(5) 校验。因网孔电流自动满足 KCL,再用 KCL 来校验就毫无意义。应该使用 KVL 来校验,可取一个未用过的回路,例如取由 60 Ω、40 Ω 电阻及 180 V、20 V 电压源构成的外网孔,沿顺时针绕行方向写 KVL 方程,有

$$60I_a - 40I_d = 180 - 20$$

把 I_a、I_d 值代入有 160 = 160,故答案正确。

当电路中存在电流源和电阻的并联组合时,可将它等效变换成电压源和电阻的串联组合,再按上述方法进行分析。对于存在无伴电流源或受控源的情况,请参见 § 3-5 中相应的处理方法。

§3-5 回路电流法

回路电流法

网孔电流法仅适用于平面电路,回路电流法则无此限制,它适用于平面或非平面电路。回路电流法是一种适用性较强并获得广泛应用的分析方法。

前已述及,对于一个具有 b 条支路和 n 个节点的电路,b 个支路电流受 $(n-1)$ 个 KCL 独立方程制约,因此,独立的支路电流只有 $(b-n+1)$ 个,等于网孔电流数。网孔电流是在网孔中连续流动的假想电流。而回路电流则是在回路中连续流动的假想电流,但是与网孔不同,回路的取法很多,选取的回路应是一组独立回路,且回路的个数(也即回路电流的个数)也应等于 $(b-n+1)$ 个。选定一个树以后形成的基本回路显然满足上述要求。这就是说,在基本回路中连续流动的假想电流可以作为电路的独立变量来求解。

以图 3-11 所示电路(的图)为例,如果选支路(4,5,6)为树(在图中用粗线画出),可以得到以支路(1,2,3)为单连支的 3 个基本回路,它们是独立回路。把连支电流 i_1、i_2、i_3 分别作为在各自单连支回路中流动的假想回路电流 i_{l1}①,i_{l2},i_{l3}。支路 4 为回路 1 和 2 所共有,而其方向与回路 1 的绕行方向相反,与回路 2 的绕行方向相同,所以有

$$i_4 = -i_{l1} + i_{l2}$$

同理,可以得出支路 5 和支路 6 的电流 i_5 和 i_6 为

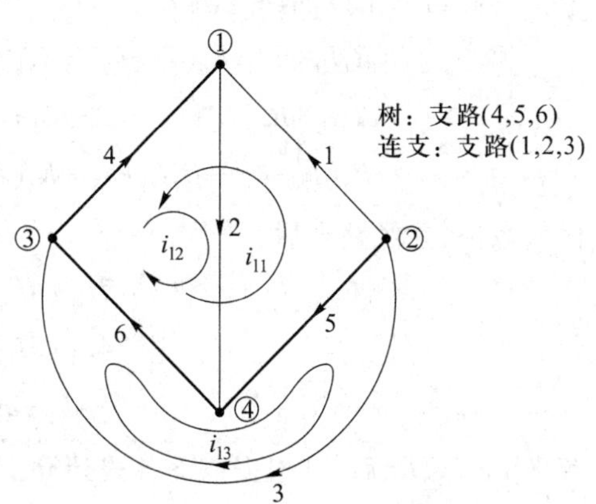

图 3-11 回路电流

① 回路电流 i_l 的下标“l”表示回路(loop)。

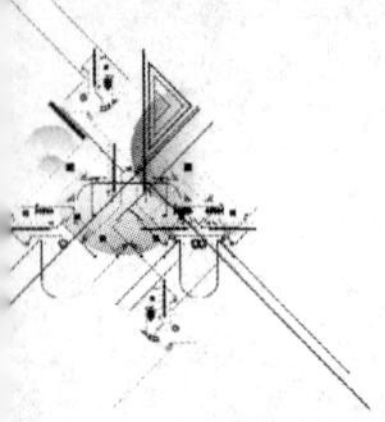

$$i_5=-i_{l1}-i_{l3}$$

$$i_6=-i_{l1}+i_{l2}-i_{l3}$$

从以上3式可见，树支电流可以通过连支电流或回路电流表达，即全部支路电流可以通过回路电流表达。

列方程时，因回路电流已满足KCL方程，也只需按KVL列方程。对于b条支路、n个节点的电路，回路电流数$l=(b-n+1)$。以下，将以例3-2所示电路介绍列写回路电流方程的方法。

例3-2 给定直流电路如图3-12(a)所示，其中$R_1=R_2=R_3=1\ \Omega$，$R_4=R_5=R_6=2\ \Omega$，$u_{S1}=4\ V$，$u_{S5}=2\ V$。试选择一组独立回路，并列出回路电流方程。

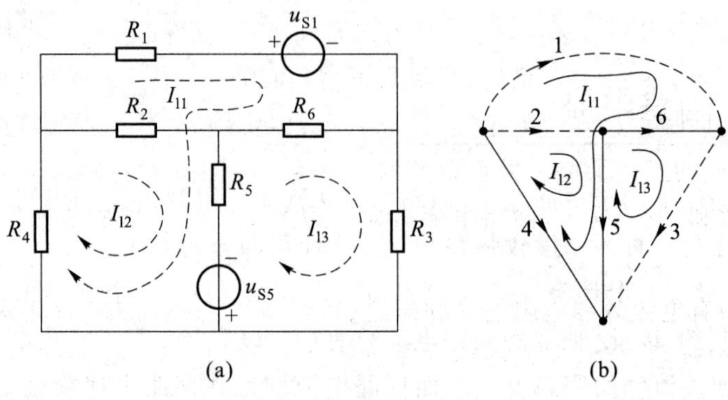

图3-12 例3-2图

解 电路的图如图3-12(b)所示，选择支路(4,5,6)为树，3个独立回路(基本回路)绘于图中。连支电流I_1、I_2、I_3即为回路电流I_{l1}、I_{l2}、I_{l3}。应用例3-1的方法一，在三个基本回路列出以回路电流I_{l1}、I_{l2}、I_{l3}为变量的KVL方程为

$$\left.\begin{aligned}&R_1I_{l1}+u_{S1}+R_6(I_{l1}-I_{l3})+R_5(I_{l1}+I_{l2}-I_{l3})-u_{S5}+R_4(I_{l1}+I_{l2})=0\\&R_2I_{l2}+R_5(I_{l2}+I_{l1}-I_{l3})-u_{S5}+R_4(I_{l1}+I_{l2})=0\\&R_6(I_{l3}-I_{l1})+R_3I_{l3}+u_{S5}+R_5(I_{l3}-I_{l1}-I_{l2})=0\end{aligned}\right\}\qquad(3-9)$$

代入数值，并经整理后，可得

$$\left.\begin{aligned}7I_{l1}+4I_{l2}-4I_{l3}&=-2\\4I_{l1}+5I_{l2}-2I_{l3}&=2\\-4I_{l1}-2I_{l2}+5I_{l3}&=-2\end{aligned}\right\}\qquad(3-10)$$

解出I_{l1}、I_{l2}、I_{l3}后，可根据以下各式计算支路电流：

$$I_1=I_{l1}$$

$$I_2=I_{l2}$$

$$I_3=I_{l3}$$

$$I_4=-I_{l1}-I_{l2}$$

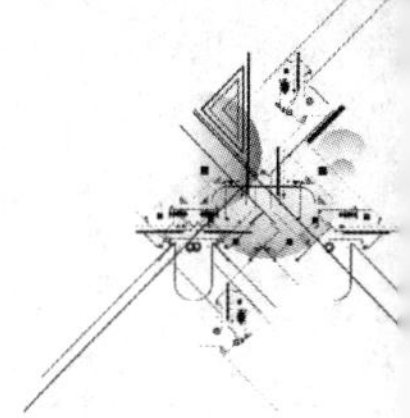

$$I_5 = I_{l1} + I_{l2} - I_{l3}$$
$$I_6 = -I_{l1} + I_{l3}$$

回路电流方程(3-10)是 KVL 方程,其中左方各项是各个回路电流在回路中电阻上引起的电压。与网孔电流方程(3-8)相似,对具有 l 个独立回路的电路,可写出回路电流方程的一般形式

$$\left.\begin{aligned} R_{11}i_{l1}+R_{12}i_{l2}+R_{13}i_{l3}+\cdots+R_{1l}i_{ll}=u_{S11} \\ R_{21}i_{l1}+R_{22}i_{l2}+R_{23}i_{l3}+\cdots+R_{2l}i_{ll}=u_{S22} \\ \cdots\cdots\cdots\cdots \\ R_{l1}i_{l1}+R_{l2}i_{l2}+R_{l3}i_{l3}+\cdots+R_{ll}i_{ll}=u_{Sll} \end{aligned}\right\} \tag{3-11}$$

式中有相同下标的电阻 R_{11}、R_{22}、R_{33} 等是各回路的自阻,有不同下标的电阻 R_{12}、R_{13}、R_{23} 等是回路间的互阻。自阻总是正的,互阻取正还是取负,则由相关两个回路共有支路上两回路电流的方向是否相同而决定,相同时取正,相反时取负。显然,若两个回路间无共有电阻,则相应的互阻为零。方程右方的 u_{S11}、u_{S22}、…分别为各回路 1、2、…中所有电压源电压的代数和,取和时,与回路电流方向一致的电压源电压前应取“-”号,否则取“+”号。

如果电路中有电流源和电阻的并联组合,可经等效变换成为电压源和电阻的串联组合后再列回路电流方程。但当电路中存在无伴电流源时,就无法进行这种等效变换。此时可采用下述方法处理。除回路电流外,将无伴电流源两端的电压作为一个求解变量列入方程。这样,虽然多了一个变量,但是无伴电流源所在支路的电流为已知,故增加了一个回路电流与无伴电流源电流之间的约束方程,这样,独立方程数与独立变量数仍然相同。

例 3-3　图 3-13 所示电路中 $U_{S1}=50$ V,$U_{S3}=20$ V,$I_{S2}=1$ A,此电流源为无伴电流源。试用回路法列出电路的方程。

解　把电流源两端的电压 U 作为附加变量。该电路有 3 个独立回路,假设回路电流[①] I_{l1}、I_{l2}、I_{l3} 如图 3-14 所示。应用回路电流方程的一般公式(3-11),沿各自回路的 KVL 方程为

$$\left.\begin{aligned} (20+15+10)I_{l1}-10I_{l2}-15I_{l3}=0 \\ -10I_{l1}+(10+30)I_{l2}+U=50 \\ -15I_{l1}+(40+15)I_{l3}-U=-20 \end{aligned}\right\} \tag{3-12}$$

无伴电流源所在支路有 I_{l2} 和 I_{l3} 通过,故约束方程为

$$-I_{l2}+I_{l3}=1 \tag{3-13}$$

方程数和未知变量数相等。

① 为了简化讨论,实际上取的是网孔电流。

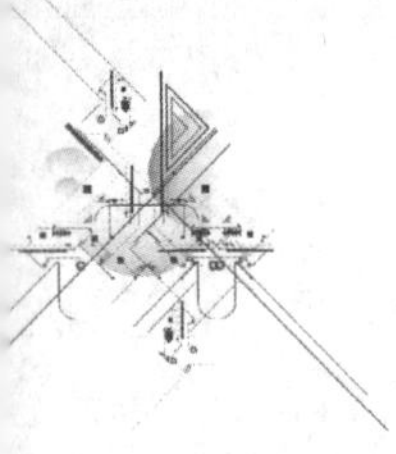

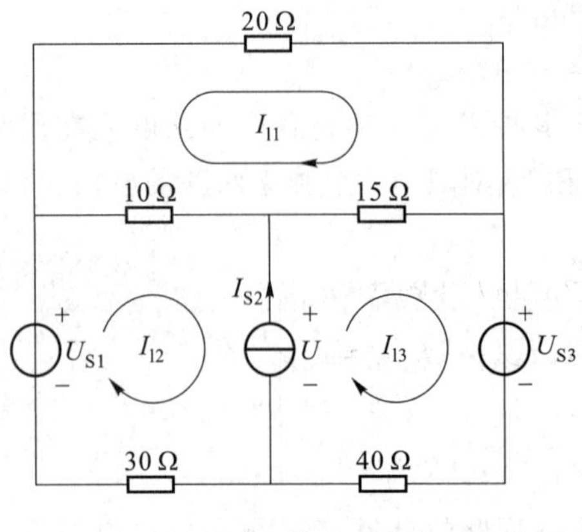

图 3-13　例 3-3 电路

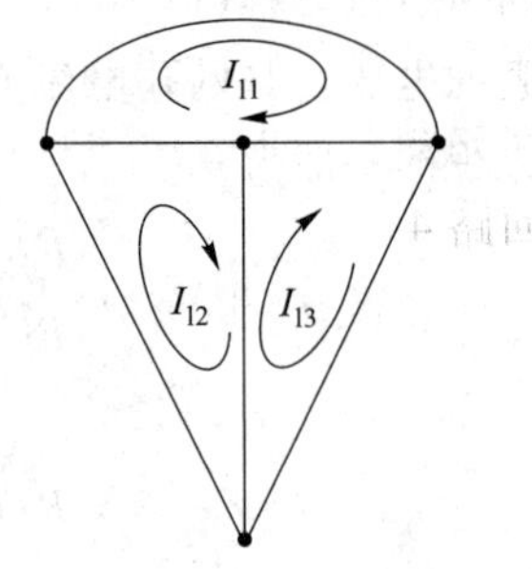

图 3-14　例 3-3 图

将式(3-12)中后两式相加，可得$-(10+15)I_{11}+(10+30)I_{12}+(15+40)I_{13}=50-20$，相当于在包含 I_{12} 与 I_{13} 的大回路中列出的 KVL 方程，绕过了无伴电流源，因此，附加变量 U 不再出现。

如果无伴电流源中仅有一个回路电流流过时，该回路的 KVL 方程就可不列。所以，每出现一个无伴电流源，就要少列一个 KVL 方程，但会多出现一个回路电流的约束方程，即无伴电流源电流与流经该电流源的回路电流之间的代数关系。独立方程数与电流变量数依然相等。

当电路中含有受控电压源时，把它作为电压源暂时列于 KVL 方程的右边，同时把控制量用回路电流表示，然后将用回路电流表示的受控源电压项移到方程的左边。当受控源是受控电流源时，可参照前面处理独立电流源的方法进行(见下例)。

* **例 3-4**　图 3-15 所示电路中有无伴电流源 i_{S1}，无伴电流控制电流源 $i_c=\beta i_2$，电压控制电压源 $u_c=\alpha u_2$，电压源 u_{S2} 和 u_{S3}。列出回路电流方程。

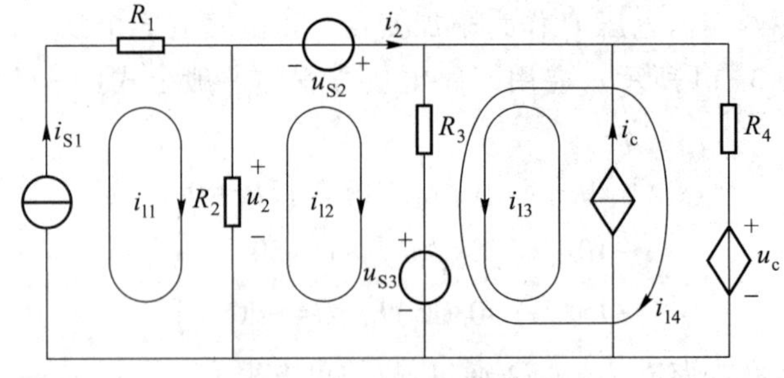

图 3-15　例 3-4 图

解　取独立回路如图 3-15 所示，使无伴电流源和无伴受控电流源都只有一个回路电流流过，前者为 i_{11}、后者为 i_{13}，这样就可不再列回路 1 和回路 3 的 KVL 方程。把控制量用有关回路电流表示，有

$$i_2=i_{12}$$

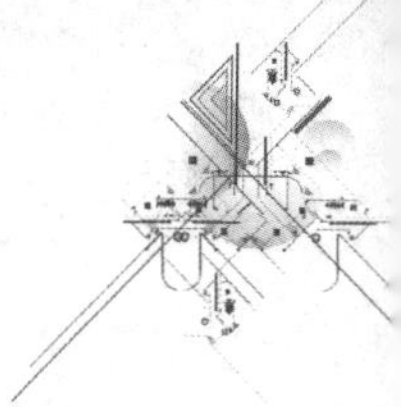

$$u_2=R_2(i_{l1}-i_{l2})$$

这两个有关控制量的方程称为附加方程。

应用例 3-1 的方法列出回路 2 和回路 4 的 KVL 方程，可以沿绕行方向逐段写出有关电压。可得

回路 2 $$-u_2-u_{S2}+R_3(i_{l2}+i_{l3}-i_{l4})+u_{S3}=0$$

回路 4 $$-u_{S3}+R_3(i_{l4}-i_{l2}-i_{l3})+R_4i_{l4}+u_c=0$$

代入附加方程 $u_2=R_2(i_{l1}-i_{l2})$，$u_c=\alpha u_2$，有

$$-R_2(i_{l1}-i_{l2})+R_3(i_{l2}+i_{l3}-i_{l4})=u_{S2}-u_{S3}$$

$$R_3(i_{l4}-i_{l2}-i_{l3})+R_4i_{l4}+\alpha R_2(i_{l1}-i_{l2})=u_{S3}$$

经整理后，得

$$-R_2i_{l1}+(R_2+R_3)i_{l2}+R_3i_{l3}-R_3i_{l4}=u_{S2}-u_{S3}$$

$$\alpha R_2i_{l1}-(\alpha R_2+R_3)i_{l2}-R_3i_{l3}+(R_3+R_4)i_{l4}=u_{S3}$$

回路电流约束方程为

$$i_{l1}=i_{S1}$$

$$i_{l3}=\beta i_{l2}（可写成-\beta i_{l2}+i_{l3}=0）$$

如果把 i_{l1}、i_{l3} 代入前 2 个方程，可得到仅含 i_{l2}、i_{l4} 的两个方程。可以看出：当电路中有无伴电流源时，求解时所需的独立方程数目变少了。但例 3-3 所给出的方程更具一般性。

回路电流法的步骤可归纳如下：

（1）根据给定的电路，通过选择一个树确定一组基本回路，并指定各回路电流（即连支电流）的参考方向。

（2）按一般公式（3-11）列出回路电流方程，注意自阻总是正的，互阻的正、负由相关的两个回路电流通过共有电阻时，两者的参考方向是否相同而定。并注意该式右边项取代数和时各有关电压源电压前面的“+”“-”号。

（3）当电路中有受控源或无伴电流源时，需另行处理。

（4）对于平面电路可用网孔电流法。

§3-6 节点电压法

节点电压法

在电路中任意选择一个节点作为参考节点，其他节点称为独立节点，这些节点与此参考节点之间的电压称为节点电压。节点电压的参考极性是以参考节点为负，其余独立节点为正。由于每一支路都连接在两个节点上，根据 KVL，该支路电压就是这两个节点电压之差。如果每一个支路电流都可由支路电压来表示，那么它一定也可以用节点电压来表示。在具有 n 个节点的电路中写出其中（$n-1$）个独立节点的 KCL 方程，而 KCL 方程中的各个支路电流都以节点电压来表示，这样，就能得到变量为（$n-1$）个节点电压的共（$n-1$）个独立方程，称之为节点电压方程。最后由这些方程解出节点电压，再求出所需的电压、电流。这就是节点电压法。

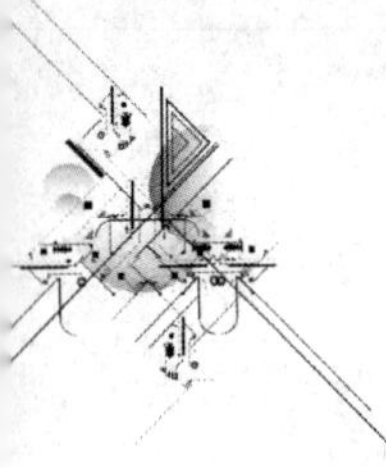

例如，对于图 3-16 所示电路及其图，节点的编号、支路的编号及参考方向均示于图中。电路的节点数为 4，支路数为 6。以节点⓪为参考，并规定节点①、②、③的节点电压分别用 u_{n1}、u_{n2}、u_{n3}[①] 表示。支路电压分别用 u_1、u_2、u_3、u_4、u_5 与 u_6 来表示。根据 KVL，不难求出 $u_1=u_{n1}$，$u_2=u_{n2}$，$u_3=u_{n3}$，$u_4=u_{n1}-u_{n2}$，$u_5=u_{n2}-u_{n3}$ 以及 $u_6=u_{n1}-u_{n3}$。

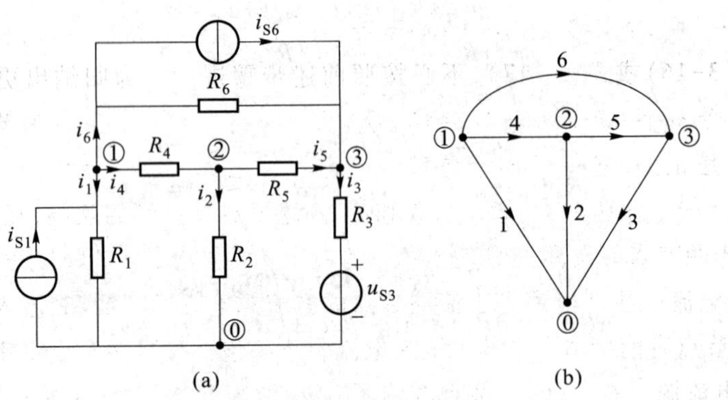

图 3-16　节点电压法

节点①、②与③的 KCL 方程为

$$\left.\begin{aligned}i_1+i_4+i_6&=0\\ i_2-i_4+i_5&=0\\ i_3-i_5-i_6&=0\end{aligned}\right\}\tag{3-14}$$

根据各支路的 VCR 及支路电压与节点电压的关系，式(3-14)可写为

$$\left.\begin{aligned}&\left(\frac{u_{n1}}{R_1}-i_{S1}\right)+\left(\frac{u_{n1}-u_{n2}}{R_4}\right)+\left(\frac{u_{n1}-u_{n3}}{R_6}+i_{S6}\right)=0\\ &\left(\frac{u_{n2}}{R_2}\right)-\left(\frac{u_{n1}-u_{n2}}{R_4}\right)+\left(\frac{u_{n2}-u_{n3}}{R_5}\right)=0\\ &\left(\frac{u_{n3}-u_{S3}}{R_3}\right)-\left(\frac{u_{n2}-u_{n3}}{R_5}\right)-\left(\frac{u_{n1}-u_{n3}}{R_6}+i_{S6}\right)=0\end{aligned}\right\}\tag{3-15}$$

经整理，就可得到以节点电压为独立变量的方程

$$\left.\begin{aligned}&\left(\frac{1}{R_1}+\frac{1}{R_4}+\frac{1}{R_6}\right)u_{n1}-\frac{1}{R_4}u_{n2}-\frac{1}{R_6}u_{n3}=i_{S1}-i_{S6}\\ &-\frac{1}{R_4}u_{n1}+\left(\frac{1}{R_2}+\frac{1}{R_4}+\frac{1}{R_5}\right)u_{n2}-\frac{1}{R_5}u_{n3}=0\\ &-\frac{1}{R_6}u_{n1}-\frac{1}{R_5}u_{n2}+\left(\frac{1}{R_3}+\frac{1}{R_5}+\frac{1}{R_6}\right)u_{n3}=i_{S6}+\frac{u_{S3}}{R_3}\end{aligned}\right\}\tag{3-16}$$

---

①　下标 n 表示节点“node”（也有称为结点的）。

式(3-16)可写为

$$\left.\begin{aligned}(G_1+G_4+G_6)u_{n1}-G_4u_{n2}-G_6u_{n3}=i_{S1}-i_{S6}\\-G_4u_{n1}+(G_2+G_4+G_5)u_{n2}-G_5u_{n3}=0\\-G_6u_{n1}-G_5u_{n2}+(G_3+G_5+G_6)u_{n3}=i_{S6}+G_3u_{S3}\end{aligned}\right\}\tag{3-17}$$

式中 G_1、G_2、…、G_6 为支路1、2、…、6的电导。列节点电压方程时,可以根据观察按KCL直接写出式(3-16)或式(3-17),不必按照前述步骤进行。为归纳出更为一般的节点电压方程,可令 $G_{11}=G_1+G_4+G_6$,$G_{22}=G_2+G_4+G_5$,$G_{33}=G_3+G_5+G_6$ 分别为节点①、②、③的自导,自导总是正的,它等于连于各节点支路电导之和;令 $G_{12}=G_{21}=-G_4$,$G_{13}=G_{31}=-G_6$,$G_{23}=G_{32}=-G_5$ 分别为①、②,①、③和②、③这3对节点间的互导,互导总是负的,它们等于连接于两节点间支路电导的负值。方程右方写为 i_{S11}、i_{S22}、i_{S33},分别表示节点①、②、③的注入电流。注入电流等于流向节点的电流源电流的代数和,流入节点者前面取“+”号,流出节点者前面取“-”号。注入电流源还应包括电压源和电阻串联组合经等效变换形成的电流源。在上例中,节点③除了有 i_{S6} 流入外,还有电压源 u_{S3} 形成的等效电流源 $\dfrac{u_{S3}}{R_3}$。3个独立节点的节点电压方程可写为

$$\left.\begin{aligned}G_{11}u_{n1}+G_{12}u_{n2}+G_{13}u_{n3}=i_{S11}\\G_{21}u_{n1}+G_{22}u_{n2}+G_{23}u_{n3}=i_{S22}\\G_{31}u_{n1}+G_{32}u_{n2}+G_{33}u_{n3}=i_{S33}\end{aligned}\right\}\tag{3-18}$$

式(3-18)不难推广到具有$(n-1)$个独立节点的电路,有

$$\left.\begin{aligned}&G_{11}u_{n1}+G_{12}u_{n2}+G_{13}u_{n3}+\cdots+G_{1(n-1)}u_{n(n-1)}=i_{S11}\\&G_{21}u_{n1}+G_{22}u_{n2}+G_{23}u_{n3}+\cdots+G_{2(n-1)}u_{n(n-1)}=i_{S22}\\&\cdots\cdots\cdots\cdots\\&G_{(n-1)1}u_{n1}+G_{(n-1)2}u_{n2}+G_{(n-1)3}u_{n3}+\cdots+G_{(n-1)(n-1)}u_{n(n-1)}=i_{S(n-1)(n-1)}\end{aligned}\right\}\tag{3-19}$$

求得各节点电压后,可根据VCR求出各支路电流。列节点电压方程时,不需要事先指定支路电流的参考方向。节点电压方程本身已包含了KVL,而以KCL的形式写出,故如要检验答案,应对支路电流用KCL进行。

例3-5 列出图3-17所示电路的节点电压方程。

解 首先应指定参考节点,并对其他节点编号,设节点电压为 u_{n1}、u_{n2}、u_{n3} 与 u_{n4}。

图中各电阻以电阻值给出,因此,各支路电导为支路电阻的倒数。此处应注意:$G_1=\dfrac{1}{R_{1a}+R_{1b}}$,以及 R_9

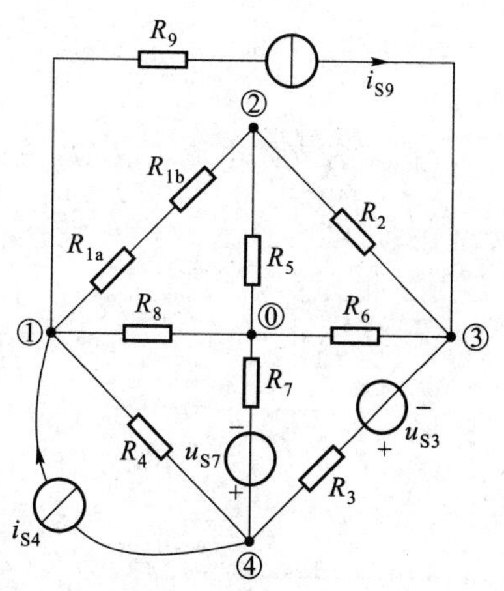

图3-17 例3-5图

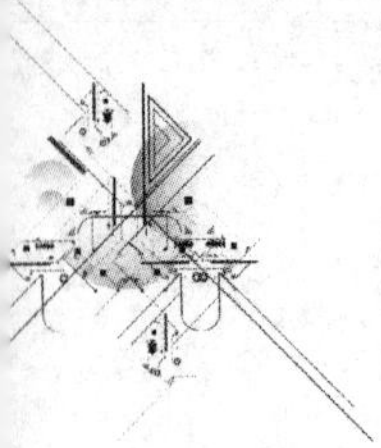

不会在方程中出现。节点电压方程为

$$\left.\begin{aligned}&\left(\frac{1}{R_{1a}+R_{1b}}+\frac{1}{R_4}+\frac{1}{R_8}\right)u_{n1}-\frac{1}{R_{1a}+R_{1b}}u_{n2}-\frac{1}{R_4}u_{n4}=i_{S4}-i_{S9}\\&-\frac{1}{R_{1a}+R_{1b}}u_{n1}+\left(\frac{1}{R_{1a}+R_{1b}}+\frac{1}{R_2}+\frac{1}{R_5}\right)u_{n2}-\frac{1}{R_2}u_{n3}=0\\&-\frac{1}{R_2}u_{n2}+\left(\frac{1}{R_2}+\frac{1}{R_3}+\frac{1}{R_6}\right)u_{n3}-\frac{1}{R_3}u_{n4}=i_{S9}-\frac{u_{S3}}{R_3}\\&-\frac{1}{R_4}u_{n1}-\frac{1}{R_3}u_{n3}+\left(\frac{1}{R_3}+\frac{1}{R_4}+\frac{1}{R_7}\right)u_{n4}=-i_{S4}+\frac{u_{S7}}{R_7}+\frac{u_{S3}}{R_3}\end{aligned}\right\}\quad(3-20)$$

例 3-6　电路如图 3-18 所示，用节点电压法求各支路电流及输出电压 U_o。

解　取参考节点如图 3-18 所示，其他 3 个节点的节点电压分别为 U_{n1}、U_{n2}、U_{n3}。节点电压方程为

$$\left.\begin{aligned}&\left(\frac{1}{10}+\frac{1}{10}\right)U_{n1}-\frac{1}{10}U_{n2}=1-\frac{30}{10}\\&-\frac{1}{10}U_{n1}+\left(\frac{1}{10}+\frac{1}{20}\right)U_{n2}-\frac{1}{20}U_{n3}=7+\frac{30}{10}\\&-\frac{1}{20}U_{n2}+\left(\frac{1}{10}+\frac{1}{20}\right)U_{n3}=-2\end{aligned}\right\}\quad(3-21)$$

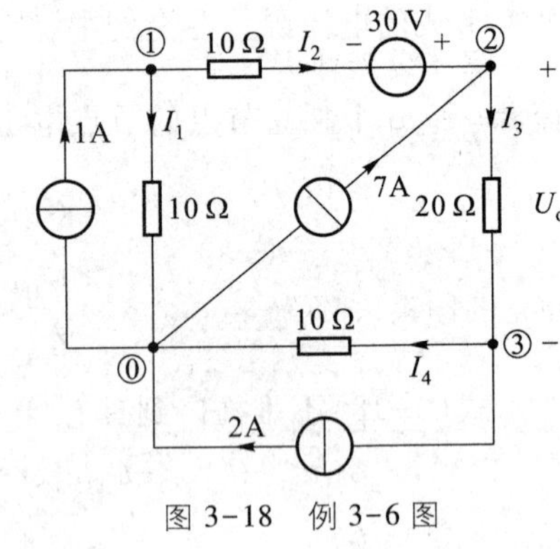

图 3-18　例 3-6 图

整理得

$$\left.\begin{aligned}&0.2U_{n1}-0.1U_{n2}=-2\\&-0.1U_{n1}+0.15U_{n2}-0.05U_{n3}=10\\&-0.05U_{n2}+0.15U_{n3}=-2\end{aligned}\right\}$$

可解得

$$U_{n1}=40\ \text{V}$$
$$U_{n2}=100\ \text{V}$$
$$U_{n3}=20\ \text{V}$$

假定各支路电流 I_1、I_2、I_3、I_4 参考方向如图 3-18 所示，有

$$I_1=\frac{U_{n1}}{10\ \Omega}=4\ \text{A}$$

$$I_2=\frac{U_{n1}-U_{n2}+30\ \text{V}}{10\ \Omega}=-3\ \text{A}$$

$$I_3=\frac{U_{n2}-U_{n3}}{20\ \Omega}=4\ \text{A}$$

$$I_4=\frac{U_{n3}}{10\ \Omega}=2\ \text{A}$$

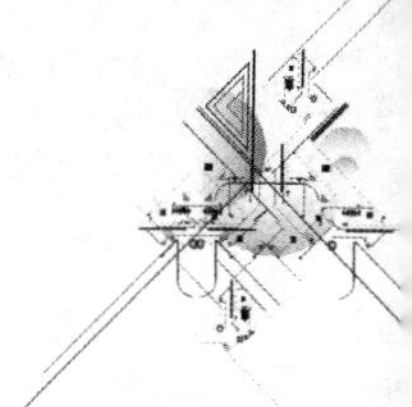

输出电压 $U_o=U_{n2}-U_{n3}=80\ \text{V}$

各支路电流在参考点满足 KCL,求解正确。

无电阻与之串联的电压源称为无伴电压源。当无伴电压源作为一条支路连接于两个节点之间时,该支路的电阻为零,即电导等于无限大,支路电流不能通过支路电压表示,按一般公式来列写节点电压方程就遇到困难。当电路中存在这类支路时,有几种方法可以处理。第一种方法是把无伴电压源的电流作为附加变量列入 KCL 方程,每引入这样的一个变量,同时也增加了一个节点电压与无伴电压源电压之间的一个约束关系,成为节点电压法中的约束方程。把这些约束方程和节点电压方程合并成一组联立方程,其方程数仍将与变量数相同。另一种方法是将连接无伴电压源的两个节点的节点电压方程合为一个①,即取一个包含这两节点的封闭面来写 KCL 方程,此时,整个电路的独立 KCL 方程就少了一个,同时还应添加节点电压与无伴电压源的约束方程。

例 3-7　图 3-19 所示电路中,u_{S1} 为无伴电压源的电压。试列出此电路的节点电压方程。

解　设无伴电压源支路的电流为 i,电路的节点电压方程为

$$(G_1+G_3)u_{n1}-G_3u_{n2}-i=0$$

$$-G_3u_{n1}+(G_2+G_3)u_{n2}=i_{S2}$$

补充的约束方程为

$$u_{n1}=u_{S1}$$

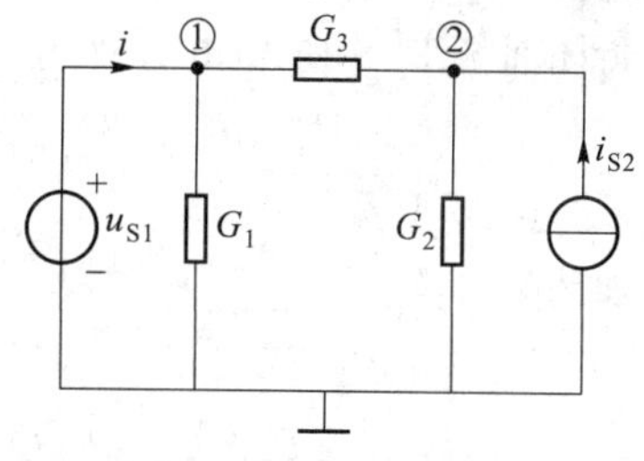

图 3-19　例 3-7 图

由上列 3 个方程,可以联立解得 u_{n1}、u_{n2} 和 i。

这种方法实际上采用了混合变量,除了节点电压外,还把无伴电压源支路的电流作为变量[在回路电流法中,处理无伴电流源时也采用了混合变量(见例 3-3)]。如果应用第二种处理方法,则舍弃上列 3 个方程中的第一个方程,而对第二、第三个方程联立求解 u_{n2}。

例 3-8　试用节点电压法求解图 3-20 所示电路。

解　该电路共有两个独立节点,但两个节点之间有一个无伴电压源,故仅有一个节点电压是独立的。如果不改变参考节点,无伴电压源仍在两个独立节点之间,也可不增加混合电路变量。此时可取一个包含节点①、②的封闭面,即所谓超节点来列写 KCL 方程。从图中可看出,有四条支路流经封闭面,因此得到 KCL 方程为

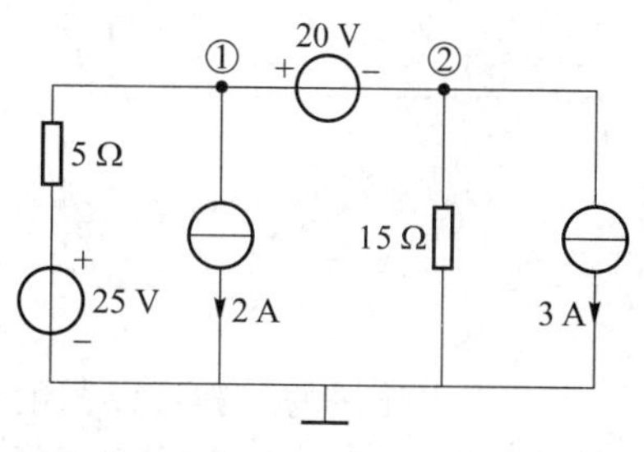

图 3-20　例 3-8 图

① 如果无伴电压源的一端是参考节点,除非要求无伴电压源的电流 i,否则该节点的 KCL 方程就是多余的,可不列,仅补充以约束方程。

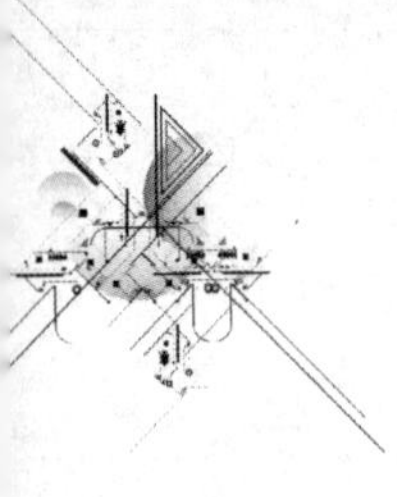

$$\frac{1}{5}U_{n1}+\frac{1}{15}U_{n2}=\frac{25}{5}-2-3$$

约束方程为

$$U_{n1}-U_{n2}=20$$

这就是该电路的节点方程组。求解方程组，可得 $U_{n1}=5\text{ V}$，$U_{n2}=-15\text{ V}$。

若电路中存在受控电流源，在建立节点电压方程时，先把控制量用节点电压表示，并暂时把它当作独立电流源，按前述方法列出节点电压方程，然后把用节点电压表示的受控电流源电流项移到方程的左边，再进行求解。当电路中存在有伴受控电压源时，把控制量用有关节点电压表示后再变换为等效受控电流源来处理。如果存在无伴受控电压源，可参照无伴独立电压源的处理方法。

例 3-9　图 3-21 所示电路中独立源与 CCVS 都是无伴电压源。试列出其节点电压方程。

解　选择参考节点及标明独立节点，节点电压分别为 U_{n1}、U_{n2}、U_{n3}。独立电压源一端为参考节点，节点电压已知，故对节点①不列方程；对 CCVS 两端作包含节点②与③的封闭面 S，对 S 列 KCL 方程为

$$\frac{U_{n2}-U_{n1}}{R_1}+\frac{U_{n2}}{R_2}-g_mU+\frac{U_{n3}}{R_3}=0$$

附加约束方程

$$U_{n1}=U_S$$

$$U_{n2}-U_{n3}=R_mI_1$$

其中控制量 U 与 I_1 可以节点电压来表示，即

$$U=U_{n2}$$

$$I_1=\frac{U_{n1}-U_{n2}}{R_1}$$

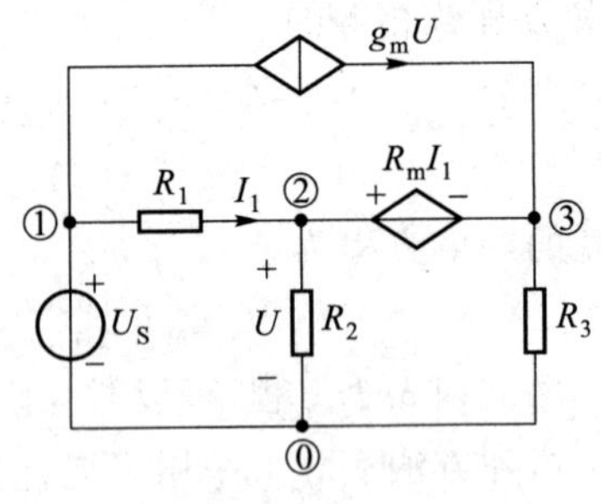

图 3-21　例 3-9 图

经整理可得 3 变量方程组为

$$\left.\begin{aligned}&-\frac{1}{R_1}U_{n1}+\left(\frac{1}{R_1}+\frac{1}{R_2}-g_m\right)U_{n2}+\frac{1}{R_3}U_{n3}=0\\&U_{n1}=U_S\\&-\frac{R_m}{R_1}U_{n1}+\left(1+\frac{R_m}{R_1}\right)U_{n2}-U_{n3}=0\end{aligned}\right\}$$

节点电压法的步骤可以归纳如下：

(1) 指定参考节点，其余节点对参考节点之间的电压就是节点电压。通常以参考节点为各节点电压的负极性。

(2) 用一般公式(3-19)列出节点电压方程，注意自导总是正的，互导总是负的；并注意各节点注入电流前面的“+”“-”号。

(3) 当电路中有受控源或无伴电压源时，需另行处理。

本章介绍了分析线性电阻电路的支路电流法、回路电流法(含网孔电流法)和节点电压法,并提到了 $2b$ 法和支路电压法。就方程数目说,$2b$ 法为支路数 b 的 2 倍;支路电流(电压)法为支路数 b;节点电压法为独立节点数 $(n-1)$(n 为节点数);回路电流法为独立回路数 $(b-n+1)$;其中以 $2b$ 法为最多。支路电流法要求每个支路电压都能以支路电流表示,这就使该方法的应用受到一定的限制,例如对于无伴电流源就需要另行处理。节点电压法也有类似问题存在,它要求每个支路电流都能以支路电压表示,对于无伴电压源就需要另行处理①。$2b$ 法的通用性最强,因为只要求写出每个支路的 VCR,对任何元件都不难做到。回路电流法存在与支路电流法类似的限制。节点电压法的优点是节点电压容易选择,不存在选取独立回路的问题。用网孔电流法时,选取独立回路简便、直观,但仅适用于平面电路。

自电子计算机以及众多有效的应用软件普及后,高阶代数方程组的求解已不是难事,本书第十五章和附录 C 将简要介绍应用计算机辅助电路分析的基本知识。那时,考虑问题的出发点与手写列方程、求解方程时不同。

线性电阻电路方程是一组线性代数方程。无论用以上哪一种方法,均可获得未知数和方程数相等的一组代数方程。这组线性代数方程具有以下的普遍形式:

$$\left.\begin{aligned}a_{11}x_1+a_{12}x_2+\cdots+a_{1N}x_N=b_{11}\\a_{21}x_1+a_{22}x_2+\cdots+a_{2N}x_N=b_{22}\\\cdots\cdots\cdots\cdots\\a_{N1}x_1+a_{N2}x_2+\cdots+a_{NN}x_N=b_{NN}\end{aligned}\right\}$$

其中求解变量以 x 来表示,它可以是网孔电流、回路电流或节点电压;左方的系数为自阻、互阻,或是自导、互导,或是由于受控源而引入的系数;右方 b 则是电源激励,即电压源电压、电流源电流(或等效电压源电压、等效电流源电流)的线性组合。

从数学上说,只要方程的系数行列式不等于零,方程有解且是唯一解。线性电阻电路方程一般总是有解的,但是在某些特定条件以及特殊情况下,线性电阻电路方程可能无解,也可能存在多解。

在第二章和第三章,分别介绍了电阻电路分析的等效变换法和一般分析法,电阻电路的一般分析法更具普遍性。显然,当电路很简单时,采用第二章的等效变换法简单便捷,当电路复杂时,采用第三章的一般分析法更有效。

对于同一个电阻电路,在大多情况下,可以采用第三章介绍的任何一种分析方法。但对于一些特殊情况,可能采用一种方法比较方便,而采用另一种方法则比较烦琐。具体采用支路电流法、回路电流法还是节点电压法,要具体电路具体分析。学习者通过总结针对不同电路特点采用不同分析方法的规律,可以更加牢固地掌握本章介绍的电阻电路的一般分析法。

---

① 一般而言,含有无伴电流源时采用变量为电流的方法(支路电流法、网孔电流法及回路电流法),含有无伴电压源时采用电压变量的方法(支路电压法、节点电压法等)。

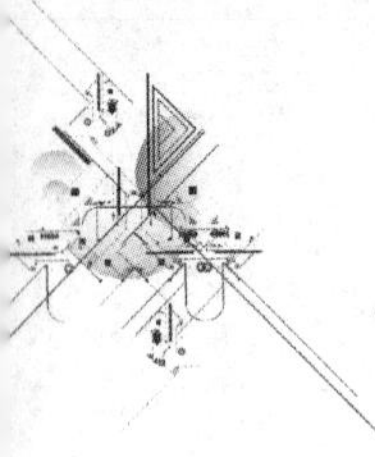

思考题

3-1　列写电路方程时，根据哪些因素来考虑使用哪种方程，以使求解的工作量较少？

3-2　为什么回路电流法的解答要用 KVL 来校验，节点电压法的解答要用 KCL 来校验？

3-3　支路电流法包含哪些方程？对于具有 n 个节点、b 条支路和 l 个独立回路的电路，共有多少个方程？

3-4　网孔电流法和回路电流法为什么不用列出 KCL 方程？

3-5　回路电流方程的本质是什么？对于既不含受控源，也不含无伴电流源的电路，其回路电流方程的系数有什么特点？

3-6　当含有受控源时，回路电流方程的系数有什么特点？

3-7　当含有无伴电流源时，有几种列写回路电流方程的方法？哪种方法最简单？

3-8　节点电压法为什么不用列出 KVL 方程？

3-9　节点电压方程的本质是什么？对于既不含受控源，也不含无伴电压源的电路，节点电压方程的系数有什么特点？

3-10　当含有受控源时？节点电压方程的系数有什么特点？

3-11　当含有多个无伴电压源时，节点电压方程需改进，增加新的变量和新的方程。新增加的方程是什么方程？新增加的变量是什么？

3-12　对于电阻电路的电路方程，对方程右端的激励项有什么要求？电路变量的形式与激励形式有什么联系？

3-13　对于由线性电阻、线性受控源、独立源组成的电路，其电路方程在数学上称为何种方程？

习　题

3-1　在以下两种情况下，画出题 3-1 图所示电路的图，并说明其节点数和支路数：

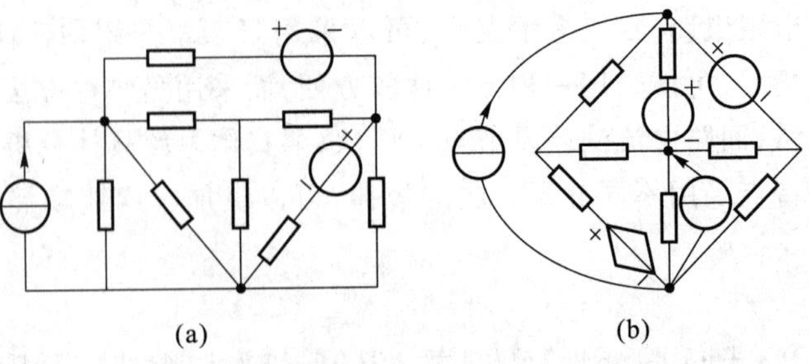

题 3-1 图

(1) 每个元件作为一条支路处理。

(2) 电压源(独立或受控)和电阻的串联组合,电流源和电阻的并联组合作为一条支路处理。

3-2 指出题 3-1 中两种情况下,KCL、KVL 独立方程各为多少?

3-3 对题 3-3 图(a)(b)所示图,各画出 4 个不同的树,树支数各为多少?

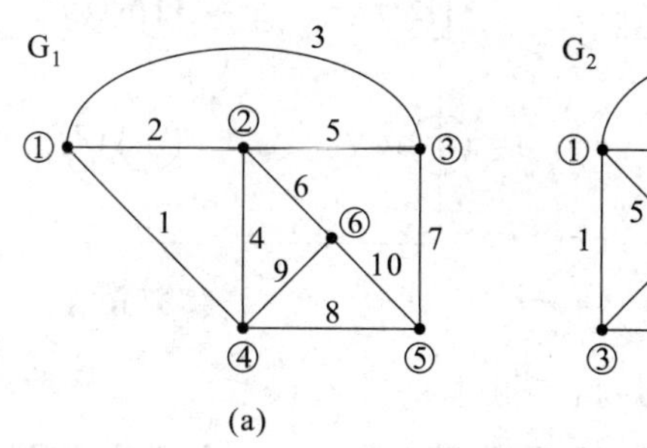

题 3-3 图

3-4 题 3-4 图所示桥形电路共可画出 16 个不同的树,试一一列出(由于节点数为 4,故树支数为 3,可按支路号递增的穷举方法列出所有可能的组合,如 123,124,…,126,134,135,…,从中选出树)。

3-5 对题 3-3 图所示的 G_1 和 G_2,任选一树并确定其基本回路组,同时指出独立回路数和网孔数各为多少。

3-6 对题 3-6 图所示非平面图,设:

(1) 选择支路(1,2,3,4)为树。

(2) 选择支路(5,6,7,8)为树。

独立回路各有多少?求其基本回路组。

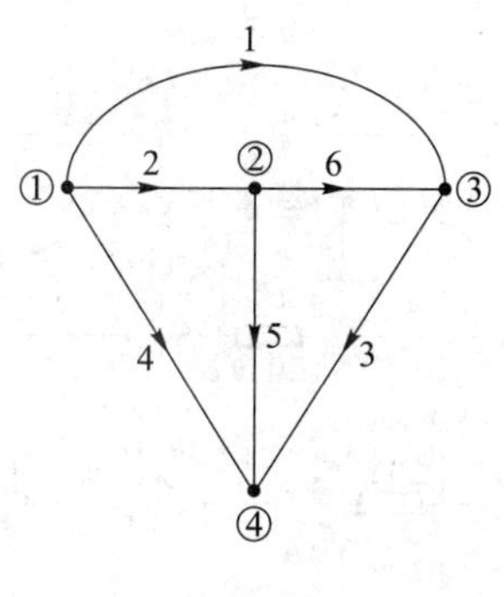

题 3-4 图

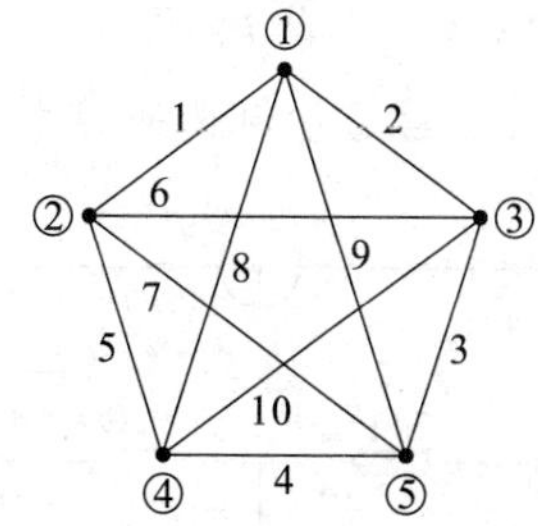

题 3-6 图

3-7 题 3-7 图所示电路中 $R_1 = R_2 = 10\ \Omega$, $R_3 = 4\ \Omega$, $R_4 = R_5 = 8\ \Omega$, $R_6 = 2\ \Omega$, $u_{S3} = 20\ \text{V}$, $u_{S6} = 40\ \text{V}$,用支路电流法求解电流 i_5。

3-8 用网孔电流法求解题 3-7 图中电流 i_5。

3-9 用回路电流法求解题 3-7 图中电流 i_3。

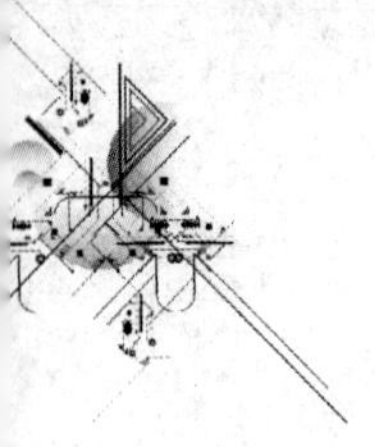

3-10　用回路电流法求解题 3-10 图所示电路中 5 Ω 电阻中的电流 i。

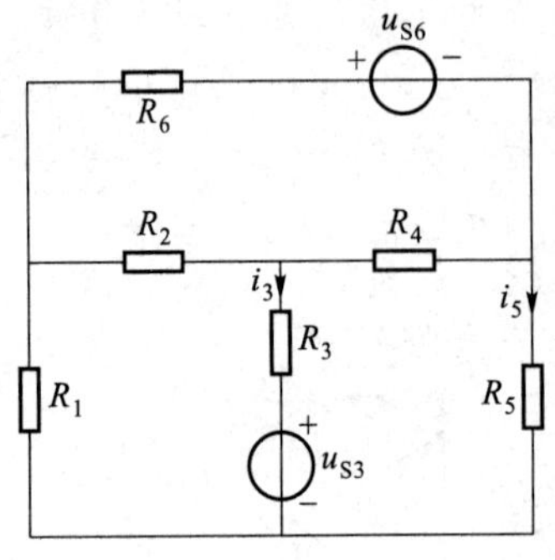

题 3-7 图

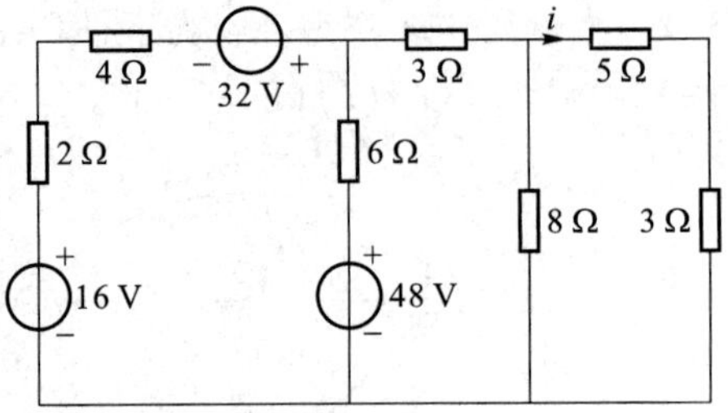

4 Ω　32 V　3 Ω　i　5 Ω　2 Ω　6 Ω　8 Ω　3 Ω　16 V　48 V

题 3-10 图

3-11　用回路电流法求解题 3-11 图所示电路中电流 I。

3-12　用回路电流法求解题 3-12 图所示电路中电流 I_α 及电压 U_o。

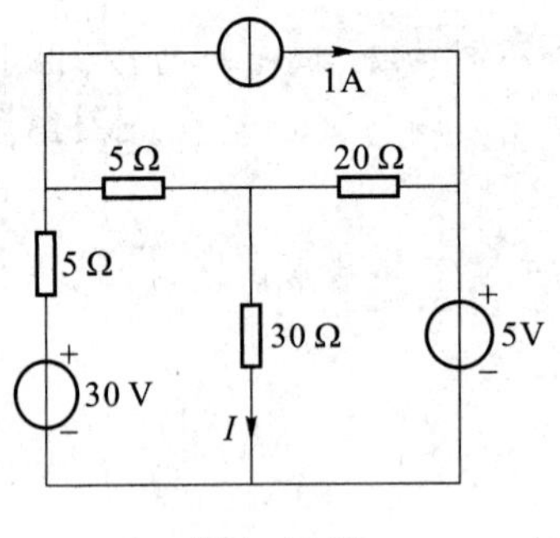

题 3-11 图

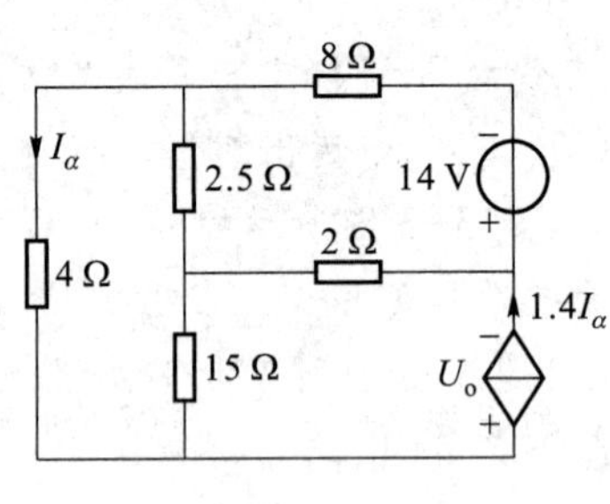

题 3-12 图

3-13　用回路电流法求解：

(1) 题 3-13 图(a)中 U_x。

(2) 题 3-13 图(b)中 I。

(在本题中，应考虑如何选择独立回路，可使解题的工作量最少。)

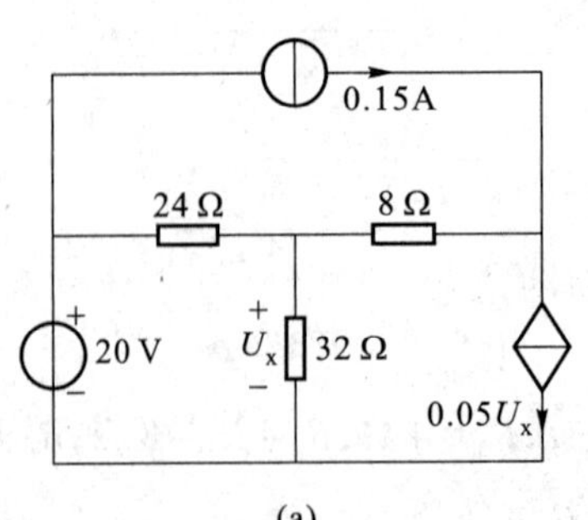

(a)

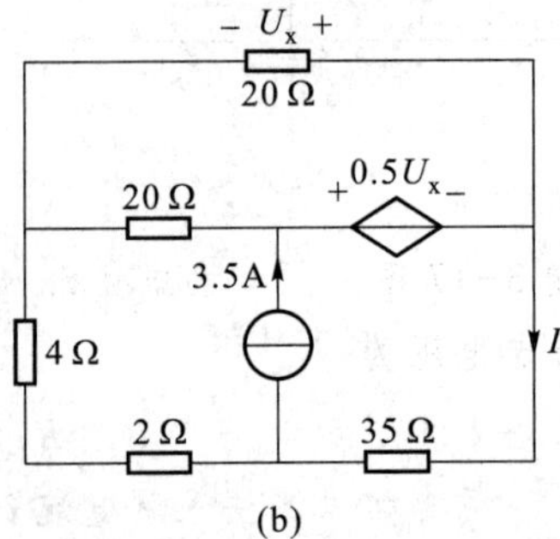

(b)

题 3-13 图

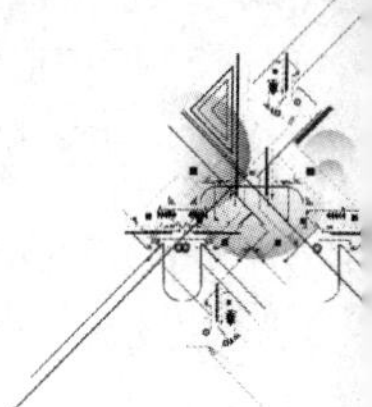

3-14 用回路电流法求解题 3-14 图所示电路中 I_x 以及 CCVS 的功率。

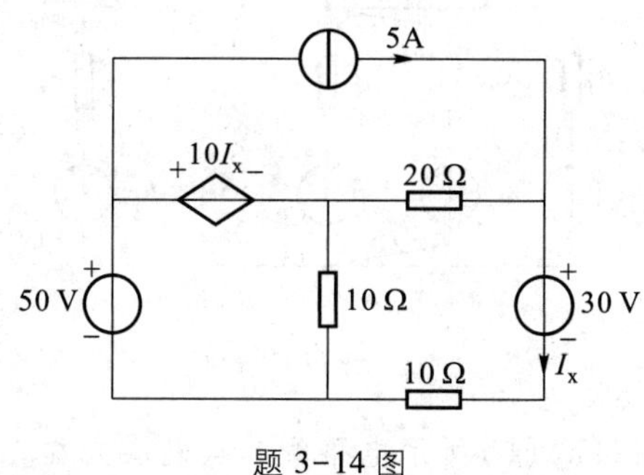

题 3-14 图

3-15 列出题 3-15 图(a)(b)所示电路的节点电压方程。

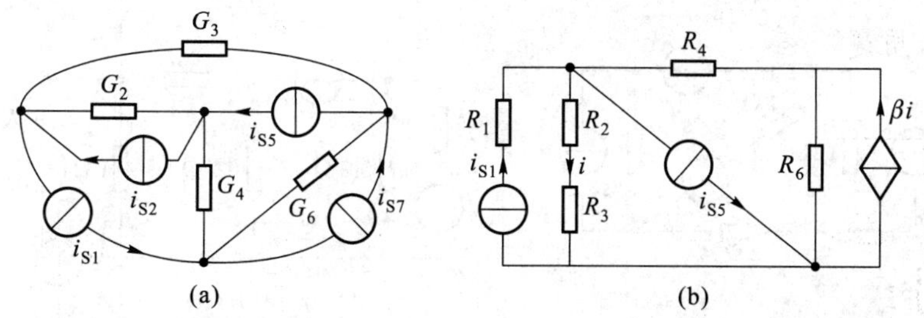

题 3-15 图

3-16 列出题 3-16 图(a)(b)所示电路的节点电压方程。

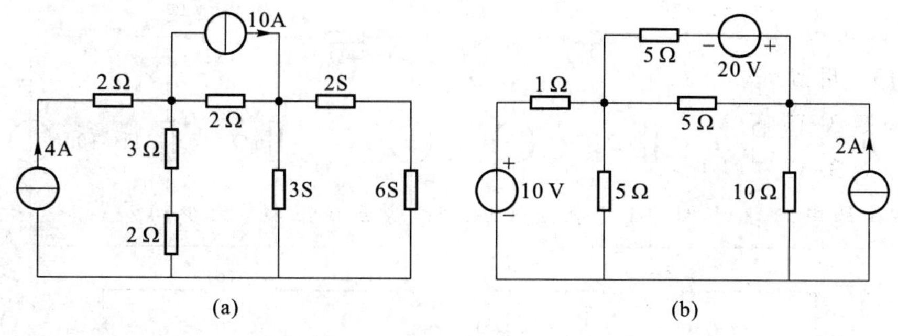

题 3-16 图

3-17 题 3-17 图所示为由电压源和电阻组成的一个独立节点的电路,用节点电压法证明其节点电压为

$$u_{n1}=\frac{\sum G_k u_{Sk}}{\sum G_k}$$

此式又称为弥尔曼定理。

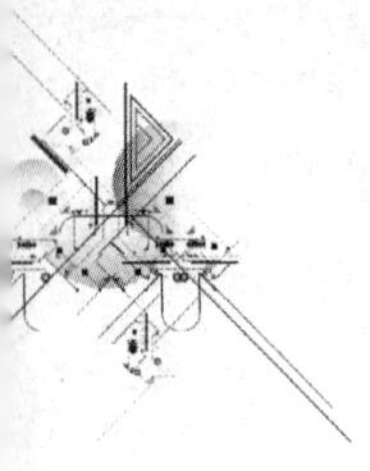

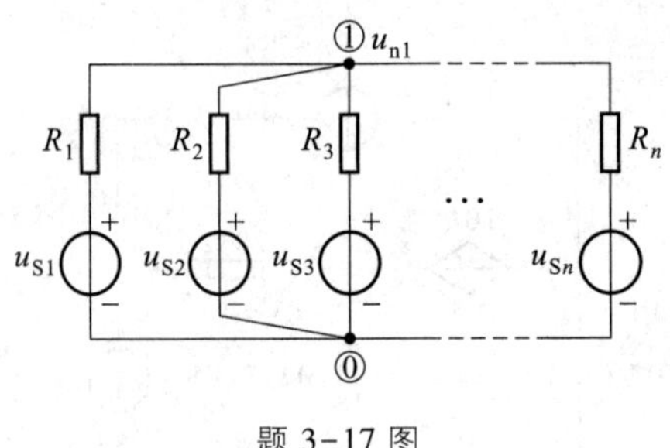

题 3-17 图

3-18 列出题 3-18 图(a)(b)所示电路的节点电压方程。

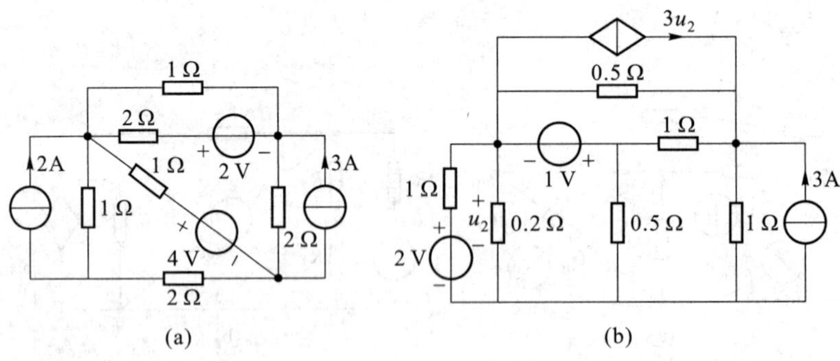

题 3-18 图

3-19 用节点电压法求解题 3-19 图所示电路中各支路电流。

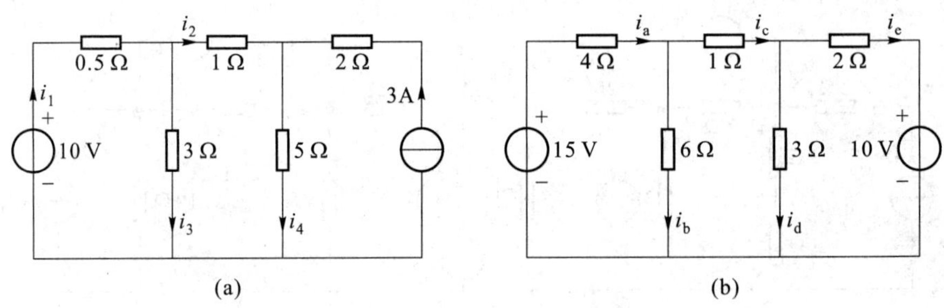

题 3-19 图

3-20 题 3-20 图所示电路中电源为无伴电压源,用节点电压法求解电流 I_S 和 I_0。

3-21 用节点电压法求解题 3-21 图所示电路中电压 U。(请注意如何使待解的独立方程数为最少。)

3-22 用节点电压法求解题 3-13。

3-23 用节点电压法求解题 3-14。

3-24 用节点电压法求解题 3-24 图所示电路后,求各元件的功率并检验功率是否平衡。

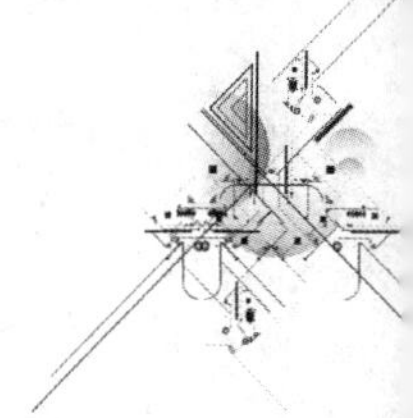

3-25　用节点电压法求解题 3-25 图所示电路中 u_{n1} 和 u_{n2}，你对此题的求解结果有什么看法？

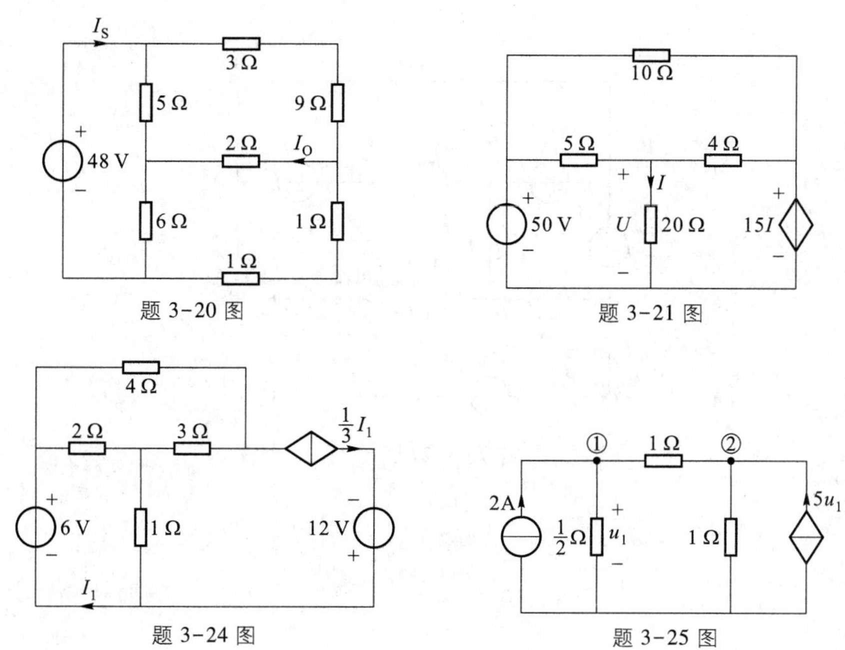

题 3-20 图　题 3-21 图　题 3-24 图　题 3-25 图

3-26　列出题 3-26 图所示电路的节点电压方程。如果 $R_S = 0$，则方程又如何？（提示：为避免引入过多附加电流变量，对连有无伴电压源的节点部分，可在包含无伴电压源的封闭面 S 上写出 KCL 方程。）

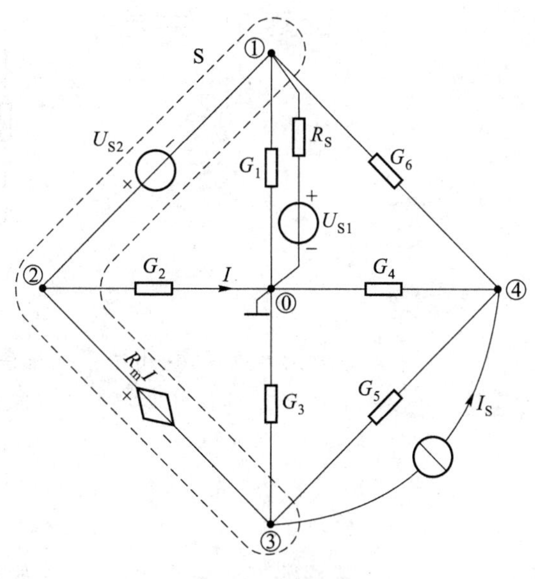

题 3-26 图

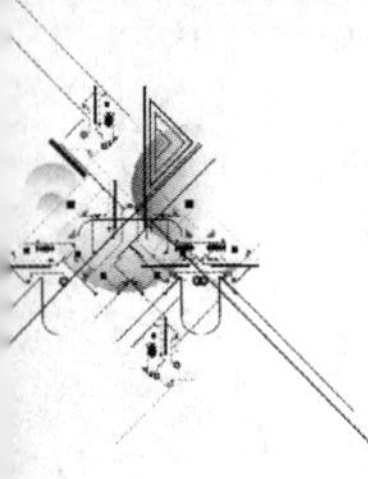

3-27　用回路电流法求解题 3-27 图所示电路。可将四个电流源支路都取为连支。对基本回路列出方程后求解出各支路的电压或电流，求各支路的功率并验证功率的平衡。

第三章部分习题答案

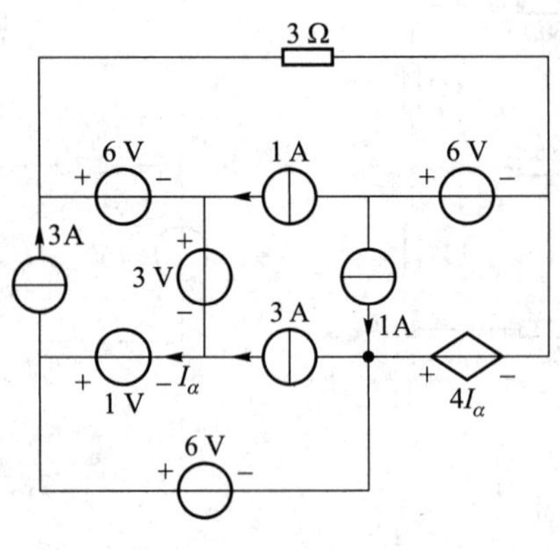

题 3-27 图

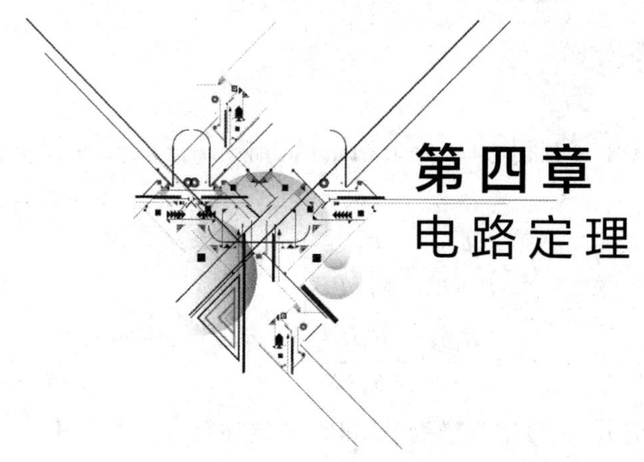

第四章 电路定理

导 读

第三章介绍的列写电路方程的系统方法奠定了电路分析的基础。在电路公理系统(基尔霍夫两定律以及集总参数的假定)的前提下,本章推导出的电路定理有助于灵活高效地解决一些特殊的电路问题。其中,叠加定理给出了把电路激励“分而治之”的方法,它是反映线性电路性质的重要定理,是线性方程的齐次性和可加性在电路中的体现;替代定理是一种特殊的等效变换,有时可将电路大大化简;戴维南定理、诺顿定理则是在电路结构上的一种“分而治之”的方法(实际上也是一种等效变换方法),它提供了化简线性一端口的有效方法;在戴维南定理基础上推导的最大功率传输定理在实际工程中有广泛的应用;特勒根定理出现虽晚(1940年后),但它揭示了基尔霍夫两个定律在互连性质上的一个天然联系,提供了研究网络有变化时新的构思①;互易定理体现了一类不含独立源和受控源的线性二端口所具有的互易性质;对偶原理看似图形、文字游戏,但有助于理解由定义及使用倒数关系参数 R、G 后而引起一系列的电路、公式方程之间的联系。

本章介绍的叠加定理、替代定理、戴维南定理、诺顿定理、最大功率传输定理、特勒根定理等在本书后续内容中会经常用到。

§4-1 叠加定理

叠加定理

作为线性系统(包含线性电路)最基本的性质——线性性质,它包含可加性与齐次性两方面。叠加定理就是可加性的反映,它是线性电路的一个重要定理。可加性的概念可以说是贯穿于电路分析之中,并在叠加定理中直接得到应用。

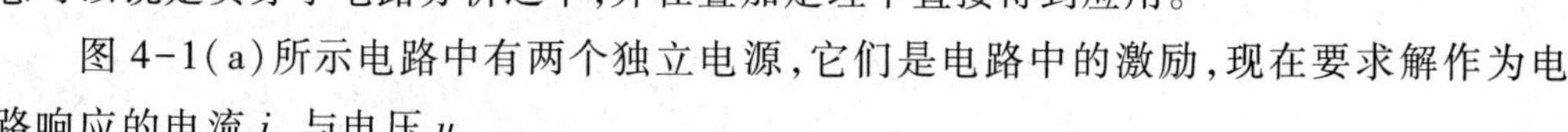

图 4-1(a)所示电路中有两个独立电源,它们是电路中的激励,现在要求解作为电路响应的电流 i_2 与电压 u_1。

① 研究网络灵敏度的伴随网络法得益于特勒根定理。

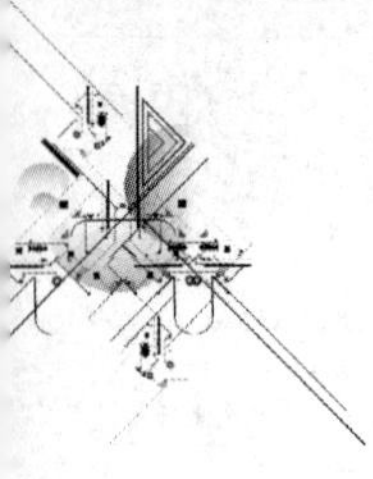

根据 KCL、KVL 与 VCR 可列出以 i_2 为未知量的方程：$u_S=R_1(i_2-i_S)+R_2i_2$，从而解得

$$\left.\begin{aligned}i_2&=\frac{u_S}{R_1+R_2}+\frac{R_1i_S}{R_1+R_2}\\u_1&=\frac{R_1u_S}{R_1+R_2}-\frac{R_1R_2i_S}{R_1+R_2}\end{aligned}\right\}\tag{4-1}$$

式(4-1)中，两个响应 i_2、u_1 分别是激励 u_S 和 i_S 的线性组合。可将其改写为

$$\left.\begin{aligned}i_2&=i_2'+i_2''\\u_1&=u_1'+u_1''\end{aligned}\right\}\tag{4-2}$$

其中

$$i_2'=\frac{u_S}{R_1+R_2}=i_2\Big|_{i_S=0},\quad i_2''=\frac{R_1i_S}{R_1+R_2}=i_2\Big|_{u_S=0}$$

$$u_1'=\frac{R_1u_S}{R_1+R_2}=u_1\Big|_{i_S=0},\quad u_1''=-\frac{R_1R_2i_S}{R_1+R_2}=u_1\Big|_{u_S=0}$$

式中 i_2' 与 u_1' 为将原电路中电流源 i_S 置零时的响应，即由 u_S 单独作用的分电路中所产生的电流、电压分响应，如图 4-1(b)所示；i_2'' 与 u_1'' 为将原电路中电压源 u_S 置零后由 i_S 单独作用的分电路中所产生的电流、电压分响应，如图 4-1(c)所示。

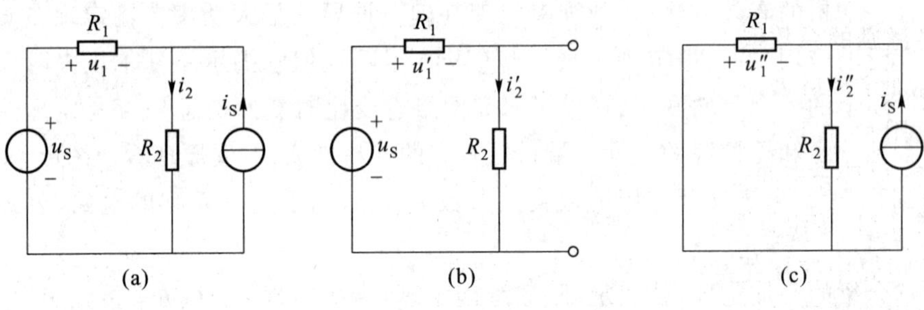

图 4-1 叠加定理

原电路的响应则为相应分电路中分响应的和(代数和)，可写出 $u_1=k_1u_S+k_2i_S$，以及 $i_2=k_1'u_S+k_2'i_S$ 的形式。这就是叠加定理。

叠加定理可以证明如下：

在第三章已经指出：对于一个具有 b 条支路、n 个节点的电路，如果用回路电流或节点电压作为变量列出电路方程，此种方程具有以下形式：

$$\left.\begin{aligned}a_{11}x_1+a_{12}x_2+\cdots+a_{1N}x_N&=b_{11}\\a_{21}x_1+a_{22}x_2+\cdots+a_{2N}x_N&=b_{22}\\&\cdots\cdots\cdots\cdots\\a_{N1}x_1+a_{N2}x_2+\cdots+a_{NN}x_N&=b_{NN}\end{aligned}\right\}\tag{4-3}$$

式中求解变量以 $x_k(k=1,2,\cdots,N)$ 表示，右方系数 $b_{kk}(k=1,2,\cdots,N)$ 是电路中激励的线

性组合。当此方程是回路电流方程时，x_k 是回路电流 i_{lk}，系数 $a_{kj}(k=1,2,\cdots,N;j=1,2,\cdots,N)$ 是自阻或互阻，b_{kk} 则是回路中独立电压源电压和由独立电流源等效变换后所得电压源电压的线性组合。当此方程是节点电压方程时，x_k 是节点电压 u_{nk}，系数 a_{kj} 是自导或互导，b_{kk} 是节点上的独立电流源的注入电流和独立电压源等效变换后所得电流源的注入电流的线性组合。式(4-3)的解的一般形式为

$$x_k=\frac{\Delta_{1k}}{\Delta}b_{11}+\frac{\Delta_{2k}}{\Delta}b_{22}+\cdots+\frac{\Delta_{Nk}}{\Delta}b_{NN}$$

式中 Δ 为 a_{kj} 系数构成的行列式，Δ_{jk} 是 Δ 的第 j 行第 k 列的余子式。由于 b_{11}、b_{22}、$\cdots$ 都是电路中激励的线性组合，而每个解答 x_k 又是 b_{11}、b_{22}、$\cdots$ 的线性组合，故任意一个解（电压或电流）都是电路中所有激励的线性组合。当电路中有 g 个电压源和 h 个电流源时，任意一处电压 u_f 或电流 i_f 都可以写为以下形式：

$$\left.\begin{aligned}u_{\mathrm{f}}&=k_{\mathrm{f1}}u_{\mathrm{S1}}+k_{\mathrm{f2}}u_{\mathrm{S2}}+\cdots+k_{\mathrm{f}g}u_{\mathrm{S}g}+K_{\mathrm{f1}}i_{\mathrm{S1}}+K_{\mathrm{f2}}i_{\mathrm{S2}}+\cdots+K_{\mathrm{f}h}i_{\mathrm{S}h}\\&=\sum_{m=1}^{g}k_{\mathrm{f}m}u_{\mathrm{S}m}+\sum_{m=1}^{h}K_{\mathrm{f}m}i_{\mathrm{S}m}\\&\cdots\cdots\cdots\cdots\\i_{\mathrm{f}}&=k'_{\mathrm{f1}}u_{\mathrm{S1}}+k'_{\mathrm{f2}}u_{\mathrm{S2}}+\cdots+k'_{\mathrm{f}g}u_{\mathrm{S}g}+K'_{\mathrm{f1}}i_{\mathrm{S1}}+K'_{\mathrm{f2}}i_{\mathrm{S2}}+\cdots+K'_{\mathrm{f}h}i_{\mathrm{S}h}\\&=\sum_{m=1}^{g}k'_{\mathrm{f}m}u_{\mathrm{S}m}+\sum_{m=1}^{h}K'_{\mathrm{f}m}i_{\mathrm{S}m}\end{aligned}\right\}\tag{4-4}$$

式中各激励的系数取决于电路结构与相关电阻值。叠加定理于是得证。

叠加定理可表述为：在线性电阻电路中，某处电压或电流都是电路中各个独立电源单独作用时，在该处分别产生的电压或电流的叠加。线性电路中很多定理都与叠加定理有关，它是分析线性电路的基础。在直接应用叠加定理计算和分析电路时，也可将电源分成几组，按组计算以后再叠加，有时可简化计算。

当电路中存在受控源时，由于受控源的作用反映在回路电流方程或节点电压方程中的自阻和互阻或自导和互导中，所以任一处的电流或电压仍可按照各独立电源分别作用时在该处产生的电流或电压的叠加计算。所以对含有受控源的电路，叠加定理仍然适用，但是在进行各分电路计算时，应把受控源保留在各分电路之中①。

使用叠加定理时应注意以下几点：

(1) 叠加定理适用于线性电路，不适用于非线性电路。

(2) 在叠加的各分电路中，如将不作用的电压源置零，则在该电压源处用短路线代

---

① 受控源不同于独立电源，它不直接起“激励”作用，但是又带有“电源”性质。在列电路方程时，往往把受控源的电流或电压“暂时”列于方程的右边，如同独立电源。如果在应用叠加定理时，把受控源当作独立电源处理，不把受控源保留在各分电路中，而另外设仅含受控源的分电路也是可行的，但是受控源的控制量不是该分电路中的控制量，而应是原电路中的控制量。在最终进行叠加时，也要包含受控源分电路的分量。这种处理方法的不足之处是原电路的控制量是未知的，需要按各分电路叠加才能求得。具体做法可参见本章习题。严格地说，叠加性质是针对各独立电源而言的。

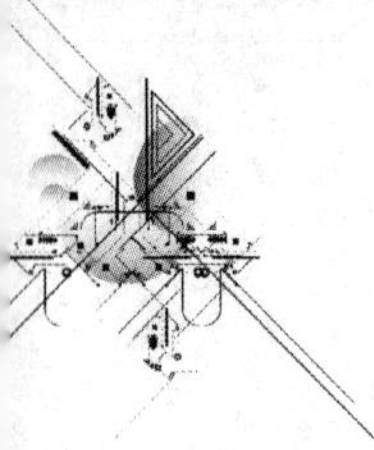

替;如将不作用的电流源置零,则在该电流源处用开路代替。电路中所有电阻都不予更动,受控源则保留在各分电路中。

(3) 叠加时各分电路中的电压和电流的参考方向可以取为与原电路中的相同。取代数和时,应注意各分量前的“+”“-”号。

(4) 原电路的功率不等于从各分电路计算所得功率的叠加,这是因为功率是电压和电流的乘积,与激励不呈线性关系,可在求出总响应后再进行功率计算。

例 4-1　试用叠加定理计算图 4-2(a)所示电路中的 U_1 与 I_2。

解　画出电压源与电流源分别作用时的分电路如图 4-2(b)与图 4-2(c)所示。对图 4-2(b)有

$$U_1' = \left(\frac{20}{20+20}\times 20 - \frac{30}{20+30}\times 20\right)\ \text{V} = -2\ \text{V}$$

$$I_2' = \frac{20}{20+20}\ \text{A} = 0.5\ \text{A}$$

对图 4-2(c)有

$$U_1'' = \left(\frac{20\times 20}{20+20} + \frac{20\times 30}{20+30}\right)\times 0.5\ \text{V} = 11\ \text{V}$$

$$I_2'' = \frac{20}{20+20}\times 0.5\ \text{A} = 0.25\ \text{A}$$

原电路的总响应为

$$U_1 = U_1' + U_1'' = (-2+11)\ \text{V} = 9\ \text{V}$$

$$I_2 = I_2' + I_2'' = (0.5+0.25)\ \text{A} = 0.75\ \text{A}$$

显然,由于使用了叠加定理,本题的求解得以简化。

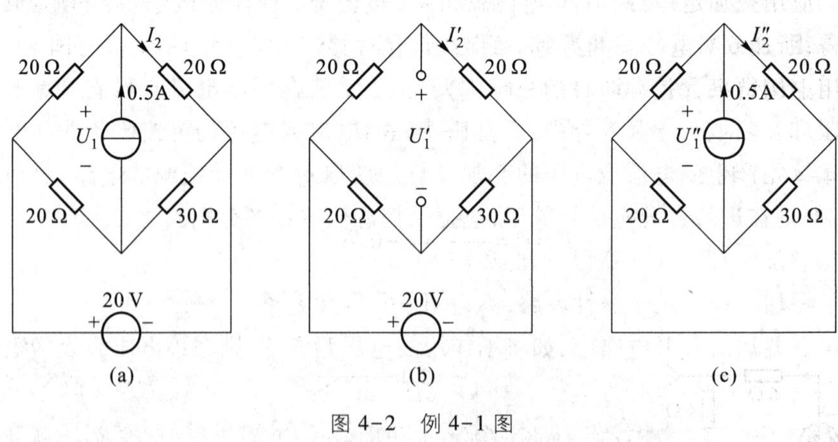

图 4-2　例 4-1 图

例 4-2　电路如图 4-3(a)所示,其中 CCVS 的电压受流过 6 Ω 电阻的电流 i_1 控制。求电压 u_3。

解　按叠加定理,作出 10 V 电压源和 4 A 电流源分别作用的分电路,如图 4-3(b)

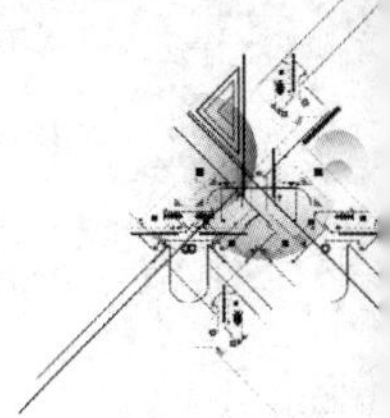

和图 4-3(c)所示。受控源均保留在分电路中,并受其中的分电流控制。在图 4-3(b)中有

$$i_1' = i_2' = \frac{10}{6+4}\ \text{A} = 1\ \text{A}$$

$$u_3' = -10i_1' + 4i_2' = (-10+4)\ \text{V} = -6\ \text{V}$$

在图 4-3(c)中有

$$i_1'' = -\frac{4}{6+4} \times 4\ \text{A} = -1.6\ \text{A}$$

$$i_2'' = 4\ \text{A} + i_1'' = 2.4\ \text{A}$$

$$u_3'' = -10i_1'' + 4i_2'' = 25.6\ \text{V}$$

所以

$$u_3 = u_3' + u_3'' = 19.6\ \text{V}$$

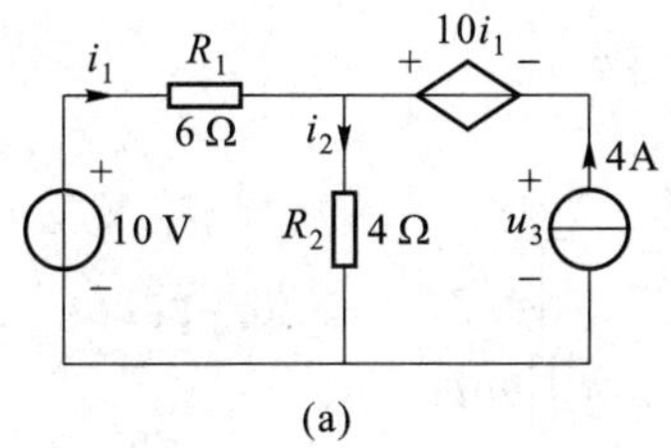

(a)

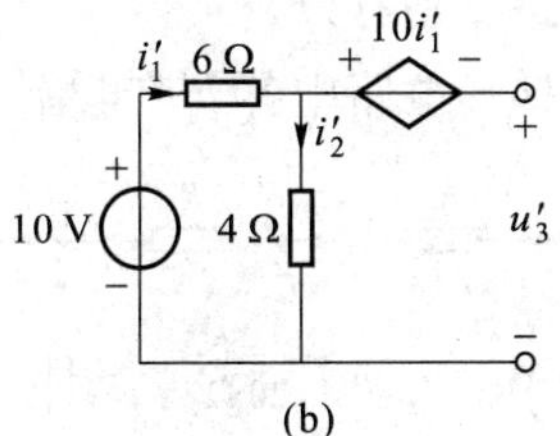

(b)

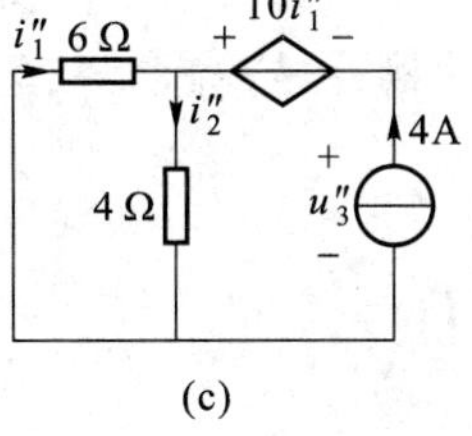

(c)

图 4-3　例 4-2 图

例 4-3　在图 4-3(a)所示电路中的电阻 R_2 处再串接一个 6 V 电压源,如图 4-4(a)所示,重求 u_3。

解　应用叠加定理,把 10 V 电压源和 4 A 电流源合为一组激励,其分响应在例 4-2 中已求得;所加 6 V 电压源看为另一组激励。分电路分别如图 4-4(b)与图 4-4(c)所示。利用上例结果,图 4-4(b)的分响应为

$$u_3' = 19.6\ \text{V}$$

而在图 4-4(c)中,

$$i_1'' = i_2'' = \frac{-6}{6+4}\ \text{A} = -0.6\ \text{A}$$

$$u_3'' = -10i_1'' + 4i_2'' + 6\ \text{V} = 9.6\ \text{V}$$

(a)　(b)　(c)

图 4-4　例 4-3 图

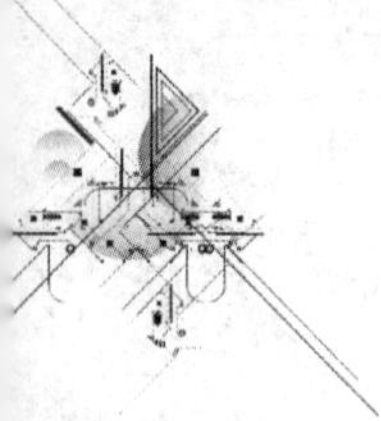

所以

$$u_3 = u_3' + u_3'' = 29.2\ \text{V}$$

在线性电路中，当所有激励（独立电压源和独立电流源）都同时增大或缩小 K 倍（K 为实常数）时，响应（电压和电流）也将同样增大或缩小 K 倍。这就是线性电路的齐性定理，它不难从叠加定理推得。应注意，这里的激励是指独立电源，并且必须全部激励同时增大或缩小 K 倍，否则将导致错误的结果。显然，当电路中只有一个激励时，所有响应必与该激励成正比。

如果例 4-3 中电压源由 6 V 增至 8 V，则根据齐性定理，8 V 电压源单独作用产生的 u_3''' 为

$$u_3''' = \frac{9.6\times 8}{6}\ \text{V} = 12.8\ \text{V}$$

故此时应有　　$u_3 = u_3' + u_3''' = (19.6+12.8)\ \text{V} = 32.4\ \text{V}$

用齐性定理分析梯形电路特别有效。

例 4-4　求图 4-5 所示梯形电路中各支路电流。

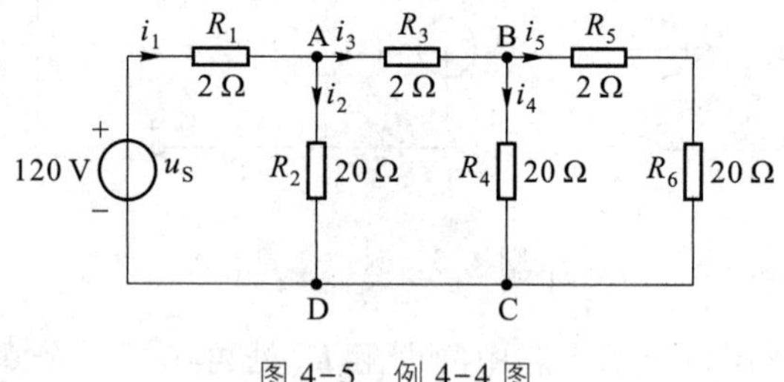

图 4-5　例 4-4 图

解　设 $i_5 = i_5' = 1\ \text{A}$，则

$$u_{BC}' = (R_5 + R_6) i_5' = 22\ \text{V}$$

$$i_4' = \frac{u_{BC}'}{R_4} = 1.1\ \text{A}$$

$$i_3' = i_4' + i_5' = 2.1\ \text{A}$$

$$u_{AD}' = R_3 i_3' + u_{BC}' = 26.2\ \text{V}$$

$$i_2' = \frac{u_{AD}'}{R_2} = 1.31\ \text{A}$$

$$i_1' = i_2' + i_3' = 3.41\ \text{A}$$

$$u_S' = R_1 i_1' + u_{AD}' = 33.02\ \text{V}$$

现给定 $u_S = 120\ \text{V}$，相当于将以上激励 u_S' 增至 $\frac{120}{33.02}$ 倍，即增大的倍数 $K = \frac{120}{33.02} = 3.63$，故每个支路电流应同时乘以 3.63 倍，即

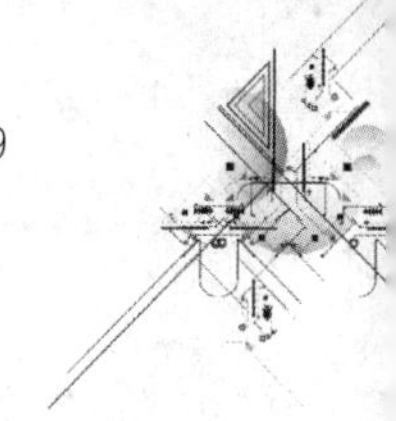

$$i_1 = Ki_1' = 12.38\ \text{A}$$

$$i_2 = Ki_2' = 4.76\ \text{A}$$

$$i_3 = Ki_3' = 7.62\ \text{A}$$

$$i_4 = Ki_4' = 3.99\ \text{A}$$

$$i_5 = Ki_5' = 3.63\ \text{A}$$

本例计算是先从梯形电路最远离电源的一端开始，倒退至激励处。故这种计算方法称为“倒退法”。先对某个电压或电流设一便于计算的值，如本例设 $i_5' = 1\ \text{A}$，最后再按齐性定理予以修正。

§4-2 替代定理

替代定理

替代定理是一个应用范围颇为广泛的定理，它不仅适用于线性电路，也适用于非线性电路。它时常用来对局部电路进行简化，从而使电路易于分析或计算。

替代定理的内容可叙述如下：在电路中如已求得 N_A 与 N_B 两个一端口网络连接端口的电压 u_p 与电流 i_p，那么就可用一个 $u_S = u_p$ 的电压源或一个 $i_S = i_p$ 的电流源来替代其中的一个网络，而使另一个网络的内部电压、电流均维持不变。图 4-6(a)是原电路，图 4-6(b)是将 N_B 替代为一个电压源 u_S；图 4-6(c)是将 N_B 替代为一个电流源 i_S，而图 4-6(a)(b)(c)三图中，N_A 中的电压、电流都是相同的。

图 4-6(d)示出替代定理的证明过程[它仅给出图 4-6(b)所示的电压源替代 N_B 的证明]。先在 N_B 的端子 a、c 间串接两个电压方向相反，但激励电压均为 u_S 的电压源，这不会影响 N_A 及 N_B 内的各电压、电流。令 $u_S = u_p$，由于 b、d 之间的电压 $u_{bd} = 0$，用一条短路线将 b、d 两点短接后，N_A 中的电压、电流也不会发生变化。这就得到图 4-6(b)。也即证明了把 N_B 替代为一个 $u_S = u_p$ 的电压源后，N_A 不会发生变化。图 4-6(c)所示的

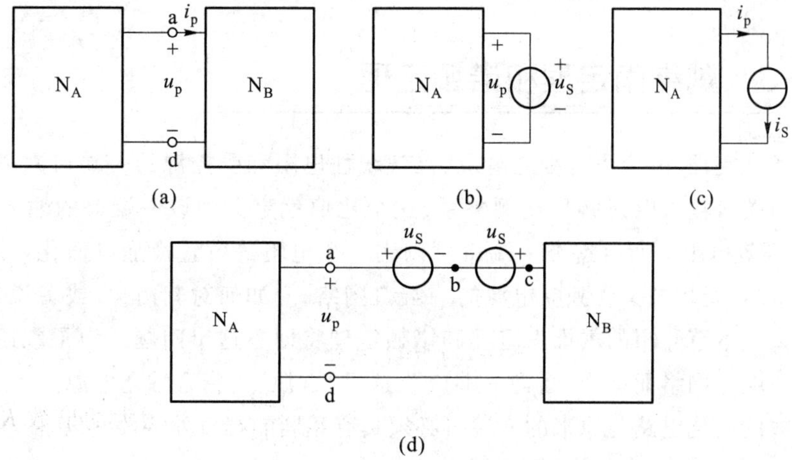

图 4-6 替代定理及证明

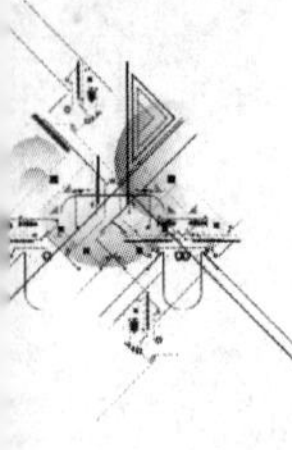

电流源替代 N_B 的证明，可在 a、d 端子间并接两个电流方向相反，但激励电流值相同的电流源而得到。

如果在 N_B 中有 N_A 中受控源的控制量，N_B 被替代后将无法表达这种控制关系，这时，N_B 就不可以被替代。替代定理常在简化电路或电路定理的证明时得到应用。

图 4-7 示出替代定理应用的实例。图 4-7(a)中，可求得 $u_3=8\ \text{V}, i_3=1\ \text{A}$。现将支路 3 分别以 $u_S=u_3=8\ \text{V}$ 的电压源或 $i_S=i_3=1\ \text{A}$ 的电流源替代，如图 4-7(b)或图 4-7(c)所示，不难看出，在图 4-7(a)(b)(c)中，其他部分的电压和电流均保持不变，即 $i_1=2\ \text{A}, i_2=1\ \text{A}$。

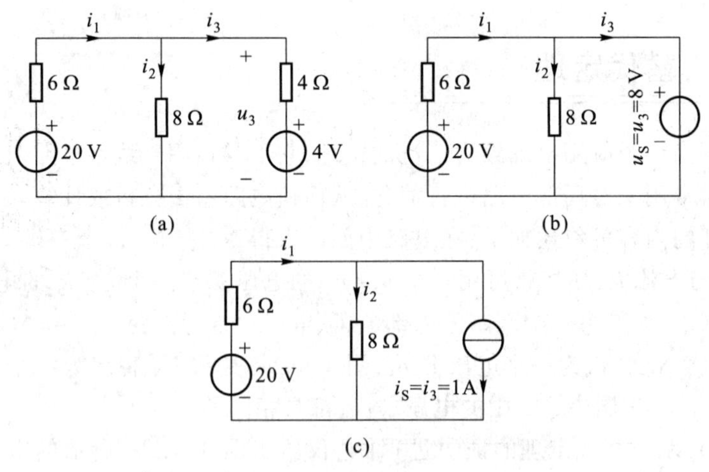

图 4-7　替代定理示例

顺便指出，支路 3 也可用一个电阻来替代，其值为 $R_S=\dfrac{u_S}{i_S}=\dfrac{8}{1}\ \Omega=8\ \Omega$，此时，其他部分的电压和电流亦保持不变。

§4-3　戴维南定理和诺顿定理①

戴维南定理

诺顿定理

根据齐性定理，一个不含独立电源、仅含线性电阻和受控源的一端口网络，其端口输入电压与端口输入电流必呈比例关系，这个比值就定义为该一端口的输入电阻(见 §2-6)或等效电阻。所以这类一端口可以用一个电阻等效置换加以简化。对于一个既含线性电阻、受控源又含独立电源的一端口网络，应如何对其简化，或者说它的等效电路是什么？本节介绍的戴维南定理和诺顿定理将回答这个问题。为了叙述方便，将上述这类一端口网络简称为“含源一端口”，这里“含源”是指含独立电源。

从等效的简化电路与原来的一端口必须具有相同的端口外特性出发，图 4-8(a)中

① Thevenin's theorem，Norton's theorem。

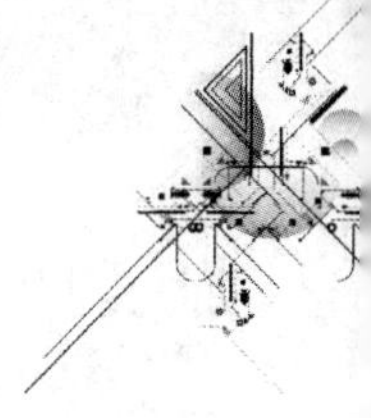

左方框是一个含源一端口,为了求其端口的伏安特性,可以设想在端口 1-1′处加一个电压源 U①,然后求解端口电流 I,从而得出 U 和 I 的函数关系。利用节点电压法,可以得到节点电压方程为

$$U_{ao}\left(\frac{1}{5}+\frac{1}{4}+\frac{1}{20}\right)=\frac{25}{5}+3+\frac{U}{4}$$

可解得 $U_{ao}=16+\dfrac{U}{2}$,由 $I=\dfrac{U_{ao}-U}{4}$就得到含源一端口的外特性为

$$U=32-8I$$

或

$$I=4-\frac{U}{8}$$

与此两方程相应的等效含源支路如图 4-8(b)(c)所示。这一结果是具有普遍性的,即任意含源线性一端口,其端口的电压 U 和电流 I 呈现线性函数关系,可以等效变换(简化)为带内阻的电压源或电流源,前者称为戴维南等效电路;后者称为诺顿等效电路。

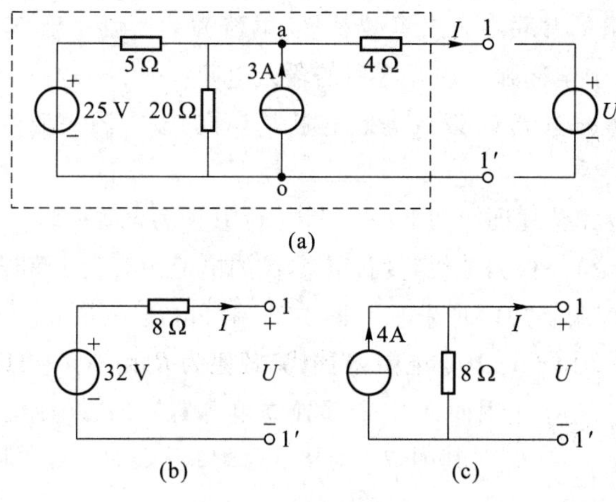

图 4-8　等效含源支路

图 4-9 示出含源一端口[图 4-9(a)]的两种等效电路②,其中图 4-9(b)为戴维南等效电路;图 4-9(c)为诺顿等效电路。由于图 4-9(b)(c)电路与图 4-9(a)电路在一切情况下对外等效,所以图 4-9(b)中 u_{oc} 即为图 4-9(a)中 1-1′开路时端口的开路电压;同理图 4-9(c)中 i_{sc} 即为图 4-9(a)中 1-1′短路时端口的短路电流。将图 4-9(b)中 1-1′短路或将图 4-9(c)中 1-1′开路,均可得到 u_{oc}、i_{sc} 与 R_{eq} 之间的一个重要关系,即

$$u_{oc}=R_{eq}i_{sc} \tag{4-5}$$

R_{eq} 称为等效电路的等效电阻,R_{eq} 也可直接从图 4-9(a)来求得。将 N 中所有独

① 也可以在端口加电流源 I 后求 U。使用这种一步到位的方法仅对于结构简单的电路可行。

② 通常将这两种等效电路称为原含源一端口的等效发电机。

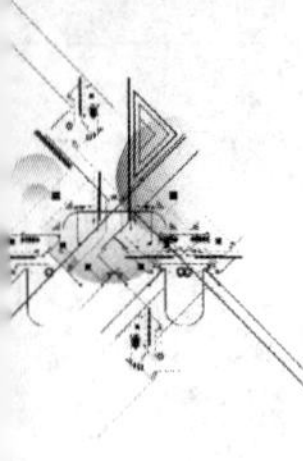

立电源置零,即电压源处用短路代替,电流源处用开路代替。置零后的 N 以 N_p 表示。N_p 的戴维南等效电路和诺顿等效电路中,由于 N_p 中无独立电源,故必然 $u_{oc}=0$,$i_{sc}=0$,从图 4-9(b)或图 4-9(c)的端口 1-1′看入的输入电阻均为 R_{eq},它就等于图 4-9(d)中 N_p 在端口 1-1′的输入电阻。

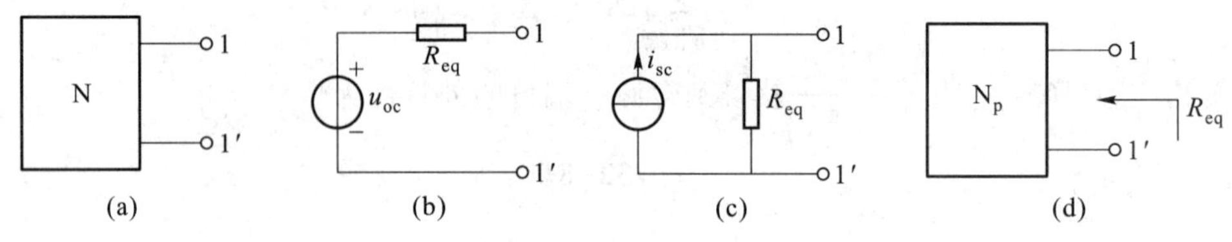

图 4-9 等效参数

戴维南定理指出:一个含独立电源、线性电阻和受控源[①]的一端口,对外电路来说,可以用一个电压源和电阻的串联组合来等效替换,此电压源的激励电压等于一端口的开路电压,电阻等于一端口内全部独立电源置零后的输入电阻。

诺顿定理指出:一个含独立电源、线性电阻和受控源的一端口,对外电路来说,可以用一个电流源和电阻的并联组合来等效替换,电流源的激励电流等于一端口的短路电流,电阻等于一端口中全部独立源置零后的输入电阻。

开路电压 u_{oc}、短路电流 i_{sc} 以及等效电阻 R_{eq} 称为该含源一端口的等效电路的等效参数。

戴维南定理可以完整地证明如下:图 4-10(a)中 N 为含源一端口,设外电路仅为电阻 R_o(主要为了简化讨论)。根据替代定理,用 $i_S=i$ 的电流源替代电阻 R_o,替代后的电路如图 4-10(b)所示。应用叠加定理来求此图中的端口电压 u,所得分电路如图 4-10(c)和图 4-10(d)所示。在图 4-10(c)中,当电流源不作用而 N 中全部电源作用时,$u'=u_{oc}$;在图 4-10(d)中,当 i 作用而 N 中全部独立电源置零时,N 成为 N_p(受控源仍保留在 N_p 中)。此时,有 $u''=-R_{eq}i$,其中 R_{eq} 为从 N_p 端口看入的等效电阻。按叠加定理,端口 1-1′间的电压 u 应为

$$u=u'+u''=u_{oc}-R_{eq}i$$

故一端口的等效电路如图 4-10(e)所示,戴维南定理得证[②]。

当一端口用戴维南等效电路或诺顿等效电路替换后,端口以外的电路(称为外电路)中的电压、电流均保持不变。这种等效也是对外等效。

应用戴维南定理或诺顿定理来等效含源线性一端口时,可先求出该一端口的开路电压、短路电流和等效电阻三个参数中的任意两个(可视给定电路的具体情况,选择容易求得的参数先求解),如果需要求出第三个参数,再根据式(4-5)计算。

---

① 这些受控源只能受端口内部的电压、电流的控制;同时,端口内的电压、电流也不能是外电路中受控源的控制量。

② 如在 1-1′以电压源 u 替代 R_o,用类似方法可证明诺顿定理。

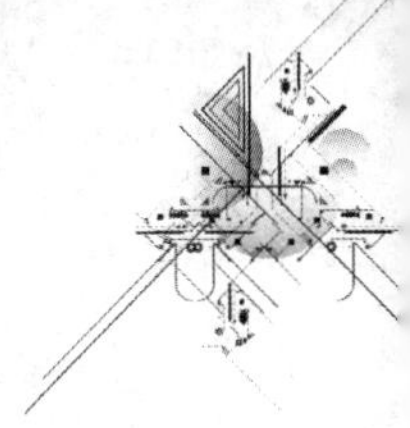

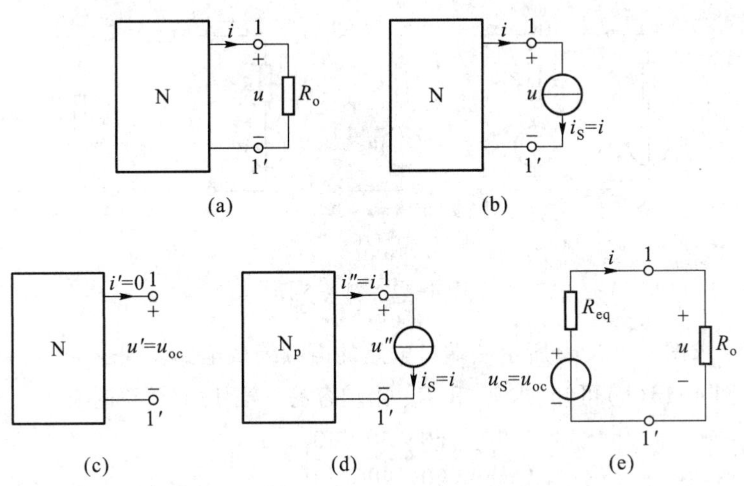

图 4-10　戴维南定理的证明过程

戴维南定理和诺顿定理指出：一个含源一端口网络按照其端口的伏安特性（$u-i$ 坐标图上的一条直线）等效为电压源与电阻的串联组合或电流源与电阻的并联组合。这是整个端口外特性的等效。当此一端口网络与外电路连接后，其端口处就有确定的电压 u_p 与电流 i_p，也就是一端口网络工作于伏安特性曲线上的一点 $p(u_p,i_p)$。替代定理说明了在这种情况下可将一端口网络用一个电压源或电流源替换的替代关系，也可以说是在伏安特性曲线上特定的一点上的等效替换。这和戴维南定理及诺顿定理中整个伏安特性曲线上的等效替换是不同的。

例 4-5　图 4-11 所示电路中，已知 $u_{S1}=40\ \text{V}$，$u_{S2}=40\ \text{V}$，$R_1=4\ \Omega$，$R_2=2\ \Omega$，$R_3=5\ \Omega$，$R_4=10\ \Omega$，$R_5=8\ \Omega$，$R_6=2\ \Omega$，求通过 R_3 的电流 i_3。

解　将 R_3 的左、右两部分的电路都看作一端口而加以简化。左侧是一个含源一端口［见图 4-12(a)］，求开路电压及等效电阻较为方便。它的等效电路如图 4-12(b)所示，其中

$$R=R_{eq}=\frac{R_1R_2}{R_1+R_2}=1.33\ \Omega$$

$$u_S=u_{oc}=R_2i+u_{S2}=\frac{u_{S1}-u_{S2}}{R_1+R_2}R_2+u_{S2}=40\ \text{V}$$

再求右侧无源一端口的等效电阻

$$R_{cd}=\frac{R_4(R_5+R_6)}{R_4+R_5+R_6}=5\ \Omega$$

图 4-11　例 4-5 图

图 4-11 可以简化为图 4-12(c)所示电路。通过 R_3 的电流为

$$i_3=\frac{u_S}{R+R_3+R_{cd}}=3.53\ \text{A}$$

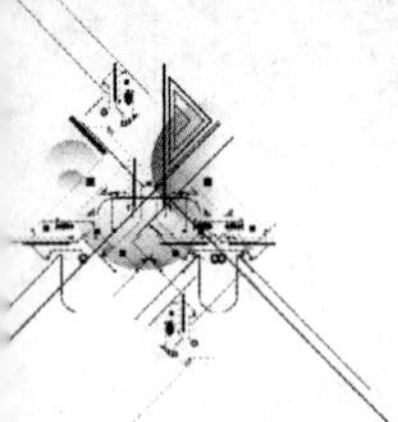

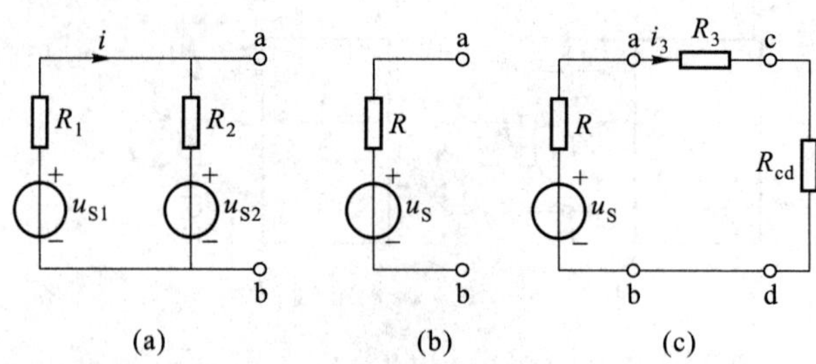

图 4-12　例 4-5 图

例 4-6　求图 4-13(a)所示一端口电路的诺顿等效电路。

解　由图 4-13(a)可知,求 i_{sc} 和 R_{eq} 比较容易。当 1-1′短路时有

$$i_{sc}=\left(3-\frac{60}{20}+\frac{40}{40}-\frac{40}{20}\right)\text{ A}=-1\text{ A}$$

把一端口内部的独立电源置零后,可以求得 R_{eq},它等于 3 个电阻的并联电阻,即有

$$R_{eq}=\frac{1}{\dfrac{1}{20}+\dfrac{1}{40}+\dfrac{1}{20}}\ \Omega=8\ \Omega$$

诺顿等效电路将如图 4-13(b)所示。

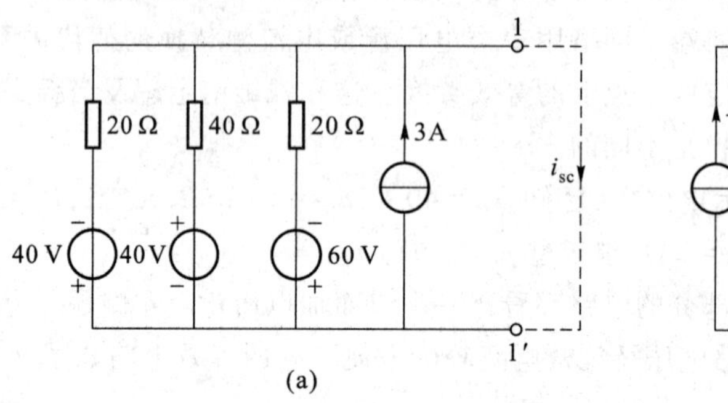

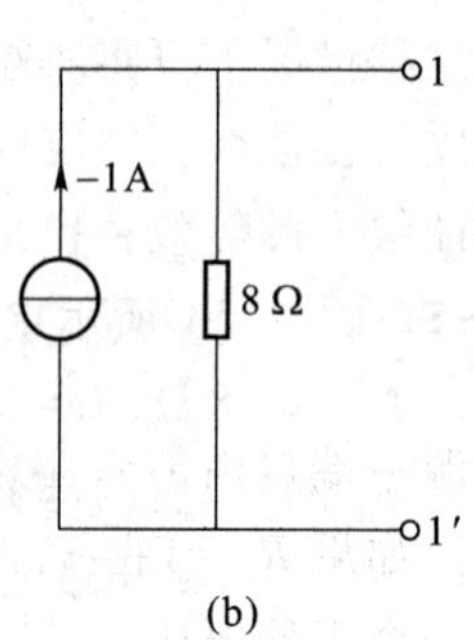

图 4-13　例 4-6 图

例 4-7　求图 4-14(a)所示含源一端口的戴维南等效电路和诺顿等效电路。一端口内部有电流控制电流源,$i_c=0.75i_1$。

解　先求开路电压 u_{oc}。在图 4-14(a)中,当端口 1-1′开路时,有

$$i_2=i_1+i_c=1.75i_1$$

对网孔 1 列 KVL 方程,得

$$5\times10^3\times i_1+20\times10^3\times i_2=40$$

代入 $i_2=1.75i_1$,可以求得 $i_1=1$ mA。而开路电压为

$$u_{oc}=20\times10^3\ \Omega\times i_2=35\text{ V}$$

当 1-1′短路时,可求得短路电流 i_{sc}[见图 4-14(b)]。此时

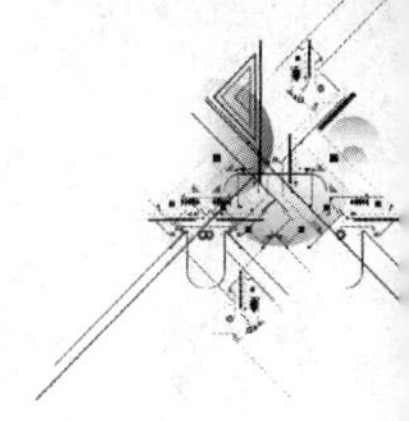

$$i_1=\frac{40}{5\times10^3}\ \text{A}=8\ \text{mA}$$

$$i_{sc}=i_1+i_c=1.75i_1=14\ \text{mA}$$

故得

$$R_{eq}=\frac{u_{oc}}{i_{sc}}=2.5\ \text{k}\Omega$$

对应的戴维南等效电路和诺顿等效电路分别如图 4-14(c)和图 4-14(d)所示。

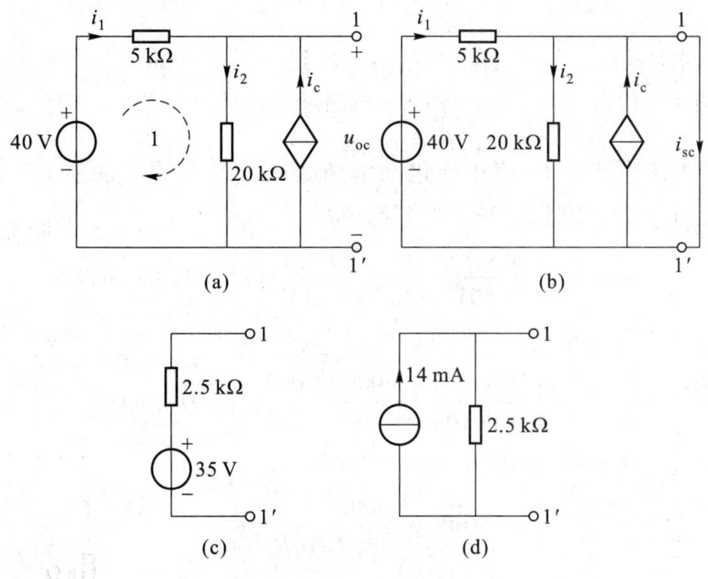

图 4-14 例 4-7 图

当含源一端口内部含受控源时,在它的内部独立电源置零后,输入电阻有可能为零或无限大。如果 $R_{eq}=0$ 而开路电压 u_{oc} 为有限值,此时含源一端口存在戴维南等效电路且仅为一个无伴电压源(即 u_{OC}),而无电阻与之串联,但因 G_{eq} 与 i_{SC} 均趋向无限大,故不存在诺顿等效电路。如果求得 R_{eq} 为无限大(或 $G_{eq}=0$)而短路电流 i_{SC} 为有限值,此时含源一端口存在诺顿等效电路且仅为一个无伴电流源(即 i_{SC}),而无电导(或 R_{eq})与之并联,但因 R_{eq} 与 u_{OC} 均趋于无限大,故不存在戴维南等效电路。通常情况下,两种等效电路是都存在的。

戴维南定理和诺顿定理在电路分析中应用广泛。在一个复杂的电路中,如果对某些一端口,其内部的电压、电流无求解需要,就可应用这两个定理将这些一端口简化①。特别是仅对电路的某一元件感兴趣时,这两个定理尤为适用。

例 4-8 图 4-15 是一个惠斯通电桥,其中 G 为检流计,其电阻为 R_G。当 R_3 为 500 Ω

---

① 简化的条件是一端口内部是线性电路,且与端口外部无受控关系。

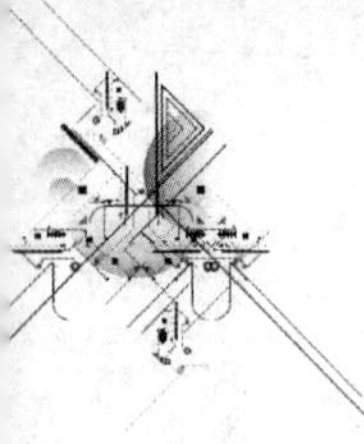

时，电桥平衡，G 中无电流①。当 $R_3=501\ \Omega$，即电桥不平衡时，求 R_G 为 50 Ω、100 Ω、200 Ω 与 500 Ω 时，G 中的电流 I_G。

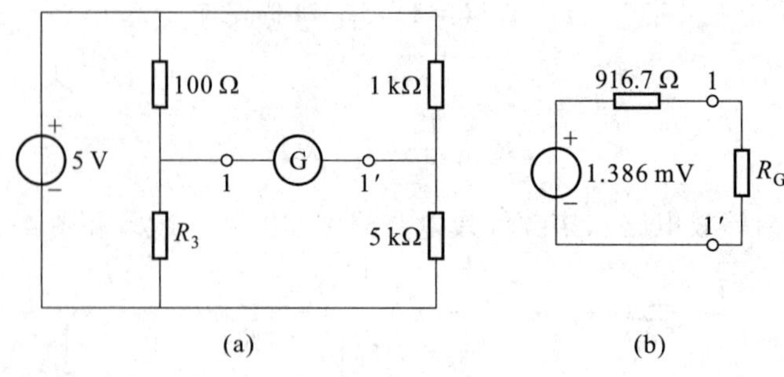

图 4-15　惠斯通电桥

解　由于要求电路中 R_G 发生变化，而其他部分不变情况下的多个解，可将 G 以外的 1-1′看为一个含源一端口。1-1′的开路电压

$$u_{OC}=\left(\frac{501}{100+501}-\frac{5\ 000}{1\ 000+5\ 000}\right)\times 5\ \text{V}=1.386\ \text{mV}$$

从 1-1′看入的等效电阻

$$R_{eq}=\left(\frac{501\times 100}{501+100}+\frac{5\ 000\times 1\ 000}{5\ 000+1\ 000}\right)\ \Omega=916.7\ \Omega$$

戴维南等效电路如图 4-15(b)所示，从而

$$I_G=\frac{1.386\times 10^{-3}\ \text{V}}{916.7\ \Omega+R_G}$$

可求得当 R_G 为 50 Ω、100 Ω、200 Ω 与 500 Ω 时，I_G 分别为 1.434 μA，1.363 μA，1.241 μA 与 0.978 μA。

例 4-9　对图 4-16 所示电路，如果用具有内电阻 R_V 的直流电压表分别在端子 a、b 和 b、c 处测量电压，试分析电压表内电阻引起的测量误差。

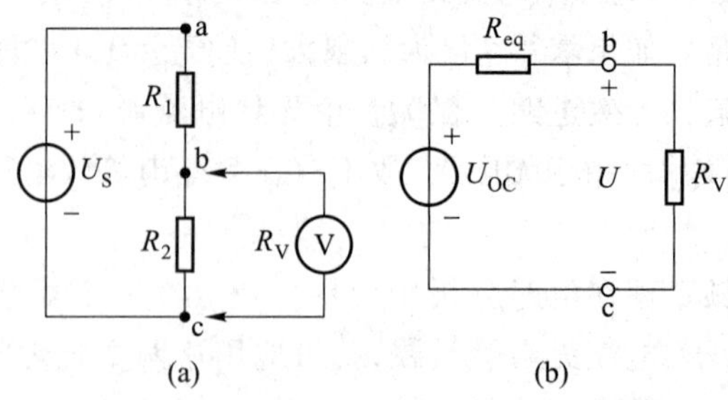

图 4-16　例 4-9 图

① 参见图 2-7，当 $R_1/R_2=R_3/R_4$ 时，对角线(1-1′)的开路电压 $u_{OC}=0$，故对角线中并无电流。

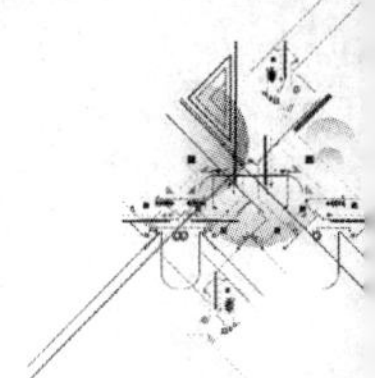

解　本题宜应用戴维南等效电路来进行分析。当用电压表测量端子 b、c 的电压时，电压的真值是图 4-16(a)中该处的开路电压。为了求得由于电压表内电阻 R_V 引起的误差，需要求得实际的测量值。把图 4-16(a)中 b、c 左边的电路用戴维南等效电路置换，设 U_{OC} 为 b、c 端子的开路电压，R_{eq} 为从 b、c 端看的输入电阻[见图 4-16(b)]。令 U 为实际测量所得的电压，它等于电阻 R_V 两端的电压，即

$$U=\frac{R_V}{R_V+R_{eq}}U_{OC}$$

相对测量误差

$$\delta(\%)=\frac{U-U_{OC}}{U_{OC}}\times 100\%=\left(\frac{R_V}{R_V+R_{eq}}-1\right)\times 100\%$$

$$=-\frac{R_{eq}}{R_V+R_{eq}}\times 100\%$$

例如，当 $R_1=20\ \text{k}\Omega$，$R_2=30\ \text{k}\Omega$，$R_V=500\ \text{k}\Omega$ 时，$\delta=-2.34\%$。

不难看出，如果在 a、b 端测量电压，则由于 R_{eq} 相同，故相对测量误差不变。当测量某支路电流，对接入内阻 R_A 不为零的电流表所引起的测量误差，读者可利用诺顿定理自行分析。

§4-4　最大功率传输定理

最大功率传输定理

在分析计算从电源向负载传输功率时，会遇到两种不同类型的问题。第一类型的问题着重于传输功率的效率问题。典型的例子就是交、直流电力传输网络，传输的电功率巨大使得传输引起的损耗、传输效率问题成为首要考虑的问题。另一类型的问题中则着重于传输功率的大小问题，例如在通信系统和测量系统中，重要问题是如何从给定的信号源(产生通信信号或测量信号的"源")取得尽可能大的信号功率。由于此时传输的功率不大，因此效率问题并不是第一位考虑的问题。

下面从图 4-17 所示电路来讨论最大功率传输问题。图 4-17(a)中 U_S 为电压源的电压、R_S 为电源的内阻，R_L 是负载。该电路可代表电源通过两条传输线向负载传输功率，此时，R_S 就是两根传输线的电阻。

负载 R_L 所获得的功率 P_L 为

$$P_L=I_L^2R_L=\left(\frac{U_S}{R_S+R_L}\right)^2R_L=\frac{U_S^2}{R_S+R_L}\frac{R_L}{R_S+R_L}$$

$$=P_S\eta$$

式中 $P_S=\dfrac{U_S^2}{R_S+R_L}$ 为电源发出的功率，$\eta=\dfrac{R_L}{R_S+R_L}$ 为传输效率。将 R_L 看为变量，P_L 将随 R_L 而变，R_L 越小电源发出功率越大，但传输效率则越低。

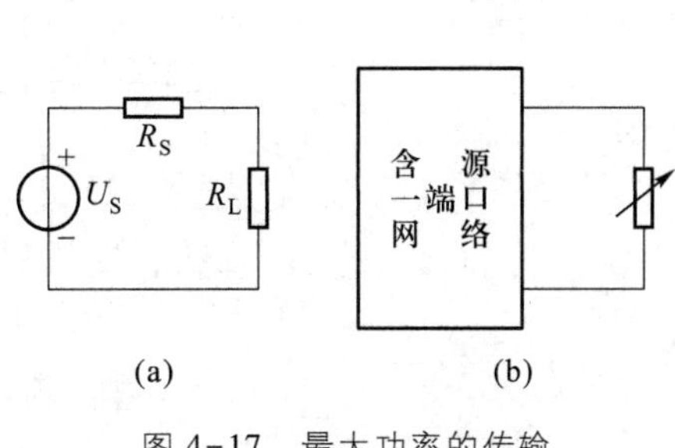

图 4-17　最大功率的传输

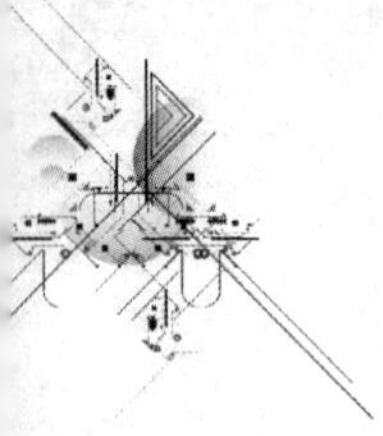

R_L 取得最大功率的情况发生在$\frac{dP_L}{dR_L}=0$的条件下，即

$$\frac{dP_L}{dR_L}=U_S^2\left[\frac{(R_S+R_L)^2-R_L\times2(R_S+R_L)}{(R_S+R_L)^4}\right]=0$$

求解上式得

$$R_L=R_S$$

R_L 所获得的最大功率

$$P_{Lmax}=\frac{U_S^2R_S}{(2R_S)^2}=\frac{U_S^2}{4R_S}$$

可见，当负载电阻 $R_L=R_S$ 时，负载可以获得最大功率，此种情况称为 R_L 与 R_S 匹配。此时，传输效率为 50%。

最大功率问题可推广至可变化的负载 R_L 从含源一端口获得功率的情况。将含源一端口[如图 4-17(b)所示]用戴维南等效电路来代替，其参数为 U_{OC} 与 R_{eq}，当满足 $R_L=R_{eq}$ 时，R_L 将获得最大功率

$$P_{Lmax}=\frac{U_{OC}^2}{4R_{eq}}$$

此时，称负载 R_L 与含源一端口的输入电阻匹配，并取得最大功率。

例 4-10　在图 4-18(a)所示电路中，问 R_L 为何值时，它可取得最大功率？求此最大功率。由电源发出的功率有多少百分比传输给 R_L？

解　先求出 R_L 左边含源一端口的戴维南等效电路，可得 $U_{OC}=10$ V，$R_{eq}=2.5\ \Omega$，其等效电路如图 4-18(b)所示。故知当 $R_L=R_{eq}=2.5\ \Omega$ 时，可得最大功率 $P_{Lmax}=\frac{10^2}{4\times2.5}$ W $=10$ W。为求 20 V 电源所发出的功率，必须返回至原电路图 4-18(a)来求，由于 R_L 中电流为$\frac{10}{2.5+2.5}$ A $=2$ A，故与之并联的 5 Ω 电阻中电流为 1 A，而 20 V 电源中电流为 3 A，20 V 电压源发出功率为 $P_S=20\times3$ W $=60$ W。此时，仅有 1/6 的功率，即 16.67%的电源功率传输至 R_L 中。该例说明，从图 4-18(b)的戴维南等效电路看，传输效率为 50%。但从原电路看，20 V 电压源发出的功率只有 16.67%传输给 R_L。这进一步说明了对内不等效问题。

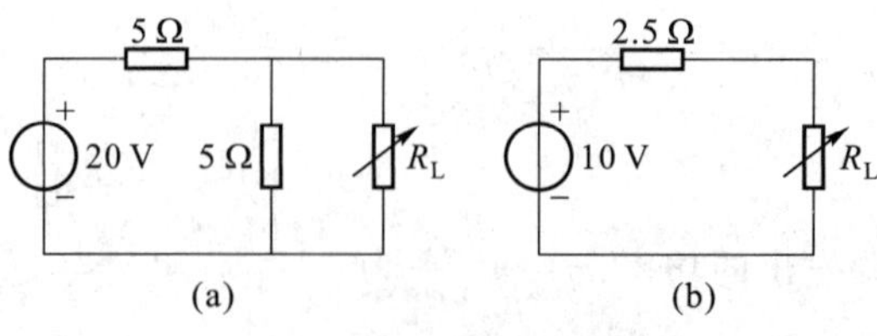

图 4-18　例 4-10 图

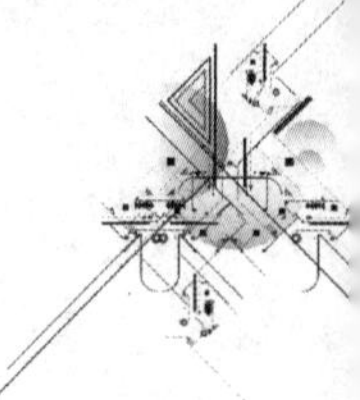

*§4-5　特勒根定理[①]

特勒根定理是电路理论中对集总电路普遍适用的基本定理；就这个意义上，它与基尔霍夫定律等价。

特勒根定理及互易定理

特勒根定理有两种形式。

特勒根定理 1　对于一个具有 n 个节点和 b 条支路的电路，假设各支路电流和支路电压取关联参考方向并为指定的支路方向。现令 $(i_1,i_2,\cdots,i_b)$ 和 $(u_1,u_2,\cdots,u_b)$ 分别为 b 条支路的电流和电压，则对任何时间 t，有

$$\sum_{k=1}^{b} u_k i_k = 0 \tag{4-6}$$

此定理可通过图 4-19 所示电路的图证明如下：令 u_{n1}、u_{n2}、u_{n3} 分别表示节点①、②、③的节点电压，按 KVL 可得出各支路电压与节点电压之间的关系为

$$\left.\begin{aligned} u_1 &= u_{n1} \\ u_2 &= u_{n1}-u_{n2} \\ u_3 &= u_{n2}-u_{n3} \\ u_4 &= -u_{n1}+u_{n3} \\ u_5 &= u_{n2} \\ u_6 &= u_{n3} \end{aligned}\right\} \tag{4-7}$$

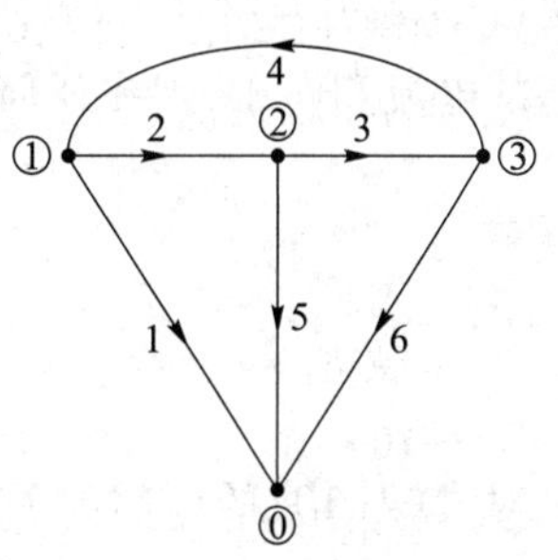

图 4-19　特勒根定理 1 的证明

对节点①、②、③应用 KCL，得

$$\left.\begin{aligned} i_1+i_2-i_4 &= 0 \\ -i_2+i_3+i_5 &= 0 \\ -i_3+i_4+i_6 &= 0 \end{aligned}\right\} \tag{4-8}$$

而

$$\sum_{k=1}^{6} u_k i_k = u_1 i_1 + u_2 i_2 + u_3 i_3 + u_4 i_4 + u_5 i_5 + u_6 i_6$$

把支路电压用节点电压表示后，代入此式可得

$$\sum_{k=1}^{6} u_k i_k = u_{n1} i_1 + (u_{n1}-u_{n2}) i_2 + (u_{n2}-u_{n3}) i_3 + (-u_{n1}+u_{n3}) i_4 + u_{n2} i_5 + u_{n3} i_6$$

上式经整理得

$$\sum_{k=1}^{6} u_k i_k = u_{n1}(i_1+i_2-i_4) + u_{n2}(-i_2+i_3+i_5) + u_{n3}(-i_3+i_4+i_6)$$

---

① Tellegen's theorem。

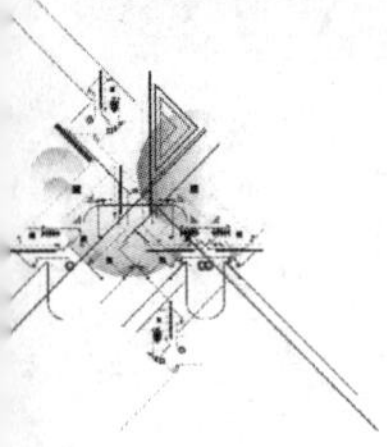

式中括号内的电流分别为节点①、②、③上电流的代数和，故引用式(4-8)，即有

$$\sum_{k=1}^{6} u_k i_k = 0$$

上述证明可推广至任何具有 n 个节点和 b 条支路的电路，即有

$$\sum_{k=1}^{b} u_k i_k = 0 \tag{4-9}$$

注意：在证明过程中，只根据电路的拓扑性质应用了基尔霍夫两定律，并不涉及支路的内容，因此特勒根定理对任何具有线性、非线性、时不变、时变元件的集总电路都适用。这个定理实质上是功率守恒的数学表达式，它表明任何一个电路的全部支路吸收的功率之和恒等于零。

特勒根定理 2　如果有两个具有 n 个节点和 b 条支路的电路，它们具有相同的图及支路编号，但由内容不同的支路构成。假设各支路电流和电压都取关联参考方向，并分别用 $(i_1,i_2,\cdots,i_b)$ 和 $(u_1,u_2,\cdots,u_b)$ 及 $(\hat{i}_1,\hat{i}_2,\cdots,\hat{i}_b)$ 和 $(\hat{u}_1,\hat{u}_2,\cdots,\hat{u}_b)$ 表示两电路中 b 条支路的电流和电压，则在任何时间 t，有

$$\sum_{k=1}^{b} u_k \hat{i}_k = 0 \tag{4-10}$$

$$\sum_{k=1}^{b} \hat{u}_k i_k = 0 \tag{4-11}$$

对式(4-10)的证明如下：设两个电路的图如图 4-19 所示。对电路 1，用 KVL 可写出式(4-7)；对电路 2 应用 KCL，有

$$\left.\begin{aligned} \hat{i}_1+\hat{i}_2-\hat{i}_4=0 \\ -\hat{i}_2+\hat{i}_3+\hat{i}_5=0 \\ -\hat{i}_3+\hat{i}_4+\hat{i}_6=0 \end{aligned}\right\} \tag{4-12}$$

利用式(4-7)可得出

$$\sum_{k=1}^{6} u_k \hat{i}_k = u_{n1}(\hat{i}_1+\hat{i}_2-\hat{i}_4)+u_{n2}(-\hat{i}_2+\hat{i}_3+\hat{i}_5)+u_{n3}(-\hat{i}_3+\hat{i}_4+\hat{i}_6)$$

再引用式(4-12)，即可得出

$$\sum_{k=1}^{6} u_k \hat{i}_k = 0$$

此证明可推广到任何具有 n 个节点和 b 条支路的两个电路，只要它们具有相同的图。

定理的第二部分，即式(4-11)，可用类似方法证明。

值得注意的是，定理 2 不能用功率守恒解释，它仅仅是两个具有相同拓扑的电路中，一个电路的支路电压和另一个电路的支路电流，或者是同一电路在不同时刻的相应支路电压和支路电流必然遵循的数学关系。由于它仍具有功率之和的形式，所以有时

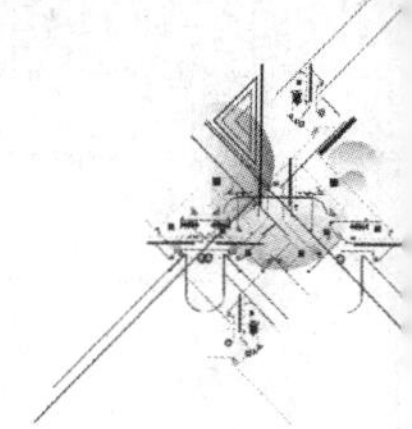

又称为“拟功率定理”。应当强调，定理 2 同样对支路内容没有任何限制，这也是此定理普遍适用的特点。

例如，对图 4-20 所示两个不同的电路，其支路内容可以完全不同。表 4-1 列出了两个电路在某一瞬间的支路电流和电压值，这些电流和电压分别满足各电路本身的 KCL 和 KVL。不难验证

$$\sum_{k=1}^{6} u_k i_k = (-15+3+4-4-2+14)\ \text{W} = 0$$

$$\sum_{k=1}^{6} \hat{u}_k i_k = (-21+2+10-6-1+16)\ \text{W} = 0$$

$$\sum_{k=1}^{6} u_k \hat{i}_k = (10+6+2+4+6-28)\ \text{W} = 0$$

$$\sum_{k=1}^{6} \hat{u}_k \hat{i}_k = (14+4+5+6+3-32)\ \text{W} = 0$$

(a) (b)

图 4-20 特勒根定理 2

表 4-1

支路 / u,i	1	2	3	4	5	6
u_k/V	5	3	2	4	-2	7
i_k/A	-3	1	2	-1	1	2
$\hat{u}_k$/V	7	2	5	6	-1	8
$\hat{i}_k$/A	2	2	1	1	-3	-4

*§4-6 互易定理

互易定理指出，对于一个仅含线性电阻且只有一个激励的电路，在保持电路将独立

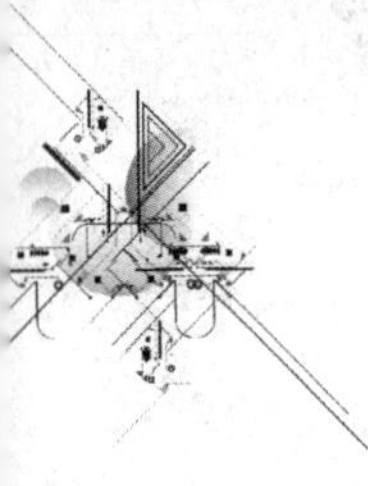

电源置零后拓扑结构不变的条件下,激励和响应互换位置前后,响应与激励的比值保持不变。上述互换前后拓扑结构保持不变有三种可能,这就构成了互易定理的三种形式。

先来看互易定理的第一种形式。图 4-21(a)(b)示出激励与响应互换位置前后的电路,图 4-21(c)为把图 4-21(a)与图 4-21(b)中的独立源置零后的拓扑结构。这就是互易定理的第一种形式。在图 4-21(b)中,互换位置后的网络及变量均冠以“^”号,根据互易定理,应有

$$\frac{i_2}{u_S}=\frac{\hat{i}_1}{\hat{u}_S}$$

当 $\hat{u}_S=u_S$ 时,就有 $\hat{i}_1=i_2$。

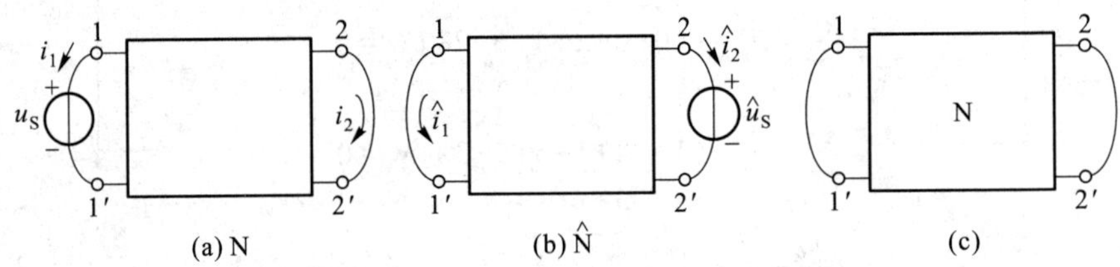

图 4-21 互易定理的第一形式

现在利用特勒根定理来证明上述结果。对于图 4-21(a)和(b),据特勒根定理 2,有

$$u_1\hat{i}_1+u_2\hat{i}_2+\sum_{k=3}^{b}u_k\hat{i}_k=0$$

$$\hat{u}_1 i_1+\hat{u}_2 i_2+\sum_{k=3}^{b}\hat{u}_k i_k=0$$

式中 b 为电路的所有支路数,取和号遍及方框内的所有支路。并规定所有支路中电流和电压都取关联参考方向。

由于方框内各支路均由线性电阻构成,应有 $u_k=R_k i_k$, $\hat{u}_k=R_k\hat{i}_k$, $k=3,4,\cdots,b$。将它们分别代入两式后有

$$u_1\hat{i}_1+u_2\hat{i}_2+\sum_{k=3}^{b}R_k i_k\hat{i}_k=0$$

$$\hat{u}_1 i_1+\hat{u}_2 i_2+\sum_{k=3}^{b}R_k\hat{i}_k i_k=0$$

比较两式,得到

$$u_1\hat{i}_1+u_2\hat{i}_2=\hat{u}_1 i_1+\hat{u}_2 i_2$$

对图 4-21(a)来说,$u_1=u_S$,$u_2=0$;对图 4-21(b)来说,$\hat{u}_1=0$,$\hat{u}_2=\hat{u}_S$,代入上式便得

$$u_S\hat{i}_1=\hat{u}_S i_2$$

于是得证。

激励和响应互换位置的第二种形式如图 4-22(a)(b)所示,图 4-22(c)为将其独立源置零后的拓扑结构。其中激励是电流源,响应是开路电压,激励和响应互换位置前后激励、响应所在支路在将独立源置零后都是开路。根据特勒根定理,对图 4-22(a)

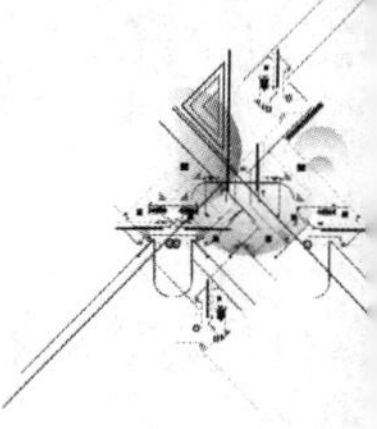

(b)来说有

$$u_1\hat{i}_1+u_2\hat{i}_2=\hat{u}_1 i_1+\hat{u}_2 i_2$$

代入 $i_1=-i_S, i_2=0, \hat{i}_1=0, \hat{i}_2=-\hat{i}_S$,有

$$u_2\hat{i}_S=\hat{u}_1 i_S$$

即

$$\frac{u_2}{i_S}=\frac{\hat{u}_1}{\hat{i}_S}$$

可见,响应与激励的比值不变,如果 $\hat{i}_S=i_S$,则 $\hat{u}_1=u_2$。

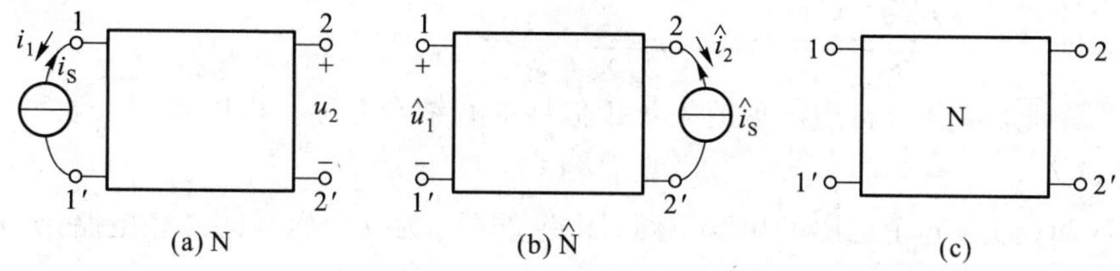

图 4-22　互易定理的第二种形式

激励与响应互换位置的第三种形式是激励由电流源换为电压源,响应由短路电流换为开路电压。这样,在激励与响应互换位置前后,独立电源置零后的电路的拓扑结构维持不变,即 1-1′支路始终为开路而 2-2′支路始终为短路[见图 4-23(c)]。图 4-23(a)和(b)即为互易定理的第三种形式。

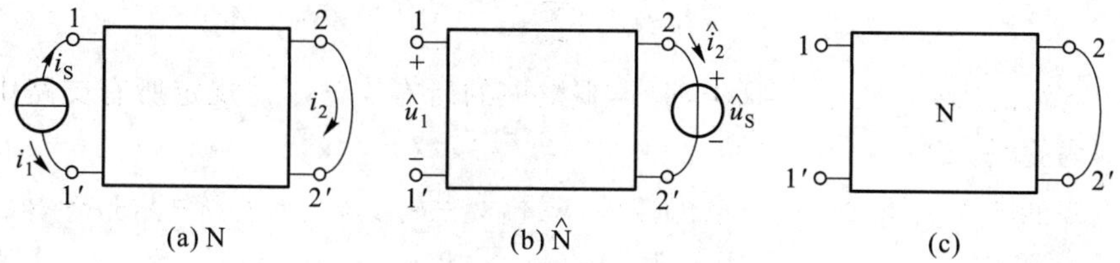

图 4-23　互易定理的第三种形式

对图 4-23(a)(b)应用特勒根定理,可以得到

$$u_1\hat{i}_1+u_2\hat{i}_2=\hat{u}_1 i_1+\hat{u}_2 i_2$$

代入 $i_1=-i_S, u_2=0, \hat{i}_1=0, \hat{u}_2=\hat{u}_S$,便可得

$$-\hat{u}_1 i_S+\hat{u}_S i_2=0$$

移项后可得到

$$\frac{i_2}{i_S}=\frac{\hat{u}_1}{\hat{u}_S}$$

可见响应与激励的比值不变。如果在数值上 $\hat{u}_S=i_S$,则 $\hat{u}_1=i_2$(i_1 与 i_S、$\hat{u}_1$ 与 $\hat{u}_S$ 均分别取同一单位)。

最后要强调指出,为使互易定理得以应用,方框内部 N 的(b-2)条支路的电压、电

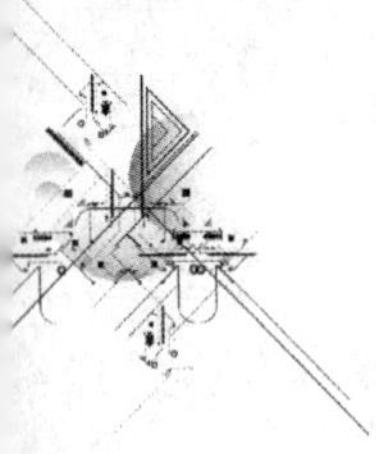

流必须满足下列关系：

$$\sum_{k=3}^{b} u_k \hat{i}_k = \sum_{k=3}^{b} \hat{u}_k i_k$$

这一关系是判断网络是否可互易的条件。凡能满足此关系的网络称为可互易网络，其元件称为可互易元件，反之称为非互易网络和非互易元件。方框内部不可有独立电源，也不可有受控电源，这是因为受控源的控制是有方向性的，所以受控源就不是可互易元件，具有受控源的电路也不是可互易网络。

*§4-7 对偶原理

对偶原理是电路分析中出现的大量相似性的归纳和总结。现以示例来说明这种相似联系。

图 4-24(a)为 n 个电阻的串联电路，图 4-24(b)为 n 个电导的并联电路，分别以 N 与 $\overline{\mathrm{N}}$ 表示。在 N 与 $\overline{\mathrm{N}}$ 的若干公式之间，存在着以下相似：

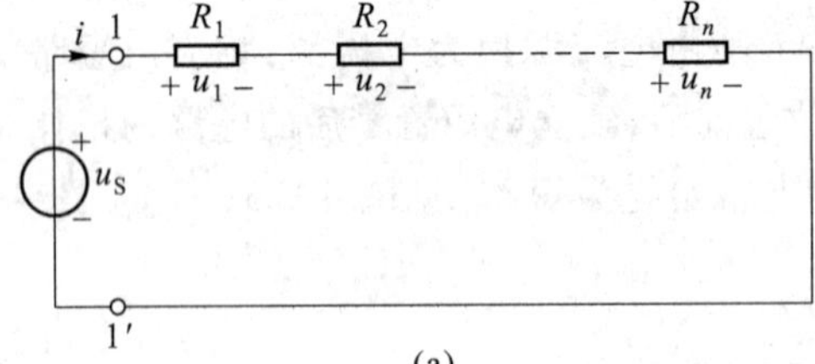

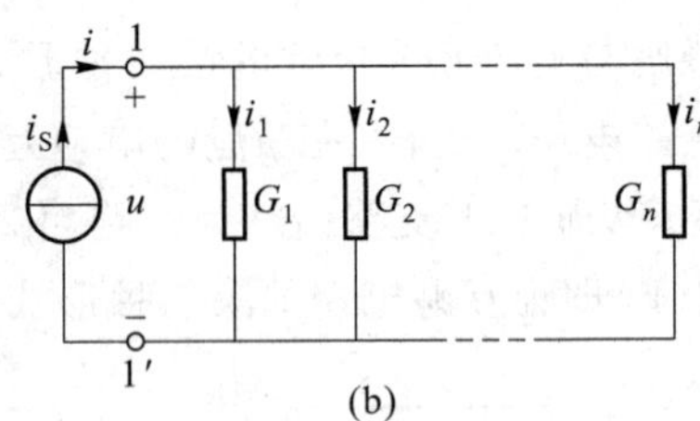

图 4-24 串联和并联的对偶

在 N 中

$$\left.\begin{aligned} &\text{总电阻} \quad R=\sum_{k=1}^{n} R_k \\ &\text{电流} \quad i=\frac{u}{R} \\ &\text{分压公式} \quad u_k=\frac{R_k}{R}u \end{aligned}\right\} \tag{4-13}$$

对 $\overline{\mathrm{N}}$，有

$$\left.\begin{aligned} &\text{总电导} \quad G=\sum_{k=1}^{n} G_k \\ &\text{电压} \quad u=\frac{i}{G} \\ &\text{分流公式} \quad i_k=\frac{G_k}{G}i \end{aligned}\right\} \tag{4-14}$$

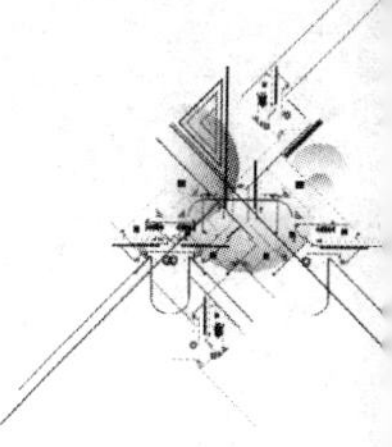

可见,在以上这些关系式中,如果将电压 u 与 i 互换,电阻 R 与电导 G 互换,那么在 N 中的公式就成为 $\overline{\mathrm{N}}$ 中的公式,反之亦然。将这种对应关系称为对偶关系,这些互换元素称为对偶元素。就图形结构方面来看:串联与并联,星形与三角形;就变量来说:电压与电流,回路电流与节点电压;就参数来说:电阻 R 与电导 G(包括开路与短路)等都是对偶元素。而 N 与 $\overline{\mathrm{N}}$ 则称为对偶网络。图 4-25(a)与图 4-25(b)所示两个平面电路 N 与 $\overline{\mathrm{N}}$,在给定网孔电流与节点电压的参考方向下,N 的网孔方程与 $\overline{\mathrm{N}}$ 的节点电压方程分别为

$$\left.\begin{aligned}(R_1+R_2)i_{m1}-R_2i_{m2}=u_{S1}\\ -R_2i_{m1}+(R_2+R_3)i_{m2}=u_{S2}\end{aligned}\right\}$$

$$\left.\begin{aligned}(\overline{G}_1+\overline{G}_2)\overline{u}_{n1}-\overline{G}_2\overline{u}_{n2}=\overline{i}_{S1}\\ -\overline{G}_2\overline{u}_{n1}+(\overline{G}_2+\overline{G}_3)\overline{u}_{n2}=\overline{i}_{S2}\end{aligned}\right\}$$

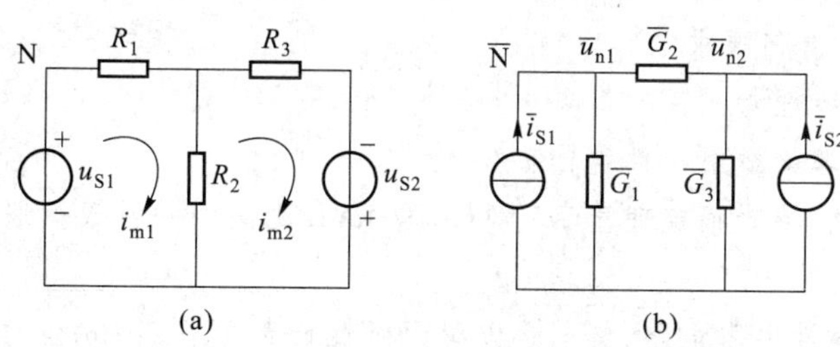

图 4-25 互为对偶的电路

如果把 R 和 $\overline{G}$,u_S 和 $\overline{i}_S$,网孔电流 i_m 和节点电压 $\overline{u}_n$ 等对应元素互换,则上面两个方程也可以彼此转换。所以"网孔电流"和"节点电压"是对偶元素,这两个平面电路也互为对偶电路。

对偶原理指出,在对偶电路中,某些元素之间的关系(或方程)可以通过对偶元素的互换而相互转换。因此,如果在某电路中导出某一关系式和结论,就等于解决了和它对偶的另一个电路中相应的关系式和结论。可以利用这一点来记忆公式和作推断。对偶的内容包括:电路的拓扑结构、电路变量、电路元件、一些电路的公式(或方程)甚至定理。例如戴维南定理与诺顿定理就互为对偶,电路定律 KCL 与 KVL 也是互为对偶的。对偶的概念不仅局限于电阻电路,还可在以后其他章节的学习过程中看到新的对偶关系。还应明确:"对偶"和"等效"是两个不同的概念,不可混淆。

在第一至第四章中,我们讨论了电阻电路的分析与计算,并且主要讨论了恒定激励下电阻电路的分析与计算。由于电阻电路的电路方程都是代数方程,因此,当电路中激励不是恒定量,而是时间函数时,譬如 $u_S(t)$ 或 $i_S(t)$ 为随时间变化的某种激励函数,仍

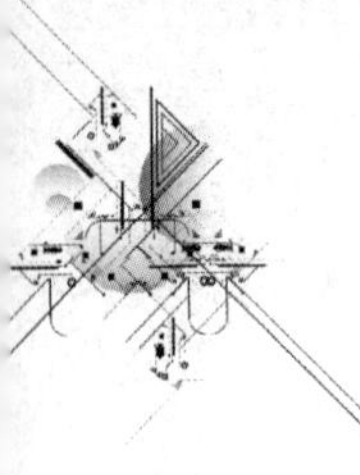

可应用各章所述及的各种方法，只要将随时间变化的 $u_S(t)$ 或 $i_S(t)$ 放入原来恒定激励的位置就可以了。此时，所求得的各电压、电流也将是随时间变化的函数。

思考题

4-1　叠加定理的适用条件是什么？

4-2　在应用叠加定理时，电压源不作用是用短路替代，电流源不作用是用开路替代，为什么？

4-3　应用叠加定理，当独立源单独作用时，受控源为什么要保留在各分电路中？试从电路方程中变量的系数的角度说明。

4-4　当有多个电源时，可以使用齐性原理吗？有何条件限制？

4-5　戴维南定理和诺顿定理的适用条件是什么？

4-6　求取戴维南等效电路中等效电阻有哪几种方法？

4-7　对于含有受控源的线性电路，当把电路分成几个部分，其中一部分采用戴维南等效时对受控源有何要求？

4-8　特勒根定理对元件有何要求？

4-9　互易定理的适用条件是什么？

4-10　有人说：特勒根定理显示了 KCL 与 KVL 之间的一种天然联系，如何理解这句话？

4-11　对于线性电阻电路，其电路方程为线性代数方程组，方程的右端为激励项。当激励是时间函数时，如何应用电路方程求出独立变量？试应用叠加定理解释激励为时间函数时，独立变量的形式。

习　题

4-1　应用叠加定理求题 4-1 图所示电路中电压 u_{ab}。

4-2　应用叠加定理求题 4-2 图所示电路中电压 u。

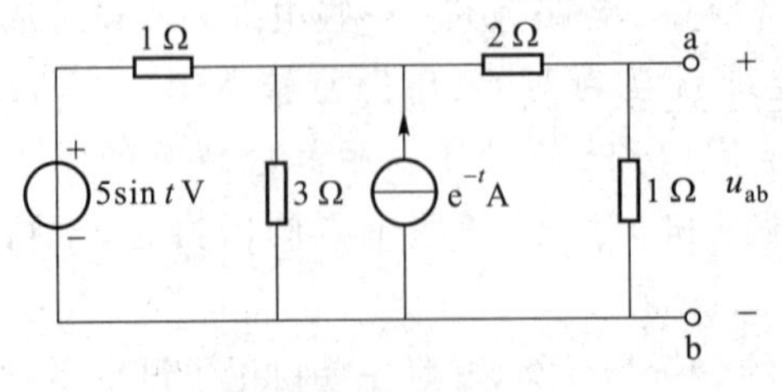

题 4-1 图

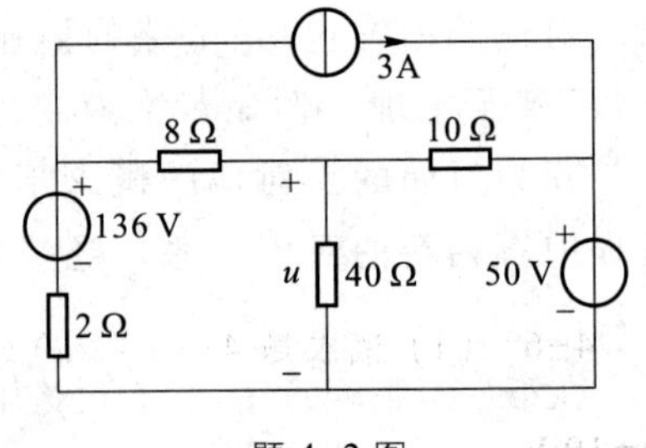

题 4-2 图

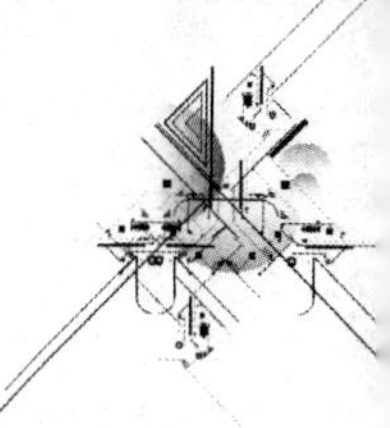

4-3 应用叠加定理求题 4-3 图所示电路中的电流 I。

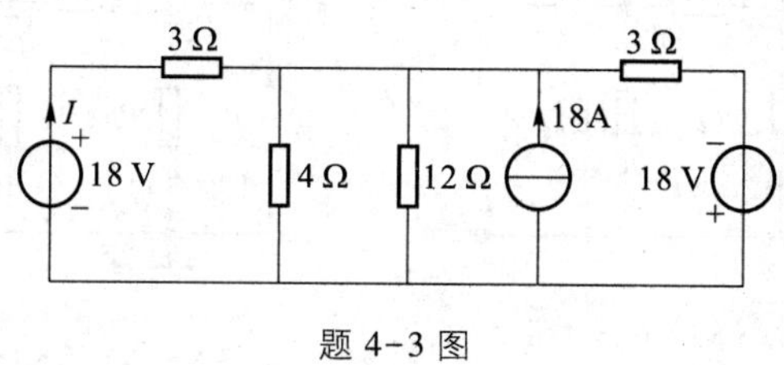

题 4-3 图

4-4 应用叠加定理时，将受控源都保留在分电路中。求：

(1) 题 4-4 图(a)中电压 u_2。

(2) 题 4-4 图(b)中电压 U。

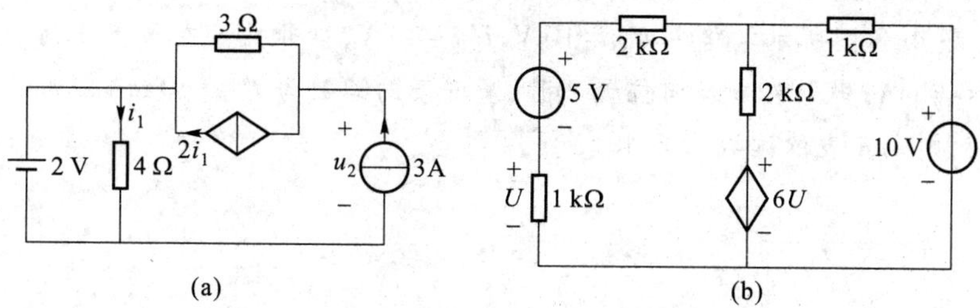

题 4-4 图

4-5 应用叠加定理，按下列步骤求解题 4-5 图中 I_α。

(1) 将受控源参与叠加，画出三个分电路，在受控源分电路中受控源电压为 $6I_\alpha$，I_α 并非分响应，而为未知总响应。

(2) 求出三个分电路的分响应 I'_α、I''_α 与 I'''_α，I'''_α 中包含未知量 I_α。

(3) 利用 $I_\alpha = I'_\alpha + I''_\alpha + I'''_\alpha$ 解出 I_α。

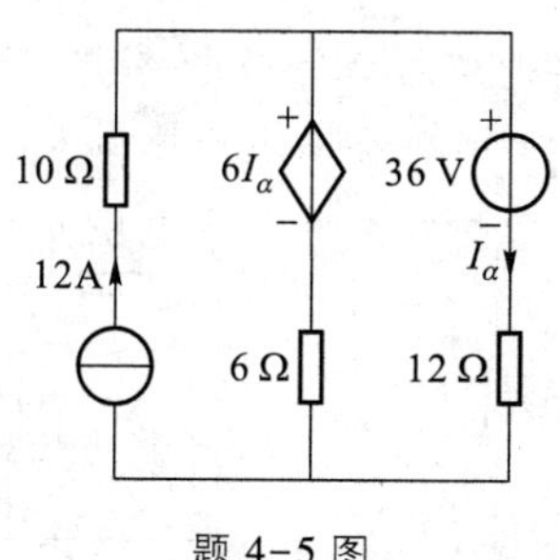

题 4-5 图

4-6 (1) 试求题 4-6 图(a)所示梯形电路中各支路电流、节点电压和 $\frac{u_0}{u_S}$。其中 $u_S = 10\ \text{V}$。

(2) 用倒退法求解题 4-6 图(b)所示梯形电路中电流 i_0。

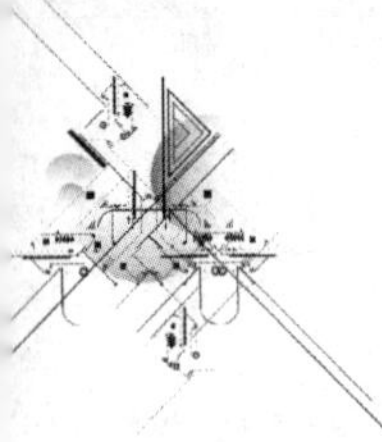

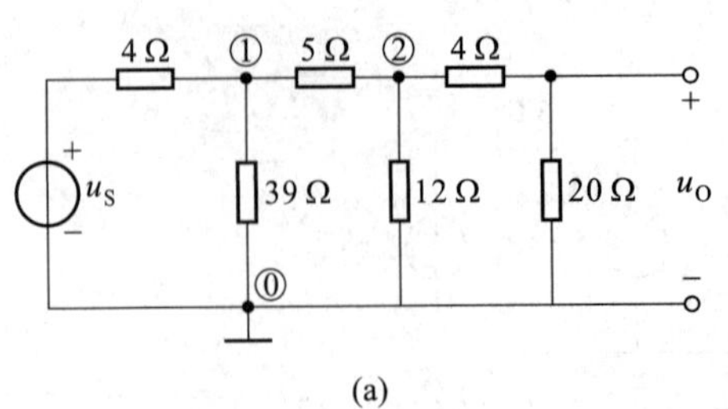

(a)

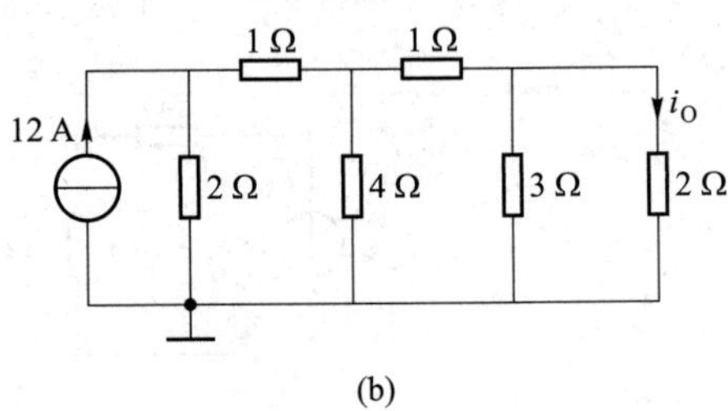

(b)

题 4-6 图

4-7　题 4-7 图所示电路中，当电流源 i_{S1} 和电压源 u_{S1} 反向时（u_{S2} 不变），电压 u_{ab} 是原来的 0.5 倍；当 i_{S1} 和 u_{S2} 反向时（u_{S1} 不变），电压 u_{ab} 是原来的 0.3 倍。仅 i_{S1} 反向（u_{S1}、u_{S2} 均不变）时，电压 u_{ab} 应为原来的几倍？

4-8　题 4-8 图所示电路中 $U_{S1}=10$ V，$U_{S2}=15$ V，当开关 S 在位置 1 时，毫安表的读数为 $I'=40$ mA；当开关 S 合向位置 2 时，毫安表的读数为 $I''=-60$ mA。如果把开关 S 合向位置 3，则毫安表的读数为多少？

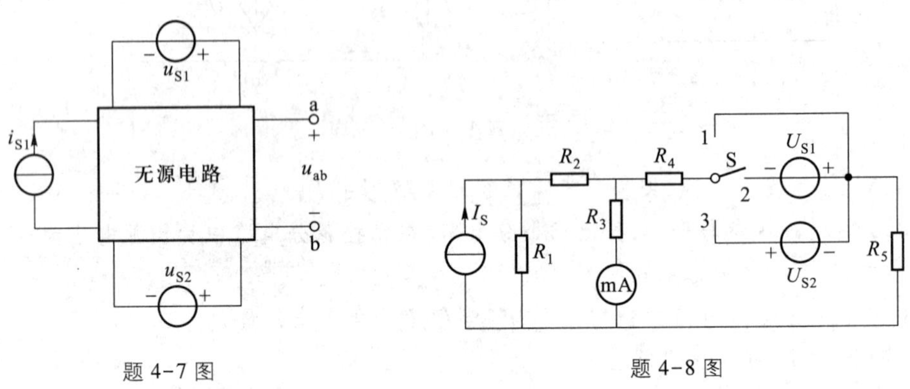

题 4-7 图　　题 4-8 图

4-9　求题 4-9 图所示电路的戴维南等效电路或诺顿等效电路。

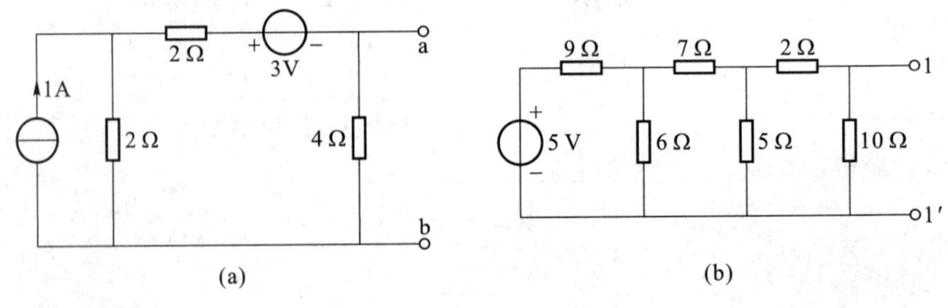

(a)　　(b)

题 4-9 图

4-10　求题 4-10 图中各电路在 ab 端口的戴维南等效电路或诺顿等效电路。

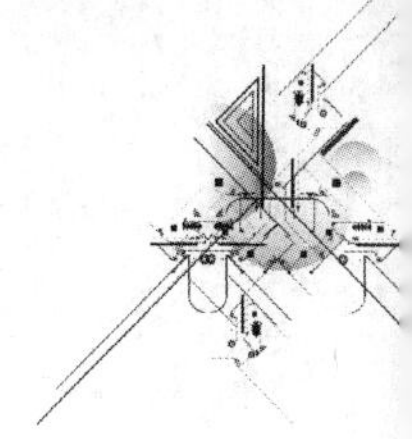

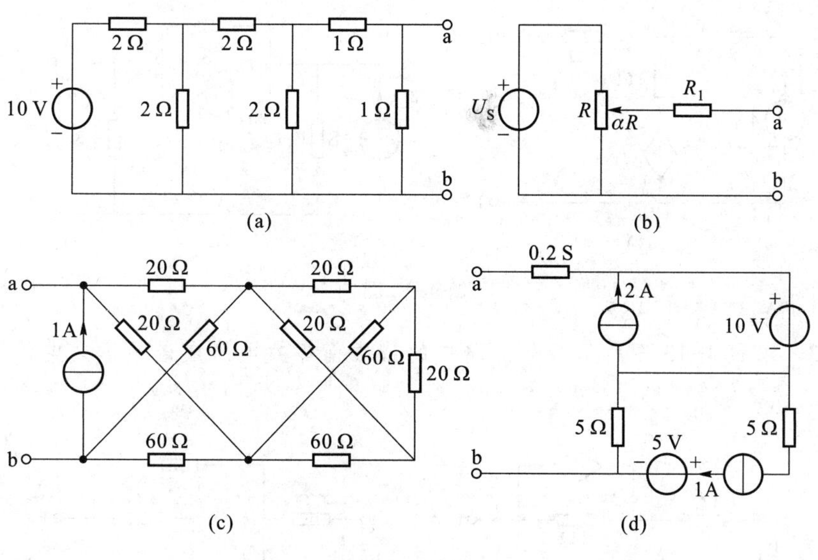

题 4-10 图

4-11 题 4-11 图(a)所示含源一端口的外特性曲线画于题 4-11 图(b)中，求其等效电源。

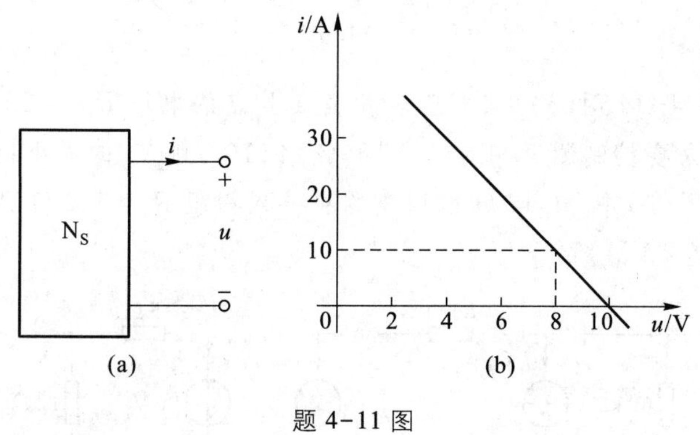

题 4-11 图

4-12 求题 4-12 图所示各电路的戴维南等效电路或诺顿等效电路。

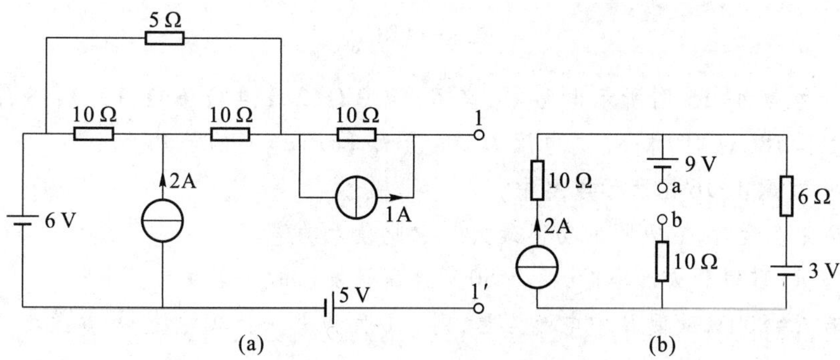

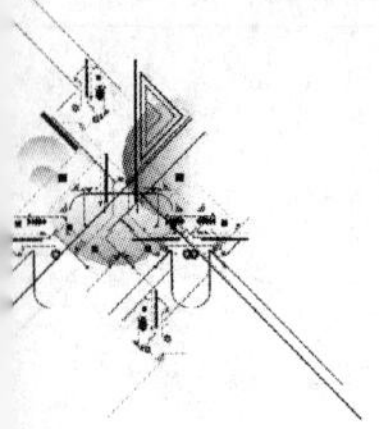

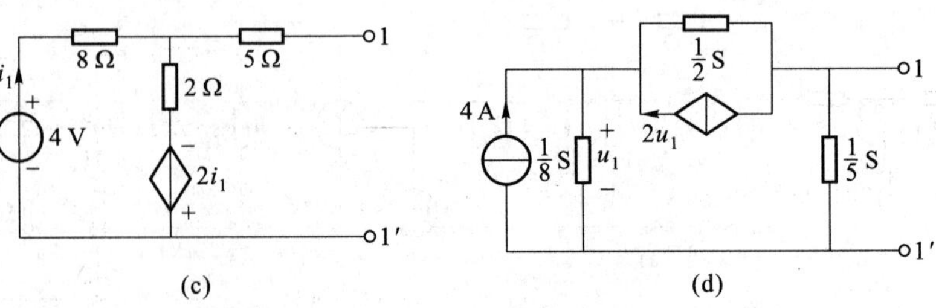

题 4-12 图

4-13 求题 4-13 图所示两个一端口的戴维南等效电路或诺顿等效电路，并解释所得结果。

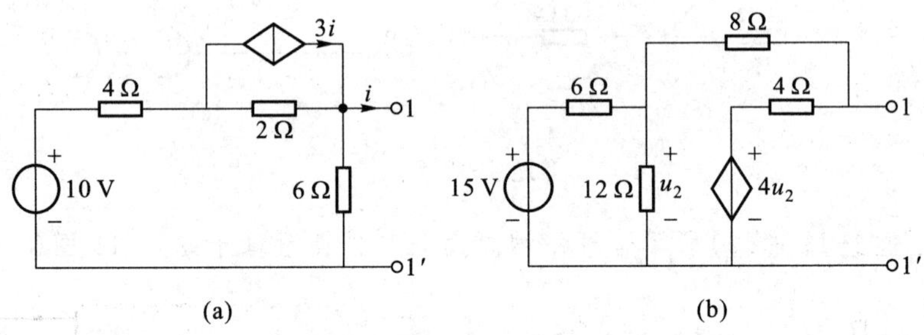

题 4-13 图

4-14 (1) 题 4-14 图(a)中，电压表测量 a、b 点的电压 $U_{abm}=25$ V。电压表的内阻 R_V 是多少？如果要控制测量相对误差 $|\delta(\%)|<1\%$，则 R_V 的最小值为多少？

(2) 题 4-14 图(b)中，在 12 Ω 电阻支路中接入内阻 $R_A=3.2$ Ω 的电流表测量 I_α，求测量相对误差 $\delta(\%)$。

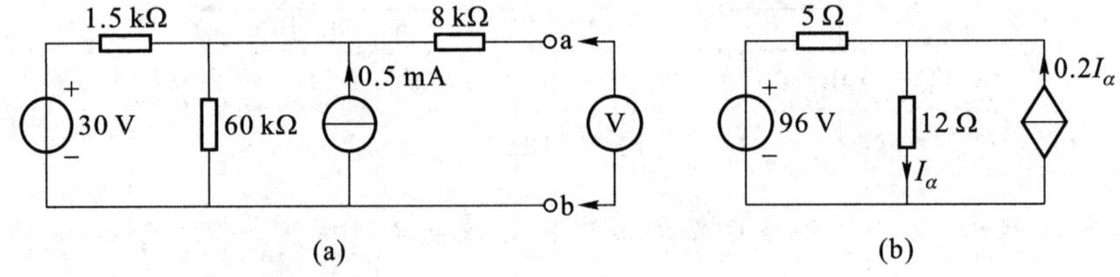

题 4-14 图

4-15 在题 4-15 图所示电路中，当 R_L 取 0 Ω、2 Ω、4 Ω、6 Ω、10 Ω、18 Ω、24 Ω、42 Ω、90 Ω 和 186 Ω 时，求 R_L 的电压 U_L、电流 I_L 和 R_L 消耗的功率。

4-16 在题 4-16 图所示电路中，

(1) R 为多大时，它吸收的功率最大？求此最大功率。

(2) 当 R_L 取得最大功率时，两个 50 V 电压源发出的功率共为多少？

(3) 若 $R=80$ Ω，欲使 R 中电流为零，则 a、b 间应并联什么元件，其参数为多少？画出电路图。

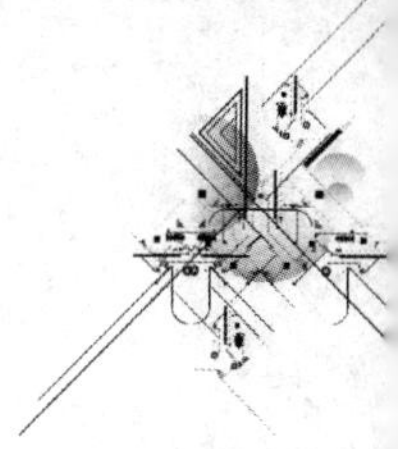

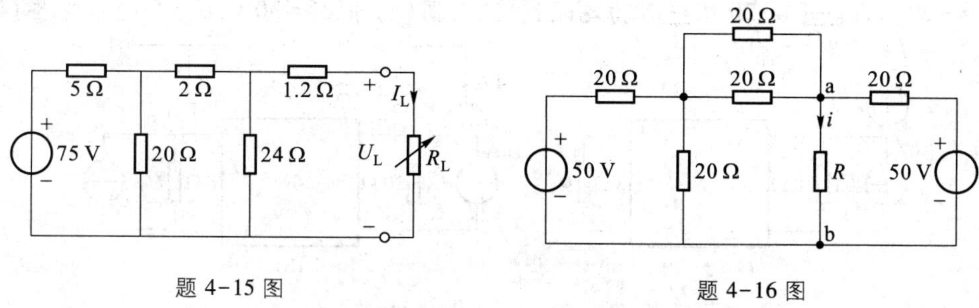

题 4-15 图　　　　题 4-16 图

4-17　题 4-17 图所示电路的负载电阻 R_L 可变，R_L 等于何值时可吸收最大功率？求此功率。

4-18　题 4-18 图所示电路中 N 仅由电阻组成。对不同的输入直流电压 U_S 及不同的 R_1、R_2 值进行了两次测量，得到下列数据：$R_1=R_2=2\ \Omega$ 时，$U_S=8$ V，$I_1=2$ A，$U_2=2$ V；$R_1=1.4\ \Omega$，$R_2=0.8\ \Omega$ 时，$\hat{U}_S=9$ V，$\hat{I}_1=3$ A，求 $\hat{U}_2$ 的值。

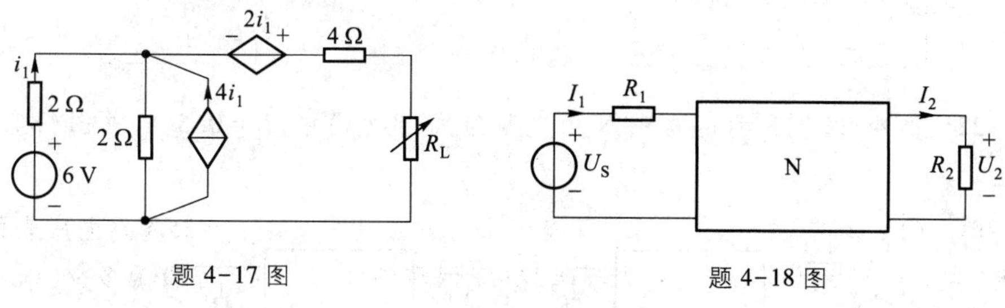

题 4-17 图　　　　题 4-18 图

4-19　题 4-19 图中网络 N 仅由电阻组成。根据题 4-19 图(a)和图(b)的已知情况，求题 4-19 图(c)中电流 I_1 和 I_2。

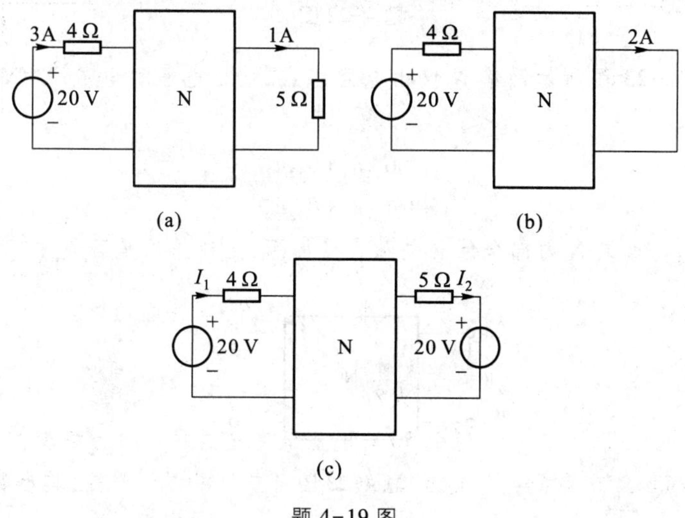

题 4-19 图

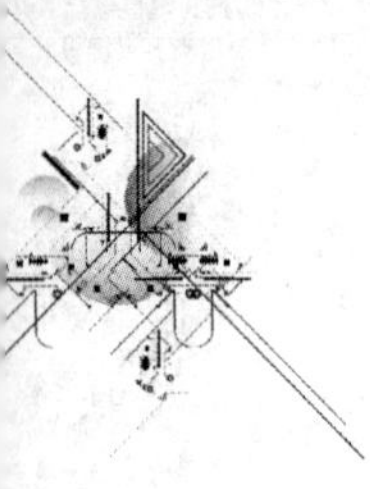

4-20　已知题 4-20 图中 N 为电阻网络，在图(a)中 $U_1=30\ \text{V}$，$U_2=20\ \text{V}$。求图(b)电路中 $\hat{U}_1$。

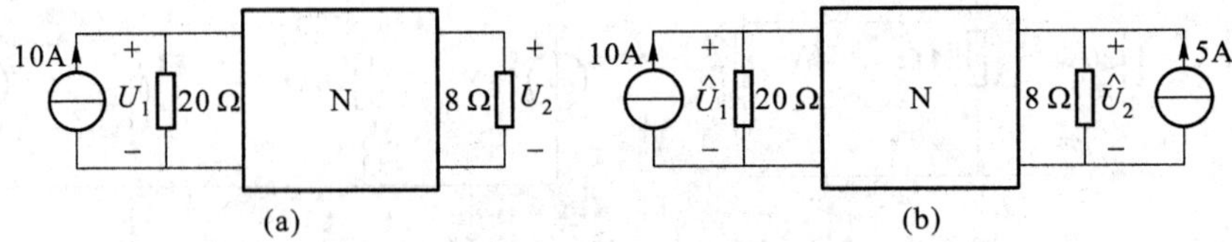

题 4-20 图

4-21　题 4-21 图中 N 为电阻网络。已知图(a)中各电压、电流。求图(b)中 I。

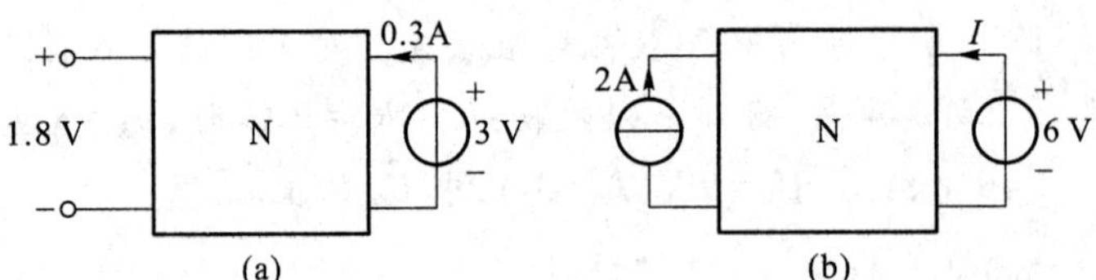

题 4-21 图

4-22　题 4-22 图所示电路中 N 由电阻组成，图(a)中，$I_2=0.5\ \text{A}$，求图(b)中电压 U_1。

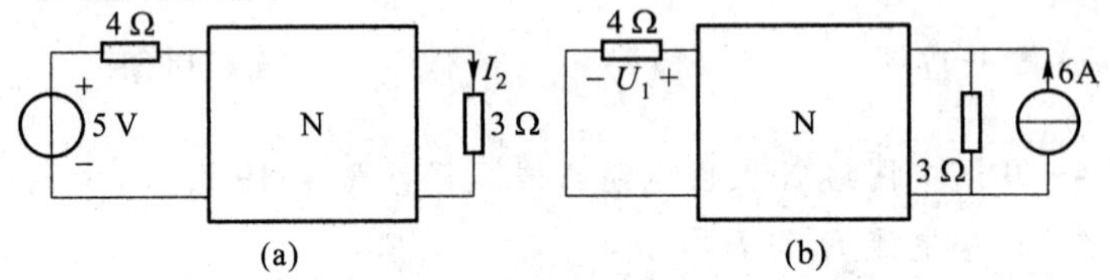

题 4-22 图

4-23　题 4-23 图所示网络 N 仅由电阻组成，端口电压和电流之间的关系可由下式表示：

$$i_1=G_{11}u_1+G_{12}u_2$$
$$i_2=G_{21}u_1+G_{22}u_2$$

试证明 $G_{12}=G_{21}$。如果 N 内部含独立电源或受控源，上述结论是否成立，为什么？

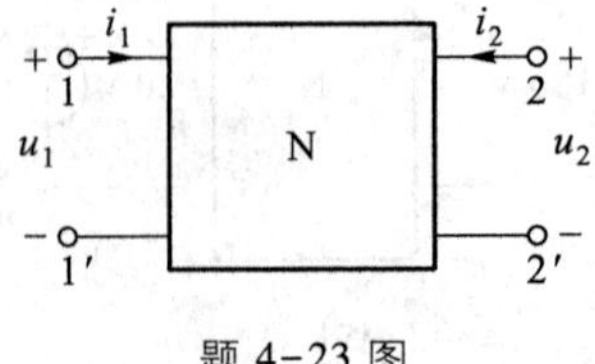

题 4-23 图

4-24 请判断题 4-24 图(b)(c)(d)中哪一个是题 4-24 图(a)所示电路的对偶电路。叙述其理由,试决定其参数值并指出哪些物理量和方程具有对偶关系。

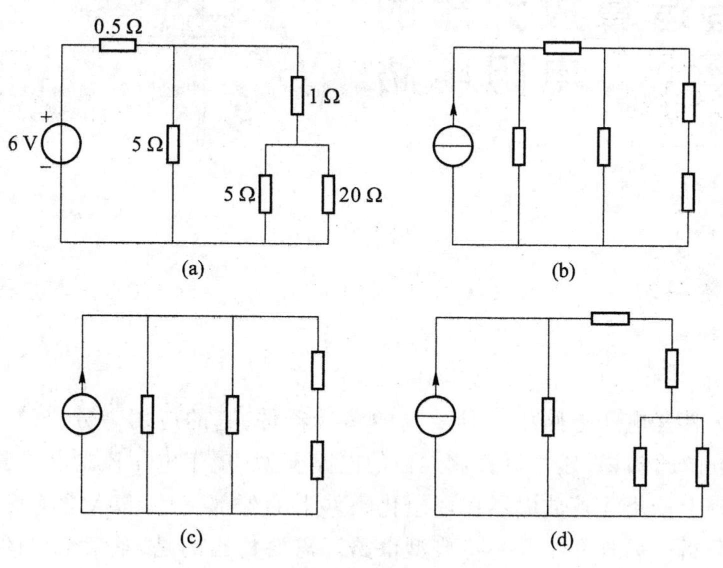

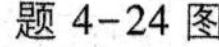

题 4-24 图

第四章部分习题答案

第五章 含有运算放大器的电阻电路

导 读

运算放大器是电子电路中一种重要的多端器件,它的应用十分广泛。首先,应用§1-7受控电源的知识,建立运算放大器的电路模型(属于电压控制电压源VCVS),在电路模型基础上给出运算放大器在理想化条件下的外部特性,以及含有运算放大器的电阻电路的分析。另外介绍了一些典型电路。需要指出的是,本章给出的运算放大器的电路模型,是最简单的电路模型,适合于用在激励是直流或频率较低信号的场合。

附录B介绍的电流传输器和跨导放大器均为电子电路中的多端器件,也能应用受控电源的知识建立其电路模型。

§5-1 运算放大器的电路模型

运算放大器(简称运放)是一种包含许多晶体管的集成电路,它是获得广泛应用的一种多端器件。一般放大器的作用是把输入电压放大一定倍数后再输送出去,其输出电压与输入电压的比值称为电压放大倍数或电压增益。运放是一种高增益(可达几万倍甚至更高)、高输入电阻、低输出电阻的放大器。由于它能完成加法、积分、微分等数学运算而被称为运算放大器,然而它的应用远远超出上述范围。

虽然运放有多种型号,其内部结构也各不相同,但从电路分析的角度出发,感兴趣的仅仅是运放的外部特性及其电路模型。图5-1(a)给出了运放的电路图形符号,其中"三角形"符号表示"放大器"(实际运放外部端子比图示的可能还要多)。运放有两个输入端a、b和一个输出端o。电源端子E^+和E^-连接直流偏置电压,以维持运放内部晶体管正常工作。E^+端接正电压,E^-端接负电压,这里电压的正负是对"地"或公共端①而言的。在分析运放的放大作用时可以不考虑偏置电源,这时采用图5-1(b)所示电路符号,但应记得偏置电源是存在的。a端称为倒向输入端(也称反相输入端)。当输入电

① 公共端或"地"的电压(位)是零,它相当于电路中的参考节点。事实上接地不一定要求与大地直接连接。有时仪器的底座或金属外壳都可以作为公共端。接地的符号见图5-1(a)。

压 u^- 加在 a 端与公共端之间，且其实际方向从 a 端指向公共端时，输出电压 u_o 的实际方向则自公共端指向 o 端，即两者的方向正好相反。b 端称为非倒向输入端（也称为同相输入端）。当输入电压 u^+ 加在 b 端与公共端之间，u_o 与 u^+ 两者的实际方向相对公共端恰好相同。为了区别起见，a 端和 b 端分别用"-"号和"+"号标出，如图 5-1 所示，但不要将它们误认为电压参考方向的正、负极性。电压的正、负极性应另外标出或用箭头表示。

如果在 a 端和 b 端分别同时加输入电压 u^- 和 u^+，则有

$$u_o = A(u^+ - u^-) = Au_d \tag{5-1}$$

其中 $u_d = u^+ - u^-$，A 为运放的电压放大倍数（或电压增益的绝对值）。运放的这种输入情况称为差分输入，而 u_d 称为差分输入电压。在实际应用中经常把非倒向端与公共端连接起来（接地），而只在倒向端加输入电压，则有

$$u_o = -Au^-$$

上式右边的负号说明输出电压 u_o 与输入电压 u^- 相对公共端是反向的。反之，若把倒向端与公共端连接起来，而在非倒向端加输入电压 u^+，这时有

$$u_o = Au^+$$

有时，为了简化起见，在画运放的电路符号时［见图 5-1（b）］，可将接地的连接线省略掉，而用图 5-1（c）所示的电路符号表示①。但在进行电路分析时，应当注意到这个接地线的存在。运放可以看作是一种多端元件。

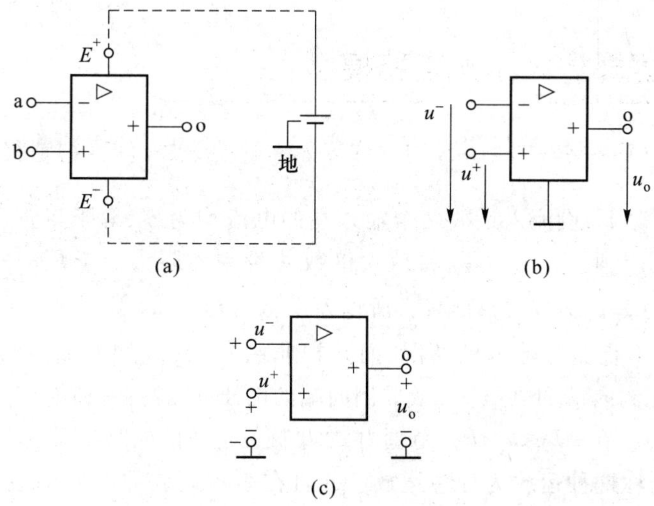

图 5-1 运放的电路图形符号图

① 目前不少运放产品的引出端中往往不存在公共端或接地端，而接地端是通过偏置（双）电源实现的，如图 5-1（a）所示。

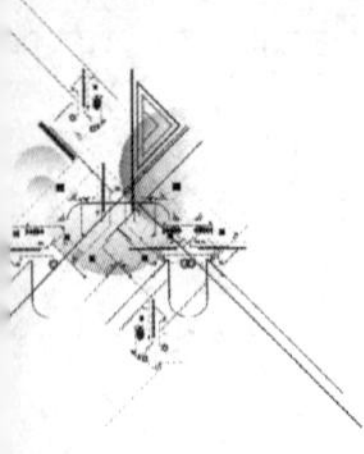

运放的输出电压 u_o 与差分输入电压 u_d 之间的关系可以用图 5-2 近似地描述。在 $-\varepsilon \leqslant u_d \leqslant \varepsilon$（$\varepsilon$ 是很小的）范围内，u_o 与 u_d 的关系用通过原点的一段直线描述，其斜率等于放大倍数 A。由于 A 值很大，所以这段直线很陡。当 $|u_d| > \varepsilon$ 时，输出电压 u_o 趋于饱和，图中用 $\pm U_{sat}$ 表示，此饱和电压值略低于直流偏置电压值。这个关系曲线称为运放的外特性。

图 5-3 示出运放的电路模型，其中电压控制电压源的电压为 $A(u^+-u^-)$，R_i 为运放的输入电阻，R_o 为输出电阻。实际运放的 R_i 都比较高，而 R_o 则较低。它们的具体值根据运放的制造工艺有所不同，但可以认为 $R_i \gg R_o$。本章中把运放的工作范围限制在线性段，即设 $-U_{sat} < u_o < U_{sat}$。由于放大倍数 A 很大，而 U_{sat} 一般为正、负十几伏或几伏，这样输入电压就必须很小。运放的这种工作状态称为“开环运行”，A 称为开环放大倍数。在运放的实际应用中，通常通过一定的方式将输出的一部分接回（反馈）到输入中去，这种工作状态称为“闭环运行”。

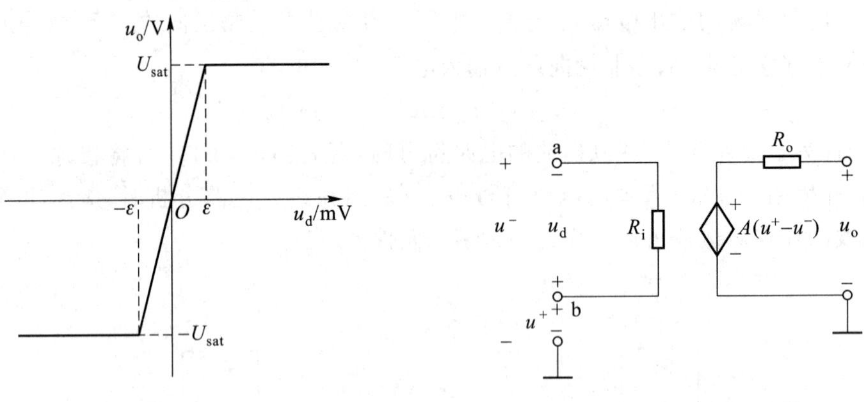

图 5-2　运放的 u_d-u_o 特性　　　　图 5-3　运放的电路模型

在理想化情况下，设流入运放两个输入端的电流均为零，等于将输入电阻 R_i 设为无限大；而将输出电阻 R_o 设为零，将放大倍数 A 设为无限大。于是从式（5-1）可知，$u_d = u^+ - u^- = 0$。这是因为 u_o 为有限值，所以差动输入电压 u_d 被强制为零，或者说 u^+ 和 u^- 将相等。如果不是差分输入的情况，而是把非倒向端（或倒向端）接地，即有 $u^+ = 0$（或 $u^- = 0$），则在倒向端的电压 u^-（或非倒向端的电压 u^+）就将强制为零值。

归纳以上论述，在 $-U_{sat} < u_o < U_{sat}$ 范围内，如果假设运放的电路模型中的 $R_i = \infty$，$R_o = 0$，且认为 $A = \infty$，则称这种运放为理想运放。并且在表示运放的图形符号中加“∞”以资说明；否则用“A”表示。

实际运放的工作情况比以上介绍的要复杂一些。例如，放大倍数 A 不仅为有限值，而且随着频率的增高而下降。通常，图 5-3 所示运放电路模型在输入电压频率较低时是足够精确的。为了简化分析，一般将假设运放是在理想化条件下工作的，这样做在许多场合下不会造成很大的误差。

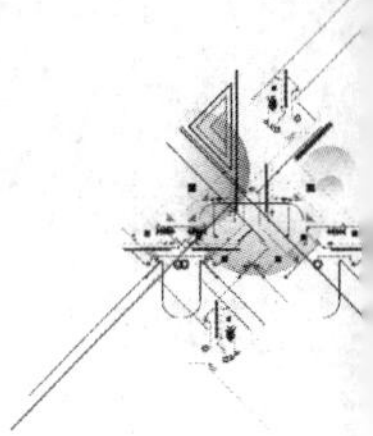

§5-2　比例电路的分析

图5-4(a)表示一个由运放和电阻构成的电路,称为倒向比例器。运放的输出电压通过电阻 R_2 反馈到输入回路中。显然,由于电阻 R_1 的存在,电路的输入电压 u_i 与运放的倒向输入端电压 u^-不同。

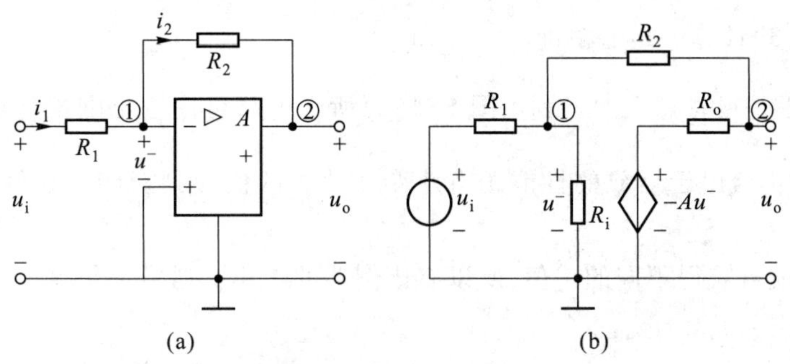

图5-4　倒向比例器

参照图5-3所示运放电路模型,图5-4(a)电路可用图5-4(b)表示。设输入电压用一个电压为 u_i 的电压源表示,对节点①、②列出节点电压方程,有

$$\left(\frac{1}{R_1}+\frac{1}{R_i}+\frac{1}{R_2}\right)u_{n1}-\frac{1}{R_2}u_{n2}=\frac{u_i}{R_1}$$

$$-\frac{1}{R_2}u_{n1}+\left(\frac{1}{R_o}+\frac{1}{R_2}\right)u_{n2}=-\frac{Au^-}{R_o}$$

由于 $u_{n1}=u^-$,$u_{n2}=u_o$,改写上列方程,得

$$\left(\frac{1}{R_1}+\frac{1}{R_i}+\frac{1}{R_2}\right)u^--\frac{1}{R_2}u_o=\frac{u_i}{R_1}$$

$$\left(-\frac{1}{R_2}+\frac{A}{R_o}\right)u^-+\left(\frac{1}{R_o}+\frac{1}{R_2}\right)u_o=0$$

联立求解上列方程,求得

$$u_o=\frac{-\left(\frac{A}{R_o}-\frac{1}{R_2}\right)\frac{u_i}{R_1}}{\left(\frac{1}{R_o}+\frac{1}{R_2}\right)\left(\frac{1}{R_1}+\frac{1}{R_i}+\frac{1}{R_2}\right)+\frac{1}{R_2}\left(\frac{A}{R_o}-\frac{1}{R_2}\right)}$$

所以

$$\frac{u_o}{u_i}=-\frac{R_2}{R_1}\frac{1}{1+\dfrac{\left(1+\dfrac{R_o}{R_2}\right)\left(1+\dfrac{R_2}{R_1}+\dfrac{R_2}{R_i}\right)}{A-\dfrac{R_o}{R_2}}} \tag{5-2}$$

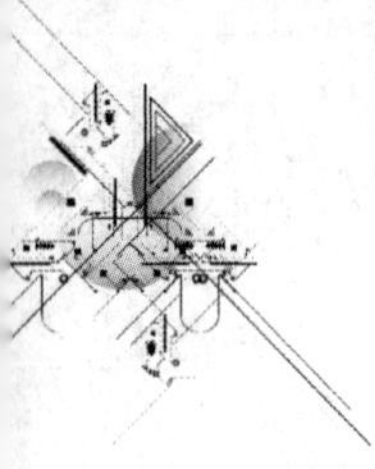

从上式可见,由于 A 很大,R_o 很小,R_i 很大,再选择适当的 R_1 和 R_2,则有

$$\frac{u_o}{u_i}\approx -\frac{R_2}{R_1} \tag{5-3}$$

例如,设 $A=50\ 000$,$R_i=1\ \text{M}\Omega$,$R_o=100\ \Omega$,而 $R_2=100\ \text{k}\Omega$,$R_1=10\ \text{k}\Omega$,则

$$\frac{u_o}{u_i}=-\frac{R_2}{R_1}\cdot\frac{1}{1.000\ 22}$$

可见用式(5-3)计算$\frac{u_o}{u_i}$足够精确。

上述结果是很有意义的。利用图 5-4(a)所示电路可使输出电压与输入电压之比按$\frac{R_2}{R_1}$确定,而不会由于运放的性能稍有改变就使$\frac{u_o}{u_i}$的值受到影响。显然,选择不同的 R_2 和 R_1 值,就可获得不同的$\frac{u_o}{u_i}$值,所以有比例器的作用。通常又把这个电路称为倒向放大器。

如果把图 5-4(a)的运放当作理想运放,则由于 $A=\infty$,$R_i=\infty$,$R_o=0$,从式(5-2)可直接求得

$$\frac{u_o}{u_i}=-\frac{R_2}{R_1}$$

另外,也可以直接利用理想运放的性质,对图 5-4(a)所示电路求解。由于 $R_i=\infty$,$R_o=0$ 及 $A=\infty$,则 $i_1=i_2$,从而得

$$\frac{u_i-u^-}{R_1}=\frac{u^--u_o}{R_2}$$

又由于$\frac{u_o}{u^-}=-A$,故 $u^-=0$,所以

$$\frac{u_i}{R_1}=-\frac{u_o}{R_2}$$

这样也可以求得

$$\frac{u_o}{u_i}=-\frac{R_2}{R_1}$$

与上述结果相同。

§5-3　含有理想运算放大器的电路的分析

含有理想运放的电路的分析有一些特点,按 §5-1 介绍的有关理想运放的性质,可以得到以下两条规则:

(1) 倒向端和非倒向端的输入电流均为零[可称之为“虚断(路)”]。

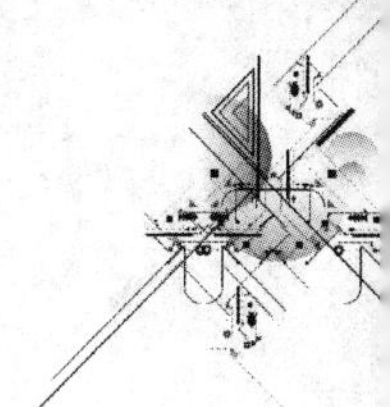

(2) 对于公共端(地),倒向输入端的电压与非倒向输入端的电压相等①[可称之为“虚短(路)”]。

合理地运用这两条规则,并与节点电压法相结合,将使这类电路的分析大为简化。下面举例加以说明。

例 5-1　图 5-5 所示电路称为非倒向放大器(比例器)。试求输出电压 u_o 与输入电压 u_i 之间的关系。

解　用上述两条规则。按规则(1),有 $i_1=i_2=0$,故有

$$u_2=\frac{u_oR_1}{R_1+R_2}$$

按规则(2),有 $u_i=u^+=u^-=u_2$,所以

$$u_i=\frac{u_oR_1}{R_1+R_2}$$

即

$$\frac{u_o}{u_i}=1+\frac{R_2}{R_1}$$

选择不同的 R_1 和 R_2,可以获得不同的$\frac{u_o}{u_i}$值,而比值一定大于 1,同时又是正的,即输出是非倒向的。

将图 5-5 中电阻 R_1 改为开路,把电阻 R_2 改为短路,则得到图 5-6 所示电路。不难看出 $u_o=u_i$,同时有 $i_i=0$,就是说输入电阻 R_i 为无限大。此电路的输出电压完全“重复”输入电压,故称为电压跟随器。由于 R_i 为无限大,所以它又起“隔离作用”。例如,图 5-7(a)所示由电阻 R_1 和 R_2 构成的分压电路,其中电压 $u_2=\frac{R_2}{R_1+R_2}u_1$。如果把负载 R_L 直接接到此分压器上,则电阻 R_L 的接入将会影响电压 u_2 的大小。但是如果通过图 5-6 所示电压跟随器把 R_L 接入[见图 5-7(b)],则 u_2 值仍将等于$\frac{R_2}{R_1+R_2}u_1$。所以,负载电阻的作用被“隔离”了。

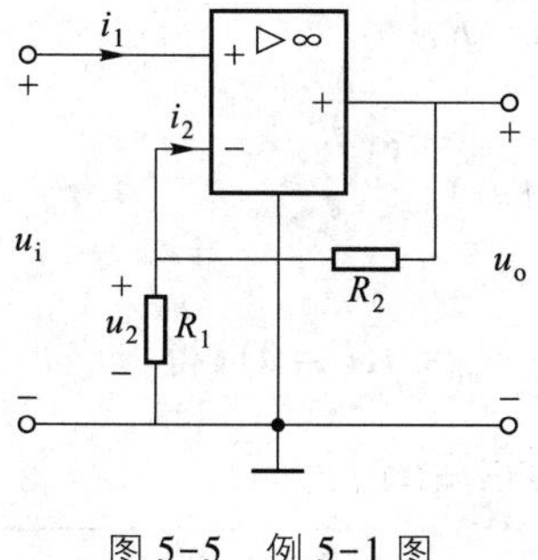

图 5-5　例 5-1 图

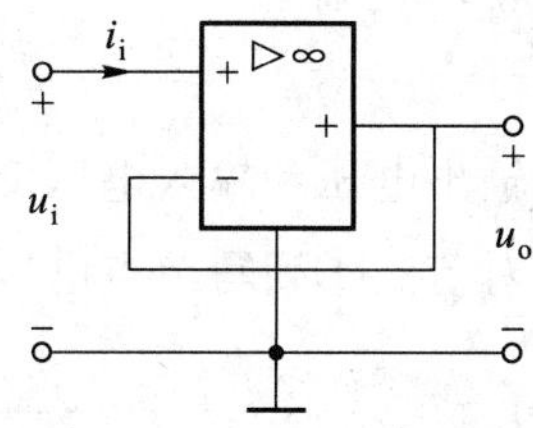

图 5-6　电压跟随器

① 显然,如果把这两个输入端直接与一个独立电压源或受控电压源连接,那将导致矛盾,因此是不允许的。另外,如果运放的一个输入端接地,则另一个没有接地的输入端的电压将等于零,故称之为“虚地”。

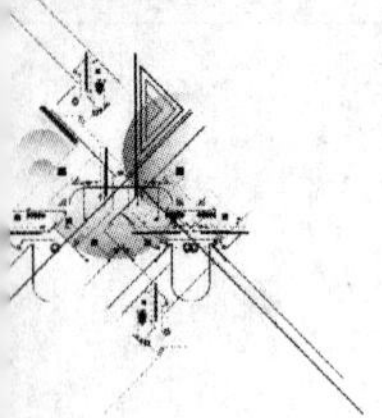

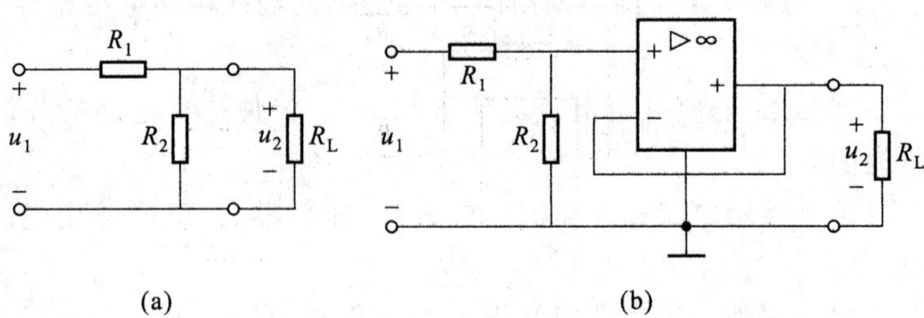

图 5-7　电压跟随器的隔离作用

例 5-2　图 5-8 所示电路为加法器。试说明其工作原理。

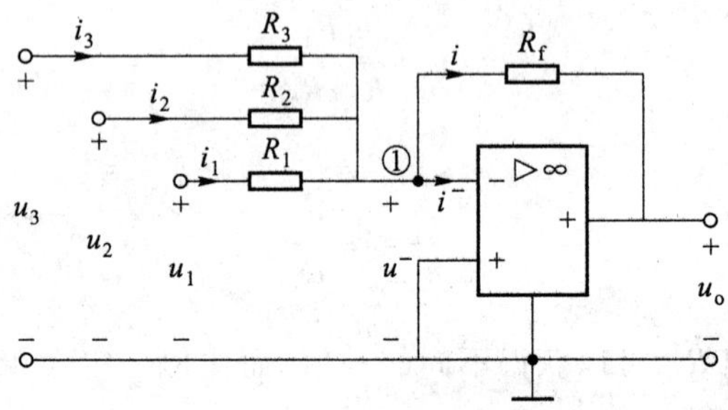

图 5-8　加法器

解　用规则(1)，$i^-=0$，得 $i=i_1+i_2+i_3$，故

$$-\frac{u_o-u^-}{R_f}=\frac{u_1-u^-}{R_1}+\frac{u_2-u^-}{R_2}+\frac{u_3-u^-}{R_3}$$

用规则(2)，得 $u^-=0$，所以

$$-\frac{u_o}{R_f}=\frac{u_1}{R_1}+\frac{u_2}{R_2}+\frac{u_3}{R_3}$$

$$u_o=-R_f\left(\frac{u_1}{R_1}+\frac{u_2}{R_2}+\frac{u_3}{R_3}\right)$$

如令 $R_1=R_2=R_3=R_f$，则

$$u_o=-(u_1+u_2+u_3)$$

式中负号说明输出电压和输入电压反向。

如果直接对节点①列写节点电压方程(注意 $u_{n1}=0, i^-=0$)，得

$$-\frac{u_1}{R_1}-\frac{u_2}{R_2}-\frac{u_3}{R_3}-\frac{u_o}{R_f}=0$$

所得结果将与上面一致。

例 5-3　图 5-9 所示电路含有 2 个运放，设 $R_5=R_6$。试求$\dfrac{u_o}{u_i}$。

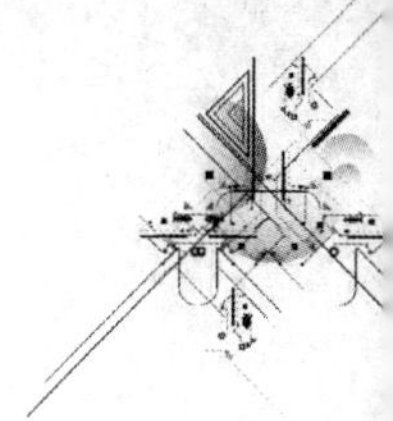

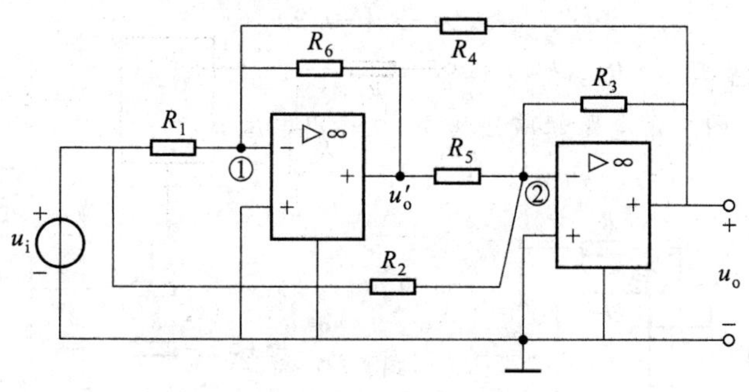

图 5-9 例 5-3 图

解 对节点①和节点②列出节点电压方程，并注意到规则(1)和规则(2)($u_{n1}=u_{n2}=0$)，可得

$$-\frac{u_i}{R_1}-\frac{u_o'}{R_6}-\frac{u_o}{R_4}=0$$

$$-\frac{u_i}{R_2}-\frac{u_o'}{R_5}-\frac{u_o}{R_3}=0$$

从以上两个方程中消去 u_o'，得

$$\frac{u_i}{R_1}-\frac{u_i}{R_2}=\frac{u_o}{R_3}-\frac{u_o}{R_4}$$

所以

$$\frac{u_o}{u_i}=\frac{G_1-G_2}{G_3-G_4}$$

在应用以上方法时，由于运放输出端的电流事先无法确定，因此不宜对该节点列方程，可以认为这是把运放理想化处理所具有的特点。

思考题

5-1 运算放大器为什么需要加直流偏置电源？

5-2 运算放大器的模型中为什么要考虑接地端，它起什么作用？

5-3 为什么可以用理想运放的模型分析电路？用理想运放分析电路要注意哪些问题？

习题

5-1 设题 5-1 图所示电路的输出 u_o 为

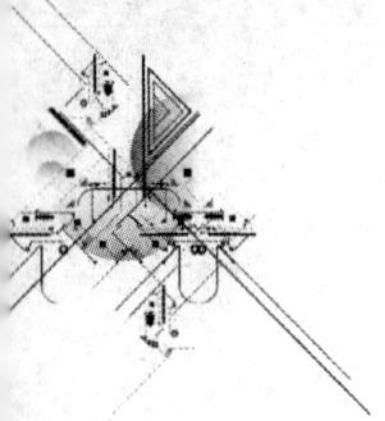

$$u_o=-3u_1-0.2u_2$$

已知 $R_3=10\ \text{k}\Omega$，求 R_1 和 R_2。

5-2 题 5-2 图所示电路起减法作用，求输出电压 u_o 和输入电压 u_1、u_2 之间的关系。

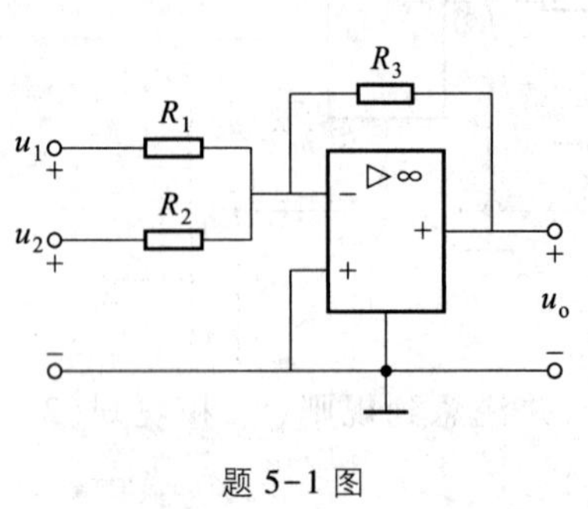

题 5-1 图

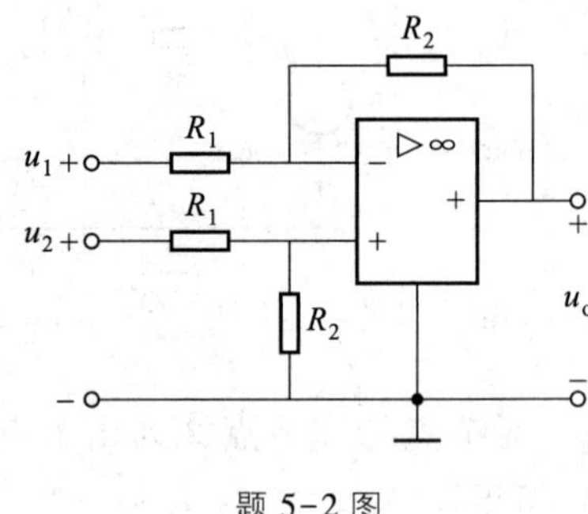

题 5-2 图

5-3 求题 5-3 图所示电路的输出电压与输入电压之比$\dfrac{u_2}{u_1}$。

5-4 求题 5-4 图所示电路的电压比值$\dfrac{u_o}{u_1}$。

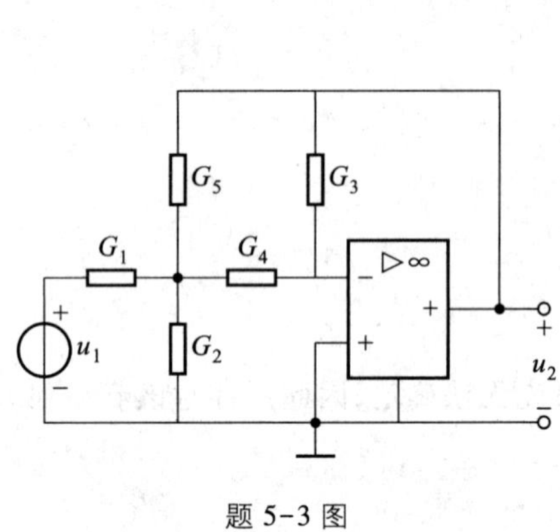

题 5-3 图

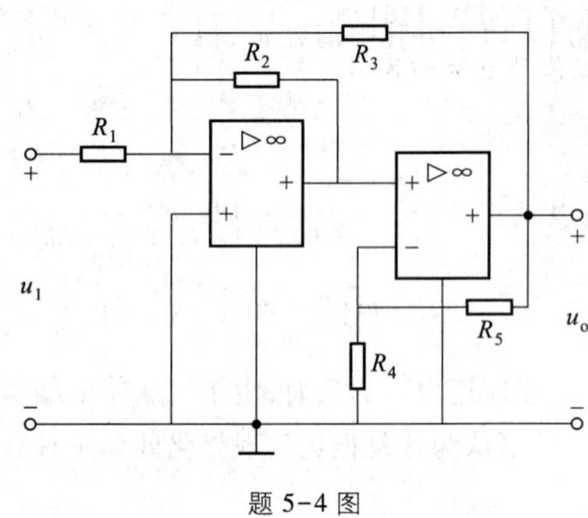

题 5-4 图

5-5 求题 5-5 图所示电路的电压比$\dfrac{u_o}{u_S}$。

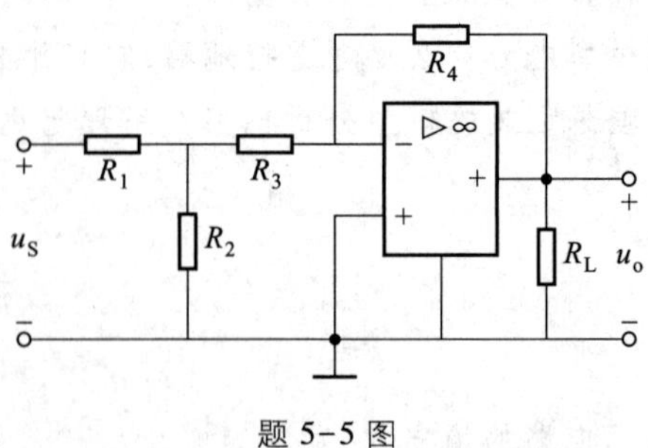

题 5-5 图

5-6 试证明题 5-6 图所示电路若满足 $R_1R_4=R_2R_3$，则电流 i_L 仅决定于 u_1 而与负载电阻 R_L 无关。

5-7 求题 5-7 图所示电路的 u_o 与 u_{S1}、u_{S2} 之间的关系。

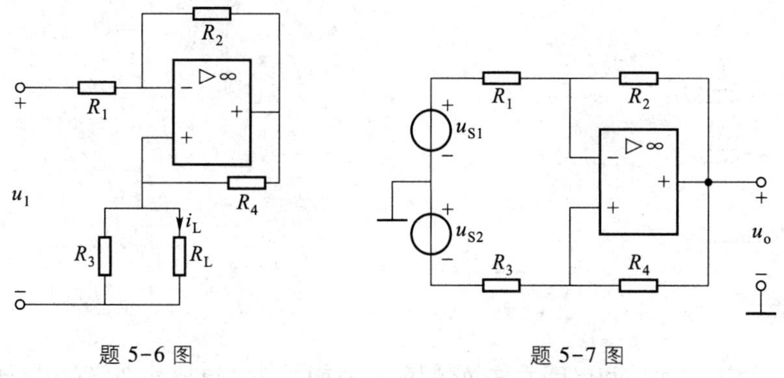

题 5-6 图　　　　题 5-7 图

*5-8 电路如题 5-8 图所示，设 $R_f=16R$，验证该电路的输出 u_o 与输入 $u_1\sim u_4$ 之间的关系为 $u_o=-(8u_1+4u_2+2u_3+u_4)$。［注：该电路为 4 位数字-模拟转换器，常用在信息处理、自动控制领域。该电路可将一个 4 位二进制数字信号转换成模拟信号。例如当数字信号为 **1101** 时，令 $u_1=u_2=u_4=\mathbf{1}$，$u_3=\mathbf{0}$，则由关系式 $u_o=-(8u_1+4u_2+2u_3+u_4)$ 得模拟信号 $u_o=-(8+4+0+1)=-13$。］

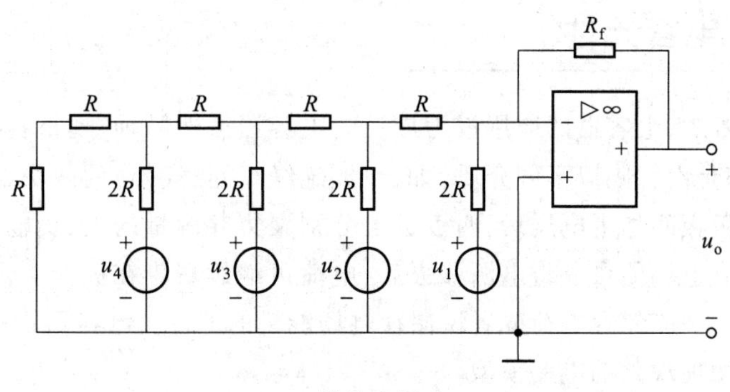

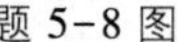
题 5-8 图

第五章部分习题答案

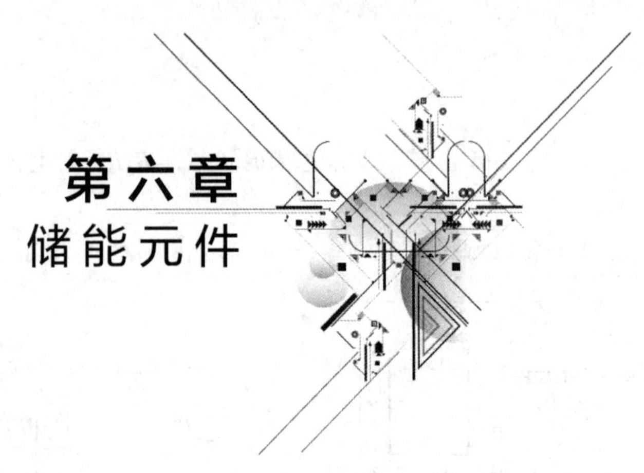

第六章 储能元件

导读

本章介绍电容元件和电感元件,它们都是储能元件。电容元件储存电场能量,电感元件储存磁场能量。当这两种元件都是线性元件时,它们的电压电流关系为微分表达式或积分表达式,因而它们起到了电阻元件所起不到的特殊作用。当电路中包含电容元件和电感元件时,电路的方程将是微分方程或包含微分方程,电路的系统行为将与电阻电路有很大的不同。

电容元件

§6-1 电容元件

在工程技术中,电容器的应用极为广泛。电容器虽然品种、规格各异,但就其构成原理来说,它都是由间隔以不同介质(如云母、绝缘纸、空气等)的两块金属导体极板组成的。当在两极板间加上电压后,两极板上分别聚集起等量的正、负电荷,并在介质中建立电场而具有电场能量。将电源移去后,电荷可继续聚集在极板上,电场继续存在。所以电容器是一种能储存电荷或者说储存电场能量的部件。电容元件就是反映电容器所呈现的这种物理现象的电路模型。

电容元件的元件特性是电路物理量电荷 q 与电压 u 的代数关系。线性电容元件的图形符号如图 6-1(a)所示,当电压参考极性与极板储存电荷的极性一致时,线性电容元件的元件特性方程为

$$q=Cu \tag{6-1}$$

式中 C 是电容元件的参数,称为电容,它是一个正实常数。在国际单位制(SI)中,当电荷和电压的单位分别为 C(库)和 V(伏)时,电容的单位为 F(法拉,简称法)。图 6-1(b)中,以 q 和 u 为坐标轴画出电容元件的库伏特性曲线。线性电容元件的库伏特性曲线是一条通过原点的直线。

如果线性电容元件的电流 i 和电压 u 取关联参考方向,如图 6-1(a)所示,则得到电容元件的电压电流关系(VCR)为

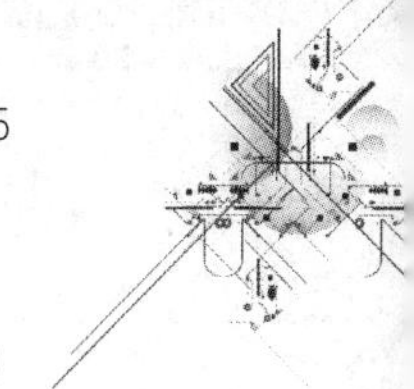

$$i=\frac{\mathrm{d}q}{\mathrm{d}t}=\frac{\mathrm{d}(Cu)}{\mathrm{d}t}=C\frac{\mathrm{d}u}{\mathrm{d}t} \tag{6-2}$$

表明电流和电压的变化率成正比。当电容元件上电压发生剧变$\left(\text{即}\frac{\mathrm{d}u}{\mathrm{d}t}\text{很大}\right)$时,电流很大。当电压不随时间变化时,电流为零。故电容元件在直流情况下其两端电压恒定,相当于开路,或者说电容元件有隔断直流(简称隔直)的作用。

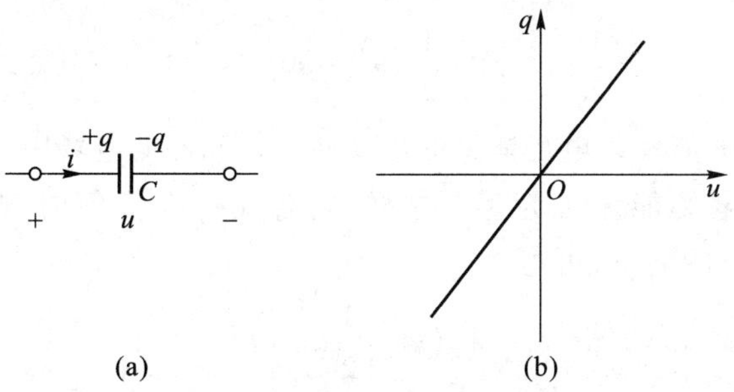

图 6-1 电容元件及其库伏特性

式(6-2)的逆关系为

$$q=\int i\mathrm{d}t \tag{6-3}$$

这是一个不定积分,可写成定积分的表达式:

$$q=\int_{-\infty}^{t} i\mathrm{d}\xi=\int_{-\infty}^{t_0} i\mathrm{d}\xi+\int_{t_0}^{t} i\mathrm{d}\xi=q(t_0)+\int_{t_0}^{t} i\mathrm{d}\xi \tag{6-4}$$

式中 $q(t_0)$ 为 t_0 时刻电容元件所带电荷量。上式的物理意义是:t 时刻具有的电荷量等于 t_0 时的电荷量加上 t_0 到 t 时间间隔内增加的电荷量。如果指定 t_0 为时间的起点并设为零,式(6-4)可写为

$$q(t)=q(0)+\int_{0}^{t} i\mathrm{d}\xi \tag{6-5}$$

对于电压与电流的关系,由于 $u=\frac{q}{C}$,因此有

$$u(t)=u(t_0)+\frac{1}{C}\int_{t_0}^{t} i\mathrm{d}\xi \tag{6-6}$$

或

$$u(t)=u(0)+\frac{1}{C}\int_{0}^{t} i\mathrm{d}\xi \tag{6-7}$$

将式(6-2)与式(1-3)比较可知,电容元件的电压 u 与电流 i 具有动态关系,因此,电容元件是一个动态元件。从式(6-7)还可见,电容电压除与 0 到 t 的电流值有关外,还与 $u(0)$ 值有关,因此,电容元件是一种有“记忆”的元件。与之相比,电阻元件的电压仅与该瞬间的电流值有关,是无记忆的元件。

当电压和电流取关联参考方向时,线性电容元件吸收的功率为

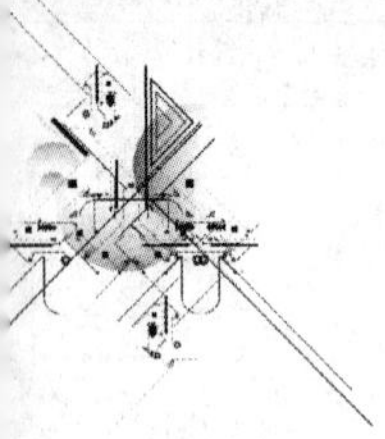

$$p=ui=Cu\frac{\mathrm{d}u}{\mathrm{d}t}$$

从 $t=-\infty$ 到 t 时刻,电容元件吸收的能量为

$$\begin{aligned}W_C&=\int_{-\infty}^{t}u(\xi)i(\xi)\mathrm{d}\xi=\int_{-\infty}^{t}Cu(\xi)\frac{\mathrm{d}u(\xi)}{\mathrm{d}\xi}\mathrm{d}\xi\\&=C\int_{u(-\infty)}^{u(t)}u(\xi)\mathrm{d}u(\xi)\\&=\frac{1}{2}Cu^2(t)-\frac{1}{2}Cu^2(-\infty)\end{aligned}$$

电容元件吸收的能量以电场能量的形式储存在元件的电场中。可以认为在 $t=-\infty$ 时,$u(-\infty)=0$,其电场能量也为零。这样,电容元件在任何时刻 t 储存的电场能量 $W_C(t)$ 将等于它吸收的能量,可写为

$$W_C(t)=\frac{1}{2}Cu^2(t)\tag{6-8}$$

从时间 t_1 到 t_2,电容元件吸收的能量为

$$\begin{aligned}W_C&=C\int_{u(t_1)}^{u(t_2)}u\mathrm{d}u=\frac{1}{2}Cu^2(t_2)-\frac{1}{2}Cu^2(t_1)\\&=W_C(t_2)-W_C(t_1)\end{aligned}$$

电容元件充电时,$|u(t_2)|>|u(t_1)|$,$W_C(t_2)>W_C(t_1)$,故在此时间内元件吸收能量;电容元件放电时,$W_C(t_2)<W_C(t_1)$,元件释放能量。电容元件在充电时吸收并储存起来的能量一定在放电完毕时全部释放,它不消耗能量,所以电容元件是一种储能元件,同时,电容元件也不会释放出多于它以前吸收或储存的能量,所以它又是一种无源元件。

如果电容元件的库伏特性在 u-q 平面上不是通过原点的直线,此元件称为非线性电容元件,晶体二极管中的变容二极管就是一种非线性电容元件,其电容随所加电压而变。

一般的电容器除有储能作用外,也会消耗一部分电能,这时,非理想电容器的模型就必须是电容元件和电阻元件的组合。由于电容器消耗的电功率与所加电压直接相关,因此其模型宜是两者的并联组合。

电容器是为了获得一定大小的电容特意制成的。但是,电容的效应在许多别的场合也存在,这就是分布电容和杂散电容。从理论上说,电位不相等的导体之间就会有电场,因此就有电荷聚集并有电场及电场能量,即有电容效应存在。例如,在两根架空输电线之间,每一根输电线与地之间都有分布电容。在晶体三极管或二极管的电极之间有结电容。甚至一个线圈的线匝之间也存在着杂散电容。至于是否要在模型中计入这些电容,必须视工作条件下它们所起的作用而定,当工作频率很高时,一般不应忽略其作用,而应以适当的方式在模型中反映出来。

为了叙述方便,本书中把线性电容元件简称为电容,所以本书中“电容”这个术语

以及与它相应的符号 C,一方面表示一个电容元件,另一方面也表示这个元件的参数。

电感元件

§6-2　电感元件

在工程技术中广泛应用导线绕制的线圈,例如,在电子电路中常用的空心或带有铁心的高频线圈,电磁铁或变压器中含有在铁心上绕制的线圈等。当一个线圈通以电流后产生的磁场随时间变化时,在线圈中就产生感应电压。

图 6-2 示出一个线圈,其中的电流 i 产生的磁通 Φ_L 与 N 匝线圈交链,则磁通链 $\Psi_L=N\Phi_L$。由于磁通 Φ_L 和磁通链 Ψ_L 都是由线圈本身的电流 i 产生的,所以称为自感磁通和自感磁通链。Φ_L 和 Ψ_L 的方向①与 i 的参考方向呈右手螺旋关系,如图 6-2 中所示。当磁通链 Ψ_L 随时间变化时,在线圈的端子间产生感应电压。如果感应电压 u 的参考方向与 Ψ_L 呈右手螺旋关系(即从端子 A 沿导线到端子 B 的方向与 Ψ_L 呈右手螺旋关系),则根据电磁感应定律,有

$$u=\frac{\mathrm{d}\Psi_L}{\mathrm{d}t} \tag{6-9}$$

由该式确定感应电压的真实方向时,与楞次定律②的结果是一致的。

电感元件是实际线圈的一种理想化模型,它反映了线圈中电流产生磁通和储存磁场能量这一物理现象,其元件特性是磁通链 Ψ_L 与电流 i 的代数关系。线性电感元件的图形符号见图 6-3(a),一般在图中不必画出 $\Psi_L(\Phi_L)$ 的参考方向,但理论上规定 Ψ_L 与电流 i 的参考方向满足右手螺旋关系。对于线性电感元件,其元件特性方程为

$$\Psi=Li \tag{6-10}$$

其中 L 为电感元件的参数,称为自感系数或电感,它是一个正实常数。

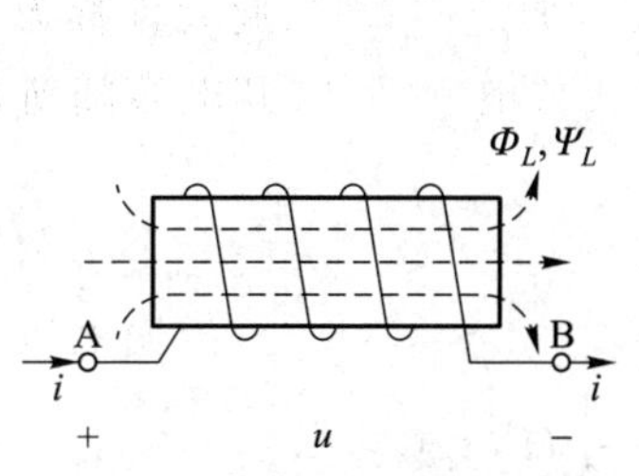

图 6-2　磁通链与感应电压

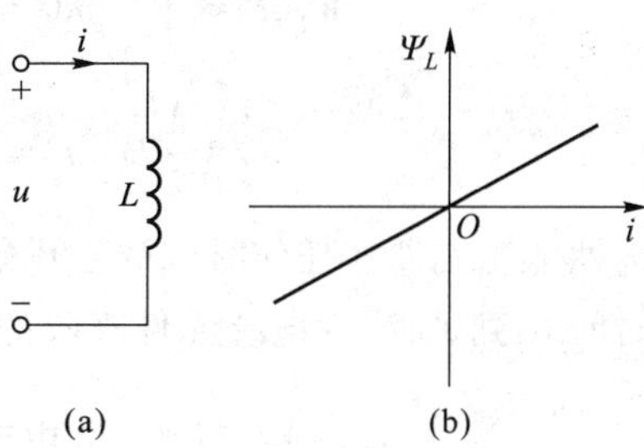

图 6-3　电感元件及其韦安特性

---

① 习惯上,将穿过某面积的磁力线的指向称为磁通 Φ 或磁通链 Ψ 的方向。

② 楞次定律指出,线圈中磁通变化引起的感应电动势,其真实方向总是使其产生的感应电流试图阻止磁通的变化。图 6-2 中,当 $\frac{\mathrm{d}i}{\mathrm{d}t}>0$ 时,因而 $\frac{\mathrm{d}\Psi_L}{\mathrm{d}t}>0$ 时,按式(6-9)可知 $u>0$,即端子 A 的电位高于端子 B 的电位,此时如将 A、B 端子与外电路接通,则有感应电流自 A 通过外电路流回 B,再经线圈回到 A,显然这一电流产生的磁场阻止 Ψ_L 的增长,与楞次定律相符。对于 $\frac{\mathrm{d}i}{\mathrm{d}t}<0$,即 $\frac{\mathrm{d}\Psi_L}{\mathrm{d}t}<0$ 的情况,读者可自行证实两者相符。

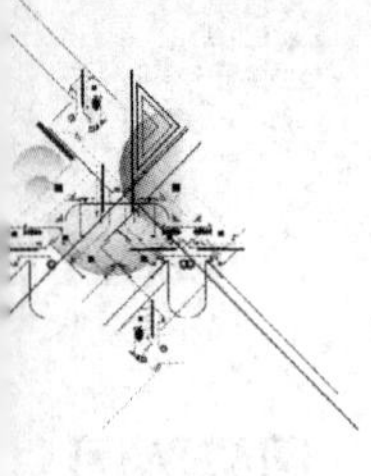

在国际单位制(SI)中,磁通和磁通链的单位是 Wb(韦伯,简称韦),当电流单位为 A 时,电感的单位是 H(亨利,简称亨)。

线性电感元件的韦安特性是 Ψ_L-i 平面上通过原点的一条直线,见图 6-3(b)。

把 $\Psi_L=Li$ 代入式(6-9),可以得到线性电感元件的电压电流关系(VCR)。

$$u=L\frac{\mathrm{d}i}{\mathrm{d}t} \tag{6-11}$$

式中 u 和 i 为关联参考方向,且与 Ψ_L 呈右手螺旋关系。

上式的逆关系为

$$i=\frac{1}{L}\int u\mathrm{d}t \tag{6-12}$$

写成定积分形式为

$$i=\frac{1}{L}\int_{-\infty}^{t}u\mathrm{d}\xi=\frac{1}{L}\int_{-\infty}^{t_0}u\mathrm{d}\xi+\frac{1}{L}\int_{t_0}^{t}u\mathrm{d}\xi=i(t_0)+\frac{1}{L}\int_{t_0}^{t}u\mathrm{d}\xi \tag{6-13}$$

或

$$\Psi_L(t)=\Psi_L(t_0)+\int_{t_0}^{t}u\mathrm{d}\xi \tag{6-14}$$

可以看出,电感元件是动态元件,也是记忆元件。

在电压和电流的关联参考方向下,线性电感元件吸收的功率为

$$p=ui=Li\frac{\mathrm{d}i}{\mathrm{d}t} \tag{6-15}$$

如果在 $t=-\infty$ 时,$i(-\infty)=0$,电感元件无磁场能量。因此,从 $-\infty$ 到 t 的时间段内电感元件吸收的磁场能量为

$$\begin{aligned}W_L(t)&=\int_{-\infty}^{t}p\mathrm{d}\xi=\int_{-\infty}^{t}Li\frac{\mathrm{d}i}{\mathrm{d}\xi}\mathrm{d}\xi=\int_{0}^{i(t)}Li\mathrm{d}i\\&=\frac{1}{2}Li^2(t)=\frac{1}{2}\frac{\Psi_L^2(t)}{L}\end{aligned} \tag{6-16}$$

这就是线性电感元件在任何时刻的磁场能量表达式。

从时间 t_1 到 t_2,线性电感元件吸收的磁场能量为

$$\begin{aligned}W_L&=L\int_{i(t_1)}^{i(t_2)}i\mathrm{d}i=\frac{1}{2}Li^2(t_2)-\frac{1}{2}Li^2(t_1)\\&=W_L(t_2)-W_L(t_1)\end{aligned}$$

当电流 $|i|$ 增加时,$W_L>0$,元件吸收能量;当电流 $|i|$ 减小时,$W_L<0$,元件释放能量。可见电感元件没有将吸收的能量消耗掉,而是以磁场能量的形式储存在磁场中,所以电感元件是一种储能元件,同时,它也不会释放出多于它吸收或储存的能量,因此它又是一种无源元件。

空心线圈是以线性电感元件为模型的典型例子。当线圈导线电阻的损耗不可忽略时,就需要用线性电感元件和电阻元件的串联组合作为其模型。

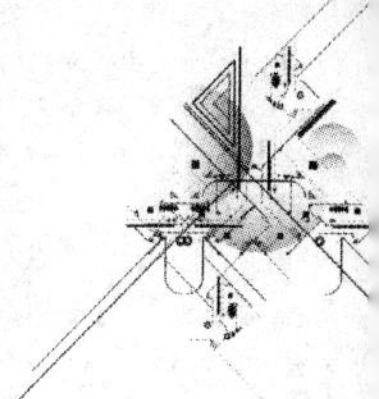

如果电感元件的韦安特性不是通过 Ψ_L-i 平面上原点的一条直线，那么它是非线性电感元件。非线性电感元件的韦安特性可以用下列公式表示：

$$\Psi_L = f(i)$$

或

$$i = h(\Psi_L)$$

带铁心的电感线圈是以非线性电感元件为模型的典型例子。若线圈在铁磁材料的非饱和状态下工作，那么 Ψ_L 与 i 仍近似于线性关系，在这种情况下，铁心线圈仍可以当作线性电感元件处理。

为了叙述方便，把线性电感元件简称为电感，所以本书中的“电感”这个术语以及与它相应的符号 L，一方面表示一个电感元件，另一方面也表示这个元件的参数。

当电感元件端钮短路时，就有 $\mathrm{d}\Psi_L/\mathrm{d}t=0$，故 Ψ_L = 常数，意味着磁通链不会发生变化。如果有外磁场企图使磁场变化，在电感所形成的超导回路中就会感应出电流，其产生的磁场足以抵消磁场的变化①。利用这一原理可制成磁悬浮列车。列车下方的磁极被铁轨上的超导线圈产生的磁场所推斥，悬浮于铁轨之上，使磁悬浮列车得以高速行驶。

§6-3　电容、电感元件的串联与并联

当电容、电感元件为串联或并联组合时，它们也可用一个等效电容或等效电感来替代。先讨论电容串联的情况。图 6-4(a) 为 n 个电容的串联，对于每一个电容，具有相同的电流，故 VCR 为

$$u_1 = u_1(t_0) + \frac{1}{C_1}\int_{t_0}^{t} i\mathrm{d}\xi$$

$$u_2 = u_2(t_0) + \frac{1}{C_2}\int_{t_0}^{t} i\mathrm{d}\xi$$

$$\vdots$$

$$u_n = u_n(t_0) + \frac{1}{C_n}\int_{t_0}^{t} i\mathrm{d}\xi$$

(a)　(b)

图 6-4　串联电容的等效电容

根据 KVL，总电压为

① 这一现象称为迈斯纳效应(Meissner effect)。

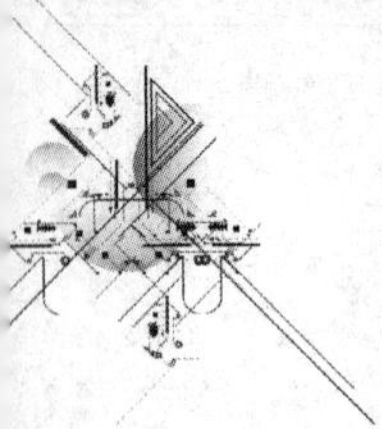

$$
\begin{aligned}
u &= u_1+u_2+\cdots+u_n = u_1(t_0)+\frac{1}{C_1}\int_{t_0}^{t} i\mathrm{d}\xi+\cdots+u_n(t_0)+\frac{1}{C_n}\int_{t_0}^{t} i\mathrm{d}\xi \\
&= u_1(t_0)+u_2(t_0)+\cdots+u_n(t_0)+\left(\frac{1}{C_1}+\frac{1}{C_2}+\cdots+\frac{1}{C_n}\right)\int_{t_0}^{t} i\mathrm{d}\xi \\
&= u(t_0)+\frac{1}{C_{\mathrm{eq}}}\int_{t_0}^{t} i\mathrm{d}\xi
\end{aligned}
$$

式中 C_{eq} 为等效电容,其值由下式决定,即

$$
\frac{1}{C_{\mathrm{eq}}}=\frac{1}{C_1}+\frac{1}{C_2}+\cdots+\frac{1}{C_n} \tag{6-17}
$$

$u(t_0)$ 为 n 个串联电容的等效初始条件。其值为

$$
u(t_0)=u_1(t_0)+u_2(t_0)+\cdots+u_n(t_0) \tag{6-18}
$$

如果将 t_0 取为 $-\infty$,则各初始电压均为零,此时 $u(t_0)=0$。

图 6-5(a)示出 n 个电容并联的情况,并且 $u_1(t_0)=u_2(t_0)=\cdots=u_n(t_0)=u(t_0)$,由于各电容电压相等,根据 KCL,有

$$
\begin{aligned}
i=i_1+i_2+\cdots+i_n &= C_1\frac{\mathrm{d}u}{\mathrm{d}t}+C_2\frac{\mathrm{d}u}{\mathrm{d}t}+\cdots+C_n\frac{\mathrm{d}u}{\mathrm{d}t} \\
&= C_{\mathrm{eq}}\frac{\mathrm{d}u}{\mathrm{d}t}
\end{aligned}
$$

式中 C_{eq} 为并联的等效电容,其值为

$$
C_{\mathrm{eq}}=C_1+C_2+\cdots+C_n \tag{6-19}
$$

且具有初始电压 $u(t_0)$。

图 6-5　并联电容的等效电容

图 6-6(a)为 n 个具有相同初始电流的电感的串联,即有 $i_1(t_0)=i_2(t_0)=\cdots=i_n(t_0)=i(t_0)$。由于各电感中电流相等,根据 KVL,总电压为

$$
\begin{aligned}
u = u_1+u_2+\cdots+u_n &= L_1\frac{\mathrm{d}i}{\mathrm{d}t}+L_2\frac{\mathrm{d}i}{\mathrm{d}t}+\cdots+L_n\frac{\mathrm{d}i}{\mathrm{d}t} \\
&= (L_1+L_2+\cdots+L_n)\frac{\mathrm{d}i}{\mathrm{d}t}=L_{\mathrm{eq}}\frac{\mathrm{d}i}{\mathrm{d}t}
\end{aligned}
$$

式中 L_{eq} 为串联后的等效电感,其值为

$$
L_{\mathrm{eq}}=L_1+L_2+\cdots+L_n \tag{6-20}
$$

且具有初始电流 $i(t_0)$。

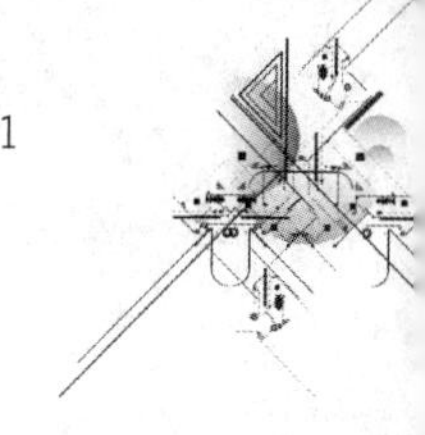

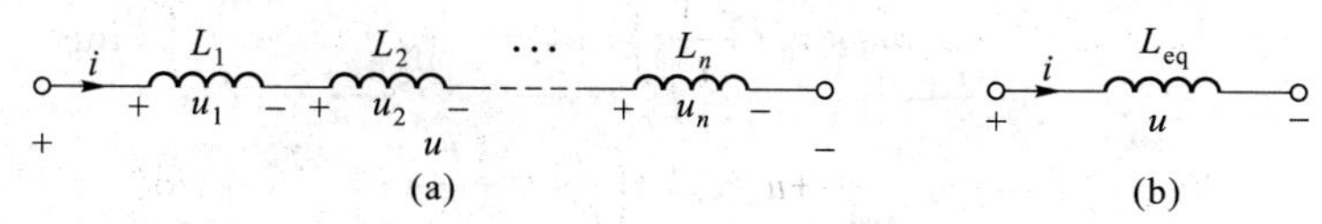

图 6-6 串联电感的等效电感

对于具有初始电流分别为 $i_1(t_0)$、$i_2(t_0)$、…、$i_n(t_0)$ 的 n 个电感 L_1、L_2、…、L_n 作并联组合时(见图 6-7),读者不难根据 KCL 自行证得并联后的等效电感和初始电流分别为

$$\frac{1}{L_{eq}}=\frac{1}{L_1}+\frac{1}{L_2}+\cdots+\frac{1}{L_n} \tag{6-21}$$

$$i(t_0)=i_1(t_0)+i_2(t_0)+\cdots+i_n(t_0) \tag{6-22}$$

电容和电感也是一对对偶元件。试自行比较之。

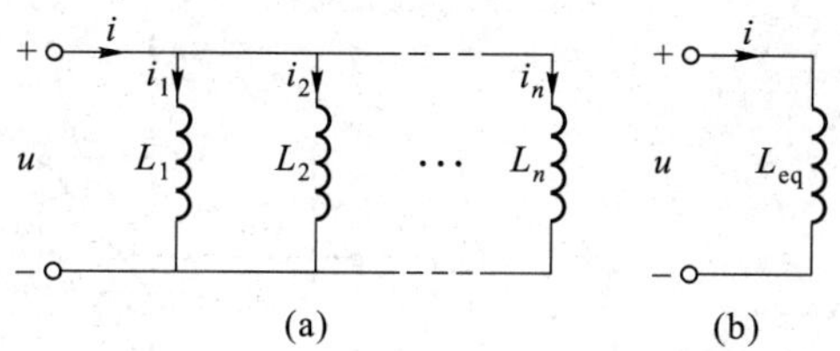

图 6-7 并联电感的等效电感

思考题

6-1 电容元件的元件特性为什么采用电荷和电压的代数关系来表示?

6-2 请从多方面来寻找有关电感与电容这两个对偶元素的对偶关系。

6-3 根据电容器构成原理,日常生活中遇到的电容现象有哪些?

6-4 为什么说电容元件是动态元件和记忆元件?

6-5 电容元件的储能特性和无源特性如何体现?

6-6 为什么说电感元件是动态元件和记忆元件?

6-7 电感元件的储能特性和无源特性如何体现?

6-8 可否推导出电容元件和电感元件的星形和三角形变换公式?

习题

6-1 电容元件与电感元件中电压、电流参考方向如题 6-1 图所示,且知 $u_C(0)=0$, $i_L(0)=0$,

(1) 写出电压用电流表示的约束方程。

(2) 写出电流用电压表示的约束方程。

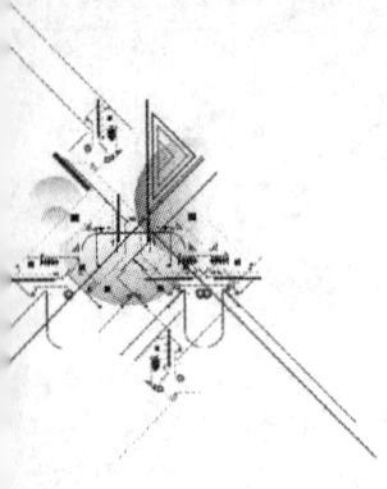

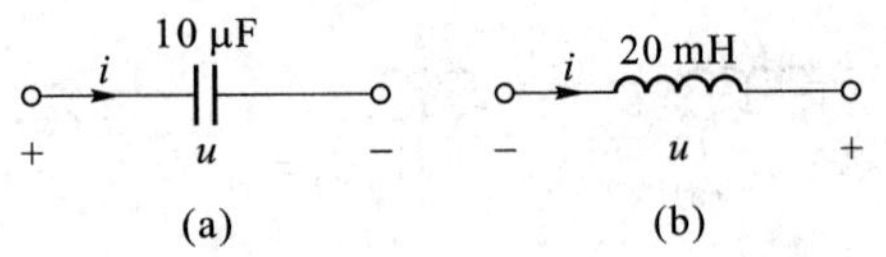

题 6-1 图

6-2　2 μF 的电容上所加电压 u 的波形如题 6-2 图所示。求：

(1) 电容电流 i。

(2) 电容电荷 q。

(3) 电容吸收的功率 p。

6-3　题 6-3 图(a)所示电容中电流 i 的波形如题 6-3 图(b)所示，现已知 $u(0)=0$，试求 $t=1$ s，$t=2$ s 和 $t=4$ s 时电容电压 u。

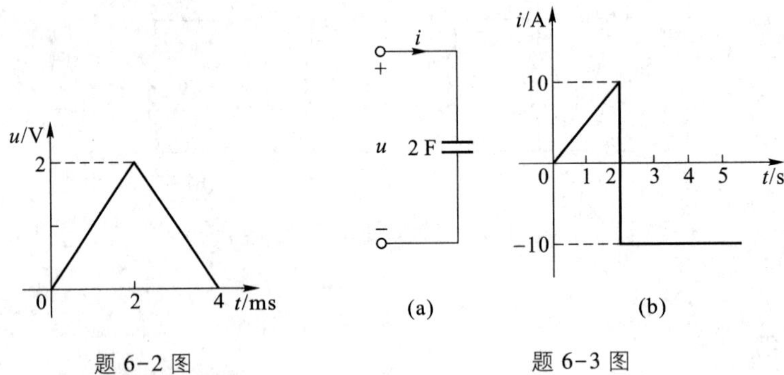

题 6-2 图　　题 6-3 图

6-4　题 6-4 图(a)中 $L=4$ H，且 $i(0)=0$，电压的波形如题 6-4 图(b)所示。试求当 $t=1$ s，$t=2$ s，$t=3$ s 和 $t=4$ s 时的电感电流 i。

6-5　若已知显像管行偏转线圈中的周期性行扫描电流如题 6-5 图所示，现已知线圈电感为 0.01 H，电阻忽略不计，试求电感线圈所加电压的波形。

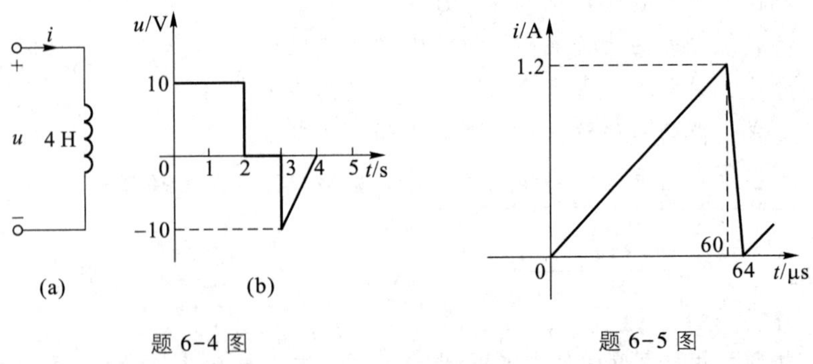

题 6-4 图　　题 6-5 图

6-6　电路如题 6-6 图所示，其中 $R=2\ \Omega$，$L=1$ H，$C=0.01$ F，$u_C(0)=0$。若电路的输入电流为

(1) $i=2\sin\left(2t+\dfrac{\pi}{3}\right)$ A。

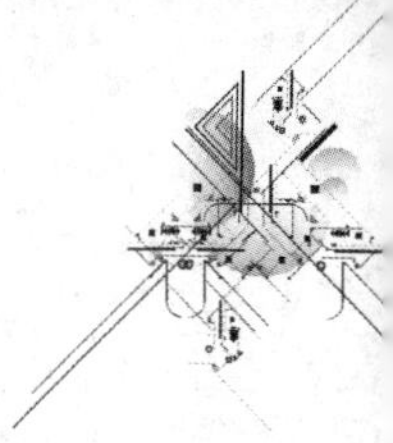

(2) $i=\mathrm{e}^{-t}$A。

试求两种情况下，当 $t>0$ 时的 u_R、u_L 和 u_C 值。

6-7 电路如题 6-7 图所示，其中 $L=1$ H，$C_2=1$ F。设 $u_S(t)=U_m\cos(\omega t)$，$i_S(t)=I\mathrm{e}^{-\alpha t}$，试求 $u_L(t)$ 和 $i_{C_2}(t)$。

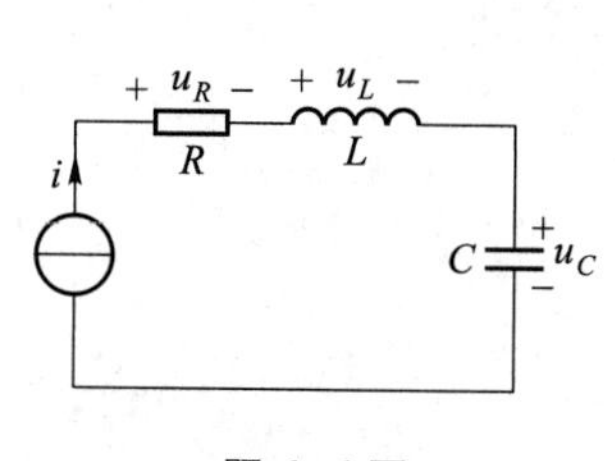

题 6-6 图

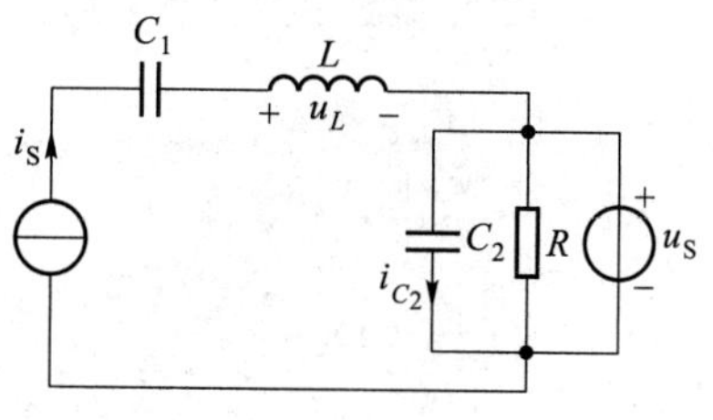

题 6-7 图

6-8 求题 6-8 图所示电路中 a、b 端的等效电容与等效电感。

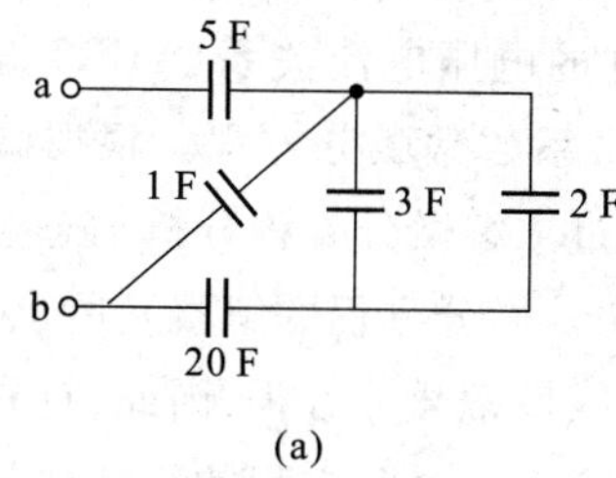

(a)

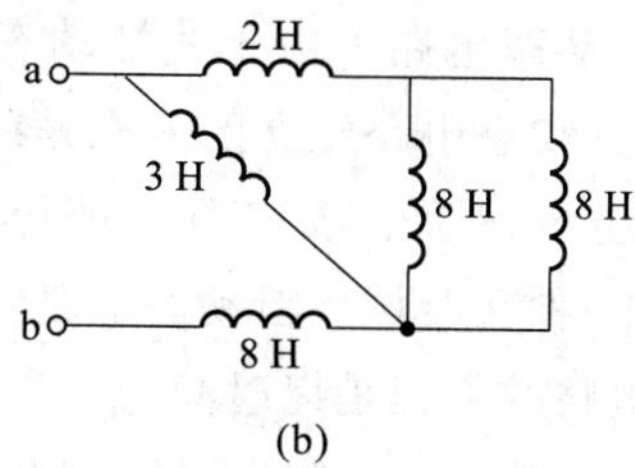

(b)

题 6-8 图

6-9 题 6-9 图中 $C_1=2$ μF，$C_2=8$ μF；$u_{C_1}(0)=u_{C_2}(0)=-5$ V。现已知 $i=120\mathrm{e}^{-5t}$ μA，求：

(1) 等效电容 C 及 u_C 的表达式。

(2) u_{C_1} 与 u_{C_2}，并核对 KVL。

6-10 题 6-10 图中 $L_1=6$ H，$i_1(0)=2$ A；$L_2=1.5$ H，$i_2(0)=-2$ A，$u=6\mathrm{e}^{-2t}$ V，求：

(1) 等效电感 L 及 i 的表达式。

(2) 分别求出 i_1 与 i_2，并核对 KCL。

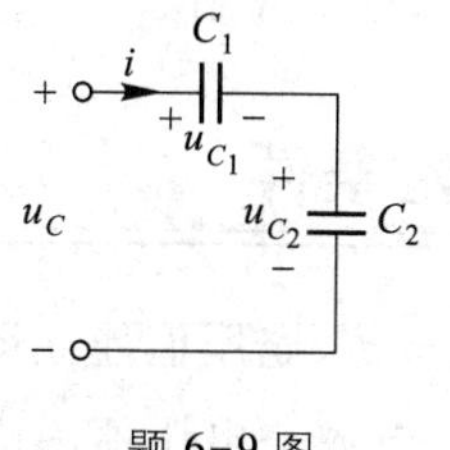

题 6-9 图

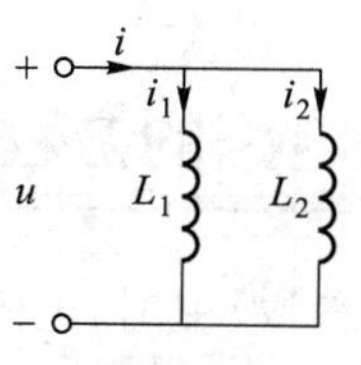

题 6-10 图

第六章部分习题答案

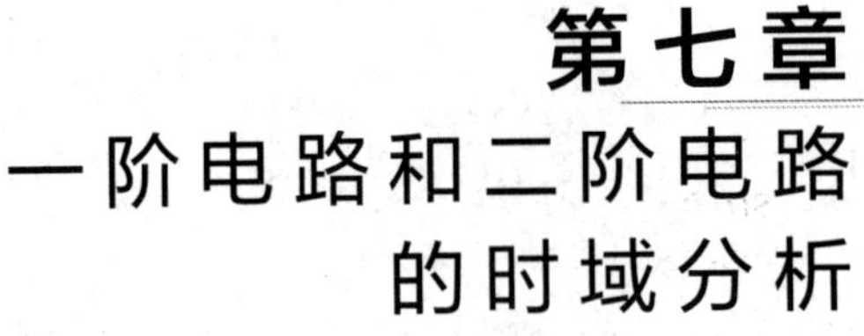

第七章 一阶电路和二阶电路的时域分析

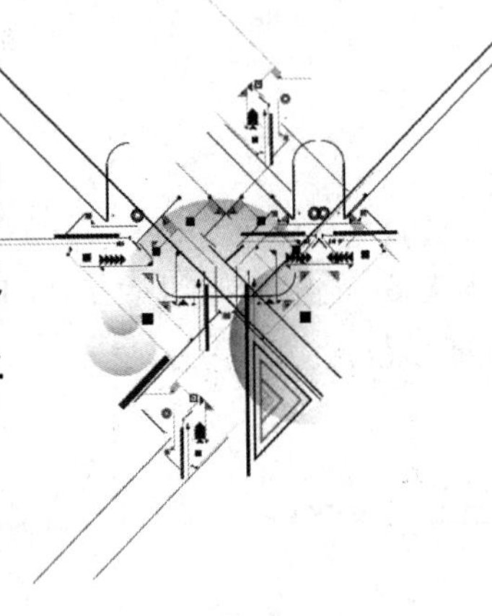

导读

第六章介绍了电容元件和电感元件，它们是储能元件，又称为动态元件，含有动态元件的电路称为动态电路。由于线性动态元件的电压电流关系（VCR）是微分或积分关系，因此对线性动态电路建立的方程是线性常系数常微分方程。根据微分方程的阶数，动态电路又分成一阶电路、二阶电路等。通过求解微分方程分析动态电路的方法称为经典法，它是一种在时域分析动态电路的方法。微分方程的解就是所求电路的响应。

由于动态电路的方程是以时间为自变量的线性常微分方程，因此，首先需要确定电路中待求量的初始值，在一般情况下，遵循换路定则。电路方程的特征根与电路激励无关，仅与电路的结构及参数有关，特征根对动态电路的变化规律起着至关重要的作用。

从引起电路响应的原因这个角度，可以把电路的响应分为零输入响应、零状态响应和全响应。把全响应看成是零输入响应和零状态响应的叠加，是线性电路叠加性质在动态电路中的体现。

本章重点介绍了直流激励下的一阶、二阶电路三种响应的概念和求解方法。介绍了激励为单位阶跃函数和单位冲激函数时，电路的阶跃响应和冲激响应的概念和求解方法。简单介绍了任意激励下零状态响应的求解方法——卷积积分。对于斜坡函数、负指数函数等激励下电路响应的求解将在第十四章中介绍。

动态电路的方程

§7-1 动态电路的方程及其初始条件

动态电路的初始条件

当电路的工作状态[①]改变时，电阻电路中的电流、电压值能立即跳变到另一个工作状态时的电流、电压值。如图 7-1(a) 所示电路，电源是电压值为 U_S 的直流电压源，开关闭合后，电阻 R_1、R_2 上的电压能立即从闭合前的零分别跳变到 $u_{R_1}=\dfrac{U_S}{R_1+R_2}\cdot R_1$，$u_{R_2}=$

① 这里的“工作状态”均指“稳定状态”，稳定状态的概念将在后面介绍。

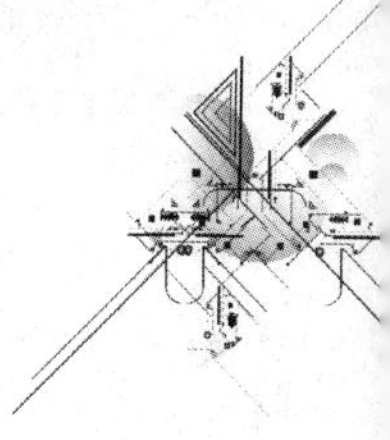

$\dfrac{U_S}{R_1+R_2}\cdot R_2$。

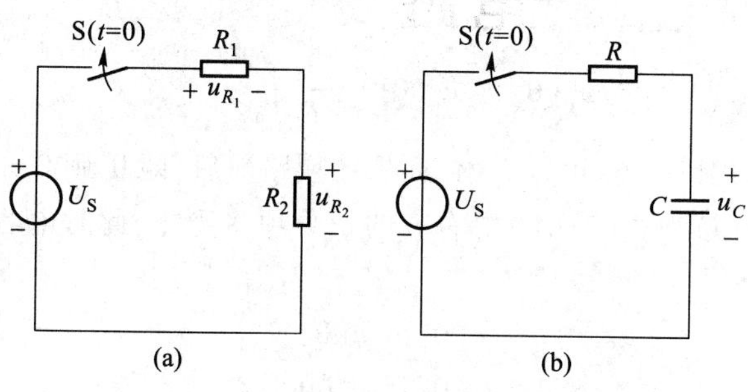

图 7-1 电路工作状态的改变

与电阻电路不同,动态电路的工作状态改变时,由于储能元件能量的储存和释放需要一定的时间,所以,动态电路从原来的工作状态转变到另一个工作状态需要经历一个过渡过程。如图 7-1(b)所示电路,电源是电压值为 U_S 的直流电压源,开关闭合前电容上的电压 u_C 为零,开关闭合一段时间后,电容电压 u_C 被充电至 U_S,这中间就经历了一个过渡过程。

电路的结构或元件参数的变化(例如电路中电源或无源元件的断开或接入,信号的突然注入等)引起的电路变化统称为"换路",并认为换路是在 $t=0$ 时刻进行的。为了叙述方便,把换路前的最终时刻记为 $t=0_-$,把换路后的最初时刻记为 $t=0_+$,换路经历的时间为 0_-到 0_+。

分析动态电路的过渡过程的方法之一是根据 KCL、KVL 和支路的 VCR 建立换路后的电路方程。由于电容元件和电感元件的电压电流关系以微分形式和积分形式表示,因此建立的电路方程是以电压、电流为变量的微分方程,当电路中的电阻、电容、电感都是线性非时变元件时,建立的电路方程是以时间为自变量的线性常系数常微分方程。微分方程的阶数取决于动态元件的个数和电路的结构。如图 7-1(b)所示电路,开关在 $t=0$ 时刻闭合后,根据 KVL 列得以 u_C 为变量的微分方程为

$$RC\frac{\mathrm{d}u_C}{\mathrm{d}t}+u_C=U_S$$

用经典法求解常微分方程时,必须根据电路的初始条件确定解答中的积分常数。设描述电路动态过程的微分方程为 n 阶,所谓初始条件就是指电路中所求变量(电压或电流)及其一阶至$(n-1)$阶导数在 $t=0_+$时的值,也称初始值。电容电压 $u_C(0_+)$和电感电流 $i_L(0_+)$称为独立的初始条件,其余电压、电流的初始值称为非独立的初始条件。

对于线性电容,在任意时刻 t,它的电荷、电压与电流的关系为

$$q(t)=q(t_0)+\int_{t_0}^{t} i_C(\xi)\,\mathrm{d}\xi$$

$$u_C(t)=u_C(t_0)+\frac{1}{C}\int_{t_0}^{t} i_C(\xi)\,\mathrm{d}\xi$$

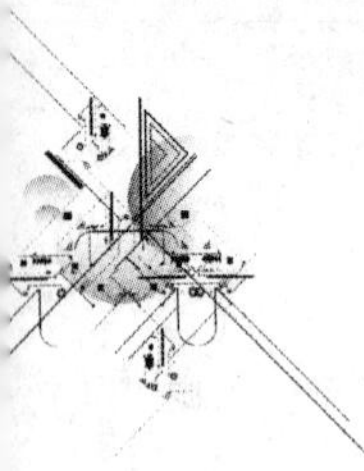

式中 q、u_C 和 i_C 分别为电容的电荷、电压和电流。令 $t_0=0_-$，$t=0_+$，则得

$$q(0_+)=q(0_-)+\int_{0_-}^{0_+} i_C \mathrm{d}t \tag{7-1a}$$

$$u_C(0_+)=u_C(0_-)+\frac{1}{C}\int_{0_-}^{0_+} i_C \mathrm{d}t \tag{7-1b}$$

从式(7-1a)和式(7-1b)可以看出，如果在换路前后，即 0_- 到 0_+ 的瞬间，电流 $i_C(t)$ 为有限值，则式(7-1a)和式(7-1b)中右方的积分项将为零，此时电容上的电荷和电压就不发生跃变，即

$$q(0_+)=q(0_-) \tag{7-2a}$$

$$u_C(0_+)=u_C(0_-) \tag{7-2b}$$

对于一个在 $t=0_-$ 储存电荷 $q(0_-)$，电压为 $u_C(0_-)=U_0$ 的电容，在换路瞬间不发生跃变的情况下，有 $u_C(0_+)=u_C(0_-)=U_0$，可见在换路的瞬间，电容可视为一个电压值为 U_0 的电压源。同理，对于一个在 $t=0_-$ 不带电荷的电容，在换路瞬间不发生跃变的情况下，有 $u_C(0_+)=u_C(0_-)=0$，在换路瞬间电容相当于短路。

线性电感的磁通链、电流与电压的关系为

$$\Psi_L(t)=\Psi_L(t_0)+\int_{t_0}^{t} u_L(\xi)\mathrm{d}\xi$$

$$i_L(t)=i_L(t_0)+\frac{1}{L}\int_{t_0}^{t} u_L(\xi)\mathrm{d}\xi$$

令 $t_0=0_-$，$t=0_+$，有

$$\psi_L(0_+)=\psi_L(0_-)+\int_{0_-}^{0_+} u_L \mathrm{d}t \tag{7-3a}$$

$$i_L(0_+)=i_L(0_-)+\frac{1}{L}\int_{0_-}^{0_+} u_L \mathrm{d}t \tag{7-3b}$$

如果从 0_- 到 0_+ 瞬间，电压 $u_L(t)$ 为有限值，式中右方的积分项将为零，此时电感中的磁通链和电流不发生跃变，即

$$\Psi_L(0_+)=\Psi_L(0_-) \tag{7-4a}$$

$$i_L(0_+)=i_L(0_-) \tag{7-4b}$$

对于 $t=0_-$ 时电流为 I_0 的电感，在换路瞬间不发生跃变的情况下，有 $i_L(0_+)=i_L(0_-)=I_0$，此电感在换路瞬间可视为一个电流值为 I_0 的电流源。同理，对于 $t=0_-$ 时电流为零的电感，在换路瞬间不发生跃变的情况下有 $i_L(0_+)=i_L(0_-)=0$，此电感在换路瞬间相当于开路。

式(7-2a)、式(7-2b)和式(7-4a)、式(7-4b)分别说明在换路前后电容电流和电感电压为有限值的条件下，换路前后瞬间电容电压和电感电流不能跃变。上述关系又称为换路定则。

一个动态电路的独立初始条件为电容电压 $u_C(0_+)$ 和电感电流 $i_L(0_+)$，一般可以根据它们在 $t=0_-$ 时的值（即电路发生换路前的状态）$u_C(0_-)$ 和 $i_L(0_-)$ 确定。该电路的非

独立初始条件，即电阻的电压和电流、电容电流、电感电压等则需通过已知的独立初始条件求得。

例 7-1　图 7-2(a)所示电路中直流电压源的电压为 U_0。当电路中的电压和电流恒定不变时打开开关 S。试求 $u_C(0_+)$、$i_L(0_+)$、$\left.\dfrac{du_C}{dt}\right|_{0_+}$、$\left.\dfrac{di_L}{dt}\right|_{0_+}$ 和 $u_{R_2}(0_+)$。

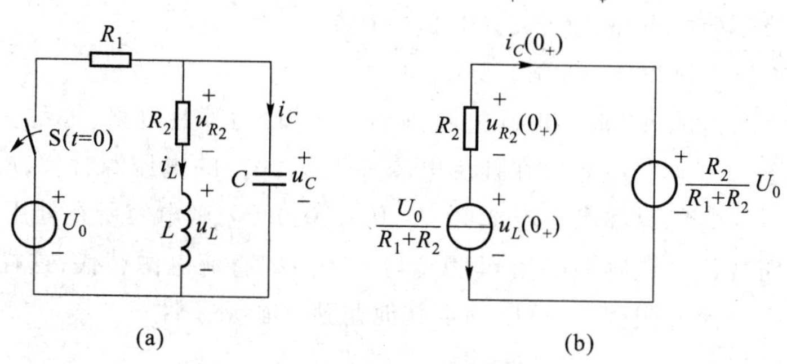

图 7-2　例 7-1 图

解　可以根据 $t=0_-$时刻的电路状态计算 $u_C(0_-)$和 $i_L(0_-)$。由于开关打开前，电路中的电压和电流已恒定不变，故有

$$\left(\frac{du_C}{dt}\right)_0=0,\quad \left(\frac{di_L}{dt}\right)_0=0$$

所以电容电流和电感电压均为零$\left(i_C=C\dfrac{du_C}{dt},u_L=L\dfrac{di_L}{dt}\right)$，即此时刻的电容相当于开路，电感相当于短路。所以

$$u_C(0_-)=\frac{U_0R_2}{R_1+R_2}$$

$$i_L(0_-)=\frac{U_0}{R_1+R_2}$$

该电路在换路时，i_L 和 u_C 都不会跃变，所以有 $u_C(0_+)=u_C(0_-)$，$i_L(0_+)=i_L(0_-)$。为了求得 $t=0_+$时刻的其他初始值，可以把已知的 $u_C(0_+)$和 $i_L(0_+)$分别以电压源和电流源替代，得到 $t=0_+$时的等效电路如图 7-2(b)所示。可以求出

$$C\left.\frac{du_C}{dt}\right|_{0_+}=i_C(0_+)=-\frac{U_0}{R_1+R_2}=-i_L(0_+)$$

所以

$$\left.\frac{du_C}{dt}\right|_{0_+}=\frac{i_C(0_+)}{C}=-\frac{U_0}{C(R_1+R_2)}$$

$$L\left.\frac{di_L}{dt}\right|_{0_+}=u_L(0_+)=-i_L(0_+)\cdot R_2+u_C(0_+)$$

$$=-\frac{U_0}{R_1+R_2}\cdot R_2+\frac{U_0}{R_1+R_2}\cdot R_2=0$$

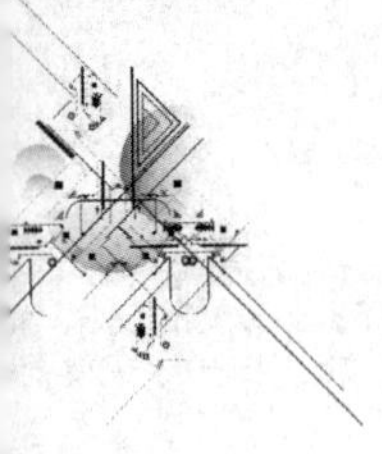

所以
$$\left.\frac{\mathrm{d}i_L}{\mathrm{d}t}\right|_{0_+}=0$$

$$u_{R_2}(0_+)=R_2\cdot i_L(0_+)=\frac{U_0R_2}{R_1+R_2}$$

由上例可以看出,确定初始条件的步骤为:

(1) 根据换路前的电路,确定 $u_C(0_-)$、$i_L(0_-)$。

(2) 依据换路定则确定 $u_C(0_+)$、$i_L(0_+)$。

(3) 根据已求得的 $u_C(0_+)$和 $i_L(0_+)$,画出 $t=0_+$时的等效电路(亦称为初始值等效电路),即根据替代定理将电容所在处用电压等于 $u_C(0_+)$的电压源替代,电感所在处用电流等于 $i_L(0_+)$的电流源替代。若 $u_C(0_+)=0$,$i_L(0_+)=0$,则电容所在处用短路替代,电感所在处用开路替代。激励源则用 $u_S(0_+)$与 $i_S(0_+)$的直流电源替代,这样处理后的 0_+等效电路是一个直流电阻网络,可以确定其他非独立初始条件。

一阶电路的零输入响应

§7-2　一阶电路的零输入响应

零输入响应是指电路在没有外施激励,而仅由电路中动态元件的初始储能所引起的响应。

可用一阶常微分方程描述的电路是一阶电路。现研究一阶电路的零输入响应。

首先讨论 RC 电路的零输入响应。在图 7-3 所示 RC 电路中,开关 S 闭合前,电容 C 已充电,其电压 $u_C=U_0$。开关闭合后,电容储存的能量将通过电阻以热能形式释放出来。现把开关动作时刻取为计时起点($t=0$)。开关闭合后,即 $t\geqslant 0_+$时,根据 KVL 可得

$$u_R-u_C=0$$

将 $u_R=Ri$,$i=-C\dfrac{\mathrm{d}u_C}{\mathrm{d}t}$代入上述方程,有

$$RC\frac{\mathrm{d}u_C}{\mathrm{d}t}+u_C=0$$

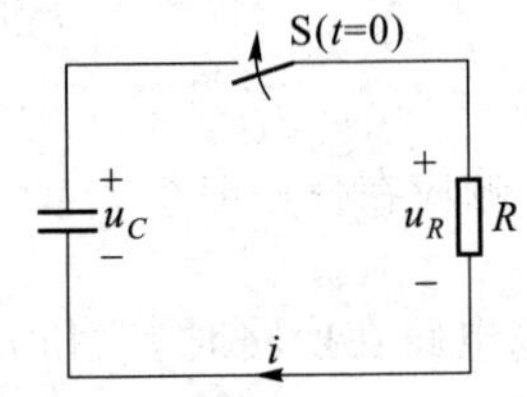

图 7-3　RC 电路的零输入响应

这是一阶齐次微分方程,初始条件 $u_C(0_+)=u_C(0_-)=U_0$,令此方程的通解 $u_C=A\mathrm{e}^{pt}$,代入上式后有

$$(RCp+1)A\mathrm{e}^{pt}=0$$

相应的特征方程为

$$RCp+1=0$$

特征根为

$$p=-\frac{1}{RC}$$

根据 $u_C(0_+)=u_C(0_-)=U_0$,以此代入 $u_C=A\mathrm{e}^{pt}$,则可求得积分常数 $A=u_C(0_+)=U_0$。这样,求得满足初始值的微分方程的解为

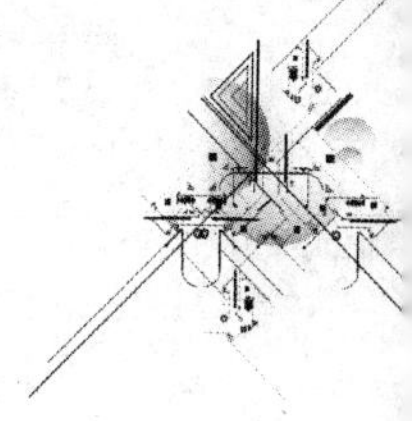

$$u_C=u_C(0_+)\mathrm{e}^{-\frac{1}{RC}t}=U_0\mathrm{e}^{-\frac{1}{RC}t}$$

这就是放电过程中电容电压 u_C 的表达式。

电路中的电流为

$$i=-C\frac{\mathrm{d}u_C}{\mathrm{d}t}=-C\frac{\mathrm{d}}{\mathrm{d}t}\left(U_0\mathrm{e}^{-\frac{1}{RC}t}\right)$$

$$=-C\left(-\frac{1}{RC}\right)U_0\mathrm{e}^{-\frac{1}{RC}t}=\frac{U_0}{R}\mathrm{e}^{-\frac{1}{RC}t}$$

电阻上的电压为

$$u_R=u_C=U_0\mathrm{e}^{-\frac{1}{RC}t}$$

从以上表达式可以看出，电压 u_C、u_R 及电流 i 都是按照同样的指数规律衰减的。它们衰减的快慢取决于指数中$\frac{1}{RC}$的大小。由于电路特征方程的特征根 $p=-\frac{1}{RC}$，它仅取决于电路的结构和元件的参数。当电阻的单位为 Ω，电容的单位为 F 时，乘积 RC 的单位为 s，它称为 RC 电路的时间常数，用 τ 表示。引入 τ 后，电容电压 u_C 和电流 i 可以分别表示为

$$u_C=U_0\mathrm{e}^{-\frac{t}{\tau}}$$

$$i=\frac{U_0}{R}\mathrm{e}^{-\frac{t}{\tau}}$$

τ 的大小反映了一阶电路过渡过程的进展速度，它是反映过渡过程特性的一个重要的量。可以计算得

$$t=0_+\text{时},\quad u_C(0_+)=U_0\mathrm{e}^0=U_0$$

$$t=\tau\text{ 时},\quad u_C(\tau)=U_0\mathrm{e}^{-1}=0.368U_0$$

零输入响应在任一时刻 t_0 的值，经过一个时间常数 τ 可以表示为

$$u_C(t_0+\tau)=U_0\mathrm{e}^{-(t_0+\tau)/\tau}$$

$$=U_0\mathrm{e}^{-1}\mathrm{e}^{-t_0/\tau}$$

$$=\mathrm{e}^{-1}u_C(t_0)$$

$$=0.368u_C(t_0)$$

即经过一个时间常数 τ 后，衰减了 63.2%，或为原值的 36.8%。$t=2\tau$，$t=3\tau$，$t=4\tau$，…时刻的电容电压值列于表 7-1 中。

表 7-1

t	0	τ	2τ	3τ	4τ	5τ	…	∞
$u_C(t)$	U_0	$0.368U_0$	$0.135U_0$	$0.05U_0$	$0.018U_0$	$0.0067U_0$	…	0

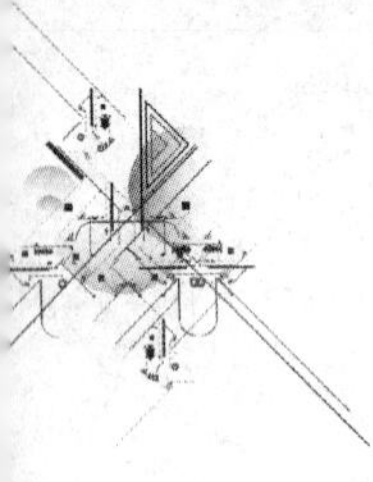

从上表可见，在理论上要经过无限长的时间 u_C 才能衰减为零值。但工程上一般认为换路后，经过 $3\tau\sim5\tau$ 时间，过渡过程即告结束。

图 7-4(a)(b)所示曲线为 u_C、u_R 和 i 随时间变化的曲线。时间常数 τ 的大小，还可以从 u_C 或 i_C 的曲线上用几何方法求得。在图 7-5 中，取电容电压 u_C 的曲线上任意一点 A，通过 A 点作切线 AC，则图中的次切距为

$$BC=\frac{AB}{\tan\alpha}=\frac{u_C(t)}{-\left.\frac{\mathrm{d}u_C}{\mathrm{d}t}\right|_{t=t_0}}=\frac{U_0\mathrm{e}^{-\frac{t_0}{\tau}}}{\frac{1}{\tau}U_0\mathrm{e}^{-\frac{t_0}{\tau}}}=\tau$$

即在时间坐标上次切距的长度等于时间常数 τ。这说明曲线上任意一点，如果以该点的斜率为固定变化率衰减，经过 τ 时间衰减为零值。

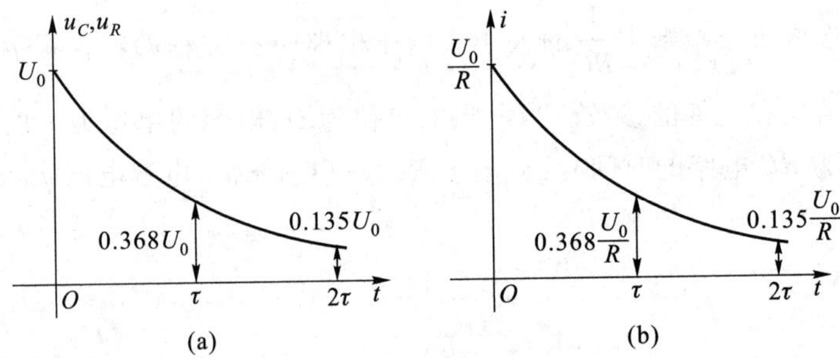

图 7-4　u_C、u_R 和 i 随时间变化的曲线

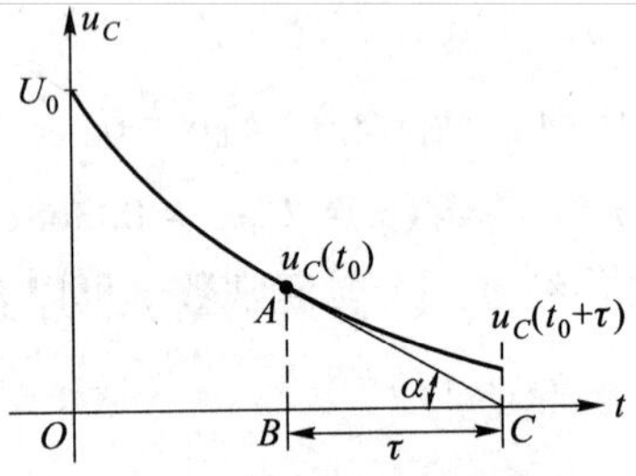

图 7-5　时间常数 τ 的几何意义

在放电过程中，电容不断放出能量并为电阻所消耗；最后，原来储存在电容中的电场能量全部为电阻吸收而转换成热能。即

$$\begin{aligned}W_R&=\int_0^{\infty}i^2(t)R\mathrm{d}t=\int_0^{\infty}\left(\frac{U_0}{R}\mathrm{e}^{-\frac{1}{RC}t}\right)^2R\mathrm{d}t\\&=\frac{U_0^2}{R}\int_0^{\infty}\mathrm{e}^{-\frac{2t}{RC}}\mathrm{d}t=-\frac{1}{2}CU_0^2\left(\mathrm{e}^{-\frac{2}{RC}t}\right)\Big|_0^{\infty}\\&=\frac{1}{2}CU_0^2\end{aligned}$$

现在讨论 RL 电路的零输入响应。图 7-6(a)所示电路在开关 S 动作之前电压和电流已恒定不变,电感中有电流 $I_0=\dfrac{U_0}{R_0}=i(0_-)$。在 $t=0$ 时开关由 1 合到 2,具有初始电流 I_0 的电感 L 和电阻 R 相连接,构成一个闭合回路,如图 7-6(b)所示。在 $t\geqslant 0_+$ 时,根据 KVL,有

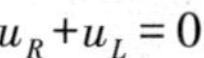

$$u_R+u_L=0$$

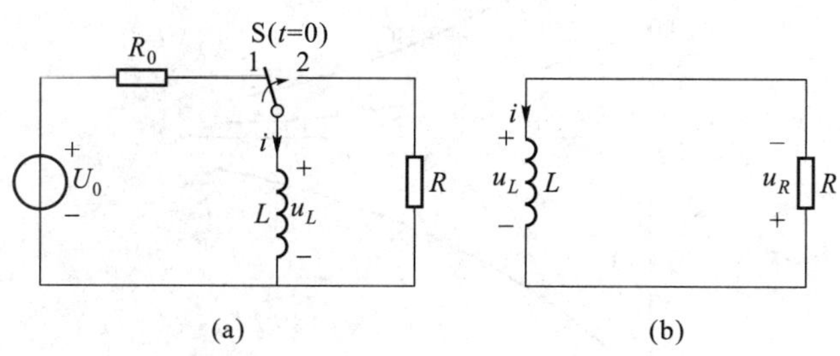

图 7-6　RL 电路的零输入响应

而 $u_R=Ri,u_L=L\dfrac{\mathrm{d}i}{\mathrm{d}t}$,电路的微分方程为

$$L\frac{\mathrm{d}i}{\mathrm{d}t}+Ri=0$$

这也是一个一阶齐次微分方程。令方程的通解 $i=A\mathrm{e}^{pt}$,可以得到相应的特征方程为

$$Lp+R=0$$

其特征根为

$$p=-\frac{R}{L}$$

故电流为

$$i=A\mathrm{e}^{-\frac{R}{L}t}$$

根据 $i(0_+)=i(0_-)=I_0$,代入上式可求得 $A=i(0_+)=I_0$,从而

$$i=i(0_+)\mathrm{e}^{-\frac{R}{L}t}=I_0\mathrm{e}^{-\frac{R}{L}t}$$

电阻和电感上的电压分别为

$$u_R=Ri=RI_0\mathrm{e}^{-\frac{R}{L}t}$$

$$u_L=L\frac{\mathrm{d}i}{\mathrm{d}t}=-RI_0\mathrm{e}^{-\frac{R}{L}t}$$

与 RC 电路类似,令 $\tau=\dfrac{L}{R}$,称为 RL 电路的时间常数,则上述各式可写为

$$i=I_0\mathrm{e}^{-\frac{t}{\tau}}$$

$$u_R=RI_0\mathrm{e}^{-\frac{t}{\tau}}$$

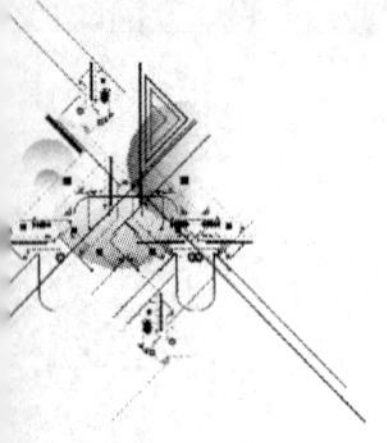

$$u_L = -RI_0 e^{-\frac{t}{\tau}}$$

图 7-7 所示曲线分别为 i、u_L 和 u_R 随时间变化的曲线。

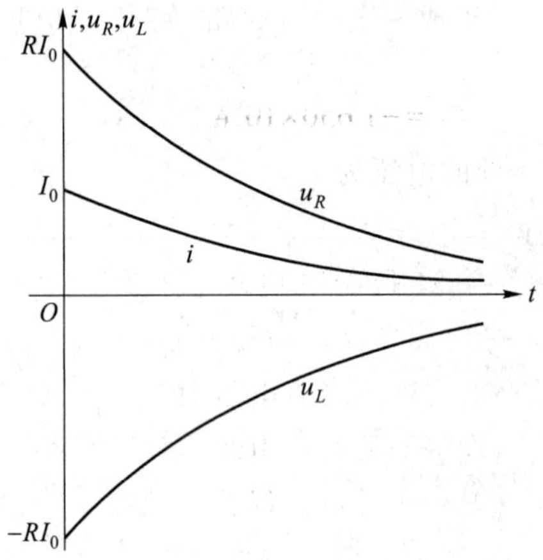

图 7-7　*RL* 电路的零输入响应曲线

例 7-2　图 7-8(a)所示电路中，R、L 分别表示一电磁铁线圈的电阻和电感，已知 $R=4\ \Omega$，$L=2$ H，直流电压 $U=220$ V。电压表的量程为 300 V，内阻 $R_V=30\ k\Omega$。开关 S 未断开时电路中电流已恒定不变。在 $t=0$ 时断开开关 S，试求开关刚断开时，电压表处的电压 u_V。

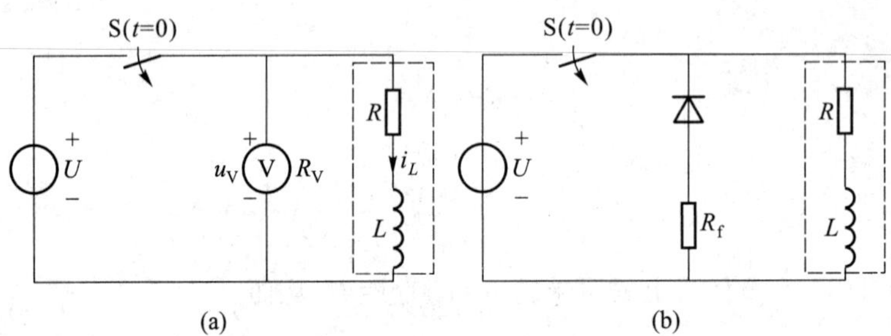

图 7-8　例 7-2 图

解　已知开关断开前，电路中电流已恒定不变，电感两端电压为零，可求得

$$i_L(0_-) = \frac{220}{4}\ \text{A} = 55\ \text{A}$$

开关断开后

$$i_L(0_+) = i_L(0_-) = 55\ \text{A}$$

电路为零输入响应，时间常数 τ 和电流 i_L 分别为

$$\tau = \frac{L}{R+R_V} = \frac{2}{4+30\times10^3}\ \text{s} \approx \frac{1}{15\times10^3}\ \text{s}$$

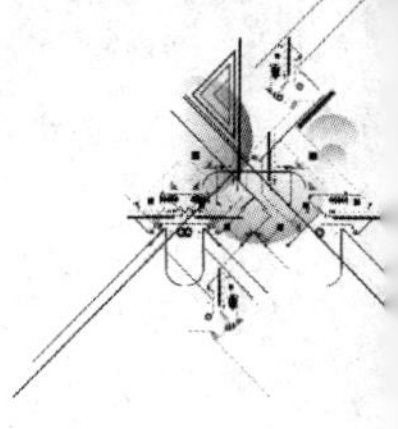

$$i_L = i_L(0_+)\mathrm{e}^{-\frac{t}{\tau}} = 55\mathrm{e}^{-15\times10^3 t}\ \mathrm{A}$$

电压表处的电压为

$$\begin{aligned} u_{\mathrm{V}} &= -R_{\mathrm{V}} i_L(t) \\ &= -30\times10^3\times55\mathrm{e}^{-15\times10^3 t}\ \mathrm{V} \\ &= -1\ 650\times10^3\mathrm{e}^{-15\ 000t}\ \mathrm{V} \end{aligned}$$

所以，开关刚断开时，电压表处的电压为

$$u_{\mathrm{V}}(0_+) = -1\ 650\ \mathrm{kV}$$

由上述计算结果可知，开关断开时刻，电压表处有很大且方向与开断前相反的电压。因此开断含有较大电感的电路时应注意先拆除并联在电路中的电压表。值得注意的是拆除电压表后，原电压表所在处相当于电阻无穷大，电磁铁线圈两端依然存在着很高的电压，仍有可能造成其他设备的损坏或引起开关处出现电弧，为此应采取一些必要的措施，使得电感线圈储存的磁场能量得以释放。图 7-8(b)所示为其中的一种方法。即在电磁铁线圈两端并联二极管和电阻的串联支路，其中二极管称为"续流二极管"，电阻 R_{f} 称为放电电阻。当正常工作时(S 闭合时)二极管工作在反向，它的反向电流很小，对电路工作没有影响。当开关断开时，二极管导通，电感线圈可通过二极管正向放电，由于二极管正向电阻很小，可避免电感线圈两端出现高电压，适当选择放电电阻 R_{f} 的阻值，就可以控制过渡过程时间的长短。

例如若要求图 7-8(b)中开关断开时电磁铁线圈两端的电压不超过正常工作时电压的 2.5 倍，且整个放电过程要在 1 s 内基本结束，可按下面方法选择放电电阻 R_{f} 的值。

前已计算得 $i(0_+) = 55\ \mathrm{A}$，则

$$u(0_+) = -i(0_+)R_{\mathrm{f}} = -55R_{\mathrm{f}}$$

根据 $u(0_+)$不超过正常工作电压的 2.5 倍，得

$$|u(0_+)| \leqslant (220\times2.5)\ \mathrm{V}$$

即

$$55R_{\mathrm{f}} \leqslant 220\times2.5$$

从而求得

$$R_{\mathrm{f}} \leqslant 10\ \Omega$$

放电回路的时间常数为

$$\tau = \frac{L}{R+R_{\mathrm{f}}}$$

又因要求整个放电过程在 1 s 内基本结束，可以认为经过 5τ 时间放电过程基本结束，即

$$5\times\frac{L}{R+R_{\mathrm{f}}} \leqslant 1$$

可求得

$$R_{\mathrm{f}} \geqslant 6\ \Omega$$

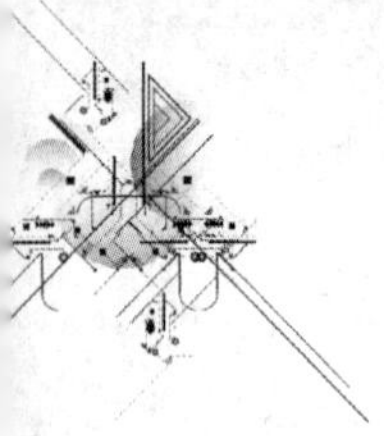

综合上述两个要求,放电电阻应选为

$$6\ \Omega \leqslant R_{\mathrm{f}} \leqslant 10\ \Omega$$

例 7-3　变电站检修电力设备,需将电容量 $C=40\ \mu\mathrm{F}$ 的电容器从高压电路断开,断开时电容器的电压 $U_0=1\ \mathrm{kV}$。断开后,电容器经它本身的漏电阻放电。如电容器的漏电阻 $R=100\ \mathrm{M\Omega}$,试问断开后经过多长时间,电容器上的电压可达到人体安全电压 36 V?

解　电容器从电路断开,具有初始电压 $u_C(0_+)=U_0=1\ \mathrm{kV}=1\ 000\ \mathrm{V}$,断开后经本身漏电阻放电,这是 RC 电路的零输入响应。即

$$u_C=U_0\mathrm{e}^{-\frac{t}{\tau}}$$

$$\tau=RC=100\times10^6\times40\times10^{-6}\ \mathrm{s}=4\ 000\ \mathrm{s}$$

所以

$$u_C=U_0\mathrm{e}^{-\frac{1}{4\ 000}t}\ \mathrm{V}=1\ 000\mathrm{e}^{-\frac{1}{4\ 000}t}\ \mathrm{V}$$

设 u_C 达到 36 V 的时间为 t_1,则

$$36=1\ 000\mathrm{e}^{-\frac{1}{4\ 000}t_1}$$

求得

$$t_1=\left(4\ 000\ln\frac{1\ 000}{36}\right)\mathrm{s}\approx13\ 297\ \mathrm{s}\approx3.7\ \mathrm{h}$$

由上述计算可知,由于 R 及 C 都较大,所以放电持续时间长,要达到安全电压需 3.7 h。因此,在检修具有大电容的设备时,必须采取相应措施使其充分放电后再进行工作,以确保检修人员的人身安全。

一阶电路的零状态响应

§7-3　一阶电路的零状态响应

零状态响应是指电路在零初始状态下(动态元件初始储能为零)由外施激励引起的响应。

图 7-9 所示 RC 串联电路,开关 S 闭合前电路处于零初始状态,即 $u_C(0_-)=0$。在 $t=0$ 时刻,开关 S 闭合,电路接入直流电压源 U_S。在 $t\geqslant0_+$时,根据 KVL,有

$$u_R+u_C=U_S$$

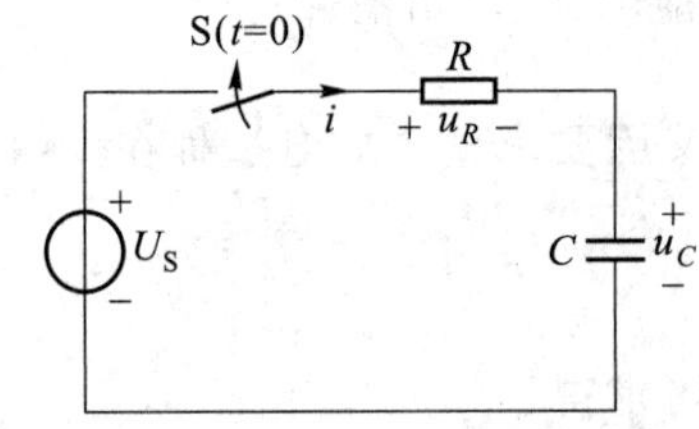

图 7-9　RC 电路的零状态响应

将 $u_R=Ri$, $i=C\dfrac{\mathrm{d}u_C}{\mathrm{d}t}$代入,得电路的微分方程为

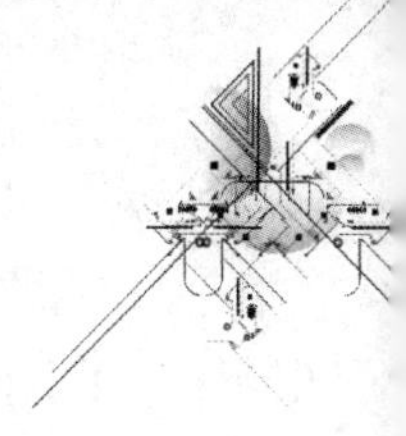

$$RC\frac{\mathrm{d}u_C}{\mathrm{d}t}+u_C=U_S$$

此方程为一阶线性非齐次方程。方程的解由非齐次方程的特解 u_C' 和对应的齐次方程的通解 u_C'' 两个分量组成，即

$$u_C=u_C'+u_C''$$

不难求得特解为

$$u_C'=U_S$$

而齐次方程 $RC\frac{\mathrm{d}u_C}{\mathrm{d}t}+u_C=0$ 的通解为

$$u_C''=A\mathrm{e}^{-\frac{t}{\tau}}$$

其中 $\tau=RC$。因此

$$u_C=U_S+A\mathrm{e}^{-\frac{t}{\tau}}$$

代入初始值，可求得

$$A=-U_S$$

而

$$u_C=U_S-U_S\mathrm{e}^{-\frac{t}{\tau}}=U_S(1-\mathrm{e}^{-\frac{t}{\tau}})$$

$$i=C\frac{\mathrm{d}u_C}{\mathrm{d}t}=\frac{U_S}{R}\mathrm{e}^{-\frac{t}{\tau}}$$

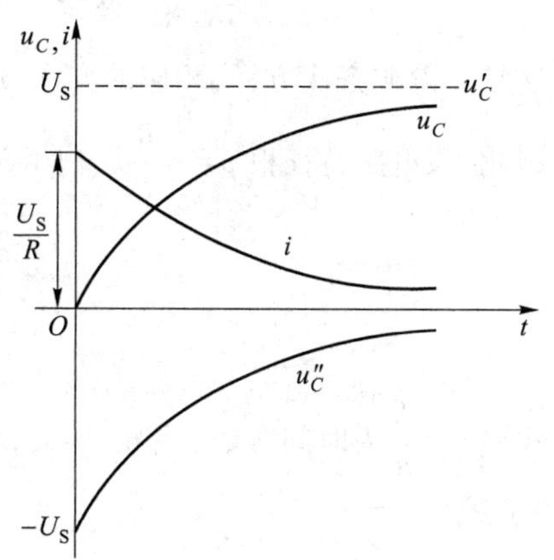

图 7-10　RC 电路的零状态响应的 u_C、i 的波形

u_C 和 i 的波形如图 7-10 所示。电压 u_C 的两个分量 u_C' 和 u_C'' 也示于该图中。

u_C 以指数形式趋近于它的最终恒定值 U_S，到达该值后，电压和电流不再变化，电容相当于开路，电流为零。此时电路达到稳定状态（简称稳态），所以在这种情况下，特解 $u_C'(=U_S)$ 称为稳态分量。同时可以看出 u_C' 与外施激励的变化规律有关，所以又称为强制分量。齐次方程的通解 u_C'' 则由于其变化规律取决于特征根而与外施激励无关，所以称为自由分量。自由分量按指数规律衰减，最终趋于零，所以又称为瞬态分量。对电流 i 可作类似解释。

RC 电路接通直流电压源后的过程也是电源通过电阻对电容充电的过程。在充电过程中，电源供给的能量一部分转换成电场能量储存于电容中，一部分被电阻转变为热能消耗，电阻消耗的电能为

$$\begin{aligned}W_R&=\int_0^\infty i^2R\mathrm{d}t=\int_0^\infty\left(\frac{U_S}{R}\mathrm{e}^{-\frac{t}{\tau}}\right)^2R\mathrm{d}t\\&=\frac{U_S^2}{R}\left(-\frac{RC}{2}\right)\mathrm{e}^{-\frac{2}{RC}t}\Big|_0^\infty\\&=\frac{1}{2}CU_S^2\end{aligned}$$

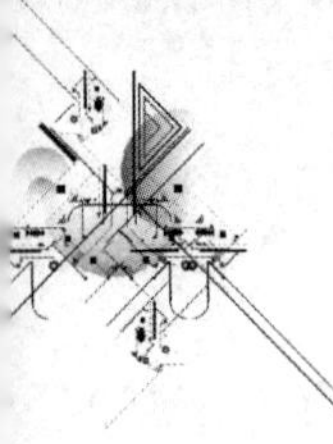

从上式可见,不论电路中电容 C 和电阻 R 的数值为多少,在充电过程中,电源提供的能量只有一半转变成电场能量储存于电容中,另一半则为电阻所消耗,也就是说,充电效率只有 50%。

图 7-11 所示为 RL 电路,直流电流源的电流为 I_S,在开关打开前电感中的电流为零。开关打开后 $i_L(0_+)=i_L(0_-)=0$,电路的响应为零状态响应。注意到换路后 R_S 与 I_S 串联的等效电路中的电流仍为 I_S,则电路的微分方程为

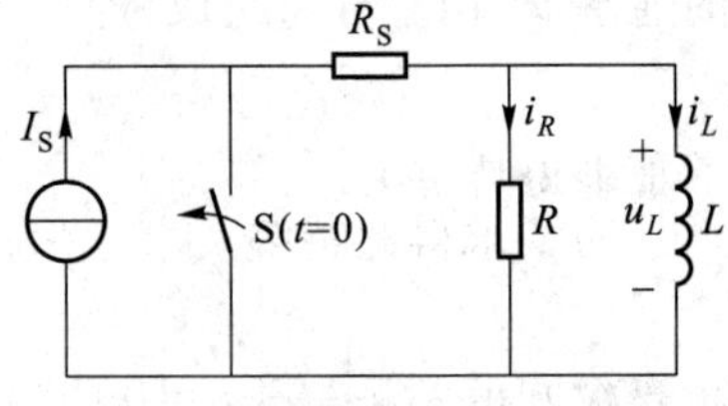

图 7-11　RL 电路的零状态响应

$$\frac{L}{R}\frac{\mathrm{d}i_L}{\mathrm{d}t}+i_L=I_S$$

这是一阶非齐次方程,相应的齐次方程与 §7-2 中 RL 电路零输入响应时的方程相同,因此,该电路特征根 $p=-\frac{R}{L}$。初始条件为 $i_L(0_+)=0$。电流 i_L 的通解为

$$\begin{aligned}i_L&=i_L'+A\mathrm{e}^{-\frac{R}{L}t}\\&=i_L'+A\mathrm{e}^{-\frac{t}{\tau}}\end{aligned}$$

式中 $\tau=\frac{L}{R}$为时间常数,特解 $i_L'=I_S$,积分常数 $A=-i_L'(0_+)=-I_S$。所以

$$i_L=I_S(1-\mathrm{e}^{-\frac{t}{\tau}})$$

下面以 RL 电路为例,讨论在正弦电压激励下的零状态响应。

图 7-12(a)所示为 RL 串联电路,开关 S 闭合将电路接通电源。外施激励为正弦电

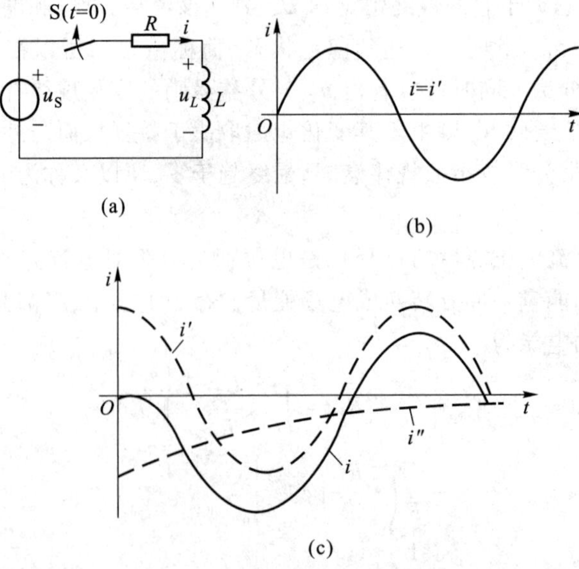

图 7-12　正弦激励下的 RL 电路

压 $u_S=U_m\cos(\omega t+\phi_u)$,其中 ϕ_u 为接通电路时外施电压的初相角,它决定于电路的接通时刻,所以又称为接入相位角或合闸角。接通后电路方程为

$$L\frac{di}{dt}+Ri=U_m\cos(\omega t+\phi_u)$$

其通解 $i=i'+i''$,其中自由分量 $i''=Ae^{-\frac{t}{\tau}}$,$\tau=\frac{L}{R}$为时间常数。i'为上述微分方程的特解①。

为了求得此特解,设特解为

$$i'=I_m\cos(\omega t+\theta)$$

把它代入上述微分方程,有

$$RI_m\cos(\omega t+\theta)-\omega LI_m\sin(\omega t+\theta)=U_m\cos(\omega t+\phi_u)$$

可以用待定系数法确定 I_m 和 θ。引入 $\tan\varphi=\frac{\omega L}{R}$,有

$$\sin\varphi=\frac{\omega L}{\sqrt{R^2+(\omega L)^2}}$$

$$\cos\varphi=\frac{R}{\sqrt{R^2+(\omega L)^2}}$$

再令 $|Z|=\sqrt{R^2+(\omega L)^2}$,上式左方可写为

$$\begin{aligned}&I_m[R\cos(\omega t+\theta)-\omega L\sin(\omega t+\theta)]\\&=I_m|Z|\left[\cos(\omega t+\theta)\frac{R}{|Z|}-\sin(\omega t+\theta)\frac{\omega L}{|Z|}\right]\\&=I_m|Z|[\cos(\omega t+\theta)\cos\varphi-\sin(\omega t+\theta)\sin\varphi]\\&=I_m|Z|\cos(\omega t+\theta+\varphi)\end{aligned}$$

于是,得

$$I_m|Z|\cos(\omega t+\theta+\varphi)=U_m\cos(\omega t+\phi_u)$$

因此可求得待定常数

$$I_m|Z|=U_m$$
$$\theta+\phi=\phi_u$$

或

$$I_m=\frac{U_m}{|Z|}=\frac{U_m}{\sqrt{R^2+(\omega L)^2}}$$
$$\theta=\phi_u-\phi$$

所以,特解 i'为

$$i'=\frac{U_m}{|Z|}\cos(\omega t+\phi_u-\varphi)$$

① 在正弦时间函数激励下,特解 i'更简洁的求解方法将在第九章详细介绍。

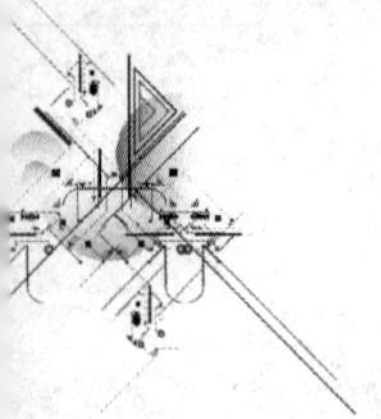

方程的通解为

$$i=\frac{U_{\mathrm{m}}}{|Z|}\cos(\omega t+\phi_u-\varphi)+A\mathrm{e}^{-\frac{t}{\tau}}$$

代入初始条件，由于 $i(0_+)=i(0_-)=0$，有

$$0=\frac{U_{\mathrm{m}}}{|Z|}\cos(\phi_u-\varphi)+A$$

于是

$$A=-\frac{U_{\mathrm{m}}}{|Z|}\cos(\phi_u-\varphi)$$

因而电流 i 为

$$i=\frac{U_{\mathrm{m}}}{|Z|}\cos(\omega t+\phi_u-\varphi)-\frac{U_{\mathrm{m}}}{|Z|}\cos(\phi_u-\varphi)\mathrm{e}^{-\frac{t}{\tau}}$$

电阻上的电压为

$$u_R=Ri=\frac{RU_{\mathrm{m}}}{|Z|}\cos(\omega t+\phi_u-\varphi)-\frac{RU_{\mathrm{m}}}{|Z|}\cos(\phi_u-\varphi)\mathrm{e}^{-\frac{t}{\tau}}$$

电感上的电压为

$$u_L=L\frac{\mathrm{d}i}{\mathrm{d}t}=U_{\mathrm{m}}\frac{\omega L}{|Z|}\cos\left(\omega t+\phi_u-\varphi+\frac{\pi}{2}\right)+U_{\mathrm{m}}\frac{R}{|Z|}\cos(\phi_u-\varphi)\mathrm{e}^{-\frac{t}{\tau}}$$

由以上可见，方程的特解或强制分量与外施正弦激励按同频率的正弦规律变化，自由分量则随时间增长趋于零。最终只剩下强制分量。所以说这种电路需经历一个过渡过程，然后达到稳定状态。自由分量与开关闭合的时刻有关。

当开关闭合时，若有 $\phi_u=\varphi-\frac{\pi}{2}$，则

$$A=-\frac{U_{\mathrm{m}}}{|Z|}\cos(\phi_u-\varphi)=0$$

所以

$$i=i'=\frac{U_{\mathrm{m}}}{|Z|}\cos\left(\omega t-\frac{\pi}{2}\right)$$

故开关闭合后，电路中不发生过渡过程而立即进入稳定状态，i 的波形如图 7-12(b)所示。

如果开关闭合时，有 $\phi_u=\phi$，则有

$$\begin{aligned}A&=-\frac{U_{\mathrm{m}}}{|Z|}\cos(\phi_u-\varphi)\\&=-\frac{U_{\mathrm{m}}}{|Z|}\end{aligned}$$

即

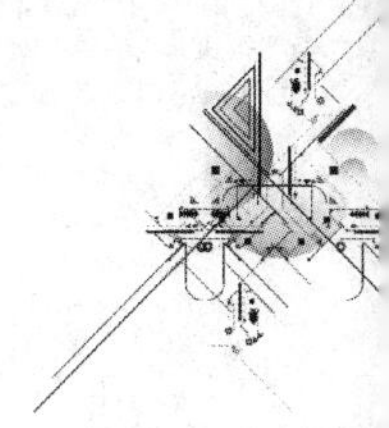

$$\therefore i''=-\frac{U_m}{|Z|}e^{-\frac{t}{\tau}}$$

$$i=\frac{U_m}{|Z|}\cos(\omega t)-\frac{U_m}{|Z|}e^{-\frac{t}{\tau}}$$

电流 i 的波形如图 7-12(c)所示。从上式和波形图中可以看出，若电路的时间常数很大，则 i'' 衰减极其缓慢。这种情况下接通电路后，大约经过半个周期的时间，电流的最大瞬时值的绝对值将接近稳态电流振幅的两倍，这是正弦电路在过渡过程中的一种过电流现象。

RC 串联电路与正弦电源接通，用相同的分析方法分析可得到相对偶的结果，即当 $\phi_u=\phi$ 时换路后不发生过渡过程立即进入稳定状态，当 $\phi_u=\varphi\pm\frac{\pi}{2}$ 时，在电路时间常数很大的情况下，电路换路后大约经过半个周期的时间，电容电压的最大瞬时值的绝对值接近稳态电压振幅的两倍(过电压)。可见，RC 串联电路或 RL 串联电路与正弦电源接通后，在初始值一定的条件下，电路的过渡过程与开关的动作时刻有关。

上述过电流或过电压现象在工程实际中是需要重视和考虑的。

§7-4　一阶电路的全响应

一阶电路的全响应

当一个非零初始状态的一阶电路受到激励时，电路的响应称为一阶电路的全响应。

图 7-13 所示电路为已充电的电容经过电阻接到直流电压源 U_S。设电容原有电压 $u_C=U_0$，开关 S 闭合后，根据 KVL 有

$$RC\frac{du_C}{dt}+u_C=U_S$$

S(t=0)　R　i　+ u_R −　+ U_S −　C　+ u_C −

图 7-13　一阶电路的全响应

初始条件为

$$u_C(0_+)=u_C(0_-)=U_0$$

方程的通解为

$$u_C=u'_C+u''_C$$

取换路后达到稳定状态的电容电压为特解，则

$$u'_C=U_S$$

u''_C 为上述微分方程对应的齐次方程的通解，

$$u''_C=Ae^{-\frac{t}{\tau}}$$

其中 $\tau=RC$ 为电路的时间常数，所以有

$$u_C=U_S+Ae^{-\frac{t}{\tau}}$$

根据初始条件 $u_C(0_+)=u_C(0_-)=U_0$，得积分常数为

$$A=U_0-U_S$$

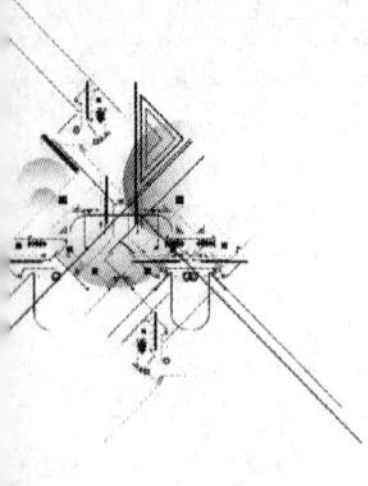

所以电容电压

$$u_C=U_S+(U_0-U_S)\mathrm{e}^{-\frac{t}{\tau}} \tag{7-5}$$

这就是电容电压在 $t\geqslant 0_+$ 时的全响应。

把式(7-5)改写成

$$u_C=U_0\mathrm{e}^{-\frac{t}{\tau}}+U_S(1-\mathrm{e}^{-\frac{t}{\tau}})$$

可以看出,上式右边的第一项是电路的零输入响应,右边的第二项则是电路的零状态响应,这说明全响应是零输入响应和零状态响应的叠加,即

全响应=(零输入响应)+(零状态响应)

从式(7-5)还可以看出,右边的第一项是电路微分方程相应非齐次方程的特解,其变化规律与电路施加的激励相同,所以称为强制分量;式(7-5)右边第二项对应的是微分方程相应齐次方程的通解,它的变化规律取决于电路参数而与外施激励无关,所以称之为自由分量。因此,全响应可以看作是强制分量和自由分量的叠加,即

全响应=(强制分量)+(自由分量)

在直流或正弦激励的一阶电路中,常取换路后达到新的稳态的解作为特解,而自由分量随着时间的增长按指数规律逐渐衰减为零,所以又常将全响应看作是稳态分量和暂态分量的叠加,即

全响应=(稳态分量)+(暂态分量)

无论是把全响应分解为零状态响应和零输入响应,还是分解为暂态分量和稳态分量,都不过是从不同角度去分析全响应的。而全响应总是由初始值、特解和时间常数三个要素决定。在直流电源激励下,若初始值为 $f(0_+)$,特解为稳态解 $f(\infty)$,时间常数为 τ,则全响应 $f(t)$ 可写为

$$f(t)=f(\infty)+[f(0_+)-f(\infty)]\mathrm{e}^{-\frac{t}{\tau}} \tag{7-6}$$

只要知道 $f(0_+)$、$f(\infty)$ 和 τ 这三个要素,就可以根据式(7-6)直接写出直流激励下一阶电路的全响应,这种方法称为三要素法。

一阶电路在正弦电源激励下,由于电路的特解 $f'(t)$ 是时间的正弦函数,则上述公式可写为

$$f(t)=f'(t)+[f(0_+)-f'(0_+)]\mathrm{e}^{-\frac{t}{\tau}} \tag{7-7}$$

其中 $f'(t)$ 是特解,为稳态响应,$f'(0_+)$ 是 $t=0_+$ 时稳态响应的初始值,$f(0_+)$ 与 τ 的含义与前述相同。

如果电路中仅含一个储能元件(L 或 C),电路的其他部分由电阻和独立电源或受控源连接而成,这种电路仍是一阶电路。在求解这类电路时,可以把储能元件以外的部分,应用戴维南定理或诺顿定理进行等效变换,然后求得储能元件上的电压和电流。如果还要求解的是其他元件或支路上的电压和电流,一种方法是在求得了储能元件上的电压和电流后再按照变换前的原电路求解;另一种方法是在求得电容元件上的 $u_C(0_+)$

或电感元件上的 $i_L(0_+)$ 后，进一步求待求元件或支路上的电压或电流初始值，由于同一电路时间常数 τ 相同，只需再求得待求元件或支路上的电压或电流的稳态值，就可以直接应用三要素公式求得结果。

例 7-4　图 7-14(a)所示电路中 $U_S=10$ V，$I_S=2$ A，$R=2\ \Omega$，$L=4$ H。试求 S 闭合后电路中的电流 i_L 和 i。

解　戴维南等效电路如图 7-14(b)所示，其中

$$U_{oc}=U_S-RI_S=(10-2\times2)\ \text{V}=6\ \text{V}$$

$$R_{eq}=R=2\ \Omega$$

$$i_L(0_+)=i_L(0_-)=-2\ \text{A}$$

特解和时间常数分别为

$$i'_L=\frac{6}{2}\ \text{A}=3\ \text{A}$$

$$\tau=\frac{L}{R_{eq}}=2\ \text{s}$$

按式(7-6)解得

$$i_L=[3+(-2-3)e^{-\frac{1}{2}t}]\ \text{A}=(3-5e^{-0.5t})\ \text{A}$$

i_L 随时间变化的曲线如图 7-14(c)所示。电流 i 可以根据 KCL 求得为

$$i=I_S+i_L=(5-5e^{-0.5t})\ \text{A}$$

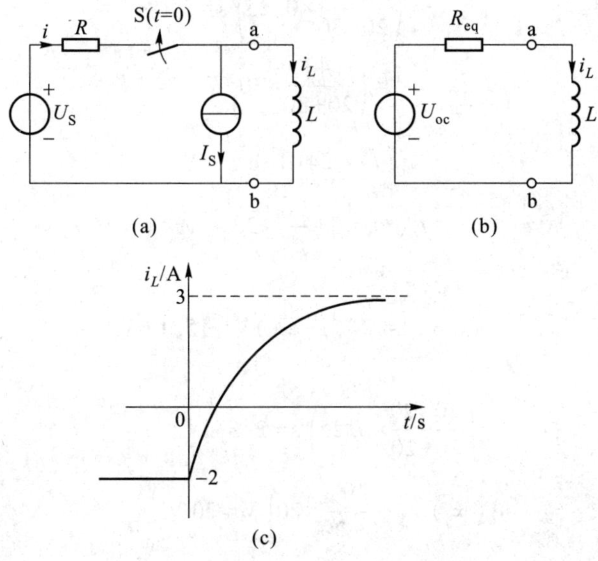

图 7-14　例 7-4 图

还可以按如下方法求电流 i，即

$$i_L(0_+)=i_L(0_-)=-2\ \text{A}$$

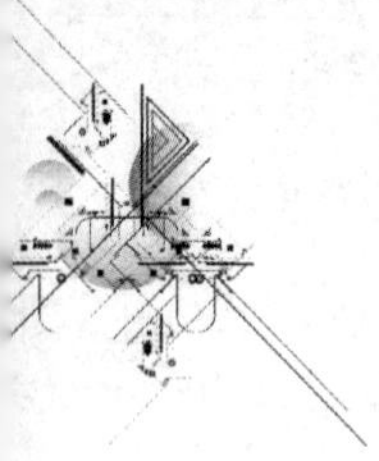

可求得

$$i(0_+)=0$$

$$i(\infty)=\frac{10}{2}\ \text{A}=5\ \text{A}$$

$$\tau=2\ \text{s}$$

所以

$$i(t)=5(1-e^{-0.5t})\ \text{A}$$

与前已求得的结果相同。

例 7-5　图 7-15 所示电路中，已知 $u_C(0_-)=0$。在 $t=0$ 时闭合开关 S_1，在 $t=3$ s 时闭合开关 S_2，求 $t>0$ 后的 $u_C(t)$ 和 $i_C(t)$。

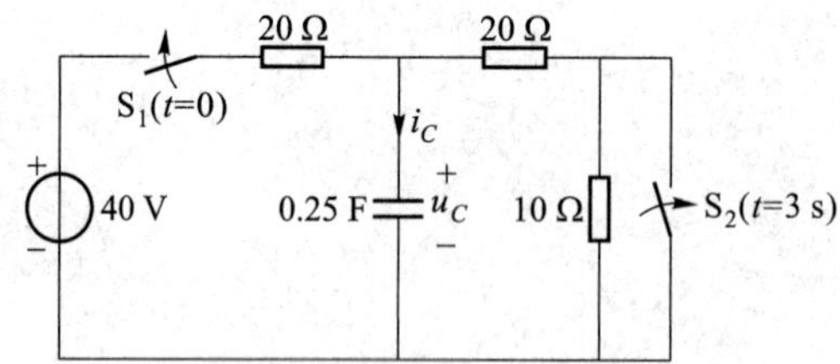

图 7-15　例 7-5 的图

解　已知 $u_C(0_-)=0$，则 $u_C(0_+)=0$，$0<t<3$ s 时，有

$$\tau=\left(\frac{20\times30}{20+30}\times0.25\right)\ \text{s}=3\ \text{s}$$

$$u_C(\infty)=\left(\frac{40}{20+30}\times30\right)\ \text{V}=24\ \text{V}$$

$$u_C(t)=24(1-e^{-\frac{1}{3}t})\ \text{V}$$

$$i_C(t)=C\frac{du_C}{dt}=2e^{-\frac{1}{3}t}\ \text{A}$$

$t=3$ s 时

$$u_C(3\ \text{s})=24(1-e^{-1})\ \text{V}=15.17\ \text{V}$$

$t>3$ s 时，有

$$\tau=\left(\frac{20\times20}{20+20}\times0.25\right)\ \text{s}=2.5\ \text{s}$$

$$u_C(\infty)=\left(\frac{40}{20+20}\times20\right)\ \text{V}=20\ \text{V}$$

$$u_C(t)=\left[20+(15.17-20)e^{-\frac{1}{2.5}(t-3)}\right]\ \text{V}$$

$$=\left[20-4.83e^{-0.4(t-3)}\right]\ \text{V}$$

$$i_C(t)=C\frac{du_C}{dt}=0.483e^{-0.4(t-3)}\ \text{A}$$

求得的 $i_C(t)$ 表达式中，时间用 $(t-3)$ s 表示是因为已假定在 $t=0$ 时闭合开关 S_1，在 $t=3$ s 时闭合开关 S_2，过渡过程的计时起点为 $t=0$。

例 7-6　图 7-16(a)所示电路中，开关 S 原合在位置 1，电路已达稳定状态。$t=0$ 时开关 S 由位置 1 合至位置 2，求开关动作后电容电压的零输入响应、零状态响应和全响应，并定性画出波形图。

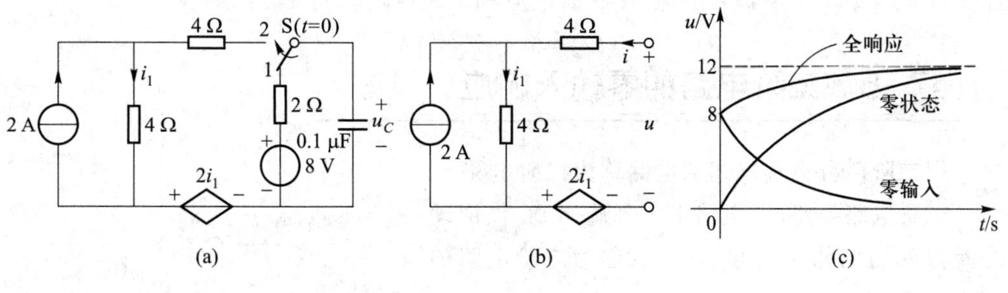

图 7-16　例 7-6 图

解　由开关未动作前电路已达稳态，可求得

$$u_C(0_-)=8\ \text{V}$$

开关动作后有

$$u_C(0_+)=u_C(0_-)=8\ \text{V}$$

开关动作后的电路中含有受控电源，可应用戴维南定理将电容支路以外的电路用电压源和电阻串联的支路来等效替代。求该等效电路的图如图 7-16(b)所示，其中 $i_1=2\ \text{A}+i$。

$$u=4i+(2+i)4+2(2+i)$$

整理后得

$$u=10i+12$$

所以等效电路中 $R_{\text{eq}}=10\ \Omega$，$u_{\text{oc}}=12\ \text{V}$。

将电容支路与等效支路联接，可求得

$$\tau=R_{\text{eq}}C=10\times0.1\times10^{-6}\ \text{s}=10^{-6}\ \text{s}$$

$$u_C(\infty)=12\ \text{V}$$

所以 u_C 的零输入响应为

$$u_{C(1)}=8\text{e}^{-10^6t}\ \text{V}$$

u_C 的零状态响应为

$$u_{C(2)}=12(1-\text{e}^{-10^6t})\ \text{V}$$

u_C 的全响应为

$$\begin{aligned}u_C&=u_{C(1)}+u_{C(2)}\\&=[8\text{e}^{-10^6t}+12(1-\text{e}^{-10^6t})]\ \text{V}\\&=[12-4\text{e}^{-10^6t}]\ \text{V}\end{aligned}$$

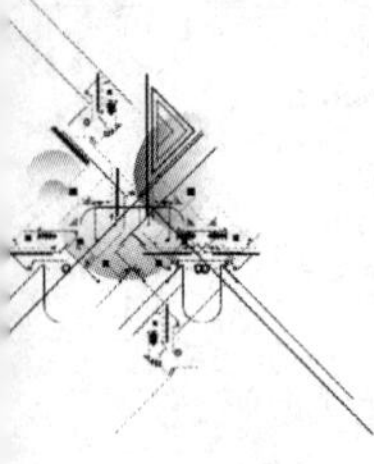

u_C 的全响应还可以用三要素直接写出：

$$\begin{aligned} u_C &= u_C(\infty)+[u_C(0_+)-u_C(\infty)]e^{-\frac{t}{\tau}} \\ &= [12+(8-12)e^{-10^6 t}]\ \text{V} \\ &= [12-4e^{-10^6 t}]\ \text{V} \end{aligned}$$

图 7-16(c)给出了零输入响应、零状态响应和全响应随时间变化的曲线。

二阶电路的零输入响应

§7-5　二阶电路的零输入响应

用二阶微分方程描述的电路称为二阶电路。

二阶电路换路后，电路中无外施激励，仅由动态元件的初始储能引起的响应，称为二阶电路的零输入响应。

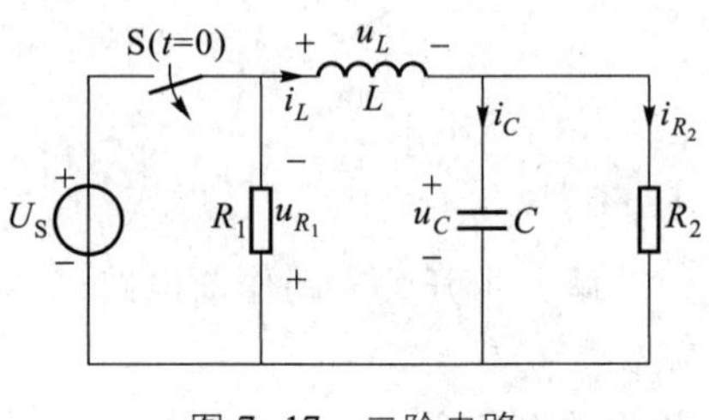

图 7-17　二阶电路

图 7-17 所示电路，开关 S 原闭合电路已达到稳定状态。$t=0$ 时开关 S 打开，对开关 S 打开后的电路列写微分方程，有

$$u_L+u_C+u_{R_1}=0 \tag{7-8}$$

由于

$$i_C=C\frac{du_C}{dt}$$

$$i_{R_2}=\frac{u_C}{R_2}$$

$$i_L=i_C+i_{R_2}=C\frac{du_C}{dt}+\frac{u_C}{R_2}$$

$$u_L=L\frac{di_L}{dt}=LC\frac{d^2u_C}{dt^2}+\frac{L}{R_2}\frac{du_C}{dt}$$

$$u_{R_1}=R_1 i_L=\frac{R_1}{R_2}u_C+R_1 C\frac{du_C}{dt}$$

把 u_L 和 u_{R_1} 代入式(7-8)并整理，得

$$\frac{d^2u_C}{dt^2}+\left(\frac{1}{R_2C}+\frac{R_1}{L}\right)\frac{du_C}{dt}+\frac{1}{LC}\left(1+\frac{R_1}{R_2}\right)u_C=0$$

所得到的微分方程是线性常系数二阶齐次微分方程，初始条件为 $u_C(0_+)=u_C(0_-)=U_S$，$i_L(0_+)=i_L(0_-)=\dfrac{U_S}{R_2}$。求解上述方程后，便可得到该电路的零输入响应。

RLC 串联电路和 *GLC* 并联电路是最简单的二阶电路，下面就以 *RLC* 串联电路为例分析二阶电路零输入响应的物理过程。

图 7-18 所示为 RLC 串联电路，假设电容原已充电，其电压 $u_C=U_0$，电感中的初始电流为 I_0。$t=0$ 时，开关 S 闭合，此电路的放电过程即是二阶电路的零输入响应。在指定的电压、电流参考方向下，根据 KVL 可得

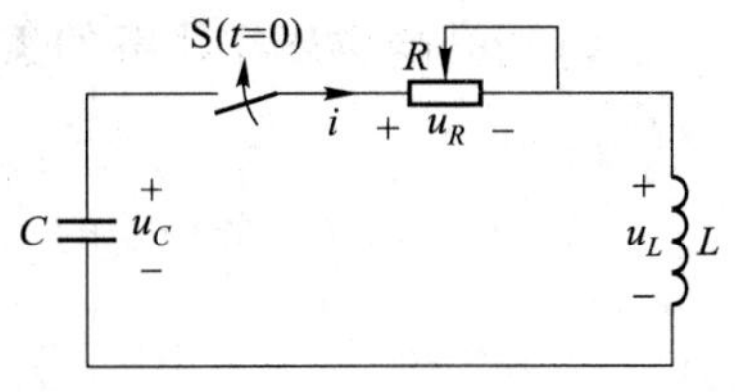

图 7-18 RLC 放电电路

$$-u_C+u_R+u_L=0$$

$i=-C\dfrac{\mathrm{d}u_C}{\mathrm{d}t}$，电压 $u_R=Ri=-RC\dfrac{\mathrm{d}u_C}{\mathrm{d}t}$，$u_L=L\dfrac{\mathrm{d}i}{\mathrm{d}t}=-LC\dfrac{\mathrm{d}^2u_C}{\mathrm{d}t^2}$。把它们代入上式，得

$$LC\frac{\mathrm{d}^2u_C}{\mathrm{d}t^2}+RC\frac{\mathrm{d}u_C}{\mathrm{d}t}+u_C=0 \tag{7-9}$$

式(7-9)是以 u_C 为未知量的 RLC 串联电路放电过程的微分方程。这是一个线性常系数二阶齐次常微分方程。求解这类方程时，仍然先设 $u_C=A\mathrm{e}^{pt}$，然后再确定其中的 p 和 A。

将 $u_C=A\mathrm{e}^{pt}$ 代入式(7-9)，得特征方程

$$LCp^2+RCp+1=0$$

解出特征根为

$$p=-\frac{R}{2L}\pm\sqrt{\left(\frac{R}{2L}\right)^2-\frac{1}{LC}}$$

根号前有正、负两个符号，所以 p 有两个值。为了兼顾这两个值，电压 u_C 可写成

$$u_C=A_1\mathrm{e}^{p_1t}+A_2\mathrm{e}^{p_2t} \tag{7-10}$$

其中

$$\left.\begin{aligned}p_1&=-\frac{R}{2L}+\sqrt{\left(\frac{R}{2L}\right)^2-\frac{1}{LC}}\\p_2&=-\frac{R}{2L}-\sqrt{\left(\frac{R}{2L}\right)^2-\frac{1}{LC}}\end{aligned}\right\} \tag{7-11}$$

从式(7-11)可见，特征根 p_1 和 p_2 仅与电路的结构和参数有关，而与激励和初始储能无关。

当式(7-11)中$\left(\dfrac{R}{2L}\right)^2-\dfrac{1}{LC}<0$ 时，若令

$$\delta=\frac{R}{2L},\quad \omega^2=\frac{1}{LC}-\left(\frac{R}{2L}\right)^2$$

则

$$\sqrt{\left(\frac{R}{2L}\right)^2-\frac{1}{LC}}=\sqrt{-\omega^2}=\mathrm{j}\omega\quad (\mathrm{j}=\sqrt{-1})$$

由于电路中 R、L、C 的参数不同，特征根亦不同，针对不同情况的特征根，二阶线性常系数齐次常微分方程的通解（亦即二阶电路的零输入解）有如下表达式。

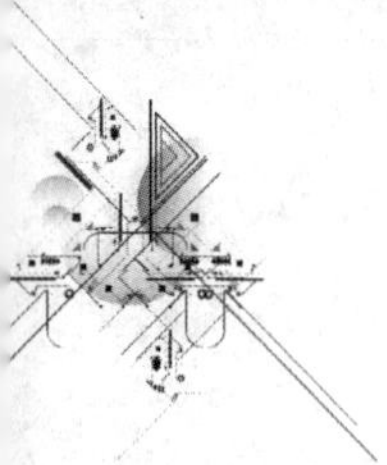

（1）p_1,p_2 为两个不等的负实根

$$\text{通解}=A_1\mathrm{e}^{p_1t}+A_2\mathrm{e}^{p_2t}$$

（2）p_1,p_2 为两个相等的负实根

$$p_1=p_2=-\delta$$

$$\text{通解}=(A_1+A_2t)\mathrm{e}^{-\delta t}$$

（3）p_1,p_2 为一对共轭复根

$$p_1=-\delta+\mathrm{j}\omega$$

$$p_2=-\delta-\mathrm{j}\omega$$

$$\text{通解}=A\mathrm{e}^{-\delta t}\sin(\omega t+\theta)$$

（4）p_1,p_2 为一对共轭虚数

$$p_1=\mathrm{j}\omega$$

$$p_2=-\mathrm{j}\omega$$

$$\text{通解}=A\sin(\omega t+\theta)$$

根据给定的初始条件 $u_C(0_+)$ 和 $i_L(0_+)$ 就可以求得上述表达式中的常数 A_1、A_2、A 和 θ。

现在给定的初始条件为 $u_C(0_+)=u_C(0_-)=U_0$，$i_L(0_+)=i_L(0_-)=I_0$，由于 $i=-C\dfrac{\mathrm{d}u_C}{\mathrm{d}t}$，因此有$\dfrac{\mathrm{d}u_C}{\mathrm{d}t}=-\dfrac{I_0}{C}$，根据这两个初始条件和式(7-10)，有

$$\left.\begin{aligned}&A_1+A_2=U_0\\&p_1A_1+p_2A_2=-\frac{I_0}{C}\end{aligned}\right\}$$

联立求解上式就可求得常数 A_1 和 A_2。下面讨论 $U_0\neq0$ 而 $I_0=0$ 的情况，即已充电的电容通过 R、L 放电的情况。此时，可解得

$$A_1=\frac{p_2U_0}{p_2-p_1}$$

$$A_2=-\frac{p_1U_0}{p_2-p_1}$$

将解得的 A_1，A_2 代入式(7-10)就可以得到 RLC 串联电路零输入响应的表达式。

下面将对特征根的不同情况详细讨论上述电路过渡过程的物理特性。

1. $R>2\sqrt{\dfrac{L}{C}}$，非振荡放电过程

在这种情况下，特征根 p_1 和 p_2 是两个不等的负实数，电容上的电压为

$$u_C=\frac{U_0}{p_2-p_1}(p_2\mathrm{e}^{p_1t}-p_1\mathrm{e}^{p_2t})\tag{7-12}$$

电流为

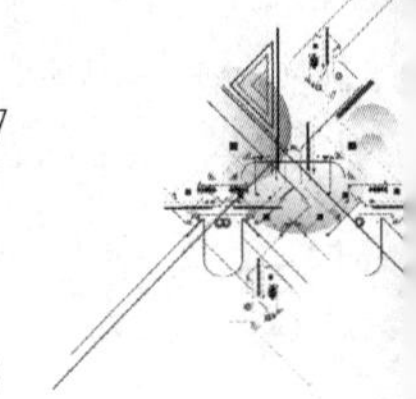

$$i=-C\frac{\mathrm{d}u_C}{\mathrm{d}t}=-\frac{CU_0p_1p_2}{p_2-p_1}(\mathrm{e}^{p_1t}-\mathrm{e}^{p_2t})=-\frac{U_0}{L(p_2-p_1)}(\mathrm{e}^{p_1t}-\mathrm{e}^{p_2t})\qquad(7-13)$$

上式中利用了 $p_1p_2=\frac{1}{LC}$的关系。

电感电压为

$$u_L=L\frac{\mathrm{d}i}{\mathrm{d}t}=-\frac{U_0}{p_2-p_1}(p_1\mathrm{e}^{p_1t}-p_2\mathrm{e}^{p_2t})\qquad(7-14)$$

图 7-19 画出了 u_C、i、u_L 随时间变化的曲线。从图中可以看出，u_C、i 始终不改变方向，而且有 $u_C>0$，$i\geqslant0$，表明电容在整个过程中一直释放储存的电能，因此称为非振荡放电，又称为过阻尼放电。当 $t=0_+$时，$i(0_+)=0$，当 $t\to\infty$ 时放电过程结束，$i(\infty)=0$，所以在放电过程中电流必然要经历从小到大再趋于零的变化。电流达最大值的时刻 t_m 可由$\frac{\mathrm{d}i}{\mathrm{d}t}=0$ 决定。

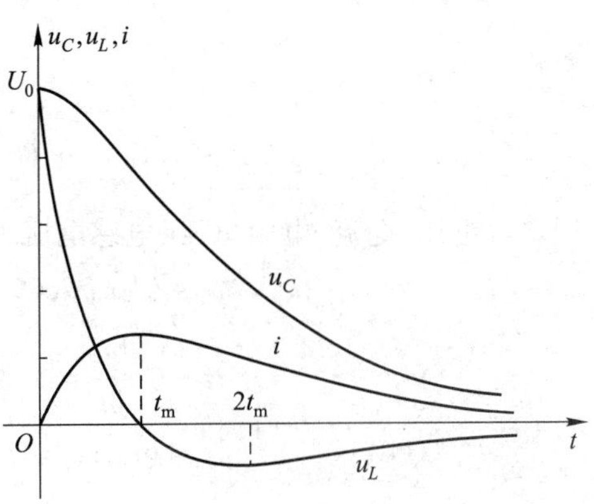

图 7-19　非振荡放电过程中 u_C、u_L 和 i 随时间变化的曲线

$$t_m=\frac{\ln\left(\frac{p_2}{p_1}\right)}{p_1-p_2}$$

$t<t_m$ 时，电感吸收能量，建立磁场；$t>t_m$ 时，电感释放能量，磁场逐渐衰减，趋向消失。$t=t_m$ 时，正是电感电压过零点。

例 7-7　在图 7-20 所示的电路中，已知 $U_S=10$ V，$C=1$ μF，$R=4$ kΩ，$L=1$ H，开关 S 原来闭合在位置 1 处，在 $t=0$ 时，开关 S 由位置 1 接至位置 2 处。求：(1) u_C、u_R、i 和 u_L；(2) i_{max}。

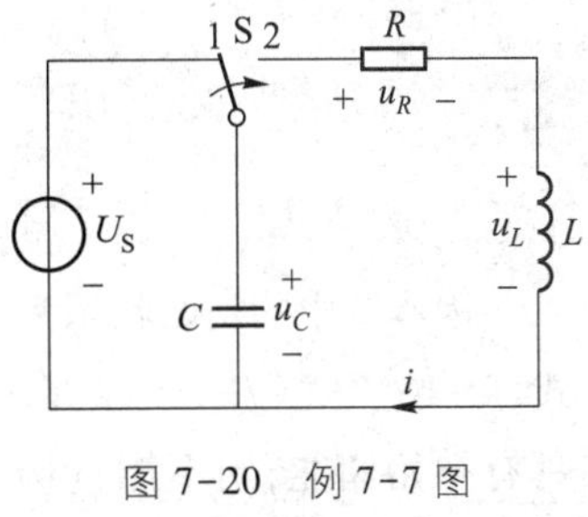

图 7-20　例 7-7 图

解　开关 S 由位置 1 接至位置 2 后列得的电路方程为

$$LC\frac{\mathrm{d}^2u_C}{\mathrm{d}t^2}+RC\frac{\mathrm{d}u_C}{\mathrm{d}t}+u_C=0$$

这是二阶电路的零输入响应。

(1) 今已知 $R=4$ kΩ，而 $2\sqrt{\frac{L}{C}}=2\sqrt{\frac{1}{10^{-6}}}\ \Omega=2$ kΩ，所以 $R>2\sqrt{\frac{L}{C}}$，放电过程是非振荡的。且 $u_C(0_+)=U_0=U_S$。

特征根为

$$p_1=-\frac{R}{2L}+\sqrt{\left(\frac{R}{2L}\right)^2-\frac{1}{LC}}=-268$$

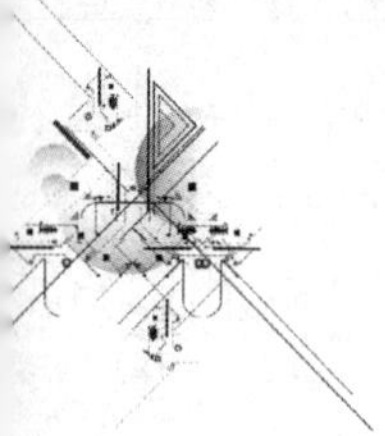

$$p_2=-\frac{R}{2L}-\sqrt{\left(\frac{R}{2L}\right)^2-\frac{1}{LC}}=-3\ 732$$

这是两个不相等的实根,所以零输入响应形式为

$$u_C=A_1\mathrm{e}^{p_1t}+A_2\mathrm{e}^{p_2t}$$

根据初始条件 $u_C(0_+)=U_S=10\ \mathrm{V}, i_L(0_+)=0$,有

$$\begin{cases}A_1+A_2=10\\A_1p_1+A_2p_2=0\end{cases}$$

解得

$$\begin{cases}A_1=10.77\\A_2=-0.773\end{cases}$$

则电容电压、电流、电阻电压、电感电压为

$$u_C=(10.77\mathrm{e}^{-268t}-0.773\mathrm{e}^{-3\ 732t})\ \mathrm{V}$$

$$i=-C\frac{\mathrm{d}u_C}{\mathrm{d}t}=2.89(\mathrm{e}^{-268t}-\mathrm{e}^{-3\ 732t})\ \mathrm{mA}$$

$$u_R=Ri=11.56(\mathrm{e}^{-268t}-\mathrm{e}^{-3\ 732t})\ \mathrm{V}$$

$$u_L=L\frac{\mathrm{d}i}{\mathrm{d}t}=(10.77\mathrm{e}^{-3\ 732t}-0.773\mathrm{e}^{-268t})\ \mathrm{V}$$

(2) 电流最大值发生在 t_{m} 时刻,即

$$t_{\mathrm{m}}=\frac{\ln\left(\frac{p_2}{p_1}\right)}{p_1-p_2}=7.60\times10^{-4}\ \mathrm{s}=760\ \mu\mathrm{s}$$

$$\begin{aligned}i_{\max}&=2.89(\mathrm{e}^{-268\times7.60\times10^{-4}}-\mathrm{e}^{-3\ 732\times7.60\times10^{-4}})\\&=21.9\times10^{-4}\ \mathrm{A}\\&=2.19\ \mathrm{mA}\end{aligned}$$

因本题中的初始状态为 $u_C(0_+)=U_0=10\ \mathrm{V}, i_L(0_+)=0$,所以也可以直接应用式(7-12)、式(7-13)、式(7-14)求得 u_C、i_L 和 u_L。如果初始条件是电感具有初值或电容和电感都具有初始储能,则不能直接应用上述诸式。

2. $R<2\sqrt{\frac{L}{C}}$,振荡放电过程

在这种情况下,特征根是一对共轭复数,即

$$p_1=-\delta+\mathrm{j}\omega,\quad p_2=-\delta-\mathrm{j}\omega$$

令 $\omega_0=\sqrt{\delta^2+\omega^2}$,$\beta=\arctan\left(\frac{\omega}{\delta}\right)$(如图 7-21 所示),则有 $\delta=\omega_0\cos\beta$,$\omega=\omega_0\sin\beta$,根据 $\mathrm{e}^{\mathrm{j}\beta}=\cos\beta+\mathrm{j}\sin\beta$,$\mathrm{e}^{-\mathrm{j}\beta}=\cos\beta-\mathrm{j}\sin\beta$,可求得

$$p_1=-\omega_0\mathrm{e}^{-\mathrm{j}\beta},\quad p_2=-\omega_0\mathrm{e}^{\mathrm{j}\beta}$$

这样

$$\begin{aligned}u_C&=\frac{U_0}{p_2-p_1}(p_2\mathrm{e}^{p_1t}-p_1\mathrm{e}^{p_2t})\\&=\frac{U_0}{-\mathrm{j}2\omega}[-\omega_0\mathrm{e}^{\mathrm{j}\beta}\mathrm{e}^{(-\delta+\mathrm{j}\omega)t}+\omega_0\mathrm{e}^{-\mathrm{j}\beta}\mathrm{e}^{(-\delta-\mathrm{j}\omega)t}]\\&=\frac{U_0\omega_0}{\omega}\mathrm{e}^{-\delta t}\left[\frac{\mathrm{e}^{\mathrm{j}(\omega t+\beta)}-\mathrm{e}^{-\mathrm{j}(\omega t+\beta)}}{\mathrm{j}2}\right]\\&=\frac{U_0\omega_0}{\omega}\mathrm{e}^{-\delta t}\sin(\omega t+\beta)\end{aligned}$$

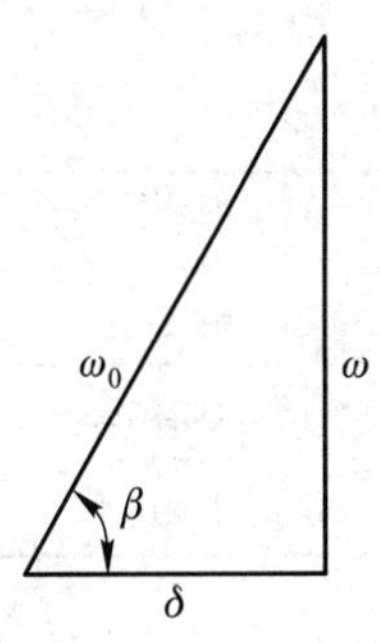

图 7-21 表示 ω_0、ω 和 δ 相互关系的三角形

根据 $i=-C\dfrac{\mathrm{d}u_C}{\mathrm{d}t}$,或者利用式(7-13)可求得 i 为

$$i=\frac{U_0}{\omega L}\mathrm{e}^{-\delta t}\sin(\omega t)$$

而电感电压

$$u_L=-\frac{U_0\omega_0}{\omega}\mathrm{e}^{-\delta t}\sin(\omega t-\beta)$$

从上述 u_C、i 和 u_L 的表达式可以看出,它们的波形将呈现衰减振荡的状态,又称为欠阻尼放电。在整个过程中,它们将周期性地改变方向,储能元件也将周期性地交换能量。u_C、i 和 u_L 的波形如图 7-22 所示,根据上述各式,还可以得出:

(1) $\omega t=k\pi,k=0,1,2,3,\cdots$ 为电流 i 的过零点,即 u_C 的极值点;

(2) $\omega t=k\pi+\beta,k=0,1,2,3,\cdots$ 为电感电压 u_L 的过零点,也即电流 i 的极值点;

(3) $\omega t=k\pi-\beta,k=0,1,2,3,\cdots$ 为电容电压 u_C 的过零点。

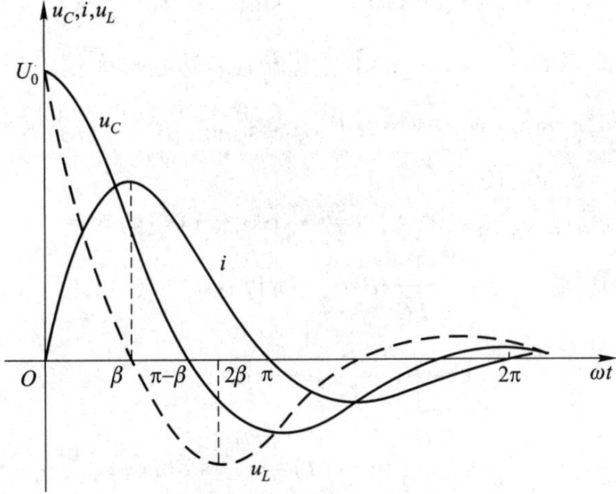

图 7-22 振荡放电过程中 u_C、u_L 和 i 的波形

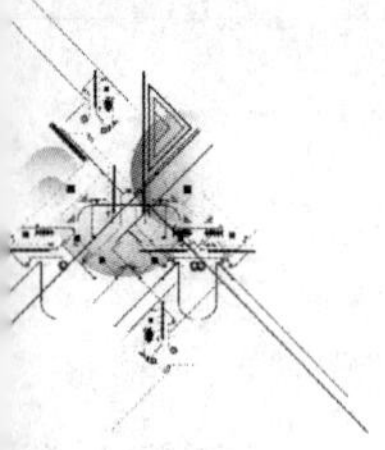

根据上述零点划分的时域可以看出元件之间能量转换、吸收的概况，见表 7-2。

表 7-2

元件	$0<\omega t<\beta$	$\beta<\omega t<\pi-\beta$	$\pi-\beta<\omega t<\pi$
电感	吸收	释放	释放
电容	释放	释放	吸收
电阻	消耗	消耗	消耗

例 7-8　在受控热核研究中，需要强大的脉冲磁场，它是靠强大的脉冲电流产生的。这种强大的脉冲电流可以由 *RLC* 放电电路产生。若已知 $U_0=15\ \text{kV}$，$C=1\ 700\ \mu\text{F}$，$R=6\times10^{-4}\ \Omega$，$L=6\times10^{-9}\ \text{H}$。

(1) 试求放电电流 $i(t)$。

(2) $i(t)$ 在何时达到极大值？求出 $i_{\max}$。

解　根据已知参数有

$$\delta=\frac{R}{2L}=5\times10^4\ \text{s}^{-1}$$

$$\text{j}\omega=\sqrt{\left(\frac{R}{2L}\right)^2-\frac{1}{LC}}=\text{j}3.09\times10^5\ \text{rad/s}$$

$$\beta=\arctan\left(\frac{\omega}{\delta}\right)=1.41\ \text{rad}$$

即特征根为共轭复数，属于振荡放电情况。所以有

(1) 电流 $i(t)$ 为

$$\begin{aligned}i(t)&=\frac{U_0}{\omega L}\text{e}^{-\delta t}\sin(\omega t)\\&=8.09\times10^6\text{e}^{-5\times10^4 t}\sin(3.09\times10^5 t)\ \text{A}\end{aligned}$$

(2) 当 $\omega t=\beta$，即当 $t=\dfrac{\beta}{\omega}=4.56\ \mu\text{s}$ 时，电流 $i(t)$ 达到极大值

$$\begin{aligned}i_{\max}&=8.09\times10^6\text{e}^{-5\times10^4\times4.56\times10^{-6}}\sin(3.09\times10^5\times4.56\times10^{-6})\ \text{A}\\&=6.36\times10^6\ \text{A}\end{aligned}$$

可见，最大放电电流可达 6.36×10^6 A，这是一个比较可观的数值。

在 $R=0$ 时，$\delta=0$，则 $\omega=\omega_0=\dfrac{1}{\sqrt{LC}}$，$\beta=\dfrac{\pi}{2}$，所以这时 $u_C(t)$、$i(t)$、$u_L(t)$ 的表达式为

$$u_C(t)=U_0\sin\left(\omega_0 t+\frac{\pi}{2}\right)$$

$$i(t)=\frac{U_0}{\omega_0 L}\sin(\omega_0 t)=\frac{U_0}{\sqrt{\dfrac{L}{C}}}\sin(\omega_0 t)$$

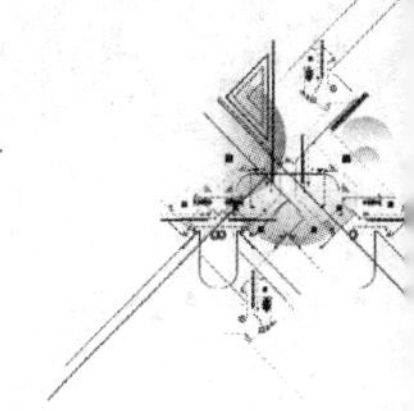

$$u_L(t)=-U_0\sin\left(\omega_0 t-\frac{\pi}{2}\right)=U_0\sin\left(\omega_0 t+\frac{\pi}{2}\right)=u_C(t)$$

这时 $u_C(t)$、$i(t)$、$u_L(t)$ 各量都是正弦函数，它们的振幅并不衰减，是一种等幅振荡的放电过程。

尽管实际的振荡电路都是有损耗的，但若仅关心在很短的时间间隔内发生的过程时，则按等幅振荡处理不会带来显著的误差。

例 7-9 为了试验油开关熄灭电弧的能力，需要在开关中通以数十千安，频率为 50 Hz 的正弦电流。工程中往往采用 LC 放电电路作为试验电源，如图 7-23 所示。其工作情况大致如下：首先打开开关 S_2，接通开关 S_1，使电容器充电至所需电压 U_0；然后打开开关 S_1，接通开关 S_2，于是电容器就开始对电感线圈放电。选择电路参数 L 和 C 的大小以及充电电压 U_0 的数值，就可得到试验所需正弦电流。在开关闭合后的适当时间，借助于自动装置把被试开关的触头 A 拉开，便可以试验高压开关的灭弧能力。

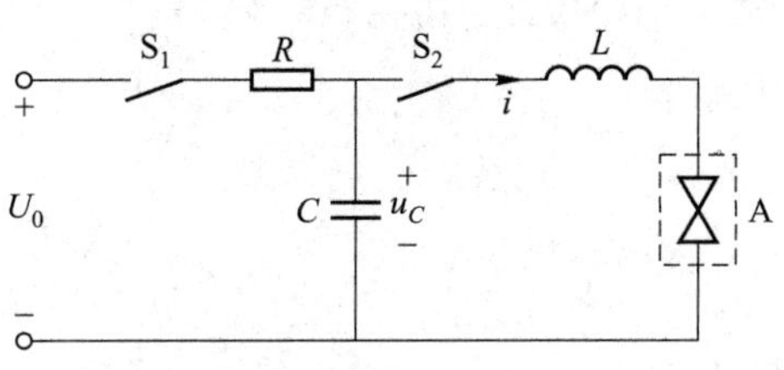

图 7-23 试验高压开关灭弧能力的振荡电路

在本例题中，已知 $C=3\ 800\ \mu\text{F}$，$U_0=14.14\ \text{kV}$，若线圈用很粗的导线绕制，则在近似估算中可以把它的电阻忽略不计。

(1) 为了产生试验所需 50 Hz 电流，线圈电感 L 等于多少？

(2) 试求振荡电路的电流 $i(t)$ 以及电容电压 $u_C(t)$。

解 (1) 试验所需电流的频率为 50 Hz，即 $\omega_0=2\pi f=314\ \text{rad/s}$，根据 $\omega_0=\dfrac{1}{\sqrt{LC}}$，可以求出电感 L 为

$$L=\frac{1}{\omega_0^2 C}=2.67\times10^{-3}\ \text{H}=2.67\ \text{mH}$$

(2) 根据

$$i=\frac{U_0}{\sqrt{\dfrac{L}{C}}}\sin\left(\frac{t}{\sqrt{LC}}\right)$$

可以得出电流 $i(t)$ 为

$$i(t)=16.9\times10^3\sin(314t)\ \text{A}$$

可见，放电电流的峰值可达 16.9 kA。

电容电压为

$$u_C(t)=u_L(t)=U_0\sin\left(\omega_0 t+\frac{\pi}{2}\right)=10\sqrt{2}\times10^3\sin\left(314t+\frac{\pi}{2}\right)\ \text{V}$$

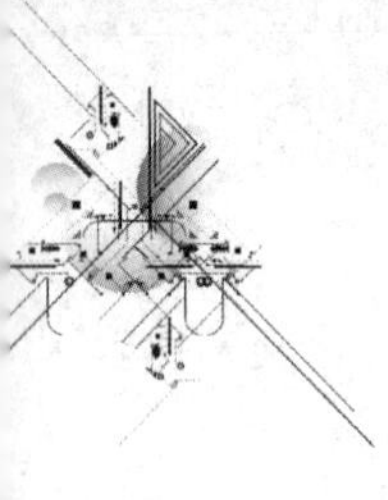

3. $R=2\sqrt{\dfrac{L}{C}}$，临界情况

在 $R=2\sqrt{\dfrac{L}{C}}$ 的条件下，这时特征方程具有重根

$$p_1=p_2=-\frac{R}{2L}=-\delta$$

微分方程(7-9)的通解为

$$u_C=(A_1+A_2t)\mathrm{e}^{-\delta t}$$

根据初始条件可得

$$A_1=U_0$$
$$A_2=\delta U_0$$

所以

$$u_C(t)=U_0(1+\delta t)\mathrm{e}^{-\delta t}$$
$$i(t)=-C\frac{\mathrm{d}u_C}{\mathrm{d}t}=\frac{U_0}{L}t\mathrm{e}^{-\delta t}$$
$$u_L(t)=L\frac{\mathrm{d}i}{\mathrm{d}t}=U_0\mathrm{e}^{-\delta t}(1-\delta t)$$

从以上诸式可以看出 $u_C(t)$、$i(t)$、$u_L(t)$ 不做振荡变化，即具有非振荡的性质，其波形与图 7-19 所示相似。然而，这种过程是振荡与非振荡过程的分界线，所以 $R=2\sqrt{\dfrac{L}{C}}$ 时的过渡过程称为临界非振荡过程，这时的电阻称为临界电阻，并称电阻大于临界电阻的电路为过阻尼电路，小于临界电阻的电路为欠阻尼电路。

还可指出，临界情况下过渡过程的计算公式，可通过前两种非临界情况下的公式取极限导出。

二阶电路的零状态响应和全响应

§7-6　二阶电路的零状态响应和全响应

二阶电路的初始储能为零(即电容两端的电压和电感中的电流都为零)，仅由外施激励引起的响应称为二阶电路的零状态响应。

图 7-24 所示为 GCL 并联电路，$u_C(0_-)=0$，$i_L(0_-)=0$，$t=0$ 时，开关 S 打开。根据 KVL 有

$$i_C+i_G+i_L=i_S$$

以 i_L 为待求变量，可得

$$LC\frac{\mathrm{d}^2i_L}{\mathrm{d}t^2}+GL\frac{\mathrm{d}i_L}{\mathrm{d}t}+i_L=i_S$$

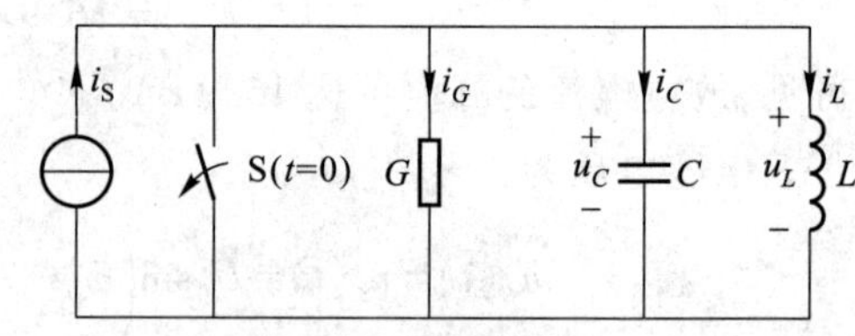

图 7-24　二阶电路的零状态响应

这是二阶线性非齐次方程，它的解答由特解

和对应的齐次方程的通解组成。如果 i_S 为直流激励或正弦激励,则取稳态解 i'为特解,而通解 i''与零输入响应形式相同,再根据初始条件确定积分常数,从而得到全解。

如果二阶电路具有初始储能,又接入外施激励,则电路的响应称为全响应。全响应是零输入响应和零状态响应的叠加,可以通过求解二阶非齐次方程的方法求得全响应。

例 7-10　图 7-24 所示电路中,$u_C(0_-)=0$,$i_L(0_-)=0$,$G=2\times10^{-3}$ S,$C=1$ μF,$L=1$ H,$i_S=1$ A,当 $t=0$ 时把开关 S 打开。试求响应 i_L、u_C 和 i_C。

解　列出开关 S 打开后的电路微分方程为

$$LC\frac{\mathrm{d}^2 i_L}{\mathrm{d}t^2}+GL\frac{\mathrm{d}i_L}{\mathrm{d}t}+i_L=i_S$$

特征方程为

$$p^2+\frac{G}{C}p+\frac{1}{LC}=0$$

代入数据后可求得特征根为

$$p_1=p_2=p=-10^3$$

由于 p_1、p_2 是重根,为临界阻尼情况,其解答为

$$i_L=i_L'+i_L''$$

式中 i_L' 为特解(强制分量)

$$i_L'=1\ \text{A}$$

i_L'' 为对应的齐次方程的解

$$i_L''=(A_1+A_2t)\mathrm{e}^{pt}$$

所以通解为

$$i_L=[1+(A_1+A_2t)\mathrm{e}^{-10^3t}]$$

$t=0_+$时的初始值为

$$i_L(0_+)=i_L(0_-)=0$$

$$\left(\frac{\mathrm{d}i_L}{\mathrm{d}t}\right)_{0_+}=\frac{1}{L}u_L(0_+)=\frac{1}{L}u_C(0_+)$$

$$=\frac{1}{L}u_C(0_-)=0$$

代入初始条件可求得

$$1+A_1+0=0$$

$$-10^3A_1+A_2=0$$

解得

$$A_1=-1$$

$$A_2=-10^3$$

所以求得的零状态响应为

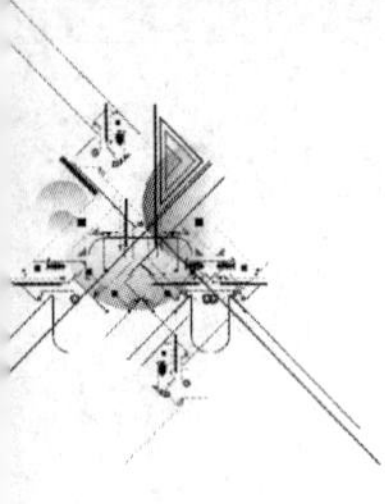

$$i_L=[1-(1+10^3t)e^{-10^3t}]\ \text{A}$$

$$u_C=u_L=L\frac{di_L}{dt}=10^6te^{-10^3t}\ \text{V}$$

$$i_C=C\frac{du_C}{dt}=(1-10^3t)e^{-10^3t}\ \text{A}$$

过渡过程是临界阻尼情况，属非振荡性质，i_L、i_C、u_C 随时间变化的波形如图 7-25 所示。

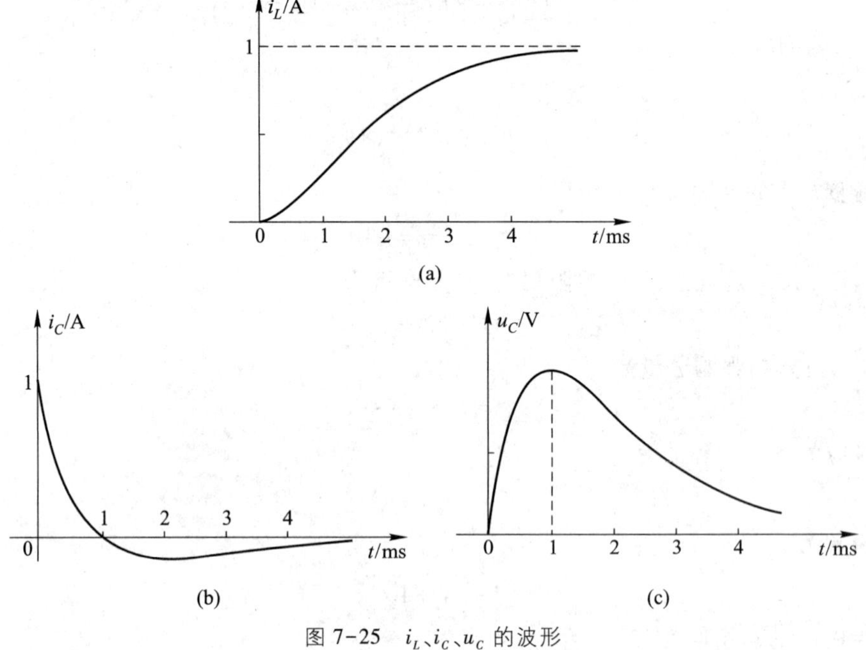

图 7-25　i_L、i_C、u_C 的波形

例 7-11　图 7-26 所示电路中，若给定 $R=50\ \Omega$，$L=0.5\ \text{H}$，$C=100\ \mu\text{F}$，直流电源 $U_S=50\ \text{V}$，已知 $u_C(0_-)=0$，$i_L(0_-)=2\ \text{A}$。开关 S 在 $t=0$ 时闭合，求开关闭合后电感中的电流 $i_L(t)$。

解　从题目所给条件可以看出，电路原有初始电流 $i_L(0_-)=2\ \text{A}$，开关闭合后又接入了电压源，所以开关闭合后的响应为全响应。

（1）列出开关闭合后电路的微分方程为

$$RLC\frac{d^2i_L}{dt^2}+L\frac{di_L}{dt}+Ri_L=U_S$$

代入已知参数并整理得

$$\frac{d^2i_L}{dt^2}+200\frac{di_L}{dt}+20\ 000i_L=20\ 000$$

设全响应为 $i_L(t)=i_L'+i_L''$。

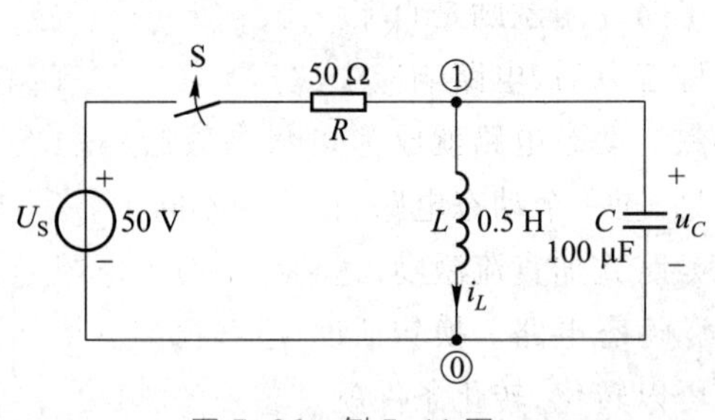

图 7-26　例 7-11 图

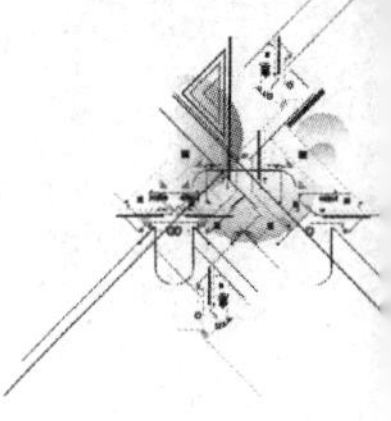

（2）特解为

$$i_L'=\frac{50}{50}\ \text{A}=1\ \text{A}$$

（3）求通解，二阶微分方程的特征方程为

$$p^2+200p+20\ 000=0$$

特征根为

$$p=-100\pm \text{j}100$$

由于特征根为共轭复根，所以换路后过渡过程的性质为欠阻尼性质，即

$$i_L''=A\text{e}^{-100t}\sin(100t+\beta)$$

（4）全响应为

$$\begin{aligned} i_L(t)&=i_L'+i_L'' \\ &=1+A\text{e}^{-100t}\sin(100t+\beta) \end{aligned}$$

已知初始条件为

$$i_L(0_+)=i_L(0_-)=2\ \text{A}$$

$$\left.\frac{\text{d}i_L}{\text{d}t}\right|_{0_+}=\frac{u_C(0_+)}{L}=0$$

所以有

$$\begin{cases} 1+A\sin\beta=2 \\ 100A\cos\beta-100A\sin\beta=0 \end{cases}$$

解得

$$A=\sqrt{2}$$

$$\beta=45°$$

所以电流 i_L 的全响应为

$$i_L(t)=[1+\sqrt{2}\,\text{e}^{-100t}\sin(100t+45°)]\ \text{A}$$

通过对一阶电路和二阶电路的时域分析可知，动态电路发生换路后，如果激励是直流电源，则电路响应中含有随时间指数衰减的暂态分量。在换路后达到稳态以后，电路响应中的指数项衰减到零，此时电容电压不再变化，电容可用开路替代；电感电流不再变化，电感可用短路替代。这时动态电路虽然含有储能元件，却相当于直流激励的电阻电路。与激励是直流情形类似，动态电路施加正弦激励。动态电路发生换路后，当达到稳态以后，电路响应中的指数项衰减到零，所有元件上的电压和电流都是正弦时间函数。动态电路就成为正弦函数激励的正弦稳态电路，用相量法分析（见第八章）。可见，同一个动态电路，在施加不同性质的激励时，达到稳态的电路模型是不同的。动态电路施加直流激励，达到稳态时是电阻电路；动态电路施加正弦激励，达到稳态时是正弦稳态电路。换句话说，电路模型分析和实际电路测量是一对矛盾，矛盾在一定条件下可以转化，转化条件就是施加的激励。解决矛盾的方法就是采用不同的电路模型和分

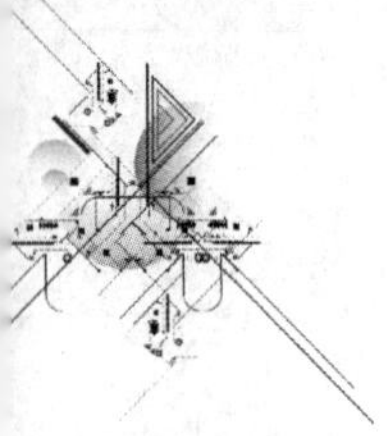

析方法，就是一把钥匙开一把锁，具体问题具体分析。

§7-7　一阶电路和二阶电路的阶跃响应

一阶电路的阶跃响应

电路对于单位阶跃函数激励的零状态响应称为单位阶跃响应。

单位阶跃函数是一种奇异函数，见图 7-27(a)，可定义为

$$\varepsilon(t)=\begin{cases}0 & t<0\\ 1 & t>0\end{cases}$$

值得注意的是，单位阶跃函数在 $t=0$ 这一点是不连续的，它可以用来描述图 7-27(b)所示开关动作，它表示在 $t=0$ 时把电路接到单位直流电压源上。阶跃函数可以作为开关的数学模型，所以有时也称为开关函数。

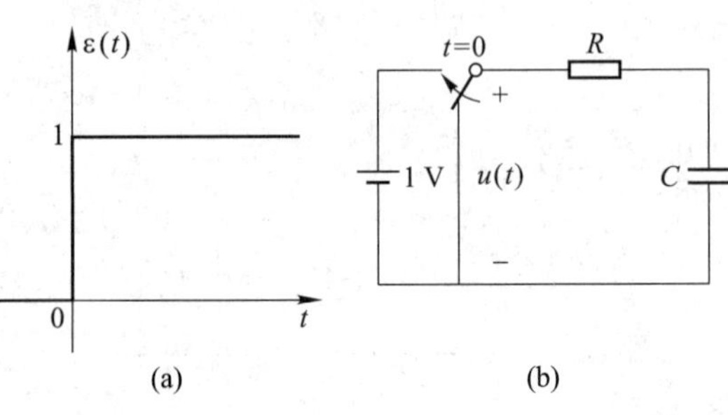

图 7-27　单位阶跃函数

定义任一时刻 t_0 起始的阶跃函数为

$$\varepsilon(t-t_0)=\begin{cases}0 & t<t_0\\ 1 & t>t_0\end{cases}$$

$\varepsilon(t-t_0)$可看作是 $\varepsilon(t)$在时间轴上移动 t_0 后的结果，如图 7-28 所示，所以它是延迟的单位阶跃函数。

假设把电路在 $t=t_0$ 时接通一个电流为 2 A 的直流电流源，则此外施电流就可写为 $2\varepsilon(t-t_0)$ A。

单位阶跃函数还可用来“起始”任意一个 $f(t)$。设 $f(t)$是对所有 t 都有定义的一个任意函数，则

$$f(t)\varepsilon(t-t_0)=\begin{cases}f(t) & t>t_0\\ 0 & t<t_0\end{cases}$$

它的波形如图 7-29 所示。

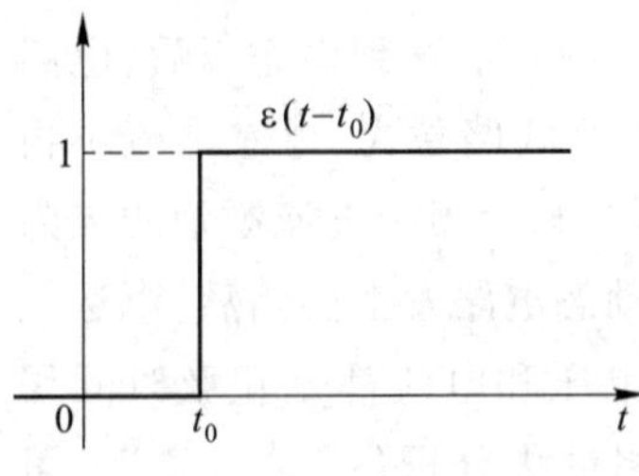

图 7-28　延迟的单位阶跃函数

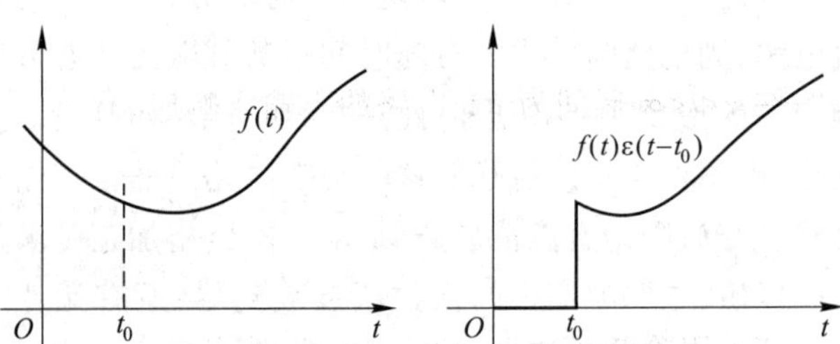

图 7-29　单位阶跃函数的起始作用

对于一个如图 7-30(a)所示幅度为 1 的矩形脉冲，可以把它看作由两个阶跃函数组成，如图 7-30(b)所示，即

$$f(t)=\varepsilon(t)-\varepsilon(t-t_0)$$

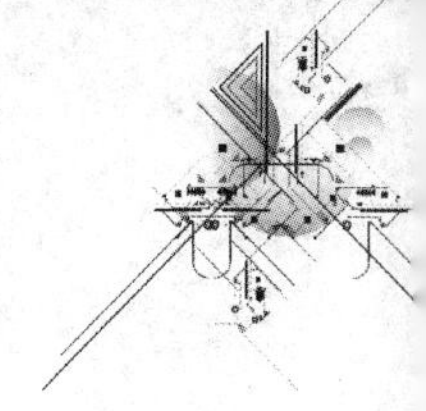

同理，对于一个如图 7-30(c)所示矩形脉冲，则可写为

$$f(t)=\varepsilon(t-\tau_1)-\varepsilon(t-\tau_2)$$

当电路的激励为单位阶跃 $\varepsilon(t)$ V 或 $\varepsilon(t)$ A 时，相当于将电路在 $t=0$ 时接通电压值为 1 V 的直流电压源或电流值为 1 A 的直流电流源。因此单位阶跃响应与直流激励响应相同。用 $s(t)$ 表示单位阶跃响应。已知电路的 $s(t)$，如果该电路的恒定激励为 $u_S(t)=U_0\varepsilon(t)$ [或 $i_S(t)=I_0\varepsilon(t)$]，则电路的零状态响应为 $U_0s(t)$ [或 $I_0s(t)$]。

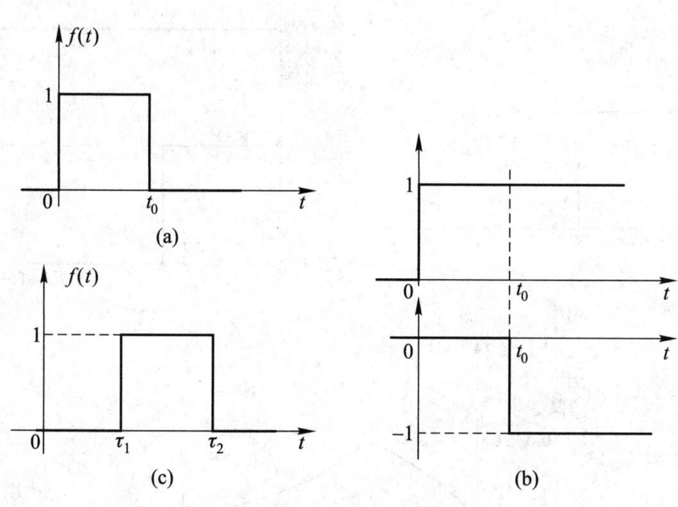

图 7-30　矩形脉冲的组成

例 7-12　图 7-31 所示电路，开关 S 合在位置 1 时电路已达稳定状态。$t=0$ 时，开关由位置 1 合向位置 2，在 $t=\tau=RC$ 时又由位置 2 合向位置 1，求 $t>0$ 时的电容电压 $u_C(t)$。

解　此题可用两种方法求解。

(1) 将电路的工作过程分段求解

在 $0<t<\tau$ 区间为 RC 电路的零状态响应，有

$$u_C(0_+)=u_C(0_-)=0$$

$$u_C(t)=U_S(1-e^{-\frac{t}{\tau}}),\quad \tau=RC$$

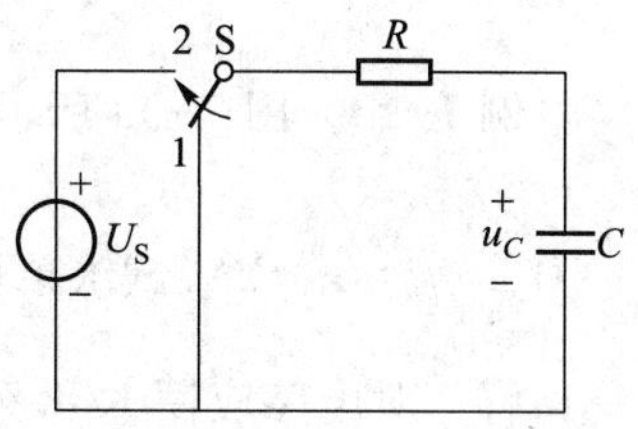

图 7-31　例 7-12 图

在 $\tau<t<\infty$ 区间为 RC 电路的零输入响应，有

$$u(\tau)=U_S(1-e^{-\frac{\tau}{\tau}})=0.632U_S$$

$$u_C(t)=0.632U_Se^{-\frac{t-\tau}{\tau}}$$

(2) 用阶跃函数表示激励，求阶跃响应

根据开关的动作，电路的激励 $u_S(t)$ 可以用图 7-32(a)所示的矩形脉冲表示，按图 7-32(b)可写为

$$u_S(t)=U_S\varepsilon(t)-U_S\varepsilon(t-\tau)$$

RC 电路的单位阶跃响应为

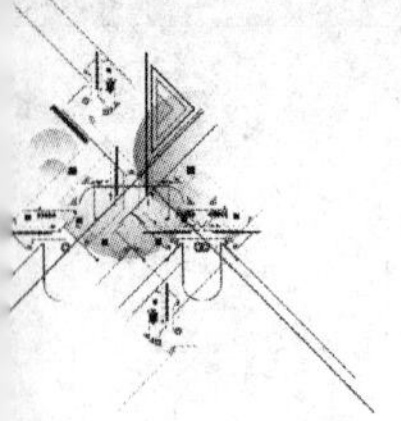

$$s(t)=(1-\mathrm{e}^{-\frac{t}{\tau}})\varepsilon(t)$$

故

$$u_C(t)=U_S(1-\mathrm{e}^{-\frac{t}{\tau}})\varepsilon(t)-U_S[1-\mathrm{e}^{\frac{-(t-\tau)}{\tau}}]\varepsilon(t-\tau)$$

其中第一项为阶跃响应,第二项为延迟的阶跃响应。$u_C(t)$的波形如图 7-32(c)所示。

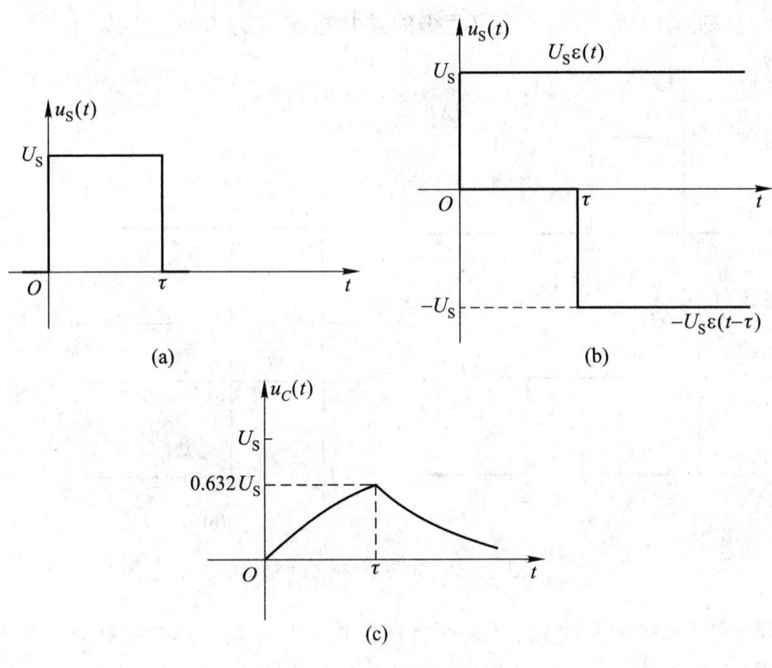

图 7-32　u_C 的波形

例 7-13　图 7-33 所示电路中,已知 $u_C(0_-)=0, i_L(0_-)=0, G=1.5\ \mathrm{S}, C=\frac{1}{4}\ \mathrm{F}, L=\frac{1}{2}\ \mathrm{H}, i_S(t)=\varepsilon(t)\ \mathrm{A}$,试求单位阶跃响应 $i_L(t)$。

解　对电路应用 KCL 列方程有

$$i_C+i_G+i_L=\varepsilon(t)$$

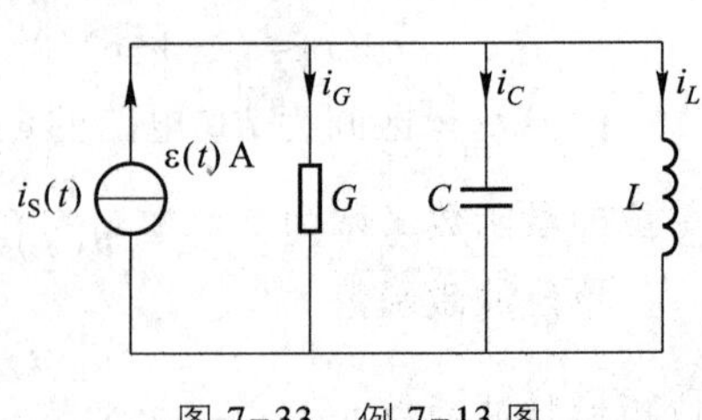

图 7-33　例 7-13 图

其中

$$i_C=C\frac{\mathrm{d}u_C}{\mathrm{d}t}=LC\frac{\mathrm{d}^2 i_L}{\mathrm{d}t^2}$$

$$i_G=GL\frac{\mathrm{d}i_L}{\mathrm{d}t}$$

代入已知参数并整理得

$$\frac{\mathrm{d}^2 i_L}{\mathrm{d}t^2}+6\frac{\mathrm{d}i_L}{\mathrm{d}t}+8i_L=8\varepsilon(t)$$

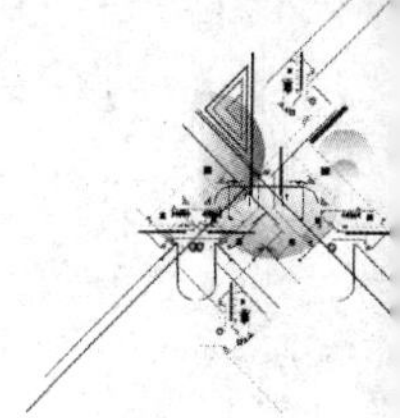

这是一个二阶线性非齐次方程，其解为

$$i_L=i'+i''$$

其中特解为

$$i'=1\ \text{A}$$

对应齐次方程的通解为

$$i''=A_1\text{e}^{p_1t}+A_2\text{e}^{p_2t}$$

特征方程为

$$p^2+6p+8=0$$

解得特征根为

$$p_1=-2,\quad p_2=-4$$

所以

$$i_L=i'+i''=1+A_1\text{e}^{-2t}+A_2\text{e}^{-4t}$$

将初始条件 $u_C(0_+)=u_C(0_-)=0, i_L(0_+)=i_L(0_-)=0$ 代入上式有

$$\begin{cases}1+A_1+A_2=0\\-2A_1-4A_2=0\end{cases}$$

解得

$$\begin{cases}A_1=-2\\A_2=1\end{cases}$$

所以电感电流的单位阶跃响应为

$$s(t)=i_L(t)=(1-2\text{e}^{-2t}+\text{e}^{-4t})\varepsilon(t)\ \text{A}$$

电路的过渡过程是过阻尼性质的。

§7-8　一阶电路和二阶电路的冲激响应

电路对于单位冲激函数激励的零状态响应称为单位冲激响应。

单位冲激函数也是一种奇异函数，可定义为

$$\begin{cases}\int_{-\infty}^{\infty}\delta(t)\,\text{d}t=1\\\delta(t)=0\qquad(\text{当 }t\neq0)\end{cases}$$

单位冲激函数又称为 δ 函数。它在 $t\neq0$ 处为零，但在 $t=0$ 处为奇异的。

单位冲激函数 $\delta(t)$ 可以看作是单位脉冲函数的极限情况。图 7-34(a)为一个单位矩形脉冲函数 $p(t)$ 的波形。它的高为$\dfrac{1}{\Delta}$，宽为 Δ，在保持矩形面积 $\Delta\cdot\dfrac{1}{\Delta}=1$ 不变的情况下，它的宽度越来越窄时，它的高度越来越大。当脉冲宽度 $\Delta\to0$ 时，脉冲高度 $\dfrac{1}{\Delta}\to\infty$，在此极限情况下，可以得到一个宽度趋于零，幅度趋于无限大的面积仍为 1 的脉冲，这就是单位冲激函数 $\delta(t)$，可记为

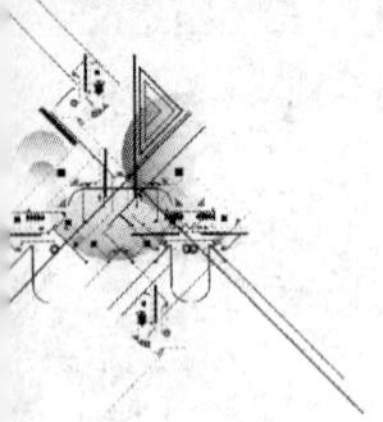

$$\lim_{\Delta \to 0} p(t) = \delta(t)$$

单位冲激函数的波形如图 7-34(b)所示,有时在箭头旁边注明“1”。强度为 K 的冲激函数可用图 7-34(c)表示,此时箭头旁边应注明“K”。

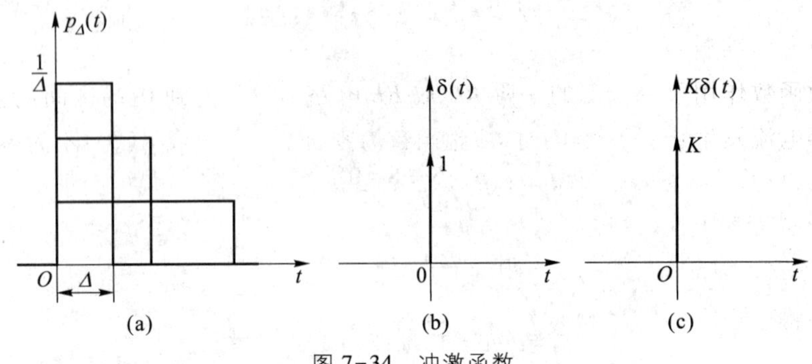

图 7-34　冲激函数

同在时间上延迟出现的单位阶跃函数一样,可以把发生在 $t=t_0$ 时的单位冲激函数写为 $\delta(t-t_0)$,还可以用 $K\delta(t-t_0)$ 表示一个强度为 K,发生在 t_0 时刻的冲激函数。

冲激函数有如下两个主要性质:

(1) 单位冲激函数 $\delta(t)$ 对时间的积分等于单位阶跃函数 $\varepsilon(t)$,即

$$\int_{-\infty}^{t} \delta(\xi)\,\mathrm{d}\xi = \varepsilon(t)$$

反之,单位阶跃函数 $\varepsilon(t)$ 对时间的一阶导数等于单位冲激函数 $\delta(t)$,即

$$\frac{\mathrm{d}\varepsilon(t)}{\mathrm{d}t} = \delta(t) \tag{7-15}$$

(2) 单位冲激函数的“筛分”性质

由于当 $t \neq 0$ 时,$\delta(t)=0$,所以对任意在 $t=0$ 时连续的函数 $f(t)$,将有

$$f(t)\delta(t) = f(0)\delta(t)$$

因此

$$\int_{-\infty}^{\infty} f(t)\delta(t)\,\mathrm{d}t = f(0)\int_{-\infty}^{\infty} \delta(t)\,\mathrm{d}t = f(0)$$

同理,对于任意一个在 $t=t_0$ 时连续的函数 $f(t)$,有

$$\int_{-\infty}^{\infty} f(t)\delta(t-t_0)\,\mathrm{d}t = f(t_0)$$

这就是说,冲激函数有把一个函数在某一时刻的值“筛”出来的本领,所以称为“筛分”性质,又称取样性质。

当把一个单位冲激电流 $\delta_i(t)$(其单位为 A)加到初始电压为零且 $C=1$ F 的电容上时,电容电压 u_C 为

$$u_C = \frac{1}{C}\int_{0_-}^{0_+} \delta_i(t)\,\mathrm{d}t = \frac{1}{C} = 1\ \mathrm{V}$$

这相当于单位冲激电流瞬时把电荷转移到电容上,使电容电压从零跃变到 1 V。

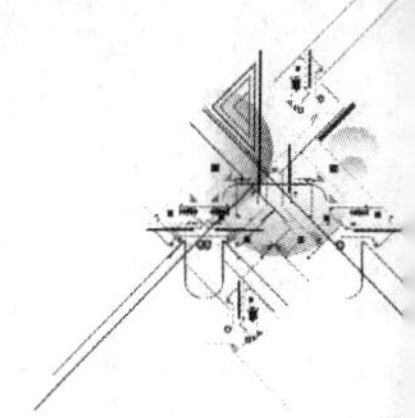

同理，如果把1个单位冲激电压 $\delta_u(t)$（其单位为V）加到初始电流为零且 $L=1$ H的电感上，则电感电流为

$$i_L=\frac{1}{L}\int_{0_-}^{0_+}\delta_u(t)\,dt=\frac{1}{L}=1\text{ A}$$

所以单位冲激电压瞬时在电感内建立了1 A的电流，即电感电流从零值跃变到1 A。

当冲激函数作用于零状态的一阶 RC 或 RL 电路，在 $t=0_-$ 到 0_+ 的区间内它使电容电压或电感电流发生跃变。$t\geqslant 0_+$ 时，冲激函数为零，但 $u_C(0_+)$ 或 $i_L(0_+)$ 不为零，电路中将产生相当于初始状态引起的零输入响应。所以，一阶电路冲激响应的求解，关键在于计算在冲激函数作用下的 $u_C(0_+)$ 或 $i_L(0_+)$ 的值。

图7-35(a)为一个在单位冲激电流 $\delta_i(t)$ 激励下的 RC 电路。可以用下述方法求得该电路的零状态响应。根据KCL有

$$C\frac{du_C}{dt}+\frac{u_C}{R}=\delta_i(t),\quad t\geqslant 0_-$$

而 $u_C(0_-)=0$。

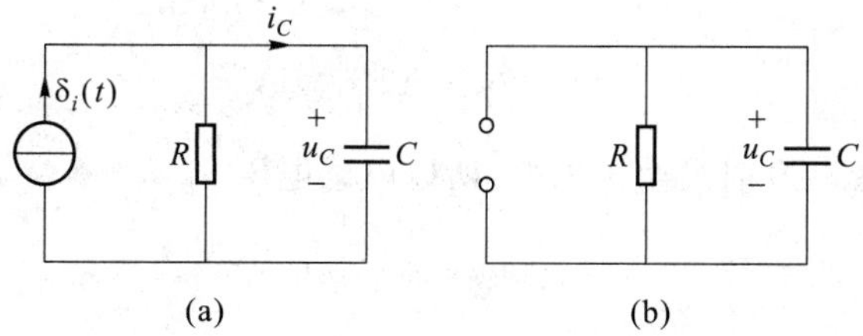

图7-35　RC 电路的冲激响应

为了求 $u_C(0_+)$ 的值，把上式在 0_- 与 0_+ 时间间隔内积分，得

$$\int_{0_-}^{0_+}C\frac{du_C}{dt}dt+\int_{0_-}^{0_+}\frac{u_C}{R}dt=\int_{0_-}^{0_+}\delta_i(t)\,dt$$

上式左方第二个积分仅在 u_C 为冲激函数时才不为零。但是如果 u_C 是冲激函数，则 i_R 亦为冲激函数$\left(i_R=\frac{u_C}{R}\right)$，而 $i_C=C\frac{du_C}{dt}$ 将为冲激函数的一阶导数；这样就不能满足KCL，即上式将不能成立，因此 u_C 不可能是冲激函数。于是方程左方的第二个积分应为零，从而得

$$C[u_C(0_+)-u_C(0_-)]=1$$

或

$$u_C(0_+)=\frac{1}{C}$$

当 $t\geqslant 0_+$ 时，冲激电流源处相当于开路，所以可以用图7-35(b)求得 $t\geqslant 0_+$ 时的电容电压为

$$u_C=u_C(0_+)e^{-\frac{t}{\tau}}=\frac{1}{C}e^{-\frac{t}{\tau}}$$

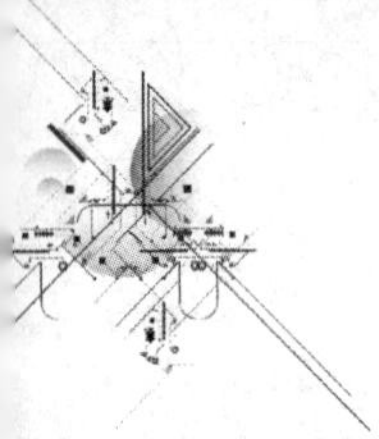

式中 $\tau=RC$，为电路的时间常数。考虑到分析是从 0_- 开始，所以电路中电容电压的冲激响应为

$$u_C=u_C(0_+)\mathrm{e}^{-\frac{t}{\tau}}\varepsilon(t)=\frac{1}{C}\mathrm{e}^{-\frac{t}{\tau}}\varepsilon(t)$$

用相同的分析方法，可求得图 7-36 所示 RL 电路在单位冲激电压源 $\delta_u(t)$ 激励下的零状态响应 i_L 为

$$i_L=\frac{1}{L}\mathrm{e}^{-\frac{t}{\tau}}\varepsilon(t)$$

式中 $\tau=\dfrac{L}{R}$为电路的时间常数。

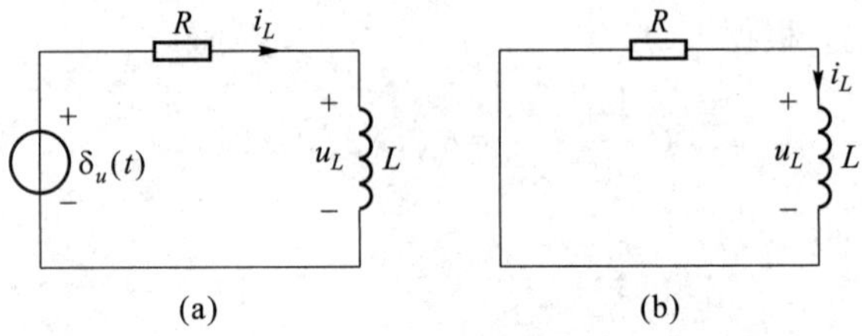

图 7-36　RL 电路的冲激响应

由于电感电流在 $t=0$ 时发生了跃变，所以电感电压 u_L 为

$$u_L=\delta_u(t)-\frac{R}{L}\mathrm{e}^{-\frac{t}{\tau}}\varepsilon(t)$$

i_L、u_L 的波形见图 7-37(a)(b)，注意 $t=0_-$ 到 0_+ 的冲激和跃变情况。

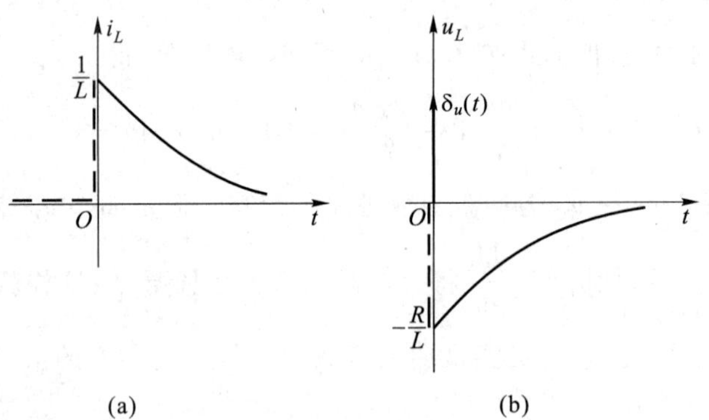

图 7-37　i_L 和 u_L 的波形

图 7-38 是一个零状态的 RLC 串联电路，在 $t=0$ 时与冲激电压 $\delta(t)$ 接通。若以 u_C 为变量，根据 KVL 可得电路方程

$$\left.\begin{aligned}&LC\frac{\mathrm{d}^2u_C}{\mathrm{d}t^2}+RC\frac{\mathrm{d}u_C}{\mathrm{d}t}+u_C=\delta(t)\\&u_C(0_-)=0,i_L(0_-)=0\end{aligned}\right\}\quad t\geqslant 0_- \tag{7-16}$$

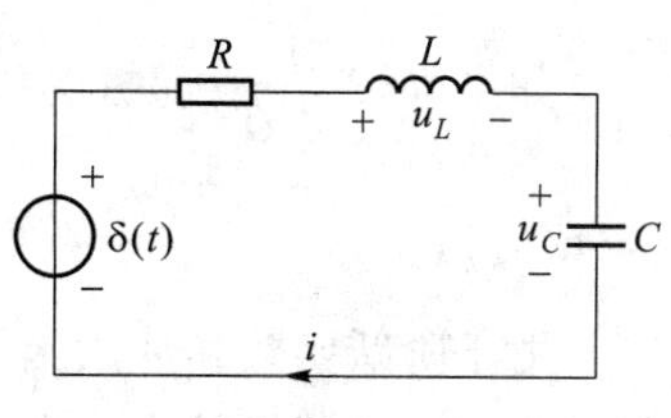

图 7-38　二阶电路的冲激响应

由于 $\delta(t)$ 在 $t\neq0$ 时为零,而在 $t=0$ 时电路受冲激电压激励而获得了一定能量,在 $t\geqslant0_+$ 时放电,即在 $t\geqslant0_+$ 时,有

$$LC\frac{d^2u_C}{dt^2}+RC\frac{du_C}{dt}+u_C=0 \qquad (7-17)$$

关键在于求出与初始能量对应的初始条件 $u_C(0_+)$ 和 $i(0_+)$。把式(7-16)在 $t=0_-$ 到 0_+ 时间间隔内积分,得

$$LC\left[\frac{du_C}{dt}\bigg|_{t=0_+}-\frac{du_C}{dt}\bigg|_{t=0_-}\right]+RC[u_C(0_+)-u_C(0_-)]+\int_{0_-}^{0_+}u_C dt=1$$

根据零状态条件,有 $u_C(0_-)=0, i(0_-)=0$,故 $\frac{du_C}{dt}\bigg|_{t=0_-}=0$。由于 u_C 不可能是阶跃函数或冲激函数,否则式(7-16)不能成立,就是说 u_C 不可能跃变;仅 $\frac{du_C}{dt}$ 才可能发生跃变。这样就有

$$LC\frac{du_C}{dt}\bigg|_{t=0_+}=1$$

即

$$\frac{du_C}{dt}\bigg|_{t=0_+}=\frac{1}{LC}$$

该式表明冲激电压源在 $t=0_-$ 到 0_+ 作用期间使电感电流跃变,跃变后 $i(0_+)=C\frac{du_C}{dt}\bigg|_{t=0_+}=\frac{1}{L}$,电感中储存一定的磁场能量,而冲激响应就是由此磁场能量引起的变化过程。

$t\geqslant0_+$ 时为零输入解,其过渡过程的分析和解答与 §7-5 相同,即

$$u_C=A_1e^{p_1t}+A_2e^{p_2t}$$

初始条件为

$$u_C(0_+)=A_1+A_2=0$$

$$\frac{du_C}{dt}\bigg|_{t=0_+}=p_1A_1+p_2A_2=\frac{1}{LC}$$

有

$$A_1=-A_2=\frac{-\frac{1}{LC}}{p_2-p_1}$$

$$u_C=-\frac{1}{LC(p_2-p_1)}(e^{p_1t}-e^{p_2t})$$

冲激响应在上式左端乘以 $\varepsilon(t)$,即

$$u_C=-\frac{1}{LC(p_2-p_1)}(e^{p_1t}-e^{p_2t})\varepsilon(t)$$

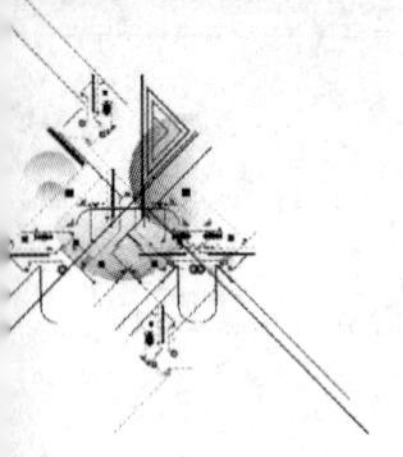

如果 $R<2\sqrt{\dfrac{L}{C}}$,即振荡放电情况,冲激响应为

$$u_C=\frac{1}{\omega LC}\mathrm{e}^{-\delta t}\sin(\omega t)\varepsilon(t)$$

由于阶跃函数和冲激函数之间满足式(7-15)的关系,因此,线性电路中阶跃响应与冲激响应之间也具有一个重要关系。如果以 $s(t)$ 表示某一电路的阶跃响应,而 $h(t)$ 为同一电路的冲激响应,则两者之间存在下列数学关系:

$$h(t)=\frac{\mathrm{d}s(t)}{\mathrm{d}t}$$

$$s(t)=\int h(t)\mathrm{d}t$$

下面证明这一般关系。

按冲激函数的定义,有

$$\int_{-\infty}^{t}\delta(\xi)\mathrm{d}\xi=\varepsilon(t)$$

$$\delta(t)=\frac{\mathrm{d}\varepsilon(t)}{\mathrm{d}t}$$

对于一个线性电路,描述电路性状的微分方程为线性常系数方程。对于这种电路,如设激励 $e(t)$ 时的响应为 $r(t)$,则当所加激励换为 $e(t)$ 的导数或积分时,所得响应必相应地为 $r(t)$ 的导数或积分。冲激激励是阶跃激励的一阶导数,因此冲激响应可以按阶跃响应的一阶导数求得。

对于图 7-35(a)、图 7-36(a)所示电路,如按阶跃响应的一阶导数求冲激响应,可得到与上述相同的结果。

例 7-14　图 7-39(a)所示电路中,已知 $u_S(t)=3\delta(t)$,$u_C(0_-)=0$,$R_1=3\ \mathrm{k\Omega}$,$R_2=6\ \mathrm{k\Omega}$,$C=2.5\ \mu\mathrm{F}$,试求电路的冲激响应 u_C 和 i_C。

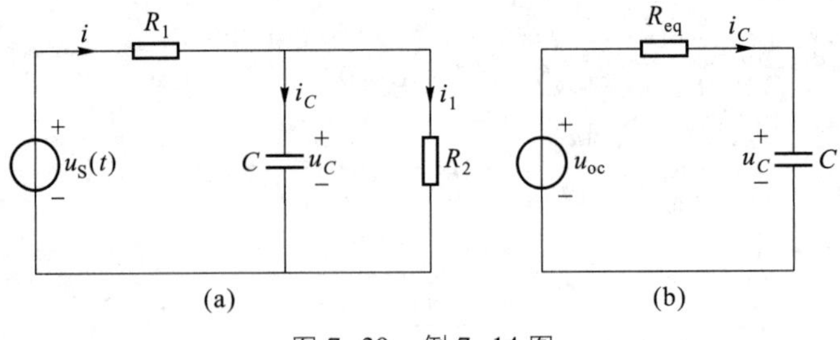

图 7-39　例 7-14 图

解　应用戴维南定理把原电路等效为图 7-39(b)所示的电路。其中

$$u_{oc}=\frac{R_2}{R_1+R_2}3\delta(t)=2\delta(t)$$

$$R_{eq}=\frac{R_1R_2}{R_1+R_2}=2\ \mathrm{k\Omega}$$

电路方程为

$$R_{eq}C\frac{du_C}{dt}+u_C=2\delta(t)\quad(t\geqslant 0_-)$$

将上式从 0_- 至 0_+ 区间积分有

$$\int_{0_-}^{0_+}R_{eq}C\frac{du_C}{dt}dt+\int_{0_-}^{0_+}u_C dt=\int_{0_-}^{0_+}2\delta(t)$$

由于 $u_C(t)$ 不是冲激函数,有 $\int_{0_-}^{0_+}u_C dt=0$,上式积分结果为

$$R_{eq}C[u_C(0_+)-u_C(0_-)]=2$$

所以

$$u_C(0_+)=\frac{2}{R_{eq}C}=400\ \text{V}$$

当 $t\geqslant 0_+$ 时,$\delta(t)=0$,即 u_{oc} 所在处相当于短路,电容通过电阻 R_{eq} 放电。注意到 $\tau=R_{eq}C=5\times10^{-3}$ s,电容电压为

$$u_C(t)=u_C(0_+)e^{-\frac{t}{\tau}}=400e^{-200t}\ \text{V}$$

$$i_C(t)=C\frac{du_C}{dt}=2.5\times10^{-6}\frac{d}{dt}[400e^{-200t}]$$

$$=-200e^{-200t}\ \text{mA}$$

上述冲激响应也可以通过阶跃响应求得。设图 7-39(b)所示电路的电压源电压 $u_{oc}=2\varepsilon(t)$,可以很方便求得电路的阶跃响应为

$$s_{u_C}(t)=u_C(t)=2(1-e^{-200t})\varepsilon(t)\ \text{V}$$

则冲激响应为

$$h(t)=u_C(t)=\frac{d}{dt}s_{u_C}(t)=\frac{d}{dt}2(1-e^{-200t})\varepsilon(t)$$

$$=400e^{-200t}\varepsilon(t)\ \text{V}$$

$$i_C(t)=C\frac{du_C}{dt}=[-200e^{-200t}\varepsilon(t)+\delta(t)]\ \text{mA}$$

例 7-15 若例 7-13 中电流源为冲激电流源,即 $i_S(t)=\delta(t)$ A,试求单位冲激响应 $i_L(t)$。

解 根据 KCL 列出的电路方程为

$$LC\frac{d^2i_L}{dt^2}+GL\frac{di_L}{dt}+i_L=\delta(t)$$

$$\frac{d^2i_L}{dt^2}+6\frac{di_L}{dt}+8i=8\delta(t)$$

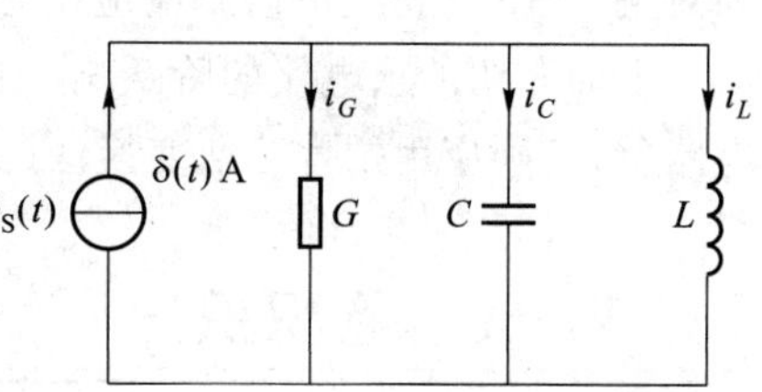

图 7-40 例 7-15 图

由于电路受冲激电流源的作用而获得了能

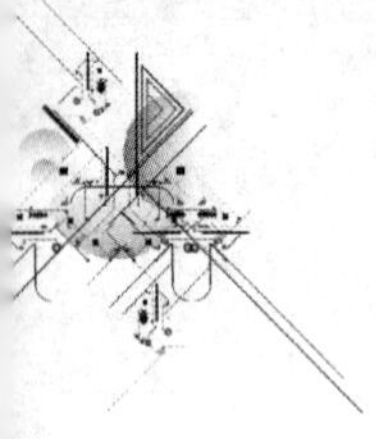

量，为求出与初始能量对应的初始条件 $u_C(0_+)$，$i_L(0_+)$，将上式从 $t=0_-$ 到 0_+ 区间积分，有

$$\int_{0_-}^{0_+}\frac{\mathrm{d}^2 i_L}{\mathrm{d}t^2}\mathrm{d}t+6\int_{0_-}^{0_+}\frac{\mathrm{d}i_L}{\mathrm{d}t}\mathrm{d}t+8\int_{0_-}^{0_+}i_L\mathrm{d}t=8\int_{0_-}^{0_+}\delta(t)$$

由于 i_L 不可能是阶跃函数或冲激函数，否则电路方程不成立，所以 i_L 不可能跃变，仅$\dfrac{\mathrm{d}i_L}{\mathrm{d}t}$才可能发生跃变。这样有

$$\left.\frac{\mathrm{d}i_L}{\mathrm{d}t}\right|_{0_+}-\left.\frac{\mathrm{d}i_L}{\mathrm{d}t}\right|_{0_-}=8$$

而$\left.\dfrac{\mathrm{d}i_L}{\mathrm{d}t}\right|_{0_-}=\dfrac{u_C(0_-)}{L}=0$，所以

$$\left.\frac{\mathrm{d}i_L}{\mathrm{d}t}\right|_{0_+}=8$$

而 $L\left.\dfrac{\mathrm{d}i_L}{\mathrm{d}t}\right|_{0_+}=u_C(0_+)$说明冲激电流源在 0_- 至 0_+ 区间使电容电压发生了跃变，有

$$u_C(0_+)=4\ \mathrm{V}$$

$t\geqslant 0_+$ 后电路为零输入解。

由于特征根仍是 $p_1=-2$，$p_2=-4$，所以电感电流为 $i_L(t)=A_1\mathrm{e}^{-2t}+A_2\mathrm{e}^{-4t}$。由初始条件

$$i_L(0_+)=0$$

$$L\left.\frac{\mathrm{d}i_L}{\mathrm{d}t}\right|_{0_+}=4\ \mathrm{V}$$

有

$$\begin{cases}A_1+A_2=0\\-2A_1-4A_2=8\end{cases}$$

解得

$$A_1=4,\quad A_2=-4$$

所以冲激响应为

$$h(t)=i_L(t)=(4\mathrm{e}^{-2t}-4\mathrm{e}^{-4t})\varepsilon(t)\ \mathrm{A}$$

如对例 7-13 所得到的阶跃响应求导，可得到相同的结果。

上面介绍的求电路的阶跃响应和冲激响应的方法比较直观，物理概念明确，但如果电路复杂，则应用拉普拉斯变换法（第十四章）求冲激响应及阶跃响应更为简捷方便。

*§7-9 卷积积分

用经典法分析和求解过渡过程是在时域分析动态电路的重要方法之一。这一节介

绍时域分析中的另一重要概念——卷积积分。

设有两个时间函数 $f_1(t)$ 和 $f_2(t)$（在 $t<0$ 时均为零），则 $f_1(t)$ 和 $f_2(t)$ 的卷积通常用 $f_1(t)*f_2(t)$ 表示，并由下列积分式来定义：

$$f_1(t)*f_2(t)=\int_0^t f_1(t-\xi)f_2(\xi)\,\mathrm{d}\xi$$①

如果令 $\tau=t-\xi$，则 $\mathrm{d}\tau=-\mathrm{d}\xi$，于是

$$\begin{aligned}\int_0^t f_1(t-\xi)f_2(\xi)\,\mathrm{d}\xi &= -\int_t^0 f_1(\tau)f_2(t-\tau)\,\mathrm{d}\tau \\ &= \int_0^t f_2(t-\tau)f_1(\tau)\,\mathrm{d}\tau=f_2(t)*f_1(t)\end{aligned}$$

所以

$$f_1(t)*f_2(t)=f_2(t)*f_1(t)$$

若 $f_1(t)$ 为电路的冲激响应 $h(t)$，$f_2(t)$ 为电路的任意输入激励 $e(t)$，则该电路对任意激励的零状态响应 $r(t)$，就可以通过 $h(t)$ 与 $e(t)$ 的卷积积分求得，这就是研究卷积积分的重要意义之所在。

设电路激励 $e(t)$ 的波形如图 7-41 所示，并定义于时间区间 (t_0,t)，而 ξ 表示在 t_0 和 t 之间的任意时刻。现在用一系列具有相同宽度的矩形脉冲来近似地表示 $e(\xi)$。把时间区间 (t_0,t) 分成相等的 n 段，如图 7-41 所示，每一段的宽度为 Δ，即 $t_1-t_0=t_2-t_1=\cdots=t_{k+1}-t_k=\cdots=\Delta$。于是 $e(\xi)$ 可以用图示的阶梯曲线来逼近，而后者又可以看作是一系列矩形脉冲之合成。这一系列矩形脉冲可以通过单位脉冲函数和延迟的单位脉冲函数，即 $p_\Delta(\xi)$ 和 $p_\Delta(\xi-t_k)$ 来表示。这样，当把激励 $e(\xi)$ 用上述矩形脉冲表示时，得

$$\begin{aligned}e_\Delta(\xi) &= e(t_0)p_\Delta(\xi-t_0)\Delta+e(t_1)p_\Delta(\xi-t_1)\Delta+ \\ &\quad e(t_2)p_\Delta(\xi-t_2)\Delta+\cdots+e(t_k)p_\Delta(\xi-t_k)\Delta+\cdots+ \\ &\quad e(t_{n-1})p_\Delta(\xi-t_{n-1})\Delta \\ &= \sum_{k=0}^{n-1} e(t_k)p_\Delta(\xi-t_k)\Delta\end{aligned} \tag{7-18}$$

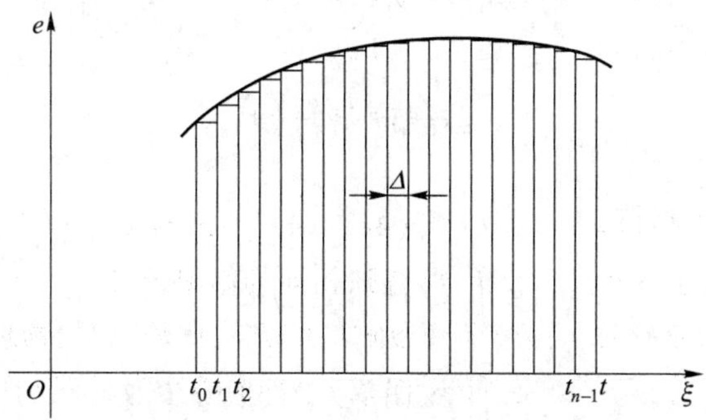

图 7-41 用具有相同宽度的矩形脉冲系列逼近 $e(\xi)$

① 这里积分下限的“0”取“0_-”，而上限的 t 最好取 t_+，这样就便于把在原点的冲激函数考虑在内。此处为了记法上的方便，并与常用的定义、公式一致起见，故写为“0”及“t”。

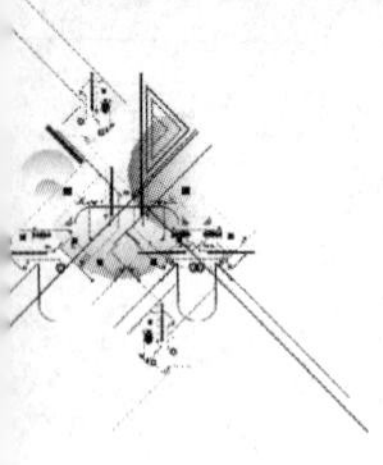

设电路在单位矩形脉冲 $p_\Delta(\xi)$ 激励下的零状态响应为 $h_\Delta(\xi)$，对每一延迟的矩形脉冲 $p_\Delta(\xi-t_k)$，在时刻 t 观察到的相应的响应将为 $h_\Delta(t-t_k)$。根据线性电路的齐性定理，对 $e(t_k)p_\Delta(\xi-t_k)\Delta$ 的响应将是 $e(t_k)h(t-t_k)\Delta$。因此按照叠加定理，式(7-18)的激励所产生的响应为

$$r_\Delta(t)=\sum_{k=0}^{n-1}e_\Delta(t_k)h_\Delta(t-t_k)\Delta$$

现在令 t_0 到 t 区间内的脉冲数 n 不断地增加，由于 $t-t_0=n\Delta$，所以 Δ 将越来越小。当 $n\to\infty$ 时，$\Delta\to0$，每一单位矩形脉冲变成了冲激函数，h_Δ 变成了冲激响应 h，e_Δ 变成了原来的激励 $e(t)$，响应 $r_\Delta(t)$ 则将变成电路对原激励的零状态响应 $r(t)$，同时上式的求和也变成了积分，而 t_k 变成了连续变量 ξ，Δ 则变成了 $\mathrm{d}\xi$。这样就有

$$r(t)=\int_{t_0}^{t}e(\xi)h(t-\xi)\mathrm{d}\xi\quad(t\geqslant t_0)$$

式中 t_0 为激励施加的时刻，t 为待求响应所对应的时刻。如 $t_0=0$，则有

$$r(t)=\int_{t_0}^{t}e(\xi)h(t-\xi)\mathrm{d}\xi\quad(t\geqslant0)\tag{7-19}$$

上式还可以改写为

$$r(t)=\int_{t_0}^{t}e(t-\xi)h(\xi)\mathrm{d}\xi\tag{7-20}$$

式(7-19)或式(7-20)所示积分称为卷积积分。只要知道电路的冲激响应，给定任何激励函数 $e(t)$，根据卷积积分就可以求出该电路的零状态响应。如果电路是非零状态，只要在上述积分的结果上按叠加定理加上相应的零输入响应即可。

例 7-16　图 7-42 所示 RC 并联电路，其中 $R=500\ \mathrm{k\Omega}$，$C=1\ \mu\mathrm{F}$，电流源电流 $i_S=2\mathrm{e}^{-t}\varepsilon(t)\ \mu\mathrm{A}$。设电容 C 上原来没有电压，试求 $u_C(t)$。

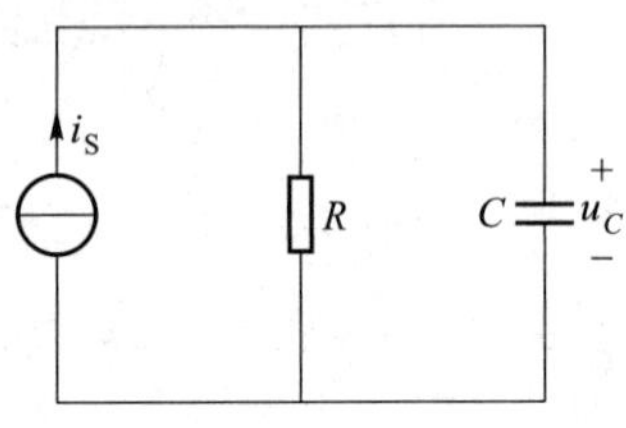

图 7-42　例 7-16 图

解　电路的冲激响应[这里指 $u_C(t)$]参阅 §7-8 图 7-35，已求得为

$$h(t)=\frac{1}{C}\mathrm{e}^{-\frac{1}{RC}t}=\frac{1}{1\times10^{-6}}\mathrm{e}^{-2t}\ \mathrm{V}=10^6\mathrm{e}^{-2t}\varepsilon(t)\ \mathrm{V}$$

应用式(7-20)可求得

$$\begin{aligned}u_C(t)&=\int_0^t i_S(t-\xi)h(\xi)\mathrm{d}\xi\\&=\int_0^t 2\times10^{-6}\mathrm{e}^{-(t-\xi)}\times10^6\mathrm{e}^{-2\xi}\mathrm{d}\xi\\&=2\int_0^t\mathrm{e}^{-(t+\xi)}\mathrm{d}\xi=2\mathrm{e}^{-t}\int_0^t\mathrm{e}^{-\xi}\mathrm{d}\xi\\&=2(\mathrm{e}^{-t}-\mathrm{e}^{-2t})\varepsilon(t)\ \mathrm{V}\end{aligned}$$

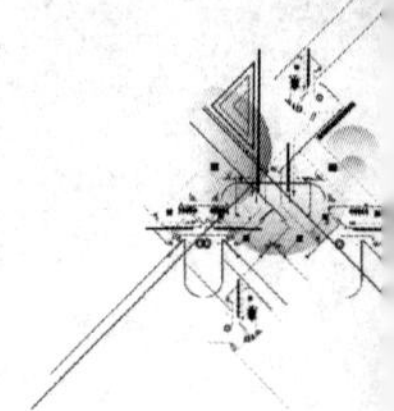

例 7-17 设上题中的 i_S 为图 7-43 所示的矩形脉冲，即 $i_S=[\varepsilon(t)-\varepsilon(t-1)]\ \mu A$，试求 $u_C(t)$。

解 应用式(7-19)，有

$$u_C(t)=\int_0^t h(t-\xi)i_S(\xi)\mathrm{d}\xi$$

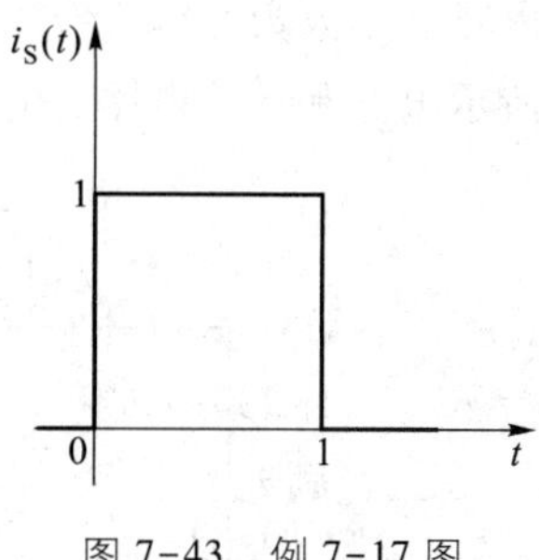

图 7-43 例 7-17 图

由于 $i_S(t)$ 在 $t>1$ 时为零，所以分两种情况来取积分限。

对 $0<t<1$，由于 $i_S(t)=10^{-6}$ A，因此有

$$u_C(t)=\int_0^t 10^{-6}\times10^6\mathrm{e}^{-2(t-\xi)}\mathrm{d}\xi=\int_0^t 1\times\mathrm{e}^{-2(t-\xi)}\mathrm{d}\xi$$
$$=\frac{1}{2}(1-\mathrm{e}^{-2t})\ \mathrm{V}$$

对 $t>1$，由于 $i_S(t)=0$，只需要积分到 $t=1$ 为止。于是

$$u_C(t)=\int_0^1 1\times\mathrm{e}^{-2(t-\xi)}\mathrm{d}\xi=\frac{1}{2}(\mathrm{e}^2-1)\mathrm{e}^{-2t}\ \mathrm{V}$$
$$=3.19\mathrm{e}^{-2t}\ \mathrm{V}=0.432\mathrm{e}^{-2(t-1)}\ \mathrm{V}$$

所以 $u_C(t)$ 可写为

$$u_C(t)=\left\{\frac{1}{2}(1-\mathrm{e}^{-2t})[\varepsilon(t)-\varepsilon(t-1)]+0.432\mathrm{e}^{-2(t-1)}\varepsilon(t-1)\right\}\ \mathrm{V}$$

*§7-10 动态电路时域分析中的几个问题

1. 动态电路微分方程的阶数与电路结构的关系

在 §7-1 中曾提到，在一般情况下，电路微分方程的阶数与电路动态元件的个数相等，严格讲应是电路微分方程的阶数与该电路中所包含的独立动态元件的个数相等。所谓独立动态元件，就是指各电容电压不能根据 KVL 用其他电容电压和电压源电压表示出来；各电感的电流不能根据 KCL 用其他电感的电流和电流源电流表示出来。如图 7-44(a)中电容 C 与电压源构成了回路，$u_C=u_S(t)$，图 7-44(b)中电感与电流源串联，$i_L=i_S(t)$。同样，图 7-45(a)中有由 C_1,C_2,C_3 与电压源 u_S 构成的回路，图 7-45(b)中有由 L_1,L_2 与电流源构成的节点。因此，相应的动态元件中必有非独立动态元件。

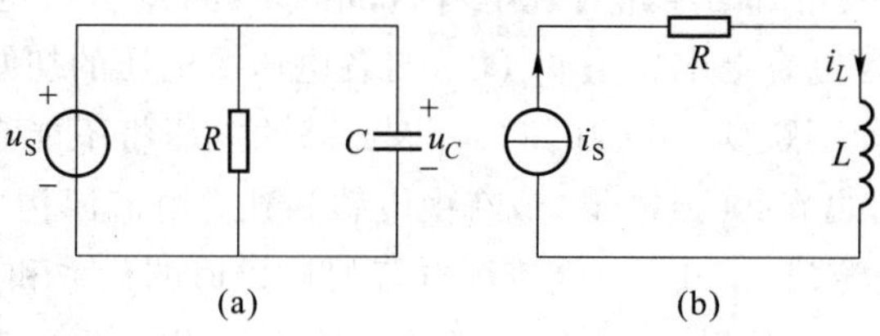

图 7-44 零阶电路

一般来说，把由纯电容元件或电容与电压源构成的回路称为纯电容回路，每个纯电

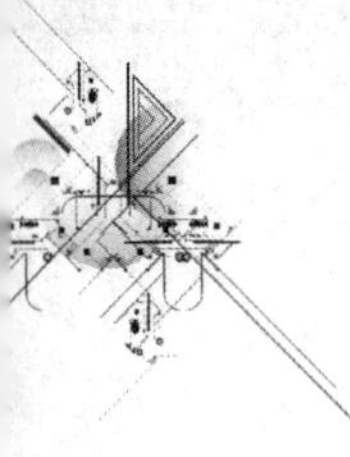

容回路必有一个非独立电容;把由纯电感元件或电感与电流源构成的节点(或第十五章中的割集),称为纯电感节点(或割集),每个纯电感节点(或割集)中必有一个非独立电感。正因为如此,图 7-44(a)(b)所示电路并非一阶电路而是零阶电路,图 7-45(a)所示电路是三阶电路,图 7-45(b)所示电路为一阶电路。

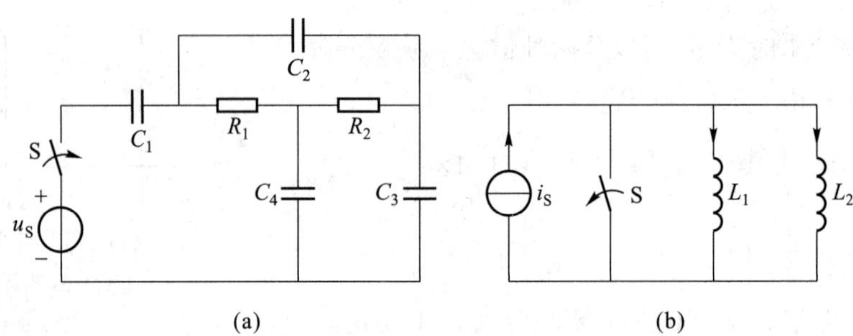

图 7-45　具有非独立动态元件的电路

如果电路参数间有一定关系时,电路微分方程的阶数也可以比参数间没有一定关系时要低。

从对微分方程阶数与动态元件个数之间关系的分析中还可以进一步理解微分方程特征根(电路固有频率)与动态元件个数及参数之间的关系。

2. 动态电路中初始值的计算

§7-1 中已介绍过,对于通常遇到的电路,初始值由下面两个简单关系确定:

$$u_C(0_+)=u_C(0_-)$$
$$i_L(0_+)=i_L(0_-)$$

但在某些情况下,$u_C(0_+)\neq u_C(0_-)$,$i_L(0_+)\neq i_L(0_-)$,例如§7-8 叙述的电路中有冲激激励时,电容电压或电感电流会发生跃变。另外,把未充过电的电容与独立电压源骤然接通,电容上电压必然要跃变;把原先未具有磁场能量的电感与独立电流源骤然接通,电感中电流也必然要跃变。这时电容中电场能量和电感中磁场能量也将跃变,电容和电感所吸收的功率都将无限大,而独立电压源和独立电流源都是理想元件,设想它们可以发出无限大的功率,因此并不矛盾。可以证明,仅当电容上电压值 $u_C(0_-)$ 和电感中电流值 $i_L(0_-)$ 不满足换路后的电路方程时,才有 $u_C(0_+)\neq u_C(0_-)$,$i_L(0_+)\neq i_L(0_-)$。有两种不相容的情况:① 换路后的电路有纯电容构成的回路,或有由电容和独立电压源构成的回路,且回路中各电容上电压值 $u_{Ck}(0_-)$ 与各电压源电压的初始值的代数和不等于零,即电容上的电压如不跃变,在 $t=0_+$ 时刻,该回路的电压将不能满足 KVL;② 换路后的电路有纯电感构成的节点(或割集)或有由电感和独立电流源构成的节点(或割集),且节点处各电感的电流值 $i_{Lk}(0_-)$ 与电流源电流的初始值的代数和不等于零,即电感中的电流如不跃变,在 $t=0_+$ 时刻,该节点(或割集)处的电流将不能满足 KCL。在上述两种情况下,要想求得初始值,必须遵循换路前后电路中电荷守恒和磁通链守恒的约束关系,即

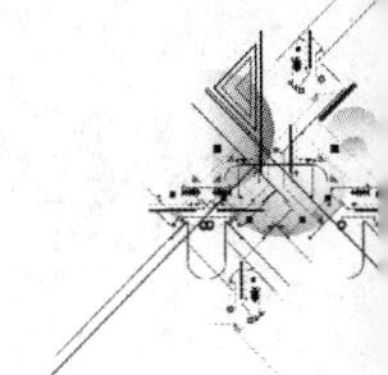

$$\sum q_k(0_+) = \sum q_k(0_-) \tag{7-21a}$$

或

$$\sum C_k u_{Ck}(0_+) = \sum C_k u_{Ck}(0_-) \tag{7-21b}$$

$$\sum \psi_k(0_+) = \sum \psi_k(0_-) \tag{7-22a}$$

或

$$\sum L_k i_{Lk}(0_+) = \sum L_k i_{Lk}(0_-) \tag{7-22b}$$

例 7-18 (1) 计算图 7-46(a)所示电路中各电容在开关闭合后电压的初始值。(2) 计算图 7-46(b)所示的电路中各电感在开关断开后电流的初始值。

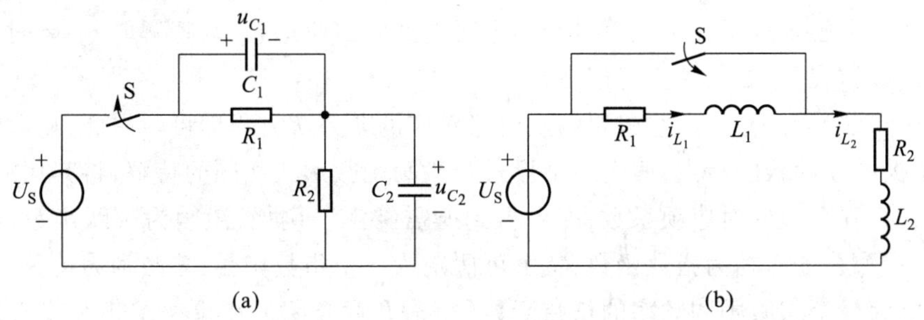

图 7-46 例 7-18 图

解 (1) 开关闭合前

$$u_{C_1}(0_-) = u_{C_2}(0_-) = 0$$

开关闭合后,$t=0_+$时,根据 KVL 应有

$$u_{C_1}(0_+) + u_{C_2}(0_+) = U_S$$

故 $t=0_-$时电容上电压值不满足换路后的电路方程,因而电容上电压应跃变。由于式(7-21b)相应于 KCL,电容上电荷重新分配引起的电流应遵循 KCL 方程中关于正、负号的规定。所以,在图 7-46(a)所示电容电压参考方向下,根据换路前后瞬间电容上电荷守恒有

$$C_1 u_{C_1}(0_+) - C_2 u_{C_2}(0_+) = C_1 u_{C_1}(0_-) - C_2 u_{C_2}(0_-)$$

与上述的 $u_{C_1}(0_+) + u_{C_2}(0_+) = U_S$ 联立,则可解得

$$u_{C_1}(0_+) = \frac{C_2}{C_1 + C_2} U_S$$

$$u_{C_2}(0_+) = \frac{C_1}{C_1 + C_2} U_S$$

(2) 在开关断开前

$$i_{L_1}(0_-) = 0, \quad i_{L_2}(0_-) = \frac{U_S}{R_2}$$

换路后应有 $i_{L_1}(0_+) = i_{L_2}(0_+)$,故电感中电流应跃变。由于式(7-22b)相应于 KVL,电感中电流变化引起的电压应遵循 KVL 方程中关于正、负号的规定。所以,在图 7-46(b)

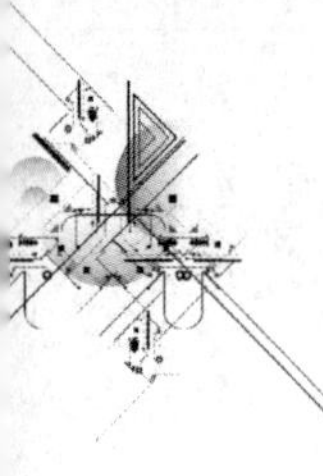

所示电感电流参考方向下，根据换路前后瞬间电感中磁通链守恒有

$$L_1 i_{L_1}(0_+)+L_2 i_{L_2}(0_+)=L_1 i_{L_1}(0_-)+L_2 i_{L_2}(0_-)=L_2\cdot\frac{U_S}{R_2}$$

与上述 $i_{L_1}(0_+)=i_{L_2}(0_+)$ 联立，解得

$$i_{L_1}(0_+)=i_{L_2}(0_+)=\frac{L_2}{L_1+L_2}\cdot\frac{U_S}{R_2}$$

3. 非齐次微分方程特解的计算

在本章中已重点研究了直流激励的一阶电路和二阶电路，其特解取 $t\to\infty$ 时的稳态解。在一般情况下，如何计算特解呢？

由于特解具有任意性，它只要满足电路对应的非齐次方程即可。因此，从数学角度看，可根据激励函数的特点，假定一个形式与激励函数形式相同的特解，将其代入方程，经过比较方程两边的对应项系数，即可得到所需特解。例如，激励为阶跃函数，特解可假定为一常数；若激励为指数函数，特解可假定为一个指数函数；若激励为正弦函数，特解可假定为一个与激励同频率的正弦函数（用第九章介绍的相量法求正弦稳态解做特解更为简单方便）；若激励是一个关于 t 的多项式形式，则特解可假定为一个同阶的 t 的多项式，等等。

以上是关于动态电路用经典法求解时通常会遇到的几个问题。而当电路结构复杂，激励形式不仅是直流时，采用经典法从数学计算角度看就有些繁难。因此，采用第十四章的拉普拉斯变换法求解线性动态电路将是一个重要而有效的方法。学习时将这两章内容有机地结合起来，会进一步加深对问题的理解。

思考题

7-1　动态电路的过渡过程与暂态过程的含义相同吗？

7-2　如果换路发生在 $t=0$ 时刻，对应动态电路的微分方程的时间区间应该如何表示？动态过程从何时开始？

7-3　试分析在正弦电压激励下 RC 电路的零状态响应，并讨论在何种情况下换路后不发生过渡过程立即进入稳定状态，何种情况下电容电压的最大瞬时值的绝对值接近稳态幅值的两倍。

7-4　对于一阶电路，采用先列微分方程，然后通过求解微分方程得到电路响应的方法，与三要素法有何不同？试比较两者求解一阶电路的步骤。

7-5　试分析在工程中，在什么条件下，可能出现过电压和过电流。如何避免或减小过电压和过电流？

7-6　请推导出 RLC 并联电路零输入响应分别为过阻尼、临界阻尼和欠阻尼时参数之间应满足的关系，并与 RLC 串联零输入响应的三种情形作比较。

7-7　对于二阶电路，零状态响应和全响应的求解过程有何异同？对于串联的 RLC

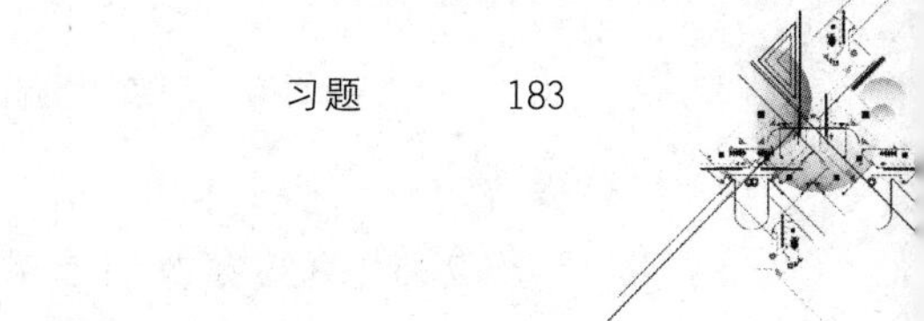

电路，全响应将会有哪几种情形？

7-8 当激励为阶跃函数时，电路响应的表达式与通过开关换路的响应表达式有什么不同？

习 题

7-1 列写题 7-1 图所示电路的微分方程。

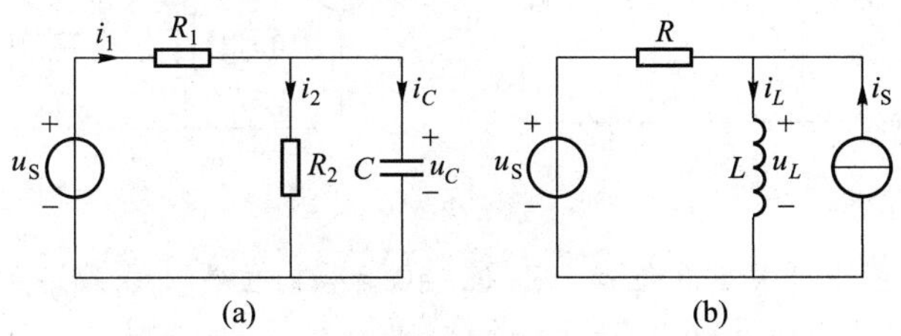

题 7-1 图

7-2 列写题 7-2 图所示电路在开关 S 闭合后的微分方程。

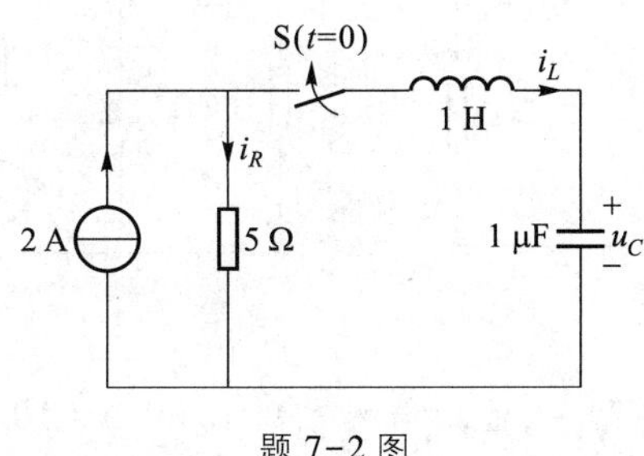

题 7-2 图

7-3 题 7-3 图所示各电路中开关 S 在 $t=0$ 时动作，试求电路在 $t=0_+$ 时刻的电压、电流值。

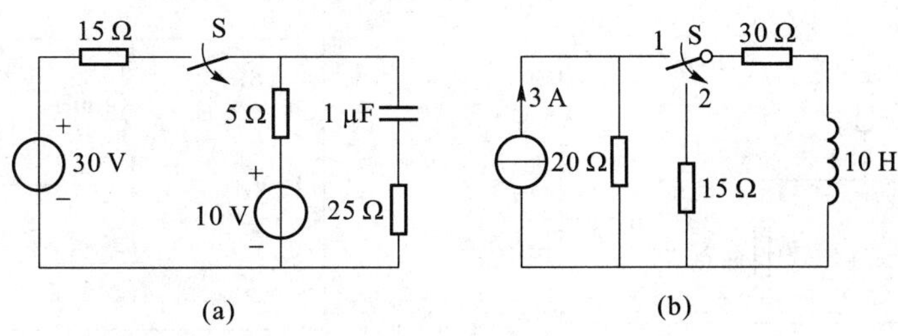

题 7-3 图

7-4 电路如题 7-4 图所示，开关未动作前电路已达稳态，$t=0$ 时开关 S 打开。求 $u_C(0_+)$、$i_L(0_+)$、$\left.\frac{du_C}{dt}\right|_{0_+}$、$\left.\frac{di_L}{dt}\right|_{0_+}$、$\left.\frac{di_R}{dt}\right|_{0_+}$。

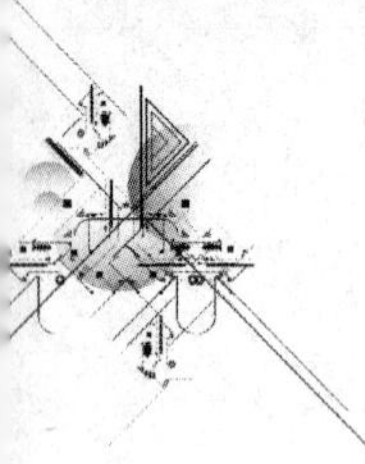

7-5　电路如题 7-5 图所示，开关 S 原在位置 1 已久，$t=0$ 时合向位置 2，求 $u_C(t)$ 和 $i(t)$。

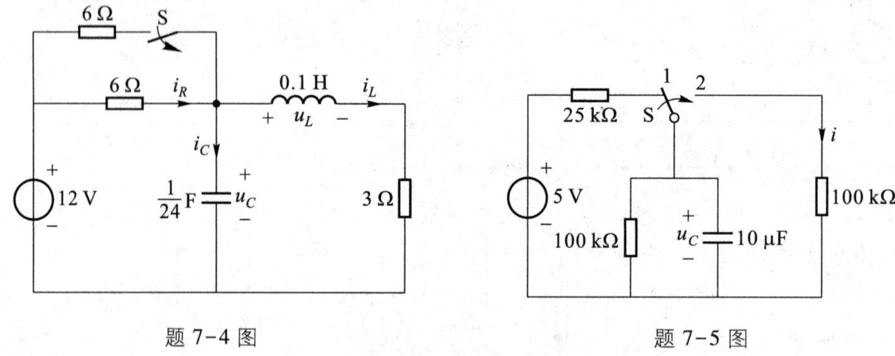

题 7-4 图　　　　题 7-5 图

7-6　题 7-6 图中开关 S 在位置 1 已久，$t=0$ 时合向位置 2，求换路后的 $i(t)$ 和 $u_L(t)$。

7-7　题 7-7 图所示电路中，若 $t=0$ 时开关 S 闭合，求电流 i。

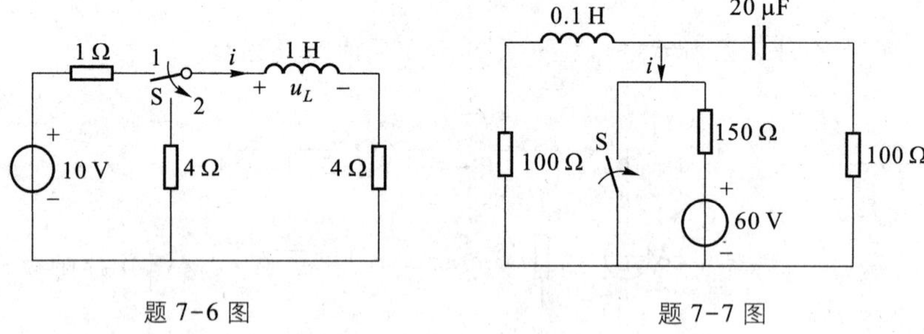

题 7-6 图　　　　题 7-7 图

7-8　题 7-8 图所示电路中，已知电容电压 $u_C(0_-)=10$ V，$t=0$ 时开关 S 闭合，求 $t>0$ 时的电流 $i(t)$。

7-9　电路如题 7-9 图所示，开关 S 闭合时电路已达稳态。若 $t=0$ 时将开关 S 打开，求开关打开后的电流 i。

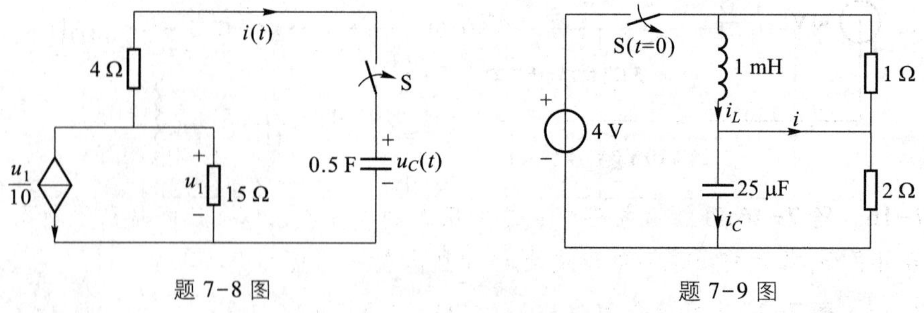

题 7-8 图　　　　题 7-9 图

7-10　题 7-10 图所示电路中，若 $t=0$ 时开关 S 打开，求 u_C 和电流源发出的功率。

7-11　题 7-11 图所示电路中开关 S 打开前已处稳定状态。$t=0$ 时开关 S 打开，求 $t>0$ 时的 $u_L(t)$ 和电压源发出的功率。

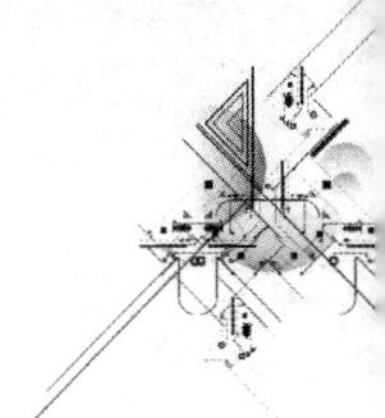

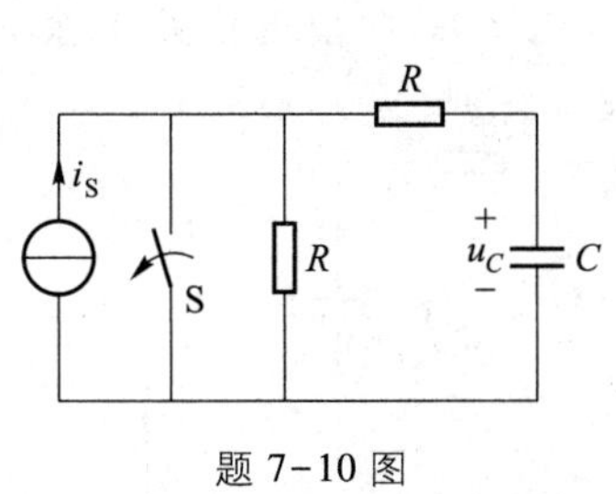

题 7-10 图

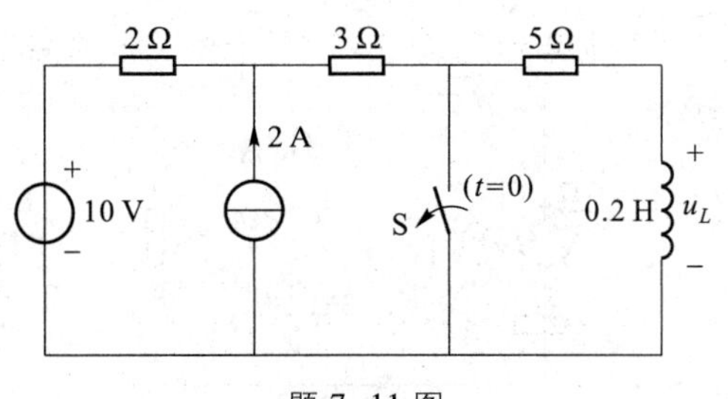

题 7-11 图

7-12　题 7-12 图所示电路中开关闭合前电容无初始储能，$t=0$ 时开关 S 闭合，求 $t>0$ 时的电容电压 $u_C(t)$。

7-13　题 7-13 图所示电路，已知 $i_L(0_-)=0$，$t=0$ 时开关 S 闭合，求 $t>0$ 时的电流 $i_L(t)$ 和电压 $u_L(t)$。

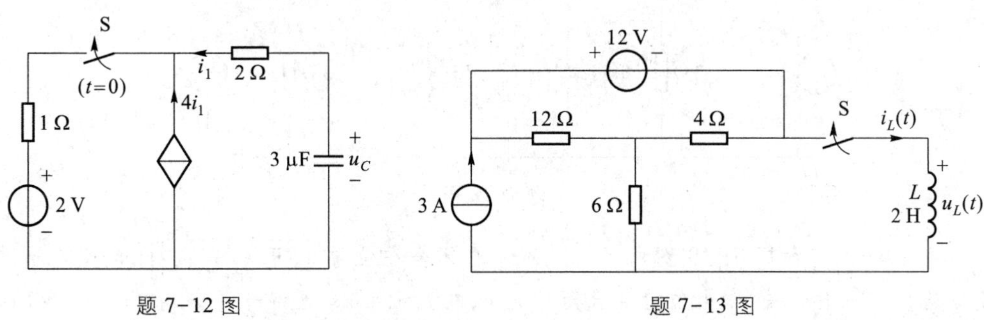

题 7-12 图　　题 7-13 图

7-14　题 7-14 图所示电路，开关 S 原打开，已达稳定状态。$t=0$ 时闭合 S，求开关闭合后的电流 $i(t)$。

7-15　题 7-15 图所示电路中开关打开以前电路已达稳态，$t=0$ 时开关 S 打开。求 $t>0$ 时的 $i_C(t)$，并求 $t=2$ ms 时电容的能量。

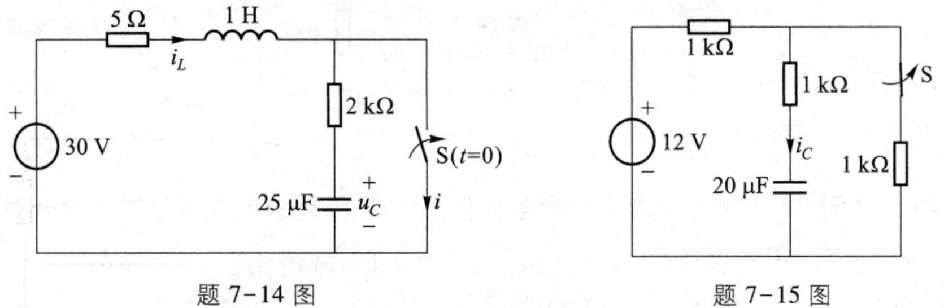

题 7-14 图　　题 7-15 图

7-16　题 7-16 图所示电路中直流电压源的电压为 24 V，且电路已达稳态。$t=0$ 时闭合开关 S，求开关闭合后电感电流 i_L 和直流电压源发出的功率。

7-17　题 7-17 图所示电路中，已知 $e(t)=220\sqrt{2}\cos(314t+30°)$，$u_C(0_-)=U_0$，$t=0$ 时合上开关 S。

(1) 求 $u_C(t)$。

(2) $u_C(0_-)$ 为何值时，瞬态分量为零？

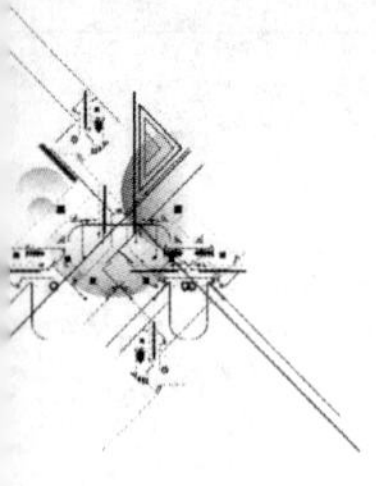

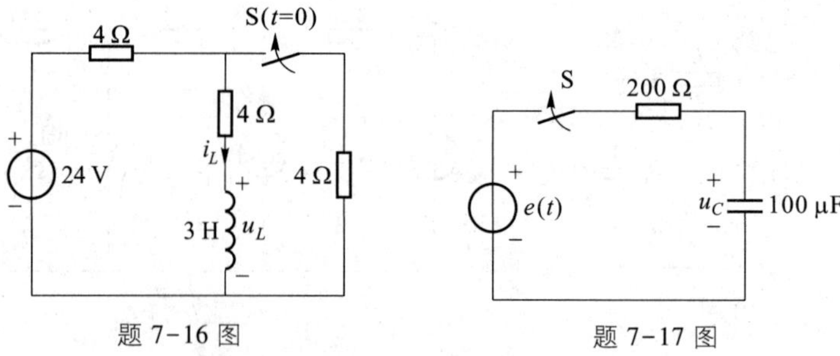

题 7-16 图　　题 7-17 图

7-18　题 7-18 图所示电路中各参数已给定，开关 S 打开前电路为稳态。$t=0$ 时开关 S 打开，求开关打开后电压 $u(t)$。

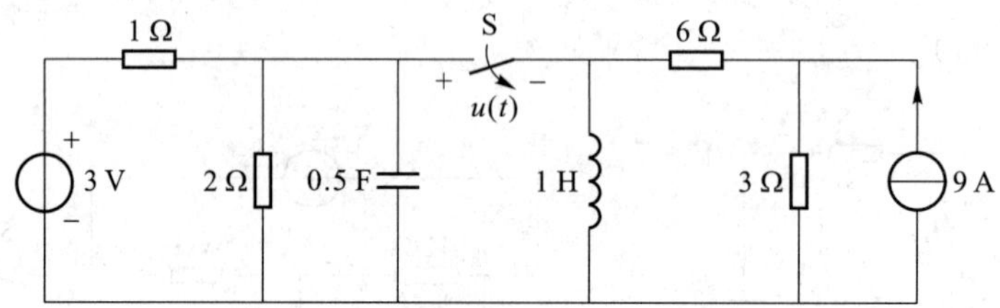

题 7-18 图

7-19　电路如题 7-19 图所示，开关 S_1 原闭合在位置 a，开关 S_2 闭合，电路已达稳定状态。$t=0$ 时开关 S_1 由位置 a 合至位置 b，在 $t=t_1=4$ s 时将开关 S_2 打开，求 $t>0$ 时的电容电压 u_{C_2}。

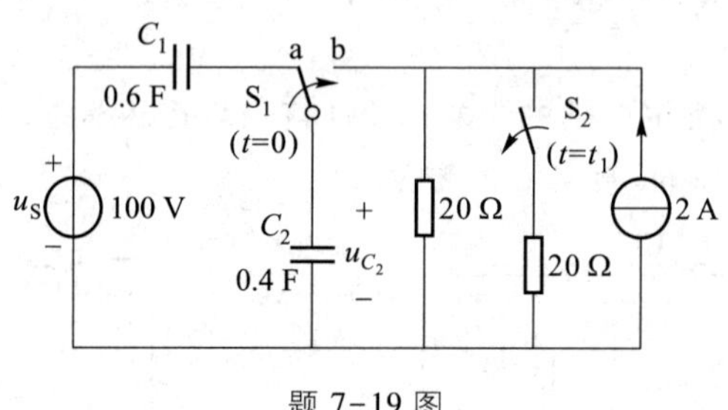

题 7-19 图

7-20　题 7-20 图所示电路，开关合在位置 1 时已达稳定状态，$t=0$ 时开关由位置 1 合向位置 2，求 $t>0$ 时的电压 u_L。

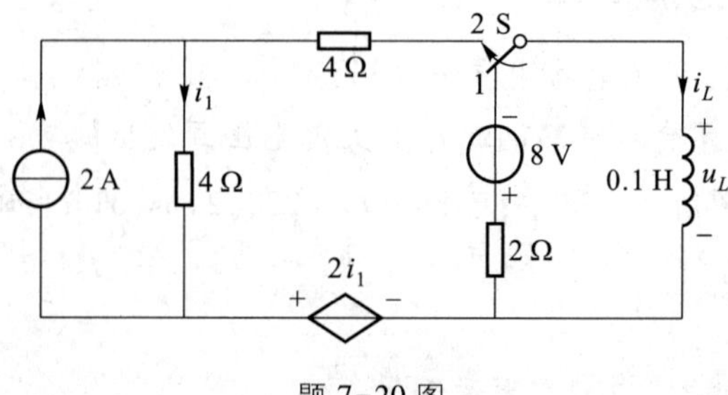

题 7-20 图

7-21 题 7-21 图所示电路中,电容原先已充电,$u_C(0_-)=6\ \text{V}$,$i_L(0_-)=0$,$R=2.5\ \Omega$,$L=0.25\ \text{H}$,$C=0.25\ \text{F}$。

(1) 试求开关闭合后的 $u_C(t)$、$i(t)$。

(2) 使电路在临界阻尼下放电,当 L 和 C 不变时,电阻 R 应为何值?

7-22 题 7-22 图所示电路中开关 S 闭合已久,$t=0$ 时 S 打开。求 u_C、i_L。

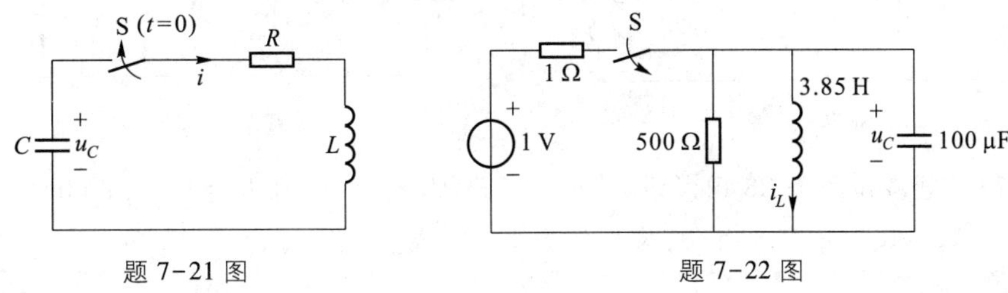

题 7-21 图　　题 7-22 图

7-23 题 7-23 图所示电路在开关 S 打开之前已达稳态;$t=0$ 时,开关 S 打开,求 $t>0$ 时的 u_C。

7-24 电路如题 7-24 图所示,$t=0$ 时开关 S 闭合,设 $u_C(0_-)=0$,$i(0_-)=0$,$L=1\ \text{H}$,$C=1\ \mu\text{F}$,$U=100\ \text{V}$。若(1) 电阻 $R=3\ \text{k}\Omega$;(2) $R=2\ \text{k}\Omega$;(3) $R=200\ \text{k}\Omega$,试分别求在上述电阻值时电路中的电流 i 和电压 u_C。

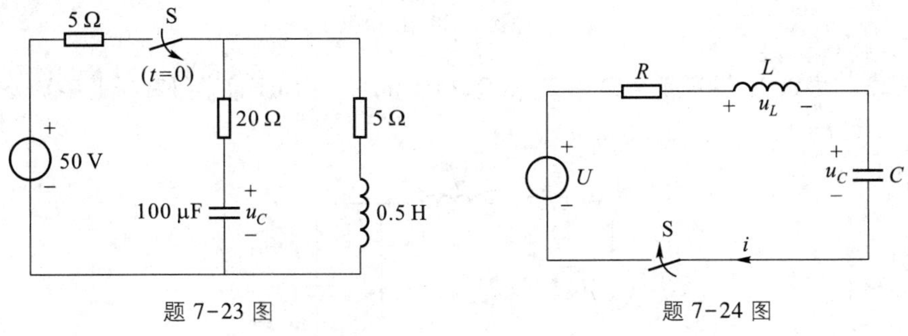

题 7-23 图　　题 7-24 图

7-25 试求题 7-25 图所示电路的零状态响应 i_L,u_C。(设开关 S 在 $t=0$ 时闭合)

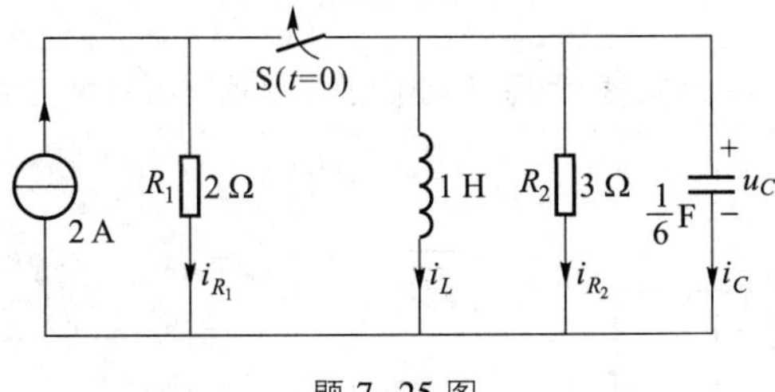

题 7-25 图

7-26 题 7-26 图所示电路在开关 S 动作前已达稳态;$t=0$ 时 S 由位置 1 接至位置 2,求 $t>0$ 时的 i_L。

7-27 题 7-27 图所示电路中直流电压源 $U_S=6\ \text{V}$,开关动作前电路已达稳定状

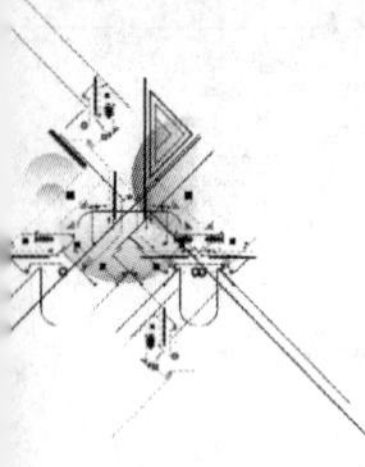

态。$t=0$ 时开关 S 闭合，求换路后的电流 i_1。

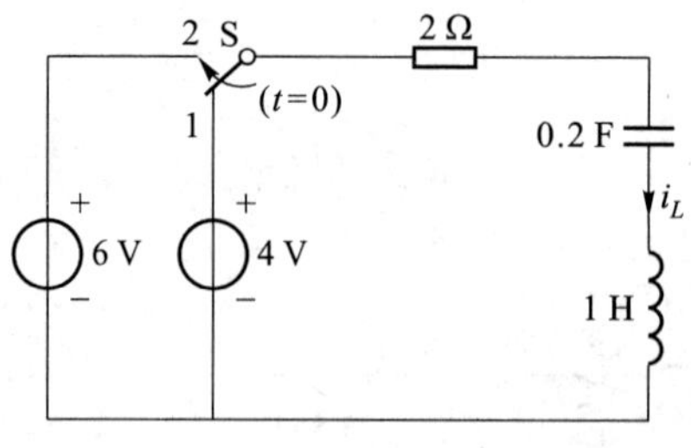

题 7-26 图

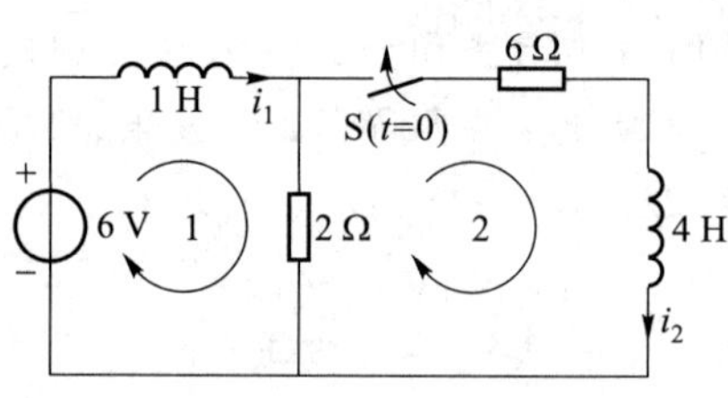

题 7-27 图

7-28　电路如题 7-28 图所示，已知电压源 U_S 为直流，且 $U_S=10$ V，$u_C(0_-)=-2$ V，$i_L(0_-)=1$ A，$t=0$ 时开关 S 闭合，求开关 S 闭合后电容电压 $u_C(t)$。

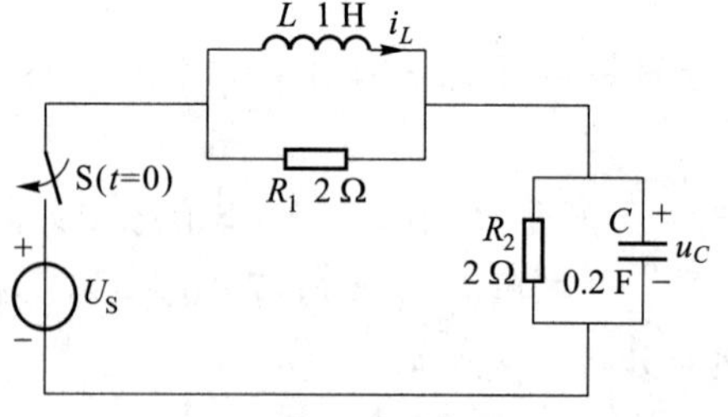

题 7-28 图

7-29　题 7-29 图所示电路中 $R=3\ \Omega$，$L=6$ mH，$C=1\ \mu$F，$U_0=12$ V，电路已处稳态。设开关 S 在 $t=0$ 时打开，试求 $u_L(t)$。

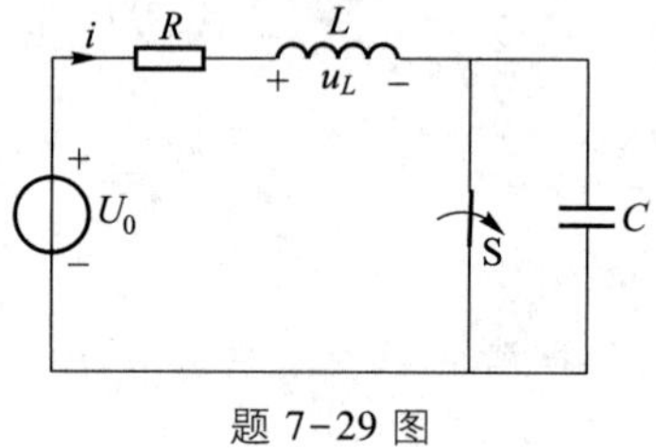

题 7-29 图

7-30　试用阶跃函数分别表示题 7-30 图所示的电流、电压的波形。

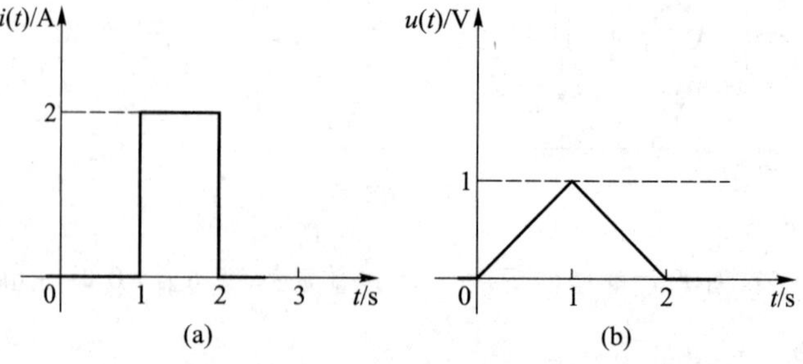

题 7-30 图

7-31 题 7-31 图(a)所示电路中的电压 $u(t)$ 的波形如题 7-31 图(b)所示。试求电流 $i(t)$。

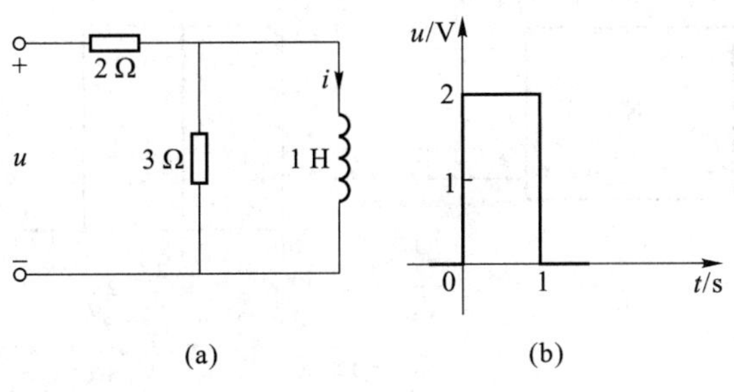

题 7-31 图

7-32 RC 电路中电容 C 原未充电，所加 $u(t)$ 的波形如题 7-32 图所示，其中 $R=1\,000\ \Omega, C=10\ \mu F$。求电容电压 u_C，并把 u_C：

(1) 用分段形式写出。

(2) 用一个表达式写出。

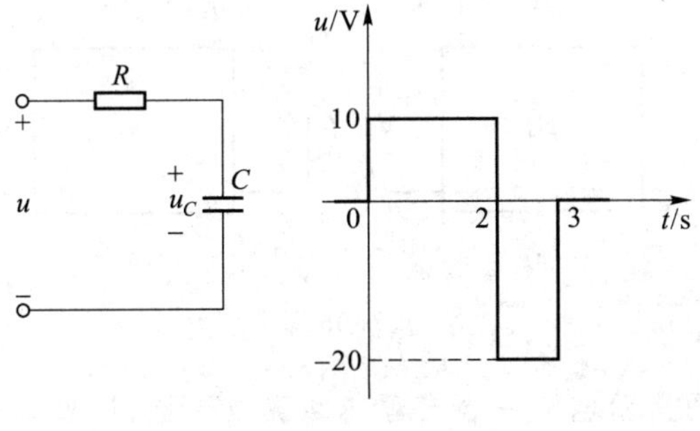

题 7-32 图

7-33 题 7-33 图所示电路中，$u_{S1}=\varepsilon(t)$ V，$u_{S2}=5\varepsilon(t)$ V，试求电路响应 $i_L(t)$。

7-34 题 7-34 图所示电路中，已知 $i_S=10\varepsilon(t)$ A，$R_1=1\ \Omega$，$R_2=2\ \Omega$，$C=1\ \mu F$，$u_C(0_-)=2$ V，$g=0.25$ S。求全响应 $i_1(t)$、$i_C(t)$、$u_C(t)$。

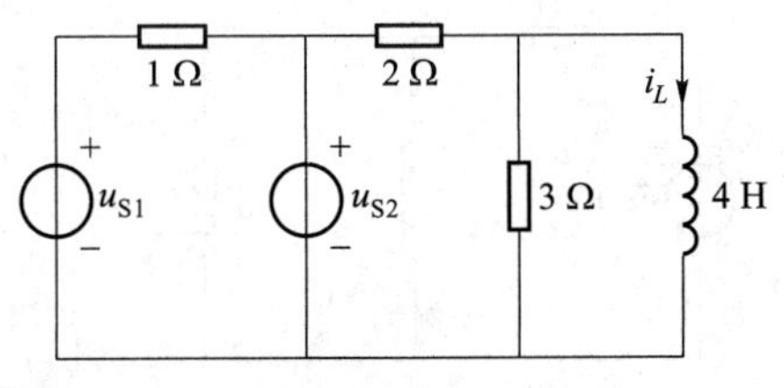

题 7-33 图

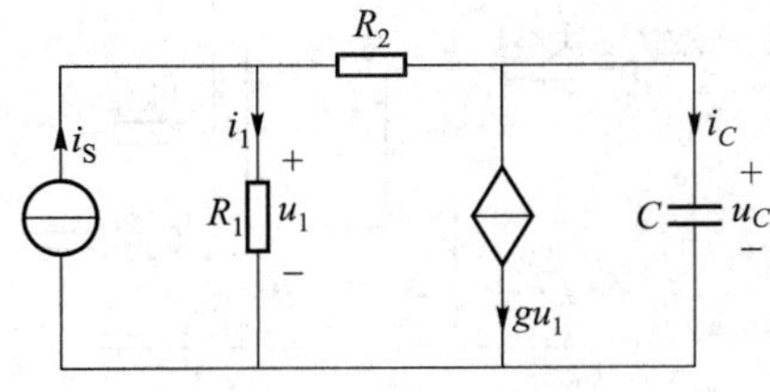

题 7-34 图

*7-35 题 7-35 图(a)所示电路中，N 为无源线性电阻网络。已知激励为单位阶跃电压源时电容电压的全响应为 $u_C=(2+6e^{-2t})$ V$(t>0)$，求输入电压的波形如题 7-35 图(b)所示时，电容电压的零状态响应。

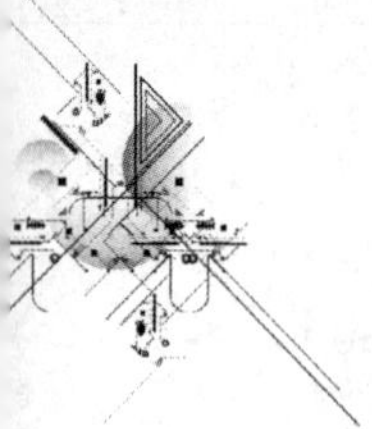

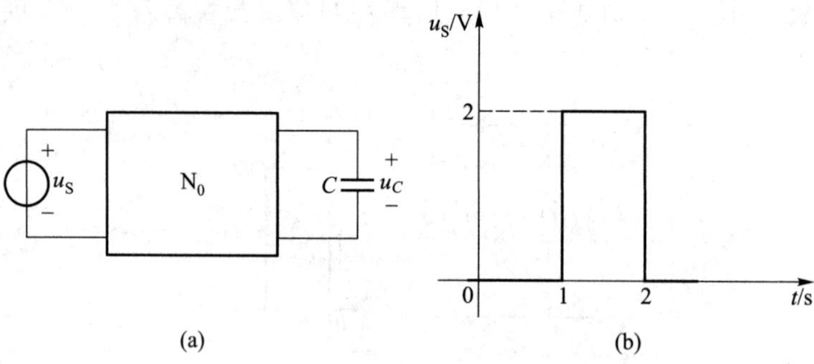

题 7-35 图

7-36　题 7-36(a) 电路中，$u_S(t)=\varepsilon(t)$ V，$C=0.2$ F，其零状态响应为

$$u_2(t)=\left(\frac{1}{2}+\frac{1}{8}e^{-2.5t}\right)\varepsilon(t)\ \text{V}$$

如果用 $L=2$ H 的电感代替电容 C，如题 7-36 图(b)所示，求零状态响应 $u_2(t)$。

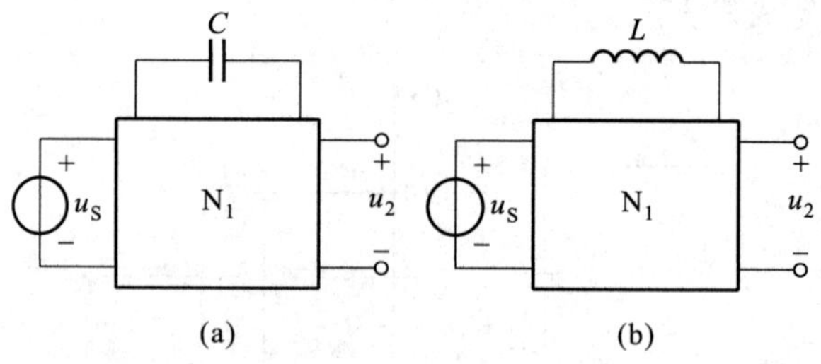

题 7-36 图

7-37　题 7-37 图所示电路中含有理想运算放大器，试求零状态响应 $u_C(t)$，已知 $u_1=5\varepsilon(t)$ V。

7-38　题 7-38 图所示电路中 $i_L(0_-)=0$，$R_1=6\ \Omega$，$R_2=4\ \Omega$，$L=100$ mH。求冲激响应 i_L 和 u_L。

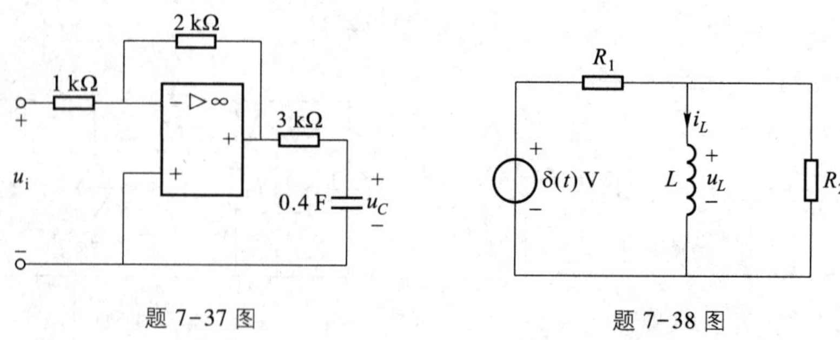

题 7-37 图　　　　题 7-38 图

7-39　电路如题 7-39 图所示，当 (1) $i_S=\delta(t)$ A，$u_C(0_-)=0$；(2) $i_S=\delta(t)$ A，$u_C(0_-)=1$ V；(3) $i_S=3\delta(t-2)$ A，$u_C(0_-)=2$ V 时，试求响应 $u_C(t)$。

7-40　题 7-40 图所示电路中电容原未充电，求当 i_S 给定为下列情况时的 u_C 和 i_C：

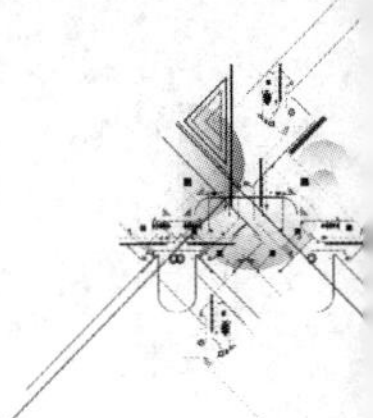

(1) $i_S=25\varepsilon(t)$ mA。

(2) $i_S=\delta(t)$ mA。

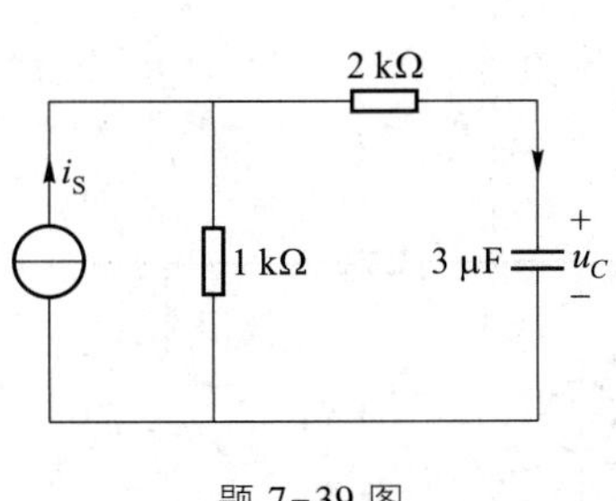

题 7-39 图

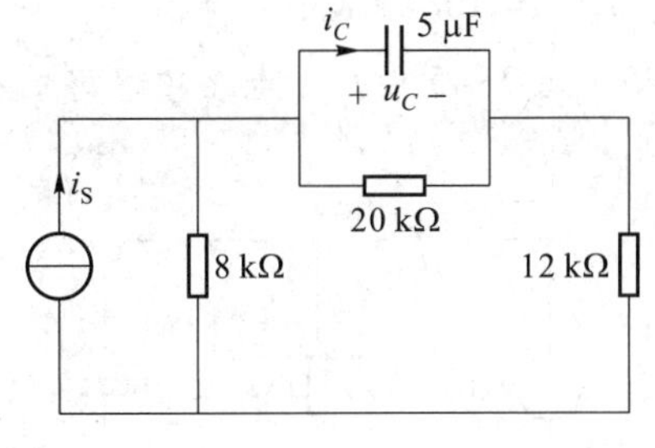

题 7-40 图

7-41 题 7-41 图所示电路中，电源 $u_S=[50\varepsilon(t)+2\delta(t)]$ V，求 $t>0$ 时电感支路的电流 $i(t)$。

7-42 题 7-42 图所示电路中含理想运算放大器，且电容的初始电压为零，试分别求：

(1) $u_i=U\varepsilon(t)$ V。

(2) $u_i=\delta_u(t)$ 时电路的输出电压 u_o。

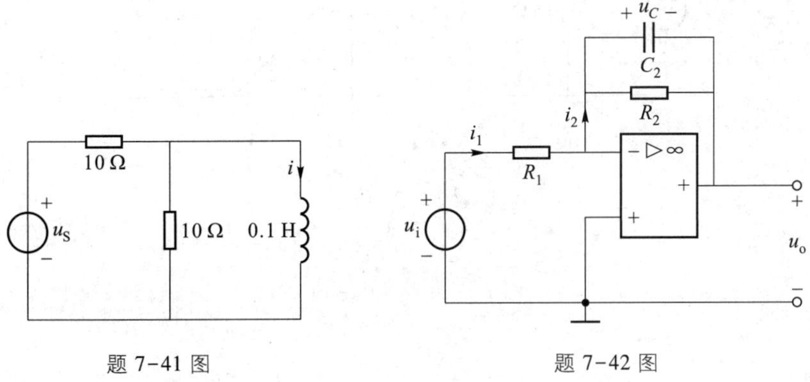

题 7-41 图 题 7-42 图

7-43 题 7-43 图所示电路中，$G=5$ S，$L=0.25$ H，$C=1$ F。

求：(1) $i_S(t)=\varepsilon(t)$ A 时，电路的阶跃响应 $i_L(t)$。

(2) $i_S(t)=\delta(t)$ A 时，电路的冲激响应 $u_C(t)$。

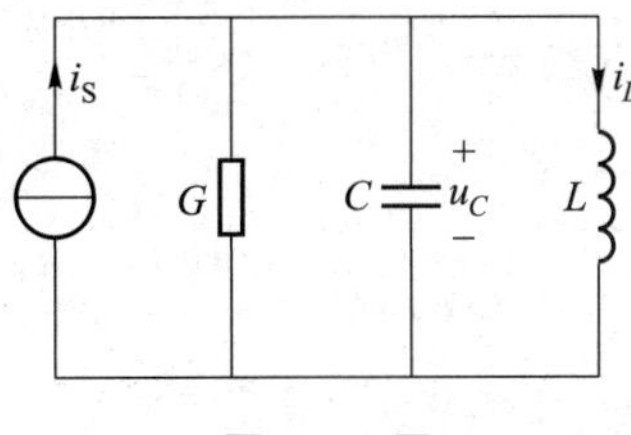

题 7-43 图

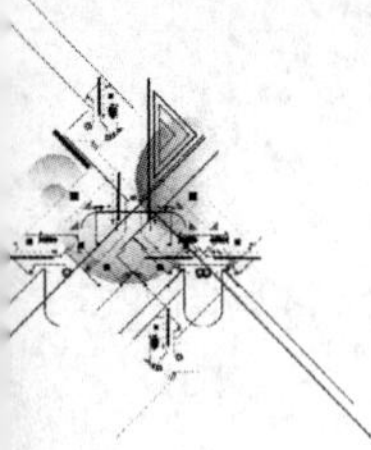

7-44　当 $u_S(t)$ 为下列情况时，求题 7-44 图所示电路的响应 u_C：

(1) $u_S(t) = 10\varepsilon(t)$ V。

(2) $u_S(t) = 10\delta(t)$ V。

7-45　题 7-45 图所示电路中电感的初始电流为零，设 $u_S(t) = U_0 e^{-at}\varepsilon(t)$，试用卷积积分求 $u_L(t)$。

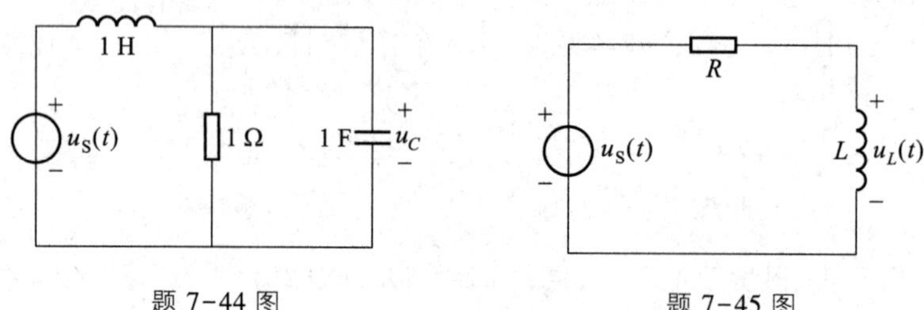

题 7-44 图　　题 7-45 图

7-46　题 7-46 图(a)所示电路的激励波形如题 7-46 图(b)所示，试用卷积积分求零状态响应 $i(t)$。

第七章部分习题答案

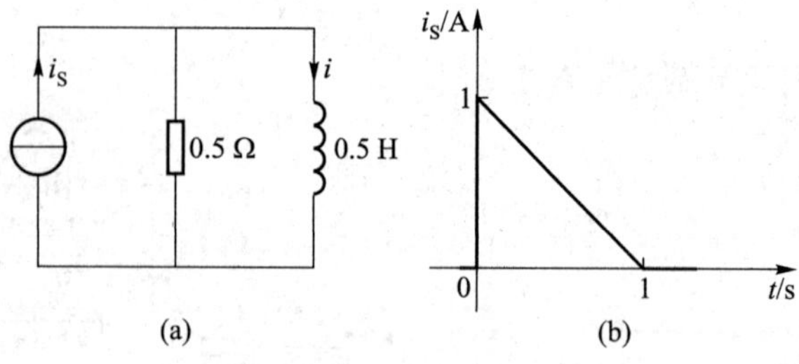

(a)　　(b)

题 7-46 图

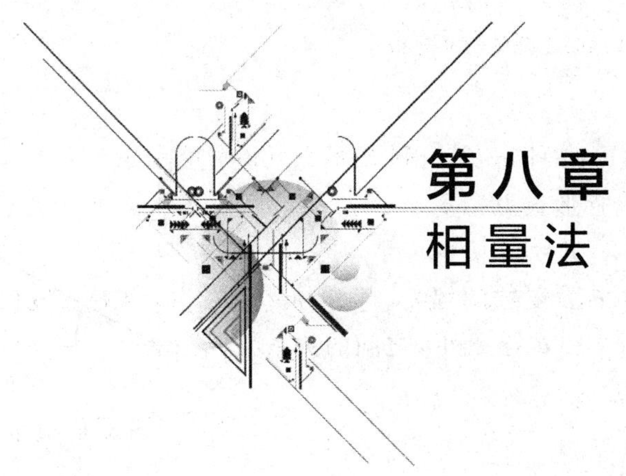

第八章 相量法

导 读

对线性电路施加激励(独立电源)均为同频率的正弦时间函数,在电路达到稳态时,线性电路的所有响应(电压和电流)均为与激励具有相同频率的正弦时间函数,称电路为正弦稳态电路。

由第七章获知,含有储能元件的线性电路用线性常微分方程描述。施加正弦激励的线性电路的稳态响应,是线性常微分方程的特解,它是与激励具有相同频率的正弦时间函数。显然,对正弦稳态电路,采用微分方程求特解将非常困难。

1893 年,工程师 C. P. 施泰因梅茨率先用约定的“符号”将正弦稳态电路的微(积)分方程的特解问题变换为复代数方程的求解问题,这种方法就是本章介绍的相量法。相量法将正弦稳态电路中的电压和电流(正弦时间函数)变换为用复数表示的电压相量和电流相量,将电路元件用复阻抗或复导纳表示,从而将时域的微分方程变换为复代数方程。显然,用相量法分析正弦稳态电路比用微分方程要容易得多。

本章简单介绍复数及其运算、正弦量、基尔霍夫定律的相量形式以及元件电压电流关系的相量形式,为后续各章正弦稳态电路的分析奠定基础。

相量法也是分析研究非正弦周期信号、任意信号和许多相关学科的理论基础之一。

本书第八章至第十三章都是分析研究正弦稳态电路的相关内容。

§8-1 复数

复数及其运算是应用相量法的数学基础。本节仅作简要的介绍。

一个复数有多种表示形式。复数 F 的代数形式为

$$F=a+\mathrm{j}b$$

式中 $\mathrm{j}=\sqrt{-1}$ 为虚单位。a 称为复数 F 的实部,b 称为复数 F 的虚部。复数 F 在复平面上是一个坐标点,常用原点至该点的向量表示,如图 8-1 所示。

根据图 8-1,可得复数 F 的三角形式

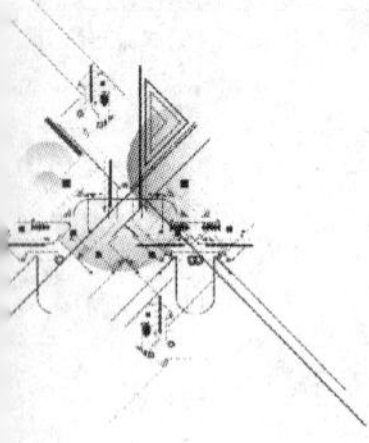

$$F=|F|(\cos\theta+\mathrm{j}\sin\theta)$$

而复数 F 的指数形式或极坐标形式为

$$F=|F|\mathrm{e}^{\mathrm{j}\theta},\quad F=|F|\underline{/\theta}$$

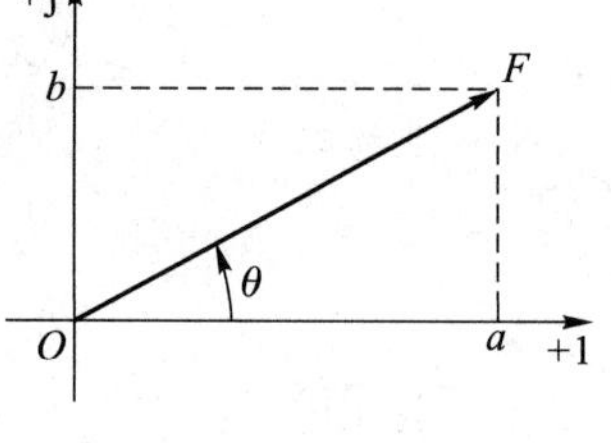

图 8-1　复数的表示

式中 $|F|$ 为复数的模(值),θ 为复数的辐角,即 $\theta=\arg F$。θ 可以用弧度或度表示。$|F|$ 和 θ 与 a 和 b 之间的关系为

$$|F|=\sqrt{a^2+b^2}$$

$$\theta=\arctan\left(\frac{b}{a}\right)$$

$$a=|F|\cos\theta,\quad b=|F|\sin\theta$$

本书还常用到如下一些复数的概念,Re[F]表示取复数 F 的实部,即

$$\mathrm{Re}[F]=a$$

Im[F]表示取复数 F 的虚部,即

$$\mathrm{Im}[F]=b$$

F^* 表示复数 F 的共轭复数,即

$$F^*=a-\mathrm{j}b\quad 或\quad F^*=|F|\underline{/-\theta}$$

下面介绍复数的运算。复数的相加和相减必须用代数形式进行。例如,设

$$F_1=a_1+\mathrm{j}b_1,\quad F_2=a_2+\mathrm{j}b_2$$

则

$$\begin{aligned}F_1\pm F_2&=(a_1+\mathrm{j}b_1)\pm(a_2+\mathrm{j}b_2)\\&=(a_1\pm a_2)+\mathrm{j}(b_1\pm b_2)\end{aligned}$$

复数的相加和相减的运算也可以按平行四边形法在复平面上用向量的相加和相减求得,如图 8-2 所示。

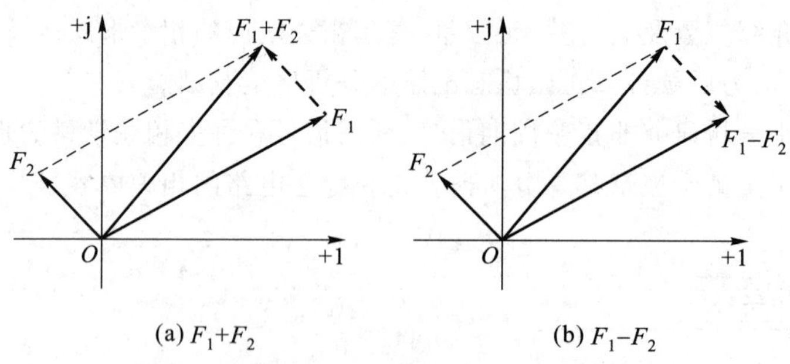

图 8-2　复数代数和的图解法

复数相乘用指数形式比较方便,即

$$\begin{aligned}F_1F_2&=|F_1|\mathrm{e}^{\mathrm{j}\theta_1}|F_2|\mathrm{e}^{\mathrm{j}\theta_2}\\&=|F_1||F_2|\mathrm{e}^{\mathrm{j}(\theta_1+\theta_2)}\end{aligned}$$

所以

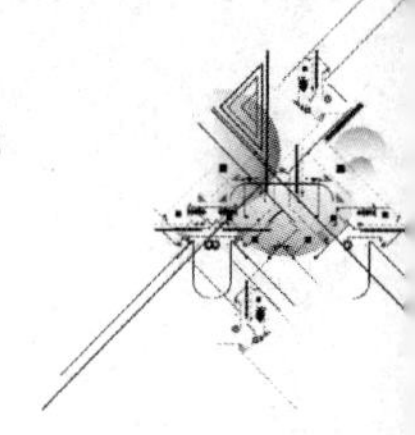

$$|F_1F_2| = |F_1||F_2|$$

$$\arg(F_1F_2) = \arg(F_1) + \arg(F_2)$$

两个复数的相乘，用代数形式有

$$\begin{aligned} F_1F_2 &= (a_1+\mathrm{j}b_1)(a_2+\mathrm{j}b_2) \\ &= (a_1a_2-b_1b_2)+\mathrm{j}(a_1b_2+a_2b_1) \end{aligned}$$

复数相除的运算为

$$\frac{F_1}{F_2} = \frac{|F_1| \underline{/\theta_1}}{|F_2| \underline{/\theta_2}} = \frac{|F_1|}{|F_2|} \underline{/(\theta_1-\theta_2)}$$

所以

$$\left|\frac{F_1}{F_2}\right| = \frac{|F_1|}{|F_2|}$$

$$\arg\left(\frac{F_1}{F_2}\right) = \arg(F_1) - \arg(F_2)$$

如用代数形式有

$$\begin{aligned} \frac{F_1}{F_2} &= \frac{a_1+\mathrm{j}b_1}{a_2+\mathrm{j}b_2} = \frac{(a_1+\mathrm{j}b_1)(a_2-\mathrm{j}b_2)}{(a_2+\mathrm{j}b_2)(a_2-\mathrm{j}b_2)} \\ &= \frac{a_1a_2+b_1b_2}{(a_2)^2+(b_2)^2} + \mathrm{j}\frac{a_2b_1-a_1b_2}{(a_2)^2+(b_2)^2} \end{aligned}$$

式中 $a_2-\mathrm{j}b_2$ 为 F_2 的共轭复数 F_2^*。$F_2F_2^*$ 的结果为实数，称为有理化运算。

图 8-3(a)(b)为复数乘、除的图解表示，从图上可以看出：复数乘、除表示为模的放大或缩小，辐角表示为逆时针旋转或顺时针旋转。

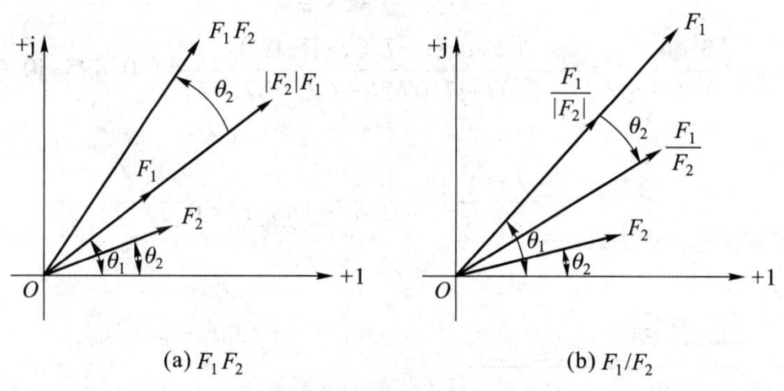

图 8-3 复数乘、除的图解示意

复数 $\mathrm{e}^{\mathrm{j}\theta} = 1\underline{/\theta}$ 是一个模等于 1，辐角为 θ 的复数。任意复数 $A = |A|\mathrm{e}^{\mathrm{j}\theta_a}$ 乘以 $\mathrm{e}^{\mathrm{j}\theta}$ 等于把复数 A 逆时针旋转一个角度 θ，而 A 的模值不变，所以 $\mathrm{e}^{\mathrm{j}\theta}$ 称为旋转因子。

根据欧拉公式，不难得出 $\mathrm{e}^{\mathrm{j}\frac{\pi}{2}} = \mathrm{j}$，$\mathrm{e}^{-\mathrm{j}\frac{\pi}{2}} = -\mathrm{j}$，$\mathrm{e}^{\mathrm{j}\pi} = -1$。因此“±j”和“-1”都可以看成旋

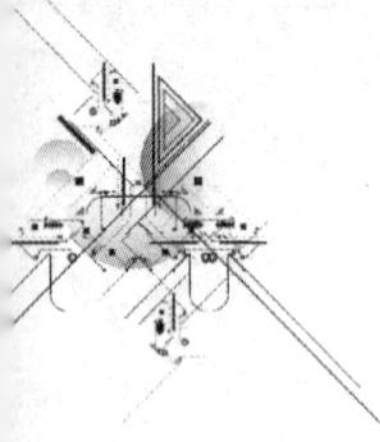

转因子。例如一个复数乘以 j，等于把该复数在复平面上逆时针旋转$\frac{\pi}{2}$；一个复数除以 j，等于该复数乘以 -j，因此等于把它顺时针旋转 $\frac{\pi}{2}$。

在复数运算中常有两个复数相等的运算。两个复数相等必须满足两个条件，如 $F_1=F_2$ 必须有

$$\mathrm{Re}[F_1]=\mathrm{Re}[F_2],\quad \mathrm{Im}[F_1]=\mathrm{Im}[F_2]$$

或者有

$$|F_1|=|F_2|,\quad \arg(F_1)=\arg(F_2)$$

一个复数方程可以分解为两个实数方程。

例 8-1　设 $F_1=3-\mathrm{j}4, F_2=10\underline{/135^\circ}$。求 F_1+F_2 和$\frac{F_1}{F_2}$。

解　用代数形式求复数的代数和，有

$$\begin{aligned}F_2&=10\underline{/135^\circ}=10(\cos 135^\circ+\mathrm{j}\sin 135^\circ)\\&=-7.07+\mathrm{j}7.07\end{aligned}$$

$$F_1+F_2=(3-\mathrm{j}4)+(-7.07+\mathrm{j}7.07)=-4.07+\mathrm{j}3.07$$

转换为指数形式有

$$\arg(F_1+F_2)=\arctan\left(\frac{3.07}{-4.07}\right)=143^\circ$$

$$|F_1+F_2|=\frac{-4.07}{\cos 143^\circ}=\frac{3.07}{\sin 143^\circ}=5.1$$

即有

$$F_1+F_2=5.1\underline{/143^\circ}$$

$$\frac{F_1}{F_2}=\frac{3-\mathrm{j}4}{-7.07+\mathrm{j}7.07}=\frac{(3-\mathrm{j}4)(-7.07-\mathrm{j}7.07)}{(-7.07+\mathrm{j}7.07)(-7.07-\mathrm{j}7.07)}=-0.495+\mathrm{j}0.071$$

或者

$$\frac{F_1}{F_2}=\frac{3-\mathrm{j}4}{10\underline{/135^\circ}}=\frac{5\underline{/-53.1^\circ}}{10\underline{/135^\circ}}=0.5\underline{/-188.1^\circ}=0.5\underline{/171.9^\circ}$$

正弦量

§8-2　正弦量

电路中按正弦规律变化的电压或电流，统称为正弦量。对正弦量的数学描述，可以采用 sine 函数，也可以用 cosine 函数。本书采用 cosine 函数。

图 8-4 表示一段电路中有正弦电流 i，在图示参考方向下，其数学表达式定义如下：

$$i=I_\mathrm{m}\cos(\omega t+\phi_i)\tag{8-1}$$

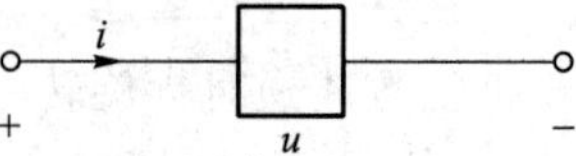

图 8-4　一段正弦电流电路

式中的 3 个常数 I_m、ω 和 ϕ_i 称为正弦量的三要素。

I_m 称为正弦量的振幅，它是正弦量在整个振荡过程中达到的最大值，即 $\cos(\omega t+\phi_i)=1$ 时，有

$$i_{max}=I_m$$

这也是正弦量的极大值。当 $\cos(\omega t+\phi_i)=-1$ 时，将有最小值（也是极小值）$i_{min}=-I_m$。$i_{max}-i_{min}=2I_m$ 称为正弦量的峰-峰值。

随时间变化的角度$(\omega t+\phi_i)$称为正弦量的相位，或称相角。ω 称为正弦量的角频率，它是正弦量的相位随时间变化的角速度，即

$$\omega=\frac{\mathrm{d}}{\mathrm{d}t}(\omega t+\phi_i)$$

单位为 rad/s（弧度/秒）。它与正弦量的周期 T 和频率 f 之间的关系为

$$\omega T=2\pi,\quad \omega=2\pi f,\quad f=\frac{1}{T}$$

频率 f 的单位为 1/s（1/秒），称为 Hz（赫兹，简称赫）。我国工业化生产的电能为正弦电压源，其频率为 50 Hz，该频率称为工频。工程中还常以频率区分电路，如音频电路、高频电路、甚高频电路等。

ϕ_i 是正弦量在 $t=0$ 时刻的相位，称为正弦量的初相位（角），简称初相，即

$$(\omega t+\phi_i)\big|_{t=0}=\phi_i$$

初相的单位用弧度或度表示，通常在主值范围内取值，即 $|\phi_i|\leqslant 180°$。初相与计时零点的选择有关。对任一正弦量，初相是允许任意指定的，但对于同一电路系统中的许多相关的正弦量，只能相对于一个共同的计时零点确定各自的相位。

正弦量的三要素是正弦量之间进行比较和区分的依据。

正弦量随时间变化的图形称为正弦波。图 8-5 是正弦电流 i 的波形图$(\phi_i>0)$。横轴可以用时间 t，也可以用 ωt(rad) 表示。

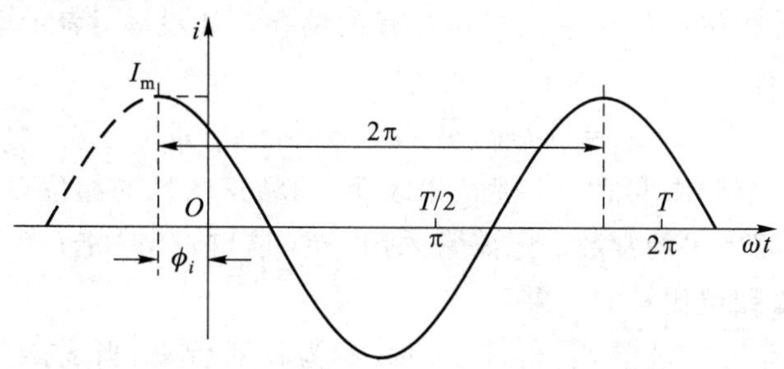

图 8-5 正弦量 i 的波形$(\phi_i>0)$

正弦量乘以常数，正弦量的微分、积分，同频正弦量的代数和等运算，其结果仍为一个同频率的正弦量。正弦量的这个性质十分重要。

工程中常将周期电流或电压在一个周期内产生的平均效应换算为等效的直流量，

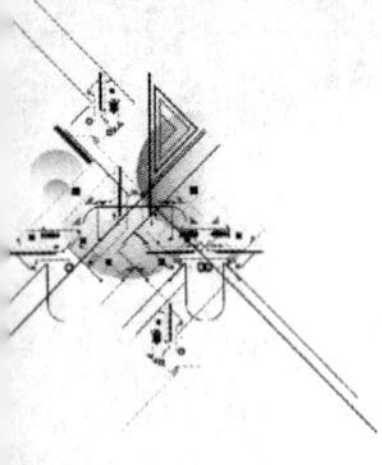

以衡量和比较周期电流或电压的效应，这一等效的直流量就称为周期量的有效值，用相对应的大写字母表示。如周期量 i 的有效值 I 定义如下：

$$I \overset{\text{def}}{=\!=\!=} \sqrt{\frac{1}{T}\int_0^T i^2 \mathrm{d}t} \tag{8-2}$$

上式表示：周期量的有效值等于其瞬时值的平方在一个周期内积分的平均值的平方根，因此有效值又称为均方根值①。上式的定义是周期量有效值普遍适用的公式。当电流 i 是正弦量时，可以推出正弦量的有效值与正弦量的振幅之间的特殊关系。此时有

$$I = \sqrt{\frac{1}{T}\int_0^T I_{\mathrm{m}}^2 \cos^2(\omega t + \phi_i)\mathrm{d}t}$$

由于 $\cos^2(\omega t+\phi_i)=\dfrac{1+\cos[2(\omega t+\phi_i)]}{2}$，代入上式后得

$$I=\frac{I_{\mathrm{m}}}{\sqrt{2}}=0.707I_{\mathrm{m}}$$

所以正弦量的有效值与其最大值之间有 $\sqrt{2}$ 关系，根据这一关系常将正弦量 i 改写成如下的形式：

$$i=\sqrt{2}I\cos(\omega t+\phi_i)$$

上式中 I、ω、ϕ_i 也可用来表示正弦量的三要素。正弦量的有效值与正弦量的频率和初相无关。工程中使用的交流电气设备铭牌上标出的额定电流、电压的数值，交流电压表、电流表显示的数字都是有效值。

电路中常引用“相位差”的概念描述两个同频正弦量之间的相位关系。例如，设两个同频正弦量电流 i_1、电压 u_2 分别为

$$i_1=\sqrt{2}I_1\cos(\omega t+\phi_{i1})$$

$$u_2=\sqrt{2}U_2\cos(\omega t+\phi_{u2})$$

两个同频正弦量的相位差等于它们相位相减的结果。如设 φ_{12} 表示电流 i_1 与电压 u_2 之间的相位差，则有

$$\varphi_{12}=(\omega t+\phi_{i1})-(\omega t+\phi_{u2})=\phi_{i1}-\phi_{u2}$$

相位差也是在主值范围内取值。上述结果表明：同频正弦量的相位差等于它们的初相之差，为一个与时间无关的常数。电路常采用“超（越）前”和“滞（落）后”等概念来说明两个同频正弦量相位比较的结果。

当 $\varphi_{12}>0$ 时，称为 i_1 超前 u_2；当 $\varphi_{12}<0$ 时，称为 i_1 滞后 u_2；当 $\varphi_{12}=0$ 时，称为 i_1 和 u_2 同相；当 $|\varphi_{12}|=\dfrac{\pi}{2}$ 时，称为 i_1 与 u_2 正交；当 $|\varphi_{12}|=\pi$ 时，称为 i_1、u_2 彼此反相。

---

① root-mean-square value(r. m. s. v)。

相位差可以通过观察波形来确定，如图 8-6 所示。在同一个周期内两个波形与横坐标轴的两个交点（正斜率过零点或负斜率过零点）之间的坐标值即为两者的相位差，先到达零点的为超前波。图中所示为 i_1 滞后 u_2。相位差与计时零点的选取、改变无关。

由于正弦量的初相与设定的参考方向有关，当改设某一正弦量的参考方向时，则该正弦量的初相将改变 π，它与其他正弦量的相位差也将相应地改变 π。

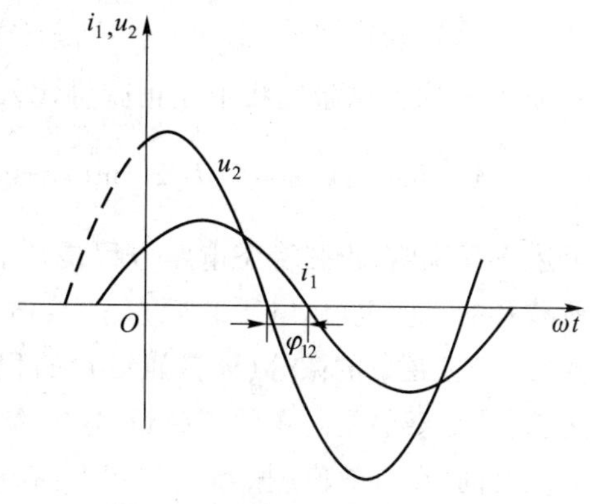

图 8-6　同频正弦量的相位差

§8-3　相量法的基础

相量法的基础

相量法是分析研究正弦电流电路稳定状态的一种简单易行的方法。它是在数学理论和电路理论的基础上建立起来的一种系统方法。

根据电路的基本定律 VCR、KCL 和 KVL，编写含有储能元件的线性非时变电路的电路方程时，将获得一组常微（积）分方程。现以图 8-7 所示的 *RLC* 串联电路为例，电路的 KVL 方程为

$$u_R+u_L+u_C=u_S$$

其中

$$u_R=Ri,\quad u_L=L\frac{\mathrm{d}i}{\mathrm{d}t},\quad u_C=\frac{1}{C}\int i\mathrm{d}t$$

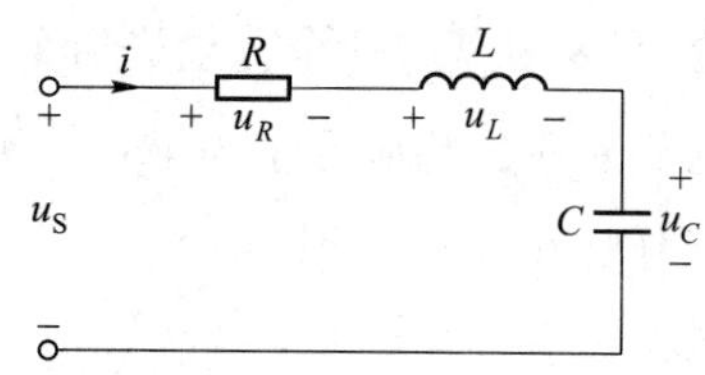

图 8-7　*RLC* 串联电路

将上述元件的 VCR 代入 KVL 方程有

$$Ri+L\frac{\mathrm{d}i}{\mathrm{d}t}+\frac{1}{C}\int i\mathrm{d}t=u_S \tag{8-3}$$

由数学理论可知，当 u_S（激励）为正弦量时，上述微分方程中的电流变量 i 的特解（响应的强制分量）也一定是与 u_S 同一频率的正弦量，反之亦然。这一重要结论具有普遍意义，即线性非时变电路在正弦电源激励下，各支路电压、电流的特解都是与激励同频率的正弦量，当电路中存在多个同频率的正弦激励时，该结论也成立。工程上将电路的这一特解状态称为正弦电流电路的稳定状态，简称正弦稳态。电路处于正弦稳态时，同频率的各正弦量之间，仅在有效值（或振幅）、初相上存在"差异和联系"，这种"差异和联系"正是正弦稳态分析求解中的关键问题。现以式（8-3）的求解为例，从理论上说明相量法的基础。

若已知式（8-3）中的正弦电源 u_S 为

$$u_S=\sqrt{2}U_s\cos(\omega t+\phi_u)$$

则电流 i 的特解将是与 u_S 同一频率的正弦量，因此，可设为

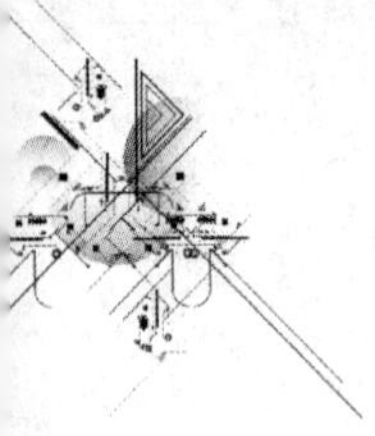

$$i=\sqrt{2}I\cos(\omega t+\phi_i)$$

式中 I、ϕ_i 为待求量。将上述正弦量代入式(8-3)后,则可将微分方程式(8-3)变换为

$$R\sqrt{2}I\cos(\omega t+\phi_i)-\omega L\sqrt{2}I\sin(\omega t+\phi_i)+\frac{1}{\omega C}\sqrt{2}I\sin(\omega t+\phi_i)=\sqrt{2}U_s\cos(\omega t+\phi_u) \quad (8-4)$$

上述方程说明,正弦稳态电路方程是一组同频正弦函数描述的代数方程,电路基本定律所涉及的正弦电流、电压的运算,不会改变电压、电流同频正弦量的性质,即正弦量乘常数(Ri)、正弦量的微分(u_L)、正弦量的积分(u_C)和同频正弦量的代数和(KCL、KVL)等运算,其结果仍是同频的正弦量,这就验证了前述的结论。可以看出,各同频正弦电压、电流之间,在有效值(振幅)、初相上的"差异和联系"寓于正弦函数描述的电压、电流表达式及电路方程中。无疑,求解和分析同频正弦函数所描述的电路方程,将能获得正确的结果或结论,但这一方法对于复杂电路将显得非常繁琐,使分析求解相当困难。根据欧拉公式,可将正弦函数用复指数函数表示,如前所述的正弦量 u_S 和 i 可表示为

$$u_S=\frac{1}{2}\left[U_{sm}e^{j(\omega t+\phi_u)}+U_{sm}e^{-j(\omega t+\phi_u)}\right]$$

$$i=\frac{1}{2}\left[I_m e^{j(\omega t+\phi_i)}+I_m e^{-j(\omega t+\phi_i)}\right]$$

上述变换表明,一个正弦量可以分解为一对共轭的复指数函数。根据叠加定理和数学理论,只要对其中一个分量进行分析求解,就能写出全部结果。如取分量 $U_{sm}e^{j(\omega t+\phi_u)}$(激励),则对应的响应分量为 $I_m e^{j(\omega t+\phi_i)}$,代入式(8-3),注意到 $I_m=\sqrt{2}I$ 和 $U_{sm}=\sqrt{2}U_s$,经整理后有

$$RIe^{j\phi_i}+j\omega LIe^{j\phi_i}-j\frac{1}{\omega C}Ie^{j\phi_i}=U_s e^{j\phi_u} \quad (8-5)$$

由上述代数方程求得

$$Ie^{j\phi_i}=\frac{U_s e^{j\phi_u}}{R+j\omega L-j\dfrac{1}{\omega C}}$$

该结果用复数形式表述了正弦量 i 除频率 ω 外的另两个要素 I(有效值)和 ϕ_i(初相),因此,根据正弦量的 3 个要素就可以直接写出正弦量 i 的表达式。这表明方程式(8-5)在理论上和实际上已足以满足正弦稳态分析的需要,不需要再求解另一分量的结果按欧拉公式写出正弦量 i。

上述变换只是数学形式的变换,与式(8-4)相比,并无实质性的区别,但在形式上实现了非常有益的转换,它将与时间有关的同频的正弦函数的电路方程转换为与时间无关的复代数形式的电路方程。更重要的是,它将正弦稳态中全部同频的正弦电压、电流转换为由各正弦量的有效值和初相组合成的复数表示,如 $Ie^{j\phi_i}$、$U_s e^{j\phi_u}$,使同频的各正弦量在有效值、初相上的"差异和联系",在电路方程中表述得更清晰、更直观和更简

单,这将大大简化对正弦稳态的表述和分析求解的过程。

电路理论中将式(8-5)中与正弦量 u_S、i 关联的复数 $U_s e^{j\phi_u}$ 和 $Ie^{j\phi_i}$ 定义为正弦量 u_S、i 对应的相量,并用对应的带"·"(点)符号的大写字母表示,如上述的正弦电压 u_S 和正弦电流 i 对应的相量表示分别为

$$\dot{U}_s \xlongequal{\text{def}} U_s e^{j\phi_u} = U_s \underline{/\phi_u}$$

$$\dot{I} \xlongequal{\text{def}} Ie^{j\phi_i} = I\underline{/\phi_i}$$

即正弦量的对应相量是一个复数,它的模为正弦量的有效值,它的辐角为正弦量的初相。式中 $\dot{U}_s$、$\dot{I}$ 中的"·"(点)号,既表示这一复数与正弦量关联的特殊身份,以区别于一般的复数,同时也表示区别于正弦量的有效值。正弦量对应的相量可直接根据上述定义写出。相量在复平面上表示的图形称为相量图,如图 8-8 所示为正弦电压 u_S 对应的相量 $\dot{U}_s$ 的相量图。

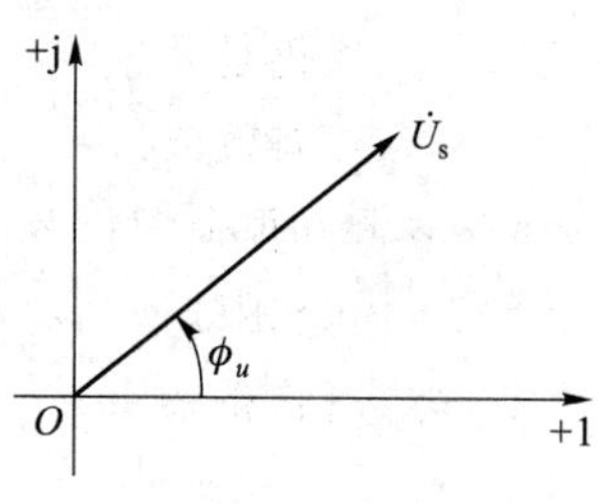

图 8-8　相量 $\dot{U}_s$ 的相量图

电路中有时也用正弦量的振幅表示相量的模,称为振幅相量,如有

$$\dot{U}_{sm} \xlongequal{\text{def}} U_{sm} e^{j\phi_u} = U_{sm} \underline{/\phi_u}$$

$$\dot{I}_m \xlongequal{\text{def}} I_m e^{j\phi_i} = I_m \underline{/\phi_i}$$

学习时要注意两者的区别。

本节的论述,仅从理论上向读者展示相量法的"来龙去脉",以利于学习掌握。下一节将在此基础上加以归纳总结,系统构建电路基本定律的相量形式,可不经变换直接获得所需要的相量(复数)形式的电路方程。

例 8-2　写出下列正弦电流对应的相量

$$i_1 = 14.14\cos(314t+30°)\text{ A}$$

$$i_2 = -14.14\sin(10^3 t-60°)\text{ A}$$

解　本书根据国家标准,统一用 cosine 函数表示正弦量。因此,电流 i_2 的表达式应改写为

$$\begin{aligned} i_2 &= -14.14\cos(10^3 t-60°-90°)\text{ A} \\ &= -14.14\cos(10^3 t-150°)\text{ A} \end{aligned}$$

电流相量可按定义直接写出

$$\dot{I}_1 = \frac{14.14}{\sqrt{2}}\underline{/30°}\text{ A} = 10\underline{/30°}\text{ A}$$

$$\dot{I}_2 = \frac{-14.14}{\sqrt{2}}\underline{/-150°}\text{ A} = 10\underline{/30°}\text{ A}$$

相量与正弦量之间不是相等的关系,因此,下面的写法是错误的

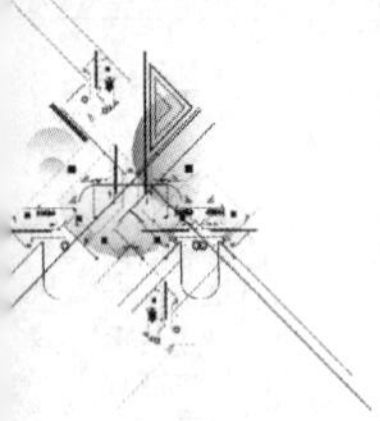

$$i_1' = 14.14\cos(314t+30°)\,\text{A} = 10\angle 30°\,\text{A}$$

相量与频率无关。由相量反求正弦量的表达式时必须知道 ω 才能写出。本例中 $\dot{I}_1 = \dot{I}_2$ 没有实际意义，因为相量之间所表示的运算关系只能在同频的正弦量中使用。

例 8-3　求例 8-2 中正弦电流 i_1、i_2 的微分及其相量。

解　正弦电流 i_1、i_2 微分的时域形式的结果为

$$y_1 = \frac{\mathrm{d}i_1}{\mathrm{d}t} = -10\sqrt{2}\times 314\sin(314t+30°) = 10\sqrt{2}\times 314\cos(314t+30°+90°)$$

$$y_1 = \frac{\mathrm{d}i_2}{\mathrm{d}t} = -10\sqrt{2}\times 10^3\cos(10^3t-60°) = 10\sqrt{2}\times 10^3\cos(10^3t-60°+180°)$$

微分结果是与原函数同频的正弦量，直接根据正弦量表达式写出其相量，但正弦量必须转换为 cosine 函数表示。y_1、y_2 对应的有效值相量分别为

$$\dot{Y}_1 = 3\,140\angle 120° = \mathrm{j}\omega_1\,\dot{I}_1$$

$$\dot{Y}_2 = 10^4\angle 120° = \mathrm{j}\omega_2\,\dot{I}_2$$

本例表明，正弦量的微分是与原正弦量同频率的正弦量，其对应的相量等于原正弦量 i_1（或 i_2）对应的相量 $\dot{I}_1$（或 $\dot{I}_2$）乘以 $\mathrm{j}\omega_1$（或 $\mathrm{j}\omega_2$）。

电路定律的相量形式

§8-4　电路定律的相量形式

在上一节的理论叙述中，已经得到一个重要的结论，即在线性非时变的正弦稳态电路中，全部电压、电流都是同一频率的正弦量。本节将在此基础上，直接用相量通过复数形式的电路方程描述电路的基本定律 VCR、KCL 和 KVL，称为电路定律的相量形式。

KCL 的相量形式：

对电路中任一节点有

$$i_1+i_2+i_3+\cdots+i_k+\cdots=0 \quad 或 \quad \sum i=0$$

当式中的电流全部都是同频率的正弦量时，则可变换为相量形式为

$$\dot{I}_1+\dot{I}_2+\dot{I}_3+\cdots+\dot{I}_k+\cdots=0 \quad 或 \quad \sum \dot{I}=0$$

即任一节点上同频的正弦电流的对应相量的代数和为零。

KVL 的相量形式：

对电路中任一回路有

$$u_1+u_2+u_3+\cdots+u_k+\cdots=0 \quad 或 \quad \sum u=0$$

当式中的电压全都是同频的正弦量时，可变换成相量形式为

$$\dot{U}_1+\dot{U}_2+\dot{U}_3+\cdots+\dot{U}_k+\cdots=0 \quad 或 \quad \sum \dot{U}=0$$

即任一回路中同频的正弦电压的对应相量的代数和为零。

电阻、电感和电容元件的 VCR 的相量形式：

对于图 8-9(a)所示电阻 R，当有正弦电流 $i_R=\sqrt{2}I_R\cos(\omega t+\phi_i)$ 通过时，根据欧姆定律，电压-电流的时域关系为

$$u_R=Ri_R=\sqrt{2}RI_R\cos(\omega t+\phi_i)$$

说明电阻上的电压、电流都是同频的正弦量。令电压相量为 $\dot{U}_R=U_R\angle\phi_u$，则相量形式有

$$\dot{U}_R=RI_R\angle\phi_i=R\dot{I}_R\quad(\text{或}\ \dot{I}_R=G\dot{U}_R)$$

$$U_R=RI_R\quad(\text{或}\ I_R=GU_R)$$

$$\phi_u=\phi_i$$

它们的有效值仍符合欧姆定律，而辐角相等，即电压、电流同相。图 8-9(b)为电阻的相量模型，图 8-9(c)是其电压、电流的相量图，它们在同一个方向的直线上(相位差为零)。

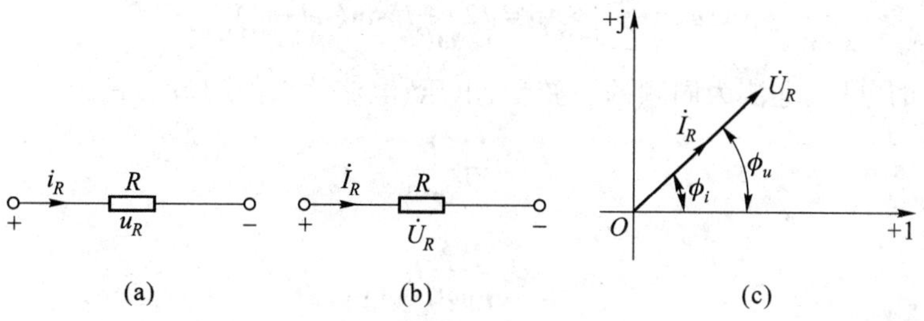

图 8-9 电阻中的电压、电流

对于图 8-10(a)所示的电感 L 中，当有正弦电流 $i_L=\sqrt{2}I_L\cos(\omega t+\phi_i)$ 通过时，根据电感的电压-电流的时域关系有

$$u_L=L\frac{\mathrm{d}i_L}{\mathrm{d}t}=-\sqrt{2}\omega LI_L\sin(\omega t+\phi_i)$$

$$=\sqrt{2}\omega LI_L\cos(\omega t+\phi_i+90^\circ)$$

说明电感 L 上的电压、电流为同频正弦量。令电压相量为 $\dot{U}_L=U_\mathrm{L}\angle\phi_u$，$u_L$ 的表达式变换后的相量形式为

$$\dot{U}_L=\mathrm{j}\omega L\dot{I}_L$$

$$U_L=\omega LI_L$$

$$\phi_u=\phi_i+90^\circ$$

电压、电流有效值之间的关系类似于欧姆定律，但与角频率 ω 有关，其中与频率成正比的 ωL 具有与电阻相同的量纲[Ω]，称为感抗，这样命名表示它与电阻有本质上的差别，$-\dfrac{1}{\omega L}$称为感纳，电感 L 上的电压将跟随频率变化，当 $\omega=0$ 时(直流)，$\omega L=0$，$u_L=0$，电感相当于短路。当 $\omega=\infty$ 时，$\omega L\to\infty$，$i=0$，电感相当于开路，在相位上电压超前电流 90°。图 8-10(b)是电感的相量模型，图 8-10(c)是电感电压、电流的相量图。

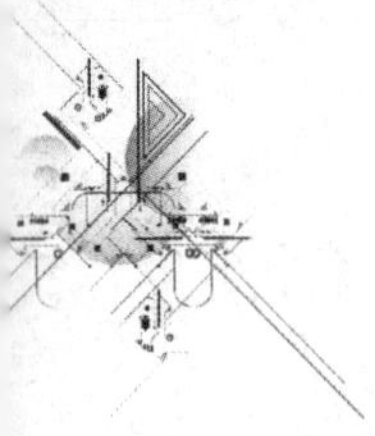

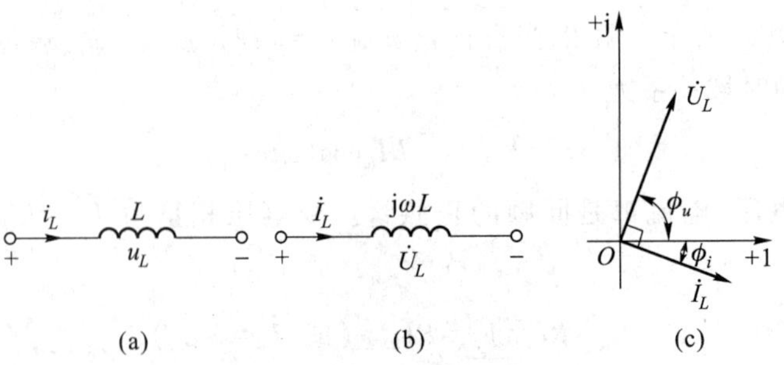

图 8-10　电感中的电压、电流

对于图 8-11(a)所示的电容 C,它的电压、电流关系的相量形式与电感 L 类似。当有正弦电流 $i_C=\sqrt{2}I_C\cos(\omega t+\phi_i)$ 通过时,其时域形式的关系为

$$u_C=\frac{1}{C}\int i_C\mathrm{d}t=\sqrt{2}\frac{1}{\omega C}I_C\sin(\omega t+\phi_i)$$

说明电容上的电压、电流为同频的正弦量,电压、电流关系的相量形式为

$$\dot{U}_C=-\mathrm{j}\frac{1}{\omega C}\dot{I}_C$$

$$U_C=\frac{1}{\omega C}I_C$$

$$\phi_u=\phi_i-90°$$

电压、电流有效值之间的关系类似于欧姆定律,但与频率 ω 有关,式中与频率成反比的 $-\frac{1}{\omega C}$具有与电阻相同的量纲[Ω],称为容抗,ωC 称为容纳。电容电压将随频率变化而变化,当 $\omega=0$(直流)时,$\frac{1}{\omega C}=\infty$,$i_C=0$,电容相当于开路。当 $\omega=\infty$ 时,$\frac{1}{\omega C}\to0$,$u_C=0$,电容相当于短路。在相位上,电流超前电压 90°。图 8-11(b)(c)分别是电容的相量模型和电压、电流的相量图。

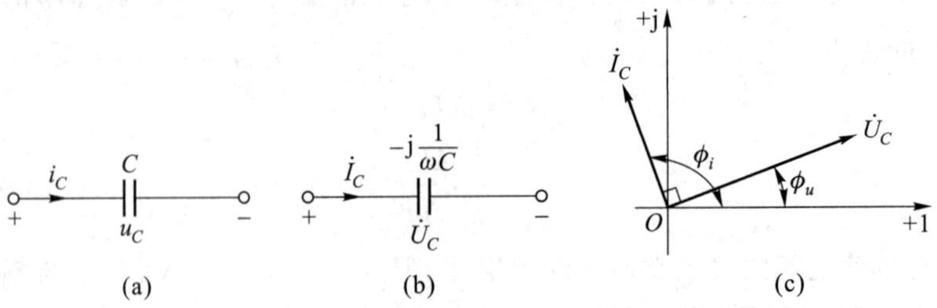

图 8-11　电容上的电压、电流

如果(线性)受控源的控制电压或电流是正弦量,则受控源的电压或电流将是同一频率的正弦量。现以图 8-12(a)所示的 VCCS 为例说明,此时有

$$i_j=gu_k$$

相量形式为

$$\dot{I}_j = g\dot{U}_k$$

图 8-12(b)为其相量形式的电路图(其他形式的受控源与其类似)。

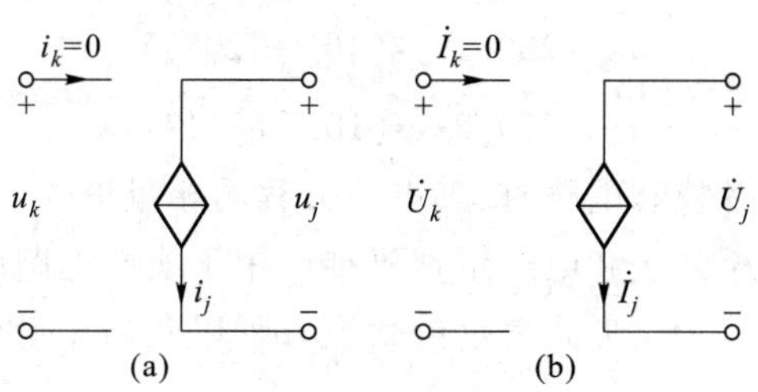

图 8-12　VCCS 的相量表示

用复数代数方程描述电路定律的相量形式(略去变换过程)是相量法体系的基础,其中 VCR 的相量形式对正确应用相量法十分重要,不仅要用到电阻、感抗和容抗,或者电导、感纳和容纳等概念,而且要特别注意电压、电流之间的相位差。

例 8-4　图 8-13(a)所示电路中,$i_S=5\sqrt{2}\cos(10^3t+30°)$ A,$R=30\ \Omega$,$L=0.12$ H,$C=12.5\ \mu$F,求电压 u_{ad} 和 u_{bd}。

解　为了帮助理解和避免错误,可根据原电路图画出对应的相量模型,它是将时域中的正弦电压、电流用相量标记,电路中的电阻、电感和电容元件根据 VCR 的相量形式分别用复数形式的 R、$j\omega L$ 和 $\dfrac{1}{j\omega C}$ 标记,而其他与原电路图相同。根据相量形式的电路图就可以直接写出相量形式的电路方程。

图 8-13(a)所示电路相对应的相量形式的电路图如图 8-13(b)所示。图中 $\dot{I}_s=5\underline{/30°}$ A,$j\omega L=j120\Omega$,$-j\dfrac{1}{\omega C}=-j80\Omega$。

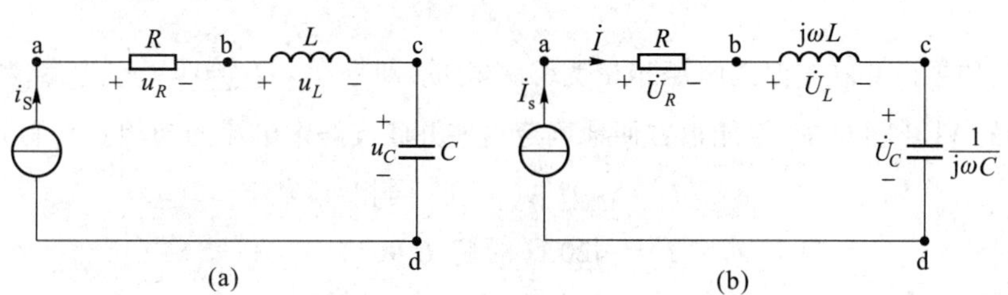

图 8-13　例 8-4 图

根据元件的 VCR 的相量形式有

$$\dot{U}_R = R\dot{I} = 150\underline{/30°}\text{V}\quad(\text{与 } \dot{I}_s \text{ 相同})$$

$$\dot{U}_L = j\omega L\dot{I} = 600\underline{/120°}\text{V}\quad(\text{超前 } \dot{I}_s 90°)$$

$$\dot{U}_C = -j\frac{1}{\omega C}\dot{I} = 400\underline{/-60°}\text{V}\quad(\text{滞后 } \dot{I}_s 90°)$$

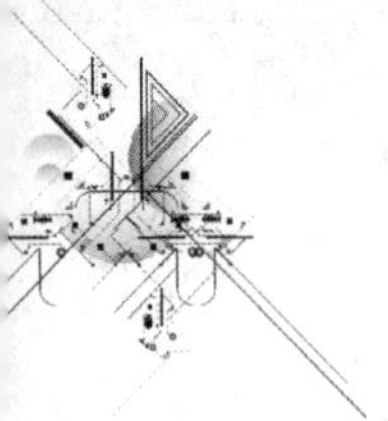

根据 KVL,有

$$\dot{U}_{bd}=\dot{U}_L+\dot{U}_C=(600\angle 120^\circ+400\angle -60^\circ)\text{ V}=200\angle 120^\circ\text{ V}$$

$$\dot{U}_{ad}=\dot{U}_R+\dot{U}_{bd}=(150\angle 30^\circ+200\angle 120^\circ)\text{ V}=250\angle 83.13^\circ\text{ V}$$

所以

$$u_{bd}=200\sqrt{2}\cos(10^3t+120^\circ)\text{ V}$$

$$u_{ad}=250\sqrt{2}\cos(10^3t+83.13^\circ)\text{ V}$$

应用相量法分析正弦稳态电路时,其电路方程的相量形式与电阻电路相似,因此,线性电阻电路的各种分析方法和电路定理可推广用于线性电路的正弦稳态分析,差别仅在于所得电路方程为以相量形式表示的代数方程以及用相量形式描述的电路定理,而计算则为复数运算。

通过例 8-4 可以看出,当串联电路中同时有电感、电容时,其结果与电阻电路相比,存在明显的差异,这是因为感抗和容抗不仅与频率的关系彼此相反,而且在串联时有互相抵消的作用。在一定的条件下,电感、电容的电压可能会出现高于总电压的现象,如本例中 U_C、U_L 都比总电压 U_{ad} 高很多,这些现象在电阻串联电路中是不可能出现的。这些特点在学习中要特别注意分析。

图 8-13(b)所示的电路相量模型已集数学理论和电路定律于一体,直接用它对电路的正弦稳态响应进行分析研究,自然要方便快捷,而且在方法上完全可以仿照电阻电路。

例 8-5　图 8-14 所示为正弦稳态电路,电路中的仪表为交流电流表,其仪表所指示的读数为电流的有效值,其中电流表 A_1 的读数为 5A,电流表 A_2 的读数为 20A,电流表 A_3 的读数为 25A。求电流表 A 和 A_4 的读数。

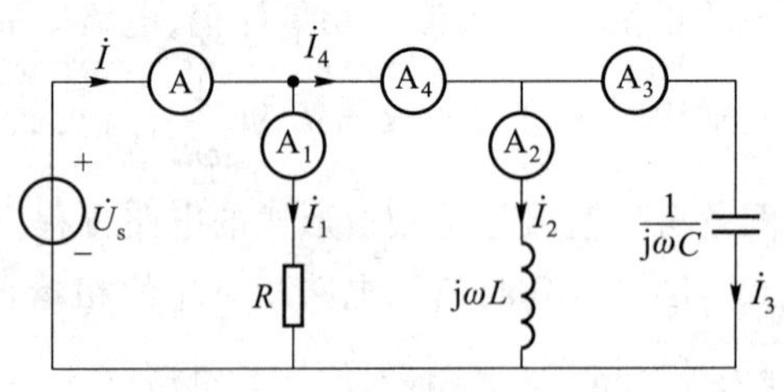

图 8-14　例 8-5 图

解　图中各交流电流表的读数就是仪表所在支路的电流相量的模(有效值),但初相未知。

显然,如果设并联支路的电压相量为参考相量,即令 $\dot{U}_s=U_s\angle 0^\circ$ V 作为参考相量,则根据元件的 VCR 相对 $\dot{U}_s$ 就能很方便地确定这些并联支路中电流的初相。它们分别为

$$\dot{I}_1=5\angle 0^\circ\text{ A}(与\ \dot{U}_s\ 同相)$$

$$\dot{I}_2=-\text{j}20\text{A}(滞后\ \dot{U}_s 90^\circ)$$

$$\dot{I}_3=\text{j}25\text{A}(超前\ \dot{U}_s 90^\circ)$$

根据 KCL,有

$$\dot{I}=\dot{I}_1+\dot{I}_2+\dot{I}_3=(5+\text{j}5)\text{ A}=7.07\angle 45^\circ\text{A}$$

$$\dot{I}_4=\dot{I}_2+\dot{I}_3=\text{j}5\text{A}=5\angle 90^\circ\text{A}$$

所求电流表的读数为

表 A:7.07 A,　表 A_4:5 A

在本章最后,有必要简单讨论电力技术发展历程上著名的交直流之争和当代高压

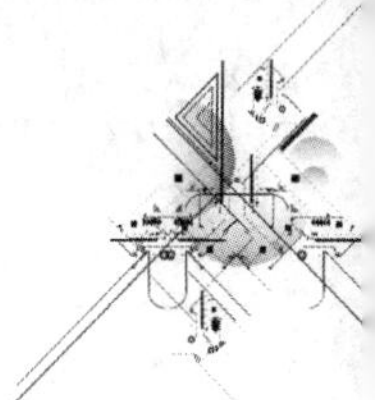

直流输电。19 世纪末,由于正弦交流电在交流发电机、交流电动机等方面的优势和容易经过变压器变压实现高压输电,交流电战胜了直流电。所以 100 多年来,交流电在电力系统中占据统治地位。然而随着电力电子技术的发展,可以采用高压直流输电。由于高压直流输电效率更高,直流输电在 20 世纪 80 年代重新登上历史舞台。虽然当代的发电、配电均采用交流电,但在输电方面,已经形成了交流输电和直流输电并存的局面。所以,电力技术发展也是螺旋式的和波浪式的,并不是一成不变的。

思考题

8-1　何谓正弦稳态电路?对激励有何要求?响应是何种形式的时间函数?为什么?

8-2　正弦量的初相位为何在主值范围内取值,而两个正弦量的相位差也是在主值范围内取值?

8-3　对于正弦稳态电路,为什么可以采用相量法分析?是否可以在时域进行分析?

8-4　对于电感元件,为什么电压相量超前电流相量$\frac{\pi}{2}$?对于电容元件,为什么电流相量超前电压相量$\frac{\pi}{2}$?

8-5　随着正弦激励频率的增加,感抗和容抗如何变化?

习题

8-1　将下列复数化为极坐标形式:

(1) $F_1=-5-\mathrm{j}5$;(2) $F_2=-4+\mathrm{j}3$;(3) $F_3=20+\mathrm{j}40$;(4) $F_4=\mathrm{j}10$;(5) $F_5=-3$;(6) $F_6=2.78-\mathrm{j}9.20$。

8-2　将下列复数化为代数形式:

(1) $F_1=10\angle-73^\circ$;(2) $F_2=15\angle112.6^\circ$;(3) $F_3=1.2\angle52^\circ$;(4) $F_4=10\angle-90^\circ$;(5) $F_5=5\angle-180^\circ$;(6) $F_6=10\angle-135^\circ$。

8-3　若 $100\angle0^\circ+A\angle60^\circ=175\angle\varphi$,求 A 和 φ。

8-4　求题 8-1 中的 $F_2\cdot F_6$ 和$\frac{F_2}{F_6}$。

8-5　求题 8-2 中的 F_1+F_5 和 $-F_1+F_5$。

8-6　已知 $F_1=|F_1|\angle60^\circ$,$F_2=-7.07-\mathrm{j}7.07$。求 $|F_1+F_2|$ 最小时的 F_1。

8-7　若已知两个同频正弦电压的相量分别为 $\dot{U}_1=50\angle30^\circ$ V,$\dot{U}_2=-100\angle-150^\circ$ V,其频率 $f=100$ Hz。求:

(1) u_1、u_2 的时域形式。

(2) u_1 与 u_2 的相位差。

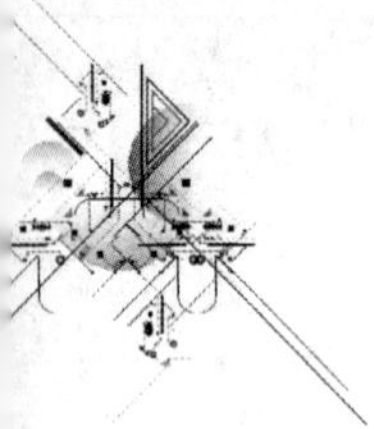

8-8　已知一段电路的电压、电流为

$$u=10\sin(10^3t-20°)\ \text{V}$$
$$i=2\cos(10^3t-50°)\ \text{A}$$

(1) 画出它们的波形图，求出它们的有效值、频率 f 和周期 T。

(2) 写出它们的相量和画出其相量图，求出它们的相位差。

(3) 如把电压 u 的参考方向反向，重新回答问题(1)和(2)。

8-9　已知题 8-9 图所示 3 个电压源的电压分别为

$$u_a=220\sqrt{2}\cos(\omega t+10°)\ \text{V}$$
$$u_b=220\sqrt{2}\cos(\omega t-110°)\ \text{V}$$
$$u_c=220\sqrt{2}\cos(\omega t+130°)\ \text{V}$$

(1) 求 3 个电压的和。(2) 求 u_{ab}、u_{bc}。(3) 画出它们的相量图。

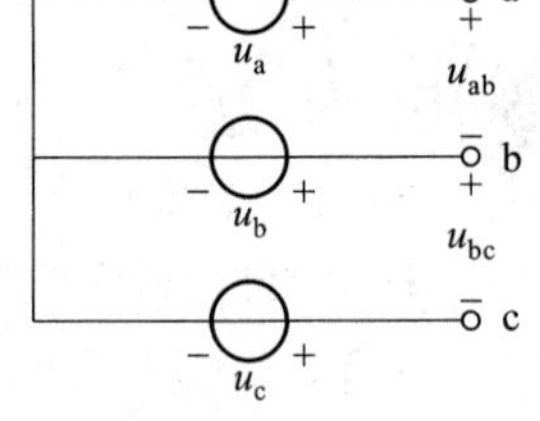

题 8-9 图

8-10　已知题 8-10 图(a)中电压表读数为 V_1:30V，V_2:60V；题 8-10 图(b)中的 V_1:15 V，V_2:80 V，V_3:100 V(电压表的读数为正弦电压的有效值)。求图中电压 u_S 的有效值 U_s。

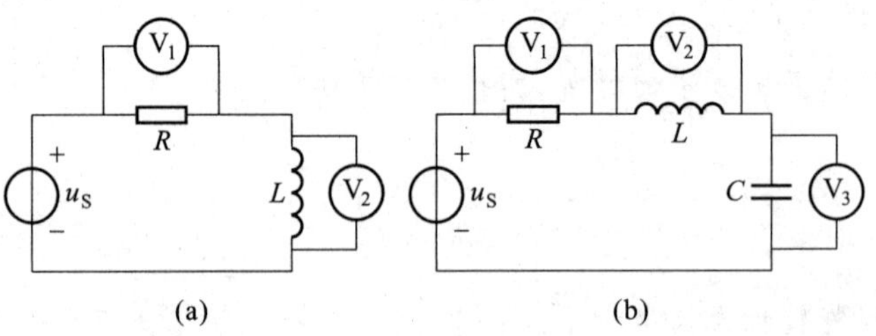

题 8-10 图

8-11　如果维持例 8-5 图 8-14 所示电路中 A_1 的读数不变，而把电源的频率提高一倍，求电流表 A 的读数。

8-12　对 RC 并联电路做如下 2 次测量：(1) 端口加 120 V 直流电压($\omega=0$)时，输入电流为 4 A；(2) 端口加频率为 50 Hz，有效值为 120 V 的正弦电压时，输入电流有效值为 5 A。求 R 和 C 的值。

8-13　某一元件的电压、电流(关联方向)分别为下述 4 种情况时，它可能是什么元件？

(1) $\begin{cases}u=10\cos(10t+45°)\ \text{V}\\ i=2\sin(10t+135°)\ \text{A}\end{cases}$；　(2) $\begin{cases}u=10\sin(100t)\ \text{V}\\ i=2\cos(100t)\ \text{A}\end{cases}$；

(3) $\begin{cases}u=-10\cos t\ \text{V}\\ i=-\sin t\ \text{A}\end{cases}$；　(4) $\begin{cases}u=10\cos(314t+45°)\ \text{V}\\ i=2\cos(314t)\ \text{A}\end{cases}$。

8-14　电路由电压源 $u_S=100\cos(10^3t)$ V 及 R 和 $L=0.025$H 串联组成，电感端电压的有效值为 25 V。求 R 值和电流的表达式。

8-15　已知题 8-15 图所示电路中 $I_1=I_2=10$ A。求 $\dot{I}$ 和 $\dot{U}_s$。

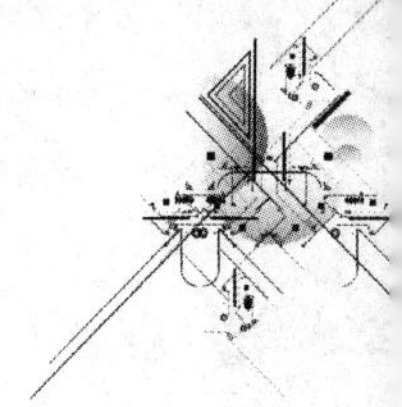

8-16 题 8-16 图所示电路中 $\dot{I}_s = 2\underline{/0^\circ}$ A。求电压 $\dot{U}$。

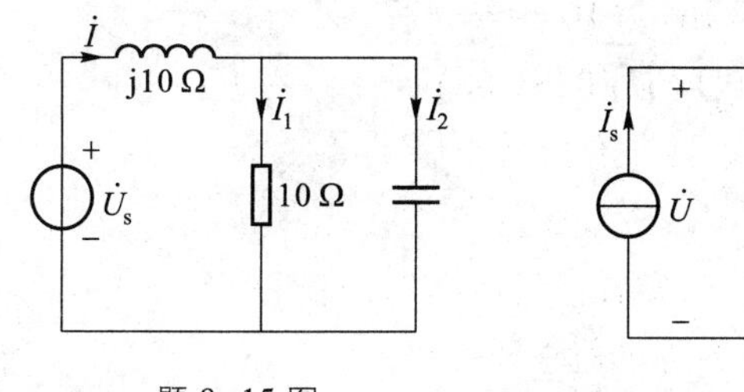

题 8-15 图

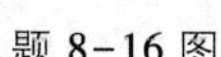

题 8-16 图

8-17 电路如题 8-17 图所示。已知 $C=1\ \mu F, L=1\ \mu H, u_S=1.414\cos(10^6 t+\phi_u)$ V。当电路稳态时，在 $t=t_1$ 时刻打开开关，有 $i_L(t_1)=0.678\ 6$ A，求 $t\geqslant t_1$ 时的电流 i_L。

8-18 已知题 8-18 图中 $U_S=10$ V(直流)，$L=1\ \mu H, R_1=1\ \Omega, i_S=2\cos(10^6 t+45^\circ)$ A。用叠加定理求电压 u_C 和电流 i_L。

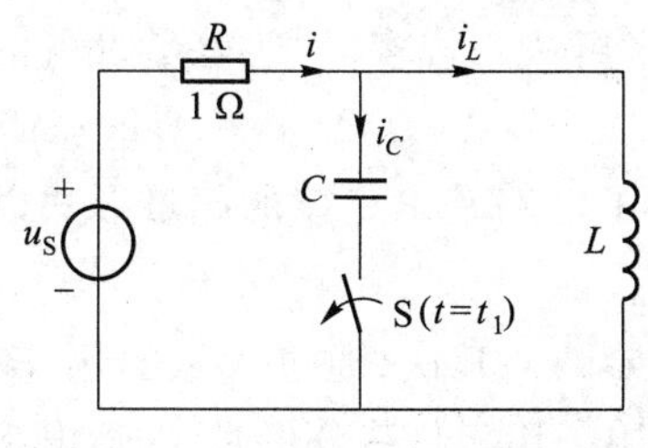

题 8-17 图

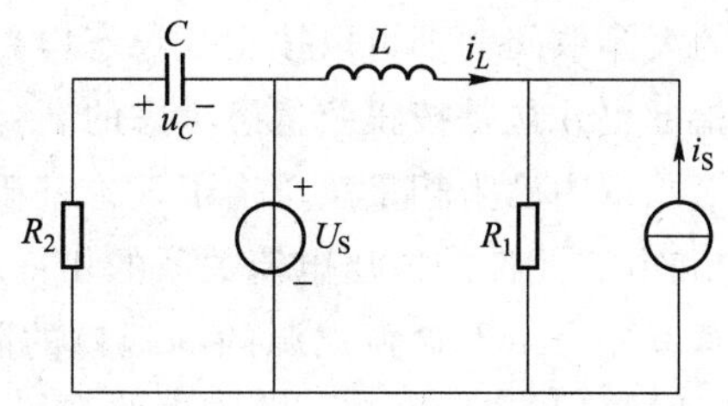

题 8-18 图

8-19 求题 8-19 图中所示的电流 $\dot{I}$(分三种情况：$\beta>1, \beta<1$ 和 $\beta=1$)。

8-20 已知题 8-20 图中 $u_S=25\sqrt{2}\cos(10^6 t-126.87^\circ)$ V，$R=3\ \Omega, C=0.2\ \mu F, u_C=20\sqrt{2}\cos(10^6 t-90^\circ)$ V。

(1) 求各支路电流。

(2) 支路 1 可能是什么元件？

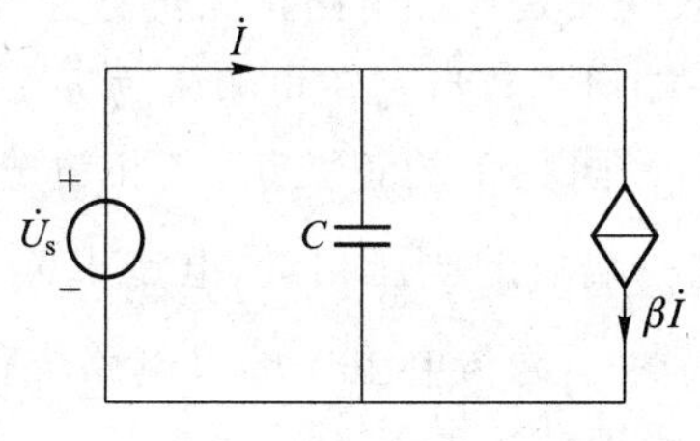

题 8-19 图

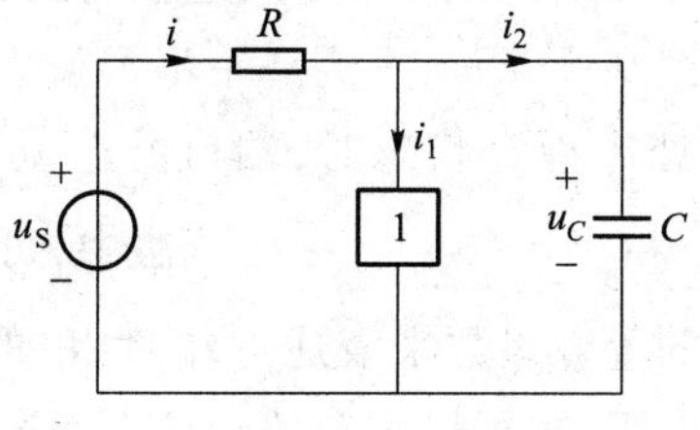

题 8-20 图

第八章部分习题答案

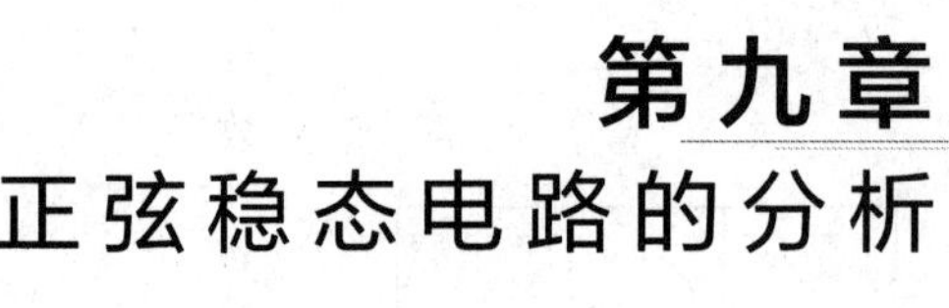

第九章 正弦稳态电路的分析

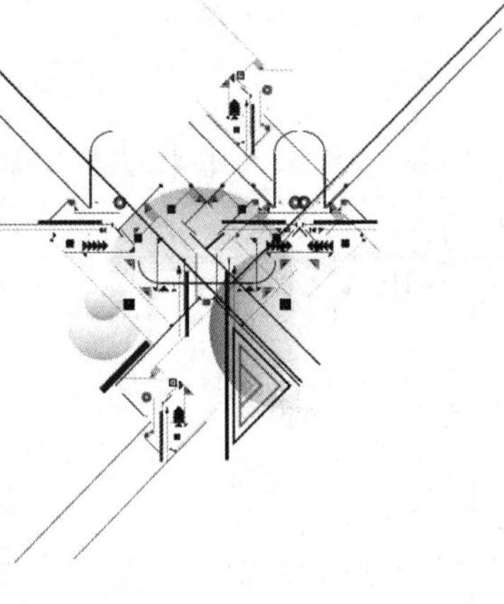

导读

对正弦稳态电路的分析,无论在实际应用上,还是在理论上都极为重要。电力工程中遇到的大多数问题都可以按正弦稳态电路分析来解决。许多电气、电子设备的设计和性能指标也往往是按正弦稳态考虑的。

在第八章中已为相量法奠定了理论基础,获得了电路基本定律的相量形式以及电阻、电容和电感元件的电压电流关系的相量形式。

本章首先介绍不含独立源的一端口的阻抗和导纳。其次,通过大量实例,较为全面、深入地展示相量法在正弦稳态电路分析中的应用。用相量法分析时,线性电阻电路的各种分析方法和电路定理可推广用于线性电路的正弦稳态分析。

本章还引入了有功功率、无功功率、视在功率、复功率等新概念,这些新概念在正弦稳态电路分析中占有十分重要的地位,须深入理解和牢固掌握。

阻抗和导纳

§9-1 阻抗和导纳

阻抗和导纳的概念以及对它们的运算和等效变换是线性电路正弦稳态分析中的重要内容。图 9-1(a)所示为一个不含独立源的一端口 N_0,当它在角频率为 ω 的正弦电源激励下处于稳定状态时,端口的电流、电压都是同频率的正弦量,其相量分别设为 $\dot{U}=U\angle\phi_u$ 和 $\dot{I}=I\angle\phi_i$。在相量法中,可以通过一端口的电压相量、电流相量,用两种不同类型的等效参数来表述一端口 N_0 的对外特性。这与电阻一端口电路类似(既可以用等效电阻,也可以用等效电导来表述其特性),现分述如下。

一端口 N_0 的端电压相量 $\dot{U}$ 与电流相量 $\dot{I}$ 的比值定义为一端口 N_0 的(复)阻抗 Z,即有

$$Z \xlongequal{\text{def}} \frac{\dot{U}}{\dot{I}}=\frac{U}{I}\angle(\phi_u-\phi_i)=|Z|\angle\varphi_Z$$

或

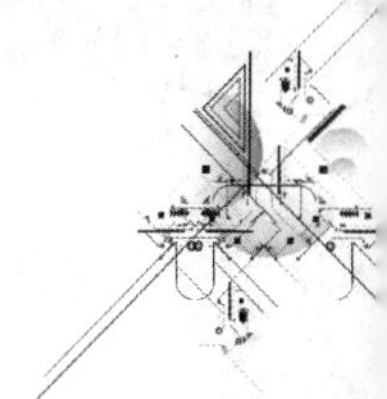

$$\dot{U}=Z\dot{I}$$

上式是用阻抗 Z 表示的欧姆定律的相量形式。Z 不是正弦量，而是一个复数，称为复阻抗，其模 $|Z|=\dfrac{U}{I}$ 称为阻抗模（经常将 Z、$|Z|$ 简称为阻抗），辐角 $\varphi_Z=\phi_u-\phi_i$ 称为阻抗角。Z 的单位为 Ω，其电路符号与电阻相同，如图 9-1(b)所示。Z 的代数形式为

$$Z=R+\mathrm{j}X$$

式中 R 为等效电阻分量，X 为等效电抗分量，$X>0$ 时，Z 称为感性阻抗；$X<0$ 时，Z 称为容性阻抗。Z 在复平面上用直角三角形表示，如图 9-2(a)所示（图中设 $X>0$），称为阻抗三角形。

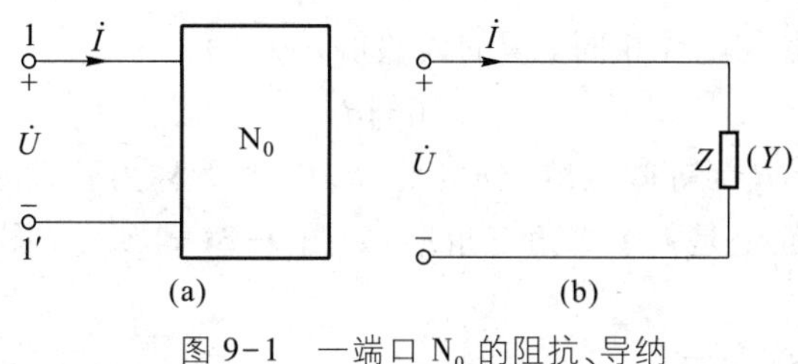

图 9-1 一端口 N_0 的阻抗、导纳

根据阻抗表示的欧姆定律有

$$\dot{U}=(R+\mathrm{j}X)\dot{I}$$

上式表明通过电阻和电抗的是同一电流，等效电路要用两个电路元件串联表示，一为电阻元件 R（表示实部），另一元件为储能元件（电感或电容），但要根据电抗的性质来定，当 $X>0(\varphi_Z>0)$ 时，X 称为感性电抗，可用等效电感 L_{eq} 的感抗替代，即

$$\omega L_{eq}=X,\quad L_{eq}=\frac{X}{\omega}$$

当 $X<0(\varphi_Z<0)$ 时，X 称为容性电抗，可用等效电容 C_{eq} 的容抗替代，即

$$\frac{1}{\omega C_{eq}}=|X|,\quad C_{eq}=\frac{1}{\omega|X|}$$

串联等效电路如图 9-2(b)所示，等效电路将端电压 $\dot{U}$ 分解为两个分量，$\dot{U}_R=R\dot{I}$ 和 $\dot{U}_X=\mathrm{j}X\dot{I}$，根据 KVL，3 个电压相量在复平面上组成一个与阻抗三角形相似的直角三角形（将阻抗三角形乘以 $\dot{I}$ 获得），称为电压三角形，如图 9-2(c)所示。

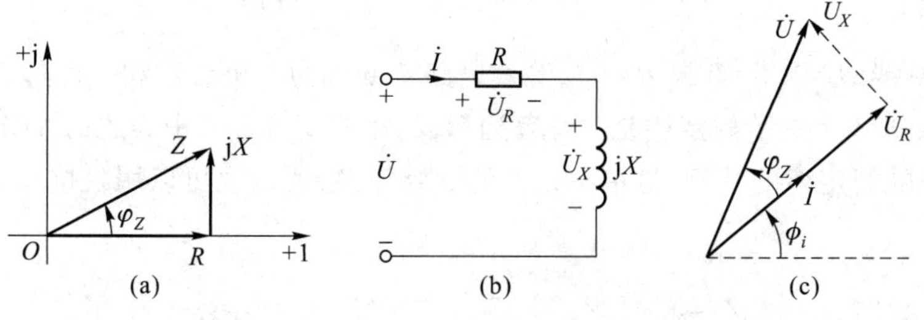

图 9-2 一端口 N_0 用阻抗 Z 表示($\varphi_Z>0$)

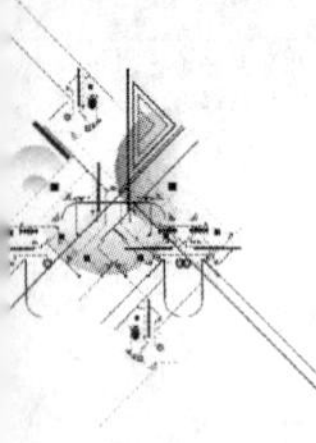

一端口 N_0 的电流相量 $\dot{I}$ 与端电压相量 $\dot{U}$ 的比值定义为一端口 N_0 的(复)导纳 Y,它是表述一端口 N_0 对外特性的另一种参数,即有

$$Y \overset{\text{def}}{=\!=\!=} \frac{\dot{I}}{\dot{U}} = \frac{I}{U} \angle(\phi_i - \phi_u) = |Y| \angle\varphi_Y$$

或

$$\dot{I} = Y\dot{U}$$

上式是用导纳 Y 表示的欧姆定律的相量形式。Y 是一个复数,称为复导纳,模值 $|Y| = \frac{I}{U}$ 称为导纳模(经常将 Y,$|Y|$ 简称为导纳),辐角 $\varphi_Y = \phi_i - \phi_u$ 称为导纳角,Y 的单位为 S(西门子),其电路符号与电导相同。Y 的代数形式为

$$Y = G + \mathrm{j}B$$

G 为等效电导(分量),B 为等效电纳(分量)。$B>0$ 时,Y 称为容性导纳;$B<0$ 时,Y 称为感性导纳。Y 在复平面上是一个直角三角形,如图 9-3(a)所示(图中设 $B<0$),称为导纳三角形。

用导纳表示的欧姆定律有

$$\dot{I} = (G + \mathrm{j}B)\dot{U}$$

等效电路要用等效电导与等效电感 L_{eq} 或等效电容 C_{eq} 的并联形式表示,并有

$$C_{\mathrm{eq}} = \frac{B}{\omega}\quad (B>0,\text{容性电纳}),\qquad L_{\mathrm{eq}} = \frac{1}{|B|\omega}\quad (B<0,\text{感性电纳})$$

并联等效电路如图 9-3(b)所示,电流 $\dot{I}$ 被分解为两个分量,$\dot{I}_G = \dot{U}G$ 和 $\dot{I}_B = \mathrm{j}B\dot{U}$,根据 KCL,三个电流相量在复平面上组成一个与导纳三角形相似的电流三角形,如图 9-3(c)所示。

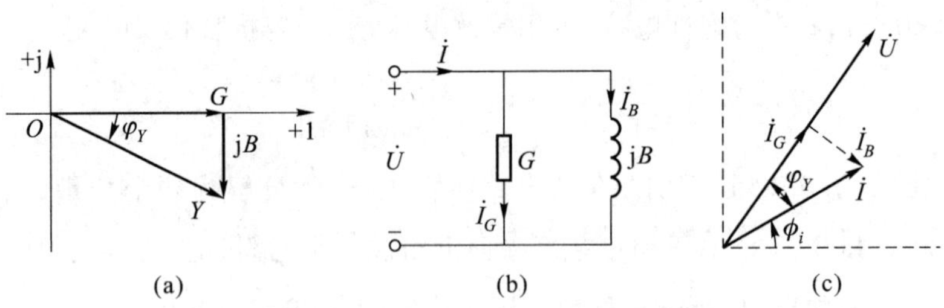

图 9-3　一端口 N_0 用导纳 Y 表示($\varphi_Y<0$)

当 $X=0$ 或 $B=0$($G=0$ 或 $R=0$),等效电路就变成为一个参数和一种形式。

用 Z 或 Y 表示的欧姆定律是一种普遍形式,第八章 § 8-4 中表述的 VCR 的相量形式实质上是欧姆定律的特例,是单一元件的欧姆定律,所以也可以用阻抗或导纳的形式表示,即有

$$Z_R = R \qquad\qquad Y_G = G = \frac{1}{R}$$

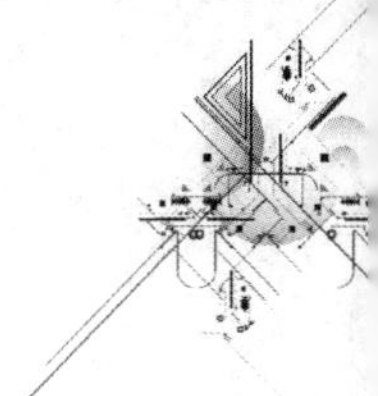

$$(\varphi_Z=0) \qquad (\varphi_Y=0)$$

$$Z_L=\mathrm{j}\omega L \qquad Y_L=-\mathrm{j}\frac{1}{\omega L}$$

$$(\varphi_Z=90^\circ) \qquad (\varphi_Y=-90^\circ)$$

$$Z_C=-\mathrm{j}\frac{1}{\omega C} \qquad Y_C=\mathrm{j}\omega C$$

$$(\varphi_Z=-90^\circ) \qquad (\varphi_Y=90^\circ)$$

感抗和容抗也常用电抗的符号表示,即 $X_L=\omega L, X_C=-\frac{1}{\omega C}$。单一元件的阻抗和导纳是阻抗、导纳的基础。

最后需要指出如下几点:

(1) 一端口 N_0 的阻抗或导纳是由其内部的参数、结构和正弦电源的频率决定的,在一般情况下,其每一部分都是频率、参数的函数,随频率、参数而变。

(2) 一端口 N_0 中如不含受控源,则有 $|\varphi_Z|\leqslant 90^\circ$ 或 $|\varphi_Y|\leqslant 90^\circ$,但有受控源时,可能会出现 $|\varphi_Z|>90^\circ$ 或 $|\varphi_Y|>90^\circ$,其实部将为负值,其等效电路要设定受控源来表示实部。

(3) 一端口 N_0 的两种参数 Z 和 Y 具有同等效用,彼此可以等效互换,即有

$$ZY=1$$

Z 和 Y 互为倒数,其极坐标形式表示的互换条件为

$$|Z|\,|Y|=1 \quad \varphi_Z+\varphi_Y=0$$

等效互换常用代数形式。阻抗 Z 变换为等效导纳 Y 为

$$Y=G+\mathrm{j}B=\frac{1}{R+\mathrm{j}X}$$

Y 的实部、虚部分别为

$$G=\frac{R}{|Z|^2}, \quad B=-\frac{X}{|Z|^2}$$

串联等效电路就变换为相应的并联等效电路。同理,导纳 Y 变换为等效阻抗 Z 为

$$Z=R+\mathrm{j}X=\frac{1}{G+\mathrm{j}B}$$

$$R=\frac{G}{|Y|^2}, \quad X=-\frac{B}{|Y|^2}$$

并联等效电路就变换为相应的串联等效电路。显然,等效变换不会改变阻抗(或导纳)原来的感性或容性性质。

(4) 对阻抗或导纳的串、并联电路的分析计算,三角形和星形之间的互换,完全可以采纳电阻电路中的方法及相关的公式。

例 9-1 RLC 串联电路如图 9-4(a)所示,其中 $R=15\ \Omega, L=12\ \mathrm{mH}, C=5\ \mu\mathrm{F}$,端电

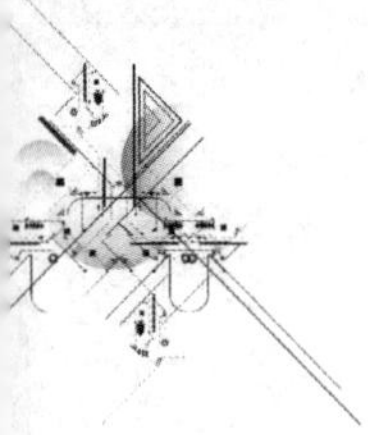

压 $u_S=100\sqrt{2}\cos(5\ 000t)$ V。试求：(1) 电路中的电流 i(瞬时表达式)和各元件的电压相量；(2) 电路的等效导纳和并联等效电路。

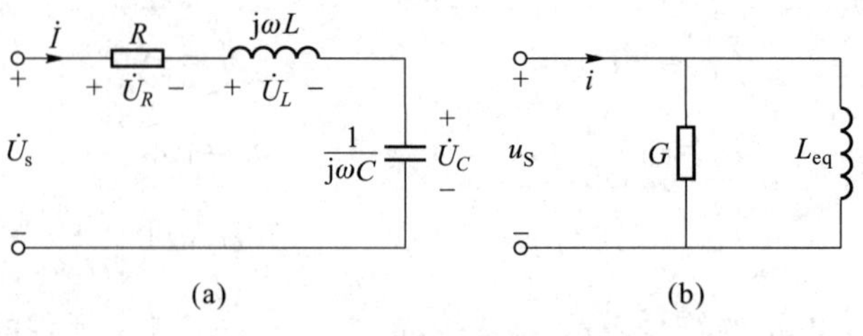

图 9-4　例 9-1 图

解　(1) 用相量法求解时，可先写出已知相量和设定待求相量，本例已知 $\dot{U}_s=100\angle 0°$ V，而 $\dot{I}$、$\dot{U}_R$、$\dot{U}_L$ 和 $\dot{U}_C$ 为待求相量，如图 9-4(a)所示。然后计算各部分阻抗为：

$$Z_R=15\ \Omega$$

$$Z_L=j\omega L=j60\ \Omega$$

$$Z_C=-j\frac{1}{\omega C}=-j40\ \Omega$$

$$\begin{aligned}Z_{eq}&=Z_R+Z_L+Z_C=(15+j20)\ \Omega\\&=25\angle 53.13°\ \Omega(\text{感性阻抗})\end{aligned}$$

电流相量为

$$\dot{I}=\frac{\dot{U}_s}{Z_{eq}}=\frac{100\angle 0°}{25\angle 53.13°}\ \text{A}=4\angle -53.13°\ \text{A}$$

正弦电流 i 为

$$i=4\sqrt{2}\cos(5\ 000t-53.13°)\ \text{A}$$

各元件电压相量为

$$\dot{U}_R=R\dot{I}=60\angle -53.13°\ \text{V}$$

$$\dot{U}_L=j\omega L\dot{I}=240\angle 36.87°\ \text{V}$$

$$\dot{U}_C=-j\frac{1}{\omega C}\dot{I}=160\angle -143.13°\ \text{V}$$

(2) 电路的等效导纳 Y_{eq} 为

$$Y_{eq}=\frac{1}{Z_{eq}}=\frac{1}{25}\angle -53.13°\ \text{S}=(0.024-j0.032)\ \text{S}(\text{感性})$$

等效电导 $G=0.024\text{S}$(或 $R=41.67\Omega$)，等效电感 $L_{eq}=\frac{1}{|B|\omega}=6.25$ mH。

等效电路如图 9-4(b)所示。由读者思考并回答下列问题：(1) 将本例的电路改为 RLC 并联电路，求各支路电流和串联等效电路；(2) 如果电源的角频率改为 $\omega=$

2 500 rad/s,其等效电路将发生怎样的变化？

例 9-2　图 9-5(a)所示电路中 $Z=(10+\text{j}157)\ \Omega$, $Z_1=1\ 000\ \Omega$, $Z_2=-\text{j}318.47\ \Omega$, $U_s=100\ \text{V}$, $\omega=314\ \text{rad/s}$。求:(1) 各支路电流和电压 $\dot{U}_{10}$;(2) 并联等效电路。

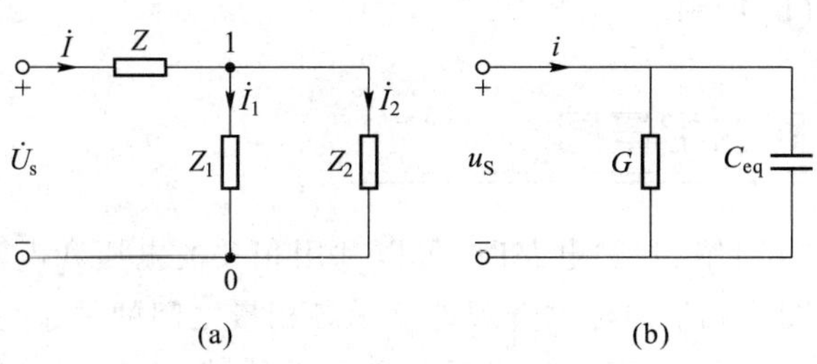

图 9-5　例 9-2 图

解　(1) 令 $\dot{U}_s=100\angle 0°$ V(参考相量),设各支路电流相量为 $\dot{I}$、$\dot{I}_1$ 和 $\dot{I}_2$,如图 9-5(a)所示。计算方法和步骤完全与电阻串并联电路相同。Z_1 与 Z_2 的并联等效阻抗为 Z_{12},有

$$Z_{12}=\frac{Z_1Z_2}{Z_1+Z_2}=\frac{1\ 000(-\text{j}318.47)}{1\ 000-\text{j}318.47}\ \Omega=303.45\angle -72.33°\ \Omega$$
$$=(92.11-\text{j}289.13)\ \Omega(\text{容性})$$

总的输入阻抗 Z_{eq} 为

$$Z_{eq}=Z_{12}+Z=(102.11-\text{j}132.13)\ \Omega=166.99\angle -52.30°\ \Omega(\text{容性})$$

各支路电流和电压 $\dot{U}_{10}$ 计算如下:

$$\dot{I}=\frac{\dot{U}_s}{Z_{eq}}=0.60\angle 52.30°\ \text{A}$$

$$\dot{U}_{10}=Z_{12}\dot{I}=182.07\angle -20.03°\text{V}$$

$$\dot{I}_1=\frac{\dot{U}_{10}}{Z_1}=0.18\angle -20.03°\ \text{A}$$

$$\dot{I}_2=\frac{\dot{U}_{10}}{Z_2}=0.57\angle 69.96°\ \text{A}$$

也可以用分流公式计算 $\dot{I}_1$、$\dot{I}_2$,即有

$$\dot{I}_1=\dot{I}\ \frac{Z_2}{Z_1+Z_2},\quad \dot{I}_2=\dot{I}\ \frac{Z_1}{Z_1+Z_2}(\text{或 }\dot{I}_2=\dot{I}-\dot{I}_1)$$

(2) 电路的等效导纳 Y_{eq} 为

$$Y_{eq}=\frac{1}{Z_{eq}}=5.99\times10^{-3}\angle 52.30°\ \text{S}$$
$$=(3.66\times10^{-3}+\text{j}4.74\times10^{-3})\text{S}(\text{容性})$$

并联等效电路的等效电导和等效电容为

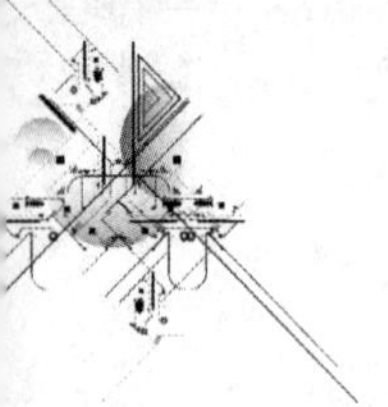

$$G=3.66\times10^{-3}\text{ S}(\text{或 } R=273.22\ \Omega)$$

$$C_{eq}=\frac{4.74\times10^{-3}}{314}\text{ F}=15.09\ \mu\text{F}$$

等效电路如图 9-5(b)所示。

§9-2　电路的相量图

在分析阻抗(导纳)串、并联电路时,可以利用相关的电压和电流相量在复平面上组成的电路的相量图。相量图可以直观地显示各相量之间的关系,并可用来辅助电路的分析计算。在相量图上,除了按比例反映各相量的模(有效值)以外,最重要的是相对地确定各相量在图上的位置(方位)。一般的做法是:相对于电路并联部分的电压相量,根据支路的 VCR 确定各并联支路的电流相量与电压相量之间的夹角;然后,再根据节点上的 KCL 方程,用相量平移求和法则,画出节点上各支路电流相量组成的多边形;相对于电路串联部分的电流相量,根据 VCR 确定串联部分有关电压相量与电流相量之间的夹角,再根据回路上的 KVL 方程,用相量平移求和的法则,画出回路上各电压相量所组成的多边形。

例 9-3　画出例 9-1 电路[图 9-4(a)所示]的相量图。

解　该电路为串联电路,可以相对于电流相量 $\dot{I}$ 确定各串联元件的电压相量在相量图中的位置,根据 $\dot{U}_s=\dot{U}_R+\dot{U}_L+\dot{U}_C$ 画出电压相量组成的多边形。画法如下。

在复平面上先画出电流相量 $\dot{I}$,然后,从原点 O 起,相对于电流相量 $\dot{I}$,按平移求和法则,逐一画出 KVL 方程右边各电压相量。例如,画出 $\dot{U}_R=R\dot{I}$(与 $\dot{I}$ 同相),然后,再从 $\dot{U}_R$ 的末端画出下一个电压相量,例如,$\dot{U}_L=\text{j}\omega L\dot{I}$(超前 $\dot{I}$ 90°),依此类推。最后,从原点 O 至最后一个电压相量的末端的相量就是上述 KVL 方程左边的电压相量 $\dot{U}_s$,如图 9-6(a)所示。KVL 方程在相量图上表示为一个封闭的多边形,本例为四边形。根据 KVL 方程求和时,与电压相量的次序无关,所以,图 9-6(b)也是该电路的相量图。(本例也可以先设电流相量的相位为零画出,最后将整个图形顺时针旋转 53.13°。)

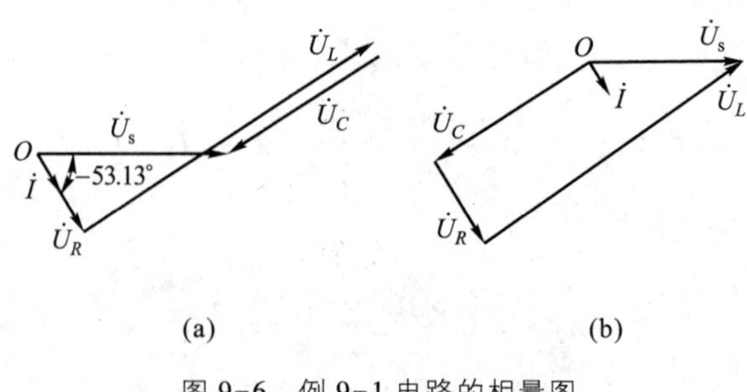

图 9-6　例 9-1 电路的相量图

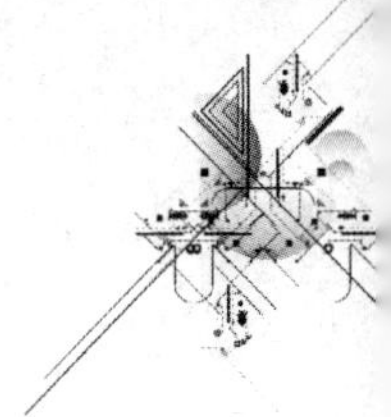

例 9-4 画出例 9-2 电路[图 9-5(a)所示]的相量图。

解 先画出并联部分的电压的相量 $\dot{U}_{10}=U_{10}\angle -20.03°$，然后相对于电压 $\dot{U}_{10}$ 画出描述 $\dot{I}=\dot{I}_1+\dot{I}_2$ 的电流相量组成的三角形，注意，$\dot{I}_1$ 与 $\dot{U}_{10}$ 同相，$\dot{I}_2$ 超前 $\dot{U}_{10}$ 的角度为 90°；然后，相对于已画出的电流相量 $\dot{I}$，画出描述 $\dot{U}_s=\dot{U}_{10}+\dot{U}_Z=\dot{U}_{10}+Z\dot{I}$ 的电压相量组成的多边形。图 9-7 所示即为该电路的相量图。

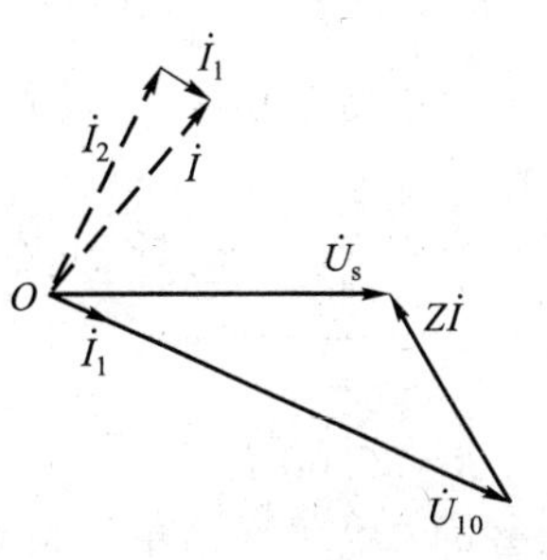

图 9-7 例 9-2 电路的相量图

上述两个例子的相量图都是根据电路的求解结果画出的，有时候也可以根据电路的参数和结构定性地画出相量图，以辅助电路的求解。

§9-3 正弦稳态电路的分析

正弦稳态电路的分析

对线性电路的正弦稳态分析，无论在实际应用上，还是在理论上都极为重要。电力工程中遇到的大多数问题都可以按正弦稳态电路分析来解决。许多电气、电子设备的设计和性能指标也往往是按正弦稳态考虑的。电工技术和电子技术中的非正弦周期信号可以分解为频率成整数倍的正弦函数的无穷级数，这类问题也可以应用正弦稳态分析方法处理。

在前面的章节中已为相量法奠定了理论基础，获得了电路基本定律的相量形式，即

$$\text{KCL} \qquad \sum \dot{I}=0$$

$$\text{KVL} \qquad \sum \dot{U}=0$$

$$\text{VCR} \qquad \dot{U}=Z\dot{I} \quad 或 \quad \dot{I}=Y\dot{U}$$

并通过一些实例，初步展示了相量法的应用。这些都说明，相量法与线性电阻电路中的分析方法相比，不仅在表述的形式上十分相似，而且在分析方法上也完全一样。因此，用相量法分析时，线性电阻电路的各种分析方法和电路定理可推广用于线性电路的正弦稳态分析，差别仅在于所得电路方程为以相量形式表示的代数方程以及用相量形式描述的电路定理，而计算则为复数运算。本节将通过举例，较为全面、深入地展示相量法在正弦稳态分析中的应用。

例 9-5 图 9-8(a)中已知 $u_S=200\sqrt{2}\cos\left(314t+\dfrac{\pi}{3}\right)$ V，电流表 A 的读数为 2 A，电压表 V_1、V_2 的读数均为 200 V。求参数 R、L、C，并作出该电路的相量图。

解 电路的基本定律和电路方程乃是解题的根本途径。根据题意可设：$\dot{U}_s=200\angle 60°$ V(已知)，$\dot{U}_1=200\angle\phi_1$ V，$\dot{U}_2=200\angle\phi_2$ V，$\dot{I}=2\angle\phi_i$ A。根据图 9-8(a)电路可列写如下电压、电流关系和电路方程：

$$200\angle 60°=200\angle\phi_1+200\angle\phi_2 \quad (\text{KVL})$$

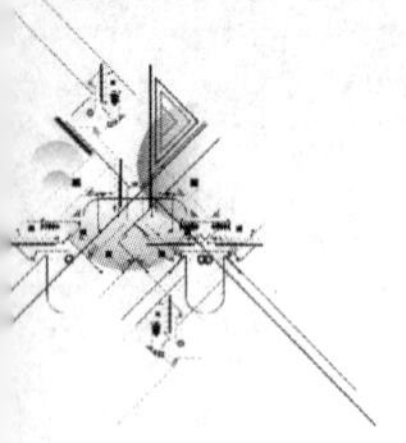

$$-\mathrm{j}\frac{1}{\omega C}=\frac{\dot{U}_2}{\dot{I}}=100\angle(\phi_2-\phi_i)$$

$$Z_1=\frac{\dot{U}_1}{\dot{I}}=R+\mathrm{j}\omega L=100\angle(\phi_1-\phi_i)$$

依次求解上列方程，取一组合理解答为

$\phi_1=120°$　　　　　$\phi_2=0°$

$\phi_i=90°$　　　　　$C=31.85\ \mu\mathrm{F}$

$R=86.60\ \Omega$　　　　$L=0.159\ \mathrm{H}$

读者可查验上述结果。对串、并联电路常常采用相量图来启发解题思路和方法。本例可先根据 KVL 作电路的电压相量图，如图 9-8(b)所示(两种可能的封闭的正三角形)，很容易根据该图求得 ϕ_1 和 ϕ_2(有两种可能的解答)。也可作本题的阻抗三角形：$Z=100\angle\varphi_Z\ \Omega$，$Z_1=100\angle\varphi_{Z1}\ \Omega$，$Z_C=-\mathrm{j}100\ \Omega$，有

$$100\angle\varphi_Z=100\angle\phi_{Z1}-\mathrm{j}100$$

如图 9-8(c)所示，根据该图可得

$$Z=100\angle-30°\ \Omega$$
$$Z_1=100\angle30°\ \Omega$$

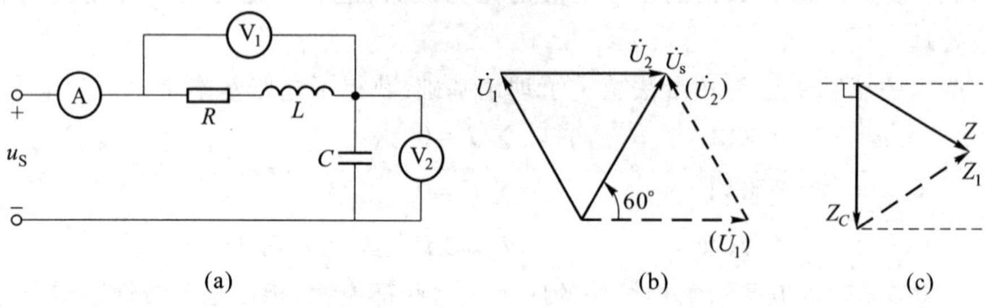

图 9-8　例 9-5 图

当出现多解的情况时，必须判断其合理性。本例中有另一组解 $\phi_1=0°$，$\phi_2=120°$是不合理的。(请读者思考为什么。)

例 9-6　图 9-9 所示电路中 R 可变。在什么条件下 $\dot{I}$ 可保持不变？

解　根据题意，电阻 R 是从其左侧的一端口 1-1′获得电流的，所以，一端口 1-1′的诺顿等效电路应为理想电流源，其等效导纳应为零，则有

$$Y_{eq}=\mathrm{j}\omega C-\mathrm{j}\frac{1}{\omega L}=0$$

$$\dot{I}=\mathrm{j}\omega C\dot{U}_s(\text{短路电流})$$

应当满足的条件为

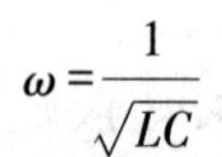

$$\omega=\frac{1}{\sqrt{LC}}$$

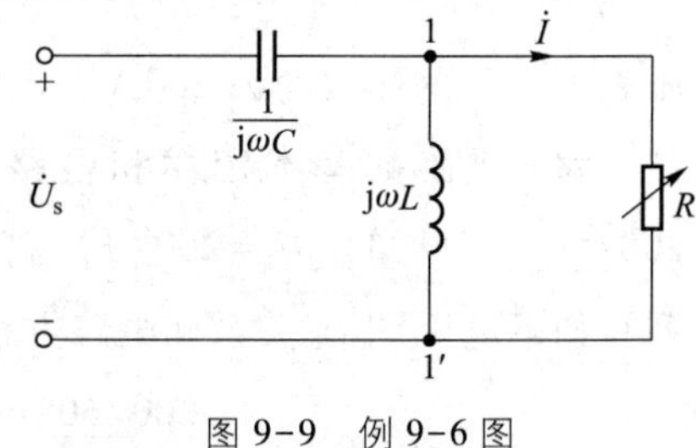

图 9-9　例 9-6 图

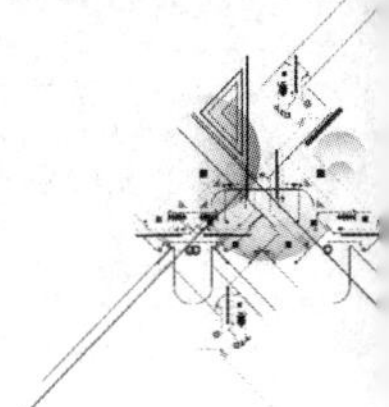

解题时要用多种方法试探，启发思维，达到举一反三的目的。以下提供其他的求解方法，由读者分析完成。

根据电路的节点方程有

$$\left(\mathrm{j}\omega C-\mathrm{j}\frac{1}{\omega L}\right)\dot{U}_{11'}+\dot{I}=\mathrm{j}\omega C\dot{U}_{\mathrm{s}}$$

根据网孔法（顺时针）解得电流 $\dot{I}$ 为

$$\dot{I}=\frac{\mathrm{j}\omega L\dot{U}_{\mathrm{s}}}{\left(\mathrm{j}\omega L-\mathrm{j}\frac{1}{\omega C}\right)(R+\mathrm{j}\omega L)-(\mathrm{j}\omega L)^{2}}$$

当 $R=\infty$（开路）时，开路电压的模 $U_{11'\mathrm{oc}}=\infty$，而 $\dot{U}_{11'\mathrm{oc}}$ 为

$$\dot{U}_{11'\mathrm{oc}}=\frac{\mathrm{j}\omega L\dot{U}_{\mathrm{s}}}{\mathrm{j}\omega L-\mathrm{j}\frac{1}{\omega C}}$$

例 9-7　求图 9-10(a)所示一端口的戴维南等效电路。

解　戴维南等效电路的开路电压 $\dot{U}_{\mathrm{oc}}$ 和戴维南等效阻抗 Z_{eq} 的求解方法与电阻电路相同。

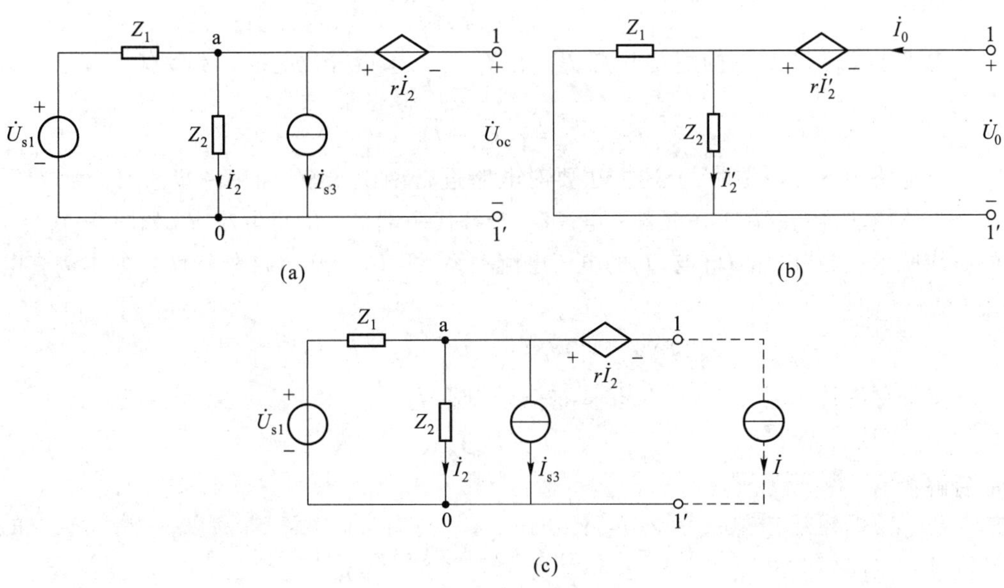

图 9-10　例 9-7 图

先求 $\dot{U}_{\mathrm{oc}}$，将 1-1′开路，由图 9-10(a)可知

$$\dot{U}_{\mathrm{oc}}=-r\dot{I}_{2}+\dot{U}_{\mathrm{a0}}$$

又有

$$(Y_{1}+Y_{2})\dot{U}_{\mathrm{a0}}=Y_{1}\dot{U}_{\mathrm{s1}}-\dot{I}_{\mathrm{s3}}$$

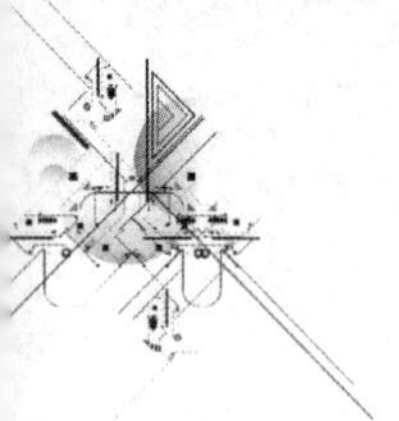

解得

$$\dot{I}_2 = Y_2 \dot{U}_{a0}$$

$$\dot{U}_{oc} = \frac{(1-rY_2)(Y_1 \dot{U}_{s1} - \dot{I}_{s3})}{Y_1+Y_2}$$

可按图 9-10(b)求解等效阻抗 Z_{eq}。在端口 1-1′置一电压源 $\dot{U}_0$(与独立电源同频率),求得 $\dot{I}_0$ 后有

$$Z_{eq} = \frac{\dot{U}_0}{\dot{I}_0}$$

可以设 $\dot{I}'_2$ 为已知,然后求出 $\dot{U}_0$、$\dot{I}_0$。由图 9-10(b)得

$$\dot{I}_0 = \dot{I}'_2 + Z_2 Y_1 \dot{I}'_2$$

$$\dot{U}_0 = Z_2 \dot{I}'_2 - r\dot{I}'_2$$

解得

$$Z_{eq} = \frac{(Z_2-r)\ \dot{I}'_2}{(1+Z_2Y_1)\ \dot{I}'_2} = \frac{Z_2-r}{1+Z_2Y_1} = \frac{1-rY_2}{Y_1+Y_2}$$

从求得的 $\dot{U}_{oc}$ 和 Z_{eq} 的表达式可知,应有 $Y_1+Y_2 \neq 0$ 成立。

也可求解端口 1-1′的短路电流 $\dot{I}_{sc}$,用 $Z_{eq} = \dfrac{\dot{U}_{oc}}{\dot{I}_{sc}}$求得等效电抗。本例有

$$\dot{I}_{sc} = Y_1 \dot{U}_{s1} - \dot{I}_{s3}$$

当电路中有受控源时,上述方法要对电路进行两次求解,如用一步法可能要方便些。具体做法为:在端口 1-1′置一电流源 $\dot{I}$ 替代一端口的输出电流 $\dot{I}$,如图 9-10(c)中虚线所示,求端电压 $\dot{U}_{11'}$与 $\dot{I}$ 的电压电流关系,即 $\dot{U}_{11'} = f(\dot{I})$(外特性),如本例有电路方程

$$(Y_1+Y_2)\dot{U}_{a0} = Y_1 \dot{U}_{s1} - \dot{I}_{s3} - \dot{I}$$

$$\dot{U}_{11'} = -r\dot{I}_2 + Z_2 \dot{I}_2$$

$$\dot{I}_2 = \dot{U}_{a0} Y_2$$

最后解得

$$\dot{U}_{11'} = \frac{1-rY_2}{Y_1+Y_2}(Y_1 \dot{U}_{s1} - \dot{I}_{s3}) - \frac{1-rY_2}{Y_1+Y_2}\dot{I}$$

根据上述方程就能获得戴维南等效电路的两个参数。

例 9-8 求图 9-11 所示电路中的电流 i_L。图中电压源 $u_S = 10.39\sqrt{2}\sin(2t+60°)$ V,电流源 $i_S = 3\sqrt{2}\cos(2t-30°)$ A。

解 电路中的电源为同一频率,则有

$$\dot{U}_s = 10.39\angle -30°\ \text{V},\quad \dot{I}_s = 3\angle -30°\ \text{A},\quad \frac{1}{\omega C} = 1\ \Omega,\quad \omega L = 1\ \Omega$$

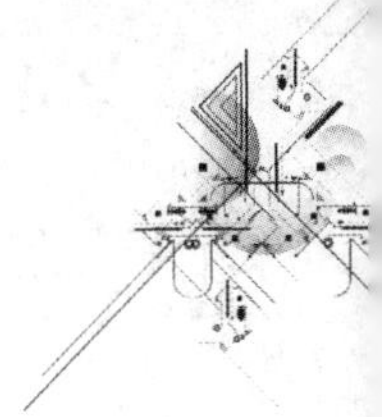

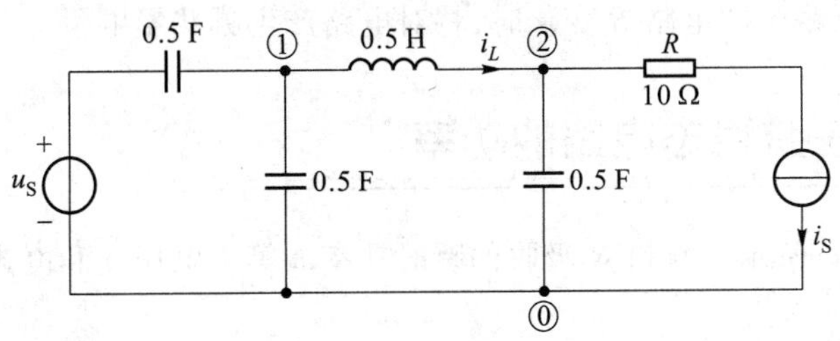

图 9-11　例 9-8 图

本例将仿照电阻电路用不同方法编写电路方程求解。

(1) 用节点法求解，列方程为

$$(2j-j)\dot{U}_{10}-(-j)\dot{U}_{20}=j\dot{U}_s$$

$$-(-j)\dot{U}_{10}+(j-j)\dot{U}_{20}=-\dot{I}_s$$

$$\dot{I}_L=\frac{\dot{U}_{10}-\dot{U}_{20}}{j}$$

可解得　$\dot{U}_{10}=j\dot{I}_s$，　$\dot{U}_{20}=\dot{U}_s-j\dot{I}_s$，　$\dot{I}_L=-j(\dot{U}_{10}-\dot{U}_{20})=j\dot{U}_s+2\dot{I}_s$

(2) 用网孔法(顺时针方向)求解，设网孔电流为 $\dot{I}_1$、$\dot{I}_2$ 和 $\dot{I}_s$(自左至右)，有

$$-j2\dot{I}_1-(-j)\dot{I}_2=\dot{U}_s$$

$$-(-j)\dot{I}_1+(j-j2)\dot{I}_2-(-j)\dot{I}_s=0$$

(右网孔方程省列)

$$\dot{I}_L=\dot{I}_2$$

(3) 用叠加定理求解。

$$\dot{I}'_L=j\dot{U}_s \quad (\dot{U}_s \text{单独作用})$$

$$I''_L=\dot{I}_s\frac{-j}{-j0.5}=2\dot{I}_s \quad (\dot{I}_s \text{单独作用})$$

$$\dot{I}_L=\dot{I}'_L+\dot{I}''_L$$

(4) 用戴维南等效电路求解。

端口 1-2 的开路电压 $\dot{U}_{oc}$ 为

$$\dot{U}_{oc}=\frac{1}{2}\dot{U}_s-j\dot{I}_s$$

端口 1-2 的等效阻抗 Z_{eq} 为

$$Z_{eq}=\left(\frac{1}{j2}-j\right)\ \Omega=-j1.5\ \Omega$$

解得

$$\dot{I}_L=\dot{I}_2=\frac{\dot{U}_{oc}}{j-j1.5}=j\dot{U}_s+2\dot{I}_s=10\angle 30^\circ\ \text{A}$$

$$i_L=10\sqrt{2}\cos(2t+30^\circ)\ \text{A}$$

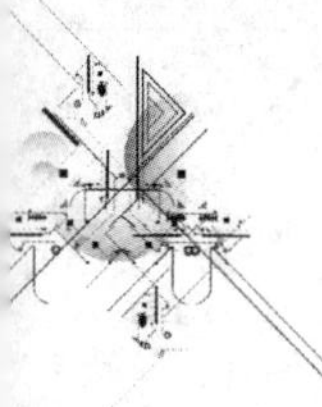

读者可思考，当电路中的电阻 R 变化时，将对电路产生哪些影响？

正弦稳态电路的功率

功率因数的提高

§9-4　正弦稳态电路的功率

设图 9-12(a)所示一端口 N 吸收的瞬时功率 p 等于电压 u 和电流 i 的乘积

$$p=ui$$

当一端口 N 处于正弦稳态时，端口的电压、电流是同频正弦量，瞬时功率是两个同频正弦量的乘积，是一个随时间作周期变化的非正弦周期量。工程上计量的功率，家用电器标记的功率都是周期量的平均功率，如电热水器的功率为 1 500 W，日光灯的功率为 40 W 等，都是指平均功率。周期量的平均功率 P 定义为

$$P\xlongequal{\text{def}}\frac{1}{T}\int_0^T p\mathrm{d}t=\frac{1}{T}\int_0^T ui\mathrm{d}t$$

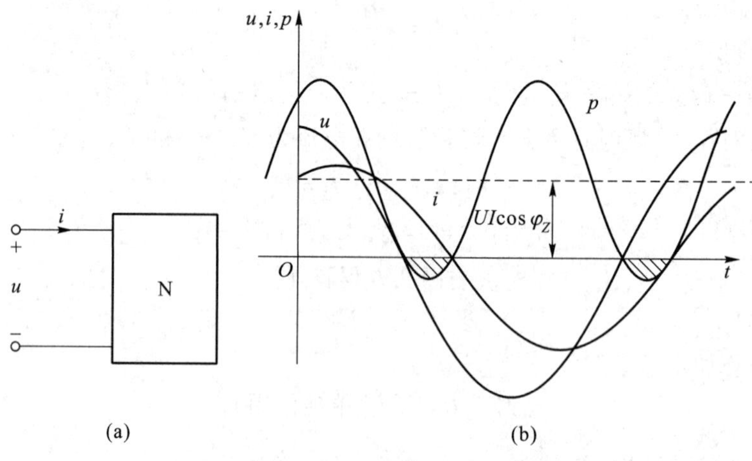

图 9-12　一端口电路 N 的功率

下面将以 RLC 串联电路作为不含独立源的一端口的例子，来研究在正弦稳态下，这些元件在能量转换过程中的作用。电路可参阅图 9-4(a)所示，设正弦电流为 $i=I_{\mathrm{m}}\cos(\omega t)$，各元件吸收的瞬时功率分述如下：

电阻 R 吸收的瞬时功率 p_R 为

$$\begin{aligned}p_R&=Ri^2=RI_{\mathrm{m}}^2\cos^2(\omega t)\\&=RI^2[1+\cos(2\omega t)]\end{aligned}$$

它是一个频率为正弦电流(或电压)频率 2 倍的非正弦周期量，始终有 $p_R\geqslant 0$，表明电阻的耗能特性，其吸收的平均功率 P_R 为

$$P_R=\frac{1}{T}\int_0^T RI^2[1+\cos(2\omega t)]\mathrm{d}t=RI^2$$

电感 L 吸收的瞬时功率 p_L 为

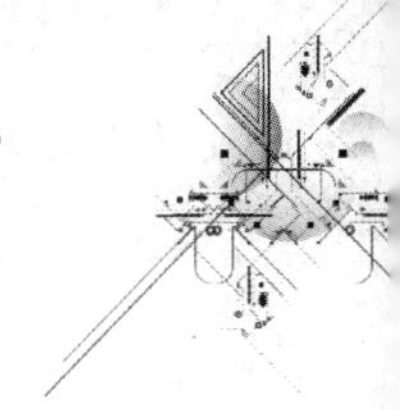

$$p_L = iL\frac{di}{dt} = -\omega L I_m^2 \cos(\omega t)\sin(\omega t)$$
$$= -\omega L I^2 \sin(2\omega t)$$

它是一个频率为正弦电流(或电压)频率2倍的正弦量,在正弦电流的一个周期内正负交替变化2次,即吸收(储存)—释放能量2次。其吸收的平均功率 P_L 为

$$P_L = \frac{1}{T}\int_0^T -\omega L I^2 \sin(2\omega t)\,dt = 0$$

这反映了电感的非耗能的储能特性。

电容 C 吸收的瞬时功率 p_C 为

$$p_C = i\frac{1}{C}\int i dt = \frac{1}{\omega C} I_m^2 \cos(\omega t)\sin(\omega t)$$
$$= \frac{1}{\omega C} I^2 \sin(2\omega t)$$

它也是一个频率为正弦电流(或电压)频率2倍的正弦量,在正弦电流的一个周期内,吸收(储存)—释放能量2次,其吸收的平均功率 P_C 为

$$P_C = \frac{1}{T}\int_0^T \frac{1}{\omega C} I^2 \sin(2\omega t)\,dt = 0$$

这反映了电容的非耗能的储能特性。

整个 RLC 串联电路吸收的瞬时功率为上述三项之和,即

$$p = p_R + p_L + p_C$$
$$= RI^2[1+\cos(2\omega t)] - (\omega L - \frac{1}{\omega C}) I^2 \sin(2\omega t)$$

它是一个频率为正弦电流(或电压)频率2倍的非正弦周期量。第一项始终大于或等于零,是瞬时功率的不可逆部分,为电路所吸收的功率(此处为电阻所吸收的功率),不再返回外部电路。第二项表明,电感和电容的瞬时功率反相,在能量交换过程中,彼此互补,即电感吸收(或释放)能量时,恰好是电容释放(或吸收)能量,彼此互补后的不足部分由外部电路补充(供给),这第二项就是 L、C 之间功率互补后不足部分与外电路往复交换的瞬时功率,这是瞬时功率的可逆部分。当 $\omega L - \frac{1}{\omega C} = 0$ 时,L、C 之间完全互补,第二项可逆部分将不存在,但 L、C 之间吸收—释放能量的交换过程仍按原周期进行,并未消失。如果只含有一种储能元件,将不存在功率的互补情况,如果电路中不存在储能元件,则电路与外部往复交换的瞬时功率(第二项)将不会发生。

根据一端口的阻抗三角形可做如下变换:

$$R = |Z|\cos\varphi_Z,\quad (\omega L - \frac{1}{\omega C}) = |Z|\sin\varphi_Z,\quad U = |Z| I$$

代入后有

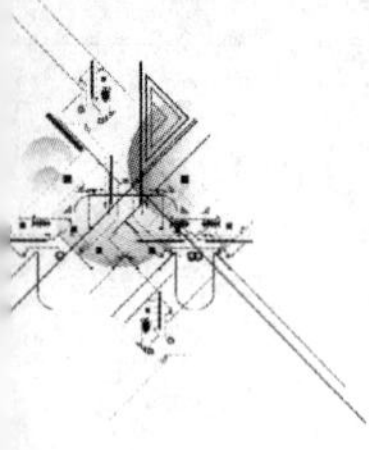

$$p=UI\cos\varphi_Z[1+\cos(2\omega t)]-UI\sin\varphi_Z\sin(2\omega t)$$

图 9-12(b)为正弦稳态电路瞬时功率的波形图($\varphi_Z>0$ 呈感性)。从该图形可以看出,在正弦电流的一个周期内有两个时区 $p\leqslant 0$(图中斜线所示部分),当一端口为感性阻抗时,在此时区内有 $i\geqslant 0$(或 $i\leqslant 0$),但 $|i|$ 在下降,表明电感在释放能量,而此时电容电压 u_C 在增加(滞后电流 90°),表明电容在吸收能量,因此,电感将释放的能量除了供给电阻和电容外,将多余的能量返回外电路。

上述关于正弦稳态电路瞬时功率的描述,反映了一端口电路(或元件)在能量转换过程中的状态,并为工程测量和全面反映正弦稳态电路的功率提供了理论依据。可以通过一端口的 U、I 和 φ_Z 从如下几个方面反映正弦稳态电路的功率状态。

1. 有功功率 P(即平均功率)定义为

$$P\overset{\text{def}}{=\!=\!=}\frac{1}{T}\int_0^T p\mathrm{d}t=UI\cos\varphi_Z$$

它是瞬时功率不可逆部分的恒定分量,也是其变动部分的振幅,它是衡量一端口实际所吸收的功率,其单位用 W(瓦)表示。

2. 无功功率 Q 定义为

$$Q\overset{\text{def}}{=\!=\!=}UI\sin\varphi_Z$$

它是瞬时功率可逆部分的振幅,是衡量由储能元件引起的与外部电路交换的功率,这里"无功"的意思是指这部分能量在往复交换的过程中,没有"消耗"掉。其单位用 var(乏)表示。

3. 视在功率 S 定义为

$$S\overset{\text{def}}{=\!=\!=}UI$$

它是满足一端口电路有功功率和无功功率两者的需要时,要求外部提供的功率容量,显然有 $S\geqslant P$ 和 $S\geqslant Q$,P、Q 及 S 三者的关系为

$$P=S\cos\varphi_Z,\quad Q=S\sin\varphi_Z,\quad S=\sqrt{P^2+Q^2}$$

这是一个直角三角形关系(S 是斜边)。工程上常用视在功率衡量电气设备在额定的电压、电流条件下最大的负荷能力,或承载能力(指对外输出有功功率的最大能力)。视在功率的单位常用 V·A(伏安)表示。

上面所用单位 W、var 和 V·A,其量纲相同,目的是区分三种不同的功率。

工程中通常用到功率因数 λ 的概念,其定义为

$$\lambda=\cos\varphi_Z\leqslant 1$$

φ_Z 称为功率因数角(不含独立源的一端口的阻抗角)。它是衡量传输电能效果的一个非常重要的指标,表示传输系统有功功率所占的比例,即

$$\lambda=\frac{P}{S}$$

实际电网非常庞大,延伸数千公里,人们当然不希望电能的往复传输,这样会增加

系统电能的消耗和增大系统设备的容量，所以，理想状态为 $\lambda=1, Q=0$。

上述关于正弦稳态功率的论述，虽然是通过 RLC 串联电路获得的，但它适用于任何一端口电路，具有普遍意义。

对于不含独立源的一端口，可以用等效阻抗 $Z=R+\mathrm{j}X=|Z|\angle\varphi_Z$（串联形式的等效电路）替代，端电压 $\dot{U}$ 被分解为两个分量 $\dot{U}_R$ 和 $\dot{U}_X$（参阅图 9-2），其中 $\dot{U}_R$ 产生有功功率 P，$\dot{U}_X$ 产生无功功率 Q，即为

$$P=UI\cos\varphi_Z=IU_R=I^2R$$

$$Q=UI\sin\varphi_Z=IU_X=I^2X$$

式中 $U_R=U\cos\varphi_Z$ 称为电压 U 的有功分量，$U_X=U\sin\varphi_Z$ 称为电压 U 的无功分量。

如用等效导纳 $Y=G+\mathrm{j}B$（并联等效电路）替代，则输入电流 $\dot{I}$ 被分解为两个分量 $\dot{I}_G$ 和 $\dot{I}_B$（参阅图 9-3），其中 $\dot{I}_G$ 产生有功功率，$\dot{I}_B$ 产生无功功率，由于 $\varphi_Z=-\varphi_Y$，则

$$P=UI\cos\varphi_Y=UI_G=U^2G$$

$$Q=-UI\sin\varphi_Y=-UI_B=-U^2B$$

式中 $I_G=I\cos\varphi_Y$ 称为 I 的有功分量，$I_B=I\sin\varphi_Y$ 称为 I 的无功分量。

对于单一的 R、L、C 元件，可以认为是不含独立源的一端口的特例，也适用上述有关功率的定义。

对于电阻 R，由于 $\varphi_Z=0, \lambda=1$，它的有功功率和无功功率分别为

$$P_R=S\cos\varphi_Z=S=UI=RI^2=GU^2$$

$$Q_R=S\sin\varphi_Z=0$$

对于电感 L，由于 $\varphi_Z=90°, \lambda=0$，故

$$P_L=S\cos\varphi_Z=0$$

$$Q_L=S\sin\varphi_Z=S=UI=\omega LI^2=\frac{U^2}{\omega L}$$

对于电容 C，由于 $\varphi_Z=-90°, \lambda=0$，故

$$P_C=S\cos\varphi_Z=0$$

$$Q_C=S\sin\varphi_Z=-S=-UI=-\frac{1}{\omega C}I^2=-\omega CU^2$$

在电路系统中，电感和电容的无功功率有互补作用，工程上认为电感吸收无功功率，而认为电容发出无功功率，将两者加以区别。

对于含有独立源的一端口电路，由于电源参与有功功率、无功功率的交换，使问题变得较为复杂，但上述有关三个功率的定义，仍然适用于含源一端口，可通过端口的电压、电流的计算获得，但功率因数将失去实际意义。设含源一端口的电压、电流分别为（关联参考方向）

$$i=I_\mathrm{m}\cos(\omega t+\phi_i)$$

$$u=U_\mathrm{m}\cos(\omega t+\phi_i+\varphi)$$

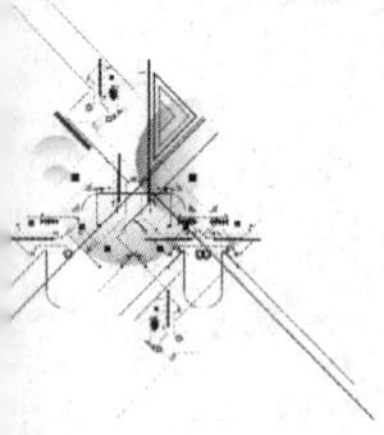

式中 $\varphi=\phi_u-\phi_i$，由于有

$$U_m\cos(\omega t+\phi_i+\varphi)=U_m\cos\varphi\cos(\omega t+\phi_i)-U_m\sin\varphi\sin(\omega t+\phi_i)$$

则

$$p=ui=UI\cos\varphi[1+\cos(2\omega t+2\phi_i)]-UI\sin\varphi\sin(2\omega t+2\phi_i)$$

瞬时功率仍然由两部分组成：不可逆部分（式中第一项）和可逆部分（式中第二项）。通过 U、I 和 φ 表示的三个功率为

$$P=UI\cos\varphi,\quad Q=UI\sin\varphi,\quad S=UI$$

此外 $\varphi=\phi_u-\phi_i$，对不含独立源的一端口它就是阻抗角 φ_Z。当一端口含有受控源时，有可能出现 $|\varphi_Z|>90°$ 的情况，此时，一端口发出有功功率；当 $|\varphi_Z|\leqslant 90°$ 时，含有受控源的一端口与不含受控源的一端口的情况相同。

整个电路遵守功率守恒原理，有

$$\sum P=0,\quad \sum Q=0$$

一般情况下不存在 $\sum S=0$。

例 9-9　求图 9-5(a) 所示电路中电源发出的有功功率 P、无功功率 Q、视在功率 S 和电路的功率因数 λ。

解　求功率必先解电路，求得各部分的电压、电流就能求得各种功率。图中电源发出的功率可根据 $\dot{U}_s$ 和 $\dot{I}$ 求得，其结果如下：

视在功率 S_s 为

$$S_s=U_sI=100\times 0.6\ \text{V}\cdot\text{A}=60\ \text{V}\cdot\text{A}$$

$\dot{U}_s$ 与 $\dot{I}$ 的相位差 φ 和功率因数 λ 分别为

$$\varphi=0°-52.30°=-52.30°\quad（容性）$$

$$\lambda=\cos\varphi=0.612$$

有功功率 P 为

$$P=S_s\lambda=60\times 0.612\ \text{W}=36.72\ \text{W}$$

无功功率 Q 为

$$Q=S_s\sin\varphi=-47.47\ \text{var}$$

复功率

§9-5　复功率

由上一节可知，正弦电流电路的瞬时功率等于两个同频率正弦量的乘积，其结果是一个非正弦周期量，同时它的频率也不同于电压或电流的频率，所以不能用相量法讨论。但是正弦电流电路的有功功率、无功功率和视在功率三者之间是一个直角三角形的关系，可以通过“复功率”表述。

设一端口的电压相量为 $\dot{U}$，电流相量为 $\dot{I}$，复功率 $\overline{S}$ 定义为

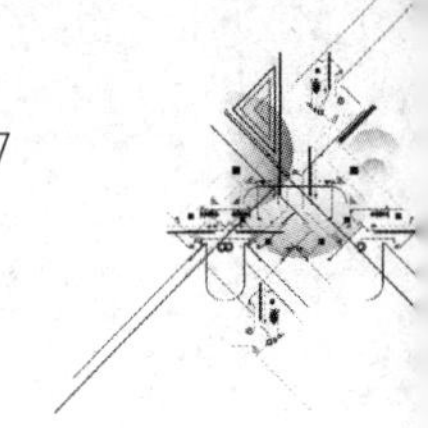

$$\overline{S}\xlongequal{\text{def}}\dot{U}\,\dot{I}^{*}=UI\underline{/(\phi_u-\phi_i)}$$
$$=UI\cos\varphi+\mathrm{j}UI\sin\varphi$$
$$=P+\mathrm{j}Q$$

式中 $\dot{I}^{*}$ 是 $\dot{I}$ 的共轭复数①。复功率的吸收或发出同样根据端口电压和电流的参考方向来判断。复功率是一个辅助计算功率的复数,它将正弦稳态电路的 3 种功率和功率因数统一为一个公式表示,是一个“四归一”公式。只要计算出电路中的电压和电流相量,各种功率就可以很方便地计算出来。例如求图 9-5(a)所示电源发出的复功率 $\overline{S}_s$ 为

$$\overline{S}_s=\dot{U}_s\,\dot{I}^{*}=100\times0.6\underline{/-52.30}\ \mathrm{V\cdot A}=(36.69-\mathrm{j}47.47)\ \mathrm{V\cdot A}$$

显然,复功率将一端口的功率表述得非常简单。复功率的单位为 V · A。

最后,应当注意,复功率 $\overline{S}$ 不代表正弦量,乘积 $\dot{U}\,\dot{I}$ 是没有意义的。复功率的概念显然适用于单个电路元件或任何一端口电路。

对于不含独立源的一端口可以用等效阻抗 Z 或等效导纳 Y 替代,则复功率 $\overline{S}$ 又可表示为

$$\overline{S}=\dot{U}\,\dot{I}^{*}=(\dot{I}Z)\,\dot{I}^{*}=I^2Z$$
$$\overline{S}=\dot{U}\,\dot{I}^{*}=U(Y\dot{U})^{*}=U^2Y^{*}$$

由 $\overline{S}$、P、Q 形成的三角形是一个与阻抗三角形相似的直角三角形。上式中 $Y=G+\mathrm{j}B$,$Y^{*}=G-\mathrm{j}B$。

可以证明,对整个电路复功率守恒,即有

$$\sum\overline{S}=0,\quad \sum P=0,\quad \sum Q=0$$

例 9-10　图 9-13(a)所示电路外加 50 Hz、380 V 的正弦电压,感性负载吸收的功率 $P_1=20$ kW,功率因数 $\lambda_1=0.6$。若要使电路的功率因数提高到 $\lambda=0.9$,求在负载的两端并接的电容值(图中虚线所示)。

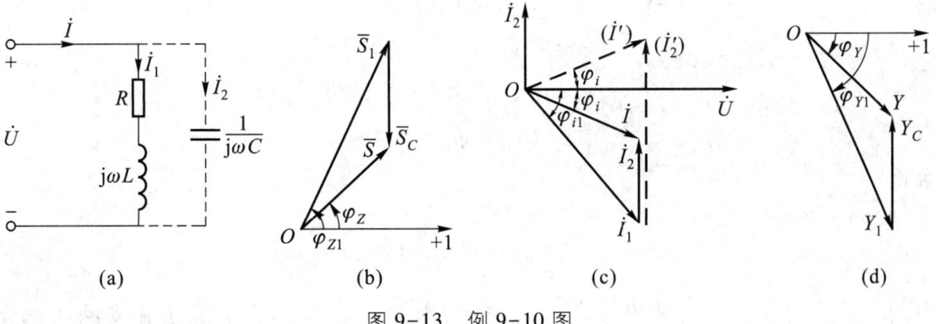

图 9-13　例 9-10 图

① $\overline{S}$ 的另一种定义:$\overline{S}\xlongequal{\text{def}}\dot{U}^{*}\,\dot{I}$。

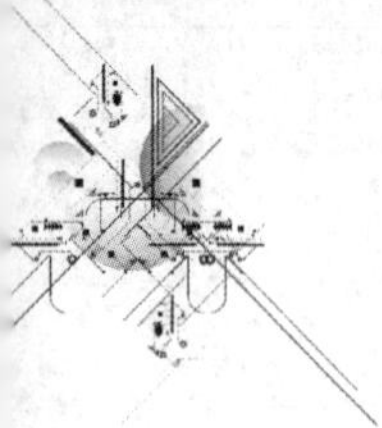

解　工程上常利用电感、电容无功功率的互补特性，通过在感性的负载端并联电容来提高电路的功率因数。接入电容后，不会改变原负载的工作状态，而利用电容发出的无功功率，部分（或全部）补偿感性负载所吸收的无功功率，从而减轻了电源和传输系统的无功功率的负担。

解法一：根据复功率守恒原理求解。

接入电容 C 后，根据复功率守恒原理有

$$\overline{S}=\overline{S}_1+\overline{S}_C$$

$\overline{S}$ 为并联电容 C 后电源发出的复功率，设阻抗角为 φ_Z，$\overline{S}_1$ 为支路 1 吸收的复功率，设其阻抗角为 φ_{Z1}，而 $\overline{S}_C=-\mathrm{j}\omega CU^2$ 为电容吸收的复功率，这些复功率组成了功率三角形，如图 9-13(b)所示，上式复功率方程分列为

$$S\cos\varphi_Z=S_1\cos\varphi_{Z1}=P_1\quad（有功功率）$$

$$S\sin\varphi_Z=S_1\sin\varphi_{Z1}-\omega CU^2$$

从以上两式解得

$$C=\frac{P_1}{\omega U^2}(\tan\varphi_{Z1}-\tan\varphi_Z)$$

式中

$$\varphi_Z=\arccos\lambda=25.84°\quad（感性）$$

$$\varphi_{Z1}=\arccos\lambda_1=53.13°\quad（感性）$$

最后有

$$C=374.51\ \mu\mathrm{F}$$

解法二：根据 KCL 电流方程求解。

并入电容 C 后，根据 KCL 有

$$\dot{I}=\dot{I}_1+\dot{I}_2$$

令 $\dot{U}=380\angle 0°$ V（参考相量），$\dot{I}=I\angle\phi_i$（并联电容后），$\dot{I}_1=I_1\angle\phi_{i1}$ 和 $\dot{I}_2=\mathrm{j}\omega C\dot{U}$，电流三角形如图 9-13(c)中实线所示，则电流方程可分列为

$$I\cos\phi_i=I_1\cos\phi_{i1}\quad（有功分量）$$

$$I\sin\phi_i=I_1\sin\phi_{i1}+\omega CU\quad（无功分量）$$

并有

$$UI_1\cos\phi_{i1}=P_1$$

则解得

$$C=\frac{P_1}{\omega U^2}(\tan\phi_i-\tan\phi_{i1})$$

式中，$\phi_i=-\varphi_Z$，$\phi_{i1}=-\varphi_{Z1}$，这里 φ_Z 和 φ_{Z1} 分别为并联电容后的阻抗角和支路 1 的阻抗角，所以

$$\phi_i=-\arccos\lambda=-25.84°\quad（感性）$$

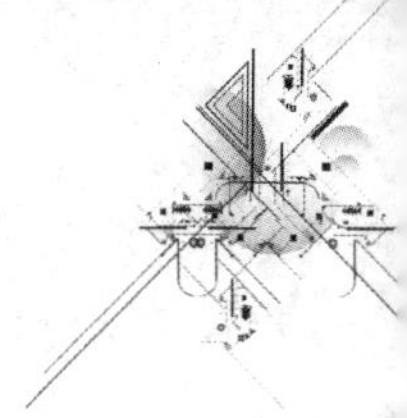

$$\phi_{i1}=-\arccos\lambda_1=-53.13^\circ\quad(\text{感性})$$

可求得同样结果。表明，并联电容后，容性和感性的无功电流分量有互补作用。

解法三：根据等效导纳求解。

并接入电容 C 后有

$$Y=Y_1+Y_C$$

设 $Y=|Y|\underline{/\varphi_Y}$（并联电容后），$Y_1=|Y_1|\underline{/\varphi_{Y1}}$（支路 1），而 $Y_C=\mathrm{j}\omega C$，导纳三角形如图 9-13(d)所示，则导纳方程可分列为

$$|Y|\cos\phi_Y=|Y_1|\cos\varphi_{Y1}\quad(\text{实部})$$

$$|Y|\sin\phi_Y=|Y_1|\sin\varphi_{Y1}+\omega C\quad(\text{虚部})$$

又由于 $|Y_1|\cos\varphi_{Y1}U^2=P_1$，则解得

$$C=\frac{P_1}{\omega U^2}(\tan\varphi_Y-\tan\varphi_{Y1})$$

式中

$$\varphi_Y=\arccos\lambda=-25.84^\circ\quad(\text{感性})$$

$$\varphi_{Y1}=\arccos\lambda_1=-53.13^\circ\quad(\text{感性})$$

图 9-13(c)中虚线所示是符合要求的另一解答，功率因数角 $\varphi_Z=-25.84^\circ$（容性），需要更大的电容量，经济上不可取。

通过这个例子可以看出功率因数提高的经济意义。并联电容后 $\overline{S}<\overline{S}_1$，$I<I_1$，这样既提高了电源设备的利用率，也减少了传输线上的损耗。

读者请思考：能否采用串联电容或串联电阻的方法提高功率因数？

§9-6　最大功率传输

最大功率传输

图 9-14(a)所示电路为含源一端口 $\mathrm{N_S}$ 向终端负载 Z 传输功率，当传输的功率较小（如通信系统、电子电路中），而不必计较传输效率时，常常要研究使负载获得最大功率（有功）的条件。根据戴维南定理，该问题可以简化为图 9-14(b)所示等效电路进行研究。

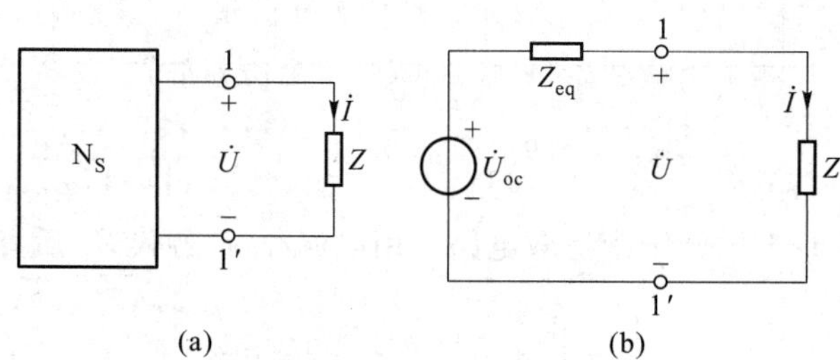

图 9-14　最大功率传输

设 $Z_{\mathrm{eq}}=R_{\mathrm{eq}}+\mathrm{j}X_{\mathrm{eq}}$，$Z=R+\mathrm{j}X$，则负载吸收的有功功率为

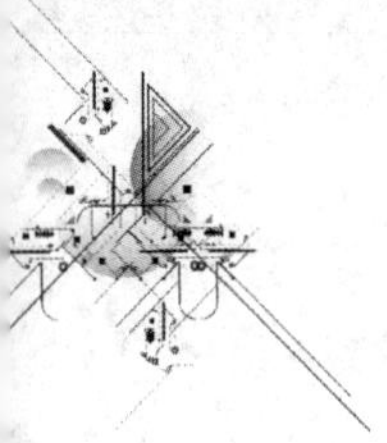

$$P=I^2R=\frac{U_{oc}^2R}{(R+R_{eq})^2+(X_{eq}+X)^2}$$

从上式可以看出,负载端获得的功率与一端口的等效参数(内部)和负载的参数(外部)有关,在内部不便变动的情况下(且 $U_{oc}\neq0$),则负载 Z 必须根据 Z_{eq} 进行配置(匹配),才可能获得最大功率。配置条件不同,获得的最大功率也不同。如果 R 和 X 可以任意变动,而其他参数不变时,则获得最大功率的条件为

$$\left.\begin{aligned}&X+X_{eq}=0\\&\frac{\mathrm{d}}{\mathrm{d}R}\left[\frac{R}{(R+R_{eq})^2}\right]=0\end{aligned}\right\}$$

解得

$$\left.\begin{aligned}X&=-X_{eq}\\R&=R_{eq}\end{aligned}\right\}$$

即有

$$Z=R_{eq}-\mathrm{j}X_{eq}=Z_{eq}^*$$

此时获得的最大功率为

$$P_{max}=\frac{U_{oc}^2}{4R_{eq}}$$

当用诺顿等效电路时,获最大功率的条件可表示为

$$Y=Y_{eq}^*$$

上述获最大功率的条件称为最佳匹配(共轭匹配)。工程上还可以根据其他的匹配条件求解最大功率。在此不一一列举。

例 9-11　图 9-15 所示电路中的正弦电源 $\dot{U}_s=10\angle-45°$ V,负载 Z_L 可任意变动。求 Z_L 可能获得的最大功率(分 3 种情况:$g=0.5$ S,-0.5 S 和 1 S)。

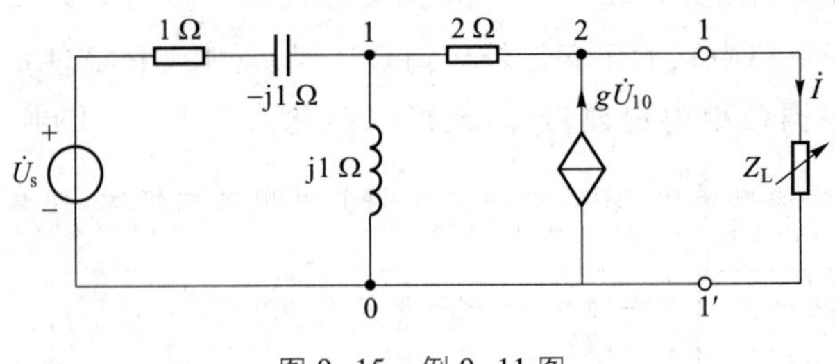

图 9-15　例 9-11 图

解　求一端口 1-1′的戴维南等效电路。用电流源 $\dot{I}$ 替代 Z_L 后,节点方程为

$$\left(\frac{1}{1-\mathrm{j}}+\frac{1}{\mathrm{j}}+\frac{1}{2}\right)\dot{U}_{10}-\frac{1}{2}\dot{U}_{20}=\frac{\dot{U}_s}{1-\mathrm{j}}$$

$$-\frac{1}{2}\dot{U}_{10}+\frac{1}{2}\dot{U}_{20}-g\dot{U}_{10}=-\dot{I}$$

解得

$$\dot{U}_{20}=\dot{U}_{11'}=\frac{1+2g}{-g+\mathrm{j}(g-1)}\dot{U}_s-\frac{1-\mathrm{j}3}{-g+\mathrm{j}(g-1)}\dot{I}$$

戴维南等效电路的参数为

$$\dot{U}_{oc}=\frac{1+2g}{-g+\mathrm{j}(g-1)}\dot{U}_s,\quad Z_{eq}=\frac{1-\mathrm{j}3}{-g+\mathrm{j}(g-1)}$$

（1）当 $g=0.5$ S 时，有

$$\dot{U}_{oc}=20\sqrt{2}\angle 90^\circ\ \mathrm{V},\quad Z_{eq}=(2+\mathrm{j}4)\ \Omega$$

当 $Z_L=Z_{eq}^*=(2-\mathrm{j}4)\ \Omega$ 时，Z_L 可获最大功率为

$$P_{max}=\frac{U_{oc}^2}{2\times 4}=100\ \mathrm{W}$$

（2）当 $g=-0.5$ S 时，有

$$\dot{U}_{oc}=0,\quad Z_{eq}=2\ \Omega$$

得最佳匹配，但一端口无功率输出。

（3）当 $g=1$ S 时，

$$\dot{U}_{oc}=30\angle 135^\circ\ \mathrm{V},\quad Z_{eq}=(-1+\mathrm{j}3)\ \Omega$$

该情况留给读者分析、讨论。

思考题

9-1　在正弦稳态电路中，一端口的阻抗和导纳的定义与电阻电路的电阻和电导定义的区别和联系？

9-2　对于正弦一端口，端口的电压有效值一定大于其中一个元件电压的有效值吗？说明理由。

9-3　对于正弦稳态一端口，当阻抗的实部小于零时，该一端口具有何种特性？

9-4　当采用相量图辅助分析正弦稳态电路时，如何选择参考相量？

9-5　在正弦稳态电路中，什么条件下可以不用相量分析法，而直接使用有效值或瞬时值进行计算？

9-6　无功功率的含义是什么？它的本质是什么？

9-7　如果正弦稳态电路的视在功率等于有功功率，它是否还含有电抗元件？

9-8　试说明提高功率因数的意义和方法。

9-9　为什么正弦电路中，视在功率不守恒，而复功率守恒？

习　题

9-1　试求题 9-1 图所示各电路的输入阻抗 Z 和导纳 Y。

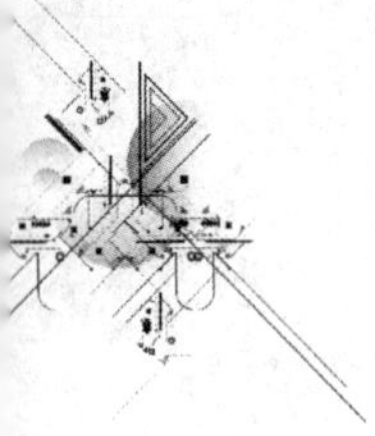

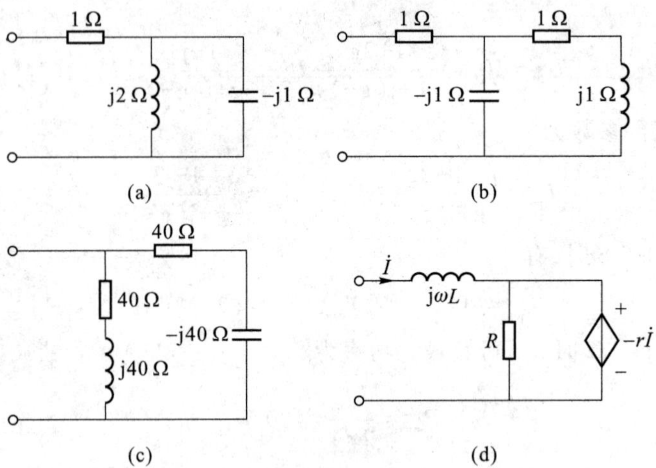

题 9-1 图

9-2　将题 9-2 图所示三角形[图(a)]和星形[图(b)]联结的电路转换为等效星形和三角形联结的电路。

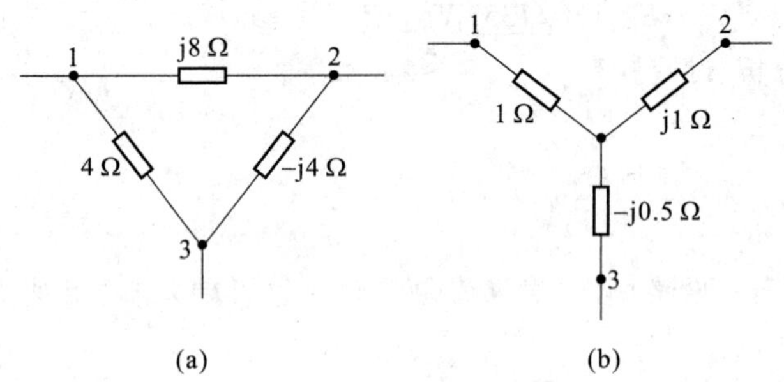

题 9-2 图

9-3　题 9-3 图中 N 为不含独立源的一端口，端口电压 u、电流 i 分别如下列各式所示。试求每一种情况下的输入阻抗 Z 和导纳 Y，并给出等效电路图（包括元件的参数值）。

(1) $\begin{cases} u=200\cos(314t)\ \text{V} \\ i=10\cos(314t)\ \text{A} \end{cases}$；　　(2) $\begin{cases} u=10\cos(10t+45^\circ)\ \text{V} \\ i=2\cos(10t-90^\circ)\ \text{A} \end{cases}$；

(3) $\begin{cases} u=100\cos(2t+60^\circ)\ \text{V} \\ i=5\cos(2t-30^\circ)\ \text{A} \end{cases}$；　　(4) $\begin{cases} u=40\cos(100t+17^\circ)\ \text{V} \\ i=8\sin\left(100t+\dfrac{\pi}{2}\right)\ \text{A} \end{cases}$。

题 9-3 图

9-4　已知题 9-4 图所示电路中 $u_S=16\sqrt{2}\ \sin(\omega t+30°)$ V，电流表 A 的读数为 5 A。$\omega L=4\ \Omega$，求电流表 A_1、A_2 的读数。

9-5　题 9-5 图所示电路中，$I_2=10$ A，$U_s=\dfrac{10}{\sqrt{2}}$ V，求电流 $\dot{I}$ 和电压 $\dot{U}_s$，并画出电路的相量图。

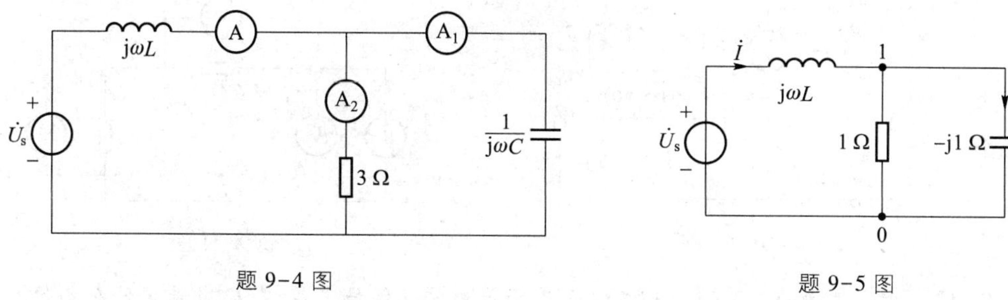

题 9-4 图　　　　题 9-5 图

9-6　题 9-6 图中 $i_S=14\sqrt{2}\cos(\omega t+\phi)$ mA，调节电容，使电压 $\dot{U}=U\angle\phi$，电流表 A_1 的读数为 50 mA。求电流表 A_2 的读数。

9-7　题 9-7 图中 $Z_1=(10+\mathrm{j}50)\ \Omega$，$Z_2=(400+\mathrm{j}1\ 000)\ \Omega$，如果要使 $\dot{I}_2$ 和 $\dot{U}_s$ 的相位差为 90°(正交)，β 应等于多少？如果把图中 CCCS 换为可变电容 C，求 ωC。

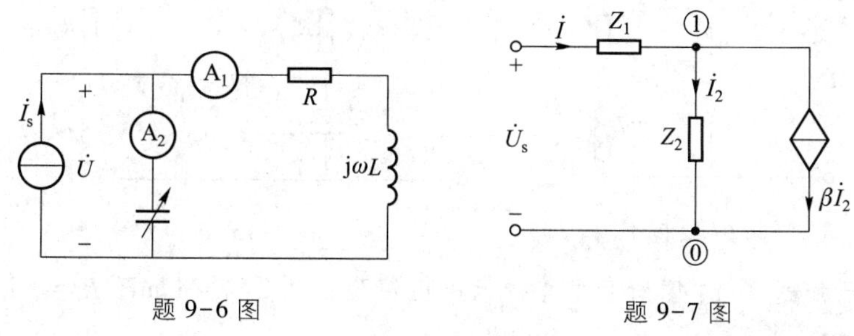

题 9-6 图　　　　题 9-7 图

9-8　已知题 9-8 图所示电路中 $U=8$ V，$Z=(1-\mathrm{j}0.5)\ \Omega$，$Z_1=(1+\mathrm{j}1)\ \Omega$，$Z_2=(3-\mathrm{j}1)\ \Omega$。求各支路电流和电路的输入导纳，画出电路的相量图。

9-9　已知题 9-9 图所示电路中，$U=100$ V，$U_C=100\sqrt{3}$ V，$X_C=-100\sqrt{3}\ \Omega$，阻抗 Z_x 的阻抗角 $|\varphi_x|=60°$。求 Z_x 和电路的输入阻抗。

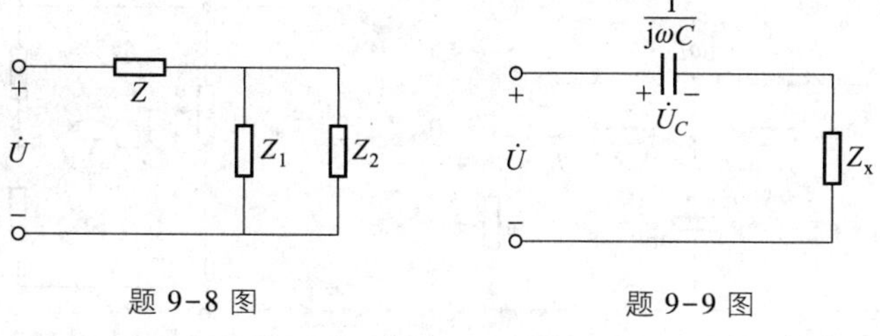

题 9-8 图　　　　题 9-9 图

9-10　题 9-10 图所示电路中，当 S 闭合时，各表读数如下：V 为 220 V、A 为 10 A、

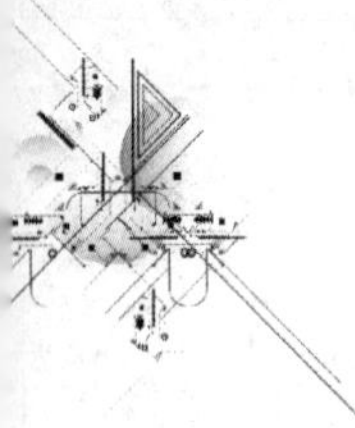

W 为 1 000 W；当 S 打开时，各表读数依次为 220 V、12 A 和 1 600 W。求阻抗 Z_1 和 Z_2，设 Z_1 为感性（图中表 W 称为功率表，其读数 $=\mathrm{Re}[\dot{U}\dot{I}^*]$，$\dot{U}$ 为表 W 跨接的电压相量，$\dot{I}$ 为从 * 端流进表 W 的电流相量）。

9-11　已知题 9-11 图所示电路中，各交流电表的读数分别为 V：100 V；V_1：171 V；V_2：240 V。$I=4$ A，$P_1=240$ W（Z_1 吸收），求阻抗 Z_1 和 Z_2。

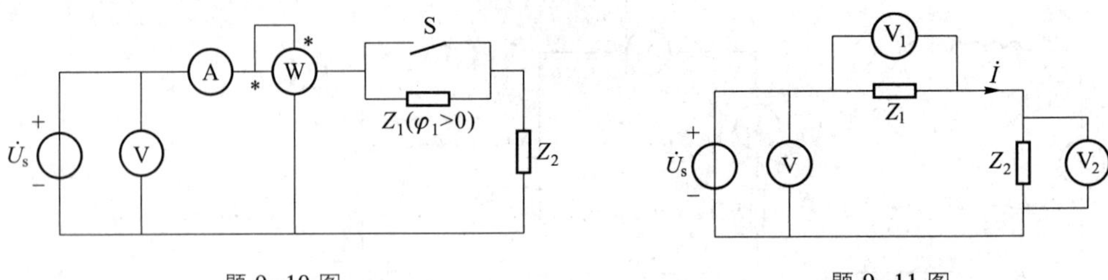

题 9-10 图　　　　题 9-11 图

9-12　如果题 9-12 图所示电路中 R 改变时电流 I 保持不变，L、C 应满足什么条件？

9-13　题 9-13 图所示电路在任意频率下都有 $U_{cd}=U_s$。试求：

（1）满足上述要求的条件。

（2）U_{cd} 相位的可变范围。

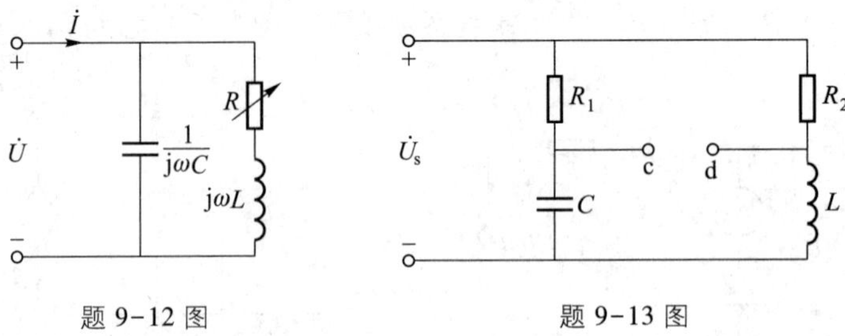

题 9-12 图　　　　题 9-13 图

9-14　已知题 9-14 图所示电路中的电压源为正弦量，$L=1$ mH，$R_0=1$ kΩ，$Z=(3+\mathrm{j}5)$ Ω。

（1）当 $\dot{I}_0=0$ 时，C 值为多少？

（2）当条件（1）满足时，试证明输入阻抗为 R_0。

9-15　在题 9-15 图所示电路中，已知 $U=100$ V，$R_2=6.5$ Ω，$R=20$ Ω，当调节触点 c 使 $R_{ac}=4$ Ω 时，电压表的读数最小，其值为 30 V。求阻抗 Z。

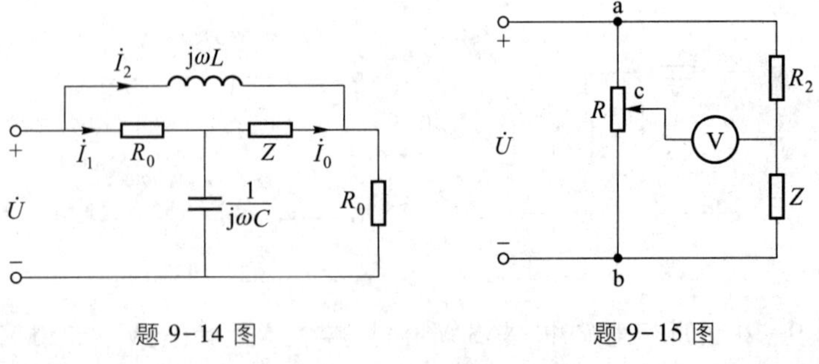

题 9-14 图　　　　题 9-15 图

9-16　已知题 9-16 图所示电路中，当 $Z=0$ 时，$\dot{U}_{11'}=\dot{U}_0$；当 $Z=\infty$ 时，$\dot{U}_{11'}=\dot{U}_k$。端口 2-2′的输入阻抗为 Z_A。试证明 Z 为任意值时有

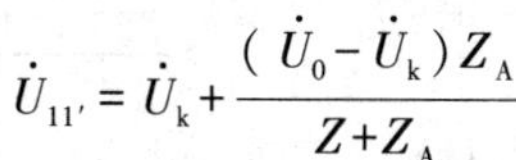

$$\dot{U}_{11'}=\dot{U}_k+\frac{(\dot{U}_0-\dot{U}_k)Z_A}{Z+Z_A}$$

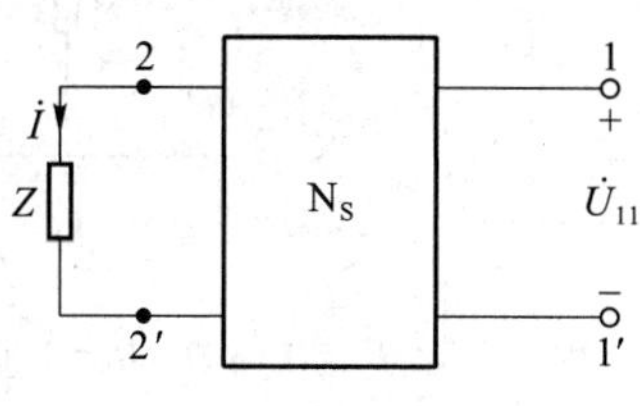

题 9-16 图

9-17　列出题 9-17 图所示电路的回路电流方程和节点电压方程。已知 $u_S=14.14\cos(2t)$ V，$i_S=1.414\cos(2t+30°)$ A。

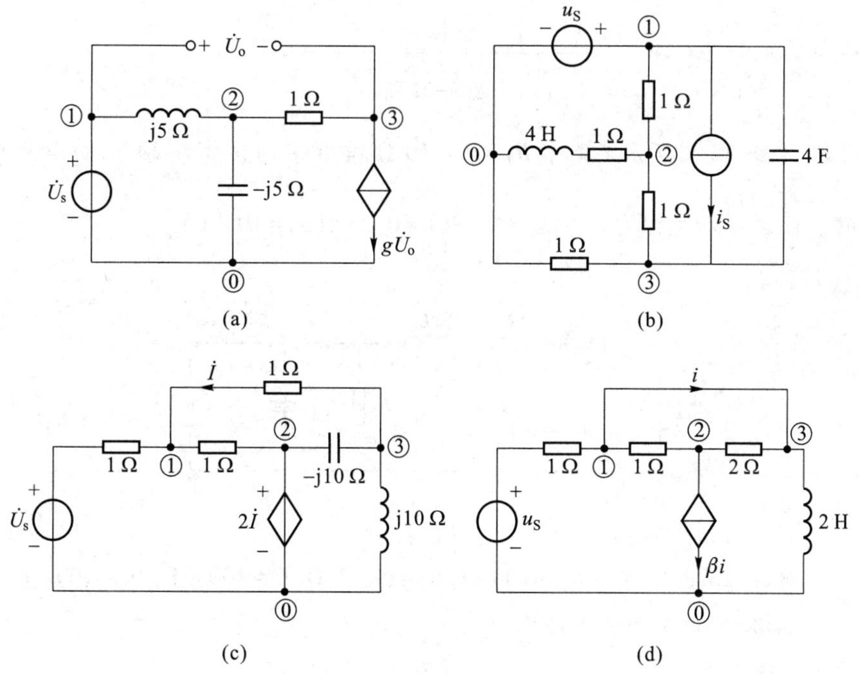

题 9-17 图

9-18　已知题 9-18 图所示电路中，$I_s=10$ A，$\omega=5\ 000$ rad/s，$R_1=R_2=10\ \Omega$，$C=10\ \mu$F，$\mu=0.5$。求电源发出的复功率。

9-19　题 9-19 图所示电路中 R 可变动，$\dot{U}_s=200\angle 0°$ V。R 为何值时，电源 $\dot{U}_s$ 发出的功率最大（有功功率）？

9-20　求题 9-3(2)和(4)电路吸收的复功率。

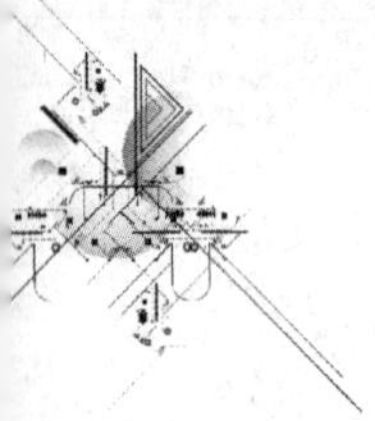

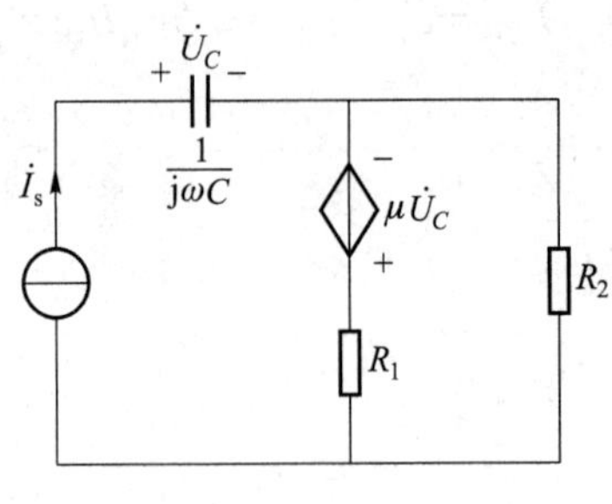

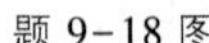
题 9-18 图

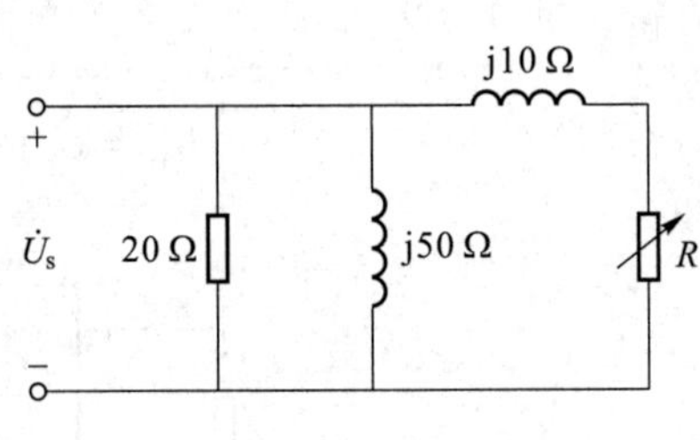

题 9-19 图

9-21　题 9-21 图所示电路中，已知 $I_s=0.6$ A，$R=1$ kΩ，$C=1$ μF。如果电流源的角频率可变，问在什么频率时，RC 串联部分获最大功率？

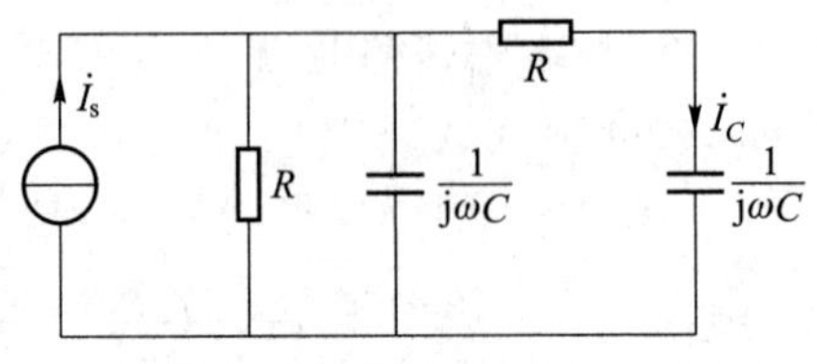

题 9-21 图

9-22　题 9-22 图所示电路中 $R_1=R_2=10$ Ω，电压表的读数为 20 V，功率表的读数为 120 W。试求$\frac{\dot{U}_2}{\dot{U}_s}$和电源发出的复功率 $\overline{S}$($L=0.25$ H，$C=10^{-3}$ F)。

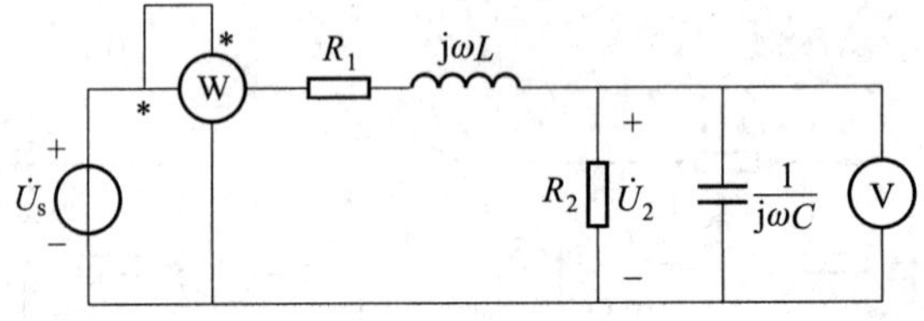

题 9-22 图

*9-23　题 9-23 图中 $R_1=R_2=100$ Ω，$L_1=L_2=1$ H，$C=100$ μF，$\dot{U}_s=100\angle 0°$ V，$\omega=100$ rad/s。求 Z_L 能获得的最大功率。

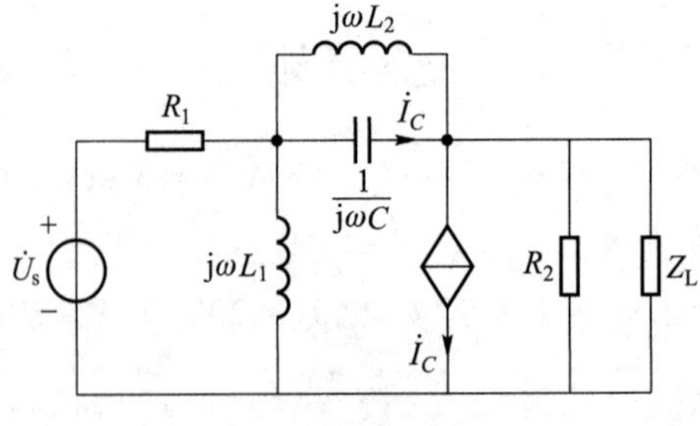

题 9-23 图

9-24 题 9-24 图中的独立电源为同频正弦量，当 S 打开时，电压表的读数为 25 V。电路中的阻抗为 $Z_1=(6+\mathrm{j}12)\,\Omega$，$Z_2=2Z_1$。S 闭合后 $-\mathrm{j}\dfrac{1}{\omega C}$ 为何值时，图中电压表 V 的读数最大？求此时电压表 V 的读数。

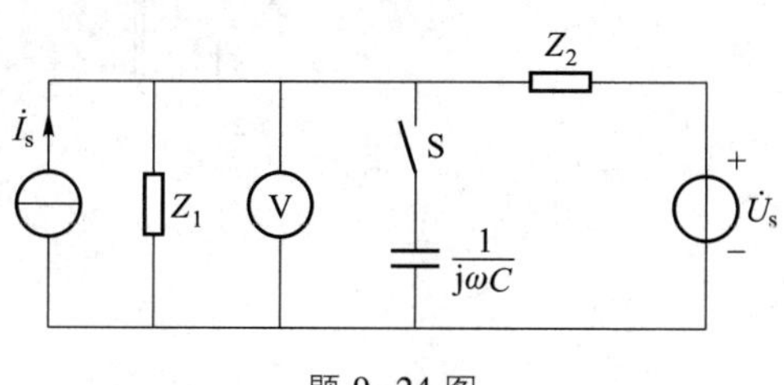

题 9-24 图

9-25 把 3 个负载并联接到 220 V 正弦电源上，各负载取用的功率和电流分别为：$P_1=4.4$ kW，$I_1=44.7$ A（感性）；$P_2=8.8$ kW，$I_2=50$ A（感性）；$P_3=6.6$ kW，$I_3=60$ A（容性）。求题 9-25 图中表 A、W 的读数和电路的功率因数。

9-26 已知题 9-26 图中

$$u(t)=20\cos\ (10^3t+75°)\ \mathrm{V}$$

$$i(t)=\sqrt{2}\sin\ (10^3t+120°)\ \mathrm{A}$$

N_0 中无独立源。求 N_0 吸收的复功率和输入阻抗 Z_i。

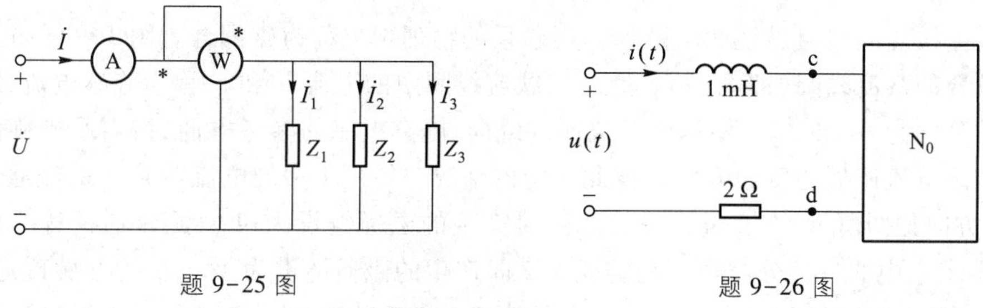

题 9-25 图　　　　题 9-26 图

9-27 已知题 9-27 图中 $\dot{U}_s=100\angle 90°$ V，$\dot{I}_s=5\angle 0°$ A。求当 Z_L 获最大功率时各独立源发出的复功率。

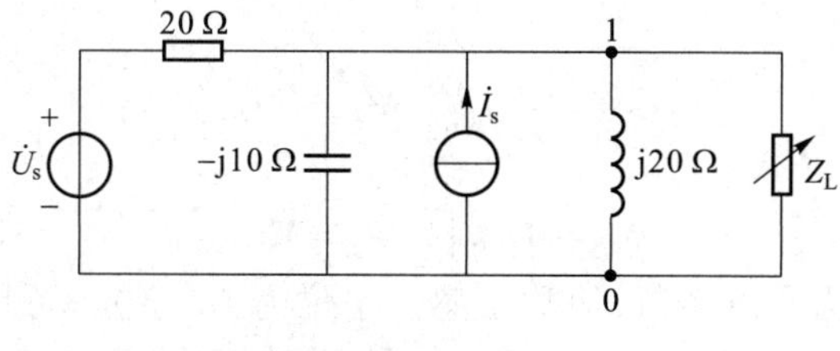

题 9-27 图

第九章部分习题答案

第十章 含有耦合电感的电路

导读

本章介绍的耦合电感、变压器都是应用法拉第电磁感应定律而发明的电气部件，也是阐明电磁感应现象的物理模型。本章将根据电路理论，系统列写含耦合电感的电路方程，说明电磁感应在电路中的表现，电磁信号和电磁能量在电路中的传播和相互转换的一些特征，是正弦稳态分析中的重要内容。

互感

§10-1 互感

载流线圈之间通过彼此的磁场相互联系的物理现象称为磁耦合。图 10-1(a)为两个有耦合的载流线圈(即电感 L_1 和 L_2)，载流线圈中的电流 i_1 和 i_2 称为施感电流，线圈的匝数分别为 N_1 和 N_2。根据两个线圈的绕向、施感电流的参考方向，按右手螺旋法则确定施感电流产生的磁通方向和彼此交链的情况。线圈 1 中的电流 i_1 产生的磁通设为 $\boldsymbol{\Phi}_{11}$①，方向如图所示，在交链自身的线圈时产生的磁通链设为 $\boldsymbol{\Psi}_{11}$，此磁通链称为自感磁通链；$\boldsymbol{\Phi}_{11}$ 中的一部分或全部交链线圈 2 时产生的磁通链设为 Ψ_{21}，称为互感磁通链。同样，线圈 2 中的电流 i_2 也产生自感磁通链 $\boldsymbol{\Psi}_{22}$ 和互感磁通链 $\boldsymbol{\Psi}_{12}$(图中未画出)，这就是彼此耦合的情况。工程上称这对耦合线圈为耦合电感(元件)。

当周围空间是各向同性的线性磁介质时，每一种磁通链都与产生它的施感电流成正比，即有自感磁通链

$$\Psi_{11}=L_1 i_1,\quad \Psi_{22}=L_2 i_2$$

互感磁通链

$$\Psi_{12}=M_{12} i_2,\quad \Psi_{21}=M_{21} i_1$$

上式中 M_{12} 和 M_{21} 称为互感系数，简称互感。单位为 H(亨)。可以证明，$M_{12}=M_{21}$，所以当只有两个线圈(电感)有耦合时，可以略去 M 的下标，即可令 $M=M_{12}=M_{21}$。耦合电

---

① 磁通(链)符号中双下标的含义：第 1 个下标表示该磁通(链)所在线圈的编号，第 2 个下标表示产生该磁通(链)的施感电流所在线圈的编号。

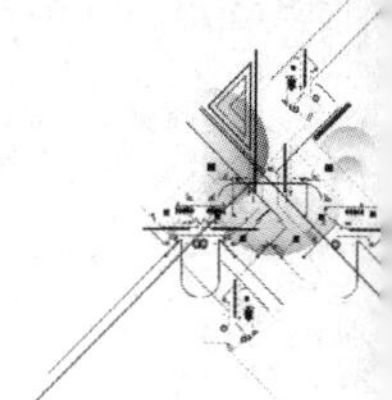

感中的磁通链等于自感磁通链和互感磁通链两部分的代数和，如线圈1和2中的磁通链分别设为Ψ_1(与Ψ_{11}同向)和Ψ_2(与Ψ_{22}同向)。

$$\begin{aligned}\Psi_1&=\Psi_{11}\pm\Psi_{12}=L_1i_1\pm Mi_2\\ \Psi_2&=\pm\Psi_{21}+\Psi_{22}=\pm Mi_1+L_2i_2\end{aligned}\tag{10-1}$$

上式表明，耦合线圈中的磁通链与施感电流呈线性关系，是各施感电流独立产生的磁通链叠加的结果。M前的"±"号是说明磁耦合中，互感作用的两种可能性。"+"号表示互感磁通链与自感磁通链方向一致，自感方向的磁场得到加强(增磁)，称为同向耦合。工程上将同向耦合状态下的一对施感电流(i_1、i_2)的入端(或出端)定义为耦合电感的同名端，并用同一符号标出这对端子，例如图10-1(a)中用"·"号标出的一对端子(1,2)，即为耦合电感的同名端(未标记的端子1′,2′亦为同名端)。同名端可用实验的方法判断。式中"-"号表示施感电流(i_1、i_2)的入端为异名端，互感磁通链总是与自感磁通链的方向相反，总有$\Psi_1<\Psi_{11}$，$\Psi_2<\Psi_{22}$，称为反向耦合，总是使自感方向的磁场削弱，有可能使耦合电感之一的合成磁场为零，甚至为负值，其绝对值有可能超过原自感磁场。耦合电感的耦合状态将随施感电流方向的变化而变化。引入同名端的概念后，可以用带有互感M和同名端标记的电感(元件)L_1和L_2表示耦合电感，如图10-1(b)所示，其中M表示互感。这样有

$$\begin{aligned}\Psi_1&=L_1i_1+Mi_2\\ \Psi_2&=Mi_1+L_2i_2\end{aligned}$$

式中含有M的项之前取"+"号，表示同向耦合。耦合电感可以看作是一个具有4个端子的二端口电路元件。

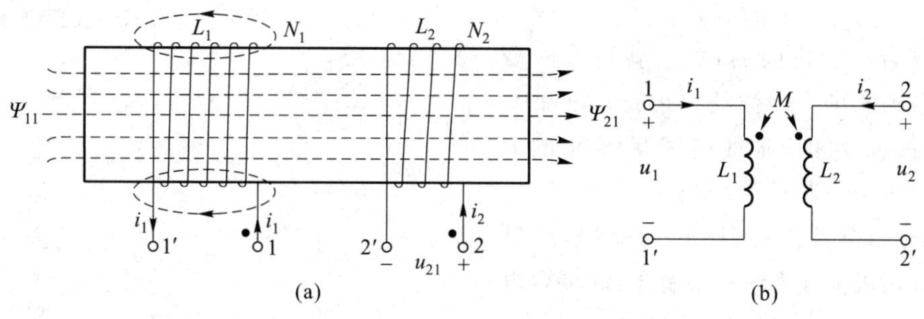

图10-1 耦合电感

当有两个以上电感彼此之间存在耦合时，同名端应当一对一对地加以标记，每一对宜用不同符号标记。每一个电感中的磁通链将等于自感磁通链与所有互感磁通链的代数和。同向耦合时互感磁通链求和时取"+"号，反向耦合时，则取"-"号。

例10-1 图10-1(b)中$i_1=1$ A(直流)，$i_2=5\cos(10t)$ A，$L_1=2$ H，$L_2=3$ H，$M=1$ H。求耦合电感中的磁通链。

解 因为施感电流i_1、i_2都是从标记的同名端流进线圈，为同向耦合，各磁通链计算如下：

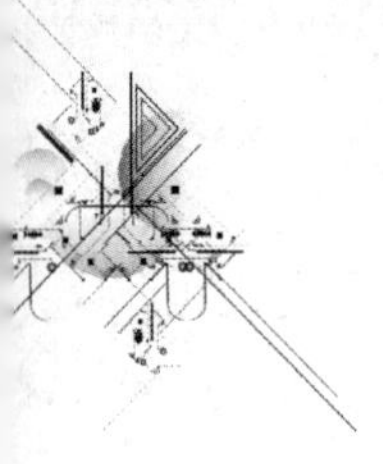

$$\Psi_{11}=L_1 i_1=2\ \text{Wb}$$
$$\Psi_{22}=L_2 i_2=15\cos(10t)\ \text{Wb}$$
$$\Psi_{12}=Mi_2=5\cos(10t)\ \text{Wb}$$
$$\Psi_{21}=Mi_1=1\ \text{Wb}$$

最后得(按右手螺旋法则指定磁通链的参考方向)

$$\Psi_1=L_1 i_1+Mi_2=[2+5\cos(10t)]\ \text{Wb}$$
$$\Psi_2=Mi_1+L_2 i_2=[1+15\cos(10t)]\ \text{Wb}$$

由上式可知,在$\left(\dfrac{\pi}{2}+2k\pi<10t<\dfrac{3\pi}{2}+2k\pi, k=0,1,\cdots\right)$区域内,耦合电感实际处于反向耦合状态,将会出现 $\Psi_1<0$ 和 $|\Psi_1|>\Psi_{11}$ 的情况。

耦合电感中的磁通链 Ψ_1、Ψ_2,不仅与施感电流 i_1、i_2 有关,还与由线圈的结构、相互位置和磁介质所决定的线圈耦合的紧疏程度有关,工程上通过耦合电感中互感磁通链与自感磁通链的比值来衡量耦合的紧疏程度,有

$$\frac{|\Psi_{12}|}{\Psi_{11}}=\frac{Mi_2}{L_1 i_1}\quad(\text{线圈 }1)$$

$$\frac{|\Psi_{21}|}{\Psi_{22}}=\frac{Mi_1}{L_2 i_2}\quad(\text{线圈 }2)$$

当 $i_1=i_2=1$(单位电流)时,上述比值越大,表示耦合越紧密。工程上取上述两比值的几何平均值(将消去比值中的电流)定义为耦合电感的耦合因数 k,即有

$$k\xlongequal{\text{def}}\frac{M}{\sqrt{L_1 L_2}}\leqslant 1$$

改变耦合线圈之间的位置,就可能改变耦合电感的耦合因数的大小,当 L_1 和 L_2 一定时,也就相应地改变了互感 M 的大小。如图 10-2 所示,图(a)为紧耦合,$k\approx 1$(称为全耦合),图(b)为疏耦合(轴线垂直),可能使 $k\approx 0$(无耦合)。耦合电感的互感系数 M 不会大于$\sqrt{L_1 L_2}$。

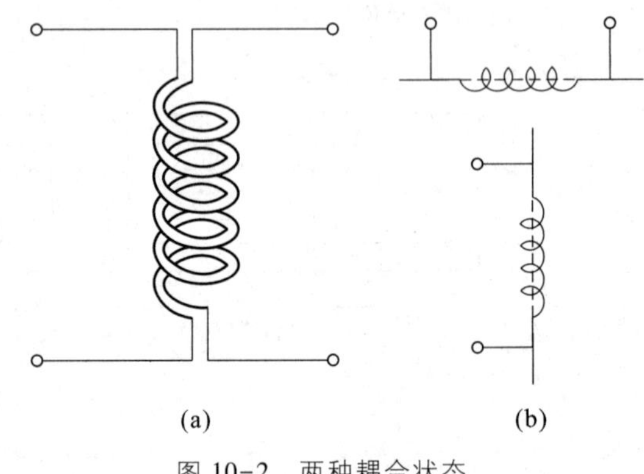

图 10-2 两种耦合状态

如果耦合电感 L_1 和 L_2 中有变动的电流,耦合电感中的磁通链将跟随电流变动。根据法拉第电磁感应定律,耦合电感的两个端口将产生感应电压。设 L_1 和 L_2 端口的电压和电流分别为 u_1、i_1 和 u_2、i_2,且都取关联参考方向,互感为 M,则式(10-1)微分后有

$$\begin{aligned}u_1&=\frac{\mathrm{d}\Psi_1}{\mathrm{d}t}=L_1\frac{\mathrm{d}i_1}{\mathrm{d}t}\pm M\frac{\mathrm{d}i_2}{\mathrm{d}t}\\u_2&=\frac{\mathrm{d}\Psi_2}{\mathrm{d}t}=\pm M\frac{\mathrm{d}i_1}{\mathrm{d}t}+L_2\frac{\mathrm{d}i_2}{\mathrm{d}t}\end{aligned}\qquad(10-2)$$

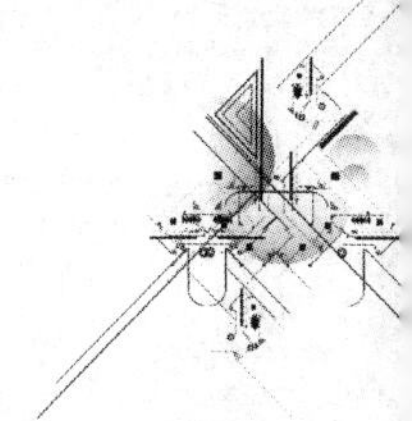

上式表示耦合电感的电压电流关系。将 $u_{11}=L_1\dfrac{\mathrm{d}i_1}{\mathrm{d}t}$，$u_{22}=L_2\dfrac{\mathrm{d}i_2}{\mathrm{d}t}$称为自感电压，将 $u_{12}=M\dfrac{\mathrm{d}i_2}{\mathrm{d}t}$，$u_{21}=M\dfrac{\mathrm{d}i_1}{\mathrm{d}t}$称为互感电压，$u_{12}$ 是变动电流 i_2 在 L_1 中产生的互感电压，u_{21} 是变动电流 i_1 在 L_2 中产生的互感电压。所以耦合电感的电压是自感电压和互感电压叠加的结果。互感电压前的"+"或"-"号的正确取舍是写出耦合电感电压电流关系的关键，取舍方法可简明地表述如下：一种方法是根据耦合电感的耦合状态，当耦合电感同向耦合时，互感电压在 KVL 方程中与自感电压同号；反向耦合时，与自感电压异号。另一种方法是约定互感电压的"+"极性端的设定规则：总是使施感电流的入端与其互感电压（在另一线圈中）的"+"极性端（设定）为耦合电感的同名端（即一对同标记端），即当施感电流从同名端的标记端流进线圈（入端）时，则其互感电压的"+"极性端就设在同名端的标记端，反之亦然。如图 10-1(b) 中的 $M\dfrac{\mathrm{d}i_1}{\mathrm{d}t}$和 $M\dfrac{\mathrm{d}i_2}{\mathrm{d}t}$的"+"极性端都设在有同名端标记的端子上。然后再根据编写 KVL 方程的取号方法，确定互感电压在方程中的取号，则上述互感电压 u_{12}、u_{21} 在 KVL 方程中，应当取"+"号（上述设置方法都符合右手螺旋法则）。

例 10-2 求例 10-1 中耦合电感的端电压 u_1、u_2。

解 按图 10-1(b) 和式(10-2)，得

$$u_1=L_1\frac{\mathrm{d}i_1}{\mathrm{d}t}+M\frac{\mathrm{d}i_2}{\mathrm{d}t}=-50\sin(10t)\ \mathrm{V}$$

$$u_2=M\frac{\mathrm{d}i_1}{\mathrm{d}t}+L_2\frac{\mathrm{d}i_2}{\mathrm{d}t}=-150\sin(10t)\ \mathrm{V}$$

电压 u_1 中只含有互感电压 u_{12}，电压 u_2 中只含有自感电压 u_{22}，这说明不变动的电流 i_1（直流）虽产生自感和互感磁通链，但不产生自感电压和互感电压。

当施感电流为同频正弦量时，在正弦稳态情况下，电压、电流方程可用相量形式表示，以图 10-1(b) 所示电路为例，有

$$\dot{U}_1=\mathrm{j}\omega L_1\dot{I}_1+\mathrm{j}\omega M\dot{I}_2$$

$$\dot{U}_2=\mathrm{j}\omega M\dot{I}_1+\mathrm{j}\omega L_2\dot{I}_2$$

如令 $Z_M=\mathrm{j}\omega M$，ωM 称为互感抗。

还可以用电流控制电压源 CCVS 表示互感电压的作用。对图 10-1(b) 的耦合电感，用 CCVS 表示的等效电路（相量形式）如图 10-3 所示。

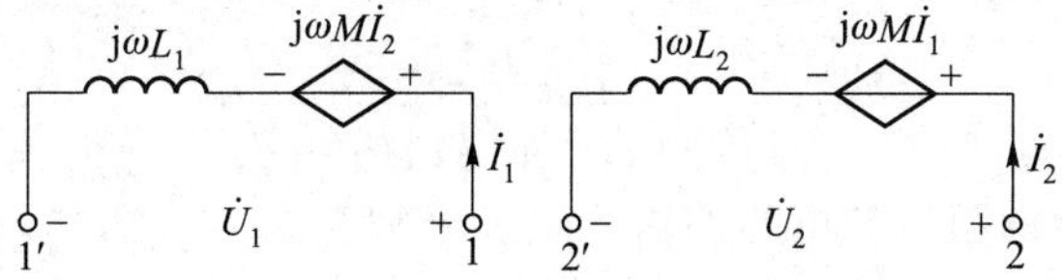

图 10-3 用 CCVS 表示互感电压

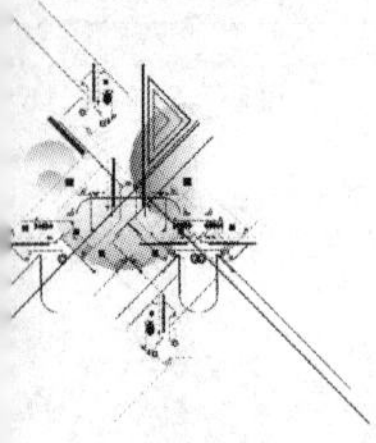

§10-2　含有耦合电感电路的计算

含有耦合电感电路的计算 1

含有耦合电感电路的计算 2

含有耦合电感电路(简称互感电路)的正弦稳态分析可采用相量法。但应注意耦合电感上的电压包含自感电压和互感电压两部分,在列 KVL 方程时,要正确使用同名端计入互感电压;必要时可引用 CCVS 表示互感电压的作用。耦合电感支路的电压不仅与本支路电流有关,还与其相耦合的其他支路电流有关,列节点电压方程时要另行处理。

图 10-4(a)所示耦合电感电路是一种串联电路,由于是反向耦合,故称反向串联(另一种为同向串联,为同向耦合状态),按图示参考方向,KVL 方程为

$$u_1=R_1 i+\left(L_1\frac{\mathrm{d}i}{\mathrm{d}t}-M\frac{\mathrm{d}i}{\mathrm{d}t}\right)=R_1 i+(L_1-M)\frac{\mathrm{d}i}{\mathrm{d}t}$$

$$u_2=R_2 i+\left(L_2\frac{\mathrm{d}i}{\mathrm{d}t}-M\frac{\mathrm{d}i}{\mathrm{d}t}\right)=R_2 i+(L_2-M)\frac{\mathrm{d}i}{\mathrm{d}t}$$

根据上述方程可以给出一个无耦合等效电路,如图 10-4(b)所示。根据 KVL 有

$$u=u_1+u_2=(R_1+R_2)i+(L_1+L_2-2M)\frac{\mathrm{d}i}{\mathrm{d}t}$$

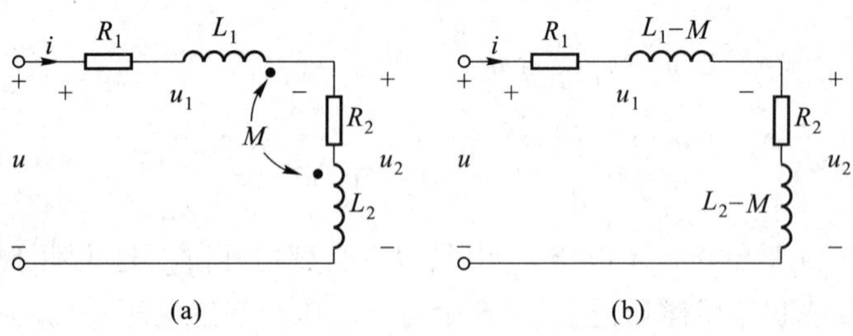

图 10-4　耦合电感的串联电路

等效电路为电阻 R_1、R_2 和等效电感 $L(=L_1+L_2-2M)$ 的串联电路。对正弦稳态电路,可采用相量形式表示为

$$\dot{U}_1=[R_1+\mathrm{j}\omega(L_1-M)]\dot{I}$$

$$\dot{U}_2=[R_2+\mathrm{j}\omega(L_2-M)]\dot{I}$$

$$\dot{U}=[R_1+R_2+\mathrm{j}\omega(L_1+L_2-2M)]\dot{I}$$

电流 $\dot{I}$ 为

$$\dot{I}=\frac{\dot{U}}{(R_1+R_2)+\mathrm{j}\omega(L_1+L_2-2M)}$$

每一条耦合电感支路的阻抗和电路的输入阻抗分别为

$$Z_1=R_1+\mathrm{j}\omega(L_1-M)$$

$$Z_2=R_2+\mathrm{j}\omega(L_2-M)$$

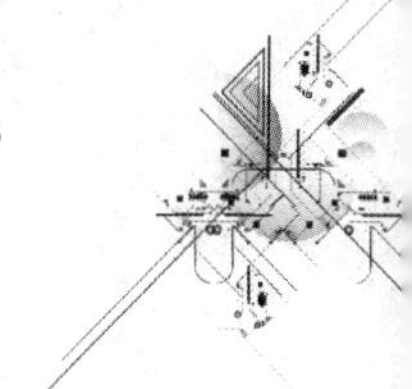

$$Z=Z_1+Z_2=(R_1+R_2)+j\omega(L_1+L_2-2M)$$

可以看出,反向串联时,每一条耦合电感支路阻抗和输入阻抗都比无互感时的阻抗小(电抗变小),这是由于互感的反向耦合作用,它类似于串联电容的作用,常称为互感的"容性"效应。每一耦合电感支路的等效电感分别为(L_1-M)和(L_2-M),有可能其中之一为负值,但不可能都为负,整个电路仍呈感性①。

对同向串联电路,不难得出每一耦合电感支路的阻抗为

$$Z_1=R_1+j\omega(L_1+M)$$

$$Z_2=R_2+j\omega(L_2+M)$$

而

$$Z=Z_1+Z_2=(R_1+R_2)+j\omega(L_1+L_2+2M)$$

例 10-3　图 10-4(a)所示电路中,正弦电压的 $U=50\ \text{V}$,$R_1=3\ \Omega$,$\omega L_1=7.5\ \Omega$,$R_2=5\ \Omega$,$\omega L_2=12.5\ \Omega$,$\omega M=8\ \Omega$。求该耦合电感的耦合因数和该电路中各支路吸收的复功率 $\bar{S}_1$ 和 $\bar{S}_2$。

解　耦合因数 k 为

$$k=\frac{M}{\sqrt{L_1L_2}}=\frac{\omega M}{\sqrt{(\omega L_1)(\omega L_2)}}=\frac{8}{\sqrt{(7.5\times12.5)}}=0.826$$

求得支路的电流和阻抗,就能求得支路的复功率。支路的等效阻抗分别为

$$Z_1=R_1+j\omega(L_1-M)=(3-j0.5)\ \Omega=3.04\angle-9.46^\circ\ \Omega(\text{容性})$$

$$Z_2=R_2+j\omega(L_2-M)=(5+j4.5)\ \Omega=6.73\angle42^\circ\ \Omega(\text{感性})$$

输入阻抗 Z 为

$$Z=Z_1+Z_2=(8+j4)\ \Omega=8.94\angle26.57^\circ\ \Omega$$

令 $\dot{U}=50\angle0^\circ\ \text{V}$,解得电流 $\dot{I}$ 为

$$\dot{I}=\frac{\dot{U}}{Z}=\frac{50\angle0^\circ}{8.94\angle26.57^\circ}\ \text{A}=5.59\angle-26.57^\circ\ \text{A}$$

各支路吸收的复功率分别为

$$\bar{S}_1=I^2Z_1=(93.75-j15.63)\ \text{V}\cdot\text{A}$$

$$\bar{S}_2=I^2Z_2=(156.25+j140.63)\ \text{V}\cdot\text{A}$$

电源发出的复功率 $\bar{S}$ 为

$$\bar{S}=\dot{U}\dot{I}^*=(250+j125)\ \text{V}\cdot\text{A}=\bar{S}_1+\bar{S}_2$$

图 10-5(a)所示电路为耦合电感的一种并联电路,由于同名端连接在同一个节点上,称为同侧并联电路。当异名端连接在同一节点上时,则称为异侧并联电路,如图 10-5(b)所示。正弦稳态情况下,对同侧并联电路有

---

① 根据$\frac{M}{\sqrt{L_1L_2}}\leqslant1$,可以证明 $L_1+L_2-2M\geqslant0$。

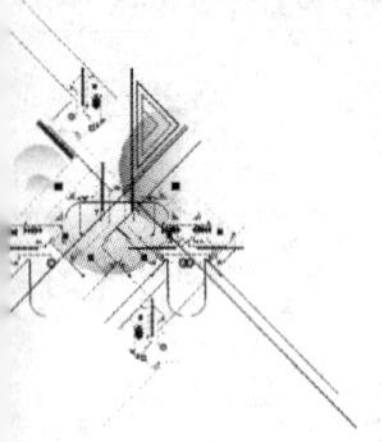

$$\left.\begin{aligned}\dot{U}&=(R_1+\mathrm{j}\omega L_1)\dot{I}_1+\mathrm{j}\omega M\dot{I}_2\\ \dot{U}&=\mathrm{j}\omega M\dot{I}_1+(R_2+\mathrm{j}\omega L_2)\dot{I}_2\\ \dot{I}_3&=\dot{I}_1+\dot{I}_2\end{aligned}\right\}\tag{10-3a}$$

对异侧并联电路可类似地得出

$$\left.\begin{aligned}\dot{U}&=(R_1+\mathrm{j}\omega L_1)\dot{I}_1-\mathrm{j}\omega M\dot{I}_2\\ \dot{U}&=-\mathrm{j}\omega M\dot{I}_1+(R_2+\mathrm{j}\omega L_2)\dot{I}_2\\ \dot{I}_3&=\dot{I}_1+\dot{I}_2\end{aligned}\right\}\tag{10-3b}$$

令 $Z_1=R_1+\mathrm{j}\omega L_1$，$Z_2=R_2+\mathrm{j}\omega L_2$，$Z_M=\mathrm{j}\omega M$，式(10-3a)和式(10-3b)改写为

$$\left.\begin{aligned}\dot{U}&=Z_1\dot{I}_1\pm Z_M\dot{I}_2\\ \dot{U}&=\pm Z_M\dot{I}_1+Z_2\dot{I}_2\\ \dot{I}_3&=\dot{I}_1+\dot{I}_2\end{aligned}\right\}\tag{10-3c}$$

式中“+”号对应同侧并联电路。根据上述的电路方程就可以对耦合电感的并联电路进行分析求解。

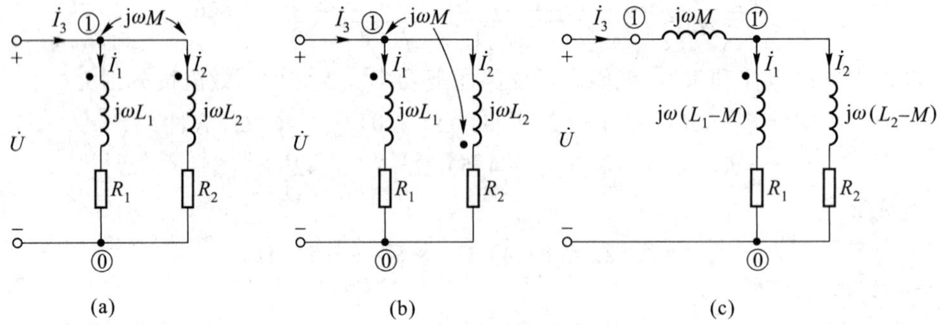

图 10-5 耦合电感的并联电路

例 10-4 图 10-5(a)中，设正弦电压的 $U=50$ V，$R_1=3\ \Omega$，$\omega L_1=7.5\ \Omega$，$R_2=5\ \Omega$，$\omega L_2=12.5\ \Omega$，$\omega M=8\ \Omega$(与例 10-3 相同)。求电路的输入阻抗及支路 1、2 的电流。

解 令 $\dot{U}=50\angle 0^\circ$ V，根据式(10-3c)解得

$$\dot{I}_1=\frac{Z_2-Z_M}{Z_1Z_2-Z_M^2}\dot{U}=\frac{5+\mathrm{j}4.5}{-14.75+\mathrm{j}75}\dot{U}=4.40\angle -59.14^\circ\ \mathrm{A}$$

$$\dot{I}_2=\frac{Z_1-Z_M}{Z_1Z_2-Z_M^2}\dot{U}=\frac{3-\mathrm{j}0.5}{-14.75+\mathrm{j}75}\dot{U}=1.99\angle -110.59^\circ\ \mathrm{A}$$

求得输入阻抗 Z_{i} 为

$$Z_{\mathrm{i}}=\frac{\dot{U}}{\dot{I}_1+\dot{I}_2}=\frac{Z_1Z_2-Z_M^2}{Z_1+Z_2-2Z_M}=\frac{-14.75+\mathrm{j}75}{8+\mathrm{j}4}\ \Omega$$

$$=8.55\angle 74.56^\circ\ \Omega=(2.28+\mathrm{j}8.24)\ \Omega$$

如 $R_1=R_2=0$，Z_i 为输入电抗，有

$$Z_i=jX=\frac{(j\omega L_1)(j\omega L_2)-(j\omega M)^2}{(j\omega L_1)+(j\omega L_2)-2(j\omega M)}$$
$$=j\omega\frac{L_1L_2-M^2}{L_1+L_2-2M}=j\omega L_{eq}=j7.44\Omega$$

根据同侧并联耦合电路方程式(10-3a)可推导出去耦等效电路。用 $\dot{I}_2=\dot{I}_3-\dot{I}_1$ 消去支路1方程中的 $\dot{I}_2$，用 $\dot{I}_1=\dot{I}_3-\dot{I}_2$ 消去支路2方程中的 $\dot{I}_1$，有

$$\dot{U}=j\omega M\dot{I}_3+[R_1+j\omega(L_1-M)]\dot{I}_1$$
$$\dot{U}=j\omega M\dot{I}_3+[R_2+j\omega(L_2-M)]\dot{I}_2$$

根据上述方程可获得无耦合的等效电路，如图10-5(c)所示。无耦合等效电路又称去耦等效电路。同理，按式(10-3b)可得出异侧并联的去耦等效电路，其差别仅在于互感 M 前的"+""-"号。可以归纳出如下的去耦方法：如果耦合电感的两条支路各有一端与第3支路形成一个仅含3条支路的共同节点，则可用3条无耦合的电感支路等效替代，3条支路的等效电感分别为

（支路3）$L_3=\pm M$（同侧取"+"，异侧取"-"）

$$\left.\begin{aligned}&(\text{支路}1)\ L_1'=L_1\mp M\\&(\text{支路}2)\ L_2'=L_2\mp M\end{aligned}\right\}M\text{ 前所取符号与 }L_3\text{ 中的相反}$$

等效电感与电流参考方向无关。这3条支路中的其他元件不变。注意去耦等效电路中的节点[如图10-5(c)中①'所示]不是原电路的节点①，原节点①移至 L_3 的前面。

例10-5　图10-6(a)所示电路中 $\omega L_1=\omega L_2=10\Omega$，$\omega M=5\Omega$，$R_1=R_2=6\Omega$，$U_s=12$ V。求 Z_L 最佳匹配时获得的功率 P。

解　求解本例的一般方法是用戴维南（诺顿）等效电路。当一端口电路中含有耦合电感时，求解方法与含有受控源的一端口电路相同。现用一步法解本例。在端口1-1'置电流源 $\dot{I}$ 替代 Z_L，求外特性 $\dot{U}_{11'}=f(\dot{I})$。列网孔（顺时针）方程及 $\dot{U}_{11'}$ 的表达式为

$$(R_1+R_2+j\omega L_1)\dot{I}_1-(R_2+j\omega M)\dot{I}=\dot{U}_s\text{（左网孔）}$$
$$\dot{U}_{11'}=-(R_2+j\omega L_2)\dot{I}+(R_2+j\omega M)\dot{I}_1\text{（右网孔）}$$

解得

$$\dot{U}_{11'}=\frac{1}{2}\dot{U}_s-(3+j7.5)\dot{I}$$

戴维南等效电路参数为

$$\dot{U}_{oc}=\frac{1}{2}\dot{U}_s=6\angle 0^\circ\text{ V}$$

$$Z_{eq}=(3+j7.5)\ \Omega$$

最佳匹配时 $Z_L=Z_{eq}^*=(3-j7.5)\Omega$，求得功率

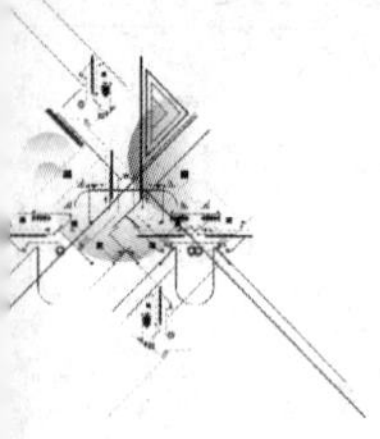

$$P=\frac{U_{oc}^2}{4R_{eq}}=\frac{36}{12}\ \mathrm{W}=3\ \mathrm{W}$$

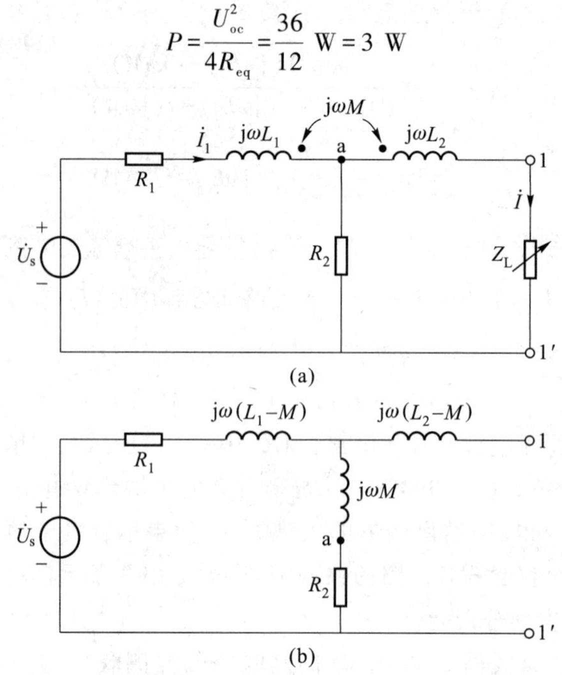

图 10-6　例 10-5 图

本例的电路中，耦合电感的两条支路与 R_2 形成两个 3 支路节点 a 和 1′，所以可用去耦法求解。图 10-6(b)所示为去耦等效电路，求得开路电压和等效阻抗分别为

$$\dot{U}_{11'oc}=\frac{\dot{U}_s}{2(6+j5)}(6+j5)=\frac{1}{2}\dot{U}_s$$

$$Z_{eq}=\left[\frac{1}{2}(6+j5)+j5\right]\Omega=(3+j7.5)\Omega$$

本例用去耦法显得容易。应当注意，不是所有含耦合电感的电路都有去耦等效电路。

耦合电感的功率

§10-3　耦合电感的功率

当耦合电感中的施感电流变化时，将出现变化的磁场，从而产生电场（互感电压），耦合电感通过变化的电磁场进行电磁能的转换和传输，电磁能从耦合电感一边传输到另一边。图 10-7 所示（开关 S 打开状态）为耦合电感同向串联电路。现将线圈 2 短接（图中开关 S 闭合），讨论两个线圈中电磁能的传送。如无互感耦合，则达到稳态时电流 i_2 必定为零。但在有耦合的情况下，只要$\frac{\mathrm{d}i_1}{\mathrm{d}t}$不为零，则电流 i_2 就不会为零，电

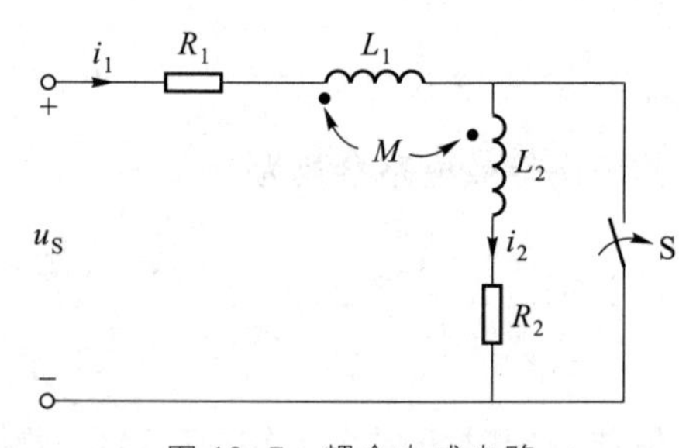

图 10-7　耦合电感电路

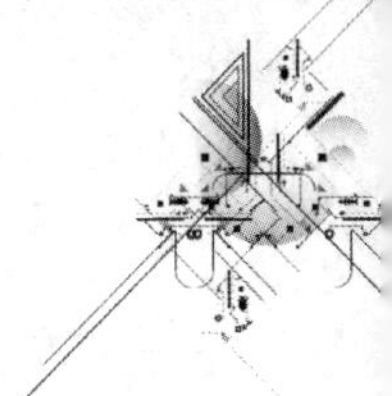

磁能将从线圈 1 传送到线圈 2。根据图 10-7 所示参考方向,电路方程为

$$R_1 i_1 + L_1 \frac{di_1}{dt} + M \frac{di_2}{dt} = u_S$$

$$M \frac{di_1}{dt} + R_2 i_2 + L_2 \frac{di_2}{dt} = 0$$

第 1 式乘 i_1,第 2 式乘 i_2,得到耦合电感电路的瞬时功率方程为

$$R_1 i_1^2 + i_1 L_1 \frac{di_1}{dt} + i_1 M \frac{di_2}{dt} = u_S i_1$$

$$i_2 M \frac{di_1}{dt} + R_2 i_2^2 + i_2 L_2 \frac{di_2}{dt} = 0$$

式中 $i_1 M \frac{di_2}{dt}$(在线圈 1 中)和 $i_2 M \frac{di_1}{dt}$(在线圈 2 中)为一对通过互感电压耦合的功率(吸收),通过它们与两个耦合的线圈实现电磁能的转换和传输。关于电磁能通过互感转换和传输的现象,暂不作一般性的理论论述,仅对正弦稳态下的电磁能通过互感转换和传输状态做简要的分析和说明。

当图 10-7 所示耦合电感电路中的电压、电流为同频正弦量时,则两个线圈的复功率 $\bar{S}_1$ 和 $\bar{S}_2$ 分别为

$$\bar{S}_1 = \dot{U}_s \dot{I}_1^* = (R_1 + j\omega L_1) I_1^2 + j\omega M \dot{I}_2 \dot{I}_1^*$$

$$\bar{S}_2 = 0 = j\omega M \dot{I}_1 \dot{I}_2^* + (R_2 + j\omega L_2) I_2^2$$

两个互感电压耦合的复功率分别为 $j\omega M \dot{I}_2 \dot{I}_1^*$(线圈 1 中)和 $j\omega M \dot{I}_1 \dot{I}_2^*$(线圈 2 中),由于($\dot{I}_2 \dot{I}_1^*$)和($\dot{I}_1 \dot{I}_2^*$)互为共轭复数,两者的实部同号,而虚部异号,但乘以 j 以后,则变为虚部同号,而实部异号。这一特点是由耦合电感本身的电磁特性所决定的。

互感 M 本身是一个非耗能的储能参数,它兼有储能元件电感和电容两者的特性,当 M 起同向耦合作用时,它的储能特性与电感相同,将使耦合电感中的磁能增加;当 M 起反向耦合作用时,它的储能特性与电容相同(容性效应),与自感储存的磁能彼此互补。也就是说,两个互感电压耦合功率中的无功功率对两个耦合线圈的影响、性质是相同的,这就是耦合功率中虚部同号的原因。无功功率是通过互感 M 的储能特性与耦合电感进行转换的。耦合功率中的有功功率是相互异号的,这表明有功功率从一个端口进入(吸收,正号),必须从另一端口输出(发出,负号),这是互感 M 非耗能特性的体现,有功功率是通过耦合电感的电磁场传播的。

下面通过示例作具体说明。

例 10-6 求图 10-7 所示电路的复功率,并说明互感在功率转换和传输中的作用。图中 $U_s = 50$ V,$R_1 = 3\Omega$,$\omega L_1 = 7.5\Omega$,$R_2 = 5\Omega$,$\omega L_2 = 12.5\Omega$,$\omega M = 8\Omega$(与例 10-3 相同)。

解 电路的方程为(令 $\dot{U}_s = 50\angle 0°$ V)

$$(3 + j7.5)\dot{I}_1 + j8\dot{I}_2 = \dot{U}_s$$

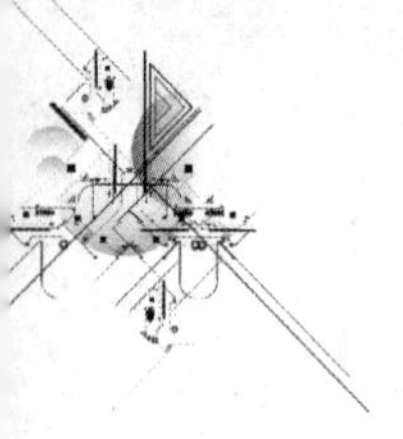

$$j8\dot{I}_1+(5+j12.5)\dot{I}_2=0$$

解得

$$\dot{I}_1=\frac{5+j12.5}{(3+j7.5)(5+j12.5)-(j8)^2}\dot{U}_s=8.81\angle -32.93^\circ\ \text{A}$$

$$\dot{I}_2=\frac{-j8\dot{I}_1}{5+j12.5}=5.24\angle 168.87^\circ\ \text{A}$$

复功率分别为

$$\begin{aligned}\bar{S}_s&=\dot{U}_s\dot{I}_1^*=(3+j7.5)I_1^2+j8\dot{I}_2\dot{I}_1^*\\&=[(232.85+j582.12)+(137.15-j342.91)]\ \text{V}\cdot\text{A}\\\bar{S}_2&=j8\dot{I}_1\dot{I}_2^*+(5+j12.5)I_2^2\\&=[(-137.15-j342.91)+(137.15+j342.91)]\ \text{V}\cdot\text{A}\\&=0\end{aligned}$$

从上式可以看出，互感电压发出无功功率，分别补偿 L_1 和 L_2 中的无功功率，其中，L_2 和 M 处于完全补偿状态。线圈 1 中的互感电压吸收的 137.15 W 有功功率，由线圈 2 中的互感电压发出，供给支路 2 中的电阻 R_2 消耗。只要 $\arg(\dot{I}_1\dot{I}_2^*)\neq 0$，就会出现互感传递有功功率的现象。

例 10-7　对例 10-4 中的复功率的转换和传输做进一步分析。

解　复功率 $\bar{S}_1$ 和 $\bar{S}_2$ 分别为

$$\bar{S}_1=\dot{U}\dot{I}_1^*=(3+j7.5)I_1^2+j8(1.99\angle -110.59^\circ\times 4.40\angle 59.14^\circ)$$

$$\bar{S}_2=\dot{U}\dot{I}_2^*=j8(1.99\angle 110.59^\circ\times 4.40\angle -59.14^\circ)+(5+j12.5)I_2^2$$

计算结果为

$$\bar{S}_1=[(58.08+j145.2)+(54.78+j43.65)]\ \text{V}\cdot\text{A}$$

$$\bar{S}_2=[(-54.78+j43.65)+(19.80+j49.50)]\ \text{V}\cdot\text{A}$$

从结果可以看出，互感 M 起同向耦合作用，耦合电感中的无功功率都增加了同一个值，而有功功率的传输情况是：线圈 1 多吸收的 54.78 W 传输给线圈 2，并由线圈 2 发出，扣除线圈 2 中电阻 R_2 的消耗后，尚有 34.98 W 多余功率，这部分有功功率又返回电源，表明系统对有功功率有过量吸收的情况，出现“过冲”现象。如果将图 10-4(a)所示电路改接成图 10-8 的形式，而其中的参数值与例 10-4 所述相同，而两边的电压源为 $\dot{U}_1=\dot{U}_2=\dot{U}$，这样计算结果完全相同，但可以看得更清楚。有功功率从左边的电压源发出，供给耦合电感中的电阻消耗后，又将多余部分传输给右边的电压源吸收。

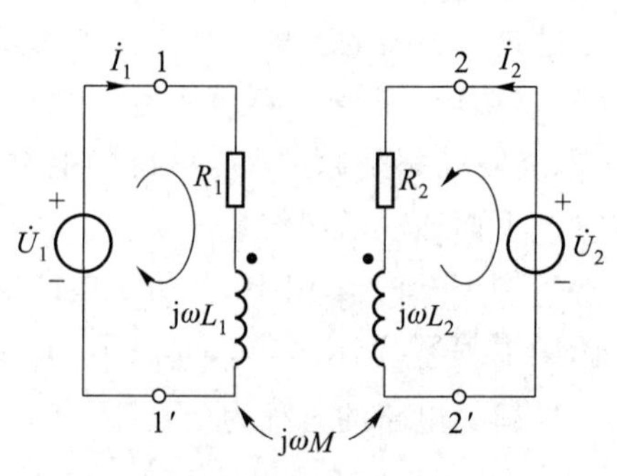

图 10-8　例 10-7 图

最后应当指出，当 $\arg(\dot{I}_1\dot{I}_2^*)=0$ 时，耦合电感中将不会出现有功功率的传播。此外，电路的状态是经过一段历史后的稳定状态，上述的分析不能反映耦合电感电路中电磁能的转换和传播的全过程，仅在正弦稳定的条件下反映耦合电感在电磁能的转换和传播中的作用和一些特点，当然，这也是耦合电感电磁性能的一种表现。

§10-4　变压器原理

变压器原理

变压器是电工、电子技术中常用的电气设备，是耦合电感工程实际应用的典型例子，在其他课程有专门的论述，这里仅对电路原理作简要的介绍。它由两个耦合线圈绕在一个共同的芯上制成，其中，一个线圈作为输入端口，接入电源后形成一个回路，称为一次回路（或一次侧，旧称原边回路、初级回路）；另一线圈作为输出端口，接入负载后形成另一个回路，称为二次回路（或二次侧，旧称副边回路、次级回路）。变压器的芯是线性磁性（或工作在线性段）材料制成的，其电路模型如图 10-9 所示，图中的负载设为 Z_L。变压器通过耦合作用，将输入一次侧中的一部分能量传递到二次侧输出。在正弦稳态下，变压器电路的方程（双网孔方程）为

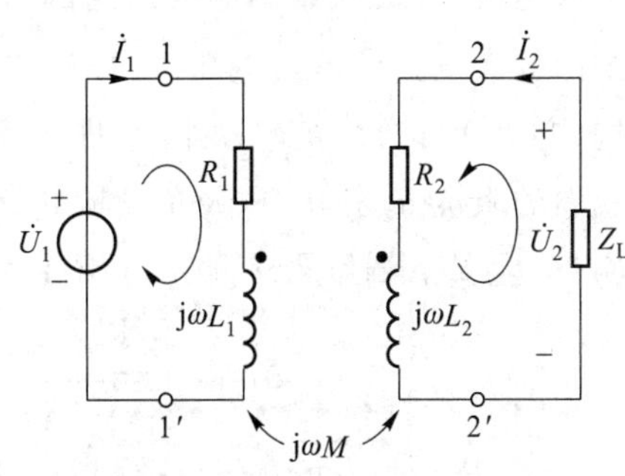

图 10-9　变压器电路模型

$$\left.\begin{aligned}(R_1+j\omega L_1)\dot{I}_1+j\omega M\dot{I}_2&=\dot{U}_1\\ j\omega M\dot{I}_1+(R_2+j\omega L_2+Z_L)\dot{I}_2&=0\end{aligned}\right\}$$

上述方程是由一次侧和二次侧两个独立回路方程组成的，它们通过互感的耦合联列在一起，是分析变压器性能的依据。令 $Z_{11}=R_1+j\omega L_1$，称为一次回路阻抗，$Z_{22}=R_2+j\omega L_2+Z_L$，称为二次回路阻抗，$Z_M=j\omega M$ 为互感抗，则上述方程式可简写为

$$\begin{aligned}Z_{11}\dot{I}_1+Z_M\dot{I}_2&=\dot{U}_1\quad(\text{一次侧})\\ Z_M\dot{I}_1+Z_{22}\dot{I}_2&=0(\text{二次侧})\end{aligned}\tag{10-4}$$

工程上根据不同的需要，采用不同的等效电路来分析研究变压器的输入端口或输出端口的状态及相互影响。由式(10-4)解得变压器一次电路中的电流 $\dot{I}_1$ 为

$$\dot{I}_1=\frac{\dot{U}_1}{Z_{11}-Z_M^2Y_{22}}=\frac{\dot{U}_1}{Z_{11}+(\omega M)^2Y_{22}}=\frac{\dot{U}_1}{Z_i}$$

表明变压器一次等效电路的输入阻抗可由两个阻抗的串联组成，其中 $-Z_M^2Y_{22}=(\omega M)^2Y_{22}$ 称为引入阻抗，或反映阻抗，它是二次回路阻抗和互感抗通过互感反映到一次侧的等效阻抗。引入阻抗的性质与 Z_{22} 相反，即感性（容性）变为容性（感性）。等效电路如图 10-10(a)所示。

变压器输入端口的工作状态已隐含了二次端口（输出）的工作状态，根据式(10-4)可以将输出端口的电流 $\dot{I}_2$、$\dot{U}_2$ 用输入电流 $\dot{I}_1$ 表示出来，即有

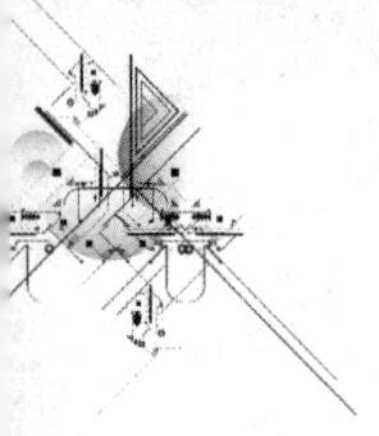

$$\dot{I}_2=-\frac{Z_M}{Z_{22}}\dot{I}_1$$

$$\dot{U}_2=-Z_L\dot{I}_2=\frac{Z_MZ_L}{Z_{22}}\dot{I}_1$$

也可以用二次等效电路从输出端来研究一、二次侧的关系。将上式电流 $\dot{I}_2$ 的表达式改写为

$$\dot{I}_2=-\frac{Z_M}{Z_{22}}\frac{\dot{U}_1}{Z_{11}+(\omega M)^2Y_{22}}=-\frac{Z_M\dot{U}_1/Z_{11}}{Z_{22}+(\omega M)^2Y_{11}}=-\frac{\dot{U}_{oc}}{Z_{eq}+Z_L}$$

上式电流 $\dot{I}_2$ 是戴维南等效回路的解答[也可直接从式(10-4)解得]。式中分子是戴维南等效电路的等效电压源，即端口 2-2′的开路电压 $\dot{U}_{oc}$，分母是等效电路的回路阻抗，它由 3 部分阻抗串联组成，即一次回路反映到二次回路的引入阻抗$(\omega M)^2Y_{11}$、二次线圈的阻抗 $R_2+j\omega L_2$ 以及负载阻抗 Z_L，其中$(R_2+j\omega L_2)+Z_L=Z_{22}$。而 $Z_{eq}=(\omega M)^2Y_{11}+R_2+j\omega L_2$ 是一端口 2-2′的戴维南等效阻抗，其等效回路如图 10-10(b)所示。

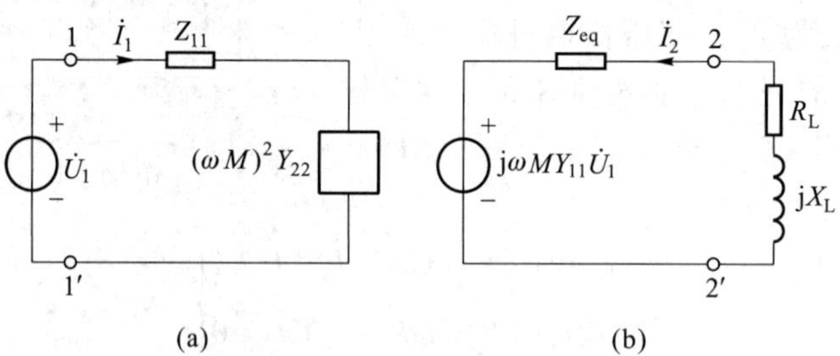

图 10-10　变压器的等效电路

根据变压器的电路方程可以获得各部分的复功率及相互转换情况，即有

$$Z_{11}I_1^2+Z_M\dot{I}_2\dot{I}_1^*=\dot{U}_1\dot{I}_1^*$$

$$Z_M\dot{I}_1\dot{I}_2^*+Z_{22}I_2^2=0$$

可得

$$Z_{22}I_2^2=-Z_M\dot{I}_1\dot{I}_2^*=(Z_M\dot{I}_2\dot{I}_1^*)^*$$

$$(\omega M)^2Y_{22}I_1^2=Z_M\dot{I}_2\dot{I}_1^*$$

例 10-8　图 10-9 所示电路中，$R_1=R_2=0$，$L_1=5$ H，$L_2=3.2$ H，$M=4$H，$u_1=100\cos(10t)$ V，负载阻抗为 $Z_L=R_L+jX_L=10\ \Omega$。求变压器的耦合因数 k 和一、二次电流 i_1、i_2。

解　变压器的耦合因数 k 为

$$k=\frac{M}{\sqrt{L_1L_2}}=1$$

表明变压器为全耦合电感。

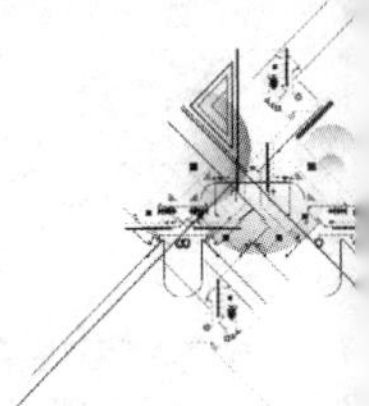

根据图 10-10(b)所示二次等效电路求电流 $\dot{I}_2$。二次戴维南等效电路的参数开路电压 $\dot{U}_{oc}$ 和等效阻抗 Z_{eq} 分别为

$$\dot{U}_{oc}(=\dot{U}_{22'})=j\omega MY_{11}\dot{U}_1=\sqrt{\frac{L_2}{L_1}}\dot{U}_1=0.8\dot{U}_1$$

$$Z_{eq}=(\omega M)^2Y_{11}+j\omega L_2=0$$

表明二次输出端口 2-2′的戴维南等效电路为理想电压源。二次电流 $\dot{I}_2$ 为

$$\dot{I}_2=-\frac{\dot{U}_{oc}}{Z_{eq}+R_L}=-0.08\dot{U}_1$$

将上述结果代入一次回路方程为

$$j\omega L_1\dot{I}_1-j\omega M\frac{1}{R_L}\sqrt{\frac{L_2}{L_1}}\dot{U}_1=\dot{U}_1$$

解得 $\dot{I}_1$ 为

$$\dot{I}_1=\frac{\dot{U}_1}{j\omega L_1}+\frac{\dot{U}_1}{R_L\left(\frac{L_1}{L_2}\right)}=(0.064-j0.02)\dot{U}_1=0.067\dot{U}_1\angle -17.35^\circ\ \text{A}$$

上式表明一次等效电路可用电感 L_1 与 15.625 $\Omega\left(=\frac{R_LL_1}{L_2}\right)$ 的电阻并联电路表示。电流 $\dot{I}_1$、$\dot{I}_2$ 的时域形式为

$$i_1=6.7\cos(10t-17.35^\circ)\ \text{A}$$

$$i_2=-8\cos(10t)\ \text{A}$$

读者可用一次等效电路求解。

§10-5 理想变压器

本节将要介绍的理想变压器,是实际变压器理想化的模型。理想变压器不是偶然想象的产物,而是科学思维的必然结果,因为分析研究耦合电感时,总会促使人们进一步思考,如果耦合电感无限增大和更紧密耦合时,将会出现怎样的结果。读者对下面的分析,不仅仅要关注最终的结果,更为重要的是关注获得结果的过程。

图 10-11(a)所示为无损耗(第 1 个理想化条件)变压器的电路模型,根据图示的参考方向,磁通链方程为

$$\left.\begin{aligned}\Psi_1&=L_1i_1+Mi_2\\ \Psi_2&=Mi_1+L_2i_2\end{aligned}\right\}\tag{10-5}$$

这是分析研究耦合电感的基本方程。在无损耗的条件下,直接对方程求导就能获得表述耦合电感端口特性的电压-电流方程(电压、电流为关联方向)为

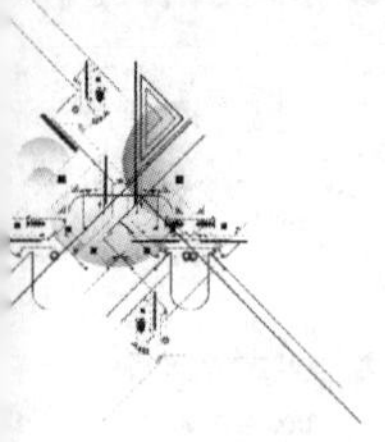

$$
\left.\begin{aligned}
u_1 &= \frac{\mathrm{d}\Psi_1}{\mathrm{d}t} = L_1 \frac{\mathrm{d}i_1}{\mathrm{d}t} + M \frac{\mathrm{d}i_2}{\mathrm{d}t} \\
u_2 &= \frac{\mathrm{d}\Psi_2}{\mathrm{d}t} = M \frac{\mathrm{d}i_1}{\mathrm{d}t} + L_2 \frac{\mathrm{d}i_2}{\mathrm{d}t}
\end{aligned}\right\} \tag{10-6}
$$

当耦合因数 $k\neq 1$ 时，只要给出耦合电感的初始状态，由上式联列求解就能获得耦合系统的唯一解。但当 $k=1$ 时(全耦合，第 2 个理想化条件)，有 $L_1L_2-M^2=0$，即方程组右侧的系数行列式的值为零。由数学理论可知，在此情况下，求解上述方程组将毫无结果，表明方程组对全耦合电感的描述是不充分的，尽管其中每一个方程都符合电路理论的要求，但已失去联列的意义。这说明耦合电感在 $k=1$ 时，一定存在尚未表述的新的约束关系。分别将式(10-5)和式(10-6)中的两个方程相比，就得到磁通链比、电压比方程为

$$
\frac{\Psi_1}{\Psi_2} = \frac{u_1}{u_2} = \frac{\sqrt{L_1}}{\sqrt{L_2}}\text{(常数)}
$$

这一关系是符合实际的，可以直接证明。令耦合电感的绕组匝数分别为 N_1、N_2，$k=1$ 时的耦合磁通为 Φ，则有

$$
\Psi_1 = N_1\Phi,\quad u_1 = N_1\frac{\mathrm{d}\Phi}{\mathrm{d}t}
$$

$$
\Psi_2 = N_2\Phi,\quad u_2 = N_2\frac{\mathrm{d}\Phi}{\mathrm{d}t}
$$

同样有

$$
\frac{\Psi_1}{\Psi_2} = \frac{u_1}{u_2} = \frac{N_1}{N_2}
$$

两种形式是相同的(因为电感与匝数的平方成正比)。上式表明，电压比方程与电流无关，而且 u_1、u_2 中只有一个为独立变量，当 $u_2=0$(短路)时，必有 $u_1=0$，所以，当 u_1 为独立的电压源时，二次侧不能短路。并要注意，u_1、u_2 的"+"极性都设在有标记的同名端。

由磁通链比和电压比方程可知，方程组式(10-5)和式(10-6)都是线性相关的方程组，方程组中只有一个独立方程，也就是说，无损耗全耦合电感不存在描述其端口性能的线性无关的方程组。下面将讨论进一步改变变压器的结构将出现的变化。将式(10-6)的第一式改写为如下形式：

$$
\begin{aligned}
i_1 &= \frac{1}{L_1}\int u_1\mathrm{d}t - \frac{M}{L_1}\int \frac{\mathrm{d}i_2}{\mathrm{d}t}\mathrm{d}t \\
&= \frac{1}{L_1}\int u_1\mathrm{d}t - \sqrt{\frac{L_2}{L_1}}\int \mathrm{d}i_2
\end{aligned}
$$

使上式中的 L_1、L_2 同比趋于无穷大$\left(\text{即保持}\dfrac{\sqrt{L_1}}{\sqrt{L_2}}\text{为定值，这是第 3 个理想化条件}\right)$，则有

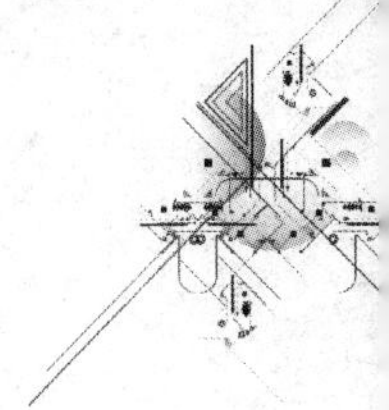

$$\frac{i_1}{i_2}=-\frac{\sqrt{L_2}}{\sqrt{L_1}}$$

这种理论上理想的变压器只有在理想化的条件下可能实现，一种方法是使磁性材料的磁导率 $\mu\to\infty$，才能有 $L_1(L_2$ 和 $M)\to\infty$，实际上不存在这种磁性材料；另一种方法是使绕组的匝数 $N_1(N_2)\to\infty$，这需要无限大空间，也是不现实的。工程实际中只能在允许的条件下，尽可能采用磁导率 μ 较高的磁性材料作变压器的芯子，在 $\frac{N_1}{N_2}$ 保持不变的情况下，尽可能增加变压器绕组的匝数，接近于理想的极限状态，使电流比方程近似成立。

电流比方程与电压无关，而且 i_1、i_2 中也只有一个为独立变量，当 $i_2=0$ 时，必有 $i_1=0$，所以，当 i_1 为独立电流源时，二次侧不能开路。注意：i_1、i_2 都设定为从同名端流入。设

$$n=\frac{N_1}{N_2}=\frac{\sqrt{L_1}}{\sqrt{L_2}}$$

式中 N_1、N_2 和 L_1、L_2 都认为是无限大，但比值是任意设定的常数。n 称为理想变压器的变比，现将电压比和电流比方程用变比 n 改写如下：

$$\left.\begin{aligned} u_1&=nu_2\\ i_1&=-\frac{1}{n}i_2\end{aligned}\right\}\tag{10-7}$$

上述两个方程是各自在不同条件下获得的独立关系，两者不是联列关系。

将上述两个方程相乘得

$$u_1i_1+u_2i_2=0$$

上式是理想变压器从两个端口吸收的瞬时功率。表明理想变压器将一侧吸收的能量全部传输到另一侧输出，在传输过程中，仅仅将电压、电流按变比作数值的变换，它既不耗能也不储能，是一个非动态无损耗的磁耦合元件。它的电路模型仍用带同名端的耦合电感表示，如图 10-11(b)所示，图中标出它的参数变比 n，而不能再标 L_1、L_2 和 M，也不能用这些参数来描述理想变压器的电压电流关系。图 10-11(c)是理想变压器用受控源表示的等效电路之一。

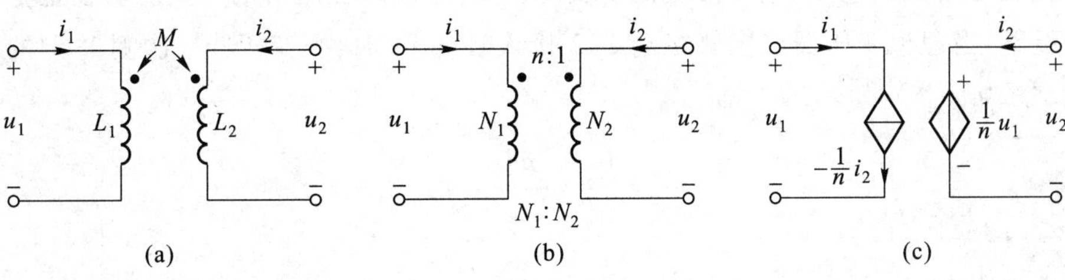

图 10-11　理想变压器电路

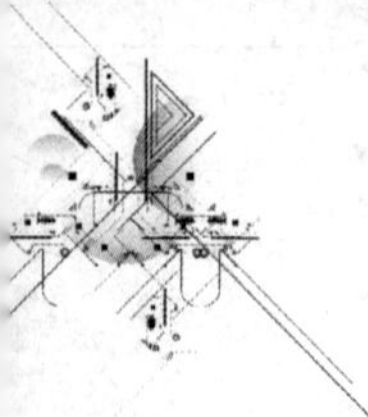

例 10-9　图 10-12(a)所示理想变压器,变比为 1 ∶ 10,已知 $u_S = 10\cos(10t)$ V, $R_1 = 1\Omega$, $R_2 = 100\Omega$。求 u_2。

解　按图 10-12(a)可以列出电路方程

$$R_1 i_1 + u_1 = u_S$$

$$R_2 i_2 + u_2 = 0$$

根据理想变压器的 VCR,有

$$u_1 = -\frac{1}{10}u_2$$

$$i_1 = 10 i_2$$

代入数据,解得

$$u_2 = -5u_S = -50\cos(10t)\ \text{V}$$

另一种解法是先用一次等效电路求 u_1,再按电压比方程求 u_2。端子 1-1′右侧电路的输入电阻 R_{eq} 为

$$R_{eq} = \frac{u_1}{i_1} = \frac{-\frac{1}{10}u_2}{10 i_2} = (0.1)^2\left(\frac{u_2}{-i_2}\right) = (0.1)^2 R_2 = 1\Omega$$

等效电路如图 10-12(b)所示,求得

$$u_1 = \frac{u_S}{R_1 + R_{eq}} R_{eq} = \frac{1}{2}u_S$$

$$u_2 = -10u_1 = -5u_S$$

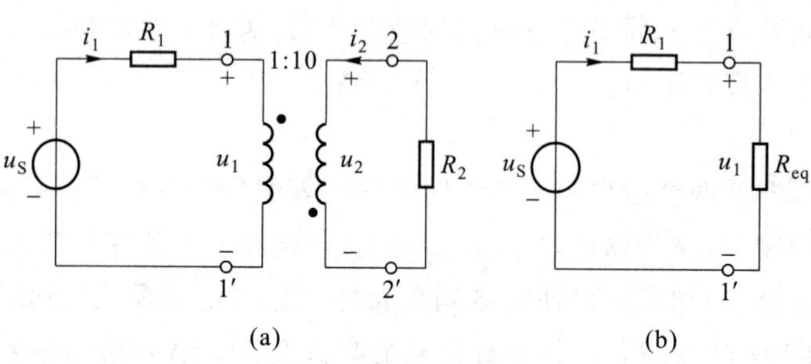

图 10-12　例 10-9 图

理想变压器对电压、电流按变比变换的作用,还反映在阻抗的变换上。在正弦稳态的情况下,当理想变压器二次侧终端 2-2′接入阻抗 Z_L 时,则变压器一次侧 1-1′的输入阻抗 $Z_{11'}$ 为

$$Z_{11'} = \frac{\dot{U}_1}{\dot{I}_1} = \frac{n\dot{U}_2}{-\frac{1}{n}\dot{I}_2} = n^2 Z_L$$

$n^2 Z_L$ 即为二次侧折合至一次侧的等效阻抗,如二次侧分别接入 R、L、C 时,折合至一次

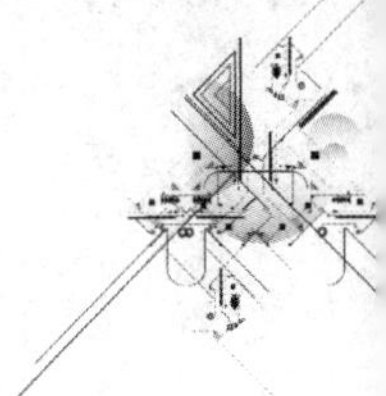

侧将为 n^2R、n^2L、$\frac{C}{n^2}$，也就是变换了元件的参数。

思考题

10-1 在什么情况下，耦合电感元件的自感磁通链和互感磁通链相互增强？在什么情况下，自感磁通链和互感磁通链相互削弱？

10-2 耦合电感的互感磁通链与哪些因素有关？如何提高互感的耦合系数？

10-3 耦合电感的互感电压的方向与大小与哪些因素有关？

10-4 在已经得知同名端和施感电流的参考方向时，耦合电感的互感电压的参考方向如何标定？

10-5 对含有耦合电感的电路，有哪几种分析方法？

10-6 在什么条件下，可以采用空心变压器模型来分析含有耦合电感的电路？

10-7 在实际工程中，当满足什么条件时，可以采用理想变压器模型？

习题

10-1 试确定题 10-1 图所示耦合线圈的同名端。

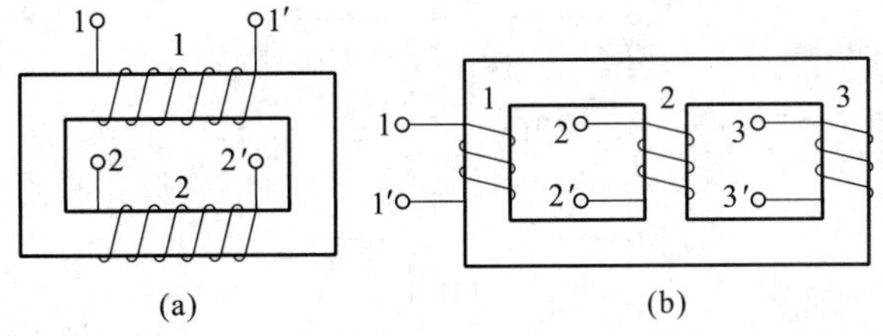

题 10-1 图

10-2 两个耦合的线圈如题 10-2 图所示（黑盒子）。试根据图中开关 S 闭合时或闭合后再打开时，毫伏表的偏转方向确定同名端。

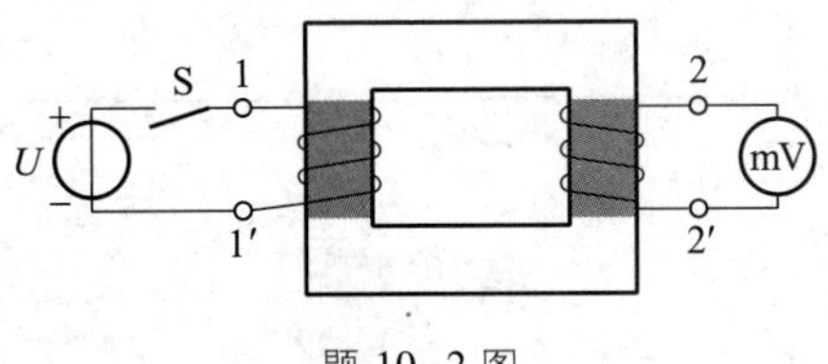

题 10-2 图

10-3 若有电流 $i_1=2+5\cos(10t+30°)$ A，$i_2=10e^{-5t}$A，各从图 10-1(a)所示线圈的 1 端和 2 端流入，并设线圈 1 的电感 $L_1=6$ H，线圈 2 的电感 $L_2=3$ H，互感为 $M=4$ H。试求：

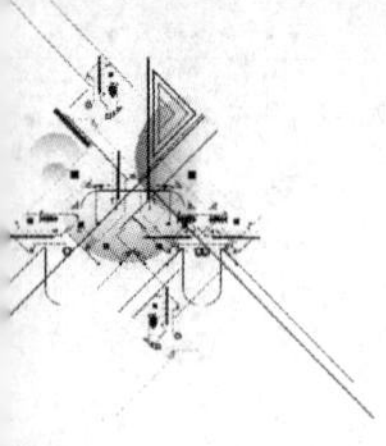

(1) 各线圈的磁通链。

(2) 端电压 $u_{11'}$ 和 $u_{22'}$。

(3) 耦合因数 k。

10-4　题 10-4 图所示电路中，(1) $L_1=8$ H，$L_2=2$ H，$M=2$ H；(2) $L_1=8$ H，$L_2=2$ H，$M=4$ H；(3) $L_1=L_2=M=4$ H。试求以上三种情况从端子 1-1′看进去的等效电感。

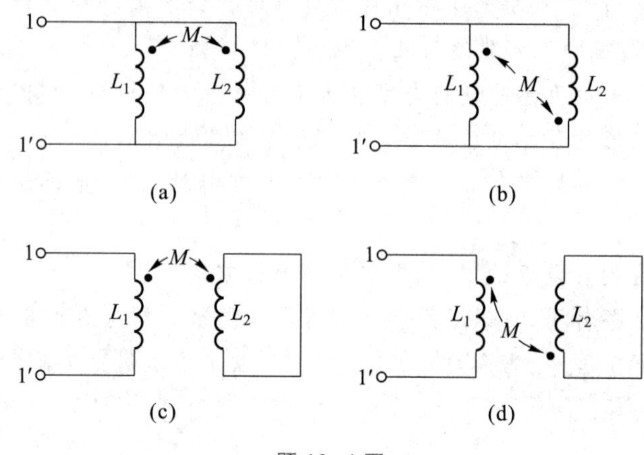

题 10-4 图

10-5　求题 10-5 图所示电路的输入阻抗 $Z(\omega=1$ rad/s)。

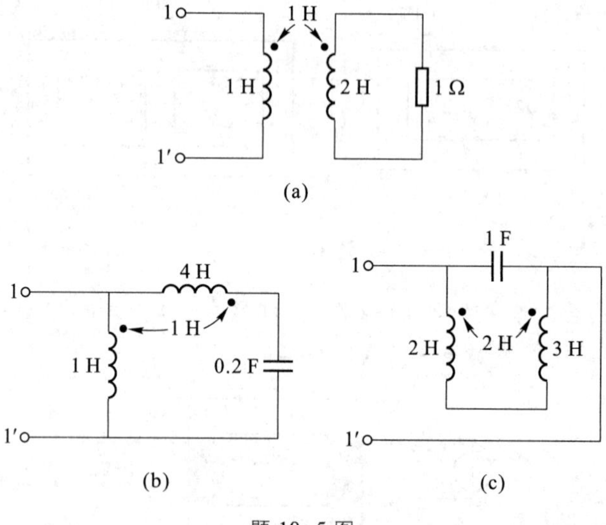

题 10-5 图

10-6　题 10-6 图所示电路中，$R_1=R_2=1$ Ω，$\omega L_1=3$ Ω，$\omega L_2=2$ Ω，$\omega M=2$ Ω，$U_1=100$ V。求：

(1) 开关 S 打开和闭合时的电流 $\dot{I}_1$。

(2) S 闭合时各部分的复功率。

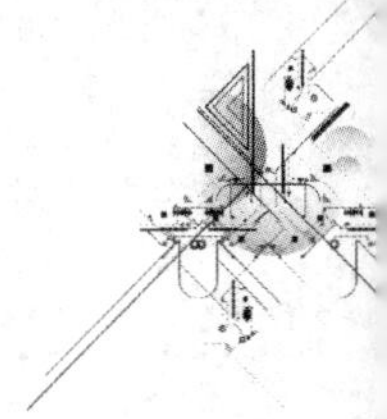

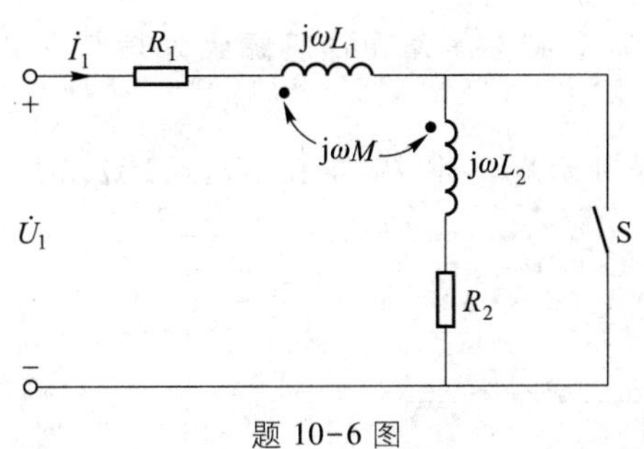

题 10-6 图

10-7　把两个线圈串联起来接到 50Hz、220V 的正弦电源上，同向串联时得电流 $I=2.7\text{A}$，吸收的功率为 218.7W；反向串联时电流为 7A。求互感 M。

10-8　电路如题 10-8 图所示，已知两个线圈的参数为：$R_1=R_2=100\Omega$，$L_1=3\text{H}$，$L_2=10\text{H}$，$M=5\text{H}$，正弦电源的电压 $U=220\text{V}$，$\omega=100\text{rad/s}$。

（1）试求两个线圈端电压，并作出电路的相量图。

（2）证明两个耦合电感反向串联时不可能有 $L_1+L_2-2M\leqslant 0$。

（3）电路中串联多大的电容可使 $\dot{U}$、$\dot{I}$ 同相？

（4）画出该电路的去耦等效电路。

10-9　题 10-9 图所示电路中，$L_1=0.2\text{H}$，$L_2=M=0.1\text{H}$，$u_S=10\sqrt{2}\cos(2t+30°)\ \text{V}$。求图中表 W 的读数，并说明该读数有无实际意义。

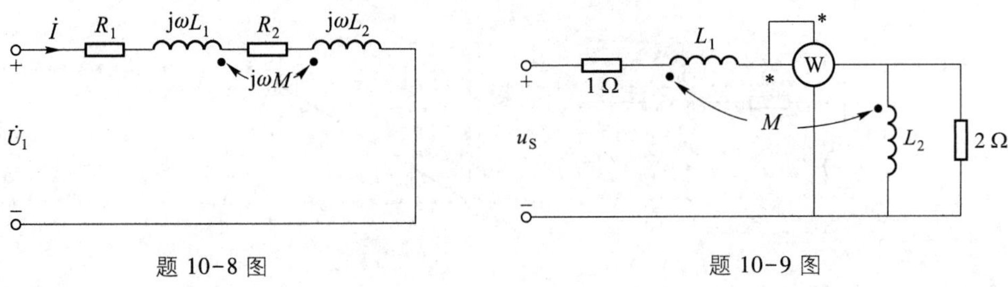

题 10-8 图　　　　题 10-9 图

10-10　当题 10-10 图所示电路中的电流 $\dot{I}_1$ 与 $\dot{I}_2$ 正交时，试证明：$R_1R_2=\dfrac{L_2}{C}$，并对此结果进行分析。

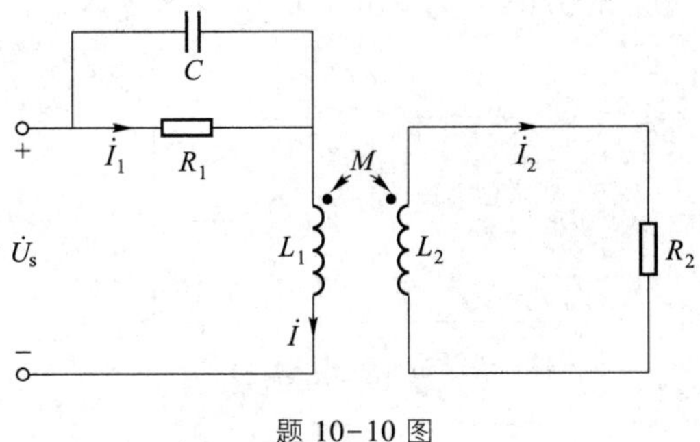

题 10-10 图

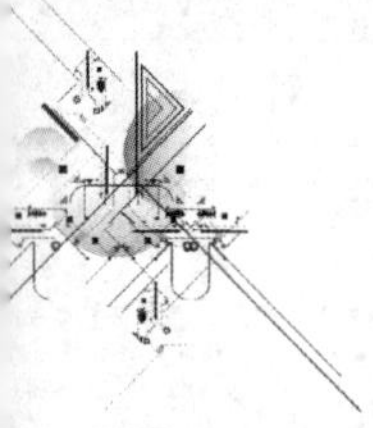

10-11 试求题 10-11 图所示电路中电压源的角频率为何值时，功率表 W 的读数为零（图中元件的参数已知）。

10-12 题 10-12 图所示电路中 $R=1\ \Omega$，$\omega L_1=2\ \Omega$，$\omega L_2=32\ \Omega$，耦合因数 $k=1$，$\dfrac{1}{\omega C}=32\Omega$。求电流 $\dot{I}_1$ 和电压 $\dot{U}_2$。

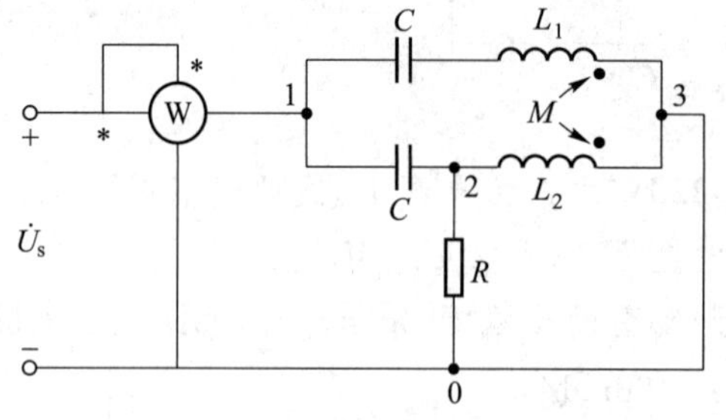

题 10-11 图

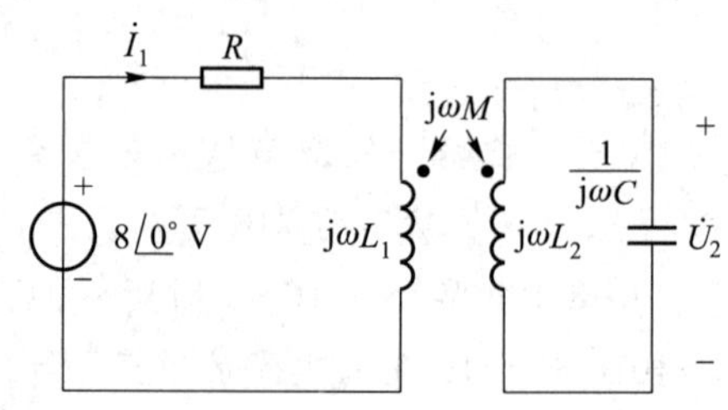

题 10-12 图

10-13 已知变压器如题 10-13 图(a)所示，一次侧的周期性电流源波形如题 10-13 图(b)所示（一个周期），二次侧的电压表读数（有效值）为 25 V。

(1) 画出一、二次电压的波形，并计算互感 M。

(2) 给出它的等效受控源（CCVS）电路。

(3) 如果同名端弄错，对(1)和(2)的结果有无影响？

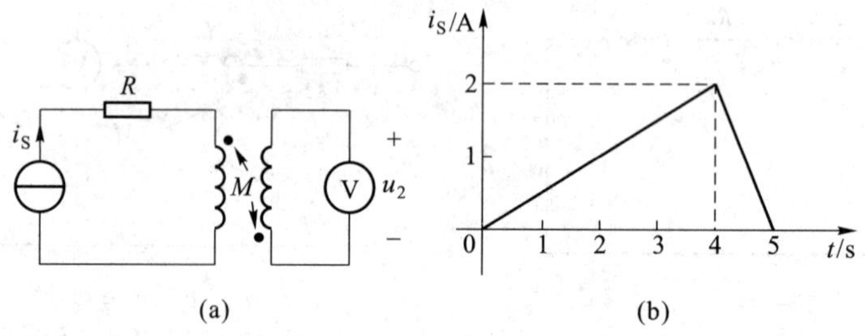

题 10-13 图

10-14 题 10-14 图所示电路中 $R=50\ \Omega$，$L_1=70\ \text{mH}$，$L_2=25\ \text{mH}$，$M=25\ \text{mH}$，$C=1\ \mu\text{F}$，正弦电源的电压 $\dot{U}=500\underline{/0°}\ \text{V}$，$\omega=10^4\ \text{rad/s}$。求各支路电流。

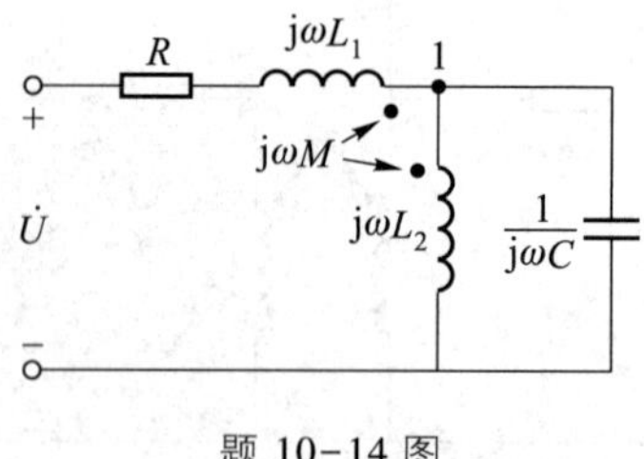

题 10-14 图

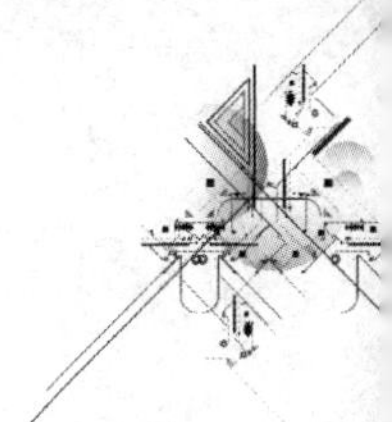

10-15　列出题 10-15 图所示电路的回路电流方程。

10-16　已知题 10-16 图中 $u_S=100\sqrt{2}\cos(\omega t)$ V，$\omega L_2=120\ \Omega$，$\omega M=\dfrac{1}{\omega C}=20\ \Omega$。负载 Z_L 为何值时获最大功率？求出最大功率。

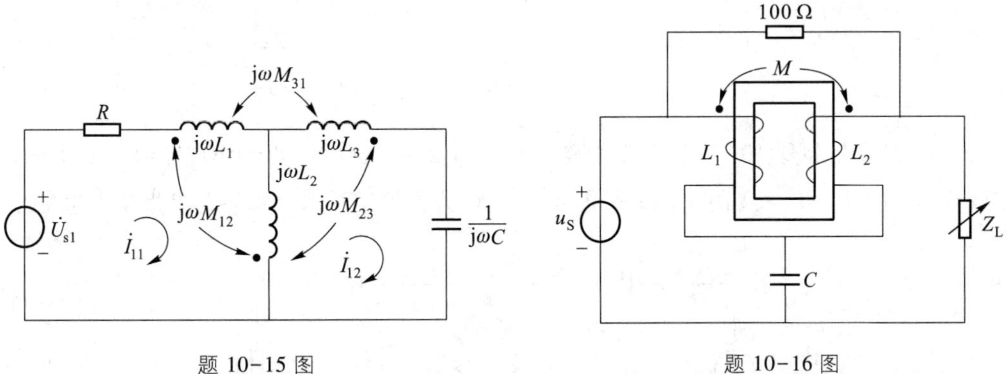

题 10-15 图　　　　题 10-16 图

10-17　如果使 10 Ω 电阻能获得最大功率，试确定题 10-17 图所示电路中理想变压器的变比 n。

10-18　求题 10-18 图所示电路中的阻抗 Z。已知电流表的读数为 10 A，正弦电压有效值 $U=10$ V。

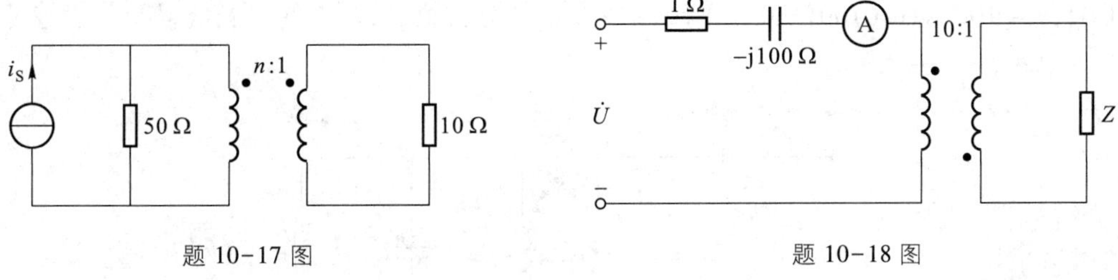

题 10-17 图　　　　题 10-18 图

10-19　已知题 10-19 图所示电路的输入电阻 $R_{ab}=0.25\ \Omega$。求理想变压器的变比 n。

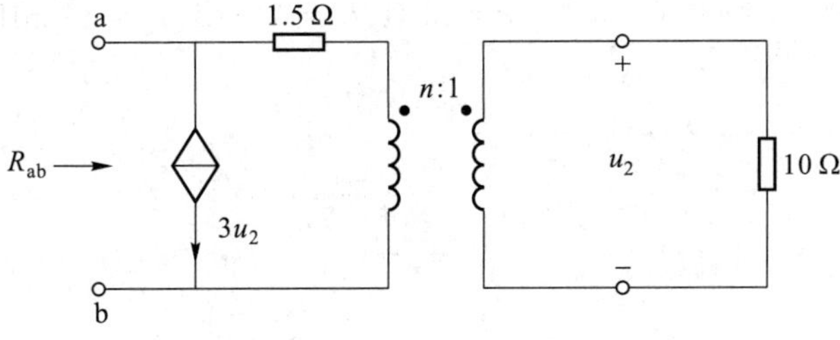

题 10-19 图

10-20　题 10-20 图所示电路中开关 S 闭合时 $u_S=10\sqrt{2}\cos t$ V，求电流 i_1 和 i_2，并根据结果给出含理想变压器的等效电路。

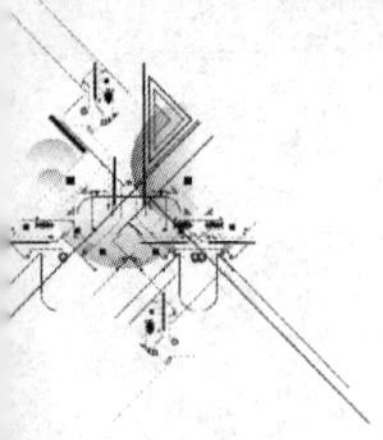

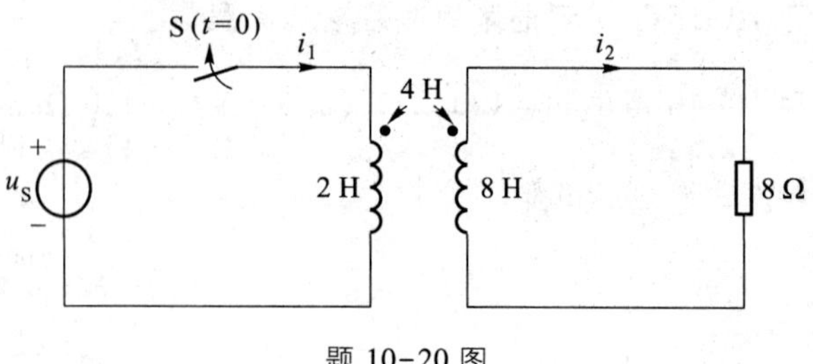

题 10-20 图

10-21　已知题 10-21 图所示电路中 $u_S=10\sqrt{2}\cos(\omega t)$ V，$R_1=10\Omega$，$L_1=L_2=0.1$ mH，$M=0.02$ mH，$C_1=C_2=0.01$ μF，$\omega=10^6$ rad/s。R_2 为何值时获最大功率？求出最大功率。

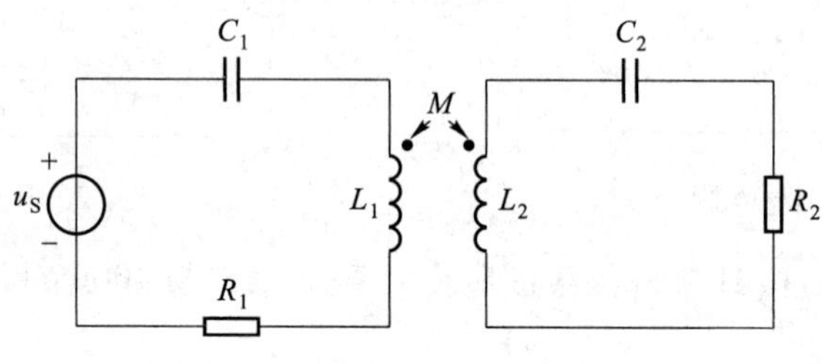

题 10-21 图

10-22　题 10-22 图所示电路中 $C_1=10^{-3}$F，$L_1=0.3$ H，$L_2=0.6$ H，$M=0.2$ H，$R=10\Omega$，$u_1=100\sqrt{2}\cos(100t-30°)$ V，C 可变动。C 为何值时，R 可获得最大功率？并求出最大功率。

第十章部分习题答案

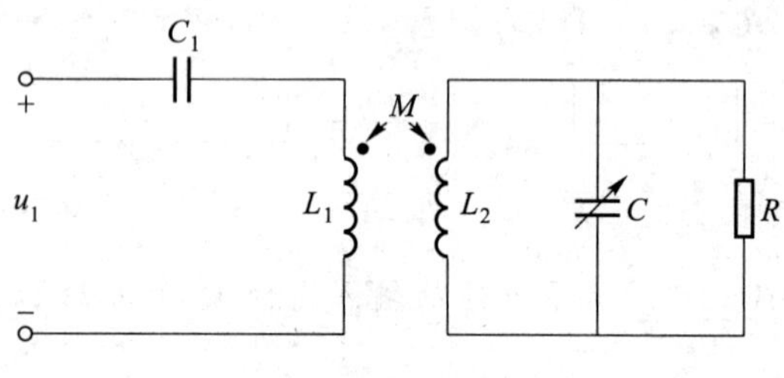

题 10-22 图

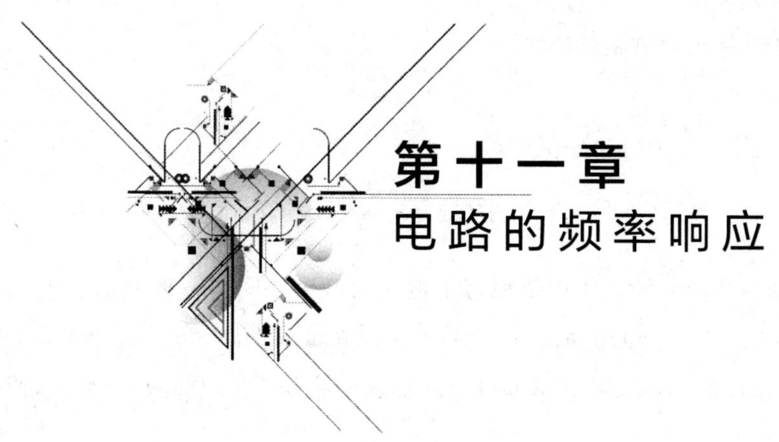

第十一章 电路的频率响应

导读

由于电路中存在着电感和电容，当电路中正弦激励源的频率变化时，电路中的感抗、容抗将跟随频率变化，从而导致电路的电压电流亦跟随频率变化。此外，电路和系统还可能遭到外部的各种频率电磁信号的干扰，如雷电或太阳风暴对电路和系统的袭击而造成的破坏。

电路和系统的工作状态跟随频率而变化的现象，称为电路和系统的频率特性，又称频率响应。通常采用网络函数来描述电路和系统的频率特性。谐振是线性电路在某些特定频率时的一种物理现象，电路发生谐振时，使得电路某一部分呈现出纯电阻，并往往在储能元件中产生过电压或过电流。

所以，对电路系统的频率特性和谐振的分析研究是正弦稳态电路分析的重要组成部分。

§11-1 网络函数

由于电路和系统中存在着电感和电容，当电路中激励源的频率变化时，电路中的感抗、容抗将跟随频率变化，从而导致电路的工作状态亦跟随频率变化。当频率的变化超出一定的范围时，电路将偏离正常的工作范围，并可能导致电路失效，甚至使电路遭到损坏。此外，电路和系统还可能遭到外部的各种频率的电磁干扰，如雷电或太阳风暴对电路和系统的袭击而造成的破坏，所以，对电路和系统的频率特性的分析研究就显得格外重要。

电路和系统的工作状态跟随频率而变化的现象，称为电路和系统的频率特性，又称频率响应。通常是采用单输入(一个激励变量)-单输出(一个输出变量)的方式，在输入变量和输出变量之间建立函数关系，来描述电路的频率特性，这一函数关系就称为电路和系统的网络函数。本章仅对正弦稳态电路的频率特性作初步分析和研究。

电路在一个正弦电源激励下稳定时，各部分的响应都是同频率的正弦量，通过正弦

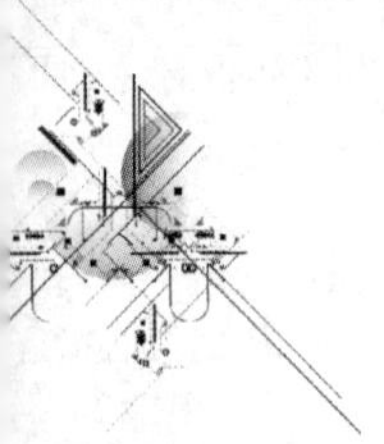

量的相量，网络函数 $H(\mathrm{j}\omega)$ 定义为

$$H(\mathrm{j}\omega)\overset{\text{def}}{=\!=}\frac{\dot{R}_k(\mathrm{j}\omega)}{\dot{E}_{\mathrm{s}j}(\mathrm{j}\omega)}$$

此式定义的网络函数是描述正弦稳态下响应与激励之间的一种关系。式中 $\dot{R}_k(\mathrm{j}\omega)$ 为输出端口 k 的响应，为电压相量 $\dot{U}_k(\mathrm{j}\omega)$ 或电流相量 $\dot{I}_k(\mathrm{j}\omega)$；$\dot{E}_{\mathrm{s}j}(\mathrm{j}\omega)$ 为输入端口 j 的输入变量（正弦激励），为电压源相量 $\dot{U}_{\mathrm{s}j}(\mathrm{j}\omega)$ 或电流源相量 $\dot{I}_{\mathrm{s}j}(\mathrm{j}\omega)$。显然，网络函数有多种类型，当 $k=j$ 时（同一端口），网络函数就是第九章 §9-1 中定义的阻抗 $Z\left(\dfrac{\dot{U}_k}{\dot{I}_{\mathrm{s}k}}\right)$ 或导纳 $Y\left(\dfrac{\dot{I}_k}{\dot{U}_{\mathrm{s}k}}\right)$，称为驱动点阻抗或导纳。当 $k\neq j$ 时，即不同端口，统称为转移函数，分别为转移阻抗 $\left(\dfrac{\dot{U}_k}{\dot{I}_{\mathrm{s}j}}\right)$、转移电流比 $\left(\dfrac{\dot{I}_k}{\dot{I}_{\mathrm{s}j}}\right)$、转移导纳 $\left(\dfrac{\dot{I}_k}{\dot{U}_{\mathrm{s}j}}\right)$ 和转移电压比 $\left(\dfrac{\dot{U}_k}{\dot{U}_{\mathrm{s}j}}\right)$。

网络函数不仅与电路的结构、参数值有关，还与输入、输出变量的类型以及端口对的相互位置有关。这犹如从不同“窗口”来分析研究网络的频率特性，可以从不同角度寻找电路比较优越的频率特性和电路工作的最佳频域范围。网络函数是网络性质的一种体现，与输入、输出幅值无关。

网络函数是一个复数，它的频率特性分为两个部分。它的模（值）$|H(\mathrm{j}\omega)|$ 是两个正弦量的有效值（或振幅）的比值，它与频率的关系 $|H(\mathrm{j}\omega)|-\omega$ 称为幅频特性。它的幅角 $\varphi(\mathrm{j}\omega)=\arg[H(\mathrm{j}\omega)]$ 是两个同频正弦量的相位差（又称相移），它与频率的关系 $\varphi(\mathrm{j}\omega)-\omega$ 称为相频特性。这两种特性与频率的关系，都可以在图上用曲线表示，称为网络的频率响应曲线。即幅频响应和相频响应曲线。

网络函数可以用相量法中任一分析求解方法获得。

例 11-1　求图 11-1 所示电路的网络函数 $\dfrac{\dot{I}_2}{\dot{U}_\mathrm{s}}$ 和 $\dfrac{\dot{U}_L}{\dot{U}_\mathrm{s}}$。

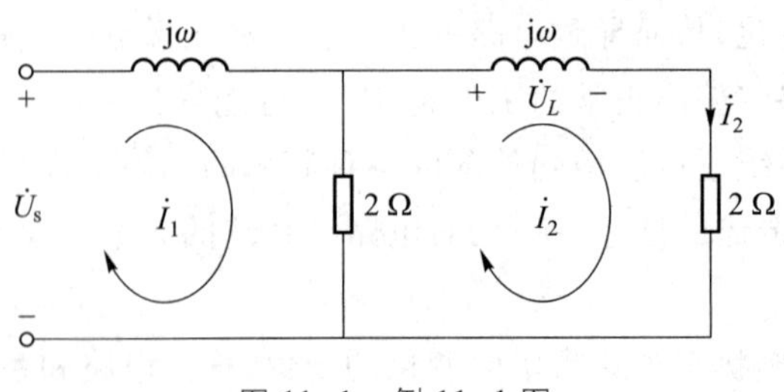

图 11-1　例 11-1 图

解　列网孔方程解电流 $\dot{I}_2$

$$(2+\mathrm{j}\omega)\dot{I}_1-2\dot{I}_2=\dot{U}_\mathrm{s}$$

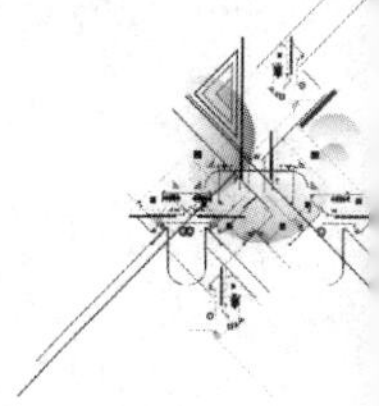

$$-2\dot{I}_1+(4+j\omega)\dot{I}_2=0$$

解得电流 $\dot{I}_2$ 为

$$\dot{I}_2=\frac{2\dot{U}_s}{4+(j\omega)^2+j6\omega}$$

网络函数分别为

$$\frac{\dot{I}_2}{\dot{U}_s}=\frac{2}{4-\omega^2+j6\omega}\text{(转移导纳)}$$

$$\frac{\dot{U}_L}{\dot{U}_s}=\frac{j2\omega}{4-\omega^2+j6\omega}\text{(电压比)}$$

本例也可以求得$\dfrac{\dot{I}_1}{\dot{U}_s}$(驱动点导纳)。如果将 $\dot{U}_s$ 改为 $\dot{I}_s$,即可求得其他形式的网络函数。

以网络函数中(jω)的最高次方的次数来定义网络函数的阶数,如本例为二阶(与网络的阶数相同)。一旦获得端口对的网络函数,也就能求得网络在任意正弦输入时的端口正弦响应,即有

$$\dot{U}_k(\text{或 }\dot{I}_k)=H(j\omega)\dot{U}_{sj}(\text{或 }\dot{I}_{sj})$$

网络函数等于单位激励($\dot{U}_{sj}$ 或 $\dot{I}_{sj}$ 为1单位量)的响应。

§11-2 *RLC* 串联电路的谐振

RLC 串联电路的谐振

图11-2所示为 *RLC* 串联电路,在可变频的正弦电压源 u_S 激励下,由于感抗、容抗随频率变动,所以,电路中的电压、电流响应亦随频率变动。本节将首先分析研究工程上特别关注的谐振状态。根据相量法,电路的输入阻抗 $Z(j\omega)$ 可表示为

$$Z(j\omega)=R+j\left(\omega L-\frac{1}{\omega C}\right)$$

频率特性表示为

$$\varphi(j\omega)=\arctan\left(\frac{\omega L-\dfrac{1}{\omega C}}{R}\right)$$

$$|Z(j\omega)|=\frac{R}{\cos[\varphi(j\omega)]}$$

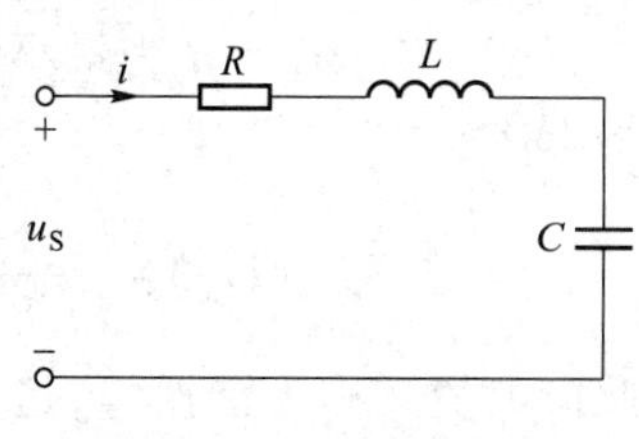

图11-2 *RLC* 串联电路

可以看出,由于串联电路中同时存在着电感 L 和电容 C,两者的频率特性不仅相反(感抗与 ω 成正比,而容抗与 ω 成反比),而且直接相减(电抗角差180°)。可以肯定,一定存在一个角频率 ω_0,使感抗和容抗相互完全抵消,即 $X(j\omega_0)=0$。因此,阻抗 $Z(j\omega)$ 以 ω_0 为中心,在全频域内随频率变动的情况分为3个频区,描述如下:

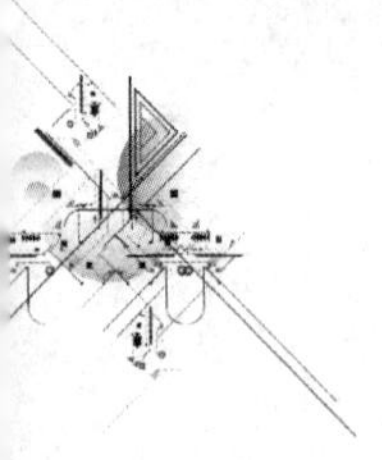

$\omega<\omega_0$	$\omega=\omega_0$	$\omega>\omega_0$
$X(j\omega)<0$，　$\varphi(j\omega)<0$	$X(j\omega)=0$，　$\varphi(j\omega)=0$	$X(j\omega)>0$，　$\varphi(j\omega)>0$
容性区	电阻性	感性区
$R<\|Z(j\omega)\|$	$Z(j\omega_0)=R$	$R<\|Z(j\omega)\|$
且$\lim\limits_{\omega\to 0}\|Z(j\omega)\|=\infty$		且$\lim\limits_{\omega\to\infty}\|Z(j\omega)\|=\infty$

阻抗随频率变化的频响曲线如图 11-3 所示。

当 $\omega=\omega_0$ 时，$X(j\omega_0)=0$，电路的工作状况将出现一些重要的特征，现分述如下：

(1) $\varphi(j\omega_0)=0$，所以 $\dot{I}(j\omega_0)$ 与 $\dot{U}_s(j\omega_0)$ 同相，工程上将电路的这一特殊状态定义为谐振，由于是在 RLC 串联电路中发生的谐振，又常称为串联谐振。由上述分析可知，谐振发生的条件为

$$\mathrm{Im}[Z(j\omega_0)]=X(j\omega_0)=\omega_0 L-\frac{1}{\omega_0 C}=0$$

这只有在电感、电容同时存在时，上述条件才能满足。由上式可知电路发生谐振的角频率 ω_0 和频率 f_0 为

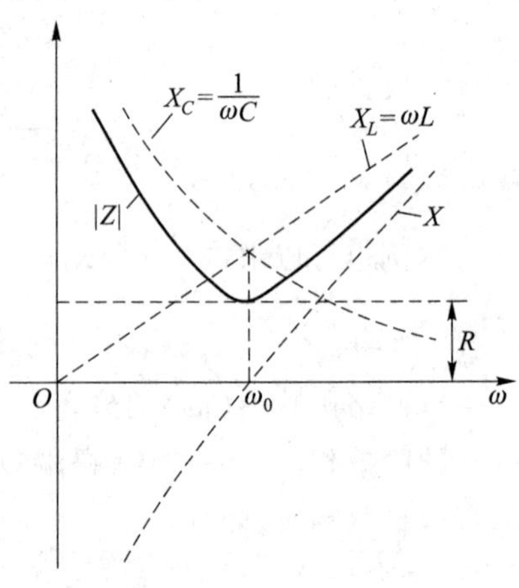

图 11-3　$Z(j\omega)$ 频响曲线

$$\omega_0=\frac{1}{\sqrt{LC}}\qquad f_0=\frac{1}{2\pi\sqrt{LC}}$$

可以看出，RLC 串联电路的谐振频率只有 1 个，而且，仅与电路中 L、C 有关，与电阻 R 无关。ω_0(或 f_0)称为电路的固有频率(或自由频率)。因此，只有当输入信号 u_S 的频率与电路的固有频率 f_0 相同时(合拍)，才能在电路中激起谐振。如果电路中 L、C 可调，改变电路的固有频率，则 RLC 串联电路就具有选择任一频率谐振(调谐)，或避开某一频率谐振(失谐)的性能，也可以利用串联谐振现象，判别输入信号的频率。

(2) $Z(j\omega_0)=R$ 为最小值(极小值)，电路在谐振时的电流 $I(j\omega_0)$ 为极大值(也是最大值)，有

$$I(j\omega_0)=\frac{U_s(j\omega_0)}{R}$$

此极大值又称为谐振峰，这是 RLC 串联电路发生谐振时的突出标志，据此，可以判断电路是否发生了谐振。当 u_S 的幅值不变时，谐振峰仅与电阻 R 有关，所以，电阻 R 是唯一能控制和调节谐振峰的电路元件，从而控制谐振时的电感和电容的电压及其储能状态(下面有说明)。图 11-4 所示为两个参数不同的 RLC 串

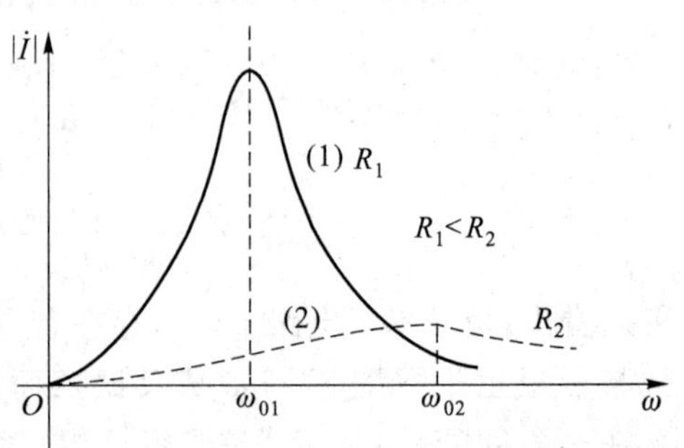

图 11-4　电流 $I(j\omega)$ 的特性

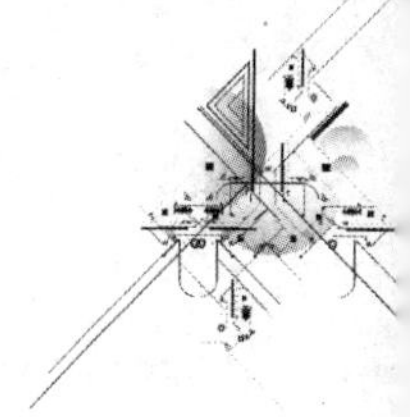

联电路（u_S 相同）电流的幅频特性，即 $|\dot{I}(j\omega)|$-ω，从特性可以看出，两者在全频域内的变化走向是相同的，但曲线的整体形状差异很大，这将在下一节作重点分析比较。

（3）电抗电压 $U_X(j\omega_0)=0$，即有

$$\begin{aligned}\dot{U}_X(j\omega_0)&=j\left(\omega_0L-\frac{1}{\omega_0C}\right)\dot{I}(j\omega_0)=j\frac{\omega_0L}{R}\dot{U}_s(j\omega_0)-j\frac{1}{\omega_0CR}\dot{U}_s(j\omega_0)\\&=\dot{U}_L(j\omega_0)+\dot{U}_C(j\omega_0)=0\end{aligned}$$

因此，L、C 串联端口相当于短路，但 $\dot{U}_L(j\omega_0)$、$\dot{U}_C(j\omega_0)$ 分别都不等于零，两者模值相等且反相，相互完全抵消。根据这一特点，串联谐振又称为电压谐振。此外，工程上将式中的比值 $\frac{\omega_0L}{R}=\frac{1}{\omega_0CR}$ 定义为谐振电路的品质因数 Q（称 Q 值），即

$$Q\overset{\text{def}}{=\!=}\frac{\omega_0L}{R}=\frac{1}{\omega_0CR}=\frac{1}{R}\sqrt{\frac{L}{C}}$$

（注意：Q 在这里不表示无功功率）。进一步分析可知，Q 值不仅综合反映了电路中三个参数对谐振状态的影响，而且，也是分析和比较谐振电路频率特性的一个重要的辅助参数。用 Q 值表示 $U_L(j\omega_0)$ 和 $U_C(j\omega_0)$ 为

$$U_L(j\omega_0)=U_C(j\omega_0)=QU_s(j\omega_0)$$

显然，当 $Q>1$ 时，电感和电容两端将分别出现比 $U_s(j\omega_0)$ 高 Q 倍的过电压。在高电压的电路系统中（如电力系统），这种过电压非常高，可能会危及系统的安全，必须采取必要的防范措施。但在低电压的电路系统中，如无线电接收系统中，则要利用谐振时出现的过电压来获得较大的输入信号。

Q 值可通过测定谐振时的电感或电容电压求得，即

$$Q=\frac{U_C(j\omega_0)}{U_s(j\omega_0)}=\frac{U_L(j\omega_0)}{U_s(j\omega_0)}$$

而谐振时电阻 R 的端电压 $U_R(j\omega_0)$ 为

$$\dot{U}_R(j\omega_0)=\dot{U}_s(j\omega_0)$$

这也是谐振峰，表明谐振时，电阻 R 上将获得全额的输入电压。图 11-5 为谐振时的电压相量图。

根据上述分析可知，*RLC* 串联电路中的三个元件都可以作为信号的输出端口，只要参数选配确当，输出信号的幅值就能大于或等于输入信号的幅值。

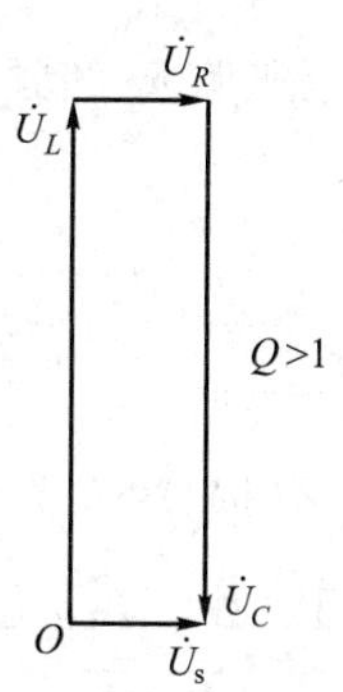

图 11-5　谐振时的电压相量图

（4）$Q(j\omega_0)=0$，即电路吸收的无功功率等于零，有

$$Q(j\omega_0)=Q_L(j\omega_0)+Q_C(j\omega_0)=\omega_0LI^2(j\omega_0)-\frac{1}{\omega_0C}I^2(j\omega_0)=0$$

上式表明，电感吸收的无功功率等于电容发出的无功功率，但各自不等于零。电路中储存的电磁能在 L 和 C 之间以两倍于谐振频率的频率做周期性的交换，相互完全补偿，自成独立系统，与外源无能量交换。储存的电磁能的总和为一常数，可根据 i 或 u_S 的最

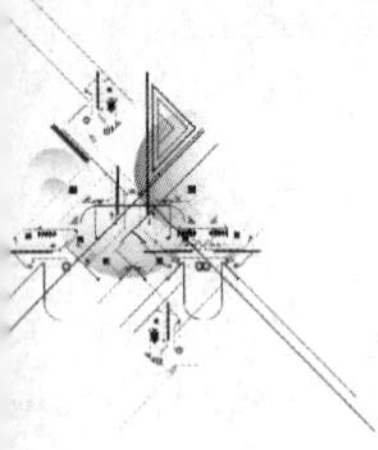

大值求得,即

$$W(\mathrm{j}\omega_0)=W_L(\mathrm{j}\omega_0)+W_C(\mathrm{j}\omega_0)=\frac{1}{2}LI_{\mathrm{m}}^2(\mathrm{j}\omega_0)=\frac{1}{2}CU_{C\mathrm{m}}^2(\mathrm{j}\omega_0)$$
$$=CQ^2U_{\mathrm{s}}^2(\mathrm{j}\omega_0)$$

(式中 Q 为电路的品质因数)。此时,电压源 u_{S} 只发出有功功率 $P(\mathrm{j}\omega_0)$,供电阻 R 消耗,即

$$\bar{S}_{\mathrm{s}}(\mathrm{j}\omega_0)=RI^2(\mathrm{j}\omega_0)=\frac{U_{\mathrm{s}}^2(\mathrm{j}\omega_0)}{R}=P(\mathrm{j}\omega_0)$$

电路的 Q 值亦可根据谐振时,电感或电容的无功功率和电阻消耗的有功功率 $P(\mathrm{j}\omega_0)$ 的比值来表示

$$Q=\frac{\omega_0LI^2(\mathrm{j}\omega_0)}{RI^2(\mathrm{j}\omega_0)}=\frac{|Q_L(\mathrm{j}\omega_0)|}{P(\mathrm{j}\omega_0)}=\frac{|Q_C(\mathrm{j}\omega_0)|}{P(\mathrm{j}\omega_0)}$$

例 11-2　图 11-2 所示电路中,$U_{\mathrm{s}}=0.1\ \mathrm{V}$,$R=1\Omega$,$L=2\ \mu\mathrm{H}$,$C=200\ \mathrm{pF}$ 时,电流 $I=0.1\ \mathrm{A}$。求正弦电压源 u_{S} 的频率 ω 和电压 U_C、U_L 以及电路的 Q 值。

解　令 $\dot{U}_{\mathrm{s}}=0.1\angle 0°\ \mathrm{V}$,设电流为 $\dot{I}=0.1\angle\phi_i\ \mathrm{A}$,则有

$$0.1\angle\phi_i=\frac{0.1\angle 0°}{1+\mathrm{j}X(\mathrm{j}\omega)}$$

显然有 $X(\mathrm{j}\omega)=0$,$\phi_i=0°$,所以电流 $\dot{I}$ 与电压 $\dot{U}_{\mathrm{s}}$ 同相,电路处于谐振状态。谐振频率 ω_0 为

$$\omega_0=\frac{1}{\sqrt{LC}}=\frac{1}{\sqrt{2\times10^{-6}\times200\times10^{-12}}}\mathrm{rad/s}=50\times10^6\mathrm{rad/s}$$

ω_0 即为电压源 u_{S} 的频率。电路的 Q 值为

$$Q=\frac{1}{R}\sqrt{\frac{L}{C}}=100$$

谐振时电压 U_L 和 U_C 为

$$U_L=U_C=QU_{\mathrm{s}}=10\ \mathrm{V}$$

RLC 串联电路的频率响应

§11-3　*RLC* 串联电路的频率响应

上一节着重分析了 *RLC* 串联电路在谐振点 ω_0 的状态。本节将分析下述网络函数(电压比):

$$\frac{\dot{U}_R(\mathrm{j}\omega)}{\dot{U}_{\mathrm{s}}(\mathrm{j}\omega)}、\frac{\dot{U}_L(\mathrm{j}\omega)}{\dot{U}_{\mathrm{s}}(\mathrm{j}\omega)}和\frac{\dot{U}_C(\mathrm{j}\omega)}{\dot{U}_{\mathrm{s}}(\mathrm{j}\omega)}$$

的频率特性。当输入信号 u_{S} 的幅值不变而 ω 变动时,这犹如从输入端口输入变量 ω,而在不同"窗口"(输出端口)观察频率 ω 的响应,所以,这些网络函数的频率特性又统称为电路的频率响应,为了便于比较不同参数的 *RLC* 串联电路的频率响应之间在性能

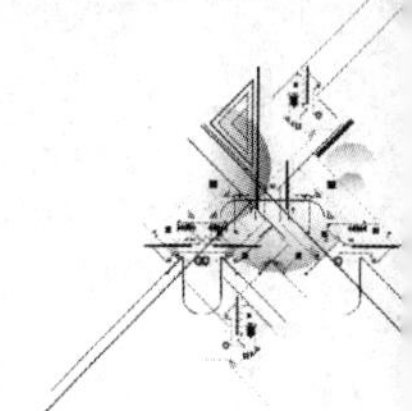

上的差异，纵、横坐标都采用相对于谐振点的比值（倍率）作为绘制频率特性的坐标系。由于已设定 $U_s(j\omega)=U_s(j\omega_0)$，所以上述电压比的模就表示任一频率时的输出电压与其谐振点的输入电压之比值；而横坐标也用与谐振频率 ω_0 的比值表示，即 $\eta=\dfrac{\omega}{\omega_0}$，$\omega=\eta\omega_0$。这样，所有的 RLC 电路都在 $\eta=1$ 处谐振，都在同一个相对尺度下来比较相互频率特性的差异，这一共同的尺度也表示各谐振电路的偏谐程度（偏离谐振点程度），下面用新坐标系来分析上述网络函数的频率特性，这样绘制的频率响应曲线，称为通用曲线。

(1) 当以电阻电压 $\dot{U}_R(j\eta)$ 作为输出变量，其网络函数 $H_R(j\eta)$ 表示为

$$H_R(j\eta)=\frac{\dot{U}_R(j\omega)}{\dot{U}_s(j\omega)}=\frac{R}{R+j\left(\omega L-\dfrac{1}{\omega C}\right)}=\frac{1}{1+jQ\left(\eta-\dfrac{1}{\eta}\right)}$$

频率响应分别为

$$\phi(j\eta)=-\arctan\left[Q\left(\eta-\frac{1}{\eta}\right)\right]\text{（相频特性）}$$

$$|H_R(j\eta)|=\cos[\phi(j\eta)]\text{（幅频特性）}$$

从上式可以看出，不同参数的 RLC 串联电路在频响上的差异，可以通过各自的 Q 值体现出来。电路的谐振曲线如图 11-6(a)(b) 所示，图中 $Q_1\gg Q_2$。从幅频特性可以很清楚地看出，它们有如下的共同点及差异：

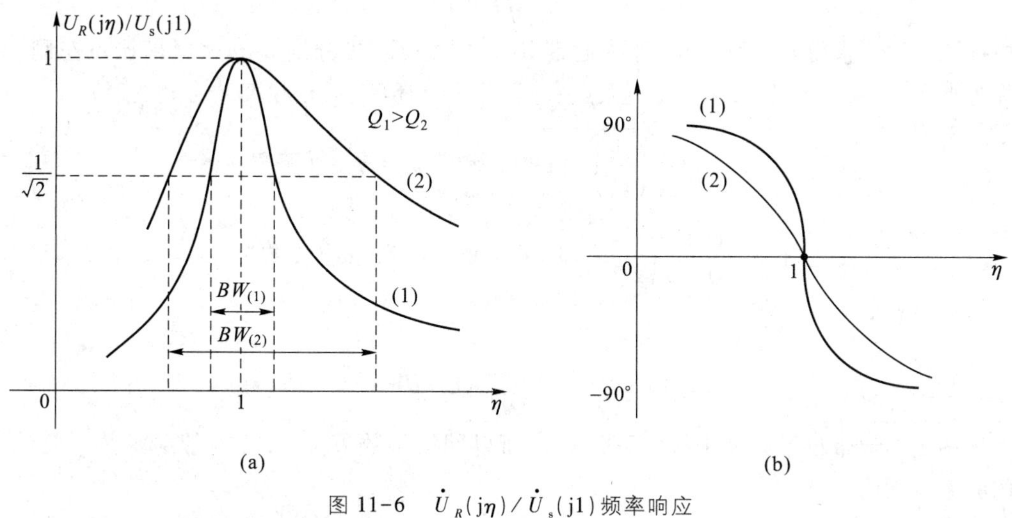

图 11-6 $\dot{U}_R(j\eta)/\dot{U}_s(j1)$ 频率响应

① 它们都在谐振点 $\eta=1$ 处出现峰值，在其邻域 $\eta=1+\Delta\eta$ 内都有较大幅度的输出信号，这表明 RLC 串联电路都具有在全频域内选择各自谐振信号的性能，工程上称这一性能为"选择性"。

② 当信号的频率偏离谐振频率（$\eta\neq1$）后，输出信号的幅度都从峰值开始下降，表明电路对非谐振频率的信号有抑制能力（简称抑非能力），电路的这种抑非能力取决下

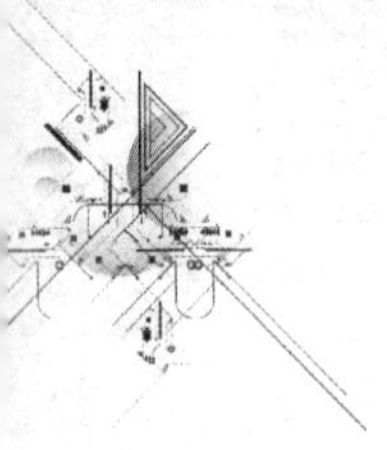

述比值：

$$\left|Q\left(\eta-\frac{1}{\eta}\right)\right|_{\eta\neq 1}=\left|\frac{X(1+\Delta\eta)}{R}\right| \qquad [R=Z(\mathrm{j}\omega_0)]$$

该比值为信号偏离谐振频率后，电路电抗的增量[因为 $X(\mathrm{j}1)=0$]与谐振时阻抗的比值，它与电路的 Q 值成正比，Q 值越大，该比值越大，电抗的相对增量就越大，电路的抑非能力越强，这也说明，电路的抑非能力主要是由非零电抗引起的。从曲线可以看出，由于 $Q_1 \gg Q_2$，曲线(1)代表的电路的抑非能力强于曲线(2)代表的电路，所以曲线(1)急速下降，显得十分陡峭，而曲线(2)下降很慢，顶部的变化显得比较平缓。曲线的整体形状显示了电路在抑非能力上的差异，而这一差异在谐振点附近显得尤为突出；当信号的频率远离谐振频率后，左侧趋同于 RC 电路，右侧趋同于 RL 电路，彼此的差异逐渐缩小，而趋于消失。

③ 电路在全频域内都有信号的输出，但只有在谐振点附近的邻域($\eta=1+\Delta\eta$)内输出幅度较大，具有工程实际应用价值。为此，工程上设定一个输出幅度指标来界定频率范围，划分出谐振电路的通频带(简称通带)和阻带。通带限定的频域范围称为带宽，记为 BW。工程上按下式决定通带的 BW，即

$$|H_R(\mathrm{j}\eta)|\geqslant\frac{1}{\sqrt{2}}=0.707\text{(设定的指标)}$$

上式取等号时，根据 $H_R(\mathrm{j}\eta)$ 的表达式有

$$Q\left(\eta-\frac{1}{\eta}\right)=\pm 1$$

根据该方程可求得两个频率点，作为通带 BW 的上下界，可分别设 $\eta_{\mathrm{j}1}<1$(谐振点左侧)称为下界(下截止频率)，$\eta_{\mathrm{j}2}>1$(谐振点右侧)称为上界(上截止频率)，分别为

$$\eta_{\mathrm{j}1}=-\frac{1}{2Q}+\sqrt{\left(\frac{1}{2Q}\right)^2+1}<1 \quad \text{和} \quad \omega_{\mathrm{j}1}=\eta_{\mathrm{j}1}\omega_0\text{(下界)}$$

$$\eta_{\mathrm{j}2}=\frac{1}{2Q}+\sqrt{\left(\frac{1}{2Q}\right)^2+1}>1 \quad \text{和} \quad \omega_{\mathrm{j}2}=\eta_{\mathrm{j}2}\omega_0\text{(上界)}$$

通带的 BW 为

$$BW=\omega_{\mathrm{j}2}-\omega_{\mathrm{j}1}=\frac{\omega_0}{Q} \quad \text{或} \quad BW=\frac{f_0}{Q}$$

上述界定的通带位于频域中段，呈带状形，所以网络函数 $H_R(\mathrm{j}\eta)$ 称为带通函数。通带的频率范围为

$$\omega_{\mathrm{j}1}\leqslant\omega\leqslant\omega_{\mathrm{j}2}$$

$\omega_{\mathrm{j}1}$、$\omega_{\mathrm{j}2}$ 分别位于 ω_0 两侧，因此 ω_0 又常称为中心频率。

工程上对 $\omega_{\mathrm{j}1}$、$\omega_{\mathrm{j}2}$ 常另有称谓，如 3dB 点[①]，半功率点(因为此时电阻上的功耗等于谐振时电阻功耗的一半)，并有 $\varphi(\mathrm{j}\eta_{\mathrm{j}1})=45°$，$\varphi(\mathrm{j}\eta_{\mathrm{j}2})=-45°$。

---

① 按分贝的定义，此电压比值相当于 20 lg(0.707)= -3 dB，即电压下降了 3 dB。

工程上亦常用通带的 BW 来比较和评价电路的选择性，由上面的论述可以看出，BW 与 Q 值成反比，Q 值越大，BW 越窄，电路选择性越好，抑非能力越强，反之，Q 值越小，BW 就越宽，抑非能力越弱，选择性能越差，但宽带包含的信号多，信号流失少，有利于减少信号的失真。上述两种情况都有工程实用价值。BW 如图 11-6(a) 所示，读者可将曲线(1)和曲线(2)的 $BW_{(1)}$ 和 $BW_{(2)}$ 作一比较。

通过本节的分析可知，RLC 串联谐振电路是一种简单、易调和频响性能优良的谐振电路。

(2) 分别以电感电压 $\dot{U}_L(\mathrm{j}\eta)$ 和电容电压 $\dot{U}_C(\mathrm{j}\eta)$ 为输出变量的网络函数 $H_L(\mathrm{j}\eta)$、$H_C(\mathrm{j}\eta)$ 分别为

$$H_C(\mathrm{j}\eta)=\frac{\dot{U}_C(\mathrm{j}\eta)}{\dot{U}_s(\mathrm{j}1)}=\frac{-\mathrm{j}Q}{\eta+\mathrm{j}Q(\eta^2-1)}$$

$$H_L(\mathrm{j}\eta)=\frac{\dot{U}_L(\mathrm{j}\eta)}{\dot{U}_s(\mathrm{j}1)}=\frac{\mathrm{j}Q}{\dfrac{1}{\eta}+\mathrm{j}Q\left(1-\dfrac{1}{\eta^2}\right)}$$

由于 $\dot{U}_C(\mathrm{j}\eta)$ 滞后 $\dot{U}_R(\mathrm{j}\eta)90°$，而 $\dot{U}_L(\mathrm{j}\eta)$ 超前 90°，所以，上述网络函数的相频特性可不予分析。而描绘幅频特性曲线时，必须首先确定函数的极值点。函数 $H_C(\mathrm{j}\eta)$ 的极值条件为

$$\frac{\mathrm{d}}{\mathrm{d}\eta}\left[\frac{U_C(\mathrm{j}\eta)}{U_s(\mathrm{j}1)}\right]=0$$

可求得如下三个极值点 η_{C1}，η_{C2} 和 η_{C3} 及对应的极值：

$$\eta_{C1}=0,\quad \frac{U_C(\mathrm{j}\eta_{C1})}{U_s(\mathrm{j}1)}=1$$

$$\eta_{C2}=\sqrt{1-\frac{1}{2Q^2}},\quad \frac{U_C(\mathrm{j}\eta_{C2})}{U_s(\mathrm{j}1)}=\frac{Q}{\sqrt{1-\dfrac{1}{4Q^2}}}>Q\quad（当\ Q>0.707\ 时）$$

$$\eta_{C3}=\infty,\quad \frac{U_C(\mathrm{j}\eta_{C3})}{U_s(\mathrm{j}1)}=0$$

对于 $\dfrac{U_L(\mathrm{j}\eta)}{U_s(\mathrm{j}1)}$ 可作类似的分析，从表达式可知，$\eta_L=\dfrac{1}{\eta_C}$，所以三个极值点 η_{L1}，η_{L2} 和 η_{L3} 及对应的极值为

$$\eta_{L1}=\frac{1}{\eta_{C3}}=0,\quad \frac{U_L(\mathrm{j}\eta_{L1})}{U_s(\mathrm{j}1)}=0$$

$$\eta_{L2}=\frac{1}{\eta_{C2}}=\sqrt{\frac{2Q^2}{2Q^2-1}},\quad \frac{U_L(\mathrm{j}\eta_{L2})}{U_s(\mathrm{j}1)}=\frac{Q}{\sqrt{1-\dfrac{1}{4Q^2}}}>Q\quad（当\ Q>0.707\ 时）$$

$$\eta_{L3}=\frac{1}{\eta_{C1}}=\infty,\quad \frac{U_L(\mathrm{j}\eta_{L3})}{U_s(\mathrm{j}1)}=1$$

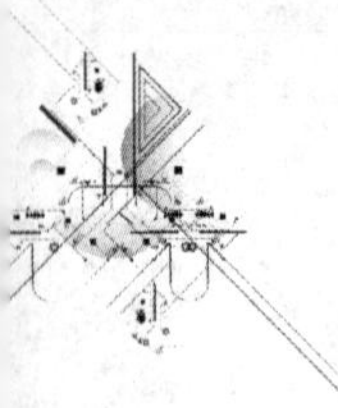

两条幅频特性如图 11-7 所示，图中粗虚线表示 $Q\leqslant 0.707$ 时的幅频特性。从图中可以看出，$H_C(\mathrm{j}\eta)$ 为低通函数，当 $Q\gg 1$ 时，可求得上截止频率 $\omega_\mathrm{j}=1.55\omega_0$，其通频带域 $0\leqslant\omega\leqslant\omega_\mathrm{j}$；函数 $H_L(\mathrm{j}\eta)$ 为高通函数，当 $Q\gg 1$ 时，求得下截止频率 $\omega_\mathrm{j}=\dfrac{\omega_0}{1.55}=0.645\omega_0$，通频带域为 $\omega_\mathrm{j}\leqslant\omega<\infty$，当 $Q>0.707$ 时，两者都有大于 Q 且相等的峰值，当 Q 增大时，η_{C2}，η_{L2} 都向 $\eta=1$ 靠拢，峰值增高，图中 a，b，c 三点在抬高的同时，逐渐向 c 点合拢，当 $Q\to\infty$，三点合于无穷远。

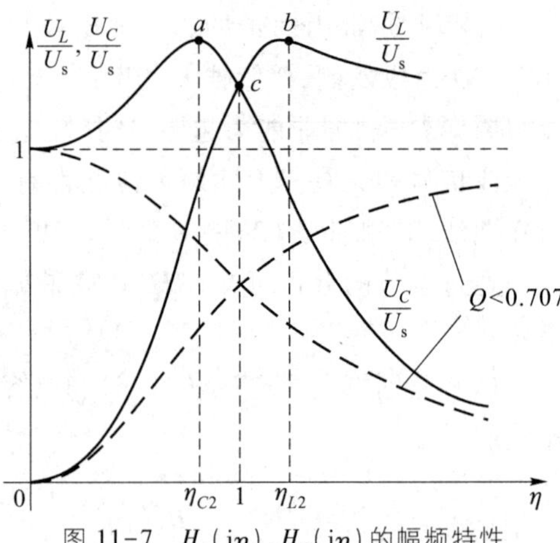

图 11-7　$H_L(\mathrm{j}\eta)$、$H_C(\mathrm{j}\eta)$ 的幅频特性

例 11-3　RLC 串联电路中 $U_s=200\ \mathrm{V}$，$C=6.34\ \mu\mathrm{F}$，电路的固有频率 $\omega_0=314\ \mathrm{rad/s}$，带通函数的带宽 $BW=6.28\ \mathrm{rad/s}$。求 L、R 和 U_L、U_C。

解　电路的 Q 值为

$$Q=\frac{\omega_0}{BW}=\frac{314}{6.28}=50$$

谐振时容抗等于感抗，则 L 为

$$L=\frac{1}{\omega_0^2 C}=\frac{1}{(314)^2\times 6.34\times 10^{-6}}\mathrm{H}=1.60\mathrm{H}$$

R 的值为

$$R=\frac{\omega_0 L}{Q}=\frac{314\times 1.6}{50}\Omega=10\Omega$$

$U_L(\mathrm{j}\omega_0)$、$U_C(\mathrm{j}\omega_0)$ 为

$$U_L(\mathrm{j}\omega_0)=U_C(\mathrm{j}\omega_0)=QU_s(\mathrm{j}\omega_0)=50\times 200\ \mathrm{V}=10\ 000\ \mathrm{V}$$

RLC 并联谐振电路

§11-4　RLC 并联谐振电路

图 11-8(a)所示 RLC 并联电路是与 RLC 串联电路相对应的另一种形式的谐振电路。

并联谐振的定义与串联谐振的定义相同，即端口上的电压 $\dot{U}$ 与输入电流 $\dot{I}$ 同相时的工作状况称为谐振。由于发生在并联电路中，所以称为并联谐振。分析方法与 RLC 串联电路相同，并联谐振的条件为

$$\mathrm{Im}[Y(\mathrm{j}\omega_0)]=0$$

因为 $Y(\mathrm{j}\omega_0)=G+\mathrm{j}\left(\omega_0 C-\dfrac{1}{\omega_0 L}\right)$，可解得谐振时的角频率 ω_0 和频率 f_0 为

$$\omega_0=\frac{1}{\sqrt{LC}}$$

$$f_0=\frac{1}{2\pi\sqrt{LC}}$$

该频率称为电路的固有频率。

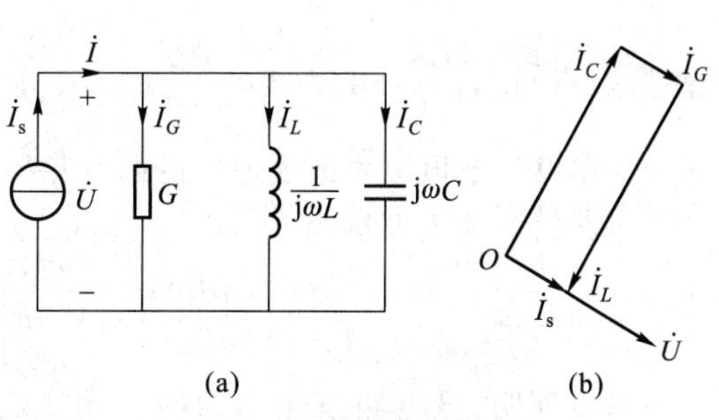

图 11-8　并联谐振电路

并联谐振时，输入导纳 $Y(j\omega_0)$ 为最小

$$Y(j\omega_0)=G+j\left(\omega_0C-\frac{1}{\omega_0L}\right)=G$$

或者说输入阻抗最大，$Z(j\omega_0)=R$，所以谐振时端电压达最大值

$$U(\omega_0)=|Z(j\omega_0)|I_s=RI_s$$

可以根据这一现象判别并联电路是否发生了谐振。

并联谐振时有 $\dot{I}_L+\dot{I}_C=0$（所以并联谐振又称电流谐振）：

$$\dot{I}_L(\omega_0)=-j\frac{1}{\omega_0L}\dot{U}=-j\frac{1}{\omega_0LG}\dot{I}_s=-jQ\dot{I}_s$$

$$\dot{I}_C(\omega_0)=j\omega_0C\dot{U}=j\frac{\omega_0C}{G}\dot{I}_s=jQ\dot{I}_s$$

式中 Q 称为并联谐振电路的品质因数

$$Q=\frac{I_L(\omega_0)}{I_s}=\frac{I_C(\omega_0)}{I_s}=\frac{1}{\omega_0LG}=\frac{\omega_0C}{G}=\frac{1}{G}\sqrt{\frac{C}{L}}$$

如果 $Q\gg1$，则谐振时在电感和电容中会出现过电流，但从 L、C 两端看进去的等效电纳等于零，即阻抗为无限大，相当于开路。图 11-8(b) 为并联谐振时的电流相量图。

谐振时无功功率 $Q_L=\frac{1}{\omega_0L}U^2$，$Q_C=-\omega_0CU^2$，所以 $Q_L+Q_C=0$，表明在谐振时，电感的磁场能量与电容的电场能量彼此相互交换，完全补偿，两种能量的总和为

$$W(\omega_0)=W_L(\omega_0)+W_C(\omega_0)=LQ^2I_s^2=\text{常数}$$

工程中采用的电感线圈和电容并联的谐振电路，如图 11-9(a) 所示，其中电感线圈用 R 和 L 串联组合表示。谐振时，有

$$\mathrm{Im}[Y(j\omega_0)]=0$$

而

$$Y(j\omega_0)=j\omega_0C+\frac{1}{R+j\omega_0L}=j\omega_0C+\frac{R}{|Z(j\omega_0)|^2}-j\frac{\omega_0L}{|Z(j\omega_0)|^2}$$

故有

$$\omega_0C-\frac{\omega_0L}{|Z(j\omega_0)|^2}=0$$

由上式可解得

$$\omega_0=\frac{1}{\sqrt{LC}}\sqrt{1-\frac{CR^2}{L}}$$

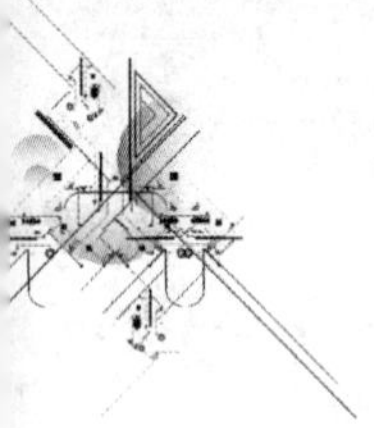

显然，只有当 $1-\dfrac{CR^2}{L}>0$，即 $R<\sqrt{\dfrac{L}{C}}$ 时，ω_0 才是实数，所以 $R>\sqrt{\dfrac{L}{C}}$ 时，电路不会发生谐振。该电路调节电阻可改变电路的固有频率。

谐振时的输入导纳为

$$Y(\mathrm{j}\omega_0)=\frac{R}{|Z(\mathrm{j}\omega_0)|^2}=\frac{CR}{L}$$

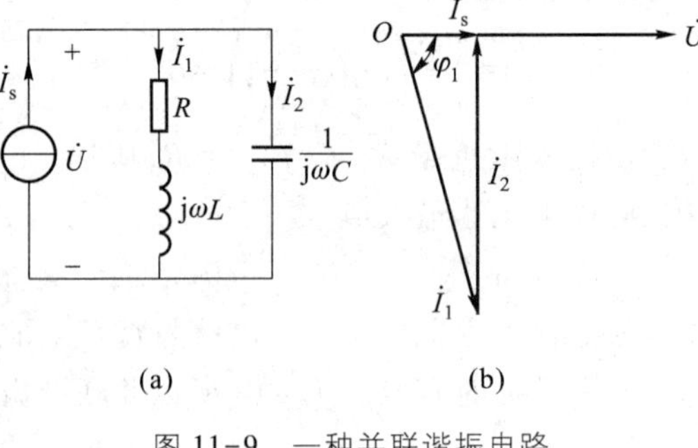

图 11-9　一种并联谐振电路

可以证明，该电路发生谐振时的输入导纳不是最小值（即输入阻抗不是最大值），所以谐振时的端电压不是最大值。这种电路只有当 $R\ll\sqrt{\dfrac{L}{C}}$ 时，它发生谐振时的特点才与图 11-8(a) 所示 GLC 并联谐振的特点接近。

此并联电路发生电流谐振时的电流相量图如图 11-9(b) 所示，这时有

$$I_2=I_1\sin\varphi_1=I_s\tan\varphi_1$$

若电感线圈的阻抗角 φ_1 很大，谐振时有过电流出现在电感支路和电容中。

下面对电路中的各种过电压和过电流现象做简单讨论。

当 RLC 串联电路发生谐振时，若品质因数 Q 大于 1，电容电压和电感电压大于激励电压，呈现过电压现象。当 RLC 并联电路发生谐振时，若品质因数 Q 大于 1，电容中电流和电感中电流大于激励电流，呈现过电流现象。需要指出的是，正弦稳态电路出现的过电压和过电流是谐振过电压和谐振过电流，只要电路结构参数和正弦激励频率不改变，这种过电压和过电流将持续存在。

正弦稳态电路的谐振过电压和过电流与动态电路换路后产生的过电压和过电流的机理完全不同，有本质的区别，请学习者从两者产生的原因、电路方程、电路响应表达式等方面分析两者的差异。

在实际电路中还有一种情形，当电路中出现短路时，会出现过电流现象。请学习者独立思考电路短路发生初期和电路达到稳态后，短路电流表达式有何变化。

虽然电路中有各种过电压和过电流现象，但物理本质不同。学习者要善于透过现象看本质，从电路各种过电压和过电流现象入手，通过电路理论分析，从物理理论上理解电路不同过电压和过电流的本质。

§11-5　波特图[①]

对电路和系统的频率特性进行分析时，为了直观地观察频率特性随频率变化的趋

① H. W. Bode 最先使用这种图形，故称波特图。

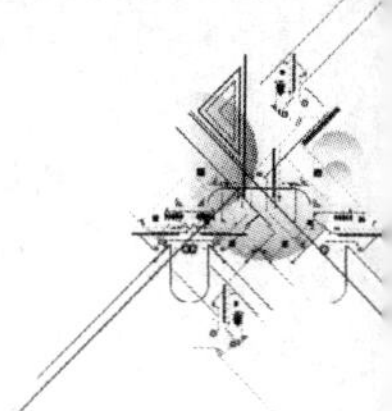

势和特征，需要准确地描绘频率响应曲线，这往往不是一件容易的事。工程上常采用对数坐标绘制频响曲线，这样做可以在不同频域内用直线近似代替曲线，使曲线局部直线化，整个曲线则折线化，从而使频响曲线变得易于描绘。这种用对数坐标描绘的频率响应图就称为频响波特图。

网络函数 $H(\mathrm{j}\omega)$ 是一个复数，其指数形式为

$$H(\mathrm{j}\omega)=|H(\mathrm{j}\omega)|\mathrm{e}^{\mathrm{j}\varphi(\mathrm{j}\omega)}$$

对其取对数有

$$\ln[H(\mathrm{j}\omega)]=\ln[|H(\mathrm{j}\omega)|]+\mathrm{j}\varphi(\mathrm{j}\omega)$$

其实部为 $H(\mathrm{j}\omega)$ 的对数模，而虚部为 $H(\mathrm{j}\omega)$ 的相移函数，两者都是 ω 的实函数。用对数坐标作图时，仍然要作两个图，一为对数模（用分贝表示）与对数频率的关系图形，称为幅频波特图，一为相移与对数频率的关系图形，称为相频波特图。作图时两者的横轴坐标都采用对数频率 $\lg\omega$。幅频波特图用分贝（dB）表示对数模，记为 H_{dB}，有

$$H_{\mathrm{dB}}=20\lg[|H(\mathrm{j}\omega)|]$$

对相频波特图，其纵坐标仍然用度表示。

下面，通过具体例子来说明绘制波特图的方法。

例 11-4　画出如下网络函数的波特图。

$$H(\mathrm{j}\omega)=\frac{200\mathrm{j}\omega}{(\mathrm{j}\omega+2)(\mathrm{j}\omega+10)}$$

解　首先将 $H(\mathrm{j}\omega)$ 改写成如下形式：

$$\begin{aligned}H(\mathrm{j}\omega)&=\frac{10\mathrm{j}\omega}{\left(1+\frac{\mathrm{j}\omega}{2}\right)\left(1+\frac{\mathrm{j}\omega}{10}\right)}\\&=\frac{10|\mathrm{j}\omega|}{\left|1+\frac{\mathrm{j}\omega}{2}\right|\cdot\left|1+\frac{\mathrm{j}\omega}{10}\right|}\angle 90^\circ-\arctan\left(\frac{\omega}{2}\right)-\arctan\left(\frac{\omega}{10}\right)\end{aligned}$$

因此对数模（单位分贝）和相位（单位度）分别为

$$H_{\mathrm{dB}}=20\lg 10+20\lg(|\mathrm{j}\omega|)-20\lg\left(\left|1+\mathrm{j}\frac{\omega}{2}\right|\right)-20\lg\left(\left|1+\mathrm{j}\frac{\omega}{10}\right|\right)$$

$$\phi=90^\circ-\arctan\left(\frac{\omega}{2}\right)-\arctan\left(\frac{\omega}{10}\right)$$

注意到幅频波特图和相频波特图的横坐标均取对数频率 $\lg\omega$，对 H_{dB} 各项的分析如下：

（1）$20\lg 10=20$ dB 为常量，为 20dB 的水平直线。

（2）$20\lg(|\mathrm{j}\omega|)$ 为 20 dB/10 倍频的直线。当 $\omega=0.1$ 时，$20\lg(|\mathrm{j}0.1|)=-20$；当 $\omega=1$ 时，$20\lg(|\mathrm{j}1|)=0$；当 $\omega=10$ 时，$20\lg(|\mathrm{j}10|)=20$。

（3）$-20\lg\left(\left|1+\mathrm{j}\frac{\omega}{2}\right|\right)$ 可由两段直线逼近。当 $\omega\to 0$ 时，$-20\lg 1=0$；当 $\omega\to\infty$ 时，

$-20\lg\left(\left|1+j\dfrac{\omega}{2}\right|\right)\approx-20\lg\left(\dfrac{\omega}{2}\right)$。这样，以 $\omega=2$ 为分界点，在 $\omega<2$ 区间，该项可用斜率为零的直线逼近；在 $\omega>2$ 区间，该项用斜率为 -20 dB/10 倍频的直线逼近。

（4）$-20\lg\left(\left|1+j\dfrac{\omega}{10}\right|\right)$ 的分析与（3）类似，以 $\omega=10$ 为分界点，在 $\omega<10$ 区间，该项用斜率为零的直线逼近；在 $\omega>10$ 区间，该项用斜率等于 -20 dB/10 倍频的直线逼近。

将以上四项叠加，就得到如图 11-10(a) 中实线所示的幅频波特图。

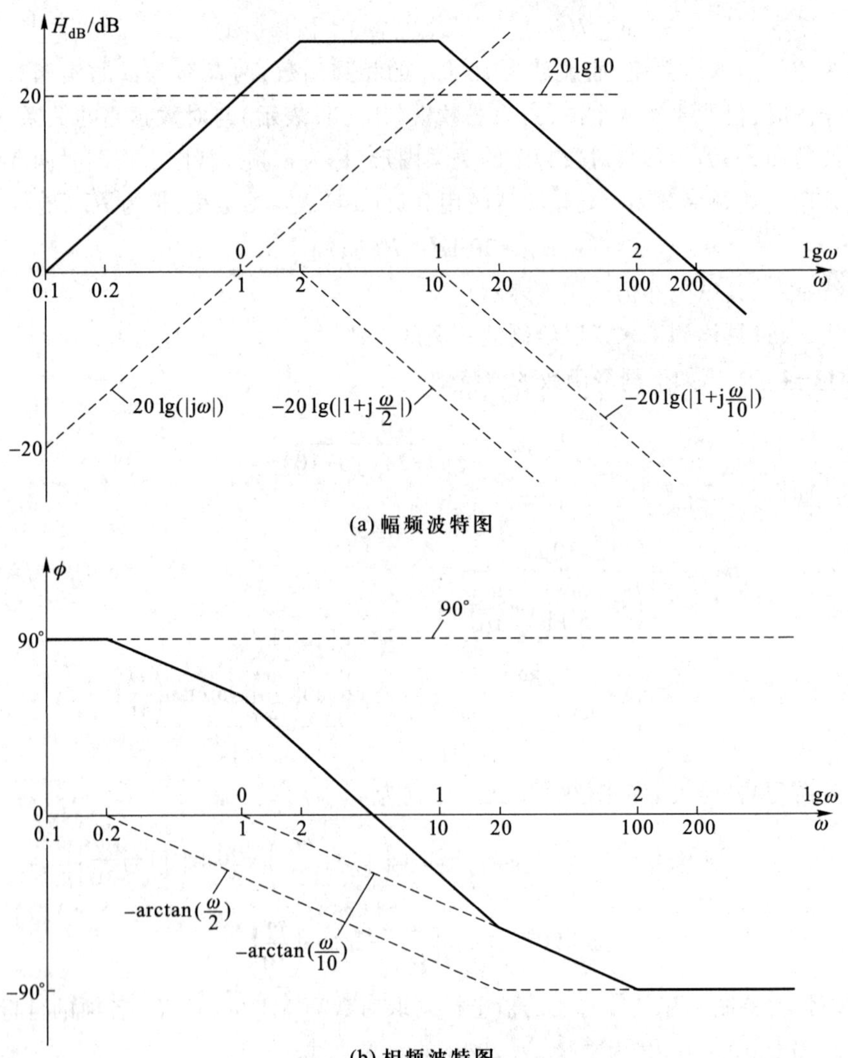

图 11-10　$H(j\omega)$ 的波特图

对 ϕ 各项的分析如下：

（1）90°为常量，在相频波特图上是值为 90°的水平直线。

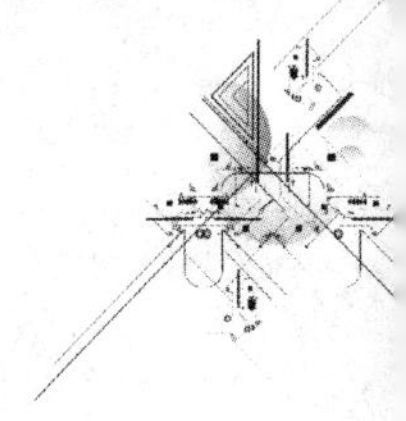

$$(2)\ -\arctan\left(\frac{\omega}{2}\right)=\begin{cases}0 & \omega=0\\ -45^\circ & \omega=2\\ -90^\circ & \omega\to\infty\end{cases}$$

在 $0\leqslant\omega\leqslant0.2$ 区间，$-\arctan\left(\dfrac{\omega}{2}\right)\approx0$，该项用值为 0° 的水平直线逼近；当 $\omega=2$ 时，$-\arctan 1=-45^\circ$；当 $\omega=20$ 时，$-\arctan 10\approx-90^\circ$。即在 $0.2\leqslant\omega\leqslant20$ 区间，$-\arctan\left(\dfrac{\omega}{2}\right)$ 可用斜率为 $-45^\circ/10$ 倍频的直线逼近。在 $\omega\geqslant20$ 区间，该项用值为 -90° 的水平直线逼近。三段逼近直线的交点在 $\omega=0.2$ 处和 $\omega=20$ 处。

(3) $-\arctan\left(\dfrac{\omega}{10}\right)$ 的分析与(2)类似，即在 $1\leqslant\omega\leqslant100$ 区间，$-\arctan\left(\dfrac{\omega}{10}\right)$ 用斜率为 $-45^\circ/10$ 倍频的直线逼近；在 $0\leqslant\omega\leqslant1$ 区间，该项用值为 0° 的水平直线逼近；在 $\omega\geqslant100$ 区间，该项用值为 -90° 的水平直线逼近。

将以上三条折线叠加，就得到如图 11-10(b)实线所示的相频波特图。

§11-6　滤波器简介

工程上根据输出端口对信号频率范围的要求，设计专门的网络，置于输入-输出端口之间，使输出端口所需要的频率分量能够顺利通过，而抑制不需要的频率分量，这种具有选频功能的中间网络，工程上称为滤波器。通常将希望保留的频率范围称为通带，将希望抑制的频率范围称为阻带。根据通带和阻带在频率范围中的相对位置，滤波器分为低通、高通、带通和带阻四种类型。

工程上利用电感 L 和电容 C 彼此相反而又互补的频率特性，先设计具有一定滤波功能的"单元电路"，然后再用搭"积木"方式(如并联、级联等)，连接成各种各样的滤波器网络。如图 11-11(a)所示为 L 形低通滤波器，图 11-11(b)(c)所示 T 形和 π 形电路又是 L 形电路的一种镜像连接电路。图 11-12(a)所示为高通滤波器的单元电路(与图 11-11 类似)。图 11-13 所示为 LC 串并联谐振电路构成的带通滤波器，它利用谐振电路的频率特性，只允许谐振频率邻域内的信号通过。图 11-14 所示电路为带阻滤波器，它阻止谐振频率邻域内的信号通过。

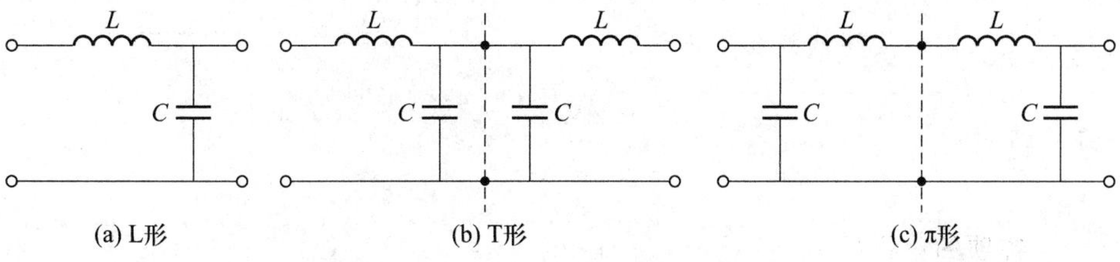

图 11-11　低通滤波器的单元电路

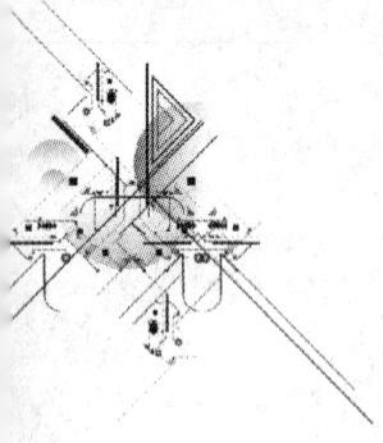

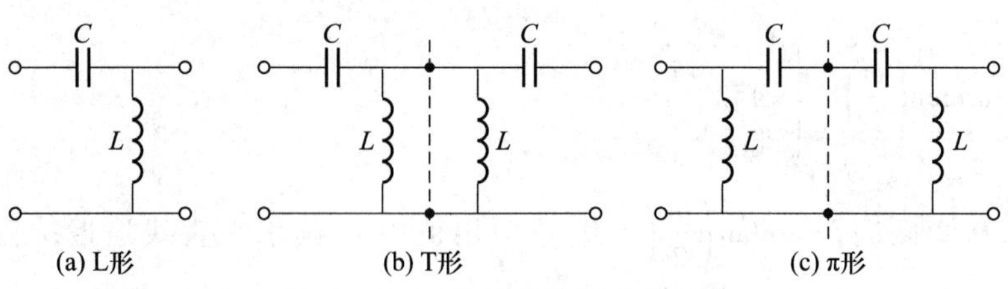

图 11-12　高通滤波器的单元电路

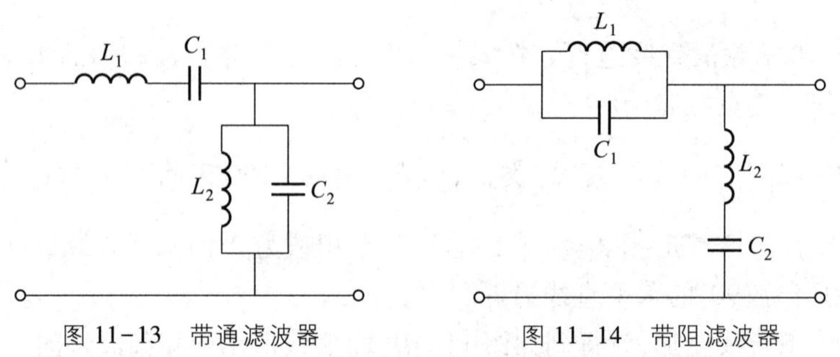

图 11-13　带通滤波器　　　　图 11-14　带阻滤波器

上述无损耗 *LC* 滤波器中的电感元件体积较大,难以使滤波器小型化和集成化。

目前,在滤波器的设计中,已大量使用小型的片式电路元件,可以使滤波器小型化。随着电路和系统集成化的发展,滤波器的设计中,已广泛采用运算放大器,或其他 VCVS 有源器件,不再使用电感元件,称为 *RC* 有源滤波器,实现了滤波器的集成化,有关这方面的初步知识,读者可参阅本章后面的有关习题。滤波器的设计需要专门的理论知识,本书不做论述。

思考题

11-1　为什么电路响应的幅值和相位会随着频率的变化而变化?电路的这个性质有哪些应用?

11-2　驱动点阻抗和导纳与正弦一端口的阻抗和导纳的概念是相同的吗?

11-3　使 *RLC* 串联电路发生谐振的方法有哪些?如何避免发生串联谐振?

11-4　*RLC* 串联电路发生谐振时,电路具有哪些特征?

11-5　*RLC* 串联电路中各元件上的电压响应的频率特性如何?

11-6　*RLC* 并联电路发生谐振时,电路具有哪些特征?

11-7　试简单阐述滤波器的用途?

习题

11-1　求题 11-1 图所示电路端口 1-1′的驱动点阻抗$\dfrac{\dot{U}}{\dot{I}_1}$、转移电流比$\dfrac{\dot{I}_C}{\dot{I}_1}$和转移阻

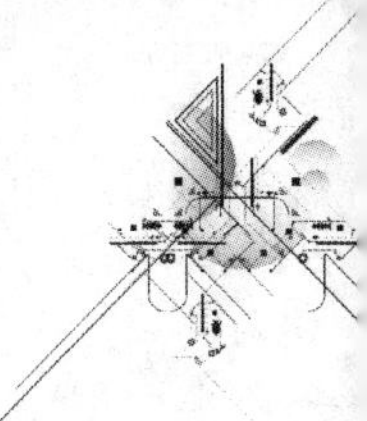

抗$\dfrac{\dot{U}_2}{\dot{I}_1}$。

11-2　求题 11-2 图所示电路的转移电压比$\dfrac{\dot{U}_2}{\dot{U}_1}$和驱动点导纳$\dfrac{\dot{I}_1}{\dot{U}_1}$。

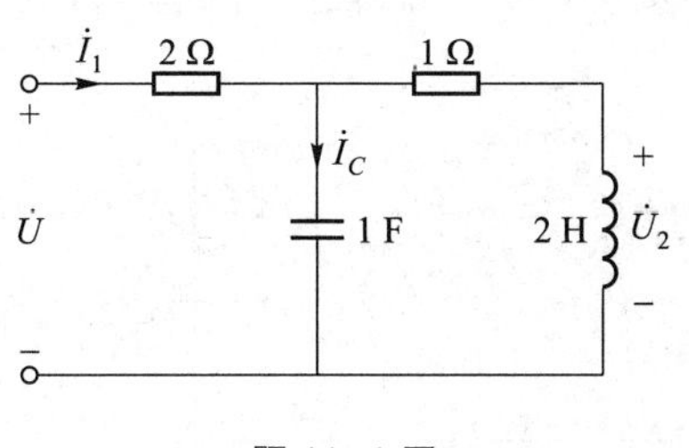

题 11-1 图

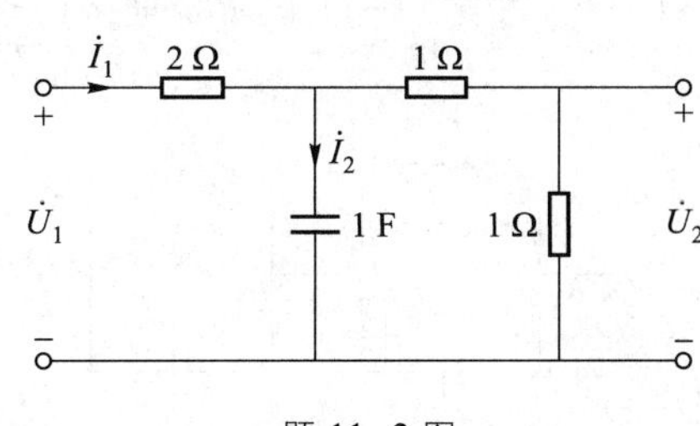

题 11-2 图

11-3　*RLC* 串联电路中 $R=1\ \Omega, L=0.01\ \text{H}, C=1\ \mu\text{F}$。求：

(1) 输入阻抗与频率 ω 的关系。

(2) 画出阻抗的频率响应。

(3) 谐振频率 ω_0。

(4) 谐振电路的品质因数 Q。

(5) 通频带的宽度 BW。

11-4　*RLC* 并联电路中 $R=10\ \text{k}\Omega, L=1\ \text{mH}, C=0.1\ \mu\text{F}$。求习题 11-3 中所列各项。

11-5　已知 *RLC* 串联电路中，$R=50\ \Omega, L=400\ \text{mH}$，谐振角频率 $\omega_0=5000\ \text{rad/s}$，$U_s=1\ \text{V}$。求电容 C 及各元件电压的瞬时表达式。

11-6　求题 11-6 图所示电路在哪些频率时短路或开路。

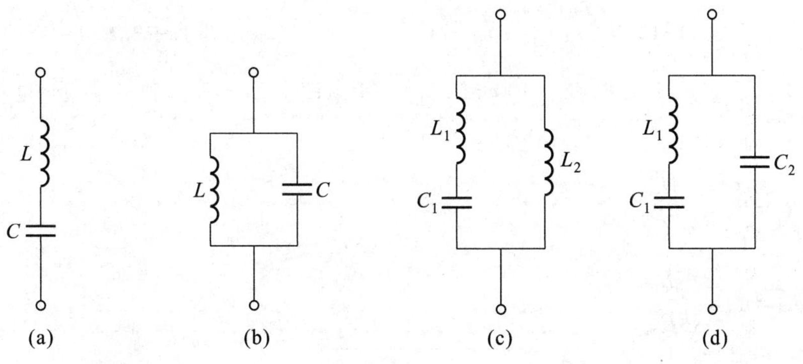

题 11-6 图

11-7　*RLC* 串联电路中，$L=50\ \mu\text{H}, C=100\ \text{pF}, Q=50\sqrt{2}=70.71$，电源 $U_s=1\ \text{mV}$。求电路的谐振频率 f_0、谐振时的电容电压 U_C 和通带 BW。

11-8　*RLC* 串联电路谐振时，已知 $BW=6.4\ \text{kHz}$，电阻的功耗 $2\ \mu\text{W}$，$u_S(t)=$

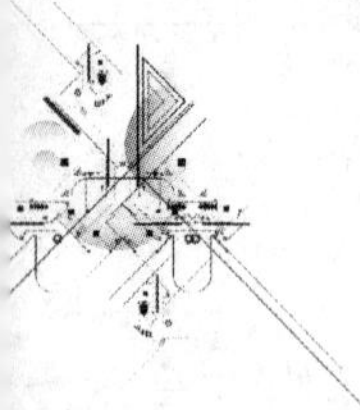

$\sqrt{2}\cos(\omega_0 t)$ mV 和 $C=400$ pF。求 L、谐振频率 f_0 和谐振时电感电压 U_L。

11-9　RLC 串联电路中，$U_s=1$ V，电源频率 $f_s=1$ MHz，发生谐振时 $I(\mathrm{j}\omega_0)=100$ mA，$U_C(\mathrm{j}\omega_0)=100$ V，试求 R、L 和 C 的值，Q 值和通带 BW。

11-10　RLC 并联谐振时，$f_0=1$ kHz，$Z(\mathrm{j}\omega_0)=100$ kΩ，$BW=100$ Hz，求 R、L 和 C。

11-11　求题 11-11 图所示电路的谐振频率及各频段的电抗性质。

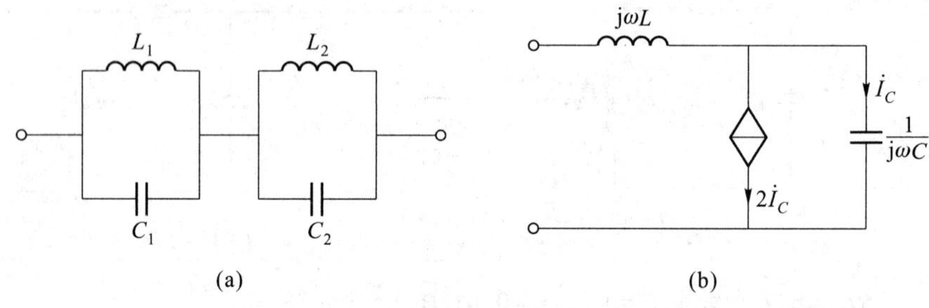

题 11-11 图

11-12　题 11-12 图所示电路中 $I_s=20$ mA，$L=100$ μH，$C=400$ pF，$R=10$ Ω。电路谐振时的通带 BW 和 R_L 等于何值时能获得最大功率？求最大功率。

11-13　题 11-13 图所示电路中 $R=10$ Ω，$C=0.1$ μF，正弦电压 u_S 的有效值 $U_s=1$ V，电路的 Q 值为 100，求参数 L 和谐振时的 U_L。

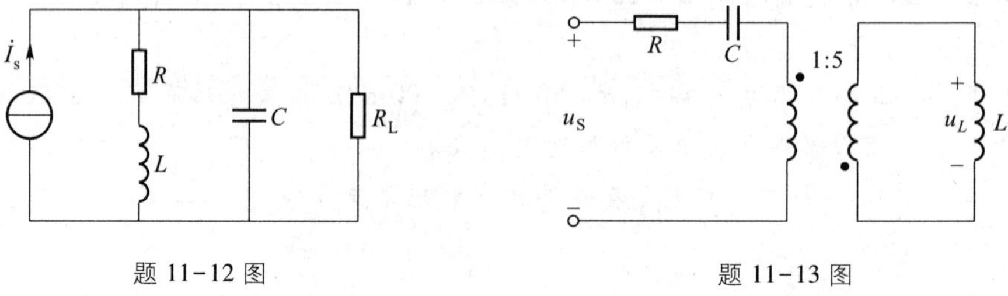

题 11-12 图　　　　题 11-13 图

11-14　题 11-14 图中 $C_2=400$ pF，$L_1=100$ μH。求下列两种条件下，电路的谐振频率 ω_0。

（1）$R_1=R_2\neq\sqrt{\dfrac{L_1}{C_2}}$。

（2）$R_1=R_2=\sqrt{\dfrac{L_1}{C_2}}$。

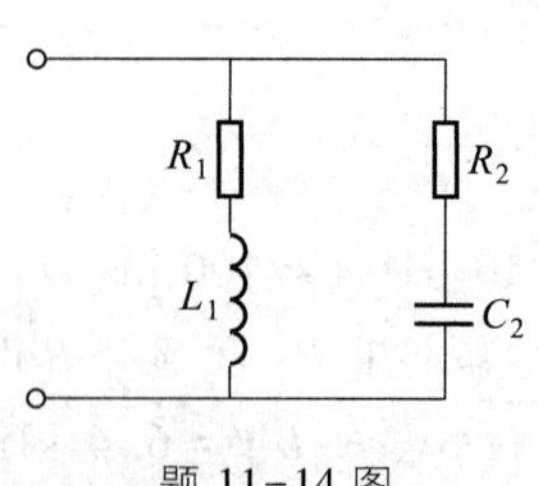

题 11-14 图

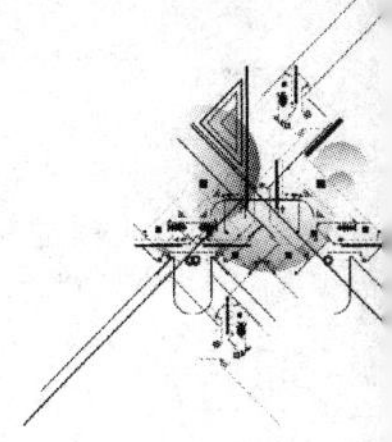

11-15　求题 11-15 图所示电路的转移电压比$\dfrac{\dot{U}_2}{\dot{U}_1}$。

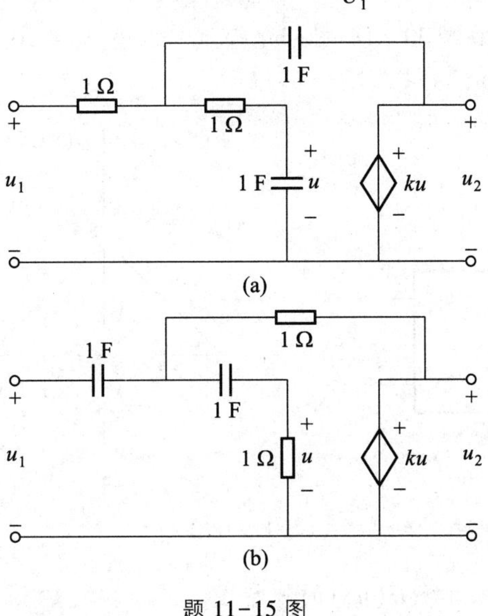

题 11-15 图

11-16　求题 11-16 图所示电路的转移电压比$\dfrac{\dot{U}_2}{\dot{U}_1}$。

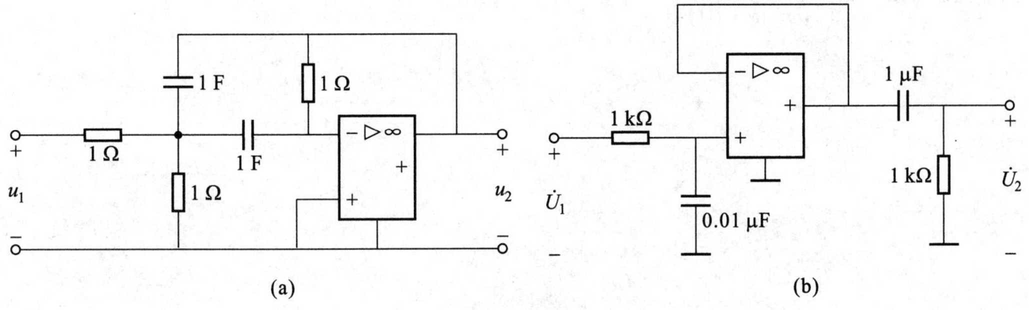

题 11-16 图

11-17　题 11-17 图所示电路中，$RC=1$ s。求$\dfrac{\dot{U}_2}{\dot{U}_1}$和$\dfrac{U_2}{U_1}-\omega$。

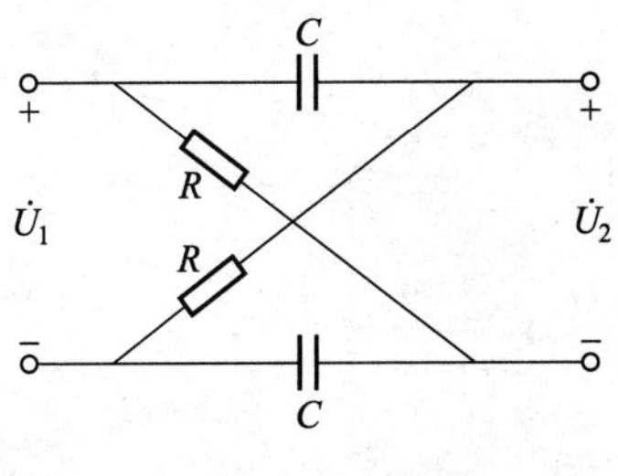

题 11-17 图

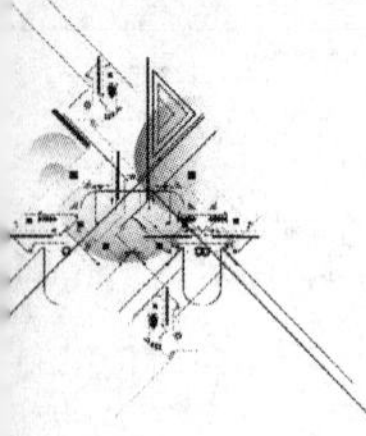

11-18　题 11-18 图(a)所示系统的网络函数 $H(\mathrm{j}\omega)=\dfrac{\dot{U}_2}{\dot{U}_s}$，其幅频特性 $|H(\mathrm{j}\omega)|-\omega$ 和相频特性 $\varphi(\mathrm{j}\omega)-\omega$ 如题 11-18 图(b)所示。求当 $u_S=10-6.4\sin t-3.2\sin(2t)-2.1\sin(3t)+\cdots$ 时，输出 u_2。

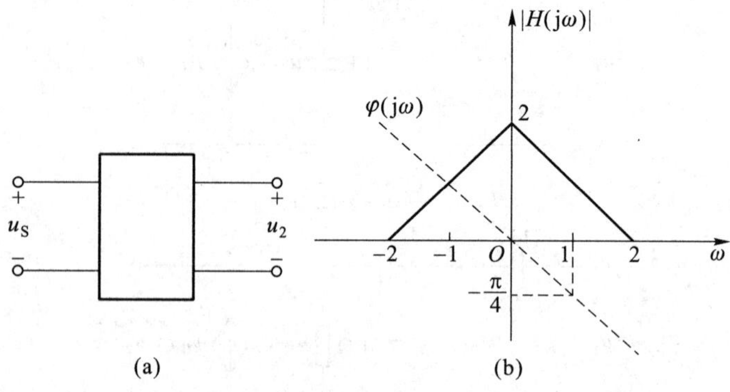

题 11-18 图

第十一章部分习题答案

11-19　作下列网络函数 $H(\mathrm{j}\omega)$ 的波特图。

(1) $H(\mathrm{j}\omega)=\dfrac{1}{10+\mathrm{j}\omega}$。

(2) $H(\mathrm{j}\omega)=\dfrac{5(\mathrm{j}\omega+2)}{\mathrm{j}\omega(\mathrm{j}\omega+10)}$。

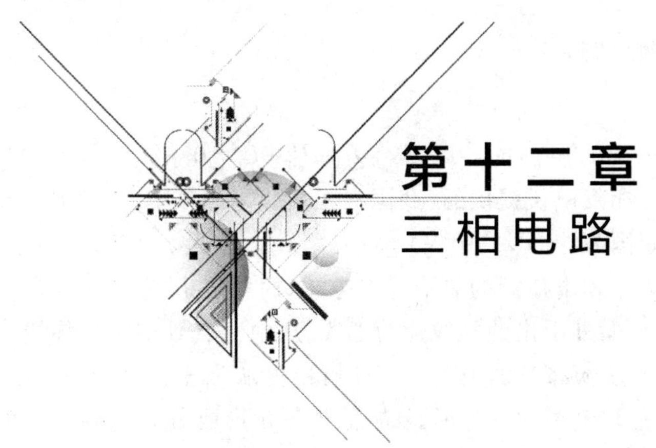

第十二章
三相电路

导 读

目前,世界各国的电力系统中电能的生产、传输和供电方式绝大多数都采用三相制。它是世界上规模最大的生产系统,系统的结构为适应工业化生产的需要,已经标准化或规范化,它主要是由三相电源、三相负载和三相输电线路三部分组成。三相交流发电机、变压器和三相制的发明是人类社会跨入电气化时代的里程碑,至今已有 100 多年的发展史,是当今社会发展的物质基础之一。

本章将系统介绍三相制电路。理论上它是正弦稳态电路的一部分,通过学习可以了解三相制电路的特殊性和解决问题的特殊方法,学习一些用电知识和启发创新思维。

§12-1 三相电路

三相电路

三相电路是由三相电源、三相负载和三相输电线路三部分组成。

对称三相电源是由 3 个同频率、等幅值、初相依次滞后 120°的正弦电压源连接成星形(Y)或三角形(Δ)组成的电源,如图 12-1(a)(b)所示。这 3 个电源依次称为 A 相、B 相和 C 相,它们的电压瞬时表达式及其相量分别为

$$u_{A}=\sqrt{2}U\cos(\omega t) \qquad \dot{U}_{A}=U\underline{/0^\circ}$$

$$u_{B}=\sqrt{2}U\cos(\omega t-120^\circ) \qquad \dot{U}_{B}=U\underline{/-120^\circ}=a^{2}\dot{U}_{A}$$

$$u_{C}=\sqrt{2}U\cos(\omega t+120^\circ) \qquad \dot{U}_{C}=U\underline{/120^\circ}=a\dot{U}_{A}$$

式中以 A 相电压 u_A 作为参考正弦量。$a=1\underline{/120^\circ}$,它是工程中为了方便而引入的单位相量算子。

上述三相电压的相序(次序)A、B、C 称为正序或顺序。与此相反,如 B 相超前 A 相 120°,C 相超前 B 相 120°,这种相序称为负序或逆序。相位差为零的相序称为零序。电力系统一般采用正序。

对称三相电压各相的波形和相量图如图 12-1(c)(d)所示。对称三相电压满足:

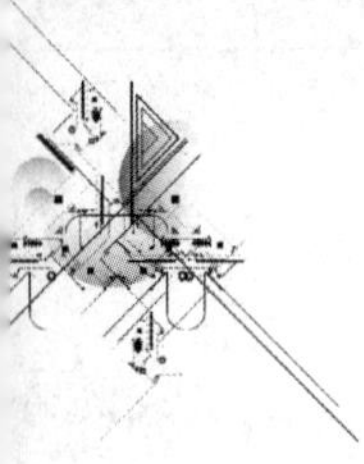

$$u_A+u_B+u_C=0 \quad 或 \quad \dot{U}_A+\dot{U}_B+\dot{U}_C=0$$

对称三相电压源是由三相发电机提供的（我国三相系统电源频率 $f=50$ Hz，入户电压为 220 V，而日、美、欧洲等国为 60 Hz，110 V）。

图 12-1(a)所示为三相电压源的星形连接方式，简称星形或 Y 形电源。从 3 个电压源正极性端子 A、B、C 向外引出的导线称为端线，从中性点 N 引出的导线称为中性线（旧称零线）。把三相电压源依次连接成一个回路，再从端子 A、B、C 引出端线，如图 12-1(b)所示，就成为三相电源的三角形联结，简称三角形或 Δ 形电源。三角形电源不能引出中性线。

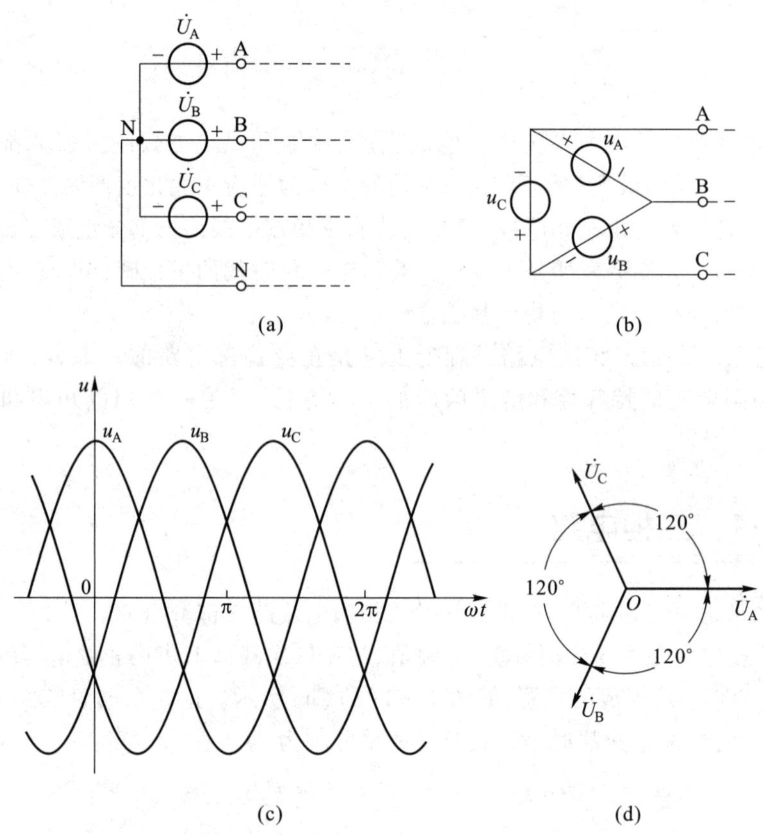

图 12-1　对称三相电压源连接及其电压波形和相量图

3 个阻抗连接成星形（或三角形）就构成星形（或三角形）负载，如图 12-2 所示。当这 3 个阻抗相等时，就称为对称三相负载。

从对称三相电源的 3 个端子引出具有相同阻抗的 3 条端线（或输电线），把一些对称三相负载连接在端线上就形成了对称三相电路。图 12-2(a)(b)为两个对称三相电路的示例。图(a)中的三相电源为星形电源，负载为星形负载，称为 Y-Y 连接方式（实线所示部分）；图(b)中，三相电源为星形电源，负载为三角形负载，称为 Y-Δ 连接方式。还有 Δ-Y 和 Δ-Δ 连接方式。

在 Y-Y 联结中,如把三相电源的中性点 N 和负载的中性点 N′用一条具有阻抗为 Z_N 的中性线连接起来,如图 12-2(a)中虚线所示,这种连接方式称为三相四线制方式。上述其余连接方式均属三相三线制。

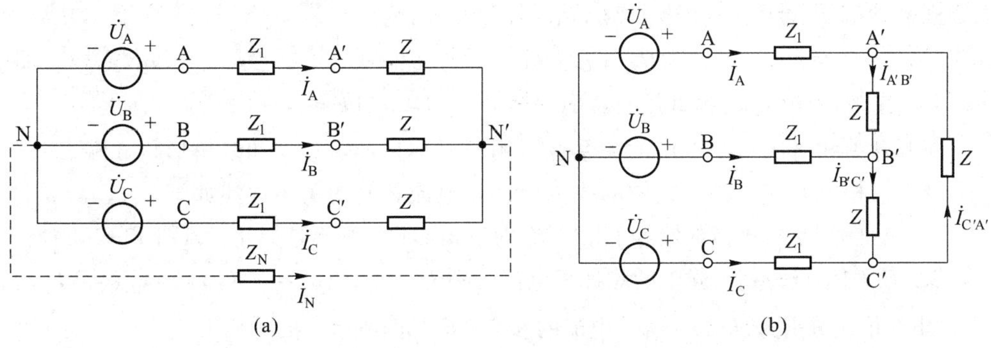

图 12-2　对称三相电路

实际三相电路中,三相电源是对称的,3 条端线阻抗是相等的,但负载则不一定是对称的。

§12-2　线电压(电流)与相电压(电流)的关系

线电压(电流)与相电压(电流)的关系

三相系统中,流经输电线中的电流称为线电流,如图 12-2(a)(b)所示的 $\dot{I}_A$、$\dot{I}_B$、$\dot{I}_C$,$\dot{I}_N$ 称为中性线的电流。各输电线线端之间的电压,如图 12-2(a)(b)中所示电源端的 $\dot{U}_{AB}$、$\dot{U}_{BC}$、$\dot{U}_{CA}$ 和负载端的 $\dot{U}_{A'B'}$、$\dot{U}_{B'C'}$、$\dot{U}_{C'A'}$,都称为线电压。三相电源和三相负载中每一相的电压、电流称为相电压和相电流。三相系统中的线电压和相电压、线电流和相电流之间的关系都与连接方式有关。

对于对称星形电源,依次设其线电压为 $\dot{U}_{AB}$、$\dot{U}_{BC}$、$\dot{U}_{CA}$,相电压为 $\dot{U}_A$、$\dot{U}_B$、$\dot{U}_C$(或 $\dot{U}_{AN}$、$\dot{U}_{BN}$、$\dot{U}_{CN}$),如图 12-1(a)所示,根据 KVL,有

$$\left.\begin{aligned}\dot{U}_{AB}=\dot{U}_A-\dot{U}_B=(1-a^2)\dot{U}_A=\sqrt{3}\,\dot{U}_A\angle 30^\circ\\ \dot{U}_{BC}=\dot{U}_B-\dot{U}_C=(1-a^2)\dot{U}_B=\sqrt{3}\,\dot{U}_B\angle 30^\circ\\ \dot{U}_{CA}=\dot{U}_C-\dot{U}_A=(1-a^2)\dot{U}_C=\sqrt{3}\,\dot{U}_C\angle 30^\circ\end{aligned}\right\}\tag{12-1}$$

另有 $\dot{U}_{AB}+\dot{U}_{BC}+\dot{U}_{CA}=0$。对称的星形三相电源端的线电压与相电压之间的关系,可用一种特殊的电压相量图表示,如图 12-3(a)所示①。它是由式(12-1)三个公式的相量图拼接而成,图中实线所示部分表示 $\dot{U}_{AB}$ 的图解方法,它是以 B 为原点画出 $\dot{U}_{AB}=$

① 注意,图中的电压相量是按该电压下标的相反次序画的。例如画 $\dot{U}_{AN}$ 时,应从 N 点指向 A 点,画 $\dot{U}_{AB}$ 时,应从 B 点指向 A 点。A、B、C、N 点则表示电压源的对应端子。

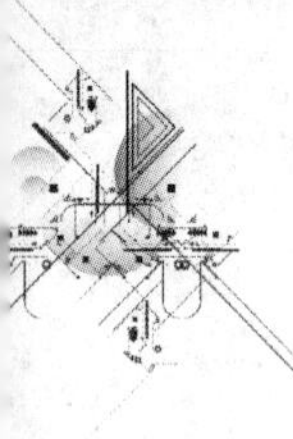

$(-\dot{U}_{BN})+\dot{U}_{AN}$，其他线电压的图解求法类同。从图中可以看出，线电压与对称相电压之间的关系可以用图示电压正三角形说明，相电压对称时，线电压也一定依序对称，它是相电压的$\sqrt{3}$倍，依次超前 $\dot{U}_A$、$\dot{U}_B$、$\dot{U}_C$ 相位 30°，实际计算时，只要算出 $\dot{U}_{AB}$，就可以依序写出 $\dot{U}_{BC}=a^2\dot{U}_{AB}$，$\dot{U}_{CA}=a\dot{U}_{AB}$。

对于三角形电源[如图 12-1(b)所示]，有

$$\dot{U}_{AB}=\dot{U}_A,\ \dot{U}_{BC}=\dot{U}_B,\ \dot{U}_{CA}=\dot{U}_C$$

所以线电压等于相电压，相电压对称时，线电压也一定对称。

以上有关线电压和相电压的关系也适用于对称星形负载端和三角形负载端。

对称三相电源和三相负载中的线电流和相电流之间的关系叙述如下。

对于星形联结，线电流显然等于相电流，对三角形联结则不是如此。以图 12-2(b)所示三角形负载为例，设每相负载中的对称相电流分别为 $\dot{I}_{A'B'}$、$\dot{I}_{B'C'}(=a^2\dot{I}_{A'B'})$、$\dot{I}_{C'A'}(=a\dot{I}_{A'B'})$，3 个线电流依次分别为 $\dot{I}_A$、$\dot{I}_B$、$\dot{I}_C$，电流的参考方向如图所示。根据 KCL，有

$$\left.\begin{aligned}\dot{I}_A&=\dot{I}_{A'B'}-\dot{I}_{C'A'}=(1-a)\ \dot{I}_{A'B'}=\sqrt{3}\ \dot{I}_{A'B'}\angle -30^\circ\\ \dot{I}_B&=\dot{I}_{B'C'}-\dot{I}_{A'B'}=(1-a)\ \dot{I}_{B'C'}=\sqrt{3}\ \dot{I}_{B'C'}\angle -30^\circ\\ \dot{I}_C&=\dot{I}_{C'A'}-\dot{I}_{B'C'}=(1-a)\ \dot{I}_{C'A'}=\sqrt{3}\ \dot{I}_{C'A'}\angle -30^\circ\end{aligned}\right\}\tag{12-2}$$

另有 $\dot{I}_A+\dot{I}_B+\dot{I}_C=0$。所以，上述 3 个方程中，只有 2 个方程是独立的。线电流与对称相电流之间的关系，也可以用一种特殊的电流相量图表示，如图 12-3(b)所示，图中实线部分表示 $\dot{I}_A$ 的图解求法，其他线电流的图解求法类同。从图中可以看出，线电流与对称的三角形负载相电流之间的关系，可以用一个电流正三角形说明，相电流对称时，线电流也一定对称，它是相电流的$\sqrt{3}$倍，依次滞后 $\dot{I}_{A'B'}$、$\dot{I}_{B'C'}$、$\dot{I}_{C'A'}$的相位为 30°。实际计算时，只要计算出 $\dot{I}_A$，就可依次写出 $\dot{I}_B=a^2\dot{I}_A$，$\dot{I}_C=a\dot{I}_A$。

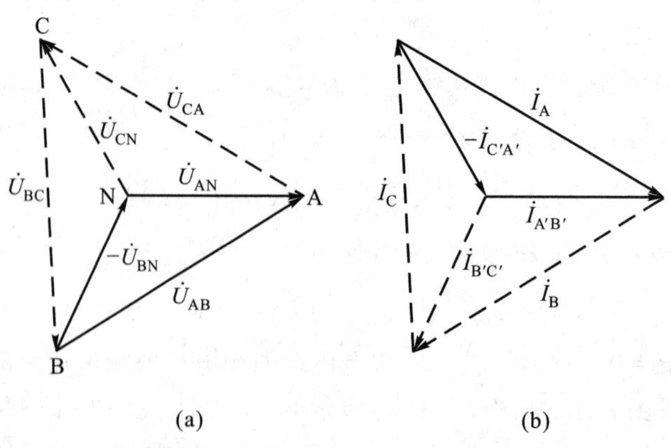

图 12-3 线值和相值之间的关系

上述分析方法也适用于三角形电源。

最后还必须指出，所有关于电压、电流的对称性以及上述对称相值和对称线值之间

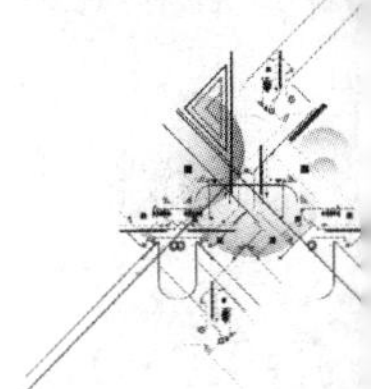

关系的论述，只能在指定的顺序和参考方向的条件下，才能以简单有序的形式表达出来，而不能任意设定（理论上可以），否则将会使问题的表述变得杂乱无序。

§12-3 对称三相电路的计算

对称三相电路的计算

对称三相电路是一类特殊类型的正弦电流电路。因此，分析正弦电流电路的相量法对对称三相电路完全适用。但本节根据对称三相电路的一些特点，来简化对称三相电路分析计算。

现在，以对称三相四线制电路为例来进行分析，如图 12-2(a)所示，其中 Z_1 为线路阻抗，Z_N 为中性线阻抗。N 和 N′为中性点。对于这种电路，一般可用节点法先求出中性点 N′与 N 之间的电压。以 N 为参考节点，可得

$$\left(\frac{1}{Z_N}+\frac{3}{Z+Z_1}\right)\dot{U}_{N'N}=\frac{1}{Z_1+Z}(\dot{U}_A+\dot{U}_B+\dot{U}_C)$$

由于 $\dot{U}_A+\dot{U}_B+\dot{U}_C=0$，所以 $\dot{U}_{N'N}=0$，各相电源和负载中的相电流等于线电流，它们是

$$\dot{I}_A=\frac{\dot{U}_A-\dot{U}_{N'N}}{Z+Z_1}=\frac{\dot{U}_A}{Z+Z_1}$$

$$\dot{I}_B=\frac{\dot{U}_B}{Z+Z_1}=a^2\dot{I}_A$$

$$\dot{I}_C=\frac{\dot{U}_C}{Z+Z_1}=a\dot{I}_A$$

可以看出，各线（相）电流独立，$\dot{U}_{N'N}=0$ 是各线（相）电流独立，彼此无关的必要和充分条件，所以，对称的 Y-Y 电路可分列为三个独立的单相电路。又由于三相电源、三相负载的对称性，所以线（相）电流构成对称组。因此，只要分析计算三相中的任一相，而其他两线（相）的电流就能按对称顺序写出。这就是对称的 Y-Y 三相电路归结为一相的计算方法。图 12-4 为一相计算电路（A 相）。注意，在一相计算电路中，连接 N、N′的短路线是 $\dot{U}_{N'N}=0$ 的等效线，与中性线阻抗 Z_N 无关。另外，中性线的电流为

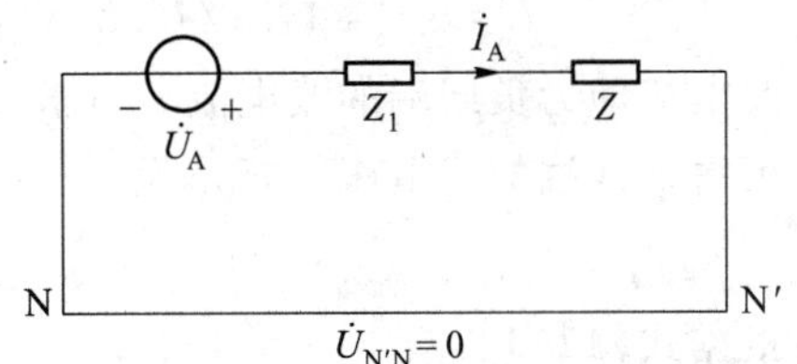

图 12-4 一相计算电路

$$\dot{I}_N=\dot{I}_A+\dot{I}_B+\dot{I}_C=0$$

这表明，对称的 Y-Y 三相电路，在理论上不需要中性线，可以移去。而在任一时刻，i_A、i_B、i_C 中至少有一个为负值，对应此负值电流的输电线则作为对称电流系统在该时刻的电流回线。

对于其他连接方式的对称三相电路，可以根据星形和三角形的等效互换，化成对称的 Y-Y 三相电路，然后用一相计算法求解。

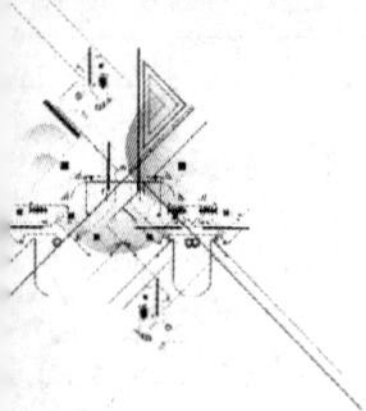

例 12-1　对称三相电路如图 12-2(a)所示,已知 $Z_1=(1+\mathrm{j}2)\ \Omega$,$Z=(5+\mathrm{j}6)\ \Omega$,$u_{AB}=380\sqrt{2}\cos(\omega t+30°)$ V。试求负载中各电流相量。

解　可设一组对称三相电压源与该组对称线电压对应。根据式(12-1)的关系,有

$$\dot{U}_A=\frac{\dot{U}_{AB}}{\sqrt{3}}\underline{/-30°}=220\underline{/0°}\ \mathrm{V}$$

据此可画出一相(A 相)计算电路,如图 12-4 所示。可以求得

$$\dot{I}_A=\frac{\dot{U}_A}{Z+Z_1}=\frac{220\underline{/0°}}{6+\mathrm{j}8}\ \mathrm{A}=22\underline{/-53.1°}\ \mathrm{A}$$

根据对称性可以写出

$$\dot{I}_B=a^2\dot{I}_A=22\underline{/-173.1°}\ \mathrm{A},\qquad \dot{I}_C=a\dot{I}_A=22\underline{/66.9°}\ \mathrm{A}$$

对称三相电路的相量图,可将 A 线(相)的相量图依序顺时针旋转 120°合成。

例 12-2　对称三相电路如图 12-2(b)所示。已知 $Z=(19.2+\mathrm{j}14.4)\ \Omega$,$Z_1=(3+\mathrm{j}4)\ \Omega$,对称线电压 $U_{AB}=380$ V。求负载端的线电压和线电流。

解　该电路可以变换为对称的 Y-Y 电路,如图 12-5 所示。图中 Z'为(三角形变换为星形)

$$Z'=\frac{Z}{3}=\frac{19.2+\mathrm{j}14.4}{3}\ \Omega=(6.4+\mathrm{j}4.8)\ \Omega$$

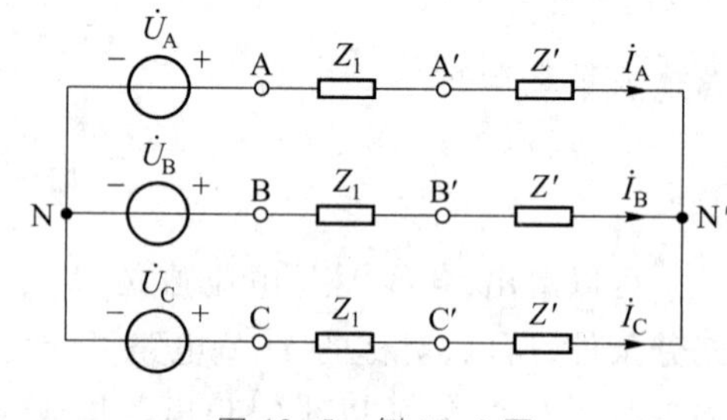

图 12-5　例 12-2 图

令 $\dot{U}_A=220\underline{/0°}$ V。根据一相计算电路有

$$\dot{I}_A=\frac{\dot{U}_A}{Z_1+Z'}=17.1\underline{/-43.2°}\ \mathrm{A}$$

而

$$\dot{I}_B=a^2\dot{I}_A=17.1\underline{/-163.2°}\ \mathrm{A}$$

$$\dot{I}_C=a\dot{I}_A=17.1\underline{/76.8°}\ \mathrm{A}$$

此电流即为负载端的线电流。再求出负载端的相电压,利用线电压与相电压的关系就可得负载端的线电压。$\dot{U}_{A'N'}$为

$$\dot{U}_{A'N'}=\dot{I}_AZ'=136.8\underline{/-6.3°}\ \mathrm{V}$$

根据式(12-1),有

$$\dot{U}_{A'B'}=\sqrt{3}\dot{U}_{A'N'}\underline{/30°}=236.9\underline{/23.7°}\ \mathrm{V}$$

根据对称性可写出

$$\dot{U}_{B'C'}=a^2\dot{U}_{A'B'}=236.9\underline{/-96.3°}\ \mathrm{V}$$

$$\dot{U}_{C'A'}=a\dot{U}_{A'B'}=236.9\underline{/143.7°}\ \mathrm{V}$$

根据负载端的线电压[如图 12-2(b)所示]可以求得负载中的相电流,有

$$\dot{I}_{A'B'}=\frac{\dot{U}_{A'B'}}{Z}=9.9\underline{/-13.2°}\ \mathrm{A}$$

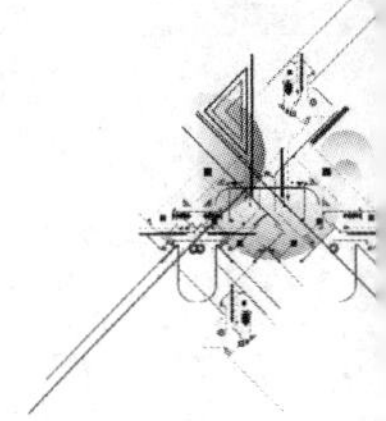

$$\dot{I}_{B'C'} = a^2\ \dot{I}_{A'B'} = 9.9\angle{-133.2^\circ}\ A$$

$$\dot{I}_{C'A'} = a\ \dot{I}_{A'B'} = 9.9\angle{106.8^\circ}\ A$$

也可以利用式(12-2)计算负载的相电流。

§12-4　不对称三相电路的概念

不对称三相电路的概念

在三相电路中，只要有一部分不对称就称为不对称三相电路，例如，对称三相电路的某一条端线断开，或某一相负载发生短路或开路，它就失去了对称性，成为不对称的三相电路。对于不对称三相电路的分析，一般情况下，不能引用上一节介绍的一相计算方法，而要用其他方法求解。本节只简要地介绍由于负载不对称而引起的一些特点。

图 12-6(a)的 Y-Y 联结电路中三相电源是对称的，但负载不对称。先讨论开关 S 打开(即不接中性线)时的情况。用节点电压法，可以求得节点电压 $\dot{U}_{N'N}$ 为

$$\dot{U}_{N'N} = \frac{\dot{U}_A Y_A + \dot{U}_B Y_B + \dot{U}_C Y_C}{Y_A + Y_B + Y_C}$$

由于负载不对称，一般情况下 $\dot{U}_{N'N} \neq 0$，即 N′点和 N 点电位不同了。从图 12-6(b)的相量关系可以清楚看出，N′点和 N 点不重合，这一现象称为中性点位移。在电源对称的情况下，可以根据中性点位移的情况判断负载端不对称的程度。当中性点位移较大时，会造成负载端的电压严重的不对称，从而可能使负载的工作不正常。另一方面，如果负载变动时，由于各相的工作相互关联，因此彼此都互有影响。

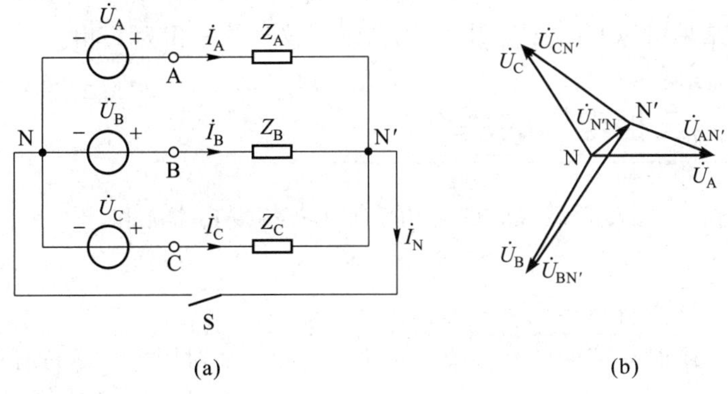

图 12-6　不对称三相电路

合上开关 S(接上中性线)，如果 $Z_N \approx 0$，则可强使 $\dot{U}_{N'N} = 0$。尽管电路是不对称，但在这个条件下，可强使各相保持独立性，各相的工作互不影响，因而各相可以分别独立计算。能确保各相负载在相电压下安全工作，这就克服了无中性线时引起的缺点。因此，在负载不对称的情况下中性线的存在是非常重要的，它能起到保证安全供电的作用。

由于线(相)电流的不对称，中性线的电流一般不为零，即

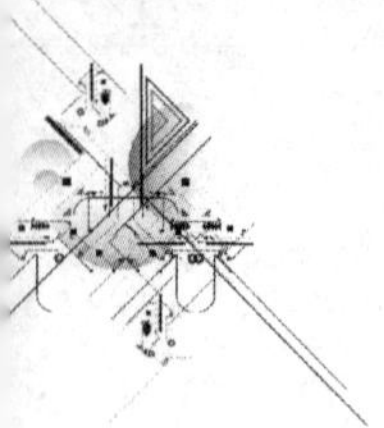

$$\dot{I}_{N}=\dot{I}_{A}+\dot{I}_{B}+\dot{I}_{C}\neq 0$$

例 12-3 图 12-6(a)所示电路中,若 $Z_{A}=-j\dfrac{1}{\omega C}$(电容),而 $Z_{B}=Z_{C}=R$,并且 $R=\dfrac{1}{\omega C}$,则电路是一种测定相序的仪器,称为相序指示器(图中电阻 R 用两个相同的白炽灯代替)。试说明在相电压对称的情况下,当 S 打开时,如何根据两个白炽灯的亮度确定电源的相序。

解 图 12-6(a)所示电路中性点电压 $\dot{U}_{N'N}$ 为

$$\dot{U}_{N'N}=\frac{j\omega C\dot{U}_{A}+G(\dot{U}_{B}+\dot{U}_{C})}{j\omega C+2G}$$

令 $\dot{U}_{A}=U\underline{/0^{\circ}}$ V,代入给定的参数关系后,有

$$\dot{U}_{N'N}=(-0.2+j0.6)U=0.63U\underline{/108.4^{\circ}}$$

B 相白炽灯承受的电压 $\dot{U}_{BN'}$ 为

$$\dot{U}_{BN'}=\dot{U}_{BN}-\dot{U}_{N'N}=1.5U\underline{/-101.5^{\circ}}$$

所以

$$U_{BN'}=1.5U$$

而

$$\dot{U}_{CN'}=\dot{U}_{CN}-\dot{U}_{N'N}=0.4U\underline{/133.4^{\circ}}$$

即

$$U_{CN'}=0.4U$$

根据上述结果可以判断:$U_{CN'}$ 最小,则白炽灯较暗的一相为 C 相。

三相电路的功率

§12-5 三相电路的功率

在三相电路中,三相负载吸收的复功率等于各相复功率之和,即

$$\bar{S}=\bar{S}_{A}+\bar{S}_{B}+\bar{S}_{C}$$

在对称的三相电路中有 $\bar{S}_{A}=\bar{S}_{B}=\bar{S}_{C}$,因而 $\bar{S}=3\bar{S}_{A}$。

三相电路的瞬时功率为各相负载瞬时功率之和。如对图 12-2(a)所示的对称三相电路,有

$$\begin{aligned}
p_{A}&=u_{AN}i_{A}=\sqrt{2}U_{AN}\cos(\omega t)\times\sqrt{2}I_{A}\cos(\omega t-\varphi)\\
&=U_{AN}I_{A}[\cos\varphi+\cos(2\omega t-\varphi)]\\
p_{B}&=u_{BN}i_{B}=\sqrt{2}U_{AN}\cos(\omega t-120^{\circ})\times\sqrt{2}I_{A}\cos(\omega t-\varphi-120^{\circ})\\
&=U_{AN}I_{A}[\cos\varphi+\cos(2\omega t-\varphi-240^{\circ})]\\
p_{C}&=u_{CN}i_{C}=\sqrt{2}U_{AN}\cos(\omega t+120^{\circ})\times\sqrt{2}I_{A}\cos(\omega t-\varphi+120^{\circ})\\
&=U_{AN}I_{A}[\cos\varphi+\cos(2\omega t-\varphi+240^{\circ})]
\end{aligned}$$

它们的和为

$$p=p_A+p_B+p_C=3U_{AN}I_A\cos\varphi=3P_A$$

此式表明,对称三相电路的瞬时功率是一个常量,其值等于平均功率。这是对称三相电路的一个优越的性能。习惯上把这一性能称为瞬时功率平衡。

在三相三线制电路中,不论对称与否,都可以使用两个功率表的方法测量三相功率(称为二瓦计法)。两个功率表的一种连接方式如图 12-7 所示。使线电流从 * 端分别流入两个功率表的电流线圈(图示为 $\dot{I}_A$, $\dot{I}_B$),它们的电压线圈的非 * 端共同接到非电流线圈所在的第 3 条端线上(图示为 C 端线)。可以看出,这种测量方法中功率表的接线只触及端线,而与负载和电源的连接方式无关。

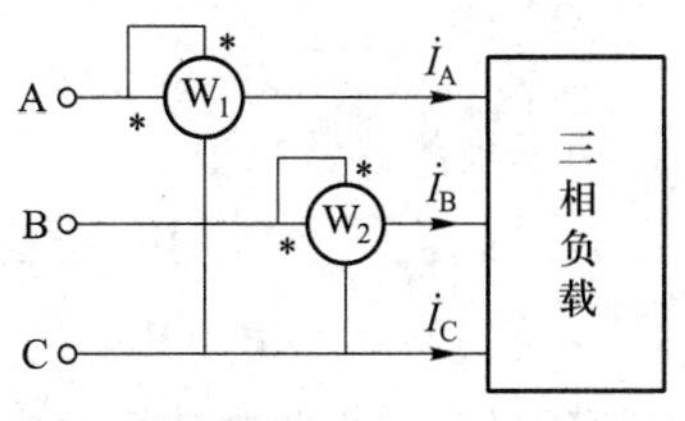

图 12-7 二瓦计法

可以证明图中两个功率表读数的代数和为三相三线制中右侧电路吸收的平均功率。

设两个功率表的读数分别用 P_1 和 P_2 表示,根据功率表的工作原理,有

$$P_1=\text{Re}[\dot{U}_{AC}\dot{I}_A^*],\quad P_2=\text{Re}[\dot{U}_{BC}\dot{I}_B^*]$$

所以

$$P_1+P_2=\text{Re}[\dot{U}_{AC}\dot{I}_A^*+\dot{U}_{BC}\dot{I}_B^*]$$

因为 $\dot{U}_{AC}=\dot{U}_A-\dot{U}_C$, $\dot{U}_{BC}=\dot{U}_B-\dot{U}_C$, $\dot{I}_A^*+\dot{I}_B^*=-\dot{I}_C^*$,代入上式有

$$\begin{aligned}P_1+P_2&=\text{Re}[\dot{U}_A\dot{I}_A^*+\dot{U}_B\dot{I}_B^*+\dot{U}_C\dot{I}_C^*]=\text{Re}[\bar{S}_A+\bar{S}_B+\bar{S}_C]\\&=\text{Re}[\bar{S}]\end{aligned}$$

而 $\text{Re}[\bar{S}]$则表示右侧三相负载的有功功率。在对称三相制中令 $\dot{U}_A=U_A\underline{/0^\circ}$, $\dot{I}_A=I_A\underline{/-\varphi}$,则有

$$\left.\begin{aligned}P_1&=\text{Re}[\dot{U}_{AC}\dot{I}_A^*]=U_{AC}I_A\cos(\varphi-30^\circ)\\P_2&=\text{Re}[\dot{U}_{BC}\dot{I}_B^*]=U_{BC}I_B\cos(\varphi+30^\circ)\end{aligned}\right\}\tag{12-3}$$

式中 φ 为负载的阻抗角。应当注意,在一定的条件下(例如 $|\varphi|>60^\circ$),两个功率表之一的读数可能为负,求代数和时该读数应取负值。一般来讲,单独一个功率表的读数是没有意义的。

不对称的三相四线制不能用二瓦计法测量三相功率,这是因为在一般情况下,$\dot{I}_A+\dot{I}_B+\dot{I}_C\neq0$。

例 12-4 若图 12-7 所示电路为对称三相电路,已知对称三相负载吸收的功率为 2.5 kW,功率因数 $\lambda=\cos\varphi=0.866$(感性),线电压为 380 V。求图中两个功率表的读数。

解 对称三相负载吸收的功率是一相负载所吸收功率的 3 倍,令 $\dot{U}_A=U_A\underline{/0^\circ}$, $\dot{I}_A=I_A\underline{/-\varphi}$,则

$$P=3\text{Re}[\dot{U}_A\dot{I}_A^*]=\sqrt{3}U_{AB}I_A\cos\varphi$$

求得电流 I_A 为

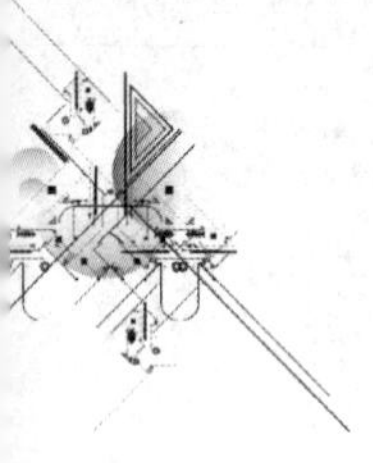

$$I_A=\frac{P}{\sqrt{3}U_{AB}\cos\varphi}=4.386\ \text{A}$$

又

$$\varphi=\arccos\lambda=30°(\text{感性})$$

则图中功率表相关的电压、电流相量为

$$\dot{I}_A=4.386\angle{-30°}\ \text{A},\ \dot{U}_{AC}=380\angle{-30°}\ \text{V}$$

$$\dot{I}_B=4.386\angle{-150°}\ \text{A},\ \dot{U}_{BC}=380\angle{-90°}\ \text{V}$$

则功率表的读数如下：

$$P_1=\text{Re}[\dot{U}_{AC}\dot{I}_A^*]=\text{Re}[380\times4.386\angle{0°}]\ \text{W}=1\,666.68\ \text{W}$$

$$P_2=\text{Re}[\dot{U}_{BC}\dot{I}_B^*]=\text{Re}[380\times4.386\angle{60°}]\ \text{W}=833.34\ \text{W}$$

其实，只要求得两个功率表之一的读数，另一功率表的读数等于负载的功率减去该表的读数，例如，求得 P_1 后，$P_2=P-P_1$。

我们已经学习了三相电路、变压器等内容，学习电路理论要与工程实际相结合，才能更牢固地掌握电路理论。学习者现在能够在学习电路理论的基础上，设计一个家庭的供电系统、一个居民小区的供电系统，或是设计一个工厂的供电系统。在设计过程中，对变压器容量选择、电表量程、导线和开关选择、电压损失、线路损耗、无功补偿进行深入讨论和思考，一方面加深对电路理论的理解和掌握，一方面增强实践动手能力。

在设计中，可能会碰到书本中没有提及的知识，需要自主学习，敢于创新，在解决问题的过程中锻炼自己发现问题、解决问题和综合应用知识的能力。如果是一个团队完成设计任务，则要做好顶层设计、合理分工，处理好个人与集体、局部与全局的关系，发挥集体优势，集思广益，相互协调，设计出考虑全面、符合实际的供电系统。

思考题

12-1　为什么现有电力系统采用三相制？

12-2　星形联结的三相电源和负载，如果中性线电流为零，能否表明三相电压源的相电压是对称的？

12-3　在实际的三相供电系统中，除了电动机外，很多负载是单相的，如何布置负载，可使三相负载尽可能对称？

12-4　当三相系统的负载不对称时，为什么还要保证三相电压尽可能对称？

12-5　对称三相电路的瞬时功率是常量，为什么还存在无功功率？

12-6　对于不对称的三相四线制系统，如何测量功率？

12-7　一般家庭或办公室都是使用单相交流电，但配电网却是三相交流电。试问，当一个住宅小区或一栋建筑的电源是三相交流电，如何使得进入各用户的是单相交

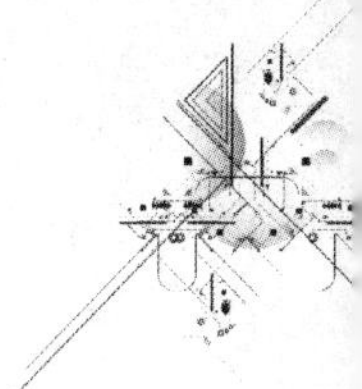

流电,而电源端看起来是一个对称的三相负载?

习 题

12-1 已知对称三相电路的星形负载阻抗 $Z=(165+\mathrm{j}84)\ \Omega$,端线阻抗 $Z_1=(2+\mathrm{j}1)\ \Omega$,中性线阻抗 $Z_N=(1+\mathrm{j}1)\ \Omega$,线电压 $U_1=380\ \mathrm{V}$。求负载端的电流和线电压,并作电路的相量图。

12-2 已知对称三相电路的线电压 $U_1=380\ \mathrm{V}$(电源端),三角形负载阻抗 $Z=(4.5+\mathrm{j}14)\ \Omega$,端线阻抗 $Z_1=(1.5+\mathrm{j}2)\ \Omega$。求线电流和负载的相电流,并作相量图。

12-3 将题 12-1 中负载 Z 改为三角形联结(无中性线)。比较两种连接方式中负载所吸收的复功率。

12-4 题 12-4 图所示对称三相耦合电路接于对称三相电源,电源频率为 50 Hz,线电压 $U_1=380\ \mathrm{V}$,$R=30\ \Omega$,$L=0.29\ \mathrm{H}$,$M=0.12\ \mathrm{H}$。求相电流和负载吸收的总功率。

12-5 题 12-5 图所示对称 Y-Y 三相电路中,电压表的读数为 1 143.16 V,$Z=(15+\mathrm{j}15\sqrt{3})\ \Omega$,$Z_1=(1+\mathrm{j}2)\ \Omega$。

(1) 求图中电流表的读数及线电压 U_{AB}。

(2) 求三相负载吸收的功率。

(3) 如果 A 相的负载阻抗等于零(其他不变),再求(1)和(2)。

(4) 如果 A 相负载开路,再求(1)和(2)。

(5) 如果加接零阻抗中性线 $Z_N=0$,则(3)和(4)将发生怎样的变化?

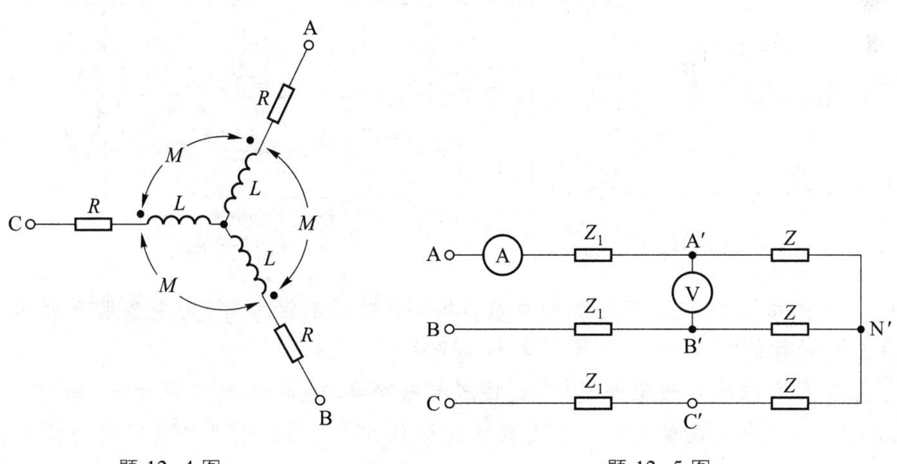

题 12-4 图 题 12-5 图

12-6 题 12-6 图所示对称三相电路中,$U_{A'B'}=380\ \mathrm{V}$,三相电动机吸收的功率为 1.4 kW,其功率因数 $\lambda=0.866$(滞后),$Z_1=-\mathrm{j}55\ \Omega$。求 U_{AB} 和电源端的功率因数 λ'。

12-7 题 12-7 图所示对称 Y-Δ 三相电路中,$U_{AB}=380\ \mathrm{V}$,图中功率表的读数为 W_1:782,W_2:1 976.44。求:

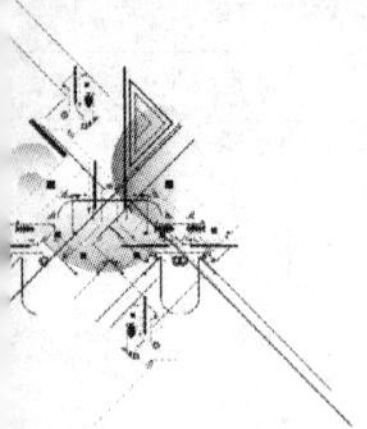

(1) 负载吸收的复功率 $\overline{S}$ 和阻抗 Z。

(2) 开关 S 打开后,功率表的读数。

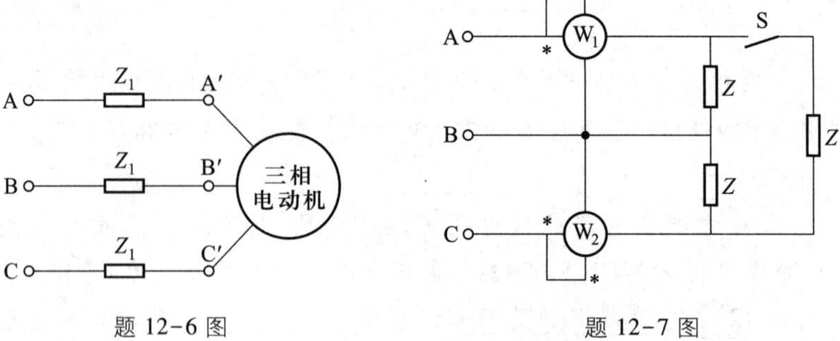

题 12-6 图　　　　题 12-7 图

12-8　题 12-8 图所示电路中,对称三相电源端的线电压 $U_1=380$ V,$Z=(50+\mathrm{j}50)\ \Omega$,$Z_1=(100+\mathrm{j}100)\ \Omega$,$Z_A$ 由 R、L、C 串联组成,$R=50\ \Omega$,$X_L=314\ \Omega$,$X_C=-264\ \Omega$。

(1) 求开关 S 打开时的线电流。

(2) 若用二瓦计法测量电源端三相功率,试画出接线图,并求两个功率表的读数(S 闭合时)。

12-9　题 12-9 图所示电路中,电源为对称三相电源。

(1) L、C 满足什么条件时,线电流对称?

(2) 若 $R=\infty$(开路),再求线电流。

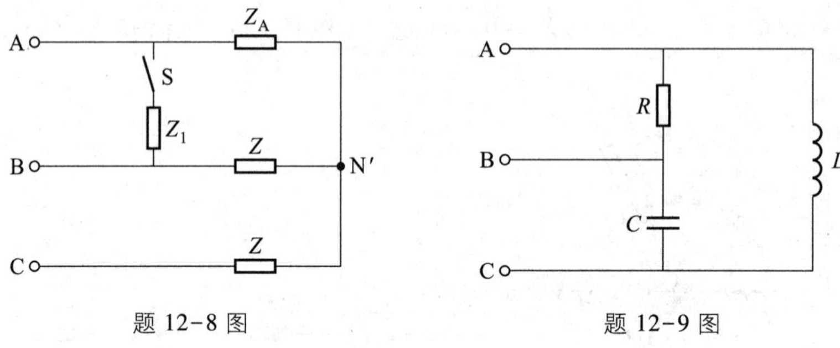

题 12-8 图　　　　题 12-9 图

12-10　已知对称三相电路中的线电压为 380 V,$f=50$ Hz,负载吸收的功率为 2.4 kW(参阅图 12-7),功率因数为 0.4(感性)。

(1) 求两个功率表的读数(用二瓦计法测量功率时)。

(2) 怎样才能使负载端的功率因数提高到 0.8? 并再求出两个功率表的读数。

12-11　题 12-11 图所示三相(四线)制电路中,$Z_1=-\mathrm{j}10\ \Omega$,$Z_2=(5+\mathrm{j}12)\ \Omega$,对称三相电源的线电压为 380 V,图中电阻 R 吸收的功率为 24 200 W(S 闭合时)。

(1) 求开关 S 闭合时图中各表的读数。根据功率表的读数能否求得整个负载吸收的总功率?

(2) 开关 S 打开时图中各表的读数有无变化,功率表的读数有无意义?

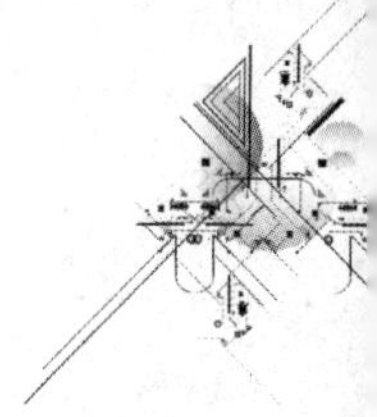

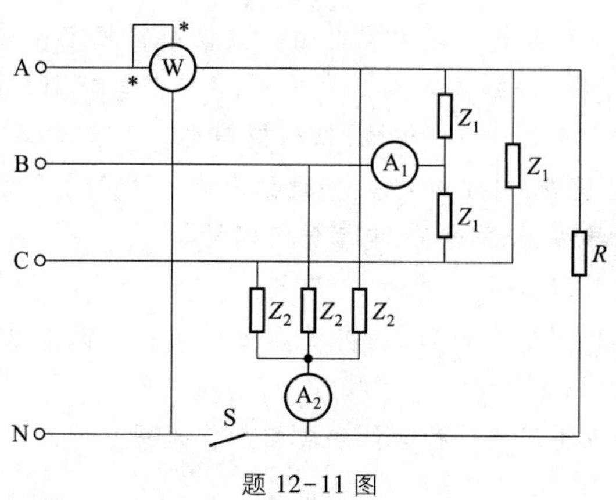

题 12-11 图

12-12 题 12-12 图所示为对称三相电路，线电压为 380 V，$R=200\ \Omega$，负载吸收的无功功率为 $1\ 520\sqrt{3}$ var。试求：

(1) 各线电流。

(2) 电源发出的复功率。

12-13 题 12-13 图所示为对称三相电路，线电压为 380 V，相电流 $I_{A'B'}=2\text{A}$。求图中功率表的读数。

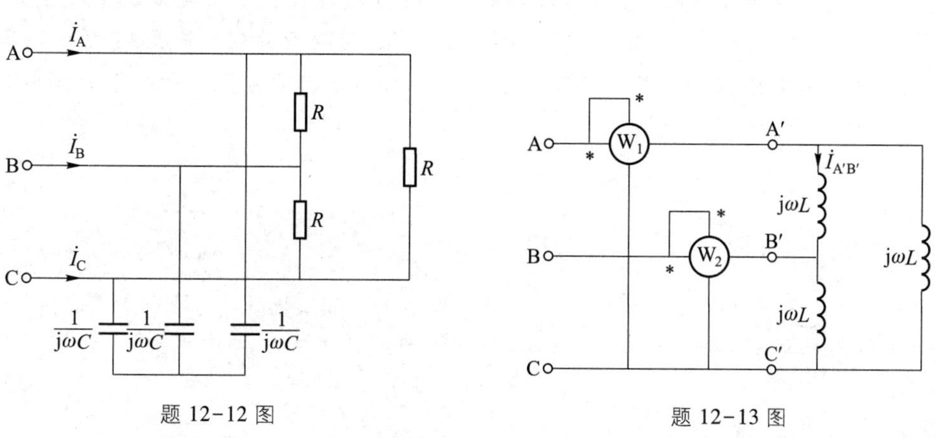

题 12-12 图　　题 12-13 图

12-14 题 12-14 图所示电路中的 $\dot{U}_s$ 是频率 $f=50$ Hz 的正弦电压源。若要使 $\dot{U}_{ao}$、$\dot{U}_{bo}$、$\dot{U}_{co}$ 构成对称三相电压，R、L、C 之间应当满足什么关系？设 $R=20\ \Omega$，求 L 和 C 的值。

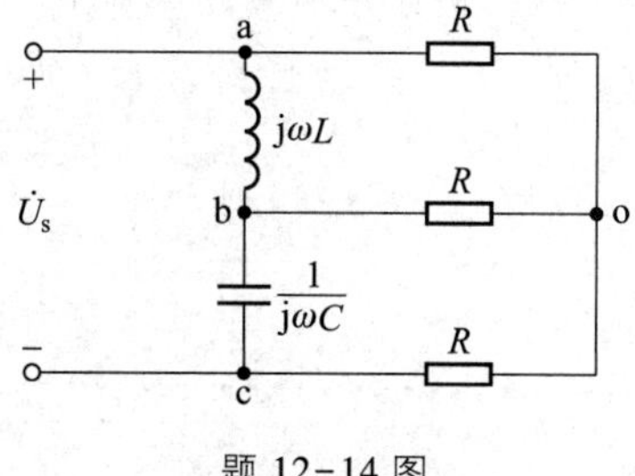

题 12-14 图

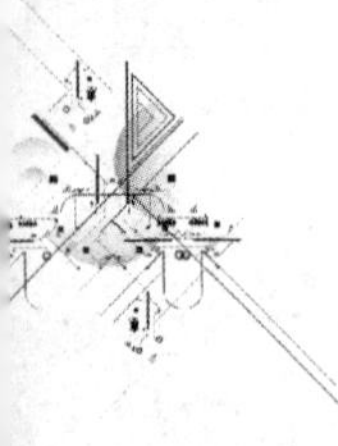

*12-15　试设计一个居民小区的配电站。假设小区住宅楼楼层分别为 18 层、24 层、32 层等，各有若干栋。每栋楼有 2~3 个单元，住宅户型有 105 m^2、120 m^2、140 m^2 三种。请读者自己给出小区共有多少栋楼，每栋楼各类户型有多少套。参考第一章习题 1-19 的家用电器用电量表，综合如下因素，设计出该小区共需多大容量的变压器、各住户导线及变压器出线导线、开关容量、电容器组容量等。

(1) 各栋楼的位置，配电站的位置。

(2) 除了居民家中用电负荷外，还要考虑公用负荷。例如每个单元需 1~2 部电梯，楼道和小区照明设施等。

(3) 不能简单将家中用电设备容量直接相加作为用户的总负荷，要考虑同时率的问题。

(4) 小区配电室是三相电源，但用户家中负荷基本上是单相负荷。应考虑三相电源如何分配至各楼层的用户，以尽可能满足三相负载对称的要求。

(5) 功率因数提高，确定电容器组的容量。

(6) 可能的用电设施的故障。

(7) 根据自定的设计目标，确定变压器容量的计算值，再通过查阅设计手册，确定实际变压器的型号和台数。

第十二章部分习题答案

*12-16　选定一个大的工业用户，工业用户的特点是大多数负荷为三相对称负载，但车间和办公区的照明等少量负荷是单相的，根据所选企业的生产情况，包括生产车间用电设备、公用电梯、照明、中央空调等用电设备，设计所选企业配电所的变压器和电容器组的容量和台数。

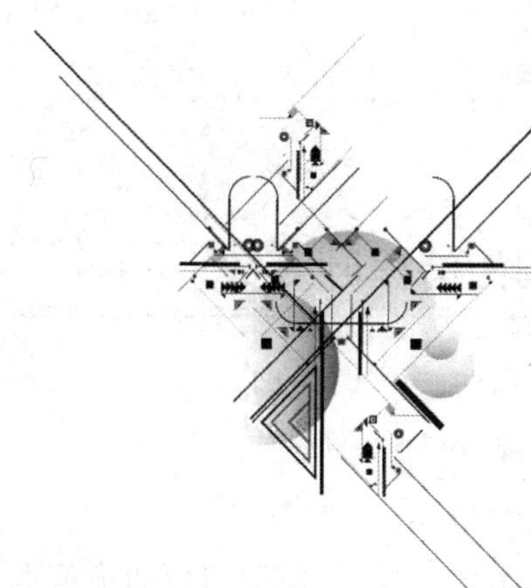

第十三章 非正弦周期电流电路和信号的频谱

导读

在生产实践和科学实验中,通常会遇到按非正弦规律变化的电源和电信号。另外,如果电路存在非线性元件,即使在正弦电源的作用下,电路中也将产生非正弦周期的电压和电流。

非正弦电流、电压又可分为周期的和非周期的两种。本章主要讨论在非正弦周期电源或电信号的作用下,线性电路的稳态分析和计算方法,并简要地介绍信号频谱的初步概念。首先应用数学中的傅里叶级数(傅氏级数)展开方法,将非正弦周期电压、电流或电信号分解为一系列频率为周期函数频率的正整数倍的正弦量之和表示的无穷级数,再根据线性电路的叠加定理,分别计算每一频率的正弦量单独作用下在电路中产生的同频正弦电流分量和电压分量;把所得分量按时域形式叠加,就可以得到电路在非正弦周期激励下的稳态电流和电压。这种方法称为谐波分析法。最后,将谐波分析法推广用于非正弦非周期信号的分析,简单介绍傅里叶变换。

§13-1 非正弦周期信号

非正弦周期信号

在生产实践和科学实验中,通常会遇到按非正弦规律变化的电源和信号。例如,通信工程方面传输的各种信号,如收音机、电视机收到的信号电压或电流,它们的波形都是非正弦波。在自动控制、电子计算机等技术领域中用到的脉冲信号也都是非正弦波。本章表13-1所示非正弦周期波形都是工程中常见的例子。

另外,如果电路存在非线性元件,即使在正弦电源的作用下,电路中也将产生非正弦周期的电压和电流。

非正弦电流、电压又可分为周期的和非周期的两种。本章主要讨论在非正弦周期电源或信号的作用下,线性电路的稳态分析和计算方法,并简要地介绍信号频谱的初步概念。

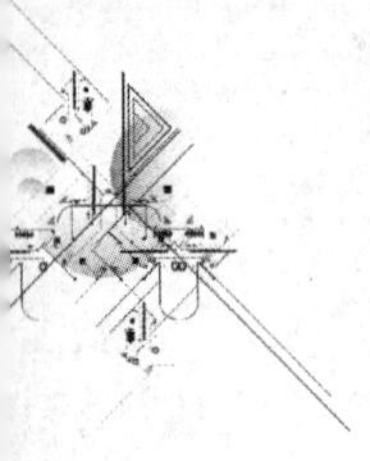

§13-2　非正弦周期函数分解为傅里叶级数

非正弦周期电流、电压、信号等都可以用周期函数表示，即

$$f(t)=f(t+nT)$$

式中 T 为周期函数 $f(t)$ 的周期，n 为自然数 0，1，2，…。

如果给定的周期函数 $f(t)$ 满足狄里赫利条件，即（1）周期函数的极值点的数目为有限个；（2）间断点的数目为有限个；（3）在一个周期内绝对可积，即有

$$\int_0^T |f(t)|\mathrm{d}t<\infty \text{（有界）}$$

它就能展开成一个收敛的傅里叶级数，即

$$\begin{aligned}f(t)&=\frac{a_0}{2}+[a_1\cos(\omega_1 t)+b_1\sin(\omega_1 t)]+[a_2\cos(2\omega_1 t)+b_2\sin(2\omega_1 t)]+\cdots+\\&\quad[a_k\cos(k\omega_1 t)+b_k\sin(k\omega_1 t)]+\cdots\\&=\frac{a_0}{2}+\sum_{k=1}^{\infty}[a_k\cos(k\omega_1 t)+b_k\sin(k\omega_1 t)]\end{aligned}\tag{13-1}$$

式(13-1)中，a_k 项为偶函数，b_k 项为奇函数。还可合并成另一种形式（式中 $\omega_1=\dfrac{2\pi}{T}$）

$$\begin{aligned}f(t)&=\frac{A_0}{2}+A_{1\mathrm{m}}\cos(\omega_1 t+\phi_1)+A_{2\mathrm{m}}\cos(2\omega_1 t+\phi_2)+\cdots+\\&\quad A_{k\mathrm{m}}\cos(k\omega_1 t+\phi_k)+\cdots\\&=\frac{A_0}{2}+\sum_{k=1}^{\infty}A_{k\mathrm{m}}\cos(k\omega_1 t+\phi_k)\end{aligned}\tag{13-2}$$

不难得出上述两种形式系数之间有如下关系：

$$a_0=A_0$$

$$a_k=A_{k\mathrm{m}}\cos\phi_k$$

$$b_k=-A_{k\mathrm{m}}\sin\phi_k$$

$$A_{k\mathrm{m}}=\sqrt{a_k^2+b_k^2}$$

$$\phi_k=\arctan\left(\frac{-b_k}{a_k}\right)$$

$$A_{k\mathrm{m}}\mathrm{e}^{\mathrm{j}\phi_k}=a_k-\mathrm{j}b_k$$

傅里叶级数是一个无穷三角级数。式(13-2)的第 1 项 $\dfrac{A_0}{2}$ 称为周期函数 $f(t)$ 的恒

定分量（或直流分量）；第 2 项（$k=1$）$A_{1m}\cos(\omega_1 t+\phi_1)$ 称为 1 次谐波（或基波分量），其周期或频率与原周期函数 $f(t)$ 相同，其他各项（$k>1$）统称为高次谐波，即 2 次、3 次、4 次、…谐波。这种将一个周期函数展开或分解为一系列谐波之和的傅里叶级数称为谐波分析。

式（13-1）中的系数，可按下列积分获得：

$$\frac{1}{T}\int_0^T f(t)\cos(n\omega_1 t)\,\mathrm{d}t=\frac{1}{T}\int_0^T\left\{\frac{a_0}{2}+\sum\left[a_k\cos(k\omega_1 t)+b_k\sin(k\omega_1 t)\right]\right\}\cos(n\omega_1 t)\,\mathrm{d}t$$

$$\frac{1}{T}\int_0^T f(t)\sin(n\omega_1 t)\,\mathrm{d}t=\frac{1}{T}\int_0^T\left\{\frac{a_0}{2}+\sum\left[a_k\cos(k\omega_1 t)+b_k\sin(k\omega_1 t)\right]\right\}\sin(n\omega_1 t)\,\mathrm{d}t$$

当 $n\neq k$ 时，上述积分全为零，当 $n=k$ 时，第 1 积分式中只有 a_k 项（偶函数）积分不为零，第 2 积分式中只有 b_k 项（奇函数）不为零，因此可获得求解 a_k、b_k 的下列积分公式：

$$\left.\begin{aligned}
a_k&=\frac{2}{T}\int_0^T f(t)\cos(k\omega_1 t)\,\mathrm{d}t=\frac{2}{T}\int_{-\frac{T}{2}}^{\frac{T}{2}} f(t)\cos(k\omega_1 t)\,\mathrm{d}t\\
&=\frac{1}{\pi}\int_0^{2\pi} f(t)\cos(k\omega_1 t)\,\mathrm{d}(\omega_1 t)=\frac{1}{\pi}\int_{-\pi}^{\pi} f(t)\cos(k\omega_1 t)\,\mathrm{d}(\omega_1 t)\\
b_k&=\frac{2}{T}\int_0^T f(t)\sin(k\omega_1 t)\,\mathrm{d}t=\frac{2}{T}\int_{-\frac{T}{2}}^{\frac{T}{2}} f(t)\sin(k\omega_1 t)\,\mathrm{d}t\\
&=\frac{1}{\pi}\int_0^{2\pi} f(t)\sin(k\omega_1 t)\,\mathrm{d}(\omega_1 t)=\frac{1}{\pi}\int_{-\pi}^{\pi} f(t)\sin(k\omega_1 t)\,\mathrm{d}(\omega_1 t)\\
A_{km}\mathrm{e}^{\mathrm{j}\phi_k}&=a_k-\mathrm{j}b_k=\frac{2}{T}\int_0^T f(t)\,\mathrm{e}^{-\mathrm{j}k\omega_1 t}\,\mathrm{d}t
\end{aligned}\right\}\qquad(13-3)$$

上述计算公式中 $k=0,1,2,\cdots$。

为了直观、形象地表示一个周期函数分解为傅氏级数后包含哪些频率分量以及各分量所占“比重”，用线段的高度表示各次谐波振幅，画出 $A_{km}-k\omega_1$ 的图形，如图 13-1 所示。这种图形称为 $f(t)$ 的频谱（图）。这种频谱只表示各谐波分量的振幅，所以称为幅度频谱。如果用同样的方法画出 $\phi_k-k\omega_1$ 的图形就可以得到相位频谱。如无特别说明，一般所说频谱是专指幅度频谱而言。由于各谐波的角频率是 ω_1 的正整数倍，所以这种频谱是离散的，有时又称为线频谱。频谱图提供一种从谐波的幅度和谱线密度两个方面研究函数 $f(t)$ 的频率特性的图像方法。函数 $A_{km}\mathrm{e}^{\mathrm{j}\phi_k}$ 就称为频谱函数。

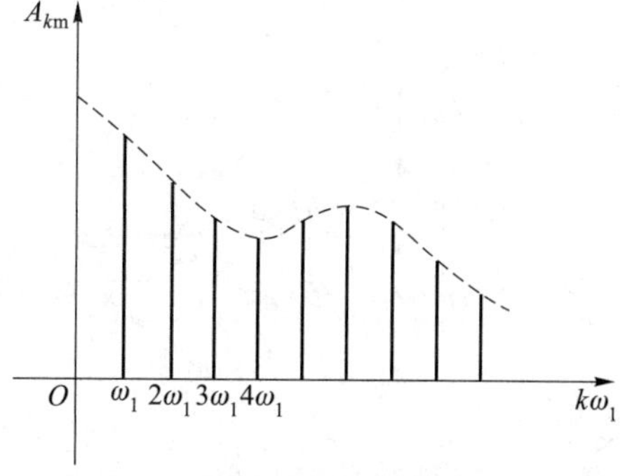

图 13-1　幅度频谱

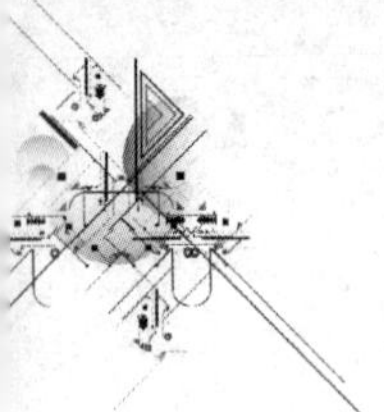

例 13-1 求图 13-2(a)所示周期性矩形信号 $f(t)$ 的傅里叶级数展开式及其频谱。

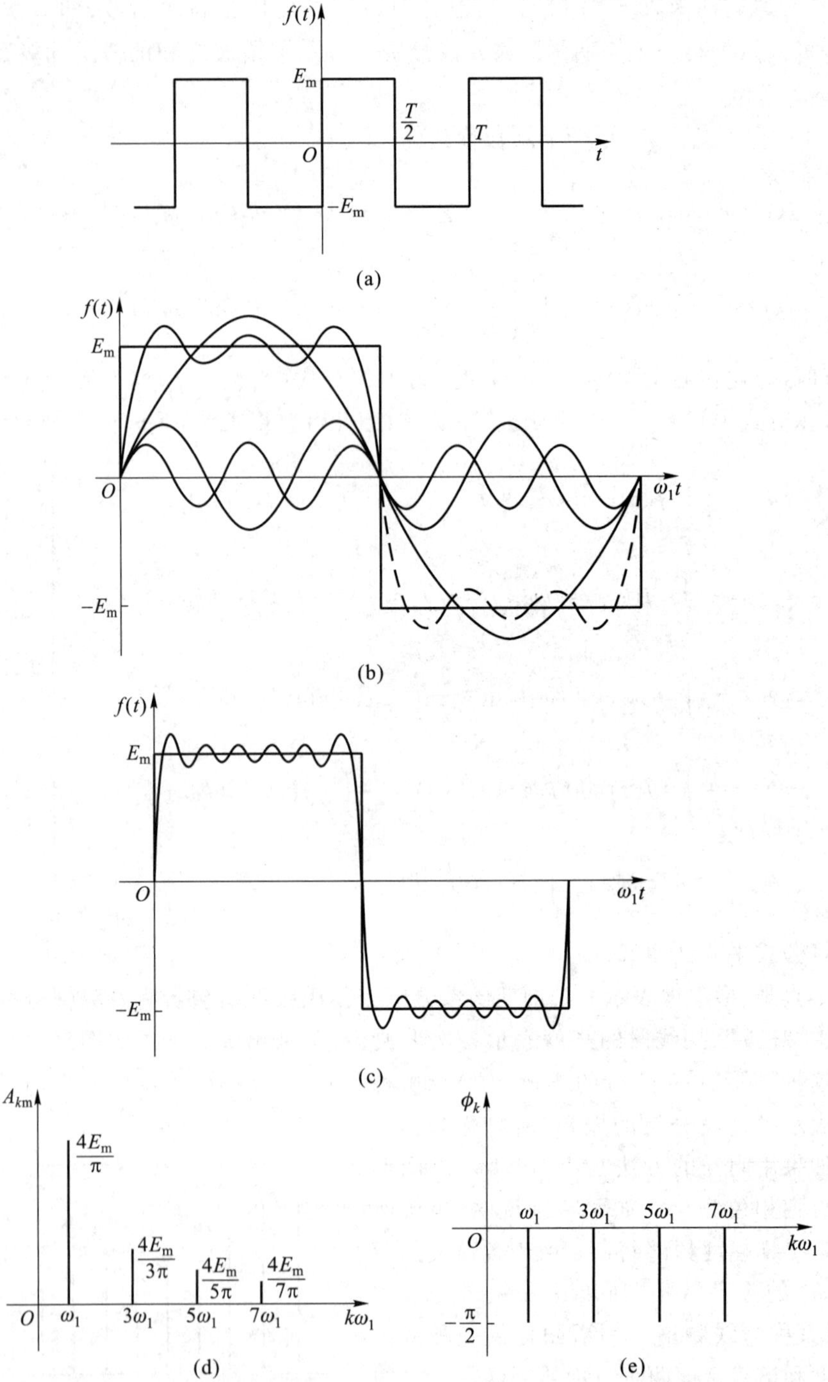

图 13-2 矩形波及其频谱

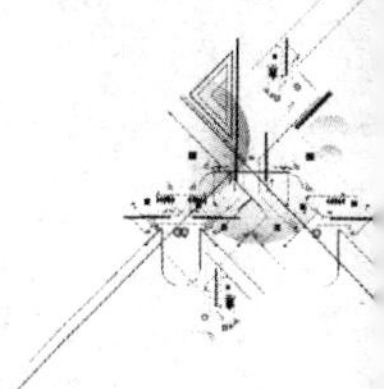

解　$f(t)$在第一个周期内的表达式为

$$\begin{cases} f(t)=E_{\mathrm{m}} & 0\leqslant t\leqslant \dfrac{T}{2} \\ f(t)=-E_{\mathrm{m}} & \dfrac{T}{2}\leqslant t\leqslant T \end{cases}$$

根据式(13-3)求得所需要的系数为

$$\begin{aligned} A_{k\mathrm{m}}\mathrm{e}^{\mathrm{j}\phi_k} &= a_k-\mathrm{j}b_k=\frac{2}{T}\int_0^T f(t)\,\mathrm{e}^{-\mathrm{j}k\omega_1 t}\mathrm{d}t \\ &=\frac{2}{T}\left[\int_0^{\frac{T}{2}} E_{\mathrm{m}}\mathrm{e}^{-\mathrm{j}k\omega_1 t}\mathrm{d}t-\int_{\frac{T}{2}}^{T} E_{\mathrm{m}}\mathrm{e}^{-\mathrm{j}k\omega_1 k}\mathrm{d}t\right] \\ &=\frac{E_{\mathrm{m}}}{-\mathrm{j}k\pi}[\mathrm{e}^{-\mathrm{j}k\pi}-1-\mathrm{e}^{-\mathrm{j}2k\pi}+\mathrm{e}^{-\mathrm{j}k\pi}] \\ &=\frac{E_{\mathrm{m}}}{\mathrm{j}k\pi}(1-\mathrm{e}^{-\mathrm{j}k\pi})^2 \end{aligned}$$

当 k 为偶数时，上述结果为零，当 k 为奇数时，上述结果为

$$A_{k\mathrm{m}}\mathrm{e}^{\mathrm{j}\phi_k}=\frac{4E_{\mathrm{m}}}{\mathrm{j}k\pi}$$

即

$$A_{k\mathrm{m}}=\frac{4E_{\mathrm{m}}}{k\pi},\quad \phi_k=-90^\circ$$

由此求得

$$f(t)=\frac{4E_{\mathrm{m}}}{\pi}\left[\sin(\omega_1 t)+\frac{1}{3}\sin(3\omega_1 t)+\frac{1}{5}\sin(5\omega_1 t)+\cdots\right]$$

图 13-2(b)中虚线所示曲线是取展开式中前 3 项，即取到 5 次谐波时画出的合成曲线。图 13-2(c)是取到 11 次谐波时合成的曲线。比较两个图形可见，谐波项数取得越多，合成曲线就越接近于原来的波形。图 13-2(d)(e)为 $f(t)$ 的频谱。

表 13-1 是工程中常用到的几个典型的周期函数的傅里叶级数展开式。

表 13-1

$f(t)$ 的波形图	$f(t)$ 分解为傅里叶级数	A（有效值）	A_{av}（平均值）
$f(t)$, A_{m}, O, $\frac{T}{2}$, T, t	$f(t)=A_{\mathrm{m}}\cos(\omega_1 t)$	$\dfrac{A_{\mathrm{m}}}{\sqrt{2}}$	$\dfrac{2A_{\mathrm{m}}}{\pi}$

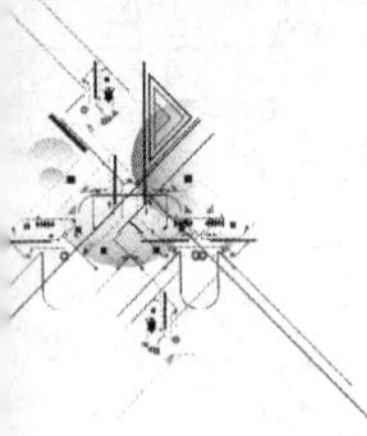

续表

$f(t)$的波形图	$f(t)$分解为傅里叶级数	A（有效值）	A_{av}（平均值）
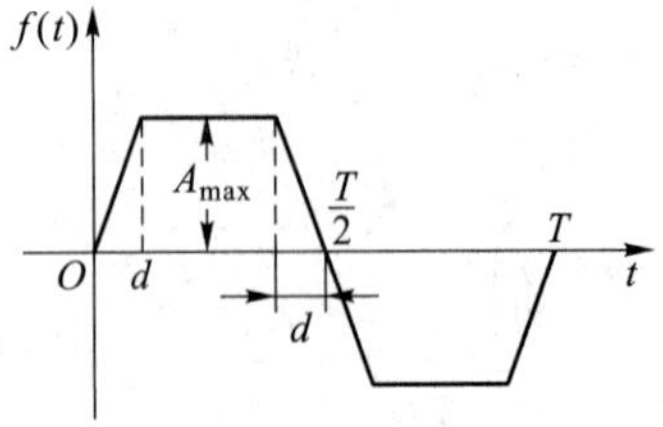	$f(t)=\frac{4A_{max}}{a\pi}\left[\sin a\sin(\omega_1 t)+\frac{1}{9}\sin(3a)\sin(3\omega_1 t)+\frac{1}{25}\sin(5a)\sin(5\omega_1 t)+\cdots+\frac{1}{k^2}\sin(ka)\sin(k\omega_1 t)+\cdots\right]$ $\left(式中\ a=\frac{2\pi d}{T},k\ 为奇数\right)$	$A_{max}\sqrt{1-\frac{4a}{3\pi}}$	$A_{max}\left(1-\frac{a}{\pi}\right)$
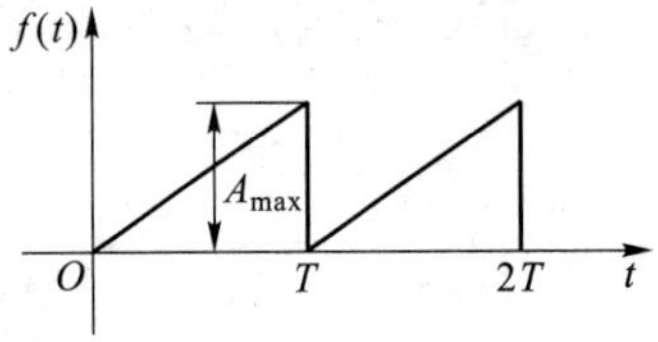	$f(t)=A_{max}\left\{\frac{1}{2}-\frac{1}{\pi}\left[\sin(\omega_1 t)+\frac{1}{2}\sin(2\omega_1 t)+\frac{1}{3}\sin(3\omega_1 t)+\cdots\right]\right\}$	$\frac{A_{max}}{\sqrt{3}}$	$\frac{A_{max}}{2}$
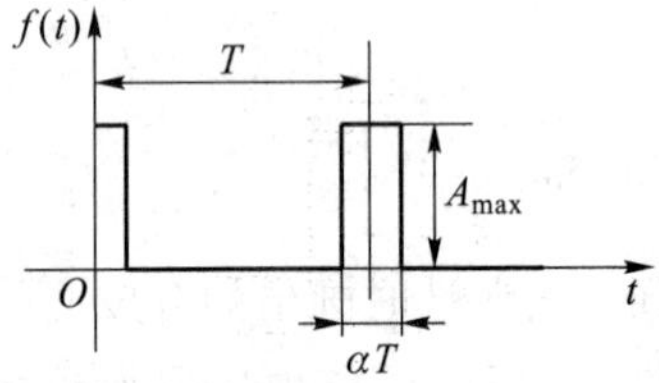	$f(t)=A_{max}\left\{\alpha+\frac{2}{\pi}\left[\sin(\alpha\pi)\cdot\cos(\omega_1 t)+\frac{1}{2}\sin(2\alpha\pi)\cdot\cos(2\omega_1 t)+\frac{1}{2}\sin(3\alpha\pi)\cdot\cos(3\omega_1 t)+\cdots\right]\right\}$	$\sqrt{\alpha}A_{max}$	αA_{max}
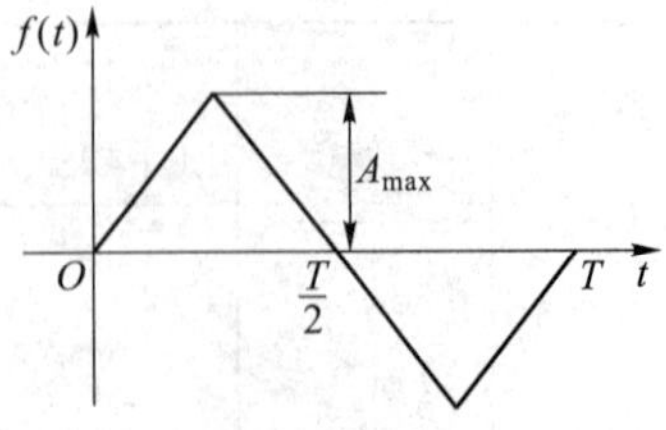	$f(t)=\frac{8A_{max}}{\pi^2}\left[\sin(\omega_1 t)-\frac{1}{9}\sin(3\omega_1 t)+\frac{1}{25}\sin(5\omega_1 t)-\cdots+\frac{(-1)^{\frac{k-1}{2}}}{k^2}\sin(k\omega_1 t)+\cdots\right]$ （k 为奇数）	$\frac{A_{max}}{\sqrt{3}}$	$\frac{A_{max}}{2}$

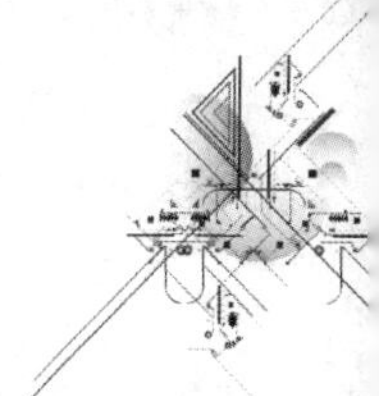

续表

$f(t)$的波形图	$f(t)$分解为傅里叶级数	A （有效值）	A_{av} （平均值）
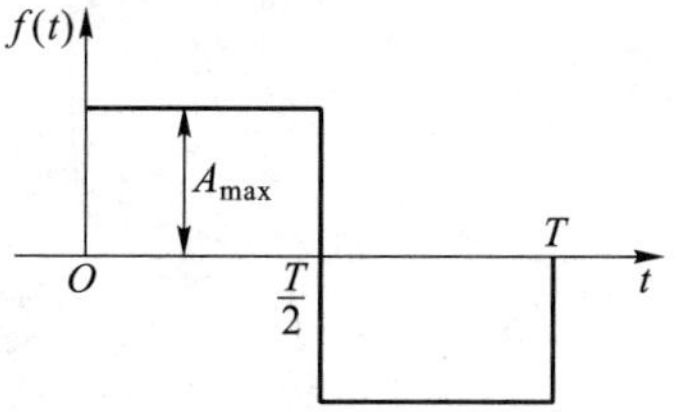	$f(t)=\frac{4A_{max}}{\pi}\left[\sin(\omega_1 t)+\frac{1}{3}\sin(3\omega_1 t)+\frac{1}{5}\sin(5\omega_1 t)+\cdots+\frac{1}{k}\sin(k\omega_1 t)+\cdots\right]$ （k为奇数）	A_{max}	A_{max}
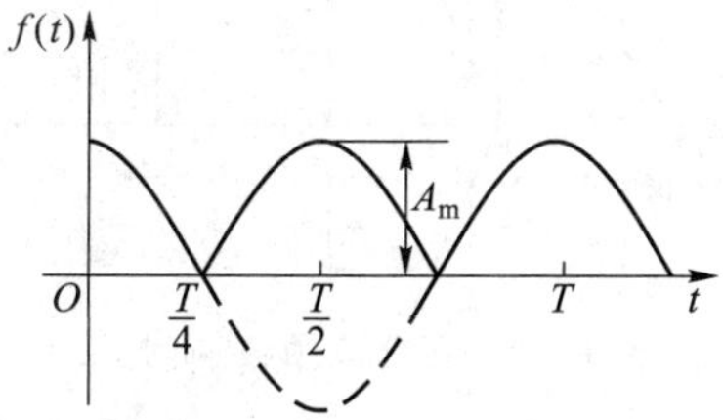	$f(t)=\frac{4A_{max}}{\pi}\left[\frac{1}{2}+\frac{1}{1\times3}\cdot\cos(2\omega_1 t)-\frac{1}{3\times5}\cos(4\omega_1 t)+\frac{1}{5\times7}\cos(6\omega_1 t)-\cdots\right]$	$\frac{A_m}{\sqrt{2}}$	$\frac{2A_m}{\pi}$

电工技术中遇到的周期函数常具有某种对称性，利用函数的对称性可使系数 a_k、b_k 的求解简化。

图 13-3 所示偶函数有纵轴对称的性质，即

$$f(t)=f(-t)$$

故

$$b_k=0,\quad \phi_k=0$$

即级数展开式中不含 sine 项（奇函数）。

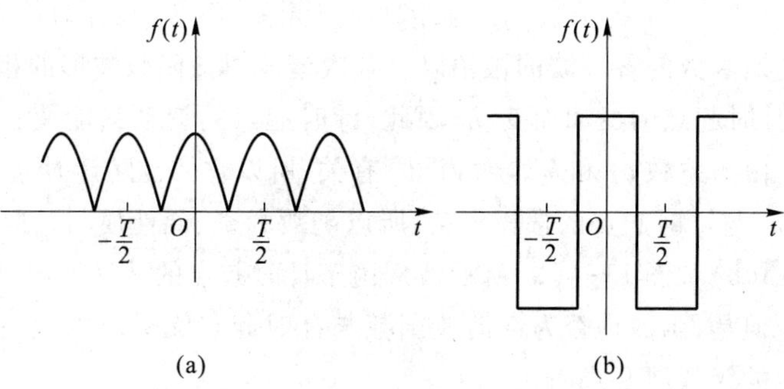

图 13-3　偶函数的例子

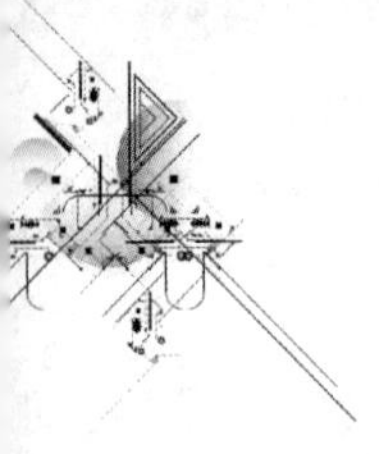

图 13-4 所示奇函数有原点对称的性质，即

$$f(t)=-f(-t)$$

故

$$a_k=0$$

即级数展开式中不含 cosine 项（偶函数）。

图 13-5 所示奇谐波函数有镜像对称性质，即该波形移动半周期后与横轴对称（如图 13-5 中虚线所示）。

$$f(t)=-f\left(t+\frac{T}{2}\right)$$

故

$$a_{2k}=b_{2k}=0$$

即级数展开式中不含偶次谐波。

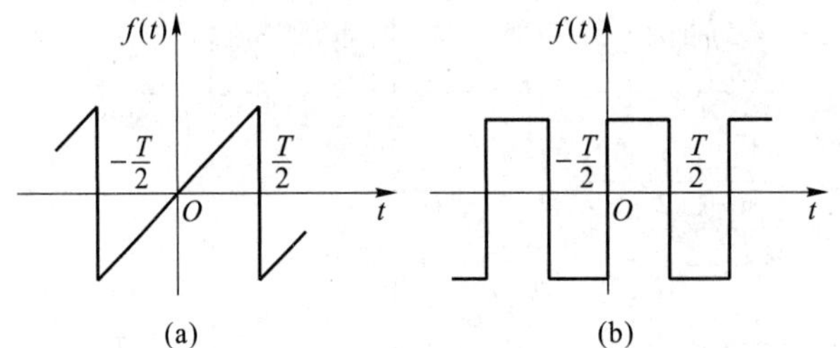

图 13-4 奇函数的例子

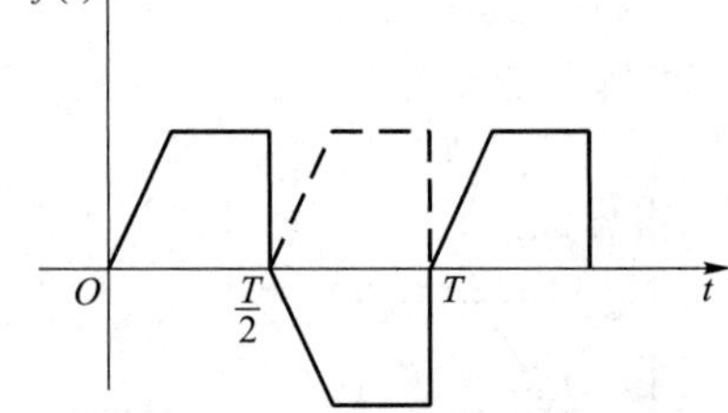

图 13-5 奇谐波函数的例子

任意一个非正弦周期函数 $f(t)$，不管其奇偶性如何，都可以分解为一个偶函数 $f_e(t)$（偶部）与一个奇函数 $f_o(t)$（奇部）之和，即有

$$f(t)=f_e(t)+f_o(t)$$

并有

$$f_e(t)=\frac{1}{2}[f(t)+f(-t)]$$

$$f_o(t)=\frac{1}{2}[f(t)-f(-t)]$$

应当指出式（13-2）中的系数 A_{km} 与计时起点无关，而 ϕ_k 与计时起点有关，这是因为构成非正弦周期函数的各谐波的振幅以及各次谐波对该函数波形的相对位置总是一定的，并不会因计时起点的变动而变动；因此，计时起点的变动只能使各次谐波的初相作相应地改变。由于系数 a_k 和 b_k 与初相 ϕ_k 有关，所以它们也随计时起点变动而改变。

由于 a_k 和 b_k 与计时起点的选择有关，所以函数的奇、偶性质与计时起点的选择有关，例如，图 13-3（b）和图 13-4（b）所示波形由于计时起点的选择不同，所以函数的奇、偶性质也不同。但是，函数是否为奇谐波函数与计时起点无关。因此适当选择计时起点有时会使函数的级数展开式简化。

傅里叶级数是一个无穷级数，因此把一个非正弦周期函数分解为傅里叶级数后，从理论上讲，必须取无穷多项方能准确地代表原有函数。从实际运算看，只能截取有限的

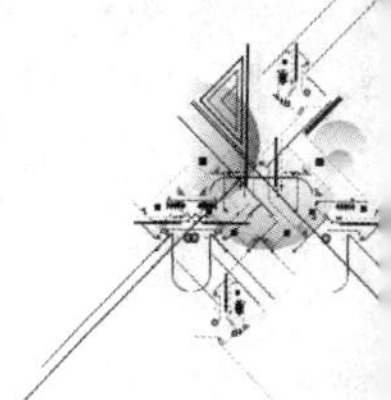

项数,因此就产生了误差问题。截取项数的多少,要根据级数的收敛速度和电路的频率特性两个方面的情况来定。级数收敛的快慢问题可定性地判断;通常,函数的波形越光滑和越接近于正弦形(相继项系数的比值越小),其展开级数就收敛得越快(可以分析表 13-1 所列各种函数)。而像例 13-1(a)所示矩形波,其级数的收敛较慢。例如,如取 $\omega_1 t=\frac{\pi}{2}$,或 $t=\frac{T}{4}$,则

$$f\left(\frac{T}{4}\right)=\frac{4E_{\mathrm{m}}}{\pi}\left(1-\frac{1}{3}+\frac{1}{5}-\frac{1}{7}+\frac{1}{9}-\frac{1}{11}+\cdots\right)$$

当取无穷多项时,将有 $f\left(\frac{T}{4}\right)=E_{\mathrm{m}}$,这是准确值。但是如取到 11 次谐波时,合成的结果约为 $0.95E_{\mathrm{m}}$;取到 13 次谐波时约为 $1.05E_{\mathrm{m}}$;取到 35 次谐波时,将得 $0.98E_{\mathrm{m}}$,这时尚有 2%的误差。在电路的频率特性方面,要注意某些频段内,响应的幅度特别大。例如,谐振点附近的频段,就要专门分析。综合上述两个方面的情况后,才能确定级数的截取项数。

§13-3 有效值、平均值和平均功率

有效值、平均值和平均功率

前已指出,任一周期电流 i 的有效值 I 已经定义为

$$I \xlongequal{\text{def}} \sqrt{\frac{1}{T}\int_0^T i^2 \mathrm{d}t}$$

当然可以用非正弦周期函数直接按上述定义的积分求有效值。这里主要是寻找有效值与各次谐波有效值之间的关系。

假设一非正弦周期电流 i 可以分解为傅里叶级数

$$i=I_0+\sum_{k=1}^{\infty} I_{k\mathrm{m}}\cos(k\omega_1 t+\phi_k)$$

将 i 代入有效值公式,则得此电流的有效值为

$$I=\sqrt{\frac{1}{T}\int_0^T\left[I_0+\sum_{k=1}^{\infty} I_{k\mathrm{m}}\cos(k\omega_1 t+\phi_k)\right]^2\mathrm{d}t}$$

设 $I_k=\frac{I_{k\mathrm{m}}}{\sqrt{2}}$,则上式中 i 的展开式平方后将含有下列各项:

$$\frac{1}{T}\int_0^T I_0^2\mathrm{d}t=I_0^2$$

$$\frac{1}{T}\int_0^T I_{k\mathrm{m}}^2\cos^2(k\omega_1 t+\phi_k)\mathrm{d}t=I_k^2$$

$$\frac{1}{T}\int_0^T 2I_0\cos(k\omega_1 t+\phi_k)\mathrm{d}t=0$$

$$\frac{1}{T}\int_0^T 2I_{k\mathrm{m}}\cos(k\omega_1 t+\phi_k)I_{q\mathrm{m}}\cos(q\omega_1 t+\phi_q)\mathrm{d}t=0\quad(k\neq q)$$

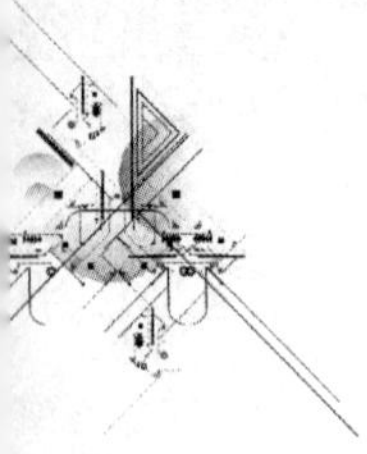

这样可以求得 i 的有效值为

$$I=\sqrt{I_0^2+I_1^2+I_2^2+I_3^2+\cdots}=\sqrt{I_0^2+\sum_{k=1}^{\infty}I_k^2}$$

即非正弦周期电流的有效值等于恒定分量的平方与各次谐波有效值的平方之和的平方根。此结论可推广用于其他非正弦周期量。

在实践中还用到平均值的概念,以电流 i 为例,其定义由下式表示：

$$I_{\text{av}}\xlongequal{\text{def}}\frac{1}{T}\int_0^T|i|\,\mathrm{d}t$$

即非正弦周期电流的平均值等于此电流绝对值的平均值。按上式可求得正弦电流的平均值为

$$\begin{aligned}I_{\text{av}}&=\frac{1}{T}\int_0^T|I_{\text{m}}\cos(\omega t)|\,\mathrm{d}t=\frac{4I_{\text{m}}}{T}\int_0^{\frac{T}{4}}\cos(\omega t)\,\mathrm{d}t\\&=\frac{4I_{\text{m}}}{\omega T}[\sin(\omega t)]\Big|_0^{\frac{T}{4}}=0.637I_{\text{m}}=0.898I\end{aligned}$$

它相当于正弦电流经全波整流后的平均值(如图 13-6 所示),这是因为取电流的绝对值相当于把负半周的值变为对应的正值。

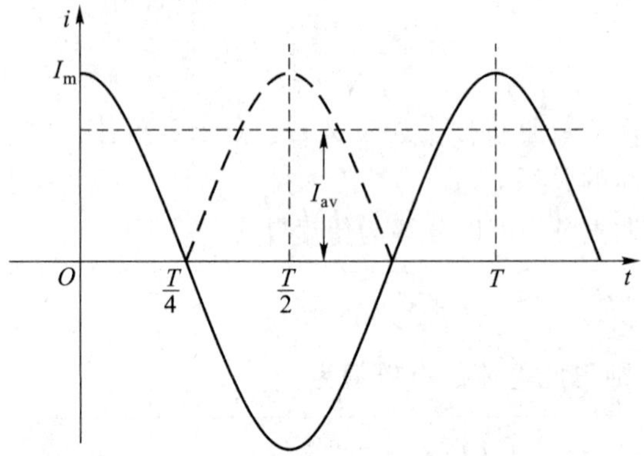

图 13-6　正弦电流的平均值

对于同一非正弦周期电流,当用不同类型的仪表进行测量时,会得到不同的结果。例如用磁电系仪表(直流仪表)测量,所得结果将是电流的恒定分量,这是因为磁电系仪表的偏转角 $\alpha\propto\frac{1}{T}\int_0^T i\mathrm{d}t$。用电磁系仪表测得的结果为电流的有效值,因为这种仪表的偏转角 $\alpha\propto\frac{1}{T}\int_0^T i^2\mathrm{d}t$。如用全波整流仪表测量时,所得结果为电流的平均值,因为这种仪表的偏转角与电流的平均值成正比。由此可见,在测量非正弦周期电流和电压时,要注意选择合适的仪表,并注意不同类型仪表读数表示的含义(关于仪表的知识可参阅实验指导书)。

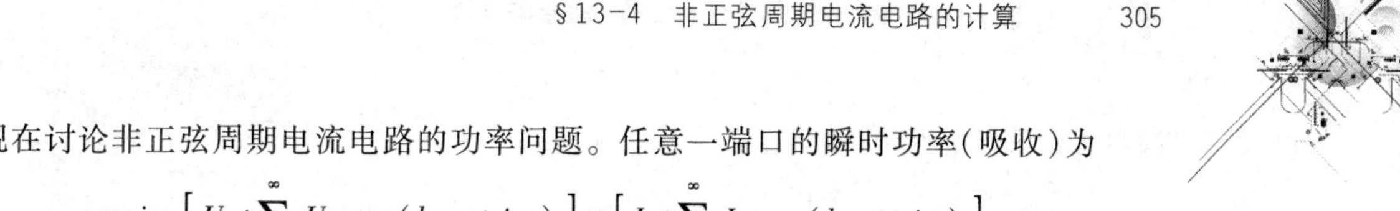

现在讨论非正弦周期电流电路的功率问题。任意一端口的瞬时功率(吸收)为

$$p=ui=\left[U_0+\sum_{k=1}^{\infty}U_{km}\cos(k\omega_1 t+\phi_{uk})\right]\times\left[I_0+\sum_{k=1}^{\infty}I_{km}\cos(k\omega_1 t+\phi_{ik})\right]$$

式中 u、i 取关联参考方向。它的平均功率(有功功率)仍定义为

$$P=\frac{1}{T}\int_0^T p\mathrm{d}t$$

不同频率的正弦电压与电流乘积的上述积分为零(即不产生平均功率);同频的正弦电压、电流乘积的上述积分不为零。这样不难证明

$$P=U_0I_0+U_1I_1\cos\varphi_1+U_2I_2\cos\varphi_2+\cdots+U_kI_k\cos\varphi_k+\cdots$$

式中

$$U_k=\frac{U_{km}}{\sqrt{2}},I_k=\frac{I_{km}}{\sqrt{2}},\varphi_k=\phi_{uk}-\phi_{ik},k=1,2,\cdots$$

即平均功率等于恒定分量构成的功率和各次谐波平均功率的代数和。

非正弦周期电流电路无功功率的情况较为复杂,本书不予讨论。有时候也定义非正弦周期电流电路的视在功率,即有

$$S=UI$$

§13-4 非正弦周期电流电路的计算

在导读中已指出非正弦周期电流电路的谐波分析法的计算原则。

下面通过具体例子说明计算步骤。

例 13-2 图 13-7 所示电路中,$R=3\Omega$,$\frac{1}{\omega_1 C}=21\ \Omega$,$\omega_1 L=0.429\ \Omega$,输入电源为矩形波[参阅图 13-3(b)],其级数展开式为

$$u_S=[280.11\cos(\omega_1 t)+93.37\cos(3\omega_1 t)+56.02\cos(5\omega_1 t)+40.03\cos(7\omega_1 t)+31.12\cos(9\omega_1 t)+\cdots]\ \mathrm{V}$$

求电流 i 和电阻吸收的平均功率 P。

解 电路中的非正弦周期电压已分解为傅里叶级数形式,现写出电流相量的一般表达式(振幅相量)为

$$\dot{I}_{m(k)}=\frac{\dot{U}_{sm(k)}}{Z(k\omega_1)}=\frac{\dot{U}_{sm(k)}}{R+\mathrm{j}k\omega_1 L-\mathrm{j}\frac{1}{k\omega_1 C}}$$

图 13-7 例 13-2 图

式中 $I_{m(k)}$ 为 k 次谐波电流的振幅。根据叠加定理,按 $k=1,3,5,\cdots$ 的顺序,逐一求解。现将计算式改写为

$$Z(k\omega_1)=3+\mathrm{j}\left(0.429k-\frac{21}{k}\right)=3\left[1+\mathrm{j}\left(0.143k-\frac{7}{k}\right)\right]$$

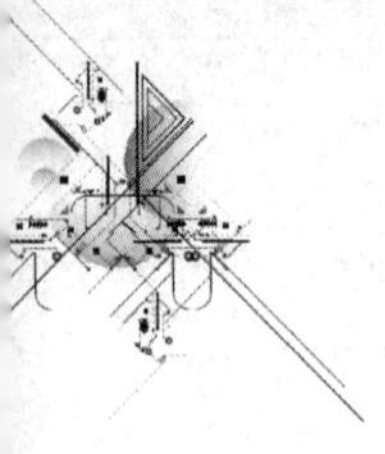

则有

$$\begin{cases}\varphi_{(k)}=\arctan\left(0.143k-\dfrac{7}{k}\right) & \text{（阻抗角）}\\ \dot{I}_{\mathrm{m}(k)}=\dfrac{1}{3}\cos\varphi_{(k)}\,\dot{U}_{\mathrm{sm}(k)}\angle{-\varphi_{(k)}} \\ P_{(k)}=\dfrac{1}{2}I_{\mathrm{m}(k)}^2\cdot R=1.5I_{\mathrm{m}(k)}^2\end{cases}$$

计算结果如下：

$k=1$　　$\varphi_{(1)}=-81.70°$（容性）

$\dot{I}_{\mathrm{m}(1)}=13.47\angle 81.70°\ \mathrm{A}$

$P_{(1)}=272.33\ \mathrm{W}$

$k=3$　　$\varphi_{(3)}=-62.30°$（容性）

$\dot{I}_{\mathrm{m}(3)}=14.47\angle 62.30°\ \mathrm{A}$

$P_{(3)}=314.06\ \mathrm{W}$

$k=5$　　$\varphi_{(5)}=-34.41°$（容性）

$\dot{I}_{\mathrm{m}(5)}=15.41\angle 34.41°\ \mathrm{A}$

$P_{(5)}=356.00\ \mathrm{W}$

$k=7$　　$\varphi_{(7)}=0°$（谐振）

$\dot{I}_{\mathrm{m}(7)}=13.34\angle 0°\ \mathrm{A}$

$P_{(7)}=267.07\ \mathrm{W}$

$k=9$　　$\varphi_{(9)}=26.99°$（感性）

$\dot{I}_{\mathrm{m}(9)}=9.24\angle -26.99°\ \mathrm{A}$

$P_{(9)}=128.17\ \mathrm{W}$

叠加后为

$$i=13.47\cos(\omega_1 t+81.70°)+14.47\cos(3\omega_1 t+62.30°)+15.41\cos(5\omega_1 t+34.41°)+\cdots$$

$$P=P_{(1)}+P_{(3)}+P_{(5)}+\cdots+P_{(9)}=1\ 337.63\mathrm{W}$$

通过本例可以看出，对于电路中 u_{S} 的各次谐波的振幅与 k 成反比衰减，电路的网络函数为带通函数，对 7 次谐波谐振，由于 Q 值较小（$Q=1$），所以，总体看来各次谐波的电流振幅衰减非常缓慢。截取 $k=9$ 是不够的。

例 13-3　图 13-8(a)所示电路中 $L=5\ \mathrm{H}$，$C=10\ \mu\mathrm{F}$，负载电阻 $R=2\ \mathrm{k}\Omega$，u_{S} 为正弦全波整流波形，如图 13-8(b)所示。设 $\omega_1=314\ \mathrm{rad/s}$，$U_{\mathrm{sm}}=157\ \mathrm{V}$。求负载两端电压的各谐波分量。

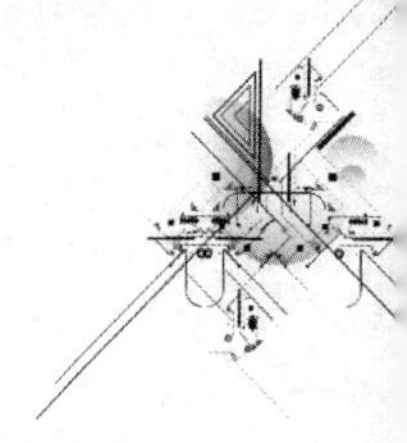

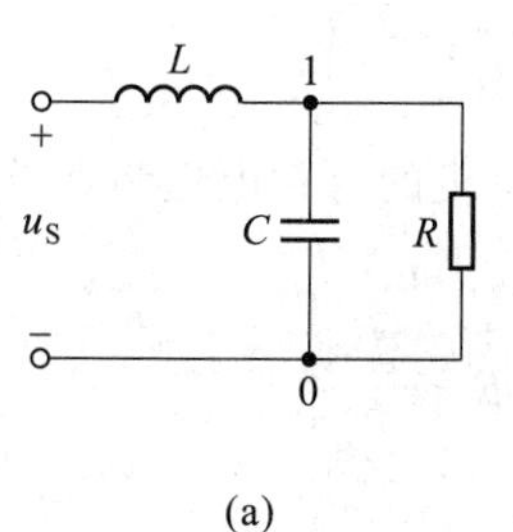

(a)

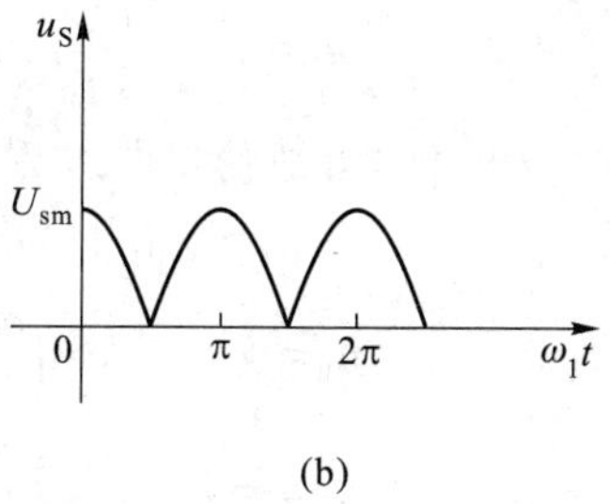

(b)

图 13-8　例 13-3 图

解　参阅表 13-1，将给定的 u_S 分解为傅里叶级数，得

$$u_S=\frac{4}{\pi}\times157\left[\frac{1}{2}+\frac{1}{3}\cos(2\omega_1 t)-\frac{1}{15}\cos(4\omega_1 t)+\cdots\right]$$

设负载两端电压的第 k 次谐波为 $\dot{U}_{1m(k)}$（采用复振幅相量），用节点电压法有

$$\left[\frac{1}{jk\omega_1 L}+\frac{1}{R}+jk\omega_1 C\right]\dot{U}_{1m(k)}=\frac{1}{jk\omega_1 L}\dot{U}_{sm(k)}$$

$$\dot{U}_{1m(k)}=\frac{\dot{U}_{sm(k)}}{\left(\dfrac{1}{R}+jk\omega_1 C\right)jk\omega_1 L+1}=\frac{\dot{U}_{sm(k)}}{1-k^2\omega_1^2 LC+jk\dfrac{\omega_1 L}{R}}$$

令 $k=0,2,4,\cdots$，并代入数据，可分别求得

$k=0$　　$\varphi_{(0)}=0$　　$U_{1m(0)}=100\ \text{V}$（直流分量）

$k=2$　　$\varphi_{(2)}=175.21°$　　$U_{1m(2)}=3.55\underline{/-175.21°}\ \text{V}$

$k=4$　　$\varphi_{(4)}=177.69°$　　$U_{1m(4)}=-0.171\underline{/-177.69°}\ \text{V}$

图 13-8(a)所示电路为一全波整流电路的滤波电路。它利用了电感对高频电流的抑制作用，电容对高频电流的分流作用，使得输入电压中的 2 次和 4 次谐波分量大大削弱，而负载两端的电压接近直流电压，但尚有 3.5%的 2 次谐波。

*§13-5　对称三相电路中的高次谐波

三相发电机磁极磁场的波形如表 13-1 中第 2 项所示，其产生的电压波形或多或少与正弦波有些差别，因此，含有一定的谐波分量；变压器的励磁电流是非正弦周期波，含有高次谐波分量。所以，一般在对称三相电路中，电压、电流都可能含有高次谐波分量。

对于对称的三相制，3 个对称的非正弦周期相电压在时间上依次滞后$\frac{1}{3}$周期（正序），但其变化规律则相同；如果 A 相电压可表示为

$$u_A=u(t)$$

则 B 相和 C 相电压为

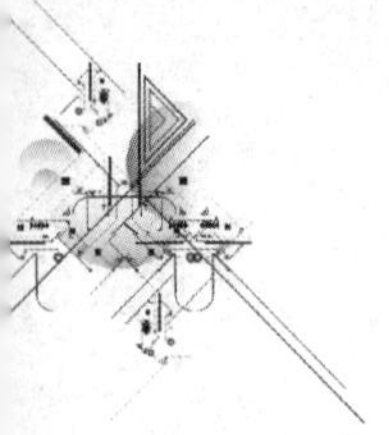

$$u_B=u\left(t-\frac{T}{3}\right),\quad u_C=u\left(t-\frac{2T}{3}\right)$$

如果把上述对称的相电压展开成傅里叶级数(发电机的每相电压为奇谐波函数),则有

A 相　$$u_A=\sum U_{m(k)}\cos(k\omega_1t+\phi_k)$$

B 相　$$u_B=\sum U_{m(k)}\cos\left(k\omega_1t+\phi_k-\frac{2k\pi}{3}\right)$$

C 相　$$u_C=\sum U_{m(k)}\cos\left(k\omega_1t+\phi_k+\frac{2k\pi}{3}\right)$$

式中 k 取奇数,即 1,3,5,…。下面分别对各次谐波电压,通过比较电压的相位差来讨论各次谐波电压的对称性。

(1) 令 $k=6n+1,n=0,1,2,\cdots$(自然数),即 $k=1,7,13,\cdots$。各相中该系列谐波电压的初相分别为

A 相:(ϕ_k),　B 相:$\left(\phi_k-4n\pi-\frac{2}{3}\pi\right)$,　C 相:$\left(\phi_k+4n\pi+\frac{2}{3}\pi\right)$

显然,去掉式中的 $\pm4n\pi$ 整周期的因子后,这些谐波中的每一次谐波都构成正序对称的三相电压源。

(2) 令 $k=6n+3$,即 $k=3,9,15,\cdots$。各相中该系列谐波电压的初相分别为

A 相:(ϕ_k),　B 相:$[\phi_k-(2n+1)2\pi]$,　C 相:$[\phi_k+(2n+1)2\pi]$

这些谐波中的每一次谐波都是等幅同相的 3 相电压源,工程上称为零序对称的三相电压源。

(3) 令 $k=6n+5$,即 $k=5,11,17,\cdots$。各相中该系列谐波电压的初相分别为

A 相:(ϕ_k),　B 相:$\left[\phi_k-(2n+2)2\pi+\frac{2}{3}\pi\right]$

C 相:$\left[\phi_k+(2n+2)2\pi-\frac{2}{3}\pi\right]$

这些谐波中的每一次谐波都构成负序对称的三相电压源。

总之,三相对称的正序非正弦周期量(奇谐波)的级数展开式中的谐波组合为 3 类对称组,即正序对称组、负序对称组和零序对称组。

在上述对称的非正弦周期电压源作用下的对称三相电路的分析计算,按 3 类对称组分别进行。对于正序和负序对称组,可直接引用第十二章 §12-3 的方法和有关结论,零序组电源对对称三相电路的作用,与系统的连接方式有关,下面根据不同的情况单独对零序组($k=6n+3$)分量的响应进行分析。

(1) 对称的三角形电源

由于零序组电压源是等幅同相的电源,即有 $\dot U_{A(k)}=\dot U_{B(k)}=\dot U_{C(k)}=\dot U_{s(k)}$,所以在三角形电源的回路中将产生零序环流,设为 $\dot I_{0(k)}$ 有

$$\dot I_{0(k)}(\text{零序})=\frac{3\dot U_{s(k)}}{3Z_0}=\frac{\dot U_{s(k)}}{Z_0}(\text{零序})$$

$$\dot U_{AB(k)}=\dot U_{BC(k)}=\dot U_{CA(k)}=\dot U_{s(k)}-\dot I_{0(k)}Z_0=0$$

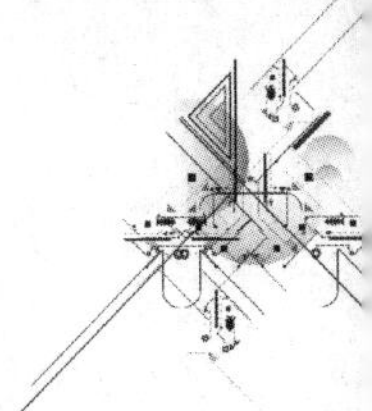

式中 Z_0 为电源的(一相)内阻抗。在环流的作用下零序线电压为零。所以,不论负载端的连接形式如何,整个系统中除电源中有零序组环流外,其余部分的电压、电流中均不含零序组分量。即电源的三角形接法将消除零序组电压源对系统的影响。

(2) 星形对称电源(无中性线对称系统)

电路总可以简化为 Y-Y 形式求解,如图 13-9 所示(S 打开时)。可求得零序组电压、电流为

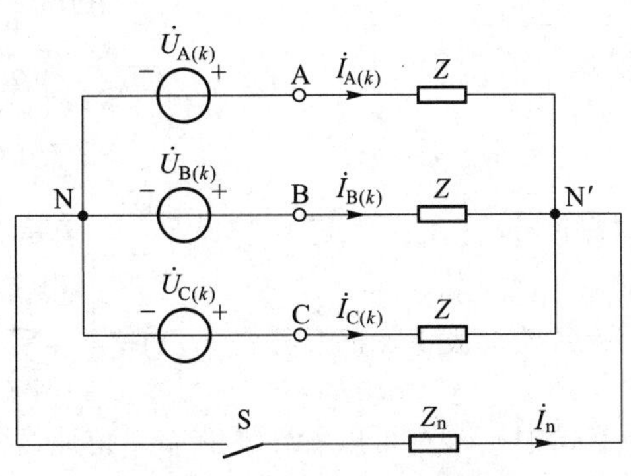

图 13-9 Y-Y 连接时的高次谐波

$$\dot{U}_{N'N(k)}(\text{零序})=\dot{U}_{s(k)}(\text{零序})$$

$$\dot{I}_{A(k)}=\dot{I}_{B(k)}=\dot{I}_{C(k)}=\frac{\dot{U}_{s(k)}-\dot{U}_{N'N}}{Z}=0$$

$$\dot{U}_{AB(k)}=\dot{U}_{A(k)}-\dot{U}_{B(k)}=0$$

$$\dot{U}_{BC(k)}=\dot{U}_{CA(k)}=0$$

结果表明,在无中性线的 Y-Y 系统中,除了中性点电压和电源相电压中含有零序组电压分量外,系统的其余部分的电压、电流都不含零序组分量。

(3) 三相四线制对称系统(有中性线对称系统)

电路参阅图 13-9(S 闭合时)。可求得零序组电压、电流为

$$\dot{U}_{N'N}=\frac{3Z_n\dot{U}_{s(k)}}{Z+3Z_n}$$

$$\dot{I}_{A(k)}=\dot{I}_{B(k)}=\dot{I}_{C(k)}=\dot{I}_{1(k)}=\frac{\dot{U}_{s(k)}-\dot{U}_{N'N}}{Z}=\frac{\dot{U}_{s(k)}}{Z+3Z_n}$$

$$\dot{U}_{AN'(k)}=\dot{U}_{BN'(k)}=\dot{U}_{CN'(k)}=\dot{I}_{1(k)}Z$$

$$\dot{I}_{n(k)}=-3\dot{I}_{1(k)}$$

仍有

$$\dot{U}_{AB(k)}=\dot{U}_{BC(k)}=\dot{U}_{CA(k)}=0$$

当 $Z_n=\infty$ 时(无中性线),上述结果与(2)相同,结果表明,除线电压外,电路中其余部分的电压、电流中都含零序组分量。

上述 3 种情况中,线电压都不含零序组分量,所以有

$$U_1<\sqrt{3}U_{Ph}$$

式中 U_{Ph} 为相电压。3 种情况中,只有三相四线制系统中的电流才含有零序组分量。

*§13-6 傅里叶级数的指数形式

傅里叶级数可以用指数形式表示。非正弦周期信号 $f(t)$ 的傅里叶级数的三角函数形式为

$$f(t)=\frac{A_0}{2}+\sum_{k=1}^{\infty}A_{km}\cos(k\omega_1 t+\phi_k)$$

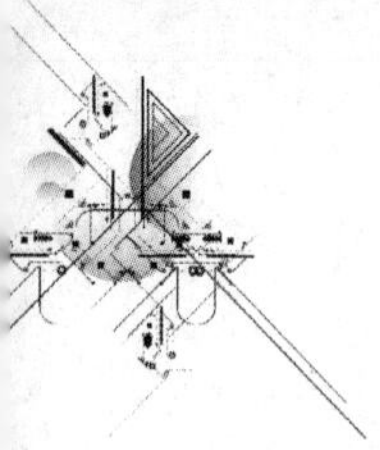

利用欧拉公式有

$$\begin{aligned}A_{km}\cos(k\omega_1 t+\phi_k)&=\frac{1}{2}[A_{km}(e^{j(k\omega_1 t+\phi_k)}+e^{-j(k\omega_1 t+\phi_k)})]\\&=\frac{1}{2}A_{km}e^{j\phi_k}e^{jk\omega_1 t}+\frac{1}{2}A_{km}e^{-j\phi_k}e^{-jk\omega_1 t}\\&=c_k e^{jk\omega_1 t}+c_k^* e^{-jk\omega_1 t}\end{aligned}$$

式中 $c_k=\frac{1}{2}A_{km}e^{j\phi_k}$，$c_k^*=\frac{1}{2}A_{km}e^{-j\phi_k}$。于是有

$$f(t)=\frac{A_0}{2}+\sum_{k=1}^{\infty}c_k e^{jk\omega_1 t}+\sum_{k=1}^{\infty}c_k^* e^{-jk\omega_1 t} \tag{13-4}$$

上式中 $c_k e^{jk\omega_1 t}$ 可以看作具有 $k\omega_1$ 角速度的逆时针旋转向量，$c_k^* e^{-jk\omega_1 t}$ 为具有同样角速度的顺时针旋转向量，每一次谐波为两项之和。

由于 $a_k=A_{km}\cos\phi_k$，$b_k=-A_{km}\sin\phi_k$，故 $A_{km}e^{j\phi_k}=a_k-jb_k$，将根据式(13-3)得出的 a_k 和 b_k 代入，有

$$\begin{aligned}c_k&=\frac{1}{T}\int_0^T f(t)\cos(k\omega_1 t)\,dt-j\frac{1}{T}\int_0^T f(t)\sin(k\omega_1 t)\,dt\\&=\frac{1}{T}\int_0^T f(t)[\cos(k\omega_1 t)-j\sin(k\omega_1 t)]\,dt\\&=\frac{1}{T}\int_0^T f(t)e^{-jk\omega_1 t}\,dt\end{aligned}$$

同理，可求得

$$c_k^*=\frac{1}{T}\int_0^T f(t)e^{jk\omega_1 t}\,dt$$

可见，若令 c_k 中的“k”等于“$-k$”，则将等于 c_k^*。所以式(13-4)可改写为

$$f(t)=\frac{A_0}{2}+\sum_{k=1}^{\infty}c_k e^{jk\omega_1 t}+\sum_{k=-1}^{-\infty}c_k e^{jk\omega_1 t}$$

当 $k=0$ 时，$\frac{A_0}{2}=c_0$，最后可得出傅氏级数的指数形式的表达式(函数对)为

$$\left.\begin{aligned}c_k&=\frac{1}{T}\int_0^T f(t)e^{-jk\omega_1 t}\,dt\\f(t)&=\sum_{k=-\infty}^{\infty}c_k e^{jk\omega_1 t}\end{aligned}\right\} \tag{13-5}$$

在画傅里叶级数指数形式的频谱时，要画出 $|c_k|$ 与正、负 k 的关系。由于指数形式中的 k 的取值是正、负整数，所以画出的幅度频谱图对于纵轴对称。同样，画出 c_k 的辐角与 k 的关系，就能获得相位频谱。具体画法参阅下面的例题。

注意，指数形式表述的幅度频谱除了上述特点外，其谱线“高度”是傅氏频谱的一

半,另一方面由于正、负 k 完全对称,所以只要研究“半边”即可。

例 13-4　试将例 13-1 的矩形波展开为指数形式的傅氏级数,并画出幅度频谱和相位频谱。

解　根据例 13-1 的结果,可求得 c_k 为

$$c_k=\frac{1}{2}A_{km}\mathrm{e}^{\mathrm{j}\phi_k}=\frac{E_{\mathrm{m}}}{\mathrm{j}2k\pi}(1-2\mathrm{e}^{-\mathrm{j}k\pi}+\mathrm{e}^{-\mathrm{j}2k\pi})$$

所以

$$c_k=\begin{cases}\dfrac{E_{\mathrm{m}}}{\mathrm{j}2k\pi}\times 4=\dfrac{2E_{\mathrm{m}}}{\mathrm{j}k\pi} & \text{当 } k \text{ 为奇数时}\\ 0 & \text{当 } k \text{ 为偶数时}\end{cases}$$

这样,可以得到指数形式的傅氏级数为

$$f(t)=\frac{2E_{\mathrm{m}}}{\pi}\left[\mathrm{e}^{\mathrm{j}\left(\omega_1 t-\frac{\pi}{2}\right)}+\mathrm{e}^{-\mathrm{j}\left(\omega_1 t-\frac{\pi}{2}\right)}\right]+\frac{2E_{\mathrm{m}}}{3\pi}\left[\mathrm{e}^{\mathrm{j}\left(3\omega_1 t-\frac{\pi}{2}\right)}+\mathrm{e}^{-\mathrm{j}\left(3\omega_1 t-\frac{\pi}{2}\right)}\right]+$$
$$\frac{2E_{\mathrm{m}}}{5\pi}\left[\mathrm{e}^{\mathrm{j}\left(5\omega_1 t-\frac{\pi}{2}\right)}+\mathrm{e}^{-\mathrm{j}\left(5\omega_1 t-\frac{\pi}{2}\right)}\right]+\cdots$$

所得结果与例 13-1 相比完全一致。图 13-10(a)所示为矩形波的傅氏级数的指数形式的幅度频谱[注意与图 13-2(d)(e)比较],其相位频谱如图 13-10(b)所示。由于 c_k、c_k^* 为一对共轭复数,所以,$|c_k|=|c_k^*|$,其线谱“高度”是傅氏频谱的一半,而 $\arg(c_k^*)=-\arg(c_k)$。

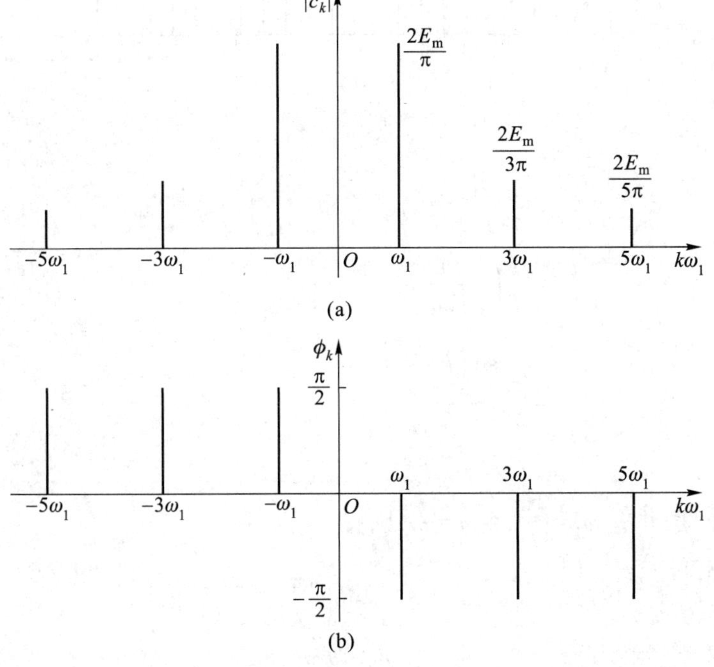

图 13-10　例 13-4 的频谱

例 13-5　图 13-11(a)所示为常用于电视、雷达、计算机等方面的一种重复性矩形脉冲波。试画出其频谱。

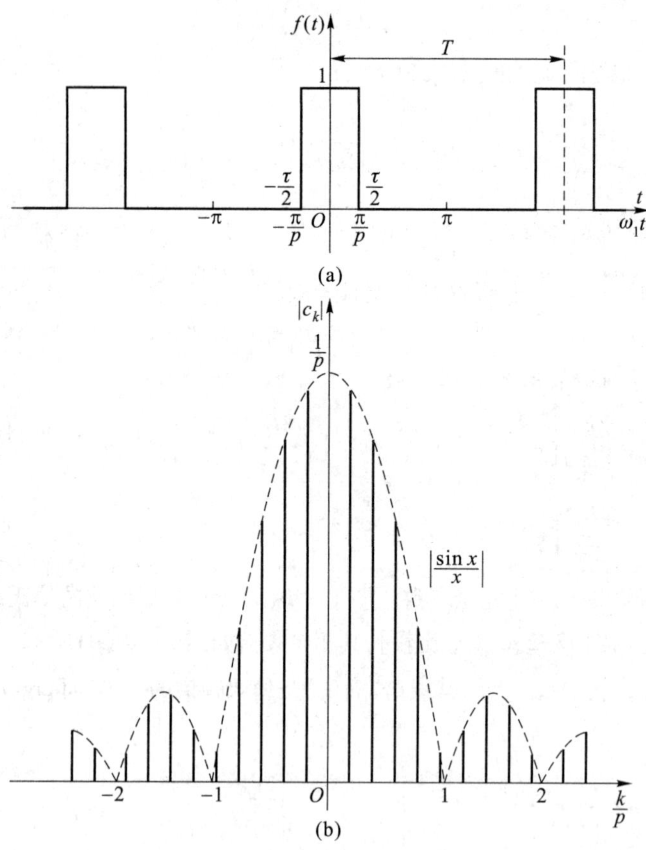

图 13-11　例 13-5 的周期性矩形脉冲及其频谱

解

$$\begin{aligned}c_k &= \frac{1}{T}\int_{-\frac{T}{2}}^{\frac{T}{2}} f(t)\mathrm{e}^{-\mathrm{j}k\omega_1 t}\mathrm{d}t = \frac{1}{T}\int_{-\frac{\tau}{2}}^{\frac{\tau}{2}} \mathrm{e}^{-\mathrm{j}k\omega_1 t}\mathrm{d}t \\ &= \frac{1}{T}\left(-\frac{1}{\mathrm{j}k\omega_1}\right)\left(\mathrm{e}^{-\mathrm{j}k\omega_1\frac{\tau}{2}} - \mathrm{e}^{\mathrm{j}k\omega_1\frac{\tau}{2}}\right) \\ &= \frac{\tau}{T}\frac{\sin\left(k\dfrac{\omega_1\tau}{2}\right)}{k\dfrac{\omega_1\tau}{2}}\end{aligned}$$

τ 为脉冲的宽度，并有 $\omega_1=\frac{2\pi}{T}$，令 $p=\frac{T}{\tau}$，则有

$$c_k=\frac{1}{p}\frac{\sin\left(\dfrac{k\pi}{p}\right)}{\dfrac{k\pi}{p}}$$

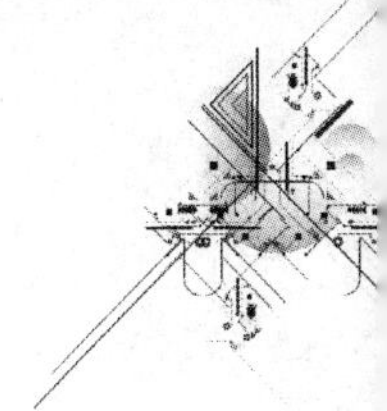

根据式(13-5)可写出重复性矩形脉冲的傅里叶级数为

$$f(t)=\sum_{k=-\infty}^{\infty}\frac{1}{p}\frac{\sin\left(\frac{k\pi}{p}\right)}{\frac{k\pi}{p}}e^{jk\omega_1 t}$$

由 c_k 式可知，$c_0=\frac{1}{p}=\frac{\tau}{T}$，当$\frac{k}{p}$为整数时，$|c_k|=0$。

图 13-11(b)所示频谱是在 $p=5$ 的情况下画出的。5 次谐波及所有 $5k$ 次谐波的幅值都等于零。如令 $x=\frac{k\pi}{p}$，则谱线的包络线大体上具有函数$\left|\frac{\sin x}{x}\right|$的形式[如图 13-11(b)中虚线所示]。

*§13-7　傅里叶积分简介

本章前面关于谐波分析法的论述，都是针对非正弦周期函数 $f(t)$展开的，理论上仅要求函数 $f(t)$满足狄里赫利条件，对函数 $f(t)$周期的长短并无限制。本节将在前面论述的基础上，对函数 $f(t)$的周期 T 无限增长，在 $T\to\infty$ 的极限情况下，从理论上说明 $f(t)$的傅里叶级数是如何展开的。根据式(13-5)

$$f(t)=\sum_{k=-\infty}^{\infty}c_k e^{jk\omega_1 t}$$

其中

$$\begin{aligned}c_k&=\frac{1}{T}\int_0^T f(t)e^{-jk\omega_1 t}dt\\&=\frac{1}{T}\int_{-\frac{T}{2}}^{\frac{T}{2}} f(t)e^{-jk\omega_1 t}dt\end{aligned}\tag{13-6}$$

在式(13-6)中，表述的频谱函数 c_k 是离散的线状频谱，相邻谱线之间的频差 $\Delta\omega$ 为

$$\Delta\omega=\omega_1=\frac{2\pi}{T}(\text{基波频率})$$

当 $T\to\infty$ 时，c_k 在此极限情况下将发生如下变化：其一，相邻谱线之间的频差 $\Delta\omega$ 将无限缩小，谱线将无限密集，最后 $\Delta\omega\to d\omega\to 0$，而 $k\omega_1\to\omega$，离散的线状频谱将变为连续的频谱，即 c_k 为 ω 的连续函数；其二，如果函数 $f(t)$在周期内的积分有界(满足狄里赫利条件)，则由式(13-5)可知，$|c_k|_{T\to\infty}\to 0$。综上所述，频谱函数 c_k 在全频域内是一个无限小的连续函数，这种极限形式，仅能从理论上说明其极限存在，并可定性地加以描述函数 $f(t)$的频域特性，而失去了定量表述的意义[如画不出频谱(图)]。但从式(13-6)c_k 的表达式可知，式中的积分部分才是真正反映函数 $f(t)$频域特性的频域函数，因此，从式(13-6)可以定义一个新的函数

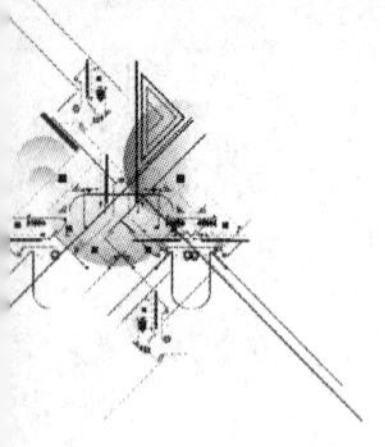

$$F(\mathrm{j}k\omega_1)=Tc_k=\frac{2\pi c_k}{\Delta\omega}=\int_{-\frac{T}{2}}^{\frac{T}{2}}f(t)\mathrm{e}^{-\mathrm{j}k\omega_1 t}\mathrm{d}t \tag{13-7}$$

当 $T\to\infty$ 时，$\Delta\omega\to\mathrm{d}\omega$，$k\omega_1\to\omega$。因此，取极限时式(13-7)变为

$$F(\mathrm{j}\omega)=\int_{-\infty}^{\infty}f(t)\mathrm{e}^{-\mathrm{j}\omega t}\mathrm{d}t \tag{13-8}$$

上式称为傅里叶积分或傅里叶正变换，工程上也常称为频谱密度函数，它把一个时间函数变换成一个频率函数。实际上，它是将无限小的连续的频谱函数 c_k 放大了无穷倍，将函数 $f(t)$ 被掩盖的频域特性的真相揭示出来，以利于从频域分析研究。

另外，从式(13-7)有

$$c_k=\frac{F(\mathrm{j}k\omega_1)}{T}=\frac{\Delta\omega F(\mathrm{j}k\omega_1)}{2\pi}$$

把上式代入式(13-5)得

$$f(t)=\sum_{k=-\infty}^{\infty}\frac{\Delta\omega F(\mathrm{j}k\omega_1)}{2\pi}\mathrm{e}^{-\mathrm{j}k\omega_1 t}$$

当 $T\to\infty$ 时，$\Delta\omega\to\mathrm{d}\omega$，$k\omega_1\to\omega$。上式的求和变成积分，可以写为

$$f(t)=\frac{1}{2\pi}\int_{-\infty}^{\infty}F(\mathrm{j}\omega)\mathrm{e}^{-\mathrm{j}\omega t}\mathrm{d}\omega \tag{13-9}$$

上述积分式称为傅里叶逆变换，为了便于分析对照，将傅里叶正、逆变换重写如下：

$$F(\mathrm{j}\omega)=\int_{-\infty}^{\infty}f(t)\mathrm{e}^{-\mathrm{j}\omega t}\mathrm{d}t\quad（正变换）$$

$$f(t)=\frac{1}{2\pi}\int_{-\infty}^{\infty}F(\mathrm{j}\omega)\mathrm{e}^{\mathrm{j}\omega t}\mathrm{d}\omega\quad（逆变换）$$

上述一对积分称为傅里叶变换对，$f(t)$（时域）与 $F(\mathrm{j}\omega)$（频域）通过上述积分在时域和频域之间建立了一一对应的关系。上述变换对表明，函数 $f(t)$ 在 $T\to\infty$ 的极限条件下，由离散形式频谱函数 c_k，变换为连续形式的频谱密度函数 $F(\mathrm{j}\omega)$，$f(t)$ 的傅里叶级数形式（离散形式）的展开式，变换为连续函数形式的展开式，以积分形式表示。这一变换在理论上和应用上都有十分重要的意义，因为任一非周期信号 $f(t)$（任意信号），都可以看作周期为无限长的周期信号，所以傅里叶变换对为分析研究任意信号奠定了理论基础。在线性电路中，任一形式激励的零状态响应，都可以通过傅里叶变换对，用谐波分析法进行分析研究。

现在可以对例 13-5 做进一步的分析。当 $T\to\infty$ 时，图 13-11(a) 所示的周期函数 $f(t)$，将变成图 13-12(a) 所示的单一的矩形脉冲，$f(t)$ 变成了非周期函数；而图 13-11(b) 所示的幅频特性，由于 $\Delta\omega_1\to\mathrm{d}\omega$，包络线内的谱线数随之增多，谱线好像从 $-\infty$ 和 ∞ 两个方向向 $\omega=0$ 方向靠拢，无限密集，离散的频谱逐渐过渡为连续的频谱。与此同时，谱线的幅度逐渐降低，并随 $T\to\infty$，使 $|c_k|\to 0$，这就是函数 $f(t)$ 在 $T\to\infty$ 时趋向极限的一种情景。如果将这一无限小的量 c_k 放大无穷（∞）倍，即有

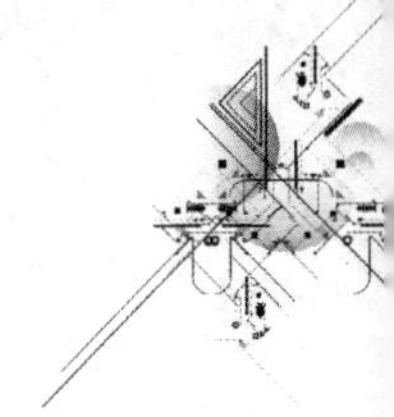

$$F(\mathrm{j}\omega)=(Tc_k)\big|_{T\to\infty}=\tau\left.\frac{\sin\left(\frac{k\omega_1\tau}{2}\right)}{\frac{k\omega_1\tau}{2}}\right|_{k\omega_1\to\omega}=\tau\frac{\sin\left(\frac{\omega\tau}{2}\right)}{\frac{\omega\tau}{2}}$$

由上式可知，在$\frac{\omega\tau}{2}=n\pi,n=1,2,3,\cdots$的频率点上$F(\mathrm{j}\omega)=0$，$F(\mathrm{j}\omega)\big|_{\omega=0}=\tau$，根据这些点和表达式，就可以画出幅频特性$|F(\mathrm{j}\omega)|$，如图 13-12(b)所示。它与图 13-11(b)的包络线相似。现由读者思考如下问题：(1) 如何画出 $F(\mathrm{j}\omega)$的相频特性？(2) 当脉冲宽度 τ 变窄了，或者变宽了，幅频特性将如何变化？

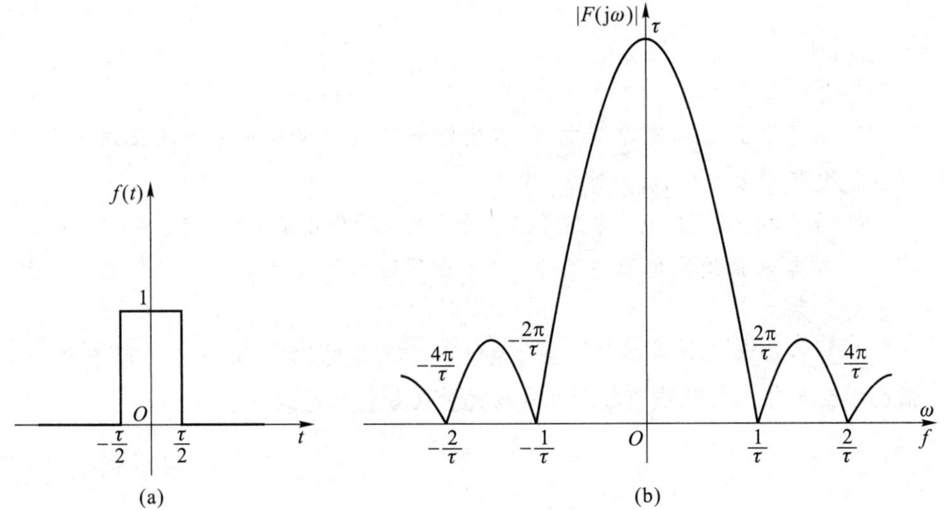

图 13-12　矩形脉冲及其幅频特性

例 13-6　求 $f(t)=20\mathrm{e}^{-5t}(t\geqslant0)$的傅里叶变换 $F(\mathrm{j}\omega)$，并画出其频谱图。

解

$$F(\mathrm{j}\omega)=\int_{-\infty}^{\infty}20\mathrm{e}^{-5t}\mathrm{e}^{-\mathrm{j}\omega t}\mathrm{d}t=\int_{0}^{\infty}20\mathrm{e}^{-(\mathrm{j}\omega+5)t}\mathrm{d}t$$

$$=\frac{20}{\mathrm{j}\omega+5}$$

频谱分别为

$$\varphi(\mathrm{j}\omega)=-\arctan\left(\frac{\omega}{5}\right)$$

$$|F(\mathrm{j}\omega)|=\frac{20}{\sqrt{5^2+\omega^2}}=4\cos[\varphi(\mathrm{j}\omega)]$$

幅频特性和相频特性如图 13-13 所示。

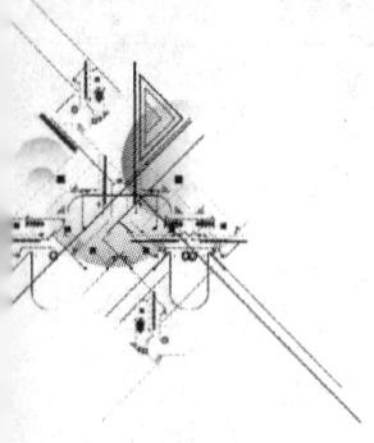

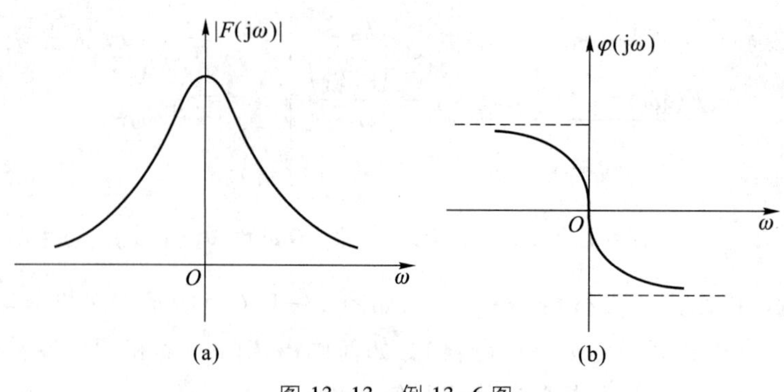

图 13-13 例 13-6 图

思考题

13-1 对于非正弦周期电流电路,各次谐波响应可以分别采用相量法求出,然后在时域将各次谐波响应叠加,为什么?

13-2 对于非正弦周期电流电路,任意一个元件上的响应都包含所有谐波吗? 为什么?

13-3 在非正弦周期电流电路中,为什么只给出了有功功率的计算式,没有给出无功功率的计算式?

13-4 当一个非正弦周期电流通过线性电感元件时,它的电流振幅频谱和电压振幅频谱的特征是什么? 如果通过线性电容元件又如何?

习题

13-1 求下列非正弦周期函数 $f(t)$ 的频谱函数(傅里叶级数系数),并作频谱图。

(1) $f(t)=\cos(4t)+\sin(6t)$。

(2) $f(t)$ 如题 13-1 图(a)(b)(c)所示。

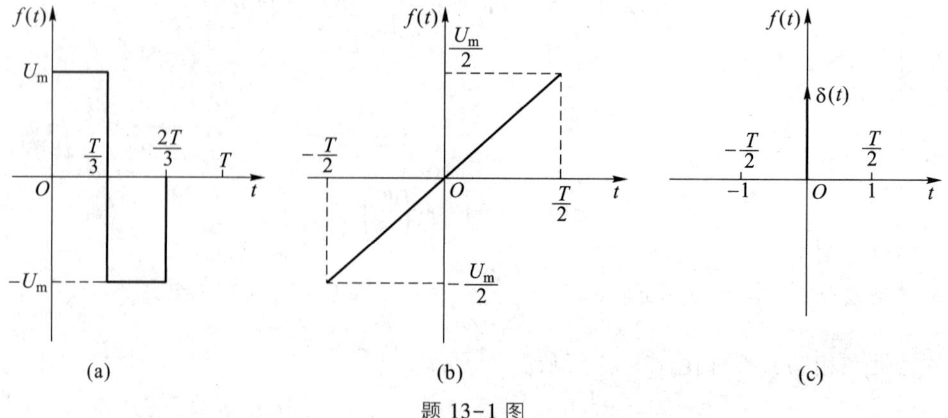

题 13-1 图

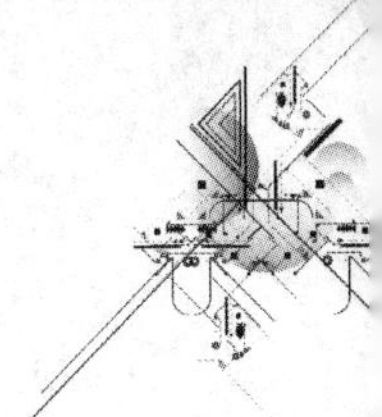

13-2　设非正弦周期函数 $f(t)$ 的频谱函数为 $A_{km}e^{j\phi_k}=a_k-jb_k$。试表述下列与 $f(t)$ 相关函数的频谱函数。

(1) $f(t-t_0)$。

(2) $f(t)=f(-t)$。

(3) $f(t)=-f(-t)$。

(4) $f(t)=-f(t+T/2)$。

(5) $\dfrac{d}{dt}f(t)$。

13-3　已知某信号半周期的波形如题 13-3 图所示。试在下列各不同条件下画出整个周期的波形:

(1) $a_0=0$。

(2) 对所有 $k,b_k=0$。

(3) 对所有 $k,a_k=0$。

(4) 当 k 为偶数时,a_k 和 b_k 为零。

13-4　一个 RLC 串联电路,其 $R=1\ \Omega,\omega_1 L=10\ \Omega,\dfrac{1}{\omega_1 C}=90\ \Omega$,外加电压为 $u_S(t)=f\left(t-\dfrac{T}{2}\right)+\dfrac{U_m}{2}$,$f(t)$ 的波形如题 13-1 图(b)所示。$U_m=100$ V,$\omega_1=10$ rad/s。试求电路中的电流 $i(t)$ 和电路消耗的功率。

13-5　电路如题 13-5 图所示(实线部分),为了在端口 1-0 获得关于 $u_S(t)$ 的最佳的传输信号,可在端口 1-0 并联 RC 串联支路(图中虚线所示),使输出电压 $u_{10}(t)$ 为

$$u_{10}(t)=ku_S(t)$$

式中 $u_S(t)$ 为任意频率的输入信号。求参数 R、C 和 k(实数)。

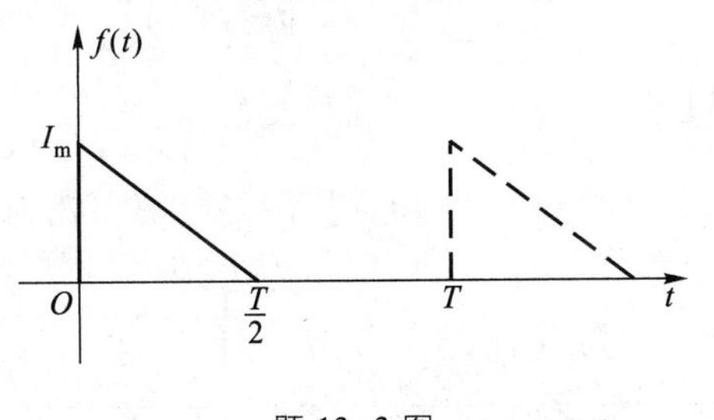

题 13-3 图

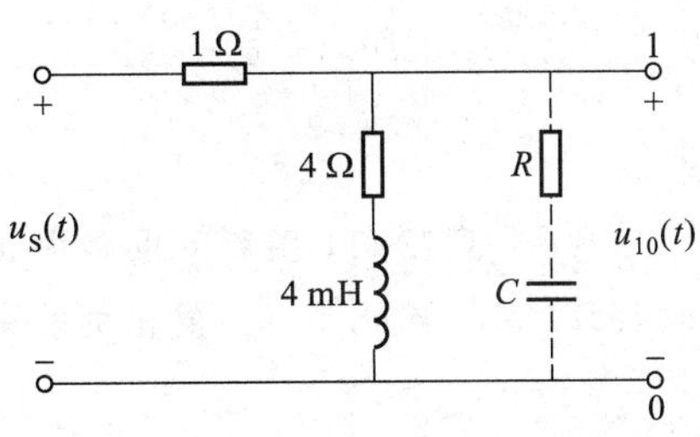

题 13-5 图

13-6　有效值为 100 V 的正弦电压加在电感 L 两端时,得电流 $I=10$ A。当电压中有 3 次谐波分量,而有效值仍为 100 V 时,得电流 $I=8$ A。试求这一电压的基波和 3 次谐波的有效值。

13-7　已知一 RLC 串联电路的端口电压和电流为

$$u(t)=[100\cos(314t)+50\cos(942t-30^\circ)]\ \text{V}$$

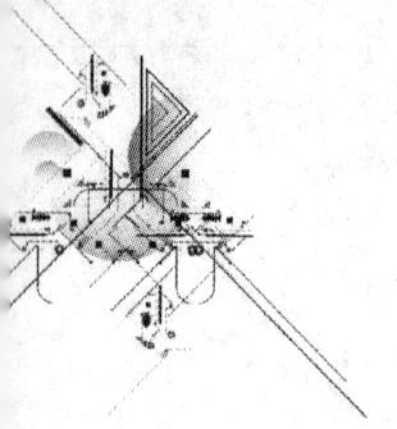

$$i(t)=[10\cos(314t)+1.755\cos(942t+\theta_3)]\ \mathrm{A}$$

试求：(1) R、L、C 的值。

(2) θ_3 的值。

(3) 电路消耗的功率。

13-8　题 13-8 图所示为滤波电路，要求负载中不含基波分量，但 $4\omega_1$ 的谐波分量能全部传送至负载。如 $\omega_1=1\ 000\ \mathrm{rad/s}$，$C=1\ \mu\mathrm{F}$，求 L_1 和 L_2。

13-9　题 13-9 图所示电路中 $u_S(t)$ 为非正弦周期电压，其中含有 $3\omega_1$ 及 $7\omega_1$ 的谐波分量。如果要求在输出电压 $u(t)$ 中不含这两个谐波分量，那么 L、C 应为多少？

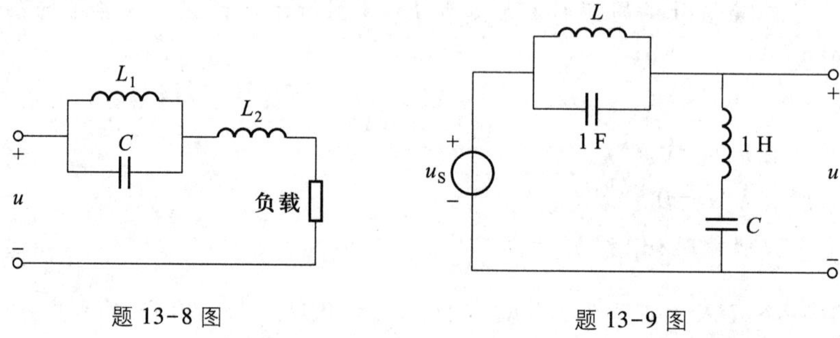

题 13-8 图　　　　题 13-9 图

13-10　题 13-10 图所示电路中 $i_{S1}=[5+10\cos(10t-30°)-5\sin(30t+60°)]\ \mathrm{A}$，$u_{S2}(t)=300\sin(10t)+150\cos(30t-30°)\ \mathrm{V}$，$L_1=L_2=2\mathrm{H}$，$M=0.5\mathrm{H}$。求图中交流电表的读数和电源发出的功率 P。

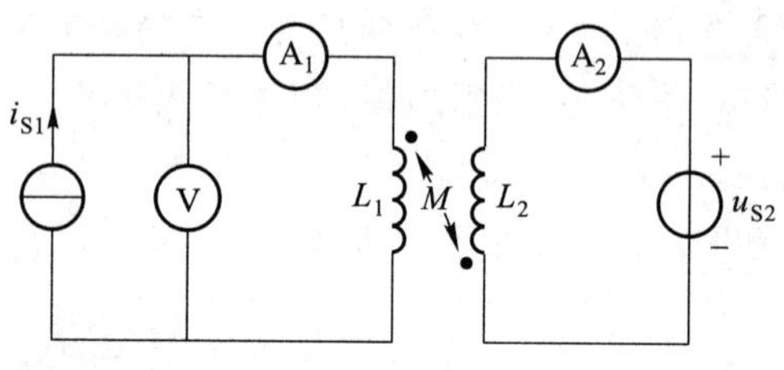

题 13-10 图

13-11　题 13-11 图所示电路中 $u_{S1}=[1.5+5\sqrt{2}\sin(2t+90°)]\ \mathrm{V}$，电流源电流 $i_{S2}=2\sin(1.5t)\ \mathrm{A}$。求 u_R 及 u_{S1} 发出的功率。

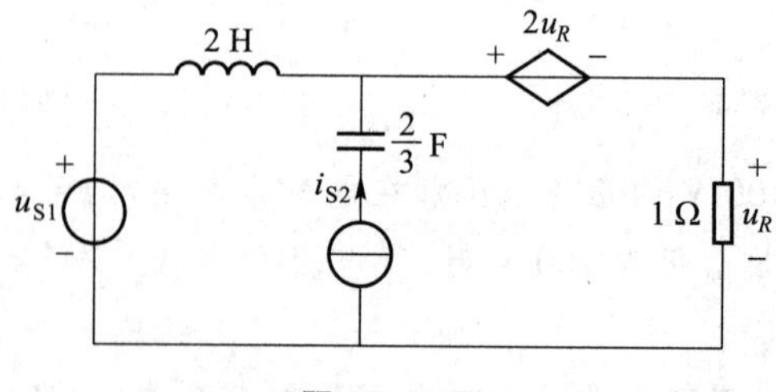

题 13-11 图

13-12　对称三相星形联结的发电机如题 13-12 图所示，其 A 相电压为 $u_A = [215\sqrt{2}\cos(\omega_1 t) - 30\sqrt{2}\cos(3\omega_1 t) + 10\sqrt{2}\cos(5\omega_1 t)]$ V，在基波频率下 RL 串联负载阻抗为 $Z=(6+j3)$ Ω，中性线阻抗 $Z_N=(1+j2)$ Ω。试求各相电流、中性线电流以及负载消耗的功率。如不接中性线，再求各相电流及负载消耗的功率；这时中性点电压 $U_{N'N}$ 为多少？

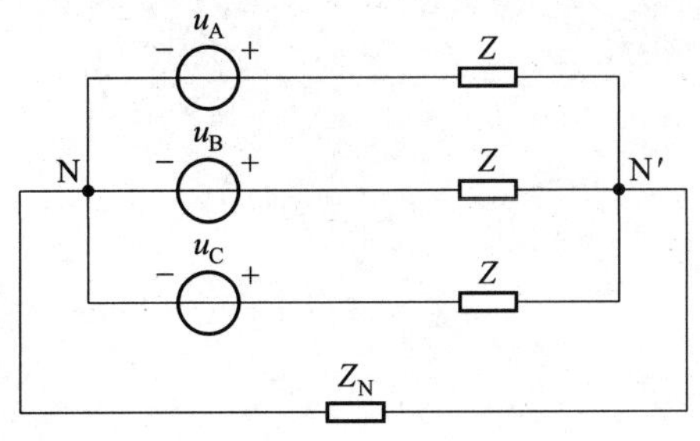

题 13-12 图

13-13　如果将上题中三相电源改为三角形联结并计及每相电源的阻抗。

(1) 试求测相电压的电压表 V_1 的读数，但三角形电源没有插入电压表 V_2。

(2) 打开三角形电源接入电压表 V_2，如题 13-13 图所示，试求此时两个电压表的读数。

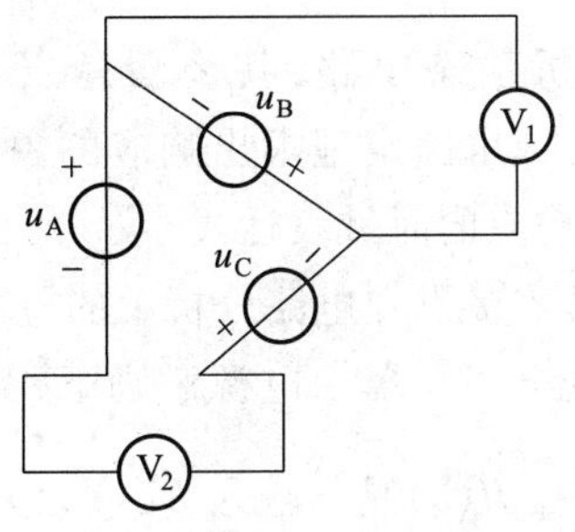

题 13-13 图

第十三章部分习题答案

第十四章 线性动态电路的复频域分析

导读

第七章介绍了用经典法求解动态电路，其优点是物理概念清楚，但当分析具有多个动态元件及多个激励电源的复杂电路时，则直接求解微分方程会有一定的困难。拉普拉斯[①]变换法是在复频域求解高阶动态电路方程行之有效的方法之一。本章介绍的主要内容有：

1. 常用函数的拉普拉斯变换，拉普拉斯变换的基本性质，拉普拉斯反变换的部分分式展开法。

2. 应用拉普拉斯变换分析动态电路，其步骤是：(1) 画出正确的运算电路图；(2) 应用电路分析的一般方法或电路定理求出响应的象函数；(3) 应用部分分式展开法进行拉普拉斯反变换，求得响应的时域表达式。

3. 复频域的网络函数及其零极点在电路分析中的应用。

网络函数是指线性时不变电路在单一电源激励下，其零状态响应的象函数与激励的象函数之比，即 $H(s)=\dfrac{R(s)}{E(s)}$。$H(s)$ 是与输入 $E(s)$ 无关的量，它取决于网络结构和电路参数。它与网络的冲激响应构成拉普拉斯变换对，即 $H(s)=\mathscr{L}[h(t)]$，根据网络函数的极点分布情况和激励的变化规律可预见时域响应的全部特点。如果令网络函数 $H(s)$ 中的复频率 $s=\mathrm{j}\omega$，那么分析 $H(\mathrm{j}\omega)$ 随频率变化的情况可以预见相应的网络函数的频率特性。

§14-1 拉普拉斯变换的定义

第七章研究了一阶电路和二阶电路，所应用的方法是根据电路定律和元件的电压、电流关系建立描述电路的方程，建立的方程是以时间为自变量的线性常微分方程，求解

---

① 法国数学家拉普拉斯(P. S. Laplace)。

常微分方程即可得到电路变量在时域的解答,这种方法又称为经典法。

对于具有多个动态元件的复杂电路,用直接求解微分方程的方法比较困难。例如对于一个 n 阶方程,直接求解时需要知道变量及其各阶导数[直到 $(n-1)$ 阶导数]在 $t=0_+$ 时刻的值,而电路中给定的初始状态是各电感电流和电容电压在 $t=0_+$ 时刻的值,从这些值求得所需初始条件的工作量很大。积分变换法是通过积分变换,把已知的时域函数变换为频域函数,从而把时域的微分方程化为频域的代数方程。求出频域函数后,再作反变换,返回时域,可以求得满足电路初始条件的原微分方程的解答,而不需要确定积分常数。拉普拉斯变换是一种重要的积分变换,是求解高阶复杂动态电路的有效而重要的方法之一。

一个定义在 $[0,\infty)$ 区间的函数 $f(t)$,它的拉普拉斯变换式 $F(s)$ 定义为

$$F(s)=\int_{0_-}^{\infty} f(t)\mathrm{e}^{-st}\mathrm{d}t \tag{14-1}$$

式中 $s=\sigma+\mathrm{j}\omega$ 为复数,$F(s)$ 称为 $f(t)$ 的象函数,$f(t)$ 称为 $F(s)$ 的原函数。拉普拉斯变换简称为拉氏变换。

式(14-1)表明拉氏变换是一种积分变换。还可以看出 $f(t)$ 的拉氏变换 $F(s)$ 存在的条件是该式右边的积分为有限值,故 e^{-st} 称为收敛因子。对于一个函数 $f(t)$,如果存在正的有限值常数 M 和 c,使得对于所有 t 满足条件

$$|f(t)| \leqslant M\mathrm{e}^{ct}$$

则 $f(t)$ 的拉氏变换式 $F(s)$ 总存在,因为总可以找到一个合适的 s 值,使式(14-1)中的积分为有限值①。假设本书涉及的 $f(t)$ 都满足此条件。

从式(14-1)还可看出,把原函数 $f(t)$ 与 e^{-st} 的乘积从 $t=0_-$ 到 ∞ 对 t 进行积分,则此积分的结果不再是 t 的函数。所以拉氏变换是把一个时间域的函数 $f(t)$ 变换到 s 域内的复变函数 $F(s)$。变量 s 称为复频率。应用拉氏变换法进行电路分析称为电路的复频域分析方法,又称为运算法。定义中拉氏变换的积分从 $t=0_-$ 开始,可以计及 $t=0$ 时 $f(t)$ 包含的冲激,从而给计算存在冲激函数电压和电流的电路带来方便。

如果 $F(s)$ 已知,要求出与它对应的原函数 $f(t)$,由 $F(s)$ 到 $f(t)$ 的变换称为拉普拉斯反变换,它定义为

$$f(t)=\frac{1}{2\pi\mathrm{j}}\int_{c-\mathrm{j}\infty}^{c+\mathrm{j}\infty} F(s)\mathrm{e}^{st}\mathrm{d}s \tag{14-2}$$

式中 c 为正的有限常数。

通常可用符号 $\mathscr{L}[\quad]$ 表示对方括号里的时域函数作拉氏变换,用符号 $\mathscr{L}^{-1}[\quad]$ 表示对方括号内的复变函数作拉氏反变换。

---

① 式(14-1)严格应称为单边拉普拉斯变换。由于本书着重拉氏变换在电路分析中的应用,关于式(14-1)存在的条件以及 s 的取值问题等有关拉氏变换的数学理论问题,可参阅有关教材。

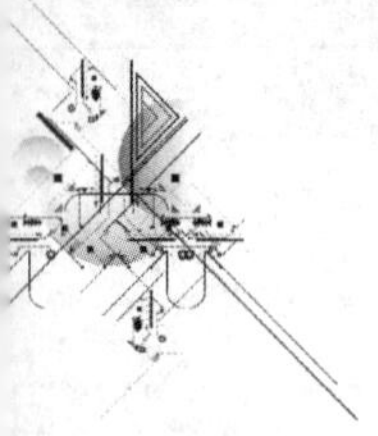

例 14-1　求以下函数的象函数：

（1）单位阶跃函数；

（2）单位冲激函数；

（3）指数函数。

解　（1）求单位阶跃函数的象函数

$$f(t)=\varepsilon(t)$$

$$F(s)=\mathscr{L}[f(t)]=\int_{0_-}^{\infty}\varepsilon(t)\mathrm{e}^{-st}\mathrm{d}t=\int_{0_-}^{\infty}\mathrm{e}^{-st}\mathrm{d}t$$

$$=-\frac{1}{s}\mathrm{e}^{-st}\bigg|_{0_-}^{\infty}=\frac{1}{s}$$

（2）求单位冲激函数的象函数

$$f(t)=\delta(t)$$

$$F(s)=\mathscr{L}[f(t)]=\int_{0_-}^{\infty}\delta(t)\mathrm{e}^{-st}\mathrm{d}t$$

$$=\int_{0_-}^{0_+}\delta(t)\mathrm{e}^{-st}\mathrm{d}t=\mathrm{e}^{-s(0)}=1$$

可以看出按式(14-1)的定义，能计及 $t=0$ 时 $f(t)$ 所包含的冲激函数。

（3）指数函数的象函数

$$f(t)=\mathrm{e}^{\alpha t}\qquad(\alpha\text{ 为实数})$$

$$F(s)=\mathscr{L}[f(t)]=\int_{0_-}^{\infty}\mathrm{e}^{\alpha t}\mathrm{e}^{-st}\mathrm{d}t$$

$$=\frac{1}{-(s-\alpha)}\mathrm{e}^{-(s-\alpha)t}\bigg|_{0_-}^{\infty}$$

$$=\frac{1}{s-\alpha}$$

§14-2　拉普拉斯变换的基本性质

拉普拉斯变换有许多重要性质，本节仅介绍与分析线性电路有关的一些基本性质。

1. 线性性质

设 $f_1(t)$ 和 $f_2(t)$ 是两个任意的时间函数，它们的象函数分别为 $F_1(s)$ 和 $F_2(s)$，A_1 和 A_2 是两个任意实常数，则

$$\mathscr{L}[A_1f_1(t)+A_2f_2(t)]=A_1\mathscr{L}[f_1(t)]+A_2\mathscr{L}[f_2(t)]$$
$$=A_1F_1(s)+A_2F_2(s)$$

证

$$\mathscr{L}[A_1f_1(t)+A_2f_2(t)]=\int_{0_-}^{\infty}[A_1f_1(t)+A_2f_2(t)]\mathrm{e}^{-st}\mathrm{d}t$$

$$=A_1\int_{0_-}^{\infty}f_1(t)\mathrm{e}^{-st}\mathrm{d}t+A_2\int_{0_-}^{\infty}f_2(t)\mathrm{e}^{-st}\mathrm{d}t$$

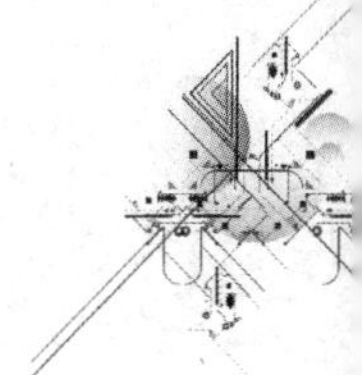

$$=A_1F_1(s)+A_2F_2(s)$$

例 14-2 若：(1) $f(t)=\sin(\omega t)$；

(2) $f(t)=K(1-\mathrm{e}^{-\alpha t})$。

上述函数的定义域为$[0,\infty)$，求其象函数。

解 (1) $\mathscr{L}[\sin(\omega t)]=\mathscr{L}\left[\dfrac{1}{2\mathrm{j}}(\mathrm{e}^{\mathrm{j}\omega t}-\mathrm{e}^{-\mathrm{j}\omega t})\right]$

$$=\frac{1}{2\mathrm{j}}\left(\frac{1}{s-\mathrm{j}\omega}-\frac{1}{s+\mathrm{j}\omega}\right)$$

$$=\frac{\omega}{s^2+\omega^2}$$

(2) $\mathscr{L}[K(1-\mathrm{e}^{-\alpha t})]=\mathscr{L}[K]-\mathscr{L}[K\mathrm{e}^{-\alpha t}]$

$$=\frac{K}{s}-\frac{K}{s+\alpha}$$

$$=\frac{K\alpha}{s(s+\alpha)}$$

由此可见，根据拉氏变换的线性性质，求函数乘以常数的象函数以及求几个函数相加减的结果的象函数时，可以先求各函数的象函数再进行计算。

2. 微分性质

函数$f(t)$的象函数与其导数$f'(t)=\dfrac{\mathrm{d}f(t)}{\mathrm{d}t}$的象函数之间有如下关系：

若
$$\mathscr{L}[f(t)]=F(s)$$
则
$$\mathscr{L}[f'(t)]=sF(s)-f(0_-)$$

证
$$\mathscr{L}\left[\frac{\mathrm{d}f(t)}{\mathrm{d}t}\right]=\int_{0_-}^{\infty}\frac{\mathrm{d}f(t)}{\mathrm{d}t}\mathrm{e}^{-st}\mathrm{d}t$$

设 $\mathrm{e}^{-st}=u$，$f'(t)\mathrm{d}t=\mathrm{d}v$，则 $\mathrm{d}u=-s\mathrm{e}^{-st}\mathrm{d}t$，$v=f(t)$。由于 $\int u\mathrm{d}v=uv-\int v\mathrm{d}u$，所以

$$\int_{0_-}^{\infty}f'(t)\mathrm{e}^{-st}\mathrm{d}t=f(t)\mathrm{e}^{-st}\Big|_{0_-}^{\infty}-\int_{0_-}^{\infty}f(t)(-s\mathrm{e}^{-st})\mathrm{d}t$$

$$=-f(0_-)+s\int_{0_-}^{\infty}f(t)\mathrm{e}^{-st}\mathrm{d}t$$

只要 s 的实部 σ 取得足够大，当 $t\to\infty$ 时，$\mathrm{e}^{-st}f(t)\to 0$，则 $F(s)$存在，于是得

$$\mathscr{L}[f'(t)]=sF(s)-f(0_-)$$

例 14-3 应用导数性质求下列函数的象函数：

(1) $f(t)=\cos(\omega t)$；

(2) $f(t)=\delta(t)$。

解 (1) 由于
$$\frac{\mathrm{d}\sin(\omega t)}{\mathrm{d}t}=\omega\cos(\omega t)$$

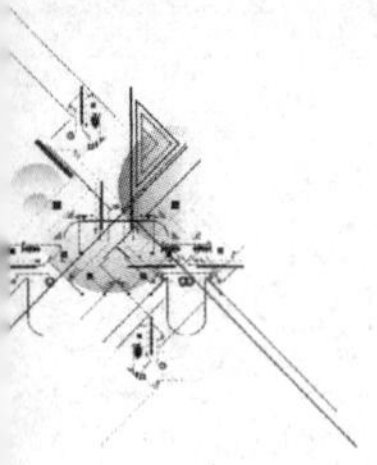

$$\cos(\omega t)=\frac{1}{\omega}\frac{\mathrm{d}\sin(\omega t)}{\mathrm{d}t}$$

而 $\mathscr{L}[\sin(\omega t)]=\frac{\omega}{s^2+\omega^2}$(例 14-2 中已求得),所以

$$\mathscr{L}[\cos(\omega t)]=\mathscr{L}\left[\frac{1}{\omega}\frac{\mathrm{d}}{\mathrm{d}t}\sin(\omega t)\right]=\frac{1}{\omega}\left(s\frac{\omega}{s^2+\omega^2}-0\right)$$

$$=\frac{s}{s^2+\omega^2}$$

(2) 由于 $\delta(t)=\frac{\mathrm{d}}{\mathrm{d}t}\varepsilon(t)$,而 $\mathscr{L}[\varepsilon(t)]=\frac{1}{s}$,所以

$$\mathscr{L}[\delta(t)]=\mathscr{L}\left[\frac{\mathrm{d}}{\mathrm{d}t}\varepsilon(t)\right]=s\cdot\frac{1}{s}-0=1$$

此结果与例 14-1 所得结果完全相同。

3. 积分性质

函数 $f(t)$ 的象函数与其积分 $\int_{0_-}^{t}f(\xi)\mathrm{d}\xi$ 的象函数之间满足如下关系:

若
$$\mathscr{L}[f(t)]=F(s)$$

则
$$\mathscr{L}\left[\int_{0_-}^{t}f(\xi)\mathrm{d}\xi\right]=\frac{F(s)}{s}$$

证 令 $u=\int f(t)\mathrm{d}t$,$\mathrm{d}v=\mathrm{e}^{-st}\mathrm{d}t$,则 $\mathrm{d}u=f(t)\mathrm{d}t$,$v=-\frac{\mathrm{e}^{-st}}{s}$,利用分部积分公式 $\int u\mathrm{d}v=uv-\int v\mathrm{d}u$,所以

$$\int_{0_-}^{\infty}\left\{\left[\int_{0_-}^{t}f(\xi)\mathrm{d}\xi\right]\mathrm{e}^{-st}\mathrm{d}t\right\}$$

$$=\left(\int_{0_-}^{t}f(\xi)\mathrm{d}\xi\right)\frac{\mathrm{e}^{-st}}{-s}\Bigg|_{0_-}^{\infty}-\int_{0_-}^{\infty}f(t)\left(-\frac{\mathrm{e}^{-st}}{s}\right)\mathrm{d}t$$

$$=\left[\int_{0_-}^{t}f(\xi)\mathrm{d}\xi\right]\frac{\mathrm{e}^{-st}}{-s}\Bigg|_{0_-}^{\infty}+\frac{1}{s}\int_{0_-}^{\infty}f(t)\mathrm{e}^{-st}\mathrm{d}t$$

只要 s 的实部 σ 足够大,当 $t\to\infty$ 时和 $t=0_-$ 时,等式右边第一项都为零,所以有

$$\mathscr{L}\left[\int_{0_-}^{t}f(\xi)\mathrm{d}\xi\right]=\frac{F(s)}{s}$$

例 14-4 利用积分性质求函数 $f(t)=t$ 的象函数。

解 由于 $f(t)=t=\int_{0}^{t}\varepsilon(\xi)\mathrm{d}\xi$,所以

$$\mathscr{L}[f(t)]=\frac{1}{s}\cdot\frac{1}{s}=\frac{1}{s^2}$$

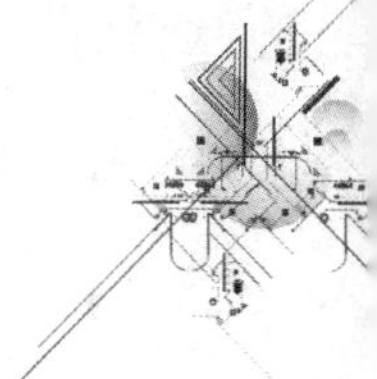

4. 延迟性质

函数$f(t)$的象函数与其延迟函数$f(t-t_0)\varepsilon(t-t_0)$的象函数之间有如下关系：

若
$$\mathscr{L}[f(t)]=F(s)$$

则
$$\mathscr{L}[f(t-t_0)\varepsilon(t-t_0)]=\mathrm{e}^{-st_0}F(s)$$

证
$$\mathscr{L}[f(t-t_0)\varepsilon(t-t_0)]=\int_{0_-}^{\infty}f(t-t_0)\varepsilon(t-t_0)\mathrm{e}^{-st}\mathrm{d}t$$
$$=\int_{t_0}^{\infty}f(t-t_0)\mathrm{e}^{-st}\mathrm{d}t$$

令　$\tau=t-t_0$，则上式为

$$\mathscr{L}[f(t-t_0)\varepsilon(t-t_0)]=\int_{0_-}^{\infty}f(\tau)\mathrm{e}^{-s(\tau+t_0)}\mathrm{d}\tau$$
$$=\mathrm{e}^{-st_0}\int_{0_-}^{\infty}f(\tau)\mathrm{e}^{-s\tau}\mathrm{d}\tau$$
$$=\mathrm{e}^{-st_0}F(s)$$

例 14-5　求图 14-1 所示矩形脉冲的象函数。

解　图 14-1 中的矩形脉冲可用解析式表示为

$$f(t)=\varepsilon(t)-\varepsilon(t-\tau)$$

因为$\mathscr{L}[\varepsilon(t)]=\dfrac{1}{s}$，根据延迟性质

$$\mathscr{L}[\varepsilon(t-\tau)]=\frac{1}{s}\mathrm{e}^{-s\tau}$$

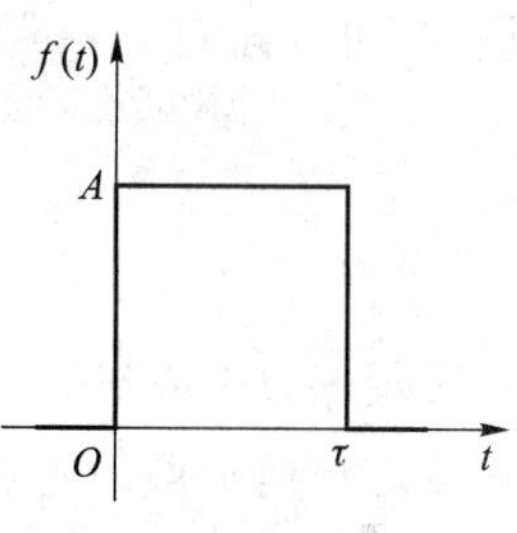

图 14-1　例 14-5 图

又根据拉氏变换的线性性质，得

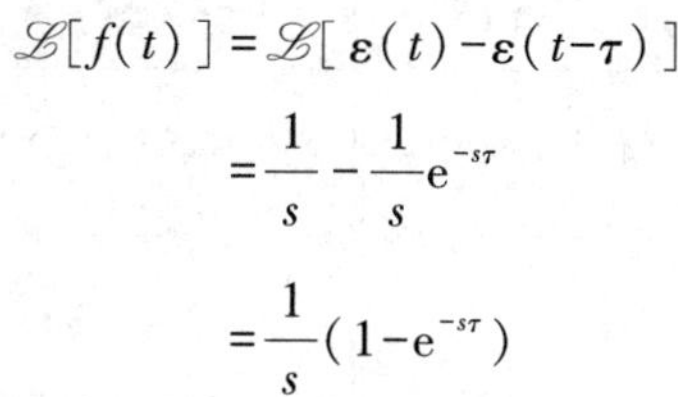

$$\mathscr{L}[f(t)]=\mathscr{L}[\varepsilon(t)-\varepsilon(t-\tau)]$$
$$=\frac{1}{s}-\frac{1}{s}\mathrm{e}^{-s\tau}$$
$$=\frac{1}{s}(1-\mathrm{e}^{-s\tau})$$

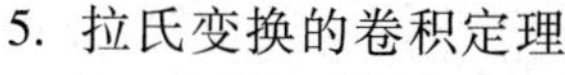

5. 拉氏变换的卷积定理

§7-9 已介绍过两个时间函数$f_1(t)$和$f_2(t)$，它们在$t<0$时为零，$f_1(t)$和$f_2(t)$的卷积用下列积分式定义：

$$f_1(t)*f_2(t)=\int_0^t f_1(t-\xi)f_2(\xi)\mathrm{d}\xi$$

设$f_1(t)$和$f_2(t)$的象函数分别为$F_1(s)$和$F_2(s)$，有

$$\mathscr{L}[f_1(t)*f_2(t)]=\mathscr{L}\left[\int_0^t f_1(t-\xi)f_2(\xi)\mathrm{d}\xi\right]$$
$$=F_1(s)F_2(s)$$

证　根据拉氏变换定义，有

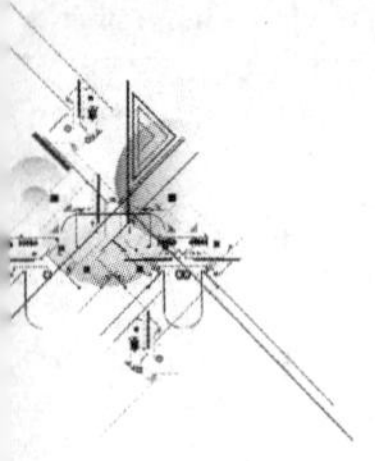

$$\mathscr{L}[f_1(t)*f_2(t)]=\int_0^{\infty}\mathrm{e}^{-st}\left[\int_0^t f_1(t-\xi)f_2(\xi)\mathrm{d}\xi\right]\mathrm{d}t$$

根据延迟的单位阶跃函数的定义

$$\varepsilon(t-\xi)=\begin{cases}1 & \xi<t\\ 0 & \xi>t\end{cases}$$

故
$$\int_0^t f_1(t-\xi)f_2(\xi)\mathrm{d}\xi=\int_0^{\infty}f_1(t-\xi)\varepsilon(t-\xi)f_2(\xi)\mathrm{d}\xi$$

$$\mathscr{L}[f_1(t)*f_2(t)]=\int_0^{\infty}\mathrm{e}^{-st}\int_0^{\infty}f_1(t-\xi)\varepsilon(t-\xi)f_2(\xi)\mathrm{d}\xi\mathrm{d}t$$

令 $x=t-\xi$,则 $\mathrm{e}^{-st}=\mathrm{e}^{-s(x+\xi)}$,上式变为

$$\begin{aligned}\mathscr{L}[f_1(t)*f_2(t)]&=\int_0^{\infty}\int_0^{\infty}f_1(x)\varepsilon(x)f_2(\xi)\mathrm{e}^{-s\xi}\mathrm{e}^{-sx}\mathrm{d}\xi\mathrm{d}x\\&=\int_0^{\infty}f_1(x)\varepsilon(x)\mathrm{e}^{-sx}\mathrm{d}x\int_0^{\infty}f_2(\xi)\mathrm{e}^{-s\xi}\mathrm{d}\xi\\&=F_1(s)F_2(s)\end{aligned}$$

同理,可以证明

$$\mathscr{L}[f_2(t)*f_1(t)]=F_2(s)F_1(s)$$

所以

$$f_1(t)*f_2(t)=f_2(t)*f_1(t)$$

根据以上介绍的拉氏变换的定义及与电路分析有关的拉氏变换的一些基本性质,可以方便地求得一些常用的时间函数的象函数,表 14-1 为常用函数的拉氏变换表。

表 14-1

原函数 $f(t)$	象函数 $F(s)$	原函数 $f(t)$	象函数 $F(s)$
$A\delta(t)$	A	$\cos(\omega t+\phi)$	$\frac{s\cos\phi-\omega\sin\phi}{s^2+\omega^2}$
$A\varepsilon(t)$	A/s	$\mathrm{e}^{-\alpha t}\sin(\omega t)$	$\frac{\omega}{(s+\alpha)^2+\omega^2}$
$A\mathrm{e}^{-\alpha t}$	$\frac{A}{s+\alpha}$	$\mathrm{e}^{-\alpha t}\cos(\omega t)$	$\frac{s+\alpha}{(s+\alpha)^2+\omega^2}$
$1-\mathrm{e}^{-\alpha t}$	$\frac{\alpha}{s(s+\alpha)}$	$t\mathrm{e}^{-\alpha t}$	$\frac{1}{(s+\alpha)^2}$
$\sin(\omega t)$	$\frac{\omega}{s^2+\omega^2}$	t	$\frac{1}{s^2}$
$\cos(\omega t)$	$\frac{s}{s^2+\omega^2}$	$\sinh(\alpha t)$	$\frac{\alpha}{s^2-\alpha^2}$
$\sin(\omega t+\phi)$	$\frac{s\sin\phi+\omega\cos\phi}{s^2+\omega^2}$	$\cosh(\alpha t)$	$\frac{s}{s^2-\alpha^2}$

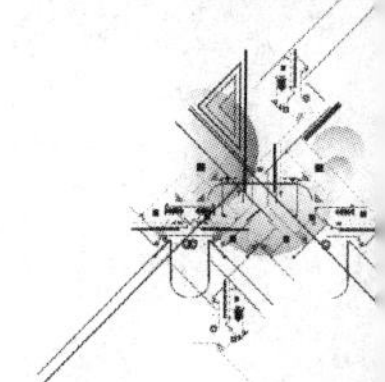

续表

原函数 $f(t)$	象函数 $F(s)$	原函数 $f(t)$	象函数 $F(s)$
$(1-\alpha t)e^{-\alpha t}$	$\frac{s}{(s+\alpha)^2}$	$\frac{1}{n!}t^n$	$\frac{1}{s^{n+1}}$
$\frac{1}{2}t^2$	$\frac{1}{s^3}$	$\frac{1}{n!}t^n e^{-\alpha t}$	$\frac{1}{(s+\alpha)^{n+1}}$

§14-3　拉普拉斯反变换的部分分式展开

用拉氏变换求解线性电路的时域响应时,需要把求得的响应的拉氏变换式反变换为时间函数。拉氏反变换可以用式(14-2)求得,但涉及计算一个复变函数的积分,一般比较复杂。如果象函数比较简单,往往能从拉氏变换表中查出其原函数。对于不能从表中查出原函数的情况,如果能设法把象函数分解为若干较简单的、能够从表中查到的项,就可查出各项对应的原函数,而它们之和即为所求原函数。电路响应的象函数通常可表示为两个实系数的 s 的多项式之比,即 s 的一个有理分式

$$F(s)=\frac{N(s)}{D(s)}=\frac{a_0s^m+a_1s^{m-1}+\cdots+a_m}{b_0s^n+b_1s^{n-1}+\cdots+b_n} \tag{14-3}$$

式中 m 和 n 为正整数,且 $n\geqslant m$①。

把 $F(s)$ 分解成若干简单项之和,而这些简单项可以在拉氏变换表中找到,这种方法称为部分分式展开法,或称为分解定理。

用部分分式展开有理分式 $F(s)$ 时,需要把有理分式化为真分式。若 $n>m$,则 $F(s)$ 为真分式。若 $n=m$,则

$$F(s)=A+\frac{N_0(s)}{D(s)}$$

式中 A 是一个常数,其对应的时间函数为 $A\delta(t)$,余数项 $\frac{N_0(s)}{D(s)}$ 是真分式。

用部分分式展开真分式时,需要对分母多项式作因式分解,求出 $D(s)=0$ 的根。$D(s)=0$ 的根可以是单根、共轭复根和重根几种情况。

1. 单根

如果 $D(s)=0$ 有 n 个单根,设 n 个单根分别是 p_1、p_2、…、p_n。于是 $F(s)$ 可以展开为

$$F(s)=\frac{K_1}{s-p_1}+\frac{K_2}{s-p_2}+\cdots+\frac{K_n}{s-p_n} \tag{14-4}$$

式中 K_1、K_2、…、K_n 是待定系数。

① 在电路分析中,通常不出现 $n<m$ 的情况。

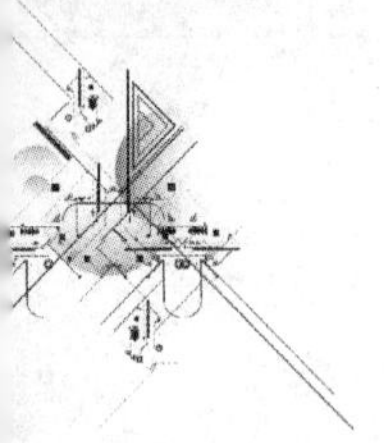

将上式两边都乘以 $(s-p_1)$，得

$$(s-p_1)F(s)=K_1+(s-p_1)\left(\frac{K_2}{s-p_2}+\cdots+\frac{K_n}{s-p_n}\right)$$

令 $s=p_1$，则等式除第一项外都变为零，这样求得

$$K_1=[(s-p_1)F(s)]_{s=p_1}$$

同理可求得 K_2、K_3、…、K_n。所以确定式(14-4)中各待定系数的公式为

$$K_i=[(s-p_i)F(s)]_{s=p_i}\quad(i=1,2,3,\cdots,n)$$

因为 p_i 是 $D(s)=0$ 的一个根，故上面关于 K_i 的表达式为 $\frac{0}{0}$ 的不定式，可以用求极限的方法确定 K_i 的值，即

$$K_i=\lim_{s\to p_i}\frac{(s-p_i)N(s)}{D(s)}=\lim_{s\to p_i}\frac{(s-p_i)N'(s)+N(s)}{D'(s)}=\frac{N(p_i)}{D'(p_i)}$$

所以确定式(14-4)中各待定系数的另一公式为

$$K_i=\left.\frac{N(s)}{D'(s)}\right|_{s=p_i}\quad(i=1,2,3,\cdots,n)\tag{14-5}$$

确定了式(14-4)中各待定系数后，相应的原函数为

$$f(t)=\mathscr{L}^{-1}[F(s)]=\sum_{i=1}^{n}K_i\mathrm{e}^{p_it}=\sum_{i=1}^{n}\frac{N(p_i)}{D'(p_i)}\mathrm{e}^{p_it}$$

例 14-6　求 $F(s)=\dfrac{2s+1}{s^3+7s^2+10s}$ 的原函数 $f(t)$。

解　因为

$$F(s)=\frac{2s+1}{s^3+7s^2+10s}=\frac{2s+1}{s(s+2)(s+5)}$$

所以，$D(s)=0$ 的根为

$$p_1=0,p_2=-2,p_3=-5$$

$$D'(s)=3s^2+14s+10$$

根据式(14-5)确定各系数

$$K_1=\left.\frac{N(s)}{D'(s)}\right|_{s=p_1}=\left.\frac{2s+1}{3s^2+14s+10}\right|_{s=0}=0.1$$

同理求得

$$K_2=0.5$$

$$K_3=-0.6$$

所以

$$f(t)=0.1+0.5\mathrm{e}^{-2t}-0.6\mathrm{e}^{-5t}$$

2. 共轭复根

如果 $D(s)=0$ 具有共轭复根 $p_1=\alpha+\mathrm{j}\omega$，$p_2=\alpha-\mathrm{j}\omega$，则

$$K_1=[(s-\alpha-\mathrm{j}\omega)F(s)]_{s=\alpha+\mathrm{j}\omega}=\left.\frac{N(s)}{D'(s)}\right|_{s=\alpha+\mathrm{j}\omega}$$

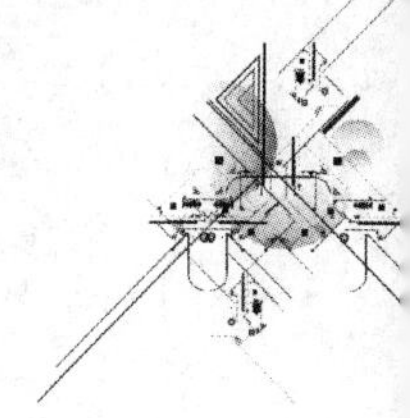

$$K_2=[(s-\alpha+\mathrm{j}\omega)F(s)]_{s=\alpha-\mathrm{j}\omega}=\left.\frac{N(s)}{D'(s)}\right|_{s=\alpha-\mathrm{j}\omega}$$

由于 $F(s)$ 是实系数多项式之比，故 K_1、K_2 为共轭复数。

设 $K_1=|K_1|\mathrm{e}^{\mathrm{j}\theta_1}$，则 $K_2=|K_1|\mathrm{e}^{-\mathrm{j}\theta_1}$，有

$$\begin{aligned}f(t)&=K_1\mathrm{e}^{(\alpha+\mathrm{j}\omega)t}+K_2\mathrm{e}^{(\alpha-\mathrm{j}\omega)t}\\&=|K_1|\mathrm{e}^{\mathrm{j}\theta_1}\mathrm{e}^{(\alpha+\mathrm{j}\omega)t}+|K_1|\mathrm{e}^{-\mathrm{j}\theta_1}\mathrm{e}^{(\alpha-\mathrm{j}\omega)t}\\&=|K_1|\mathrm{e}^{\alpha t}[\mathrm{e}^{\mathrm{j}(\omega t+\theta_1)}+\mathrm{e}^{-\mathrm{j}(\omega t+\theta_1)}]\\&=2|K_1|\mathrm{e}^{\alpha t}\cos(\omega t+\theta_1)\end{aligned}\tag{14-6}$$

例 14-7　求 $F(s)=\dfrac{s+3}{s^2+2s+5}$ 的原函数 $f(t)$。

解　$D(s)=0$ 的根为共轭复根，$p_1=-1+\mathrm{j}2$，$p_2=-1-\mathrm{j}2$。

$$\begin{aligned}K_1&=\left.\frac{N(s)}{D'(s)}\right|_{s=p_1}=\left.\frac{s+3}{2s+2}\right|_{s=-1+\mathrm{j}2}\\&=0.5-\mathrm{j}0.5=0.5\sqrt{2}\,\mathrm{e}^{-\mathrm{j}\frac{\pi}{4}}\\K_2&=|K_1|\mathrm{e}^{-\mathrm{j}\theta_1}=0.5\sqrt{2}\,\mathrm{e}^{\mathrm{j}\frac{\pi}{4}}\end{aligned}$$

根据式(14-6)可得

$$\begin{aligned}f(t)&=2|K_1|\mathrm{e}^{-t}\cos\left(2t-\frac{\pi}{4}\right)\\&=\sqrt{2}\,\mathrm{e}^{-t}\cos\left(2t-\frac{\pi}{4}\right)\end{aligned}$$

3. 重根

如果 $D(s)=0$ 具有重根，则应含 $(s-p_1)^n$ 的因式。现设 $D(s)$ 中含有 $(s-p_1)^3$ 的因式，p_1 为 $D(s)=0$ 的三重根，其余为单根，$F(s)$ 可分解为

$$F(s)=\frac{K_{13}}{s-p_1}+\frac{K_{12}}{(s-p_1)^2}+\frac{K_{11}}{(s-p_1)^3}+\left(\frac{K_2}{s-p_2}+\cdots\right)\text{①}\tag{14-7}$$

对于单根，仍采用 $K_i=\left.\dfrac{N(s)}{D'(s)}\right|_{s=p_i}$ 公式计算。为了确定 K_{11}、K_{12} 和 K_{13} 可以将式(14-7)两边都乘以 $(s-p_1)^3$，则 K_{11} 被单独分离出来，即

$$(s-p_1)^3F(s)=(s-p_1)^2K_{13}+(s-p_1)K_{12}+K_{11}+(s-p_1)^3\left(\frac{K_2}{s-p_2}+\cdots\right)\tag{14-8}$$

则
$$K_{11}=(s-p_1)^3F(s)\big|_{s=p_1}$$

式(14-8)两边再对 s 求导一次，K_{12} 被分离出来，即

---

① 括号中为其余单根项。

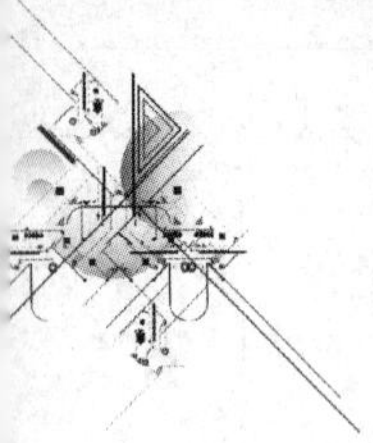

$$\frac{\mathrm{d}}{\mathrm{d}s}[(s-p_1)^3F(s)]=2(s-p_1)K_{13}+K_{12}+\frac{\mathrm{d}}{\mathrm{d}s}\left[(s-p_1)^3\left(\frac{K_2}{s-p_2}+\cdots\right)\right]$$

所以

$$K_{12}=\frac{\mathrm{d}}{\mathrm{d}s}[(s-p_1)^3F(s)]_{s=p_1}$$

用同样的方法可得

$$K_{13}=\frac{1}{2}\frac{\mathrm{d}^2}{\mathrm{d}s^2}[(s-p_1)^3F(s)]_{s=p_1}$$

从以上分析过程可以推论得出当 $D(s)=0$ 具有 q 阶重根，其余为单根时的分解式为

$$F(s)=\frac{K_{1q}}{s-p_1}+\frac{K_{1(q-1)}}{(s-p_1)^2}+\cdots+\frac{K_{11}}{(s-p_1)^q}+\left(\frac{K_2}{s-p_2}+\cdots\right) \tag{14-9}$$

式中

$$K_{11}=(s-p_1)^qF(s)\big|_{s=p_1}$$

$$K_{12}=\frac{\mathrm{d}}{\mathrm{d}s}[(s-p_1)^qF(s)]\bigg|_{s=p_1}$$

$$K_{13}=\frac{1}{2}\frac{\mathrm{d}^2}{\mathrm{d}s^2}[(s-p_1)^qF(s)]\bigg|_{s=p_1}$$

…………

$$K_{1q}=\frac{1}{(q-1)!}\frac{\mathrm{d}^{q-1}}{\mathrm{d}s^{q-1}}[(s-p_1)^qF(s)]\bigg|_{s=p_1}$$

如果 $D(s)=0$ 具有多个重根时，对每个重根分别利用上述方法即可得到各系数。

例 14-8　求 $F(s)=\dfrac{1}{(s+1)^3s^2}$ 的原函数 $f(t)$。

解　令 $D(s)=(s+1)^3s^2=0$，有 $p_1=-1$ 为三重根，$p_2=0$ 为二重根，所以

$$F(s)=\frac{K_{13}}{s+1}+\frac{K_{12}}{(s+1)^2}+\frac{K_{11}}{(s+1)^3}+\frac{K_{22}}{s}+\frac{K_{21}}{s^2}$$

首先以 $(s+1)^3$ 乘以 $F(s)$ 得

$$(s+1)^3F(s)=\frac{1}{s^2}$$

应用式(14-9)得

$$K_{11}=\frac{1}{s^2}\bigg|_{s=-1}=1$$

$$K_{12}=\frac{\mathrm{d}}{\mathrm{d}s}\frac{1}{s^2}\bigg|_{s=-1}=\frac{-2}{s^3}\bigg|_{s=-1}=2$$

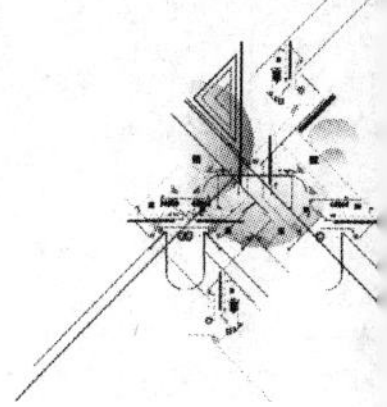

$$K_{13}=\frac{1}{2}\frac{\mathrm{d}^2}{\mathrm{d}s^2}\frac{1}{s^2}\bigg|_{s=-1}=\frac{1}{2}\frac{6}{s^4}\bigg|_{s=-1}=3$$

同样为计算 K_{21} 和 K_{22}，首先以 s^2 乘 $F(s)$ 得

$$s^2F(s)=\frac{1}{(s+1)^3}$$

应用式(14-9)可求得

$$K_{21}=1$$

$$K_{22}=-3$$

所以

$$F(s)=\frac{1}{(s+1)^3s^2}=\frac{3}{s+1}+\frac{2}{(s+1)^2}+\frac{1}{(s+1)^3}-\frac{3}{s}+\frac{1}{s^2}$$

相应的原函数为

$$f(t)=3\mathrm{e}^{-t}+2t\mathrm{e}^{-t}+\frac{1}{2}t^2\mathrm{e}^{-t}-3+t$$

§14-4 运算电路

基尔霍夫定律的时域表示式为：

对任一节点　　$\sum i(t)=0$

对任一回路　　$\sum u(t)=0$

根据拉氏变换的线性性质得出基尔霍夫定律的运算形式如下：

对任一节点　　$\sum I(s)=0$

对任一回路　　$\sum U(s)=0$

根据元件电压、电流的时域关系，可以推导出各元件电压电流关系的运算形式。

图 14-2(a)所示电阻元件的电压电流关系为 $u(t)=Ri(t)$，两边取拉氏变换，得

$$U(s)=RI(s) \tag{14-10}$$

式(14-10)就是电阻 VCR 的运算形式，图 14-2(b)称为电阻 R 的运算电路。

图 14-2　电阻的运算电路

对于图 14-3(a)所示电感有 $u(t)=L\dfrac{\mathrm{d}i(t)}{\mathrm{d}t}$，取拉氏变换并根据拉氏变换的微分性质，得

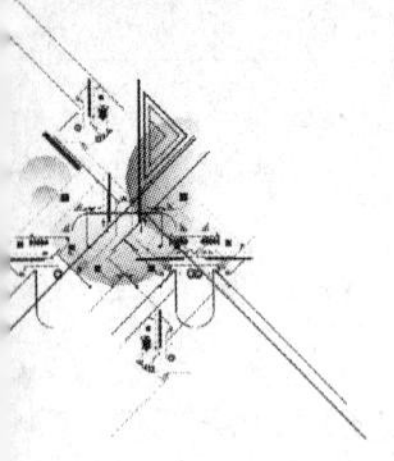

$$\mathscr{L}[u(t)]=\mathscr{L}\left[L\frac{\mathrm{d}i(t)}{\mathrm{d}t}\right]$$

$$U(s)=sLI(s)-Li(0_-) \tag{14-11a}$$

式中 sL 为电感的运算阻抗，$i(0_-)$ 表示电感中的初始电流。这样就可以得到图 14-3(b)所示运算电路，$Li(0_-)$ 表示附加电压源的电压，它反映了电感中初始电流的作用。还可以把式(14-11a)改写为

$$I(s)=\frac{1}{sL}U(s)+\frac{i(0_-)}{s} \tag{14-11b}$$

就可以获得图 14-3(c)所示运算电路，其中 $\frac{1}{sL}$ 为电感的运算导纳，$\frac{i(0_-)}{s}$ 表示附加电流源的电流。

图 14-3　电感的运算电路

同理，对于图 14-4(a)所示，电容有 $u(t)=\frac{1}{C}\int_{0_-}^{t}i(\xi)\mathrm{d}\xi+u(0_-)$，取拉氏变换并根据拉氏变换的积分性质，得

$$\left.\begin{aligned}U(s)&=\frac{1}{sC}I(s)+\frac{u(0_-)}{s}\\I(s)&=sCU(s)-Cu(0_-)\end{aligned}\right\} \tag{14-12}$$

这样可以分别获得图 14-4(b)(c)所示运算电路，其中 $\frac{1}{sC}$ 和 sC 分别为电容 C 的运算阻抗和运算导纳，$\frac{u(0_-)}{s}$ 和 $Cu(0_-)$ 分别为反映电容初始电压的附加电压源的电压和附加电流源的电流。

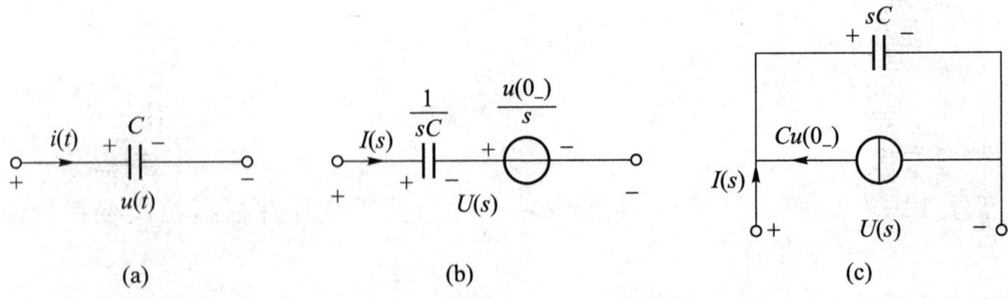

图 14-4　电容的运算电路

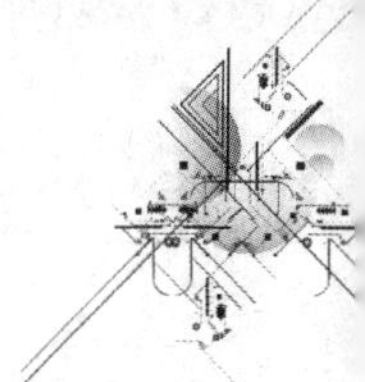

对两个耦合电感，运算电路中应包括由于互感引起的附加电源。根据图 14-5(a)，有

$$u_1 = L_1 \frac{\mathrm{d}i_1}{\mathrm{d}t} + M \frac{\mathrm{d}i_2}{\mathrm{d}t}$$

$$u_2 = L_2 \frac{\mathrm{d}i_2}{\mathrm{d}t} + M \frac{\mathrm{d}i_1}{\mathrm{d}t}$$

对上式两边取拉氏变换有

$$\begin{aligned} U_1(s) &= sL_1I_1(s) - L_1i_1(0_-) + sMI_2(s) - Mi_2(0_-) \\ U_2(s) &= sL_2I_2(s) - L_2i_2(0_-) + sMI_1(s) - Mi_1(0_-) \end{aligned} \tag{14-13}$$

式中 sM 称为互感运算阻抗，$Mi_1(0_-)$ 和 $Mi_2(0_-)$ 都是附加的电压源，附加电压源的方向与电流 i_1、i_2 的参考方向有关。图 14-5(b)为具有耦合电感的运算电路。

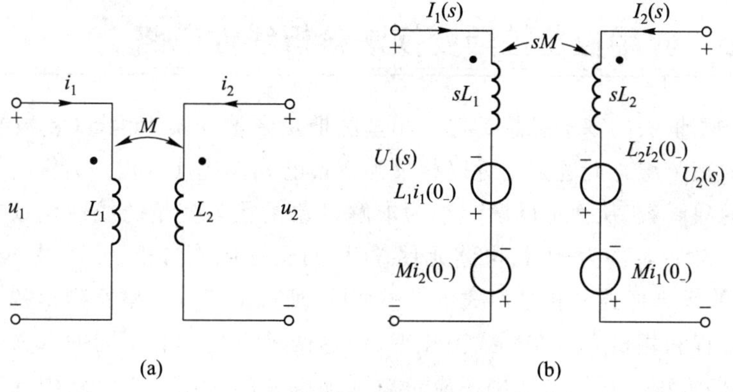

图 14-5　耦合电感的运算电路

图 14-6(a)所示为 RLC 串联电路。设电源电压为 $u(t)$，电感中初始电流为 $i(0_-)$，电容中初始电压为 $u_C(0_-)$。如用运算电路表示，将得到图 14-6(b)。

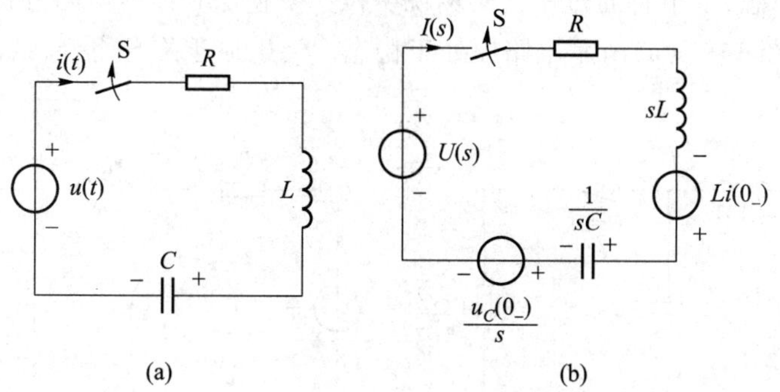

图 14-6　RLC 串联电路

根据 $\sum U(s) = 0$，有

$$RI(s) + sLI(s) - Li(0_-) + \frac{1}{sC}I(s) + \frac{u_C(0_-)}{s} = U(s)$$

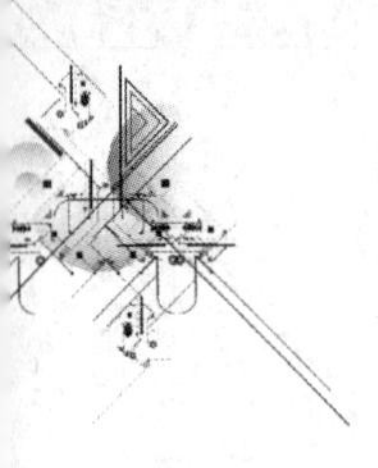

或

$$\left(R+sL+\frac{1}{sC}\right)I(s)=U(s)+Li(0_-)-\frac{u_C(0_-)}{s}$$

$$Z(s)I(s)=U(s)+Li(0_-)-\frac{u_C(0_-)}{s}$$

式中 $Z(s)=R+sL+\frac{1}{sC}$ 为 RLC 串联电路的运算阻抗。在零值初始条件下，$i(0_-)=0$，$u_C(0_-)=0$，则有

$$Z(s)I(s)=U(s)$$

上式即为运算形式的欧姆定律。

§14-5　应用拉普拉斯变换法分析线性电路

运算法与相量法的基本思想类似。相量法把正弦量变换为相量（复数），从而把求解线性电路的正弦稳态问题归结为以相量为变量的线性代数方程。运算法把时间函数变换为对应的象函数，从而把问题归结为求解以象函数为变量的线性代数方程。当电路的所有独立初始条件为零时，电路元件 VCR 的运算形式与相量形式是类似的，加之 KCL 和 KVL 的运算形式与相量形式也是类似的，所以对于同一电路列出的零状态下的运算形式的方程和相量方程在形式上相似，但这两种方程具有不同的意义。在非零状态条件下，电路方程的运算形式中还应考虑附加电源的作用。当电路中的非零独立初始条件考虑成附加电源之后，电路方程的运算形式仍与相量方程类似。可见相量法中各种计算方法和定理在形式上完全可以移用于运算法。

在运算法中求得象函数之后，利用拉氏反变换就可以求得对应的时间函数。

根据上述思想，以下将通过一些实例说明拉氏变换法在线性电路分析中的应用。

例 14-9　图 14-7（a）所示电路原处于稳态。$t=0$ 时开关 S 闭合，试用运算法求解换路后的电流 $i_L(t)$。

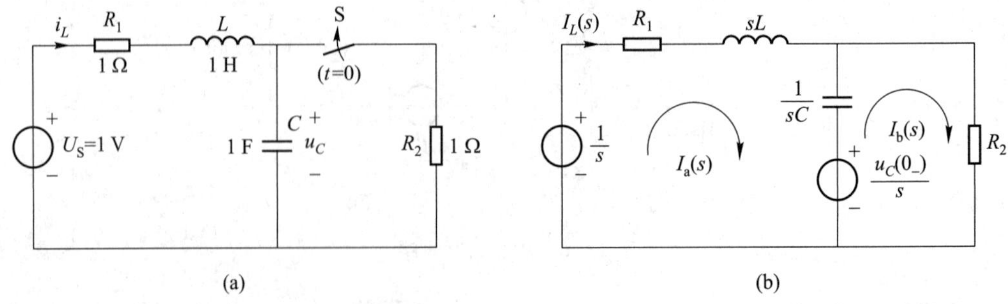

图 14-7　例 14-9 图

解　首先求 U_S 的拉氏变换

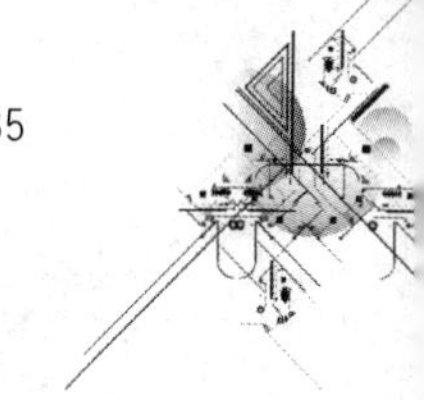

$$\mathscr{L}[U_S]=\mathscr{L}[1]=\frac{1}{s}$$

由于开关闭合前电路已处于稳态，所以电感电流 $i_L(0_-)=0$，电容电压 $u_C(0_-)=1\ \text{V}$。该电路的运算电路如图 14-7(b)所示。

应用回路电流法，设回路电流为 $I_a(s)$、$I_b(s)$，方向如图 14-7(b)所示，可列出方程

$$\left(R_1+sL+\frac{1}{sC}\right)I_a(s)-\frac{1}{sC}I_b(s)=\frac{1}{s}-\frac{u_C(0_-)}{s}$$

$$-\frac{1}{sC}I_a(s)+\left(R_2+\frac{1}{sC}\right)I_b(s)=\frac{u_C(0_-)}{s}$$

代入已知数据，得

$$\left(1+s+\frac{1}{s}\right)I_a(s)-\frac{1}{s}I_b(s)=0$$

$$-\frac{1}{s}I_a(s)+\left(1+\frac{1}{s}\right)I_b(s)=\frac{1}{s}$$

解得

$$I_L(s)=I_a(s)=\frac{1}{s(s^2+2s+2)}$$

求其反变换

$$\mathscr{L}^{-1}[I_L(s)]=\frac{1}{2}(1-e^{-t}\cos t-e^{-t}\sin t)$$

所以　$$i_L(t)=\frac{1}{2}(1-e^{-t}\cos t-e^{-t}\sin t)\ \text{A}\quad(t\geqslant 0)$$

例 14-10　图 14-8(a)所示为 RC 并联电路，激励为电流源 $i_S(t)$，若

(1) $i_S(t)=\varepsilon(t)\ \text{A}$；

(2) $i_S(t)=\delta(t)\ \text{A}$。

试求电路响应 $u(t)$。

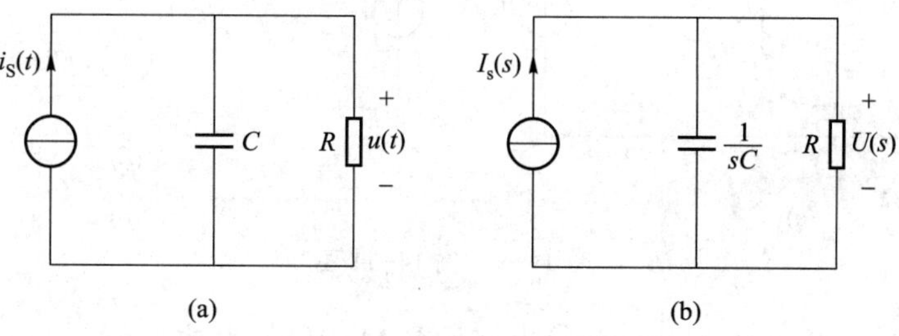

图 14-8　例 14-10 图

解　运算电路如图 14-8(b)所示。

(1) 当 $i_S(t)=\varepsilon(t)\ \text{A}$ 时，

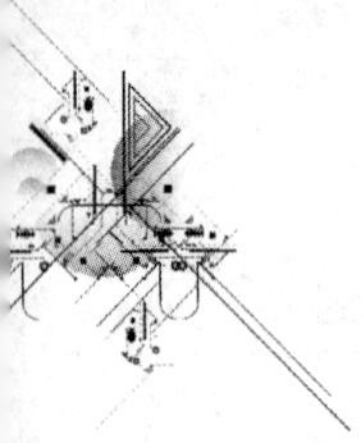

$$I_s(s)=\frac{1}{s}$$

$$U(s)=Z(s)I_s(s)=\frac{R\cdot\frac{1}{sC}}{R+\frac{1}{sC}}\cdot\frac{1}{s}$$

$$=\frac{1}{sC\left(s+\frac{1}{RC}\right)}=\frac{R}{s}-\frac{R}{s+\frac{1}{RC}}$$

其反变换为

$$u(t)=\mathscr{L}^{-1}[U(s)]=R(1-e^{-\frac{1}{RC}t})\varepsilon(t)\text{ V}$$

(2) 当 $i_S(t)=\delta(t)$ A 时，

$$I_s(s)=1$$

$$U(s)=Z(s)I_s(s)=\frac{R\cdot\frac{1}{sC}}{R+\frac{1}{sC}}$$

其反变换为

$$u(t)=\frac{1}{C}e^{-\frac{1}{RC}t}\varepsilon(t)\text{ V}$$

以上结果分别为 RC 并联电路的阶跃响应和冲激响应。用拉氏变换法求得的结果与第七章的结果相同。

例 14-11　图 14-9(a)所示电路中，电路原处于稳态，$t=0$ 时将开关 S 闭合，求换路后的 $u_L(t)$，已知 $u_{S1}=2e^{-2t}$V，$u_{S2}=5$V，$R_1=R_2=5\Omega$，$L=1$H。

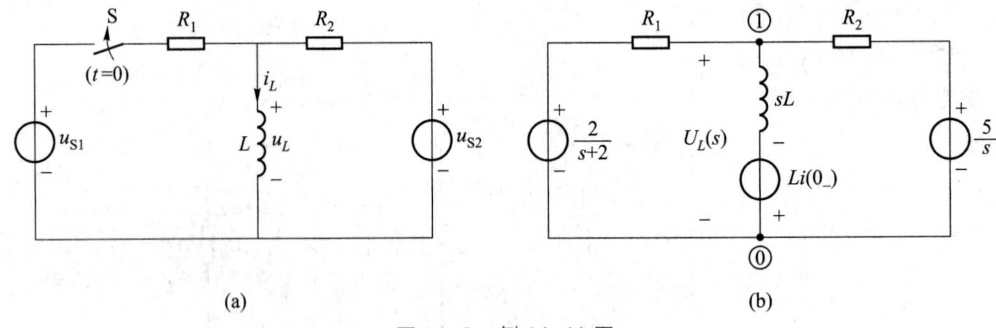

图 14-9　例 14-11 图

解　与图 14-9(a)相对应的运算电路见图 14-9(b)，其中

$$\mathscr{L}[u_{S1}]=\mathscr{L}[2e^{-2t}]=\frac{2}{s+2}$$

$$\mathscr{L}[u_{S2}]=\mathscr{L}[5]=\frac{5}{s}$$

电感电流的初始值为

$$i_L(0_-)=\frac{u_{S2}}{R_2}=1\ \text{A}$$

应用节点法求解。设⓪点为参考节点，节点电压 $U_{n1}(s)$ 就是 $U_L(s)$。有

$$\left(\frac{1}{R_1}+\frac{1}{R_2}+\frac{1}{sL}\right)U_L(s)=\frac{\dfrac{2}{s+2}}{R_1}+\frac{\dfrac{5}{s}}{R_2}-\frac{Li(0_-)}{sL}$$

代入已知数据，得

$$\left(\frac{2}{5}+\frac{1}{s}\right)U_L(s)=\frac{2}{5(s+2)}+\frac{1}{s}-\frac{1}{s}$$

$$U_L(s)=\frac{2s}{(s+2)(2s+5)}$$

$$u_L(t)=\mathscr{L}^{-1}[U_L(s)]=(-4\mathrm{e}^{-2t}+5\mathrm{e}^{-2.5t})\ \text{V}\quad(t\geqslant 0)$$

例 14-12　图 14-10(a)所示电路中，已知 $R_1=R_2=1\ \Omega$，$L_1=L_2=0.1\ \text{H}$，$M=0.05\ \text{H}$ 激励为直流电压 $U_S=1\ \text{V}$，$t=0$ 时开关闭合，试求换路后的电流 $i_1(t)$ 和 $i_2(t)$。

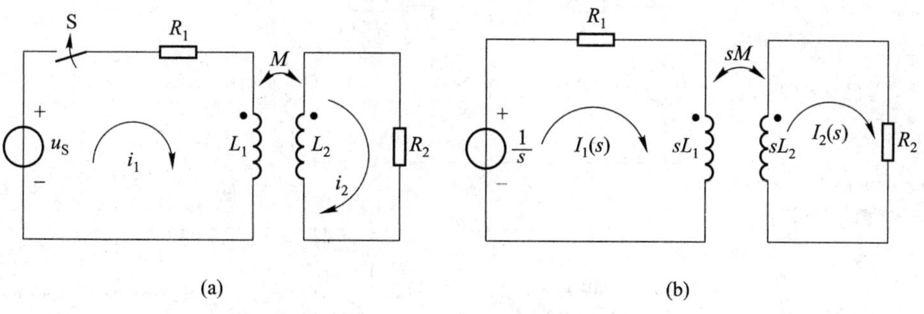

图 14-10　例 14-12 图

解　图 14-10(b)为与图 14-10(a)相应的运算电路。列出回路电流方程

$$(R_1+sL_1)I_1(s)-sMI_2(s)=\frac{1}{s}$$

$$-sMI_1(s)+(R_2+sL_2)I_2(s)=0$$

代入已知数据，可得

$$(1+0.1s)I_1(s)-0.05sI_2(s)=\frac{1}{s}$$

$$-0.05sI_1(s)+(1+0.1s)I_2(s)=0$$

解得

$$I_1(s)=\frac{0.1s+1}{s(0.75\times10^{-2}s^2+0.2s+1)}$$

$$I_2(s)=\frac{0.05s}{0.75\times10^{-2}s^2+0.2s+1}$$

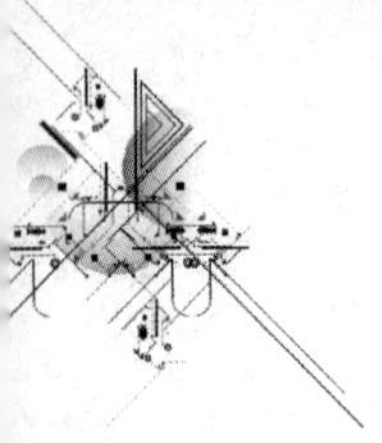

$$i_1(t)=(1-0.5e^{-6.67t}-0.5e^{-20t})\ \text{A}\quad (t\geqslant 0)$$

$$i_2(t)=0.5(e^{-6.67t}-e^{-20t})\ \text{A}\quad (t\geqslant 0)$$

例 14-13 电路如图 14-11(a)所示，开关 S 原来闭合，$t=0$ 时打开，求换路后电路中的电流及电感元件上的电压。

解 L_1 中的初始电流为$\dfrac{U_S}{R_1}=5$ A，S 打开后的运算如图 14-11(b)所示，故

$$I(s)=\frac{\dfrac{10}{s}+5L_1}{R_1+R_2+s(L_1+L_2)}=\frac{10+1.5s}{s(5+0.4s)}$$

$$=\frac{3.75s+25}{s(s+12.5)}=\frac{2}{s}+\frac{1.75}{s+12.5}$$

$$i(t)=(2+1.75e^{-12.5t})\ \text{A}\quad (t\geqslant 0)$$

电流随时间变化的曲线如图 14-11(c)所示。本题中 L_1 原有电流 5 A，L_2 中没有电流，但开关打开后，L_1 和 L_2 的电流在 $t=0_+$时都被强制为同一电流，其数值为 $i(0_+)=3.75$ A。

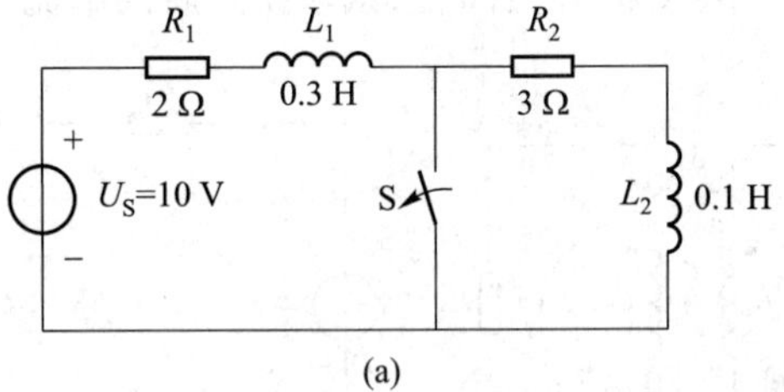

(a)

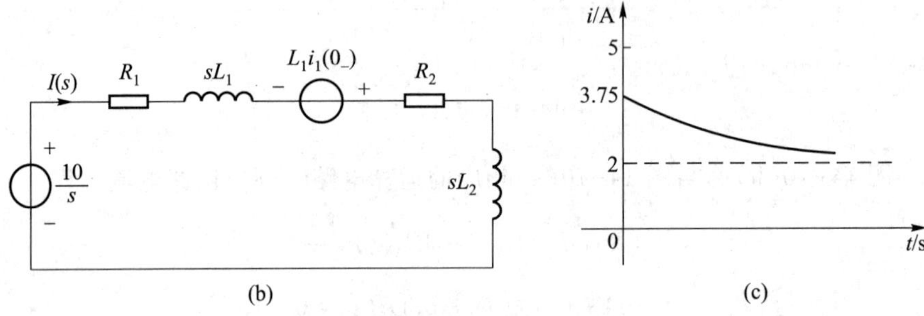

(b) (c)

图 14-11 例 14-13 图

可见两个电感的电流都发生了跃变。由于电流的跃变，电感 L_1 和 L_2 的电压 u_{L_1} 和 u_{L_2} 中将有冲激函数出现。电压 u_{L_1} 和 u_{L_2} 可求得如下：

$$U_{L_1}(s)=0.3sI(s)-1.5$$

$$=0.6+\frac{0.3s\times1.75}{s+12.5}-1.5$$

$$=-\frac{6.56}{s+12.5}-0.375$$

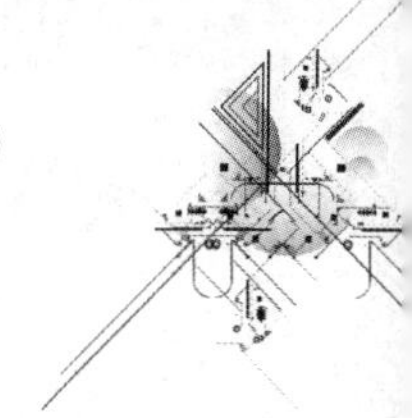

$$U_{L_2}(s)=0.1sI(s)=0.2+\frac{0.175s}{s+12.5}$$

$$=-\frac{2.19}{s+12.5}+0.375$$

$$u_{L_1}(t)=[-6.56\mathrm{e}^{-12.5t}\varepsilon(t)-0.375\delta(t)]\ \mathrm{V}$$

$$u_{L_2}(t)=[-2.19\mathrm{e}^{-12.5t}\varepsilon(t)+0.375\delta(t)]\ \mathrm{V}$$

$$u_{L_1}(t)+u_{L_2}(t)=-8.75\mathrm{e}^{-12.5t}\varepsilon(t)\,\mathrm{V}$$

可见 $u_{L_1}+u_{L_2}$ 中并无冲激函数出现，这是因为虽然 L_1、L_2 中的电流发生了跃变，因而分别有冲激电压出现，但两者大小相同而方向相反，故在整个回路中，不会出现冲激电压，保证满足 KVL。

从这个实例中可以看出，由于拉氏变换式中下限取 0_-，故自动地把冲激函数考虑进去，因此无须先求 $t=0_+$ 时的跃变值。

例 14-14 图 14-12(a)所示为含有受控源的零状态电路，试求电容电压 $u_C(t)$。已知激励为 $u_S(t)=20\sin t\varepsilon(t)\,\mathrm{V}$。

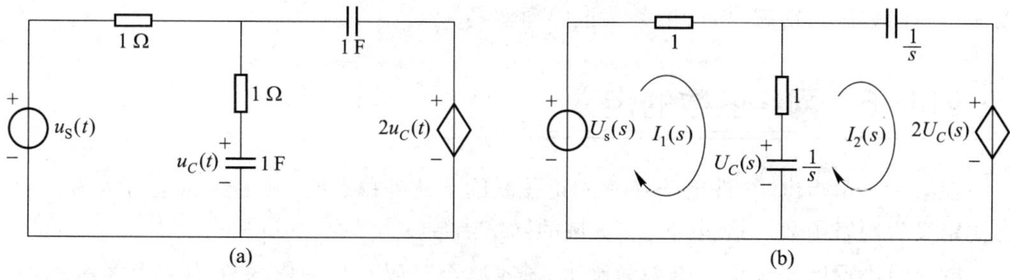

图 14-12 例 14-14 图

解 已知电路为零状态电路，$t\geqslant 0$ 时运算电路如图 14-12(b)所示。以 $I_1(s)$、$I_2(s)$ 为变量列得电路的 KVL 方程为

$$\left(1+1+\frac{1}{s}\right)I_1(s)-\left(\frac{1}{s}+1\right)I_2(s)=U_S(s)$$

$$-\left(\frac{1}{s}+1\right)I_1(s)+\left(1+\frac{1}{s}+\frac{1}{s}\right)I_2(s)=-2U_C(s)$$

而

$$U_C(s)=\frac{1}{s}[I_1(s)-I_2(s)]$$

联立求解得

$$U_C(s)=\frac{1}{s^2+s+1}U_S(s)$$

而

$$U_S(s)=\frac{20}{s^2+1}$$

所以
$$U_C(s)=\frac{20}{(s^2+s+1)(s^2+1)}=20\left(\frac{s+1}{s^2+s+1}-\frac{s}{s^2+1}\right)$$
$$=20\left[\frac{s+\frac{1}{2}}{\left(s+\frac{1}{2}\right)^2+\left(\frac{\sqrt{3}}{2}\right)^2}+\frac{1}{\sqrt{3}}\frac{\frac{\sqrt{3}}{2}}{\left(s+\frac{1}{2}\right)^2+\left(\frac{\sqrt{3}}{2}\right)^2}-\frac{s}{s^2+1}\right]$$

求 $U_C(s)$的反变换,则有
$$u_C(t)=\mathscr{L}^{-1}[U_C(s)]=20\mathrm{e}^{-\frac{1}{2}t}\left[\cos\left(\frac{\sqrt{3}}{2}t\right)+\frac{1}{\sqrt{3}}\sin\left(\frac{\sqrt{3}}{2}t\right)\right]-20\cos t$$

即
$$u_C(t)=\left\{20\mathrm{e}^{-\frac{1}{2}t}\left[\cos\left(\frac{\sqrt{3}}{2}t\right)+\frac{1}{\sqrt{3}}\sin\left(\frac{\sqrt{3}}{2}t\right)\right]-20\cos t\right\}\varepsilon(t)\ \mathrm{V}$$

第十四章采用拉普拉斯变换法分析动态电路,与第七章直接在时域通过微分方程求解分析不同,拉普拉斯变换法是建立动态电路的复频域模型,通过复数代数方程求解,先求得电路的复频域响应(象函数),再通过拉普拉斯反变换求得电路的时域响应。对于动态电路的分析,还可以采用第十五章介绍的状态方程法。可见,同一电路问题可以采用不同方法获得解决,所谓条条道路通罗马。

§14-6　网络函数的定义

在第十一章指出,线性电路在单一正弦激励下达到稳态时,其响应相量与激励相量之比定义为网络函数。这里讨论在 s 域的网络函数。

线性时不变电路在单一电源激励下,其零状态响应 $r(t)$的象函数 $R(s)$与激励 $e(t)$的象函数 $E(s)$之比定义为该电路的网络函数 $H(s)$,即
$$H(s)\overset{\text{def}}{=\!=}\frac{R(s)}{E(s)}\tag{14-14}$$

由于激励 $E(s)$可以是独立的电压源或独立的电流源,响应 $R(s)$可以是电路中任意两点之间的电压或任意一支路的电流,故网络函数可能是驱动点阻抗(导纳)、转移阻抗(导纳)、电压转移函数或电流转移函数。

根据网络函数的定义,若 $E(s)=1$,则 $R(s)=H(s)$,即网络函数就是该响应的象函数,而当 $E(s)=1$ 时,$e(t)=\delta(t)$,所以网络函数的原函数 $h(t)$是电路的单位冲激响应,即
$$h(t)=\mathscr{L}^{-1}[H(s)]\tag{14-15}$$

例 14-15　图 14-13(a)中电路激励为 $i_S(t)=\delta(t)$,求冲激激励下的电容电压 $u_C(t)$。

解　图 14-13(b)为其运算电路,由于此冲激响应与冲激电流激励属于同一端口,因而网络函数为驱动点阻抗,即
$$H(s)=\frac{R(s)}{E(s)}=\frac{U_C(s)}{1}=Z(s)=\frac{1}{sC+G}=\frac{1}{C}\cdot\frac{1}{s+\frac{1}{RC}}$$

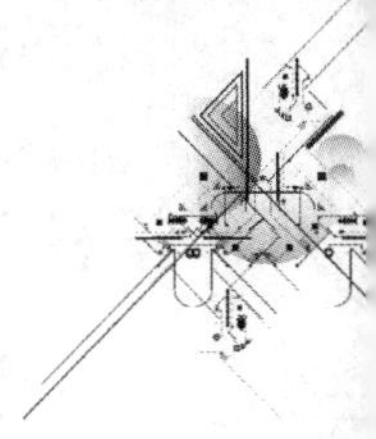

$$h(t)=u_C(t)=\mathscr{L}^{-1}[H(s)]=\mathscr{L}^{-1}\left[\frac{1}{C}\cdot\frac{1}{s+\frac{1}{RC}}\right]=\frac{1}{C}\mathrm{e}^{-\frac{1}{RC}t}\varepsilon(t)$$

此结果与第七章所得的相同。

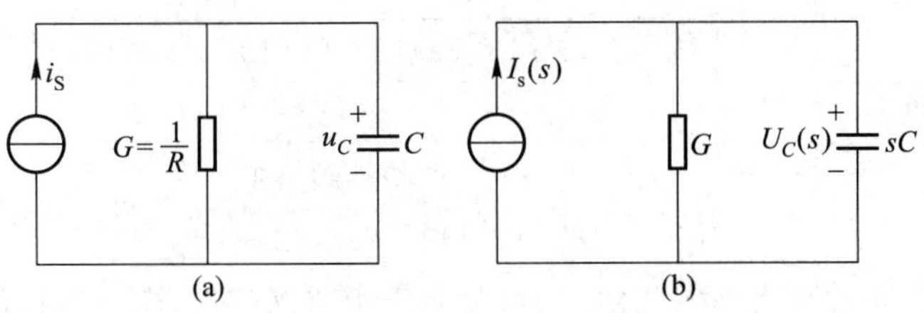

图 14-13　例 14-15 图

例 14-16　图 14-14(a)所示电路为一低通滤波电路,激励是电压源 $u_1(t)$。已知 $L_1=1.5\ \mathrm{H}$,$C_2=\frac{4}{3}\mathrm{F}$,$L_3=0.5\ \mathrm{H}$,$R=1\ \Omega$。求电压转移函数 $H_1(s)=\frac{U_2(s)}{U_1(s)}$和驱动点导纳函数 $H_2(s)=\frac{I_1(s)}{U_1(s)}$。

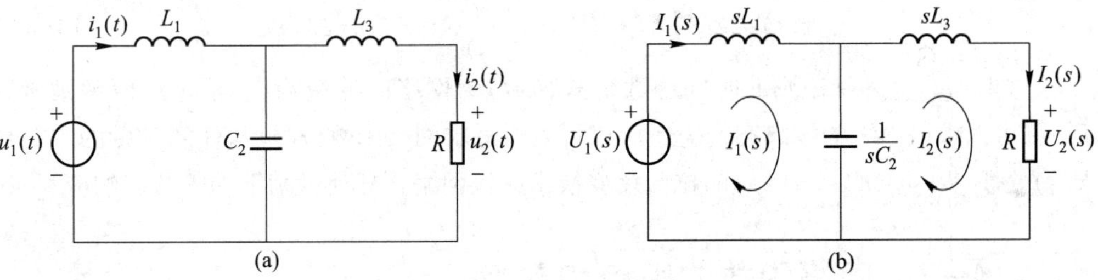

图 14-14　例 14-16 图

解　给定电路的运算电路如图 14-14(b)所示。用回路电流法列出回路电流 $I_1(s)$ 和 $I_2(s)$ 的方程,有

$$\left(sL_1+\frac{1}{sC_2}\right)I_1(s)-\frac{1}{sC_2}I_2(s)=U_1(s)$$

$$-\frac{1}{sC_2}I_1(s)+\left(sL_3+\frac{1}{sC_2}+R\right)I_2(s)=0$$

解得

$$I_1(s)=\frac{L_3C_2s^2+RC_2s+1}{D(s)}U_1(s)$$

$$I_2(s)=\frac{1}{D(s)}U_1(s)$$

其中
$$D(s)=L_1L_3C_2s^3+RL_1C_2s^2+(L_1+L_3)s+R$$

而
$$U_2(s)=RI_2(s)$$

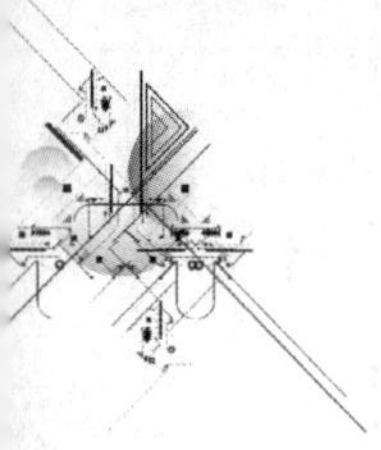

代入数据后得

$$D(s)=s^3+2s^2+2s+1$$

电压转移函数为

$$H_1(s)=\frac{U_2(s)}{U_1(s)}=\frac{1}{s^3+2s^2+2s+1}=\frac{1}{(s+1)(s^2+s+1)}$$

驱动点导纳函数为

$$H_2(s)=\frac{I_1(s)}{U_1(s)}=\frac{2s^2+4s+3}{3(s^3+2s^2+2s+1)}$$

由以上的例题及网络函数的定义，可见对于由 R、$L(M)$、C 及受控源等元件组成的电路，网络函数是 s 的实系数有理函数，其分子和分母多项式的根或为实数或为共轭复数。另外，可以看出网络函数中不会出现激励的象函数。

根据网络函数的定义，还可以应用卷积定理求电路响应。从式(14-14)可知，网络响应 $R(s)$ 为

$$R(s)=E(s)H(s) \tag{14-16}$$

求 $R(s)$ 的拉氏反变换，得到时域中的响应

$$r(t)=\mathscr{L}^{-1}[E(s)H(s)]=\int_0^t e(t-\xi)h(\xi)\mathrm{d}\xi \tag{14-17}$$

这里 $e(t)$ 为外施激励的时间函数形式，$h(t)$ 为网络的冲激响应，给定任何激励函数后，就可以求该网络的零状态响应。所以可以通过求网络函数 $H(s)$ 与任意激励的象函数 $E(s)$ 之积 $[R(s)=E(s)H(s)]$ 的拉氏反变换求得该网络在任何激励下的零状态响应。

§14-7　网络函数的极点和零点

由于网络函数 $H(s)$ 的分子和分母都是 s 的多项式，故其一般形式可写为

$$\begin{aligned}H(s)&=\frac{N(s)}{D(s)}=\frac{b_m s^m+b_{m-1}s^{m-1}+\cdots+b_0}{a_n s^n+a_{n-1}s^{n-1}+\cdots+a_0}\\&=H_0\frac{(s-z_1)(s-z_2)\cdots(s-z_i)\cdots(s-z_m)}{(s-p_1)(s-p_2)\cdots(s-p_j)\cdots(s-p_n)}\\&=H_0\frac{\prod\limits_{i=1}^{m}(s-z_i)}{\prod\limits_{j=1}^{n}(s-p_j)}\end{aligned} \tag{14-18}$$

其中 H_0 为一常数，z_1、z_2、…、z_i、…、z_m 是 $N(s)=0$ 的根，p_1、p_2、…、p_j、…、p_n 是 $D(s)=0$ 的根。当 $s=z_i$ 时 $H(s)=0$，故 z_1、z_2、…、z_i、…、z_m 称为网络函数的零点。当 $s=p_j$ 时，$D(s)=0$，$H(s)$ 将趋近无限大，故 p_1、p_2、…、p_j、…、p_n 称为网络函数的极点。如果 $N(s)$ 和 $D(s)$ 分别有重根，则称之为重零点和重极点。

网络函数的零点和极点可能是实数、虚数或复数。如果以复数 s 的实部 σ 为横轴，虚部 $\mathrm{j}\omega$ 为纵轴，就得到一个复频率平面，简称为复平面或 s 平面。在复平面上把 $H(s)$ 的零点用“∘”表示，极点用“×”表示，就得到网络函数的零、极点分布图。

例 14-17　图 14-15 所示电路含理想运算放大器，已知 $u_S(t)=2\varepsilon(t)\,\mathrm{V}$，试求电压转移函数 $H(s)=\dfrac{U_2(s)}{U_S(s)}$，并在复平面上绘出其零、极点图。

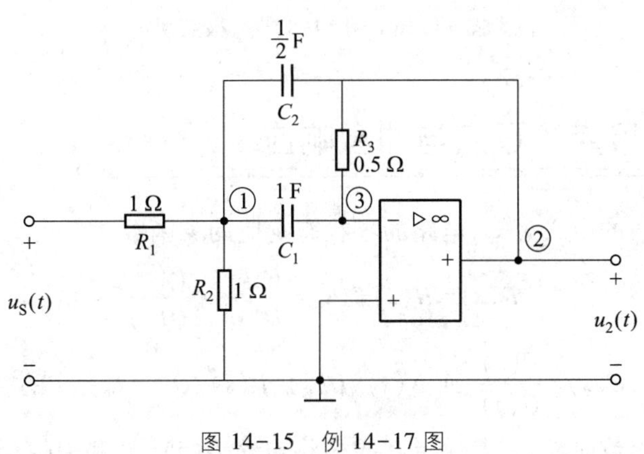

图 14-15　例 14-17 图

解　对节点①、③分别列节点电压方程

$$\left(\frac{1}{R_1}+\frac{1}{R_2}+sC_1+sC_2\right)U_1(s)-sC_1U_3(s)-sC_2U_2(s)=\frac{U_s(s)}{R_1}$$

$$-sC_1U_1(s)+\left(sC_1+\frac{1}{R_3}\right)U_3(s)-\frac{1}{R_3}U_2(s)=0$$

根据理想运算放大器的性质有

$$U_3(s)=0$$

解得

$$U_2(s)=\frac{-\dfrac{C_1}{R_1}sU_s(s)}{s^2C_1C_2+s\dfrac{(C_1+C_2)}{R_3}+\left(\dfrac{1}{R_1}+\dfrac{1}{R_2}\right)\dfrac{1}{R_3}}$$

代入已知参数

$$H(s)=\frac{U_2(s)}{U_S(s)}=\frac{-2s}{s^2+6s+8}$$

该网络函数有 1 个零点，$z_1=0$；有 2 个极点，$p_1=-2$，$p_2=-4$。其零、极点图如图 14-16 所示。

零、极点在 s 平面上的分布与网络的时域响应和正弦稳态响应有着密切的关系，后两节中将详细分析。

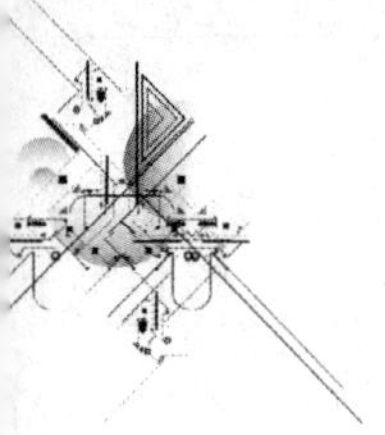

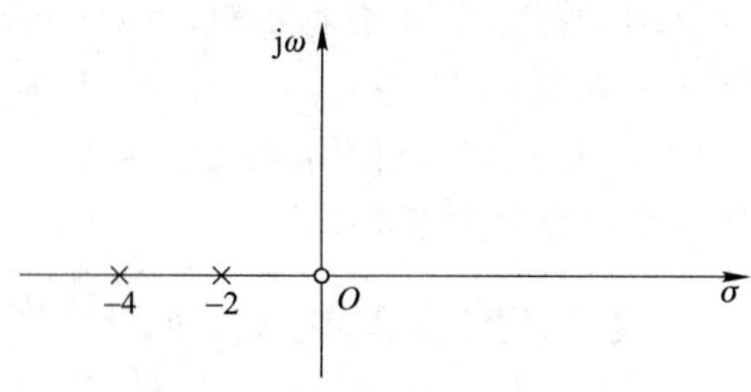

图 14-16　例 14-17 零、极点图

§14-8　极点、零点与冲激响应

根据网络函数的定义可知，电路的零状态响应的象函数

$$R(s)=H(s)E(s)=\frac{N(s)}{D(s)}\cdot\frac{P(s)}{Q(s)}$$

式中 $H(s)=\dfrac{N(s)}{D(s)}$，$E(s)=\dfrac{P(s)}{Q(s)}$，而 $N(s)$、$D(s)$、$P(s)$、$Q(s)$都是 s 的多项式。用部分分式法求响应的原函数时，$D(s)Q(s)=0$ 的根将包含 $D(s)=0$ 和 $Q(s)=0$ 的根。响应中包含 $Q(s)=0$ 的根的那些项属于强制分量，而包含 $D(s)=0$ 的根(即网络函数的极点)的那些项则是自由分量或瞬态分量。

若网络函数为真分式且分母具有单根，则网络的冲激响应为

$$h(t)=\mathscr{L}^{-1}[H(s)]=\mathscr{L}^{-1}\left[\sum_{i=1}^{n}\frac{K_i}{s-p_i}\right]=\sum_{i=1}^{n}K_i\mathrm{e}^{p_it}\tag{14-19}$$

式中 p_i 为 $H(s)$的极点。从式(14-19)可以看出，当 p_i 为负实根时，e^{p_it} 为衰减指数函数；当 p_i 为正实根时，e^{p_it} 为增长的指数函数；而且 $|p_i|$ 越大，衰减或增长的速度越快。这说明若 $H(s)$的极点都位于负实轴上，则 $h(t)$将随 t 的增大而衰减，这种电路是稳定的；若有一个极点位于正实轴上，则 $h(t)$将随 t 的增长而增长，这种电路是不稳定的。当极点 p_i 为共轭复数时，根据式(14-19)可知 $h(t)$是以指数曲线为包络线的正弦函数，其实部的正或负确定增长或衰减的正弦项。当 p_i 为虚根时，则将是纯正弦项。图 14-17 画出了网络函数的极点分别为负实数、正实数、虚数以及共轭复数时，对应的时域响应的波形。总之，只要极点位于左半平面，则 $h(t)$必随时间增长而衰减，故电路是稳定的。所以一个实际的线性电路，其网络函数的极点一定位于左半平面。

从式(14-19)还可以看出，p_i 仅由电路的结构及元件值确定，因而将 p_i 称为该电路变量的自然频率或固有频率，p_i 也称为该电路的一个固有频率。因此，电路的固有频率就是该电路所有变量的固有频率。

由于一般情况下 $h(t)$的特性就是时域响应中自由分量的特性，而强制分量的特点

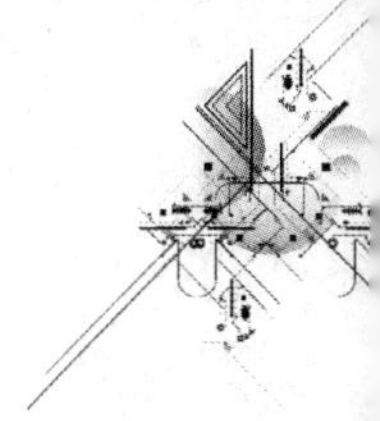

又仅仅决定于激励的变化规律，所以，根据 $H(s)$ 的极点分布情况和激励的变化规律不难预见时域响应的全部特点。

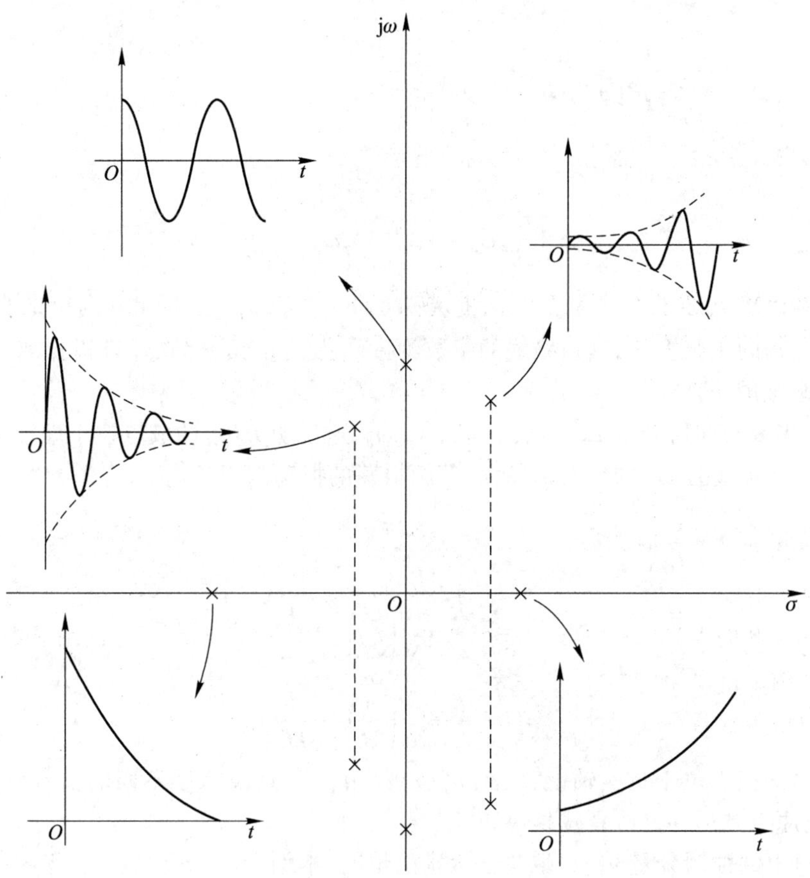

图 14-17 极点与冲激响应的关系

例 14-18 *RLC* 串联电路接通恒定电压源 U_S，如图 14-18(a)所示。根据网络函数 $H(s)=\dfrac{U_C(s)}{U_S(s)}$ 的极点分布情况分析 $u_C(t)$ 的变化规律。

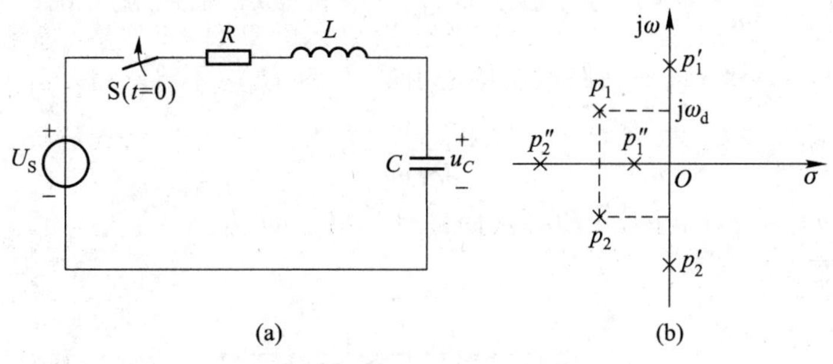

图 14-18 例 14-18 图

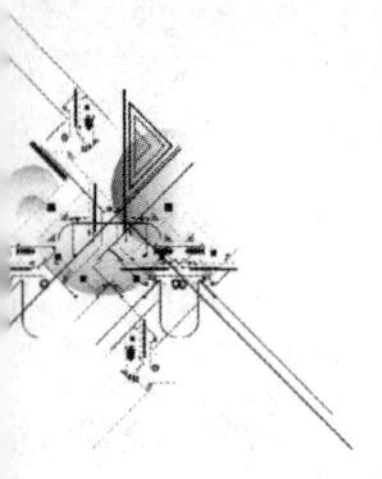

解 $H(s)=\dfrac{U_C(s)}{U_S(s)}=\dfrac{1}{R+sL+\dfrac{1}{sC}}\cdot\dfrac{1}{sC}$

$$=\frac{1}{s^2LC+sRC+1}=\frac{1}{LC}\;\frac{1}{(s-p_1)(s-p_2)}$$

（1）当 $0<R<2\sqrt{\dfrac{L}{C}}$ 时，$p_{1,2}=-\delta\pm j\omega_d$，其中

$$\delta=\frac{R}{2L},\omega_d=\sqrt{\omega_0^2-\delta^2},\omega_0=\frac{1}{\sqrt{LC}}$$

这时 $H(s)$ 的极点位于左半平面，如图 14-18(b) 中的 p_1、p_2，因此 $u_C(t)$ 的自由分量 $u''_C(t)$ 为衰减的正弦振荡，其包络线的指数为 $e^{-\delta t}$，振荡角频率为 ω_d 且极点离开虚轴越远，振荡衰减越快。

（2）当 $R=0$ 时，$\delta=0$，$\omega_d=\omega_0$，故 $p'_{1,2}=\pm j\omega_0$，这说明 $H(s)$ 的极点位于虚轴上，因此，$u''_C(t)$ 为等幅振荡且 ω_d 的绝对值越大，等幅振荡的振荡频率越高。

（3）当 $R>2\sqrt{\dfrac{L}{C}}$ 时，有

$$p''_1=-\frac{R}{2L}+\sqrt{\left(\frac{R}{2L}\right)^2-\frac{1}{LC}}$$

$$p''_2=-\frac{R}{2L}-\sqrt{\left(\frac{R}{2L}\right)^2-\frac{1}{LC}}$$

此时 $H(s)$ 的极点位于负实轴上，因此 $u''_C(t)$ 是由 2 个衰减速度不同的指数函数组成。且极点离原点越远，$u''_C(t)$ 衰减越快。

$u_C(t)$ 中的强制分量 $u'_C(t)$ 取决于激励的情况，本例中 $u'_C(t)=U_S$。

§14-9　极点、零点与频率响应

如果用相量法求图 14-14(a) 所示电路在正弦稳态情况下的电压转移函数，则图 14-14(b) 中的 sL_1、$\dfrac{1}{sC_2}$ 和 sL_3 将分别是 $j\omega L_1$、$\dfrac{1}{j\omega C_2}$ 和 $j\omega L_3$，输入电压 $U_1(s)$ 和输出电压 $U_2(s)$ 将是相量 $\dot{U}_1$ 和 $\dot{U}_2$，而回路电流将是相量 $\dot{I}_1$ 和 $\dot{I}_2$。不难求得

$$\dot{I}_2=\frac{1}{D(j\omega)}\dot{U}_1$$

其中　　$D(j\omega)=L_1L_3C_2(j\omega)^3+RL_1C_2(j\omega)^2+(L_1+L_2)j\omega+R$

代入数据后，有

$$\frac{\dot{U}_2}{\dot{U}_1}=\frac{1}{(j\omega)^3+2(j\omega)^2+2(j\omega)+1}$$

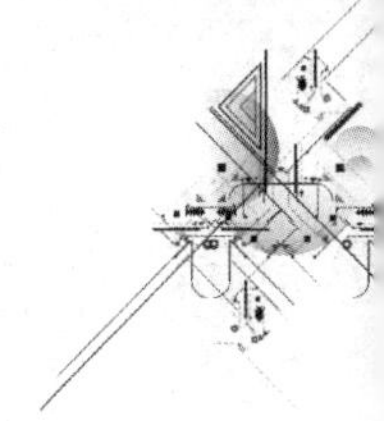

可见,若把例 14-16 的解 $H_1(s)$ 中的 s 用 $\mathrm{j}\omega$ 代替,则 $H_1(\mathrm{j}\omega)=\dfrac{\dot{U}_2}{\dot{U}_1}$。就是说,在 $s=\mathrm{j}\omega$ 处计算所得网络函数 $H_1(s)$ 即 $H_1(\mathrm{j}\omega)$,而 $H_1(\mathrm{j}\omega)$ 是角频率为 ω 时正弦稳态情况下的输出相量与输入相量之比。

同理,有

$$H_2(\mathrm{j}\omega)=H_2(s)\mid_{s=\mathrm{j}\omega}=\frac{\dot{I}_1}{\dot{U}_1}$$

上述结论在一般情况下也成立。所以,如果令网络函数 $H(s)$ 中复频率 s 等于 $\mathrm{j}\omega$,分析 $H(\mathrm{j}\omega)$ 随 ω 变化的情况就可以预见相应的转移函数或驱动点函数在正弦稳态情况下随 ω 变化的特性。

对于某一固定角频率 ω,$H(\mathrm{j}\omega)$ 通常是一个复数,即可以表示为

$$H(\mathrm{j}\omega)=|H(\mathrm{j}\omega)|\mathrm{e}^{\mathrm{j}\varphi}=|H(\mathrm{j}\omega)|\underline{/\varphi(\mathrm{j}\omega)} \tag{14-20}$$

式中 $|H(\mathrm{j}\omega)|$ 为网络函数在频率 ω 处的模值,而 $\varphi=\arg[H(\mathrm{j}\omega)]$ 为网络函数在频率 ω 处的相位。将 $|H(\mathrm{j}\omega)|$ 随 ω 变化的关系称为幅值频率响应,简称幅频响应;$\arg[H(\mathrm{j}\omega)]$ 随 ω 变化的关系称为相位频率响应,简称相频特性。显然,这里关于 $H(\mathrm{j}\omega)$ 的定义和讨论与第十一章的内容是一致的。根据式(14-18)有

$$H(\mathrm{j}\omega)=H_0\frac{\prod\limits_{i=1}^{m}(\mathrm{j}\omega-z_i)}{\prod\limits_{j=1}^{n}(\mathrm{j}\omega-p_j)}$$

于是有

$$|H(\mathrm{j}\omega)|=H_0\frac{\prod\limits_{i=1}^{m}|(\mathrm{j}\omega-z_i)|}{\prod\limits_{j=1}^{n}|(\mathrm{j}\omega-p_j)|} \tag{14-21}$$

$$\arg[H(\mathrm{j}\omega)]=\sum_{i=1}^{m}\arg(\mathrm{j}\omega-z_i)-\sum_{j=1}^{n}\arg(\mathrm{j}\omega-p_j)$$

所以若已知网络函数的极点和零点,则按式(14-21)便可以计算对应的频率响应,同时还可以通过在 s 平面上作图的方法定性描绘出频率响应。

例 14-19　图 14-19 为 RC 串联电路,试定性分析以电压 u_2 为输出时该电路的频率响应。

解　以 u_2 为电路变量的网络函数为

$$H(s)=\frac{U_2(s)}{U_1(s)}=\frac{\dfrac{1}{RC}}{s+\dfrac{1}{RC}}$$

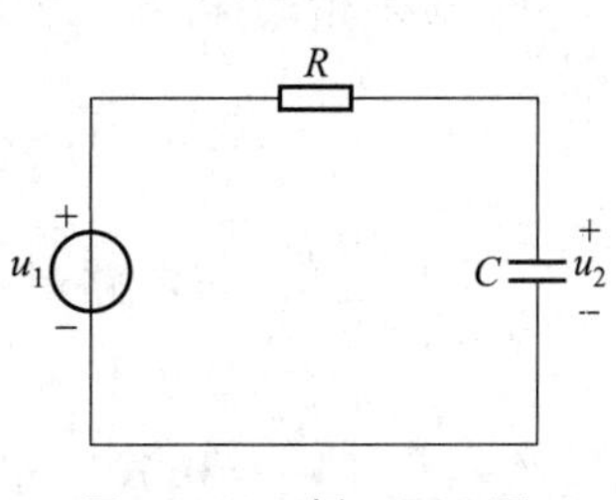

图 14-19　例 14-19 图

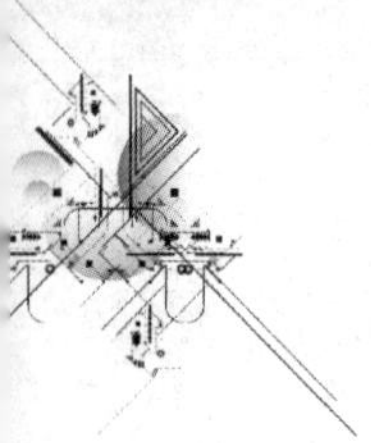

其极点 $p_1=-\dfrac{1}{RC}$，如图 14-20(a)所示。

将 $H(s)$ 中 s 用 $\mathrm{j}\omega$ 代替，得

$$H(\mathrm{j}\omega)=\frac{\dfrac{1}{RC}}{\mathrm{j}\omega+\dfrac{1}{RC}}$$

$H(\mathrm{j}\omega)$ 在 $\omega=\omega_1$、ω_2 和 ω_3 时的模值分别为 $\dfrac{1}{RC}$ 除以图 14-20(a)中的线段长度 M_1、M_2 和 M_3，对应的相位分别为同图中的 θ_1、θ_2 和 θ_3 的负值。随 ω 从零沿虚轴向 ∞ 增长时，$|H(\mathrm{j}\omega)|$ 趋于零，而相位从零趋近 $-90°$。由此定性画出的幅频特性和相频特性分别如图 14-20(b)和(c)所示。

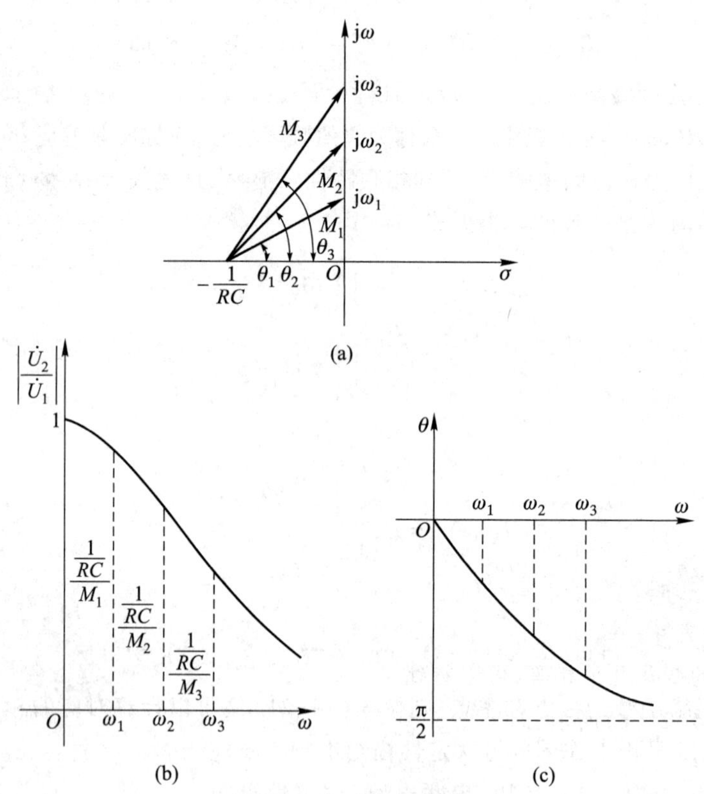

图 14-20　RC 串联电路的频率响应

可以看出，该电路具有低通特性。当 $\omega=0$ 时，$\dfrac{\dot{U}_2}{\dot{U}_1}=1\angle 0°$；$\omega=\dfrac{1}{RC}$ 时，$\dfrac{\dot{U}_2}{\dot{U}_1}=\dfrac{1}{1+\mathrm{j}}=\dfrac{1}{\sqrt{2}}\angle -45°$，即 $\dfrac{U_2}{U_1}=0.707$，相当于 $\omega=0$ 时模值的 0.707，此频率有时称为低通滤波电路的

截止频率，用 ω_c 表示，而 0 到 ω_c 的频率范围称为通频带。

例 14-20　图 14-21(a)所示为 RLC 串联电路，设电容电压为输出电压 u_2，电压转移函数 $H(s)=\dfrac{U_2(s)}{U_1(s)}$；试根据该网络函数的极点和零点，定性地绘出 $H(\mathrm{j}\omega)$。

解　
$$H(s)=\frac{U_2(s)}{U_1(s)}=\frac{\dfrac{1}{sC}}{R+sL+\dfrac{1}{sC}}$$
$$=\frac{1}{LC}\frac{1}{(s-p_1)(s-p_2)}$$
$$=H_0\frac{1}{(s-p_1)(s-p_2)}$$

令 $s=\mathrm{j}\omega$，有

$$\frac{\dot{U}_2}{\dot{U}_1}=H(\mathrm{j}\omega)=H_0\frac{1}{(\mathrm{j}\omega-p_1)(\mathrm{j}\omega-p_2)}$$

设极点为一对共轭复数，即

$$p_{1,2}=-\frac{R}{2L}\pm\mathrm{j}\sqrt{\frac{1}{LC}-\left(\frac{R}{2L}\right)^2}=-\delta\pm\mathrm{j}\omega_\mathrm{d}$$

式中 $\omega_\mathrm{d}=\sqrt{\omega_0^2-\delta^2}$，而 $\omega_0=\dfrac{1}{\sqrt{LC}}=\sqrt{\omega_\mathrm{d}^2+\delta^2}$。当 $\omega=\omega_1$ 时，有[如图 14-21(b)所示]

$$|H(\mathrm{j}\omega_1)|=\frac{H_0}{|\mathrm{j}\omega_1-p_1||\mathrm{j}\omega_1-p_2|}=\frac{H_0}{M_1M_2}$$
$$\arg[H(\mathrm{j}\omega)]=-(\theta_1+\theta_2)$$

定性绘出幅频特性和相频特性如图 14-21(c)(d)所示。

从上述分析中可以看出，当 p_1、p_2 远离虚轴，如图 14-21(b)所示位置时，随 ω 变化的 M_1 和 M_2 的变化几乎相等，可以看到没有一个极点对频率响应起主要作用。如果极点位置如图 14-21(e)所示，即极点 p_1、p_2 接近 $\mathrm{j}\omega$ 轴，则在 $\mathrm{j}\omega$ 与 p_1 之间的向量 $\boldsymbol{M}_1$ 的长度和角度对 $|H(\mathrm{j}\omega)|$ 和 $\arg[H(\mathrm{j}\omega)]$ 都产生较大的影响，而 $\boldsymbol{M}_2$ 却改变较少。经分析计算可得到，当 $\omega\approx\omega_0$ 时，$|H(\mathrm{j}\omega)|$ 达到峰值，而 $\omega=\omega_0=\dfrac{1}{\sqrt{LC}}$ 为 RLC 串联电路的谐振角频率。因此，当极点为共轭复数时，极点到坐标原点的距离与极点的实部之比对网络的频率响应影响很大，有时把此值的一半，即 $\dfrac{\omega_0}{2\delta}$ 定义为极点的品质因数，以 Q_p 表示。对于二阶电路

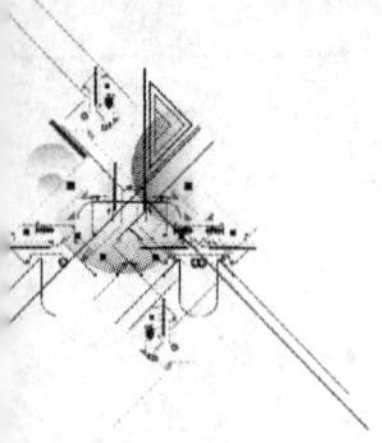

$$Q_p=\frac{\omega_0}{2\delta}=\frac{\omega_0 L}{R}=\frac{1}{R}\sqrt{\frac{L}{C}}=Q$$

可以看出 $Q_p=Q$，而 Q 即回路的品质因数。

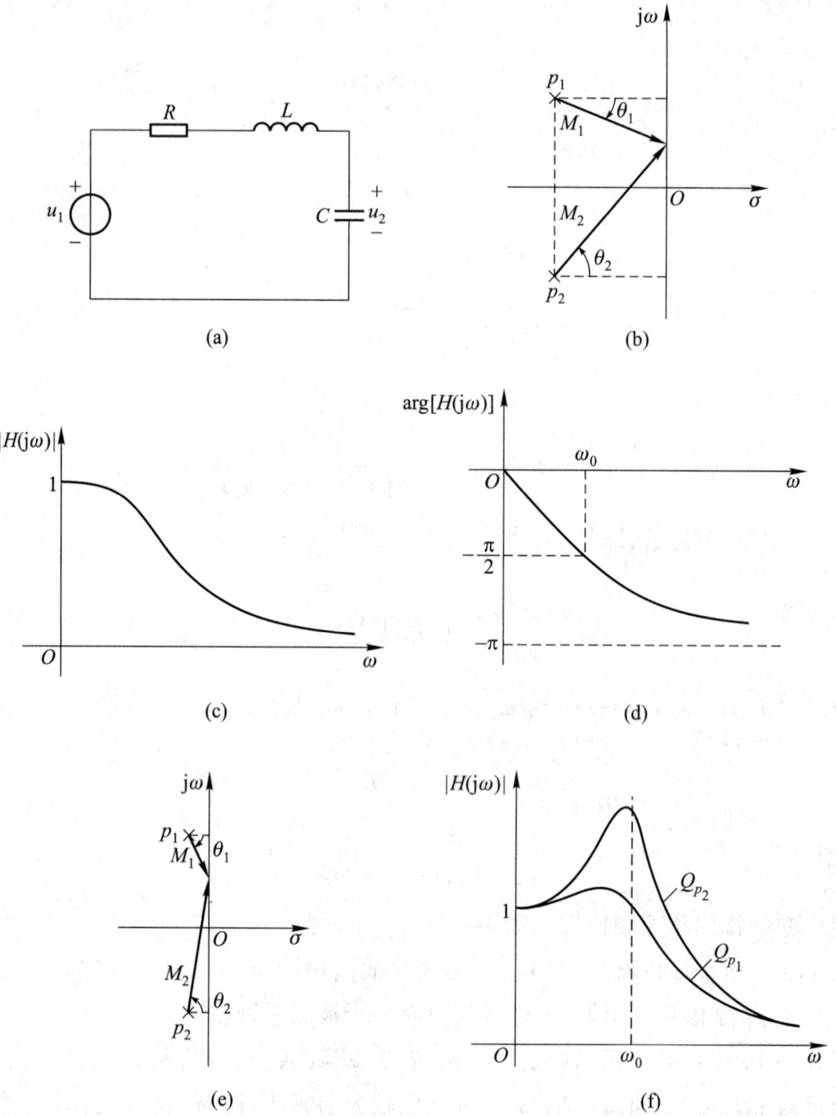

图 14-21 例 14-20 图

根据第十一章讨论可知，对例 14-20 中的电路，当 $Q_p<\frac{1}{\sqrt{2}}$时，$|H(j\omega)|$ 随 ω 的增长而单调减小，如图 14-21(c)所示，而当 Q_p 增大时，$|H(j\omega)|$ 出现峰值，如图 14-21(f)所示，且峰值随 Q_p 的增大而增大，峰值对应的频率值 ω 随 Q_p 的增大而趋于 ω_0。

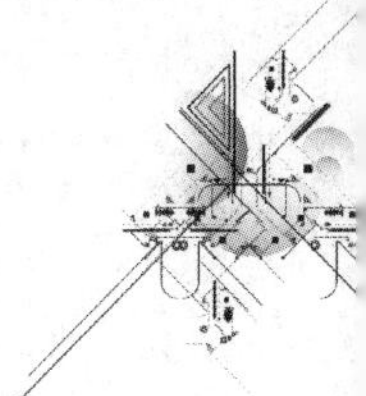

思考题

14-1 在应用拉普拉斯变换法分析含有耦合电感的电路时，一种方法是直接分析，一种是用去耦等效电路分析，试比较这两种方法在处理附加电源的方法上有何不同。

14-2 试比较经典法和运算法两种方法，总结一下什么情况宜用经典法，什么情况宜用运算法。

14-3 当激励是冲激函数时，试比较用经典法和拉普拉斯变化法求解的结果是否完全相同。为什么？

14-4 求拉普拉斯反变换，除了本章介绍的部分分式展开法外，试采用复变函数中的方法。

14-5 试分析网络函数的零、极点在复平面不同位置时，对网络函数的影响。

14-6 对于线性电路，我们总可以获得某个网络函数，例如它是电路中一条支路上的电压与电压源电压之比。请说明在相同激励位置施加正弦电压激励时，若电路达到稳态，在响应位置处电压与网络函数的关系。

习题

14-1 求下列各函数的象函数：

(1) $f(t)=1-e^{-at}$

(2) $f(t)=\sin(\omega t+\varphi)$

(3) $f(t)=e^{-at}(1-at)$

(4) $f(t)=\dfrac{1}{a}(1-e^{-at})$

(5) $f(t)=t^2$

(6) $f(t)=t+2+3\delta(t)$

(7) $f(t)=t\cos(at)$

(8) $f(t)=e^{-at}+at-1$

14-2 求下列各函数的原函数：

(1) $\dfrac{(s+1)(s+3)}{s(s+2)(s+4)}$

(2) $\dfrac{2s^2+16}{(s^2+5s+6)(s+12)}$

(3) $\dfrac{2s^2+9s+9}{s^2+3s+2}$

(4) $\dfrac{s^3}{(s^2+3s+2)s}$

14-3 求下列各函数的原函数：

(1) $\dfrac{1}{(s+1)(s+2)^2}$

(2) $\dfrac{(s+1)}{s^3+2s^2+2s}$

(3) $\dfrac{s^2+6s+5}{s(s^2+4s+5)}$

(4) $\dfrac{s}{(s^2+1)^2}$

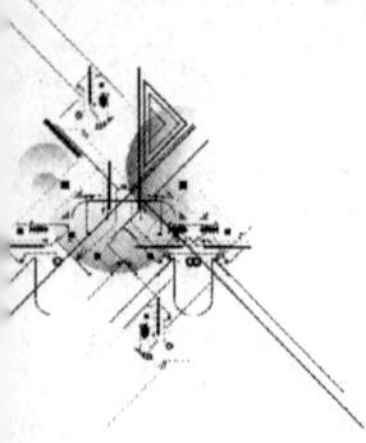

14-4　题 14-4 图(a)(b)(c)所示电路原已达稳态,$t=0$ 时把开关 S 合上,分别画出运算电路。

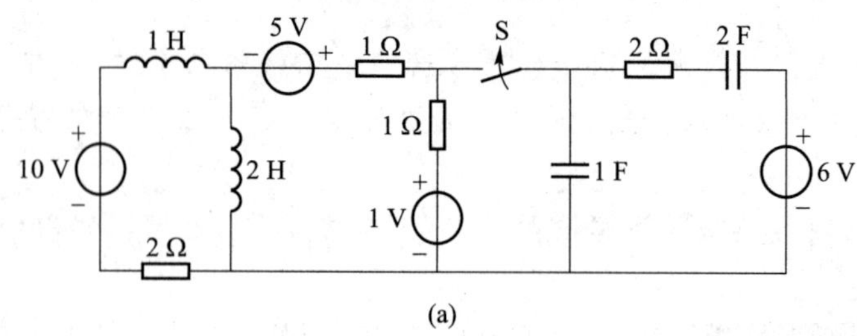

(a)

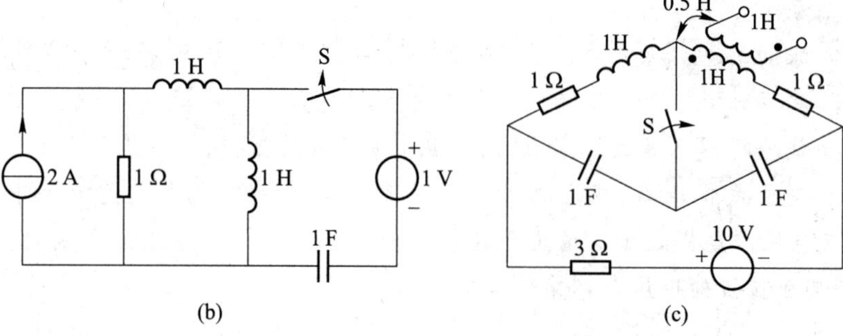

(b)　(c)

题 14-4 图

14-5　题 14-5 图所示电路原处于零状态,$t=0$ 时合上开关 S,试求电流 i_L。

14-6　电路如题 14-6 图所示,已知 $i_L(0_-)=0\text{A}$,$t=0$ 时将开关 S 闭合,求 $t>0$ 时的 $u_L(t)$。

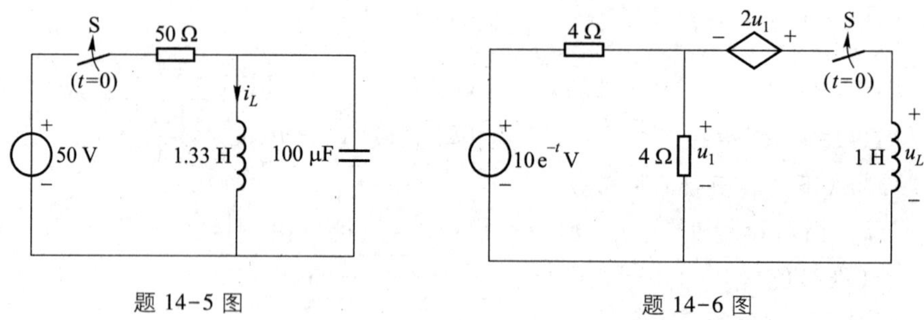

题 14-5 图　题 14-6 图

14-7　电路如题 14-7 图所示,设电容上原有电压 $U_{C0}=100$ V,电源电压 $U_S=200$ V,$R_1=30$ Ω,$R_2=10$ Ω,$L=0.1$ H,$C=1\,000$ μF。求 S 合上后电感中的电流 $i_L(t)$。

14-8　题 14-8 图所示电路中的储能元件均为零初始值,$u_S(t)=5\varepsilon(t)$V,在下列条件下求 $U_1(s)$:

(1) $r=-3$ Ω。

(2) $r=3$ Ω。

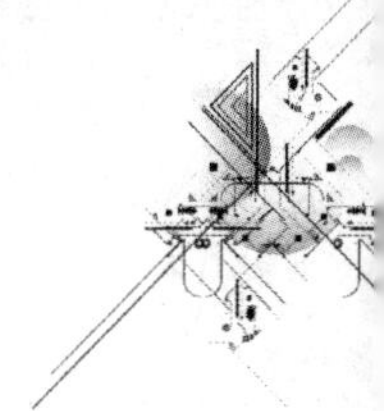

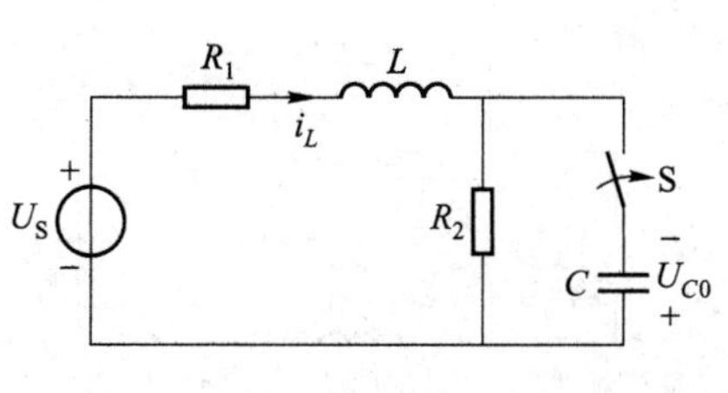

题 14-7 图

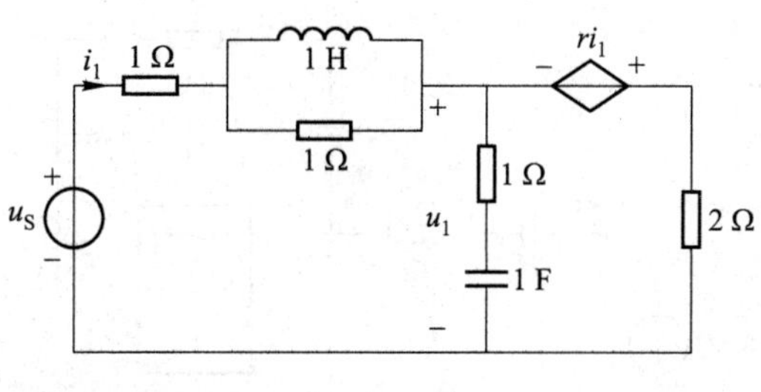

题 14-8 图

14-9　题 14-9 图所示电路中，$i_S = 2\sin(1\,000\,t)$ A，$R_1 = R_2 = 20\Omega$，$C = 1\,000\ \mu$F，$t = 0$ 时合上开关 S，用运算法求 $u_C(t)$。

14-10　题 14-10 图所示电路中 $L_1 = 1$ H，$L_2 = 4$ H，$M = 2$ H，$R_1 = R_2 = 1\ \Omega$，$U_S = 1$ V，电感中原无磁场能量。$t=0$ 时合上开关 S，用运算法求 i_1、i_2。

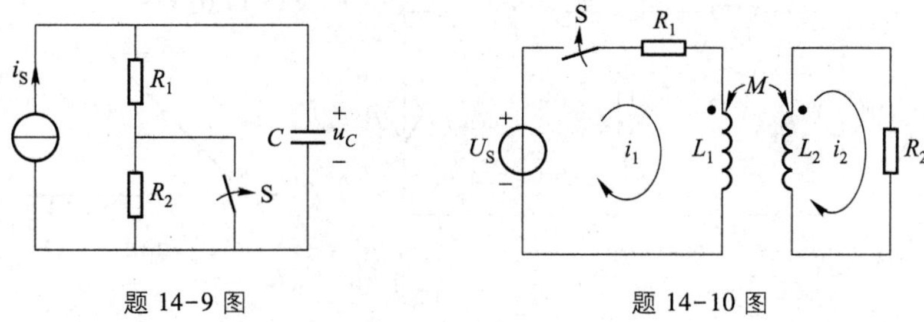

题 14-9 图　　　　题 14-10 图

14-11　题图 14-11 所示电路，当 $t<0$ 时开关 S 打开，电路已稳定；当 $t=0$ 时闭合开关 S。求当 $t>0$ 时的电流 $i_2(t)$。

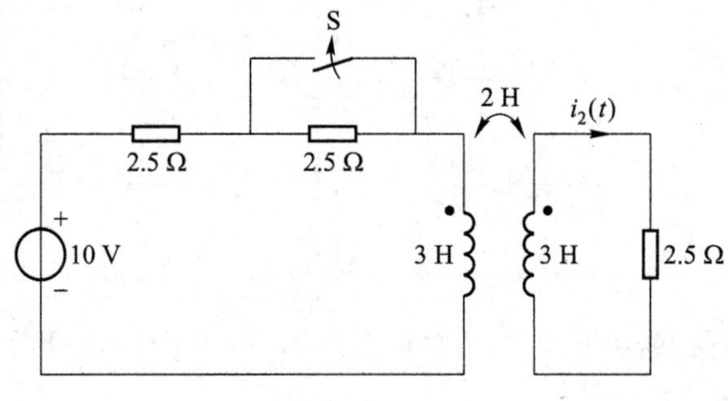

题 14-11 图

14-12　题图 14-12 所示电路含理想运算放大器，已知 $R_1 = 1$ kΩ，$R_2 = 2$kΩ，$C_1 = 1\ \mu$F，$C_2 = 2\ \mu$F，$u_S(t) = 2\varepsilon(t)$ V，试求电压 $u_2(t)$。

14-13　题图 14-13 所示电路含理想变压器，已知 $R = 1\ \Omega$，$C_1 = 1$ F，$C_2 = 2$ F，$i_S(t) = e^{-t}\varepsilon(t)$ V，试求电路的零状态响应 $u(t)$。

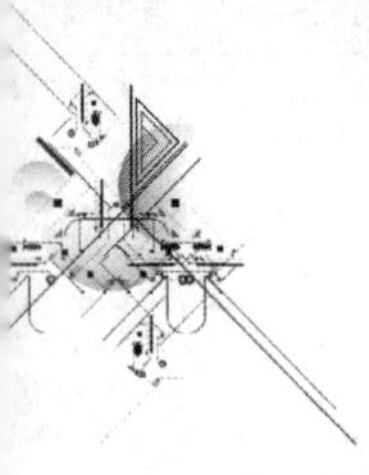

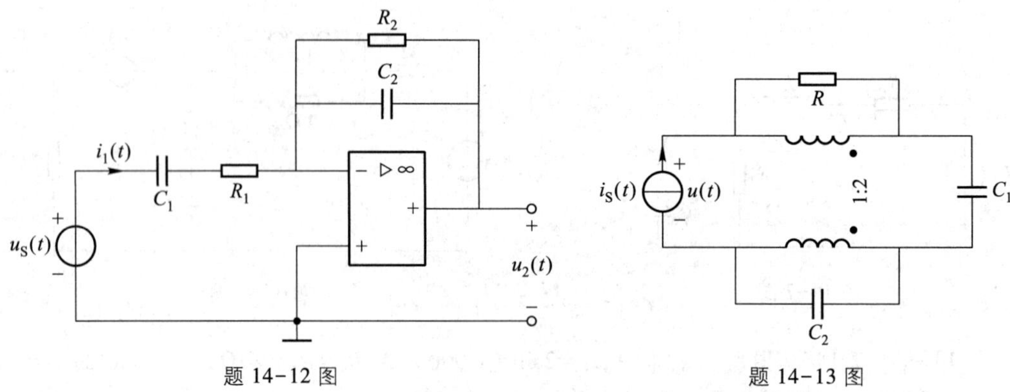

题 14-12 图　　题 14-13 图

14-14　题 14-14 图(a)所示电路激励 $u_S(t)$ 的波形如题 14-14 图(b)所示，已知 $R_1=6\ \Omega$，$R_2=3\ \Omega$，$L=1$ H，$\mu=1$，求电路的零状态响应 $i_L(t)$。

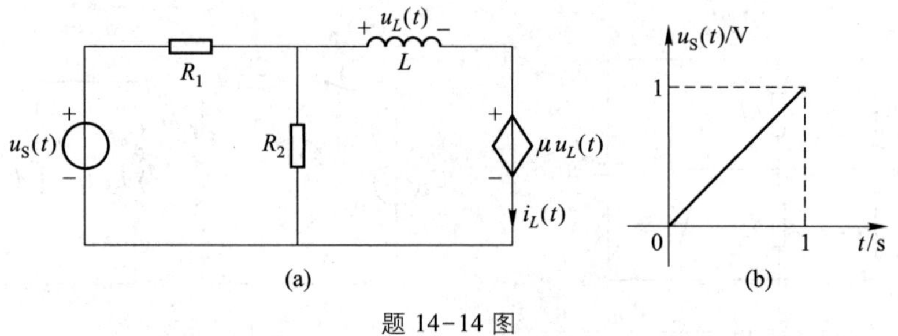

题 14-14 图

14-15　题 14-15 图所示各电路在 $t=0$ 时合上开关 S，用运算法求 $i(t)$ 及 $u_C(t)$。

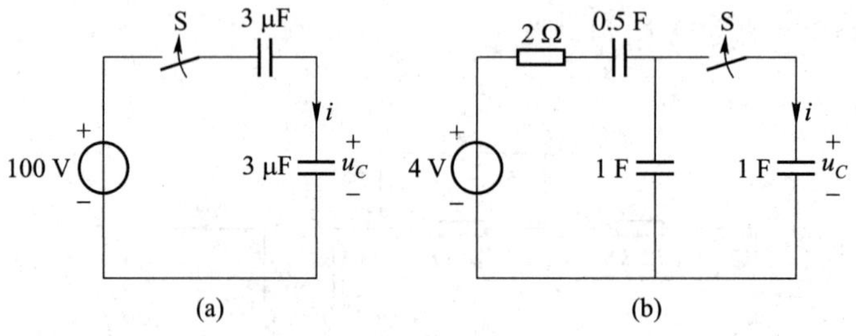

题 14-15 图

14-16　电路如题 14-16 图所示，已知 $u_{S1}(t)=\varepsilon(t)$V，$u_{S2}(t)=\delta(t)$V，试求 $u_1(t)$ 和 $u_2(t)$。

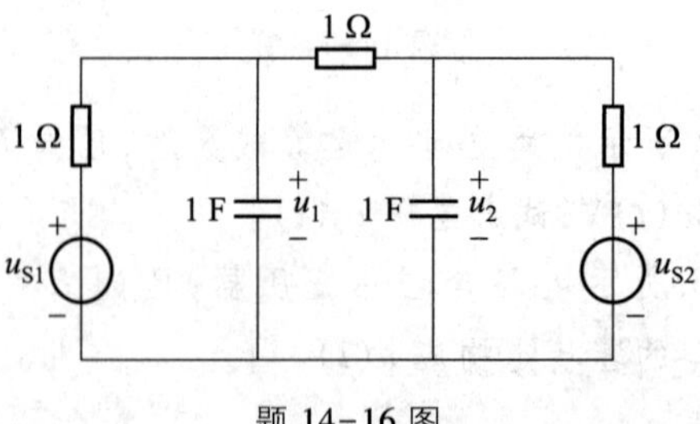

题 14-16 图

14-17　电路如题 14-17 图所示，已知 $u_S(t)=[\varepsilon(t)+\varepsilon(t-1)-2\varepsilon(t-2)]$ V，求 $i_L(t)$。

14-18　电路如题 14-18 图所示，开关 S 原是闭合的，电路处于稳态。若 S 在 $t=0$ 时打开，已知 $U_S=2$ V，$L_1=L_2=1$H，$R_1=R_2=1$ Ω。试求 $t\geqslant0$ 时的 $i_1(t)$ 和 $u_{L_2}(t)$。

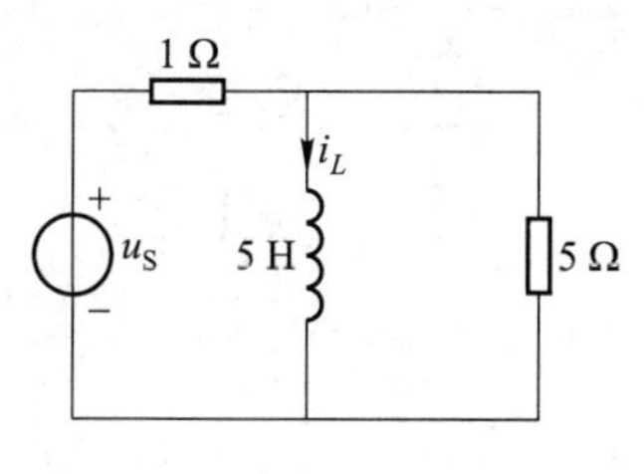

题 14-17 图

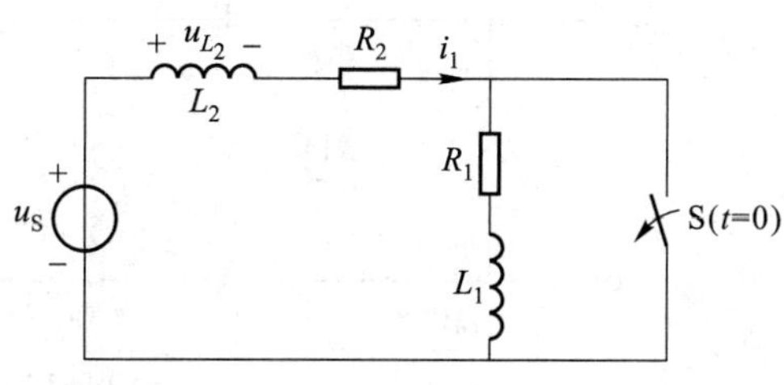

题 14-18 图

14-19　题 14-19 图所示电路中 U_S 为恒定值，$u_{C_2}(0_-)=0$，开关闭合前电路已达稳态，$t=0$ 时 S 闭合，求开关闭合后，电容电压 u_{C_1} 和 u_{C_2}，电流 i_{C_1} 和 i_{C_2}。

14-20　题 14-20 图所示电路中两电容原来未充电，在 $t=0$ 时将开关 S 闭合，已知 $U_S=10$ V，$R=5$ Ω，$C_1=2$ F，$C_2=3$ F。求 $t\geqslant0$ 时的 u_{C_1}，u_{C_2} 及 i_1、i_2、i。

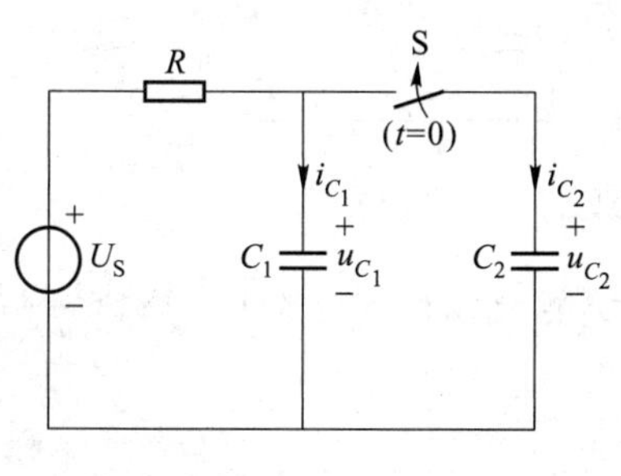

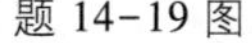
题 14-19 图

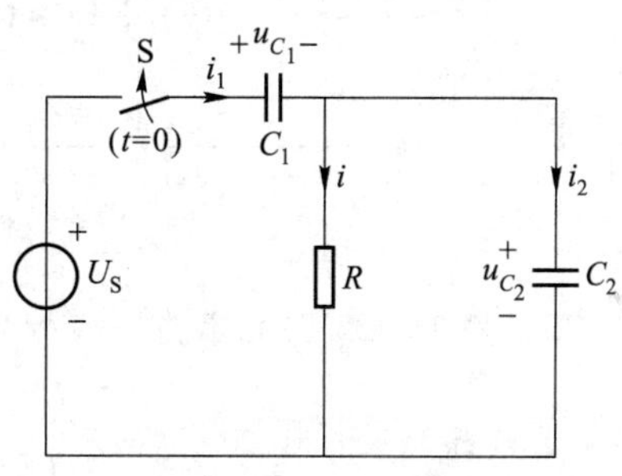

题 14-20 图

14-21　电路如题 14-21 图所示，已知电容 C_1 和 C_2 原带电荷，方向如图所示，$C_1=3$ F，$q_{C_1}(0_-)=15$ C，$C_2=6$ F，$q_{C_2}(0_-)=60$ C，$t=0$ 时，开关 S 闭合，求开关 S 闭合后电压 $u(t)$。

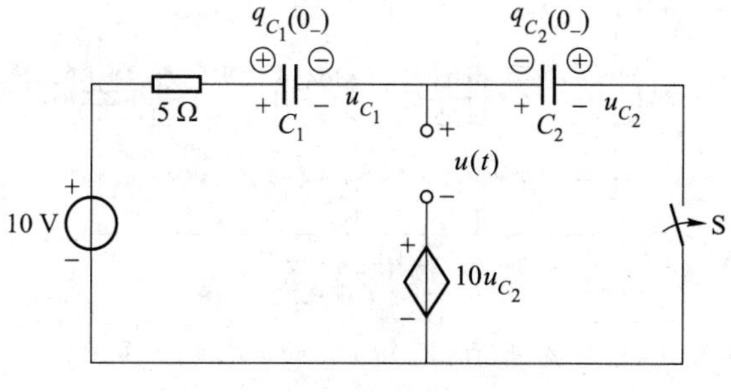

题 14-21 图

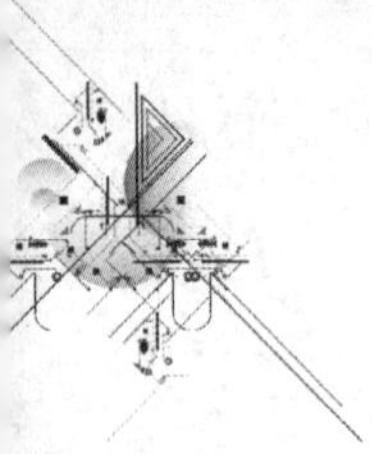

14-22　绘出 $H(s)=\dfrac{2s^2-12s+16}{s^3+4s^2+6s+3}$ 的零、极点图。

14-23　试求题 14-23 图所示线性一端口网络的驱动点阻抗 $Z(s)$ 的表达式，并在 s 平面上绘出极点和零点。已知 $R=1\ \Omega, L=0.5\ \text{H}, C=0.5\ \text{F}$。

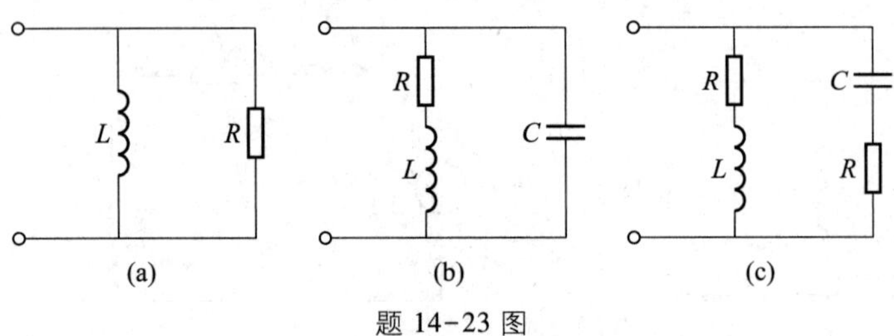

题 14-23 图

14-24　求题 14-24 图所示各电路的驱动点阻抗 $Z(s)$ 的表达式，并在 s 平面上绘出极点和零点。

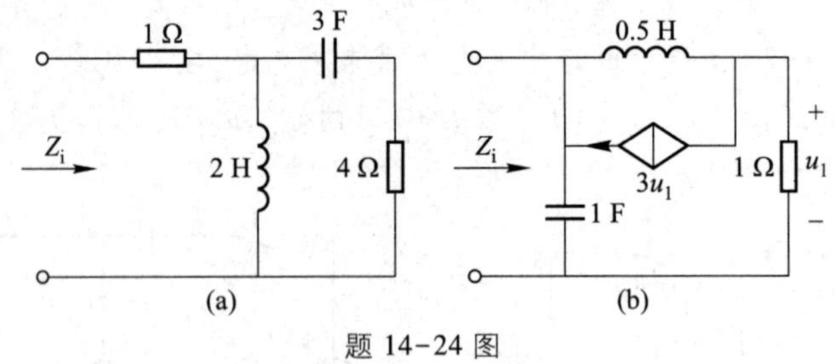

题 14-24 图

14-25　题 14-25 图所示为一线性电路，输入电流源的电流为 i_S。

(1) 试计算驱动点阻抗 $Z_d(s)=\dfrac{U_1(s)}{I_s(s)}$。

(2) 试计算转移阻抗 $Z_t(s)=\dfrac{U_2(s)}{I_s(s)}$。

(3) 在 s 平面上绘出 $Z_d(s)$ 和 $Z_t(s)$ 的极点和零点。

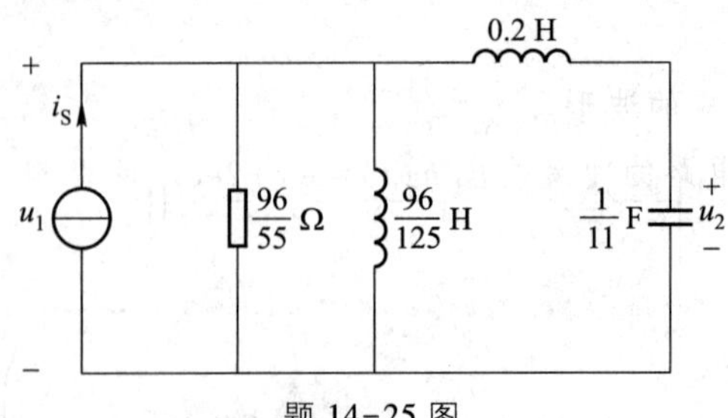

题 14-25 图

14-26　电路如题 14-26 图所示，已知 $u_S(t)=4\varepsilon(t)$ V。(1) 求网络函数 $H(s)=\dfrac{U_o(s)}{U_s(s)}$。(2) 绘出 $H(s)$ 的零、极点图。

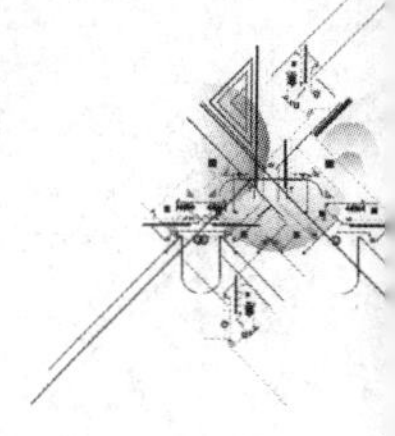

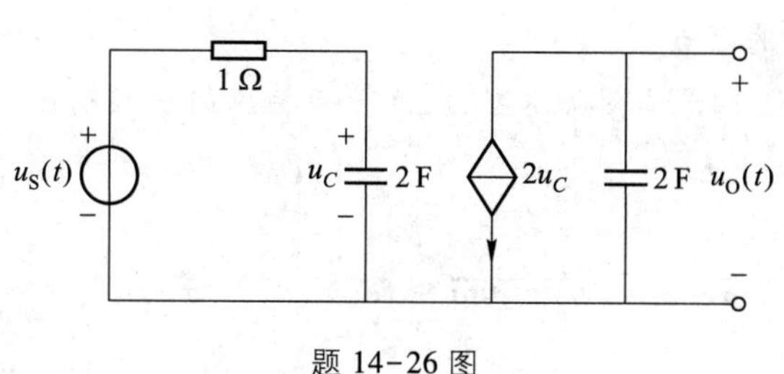

题 14-26 图

14-27 题 14-27 图所示为 RC 电路，求它的转移函数 $H(s)=\dfrac{U_o(s)}{U_i(s)}$。

14-28 题 14-28 图所示电路中，$L=0.2$ H，$C=0.1$ F，$R_1=6$ Ω，$R_2=4$ Ω，$u_S(t)=7e^{-2t}$ V，求 R_2 中的电流 $i_2(t)$，并求网络函数 $H(s)=\dfrac{I_2(s)}{U_s(s)}$ 及单位冲激响应。

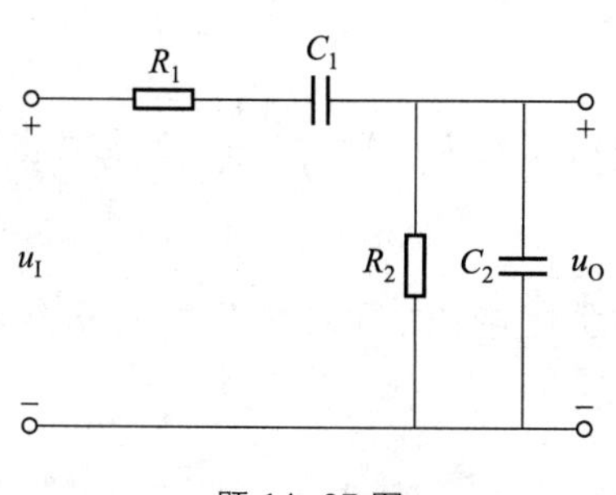

题 14-27 图

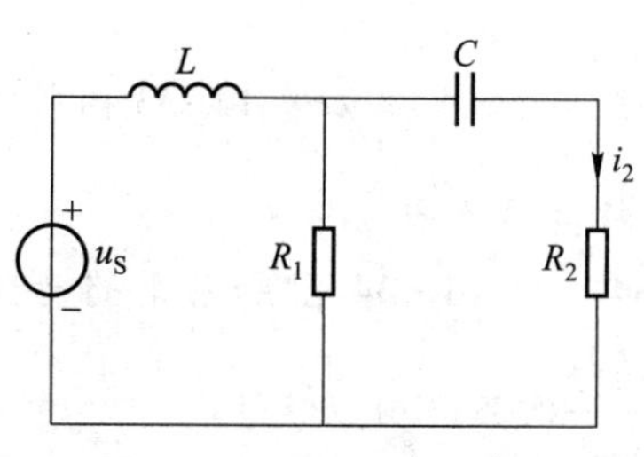

题 14-28 图

14-29 已知网络函数为

(1) $H(s)=\dfrac{2}{s-0.3}$。

(2) $H(s)=\dfrac{s-5}{s^2-10s+125}$。

(3) $H(s)=\dfrac{s+10}{s^2+20s+500}$。

试定性作出单位冲激响应的波形。

14-30 设某线性电路的冲激响应 $h(t)=e^{-t}+2e^{-2t}$，试求相应的网络函数，并绘出零、极点图。

14-31 设网络的冲激响应为

(1) $h(t)=\delta(t)+\dfrac{3}{5}e^{-t}$。

(2) $h(t)=e^{-at}\sin(\omega t+\theta)$。

(3) $h(t)=\dfrac{3}{5}e^{-t}-\dfrac{7}{9}te^{-3t}+3t$。

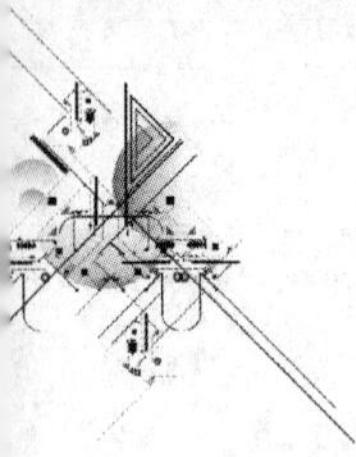

试求相应的网络函数的极点。

14-32　画出与题14-32图所示零、极点分布相应的幅频响应 $|H(\mathrm{j}\omega)|-\omega$ 曲线。

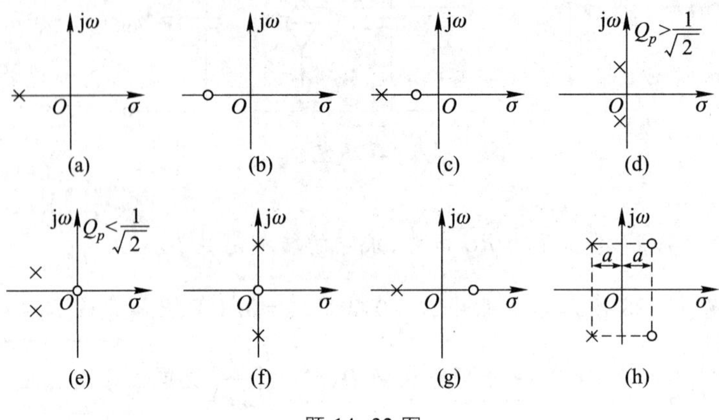

题14-32图

14-33　已知电路如题14-33图所示，求网络函数 $H(s)=\dfrac{U_2(s)}{U_s(s)}$，定性画出幅频特性和相频特性示意图。

14-34　题14-34图所示电路为 RLC 并联电路，试用网络函数的图解法分析 $H(s)=\dfrac{U_2(s)}{I_s(s)}$ 的频率响应特性。

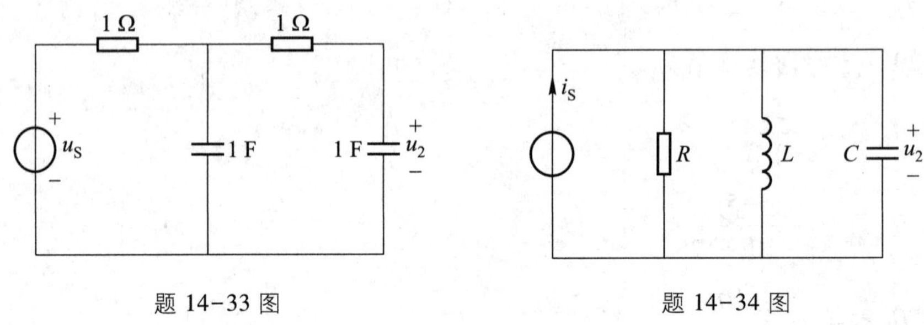

题14-33图　　　　题14-34图

14-35　题14-35图所示电路，试求：

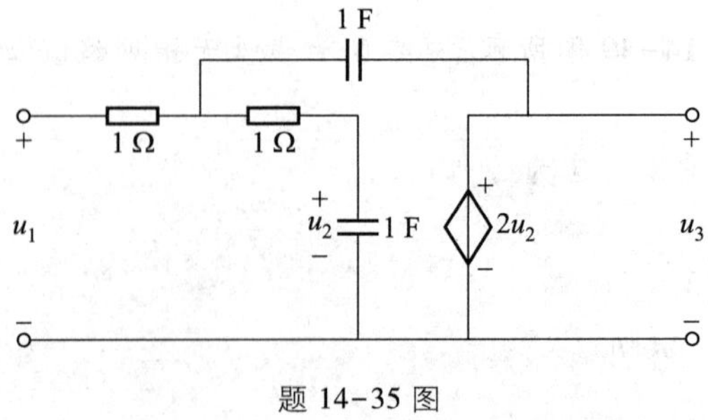

题14-35图

(1) 网络函数 $H(s)=\dfrac{U_3(s)}{U_1(s)}$,并绘出幅频特性示意图。

(2) 冲激响应 $h(t)$。

14-36 求题 14-36 图所示电路的电压转移函数 $H(s)=\dfrac{U_o(s)}{U_i(s)}$,设运放是理想的。

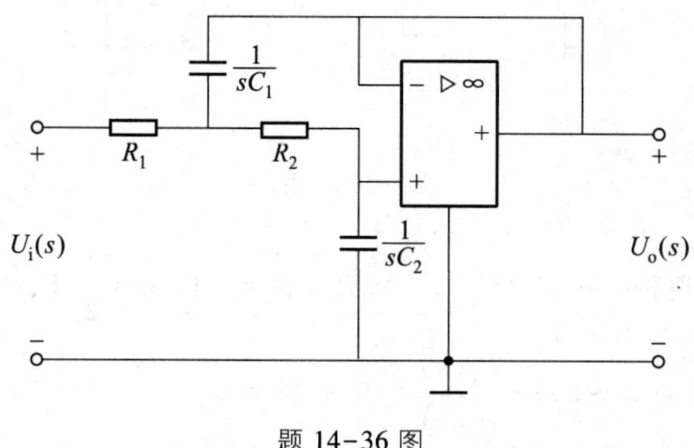

题 14-36 图

14-37 题 14-37 图所示电路为一低通滤波器,若已知冲激响应为

$$h(t)=\left[\sqrt{2}\,\mathrm{e}^{-\frac{\sqrt{2}}{2}t}\sin\left(\frac{1}{\sqrt{2}}t\right)\right]\varepsilon(t)$$

求:(1) L、C 值。

(2) 幅频响应 $|H(\mathrm{j}\omega)|-\omega$ 曲线。

14-38 电路如题 14-38 图所示,已知激励 $u(t)=10\mathrm{e}^{-at}[\varepsilon(t)-\varepsilon(t-1)]$ V,试用卷积定理求电流 $i(t)$。

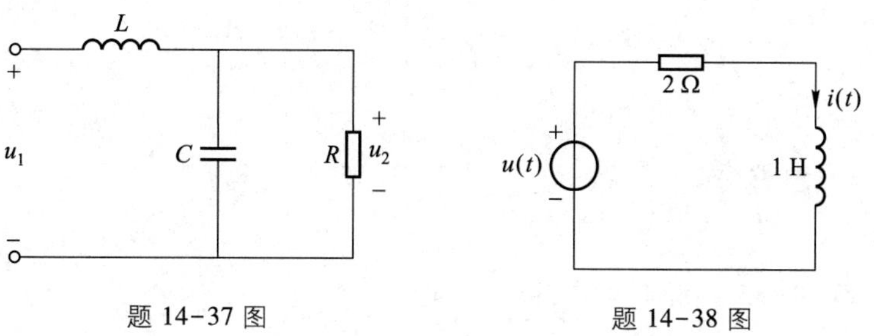

题 14-37 图　　题 14-38 图

*14-39 电路如题 14-39 图所示,网络 N 为线性无源网络,已知其网络函数 $H(s)=\dfrac{I(s)}{U(s)}=\dfrac{s}{s^2+2s+2}$。

(1) 给出该网络的一种结构及合适的元件值。

(2) 判断该网络冲激响应的性质。

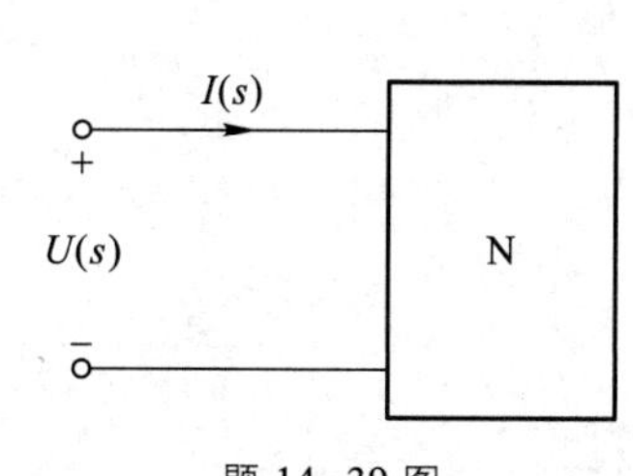

题 14-39 图

14-40 电路如题 14-40 图所示,网络函数 $H(s)=\dfrac{U(s)}{I(s)}$,其零、极点分布如题 14-40 图(b)所示,且 $H(0)=1$,

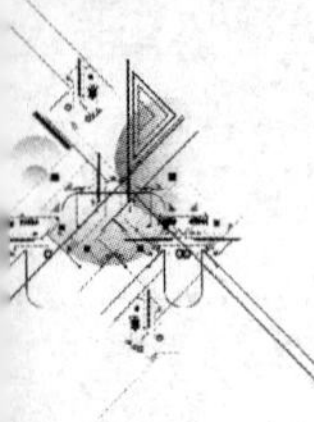

求 R、L、C 的值。

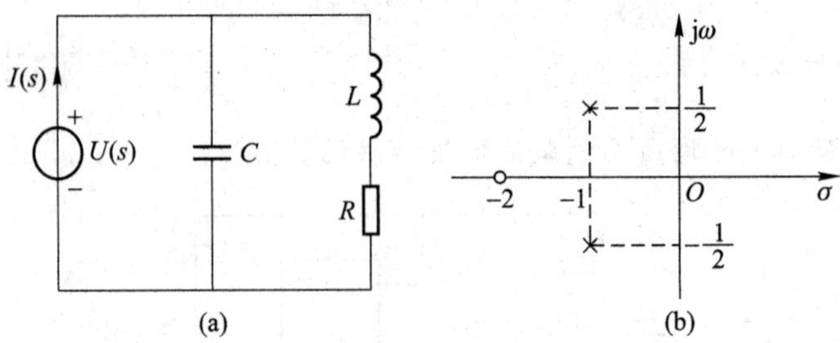

题 14-40 图

14-41　电路如题图 14-41 所示，已知 $R_1=R_2=1\ \Omega$，$C=\frac{1}{2}\ \mathrm{F}$，$L=2\ \mathrm{H}$，$g=\frac{1}{2}\mathrm{S}$。

(1) 求电压转移函数 $H(s)=\frac{U_o(s)}{U_s(s)}$及其冲激响应。

(2) 定性绘出 $|H(j\omega)|-\omega$ 及 $\arg[H(j\omega)]-\omega$ 曲线。

第十四章部分习题答案

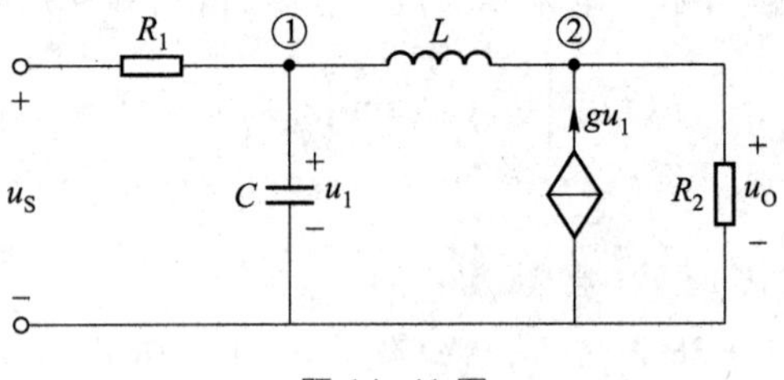

题 14-41 图

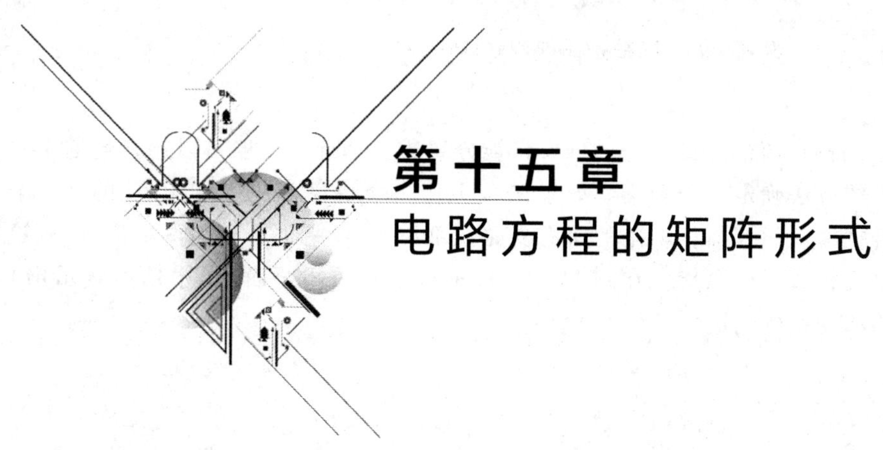

第十五章 电路方程的矩阵形式

导读

随着电路规模的不断增加,特别是超大规模集成电路出现后,电路系统的规模增长十分迅速。采用人工列写电路方程和求解方程是根本不可能的。计算机的普及为分析大规模电路提供了有力的工具。本章介绍的电路方程的矩阵形式,就是适应了用计算机列写电路方程和求解方程的需要。首先,在图的基本概念的基础上,介绍了图论中割集的概念和几个重要的矩阵:关联矩阵、回路矩阵和割集矩阵,并推导出用这些矩阵表示的 KCL、KVL 方程。然后推导出回路电流(网孔电流)方程、节点电压方程、割集电压方程和列表方程的矩阵形式。最后,给出了用于分析动态电路的状态方程,这是适用于在时域分析高阶动态电路的重要方法。

§15-1 割集

在第三章中曾介绍过几种有效的电路分析方法,如回路电流法和节点电压法等。当电路规模较小,结构较简单时,上述电路方程不难由人工用观察法列出。但在实际工程应用中,电路的规模日益增大,结构日趋复杂。为了便于利用计算机作为辅助手段进行电路分析,有必要研究系统化建立电路方程的方法,而且为了便于用计算机求解方程,还要求这些方程用矩阵形式表示。本章主要介绍电路方程的矩阵形式及其系统建立法,它是电路计算机辅助设计和分析所需的基本知识。

在第三章中已经介绍了图的定义及有关回路、树等的基本概念。这里补充介绍割集的概念,并介绍与树有关的基本割集组。

连通图 G 的一个割集是 G 的一个支路集合,把这些支路移去将使 G 分离为两个部分,但是如果少移去其中一条支路,图仍将是连通的。如在图 15-1(a)所示的连通图 G 中,支路集合 Q_1 至 Q_7(图中用虚线所示的支路)都是 G 的割集,即$(a,d,f)(a,b,e)(b,c,f)(c,d,e)(b,d,e,f)(a,e,c,f)$和$(a,b,c,d)$;而支路集合$(a,d,e,f)$和$(a,b,c,d,e)$则不是 G 的割集,这是因为前者若少移去一条支路,G 仍被分离为两部

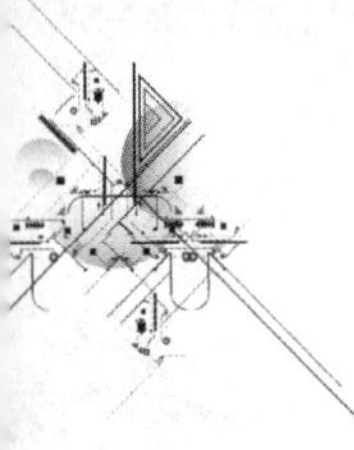

分；而后者若移去这些支路，G 将被分离成三部分。一般可以用在连通图 G 上作闭合面的方法确定一个割集。如果在 G 上作一个闭合面，使其包围 G 的某些节点，于是，若把与此闭合面相切割的所有支路全部移去，G 将被分离为两个部分，则这样一组支路便构成一个割集。在图 15-1 中，示出了有关闭合面（图中用虚线示出）与割集支路相切割的情况。

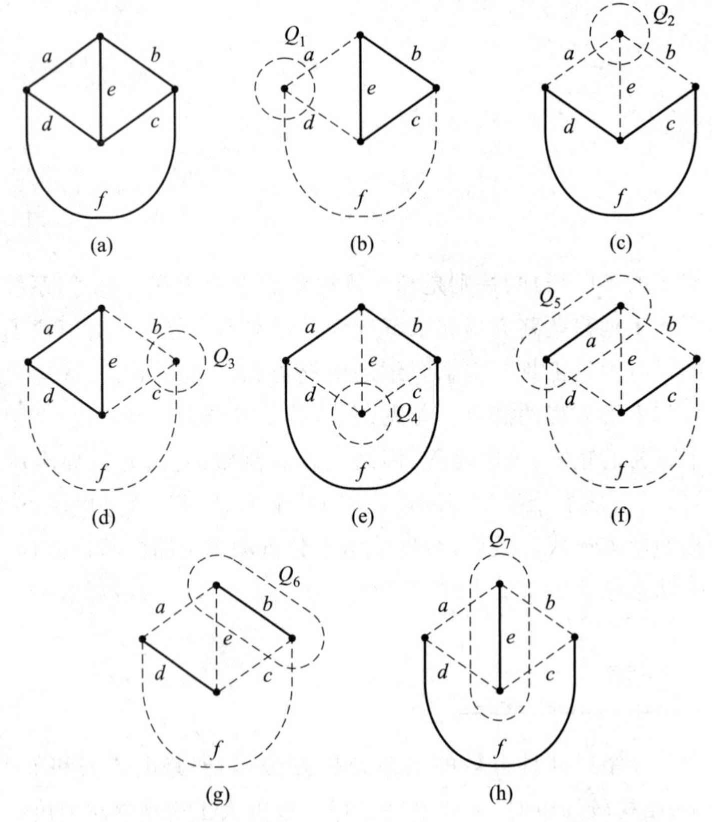

图 15-1　割集的定义

由于 KCL 适用于任何一个闭合面，因此属于同一割集的所有支路的电流应满足 KCL。当一个割集的所有支路都连接在同一个节点上，如图 15-1 中的 Q_1、Q_2、Q_3 和 Q_4，则割集的 KCL 方程变为节点上的 KCL 方程。于是，对于连通图，总共可列出与割集数相等数目的 KCL 方程，但这些方程并非都是线性独立的。对应于一组线性独立的 KCL 方程的割集称为独立割集。

在第三章中曾介绍了回路电流法，在应用回路电流法时，首先必须选择一组独立回路。应用割集电压法（§15-6）时，首先必须选择一组独立割集。与某一个树有关的单连支回路组是一组独立回路，即基本回路，这就是说，借助于“树”能方便地确定一组独立回路。现在介绍借助于“树”确定一组独立割集的方法。

对于一个连通图，如任选一个树，则与树对应的连支集合不能构成一个割集，而它的每一个树支与一些相应的连支可以构成一个割集。例如，对图 15-2 所示连通图 G，选一个树 T，它的树支和连支分别用实线和虚线表示，如把全部连支移去，剩下的图（即为树）仍是连通的，所以任何连支集合不能构成一个割集。另外，由于树是连接全部节点所需最少支路的集合，所以移去任何一条树支，如 b_t，将把树分离成 T_1 和 T_2 两部

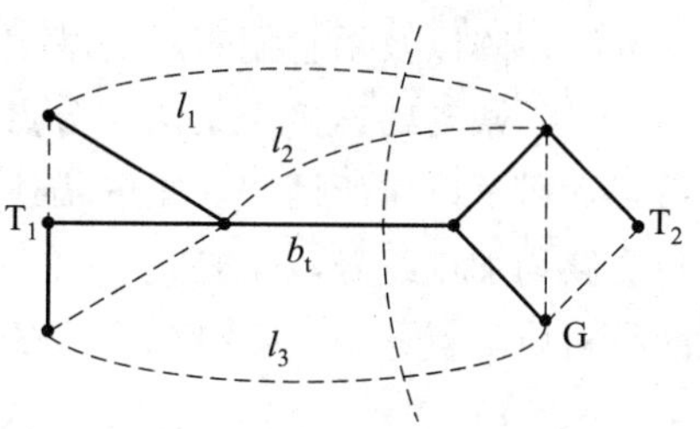

图 15-2　单树支割集

分。于是连接 T_1 和 T_2 的那些连支 l_1、l_2 和 l_3 与 b_t 一起必构成一个割集，因为把它们移去后，G 将被分离为两部分。同理，每一条树支都可以与相应的一些连支构成割集。这种由树的一条树支与相应的一些连支构成的割集称为单树支割集或基本割集。对于一个具有 n 个节点和 b 条支路的连通图，其树支数为$(n-1)$，因此将有$(n-1)$个单树支割集，称为基本割集组。基本割集组是独立割集组。对于 n 个节点的连通图，独立割集数为$(n-1)$。顺便指出，独立割集不一定是单树支割集，如同独立回路不一定是单连支回路一样。

由于一个连通图 G 可以有许多不同的树，所以可选出许多基本割集组。如对图 15-3(a)所示的连通图，若选支路(2、3、4、6)为树支，则基本割集组为：Q_1(2、1、5、7、8)，Q_2(3、1、5、8)，Q_3(4、1、5)，Q_4(6、5、7、8)，分别如图(b)(c)(d)(e)所示，其中实线和虚线分别表示树支和连支，点画线表示割集支路与相应闭合面相切割的情况。

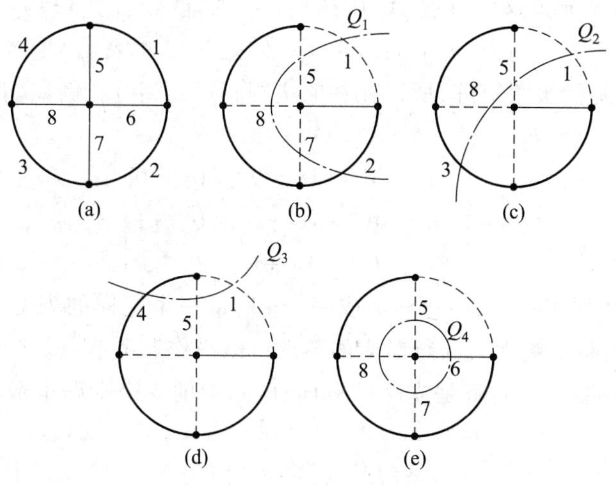

图 15-3　基本割集组

§15-2　关联矩阵、回路矩阵、割集矩阵

电路的图是电路拓扑结构的抽象描述，若图中每一支路都赋予一个参考方向，它成为有向图。有向图的拓扑性质可以用关联矩阵、回路矩阵和割集矩阵描述。本节介绍

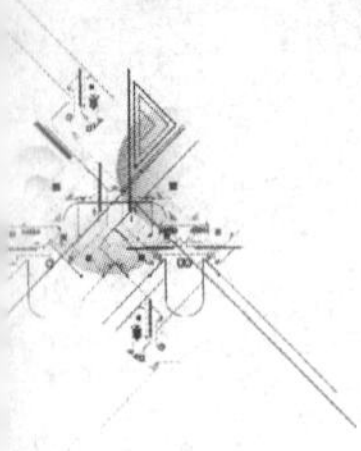

这 3 个矩阵以及用它们表示的基尔霍夫定律的矩阵形式。

设一条支路连接于某两个节点，则称该支路与这两个节点相关联。支路与节点的关联性质可以用所谓关联矩阵描述。设有向图的节点数为 n，支路数为 b，且所有节点与支路均加以编号。于是，该有向图的关联矩阵为一个 $(n\times b)$ 的矩阵，用 $\boldsymbol{A}_a$ 表示。它的行对应节点，列对应支路，它的任一元素 a_{jk} 定义如下：

$a_{jk}=+1$，表示支路 k 与节点 j 关联并且它的方向背离节点；

$a_{jk}=-1$，表示支路 k 与节点 j 关联并且它指向节点；

$a_{jk}=0$，表示支路 k 与节点 j 无关联。

例如对于图 15-4 所示的有向图，它的关联矩阵是

$$\boldsymbol{A}_a=\begin{array}{c}\\1\\2\\3\\4\end{array}\begin{array}{c}\begin{matrix}1&2&3&4&5&6\end{matrix}\\\begin{bmatrix}-1&-1&+1&0&0&0\\0&0&-1&-1&0&+1\\+1&0&0&+1&+1&0\\0&+1&0&0&-1&-1\end{bmatrix}\end{array}\tag{15-1}$$

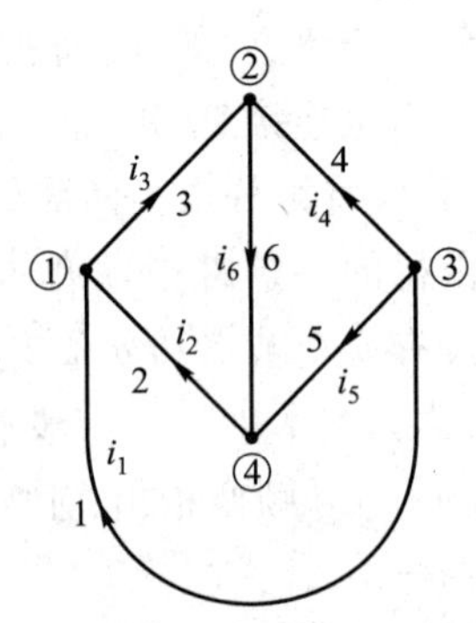

图 15-4　图的节点与支路的关联性质

$\boldsymbol{A}_a$ 的每一列对应于一条支路。由于一条支路连接于两个节点，若离开一个节点，则必指向另一个节点，因此每一列中只有两个非零元素，即+1 和-1。当把所有行的元素按列相加就得一行全为零的元素，所以 $\boldsymbol{A}_a$ 的行不是彼此独立的。或者说按 $\boldsymbol{A}_a$ 的每一列只有+1 和-1 两个非零元素这一特点，$\boldsymbol{A}_a$ 中的任一行必能从其他 $(n-1)$ 行导出。

如果把 $\boldsymbol{A}_a$ 的任一行划去，剩下的 $[(n-1)\times b]$ 矩阵用 $\boldsymbol{A}$ 表示，并称为降阶关联矩阵（今后主要用这种降阶关联矩阵，所以往往略去“降阶”二字）。例如，若把式(15-1)中的第 4 行划去，得

$$\boldsymbol{A}=\begin{bmatrix}-1&-1&+1&0&0&0\\0&0&-1&-1&0&+1\\+1&0&0&+1&+1&0\end{bmatrix}$$

矩阵 $\boldsymbol{A}$ 的某些列将只具有一个+1 或一个-1，每一个这样的列必对应于与划去节点相关联的一条支路。被划去的行对应的节点可以当作参考节点。

设支路电流的参考方向就是支路的方向，电路中的 b 个支路电流可以用一个 b 阶列向量表示，即

$$\boldsymbol{i}=[i_1\quad i_2\quad\cdots\quad i_b]^{\mathrm{T}}$$

若用矩阵 $\boldsymbol{A}$ 左乘电流列向量，则乘积是一个 $(n-1)$ 阶列向量，由矩阵相乘规则可知，它的每一元素即为关联到对应节点上各支路电流的代数和，即

$$\boldsymbol{A}\boldsymbol{i}=\begin{bmatrix}\text{节点 1 上的}\sum i\\\text{节点 2 上的}\sum i\\\vdots\\\text{节点}(n-1)\text{上的}\sum i\end{bmatrix}$$

因此,有

$$\boldsymbol{A}\boldsymbol{i}=\boldsymbol{0} \tag{15-2}$$

式(15-2)是用矩阵 $\boldsymbol{A}$ 表示的 KCL 的矩阵形式。例如对图 15-4 有

$$\boldsymbol{A}\boldsymbol{i}=\begin{bmatrix}-i_1-i_2+i_3\\-i_3-i_4+i_6\\i_1+i_4+i_5\end{bmatrix}=\begin{bmatrix}0\\0\\0\end{bmatrix}$$

设支路电压的参考方向就是支路的方向,电路中 b 个支路电压可以用一个 b 阶列向量表示,即

$$\boldsymbol{u}=[u_1\quad u_2\quad \cdots\quad u_b]^{\mathrm{T}}$$

$(n-1)$个节点电压可以用一个$(n-1)$阶列向量表示,即

$$\boldsymbol{u}_{\mathrm{n}}=[u_{\mathrm{n}1}\quad u_{\mathrm{n}2}\quad \cdots\quad u_{\mathrm{n}(n-1)}]^{\mathrm{T}}$$

由于矩阵 $\boldsymbol{A}$ 的每一列,也就是矩阵 $\boldsymbol{A}^{\mathrm{T}}$ 的每一行,表示每一对应支路与节点的关联情况,所以有

$$\boldsymbol{u}=\boldsymbol{A}^{\mathrm{T}}\boldsymbol{u}_{\mathrm{n}} \tag{15-3}$$

例如,对图 15-4 有

$$\begin{bmatrix}u_1\\u_2\\u_3\\u_4\\u_5\\u_6\end{bmatrix}=\begin{bmatrix}-1&0&1\\-1&0&0\\1&-1&0\\0&-1&1\\0&0&1\\0&1&0\end{bmatrix}\begin{bmatrix}u_{\mathrm{n}1}\\u_{\mathrm{n}2}\\u_{\mathrm{n}3}\end{bmatrix}=\begin{bmatrix}-u_{\mathrm{n}1}+u_{\mathrm{n}3}\\-u_{\mathrm{n}1}\\u_{\mathrm{n}1}-u_{\mathrm{n}2}\\-u_{\mathrm{n}2}+u_{\mathrm{n}3}\\u_{\mathrm{n}3}\\u_{\mathrm{n}2}\end{bmatrix}$$

可见式(15-3)表明电路中的各支路电压可以用与该支路关联的两个节点的节点电压(参考节点的节点电压为零)表示,这正是节点电压法的基本思想。同时,可以认为该式是用矩阵 $\boldsymbol{A}$ 表示的 KVL 的矩阵形式。

设一个回路由某些支路组成,则称这些支路与该回路关联。支路与回路的关联性质可以用所谓回路矩阵描述。下面仅介绍独立回路矩阵,简称为回路矩阵。设有向图的独立回路数为 l,支路数为 b,且所有独立回路和支路均加以编号,于是,该有向图的回路矩阵是一个$(l\times b)$的矩阵,用 $\boldsymbol{B}$ 表示。$\boldsymbol{B}$ 的行对应回路,列对应于支路,它的任一元素,如 b_{jk},定义如下:

$b_{jk}=+1$,表示支路 k 与回路 j 关联,且它们的方向一致;

$b_{jk}=-1$,表示支路 k 与回路 j 关联,且它们的方向相反;

$b_{jk}=0$,表示支路 k 与回路 j 无关联。

例如,对于图 15-4 所示的有向图[重画于图 15-5(a)],独立回路数等于 3。若选一组独立回路如图 15-5(b)所示,则对应的回路矩阵为

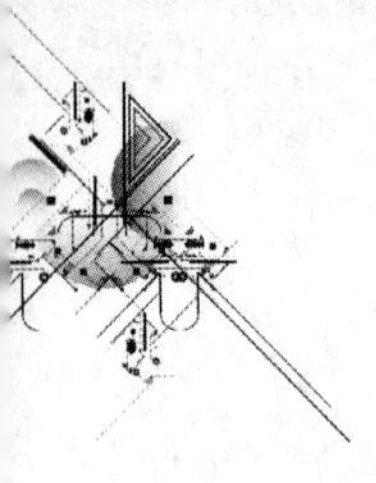

$$
\begin{array}{c}
 \\
\boldsymbol{B}=\begin{array}{c}1\\2\\3\end{array}
\end{array}
\begin{array}{c}
\begin{array}{cccccc}1 & 2 & 3 & 4 & 5 & 6\end{array}\\
\left[\begin{array}{cccccc}1 & 0 & 1 & 0 & -1 & 1\\0 & 1 & 1 & 0 & 0 & 1\\0 & 0 & 0 & 1 & -1 & 1\end{array}\right]
\end{array}
$$

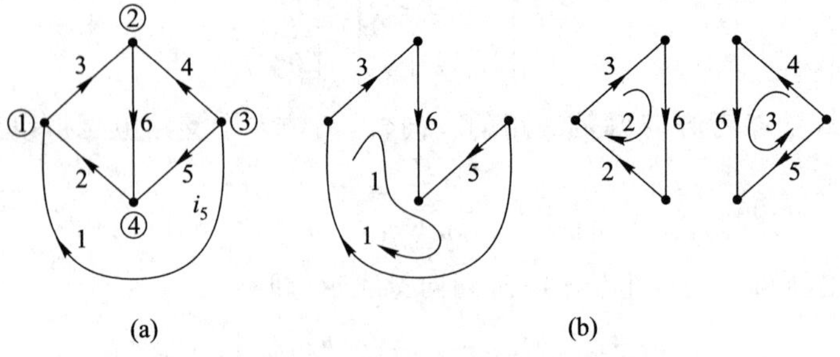

图 15-5　回路与支路的关联性质

如果所选独立回路组是对应于一个树的单连支回路组,这种回路矩阵就称为基本回路矩阵,用 $\boldsymbol{B}_{\mathrm{f}}$ 表示。写 $\boldsymbol{B}_{\mathrm{f}}$ 时,注意安排其行、列次序如下:把 l 条连支依次排列在对应于 $\boldsymbol{B}_{\mathrm{f}}$ 的第 1 至第 l 列,然后再排列树支;取每一单连支回路的序号为对应连支所在列的序号,且以该连支的方向为对应的回路的绕行方向,$\boldsymbol{B}_{\mathrm{f}}$ 中将出现一个 l 阶的单位子矩阵,即有

$$\boldsymbol{B}_{\mathrm{f}}=[\,\mathbf{1}_{\mathrm{l}} \mid \boldsymbol{B}_{\mathrm{t}}\,] \tag{15-4}$$

式中下标 l 和 t 分别表示与连支和树支对应的部分。例如对图 15-5(a)所示有向图,若选支路 3、5、6 为树支,则支路 1、2、4 即为连支,所以图 15-5(b)所示一组独立回路即为一组单连支回路,可以将回路矩阵写成基本回路矩阵形式

$$
\begin{array}{c}
 \\
\boldsymbol{B}_{\mathrm{f}}=\begin{array}{c}1\\2\\3\end{array}
\end{array}
\begin{array}{c}
\begin{array}{cccccc}1 & 2 & 4 & 3 & 5 & 6\end{array}\\
\left[\begin{array}{cccccc}1 & 0 & 0 & 1 & -1 & 1\\0 & 1 & 0 & 1 & 0 & 1\\0 & 0 & 1 & 0 & -1 & 1\end{array}\right]
\end{array}
$$

今后,基本回路矩阵一般都写成如式(15-4)的形式。

回路矩阵左乘支路电压列向量,所得乘积是一个 l 阶的列向量。由于矩阵 $\boldsymbol{B}$ 的每一行表示每一对应回路与支路的关联情况,由矩阵的乘法规则可知乘积列向量中每一元素将等于每一对应回路中各支路电压的代数和,即

$$\boldsymbol{Bu}=\begin{bmatrix}\text{回路 1 中的}\sum u\\ \text{回路 2 中的}\sum u\\ \vdots\\ \text{回路 }l\text{ 中的}\sum u\end{bmatrix}$$

故有

$$\boldsymbol{Bu}=\mathbf{0} \tag{15-5}$$

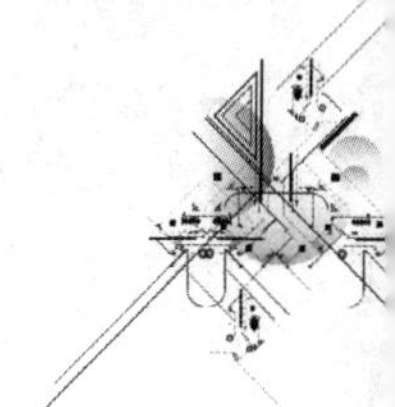

式(15-5)是用矩阵 $\boldsymbol{B}$ 表示的 KVL 的矩阵形式。例如,对图 15-5(a),若选如图 15-5(b)所示一组独立回路,有

$$\boldsymbol{Bu}=\begin{bmatrix}u_1+u_3-u_5+u_6\\u_2+u_3+u_6\\u_4-u_5+u_6\end{bmatrix}=\begin{bmatrix}0\\0\\0\end{bmatrix}$$

l 个独立回路电流可用一个 l 阶列向量表示,即 $\boldsymbol{i}_l=[i_{l1}\quad i_{l2}\quad\cdots\quad i_{ll}]^{\mathrm{T}}$。

由于矩阵 $\boldsymbol{B}$ 的每一列,也就是矩阵 $\boldsymbol{B}^{\mathrm{T}}$ 的每一行,表示每一对应支路与回路的关联情况,所以按矩阵的乘法规则可知

$$\boldsymbol{i}=\boldsymbol{B}^{\mathrm{T}}\boldsymbol{i}_l \tag{15-6}$$

例如,对图 15-5(a)有

$$\begin{bmatrix}i_1\\i_2\\i_3\\i_4\\i_5\\i_6\end{bmatrix}=\begin{bmatrix}1&0&0\\0&1&0\\1&1&0\\0&0&1\\-1&0&-1\\1&1&1\end{bmatrix}\begin{bmatrix}i_{l1}\\i_{l2}\\i_{l3}\end{bmatrix}=\begin{bmatrix}i_{l1}\\i_{l2}\\i_{l1}+i_{l2}\\i_{l3}\\-i_{l1}-i_{l3}\\i_{l1}+i_{l2}+i_{l3}\end{bmatrix}$$

所以式(15-6)表明电路中各支路电流可以用与该支路关联的所有回路中的回路电流表示,这正是回路电流法的基本思想。可以认为该式是用矩阵 $\boldsymbol{B}$ 表示的 KCL 的矩阵形式。

设一个割集由某些支路构成,则称这些支路与该割集关联。支路与割集的关联性质可用所谓割集矩阵描述。下面仅介绍独立割集矩阵,简称割集矩阵。设有向图的节点数为 n,支路数为 b,则该图的独立割集数为 $(n-1)$。对每个割集编号,并指定一个割集方向(移去割集的所有支路,G 被分离为两部分后,从其中一部分指向另一部分的方向,即为割集的方向,每一个割集只有两个可能的方向)。于是割集矩阵为一个 $[(n-1)\times b]$ 的矩阵,用 $\boldsymbol{Q}$ 表示。$\boldsymbol{Q}$ 的行对应割集,列对应支路,它的任一元素 q_{jk} 定义如下:

$q_{jk}=+1$,表示支路 k 与割集 j 关联并且具有同一方向;

$q_{jk}=-1$,表示支路 k 与割集 j 关联但是它们的方向相反;

$q_{jk}=0$,表示支路 k 与割集 j 无关联。

例如,对图 15-4 所示有向图[重画于图 15-6(a)],独立割集数等于 3。若选一组独立割集如图 15-6(b)所示,对应的割集矩阵为

$$\begin{matrix} & \begin{matrix}1&\ \ 2&3&\ \ 4&5&6\end{matrix}\\ \boldsymbol{Q}=\begin{matrix}1\\2\\3\end{matrix} & \begin{bmatrix}-1&-1&1&0&0&0\\1&0&0&1&1&0\\-1&-1&0&-1&0&1\end{bmatrix}\end{matrix}$$

如果选一组单树支割集为一组独立割集,这种割集矩阵称为基本割集矩阵,用 $\boldsymbol{Q}_{\mathrm{f}}$

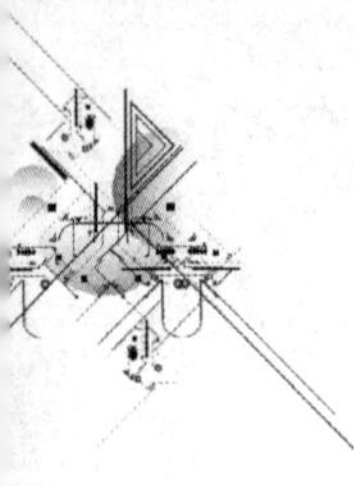

表示。在写 $\boldsymbol{Q}_{\mathrm{f}}$ 时，注意安排其行、列次序如下：把 $(n-1)$ 条树支依次排列在对应于 $\boldsymbol{Q}_{\mathrm{f}}$ 的第 1 至第 $(n-1)$ 列，然后排列连支，再取每一单树支割集的序号与相应树支所在列的序号相同，且选割集方向与相应树支方向一致，则 $\boldsymbol{Q}_{\mathrm{f}}$ 有如下形式：

$$\boldsymbol{Q}_{\mathrm{f}}=[\boldsymbol{1}_{\mathrm{t}} \mid \boldsymbol{Q}_{\mathrm{l}}] \tag{15-7}$$

式中下标 t 和 l 分别表示对应于树支和连支部分。例如，对于图 15-6(a) 所示的有向图，若选支路 3、5、6 为树支，一组单树支割集如图 15-6(b) 所示，可得

$$\begin{array}{r} \\ \boldsymbol{Q}_{\mathrm{f}}= \begin{array}{c}1\\2\\3\end{array} \end{array}\!\!\!\begin{array}{c} \begin{array}{cccccc}3&5&6&1&2&4\end{array}\\ \left[\begin{array}{cccccc}1&0&0&-1&-1&0\\0&1&0&1&0&1\\0&0&1&-1&-1&-1\end{array}\right]\end{array} \tag{15-8}$$

今后，基本割集矩阵一般都写成如式(15-7)的形式。

前面介绍割集概念时曾指出，属于一个割集所有支路电流的代数和等于零。根据割集矩阵的定义和矩阵的乘法规则不难得出

$$\boldsymbol{Q}\boldsymbol{i}=\boldsymbol{0} \tag{15-9}$$

式(15-9)是用矩阵 $\boldsymbol{Q}$ 表示的 KCL 的矩阵形式。例如，对图 15-6(a) 所示有向图，若选如图 15-6(b) 所示的一组独立割集，则有

$$\boldsymbol{Q}\boldsymbol{i}=\begin{bmatrix}-i_1-i_2+i_3\\ i_1+i_4+i_5\\ -i_1-i_2-i_4+i_6\end{bmatrix}=\begin{bmatrix}0\\0\\0\end{bmatrix}$$

电路中 $(n-1)$ 个树支电压可用 $(n-1)$ 阶列向量表示，即

$$\boldsymbol{u}_{\mathrm{t}}=[u_{\mathrm{t}1}\quad u_{\mathrm{t}2}\quad \cdots\quad u_{\mathrm{t}(n-1)}]^{\mathrm{T}}$$

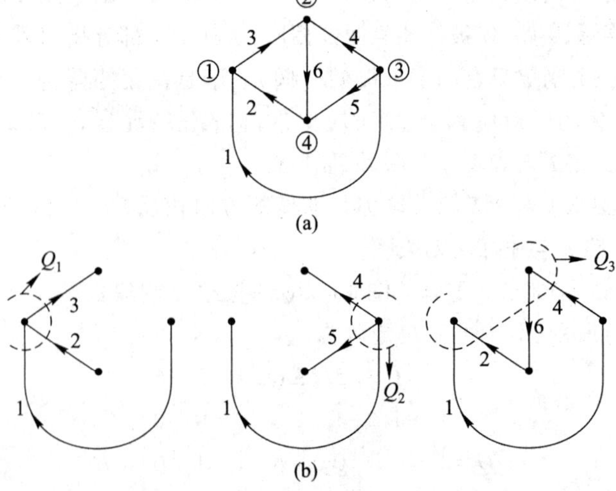

图 15-6　割集与支路的关联性质

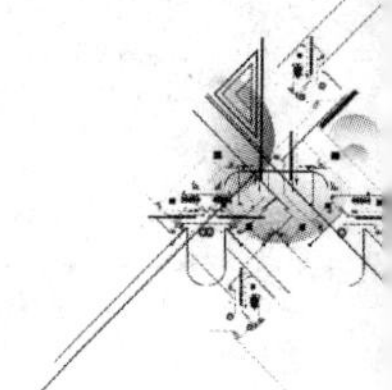

由于通常选单树支割集为独立割集，此时树支电压又可视为对应的割集电压，所以 $\boldsymbol{u}_t$ 又是基本割集组的割集电压列向量。由于 $\boldsymbol{Q}_f$ 的每一列，也就是 $\boldsymbol{Q}_f^T$ 的每一行，表示一条支路与割集的关联情况，按矩阵相乘的规则可得

$$\boldsymbol{u}=\boldsymbol{Q}_f^T\boldsymbol{u}_t \tag{15-10}$$

式(15-10)是用矩阵 $\boldsymbol{Q}_f$ 表示的 KVL 的矩阵形式。例如对图 15-6(a)所示有向图，若选支路 3、5、6 为树支，$\boldsymbol{Q}_f$ 如式(15-8)所示，则有

$$\boldsymbol{u}=[u_3 \quad u_5 \quad u_6 \quad u_1 \quad u_2 \quad u_4]^T$$

而

$$\boldsymbol{u}=\boldsymbol{Q}_f^T\boldsymbol{u}_t=\begin{bmatrix}1&0&0\\0&1&0\\0&0&1\\-1&1&-1\\-1&0&-1\\0&1&-1\end{bmatrix}\begin{bmatrix}u_{t1}\\u_{t2}\\u_{t3}\end{bmatrix}=\begin{bmatrix}u_{t1}\\u_{t2}\\u_{t3}\\-u_{t1}+u_{t2}-u_{t3}\\-u_{t1}-u_{t3}\\u_{t2}-u_{t3}\end{bmatrix}$$

式(15-10)表明电路的支路电压可以用树支电压(割集电压)表示，这就是后面将介绍的割集电压法的基本思想。

式(15-2)和式(15-3)分别与式(15-9)和式(15-10)在形式上相似。有时，对某些图有

$$\boldsymbol{Q}_f=\boldsymbol{A}$$

*§15-3 矩阵 $\boldsymbol{A}$、$\boldsymbol{B}_f$、$\boldsymbol{Q}_f$ 之间的关系

对于任一个连通图 G，在支路排列顺序相同时写出的矩阵 $\boldsymbol{A}$ 和 $\boldsymbol{B}$ 有如下关系：

$$\boldsymbol{A}\boldsymbol{B}^T=\boldsymbol{0}$$

或

$$\boldsymbol{B}\boldsymbol{A}^T=\boldsymbol{0}$$

这是因为 $\boldsymbol{u}=\boldsymbol{A}^T\boldsymbol{u}_n$ 和 $\boldsymbol{B}\boldsymbol{u}=\boldsymbol{0}$，当支路排列顺序相同时，两式中的 $\boldsymbol{u}$ 完全相同，所以有

$$\boldsymbol{B}\boldsymbol{u}=\boldsymbol{B}\boldsymbol{A}^T\boldsymbol{u}_n=\boldsymbol{0}$$

可以证明(从略)

$$\boldsymbol{B}\boldsymbol{A}^T=\boldsymbol{0}$$

或

$$\boldsymbol{A}\boldsymbol{B}^T=\boldsymbol{0}$$

用类似的方法可以证明：当支路排列顺序相同时写出的连通图的矩阵 $\boldsymbol{Q}$ 和 $\boldsymbol{B}$ 有如下关系：

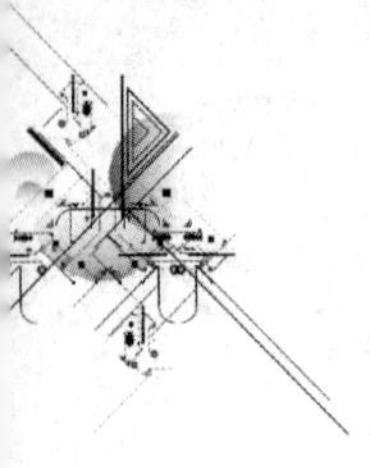

$$QB^{\mathrm{T}}=\mathbf{0}$$

或

$$BQ^{\mathrm{T}}=\mathbf{0}$$

如果选择连通图 G 的一个树，按先树支、后连支的相同支路顺序排列下写出 G 的 A、B_{f}、Q_{f}，使得 $A=[A_{\mathrm{t}} \mid A_{\mathrm{l}}]$，$B_{\mathrm{f}}=[B_{\mathrm{t}} \mid \mathbf{1}_{\mathrm{l}}]$，$Q_{\mathrm{f}}=[\mathbf{1}_{\mathrm{t}} \mid Q_{\mathrm{l}}]$，由于

$$AB_{\mathrm{f}}^{\mathrm{T}}=[A_{\mathrm{t}} \mid A_{\mathrm{l}}]\begin{bmatrix} B_{\mathrm{t}}^{\mathrm{T}} \\ \hdashline \mathbf{1}_{\mathrm{l}} \end{bmatrix}=\mathbf{0}$$

所以

$$A_{\mathrm{t}}B_{\mathrm{t}}^{\mathrm{T}}+A_{\mathrm{l}}=\mathbf{0}$$

或

$$B_{\mathrm{t}}^{\mathrm{T}}=-A_{\mathrm{t}}^{-1}A_{\mathrm{l}}$$ ①

同理，由于

$$Q_{\mathrm{f}}B_{\mathrm{f}}^{\mathrm{T}}=[\mathbf{1}_{\mathrm{t}} \mid Q_{\mathrm{l}}]\begin{bmatrix} B_{\mathrm{t}}^{\mathrm{T}} \\ \hdashline \mathbf{1}_{\mathrm{l}} \end{bmatrix}=\mathbf{0}$$

所以

$$B_{\mathrm{t}}^{\mathrm{T}}+Q_{\mathrm{l}}=\mathbf{0}$$

或

$$Q_{\mathrm{l}}=-B_{\mathrm{t}}^{\mathrm{T}}=A_{\mathrm{t}}^{-1}A_{\mathrm{l}}$$

§15-4　回路电流方程的矩阵形式

在第三章中曾介绍了网孔电流法和回路电流法。它们的特点是分别以网孔电流和回路电流作为电路的独立变量，并用 KVL 列出足够的电路方程。

由于描述支路与回路关联性质的是回路矩阵 B，所以适合用以 B 表示的 KCL 和 KVL 推导出回路电流方程的矩阵形式。首先设回路电流列向量为 i_{l}，有

$$\text{KCL}\qquad i=B^{\mathrm{T}}i_{\mathrm{l}}$$

$$\text{KVL}\qquad Bu=\mathbf{0}$$

在列矩阵形式电路方程时，还必须有一组支路约束方程。因此需要规定一条支路的结构和内容。目前在电路理论中还没有统一的规定，但可以采用所谓"复合支路"。对于回路电流法采用图 15-7 所示复合支路，其中下标 k 表示第 k 条支路，$\dot{U}_{sk}$ 和 $\dot{I}_{sk}$ 分别表示独立电压源和独立电流源，Z_k（或 Y_k）表示阻抗（或导纳），且规定②它只可能是

① 可以证明子矩阵 A_{t} 是非奇异的，它的逆阵一定存在。

② 这种规定主要是为了便于编制程序。

单一的电阻、电感或电容,而不能是它们的组合,即

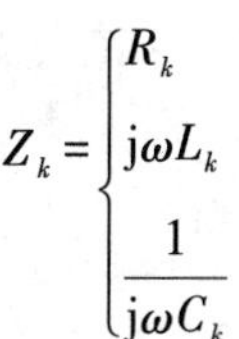

$$Z_k=\begin{cases}R_k\\ \mathrm{j}\omega L_k\\ \dfrac{1}{\mathrm{j}\omega C_k}\end{cases}$$

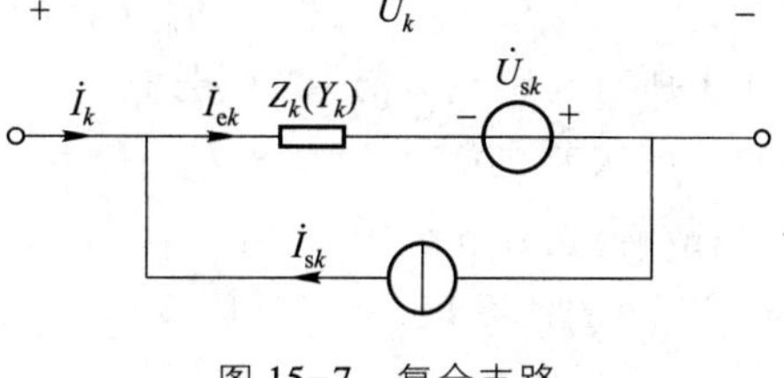

图 15-7 复合支路

总之,复合支路的定义规定了一条支路最多可以包含的不同元件数及其连接方式,但不是说每条支路都必须包含这几种元件。所以可以允许一条支路缺少其中某些元件①。另外,还需指出,图 15-7 中的复合支路是在采用相量法条件下画出的。应用运算法时,可以采用相应的运算形式。为了写出复合支路的支路方程,还应规定电压和电流的参考方向。本章中采用的电压和电流的参考方向如图 15-7 所示。下面分两种不同情况推导整个电路的支路方程的矩阵形式。

(1)当电路中电感之间无耦合时,对于第 k 条支路有

$$\dot{U}_k=Z_k(\dot{I}_k+\dot{I}_{sk})-\dot{U}_{sk} \tag{15-11}$$

若设

$\dot{\boldsymbol{I}}=[\dot{I}_1\quad \dot{I}_2\quad \cdots\quad \dot{I}_b]^{\mathrm{T}}$ 为支路电流列向量;

$\dot{\boldsymbol{U}}=[\dot{U}_1\quad \dot{U}_2\quad \cdots\quad \dot{U}_b]^{\mathrm{T}}$ 为支路电压列向量;

$\dot{\boldsymbol{I}}_{\mathrm{s}}=[\dot{I}_{\mathrm{s}1}\quad \dot{I}_{\mathrm{s}2}\quad \cdots\quad \dot{I}_{\mathrm{s}b}]^{\mathrm{T}}$ 为支路电流源的电流列向量;

$\dot{\boldsymbol{U}}_{\mathrm{s}}=[\dot{U}_{\mathrm{s}1}\quad \dot{U}_{\mathrm{s}2}\quad \cdots\quad \dot{U}_{\mathrm{s}b}]^{\mathrm{T}}$ 为支路电压源的电压列向量。

对整个电路有

$$\begin{bmatrix}\dot{U}_1\\ \dot{U}_2\\ \vdots\\ \dot{U}_b\end{bmatrix}=\begin{bmatrix}Z_1 & & & \boldsymbol{0}\\ & Z_2 & & \\ & & \ddots & \\ \boldsymbol{0} & & & Z_b\end{bmatrix}\begin{bmatrix}\dot{I}_1+\dot{I}_{\mathrm{s}1}\\ \dot{I}_2+\dot{I}_{\mathrm{s}2}\\ \vdots\\ \dot{I}_b+\dot{I}_{\mathrm{s}b}\end{bmatrix}-\begin{bmatrix}\dot{U}_{\mathrm{s}1}\\ \dot{U}_{\mathrm{s}2}\\ \vdots\\ \dot{U}_{\mathrm{s}b}\end{bmatrix}$$

即

$$\dot{\boldsymbol{U}}=\boldsymbol{Z}(\dot{\boldsymbol{I}}+\dot{\boldsymbol{I}}_{\mathrm{s}})-\dot{\boldsymbol{U}}_{\mathrm{s}} \tag{15-12}$$

式中 $\boldsymbol{Z}$ 称为支路阻抗矩阵,它是一个对角阵。

(2)当电路中电感之间有耦合时,式(15-11)还应计及互感电压的作用。若设第 1 支路至第 g 支路之间相互均有耦合,则有

$$\dot{U}_1=Z_1\dot{I}_{\mathrm{e}1}\pm\mathrm{j}\omega M_{12}\dot{I}_{\mathrm{e}2}\pm\mathrm{j}\omega M_{13}\dot{I}_{\mathrm{e}3}\pm\cdots\pm\mathrm{j}\omega M_{1g}\dot{I}_{\mathrm{e}g}-\dot{U}_{\mathrm{s}1}$$

$$\dot{U}_2=\pm\mathrm{j}\omega M_{21}\dot{I}_{\mathrm{e}1}+Z_2\dot{I}_{\mathrm{e}2}\pm\mathrm{j}\omega M_{23}\dot{I}_{\mathrm{e}3}\pm\cdots\pm\mathrm{j}\omega M_{2g}\dot{I}_{\mathrm{e}g}-\dot{U}_{\mathrm{s}2}$$

$$\cdots\cdots\cdots\cdots$$

① 对于回路电流法,不允许存在无伴电流源支路。

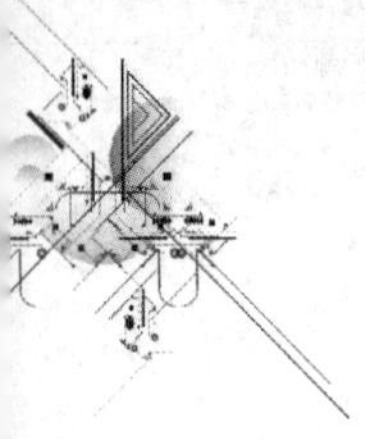

$$\dot{U}_g=\pm \mathrm{j}\omega M_{g1}\dot{I}_{e1}\pm \mathrm{j}\omega M_{g2}\dot{I}_{e2}\pm \mathrm{j}\omega M_{g3}\dot{I}_{e3}\pm\cdots+Z_g\dot{I}_{eg}-\dot{U}_{sg}$$

式中所有互感电压前取“+”号或“-”号决定于各电感的同名端和电流、电压的参考方向。其次要注意 $\dot{I}_{e1}=\dot{I}_1+\dot{I}_{s1}$，$\dot{I}_{e2}=\dot{I}_2+\dot{I}_{s2}$，$\cdots$，$M_{12}=M_{21}$，$\cdots$；其余支路之间由于无耦合，故得

$$\dot{U}_h=Z_h\dot{I}_{eh}-\dot{U}_{sh}$$

$$\cdots\cdots\cdots\cdots$$

$$\dot{U}_b=Z_b\dot{I}_{eb}-\dot{U}_{sb}$$

上式中的下标 $h=g+1$，这样，支路电压与支路电流之间的关系可用下列矩阵形式表示：

$$\begin{bmatrix}\dot{U}_1\\ \dot{U}_2\\ \vdots\\ \dot{U}_g\\ \dot{U}_h\\ \vdots\\ \dot{U}_b\end{bmatrix}=\begin{bmatrix}Z_1 & \pm\mathrm{j}\omega M_{12} & \cdots & \pm\mathrm{j}\omega M_{1g} & 0 & \cdots & 0\\ \pm\mathrm{j}\omega M_{21} & Z_2 & \cdots & \pm\mathrm{j}\omega M_{2g} & 0 & \cdots & 0\\ \vdots & \vdots & & \vdots & \vdots & & \vdots\\ \pm\mathrm{j}\omega M_{g1} & \pm\mathrm{j}\omega M_{g2} & \cdots & \pm Z_g & 0 & \cdots & 0\\ 0 & 0 & \cdots & 0 & Z_h & \cdots & 0\\ \vdots & \vdots & & \vdots & \vdots & & \vdots\\ 0 & 0 & \cdots & 0 & 0 & \cdots & Z_b\end{bmatrix}\times\begin{bmatrix}\dot{I}_1+\dot{I}_{s1}\\ \dot{I}_2+\dot{I}_{s2}\\ \vdots\\ \dot{I}_g+\dot{I}_{sg}\\ \dot{I}_h+\dot{I}_{sh}\\ \vdots\\ \dot{I}_b+\dot{I}_{sb}\end{bmatrix}-\begin{bmatrix}\dot{U}_{s1}\\ \dot{U}_{s2}\\ \vdots\\ \dot{U}_{sg}\\ \dot{U}_{sh}\\ \vdots\\ \dot{U}_{sb}\end{bmatrix}$$

或写成

$$\dot{\boldsymbol{U}}=\boldsymbol{Z}(\dot{\boldsymbol{I}}+\dot{\boldsymbol{I}}_s)-\dot{\boldsymbol{U}}_s$$

式中 $\boldsymbol{Z}$ 为支路阻抗矩阵，其主对角线元素为各支路阻抗，而非对角线元素将是相应的支路之间的互感阻抗，因此 $\boldsymbol{Z}$ 不再是对角阵。显然，这个方程形式上完全与式(15-12)一样。为了导出回路电流方程的矩阵形式，重写所需 3 组方程为

KCL　　$\dot{\boldsymbol{I}}=\boldsymbol{B}^{\mathrm{T}}\dot{\boldsymbol{I}}_l$

KVL　　$\boldsymbol{B}\dot{\boldsymbol{U}}=\boldsymbol{0}$

支路方程　　$\dot{\boldsymbol{U}}=\boldsymbol{Z}(\dot{\boldsymbol{I}}+\dot{\boldsymbol{I}}_s)-\dot{\boldsymbol{U}}_s$

把支路方程代入 KVL 可得

$$\boldsymbol{B}[\boldsymbol{Z}(\dot{\boldsymbol{I}}+\dot{\boldsymbol{I}}_s)-\dot{\boldsymbol{U}}_s]=\boldsymbol{0}$$

$$\boldsymbol{BZ}\dot{\boldsymbol{I}}+\boldsymbol{BZ}\dot{\boldsymbol{I}}_s-\boldsymbol{B}\dot{\boldsymbol{U}}_s=\boldsymbol{0}$$

再把 KCL 代入便得到

$$\boldsymbol{BZB}^{\mathrm{T}}\dot{\boldsymbol{I}}_l=\boldsymbol{B}\dot{\boldsymbol{U}}_s-\boldsymbol{BZ}\dot{\boldsymbol{I}}_s \tag{15-13}$$

式(15-13)即为回路电流方程的矩阵形式。由于乘积 $\boldsymbol{BZ}$ 的行、列数分别为 l 和 b，乘积 $(\boldsymbol{BZ})\boldsymbol{B}^{\mathrm{T}}$ 的行、列数均为 l，所以 $\boldsymbol{BZB}^{\mathrm{T}}$ 是一个 l 阶方阵。同理乘积 $\boldsymbol{B}\dot{\boldsymbol{U}}_s$ 和 $\boldsymbol{BZ}\dot{\boldsymbol{I}}_s$ 都是 l 阶列向量。

如设 $\boldsymbol{Z}_l\xlongequal{\mathrm{def}}\boldsymbol{BZB}^{\mathrm{T}}$，它是一个 l 阶的方阵，称为回路阻抗矩阵，它的主对角元素即为自阻抗，非主对角元素即为互阻抗。

当电路中含有与无源元件串联的受控电压源(控制量可以是另一支路上无源元件的电压或电流)时,复合支路将如图 15-8 所示。这样,支路方程的矩阵形式仍为式(15-12),只是其中支路阻抗矩阵的内容不同而已。此时 **Z** 的非主对角元素将可能是与受控电压源的控制系数有关的元素。

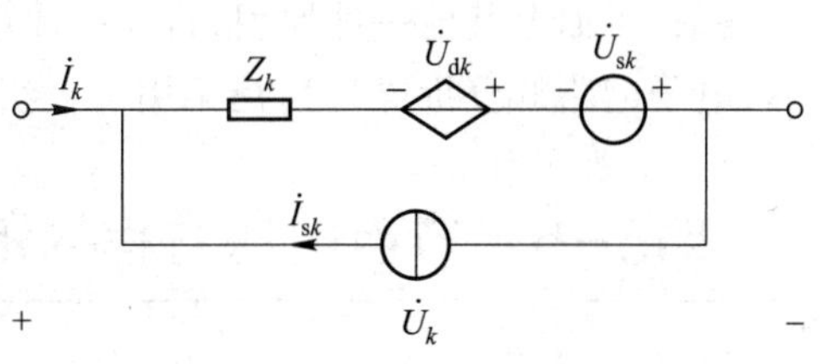

图 15-8　含受控电压源的复合支路

例 15-1　电路如图 15-9(a)所示。用矩阵形式列出电路的回路电流方程。

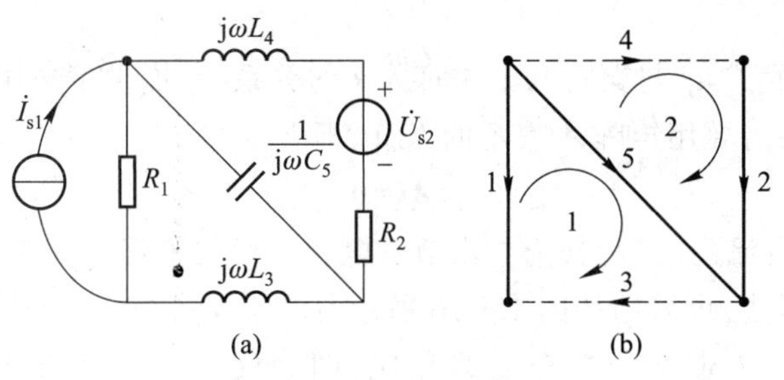

图 15-9　例 15-1 图

解　作出有向图,并选支路 1、2、5 为树支[如图 15-9(b)中实线所示]。两个单连支回路 1、2 如图 15-9(b)所示,有

$$\boldsymbol{B}=\begin{matrix} & \begin{matrix}1 & 2 & 3 & 4 & 5\end{matrix} \\ \begin{matrix}1\\2\end{matrix} & \begin{bmatrix}-1 & 0 & 1 & 0 & 1\\ 0 & 1 & 0 & 1 & -1\end{bmatrix}\end{matrix}$$

$$\boldsymbol{Z}=\mathrm{diag}\left[R_1, R_2, \mathrm{j}\omega L_3, \mathrm{j}\omega L_4, \frac{1}{\mathrm{j}\omega C_5}\right]$$

$$\dot{\boldsymbol{U}}_s=[0\quad -\dot{U}_{s2}\quad 0\quad 0\quad 0]^{\mathrm{T}}$$

$$\dot{\boldsymbol{I}}_s=[\dot{I}_{s1}\quad 0\quad 0\quad 0\quad 0]^{\mathrm{T}}$$

把上式各矩阵代入式(15-13)便得回路电流方程的矩阵形式

$$\begin{bmatrix} R_1+\mathrm{j}\omega L_3+\dfrac{1}{\mathrm{j}\omega C_5} & -\dfrac{1}{\mathrm{j}\omega C_5} \\ -\dfrac{1}{\mathrm{j}\omega C_5} & R_2+\mathrm{j}\omega L_4+\dfrac{1}{\mathrm{j}\omega C_5} \end{bmatrix}\begin{bmatrix}\dot{I}_{l1}\\ \dot{I}_{l2}\end{bmatrix}=\begin{bmatrix}R_1\dot{I}_{s1}\\ -\dot{U}_{s2}\end{bmatrix}$$

若选网孔为一组独立回路,则回路电流方程即为网孔电流方程。例 15-1 就属这种情况。

编写回路电流方程必须选择一组独立回路,一般用基本回路组,从而可以通过选择一个合适的树处理。树的选择固然可以在计算机上按编好的程序自动进行,但比之节点电压法,这就显得麻烦些。另外,由于实际的复杂电路中,独立节点数往往少于独立

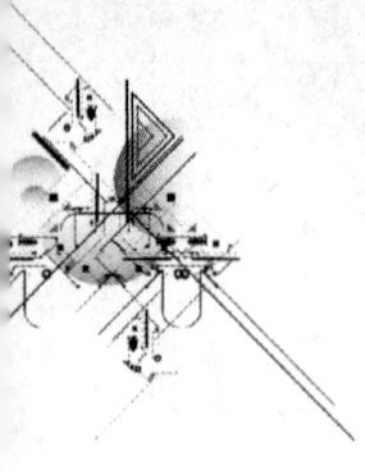

回路数，再加上其他一些原因，目前在计算机辅助分析的程序中（如电力系统的潮流计算，电子电路的分析等），广泛采用节点法，而不采用回路法。

§15-5　节点电压方程的矩阵形式

节点电压法以节点电压为电路的独立变量，并用 KCL 列出足够的独立方程。由于描述支路与节点关联性质的是矩阵 $\boldsymbol{A}$，因此宜用以 $\boldsymbol{A}$ 表示的 KCL 和 KVL 推导节点电压方程的矩阵形式。设节点电压列向量为 $\boldsymbol{u}_{\text{n}}$，按式（15-3）有

$$\boldsymbol{u}=\boldsymbol{A}^{\text{T}}\boldsymbol{u}_{\text{n}}$$

上述 KVL 方程表示了 $\boldsymbol{u}_{\text{n}}$ 与支路电压列向量 $\boldsymbol{u}$ 的关系，它提供了选用 $\boldsymbol{u}_{\text{n}}$ 作为独立电路变量的可能性。还需要用矩阵 $\boldsymbol{A}$ 表示的 KCL，即

$$\boldsymbol{A}\boldsymbol{i}=\boldsymbol{0}$$

（式中 $\boldsymbol{i}$ 表示支路电流列向量）作为导出节点电压方程的依据。

对于节点电压法，可采用如图 15-10 所示复合支路[①]，与图 15-7 定义的复合支路相比，图 15-10 中的复合支路仅增加了受控电流源[②]。所有电压、电流的参考方向如图 15-10 所示。下面首先分 3 种情况推导出整个电路的支路方程的矩阵形式。

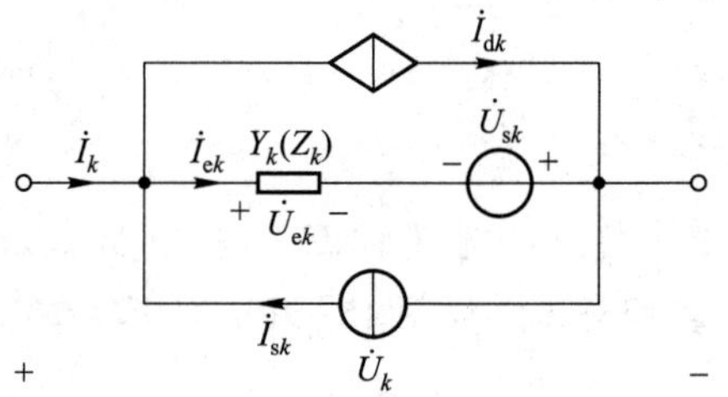

图 15-10　复合支路

（1）当电路中无受控电流源（即 $\dot{I}_{\text{dk}}=0$），电感间无耦合时，对于第 k 条支路有

$$\dot{I}_k=Y_k\dot{U}_{\text{e}k}-\dot{I}_{\text{s}k}=Y_k(\dot{U}_k+\dot{U}_{\text{s}k})-\dot{I}_{\text{s}k} \tag{15-14}$$

对整个电路有

$$\dot{\boldsymbol{I}}=\boldsymbol{Y}(\dot{\boldsymbol{U}}+\dot{\boldsymbol{U}}_{\text{s}})-\dot{\boldsymbol{I}}_{\text{s}} \tag{15-15}$$

式中 $\boldsymbol{Y}$ 称为支路导纳矩阵，它是一个对角阵。

（2）当电路中无受控源，但电感之间有耦合时，式（15-14）还应计及互感电压的影响。根据前节的讨论，当电感之间有耦合时，电路的支路阻抗矩阵 $\boldsymbol{Z}$ 不再是对角阵，其主对角线元素为各支路阻抗，而非对角线元素将是相应的支路之间的互感阻抗。如令 $\boldsymbol{Y}=\boldsymbol{Z}^{-1}$（$\boldsymbol{Y}$ 仍称为支路导纳矩阵），则由 $\dot{\boldsymbol{U}}=\boldsymbol{Z}(\dot{\boldsymbol{I}}+\dot{\boldsymbol{I}}_{\text{s}})-\dot{\boldsymbol{U}}_{\text{s}}$ 可得

$$\boldsymbol{Y}\dot{\boldsymbol{U}}=\dot{\boldsymbol{I}}+\dot{\boldsymbol{I}}_{\text{s}}-\boldsymbol{Y}\dot{\boldsymbol{U}}_{\text{s}}$$

或

$$\dot{\boldsymbol{I}}=\boldsymbol{Y}(\dot{\boldsymbol{U}}+\dot{\boldsymbol{U}}_{\text{s}})-\dot{\boldsymbol{I}}_{\text{s}}$$

---

① 注意，按这种复合支路的规定，电路中不允许存在受控电压源。另外，对节点电压法，不允许存在无伴电压源支路。

② 它的控制量是另一支路中无源元件的电压或电流。

这个方程形式上完全与式(15-15)相同,唯一的差别是此时 $\boldsymbol{Y}$ 不再是对角阵。

(3) 当电路中含有受控电流源时,设第 k 支路中有受控电流源并受第 j 支路中无源元件上的电压 $\dot{U}_{ej}$ 或电流 $\dot{I}_{ej}$ 控制,如图 15-11 所示,其中 $\dot{I}_{dk}=g_{kj}\dot{U}_{ej}$ 或 $\dot{I}_{dk}=\beta_{kj}\dot{I}_{ej}$。

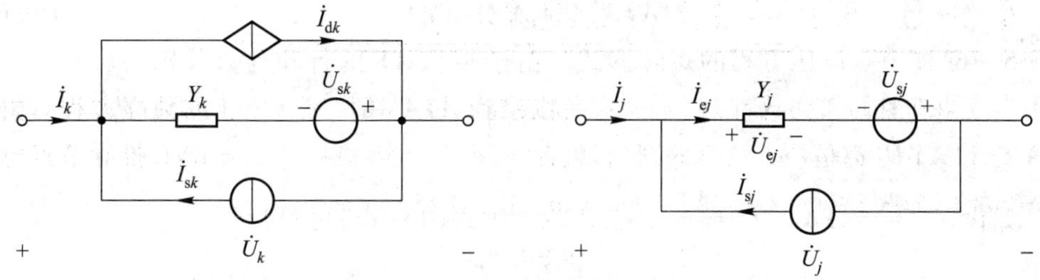

图 15-11　受控电流源的控制关系

此时,对第 k 支路有

$$\dot{I}_k=Y_k(\dot{U}_k+\dot{U}_{sk})+\dot{I}_{dk}-\dot{I}_{sk}$$

在 VCCS 情况下,上式中的 $\dot{I}_{dk}=g_{kj}(\dot{U}_j+\dot{U}_{sj})$。而在 CCCS 的情况下,$\dot{I}_{dk}=\beta_{kj}Y_j(\dot{U}_j+\dot{U}_{sj})$。于是有

$$\begin{bmatrix}\dot{I}_1\\ \dot{I}_2\\ \vdots\\ \dot{I}_j\\ \vdots\\ \dot{I}_k\\ \vdots\\ \dot{I}_b\end{bmatrix}=\begin{bmatrix}Y_1 & & & & & & & \\ 0 & Y_2 & & & & \boldsymbol{0} & & \\ \vdots & \vdots & \ddots & & & & & \\ 0 & 0 & \cdots & Y_j & & & & \\ \vdots & \vdots & & \vdots & \ddots & & & \\ 0 & 0 & \cdots & Y_{kj} & \cdots & Y_k & & \\ \vdots & \vdots & & \vdots & & \vdots & \ddots & \\ 0 & 0 & \cdots & 0 & \cdots & 0 & \cdots & Y_b\end{bmatrix}\begin{bmatrix}\dot{U}_1+\dot{U}_{s1}\\ \dot{U}_2+\dot{U}_{s2}\\ \vdots\\ \dot{U}_j+\dot{U}_{sj}\\ \vdots\\ \dot{U}_k+\dot{U}_{sk}\\ \vdots\\ \dot{U}_b+\dot{U}_{sb}\end{bmatrix}-\begin{bmatrix}\dot{I}_{s1}\\ \dot{I}_{s2}\\ \vdots\\ \dot{I}_{sj}\\ \vdots\\ \dot{I}_{sk}\\ \vdots\\ \dot{I}_{sb}\end{bmatrix}$$

式中

$$Y_{kj}=\begin{cases}g_{kj} & (\text{当 }\dot{I}_{dk}\text{ 为 VCCS 时})\\ \beta_{kj}Y_j & (\text{当 }\dot{I}_{dk}\text{ 为 CCCS 时})\end{cases}$$

即

$$\dot{\boldsymbol{I}}=\boldsymbol{Y}(\dot{\boldsymbol{U}}+\dot{\boldsymbol{U}}_s)-\dot{\boldsymbol{I}}_s$$

可见此时支路方程在形式上仍与情况 1 时相同,只是矩阵 $\boldsymbol{Y}$ 的内容不同而已。注意此时 $\boldsymbol{Y}$ 也不再是对角阵。

为了导出节点电压方程的矩阵形式,重写所需 3 组方程为

KCL　　$\boldsymbol{A}\dot{\boldsymbol{I}}=\boldsymbol{0}$

KVL　　$\dot{\boldsymbol{U}}=\boldsymbol{A}^{\mathrm{T}}\dot{\boldsymbol{U}}_n$

支路方程　　$\dot{\boldsymbol{I}}=\boldsymbol{Y}(\dot{\boldsymbol{U}}+\dot{\boldsymbol{U}}_s)-\dot{\boldsymbol{I}}_s$

把支路方程代入 KCL 可得:

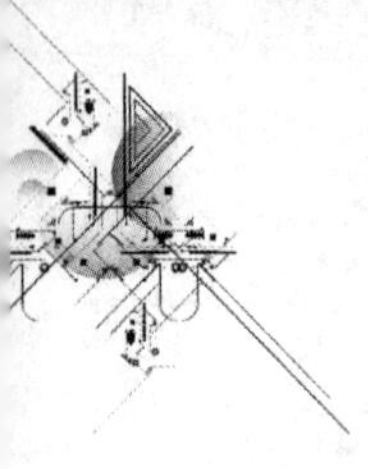

$$\boldsymbol{A}[\boldsymbol{Y}(\dot{\boldsymbol{U}}+\dot{\boldsymbol{U}}_{s})-\dot{\boldsymbol{I}}_{s}]=\boldsymbol{0}$$

$$\boldsymbol{A}\boldsymbol{Y}\dot{\boldsymbol{U}}+\boldsymbol{A}\boldsymbol{Y}\dot{\boldsymbol{U}}_{s}-\boldsymbol{A}\dot{\boldsymbol{I}}_{s}=\boldsymbol{0}$$

再把 KVL 代入便得

$$\boldsymbol{A}\boldsymbol{Y}\boldsymbol{A}^{\mathrm{T}}\dot{\boldsymbol{U}}_{n}=\boldsymbol{A}\dot{\boldsymbol{I}}_{s}-\boldsymbol{A}\boldsymbol{Y}\dot{\boldsymbol{U}}_{s} \tag{15-16}$$

式(15-16)即节点电压方程的矩阵形式。由于乘积 $\boldsymbol{AY}$ 的行和列数分别为$(n-1)$和 b，乘积$(\boldsymbol{AY})\boldsymbol{A}^{\mathrm{T}}$ 的行和列数都是$(n-1)$，所以乘积 $\boldsymbol{AYA}^{\mathrm{T}}$ 是一个$(n-1)$阶方阵。同理，乘积 $\boldsymbol{A}\dot{\boldsymbol{I}}_{s}$ 和 $\boldsymbol{AY}\dot{\boldsymbol{U}}_{s}$ 都是$(n-1)$阶的列向量。

如设 $\boldsymbol{Y}_{n}\overset{\text{def}}{=\!=}\boldsymbol{AYA}^{\mathrm{T}}$，$\dot{\boldsymbol{J}}_{n}\overset{\text{def}}{=\!=}\boldsymbol{A}\dot{\boldsymbol{I}}_{s}-\boldsymbol{AY}\dot{\boldsymbol{U}}_{s}$，则式(15-16)可写为

$$\boldsymbol{Y}_{n}\dot{\boldsymbol{U}}_{n}=\dot{\boldsymbol{J}}_{n}$$

$\boldsymbol{Y}_{n}$ 称为节点导纳矩阵，它的元素相当于第三章中节点电压方程等号左边的系数；$\dot{\boldsymbol{J}}_{n}$ 为由独立电源引起的注入节点的电流列向量，它的元素相当于第三章中节点电压方程等号右边的常数项。

例 15-2 电路如图 15-12(a)所示，图中元件的数字下标代表支路编号。列出电路的节点电压方程(矩阵形式)。

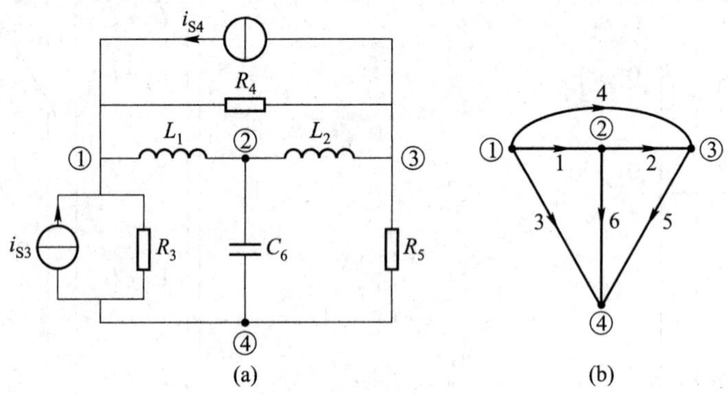

图 15-12 例 15-2 图

解 作出图 15-12(a)所示电路的有向图如图 15-12(b)所示。若选节点④为参考节点，则关联矩阵为

$$\boldsymbol{A}=\begin{bmatrix} 1 & 0 & 1 & 1 & 0 & 0 \\ -1 & 1 & 0 & 0 & 0 & 1 \\ 0 & -1 & 0 & -1 & 1 & 0 \end{bmatrix}$$

电压源列向量 $\dot{\boldsymbol{U}}_{s}=\boldsymbol{0}$，电流源列向量为

$$\dot{\boldsymbol{I}}_{s}=[0 \quad 0 \quad \dot{I}_{s3} \quad \dot{I}_{s4} \quad 0 \quad 0]^{\mathrm{T}}$$

支路导纳矩阵为

$$\boldsymbol{Y}=\mathrm{diag}\left[\frac{1}{\mathrm{j}\omega L_{1}},\frac{1}{\mathrm{j}\omega L_{2}},\frac{1}{R_{3}},\frac{1}{R_{4}},\frac{1}{R_{5}},\mathrm{j}\omega C_{6}\right]$$

节点电压方程为

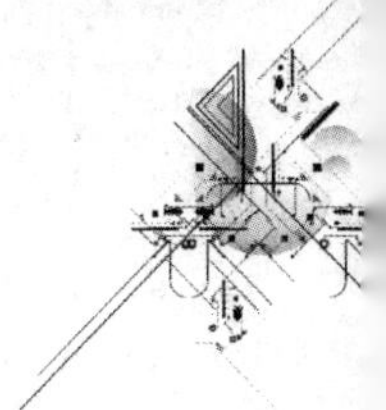

$$\boldsymbol{AYA}^{\mathrm{T}}\dot{\boldsymbol{U}}_{\mathrm{n}}=\boldsymbol{A}\dot{\boldsymbol{I}}_{\mathrm{s}}$$

即

$$\begin{bmatrix} \frac{1}{R_3}+\frac{1}{R_4}+\frac{1}{\mathrm{j}\omega L_1} & -\frac{1}{\mathrm{j}\omega L_1} & -\frac{1}{R_4} \\ -\frac{1}{\mathrm{j}\omega L_1} & \frac{1}{\mathrm{j}\omega L_1}+\frac{1}{\mathrm{j}\omega L_2}+\mathrm{j}\omega C_6 & -\frac{1}{\mathrm{j}\omega L_2} \\ -\frac{1}{R_4} & -\frac{1}{\mathrm{j}\omega L_2} & \frac{1}{R_4}+\frac{1}{R_5}+\frac{1}{\mathrm{j}\omega L_2} \end{bmatrix}\begin{bmatrix} \dot{U}_{\mathrm{n1}} \\ \dot{U}_{\mathrm{n2}} \\ \dot{U}_{\mathrm{n3}} \end{bmatrix}=\begin{bmatrix} \dot{I}_{\mathrm{s3}}+\dot{I}_{\mathrm{s4}} \\ 0 \\ -\dot{I}_{\mathrm{s4}} \end{bmatrix}$$

例 15-3　电路如图 15-13(a)所示,图中元件的下标代表支路编号,图 15-13(b)是它的有向图。设 $\dot{I}_{\mathrm{d2}}=g_{21}\dot{U}_1$,$\dot{I}_{\mathrm{d4}}=\beta_{46}\dot{I}_6$。写出支路方程的矩阵形式。

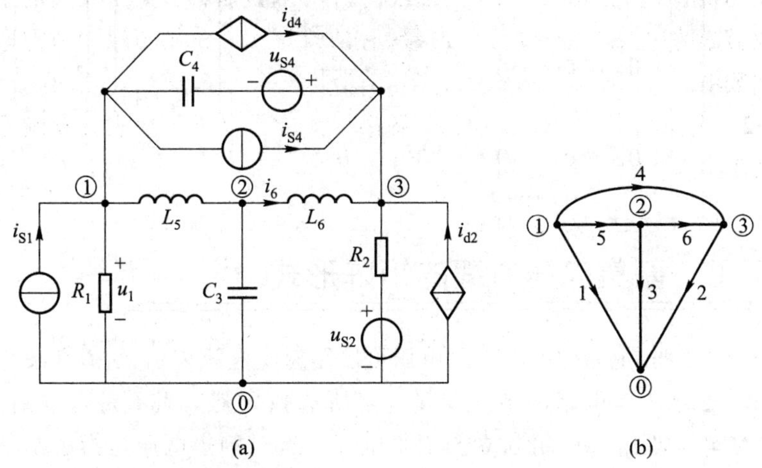

图 15-13　例 15-3 图

解　支路导纳矩阵可写为(注意 g_{21} 和 β_{46} 出现的位置)

$$\boldsymbol{Y}=\begin{bmatrix} \frac{1}{R_1} & 0 & 0 & 0 & 0 & 0 \\ -g_{21} & \frac{1}{R_2} & 0 & 0 & 0 & 0 \\ 0 & 0 & \mathrm{j}\omega C_3 & 0 & 0 & 0 \\ 0 & 0 & 0 & \mathrm{j}\omega C_4 & 0 & \frac{\beta_{46}}{\mathrm{j}\omega L_6} \\ 0 & 0 & 0 & 0 & \frac{1}{\mathrm{j}\omega L_5} & 0 \\ 0 & 0 & 0 & 0 & 0 & \frac{1}{\mathrm{j}\omega L_6} \end{bmatrix}$$

电流源向量与电压源向量为

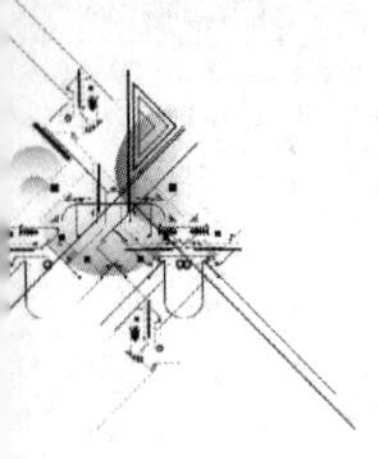

$$\dot{\boldsymbol{I}}_s=[\dot{I}_{s1} \quad 0 \quad 0 \quad -\dot{I}_{s4} \quad 0 \quad 0]^T$$

$$\dot{\boldsymbol{U}}_s=[0 \quad -\dot{U}_{s2} \quad 0 \quad \dot{U}_{s4} \quad 0 \quad 0]^T$$

支路方程的矩阵形式为

$$\begin{bmatrix}\dot{I}_1\\\dot{I}_2\\\dot{I}_3\\\dot{I}_4\\\dot{I}_5\\\dot{I}_6\end{bmatrix}=\begin{bmatrix}\frac{1}{R_1} & 0 & 0 & 0 & 0 & 0\\ -g_{21} & \frac{1}{R_2} & 0 & 0 & 0 & 0\\ 0 & 0 & \mathrm{j}\omega C_3 & 0 & 0 & 0\\ 0 & 0 & 0 & \mathrm{j}\omega C_4 & 0 & \frac{\beta_{46}}{\mathrm{j}\omega L_6}\\ 0 & 0 & 0 & 0 & \frac{1}{\mathrm{j}\omega L_5} & 0\\ 0 & 0 & 0 & 0 & 0 & \frac{1}{\mathrm{j}\omega L_6}\end{bmatrix}\begin{bmatrix}\dot{U}_1+0\\\dot{U}_2-\dot{U}_{s2}\\\dot{U}_3+0\\\dot{U}_4+\dot{U}_{s4}\\\dot{U}_5+0\\\dot{U}_6+0\end{bmatrix}-\begin{bmatrix}\dot{I}_{s1}\\0\\0\\-\dot{I}_{s4}\\0\\0\end{bmatrix}$$

*§15-6 割集电压方程的矩阵形式

式(15-10)表明,电路中所有支路电压可以用树支电压表示,所以树支电压与独立节点电压一样可被选作电路的独立变量。当所选独立割集组不是基本割集组时,式(15-10)中的 $\boldsymbol{u}_t$ 可理解为一组独立的割集电压。这时割集电压是指由割集划分的两组节点(或两分离部分)之间的一种假想电压,正如回路电流是沿着回路流动的一种假想电流一样。以割集电压为电路独立变量的分析法称为割集电压法。设复合支路的定义如图 15-10 所示,支路方程的形式将与式(15-15)相似,按以 $\boldsymbol{Q}_f$ 表示的 KCL 和 KVL 就可以导出割集电压(树支电压)方程的矩阵形式。把这 3 组方程(相量形式)重新列出如下:

KCL $\qquad \boldsymbol{Q}_f\dot{\boldsymbol{I}}=\boldsymbol{0}$

KVL $\qquad \dot{\boldsymbol{U}}=\boldsymbol{Q}_f^T\dot{\boldsymbol{U}}_t$

支路方程 $\qquad \dot{\boldsymbol{I}}=\boldsymbol{Y}\dot{\boldsymbol{U}}+\boldsymbol{Y}\dot{\boldsymbol{U}}_s-\dot{\boldsymbol{I}}_s$

先把支路方程代入 KCL,可得

$$\boldsymbol{Q}_f\boldsymbol{Y}\dot{\boldsymbol{U}}+\boldsymbol{Q}_f\boldsymbol{Y}\dot{\boldsymbol{U}}_s-\boldsymbol{Q}_f\dot{\boldsymbol{I}}_s=\boldsymbol{0}$$

再把 KVL 代入上式,便可得割集电压方程如下:

$$\boldsymbol{Q}_f\boldsymbol{Y}\boldsymbol{Q}_f^T\dot{\boldsymbol{U}}_t=\boldsymbol{Q}_f\dot{\boldsymbol{I}}_s-\boldsymbol{Q}_f\boldsymbol{Y}\dot{\boldsymbol{U}}_s \tag{15-17}$$

不难看出,乘积 $\boldsymbol{Q}_f\boldsymbol{Y}\boldsymbol{Q}_f^T$ 是一个$(n-1)$阶方阵,乘积 $\boldsymbol{Q}_f\dot{\boldsymbol{I}}_s$ 和 $\boldsymbol{Q}_f\boldsymbol{Y}\dot{\boldsymbol{U}}_s$ 都是$(n-1)$阶列向量。若 $\boldsymbol{Y}_t\overset{\text{def}}{=\!=}\boldsymbol{Q}_f\boldsymbol{Y}\boldsymbol{Q}_f^T$,$\boldsymbol{Y}_t$ 称为割集导纳矩阵。

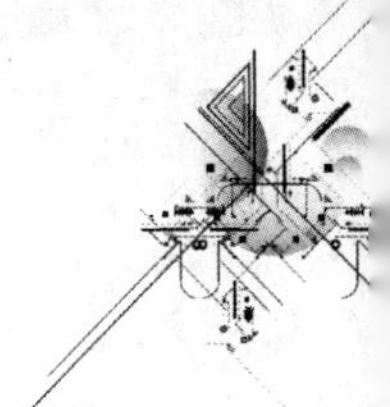

值得指出,割集电压法是节点电压法的推广,或者说节点电压法是割集电压法的一个特例。若选择一组独立割集,使每一割集都由汇集在一个节点上的支路构成时,割集电压法便成为节点电压法。

例 15-4　以运算形式写出图 15-14(a)所示电路的割集电压方程的矩阵形式。设 L_3、L_4、C_5 的初始条件为零。

解　作出有向图如图 15-14(b)所示,选支路 1、2、3 为树支,3 个单树支割集如虚线所示,树支电压 $U_{t1}(s)$、$U_{t2}(s)$ 和 $U_{t3}(s)$ 也就是割集电压,它们的方向也是割集的方向。

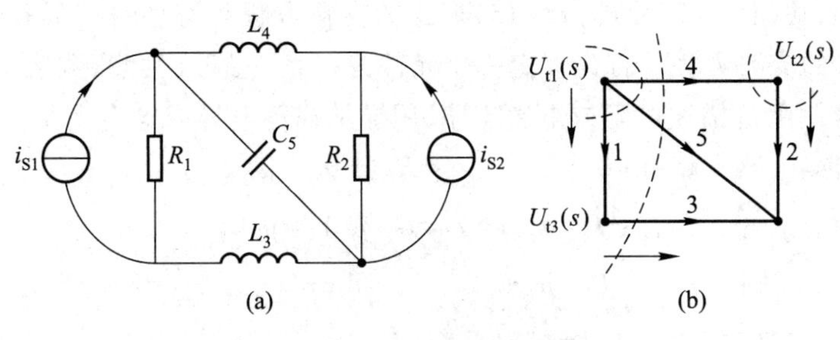

图 15-14　例 15-4 图

基本割集矩阵 $\boldsymbol{Q}_f$ 为

$$\boldsymbol{Q}_f=\begin{array}{c}\\1\\2\\3\end{array}\begin{array}{c}\begin{array}{ccccc}1&2&3&4&5\end{array}\\\left[\begin{array}{ccccc}1&0&0&1&1\\0&1&0&-1&0\\0&0&1&1&1\end{array}\right]\end{array}$$

用拉氏变换表示时,有

$$\boldsymbol{U}_s(s)=\boldsymbol{0}$$

$$\boldsymbol{I}_s(s)=[I_{s1}(s)\quad I_{s2}(s)\quad 0\quad 0\quad 0]^{\mathrm{T}}$$

$\boldsymbol{U}_s(s)$ 和 $\boldsymbol{I}_s(s)$ 分别为电压源和电流源列向量,支路导纳矩阵为

$$\boldsymbol{Y}(s)=\operatorname{diag}\left[\frac{1}{R_1},\ \frac{1}{R_2},\ \frac{1}{sL_3},\ \frac{1}{sL_4},\ sC_5\right]$$

把上述矩阵代入式(15-17),便可得所求割集电压方程的矩阵形式为

$$\begin{bmatrix}\dfrac{1}{R_1}+\dfrac{1}{sL_4}+sC_5 & -\dfrac{1}{sL_4} & \dfrac{1}{sL_4}+sC_5\\ -\dfrac{1}{sL_4} & \dfrac{1}{R_2}+\dfrac{1}{sL_4} & -\dfrac{1}{sL_4}\\ \dfrac{1}{sL_4}+sC_5 & -\dfrac{1}{sL_4} & \dfrac{1}{sL_3}+\dfrac{1}{sL_4}+sC_5\end{bmatrix}\begin{bmatrix}U_{t1}(s)\\U_{t2}(s)\\U_{t3}(s)\end{bmatrix}=\begin{bmatrix}I_{s1}(s)\\I_{s2}(s)\\0\end{bmatrix}$$

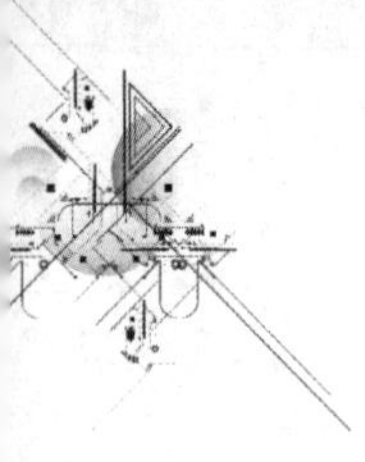

*§15-7　列表法

从前面介绍的回路电流法、节点电压法、割集电压法的矩阵形式可知，回路电流法不允许存在无伴电流源支路，且规定的复合支路不允许存在受控电流源；节点电压法和割集电压法不允许存在无伴电压源支路，且规定的复合支路不允许存在受控电压源。这就使上述几种电路分析法有一定的局限性。本节介绍的列表法对支路类型无过多限制，适应性强，但方程数较多。下面推导列表方程的矩阵形式。

如前所述，式(15-12)和式(15-15)形式的支路方程都有各自的局限性，列表法采用一种新形式的支路方程。首先规定一个元件为一条支路①(注意，列表法不采用复合支路定义)，且用阻抗描述电阻或电感支路，用导纳描述电导或电容支路，即

对于电阻或电感支路有：$\dot{U}_k=Z_k\dot{I}_k, Z_k=R_k$ 或 $Z_k=\mathrm{j}\omega L_k$

对于电导或电容支路有：$\dot{I}_k=Y_k\dot{U}_k, Y_k=G_k$ 或 $Y_k=\mathrm{j}\omega C_k$

对于 VCVS 支路有：　$\dot{U}_k=\mu_{kj}\dot{U}_j$

对于 VCCS 支路有：　$\dot{I}_k=g_{kj}\dot{U}_j$

对于 CCVS 支路有：　$\dot{U}_k=r_{kj}\dot{I}_j$

对于 CCCS 支路有：　$\dot{I}_k=\beta_{kj}\dot{I}_j$

另外，对于独立电压源支路，有 $\dot{U}_k=\dot{U}_{sk}$。对于独立电流源支路，有 $\dot{I}_k=\dot{I}_{sk}$。对整个电路可以写出如下形式的支路方程：

$$\boldsymbol{F}\dot{\boldsymbol{U}}+\boldsymbol{H}\dot{\boldsymbol{I}}=\dot{\boldsymbol{U}}_s+\dot{\boldsymbol{I}}_s \tag{15-18}$$

式中的 $\dot{\boldsymbol{U}}=[\dot{U}_1\quad\dot{U}_2\quad\cdots\quad\dot{U}_b]^{\mathrm{T}}$、$\dot{\boldsymbol{I}}=[\dot{I}_1\quad\dot{I}_2\quad\cdots\quad\dot{I}_b]^{\mathrm{T}}$ 分别为待求的支路电压和支路电流列向量，$\boldsymbol{F}$ 和 $\boldsymbol{H}$ 均为 b 阶方阵，$\dot{\boldsymbol{U}}_s$ 和 $\dot{\boldsymbol{I}}_s$ 分别为 b 阶电压源列向量和电流源列向量。下面分几种情况讨论。

(1) 当电路中无受控源，电感间无耦合时，$\boldsymbol{F}$、$\boldsymbol{H}$ 都是对角阵，它们的元素为：

若支路 k 为电导或电容支路，有

$$F_{kk}=G_k \text{ 或 } \mathrm{j}\omega C_k,\quad H_{kk}=-1$$

若支路 k 为电阻或电感支路，有

$$F_{kk}=-1, H_{kk}=R_k \text{ 或 } \mathrm{j}\omega L_k$$

(2) 当电路中有 VCVS 和 VCCS；电感间无耦合时，$\boldsymbol{F}$ 将是非对角阵，$\boldsymbol{H}$ 仍为对角阵，它们的元素为：

若支路 k 为 $\dot{U}_j$ 控制的 VCVS 支路，有

$$F_{kk}=+1,\quad F_{kj}=-\mu_{kj},\quad H_{kk}=0$$

---

① 支路电流和支路电压取关联参考方向；电压源支路电压方向规定为电源电压的正极指向负极；电流源支路电流方向规定与电流源的电流方向一致。

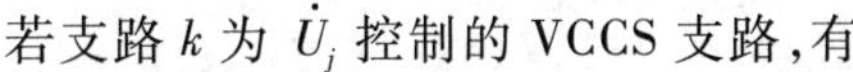

若支路 k 为 $\dot{U}_j$ 控制的 VCCS 支路,有

$$F_{kk}=0,\quad F_{kj}=-g_{kj},\quad H_{kk}=+1$$

(3) 当电路中有 CCVS 和 CCCS,电感间无耦合时,$\boldsymbol{F}$ 为对角阵,$\boldsymbol{H}$ 将是非对角阵,它们的元素为:

若支路 k 为 $\dot{I}_j$ 控制的 CCVS 支路,有

$$F_{kk}=+1,\quad H_{kj}=-r_{kj},\quad H_{kk}=0$$

若支路 k 为 $\dot{I}_j$ 控制的 CCCS 支路,有

$$F_{kk}=0,\quad H_{kj}=-\beta_{kj},\quad H_{kk}=+1$$

(4) 当电路中电感间有耦合时,设支路 k 和支路 j 之间有耦合,因 $\dot{U}_k=\mathrm{j}\omega L_k\dot{I}_k\pm\mathrm{j}\omega M_{kj}\dot{I}_j$,$\dot{U}_j=\mathrm{j}\omega L_j\dot{I}_j\pm\mathrm{j}\omega M_{jk}\dot{I}_k$,所以有

$$F_{kk}=+1,\quad H_{kk}=-\mathrm{j}\omega L_k,\quad H_{kj}=\mp\mathrm{j}\omega M_{kj}$$

$$F_{jj}=+1,\quad H_{jj}=-\mathrm{j}\omega L_j,\quad H_{jk}=\mp\mathrm{j}\omega M_{jk}$$

(5) 当电路中含有理想变压器时,设理想变压器及其图如图 15-15 所示,由于 $\dot{U}_k=n\dot{U}_j$,$\dot{I}_j=-n\dot{I}_k$,故有

$$F_{kk}=+1\quad,F_{kj}=-n,\quad H_{kk}=0$$

$$F_{jj}=0,\quad H_{jj}=+1,\quad H_{jk}=n$$

另外,若支路 k 为独立电压源支路,有

$$F_{kk}=+1,\quad H_{kk}=0$$

若支路 k 为独立电流源支路,有

$$F_{kk}=0,\quad H_{kk}=+1$$

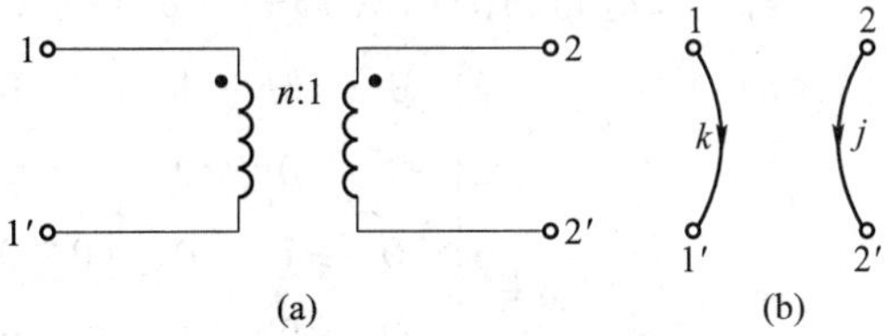

(a)　(b)

图 15-15　理想变压器

从上面的分析可见,式(15-18)表达的支路方程适应性非常强,可以方便地处理支路为上述单一元件的各种情况。

下面只给出列表方程之一——节点列表方程的矩阵形式的推导。设节点电压 $\dot{\boldsymbol{U}}_{\mathrm{n}}$ 也为待求量,把用关联矩阵 $\boldsymbol{A}$ 表示的 KCL、KVL 以及式(15-18)重新列出如下:

KCL　$\boldsymbol{A}\dot{\boldsymbol{I}}=\boldsymbol{0}$

KVL　$\dot{\boldsymbol{U}}-\boldsymbol{A}^{\mathrm{T}}\dot{\boldsymbol{U}}_{\mathrm{n}}=\boldsymbol{0}$

支路方程　$\boldsymbol{F}\dot{\boldsymbol{U}}+\boldsymbol{H}\dot{\boldsymbol{I}}=\dot{\boldsymbol{U}}_{\mathrm{s}}+\dot{\boldsymbol{I}}_{\mathrm{s}}$

将这 3 个方程合在一起,便得到节点列表方程的矩阵形式

$$\begin{bmatrix}\boldsymbol{0} & \boldsymbol{0} & \boldsymbol{A}\\ -\boldsymbol{A}^{\mathrm{T}} & \boldsymbol{1}_b & \boldsymbol{0}\\ \boldsymbol{0} & \boldsymbol{F} & \boldsymbol{H}\end{bmatrix}\begin{bmatrix}\dot{\boldsymbol{U}}_{\mathrm{n}}\\ \dot{\boldsymbol{U}}\\ \dot{\boldsymbol{I}}\end{bmatrix}=\begin{bmatrix}\boldsymbol{0}\\ \boldsymbol{0}\\ \dot{\boldsymbol{U}}_{\mathrm{s}}+\dot{\boldsymbol{I}}_{\mathrm{s}}\end{bmatrix}\tag{15-19}$$

上式中 $\boldsymbol{1}_b$ 为 b 阶的单位矩阵。由于 $\boldsymbol{A}$ 为 $[(n-1)\times b]$ 矩阵,$\boldsymbol{F}$ 和 $\boldsymbol{H}$ 为 b 阶方阵,故方程总数为 $(2b+n-1)$。

例 15-5　写出图 15-16(a)所示电路的节点列表方程的矩阵形式(相量形式)。

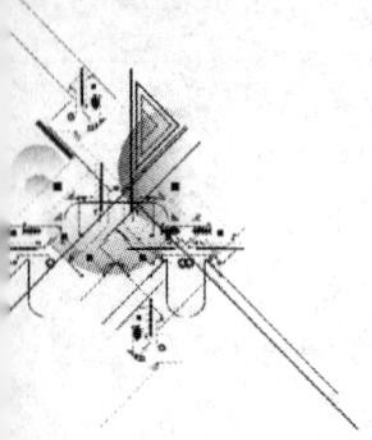

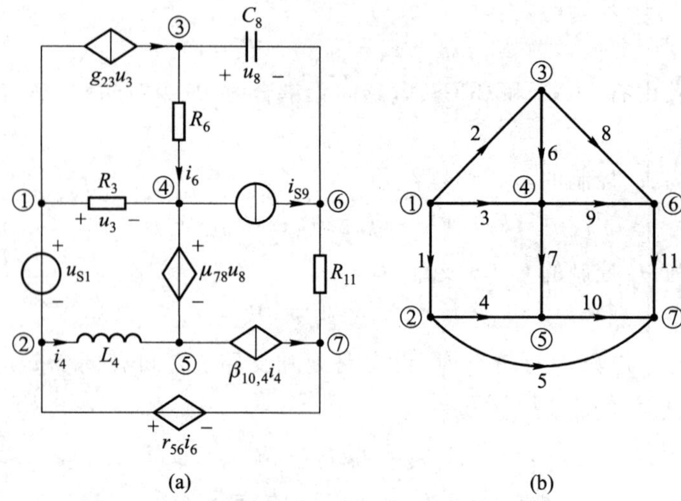

图 15-16　例 15-5 图

解　该电路的图如图 15-16(b)所示，选节点⑦为参考节点，则关联矩阵为

$$
\boldsymbol{A}=\begin{matrix}1\\2\\3\\4\\5\\6\end{matrix}\begin{bmatrix}
1 & 1 & 1 & 0 & 0 & 0 & 0 & 0 & 0 & 0 & 0\\
-1 & 0 & 0 & 1 & 1 & 0 & 0 & 0 & 0 & 0 & 0\\
0 & -1 & 0 & 0 & 0 & 1 & 0 & 1 & 0 & 0 & 0\\
0 & 0 & -1 & 0 & 0 & -1 & 1 & 0 & 1 & 0 & 0\\
0 & 0 & 0 & -1 & 0 & 0 & -1 & 0 & 0 & 1 & 0\\
0 & 0 & 0 & 0 & 0 & 0 & 0 & -1 & -1 & 0 & 1
\end{bmatrix}
$$

F 矩阵和 ***H*** 矩阵分别为

$$
\boldsymbol{F}=\begin{matrix}\\ 2\\ \\ \\ \\ \\ \\ \\ \\ \\ \\ \end{matrix}\begin{bmatrix}
1 & & \vdots & & & & & \vdots & & & \\
\cdots & 0 & -g_{23} & & & & & \vdots & & & \\
 & & -1 & & & & & \vdots & & & \\
 & & & -1 & & & & \vdots & & \boldsymbol{0} & \\
 & & & & 1 & & & \vdots & & & \\
 & & & & & G_6 & & \vdots & & & \\
 & & & & & & 1 & -\mu_{78} & \cdots & \cdots & \cdots\\
 & & & & & & & \mathrm{j}\omega C_8 & & & \\
 & & \boldsymbol{0} & & & & & & 0 & & \\
 & & & & & & & & & 0 & \\
 & & & & & & & & & & -1
\end{bmatrix}\begin{matrix}\\ \\ \\ \\ \\ \\ 7\\ \\ \\ \\ \\ \end{matrix}
$$

（列标：第 3 列、第 8 列）

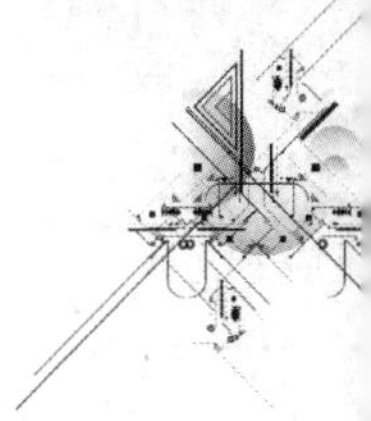

$$
\boldsymbol{H}=\begin{array}{r}
\\ \\ \\ \\ \\ \\ \\ \\ \\ 10 \\ \\
\end{array}
\begin{bmatrix}
0 & & & & & \vdots & & & & & \\
 & 1 & & & & \vdots & & & & & \\
 & & R_3 & & & \vdots & & & \boldsymbol{0} & & \\
 & & & \mathrm{j}\omega L_4 & & \vdots & & & & & \\
 & & & & 0 & -r_{56} & \cdots & \cdots & \cdots & \cdots & \cdots \\
 & & & & & -1 & & & & & \\
 & \boldsymbol{0} & & & & & 0 & & & & \\
 & & & & & & & -1 & & & \\
 & & & & & & & & 1 & & \\
\cdots & \cdots & \cdots & -\beta_{10,4} & & & & & & 1 & \\
 & & & \vdots & & & & & & & R_{11}
\end{bmatrix}
\begin{array}{l}
\\ \\ \\ \\ 5 \\ \\ \\ \\ \\ \\ \\
\end{array}
$$

（矩阵上方第 6 列标注“6”，下方第 4 列标注“4”）

另有

$$\dot{\boldsymbol{U}}_{\mathrm{s}}=[\dot{U}_{\mathrm{s1}}\quad 0\quad 0\quad 0\quad 0\quad 0\quad 0\quad 0\quad 0\quad 0\quad 0]^{\mathrm{T}}$$

$$\dot{\boldsymbol{I}}_{\mathrm{s}}=[0\quad 0\quad 0\quad 0\quad 0\quad 0\quad 0\quad 0\quad \dot{I}_{\mathrm{s9}}\quad 0\quad 0]^{\mathrm{T}}$$

把这些矩阵按式(15-19)所示位置填入,即可获得节点列表方程的矩阵形式。

由例 15-5 可以看出,列表法的适应性很强,而且方程易于建立,如同填写表格一般,故有列表之称。列表方程的缺点是规模大,然而其系数矩阵中零元素所占比例也很大。稀疏矩阵技术的发展已使这一缺点变得微不足道了。

需要说明的是,列表法还有回路列表法和割集列表法。列写回路列表方程时,只需设 $\dot{\boldsymbol{I}}_{l}$ 为待求量,并把 KCL 和 KVL 用 $\boldsymbol{B}_{\mathrm{f}}$ 表示,支路方程为式(15-18)形式;列割集列表方程,只需设 $\dot{\boldsymbol{U}}_{\mathrm{t}}$ 为待求量,且用 $\boldsymbol{Q}_{\mathrm{f}}$ 表示 KCL 和 KVL,支路方程仍为式(15-18)形式。

另一种适应性强的方法是改进节点电压法,这里不再介绍。

§15-8 状态方程

在电路理论中还引用“状态变量”作为分析电路动态过程的独立变量。状态变量是根据“状态”的概念而来的。“状态”是系统理论中的一个专门术语,它表达一个比较抽象但又基本的概念。在电路理论中,当把“状态”作为上述专门术语引用时,是指在某给定时刻电路必须具备的最少量的信息,它们和从该时刻开始的任意输入一起就足以完全确定今后该电路在任何时刻的性状。状态变量就是电路的一组独立的动态变量,它们在任何时刻的值组成了该时刻的状态。从第六、七两章中对一阶、二阶电路的分析可知,电容上电压 u_C(或电荷 q_C)和电感中的电流 i_L(或磁通链 Ψ_L)就是电路的状态变量。对状态变量列出的一阶微分方程称为状态方程。因此如果已知状态变量在 t_0

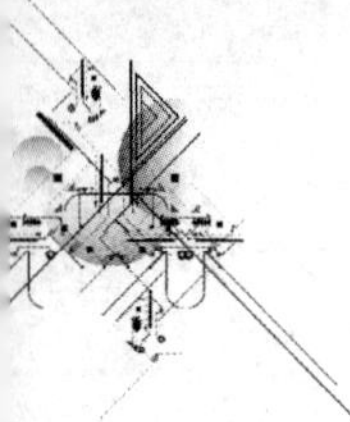

时的值，而且已知自 t_0 开始的外施激励，就能唯一地确定 $t>t_0$ 后电路的全部性状。

下面通过一个简单的例子说明上面介绍的概念。在第七章 RLC 电路的时域分析中，列出了以电容电压为求解对象的微分方程（见图 15-17）

$$LC\frac{\mathrm{d}^2u_C}{\mathrm{d}t^2}+RC\frac{\mathrm{d}u_C}{\mathrm{d}t}+u_C=u_S$$

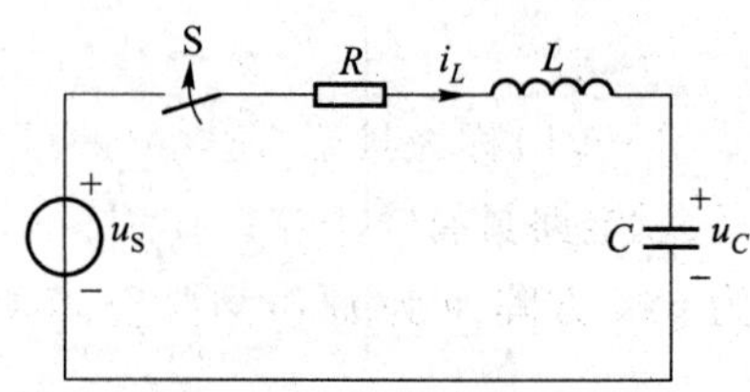

图 15-17　RLC 串联电路

这是一个二阶线性微分方程。用来确定积分常数的初始条件应是电容上的电压和电感中的电流在 $t=t_0$ 时的初始值（这里以 $t=t_0$ 作为过程的起始）。

如果以电容电压 u_C 和电感电流 i_L 作为变量列上述电路的方程，则有

$$C\frac{\mathrm{d}u_C}{\mathrm{d}t}=i_L$$

$$L\frac{\mathrm{d}i_L}{\mathrm{d}t}=u_S-Ri_L-u_C$$

再把这两个方程的形式做些改变，可得

$$\left.\begin{aligned}\frac{\mathrm{d}u_C}{\mathrm{d}t}&=0+\frac{1}{C}i_L+0\\\frac{\mathrm{d}i_L}{\mathrm{d}t}&=-\frac{1}{L}u_C-\frac{R}{L}i_L+\frac{1}{L}u_S\end{aligned}\right\}\tag{15-20}$$

这是一组以 u_C 和 i_L 为变量的一阶微分方程，而 $u_C(t_{0_+})$ 和 $i_L(t_{0_+})$ 提供了用来确定积分常数的初始值，因此方程（15-20）就是描写电路动态过程的状态方程。

如果用矩阵形式列写方程（15-20），则有

$$\begin{bmatrix}\dfrac{\mathrm{d}u_C}{\mathrm{d}t}\\\dfrac{\mathrm{d}i_L}{\mathrm{d}t}\end{bmatrix}=\begin{bmatrix}0&\dfrac{1}{C}\\-\dfrac{1}{L}&-\dfrac{R}{L}\end{bmatrix}\begin{bmatrix}u_C\\i_L\end{bmatrix}+\begin{bmatrix}0\\\dfrac{1}{L}\end{bmatrix}[u_S]$$

若令 $x_1=u_C, x_2=i_L, \dot{x}_1=\dfrac{\mathrm{d}u_C}{\mathrm{d}t}, \dot{x}_2=\dfrac{\mathrm{d}i_L}{\mathrm{d}t}$，则有

$$\begin{bmatrix}\dot{x}_1\\\dot{x}_2\end{bmatrix}=\boldsymbol{A}\begin{bmatrix}x_1\\x_2\end{bmatrix}+\boldsymbol{B}[u_S]$$

式中

$$\boldsymbol{A}=\begin{bmatrix}0&\dfrac{1}{C}\\-\dfrac{1}{L}&-\dfrac{R}{L}\end{bmatrix},\quad\boldsymbol{B}=\begin{bmatrix}0\\\dfrac{1}{L}\end{bmatrix}$$ ①

---

①　注意这里的矩阵 **A** 和 **B** 不是前面用过的关联矩阵和回路矩阵。

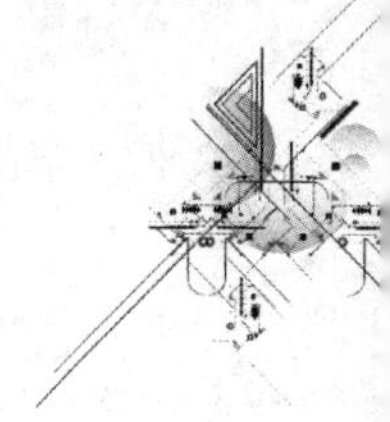

如果令 $\dot{\boldsymbol{x}} \xlongequal{\text{def}} [\dot{x}_1 \ \dot{x}_2]^{\mathrm{T}}, \boldsymbol{x}=[\boldsymbol{x}_1 \ \boldsymbol{x}_2]^{\mathrm{T}}, \boldsymbol{v}=[u_{\mathrm{S}}]$，则有

$$\dot{\boldsymbol{x}}=\boldsymbol{A}\boldsymbol{x}+\boldsymbol{B}\boldsymbol{v} \tag{15-21}$$

式(15-21)称为状态方程的标准形式。$\boldsymbol{x}$ 称为状态向量，$\boldsymbol{v}$ 称为输入向量。在一般情况下，设电路具有 n 个状态变量，m 个独立电源，式(15-21)中的 $\dot{\boldsymbol{x}}$ 和 $\boldsymbol{x}$ 为 n 阶列向量，$\boldsymbol{A}$ 为 $n\times n$ 方阵，$\boldsymbol{v}$ 为 m 阶列向量，$\boldsymbol{B}$ 为 $n\times m$ 矩阵。上列方程有时称为向量微分方程。

从对上述二阶电路列写状态方程的过程不难看出，要列出包括$\dfrac{\mathrm{d}u_C}{\mathrm{d}t}$项的方程，必须对只接有一个电容的结点或割集写出 KCL 方程，而要列出包含$\dfrac{\mathrm{d}i_L}{\mathrm{d}t}$项的方程，必须对只包含一个电感的回路列写 KVL 方程。对于不太复杂的电路，可以用直观法列写状态方程。例如，对图 15-18 所示电路，若以 u_C、i_1 和 i_2 为状态变量，可按如下步骤列出状态方程。

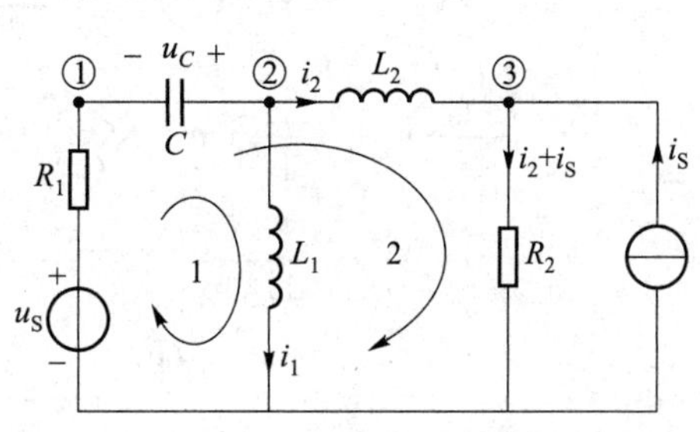

图 15-18 用直观法列写状态方程

对节点②列出 KCL 方程

$$C\frac{\mathrm{d}u_C}{\mathrm{d}t}=-i_1-i_2$$

再分别对回路 1 和回路 2 列出 KVL 方程

$$L_1\frac{\mathrm{d}i_1}{\mathrm{d}t}=-u_{R_1}+u_C+u_{\mathrm{S}}=-R_1(i_1+i_2)+u_C+u_{\mathrm{S}}$$

$$L_2\frac{\mathrm{d}i_2}{\mathrm{d}t}=-u_{R_1}+u_C-u_{R_2}+u_{\mathrm{S}}=-R_1(i_1+i_2)+u_C-R_2(i_2+i_{\mathrm{S}})+u_{\mathrm{S}}$$

整理以上方程并写成矩阵形式有

$$\begin{bmatrix}\dfrac{\mathrm{d}u_C}{\mathrm{d}t}\\[2ex] \dfrac{\mathrm{d}i_1}{\mathrm{d}t}\\[2ex] \dfrac{\mathrm{d}i_2}{\mathrm{d}t}\end{bmatrix}=\begin{bmatrix}0 & -\dfrac{1}{C} & -\dfrac{1}{C}\\[2ex] \dfrac{1}{L_1} & -\dfrac{R_1}{L_1} & -\dfrac{R_1}{L_1}\\[2ex] \dfrac{1}{L_2} & -\dfrac{R_1}{L_2} & -\dfrac{R_1+R_2}{L_2}\end{bmatrix}\begin{bmatrix}u_C\\ i_1\\ i_2\end{bmatrix}+\begin{bmatrix}0 & 0\\[2ex] \dfrac{1}{L_1} & 0\\[2ex] \dfrac{1}{L_2} & -\dfrac{R_2}{L_2}\end{bmatrix}\begin{bmatrix}u_{\mathrm{S}}\\ i_{\mathrm{S}}\end{bmatrix}$$

或

$$\dot{\boldsymbol{x}}=\boldsymbol{A}\boldsymbol{x}+\boldsymbol{B}\boldsymbol{v}$$

式中 $\dot{\boldsymbol{x}}=[\dot{x}_1 \quad \dot{x}_2 \quad \dot{x}_3]^{\mathrm{T}}, \boldsymbol{x}=[x_1 \quad x_2 \quad x_3]^{\mathrm{T}}, \boldsymbol{v}=[u_{\mathrm{S}} \quad i_{\mathrm{S}}]^{\mathrm{T}}$，而 $x_1=u_C, x_2=i_1, x_3=i_2$。

值得注意，在列写包含$\dfrac{\mathrm{d}u_C}{\mathrm{d}t}$或$\dfrac{\mathrm{d}i_L}{\mathrm{d}t}$的方程时，有时可能出现非状态变量，如上例中的 u_{R_1} 和 u_{R_2}，只有把它们表示为状态变量后，才能得到状态方程的标准形式。在建立状态方程过程中，通常包含这种消去非状态变量的过程。

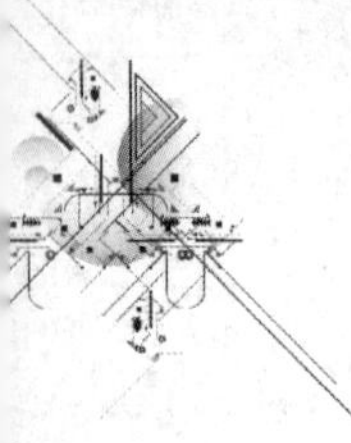

对于复杂电路，利用树的概念建立状态方程较为方便。下面介绍一种借助特有树[①]建立状态方程的方法。特有树是这样一种树，它的树支包含了电路中所有电压源支路和电容支路，它的连支包含了电路中所有电流源支路和电感支路。当电路中不存在仅由电容和电压源支路构成的回路和仅由电流源和电感支路构成的割集时，特有树总是存在的。于是可以选一个特有树，对单电容树支割集列写 KCL 方程，对单电感连支回路列写 KVL 方程。然后消去非状态变量（如果有必要），最后整理并写成矩阵形式。下面举例说明这种借特有树概念建立状态方程的方法。

例 15-6　列出图 15-19(a)所示电路的状态方程。

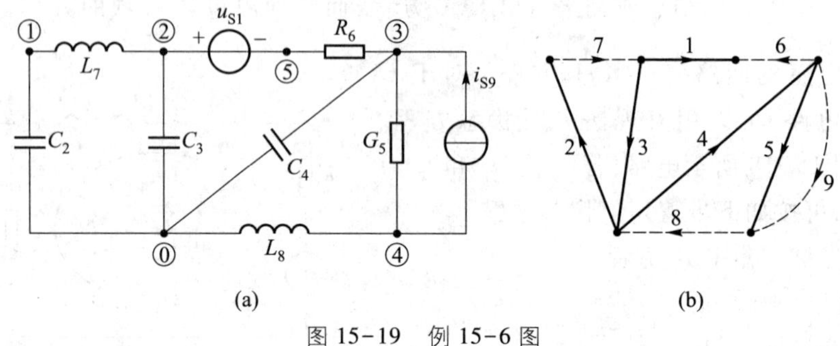

图 15-19　例 15-6 图

解　选择图 15-19(b)中实线所示树，支路的编号与参考方向均在图中标出（注意一条支路只含一个元件）。对由树支 2、3、4 确定的基本割集列出 KCL 方程

$$C_2\frac{\mathrm{d}u_2}{\mathrm{d}t}=i_7$$

$$C_3\frac{\mathrm{d}u_3}{\mathrm{d}t}=i_6+i_7$$

$$C_4\frac{\mathrm{d}u_4}{\mathrm{d}t}=i_6+i_8$$

对由连支 7、8 确定的基本回路列出 KVL 方程

$$L_7\frac{\mathrm{d}i_7}{\mathrm{d}t}=-u_2-u_3$$

$$L_8\frac{\mathrm{d}i_8}{\mathrm{d}t}=-u_4-u_5$$

消去非状态变量 u_5、i_6，有

$$u_5=\frac{1}{G_5}i_5=\frac{1}{G_5}(i_8+i_{S9})$$

$$i_6=\frac{1}{R_6}u_6=\frac{1}{R_6}(u_{S1}-u_3-u_4)$$

① proper tree。

经整理后得

$$\frac{\mathrm{d}u_2}{\mathrm{d}t}=\frac{1}{C_2}i_7$$

$$\frac{\mathrm{d}u_3}{\mathrm{d}t}=-\frac{1}{C_3R_6}u_3-\frac{1}{C_3R_6}u_4+\frac{1}{C_3}i_7+\frac{1}{C_3R_6}u_{\mathrm{S1}}$$

$$\frac{\mathrm{d}u_4}{\mathrm{d}t}=-\frac{1}{C_4R_6}u_3-\frac{1}{C_4R_6}u_4+\frac{1}{C_4}i_8+\frac{1}{C_4R_6}u_{\mathrm{S1}}$$

$$\frac{\mathrm{d}i_7}{\mathrm{d}t}=-\frac{1}{L_7}u_2-\frac{1}{L_7}u_3$$

$$\frac{\mathrm{d}i_8}{\mathrm{d}t}=-\frac{1}{L_8}u_4-\frac{1}{G_5L_8}i_8-\frac{1}{G_5L_8}i_{\mathrm{S9}}$$

如 $x_1=u_2, x_2=u_3, x_3=u_4, x_4=i_7, x_5=i_8$，则有

$$\underbrace{\begin{bmatrix}\dot{x}_1\\ \dot{x}_2\\ \dot{x}_3\\ \dot{x}_4\\ \dot{x}_5\end{bmatrix}}_{\dot{\boldsymbol{x}}}=\underbrace{\begin{bmatrix}0 & 0 & 0 & \frac{1}{C_2} & 0\\ 0 & -\frac{1}{C_3R_6} & -\frac{1}{C_3R_6} & \frac{1}{C_3} & 0\\ 0 & -\frac{1}{C_4R_6} & -\frac{1}{C_4R_6} & 0 & \frac{1}{C_4}\\ -\frac{1}{L_7} & -\frac{1}{L_7} & 0 & 0 & 0\\ 0 & 0 & -\frac{1}{L_8} & 0 & -\frac{1}{G_5L_8}\end{bmatrix}}_{\boldsymbol{A}}\underbrace{\begin{bmatrix}x_1\\ x_2\\ x_3\\ x_4\\ x_5\end{bmatrix}}_{\boldsymbol{x}}+\underbrace{\begin{bmatrix}0 & 0\\ \frac{1}{C_3R_6} & 0\\ \frac{1}{C_4R_6} & 0\\ 0 & 0\\ 0 & \frac{1}{G_5L_8}\end{bmatrix}}_{\boldsymbol{B}}\underbrace{\begin{bmatrix}u_{\mathrm{S1}}\\ i_{\mathrm{S9}}\end{bmatrix}}_{\boldsymbol{v}}$$

这就是所求状态方程。

在实际应用中，如果需要以节点电压为输出，这就要求导出节点电压与状态变量之间的关系。在线性电路中，节点电压可表示为状态变量与输入激励的线性组合。如上例中，若要求节点①、②、③、④的电压作为输出，则有 $u_{\mathrm{n1}}=-u_2, u_{\mathrm{n2}}=u_3, u_{\mathrm{n3}}=-u_4, u_{\mathrm{n4}}=-u_5-u_4=\frac{-1}{G_5}(i_8+i_{\mathrm{S9}})-u_4$，整理并写成矩阵形式有

$$\begin{bmatrix}u_{\mathrm{n1}}\\ u_{\mathrm{n2}}\\ u_{\mathrm{n3}}\\ u_{\mathrm{n4}}\end{bmatrix}=\begin{bmatrix}-1 & 0 & 0 & 0 & 0\\ 0 & 1 & 0 & 0 & 0\\ 0 & 0 & -1 & 0 & 0\\ 0 & 0 & -1 & 0 & -\frac{1}{G_5}\end{bmatrix}\begin{bmatrix}u_2\\ u_3\\ u_4\\ i_7\\ i_8\end{bmatrix}+\begin{bmatrix}0 & 0\\ 0 & 0\\ 0 & 0\\ 0 & -\frac{1}{G_5}\end{bmatrix}\begin{bmatrix}u_{\mathrm{S1}}\\ i_{\mathrm{S9}}\end{bmatrix}$$

这种联系电路中某些感兴趣的量（此处为 4 个节点电压）与状态变量和输入量之间的

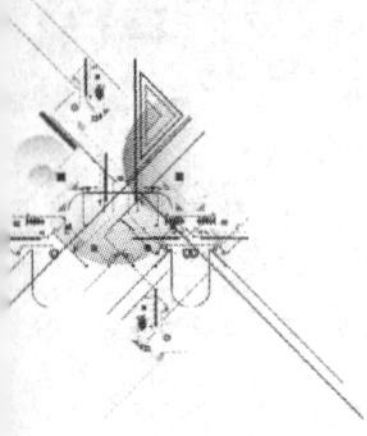

关系式称为电路的输出方程。输出方程的一般形式为

$$\boldsymbol{y}=\boldsymbol{C}\boldsymbol{x}+\boldsymbol{D}\boldsymbol{v}$$

式中 $\boldsymbol{y}$ 为输出向量，$\boldsymbol{x}$ 为状态向量，$\boldsymbol{v}$ 为输入向量，$\boldsymbol{C}$ 和 $\boldsymbol{D}$ 为仅与电路结构和元件值有关的系数矩阵。

思考题

15-1　为什么割集电压是一组独立电压，节点电压也是一组独立电压？

15-2　在建立电路的矩阵方程时，是采用复合支路方便，还是用一个元件表示一条支路方便？为什么？

15-3　节点电压方程容易建立，还是割集电压方程容易建立？试说明理由。

15-4　根据本章所学内容，除了本章介绍的节点电压方程、回路电流方程、割集电压方程、列表方程外，还可以建立别的形式的电路矩阵方程吗？

15-5　状态方程是在时域求解动态电路过渡过程的方法，请与第七章介绍的经典法相比较，并与第十四章介绍的复频域分析法相比较。

习题

15-1　以节点⑤为参考，写出题 15-1 图所示有向图的关联矩阵 $\boldsymbol{A}$。

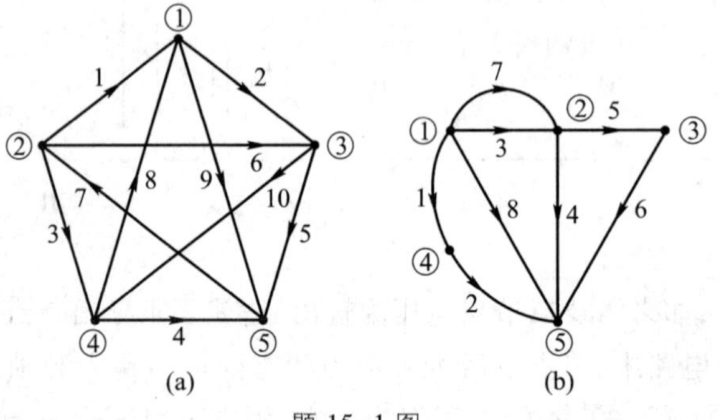

题 15-1 图

15-2　对于题 15-2 图(a)和(b)，与用虚线画出的闭合面 S 相切割的支路集合是否构成割集？为什么？

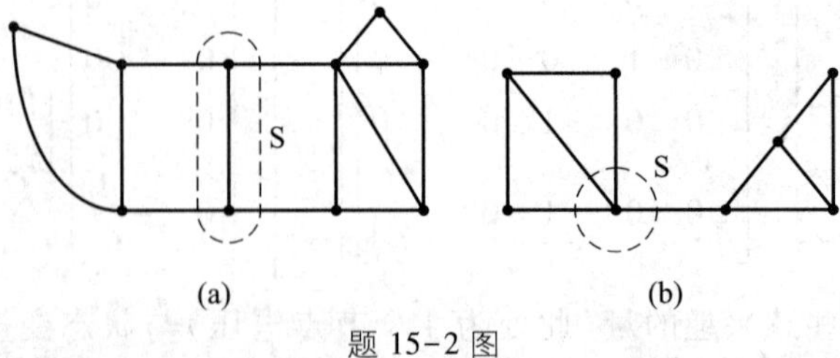

题 15-2 图

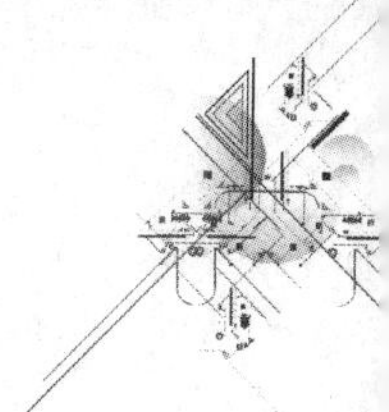

15-3 对于题 15-3 图所示有向图，若选支路 1、2、3、7 为树支，试写出基本割集矩阵和基本回路矩阵；另外，以网孔作为回路写出回路矩阵。

15-4 对于题 15-4 图所示有向图，若选支路 1、2、3、5、8 为树支，试写出基本割集矩阵和基本回路矩阵。

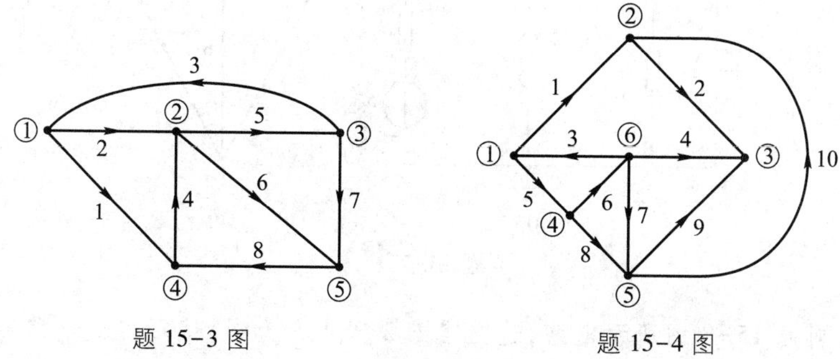

题 15-3 图　　　　题 15-4 图

15-5 对题 15-5 图所示有向图，若选节点⑤为参考，并选支路 1、2、4、5 为树。试写出关联矩阵、基本回路矩阵和基本割集矩阵；并验证 $\boldsymbol{B}_{\mathrm{t}}^{\mathrm{T}}=-\boldsymbol{A}_{\mathrm{t}}^{-1}\boldsymbol{A}_{1}$ 和 $\boldsymbol{Q}_{1}=-\boldsymbol{B}_{\mathrm{t}}^{\mathrm{T}}$。

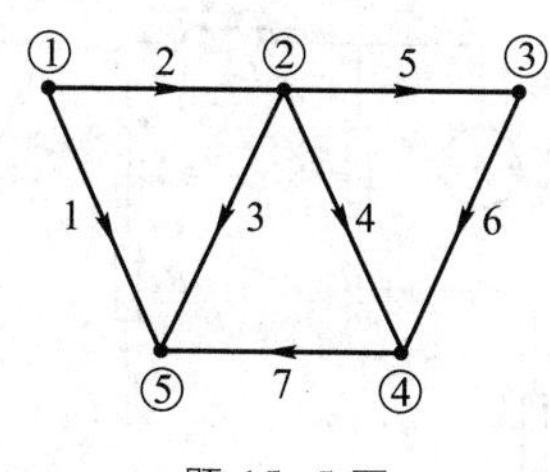

题 15-5 图

15-6 对题 15-6 图所示电路，选支路 1、2、4、7 为树，用矩阵形式列出其回路电流方程。各支路电阻均为 5 Ω，各电压源电压均为 3 V，各电流源电流均为 2 A。

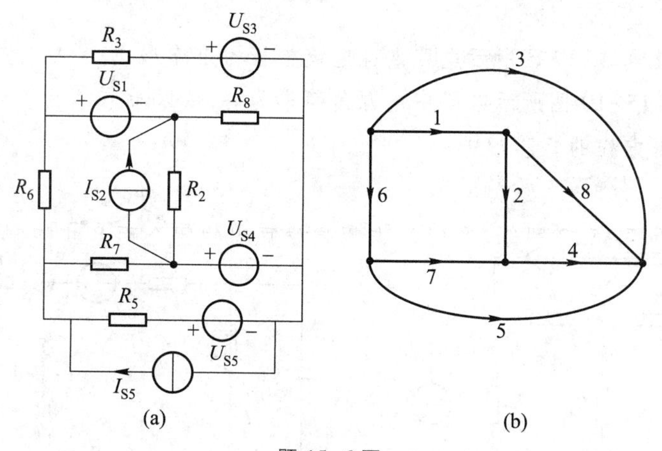

题 15-6 图

15-7 对题 15-7 图所示电路，用运算形式（设零值初始条件）在下列 2 种不同情

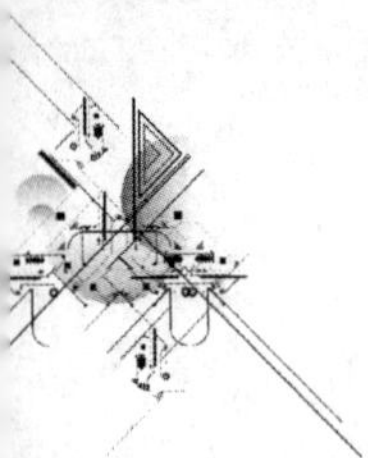

况下列出网孔电流方程：(1) 电感 L_5 和 L_6 之间无互感。(2) L_5 和 L_6 之间有互感 M。

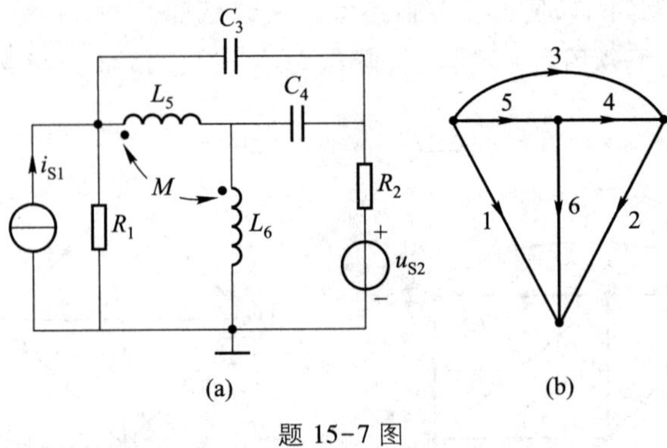

题 15-7 图

15-8　对题 15-8 图所示电路，选支路 1、2、3、4、5 为树，试写出此电路回路电流方程的矩阵形式。

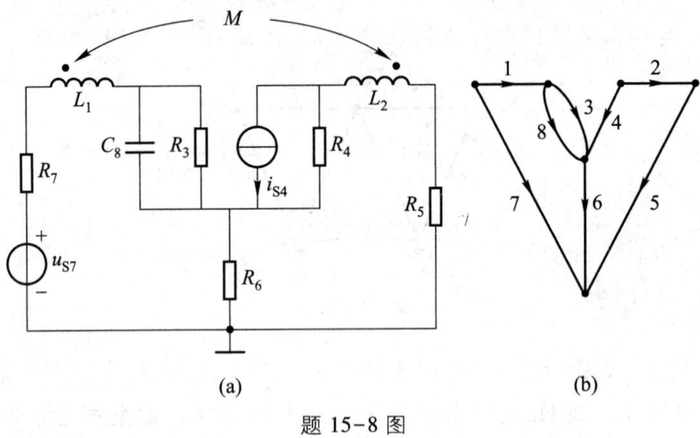

题 15-8 图

15-9　写出题 15-9 图所示电路网孔电流方程的矩阵形式。

15-10　题 15-10 图所示电路中电源角频率为 ω，试以节点④为参考节点，列写出该电路节点电压方程的矩阵形式。

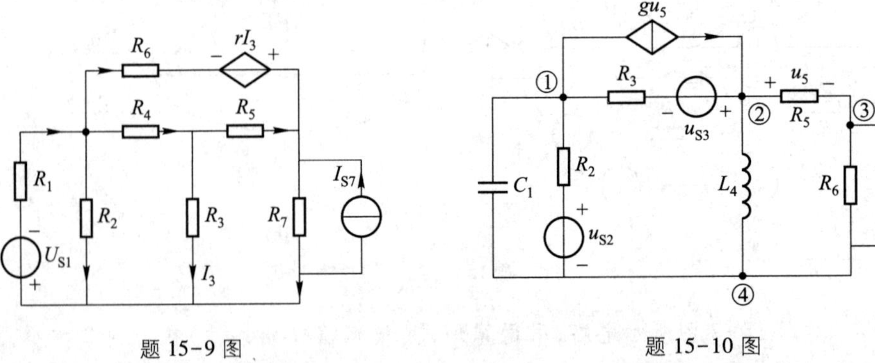

题 15-9 图　　　　题 15-10 图

*15-11 试以节点⑥为参考节点,列出题 15-11 图所示电路矩阵形式的节点电压方程。

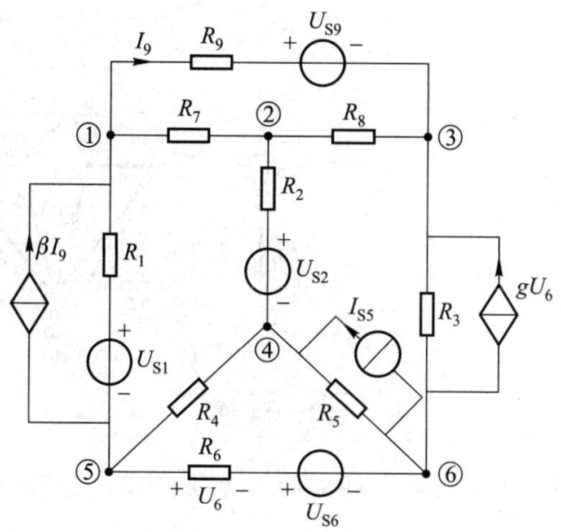

题 15-11 图

15-12 电路如题 15-12 图(a)所示,题 15-12 图(b)为其有向图。选支路 1、2、6、7 为树,列出矩阵形式的割集电压方程。

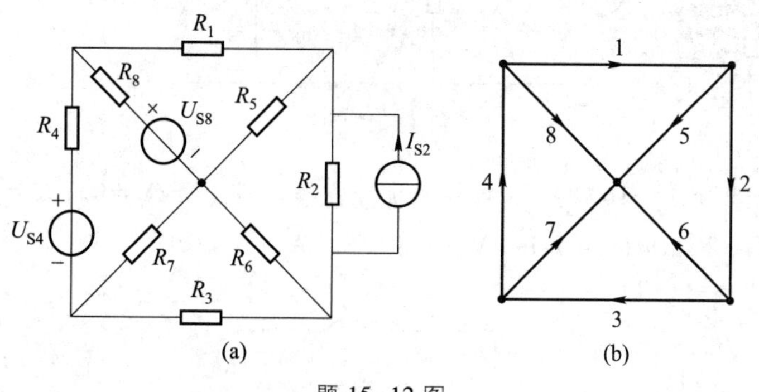

题 15-12 图

*15-13 电路如题 15-13 图(a)所示,题 15-13 图(b)为其有向图。试写出节点列表法中支路方程的矩阵形式。

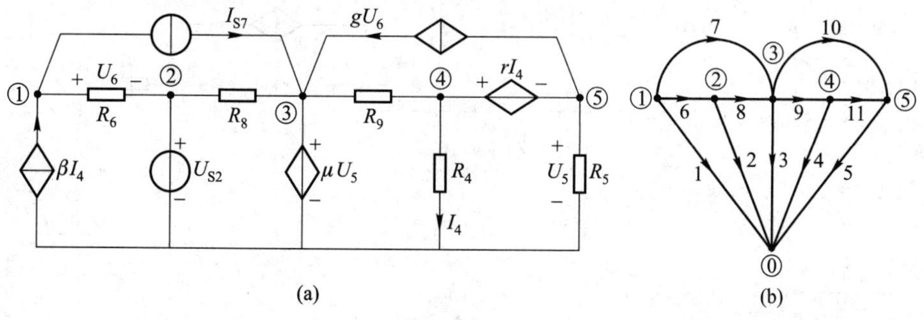

题 15-13 图

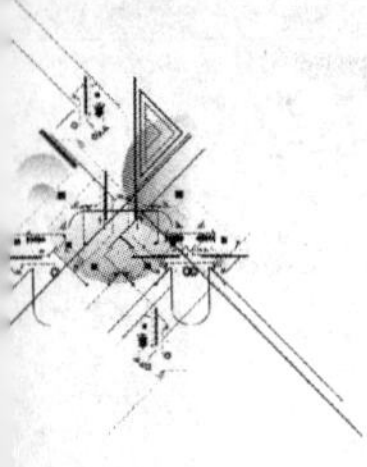

15-14　电路如题 15-14 图(a)所示,题 15-14 图(b)为其有向图。列出节点列表方程的矩阵形式。

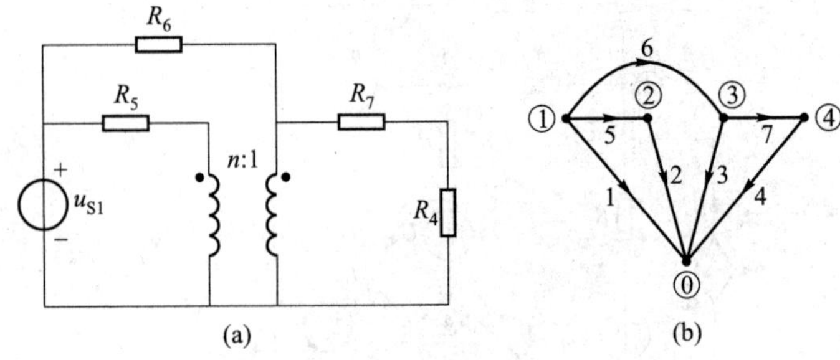

题 15-14 图

15-15　列出题 15-15 图所示电路的状态方程。若选节点①和②的节点电压为输出量,写出输出方程。

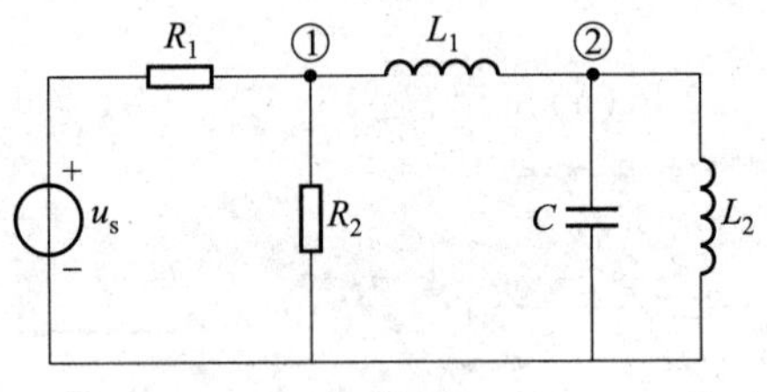

题 15-15 图

15-16　列出题 15-16 图所示电路的状态方程。设 $C_1=C_2=1\ \mathrm{F}$, $L_1=1\ \mathrm{H}$, $L_2=2\ \mathrm{H}$, $R_1=R_2=1\ \Omega$, $R_3=2\ \Omega$, $u_s(t)=2\sin t\ \mathrm{V}$, $i_S(t)=2\mathrm{e}^{-t}\ \mathrm{A}$。

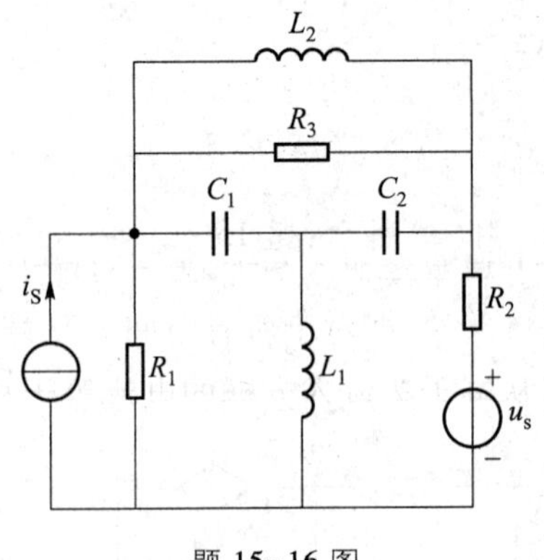

题 15-16 图

第十五章部分习题答案

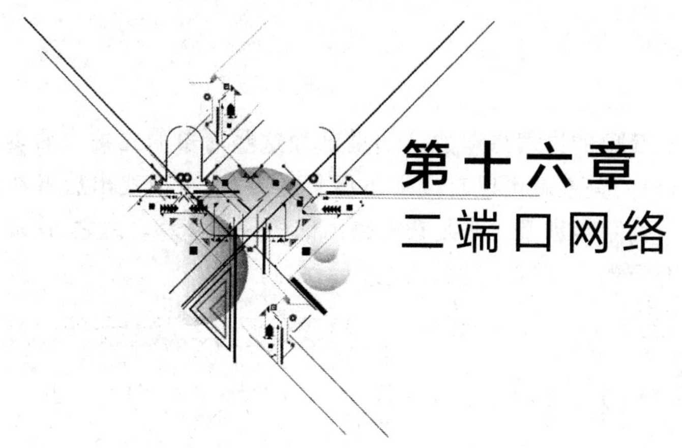

第十六章 二端口网络

导读

在工程实际中经常会遇到二端口和多端口问题,在有些情况下,用二端口或多端口分析电路会给人们带来方便。例如利用二端口方程和参数描述电路,使电路模型更简洁。本章介绍二端口(网络)及其方程,二端口的 Y、Z、$T(A)$、H 等参数矩阵以及它们之间的相互关系,还介绍转移函数,T 形和 π 形等效电路及二端口的连接。最后介绍两种可用二端口描述的电路元件——回转器和负阻抗变换器。

§16-1 二端口网络

前面讨论的电路分析主要属于这样一类问题:在一个电路及其输入已经给定的情况下,如何去计算一条或多条支路的电压和电流。如果一个复杂的电路只有两个端子向外连接,且仅对外接电路中的情况感兴趣,则该电路可视为一个一端口,并用戴维南或诺顿等效电路替代,然后再计算感兴趣的电压和电流。在工程实际中遇到的问题还常常涉及两对端子之间的关系,如变压器、滤波器、放大器、反馈网络等,如图 16-1(a)(b)(c)所示。对于这些电路,都可以把两对端子之间的电路概括在一个方框中,如图 16-1(d)所示。一对端子 1-1′通常是输入端子,另一对端子 2-2′为输出端子。

如果这两对端子满足端口条件,即对于所有时间 t,从端子 1 流入方框的电流等于从端子 1′流出的电流;同时,从端子 2 流入方框的电流等于从端子 2′流出的电流,这种电路称为二端口网络,简称二端口。若向外伸出的 4 个端子上的电流无上述限制,称为四端网络。本章仅讨论二端口。

用二端口概念分析电路时,仅对二端口处的电流、电压之间的关系感兴趣,这种相互关系可以通过一些参数表示,而这些参数只决定于构成二端口本身的元件及它们的连接方式。一旦确定表征这个二端口的参数后,当一个端口的电压、电流发生变化,要找出另外一个端口上的电压、电流就比较容易了。同时,还可以利用这些参数比较不同的二端口在传递电能和信号方面的性能,从而评价它们的质量。一个任意复杂的二端

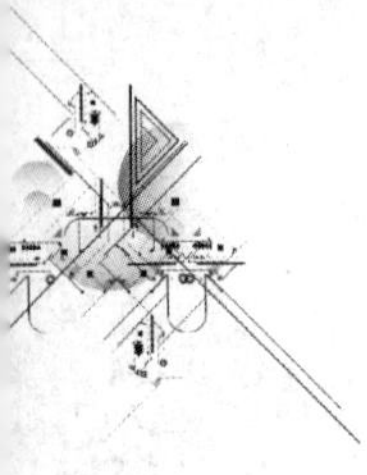

口,还可以看作由若干简单的二端口组成。如果已知这些简单的二端口的参数,那么,根据它们与复杂二端口的关系就可以直接求出后者的参数,从而找出后者在两个端口处的电压与电流关系,而不再涉及原来复杂电路内部的任何计算。总之,这种分析方法有它的特点,与前面介绍的一端口有类似的地方。

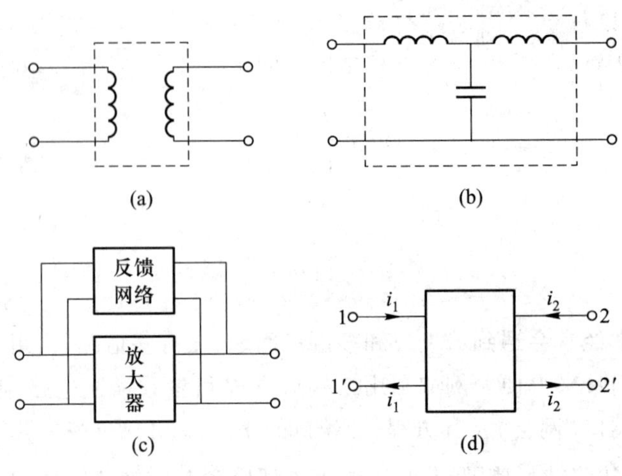

图 16-1　二端口

本章介绍的二端口是由线性的电阻、电感(包括耦合电感)、电容和线性受控源组成,并规定不包含任何独立电源(如用运算法分析时,还规定独立的初始条件均为零,即不存在附加电源)。

§16-2　二端口的方程和参数

图 16-2 所示为一线性二端口。在分析中将按正弦稳态情况考虑,并应用相量法。当然,也可以用运算法讨论。在端口 1-1′和 2-2′处的电流相量和电压相量的参考方向如图所示。假设两个端口电压 $\dot{U}_1$ 和 $\dot{U}_2$ 已知,可以利用替代定理把两个端口电压 $\dot{U}_1$ 和 $\dot{U}_2$ 都看作是外施的独立电压源。这样,根据叠加定理,$\dot{I}_1$ 和 $\dot{I}_2$ 应分别等于各个独立电压源单独作用时产生的电流之和,即

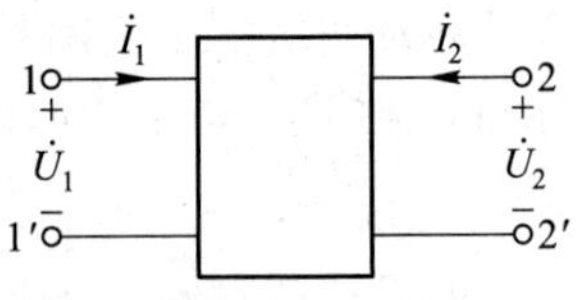

图 16-2　线性二端口的电流电压关系

$$\left.\begin{aligned}\dot{I}_1 &= Y_{11}\dot{U}_1 + Y_{12}\dot{U}_2\\ \dot{I}_2 &= Y_{21}\dot{U}_1 + Y_{22}\dot{U}_2\end{aligned}\right\}\tag{16-1}$$

式(16-1)还可以写成如下的矩阵形式

$$\begin{bmatrix}\dot{I}_1\\ \dot{I}_2\end{bmatrix}=\begin{bmatrix}Y_{11} & Y_{12}\\ Y_{21} & Y_{22}\end{bmatrix}\begin{bmatrix}\dot{U}_1\\ \dot{U}_2\end{bmatrix}=\boldsymbol{Y}\begin{bmatrix}\dot{U}_1\\ \dot{U}_2\end{bmatrix}$$

其中

$$\boldsymbol{Y} \xlongequal{\text{def}} \begin{bmatrix} Y_{11} & Y_{12} \\ Y_{21} & Y_{22} \end{bmatrix}$$

称为二端口的 Y 参数矩阵，而 Y_{11}、Y_{12}、Y_{21}、Y_{22} 称为二端口的 Y 参数。不难看出 Y 参数属于导纳性质，可以按下述方法计算或试验测量求得：如果在端口 1-1′上外施电压 $\dot{U}_1$，而把端口 2-2′短路，即 $\dot{U}_2=0$，工作情况如图 16-3(a)所示。由式(16-1)可得

$$Y_{11}=\left.\frac{\dot{I}_1}{\dot{U}_1}\right|_{\dot{U}_2=0}$$

$$Y_{21}=\left.\frac{\dot{I}_2}{\dot{U}_1}\right|_{\dot{U}_2=0}$$

Y_{11} 表示端口 2-2′短路时，端口 1-1′处的输入导纳或驱动点导纳；Y_{21} 表示端口 2-2′短路时，端口 2-2′与端口 1-1′之间的转移导纳，这是因为 Y_{21} 是 $\dot{I}_2$ 与 $\dot{U}_1$ 的比值，它表示一个端口的电流与另一个端口的电压之间的关系。

同理，在端口 2-2′外施电压 $\dot{U}_2$，而把端口 1-1′短路，即 $\dot{U}_1=0$，工作情况如图 16-3(b)所示，由式(16-1)得到

$$Y_{12}=\left.\frac{\dot{I}_1}{\dot{U}_2}\right|_{\dot{U}_1=0}$$

$$Y_{22}=\left.\frac{\dot{I}_2}{\dot{U}_2}\right|_{\dot{U}_1=0}$$

Y_{12} 是端口 1-1′与端口 2-2′之间的转移导纳，Y_{22} 是端口 2-2′的输入导纳。由于 Y 参数都是在一个端口短路情况下通过计算或测试求得的，所以又称为短路导纳参数，例如 Y_{11} 就称为端口 1-1′的短路输入导纳。以上说明了 Y 参数表示的具体含义。

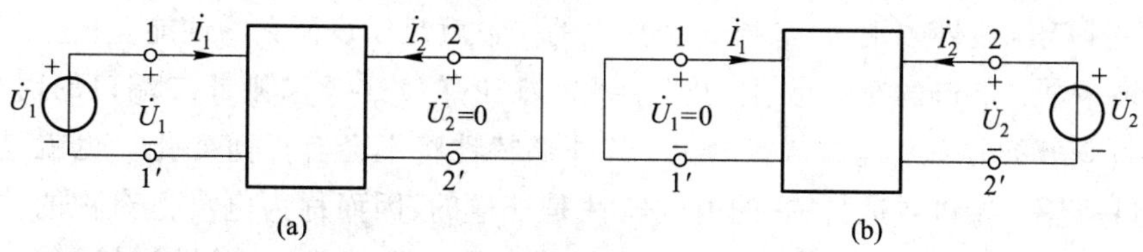

图 16-3 短路导纳参数的测定

例 16-1 求图 16-4(a)所示二端口的 Y 参数。

解 这个端口的结构比较简单，它是一个 π 形电路。求它的 Y_{11} 和 Y_{12} 时，把端口 2-2′短路，在端口 1-1′上外施电压 $\dot{U}_1$[如图 16-4(b)所示]，这时可求得

$$\dot{I}_1=\dot{U}_1(Y_a+Y_b)$$

$$-\dot{I}_2=\dot{U}_1 Y_b$$

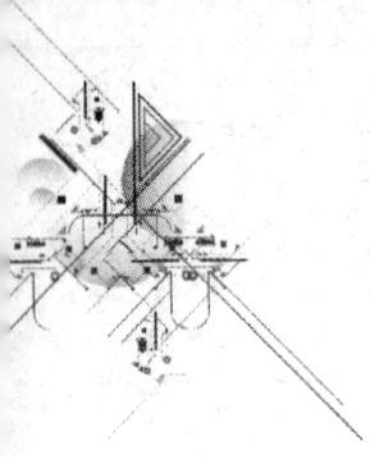

式中 $\dot{I}_2$ 前有负号是由指定的电流和电压参考方向造成的。根据定义可求得

$$Y_{11}=\frac{\dot{I}_1}{\dot{U}_1}\bigg|_{\dot{U}_2=0}=Y_a+Y_b$$

$$Y_{21}=\frac{\dot{I}_2}{\dot{U}_1}\bigg|_{\dot{U}_2=0}=-Y_b$$

同样,如果把端口 1-1′短路,并在端口 2-2′上外施电压 $\dot{U}_2$,则可求得

$$Y_{12}=-Y_b$$

$$Y_{22}=Y_b+Y_c$$

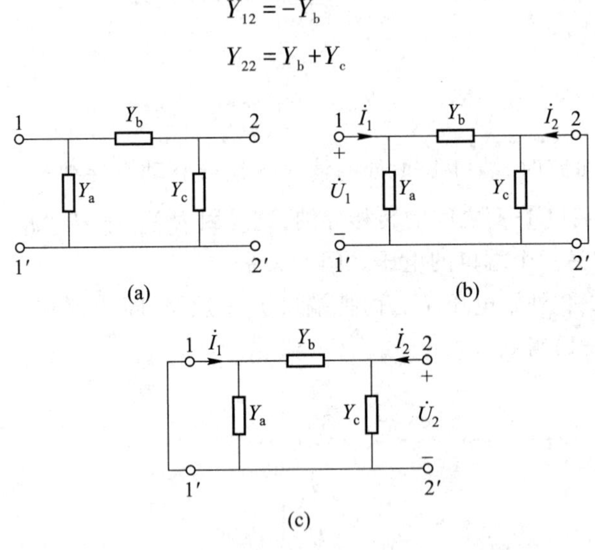

图 16-4　例 16-1 图

由此可见,$Y_{12}=Y_{21}$。此结果虽然是根据这个特例得到的,但是根据互易定理不难证明,对于由线性 R、$L(M)$、C 元件构成的任何无源二端口,$Y_{12}=Y_{21}$ 总是成立的。所以对任何一个无源线性二端口,只要 3 个独立的参数就足以表征它的性能。

如果一个二端口的 Y 参数,除了 $Y_{12}=Y_{21}$ 外,还有 $Y_{11}=Y_{22}$,则此二端口的两个端口 1-1′和 2-2′互换位置后与外电路连接,其外部特性将不会有任何变化。也就是说,这种二端口从任一端口看进去,它的电气特性是一样的,因而称为电气上对称的,或简称为对称二端口。结构上对称[①]的二端口显然一定是对称二端口。例如在例 16-1 中的 π 形电路,如果 $Y_a=Y_c$,它在结构上就是对称的,这时就有 $Y_{11}=Y_{22}$。但是电气上对称并不一定意味着结构上对称。显然,对于对称二端口的 Y 参数,只有 2 个是独立的。

假设图 16-2 所示二端口的 $\dot{I}_1$ 和 $\dot{I}_2$ 是已知的,可以利用替代定理把 $\dot{I}_1$ 和 $\dot{I}_2$ 看作是外施电流源的电流。根据叠加定理,$\dot{U}_1$、$\dot{U}_2$ 应等于各个电流源单独作用时产生的电压之和,即

---

① "结构上对称"是指连接方式和元件性质及其参数的大小均具对称性。

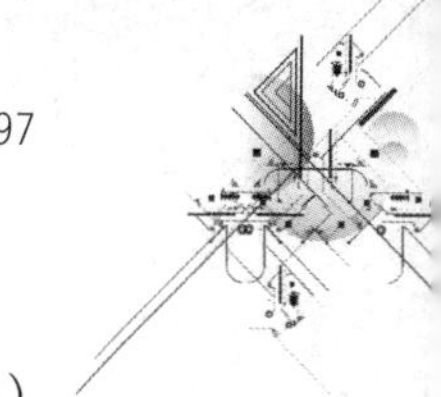

$$\left.\begin{aligned}\dot{U}_1 &= Z_{11}\dot{I}_1 + Z_{12}\dot{I}_2 \\ \dot{U}_2 &= Z_{21}\dot{I}_1 + Z_{22}\dot{I}_2\end{aligned}\right\} \tag{16-2}$$

式中 Z_{11}、Z_{12}、Z_{21}、Z_{22} 称为 Z 参数,它们具有阻抗性质。Z 参数可按下述方法计算或试验测量求得:设端口 2-2′开路,即 $\dot{I}_2=0$,只在端口 1-1′施加一个电流源 $\dot{I}_1$,如图 16-5(a)所示。由式(16-2)可得

$$Z_{11}=\left.\frac{\dot{U}_1}{\dot{I}_1}\right|_{\dot{I}_2=0}$$

$$Z_{21}=\left.\frac{\dot{U}_2}{\dot{I}_1}\right|_{\dot{I}_2=0}$$

所以 Z_{11} 称为端口 2-2′开路时端口 1-1′的开路输入阻抗,Z_{21} 称为端口 2-2′开路时端口 2-2′与端口 1-1′之间的开路转移阻抗。同理,将端口 1-1′开路,即 $\dot{I}_1=0$,并在端口 2-2′施加电流源 $\dot{I}_2$,如图 16-5(b)所示,由式(16-2)得

$$Z_{12}=\left.\frac{\dot{U}_1}{\dot{I}_2}\right|_{\dot{I}_1=0}$$

$$Z_{22}=\left.\frac{\dot{U}_2}{\dot{I}_2}\right|_{\dot{I}_1=0}$$

即 Z_{12} 是端口 1-1′开路时端口 1-1′与端口 2-2′之间的开路转移阻抗,Z_{22} 是端口 1-1′开路时端口 2-2′的开路输入阻抗。

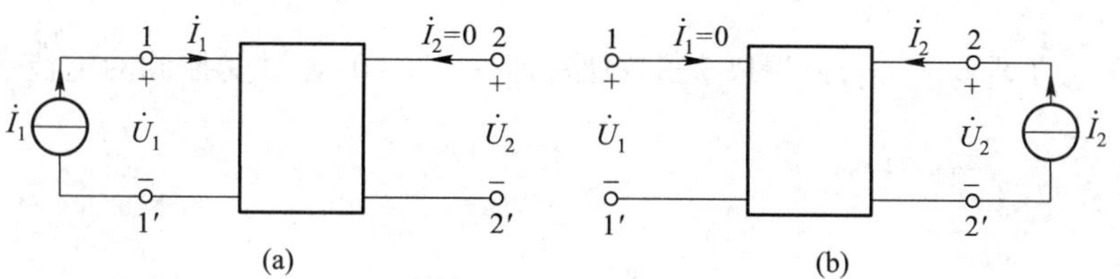

图 16-5　开路阻抗参数的测定

把式(16-2)改写成矩阵形式,有

$$\begin{bmatrix}\dot{U}_1\\ \dot{U}_2\end{bmatrix}=\begin{bmatrix}Z_{11} & Z_{12}\\ Z_{21} & Z_{22}\end{bmatrix}\begin{bmatrix}\dot{I}_1\\ \dot{I}_2\end{bmatrix}=\boldsymbol{Z}\begin{bmatrix}\dot{I}_1\\ \dot{I}_2\end{bmatrix}$$

其中

$$\boldsymbol{Z}\overset{\text{def}}{=\!=}\begin{bmatrix}Z_{11} & Z_{12}\\ Z_{21} & Z_{22}\end{bmatrix}$$

称为二端口的 Z 参数矩阵,也称开路阻抗矩阵。

同理,根据互易定理不难证明,对于线性 R、$L(M)$、C 元件构成的任何无源二端口,

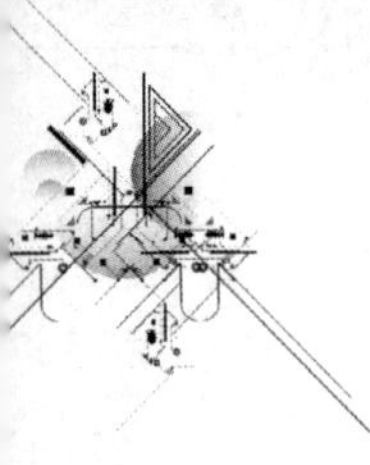

$Z_{12}=Z_{21}$ 总是成立的。所以在这种情况下，Z 参数只有 3 个是独立的。对于对称的二端口，则还有 $Z_{11}=Z_{22}$ 的关系，故只有 2 个参数是独立的。

比较式(16-1)与式(16-2)可以看出开路阻抗矩阵 **Z** 与短路导纳矩阵 **Y** 之间存在着互为逆阵的关系，即

$$\boldsymbol{Z}=\boldsymbol{Y}^{-1} \text{ 或 } \boldsymbol{Y}=\boldsymbol{Z}^{-1}$$

即

$$\begin{bmatrix} Z_{11} & Z_{12} \\ Z_{21} & Z_{22} \end{bmatrix}=\frac{1}{\Delta_Y}\begin{bmatrix} Y_{22} & -Y_{12} \\ -Y_{21} & Y_{11} \end{bmatrix} \tag{16-3}$$

式中 $\Delta_Y=Y_{11}Y_{22}-Y_{12}Y_{21}$。

对于含有受控源的线性 R、$L(M)$、C 二端口，利用特勒根定理可以证明互易定理一般不再成立，因此 $Y_{12}\neq Y_{21}$、$Z_{12}\neq Z_{21}$。下面的例子将说明这一点。

例 16-2　求图 16-6 所示二端口的 Y 参数。

解　把端口 2-2′短路，在端口 1-1′外施电压 $\dot{U}_1$，得

$$\dot{I}_1=\dot{U}_1(Y_a+Y_b)$$

$$\dot{I}_2=-\dot{U}_1Y_b-g\dot{U}_1$$

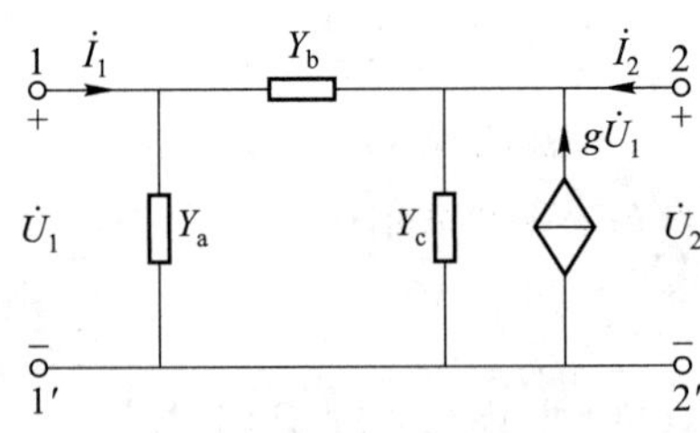

图 16-6　例 16-2 图

于是，可求得

$$Y_{11}=\frac{\dot{I}_1}{\dot{U}_1}=Y_a+Y_b$$

$$Y_{21}=\frac{\dot{I}_2}{\dot{U}_1}=-Y_b-g$$

同理，为了求 Y_{12}、Y_{22}，把端口 1-1′短路，即令 $\dot{U}_1=0$，这时受控源的电流也等于零，故得

$$Y_{12}=\frac{\dot{I}_1}{\dot{U}_2}=-Y_b$$

$$Y_{22}=\frac{\dot{I}_2}{\dot{U}_2}=Y_b+Y_c$$

可见，在这种情况下，$Y_{12}\neq Y_{21}$。

Y 参数和 Z 参数都可用来描述一个二端口的端口外特性。如果一个二端口的 Y 参数已经确定，一般就可以用式(16-3)求出它的 Z 参数。反之亦然(参阅后面的表 16-1)。

在许多工程实际问题中，往往希望找到一个端口的电流、电压与另一端口的电流、电压之间的直接关系。例如，放大器、滤波器的输入和输出之间的关系；传输线的始端和终端之间的关系。另外，有些二端口并不同时存在阻抗矩阵和导纳矩阵表达式；或者既无阻抗矩阵表达式，又无导纳矩阵表达式。例如理想变压器就属这类二端口。这意味着某些二端口宜用除 Z 参数和 Y 参数以外的其他形式的参数描述其端口外特性。

为此,可把式(16-1)的第二式化为

$$\dot{U}_1=-\frac{Y_{22}}{Y_{21}}\dot{U}_2+\frac{1}{Y_{21}}\dot{I}_2$$

然后把它代入该式中的第一式,经整理后有

$$\dot{I}_1=\left(Y_{12}-\frac{Y_{11}Y_{22}}{Y_{21}}\right)\dot{U}_2+\frac{Y_{11}}{Y_{21}}\dot{I}_2$$

把以上两式写成如下形式:①

$$\left.\begin{aligned}\dot{U}_1&=A\dot{U}_2-B\dot{I}_2\\\dot{I}_1&=C\dot{U}_2-D\dot{I}_2\end{aligned}\right\}\tag{16-4}$$

式中(注意,右方第二项前面用的是负号)

$$\left.\begin{aligned}A&=-\frac{Y_{22}}{Y_{21}},\qquad B=-\frac{1}{Y_{21}}\\C&=Y_{12}-\frac{Y_{11}Y_{22}}{Y_{21}},\quad D=-\frac{Y_{11}}{Y_{21}}\end{aligned}\right\}\tag{16-5}$$

这样,就把端口 1-1′的电流 $\dot{I}_1$、电压 $\dot{U}_1$ 用端口 2-2′的电流 $\dot{I}_2$、电压 $\dot{U}_2$ 通过 A、B、C、D 4 个参数表示出来了。A、B、C、D 称为二端口的一般参数、传输参数、T 参数或 A 参数。它们表示的具体含义可分别用以下各式说明:

$$A=\left.\frac{\dot{U}_1}{\dot{U}_2}\right|_{\dot{I}_2=0}$$

$$B=\left.\frac{\dot{U}_1}{-\dot{I}_2}\right|_{\dot{U}_2=0}$$

$$C=\left.\frac{\dot{I}_1}{\dot{U}_2}\right|_{\dot{I}_2=0}$$

$$D=\left.\frac{\dot{I}_1}{-\dot{I}_2}\right|_{\dot{U}_2=0}$$

可见,A 是两个电压的比值,是一个量纲一的量;B 是短路转移阻抗;C 是开路转移导纳;D 是两个电流的比值,也是量纲一的量。A、B、C、D 都具有转移参数性质。

对于不含受控源的无源线性二端口,A、B、C、D 4 个参数中将只有 3 个是独立的,这是因为按式(16-5)并注意到 $Y_{12}=Y_{21}$,得

$$AD-BC=\frac{Y_{11}Y_{22}}{Y_{21}^2}+\frac{1}{Y_{21}}\frac{Y_{12}Y_{21}-Y_{11}Y_{22}}{Y_{21}}=\frac{Y_{12}}{Y_{21}}=1$$

---

① 有时用 A_{11}、A_{12}、A_{21}、A_{22} 分别表示 A、B、C、D。

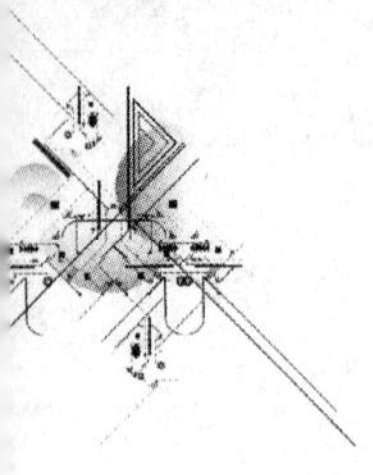

对于对称的二端口，由于 $Y_{11}=Y_{22}$，故由式(16-5)，还将有 $A=D$。

式(16-4)写成矩阵形式时，有

$$\begin{bmatrix}\dot{U}_1\\\dot{I}_1\end{bmatrix}=\begin{bmatrix}A & B\\C & D\end{bmatrix}\begin{bmatrix}\dot{U}_2\\-\dot{I}_2\end{bmatrix}=\boldsymbol{T}\begin{bmatrix}\dot{U}_2\\-\dot{I}_2\end{bmatrix}$$

其中

$$\boldsymbol{T}\overset{\text{def}}{=\!=}\begin{bmatrix}A & B\\C & D\end{bmatrix}$$

$\boldsymbol{T}$ 称为 T 参数矩阵，引用上式时，要注意式中电流 $\dot{I}_2$ 前面的负号。

还有一套常用的参数，称为混合参数或 H 参数，用下面一组方程表示：

$$\left.\begin{aligned}\dot{U}_1&=H_{11}\dot{I}_1+H_{12}\dot{U}_2\\\dot{I}_2&=H_{21}\dot{I}_1+H_{22}\dot{U}_2\end{aligned}\right\}\tag{16-6}$$

在晶体管电路中，H 参数获得了广泛的应用。H 参数的具体意义可以分别用下列各式说明：

$$H_{11}=\frac{\dot{U}_1}{\dot{I}_1}\bigg|_{\dot{U}_2=0}$$

$$H_{12}=\frac{\dot{U}_1}{\dot{U}_2}\bigg|_{\dot{I}_1=0}$$

$$H_{21}=\frac{\dot{I}_2}{\dot{I}_1}\bigg|_{\dot{U}_2=0}$$

$$H_{22}=\frac{\dot{I}_2}{\dot{U}_2}\bigg|_{\dot{I}_1=0}$$

可见 H_{11} 和 H_{21} 有短路参数的性质，H_{12} 和 H_{22} 有开路参数的性质。不难看出，$H_{11}=\dfrac{1}{Y_{11}}$，$H_{22}=\dfrac{1}{Z_{22}}$，H_{21} 为两个电流之间的比值，H_{12} 为两个电压之间的比值。

用矩阵形式表示时，有

$$\begin{bmatrix}\dot{U}_1\\\dot{I}_2\end{bmatrix}=\begin{bmatrix}H_{11} & H_{12}\\H_{21} & H_{22}\end{bmatrix}\begin{bmatrix}\dot{I}_1\\\dot{U}_2\end{bmatrix}=\boldsymbol{H}\begin{bmatrix}\dot{I}_1\\\dot{U}_2\end{bmatrix}$$

其中 $\boldsymbol{H}$ 称为 H 参数矩阵

$$\boldsymbol{H}\overset{\text{def}}{=\!=}\begin{bmatrix}H_{11} & H_{12}\\H_{21} & H_{22}\end{bmatrix}$$

对于不含受控源的无源线性二端口，H 参数中只有 3 个是独立的。例如，将前面求得的 Y 参数代入，就可得出图 16-4(a)所示二端口的 H 参数

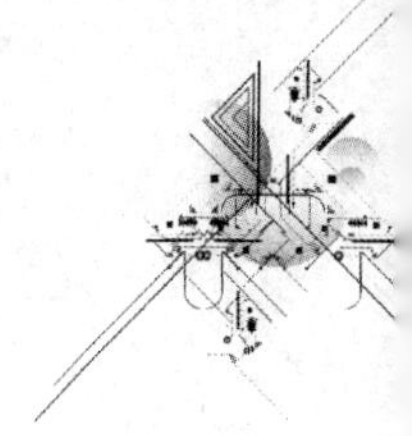

$$H_{11}=\frac{1}{Y_a+Y_b},\quad H_{12}=\frac{Y_b}{Y_a+Y_b}$$

$$H_{21}=\frac{-Y_b}{Y_a+Y_b},\quad H_{22}=Y_c+\frac{Y_aY_b}{Y_a+Y_b}$$

可见 $H_{21}=-H_{12}$。对于对称的二端口，由于 $Y_{11}=Y_{22}$ 或 $Z_{11}=Z_{22}$，则有

$$H_{11}H_{22}-H_{12}H_{21}=1$$

图 16-7 所示为一只晶体管的小信号工作条件下的简化等效电路，不难根据 H 参数的定义，求得

$$H_{11}=\frac{\dot{U}_1}{\dot{I}_1}\bigg|_{\dot{U}_2=0}=R_1,\quad H_{12}=\frac{\dot{U}_1}{\dot{U}_2}\bigg|_{\dot{I}_1=0}=0$$

$$H_{21}=\frac{\dot{I}_2}{\dot{I}_1}\bigg|_{\dot{U}_2=0}=\beta,\quad H_{22}=\frac{\dot{I}_2}{\dot{U}_2}\bigg|_{\dot{I}_1=0}=\frac{1}{R_2}$$

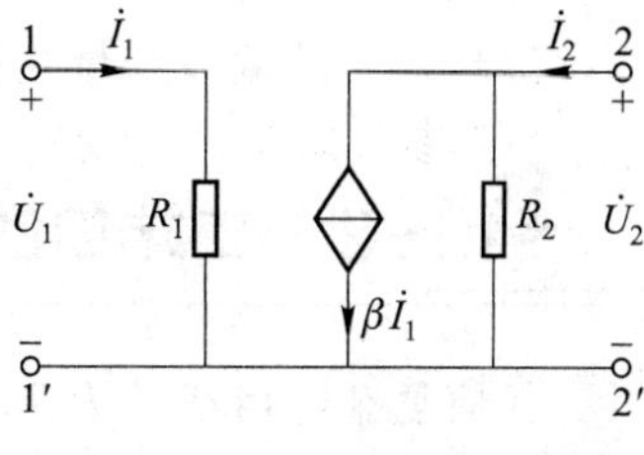

图 16-7　晶体管的等效电路

Y 参数、Z 参数、T 参数、H 参数之间的相互转换关系不难根据以上的基本方程推导出来，表 16-1 总结了这些关系。

表 16-1

	Z 参数	Y 参数	H 参数	$T(A)$ 参数
Z 参数	$Z_{11}\quad Z_{12}$ $Z_{21}\quad Z_{22}$	$\frac{Y_{22}}{\Delta_Y}\quad -\frac{Y_{12}}{\Delta_Y}$ $-\frac{Y_{21}}{\Delta_Y}\quad \frac{Y_{11}}{\Delta_Y}$	$\frac{\Delta_H}{H_{22}}\quad \frac{H_{12}}{H_{22}}$ $-\frac{H_{21}}{H_{22}}\quad \frac{1}{H_{22}}$	$\frac{A}{C}\quad \frac{\Delta_T}{C}$ $\frac{1}{C}\quad \frac{D}{C}$
Y 参数	$\frac{Z_{22}}{\Delta_Z}\quad -\frac{Z_{12}}{\Delta_Z}$ $-\frac{Z_{21}}{\Delta_Z}\quad \frac{Z_{11}}{\Delta_Z}$	$Y_{11}\quad Y_{12}$ $Y_{21}\quad Y_{22}$	$\frac{1}{H_{11}}\quad -\frac{H_{12}}{H_{11}}$ $\frac{H_{21}}{H_{11}}\quad \frac{\Delta_H}{H_{11}}$	$\frac{D}{B}\quad -\frac{\Delta_T}{B}$ $-\frac{1}{B}\quad \frac{A}{B}$
H 参数	$\frac{\Delta_Z}{Z_{22}}\quad \frac{Z_{12}}{Z_{22}}$ $-\frac{Z_{21}}{Z_{22}}\quad \frac{1}{Z_{22}}$	$\frac{1}{Y_{11}}\quad -\frac{Y_{12}}{Y_{11}}$ $\frac{Y_{21}}{Y_{11}}\quad \frac{\Delta_Y}{Y_{11}}$	$H_{11}\quad H_{12}$ $H_{21}\quad H_{22}$	$\frac{B}{D}\quad \frac{\Delta_T}{D}$ $-\frac{1}{D}\quad \frac{C}{D}$
$T(A)$ 参数	$\frac{Z_{11}}{Z_{21}}\quad \frac{\Delta_Z}{Z_{21}}$ $\frac{1}{Z_{21}}\quad \frac{Z_{22}}{Z_{21}}$	$-\frac{Y_{22}}{Y_{21}}\quad -\frac{1}{Y_{21}}$ $-\frac{\Delta_Y}{Y_{21}}\quad -\frac{Y_{11}}{Y_{21}}$	$-\frac{\Delta_H}{H_{21}}\quad -\frac{H_{11}}{H_{21}}$ $-\frac{H_{22}}{H_{21}}\quad -\frac{1}{H_{21}}$	$A\quad B$ $C\quad D$

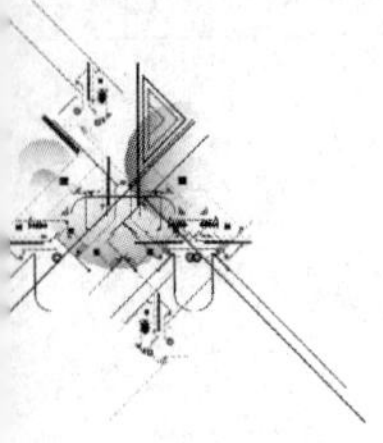

表中

$$\Delta_Z=\begin{vmatrix} Z_{11} & Z_{12} \\ Z_{21} & Z_{22} \end{vmatrix},\quad \Delta_Y=\begin{vmatrix} Y_{11} & Y_{12} \\ Y_{21} & Y_{22} \end{vmatrix}$$

$$\Delta_H=\begin{vmatrix} H_{11} & H_{12} \\ H_{21} & H_{22} \end{vmatrix},\quad \Delta_T=\begin{vmatrix} A & B \\ C & D \end{vmatrix}$$

二端口一共有 6 组不同的参数，其余 2 组分别与 H 参数和 T 参数相似，只是把电路方程等号两边的端口变量互换而已，此处不再列举。

§16-3　二端口的等效电路

任何复杂的由线性 R、$L(M)$、C 元件构成的无源一端口可以用一个等效阻抗表征它的外部特性。同理，任何给定的由线性 R、$L(M)$、C 元件构成的无源二端口的外部性能既然可以用 3 个参数确定，那么只要找到一个由具有 3 个阻抗（或导纳）组成的简单二端口，如果这个二端口与给定的二端口的参数分别相等，则这两个二端口的外部特性也就完全相同，即它们是等效的。由 3 个阻抗（或导纳）组成的二端口只有两种形式，即 T 形电路和 π 形电路，分别如图 16-8(a)(b)所示。

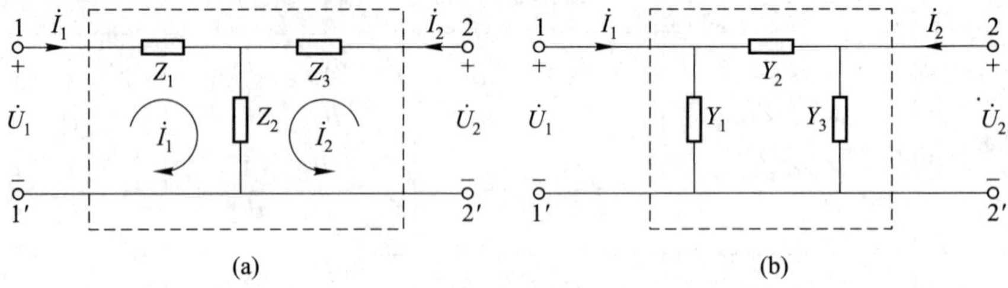

图 16-8　二端口的等效电路

如果给定二端口的 Z 参数，要确定此二端口的等效 T 形电路[图 16-8(a)]中的 Z_1、Z_2、Z_3 的值，可先按图中所示回路电流的方向，写出 T 形电路的回路电流方程

$$\left.\begin{aligned} \dot{U}_1&=Z_1\dot{I}_1+Z_2(\dot{I}_1+\dot{I}_2) \\ \dot{U}_2&=Z_2(\dot{I}_1+\dot{I}_2)+Z_3\dot{I}_2 \end{aligned}\right\} \tag{16-7}$$

而由 Z 参数表示的二端口方程(16-2)中，由于 $Z_{12}=Z_{21}$，可以将式(16-2)改写为

$$\left.\begin{aligned} \dot{U}_1&=(Z_{11}-Z_{12})\dot{I}_1+Z_{12}(\dot{I}_1+\dot{I}_2) \\ \dot{U}_2&=Z_{12}(\dot{I}_1+\dot{I}_2)+(Z_{22}-Z_{12})\dot{I}_2 \end{aligned}\right\} \tag{16-8}$$

比较式(16-7)与式(16-8)可知

$$Z_1=Z_{11}-Z_{12},\ Z_2=Z_{12},\ Z_3=Z_{22}-Z_{12} \tag{16-9}$$

如果二端口给定的是 Y 参数，宜先求出其等效 π 形电路[图 16-8(b)]中的 Y_1、Y_2、

Y_3 的值。为此针对图 16-8(b)所示电路，按求 T 形电路相似的方法可得

$$Y_1 = Y_{11} + Y_{12}, Y_2 = -Y_{12} = -Y_{21}, Y_3 = Y_{22} + Y_{21} \tag{16-10}$$

如果给定二端口的其他参数，则可查表 16-1，把其他参数变换成 Z 参数或 Y 参数，然后再由式(16-9)或式(16-10)求得 T 形等效电路或 π 形等效电路的参数值。例如 T 形等效电路的 Z_1、Z_2、Z_3 与 T 参数之间的关系为

$$Z_1 = \frac{A-1}{C}, Z_2 = \frac{1}{C}, Z_3 = \frac{D-1}{C}$$

π 形等效电路的 Y_1、Y_2、Y_3 与 T 参数之间的关系为

$$Y_1 = \frac{D-1}{B}, Y_2 = \frac{1}{B}, Y_3 = \frac{A-1}{B}$$

对于对称二端口，由于 $Z_{11} = Z_{22}$，$Y_{11} = Y_{22}$，$A = D$，故它的等效 T 形或 π 形电路也一定是对称的，这时应有 $Y_1 = Y_3$，$Z_1 = Z_3$。

如果二端口内部含有受控源，那么，二端口的 4 个参数将是相互独立的。若给定二端口的 Z 参数，则式(16-2)可写成

$$\dot{U}_1 = Z_{11}\dot{I}_1 + Z_{12}\dot{I}_2$$

$$\dot{U}_2 = Z_{12}\dot{I}_1 + Z_{22}\dot{I}_2 + (Z_{21} - Z_{12})\dot{I}_1$$

这样第 2 个方程右端的最后一项是一个 CCVS，其等效电路如图 16-9(a)所示。同理，用 Y 参数表示的含受控电源的二端口可用图 16-9(b)所示等效电路代替。

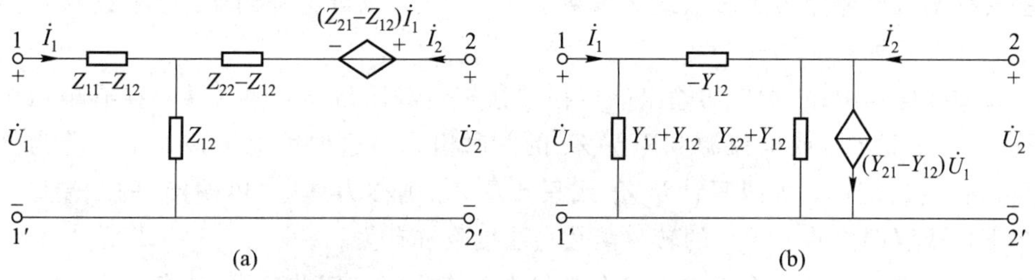

图 16-9　含受控电源的二端口的等效电路

§16-4　二端口的转移函数

以上对二端口的讨论都是按正弦稳态情况考虑的，故用相量法。如果用运算法分析二端口，则上述这些参数都是复变量 s 的函数。二端口的转移函数（传递函数），就是用拉氏变换形式表示的输出电压或电流与输入电压或电流之比（注意，二端口内部必须没有独立电源，也没有由动态元件的非零初值引起的附加电源）。当二端口没有外接负载及输入激励无内阻抗时，二端口称为无端接的。下面分别推导无端接的二端口的电压转移函数 $\frac{U_2(s)}{U_1(s)}$，电流转移函数 $\frac{I_2(s)}{I_1(s)}$，转移导纳（函数）$\frac{I_2(s)}{U_1(s)}$ 和转移阻抗（函数）$\frac{U_2(s)}{I_1(s)}$。

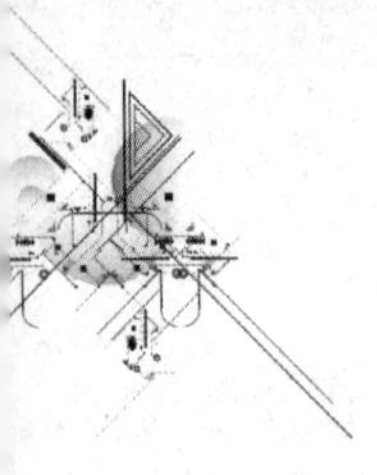

令式(16-2)中的电流 $I_2(s)=0$,有

$$U_1(s)=Z_{11}(s)I_1(s)$$

$$U_2(s)=Z_{21}(s)I_1(s)$$

因此电压转移函数为

$$\frac{U_2(s)}{U_1(s)}=\frac{Z_{21}(s)}{Z_{11}(s)}$$

或者令式(16-1)中的 $I_2=0$,有

$$0=Y_{21}(s)U_1(s)+Y_{22}(s)U_2(s)$$

所以电压转移函数为

$$\frac{U_2(s)}{U_1(s)}=-\frac{Y_{21}(s)}{Y_{22}(s)}$$

同理,可求得二端口的其余转移函数为

电流转移函数　$$\frac{I_2(s)}{I_1(s)}=\frac{Y_{21}(s)}{Y_{11}(s)}=-\frac{Z_{21}(s)}{Z_{22}(s)}\quad [U_2(s)=0]$$

转移导纳　$$\frac{I_2(s)}{U_1(s)}=Y_{21}(s)\quad [U_2(s)=0]$$

转移阻抗　$$\frac{U_2(s)}{I_1(s)}=Z_{21}(s)\quad [I_2(s)=0]$$

这些转移函数可纯粹用 Y 参数或 Z 参数表示。当然,也可纯粹用 $T(A)$ 参数或 H 参数表示。

在实际应用中,二端口的输出端口往往接有负载阻抗 Z_L,输入端口接有电压源和阻抗 Z_S 的串联组合或电流源和阻抗 Z_S 的并联组合。这种情况下该二端口称为具有"双端接"的二端口。如果只计及 Z_L 或只计及 Z_S,则称为具有"单端接"的二端口。具有单端接或双端接的二端口的转移函数与端接阻抗有关。

图 16-10 所示为一个输出端接有电阻 R 的二端口。对此二端口,有

$$I_2(s)=Y_{21}(s)U_1(s)+Y_{22}(s)U_2(s)$$

$$U_2(s)=-RI_2(s)$$

消去 $U_2(s)$后,得转移导纳

$$\frac{I_2(s)}{U_1(s)}=\frac{\dfrac{Y_{21}(s)}{R}}{Y_{22}(s)+\dfrac{1}{R}}$$

图 16-10　具有端接电阻的二端口

对此二端口还有

$$U_2(s)=Z_{21}(s)I_1(s)+Z_{22}(s)I_2(s)$$

$$U_2(s)=-RI_2(s)$$

消去 $I_2(s)$ 后，得转移阻抗

$$\frac{U_2(s)}{I_1(s)}=\frac{RZ_{21}(s)}{R+Z_{22}(s)}$$

如果对此二端口写出如下方程：

$$I_2(s)=Y_{21}(s)U_1(s)+Y_{22}(s)U_2(s)$$
$$U_1(s)=Z_{11}(s)I_1(s)+Z_{12}(s)I_2(s)$$
$$U_2(s)=-RI_2(s)$$

消去 $U_2(s)$ 和 $U_1(s)$ 后，得电流转移函数

$$\frac{I_2(s)}{I_1(s)}=\frac{Y_{21}(s)Z_{11}(s)}{1+Y_{22}(s)R-Z_{12}(s)Y_{21}(s)}$$
$$=\frac{\dfrac{Y_{21}(s)}{R}}{Y_{11}(s)\left[\dfrac{1}{R}+Y_{22}(s)\right]-Y_{12}(s)Y_{21}(s)}$$

如果对此二端口写出如下方程：

$$U_2(s)=Z_{21}(s)I_1(s)+Z_{22}(s)I_2(s)$$
$$I_1(s)=Y_{11}(s)U_1(s)+Y_{12}(s)U_2(s)$$
$$U_2(s)=-RI_2(s)$$

消去 $I_1(s)$ 和 $I_2(s)$ 后，得电压转移函数

$$\frac{U_2(s)}{U_1(s)}=\frac{Z_{21}(s)Y_{11}(s)}{1+Z_{22}(s)\dfrac{1}{R}-Z_{21}(s)Y_{12}(s)}$$
$$=\frac{Z_{21}(s)R}{Z_{11}(s)[R+Z_{22}(s)]-Z_{12}(s)Z_{21}(s)}$$

对于双端接二端口，转移函数将与两个端接阻抗有关。图 16-11 所示为这种情况，其中 R_1 为输入端的电阻，R_2 为输出端的电阻。假定要求的是 $\dfrac{U_2(s)}{U_s(s)}$［这里应当把 $U_s(s)$ 作为输入］，这时有

$$U_1(s)=U_s(s)-R_1I_1(s)$$
$$U_2(s)=-R_2I_2(s)$$

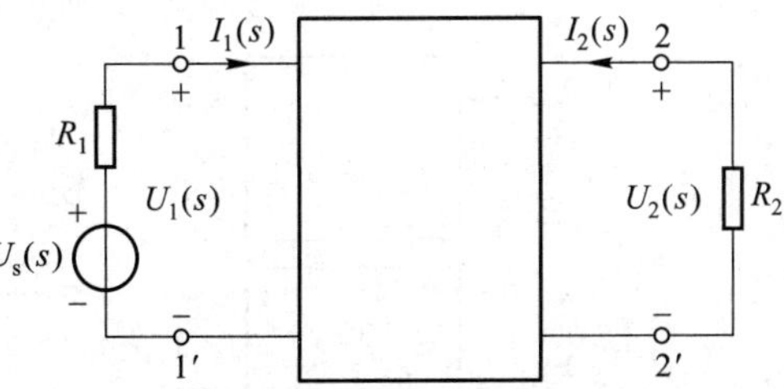

图 16-11　两个端口都有端接电阻影响的情况

把它们代入式(16-2)，得

$$U_s(s)-R_1I_1(s)=Z_{11}(s)I_1(s)+Z_{12}(s)I_2(s)$$
$$-R_2I_2(s)=Z_{21}(s)I_1(s)+Z_{22}(s)I_2(s)$$

解得

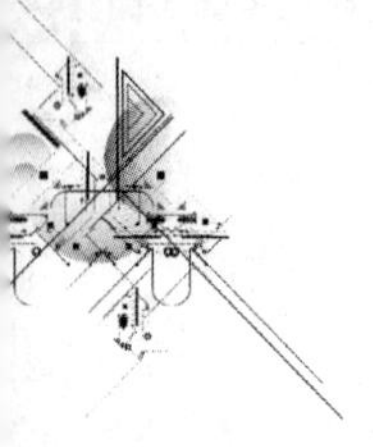

$$I_2(s)=-\frac{U_s(s)Z_{21}(s)}{[R_1+Z_{11}(s)][R_2+Z_{22}(s)]-Z_{12}(s)Z_{21}(s)}$$

这样有

$$\frac{U_2(s)}{U_s(s)}=\frac{-R_2I_2(s)}{U_s(s)}=\frac{Z_{21}(s)R_2}{[R_1+Z_{11}(s)][R_2+Z_{22}(s)]-Z_{12}(s)Z_{21}(s)}$$

以上介绍了一些转移函数的计算方法。如前所述，二端口常为完成某种功能起着耦合两部分电路的作用。例如，滤波器能让具有某些频率的信号通过，而对另一些频率的信号则加以抑制。这种功能往往是通过转移函数描述或指定的。另一方面，转移函数的极、零点的分布与二端口内部的元件及连接方式等密切相关，而极、零点的分布又决定了电路的特性。所以可以根据转移函数确定二端口内部元件的连接方式及元件值，即所谓电路设计或网络综合。可见二端口的转移函数是一个很重要的概念。

§16-5　二端口的连接

如果把一个复杂的二端口看成是由若干个简单的二端口按某种方式连接而成，这将使电路分析得到简化。另一方面，在设计和实现一个复杂的二端口时，也可以用简单的二端口作为“积木块”，把它们按一定方式连接成具有所需特性的二端口。一般说来，设计简单的部分电路并加以连接要比直接设计一个复杂的整体电路容易些。因此讨论二端口的连接问题具有重要意义。

二端口可按多种不同方式相互连接，这里主要介绍 3 种方式：级联（链联）、串联和并联，分别如图 16-12(a)(b)(c)所示。在二端口的连接问题上，感兴趣的是复合二端口的参数与部分二端口的参数之间的关系。

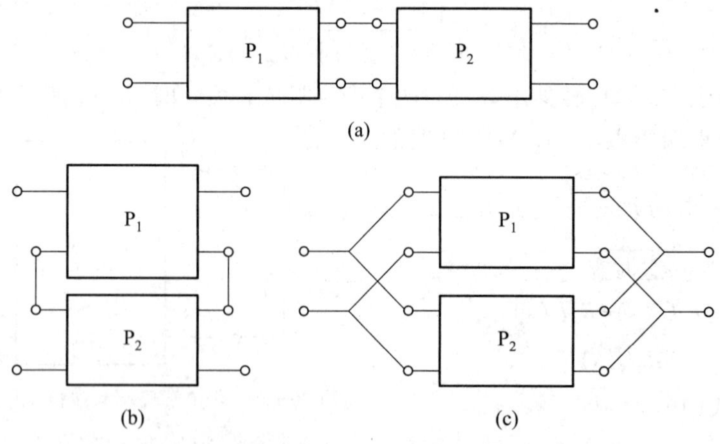

图 16-12　二端口的连接

当两个无源二端口 P_1 和 P_2 按级联方式连接后，它们构成了一个复合二端口，如图

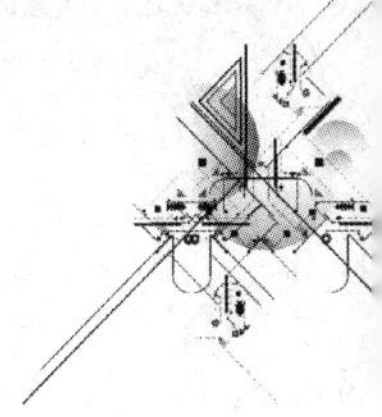

16-13 所示。设二端口 P_1 和 P_2 的 T 参数分别为

$$\boldsymbol{T}'=\begin{bmatrix}A' & B'\\ C' & D'\end{bmatrix},\quad \boldsymbol{T}''=\begin{bmatrix}A'' & B''\\ C'' & D''\end{bmatrix}$$

则应有

$$\begin{bmatrix}\dot{U}'_1\\ \dot{I}'_1\end{bmatrix}=\boldsymbol{T}'\begin{bmatrix}\dot{U}'_2\\ -\dot{I}'_2\end{bmatrix},\quad \begin{bmatrix}\dot{U}''_1\\ \dot{I}''_1\end{bmatrix}=\boldsymbol{T}''\begin{bmatrix}\dot{U}''_2\\ -\dot{I}''_2\end{bmatrix}$$

但由于 $\dot{U}_1=\dot{U}'_1$，$\dot{U}'_2=\dot{U}''_1$，$\dot{U}''_2=\dot{U}_2$，$\dot{I}_1=\dot{I}'_1$，$\dot{I}'_2=-\dot{I}''_1$ 及 $\dot{I}''_2=\dot{I}_2$，所以有

$$\begin{bmatrix}\dot{U}_1\\ \dot{I}_1\end{bmatrix}=\begin{bmatrix}\dot{U}'_1\\ \dot{I}'_1\end{bmatrix}=\boldsymbol{T}'\begin{bmatrix}\dot{U}'_2\\ -\dot{I}'_2\end{bmatrix}=\boldsymbol{T}'\begin{bmatrix}\dot{U}''_1\\ \dot{I}''_1\end{bmatrix}=\boldsymbol{T}'\boldsymbol{T}''\begin{bmatrix}\dot{U}''_2\\ -\dot{I}''_2\end{bmatrix}=\boldsymbol{T}'\boldsymbol{T}''\begin{bmatrix}\dot{U}_2\\ -\dot{I}_2\end{bmatrix}=\boldsymbol{T}\begin{bmatrix}\dot{U}_2\\ -\dot{I}_2\end{bmatrix}$$

其中 $\boldsymbol{T}$ 为复合二端口的 T 参数矩阵，它与二端口 P_1 和 P_2 的 T 参数矩阵的关系为

$$\boldsymbol{T}=\boldsymbol{T}'\boldsymbol{T}''$$

即

$$\boldsymbol{T}=\begin{bmatrix}A'A''+B'C'' & A'B''+B'D''\\ C'A''+D'C'' & C'B''+D'D''\end{bmatrix}$$

图 16-13 二端口的级联

当两个二端口 P_1 和 P_2 按并联方式连接时，如图 16-14 所示，两个二端口的输入电压和输出电压被分别强制为相同，即 $\dot{U}'_1=\dot{U}''_1=\dot{U}_1$，$\dot{U}'_2=\dot{U}''_2=\dot{U}_2$。如果每个二端口的端口条件（即端口上流入一个端子的电流等于流出另一端子的电流）不因并联连接而被破坏，则复合二端口的总端口的电流应为

$$\dot{I}_1=\dot{I}'_1+\dot{I}''_1,\quad \dot{I}_2=\dot{I}'_2+\dot{I}''_2$$

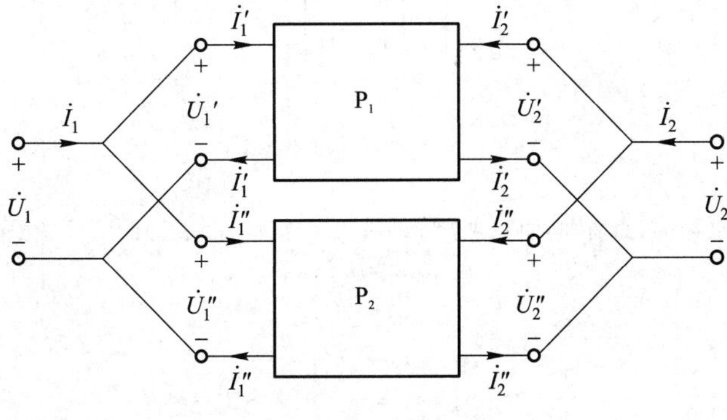

图 16-14 二端口的并联

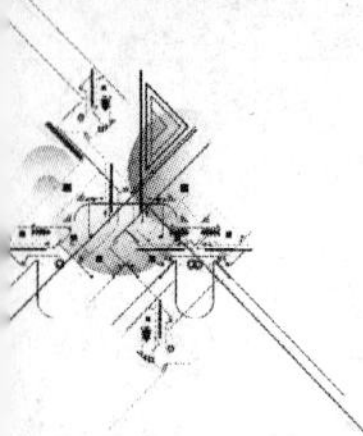

若设 P_1 和 P_2 的 Y 参数分别为

$$\boldsymbol{Y}'=\begin{bmatrix} Y'_{11} & Y'_{12} \\ Y'_{21} & Y'_{22} \end{bmatrix},\quad \boldsymbol{Y}''=\begin{bmatrix} Y''_{11} & Y''_{12} \\ Y''_{21} & Y''_{22} \end{bmatrix}$$

则应有

$$\begin{bmatrix} \dot{I}_1 \\ \dot{I}_2 \end{bmatrix}=\begin{bmatrix} \dot{I}'_1 \\ \dot{I}'_2 \end{bmatrix}+\begin{bmatrix} \dot{I}''_1 \\ \dot{I}''_2 \end{bmatrix}=\boldsymbol{Y}'\begin{bmatrix} \dot{U}'_1 \\ \dot{U}'_2 \end{bmatrix}+\boldsymbol{Y}''\begin{bmatrix} \dot{U}''_1 \\ \dot{U}''_2 \end{bmatrix}=(\boldsymbol{Y}'+\boldsymbol{Y}'')\begin{bmatrix} \dot{U}_1 \\ \dot{U}_2 \end{bmatrix}=\boldsymbol{Y}\begin{bmatrix} \dot{U}_1 \\ \dot{U}_2 \end{bmatrix}$$

其中 $\boldsymbol{Y}$ 为复合二端口的 Y 参数矩阵，它与二端口 P_1 和 P_2 的 Y 参数矩阵的关系为

$$\boldsymbol{Y}=\boldsymbol{Y}'+\boldsymbol{Y}''$$

当两个二端口按串联方式连接时，只要端口条件仍然成立，用类似方法，不难导得复合二端口的 Z 参数矩阵与串联连接的两个二端口的 Z 参数矩阵有如下关系：

$$\boldsymbol{Z}=\boldsymbol{Z}'+\boldsymbol{Z}''$$

§16-6　回转器和负阻抗变换器

回转器是一种线性非互易的多端元件，图 16-15 为它的电路图形符号。理想回转器可视为一个二端口，它的端口电压、电流关系可用下列方程表示：

$$\left.\begin{aligned} u_1&=-ri_2 \\ u_2&=ri_1 \end{aligned}\right\} \tag{16-11}$$

或写为

$$\left.\begin{aligned} i_1&=gu_2 \\ i_2&=-gu_1 \end{aligned}\right\}① \tag{16-12}$$

图 16-15　回转器

式中的 r 和 g 分别具有电阻和电导的量纲。它们分别称为回转电阻和回转电导，简称回转常数。把上式与理想变压器的关系式对比，就可以明确两者的差别所在。

用矩阵形式表示时，式(16-11)和式(16-12)可分别写为

$$\begin{bmatrix} u_1 \\ u_2 \end{bmatrix}=\begin{bmatrix} 0 & -r \\ r & 0 \end{bmatrix}\begin{bmatrix} i_1 \\ i_2 \end{bmatrix}$$

---

①　式(16-11)和式(16-12)的另一种形式为

$$\left.\begin{aligned} u_1&=ri_2 \\ u_2&=-ri_1 \end{aligned}\right\} \tag{16-11′}$$

$$\left.\begin{aligned} i_1&=-gu_2 \\ i_2&=gu_1 \end{aligned}\right\} \tag{16-12′}$$

为了区别这两种情况，习惯上在图 16-15 所示电路符号图上方加一个箭头。当箭头自左指向右时，它对应式(16-11)或式(16-12)，而自右指向左时则对应式(16-11′)或式(16-12′)。本书的有关图中略去了这个箭头。

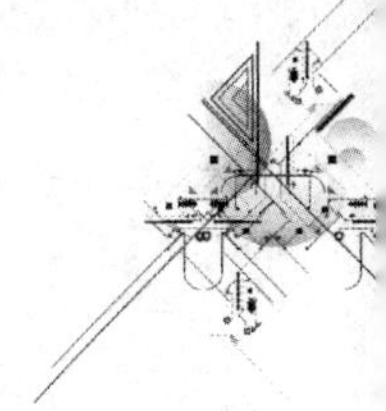

$$\begin{bmatrix} i_1 \\ i_2 \end{bmatrix} = \begin{bmatrix} 0 & g \\ -g & 0 \end{bmatrix} \begin{bmatrix} u_1 \\ u_2 \end{bmatrix}$$

可见,回转器的 Z 参数矩阵和 Y 参数矩阵分别为

$$\mathbf{Z} = \begin{bmatrix} 0 & -r \\ r & 0 \end{bmatrix}, \quad \mathbf{Y} = \begin{bmatrix} 0 & g \\ -g & 0 \end{bmatrix}$$

根据理想回转器的端口方程,即式(16-11),有

$$u_1 i_1 + u_2 i_2 = -r i_1 i_2 + r i_1 i_2 = 0$$

由于图 16-15 中回转器的两个端口的电压电流均取关联参考方向,因此上式表示理想回转器既不消耗功率又不发出功率,它是一个无源线性元件。另外,按式(16-11)或式(16-12),不难证明互易定理不适用于回转器。

从式(16-11)或式(16-12)可以看出,回转器有把一个端口上的电流“回转”为另一端口上的电压或相反过程的性质。正是这一性质,使回转器具有把一个电容回转为一个电感的本领,这在微电子器件中为用易于集成的电容实现难以集成的电感提供了可能性。下面说明回转器的这一功能。

对图 16-16 所示电路,有 $I_2(s) = -sCU_2(s)$(这里采用运算形式),故按式(16-11)或式(16-12)可得

$$U_1(s) = -rI_2(s) = rsCU_2(s) = r^2 sCI_1(s)$$

或

$$I_1(s) = gU_2(s) = -g\frac{1}{sC}I_2(s) = g^2\frac{1}{sC}U_1(s)$$

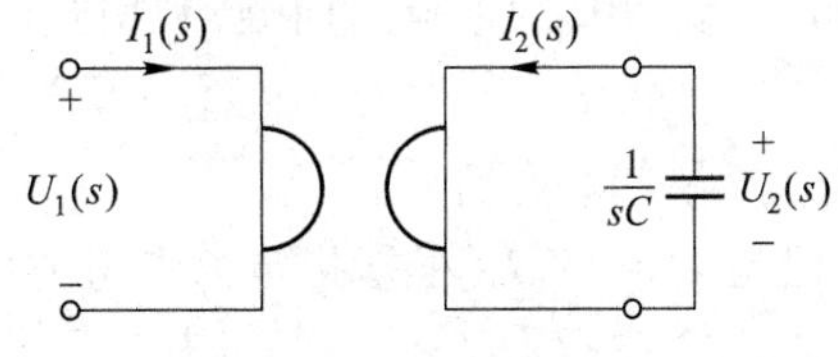

图 16-16　电感的实现

于是,输入阻抗为

$$Z_{\text{in}} = \frac{U_1(s)}{I_1(s)} = sr^2 C = s\frac{C}{g^2}$$

可见,对于图 16-16 所示电路,从输入端看,相当于一个电感元件,它的电感值 $L = r^2 C = \frac{C}{g^2}$。如果设 $C = 1\ \mu\text{F}$, $r = 50\ \text{k}\Omega$,则 $L = 2\ 500\ \text{H}$。换言之,回转器可把 1 μF 的电容回转成 2 500 H 的电感。

负阻抗变换器(简称 NIC①)也是一个二端口,它的符号如图 16-17(a)所示。它的端口特性可以用下列 T 参数描述[采用运算形式,但为简化起见,略去 U、I 后的“(s)”]

$$\begin{bmatrix} U_1 \\ I_1 \end{bmatrix} = \begin{bmatrix} 1 & 0 \\ 0 & -k \end{bmatrix} \begin{bmatrix} U_2 \\ -I_2 \end{bmatrix} \qquad (16\text{-}13\text{a})$$

或

① negative impedance converter 的缩写。

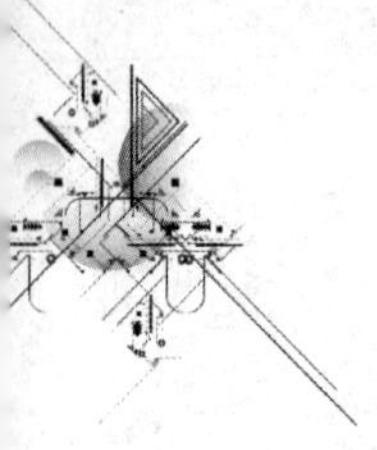

$$\begin{bmatrix} U_1 \\ I_1 \end{bmatrix} = \begin{bmatrix} -k & 0 \\ 0 & 1 \end{bmatrix} \begin{bmatrix} U_2 \\ -I_2 \end{bmatrix} \tag{16-13b}$$

式中 k 为正实常数。

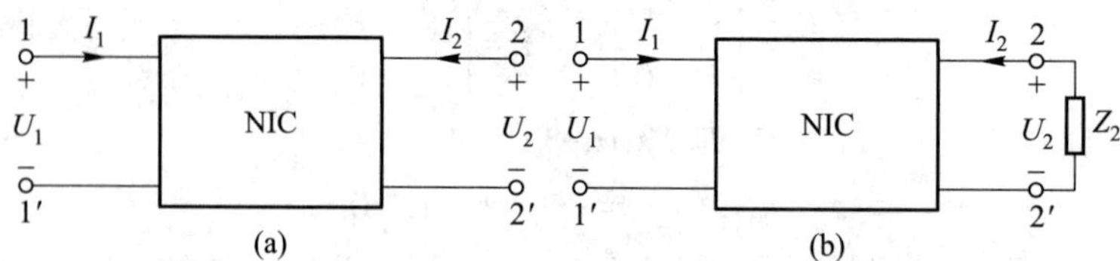

图 16-17　负阻抗变换器

从式(16-13a)可以看出,输入电压 U_1 经过传输后成为 U_2,但 U_1 等于 U_2,因此电压的大小和方向均没有改变;但是电流 I_1 经传输后变为 kI_2,换句话说,电流经传输后改变了方向,所以该式定义的 NIC 称为电流反向型的 NIC。

从式(16-13b)可以看出,经传输后电压变为$-kU_2$,改变了方向,电流却不改变方向。这种 NIC 称为电压反向型的 NIC。下面说明 NIC 把正阻抗变为负阻抗的性质。

在端口 2-2′接上阻抗 Z_2,如图 16-17(b)所示。从端口 1-1′看进去的输入阻抗 Z_1 可计算如下:

设 NIC 为电流反向型,利用式(16-13a),得①

$$Z_1 = \frac{U_1}{I_1} = \frac{U_2}{kI_2}$$

但是 $U_2 = -Z_2 I_2$(根据指定的参考方向),因此

$$Z_1 = -\frac{Z_2}{k}$$

换句话说,输入阻抗 Z_1 是负载阻抗 $Z_2\left(\text{乘以}\frac{1}{k}\right)$ 的负值。所以这个二端口有把一个正阻抗变为负阻抗的本领,也即当端口 2-2′接上电阻 R、电感 L 或电容 C 时,则在端口 1-1′将变为$-\frac{1}{k}R$、$-\frac{1}{k}L$ 或$-kC$。

负阻抗变换器为电路设计中实现负 R、L、C 提供了可能性。

思考题

16-1　采用二端口的方程和参数的分析方法可以推广到多端口网络吗?如果可以,哪些方程可以直接推广到多端口网络,哪些方程需要改进后可以推广到多端口网络?

16-2　研究二端口网络,为什么要求二端口内不含独立源,但却可以包含受控源?

① 如 NIC 为电压反向型,利用式(16-13b)可得 $Z_1 = kU_2/I_2$。

16-3 如果二端口网络完全由 LC 元件组成,它的开路阻抗参数矩阵有何特点?

16-4 为什么用 Z 参数表示的二端口,采用 T 形等效电路?而用 Y 参数表示的二端口,采用 π 形等效电路?

16-5 二端口的连接需符合什么条件?

习 题

16-1 求题 16-1 图所示二端口的 Y 参数、Z 参数和 T 参数矩阵。

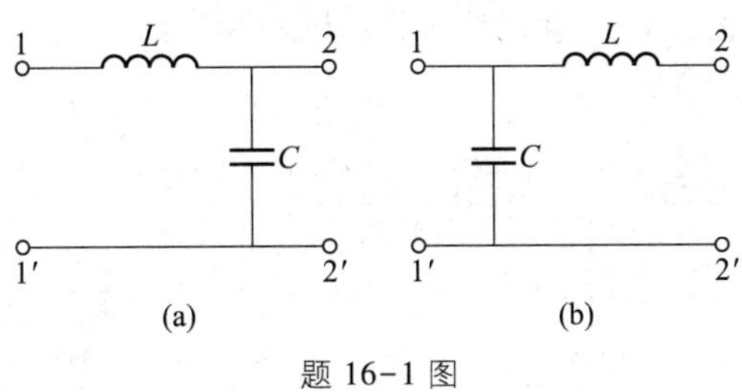

题 16-1 图

16-2 求题 16-2 图所示二端口的 Y 参数和 Z 参数矩阵。

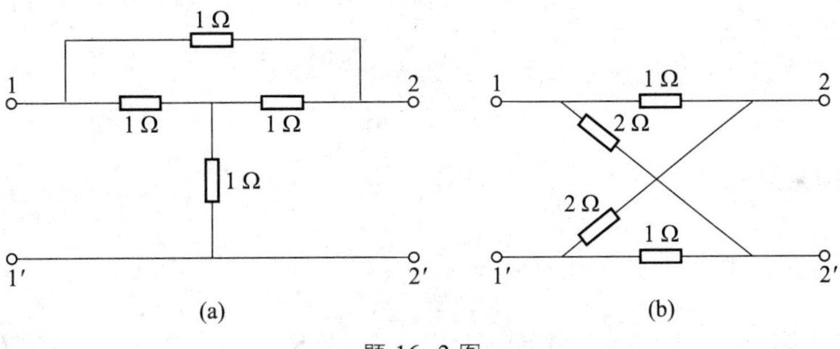

题 16-2 图

16-3 求题 16-3 图所示二端口的 T 参数矩阵。

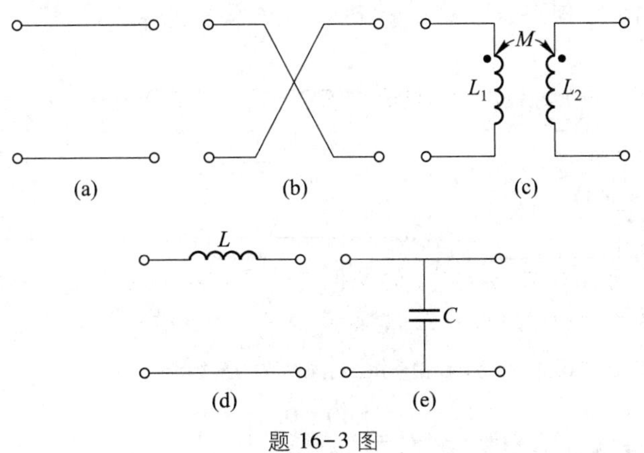

题 16-3 图

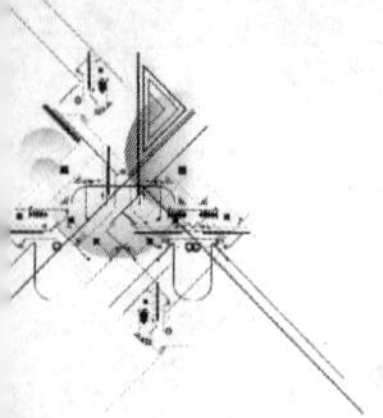

16-4　求题 16-4 图所示二端口的 Y 参数矩阵。

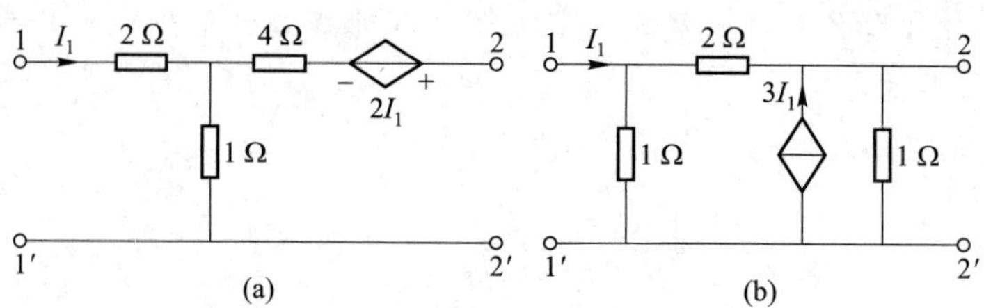

题 16-4 图

16-5　求题 16-5 图所示二端口的混合(H)参数矩阵。

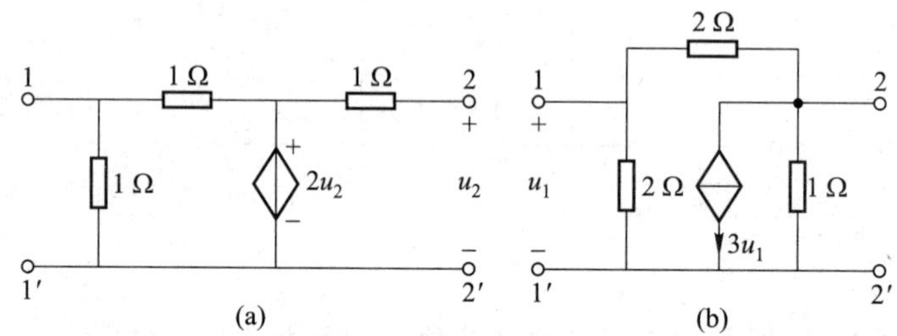

题 16-5 图

16-6　已知题 16-6 图所示二端口的 Z 参数矩阵为

$$\boldsymbol{Z}=\begin{bmatrix}10 & 8\\ 5 & 10\end{bmatrix}\ \Omega$$

求 R_1、R_2、R_3 和 r 的值。

16-7　已知二端口的 Y 参数矩阵为

$$\boldsymbol{Y}=\begin{bmatrix}1.5 & -1.2\\ -1.2 & 1.8\end{bmatrix}\ \mathrm{S}$$

求 H 参数矩阵，并说明该二端口中是否有受控源。

16-8　求题 16-8 图所示二端口的 Z 参数、T 参数矩阵。

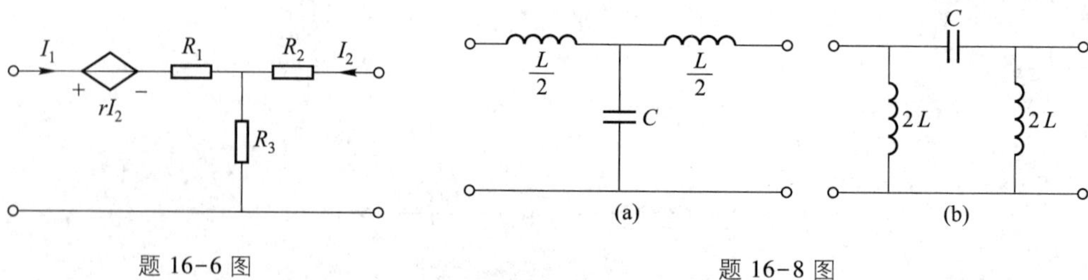

题 16-6 图　　　　题 16-8 图

16-9　电路如题 16-9 图所示，已知二端口的 H 参数矩阵为

$$\boldsymbol{H}=\begin{bmatrix}40 & 0.4\\ 10 & 0.1\end{bmatrix}$$

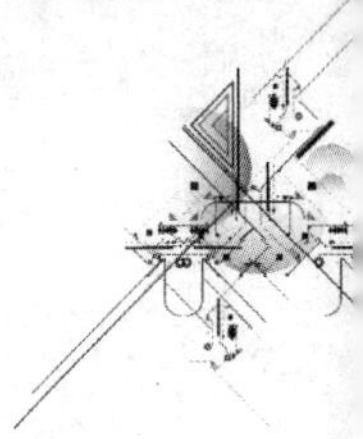

求电压转移函数$\dfrac{U_2(s)}{U_1(s)}$。

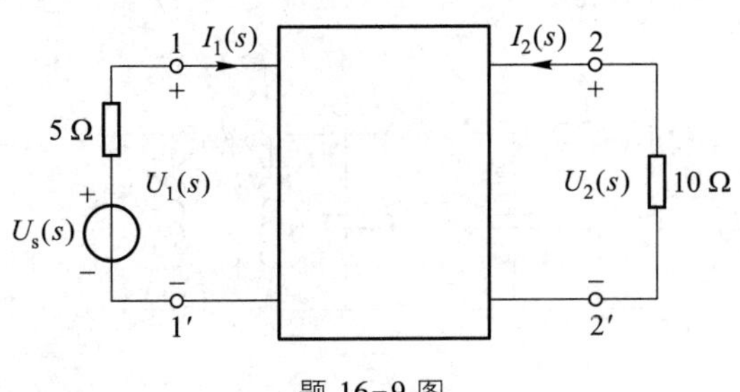

题 16-9 图

16-10　已知二端口参数矩阵为

(a) $\boldsymbol{Z}=\begin{bmatrix}\dfrac{60}{9} & \dfrac{40}{9}\\ \dfrac{40}{9} & \dfrac{100}{9}\end{bmatrix}\ \Omega$;

(b) $\boldsymbol{Y}=\begin{bmatrix}5 & -2\\ 0 & 3\end{bmatrix}$ S。

试问二端口是否有受控源,并求它们的等效 π 形电路。

16-11　求题 16-11 图所示双 T 电路的 Y 参数矩阵。

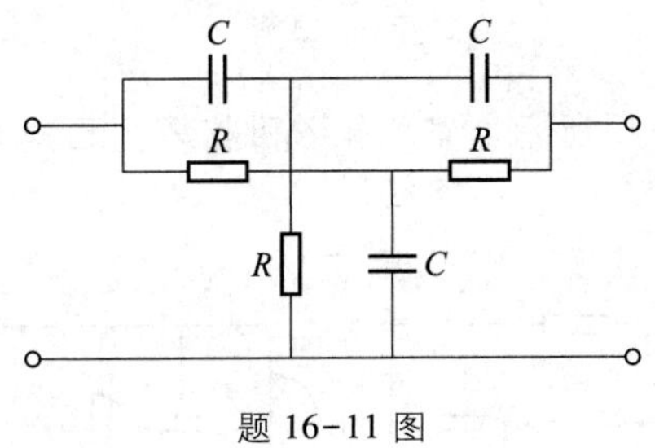

题 16-11 图

16-12　求题 16-12 图所示二端口的 T 参数矩阵,设内部二端口 P_1 的 T 参数矩阵为

$$\boldsymbol{T}_1=\begin{bmatrix}A & B\\ C & D\end{bmatrix}$$

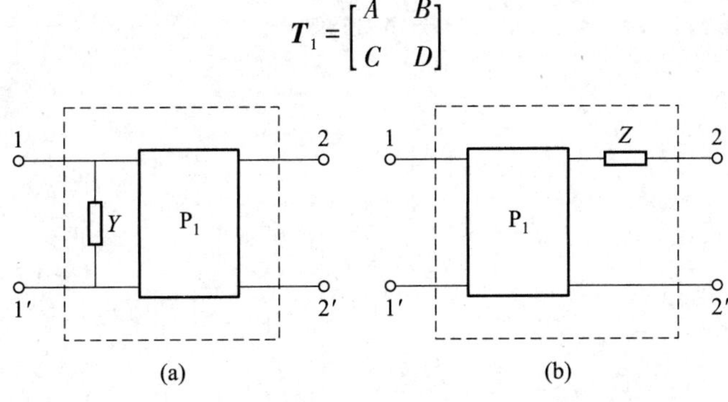

题 16-12 图

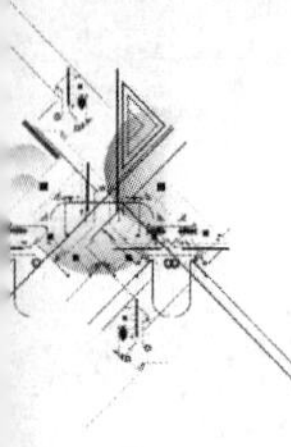

16-13 利用题 16-1、题 16-3 的结果，求出题 16-13 图所示二端口的 T 参数矩阵。设已知 $\omega L_1 = 10\ \Omega$，$\dfrac{1}{\omega C} = 20\ \Omega$，$\omega L_2 = \omega L_3 = 8\ \Omega$，$\omega M_{23} = 4\ \Omega$。

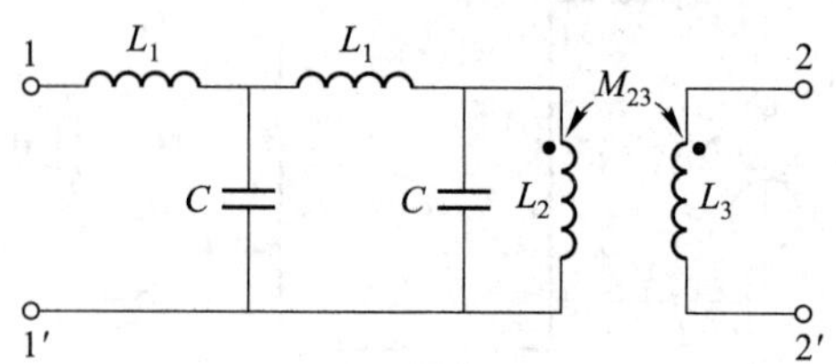

题 16-13 图

16-14 试证明两个回转器级联后［如题 16-14 图(a)所示］，可等效为一个理想变压器［如题 16-14 图(b)所示］，并求出变比 n 与两个回转器的回转电导 g_1 和 g_2 的关系。

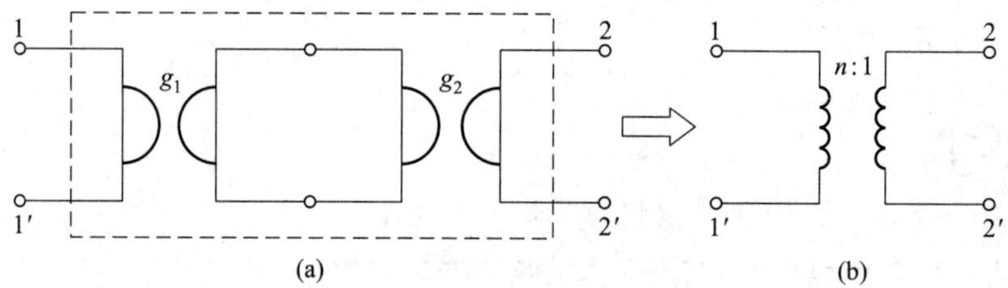

题 16-14 图

16-15 试求题 16-15 图所示电路的输入阻抗 Z_i。已知 $C_1 = C_2 = 1\ \text{F}$，$G_1 = G_2 = 1\ \text{S}$，$g = 2\ \text{S}$。

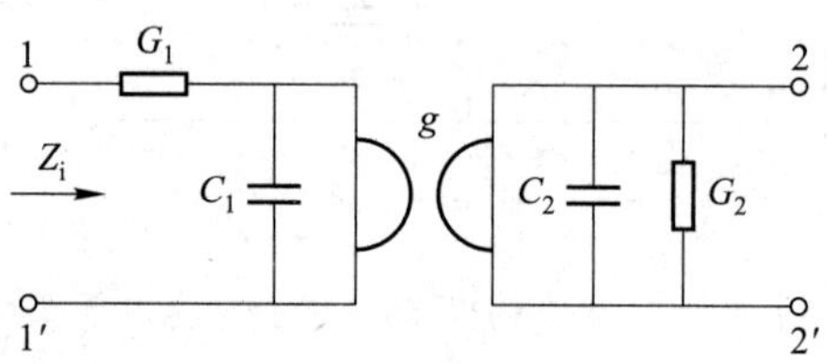

题 16-15 图

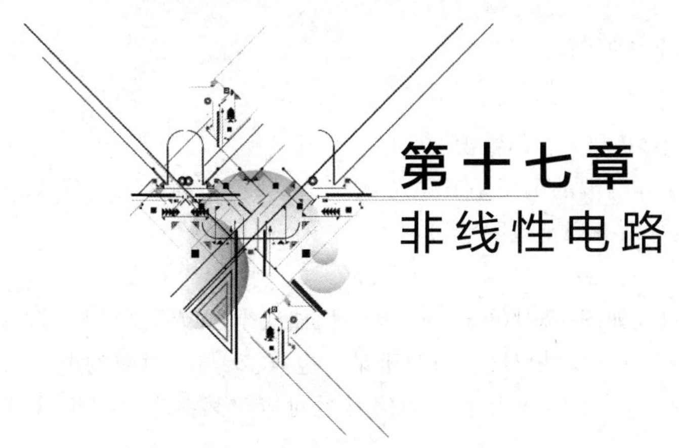

第十七章 非线性电路

导读

在本书的前十六章,主要介绍线性电路的分析。由于无论是非线性电路的系统行为,还是非线性电路的分析方法,都与线性电路有很大的差异,对非线性电路的分析是电路理论的重要任务之一。

本章简要地介绍非线性元件,并举例说明非线性电路方程的建立方法。讨论了分析非线性电路的一些常用方法,如非线性电阻电路的小信号分析法,分段线性化方法;简要地介绍了工作在非线性范围的运算放大器,小扰动下的动态电路分析法,有关状态平面以及自激振荡的初步概念;最后初步介绍了"混沌"、人工神经元电路。

本章以掌握概念为主,不强调定量分析。

§17-1 非线性电阻

在线性电路中,线性元件的特点是其参数不随电压或电流而变化。如果电路元件的参数随着电压或电流而变化,即电路元件的参数与电压或电流有关,就称为非线性元件,含有非线性元件的电路称为非线性电路。

实际电路元件的参数总是或多或少地随着电压或电流而变化。所以,严格说来,一切实际电路都是非线性电路。在工程计算中,将那些非线性程度比较微弱的电路元件作为线性元件来处理,不会带来本质上的差异,从而简化了电路分析。但是,许多非线性元件的非线性特征不容忽略,否则就将无法解释电路中发生的物理现象。如果将这些非线性元件作为线性元件处理,势必使计算结果与实际量值相差太大而无意义,甚至还会产生本质的差异。由于非线性电路本身具有的特殊性,分析研究非线性电路具有重要的意义。

线性电阻元件的伏安特性可用欧姆定律来表示,即 $u=Ri$,在 $u-i$ 平面上它是通过坐标原点的一条直线。非线性电阻元件的电压电流关系不满足欧姆定律,而是遵循某种特定的非线性函数关系。非线性电阻在电路中的符号如图 17-1(a)所示(为了使问

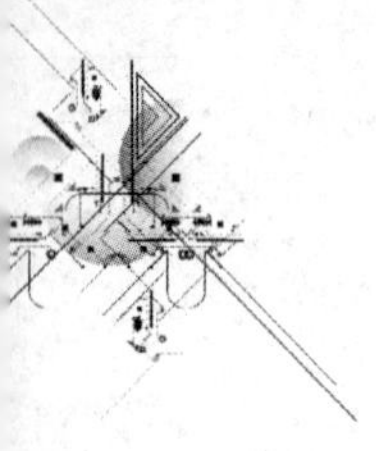

题简化，这里仅考虑 $u>0$ 和 $i>0$ 的情况）。

若非线性电阻元件两端的电压是其电流的单值函数，这种电阻就称为电流控制型电阻，它的伏安特性可用下列函数关系表示

$$u=f(i) \tag{17-1}$$

其典型的伏安特性曲线如图 17-1(b)所示，从特性曲线上可以看到：对于每一个电流值 i，有且只有一个电压值 u 与之相对应；而对于某一电压值，与之对应的电流可能是多值的。如 $u=u_0$ 时，就有 i_1、i_2 和 i_3 3 个不同的值与之对应。某些充气二极管就具有这种伏安特性。

若通过非线性电阻元件中的电流是其两端电压的单值函数，这种电阻就称为电压控制型电阻，其伏安特性可用下列函数关系表示

$$i=g(u) \tag{17-2}$$

其典型的伏安特性曲线如图 17-1(c)所示，从特性曲线上可以看到：对于某一电流值，与之对应的电压可能是多值的。但是对于每一个电压值 u，有且只有一个电流值 i 与之对应。隧道二极管就具有这样的伏安特性。

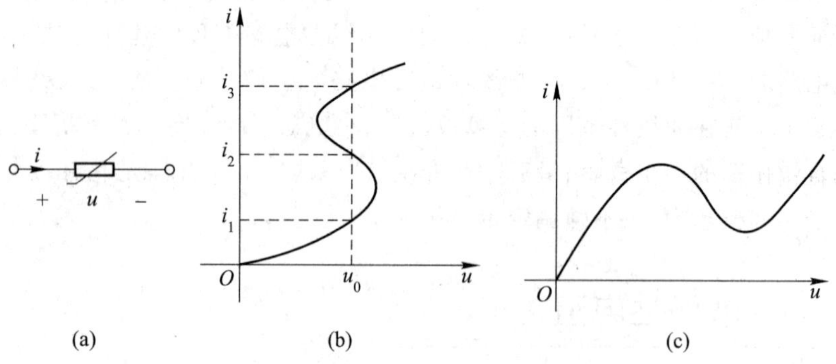

图 17-1　非线性电阻

从图 17-1(b)(c)中还可以看出，上述两种伏安特性曲线都具有一段下倾的线段。就是说在这一段范围内电流随着电压的增长反而下降。

另一种非线性电阻属于“单调型”，其伏安特性是单调增长或单调下降的，它同时是电流控制又是电压控制的。这一类非线性电阻以 PN 结二极管最为典型，其伏安特性可用下列函数式表示

$$i=I_S\left(e^{\frac{qu}{kT}}-1\right) \tag{17-3}$$

式中 I_S 为一常数，称为反向饱和电流，q 是电子的电荷(1.6×10^{-19} C)，k 是波尔兹曼常数(1.38×10^{-23} J/K)，T 为热力学温度。在 $T=300$ K(室温下)时

$$\frac{q}{kT}=40(\text{J/C})^{-1}=40\ \text{V}^{-1}$$

因此

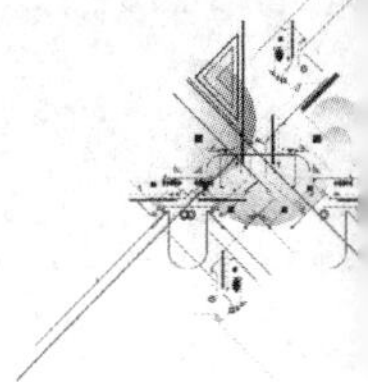

$$i=I_S(e^{40u}-1)$$

从式(17-3)可求得

$$u=\frac{kT}{q}\ln\left(\frac{1}{I_S}i+1\right)$$

上式表明,电压可用电流的单值函数来表示。图 17-2 定性示出了 PN 结二极管的伏安特性曲线。

特别要指出的是线性电阻是双向性的,而许多非线性电阻具有单向性。当加在非线性电阻两端的电压方向不同时,流过它的电流完全不同,故其特性曲线不对称于原点。在工程中,非线性电阻的单向导电性可作为整流用。为了计算上的需要,对于非线性电阻元件有时引用静态电阻和动态电阻的概念。

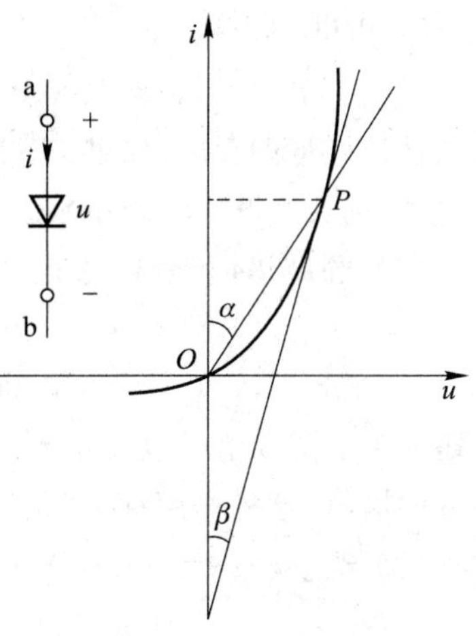

图 17-2　PN 结二极管的伏安特性曲线

非线性电阻元件在某一工作状态下(如图 17-2 中 P 点)的静态电阻 R 等于该点的电压值 u 与电流值 i 之比,即

$$R=\frac{u}{i}$$

显然 P 点的静态电阻正比于 $\tan\alpha$。

非线性电阻元件在某一工作状态下(如图 17-2 中 P 点)的动态电阻 R_d 等于该点的电压 u 对电流 i 的导数值,即

$$R_d=\frac{du}{di}$$

显然 P 点的动态电阻正比于 $\tan\beta$。

这里特别要说明的是,对于图 17-1(b)(c)中所示伏安特性曲线的下倾段,其动态电阻为负值,因此具有“负电阻”的性质。

例 17-1　设有一个非线性电阻元件,其伏安特性为 $u=f(i)=100i+i^3$。

(1) 试分别求出 $i_1=5$ A,$i_2=10$ A,$i_3=0.01$ A,$i_4=0.001$ A 时对应的电压 u_1、u_2、u_3、u_4 的值;

(2) 试求 $i=2\cos(314t)$ A 时对应的电压 u 的值;

(3) 设 $u_{12}=f(i_1+i_2)$,试问 u_{12} 是否等于(u_1+u_2)?

解　(1) $i_1=5$ A 时

$$u_1=(100\times5+5^3)\text{ V}=625\text{ V}$$

$i_2=10$ A 时

$$u_2=(100\times10+10^3)\text{ V}=2\ 000\text{ V}$$

$i_3=0.01$ A 时

$$u_3=[100\times0.01+(0.01)^3]\text{ V}=(1+10^{-6})\text{ V}$$

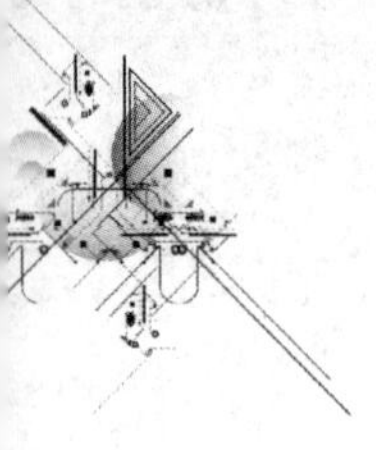

$i_4=0.001$ A 时

$$u_4=[100\times0.001+(0.001)^3]\ \text{V}=(0.1+10^{-9})\ \text{V}$$

从上述计算可以看出，如果把这个电阻作为 100 Ω 的线性电阻，当电流 i 不同时，引起的误差不同；当电流值较小时，引起的误差不大。

（2）当 $i=2\cos(314t)$ A 时

$$\begin{aligned}u&=[100\times2\cos(314t)+8\cos^3(314t)]\ \text{V}\\&=[206\cos(314t)+2\cos(942t)]\ \text{V}\end{aligned}$$

电压 u 中含有 3 倍于电流频率的分量，所以利用非线性电阻可以产生频率不同于输入频率的输出（这种作用称为“倍频”）。

（3）现假设 $u_{12}=f(i_1+i_2)$，则

$$\begin{aligned}u_{12}&=100(i_1+i_2)+(i_1+i_2)^3\\&=100(i_1+i_2)+(i_1^3+i_2^3)+(i_1+i_2)\times3i_1i_2\\&=u_1+u_2+3i_1i_2(i_1+i_2)\end{aligned}$$

可见，一般情况下，$i_1+i_2\neq0$，因此有

$$u_{12}\neq u_1+u_2$$

所以叠加定理不适用于非线性电路。

当非线性电阻元件串联或并联时，只有所有非线性电阻元件的控制类型相同，才有可能得出其等效电阻伏安特性的解析表达式。如果把非线性电阻元件串联或并联后对外当作一个一端口时，则端口的电压和电流关系或伏安特性称为此一端口的驱动点特性。对于图 17-3(a) 所示两个非线性电阻的串联，设它们的伏安特性分别为 $u_1=f_1(i_1)$，$u_2=f_2(i_2)$，用 $u=f(i)$ 表示此串联电路的一端口伏安特性。根据 KCL 和 KVL，有

$$i=i_1=i_2$$

$$u=u_1+u_2$$

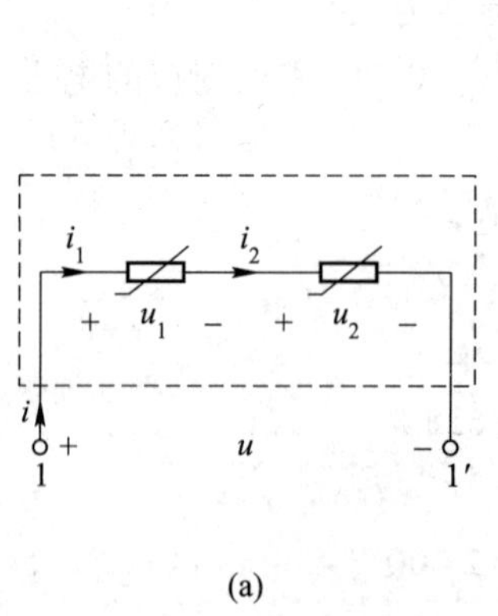

(a)

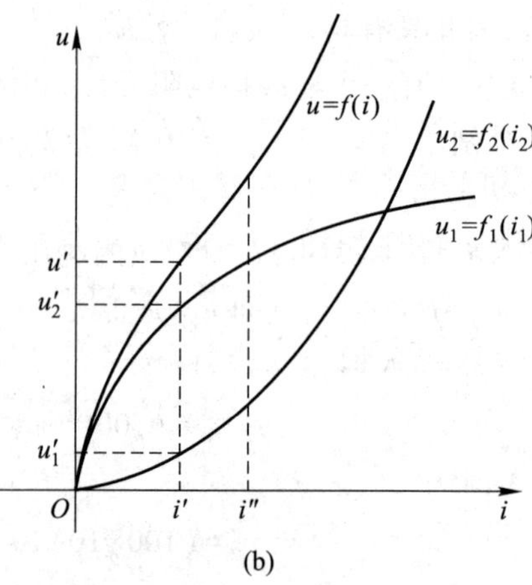

(b)

图 17-3　非线性电阻的串联

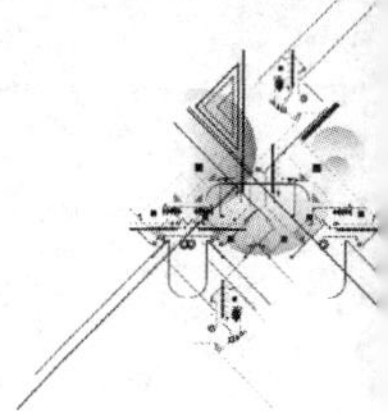

将两个非线性电阻的伏安特性代入 KVL 有

$$u=f_1(i_1)+f_2(i_2)$$

根据 KCL 对所有 i，则有

$$u=f(i)=f_1(i)+f_2(i)$$

这表示，其驱动点特性为一个电流控制的非线性电阻，因此两个电流控制的非线性电阻串联组合的等效电阻还是一个电流控制的非线性电阻。

可以用图解的方法来分析非线性电阻的串联电路。图 17-3(b)说明了这种分析方法，即在同一电流值下将 u_1 和 u_2 相加可得出 u。例如，当 $i'=i_1'=i_2'$ 时，有 $u_1=u_1'$，$u_2=u_2'$，而 $u'=u_1'+u_2'$。取不同的 i 值，可逐点求出其等效伏安特性 $u=f(i)$，如图 17-3(b)所示。

如果这两个非线性电阻中有一个是电压控制型，在电流值的某范围内电压是多值的。很难写出一端口等效伏安特性 $u=f(i)$ 的解析式。但是用图解方法不难获得等效非线性电阻的伏安特性。

图 17-4 所示为两个非线性电阻的并联电路。按 KCL 和 KVL 有

$$u=u_1=u_2,\quad i=i_1+i_2$$

设两个非线性电阻均为电压控制型的，其伏安特性分别表示为

$$i_1=f_1(u_1),\quad i_2=f_2(u_2)$$

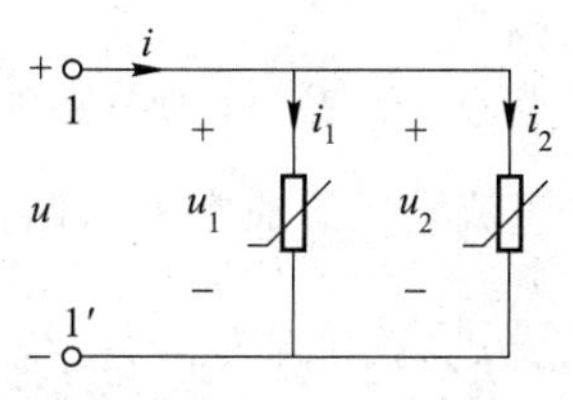

图 17-4 非线性电阻的并联

由并联电路组成的一端口的驱动点特性用 $i=f(u)$ 来表示。利用以上关系，可得

$$i=f_1(u)+f_2(u)$$

所以此一端口的驱动点特性是一个电压控制型的非线性电阻。如果并联的非线性电阻中之一不是电压控制的，就得不出以上的解析式，但可以用图解法来求解。

用图解法来分析非线性电阻的并联电路时，把在同一电压值下的各并联非线性电阻的电流值相加，即可得到所需要的驱动点特性。

图 17-5(a)所示电路由线性电阻 R_0 和直流电压源 U_0 及一个非线性电阻 R 组成。线性电阻 R_0 和电压源 U_0 的串联组合可以是一个线性一端口的戴维南等效电路。设非线性电阻的伏安特性如图 17-5(b)所示。这里介绍另一种图解法，称为“曲线相交法”。

对此电路应用 KVL，可得下列方程

$$U_0=R_0i+u$$

$$u=U_0-R_0i \tag{17-4}$$

此方程可以看作是图 17-5(a)虚线方框所示一端口的伏安特性。它在 u-i 平面上是一条如图 17-5(b)中的直线 $\overline{AB}$。设非线性电阻 R 的伏安特性可表示为

$$i=g(u) \tag{17-5}$$

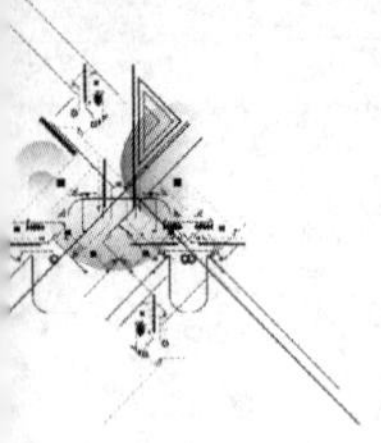

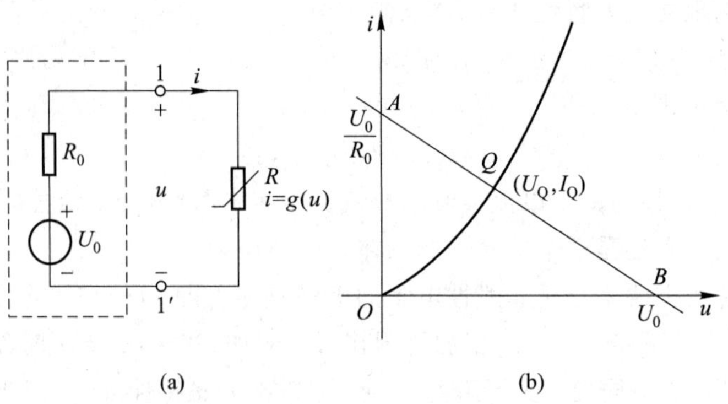

图 17-5 静态工作点

直线 $\overline{AB}$ 与此伏安特性的交点(U_Q,I_Q)同时满足式(17-4)和式(17-5),所以有

$$U_0=R_0I_Q+U_Q$$

$$I_Q=g(U_Q)$$

交点 $Q(U_Q,I_Q)$称为电路的静态工作点,它就是图 17-5(a)所示电路的解。在电子电路中直流电压源通常表示偏置电压,R_0 表示负载,故直线 $\overline{AB}$ 有时称为负载线。

§17-2 非线性电容和非线性电感

线性电容是一个二端储能元件,它两端电压与其电荷的关系是用函数或库伏特性表示的。如果一个电容元件的库伏特性不是一条通过坐标原点的直线,这种电容就是非线性电容。非线性电容的电路符号和 q-u 特性曲线如图 17-6 所示。

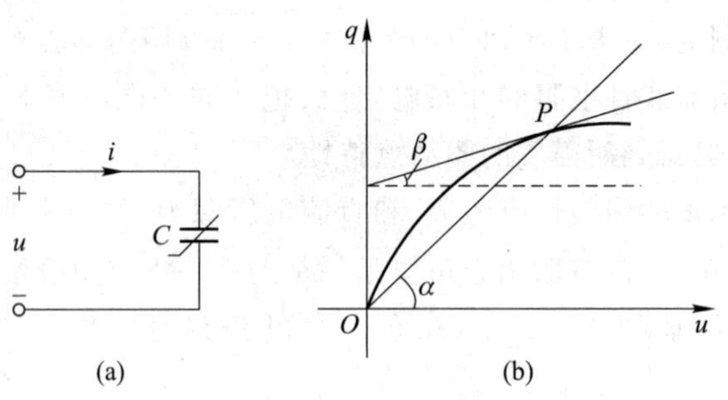

图 17-6 非线性电容及 q-u 特性曲线

如果一个非线性电容元件的电荷与电压关系可用下式表示:

$$q=f(u)$$

即电荷可用电压的单值函数来表示,则此电容称为电压控制的。如果电荷与电压关系可表示为

$$u=h(q)$$

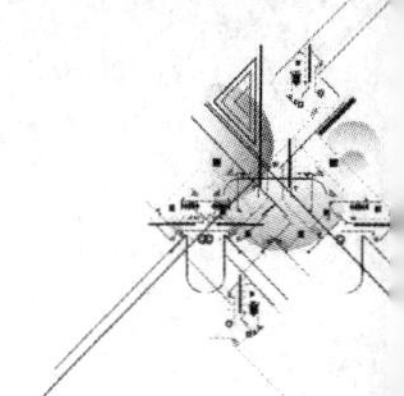

即电压可用电荷的单值函数来表示，则此电容称为电荷控制的电容。

非线性电容也可以是单调型的，即其库伏特性在 q-u 平面上是单调增长或单调下降的。

为了计算上的需要，有时引用静态电容 C 和动态电容 C_{d} 的概念，它们的定义分别如下：

$$C=\frac{q}{u}$$

$$C_{\mathrm{d}}=\frac{\mathrm{d}q}{\mathrm{d}u}$$

显然，在图 17-6(b) 中 P 点的静态电容正比于 $\tan\alpha$，P 点的动态电容正比于 $\tan\beta$。

电感也是一个二端储能元件，其特征是用磁通链与电流之间的函数关系或韦安特性表示的。如果电感元件的韦安特性不是一条通过坐标原点的直线，这种电感元件就是非线性电感元件。

如果非线性电感的电流与磁通链的关系表示为

$$i=h(\psi)$$

则称为磁通链控制的电感。如果电流与磁通链的关系表示为

$$\psi=f(i)$$

就称为电流控制的电感。非线性电感的 ψ-i 特性曲线如图 17-7 所示。

同样，为了计算上的方便，也引用静态电感 L 和动态电感 L_{d} 的概念，它们的定义分别如下：

$$L=\frac{\psi}{i}$$

$$L_{\mathrm{d}}=\frac{\mathrm{d}\psi}{\mathrm{d}i}$$

显然，在图 17-7(b) 中 P 点的静态电感正比于 $\tan\alpha$，P 点的动态电感正比于 $\tan\beta$。

非线性电感也可以是单调型的，即其韦安特性在 ψ-i 平面上是单调增长或单调下降的。不过大多数实际非线性电感元件包含铁磁材料制成的芯子，由于铁磁材料的磁滞现象的影响，它的 ψ-i 特性具有回线形状，如图 17-8 所示。

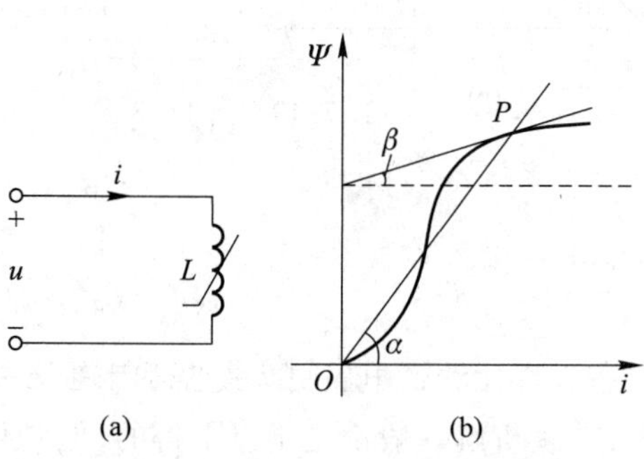

图 17-7　非线性电感及 ψ-i 特性

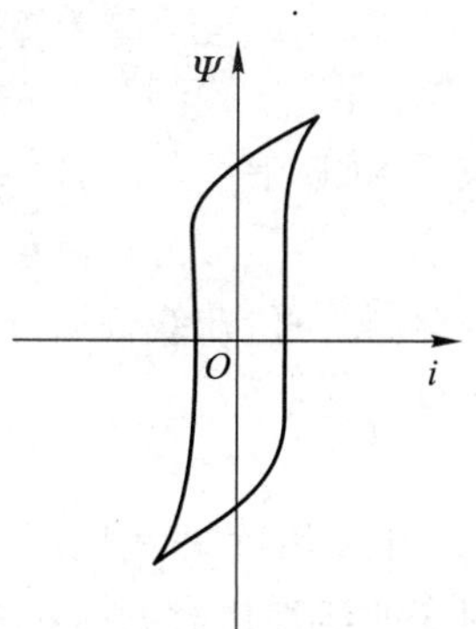

图 17-8　铁磁材料的 ψ-i 特性

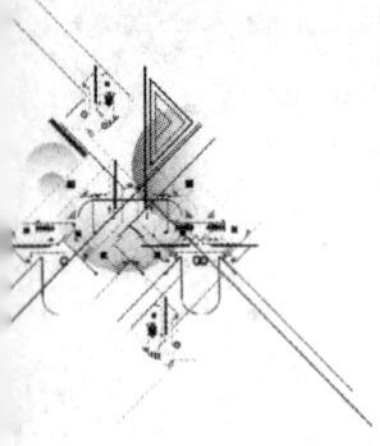

§17-3　非线性电路的方程

在电路的分析与计算中，由于基尔霍夫定律对于线性电路和非线性电路均适用，所以线性电路方程与非线性电路方程的差别仅由于元件特性的不同而引起。对于非线性电阻电路列出的方程是一组非线性代数方程，而对于含有非线性储能元件的动态电路列出的方程是一组非线性微分方程。下面通过两个实例说明上述概念。

例 17-2　电路如图 17-9 所示，已知 $R_1=3\ \Omega$，$R_2=2\ \Omega$，$u_S=10\ V$，$i_S=1\ A$，非线性电阻的特性是电压控制型的，$i=u^2+u$，试求 u。

解　应用 KCL 有

$$i_1=i_S+i$$

对于回路 1 应用 KVL，有

$$R_1i+R_2i_1+u=u_S$$

将 $i_1=i+i_S$，$i=u^2+u$ 代入上式，得电路方程为

$$5u^2+6u-8=0$$

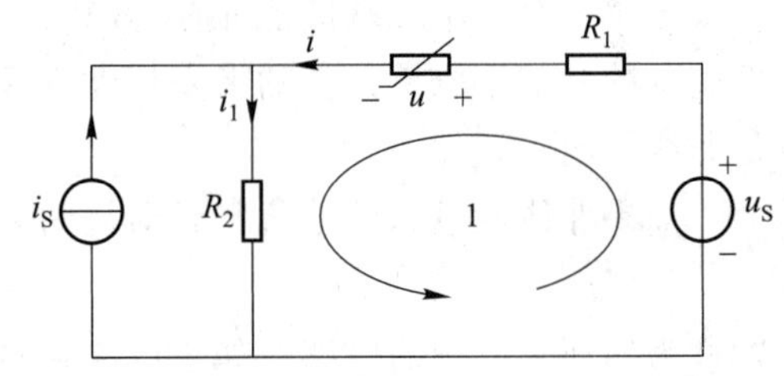

图 17-9　例 17-2 图

解得 $u'=0.8\ V$，$u''=-2\ V$。可见，非线性电路的解可能不是唯一的。

如果电路中既有电压控制的电阻，又有电流控制的电阻，建立方程的过程就比较复杂。

对于含有非线性动态元件的电路，通常选择非线性电感的磁通链和非线性电容的电荷为电路的状态变量，根据 KCL、KVL 列写的方程是一组非线性微分方程。

例 17-3　含非线性电容的电路如图 17-10 所示，其中非线性电容的库伏特性为 $u=0.5kq^2$，试以 q 为电路变量写出微分方程。

解　以电容电荷 q 为电路变量，有

$$i_C=\frac{\mathrm{d}q}{\mathrm{d}t}$$

$$i_0=\frac{u}{R_0}=\frac{0.5kq^2}{R_0}$$

应用 KCL，有

$$i_C+i_0=i_S$$

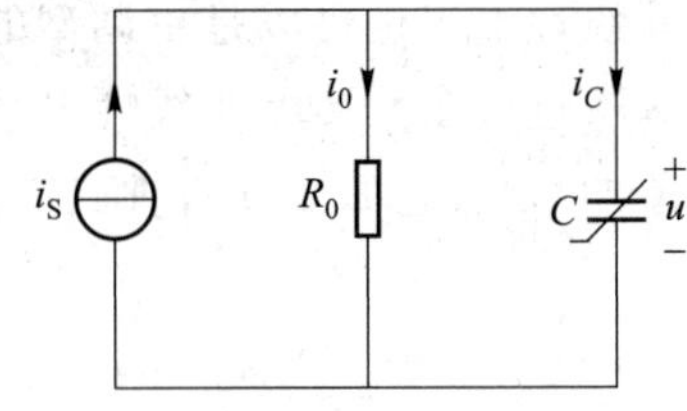

图 17-10　例 17-3 图

因此，得一阶非线性微分方程为

$$\frac{\mathrm{d}q}{\mathrm{d}t}=-\frac{0.5kq^2}{R_0}+i_S$$

列写具有多个非线性储能元件电路的状态方程比线性电路更为复杂和困难。

对于非线性代数方程和非线性微分方程，其解析解一般都是难以求得的，但是可以利用计算机应用数值方法来求得数值解。

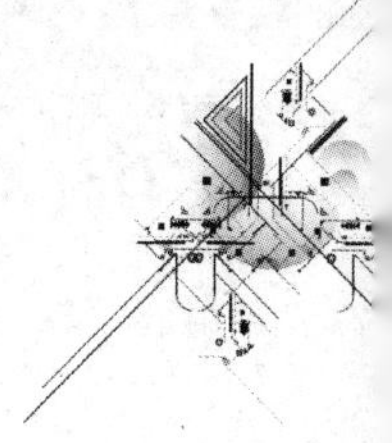

§17-4　小信号分析法

小信号分析法是电子工程中分析非线性电路的一个重要方法。通常在电子电路中遇到的非线性电路，不仅有作为偏置电压的直流电源 U_0 作用，同时还有随时间变动的输入电压 $u_S(t)$ 作用。假设在任何时刻有 $|u_S(t)| \ll U_0$，则把 $u_S(t)$ 称为小信号电压。分析此类电路，就可采用小信号分析法。

在图 17-11(a)所示电路中，直流电压源 U_0 为偏置电压，电阻 R_0 为线性电阻，非线性电阻是电压控制型的，其伏安特性 $i=g(u)$，图 17-11(b)为其伏安特性曲线。小信号时变电压为 $u_S(t)$，且 $|u_S(t)| \ll U_0$ 总成立。现在待求的是非线性电阻电压 $u(t)$ 和电流 $i(t)$。

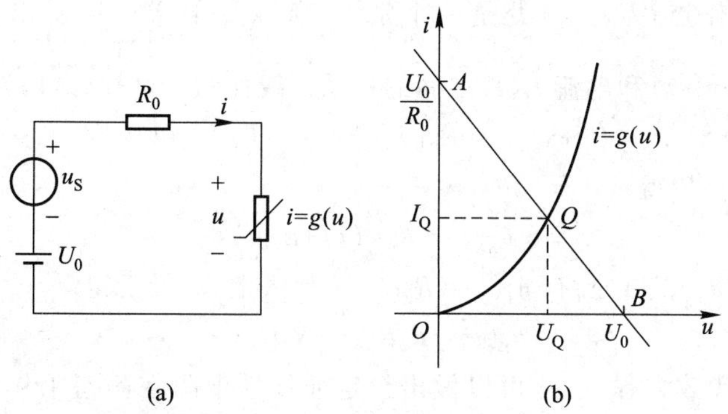

图 17-11　非线性电路的小信号分析

首先应用 KVL 列出电路方程

$$U_0+u_S(t)=R_0 i(t)+u(t) \tag{17-6}$$

当 $u_S(t)=0$ 时，即电路中只有直流电压源作用时，负载线 $\overline{AB}$ 如图 17-11(b)所示，它与非线性电阻伏安特性曲线的交点 $Q(U_Q,I_Q)$ 即电路的静态工作点。在 $|u_S(t)| \ll U_0$ 的条件下，电路的解 $u(t)$、$i(t)$ 必在工作点 (U_Q,I_Q) 附近，所以可以近似地把 $u(t)$、$i(t)$ 写为

$$u(t)=U_Q+u_1(t)$$

$$i(t)=I_Q+i_1(t)$$

式中 $u_1(t)$ 和 $i_1(t)$ 是由于信号 $u_S(t)$ 在工作点 (U_Q,I_Q) 附近引起的偏差。在任何时刻 t，$u_1(t)$ 和 $i_1(t)$ 相对于 U_Q、I_Q 都是很小的量。

考虑到给定非线性电阻的特性 $i=g(u)$，从以上两式得

$$I_Q+i_1(t)=g[U_Q+u_1(t)]$$

由于 $u_1(t)$ 很小，可以将上式右方在 Q 点附近用泰勒级数展开，取级数前面两项而略去一次项以上的高次项，则上式可写为

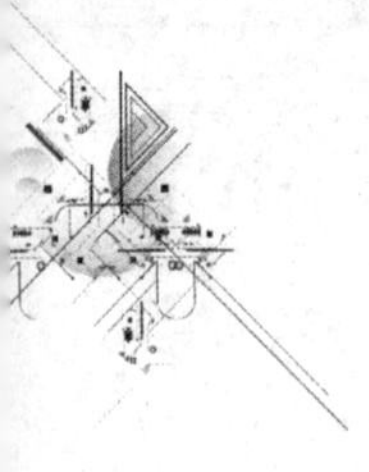

$$I_Q+i_1(t)\approx g(U_Q)+\frac{\mathrm{d}g}{\mathrm{d}u}\bigg|_{U_Q}u_1(t)$$

由于 $I_Q=g(U_Q)$，故从上式得

$$i_1(t)\approx\frac{\mathrm{d}g}{\mathrm{d}u}\bigg|_{U_Q}u_1(t)$$

又因为

$$\frac{\mathrm{d}g}{\mathrm{d}u}\bigg|_{U_Q}=G_d=\frac{1}{R_d}$$

为非线性电阻在工作点(U_Q,I_Q)处的动态电导，所以有

$$i_1(t)=G_d u_1(t)$$
$$u_1(t)=R_d i_1(t)$$

由于 $G_d=\dfrac{1}{R_d}$在工作点(U_Q,I_Q)处是一个常量，所以从上式可以看出，由小信号电压 $u_S(t)$产生的电压 $u_1(t)$和电流 $i_1(t)$之间的关系是线性的。这样，式(17-6)可改写为

$$U_0+u_S(t)=R_0[I_Q+i_1(t)]+U_Q+u_1(t)$$

但是 $U_0=R_0I_Q+U_Q$，故得

$$u_S(t)=R_0i_1(t)+u_1(t)$$

又因为在工作点(U_Q,I_Q)处，有 $u_1(t)=R_di_1(t)$，代入上式，最后得

$$u_S(t)=R_0i_1(t)+R_di_1(t)$$

上式是一个线性代数方程，由此可以做出给定非线性电阻在静态工作点(U_Q,I_Q)处的小信号等效电路如图 17-12 所示。于是求得

$$i_1(t)=\frac{u_S(t)}{R_0+R_d}$$

$$u_1(t)=R_di_1(t)=\frac{R_du_S(t)}{R_0+R_d}$$

图 17-12 小信号等效电路

综上所述，小信号分析法的步骤为：

(1) 求解非线性电路的静态工作点。

(2) 求解非线性电路的动态电导或动态电阻。

(3) 作出给定的非线性电阻在静态工作点处的小信号等效电路。

(4) 根据小信号等效电路进行求解。

例 17-4 非线性电路如图 17-13(a)所示，非线性电阻为电压控制型，用函数表示则为

$$i=g(u)=\begin{cases}u^2 & (u>0)\\ 0 & (u<0)\end{cases}$$

而直流电压源 $U_S=6\ \mathrm{V}$，$R=1\ \Omega$，信号源 $i_S(t)=0.5\cos(\omega t)\ \mathrm{A}$，试求在静态工作点处由小信号所产生的电压 $u(t)$和电流 $i(t)$。

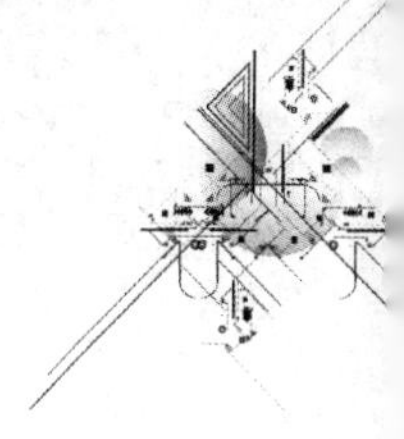

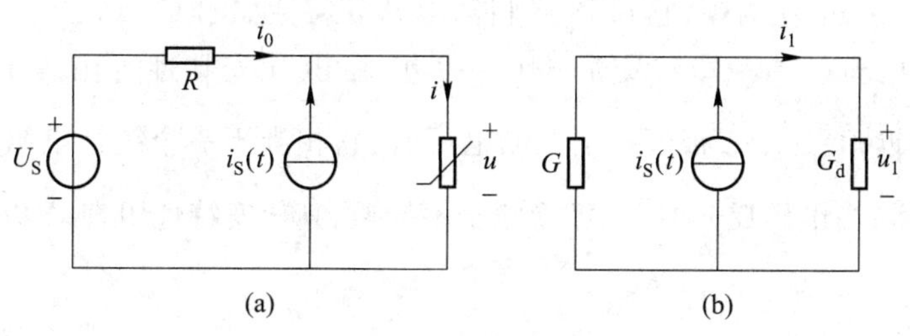

图 17-13　例 17-4 图

解　对于图 17-13(a),应用 KCL 和 KVL 有

$$i=i_0+i_S$$

$$u=U_S-Ri_0$$

整理后即得

$$\frac{u}{R}+g(u)=6+0.5\cos\omega t$$

(1) 先求电路的静态工作点,令 $i_S(t)=0$,则

$$u^2+u-6=0$$

解得 $u=2$ 和 $u=-3$,而 $u=-3$ 不符合题意,故可得静态工作点 $U_Q=2\text{ V}$,$I_Q=U_Q^2=4\text{ A}$。

(2) 求解非线性电路的动态电导,静态工作点处的动态电导为

$$G_d=\left.\frac{\mathrm{d}g(u)}{\mathrm{d}u}\right|_{U_Q}=2u\Big|_{U_Q}=4\text{ S}$$

(3) 作出给定非线性电导在静态工作点处的小信号等效电路如图 17-13(b)所示,则有

$$u_1(t)=\frac{i_S}{G+G_d}=\frac{0.5\cos\omega t}{1+4}\text{ V}=0.1\cos\omega t\text{ V}$$

$$i_1(t)=u_1(t)\times G_d=4\times0.1\cos\omega t\text{ A}=0.4\cos\omega t\text{ A}$$

故得图 17-13(a)中

$$u(t)=U_Q+u_1(t)=(2+0.1\cos\omega t)\text{ V}$$

$$i(t)=I_Q+i_1(t)=(4+0.4\cos\omega t)\text{ A}$$

§17-5　分段线性化方法

分段线性化方法(又称折线法)是研究非线性电路的一种有效方法,它的特点在于能把非线性的求解过程分成几个线性区段,就每个线性区段来说,又可以应用线性电路的计算方法。

应用分段线性化方法时,为了画出一端口网络的驱动点特性曲线,常引用理想二极管模型。它的特点是,在电压为正向时,二极管完全导通,它相当于短路;在电压反向

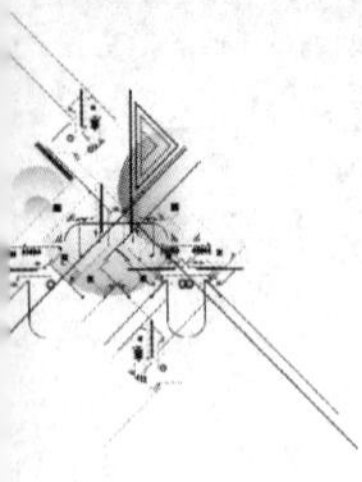

时，二极管不导通，电流为零，它相当于开路，其伏安特性如图 17-14 所示。一个实际二极管的模型可由理想二极管和线性电阻串联组成，其伏安特性可用图 17-15 的折线 $\overline{BOA}$ 近似地逼近，当这个二极管加上正向电压时，它相当于一个线性电阻，其伏安特性用直线 $\overline{OA}$ 表示；当电压反向时，二极管完全不导通，其伏安特性用直线 $\overline{BO}$ 表示。

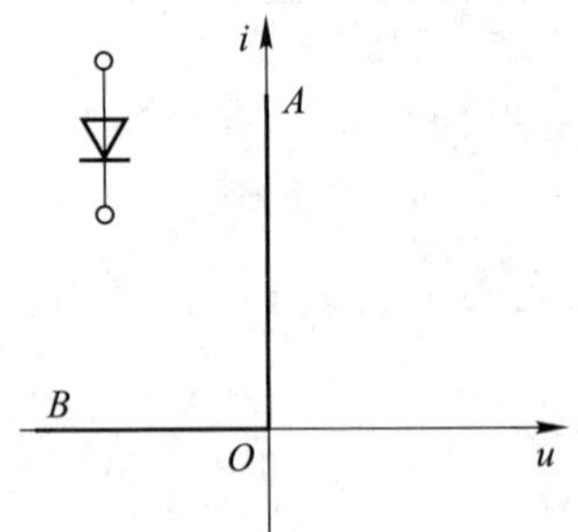

图 17-14　理想二极管伏安特性

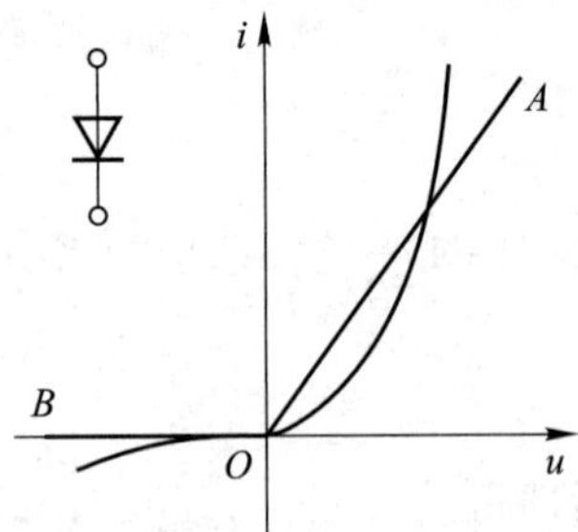

图 17-15　PN 结二极管伏安特性

例 17-5　（1）图 17-16(a)所示电路由线性电阻 R、理想二极管和直流电压源串联组成。电阻 R 的伏安特性如图 17-16(b)所示，画出此串联电路的伏安特性。（2）把图 17-16(a)中的电阻 R 和二极管与直流电流源并联，如图 17-16(d)所示，画出此并联电路的伏安特性。

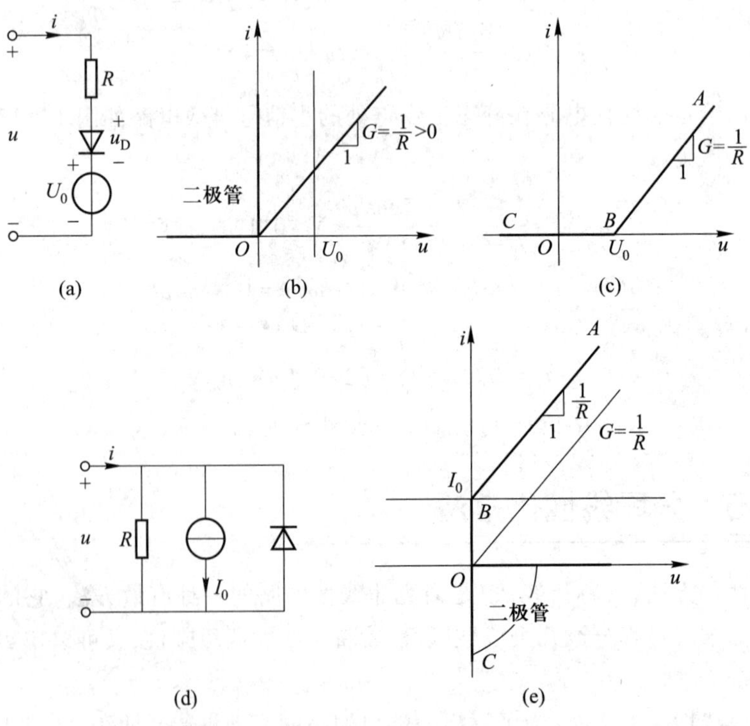

图 17-16　例 17-5 图

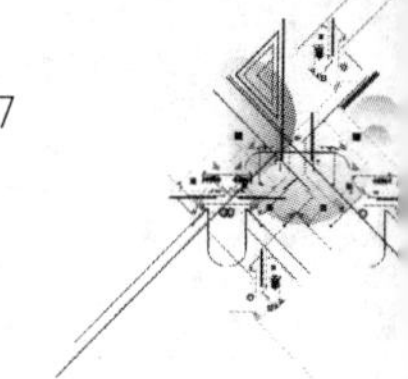

解　(1) 各元件的伏安特性如图 17-16(b) 所示，电路方程为

$$u=Ri+u_D+U_0 \quad (i>0)$$

串联电路的伏安特性可用图解法求得，如图 17-16(c) 的折线 $\overline{ABC}$（当 $u<U_0$ 时，$i=0$）所示。

(2) 电路方程为

$$i=\frac{u}{R}+I_0 \quad (u>0)$$

当 $u<0$ 时，二极管完全导通，电路被短路。当 $u>0$ 时，用图解法求得的伏安特性如图 17-16(e) 中的折线 $\overline{ABO}$ 所示。

图 17-17(a) 中的虚线为隧道二极管的伏安特性，此特性可用图示的三段直线来粗略地表示。假设这三段直线的斜率分别为

当 $u \leqslant U_1$（区域 1），　　$G=G_a$

当 $U_1<u \leqslant U_2$（区域 2），　　$G=G_b$

当 $u>U_2$（区域 3），　　$G=G_c$

其中 U_1，U_2 确定了这三个区域，而 U_1 和 U_2 为转折点的电压值。图 17-17(a) 所示的伏安特性可以分解为三个伏安特性，即图 17-17(b) 中的直线 $\overline{AOB}$、折线 $\overline{EU_1C}$ 和 $\overline{EU_2D}$，并设图 17-17(b) 中有关直线段的斜率分别为 G_1，G_2 和 G_3，根据非线性电阻（或电导）并联的图解法原则，就可以确定 G_1，G_2 和 G_3。

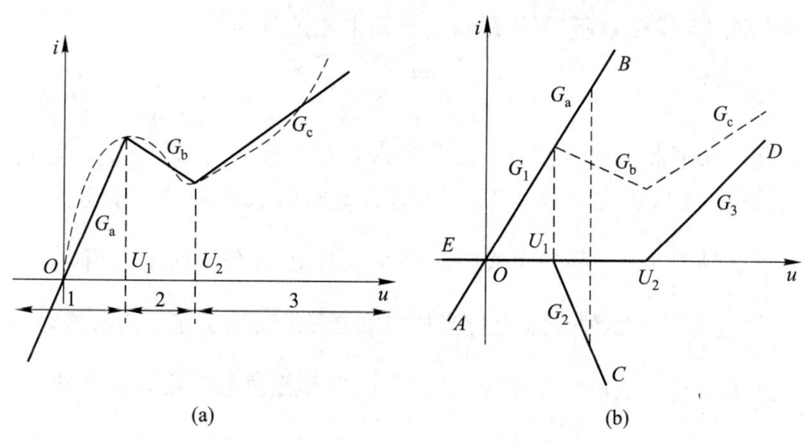

图 17-17　分段线性化特性的合成

在区域 1 应当有

$$G_1u=G_au \quad 或 \quad G_1=G_a$$

在区域 2 有

$$G_1u+G_2u=G_bu \quad 或 \quad G_1+G_2=G_b$$

同理，在区域 3 有

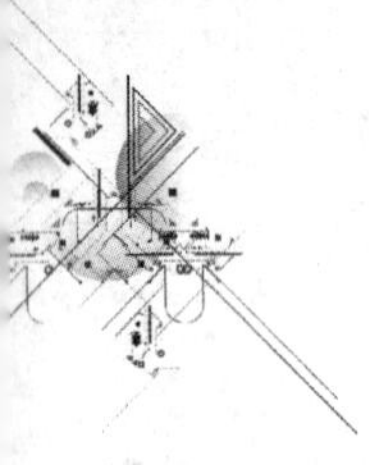

$$G_1u+G_2u+G_3u=G_cu \quad \text{或} \quad G_1+G_2+G_3=G_c$$

因此,可得

$$G_1=G_a,\quad G_2=G_b-G_a,\quad G_3=G_c-G_b$$

而图 17-17(a)所示的伏安特性则是 G_1,G_2 和 G_3 这三个电导并联后的等效电导的伏安特性。其静态工作点也可以用图解法来确定。不过应当注意,如果静态工作点位于图 17-18(a)所示的位置,表示该点确实是工作点,如果负载线与分段线性的伏安特性曲线交点位于图 17-18(b)所示位置,则只有 Q_3 为实际的工作点,而 Q_1、Q_2 并不代表实际的工作点,因为其交点并不位于对应的区段。

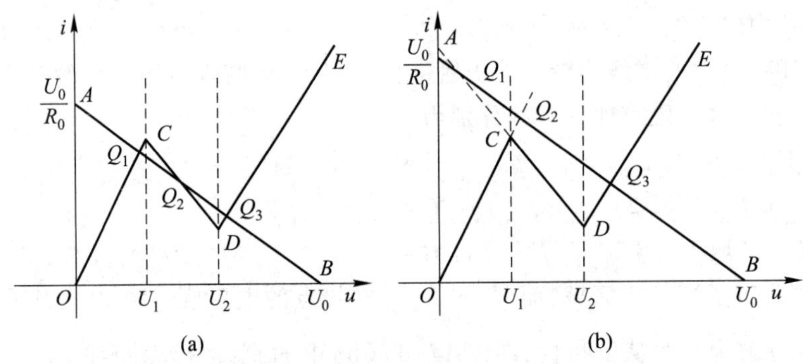

图 17-18　隧道二极管的静态工作点

图 17-19(a)所示电路是一个分段线性 RC 电路,其中虚线框部分为一端口 N,它的驱动点特性如图 17-19(b)所示,在端口处电压电流关系为

$$\frac{\mathrm{d}u}{\mathrm{d}t}=\frac{\mathrm{d}u_C}{\mathrm{d}t}=-\frac{i}{C} \tag{17-7}$$

设方程的解用 u-i 平面上的点(u,i)表示,并称之为动态点,动态点(u,i)随时间将沿着 N 的驱动点特性(端口伏安特性)移动,移动的方向由上式确定。动态点移动的路径(包括方向)称为动态路径。所以由式(17-7)可以看出,在任何时刻 t,当 $i<0$ 时有$\dfrac{\mathrm{d}u}{\mathrm{d}t}>0$,因此,在 u-i 平面的下半平面,动态点应当从初始位置沿着动态路径向右移动。当 $i>0$ 时有$\dfrac{\mathrm{d}u}{\mathrm{d}t}<0$,因此,在 u-i 平面的上半平面,动态点应当沿着动态路径向左移动,如图 17-19(b)中箭头所示。

假设动态点(u,i)的初始位置位于 Q_2,随着时间的增长,动态点应当向 A 点移动,但到达 A 点后它不能再沿着 $\overline{AB}$ 线段继续移动,因为方向不对。同样,如果初始位置位于 Q_1,则动态点到达 A 点后也不能再继续前进,对于转折点 C 也有同样的情况,因为表示动态路径方向的两个箭头都是指向 C 点的。由于对应 A 点和 C 点的电流值均为非零值,因此 A 点和 C 点均不对应最终的平衡点或稳态,这是因为$\dfrac{\mathrm{d}u}{\mathrm{d}t}$在此时不等于零。

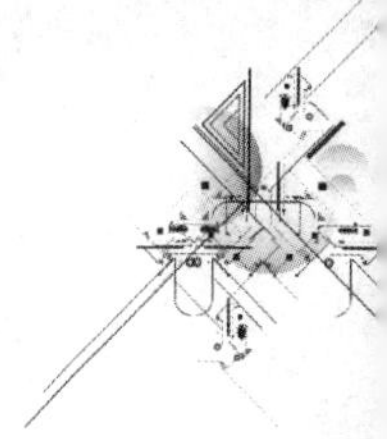

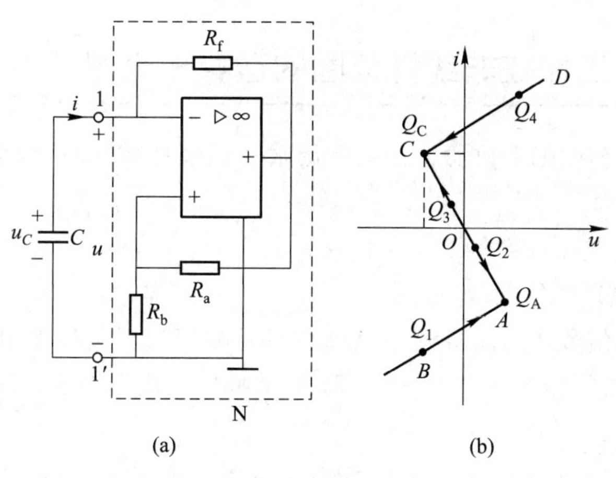

图 17-19 分段线性 RC 电路

为了解决这个问题,必须计及电路中存在的微小的串联电感,并按二阶电路分析。在这种情况下,动态路径将如图 17-20(a)所示,图中假设 P_0 表示动态点的初始点。当动态点到达 P_1(对应转折点 A)后,由于电感电流不能跃变,它将从 P_1 前进到 P_2,当动态点到达 P_3(对应转折点 C)后,它将从 P_3 前进到 P_4,如图 17-20(a)中箭头所示。从 P_1 前进到 P_2(或从 P_3 前进到 P_4)所需时间随电感 L 值的减小而减小,当电感 L 的值趋近于零时,可以认为动态点从 P_1 前进到 P_2(或从 P_3 前进到 P_4)所需时间也趋近于零,或者说,动态点将瞬时从 P_1(P_3)"跳跃"到 P_2(P_4),此时,电路中发生跃变的是电流值。这个电路的动态路径将如图 17-20(b)中箭头所示。这里除了从初始点 P_0 到 P_1 这个过渡过程阶段,动态路径是闭合的,这说明电路中的电压或电流从初始状态开始经短暂时间后,就将周期性变化。这个电路能产生周期性变化的电压和电流,所以它具有振荡器的作用。这种振荡称为张弛振荡,因为产生的电压或电流波形与正弦波相差甚大。振荡周期等于从 P_2 到 P_3 的时间和从 P_4 到 P_1 的时间之和。

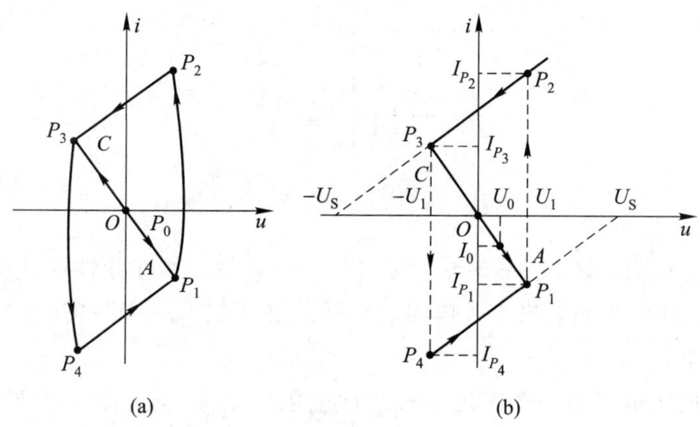

图 17-20 动态路径和跳跃现象

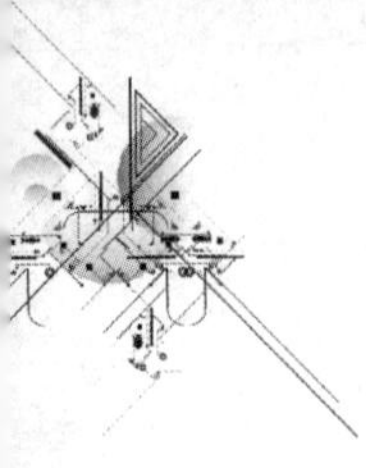

*§17-6　工作在非线性范围的运算放大器

本书在前面章节中把运放的工作范围局限在线性区域，即认为输出电压 u_o 与 u_d 成正比，而且

$$-U_{sat}<u_o<U_{sat}$$

$\pm U_{sat}$ 为运放输出电压的饱和值。

设运放的放大倍数 A 为无限大，并考虑到输出电压达到饱和值，则运放的输出电压 u_o 与差分电压 u_d 之间的关系可用图 17-21 所示特性曲线来表示。这时可用以下表达式描述运放的工作：

$$i^-=0,\quad i^+=0$$

$$u_o=U_{sat}\frac{|u_d|}{u_d},\quad u_d\neq 0$$

$$u_d=0,\quad -U_{sat}<u_o<U_{sat}$$

这里把电压的关系分为 3 个区域来考虑：

线性区　　$u_d=0,\quad -U_{sat}<u_o<U_{sat}$

正饱和区　　$u_o=U_{sat},\quad u_d=(u^+-u^-)>0$

负饱和区　　$u_o=-U_{sat},\quad u_d=(u^+-u^-)<0$

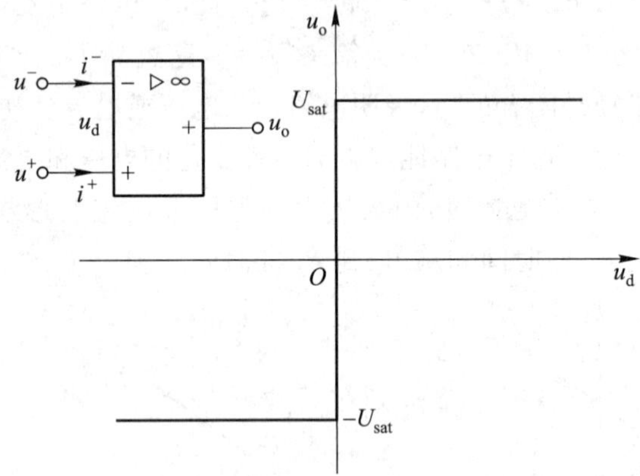

图 17-21　理想运放的饱和 u_d-u_o 特性

注意，在正、负饱和区，u_d 不再等于零，但 u_o 是定值。而在线性区 u_d 被强制为零，但 u_o 不是定值，它的大小取决于外电路。当运放在正饱和区和负饱和区工作时，它是在非线性区工作。

图 17-22 所示电路是一个实现分段线性电阻的电路，其中运放通过 R_f 实现负反馈，通过 R_a 和 R_b 实现正反馈。如果计及运放工作在饱和区的情况，这个电路的输入电阻在一定范围内具有负电阻的性质。现分析这个电路的驱动点特性。

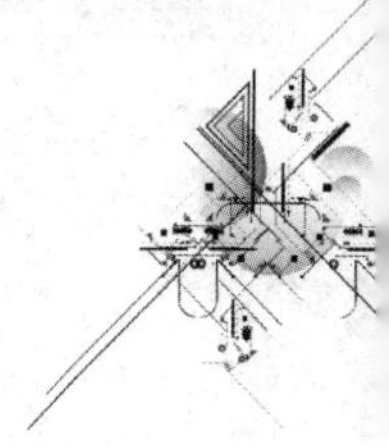

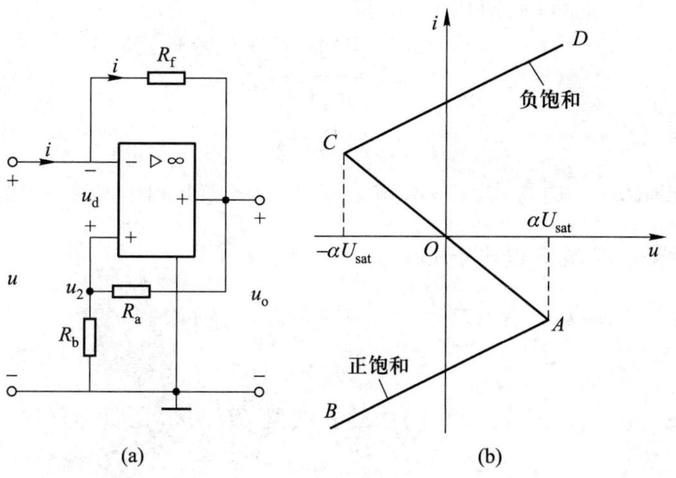

图 17-22　负电阻的实现

在线性区，对于图 17-22(a)，根据“虚短”，有 $u=u_2$，根据“虚断”，流过 R_a 中的电流等于流过 R_b 中的电流，因此可以得出

$$u_2=\frac{R_b}{R_a+R_b}u_o=\alpha u_o$$

其中 $\alpha=\dfrac{R_b}{R_a+R_b}$，而 $u_o=\dfrac{1}{\alpha}u$。

应用 KVL，有

$$u=R_f i+u_o$$

把 $u_o=\dfrac{u}{\alpha}$ 代入，则得

$$i=-\left(\frac{R_a}{R_b}\right)\left(\frac{1}{R_f}\right)u$$

上式可以用图 17-22(b)的直线段 $\overline{AOC}$ 表示。对应此线段的两个端点 A 和 C 的电压值可以求得如下。

在线性区，由于 $u_o=\dfrac{1}{\alpha}u$，故

$$-\alpha U_{sat}<u<\alpha U_{sat}$$

直线段 $\overline{AOC}$ 的斜率是负的，且正比于 $-\dfrac{R_a}{R_b}\cdot\dfrac{1}{R_f}$。

在正饱和区，$u_o=U_{sat}$，应用 KVL，有

$$u=R_f i+U_{sat}$$

$$i=\frac{1}{R_f}(u-U_{sat}) \tag{17-8}$$

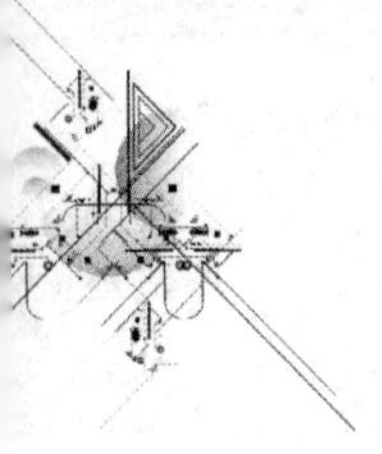

为了确定电压 u 的范围，应用 KVL，得

$$u_d = u_2 - u = \frac{R_b}{R_a + R_b} U_{sat} - u$$

$$u_d = \alpha U_{sat} - u$$

由于 $u_d > 0$，故 $u < \alpha U_{sat}$。这与式(17-8)确定了图 17-22(b)中的直线段 $\overline{AB}$，它表示在正饱和区的伏安特性，其斜率正比于$\dfrac{1}{R_f}$。

在负饱和区，$u_o = -U_{sat}$，有

$$u = R_f i - U_{sat}$$

由于 $u_d < 0$，故 $u > -\alpha U_{sat}$。图 17-22(b)中的直线段 $\overline{CD}$ 表示在负饱和区的伏安特性，其斜率正比于$\dfrac{1}{R_f}$。

所以这个电路可以实现一个折线或分段线性电阻，此电阻在运放线性工作范围内具有负电阻性质，其值等于$-\dfrac{R_b R_f}{R_a}$。

*§17-7　小扰动下的动态电路分析

非线性动态电路在直流源激励工作时，由于各种原因会受到外界的突然干扰，从而导致非线性动态电路的工作状态突然发生变化。例如含非线性动态元件的精密测量及精确控制电路受到雷电的突然影响，外界电磁脉冲的突然干扰，工作电源的突然波动等。外界的扰动可能是暂时的，其幅值可能是很小的，但这种由小扰动引起的暂态响应对测量及控制效果的影响是值得注意的，其暂态响应的分析对评价精密测量及精确控制的电路性能也是有用的。基于非线性电路的局部线性化思想，对于小扰动引起的非线性动态电路的暂态响应应用小信号分析法进行求解也是行之有效的。

例 17-6　含有非线性电感的一阶动态电路如图 17-23(a)所示，已知直流电压源 $U_S = 30$ V，小扰动电压源 $u_S(t) = 1.5e^{-10t}\varepsilon(t)$ V，线性电阻 $R_1 = 6\ \Omega$，$R_2 = 40\ \Omega$，$R_3 = 60\ \Omega$，非线性电感 $\psi = 0.5i^3$（ψ 单位为 Wb，i 单位为 A）。求 $t>0$ 时的响应 $i_L(t)$，$i_3(t)$，$u_3(t)$。

解　(1) 由题意可知，当直流电压源单独作用于电路时，根据等效电路图 17-23(b)求得

$$R = R_1 + \frac{R_2 R_3}{R_2 + R_3} = (6+24)\ \Omega = 30\ \Omega,\quad I_{L0} = \frac{U_S}{R} = \frac{30}{30}\ \text{A} = 1\ \text{A}$$

$$I_{30} = I_{L0} \times \frac{R_2}{R_2 + R_3} = \left(1 \times \frac{40}{100}\right)\ \text{A} = 0.4\ \text{A},\quad U_{30} = R_3 \times I_{30} = (60 \times 0.4)\ \text{V} = 24\ \text{V}$$

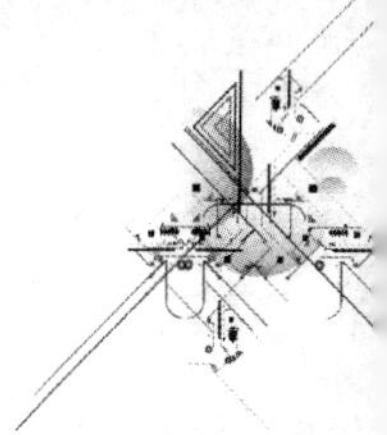

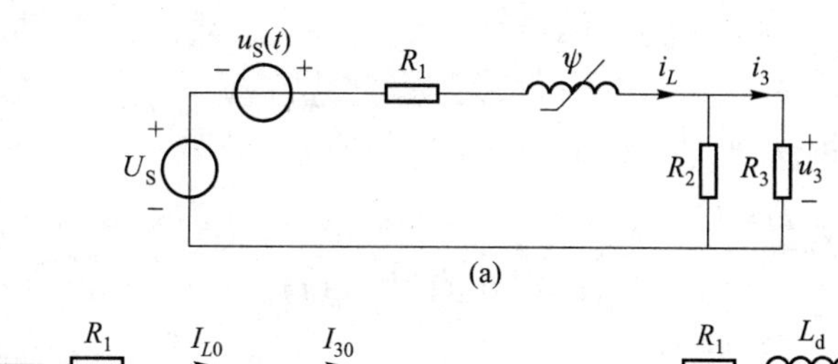

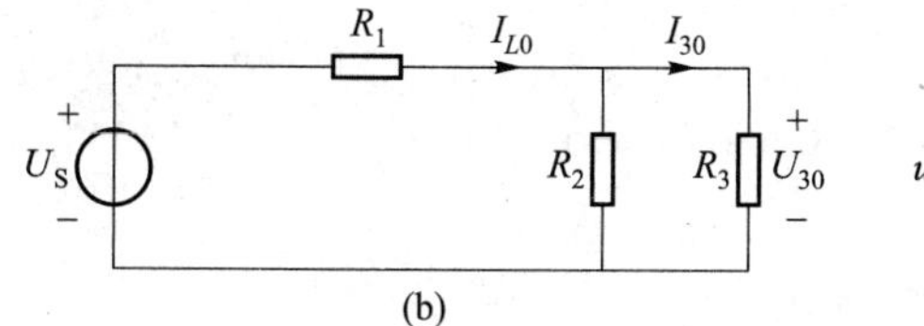

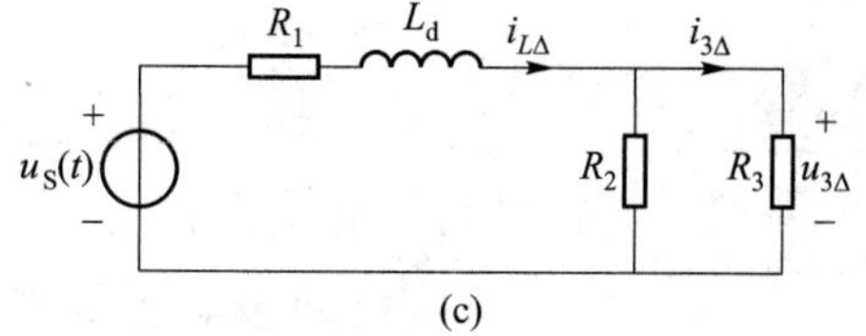

图 17-23 例 17-6 图

（2）电路的动态电感为

$$L_d=\left.\frac{\mathrm{d}\psi}{\mathrm{d}i}\right|_{i_L=I_{L0}}=3\times0.5\times I_{L0}^2=1.5\ \mathrm{H}$$

（3）根据动态电感值建立的小参数一阶线性动态电路如图 17-23(c)所示，且电路处于零状态，求小扰动电压源激励时的零状态响应 $i_{L\Delta}(t)$。其一阶电路的微分方程为

$$L_d\frac{\mathrm{d}i_{L\Delta}}{\mathrm{d}t}+Ri_{L\Delta}=u_S(t)$$

代入参数得

$$\frac{\mathrm{d}i_{L\Delta}}{\mathrm{d}t}+20i_{L\Delta}=\mathrm{e}^{-10t}$$

（对于规范的一阶线性微分方程 $\frac{\mathrm{d}y}{\mathrm{d}t}+py=x(t)$，其解用积分表示，则有 $y(t)=\mathrm{e}^{-\int p\mathrm{d}t}\left[\int x(t)\mathrm{e}^{\int p\mathrm{d}t}\mathrm{d}t+A\right]$，式中 A 是取决于初始条件的积分常数。）

因此，对于电感电流进行积分可得

$$\begin{aligned}i_{L\Delta}(t)&=\mathrm{e}^{-\int 20\mathrm{d}t}\left[\int\mathrm{e}^{-10t}\mathrm{e}^{\int 20\mathrm{d}t}\mathrm{d}t+A\right]\\&=\mathrm{e}^{-\int 20\mathrm{d}t}\left[\int\mathrm{e}^{-10t}\mathrm{e}^{20t}\mathrm{d}t+A\right]\\&=0.1\mathrm{e}^{-10t}+A\mathrm{e}^{-20t}\end{aligned}$$

当 $t=0_+$ 时，$i_{L\Delta}(0_+)=i_{L\Delta}(0_-)=0$，故 $A=-0.1$，因此小扰动电压源激励时的零状态响应为

$$i_{L\Delta}(t)=(0.1\mathrm{e}^{-10t}-0.1\mathrm{e}^{-20t})\varepsilon(t)\ \mathrm{A}$$

$$\begin{aligned}i_{3\Delta}(t)&=\frac{i_{L\Delta}\times R_2}{R_2+R_3}\\&=(0.04\mathrm{e}^{-10t}-0.04\mathrm{e}^{-20t})\varepsilon(t)\ \mathrm{A}\end{aligned}$$

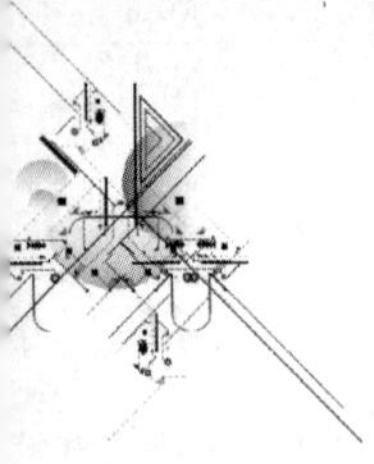

$$u_{3\Delta}(t)=R_3 i_{3\Delta}$$
$$=(2.4\mathrm{e}^{-10t}-2.4\mathrm{e}^{-20t})\varepsilon(t)\ \mathrm{V}$$

因此图 17-23(a)所示电路的总响应为

$$i_L(t)=I_{L0}+i_{L\Delta}$$
$$=[1+(0.1\mathrm{e}^{-10t}-0.1\mathrm{e}^{-20t})\varepsilon(t)]\ \mathrm{A}$$
$$i_3(t)=I_{30}+i_{3\Delta}$$
$$=[0.4+(0.04\mathrm{e}^{-10t}-0.04\mathrm{e}^{-20t})\varepsilon(t)]\ \mathrm{A}$$
$$u_3(t)=U_{30}+u_{3\Delta}$$
$$=[24+(2.4\mathrm{e}^{-10t}-2.4\mathrm{e}^{-20t})\varepsilon(t)]\ \mathrm{V}$$

例 17-7　含有非线性电感和电容的二阶动态电路如图 17-24(a)所示,已知直流电压源 $U_S=2.25\ \mathrm{V}$,小扰动电压源 $u_S(t)=[0.45\times10^{-2}\varepsilon(t)-0.45\times10^{-2}\varepsilon(t-1)]\ \mathrm{V}$,线性电阻 $R_1=1\ \Omega$,$R_2=1.25\ \Omega$,非线性电感 $\psi=0.1i_L+0.05i_L^3$(ψ 单位为 Wb,i_L 单位为 A),非线性电容 $q=0.8u_C^2$(q 单位为 C,u_C 单位为 V)。求 $t>0$ 时的响应 $i_L(t)$。

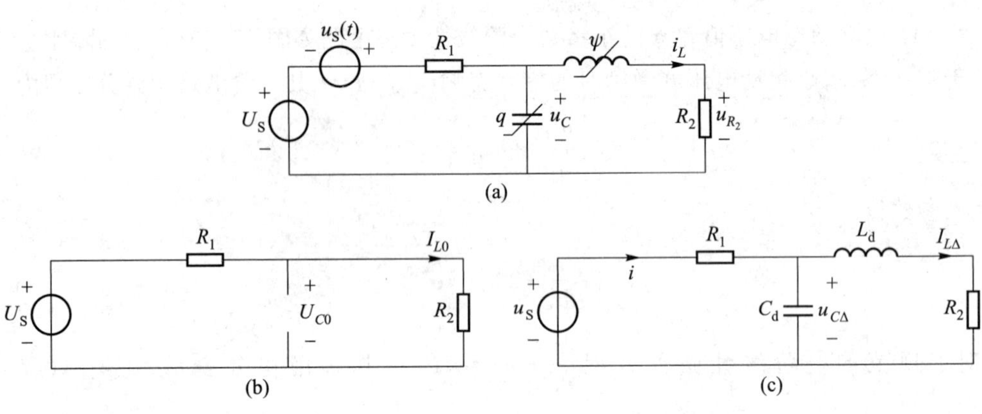

图 17-24　例 17-7 图

解　(1) 当直流电压源单独作用于电路时,在稳定状态下,电感处于短路,电容处于开路,其等效电路如图 17-24(b)所示,故得

$$I_{L0}=\frac{U_S}{R_1+R_2}=\frac{2.25}{2.25}\ \mathrm{A}=1\ \mathrm{A},\quad U_{C0}=R_2\times I_{L0}=(1.25\times1)\ \mathrm{V}=1.25\ \mathrm{V}$$

(2) 电路的动态电感为

$$L_d=\left.\frac{\mathrm{d}\psi}{\mathrm{d}i_L}\right|_{i_L=I_{L0}}=0.1+3\times0.05\times I_{L0}^2=0.25\ \mathrm{H}$$

电路的动态电容为

$$C_d=\left.\frac{\mathrm{d}q}{\mathrm{d}u_C}\right|_{u_C=U_{C0}}=2\times0.8\times U_{C0}=2\ \mathrm{F}$$

(3) 根据动态电感值和动态电容值建立的小参数二阶线性动态电路如图 17-24

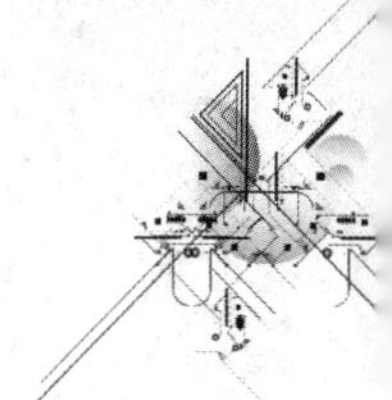

(c)所示,且电路处于零状态,求小扰动电压源激励时的零状态响应 $i_{L\Delta}(t)$。根据支路电流法,得

$$i=i_{L\Delta}+C_{d}\frac{\mathrm{d}u_{C\Delta}}{\mathrm{d}t}$$

$$L_{d}\frac{\mathrm{d}i_{L\Delta}}{\mathrm{d}t}+R_{2}i_{L\Delta}-u_{C}=0$$

$$R_{1}\left(i_{L\Delta}+C_{d}\frac{\mathrm{d}u_{C\Delta}}{\mathrm{d}t}\right)+L_{d}\frac{\mathrm{d}i_{L\Delta}}{\mathrm{d}t}+R_{2}i_{L\Delta}=u_{S}(t)$$

以 $i_{L\Delta}(t)$ 为电路变量,整理得其二阶电路的微分方程为

$$R_{1}C_{d}L_{d}\frac{\mathrm{d}^{2}i_{L\Delta}}{\mathrm{d}t^{2}}+(R_{1}R_{2}C_{d}+L_{d})\frac{\mathrm{d}i_{L\Delta}}{\mathrm{d}t}+(R_{1}+R_{2})i_{L\Delta}=u_{S}(t)$$

代入电路参数,当干扰信号 $u_{S1}=0.45\times10^{-2}\varepsilon(t)\text{ V}$ 单独作用于电路时,得

$$0.5\frac{\mathrm{d}^{2}i_{L\Delta}}{\mathrm{d}t^{2}}+2.75\frac{\mathrm{d}i_{L\Delta}}{\mathrm{d}t}+2.25i_{L\Delta}=0.45\times10^{-2}\varepsilon(t)$$

其相应的齐次微分方程为

$$0.5\frac{\mathrm{d}^{2}i_{L\Delta}}{\mathrm{d}t^{2}}+2.75\frac{\mathrm{d}i_{L\Delta}}{\mathrm{d}t}+2.25i_{L\Delta}=0$$

齐次微分方程的特征方程为

$$0.5p^{2}+2.75p+2.25=0$$

其特征根为

$$p_{1}=-1,\quad p_{2}=-4.5$$

相应的齐次解为

$$i_{L\Delta}(t)=(k_{1}\mathrm{e}^{-t}+k_{2}\mathrm{e}^{-4.5t})\text{ A}$$

相应的特解为

$$I_{0\Delta}=\left(\frac{0.45}{2.25}\times10^{-2}\right)\text{ A}=0.2\times10^{-2}\text{ A}$$

全解为

$$i_{L\Delta}(t)=(k_{1}\mathrm{e}^{-t}+k_{2}\mathrm{e}^{-4.5t})+0.2\times10^{-2}$$

根据初始条件确定积分常数 k_1 和 k_2。

当 $t=0_+$ 时,已知 $i_{L\Delta}(0_+)=i_{L\Delta}(0_-)=0$,则有

$$i_{L\Delta}(t)\big|_{t=0}=(k_{1}\mathrm{e}^{-t}+k_{2}\mathrm{e}^{-4.5t})+0.2\times10^{-2}\big|_{t=0}=0$$

当 $t=0_+$ 时,已知 $u_{C\Delta}(0_+)=u_{C\Delta}(0_-)=0$,则有

$$\begin{aligned}u_{C\Delta}(t)\big|_{t=0}&=\left(L_{d}\frac{\mathrm{d}i_{L\Delta}}{\mathrm{d}t}+R_{2}i_{L\Delta}\right)\bigg|_{t=0}\\&=0.25(-k_{1}\mathrm{e}^{-t}-4.5k_{2}\mathrm{e}^{-4.5t})+1.25(k_{1}\mathrm{e}^{-t}+k_{2}\mathrm{e}^{-4.5t}+0.2\times10^{-2})\big|_{t=0}=0\end{aligned}$$

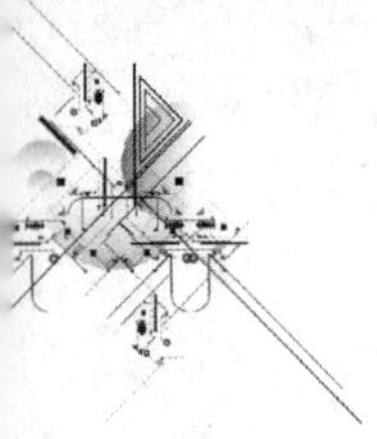

故得

$$k_1+k_2+0.2\times10^{-2}=0$$

$$0.25\times(-k_1-4.5k_2)+1.25\times(k_1+k_2+0.2\times10^{-2})=0$$

联立求解以上两式,得

$$k_1=\frac{9}{35}\times10^{-2},\quad k_2=-\frac{2}{35}\times10^{-2}$$

因此,得

$$i_{L\Delta1}(t)=\left(-\frac{9}{35}\times10^{-2}\mathrm{e}^{-t}+\frac{2}{35}\times10^{-2}\mathrm{e}^{-4.5t}+0.2\times10^{-2}\right)\varepsilon(t)\ \mathrm{A}$$

当干扰信号 $u_{S2}=-0.45\times10^{-2}\varepsilon(t-1)$ V 单独作用于电路时得

$$i_{L\Delta2}(t)=-\left[-\frac{9}{35}\times10^{-2}\mathrm{e}^{-(t-1)}+\frac{2}{35}\times10^{-2}\mathrm{e}^{-4.5(t-1)}+0.2\times10^{-2}\right]\varepsilon(t-1)\ \mathrm{A}$$

直流电压源与干扰信号产生的响应之和为

$$\begin{aligned}i_L(t)=\Big\{1+&\left(-\frac{9}{35}\times10^{-2}\mathrm{e}^{-t}+\frac{2}{35}\times10^{-2}\mathrm{e}^{-4.5t}+0.2\times10^{-2}\right)\varepsilon(t)-\\&\left[-\frac{9}{35}\times10^{-2}\mathrm{e}^{-(t-1)}+\frac{2}{35}\times10^{-2}\mathrm{e}^{-4.5(t-1)}+0.2\times10^{-2}\right]\varepsilon(t-1)\Big\}\ \mathrm{A}\end{aligned}$$

*§17-8 二阶非线性电路的状态平面

二阶非线性电路方程的一般形式可写为

$$\left.\begin{aligned}\frac{\mathrm{d}x_1}{\mathrm{d}t}=f_1(x_1,x_2,t)\\\frac{\mathrm{d}x_2}{\mathrm{d}t}=f_2(x_1,x_2,t)\end{aligned}\right\}\tag{17-9}$$

其中 $x_1(t)$,$x_2(t)$ 为状态变量,式(17-9)为状态方程。

如果式(17-9)右方的函数不随时间 t 而变,即自变量 t 除了在$\frac{\mathrm{d}x}{\mathrm{d}t}$中以隐含形式出现外,不以任何显含形式出现,既有

$$\left.\begin{aligned}\frac{\mathrm{d}x_1}{\mathrm{d}t}=f_1(x_1,x_2)\\\frac{\mathrm{d}x_2}{\mathrm{d}t}=f_2(x_1,x_2)\end{aligned}\right\}\tag{17-10}$$

这种自变量 t 不以任何显含形式出现的方程(17-10)称为自治方程。若电路是时变的,或电路中包含随时间变化的外施激励,使得方程中自变量 t 以显含形式出现,如式(17-9)所示,则称为非自治方程。在零输入或在直流激励下的非线性二阶电路的方程是自治

方程，对应的电路就称为自治电路。

一般来说，求解非线性微分方程（17-9）或（17-10）是比较困难的。通常无闭式解。

把自治方程（17-10）中的状态变量 x_1、x_2 看作是平面上的坐标点，这种平面就称为状态平面。状态平面上每一点的坐标（x_1, x_2）随着时间 t 的变化将在平面上描绘出式（17-10）的某些曲线。设给定的初始状态（条件）为 $x_1(0)$，$x_2(0)$，对所有 $t \geqslant 0$，方程（17-10）的解［$x_1(t), x_2(t)$］在平面上描绘出的以［$x_1(0), x_2(0)$］为起点的轨迹称为该状态方程的一条轨道或相轨道（又称轨迹）。对于不同的初始条件，可以在状态平面上描绘出一簇相轨道，这簇相轨道又称为该自治方程的相图。坐标点（x_1, x_2）称为相点。通常从相图可以定性地了解状态方程所描述的电路工作状态的整个变化情况，而不必直接求解非线性微分方程。可以利用数值法通过电子计算机把相轨道描绘出来。相轨道还可以通过实验的方法来观察，例如只要把 $x_1(t)$ 和 $x_2(t)$ 作为信号电压，把它们加到示波器的水平输入和垂直输入，就可以显示出相应的相轨道。

下面用状态平面讨论二阶 RLC 串联电路放电的动态过程，其电路如图 17-25 所示。为了简化分析，设电阻 R、电感 L 和电容 C 都是线性元件。

设电容电压的初始值为 $u_C(0_-)=U_0$，电感电流的初始值为 $i(0_-)=0$，电路的方程为

$$L\frac{\mathrm{d}^2 i}{\mathrm{d}t^2}+R\frac{\mathrm{d}i}{\mathrm{d}t}+\frac{i}{C}=0$$

令 $x_1=i, x_2=\dfrac{\mathrm{d}i}{\mathrm{d}t}=\dfrac{\mathrm{d}x_1}{\mathrm{d}t}$，上式可改写为

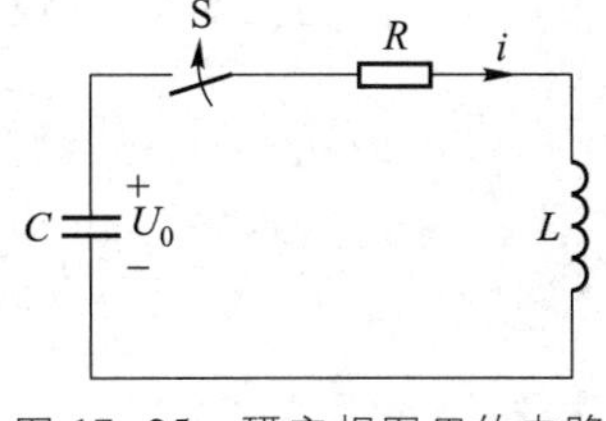

图 17-25　研究相图用的电路

$$\left.\begin{aligned}\frac{\mathrm{d}x_1}{\mathrm{d}t}&=x_2\\\frac{\mathrm{d}x_2}{\mathrm{d}t}&=-\omega_0^2 x_1-2\delta x_2\end{aligned}\right\}\qquad(17-11)$$

式中 $\delta=\dfrac{R}{2L}, \omega_0^2=\dfrac{1}{LC}$。

对式（17-11）直接积分，可以求得相轨道的方程，但需要一定的数学运算。这里主要用状态平面来讨论。

当 $\delta^2<\omega_0^2$ 或 $R<2\sqrt{\dfrac{L}{C}}$ 时，电路中的放电过程为衰减振荡性质，相应的相轨道将如图 17-26(a) 所示。对应不同的初始条件，相轨道将是一簇螺旋线，并以原点为其渐近点。该图中螺旋线的圈间距离表征了振荡的衰减率，而每一圈对应于振荡的一个周期，原点表示 $x_1=0, x_2=0$，是方程（17-11）的所谓“平衡点”。

方程（17-11）的解为

$$x_1=K\mathrm{e}^{-\delta t}\cos(\omega t+\varphi)$$

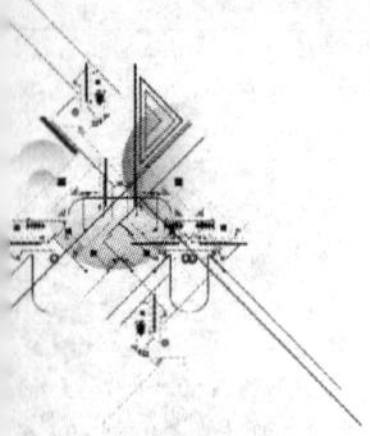

$$x_2=-K\omega_0 e^{-\delta t}\sin(\omega t+\varphi+\beta')$$

式中 $\omega^2=\omega_0^2-\delta^2$，$\beta'=\arctan\dfrac{\delta}{\omega}$，常数 K 和 φ 则由初始条件决定。

当 $\delta^2>\omega_0^2$ 或 $R>2\sqrt{\dfrac{L}{C}}$ 时，电路中的放电过程为非周期衰减性质，相应的相轨道将如图 17-26(b)所示。对应不同的初始条件，相轨道将是一簇变形的抛物线，原点是它们的渐近点，相点的运动方向是趋近于原点的。

方程式(17-11)的解为

$$x_1=K_1 e^{-m_1 t}+K_2 e^{-m_2 t}$$

$$x_2=-K_1 m_1 e^{-m_1 t}-K_2 m_2 e^{-m_2 t}$$

其中 $-m_1=-\delta+\sqrt{\delta^2-\omega_0^2}$，$-m_2=-\delta-\sqrt{\delta^2-\omega_0^2}$，常数 K_1 和 K_2 由初始条件确定。

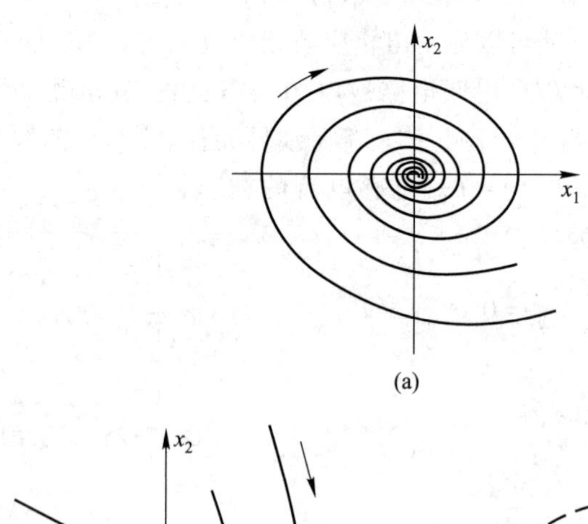

(a)

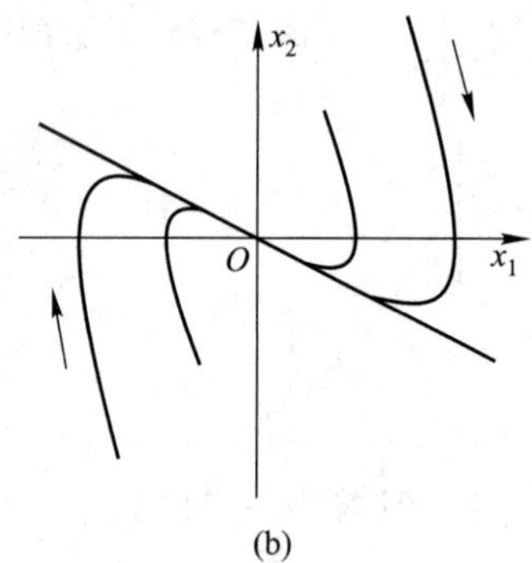

(b)

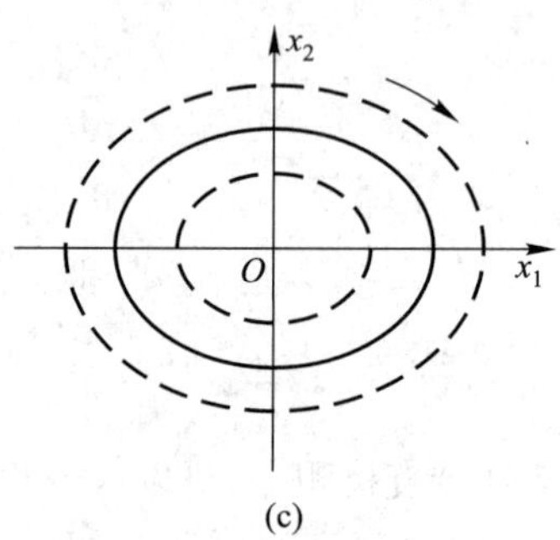

(c)

图 17-26　式(17-11)的相图

当 $\delta=0$ 或 $R=0$ 时，式(17-11)变为

$$\frac{dx_2}{dx_1}=-\omega_0^2\frac{x_1}{x_2}$$

经过积分后得

$$\frac{x_1^2}{K^2}+\frac{x_2^2}{K^2\omega_0^2}=1$$

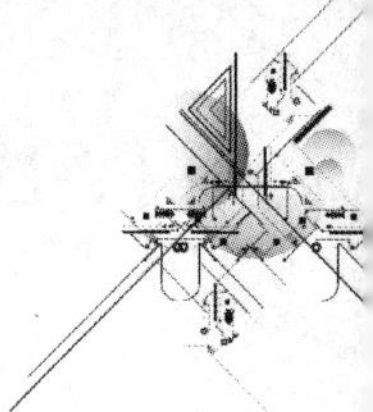

式中 K 是与初始条件有关的积分常数。对应不同的初始条件,相轨道是具有水平轴为 K,垂直半轴为 $\omega_0 K$ 的一簇椭圆,如图 17-26(c)所示,它对应于不衰减的正弦振荡。振荡的振幅与初始条件有关。

方程式(17-11)的解为

$$x_1 = K\cos(\omega_0 t+\varphi)$$
$$x_2 = -K\omega_0\sin(\omega_0 t+\varphi)$$

这个例子说明相轨道形状的研究可以对定性了解电路全部解提供有用的信息。

另外,在某些非线性自治电路中,在一定的初始条件下会建立起不衰减的周期振荡过程,此时所对应的相轨道将是一条称为极限环的孤立闭合曲线。

*§17-9 非线性振荡电路

电子振荡电路一般至少含有两个储能元件和至少一个非线性元件。本节通过实例介绍一种典型的非线性振荡电路,即范德坡电路。它是由一个线性电感,一个线性电容和一个非线性电阻组成,如图 17-27(a)所示,非线性电阻的伏安特性曲线有一段为负电阻性质,它的伏安特性可用下式表示(属电流控制型):

$$u_R = \frac{1}{3}i_R^3 - i_R$$

伏安特性曲线的大致形状如图 17-27(b)所示。

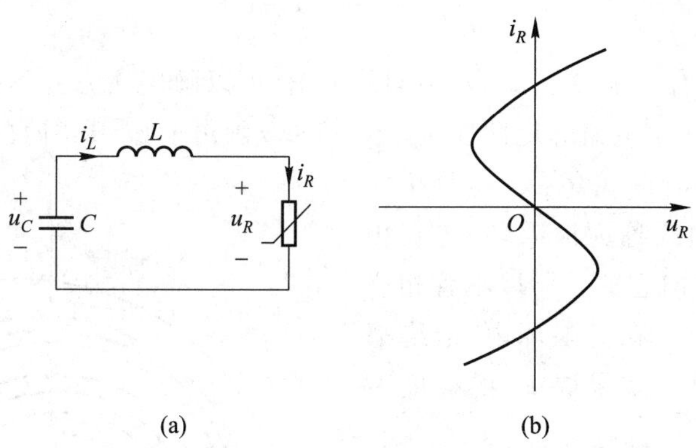

图 17-27 范德坡电路

电路的状态方程可写为(注意 $i_L = i_R$)

$$\left.\begin{aligned} \frac{\mathrm{d}u_C}{\mathrm{d}t} &= -\frac{i_L}{C} \\ \frac{\mathrm{d}i_L}{\mathrm{d}t} &= \frac{u_C - \left(\frac{1}{3}i_L^3 - i_L\right)}{L} \end{aligned}\right\} \tag{17-12}$$

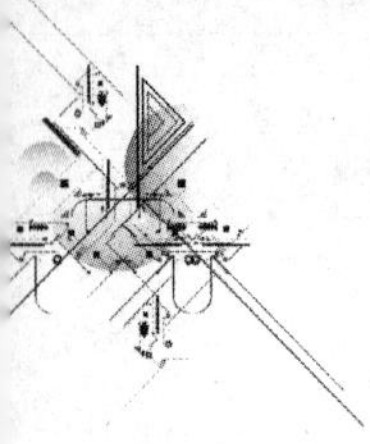

其中 u_C 和 i_L 为状态变量。为了使用量纲为一的量，令 $\tau=\frac{1}{\sqrt{LC}}t$，$\tau$ 是量纲为一的量。这样有

$$\frac{\mathrm{d}u_C}{\mathrm{d}t}=\frac{\mathrm{d}u_C}{\mathrm{d}\tau}\frac{\mathrm{d}\tau}{\mathrm{d}t}=\frac{1}{\sqrt{LC}}\frac{\mathrm{d}u_C}{\mathrm{d}\tau}$$

$$\frac{\mathrm{d}i_L}{\mathrm{d}t}=\frac{\mathrm{d}i_L}{\mathrm{d}\tau}\frac{\mathrm{d}\tau}{\mathrm{d}t}=\frac{1}{\sqrt{LC}}\frac{\mathrm{d}i_L}{\mathrm{d}\tau}$$

令 $\varepsilon=\sqrt{\frac{C}{L}}$，则式(17-12)可改写为

$$\left.\begin{aligned}\frac{\mathrm{d}u_C}{\mathrm{d}\tau}&=-\frac{1}{\varepsilon}i_L\\\frac{\mathrm{d}i_L}{\mathrm{d}\tau}&=\varepsilon\left[u_C-\left(\frac{1}{3}i_L^3-i_L\right)\right]\end{aligned}\right\}$$

若令 $x_1=i_L$，$x_2=\frac{\mathrm{d}i_L}{\mathrm{d}\tau}$，则上式又可改写为

$$\left.\begin{aligned}\frac{\mathrm{d}x_1}{\mathrm{d}\tau}&=x_2\\\frac{\mathrm{d}x_2}{\mathrm{d}\tau}&=\varepsilon(1-x_1^2)x_2-x_1\end{aligned}\right\}\tag{17-13}$$

方程(17-13)中仅有一个参数 ε。对不同的 ε 值，可以画出该方程不同的相图，就可以了解图 17-27(a)所示电路的定性性质。图 17-28 画出了 $\varepsilon=0.1$ 时的相图。从图中可以看出有单一的闭合曲线存在。这种单一的或孤立的闭合曲线称为极限环，与其相邻的相轨道都是卷向它的。所以不管相点最初在极限环外或是在极限环内，最终都将沿着极限环运动。如果取 u_C 的标度为 i_L 标度的 $\frac{1}{\varepsilon}$ 倍，则极限环接近为一个圆。此时 u_C 和 i_L 的波形与正弦波形接近，u_C 的振幅为 i_L 的振幅的 $\frac{1}{\varepsilon}$ 倍。这说明不管初始条件如何，在所研究电路中最终将建立起周期性振荡。这种在非线性自治电路中产生的持续振荡是一种自激振荡，它与图 17-26(c)在线性电路中产生的振荡过程

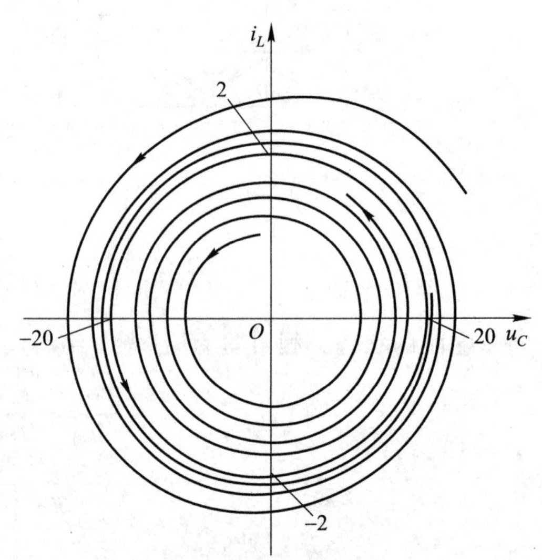

图 17-28　范德坡振荡电路的相图

有所不同,后者的振荡振幅是与初始条件有关的。

如果令式(17-13)中的 $x_1=x$,该方程还可写为含有一个变量的二阶非线性微分方程

$$\frac{d^2x}{dt^2}-\varepsilon(1-x^2)\frac{dx}{dt}+x=0$$

上式就是范德坡方程。

*§17-10 混沌电路简介

混沌理论自 20 世纪 70 年代以来已成为许多不同学科领域的研究热点。粗略地说,混沌是发生在确定性系统中的一种不确定行为,或类似随机的行为,混沌运动是另一种非周期运动。混沌的一个最显著的特点是,状态变量的波形对状态变量的初始值极为敏感,或者说初始值对波形有重大影响。在有些二阶非线性非自治电路或三阶非线性自治电路中就存在着混沌现象。这类动态电路方程是二阶或三阶非线性常微分方程。根据经典理论,在初始态条件确定之后,它的解是确定的。但是发现在一定参数值的条件下,电路会出现很复杂的解,这种解不是周期解,又不是拟周期解①,在状态平面上它的相轨道始终不会重复,但是有界的,即在一定的有界范围内具有遍历性,它对初始态条件极为敏感。

图 17-29 所示是线性电阻 R、线性电感 L 和半导体变容二极管 D 组成的串联电路,外施电压为正弦电压。变容二极管可以用一个非线性电阻和一个非线性电容的并联组合作为其电路模型。

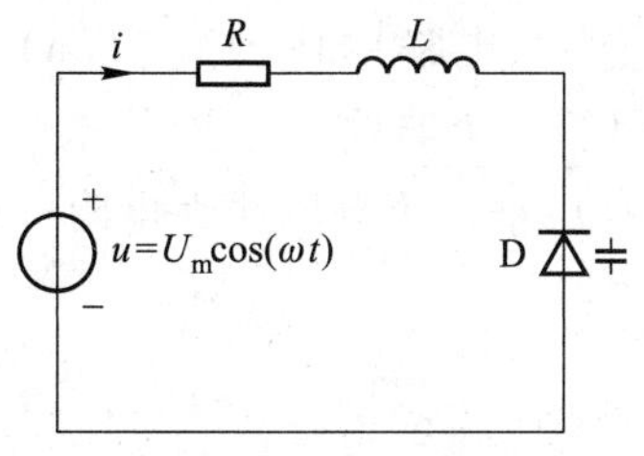

图 17-29 变容二极管混沌电路

此电路的方程是一个二阶非自治非线性微分方程。在一定的参数条件下,该电路中当正弦激励的频率固定,振幅 U_m 自零逐步增长时,用实验观察或用计算机求解电路中的电流 i,将会发现当 U_m 自零增长到 U_{m1} 之前,电流 i 的稳态解是非正弦周期解,这时它的周期与外施正弦激励的周期相同。当达到 U_{m1} 时,电流 i 仍为非正弦周期性的,但它的周期已变为外施正弦激励周期的 2 倍。所以电流的基波频率为正弦激励频率的 $\frac{1}{2}$②,即 $\frac{1}{2}\omega$。当 U_m 继续增大时,例如达到 U_{m2} 时,会出现稳定的周期为外施激励周期 4 倍的解。之后又会出现 8 倍周期解,16 倍周期解。这种现象称为分叉。自 16 周期分叉后会出现一个混沌区,此时电流即非周期解又非拟周期解。在混

① 拟周期解可以看作是一些具有不同频率的周期解之和,这些频率的相互比值是非有理数。总体看来,它似乎是具有“很长”的周期又接近周期解的一种解。

② 一个非正弦周期解,如果它的基波频率是外施频率的分数倍,这种“谐波”称为“子谐波”。线性电路的非正弦周期解,它的“谐波”是外施频率的整数倍,基波频率则与外施频率相同。

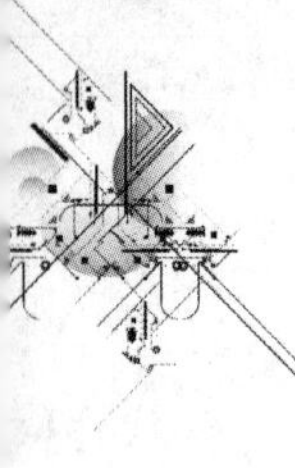

沌区后,随激励幅值的增加还发现有 3 周期、6 周期等分叉。图 17-30 就是电流分叉的示意图,图中的数字 2、4 等表示 2 周期、4 周期等分叉。

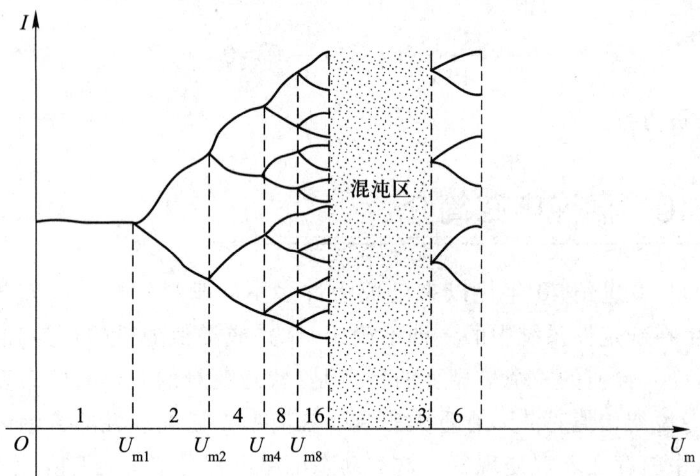

图 17-30　电流的分叉

混沌现象广泛地存在于非线性电路中,其中比较典型并已得到深入研究的电路是二阶非自治铁磁谐振电路和称为蔡氏电路的三阶自治电路。

蔡氏电路[①]如图 17-31(a)所示,它是由两个线性电容、一个线性电感、一个线性电阻和一个非线性电阻构成的三阶自治动态电路,非线性电阻的伏安特性为 $i_R = g(u_R)$,是一个分段线性电阻,如图 17-31(b)所示,其中 m_0、m_1、m_2 分别表示相应折线的斜率。

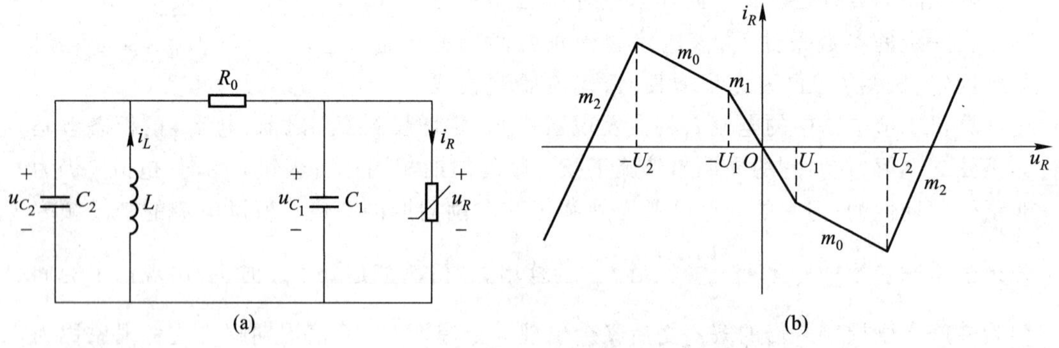

图 17-31　蔡氏电路

① 此电路由 L. O. Chua(蔡少棠)提出,故称为蔡氏电路,又称为“双涡卷(double scroll)电路”。

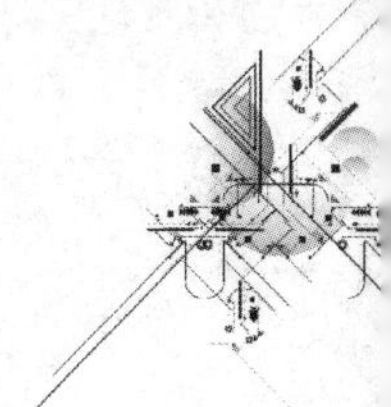

设电容电压 u_{C_1},u_{C_2} 和电感电流 i_L 为状态变量,得电路的状态方程如下:

$$\left.\begin{aligned}
C_1\frac{\mathrm{d}u_{C_1}}{\mathrm{d}t}&=\frac{1}{R_0}(u_{C_2}-u_{C_1})-g(u_R)\\
C_2\frac{\mathrm{d}u_{C_2}}{\mathrm{d}t}&=\frac{1}{R_0}(u_{C_1}-u_{C_2})+i_L\\
L\frac{\mathrm{d}i_L}{\mathrm{d}t}&=-u_{C_2}
\end{aligned}\right\}\tag{17-14}$$

这是一个三阶非线性自治方程组。这个电路在不同的参数值条件下会发生丰富多样的自激振荡动态过程,并有混沌出现,同时方程的解对初始条件非常敏感。根据不同的 C_1、C_2、L、R_0 及非线性电阻的 U_1、U_2、m_0、m_1、m_2 等和不同的 $u_{C_1}(0)$、$u_{C_2}(0)$、$i_L(0)$ 初始条件,按式(17-14),应用计算机可以计算出以 u_{C_1}、u_{C_2} 和 i_L 为坐标的状态空间的相轨道和它们的时域波形。

图 17-32 示出了在某一组参数值及初始条件下,电路出现混沌时投影在 i_L-u_{C_1} 状态平面上的相轨道,它具有“双涡卷”形状,故称此电路为“双涡卷”电路,其相轨道永不重复。图 17-33 示出了电容电压的时域波形,说明了混沌振荡的非周期性。

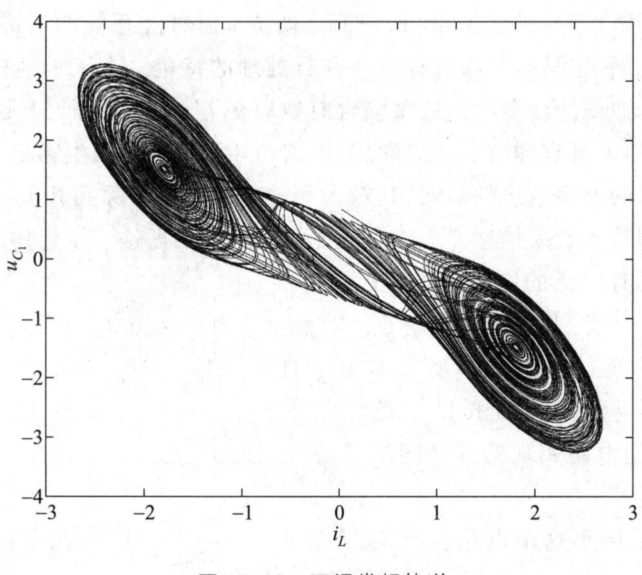

图 17-32　双涡卷相轨道

由于非线性电路中混沌解的特殊性,分析研究混沌的方法主要有:(1) 使用计算机对非线性电路进行数值计算,从得到的相图和时域波形等来判别混沌特征的信息;(2) 对电路直接进行实验,在实验中对混沌现象进行观察和分析。

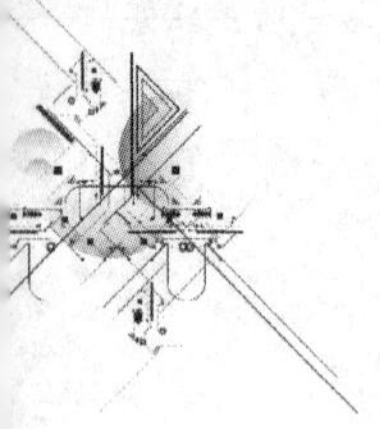

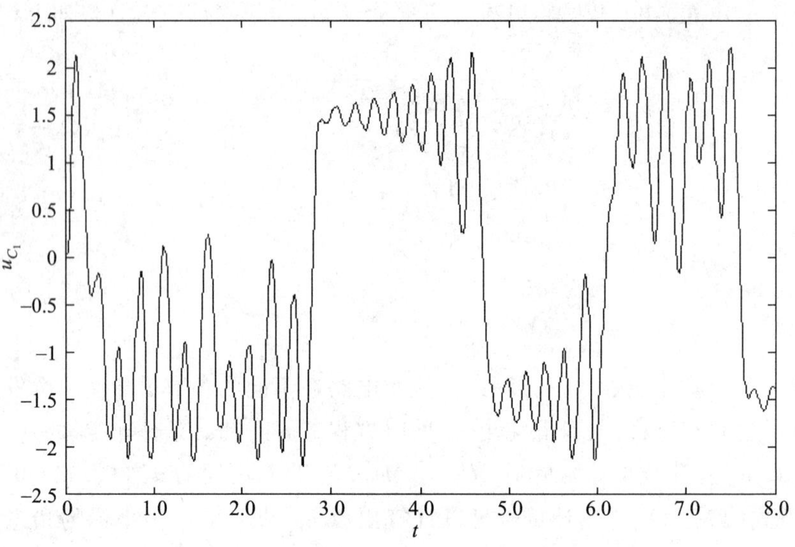

图 17-33　电容电压的时域波形

*§17-11　人工神经元电路

人工神经网络(简称神经网络)试图部分模仿人脑神经系统的结构和功能,它与数字计算机迥然不同,它具有分布式存储和并行处理的特色。人工神经网络只是人脑功能的一种简化和抽象的模型。人的大脑含有数以亿万计的生物神经元,以特定的方式相互连接,从而使人具有理解、记忆、联想、识别和计算的能力。生物神经元可以当作是具有输入和输出的处理信息的单元,其输入和输出之间的关系可用具有饱和特性的一种 S 型非线性转移函数来描述。人工神经元模型就是根据这一设想构成的。

神经网络具有广泛的应用前景,可用来处理识别、分类、联想、优化等问题。目前有许多种神经网络模型。本书介绍人工神经网络的 Hopfield 电路模型,这是一种用电路实现的神经网络模型。

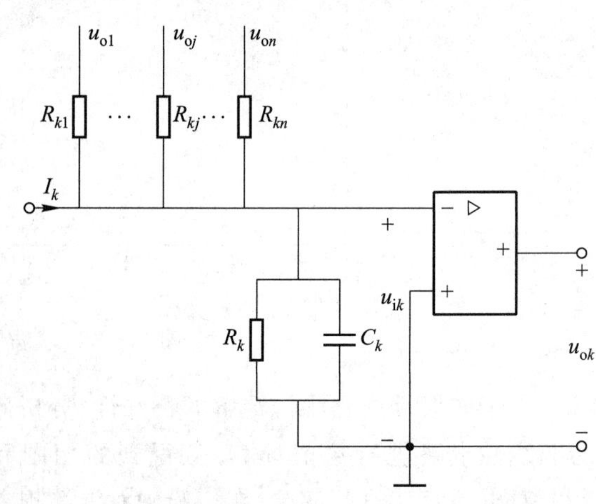

图 17-34　第 k 个神经元电路

图 17-34 示出了这个电路模型的第 k 个人工神经元的构成,图中的运放具有有限放大倍数并计及其饱和特性,运放的输出电压与输入电压之间的转移函数关系 $u_{ok}=f_k(u_{ik})$ 可用来描述神经元的相应转移函数关系。运放输入

端的电容 C_k 和电阻 R_k 对于输出与输入信号之间产生延迟作用,以此模仿神经元的动态特性。另外在输入端连接的电阻 R_{kj} 用来表示第 j 个神经元的输出电压 u_{oj} 与第 k 个神经元产生的输入电流之间的相互联系。电流 I_k 表示注入第 k 个神经元的电流。

根据 KCL,在第 k 个神经元的输入节点处有

$$C_k \frac{\mathrm{d}u_{ik}}{\mathrm{d}t}+\frac{u_{ik}}{R_k}=\sum_{j\neq k}^{n}\frac{1}{R_{kj}}(u_{oj}-u_{ik})+I_k$$

整理后,有

$$C\frac{\mathrm{d}u_{ik}}{\mathrm{d}t}=\sum_{j\neq k}^{n}\frac{1}{R_{kj}}u_{oj}-\frac{1}{R'_k}u_{ik}+I_k$$

其中

$$\frac{1}{R'_k}=\frac{1}{R_k}+\sum_{j\neq k}^{n}\frac{1}{R_{kj}}$$

另外有

$$u_{ok}=f_k(u_{ik})$$

上式中假设共有 n 个神经元相互连接,而 $k=1,2,\cdots,n$。

对于每个神经元都可以列出上述类似的方程,这样就构成了一个 n 阶非线性微分方程组。当给定一组初始值后,就可以求出此方程组的解。如果方程组的解为一组确定值,则表明电路最终将达到一个稳定状态。

以这种神经元模型为基础,可以设计出用来处理和求解多种不同类型问题的神经网络电路。这些问题包括"旅行商最优路径问题"、模-数转换问题、线性规划问题以及其他各种优化问题等。

思考题

17-1 动态电阻和静态电阻各用于什么场合?

17-2 非线性电阻电路的方程是什么方程?

17-3 包含非线性电阻元件和线性储能元件的电路方程是什么方程?包含线性电阻和非线性储能元件的电路方程是什么方程?

17-4 如果电路中含有电压控制电阻,请问电路适合列写节点电压方程还是回路电流方程?如果电路含有电流控制的非线性电阻,适合列写节点电压方程还是回路电流方程?如果电路既含有电压控制非线性电阻也含有电流控制非线性电阻,适合采用哪种电路方程?

17-5 如果采用分段线性法分析非线性电路,你认为主要的困难是什么?

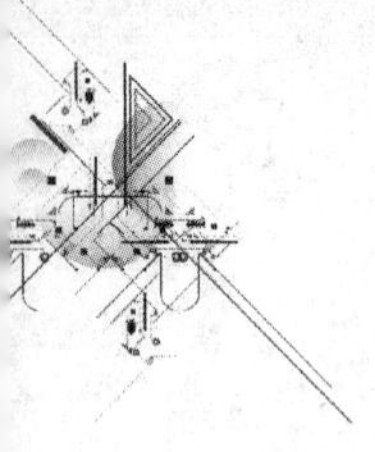

17-6　本章介绍的小扰动下的动态电路分析，有哪些限制条件？

习　题

17-1　如果通过非线性电阻的电流为 $\cos(\omega t)$ A，要使该电阻两端的电压中含有 4ω 角频率的电压分量，试求该电阻的伏安特性，写出其解析表达式。

17-2　写出题 17-2 图所示电路的节点电压方程，假设电路中各非线性电阻的伏安特性为 $i_1=u_1^3, i_2=u_2^2, i_3=u_3^{3/2}$。

17-3　一个非线性电容的库伏特性为 $u=1+2q+3q^2$，如果电容从 $q(t_0)=0$ 充电至 $q(t)=1$ C。试求此电容储存的能量。

17-4　非线性电感的韦安特性为 $\Psi=i^3$，当有 2 A 电流通过该电感时，试求此时的静态电感值。

17-5　已知题 17-5 图所示电路中，$U_S=84$ V，$R_1=2$ kΩ，$R_2=10$ kΩ，非线性电阻 R_3 的伏安特性可表示为 $i_3=0.3u_3+0.04u_3^2$。试求电流 i_1 和 i_3。

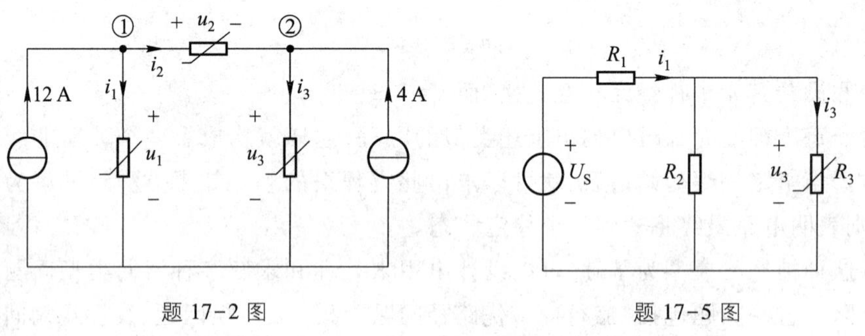

题 17-2 图　　　　题 17-5 图

17-6　题 17-6 图所示电路由一个线性电阻 R，一个理想二极管和一个直流电压源串联组成。已知 $R=2$ Ω，$U_S=1$ V，在 $u-i$ 平面上画出对应的伏安特性。

17-7　题 17-7 图所示电路由一个线性电阻 R、一个理想二极管和一个直流电流源并联组成。已知 $R=1$ Ω，$I_S=1$ A，在 $u-i$ 平面上画出对应的伏安特性。

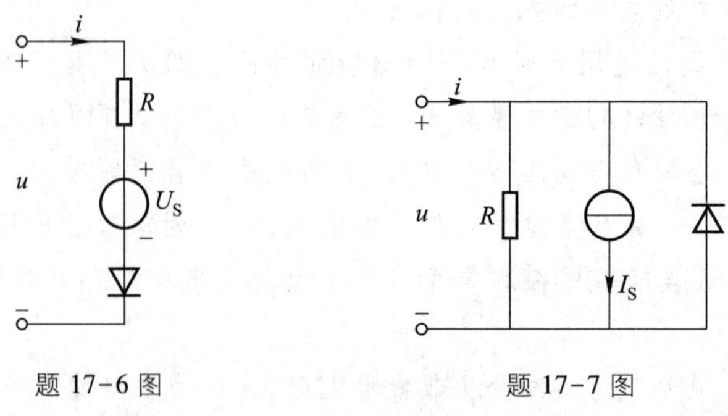

题 17-6 图　　　　题 17-7 图

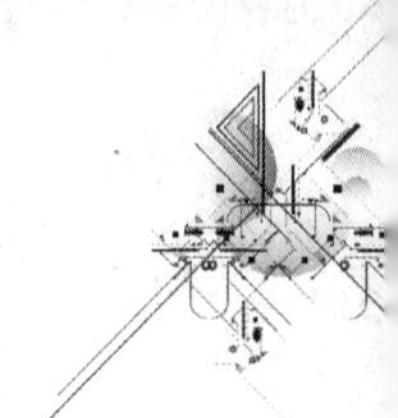

17-8　试设计一个由线性电阻、独立电源和理想二极管组成的一端口网络，要求它的伏安特性具有题 17-8 图所示特性。

17-9　设题 17-9 图所示电路中二极管的伏安特性可用下式表示：

$$i_D = 10^{-6}(e^{40u_D}-1)\,A$$

式中 u_D 为二极管的电压，其单位为 V，已知 $R_1=0.5\ \Omega$，$R_2=0.5\ \Omega$，$R_3=0.75\ \Omega$，$U_S=2\ V$。试用图解法求出静态工作点。

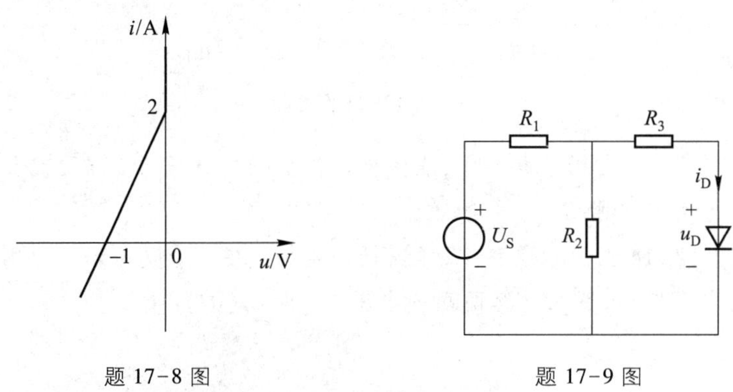

题 17-8 图　　　　题 17-9 图

17-10　题 17-10 图所示非线性电阻电路中，非线性电阻的伏安特性为

$$u=2i+i^3$$

现已知当 $u_S(t)=0$ 时，回路中的电流为 1 A。如果 $u_S(t)=\cos(\omega t)$ V 时，试用小信号分析法求回路中的电流 i。

17-11　题 17-11 图所示电路中，$R=2\ \Omega$。直流电压源 $U_S=9$ V，非线性电阻的伏安特性 $u=-2i+\frac{1}{3}i^3$，若 $u_S(t)=\cos t$ V，试求电流 i。

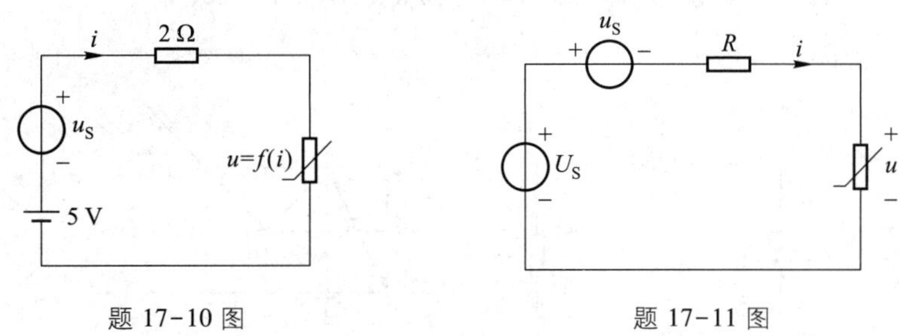

题 17-10 图　　　　题 17-11 图

17-12　题 17-12 图(a)所示电路中，直流电压源 $U_S=3.5$ V，$R=1\ \Omega$，非线性电阻的伏安特性曲线如题 17-12 图(b)所示。

(1) 试用图解法求静态工作点。

(2) 如将曲线分成 OC、CD 和 DE 三段，试用分段线性化方法求静态工作点，并与(1)的结果相比较。

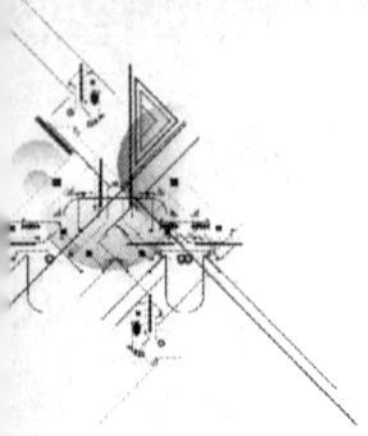

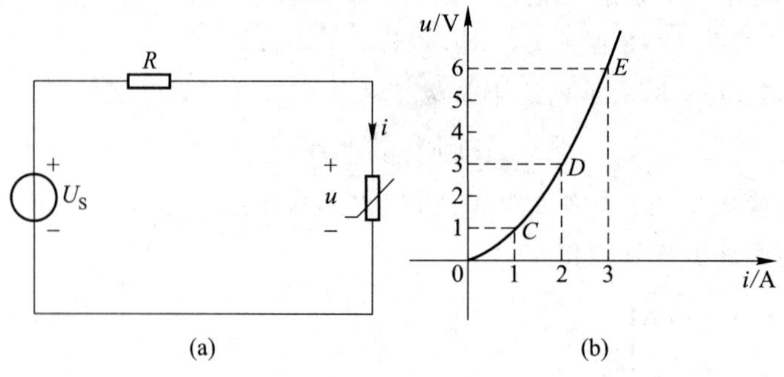

题 17-12 图

17-13　题 17-13 图所示电路中，非线性电阻的伏安特性为 $i=u^2$，试求电路的静态工作点及该点的动态电阻 R_d。

17-14　题 17-14 图所示电路中，非线性电阻的伏安特性为 $u=i^3$，如将此电阻突然与一个充电的电容接通，试求电容两端的电压 u_C，设 $u_C(0_+)=U_0$。

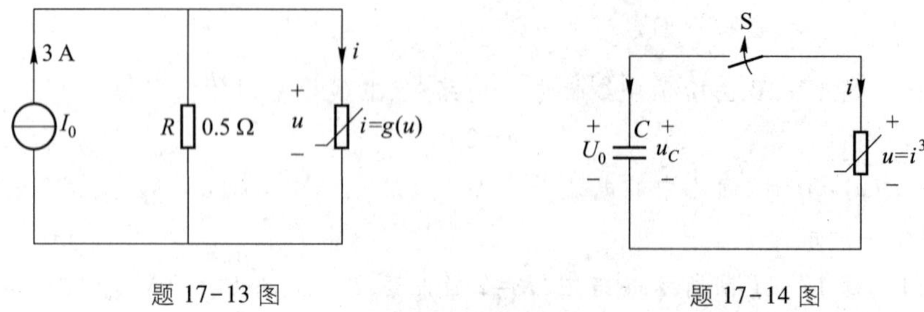

题 17-13 图　　　　题 17-14 图

*17-15　在题 17-15 图所示电路中，线性电容通过非线性电阻放电，非线性电阻伏安特性如题 17-15 图(b)所示。已知 $C=1$ F，$u_C(0_-)=3$ V，试求 u_C。

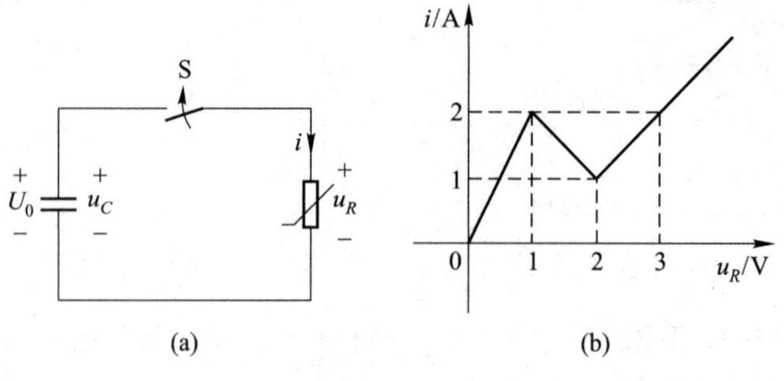

题 17-15 图

*17-16　含有非线性电感的一阶动态电路如题 17-16 图所示，已知直流电压源 $U_S=40$ V，小扰动电压源 $u_S(t)=1.2e^{-10t}\varepsilon(t)$ V，线性电阻 $R_1=10\ \Omega$，$R_2=40\ \Omega$，非线性电感 $\psi=0.5i^3$（ψ 单位为 Wb，i 单位为 A）。求 $t>0$ 时的响应 $i_L(t)$，$u_2(t)$。

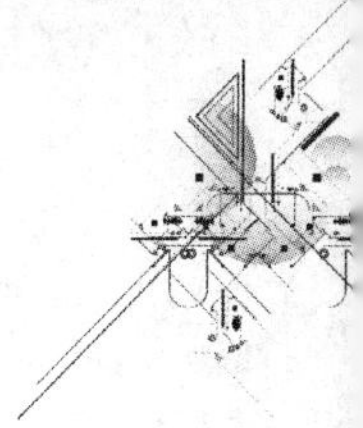

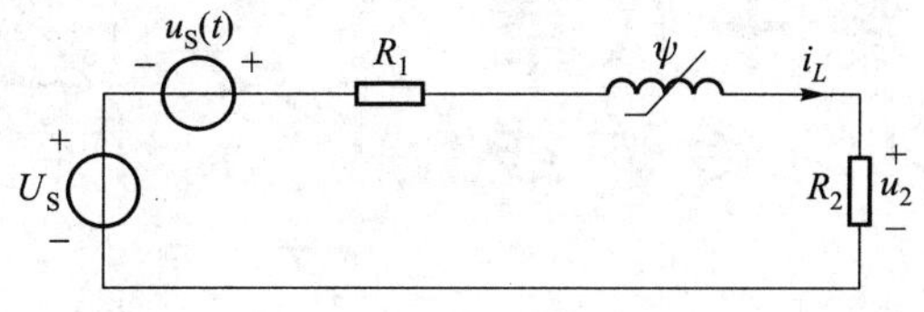

题 17-16 图

*17-17 （综合设计题）已知 Lorenz 混沌系统为

$$\frac{\mathrm{d}x}{\mathrm{d}t}=a(y-x)$$

$$\frac{\mathrm{d}y}{\mathrm{d}t}=bx-xz-y$$

$$\frac{\mathrm{d}z}{\mathrm{d}t}=xy-cx$$

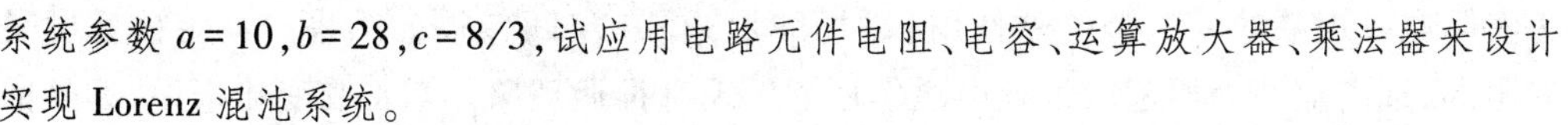

系统参数 $a=10$，$b=28$，$c=8/3$，试应用电路元件电阻、电容、运算放大器、乘法器来设计实现 Lorenz 混沌系统。

第十七章部分习题答案

第十八章 均匀传输线

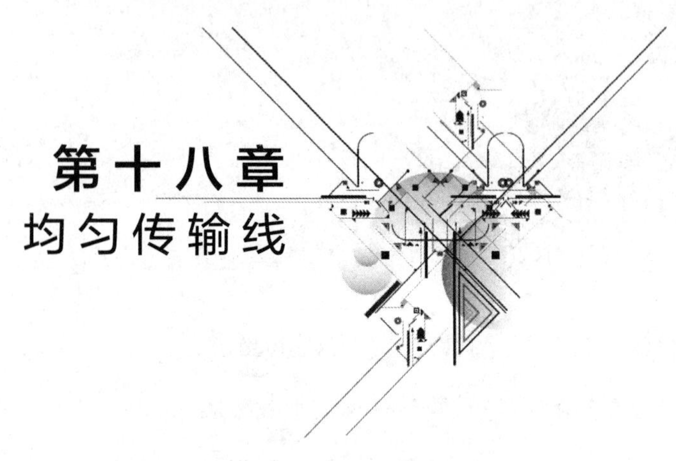

导 读

电磁现象都是在空间发生的。集总参数电路不能考虑电磁现象的空间分布性，因为实际电磁现象的发生是电磁作用（以场的形式）在空间传播的结果。其传播速度是有限的，远离电源处比起较近处电磁作用的出现有推迟现象。对正弦变化来说，远处的正弦变化在相位上要比较落后，这就意味着难以用一个物理量（例如电流）来概括不同空间所出现的电磁现象（例如在空间的能量损耗等）。以传递能量、信号为目的的传输线，在传输方向上线路可以甚长，沿线路电磁作用的推迟作用必须考虑；但是在垂直于传输方向的空间上，尺寸不会很大，可以不计该方向上的推迟作用。这就使得我们仍可使用电路的物理量和电路元件来描述线路的物理过程，但此时的电路物理量应沿线路长度而变化，并且元件也必须是沿线路作分布的分布参数元件。只有如此才能正确地描绘这种特殊情况的电路。

均匀传输线的电路变量既是时间又是空间的函数，故电路方程将是偏微分方程。讨论其正弦稳态解时，解答是沿线变化的复数相量，方程也成为常微分方程。在这些解中出现的波动特性应在学习过程中倍加注意和领会。

§18-1 分布参数电路

在以前各章中，讨论了由集总参数元件组成的电路模型。每一种集总参数元件被假设集中由一种电磁现象所表征。例如，电阻元件集中表征了某一个实际部件或某一段实际电路中的能量消耗，电感元件集中地反映了磁场的物理现象，电容元件则集中反映了电场的物理现象（如充、放电，位移电流等）。但是，在某些实际电路中，发生的电磁现象往往是带有分布性的，必须在一定条件下才能建立其集总参数模型。图 18-1(a)示出一个实际电路，这是一个电源通过导线向负载传递信号或能量的传输电路。导线中的电流是由导线中电场产生的，电流在导线外产生磁场（用磁感应强度 $\boldsymbol{B}$ 表示）；并且由于两导线之间的电压，导线间也有电场（用电场强度 $\boldsymbol{E}$ 表示），此电场在导线间产生电容电流和漏电流。这些电场-磁场都是沿线分布,即分散在空间的。就导线上的能量损耗与磁场效应来说,因导线间的电流导致导线中的电流处处不同,故不能以一项 i^2R 或 $L\dfrac{\mathrm{d}i}{\mathrm{d}t}$(即以一个集总参数 R、L)来概括导线上的物理过程;而导线上的电阻、电感压降也导致线间的电压处处不相同,故不能以一项 u^2G 或 $C\dfrac{\mathrm{d}u}{\mathrm{d}t}$(即以一个集总参数 G、C)来概括导线间的物理过程。接近这种物理现象的电路模型,应是由无限多个导线上的电阻、电感以及无限多个导线间的电导、电容所组成的分布参数模型,如图 18-1(b)所示。

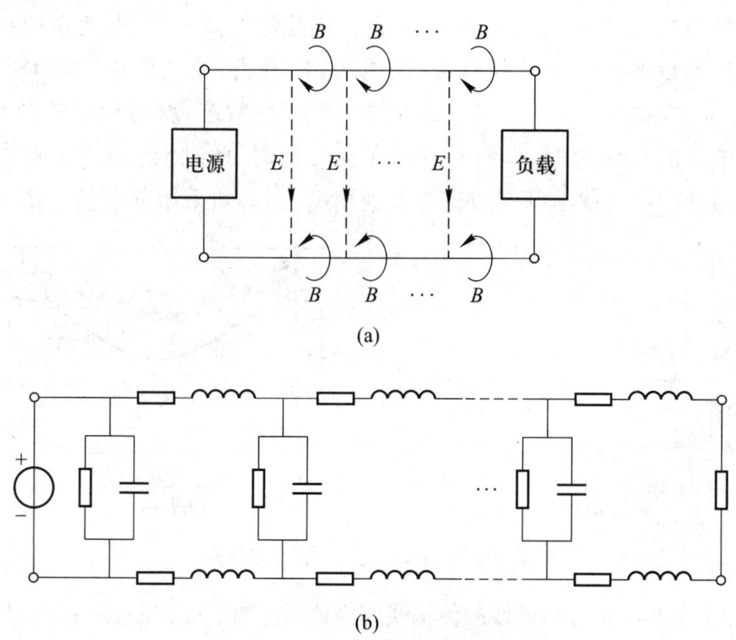

图 18-1 实际电路参数的分布

应当说,任何实际电路都有是否必须采用分布参数模型的问题。以传输线为例,只要沿线流动的电流随空间距离变化很小,即导线间的空间电容电流及电导电流不大时,就可以用单个电阻来描述损耗、单个电感来描述磁场作用。引申至一个实际电阻器的情况,在直流工作条件下其模型仅为一个电阻元件,在低频交流工作条件下其模型则是电阻元件和电感元件的串联组合;另一方面,当可不计导线上电阻、电感电压降时,认为导线间所有漏电流、所有电容电流处于同一个电压时,就可以用单个电导来描述导线间的漏电作用、单个电容来描述导线间的电容作用。实际电容器部件则是另一例,在直流及低频交流下可不计在极板上电流的电阻性压降和电感性压降,其模型就是一个电容元件和电导元件的并联组合。这些模型都是集总参数模型,构成的电路模型就是集总参数电路。

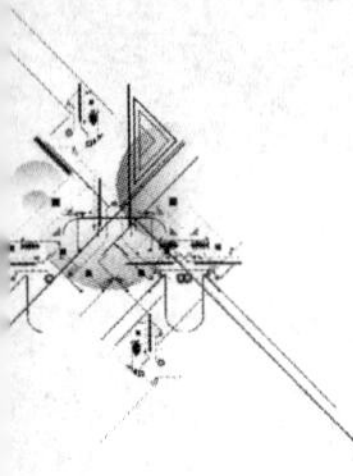

直流稳态下，有时也要用分布参数模型。例如在直流输电线中，如果要研究沿线的电压、电流变化，这时虽然电感、电容不产生影响，还应从导线上电阻及导线间电导所构成的分布参数模型来研究。

在交流稳态下，由于电感电压以及电容电流都与工作频率成正比，因此在高频下分布参数问题就更为突出。这可以从电磁波的传播来解释。真空中电磁波是以有限速度（光速）的波动方式运动的，在运动过程中在传播方向会出现波峰（极值）、波节（零值）的移动。相邻波峰（或波节）的距离称为工作波长 λ。众所周知，$\lambda=\dfrac{v}{f}=vT$，其中 v 为波速，f 为工作频率，T 为周期。在电压（或电流）波峰所到之处，电压（电流）达到极值，在电压（电流）波节所到之处，电压（电流）为零。因此沿传播方向，即使在同一时刻，沿线电压（或电流）是以波长 λ 为重复周期①的电压（或电流）波动形式。图 18-2(a)示出，当线长 $l\ll\lambda$ 时，全线的电压（电流）处于同一个变化状态，就可使用集总参数模型②；图 18-2(b)中示出 $l\not\ll\lambda$ 时，即线长可与 λ 做比较时，此时沿线电压（或电流）有明显的波动，各处数值不一，就不可使用集总参数模型，而必须采用分布参数模型。

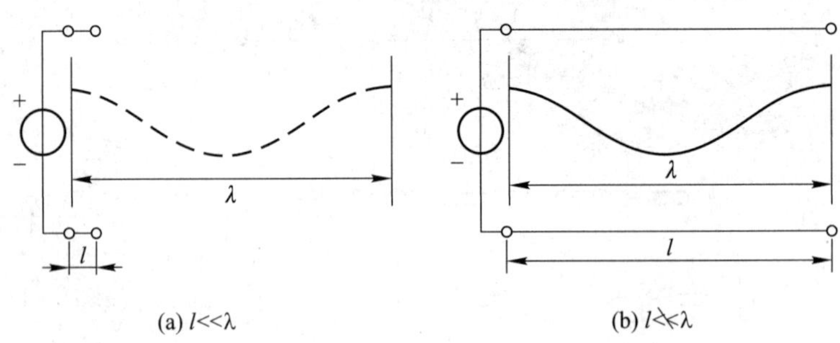

(a) $l\ll\lambda$　　(b) $l\not\ll\lambda$

图 18-2　电磁作用在线上的传播

线长 l 与工作波长 λ 可相比较的传输线称为长线。“长”是以线长相对工作波长 λ 而衡量的，因此与工作频率 f 有关。如果波动的速率以真空中的光速计，即 $v=c=3\times10^8$ m/s。在工频 $f=50$ Hz 时，$\lambda=\dfrac{v}{f}=6\ 000$ km。一般的电气部件、传输线都满足 $l\ll\lambda$，可以使用集总参数模型。但在高频情况下就不同了，当 $f=300$ MHz（超高频）时 $\lambda=1$ m；$f=30$ GHz 时 $\lambda=1$ cm；此时不长的一段线就是长线，如再使用集总模型将会得出错误的结果。在研究天线、雷达及微波设备中的电路时，广泛地使用了分布参数模型。

令 $\Delta t=\dfrac{l}{v}$，Δt 为电磁作用传遍线长所需的时间。条件 $l\ll\lambda$ 两侧均除以 v 后，就可写为 $\Delta t\ll T$。周期 T 是度量正弦时间函数随时间变化快慢的值。因此，使用集总模型的条件也可理解为：在电磁作用传遍全线的时间内，电源值几乎未发生变化。此时自然

---

①　由于沿线传播有衰减，故非严格意义的周期变化。

②　如舍弃线间电流，则视为集总电阻、电感串联；如舍弃线上压降，则视为集总电导、电容并联。

不会沿线出现具有波峰、波节形式的波动。也相当于波是以无限大速度传播的，沿线不存在电磁作用的推迟作用。①

应当指出，如果仅关心长线电源端以及负载端的电压、电流，还是可以将传输线部分看为一个二端口网络，或相应地用等值 T 形、π 形电路来替代，但是这些二端口的参数、等值电路应由分布参数模型来求出。此外，虽然等值 T 形、π 形电路是集总参数电路，但其中的 Z、Y 都是在一定的频率下求得的，并非传输线线路参数的直接归结②。不能误解为此时分布参数模型可以由集总参数模型来代替。

§18-2 均匀传输线及其方程

最典型的传输线是由在均匀媒质中放置的两根平行直线导体构成的，其通常的形式如图 18-3 所示。其中图(a)为两线架空线，图(b)为同轴电缆，图(c)为二芯电缆，图(d)是一线一地构成的传输线，图(e)(f)是在高频下工作的天线。[图(e)是最普通的半波电视天线，左右两段导线的总长为 $\lambda/2$。图(f)是中波使用的垂直天线，亦由一线一地构成。]

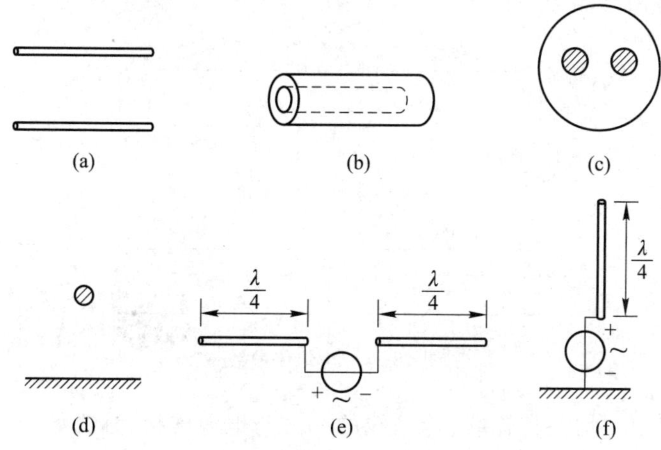

图 18-3 不同形式的传输线

在上述传输线中，电流在导线的电阻中引起沿线的电压降，并在导线的周围产生磁场，即沿线有电感的存在，变动的电流沿线产生电感电压降。所以，导线间的电压是连续变化的。另一方面，由于两导体构成电容，因此在导线间存在电容电流；导体间还有漏电导，故还有电导电流。这样，沿线不同的地方，导线中的电流也是不同的。为了计

① 读者将在电磁场的学习中加深理解此点。

② T 形、π 形等效电路中的各个 Z、Y 如果以集总元件 R、L、G、C 来实现时，这些参数将是频率 f 的函数。此情况类似于：交流电路中，R、L 串联组合用 R'、L' 并联组合来等效替代时，R'、L' 还将与频率有关。并不说明串联结构在一切频率下等同于一个确定值的 R'、L' 并联结构。

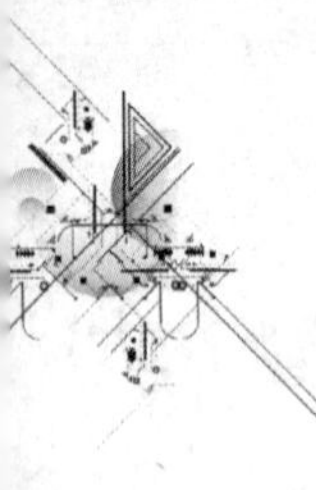

及沿线电压与电流的变化,必须认为导线的每一元段(无限小长度的一段)上,在导线上具有无限小的电阻和电感;在导线间则有电容和电导。这就是传输线的分布参数模型,它是集总参数元件构成的极限情况。由于电阻、电感、电容和电导这些参数是分布在线上的,因此必须用单位长度上传输线具有的参数表示,即:

R_0——两根导线每单位长度具有的电阻,其单位为 Ω/m(在电力传输线中,常用 Ω/km)。

L_0——两根导线每单位长度具有的电感,其单位为 H/m(或 H/km)。

C_0——每单位长度导线之间的电容,其单位为 F/m(或 F/km)。

G_0——每单位长度导线之间的电导,其单位为 S/m(或 S/km)。

R_0、L_0、C_0、G_0 称为传输线的原参数,如果沿线原参数到处相等,则称为均匀传输线。图 18-3 中图(a)(b)(c)(d)均可看为均匀传输线,图(e)(f)则是不均匀传输线。当然实际的传输线不可能是均匀的。例如图 18-3(a)所示的两线架空线在有支架处和没有支架处是不一样的,因为漏电的情况不尽相同。在架空线的每一跨度之间,由于导线的自重引起的下垂情况也改变了传输线对大地的电容的分布均匀性。但是,为了便于分析起见,通常忽略所有造成不均匀性的因素而把实际的传输线当作均匀的传输线。以后的讨论都局限于均匀传输线。

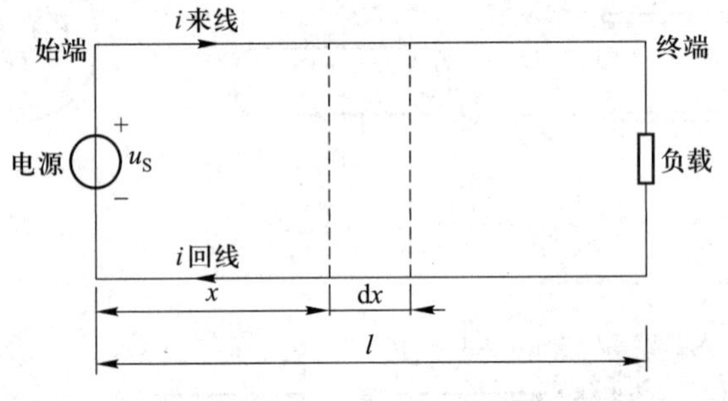

图 18-4 均匀传输线

图 18-4 表示一均匀传输线,传输线的一方与电源连接,称为始端;传输线的另一方与负载连接,称为终端。两根导线中,一根称为来线,另一根称为回线,来线是指电流参考方向从始端指向终端的传输线,回线则指电流参考方向从终端指向始端的传输线。设来线和回线的长度都为 l,从线的始端到所讨论长度元的距离为 x。

上面已经提到,设想均匀传输线是由一系列集总元件构成的,也就是设想它是由许多无穷小的长度元 dx 组成,每一长度元 dx 具有电阻 $R_0\mathrm{d}x$ 和电感 $L_0\mathrm{d}x$,而两导线间具有电容 $C_0\mathrm{d}x$ 和电导 $G_0\mathrm{d}x$。这样构成了图 18-5 所示的电路模型。设在 dx 左端的电压和电流为 u 和 i,在 dx 右端的电压和电流为 $u+\frac{\partial u}{\partial x}\mathrm{d}x$ 和 $i+\frac{\partial i}{\partial x}\mathrm{d}x$,根据 KCL,对于节点 b,有

$$i-\left(i+\frac{\partial i}{\partial x}\mathrm{d}x\right)=G_0\left(u+\frac{\partial u}{\partial x}\mathrm{d}x\right)\mathrm{d}x+C_0\frac{\partial}{\partial t}\left(u+\frac{\partial u}{\partial x}\mathrm{d}x\right)\mathrm{d}x$$

对回路 abcda 应用 KVL,则有

$$u-\left(u+\frac{\partial u}{\partial x}\mathrm{d}x\right)=R_0 i\mathrm{d}x+L_0\frac{\partial i}{\partial t}\mathrm{d}x$$

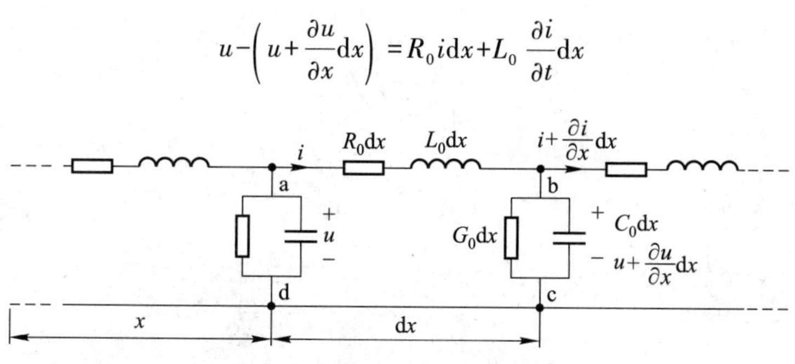

图 18-5 均匀传输线的电路模型

略去二阶无穷小量并约去 dx 后,得下列方程:

$$\left.\begin{aligned}-\frac{\partial u}{\partial x}&=R_0 i+L_0\frac{\partial i}{\partial t}\\-\frac{\partial i}{\partial x}&=G_0 u+C_0\frac{\partial u}{\partial t}\end{aligned}\right\}\qquad(18-1)$$

这就是均匀传输线方程,它是一组偏微分方程。根据边界条件(即始端和终端的情况)和初始条件(即时间起始时的条件),求出方程(18-1)的解,就可以得到电压 u 和电流 i,它们将是 x 和 t 的函数。可见电压和电流不仅随时间变化,同时也随距离变化。这是分布电路与集总电路的一个显著区别。

§18-3 均匀传输线方程的正弦稳态解

本节研究均匀传输线在始端电源角频率为 ω 的正弦时间函数时电路的稳态分析。在这种情况下,沿线的电压、电流是同一频率的正弦时间函数,因此,可以用相量法分析沿线的电压和电流。于是有

$$u(x,t)=\mathrm{Re}[\sqrt{2}\,\dot{U}(x)\mathrm{e}^{\mathrm{j}\omega t}]$$

$$i(x,t)=\mathrm{Re}[\sqrt{2}\,\dot{I}(x)\mathrm{e}^{\mathrm{j}\omega t}]$$

其中 $\dot{U}(x)$ 和 $\dot{I}(x)$ 均为 x 的函数,简写为 $\dot{U}$ 和 $\dot{I}$,因而方程(18-1)可以写成以下形式:

$$\left.\begin{aligned}-\frac{\mathrm{d}\dot{U}}{\mathrm{d}x}&=(R_0+\mathrm{j}\omega L_0)\dot{I}=Z_0\dot{I}\\-\frac{\mathrm{d}\dot{I}}{\mathrm{d}x}&=(G_0+\mathrm{j}\omega C_0)\dot{U}=Y_0\dot{U}\end{aligned}\right\}\qquad(18-2)$$

其中 $Z_0=R_0+\mathrm{j}\omega L_0$ 为单位长度的阻抗,$Y_0=G_0+\mathrm{j}\omega C_0$ 为单位长度的导纳。由于相量 $\dot{U}$ 和 $\dot{I}$ 仅为距离 x 的函数,所以在式(18-1)中对 u 和 i 的偏导数可以写成全导数,这样,

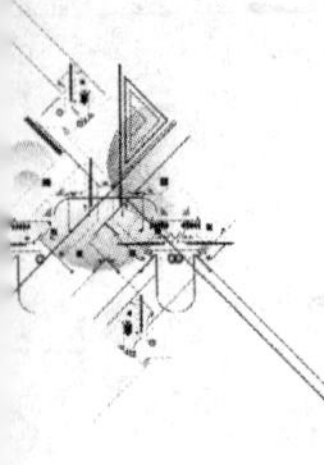

式(18-1)的偏微分方程组就成为式(18-2)的常微分方程组。将式(18-2)对 x 取一次导数,得

$$-\frac{\mathrm{d}^2\dot{U}}{\mathrm{d}x^2}=Z_0\frac{\mathrm{d}\dot{I}}{\mathrm{d}x}$$

$$-\frac{\mathrm{d}^2\dot{I}}{\mathrm{d}x^2}=Y_0\frac{\mathrm{d}\dot{U}}{\mathrm{d}x}$$

把式(18-2)中的$\frac{\mathrm{d}\dot{I}}{\mathrm{d}x}$和$\frac{\mathrm{d}\dot{U}}{\mathrm{d}x}$代入上式,便得到

$$\frac{\mathrm{d}^2\dot{U}}{\mathrm{d}x^2}=Z_0Y_0\dot{U}$$

$$\frac{\mathrm{d}^2\dot{I}}{\mathrm{d}x^2}=Z_0Y_0\dot{I}$$

令 $\gamma=\alpha+\mathrm{j}\beta=\sqrt{Z_0Y_0}=\sqrt{(R_0+\mathrm{j}\omega L_0)(G_0+\mathrm{j}\omega C_0)}$,代入上式后得

$$\frac{\mathrm{d}^2\dot{U}}{\mathrm{d}x^2}=\gamma^2\dot{U}$$

$$\frac{\mathrm{d}^2\dot{I}}{\mathrm{d}x^2}=\gamma^2\dot{I}$$

γ 称为传播常数。上列方程是常系数二阶线性微分方程。它们的通解具有下列形式:

$$\left.\begin{aligned}\dot{U}&=A_1\mathrm{e}^{-\gamma x}+A_2\mathrm{e}^{\gamma x}\\\dot{I}&=B_1\mathrm{e}^{-\gamma x}+B_2\mathrm{e}^{\gamma x}\end{aligned}\right\}\tag{18-3}$$

利用式(18-2)可以求得积分常数 A_1 和 B_1 及 A_2 和 B_2 之间的关系。由式(18-2)中的第一个方程得

$$\begin{aligned}\dot{I}&=-\frac{1}{Z_0}\frac{\mathrm{d}\dot{U}}{\mathrm{d}x}=-\frac{1}{Z_0}(-A_1\gamma\mathrm{e}^{-\gamma x}+A_2\gamma\mathrm{e}^{\gamma x})\\&=\frac{A_1}{\sqrt{\dfrac{Z_0}{Y_0}}}\mathrm{e}^{-\gamma x}-\frac{A_2}{\sqrt{\dfrac{Z_0}{Y_0}}}\mathrm{e}^{\gamma x}=B_1\mathrm{e}^{-\gamma x}+B_2\mathrm{e}^{\gamma x}\end{aligned}$$

令 $Z_\mathrm{c}=\sqrt{\dfrac{Z_0}{Y_0}}$,从上式中有 $B_1=\dfrac{A_1}{Z_\mathrm{c}}$,$B_2=-\dfrac{A_2}{Z_\mathrm{c}}$,而电流

$$\dot{I}=\frac{A_1}{Z_\mathrm{c}}\mathrm{e}^{-\gamma x}-\frac{A_2}{Z_\mathrm{c}}\mathrm{e}^{\gamma x}$$

Z_c 称为特性阻抗或波阻抗。它和称为传播常数的 γ 都是复数。后面将会看到 Z_c 和 γ 可以用来表征均匀传输线的主要特性。

根据边界条件可以确定积分常数 A_1 和 A_2,可以分两种不同情况讨论。

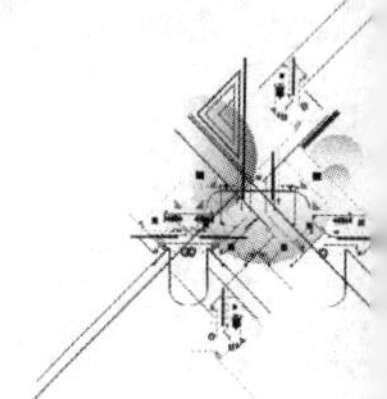

一种是设传输线的始端电压 $\dot{U}_1$ 和电流 $\dot{I}_1$ 为已知。当以始端作为计算距离 x 的起点时,在始端处 $x=0$。根据给定的边界条件,由式(18-3)可以得到

$$\dot{U}_1=A_1+A_2$$

$$\dot{I}_1=\frac{A_1}{Z_c}-\frac{A_2}{Z_c}$$

解得

$$A_1=\frac{1}{2}(\dot{U}_1+Z_c\dot{I}_1)$$

$$A_2=\frac{1}{2}(\dot{U}_1-Z_c\dot{I}_1)$$

由此得到传输线上与始端的距离为 x 处的电压和电流为

$$\left.\begin{aligned}\dot{U}&=\frac{1}{2}(\dot{U}_1+Z_c\dot{I}_1)e^{-\gamma x}+\frac{1}{2}(\dot{U}_1-Z_c\dot{I}_1)e^{\gamma x}\\ \dot{I}&=\frac{1}{2}\left(\frac{\dot{U}_1}{Z_c}+\dot{I}_1\right)e^{-\gamma x}-\frac{1}{2}\left(\frac{\dot{U}_1}{Z_c}-\dot{I}_1\right)e^{\gamma x}\end{aligned}\right\}\tag{18-4}$$

利用双曲线函数

$$\cosh(\gamma x)=\frac{1}{2}(e^{\gamma x}+e^{-\gamma x})$$

$$\sinh(\gamma x)=\frac{1}{2}(e^{\gamma x}-e^{-\gamma x})$$

式(18-4)又可以改写为

$$\left.\begin{aligned}\dot{U}&=\dot{U}_1\cosh(\gamma x)-Z_c\dot{I}_1\sinh(\gamma x)\\ \dot{I}&=\dot{I}_1\cosh(\gamma x)-\frac{\dot{U}_1}{Z_c}\sinh(\gamma x)\end{aligned}\right\}\tag{18-5}$$

另一种情况是设传输线终端(即 $x=l$ 处,l 为线长)的电压 $\dot{U}_2$ 和电流 $\dot{I}_2$ 为已知。根据这种边界条件,从式(18-3)得

$$\dot{U}_2=A_1e^{-\gamma l}+A_2e^{\gamma l}$$

$$\dot{I}_2=\frac{A_1}{Z_c}e^{-\gamma l}-\frac{A_2}{Z_c}e^{\gamma l}$$

从而有

$$A_1=\frac{1}{2}(\dot{U}_2+Z_c\dot{I}_2)e^{\gamma l}$$

$$A_2=\frac{1}{2}(\dot{U}_2-Z_c\dot{I}_2)e^{-\gamma l}$$

这样,当终端的电压 $\dot{U}_2$ 和电流 $\dot{I}_2$ 已知时,传输线上与始端距离为 x 处的任一点电压和电流为

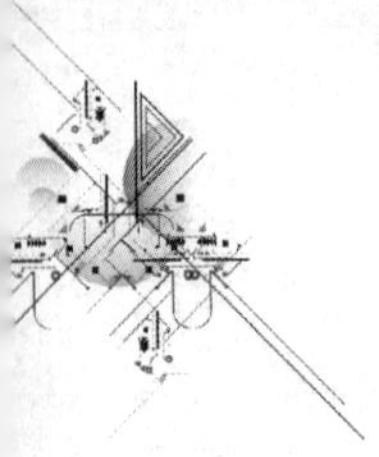

$$\dot{U}=\frac{1}{2}(\dot{U}_2+Z_c\dot{I}_2)e^{\gamma(l-x)}+\frac{1}{2}(\dot{U}_2-Z_c\dot{I}_2)e^{-\gamma(l-x)}$$

$$\dot{I}=\frac{1}{2}\left(\frac{\dot{U}_2}{Z_c}+\dot{I}_2\right)e^{\gamma(l-x)}-\frac{1}{2}\left(\frac{\dot{U}_2}{Z_c}-\dot{I}_2\right)e^{-\gamma(l-x)}$$

如果把计算距离的起点改为传输线的终端，则线上任一点到终端的距离为 $x'=l-x$，上式可以改写为

$$\left.\begin{aligned}\dot{U}&=\frac{1}{2}(\dot{U}_2+Z_c\dot{I}_2)e^{\gamma x'}+\frac{1}{2}(\dot{U}_2-Z_c\dot{I}_2)e^{-\gamma x'}\\ \dot{I}&=\frac{1}{2}\left(\frac{\dot{U}_2}{Z_c}+\dot{I}_2\right)e^{\gamma x'}-\frac{1}{2}\left(\frac{\dot{U}_2}{Z_c}-\dot{I}_2\right)e^{-\gamma x'}\end{aligned}\right\}\tag{18-6}$$

通常把上式的 x' 仍记为 x，这样做并不会引起混淆，因为式中右方的 $\dot{U}_2$ 和 $\dot{I}_2$ 就意味着以传输线的终端作为计算距离的起点。

同样，将式(18-6)用双曲线函数表示时，得

$$\left.\begin{aligned}\dot{U}&=\dot{U}_2\cosh(\gamma x)+Z_c\dot{I}_2\sinh(\gamma x)\\ \dot{I}&=\dot{I}_2\cosh(\gamma x)+\frac{\dot{U}_2}{Z_c}\sinh(\gamma x)\end{aligned}\right\}\tag{18-7}$$

式中 x 为距终端的距离。

例 18-1　一高压线长 $l=300$ km，终端接负载，功率为 30 MW，功率因数 $\lambda=0.9$(感性)，已知输电线的 $Z_0=1\underline{/80^\circ}\ \Omega/\text{km}$，$Y_0=6.5\times10^{-6}\underline{/90^\circ}$ S/km。设负载端电压 $\dot{U}_2=115.5\underline{/0^\circ}$ kV，求距离始端 200 km 处的电压、电流相量。

解

$$I_2=\frac{30\times10^6}{115.5\times10^3\times0.9}\ \text{A}=288.6\ \text{A}$$

$$\dot{I}_2=288.6\underline{/-25.84^\circ}\ \text{A}$$

$$\gamma=\sqrt{Z_0Y_0}=2.55\times10^{-3}\underline{/85^\circ}\ \text{km}^{-1}$$

$$Z_c=\sqrt{\frac{Z_0}{Y_0}}=392.2\underline{/-5^\circ}\ \Omega$$

距离始端 200 km 即距离终端 100 km，该处电压和电流分别为

$$\begin{aligned}\dot{U}&=\dot{U}_2\cosh(100\gamma)+Z_c\dot{I}_2\sinh(100\gamma)\\&=(128.3+j23.95)\ \text{kV}\\&=130.5\underline{/10.5^\circ}\ \text{kV}\end{aligned}$$

$$\begin{aligned}\dot{I}&=\dot{I}_2\cosh(100\gamma)+\frac{\dot{U}_2}{Z_c}\sinh(100\gamma)\\&=(252.9-j44.11)\ \text{A}\\&=256.7\underline{/-9.893^\circ}\ \text{A}\end{aligned}$$

其中 $$100\gamma=0.255\angle 85^\circ=0.0222+\mathrm{j}0.254$$
而

$$\sinh(100\gamma)=0.252\angle 85.11^\circ$$
$$\cosh(100\gamma)=0.968\angle 0.33^\circ$$

为了说明传输线上的电压、电流是波动形式，可以从式(18-4)出发，先将该式中的 $\dot{U}$、$\dot{I}$ 表达式改写如下：

$$\left.\begin{aligned}\dot{U}&=\dot{U}^{+}+\dot{U}^{-}\\ \dot{I}&=\dot{I}^{+}-\dot{I}^{-}\end{aligned}\right\}\tag{18-8}$$

其中

$$\begin{aligned}\dot{U}^{+}&=A_1\mathrm{e}^{-\gamma x}=\frac{1}{2}(\dot{U}_1+Z_c\dot{I}_1)\mathrm{e}^{-\gamma x}\\ &=|A_1|\mathrm{e}^{\mathrm{j}\phi_+}\cdot\mathrm{e}^{-\gamma x}=U_0^{+}\mathrm{e}^{\mathrm{j}\phi_+}\cdot\mathrm{e}^{-\gamma x}\\ \dot{U}^{-}&=A_2\mathrm{e}^{\gamma x}=\frac{1}{2}(\dot{U}_1-Z_c\dot{I}_1)\mathrm{e}^{\gamma x}\\ &=|A_2|\mathrm{e}^{\mathrm{j}\phi_-}\cdot\mathrm{e}^{\gamma x}=U_0^{-}\mathrm{e}^{\mathrm{j}\phi_-}\cdot\mathrm{e}^{\gamma x}\end{aligned}$$

式中 $U_0^{+}=|A_1|$，$U_0^{-}=|A_2|$；对于电流有 $\dot{I}^{+}=\dfrac{\dot{U}^{+}}{Z_c}$，$\dot{I}^{-}=\dfrac{\dot{U}^{-}}{Z_c}$。

由于 $\gamma=\alpha+\mathrm{j}\beta$，式(18-8)中电压 $\dot{U}$ 可写为

$$\dot{U}=U_0^{+}\mathrm{e}^{-\alpha x}\mathrm{e}^{\mathrm{j}(\phi_+-\beta x)}+U_0^{-}\mathrm{e}^{\alpha x}\mathrm{e}^{\mathrm{j}(\phi_-+\beta x)}$$

现在把电压相量 $\dot{U}$ 化为时间函数形式，得

$$\begin{aligned}u&=\sqrt{2}U_0^{+}\mathrm{e}^{-\alpha x}\cos(\omega t-\beta x+\phi_+)+\sqrt{2}U_0^{-}\mathrm{e}^{\alpha x}\cos(\omega t+\beta x+\phi_-)\\ &=u^{+}+u^{-}\end{aligned}\tag{18-9}$$

这样一来，u 可以看作是两个电压分量 u^{+} 和 u^{-} 的叠加。现在分别研究 u^{+} 和 u^{-} 这两个分量具有的含义。第一个分量 u^{+} 为

$$u^{+}=\sqrt{2}U_0^{+}\mathrm{e}^{-\alpha x}\cos(\omega t-\beta x+\phi_+)$$

它既是时间 t 的函数，又是空间位置 x 的函数。如果在传输线的某一固定点，即 $x=x_1$ 的地方观察 u^{+}，它将是时间 t 的正弦函数。假想在某一固定瞬间 $t=t_1$ 观察，则 u^{+} 沿线按照振幅为指数衰减的正弦规律随 x 变化。为了便于理解 u^{+} 的性质，在图 18-6 中画出 3 个不同瞬间 u^{+} 沿线的分布情况。可见，可以把 u^{+} 看为一个随时间增加向 x 增加方向（即从线的始端向终端的方向）运动的衰减波。通常将这种波称为电压入射波、直波或正向行波。

为了确定这个电压波 u^{+} 运动或传播的速度，假设 $\alpha=0$，这时 $u^{+}=\sqrt{2}U_0^{+}\cos(\omega t-\beta x+\phi_+)$，也就是说把 u^{+} 看作是一个不衰减的正弦波。现在分析 $x=x_1$ 与 $x=x_2$ 两点上电压波动的情况。在 $x=x_1$ 处，$u^{+}(x_1,t)=\sqrt{2}U_0^{+}\cos(\omega t-\beta x_1+\phi_+)$，而在 $x=x_2$ 处，$u^{+}(x_2,t)=$

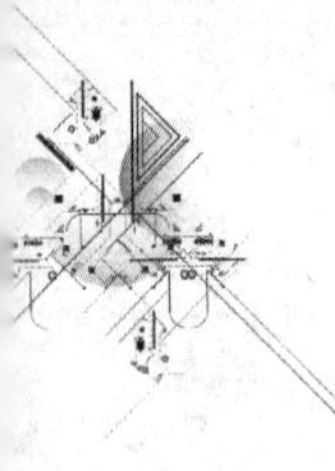

$\sqrt{2}U_0^+\cos(\omega t-\beta x_2+\phi_+)$。若 $x_2>x_1$，则该两点电压正弦变化的相位关系是 $u^+(x_2,t)$ 比 $u^+(x_1,t)$ 落后，落后的相位为 $(-\beta x_1+\phi_+)-(-\beta x_2+\phi_+)=\beta(x_2-x_1)=\beta\Delta x$。因此，在 x_1 处出现的正弦时间变化过程，要在一定的时间差后才会在距 x_1 为 Δx 的 x_2 处重复出现。这一时间差为

$$\Delta t=\frac{\beta(x_2-x_1)}{\omega}=\frac{\beta\Delta x}{\omega}$$

故相应的沿线从始端向终端传播速度为

$$v_\varphi=\lim_{\Delta t\to 0}\frac{\Delta x}{\Delta t}=\frac{\omega}{\beta}\tag{18-10}$$

这就是整个电压波 u^+ 的传播速度。由于这是同相点的运动速度，称为相位速度，简称相速，以 v_φ 表示。

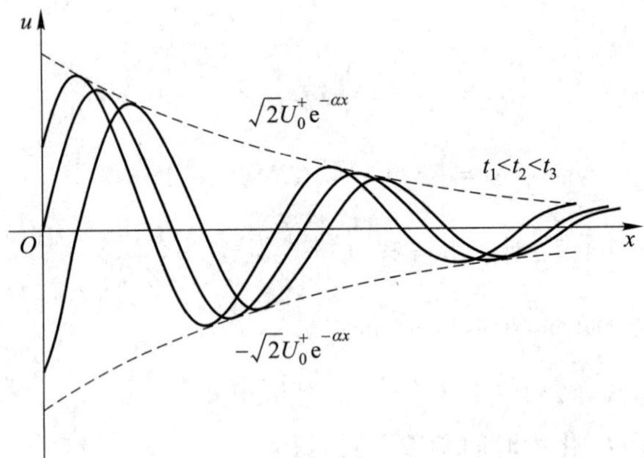

图 18-6　入射波沿线的传播

用同样的方法研究式(18-9)右端的第二项

$$u^-=\sqrt{2}U_0^-e^{\alpha x}\cos(\omega t+\beta x+\phi_-)$$

它与 u^+ 不同之处在于式中 αx 与 βx 前面的符号恰好相反，所以可以说 u^- 也是一种行波，但其传播方向和 u^+ 相反，也即 u^- 是沿 x 减少的方向以相速 v_φ 传播的衰减波，即由终端沿线向始端传播的衰减正弦波。通常把 u^- 称为电压反射波、回波或反向行波。注意在式(18-9)中 $u=u^++u^-$，所以 u^+ 和 u^- 所取参考方向与 u 的参考方向一致，也就是把传输线的来线取为正极。

在波的传播方向上，相位差 2π 的两点间的距离称为波长，以 λ 表示。这样，从式(18-9)右端的第一项，得

$$\omega t-\beta(x+\lambda)+\phi_+=\omega t-\beta x+\phi_+-2\pi$$

从而得

$$\lambda=\frac{2\pi}{\beta}\tag{18-11}$$

而

$$v_{\varphi}=\frac{\omega}{\beta}=\frac{2\pi f}{\beta}=\lambda f=\frac{\lambda}{T} \tag{18-12}$$

也就是在一个周期的时间内，波传播的距离等于一个波长。

在式(18-8)中的电流相量 $\dot{I}$ 也可以写成相应的时间函数形式

$$\begin{aligned} i &=\sqrt{2}\frac{U_0^+}{|Z_c|}e^{-\alpha x}\cos(\omega t-\beta x+\phi_+-\theta)-\sqrt{2}\frac{U_0^-}{|Z_c|}e^{\alpha x}\cos(\omega t+\beta x+\phi_--\theta) \\ &=i^+-i^- \end{aligned} \tag{18-13}$$

其中 $|Z_c|$ 和 θ 为特性阻抗 Z_c 的模和辐角，即 $Z_c=|Z_c|\angle\theta$。可见电流 i 也可以看作是两个以相同的相位速度、但以相反方向传播的衰减正弦波，即入射波电流 i^+ 和反射波电流 i^- 叠加的结果。但须注意，对于反射波电流 i^-，由于在导线中其方向与入射波电流的方向相反，故两者为相减。可以看出，虽然合成的电压波与电流波的形式很复杂，但对同一方向行进的入射电压波与入射电流波，或是反射电压波与反射电流波，都是随行进方向衰减的行波；且电压波与电流波之间的关系由传输线特性阻抗 Z_c 来决定。

例 18-2　有一均匀传输线长 300 km，在频率 $f=50$ Hz 时，传播常数 $\gamma=1.06\times10^{-3}\angle 84.7°\ \text{km}^{-1}$，$Z_c=400\angle -5.3°\ \Omega$，若已知 $\dot{U}_1=120\angle 0°$ kV，$\dot{I}_1=30\angle -10°$ A。求：(1) 行波的相速；(2) 距始端 50 km 处电压、电流入射波和反射波的瞬时值表达式。

解　(1) 由于 $\gamma=1.06\times10^{-3}\angle 84.7°\ \text{km}^{-1}=(0.979\times10^{-4}+\text{j}1.055\times10^{-3})\ \text{km}^{-1}$，故相速

$$v_{\varphi}=\frac{\omega}{\beta}=\frac{2\pi\times50}{1.055\times10^{-3}}\ \text{km/s}=2.98\times10^5\ \text{km/s}$$

(2) 按式(18-4)和式(18-8)求出 $\dot{U}_1^+$ 和 $\dot{U}_1^-$ 为

$$\dot{U}_1^+=\frac{1}{2}(\dot{U}_1+Z_c\dot{I}_1)=65\ 806\angle -1.381°\ \text{V}$$

$$\dot{U}_1^-=\frac{1}{2}(\dot{U}_1-Z_c\dot{I}_1)=54\ 236\angle 1.673°\ \text{V}$$

由式(18-9)可得

$$u^+=\sqrt{2}\times65\ 806e^{-0.979\times10^{-4}x}\cos(314t-1.055\times10^{-3}x-1.381°)\ \text{V}$$

$$u^-=\sqrt{2}\times54\ 236e^{0.979\times10^{-4}x}\cos(314t+1.055\times10^{-3}x+1.673°)\ \text{V}$$

所以在 $x=50$ km 处，有

$$u^+=\sqrt{2}\times65\ 486\cos(314t-4.405°)\ \text{V}$$

$$u^-=\sqrt{2}\times54\ 502\cos(314t+4.697°)\ \text{V}$$

根据电压与电流入射波与反射波之间的关系，可得

$$i^+=\sqrt{2}\times163.71\cos(314t+0.9°)\ \text{A}$$

$$i^-=\sqrt{2}\times136.25\cos(314t+10°)\ \text{A}$$

当传输线终端所接的负载阻抗 $Z_2=Z_c$ 时，电压、电流波中均没有反射波。因此可以认为反射波是由于 Z_2 与 Z_c 不等而引起的。定义终端的反射系数为该处反射波与入射波电压相量或电流相量之比，即

$$n=\frac{\dot{U}_2^-}{\dot{U}_2^+}=\frac{\dot{I}_2^-}{\dot{I}_2^+}=\frac{\dot{U}_2-Z_c\dot{I}_2}{\dot{U}_2+Z_c\dot{I}_2}=\frac{Z_2-Z_c}{Z_2+Z_c} \tag{18-14}$$

反射系数是一个复数，反映了反射波与入射波在幅值和相位上的差异。$n=0$ 时，不存在反射，称为终端阻抗与传输线阻抗相匹配①。在通信线路和设备连接（例如电视接收机与信号馈线的连接）时，均要求匹配，避免反射。

终端开路时，$Z_2\to\infty$，$n=1$；终端短路时，$Z_2=0$，$n=-1$。$|n|=1$ 称为全反射。终端开路及短路都产生全反射，但相位不同，前者使 $\dot{I}_2=0$，后者使 $\dot{U}_2=0$，满足了边界条件。

§18-4　均匀传输线的原参数和副参数

传输线单位长度的电阻 R_0、电感 L_0、电容 C_0 和电导 G_0 称为它的原参数，L_0 和 C_0 的计算公式在电磁场课程中介绍。上一节引入的传播常数 γ 和特性阻抗 Z_c 称为传输线的副参数。

传播常数 γ 是一个复数，其实部 α 称为衰减常数，虚部 β 称为相位常数。从式(18-9)及以后有关的讨论中可以看出，α 表示入射波和反射波沿线的衰减特性，其单位通常用 Np/m 或 dB/m②；而 β 表示入射波和反射波沿线的相位变化的特性，其单位通常用 rad/m。

为了计算均匀传输线的 α 和 β，设 R_0、L_0、C_0 和 G_0 为已知，则根据 $\gamma=\alpha+\mathrm{j}\beta$ 有

$$\gamma=\alpha+\mathrm{j}\beta=\sqrt{Z_0Y_0}=\sqrt{(R_0+\mathrm{j}\omega L_0)(G_0+\mathrm{j}\omega C_0)}$$

所以

$$|\gamma|^2=\alpha^2+\beta^2=\sqrt{(R_0^2+\omega^2L_0^2)(G_0^2+\omega^2C_0^2)}$$

$$\gamma^2=\alpha^2-\beta^2+\mathrm{j}2\alpha\beta=(R_0G_0-\omega^2L_0C_0)+\mathrm{j}(G_0\omega L_0+R_0\omega C_0)$$

---

①　这里的“匹配”（即 $Z_2=Z_c$），与最大功率传输时的匹配是不同的。

②　在有线通信中通常用奈培（Neper, Np）表示电平。Np 是根据研究的量的比值的自然对数定义的。以两个电压 U_1、U_2 为例，有

$$H_{\mathrm{Np}}=\ln\left(\left|\frac{U_2}{U_1}\right|\right)$$

前面已指出分贝（dB）是根据常用对数定义的，即

$$H_{\mathrm{dB}}=20\lg\left(\left|\frac{U_2}{U_1}\right|\right)$$

由上述定义，可推出

$$1\ \mathrm{Np}=8.686\ \mathrm{dB}$$
$$1\ \mathrm{dB}=0.115\ \mathrm{Np}$$

从以上两式不难分别求得

$$\left.\begin{aligned}\alpha&=\sqrt{\frac{1}{2}\left[R_0G_0-\omega^2L_0C_0+\sqrt{(R_0^2+\omega^2L_0^2)(G_0^2+\omega^2C_0^2)}\right]}\\ \beta&=\sqrt{\frac{1}{2}\left[\omega^2L_0C_0-R_0G_0+\sqrt{(R_0^2+\omega^2L_0^2)(G_0^2+\omega^2C_0^2)}\right]}\end{aligned}\right\}\tag{18-15}$$

值得注意的是，相位常数 β 是单调地随频率增高而增加的，图 18-7 给出了 α 和 β 与角频率的变化关系。

按式(18-10)和式(18-11)，相位速度和波长是由相位常数 β 决定的，即有

$$v_\varphi=\frac{\omega}{\beta},\quad \lambda=\frac{2\pi}{\beta}$$

当传输线的原参数满足条件 $\frac{R_0}{G_0}=\frac{L_0}{C_0}$ 时，按式(18-15)可推得

$$\alpha=\sqrt{\frac{1}{2}(R_0G_0-\omega^2L_0C_0+R_0G_0+\omega^2L_0C_0)}=\sqrt{R_0G_0}$$

$$\beta=\sqrt{\frac{1}{2}(\omega^2L_0C_0-R_0G_0+R_0G_0+\omega^2L_0C_0)}=\omega\sqrt{L_0C_0}$$

此时，衰减系数 α 与频率无关；相位系数 β 与频率成正比，故相速 v_φ 也与频率无关，且 α、β 均达其最小值，这种传输线称为无畸变线。当非正弦信号在线上传输时，各次谐波分量将发生同样程度的衰减且以同样的速度传输，因而不会发生畸变。这一条件也称为传输线的无畸变条件①。满足 $R_0=G_0=0$ 的传输线称为无损耗线（将在§18-5 中讨论），此时 $\alpha=0$，$\beta=\omega\sqrt{L_0C_0}$，因此，无损耗线也是无畸变线。图 18-7 示出了 α 与 β 的频率特性，可以看出，当 ω 很高时，传输线也接近于无畸变线。对于上述两种情况，有

$$v_\varphi=\frac{1}{\sqrt{L_0C_0}}$$

或②

$$v_\varphi\approx\frac{c}{\sqrt{\varepsilon_r\mu_r}}$$

后一式中，c 为真空中的光速，ε_r 和 μ_r 分别为导线周围媒质的相对介电常数和相对磁导率。对于架空线，$\varepsilon_r\approx1$ 和 $\mu_r\approx1$，即波的传播速度 v_φ 实际上等于真空中的光速。对于电

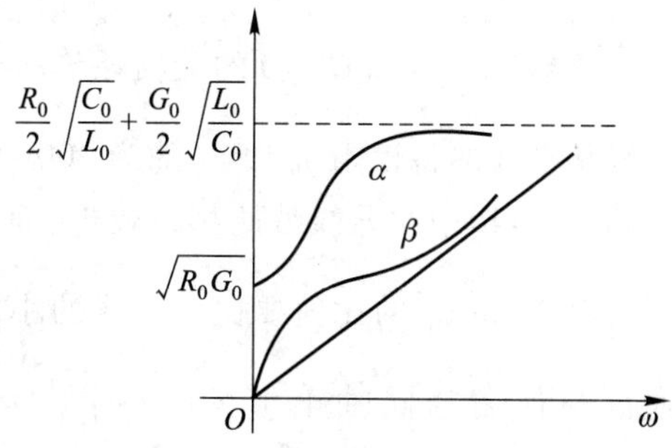

图 18-7 α 和 β 的频率特性

① 通常情况下的架空传输线和电缆都不满足无畸变条件，前者的 G_0 小；后者的 C_0 大。因此常常使用增加 L_0 的方法来满足无畸变传输。例如使用集中加感、分布加感等方法。

② 此公式的证明需用计算 L_0 和 C_0 的公式，请参阅电磁场教材。

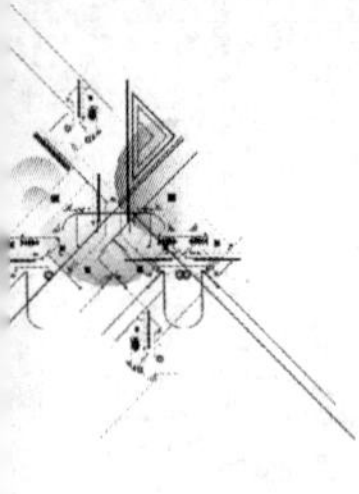

缆，这一速度要小一些，因为电缆中用的绝缘介质的相对介电常数 $\varepsilon_r\approx 4\sim 5$，所以波的相速比真空中的光速低。在有损耗的线中（$R_0\neq 0, G_0\neq 0$），相速总是比光速小。

从式（18-8）可见。特性阻抗 Z_c 为入射波（或反射波）电压、电流相量的比值。它与原参数的关系是

$$Z_c=\sqrt{\frac{Z_0}{Y_0}}=\sqrt{\frac{R_0+j\omega L_0}{G_0+j\omega C_0}}=|Z_c|e^{j\theta} \tag{18-16}$$

式中

$$|Z_c|=\sqrt[4]{\frac{R_0^2+\omega^2 L_0^2}{G_0^2+\omega^2 C_0^2}} \tag{18-17}$$

$$\begin{aligned}\theta &=\frac{1}{2}\left[\arctan\left(\frac{\omega L_0}{R_0}\right)-\arctan\left(\frac{\omega C_0}{G_0}\right)\right]\\ &=\frac{1}{2}\arctan\left(\frac{\omega L_0 G_0-\omega C_0 R_0}{R_0 G_0+\omega^2 L_0 C_0}\right)\end{aligned} \tag{18-18}$$

当 $\omega=0$ 时，即在直流情况下

$$|Z_c|=\sqrt{\frac{R_0}{G_0}},\quad \theta=0$$

此时特性阻抗是纯电阻。对工作频率较高的传输线，由于 $R_0\ll\omega L_0$ 和 $G_0\ll\omega C_0$，所以

$$Z_c=\sqrt{\frac{R_0+j\omega L_0}{G_0+j\omega C_0}}=\sqrt{\frac{j\omega L_0\left(1+\frac{R_0}{j\omega L_0}\right)}{j\omega C_0\left(1+\frac{G_0}{j\omega C_0}\right)}}\approx\sqrt{\frac{L_0}{C_0}}$$

可见，此时 Z_c 也是纯电阻性质的。

显然，$R_0=0$ 和 $G_0=0$ 的无损耗传输线的特性阻抗也是一个纯电阻，且其 $Z_c=\sqrt{\frac{L_0}{C_0}}$。一般架空线的特性阻抗 $|Z_c|$ 约为 400～600 Ω，而电力电缆约为 50 Ω，这是因为与架空线相比，电缆中的导线彼此相距较近，而且导线间的绝缘材料的相对介电常数 $\varepsilon_r\approx 4\sim 5$，所以 L_0 和 C_0 的比值要比架空线的小。因此电缆的 $|Z_c|$ 只有架空线的 $\frac{1}{8}\sim\frac{1}{6}$。在通信中使用的同轴电缆的 $|Z_c|$ 一般为 40～100 Ω，常用的有 75 Ω 和 50 Ω 两种。

由于 $\omega C_0\gg G_0$，式（18-16）中分母复数的辐角接近 45°，要比分子复数的辐角大，所以特性阻抗的辐角 θ 常为负值。

根据式（18-17）和式（18-18）作出 $|Z_c|$ 和 θ 的频率特性如图 18-8 所示。从

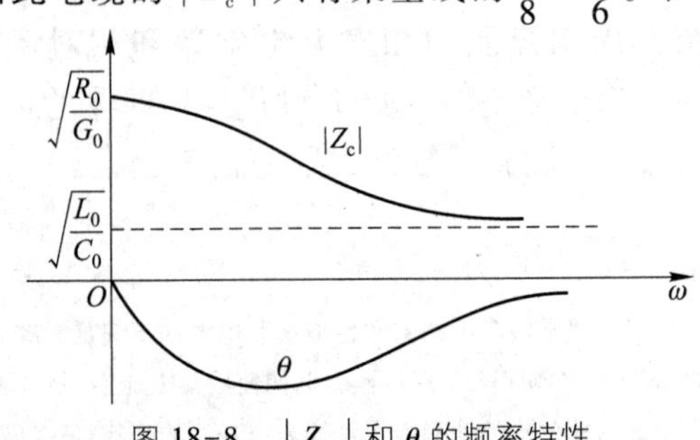

图 18-8　$|Z_c|$ 和 θ 的频率特性

式(18-16)可以看出，当 $\omega=0$ 时

$$|Z_c|=\sqrt{\frac{R_0}{G_0}}$$

而当 $\omega\to\infty$ 时

$$|Z_c|=\sqrt{\frac{L_0}{C_0}}$$

不论是架空线还是电缆，都有$\frac{R_0}{G_0}>\frac{L_0}{C_0}$，所以 $\omega=0$ 时的 $|Z_c|$ 比 $\omega\to\infty$ 时的大。

§18-5　无损耗传输线

如果传输线的电阻 R_0 和导线间的漏电导 G_0 等于零，这种传输线就称为无损耗传输线，简称为无损耗线。

在无线电工程中由于工作频率较高，因此 $\omega L_0\gg R_0$，$\omega C_0\gg G_0$。如将损耗略去不计，即令 $R_0=0$ 和 $G_0=0$，不致引起较大的误差，就可看为无损耗线。在这种情况下有

$$\gamma=\sqrt{Z_0Y_0}=\sqrt{(\mathrm{j}\omega L_0)(\mathrm{j}\omega C_0)}=\mathrm{j}\omega\sqrt{L_0C_0}$$

故 $\alpha=0$，而 $\beta=\omega\sqrt{L_0C_0}$。特性阻抗

$$Z_c=\sqrt{\frac{Z_0}{Y_0}}=\sqrt{\frac{L_0}{C_0}}$$

可见无损耗的特性阻抗是一个纯电阻且与频率无关。

距终端 x 处的电压、电流为

$$\left.\begin{aligned}\dot U_x&=\dot U_2\cos(\beta x)+\mathrm{j}Z_c\dot I_2\sin(\beta x)\\ \dot I_x&=\dot I_2\cos(\beta x)+\mathrm{j}\frac{\dot U_2}{Z_c}\sin(\beta x)\end{aligned}\right\}\tag{18-19}$$

距终端 x 处的入端阻抗为

$$\begin{aligned}Z_{ix}&=\frac{\dot U_x}{\dot I_x}=\frac{\dot U_2\cos(\beta x)+\mathrm{j}Z_c\dot I_2\sin(\beta x)}{\dot I_2\cos(\beta x)+\mathrm{j}\frac{\dot U_2}{Z_c}\sin(\beta x)}\\&=\frac{Z_2\cos(\beta x)+\mathrm{j}Z_c\sin(\beta x)}{Z_c\cos(\beta x)+\mathrm{j}Z_2\sin(\beta x)}Z_c\end{aligned}\tag{18-20}$$

式中 $Z_2=\frac{\dot U_2}{\dot I_2}$为终端的负载阻抗。

以下讨论几种特殊的终端情况。

第一种情况是终端阻抗与传输线匹配，即 $Z_2=Z_c$ 的情况。此时有

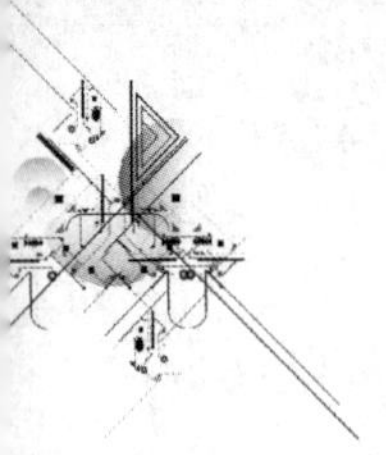

$$\dot{U}_x=\dot{U}_2\cos(\beta x)+\mathrm{j}Z_c I_2\sin(\beta x)=\dot{U}_2[\cos(\beta x)+\mathrm{j}\sin(\beta x)]=\dot{U}_2\mathrm{e}^{\mathrm{j}\beta x}$$

$$\dot{I}_x=\dot{I}_2\mathrm{e}^{\mathrm{j}\beta x}$$

$$Z_{ix}=Z_c$$

传输线上出现的电压、电流是从始端向终端传输的入射行波，且无振幅的衰减；在相位上，离始端越远处，相位越落后，但在同一点上，电压、电流则为同相，其振幅比等于Z_c（为实数）。电压、电流行波将电能从始端无损耗地传递到终端阻抗中去，不产生反射。

第二种情况为终端开路（即空载），$Z_2\to\infty$。此时 $\dot{I}_2=0$。从式（18-19）中可以得到

$$\left.\begin{aligned}\dot{U}_x&=\dot{U}_2\cos(\beta x)\\ \dot{I}_x&=\mathrm{j}\frac{\dot{U}_2}{Z_c}\sin(\beta x)\end{aligned}\right\}\tag{18-21}$$

假设终端电压 $u_2=\sqrt{2}U_2\sin(\omega t)$，式（18-21）的时间函数形式为

$$\left.\begin{aligned}u_x&=\sqrt{2}U_2\cos(\beta x)\sin(\omega t)\\ i_x&=\frac{\sqrt{2}U_2}{Z_c}\sin(\beta x)\cos(\omega t)\end{aligned}\right\}\tag{18-22}$$

表明传输线上出现的电压、电流并非行波。由于$\beta=\dfrac{2\pi}{\lambda}$，因此在 $x=0,\dfrac{\lambda}{2},\lambda,\dfrac{3\lambda}{2},\cdots$处$\beta x=0,\pi,2\pi,\cdots$，此时 $\cos(\beta x)=\pm1,\sin(\beta x)=0$，故这些地方的电压值始终是沿线电压分布中的极值（最大或最小），称之为电压的波腹；而这些地方的电流值始终是沿线电流分布中的零值，称之为电流的波节。在 $x=\dfrac{\lambda}{4},\dfrac{3\lambda}{4},\dfrac{5\lambda}{4},\cdots$处，$\beta x=\dfrac{\pi}{2},\dfrac{3\pi}{2},\dfrac{5\pi}{2},\cdots$，$\cos(\beta x)=0,\sin(\beta x)=\pm1$，故这些地方是电流的波腹也是电压的波节。图 18-9 画出几个不同瞬间 u_x 和 i_x 沿线的分布曲线，它们对应于时间 $t=0,\dfrac{T}{4},\dfrac{T}{2},\dfrac{3T}{4}$等时刻。从图中

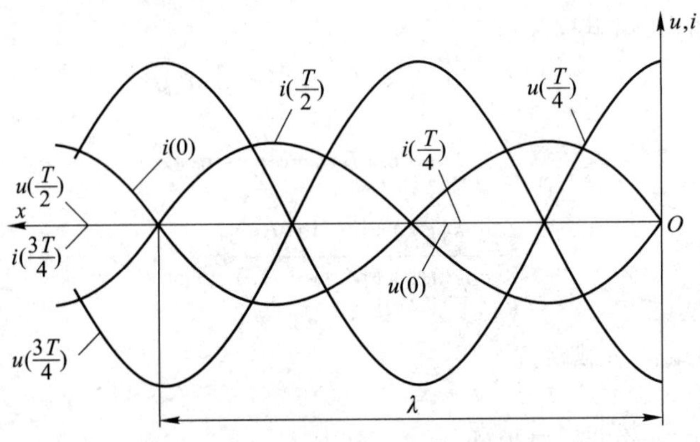

图 18-9　空载无损耗线的电压和电流分布曲线

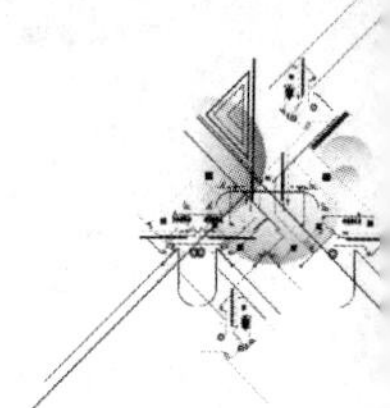

可看出电流、电压的波腹、波节的位置是固定不变的。这种波腹、波节位置固定不变的波称为驻波。

空载时，在距终端 x 处向终端看去的输入阻抗为

$$Z_{ix}=\frac{\dot{U}_x}{\dot{I}_x}=-\mathrm{j}Z_c\cot(\beta x)=-\mathrm{j}Z_c\cot\left(\frac{2\pi}{\lambda}x\right)=\mathrm{j}X_{oc} \tag{18-23}$$

表明输入阻抗是一个纯电抗，以$\frac{\lambda}{4}$为间隔变号；在电压波节（电流波腹）处，$Z_{ix}=0$，相当于短路，也可理解为是一个串联谐振电路①；在电流波节（电压波腹）处，$Z_{ix}=\infty$，相当于开路，理解为是一个并联谐振电路。如图 18-10 所示。

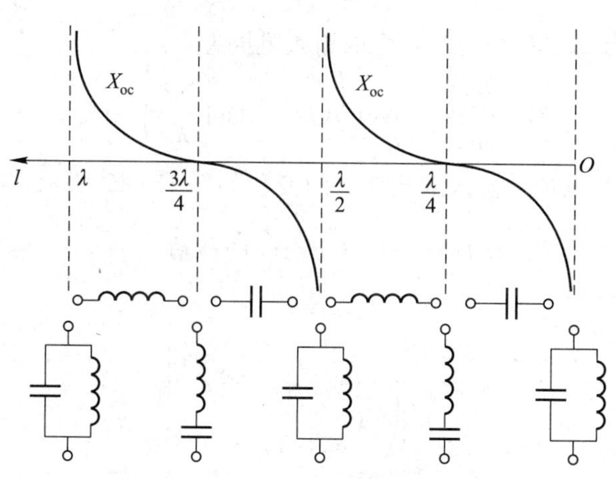

图 18-10　空载无损耗线的输入阻抗

第三种是终端短路的情况，此时，$Z_2=0$，$\dot{U}_2=0$。从式(18-19)可得

$$\left.\begin{aligned}\dot{U}_x&=\mathrm{j}Z_c\dot{I}_2\sin(\beta x)\\\dot{I}_x&=\dot{I}_2\cos(\beta x)\end{aligned}\right\} \tag{18-24}$$

设终端电流 $i_2=\sqrt{2}I_2\sin(\omega t)$，则 $\dot{U}_x$、$\dot{I}_x$ 对应的时间函数为

$$\left.\begin{aligned}u_x&=\sqrt{2}Z_cI_2\sin(\beta x)\cos(\omega t)\\i_x&=\sqrt{2}I_2\cos(\beta x)\sin(\omega t)\end{aligned}\right\} \tag{18-25}$$

传输线上也出现电压、电流驻波，但电压、电流驻波的波腹、波节位置与终端开路情况的位置不同，都移动了$\frac{\lambda}{4}$②。图 18-11 示出了几个特定时刻线上出现的电压、电流驻波分布。

---

① 正弦稳态时，在终端开路或短路的无损耗线上电压或电流的波节处，功率为零($p_x=u_xi_x$)，与谐振情况相似。

② 根据 Z_{ix} 的意义，在终端开路的无损耗线的电压波节处加以短路（例如在离开路终端$\frac{\lambda}{4}$处），在此处与始端之间的电压、电流波形不会受到影响，也就是短了$\frac{\lambda}{4}$长度的终端短路无损耗线。

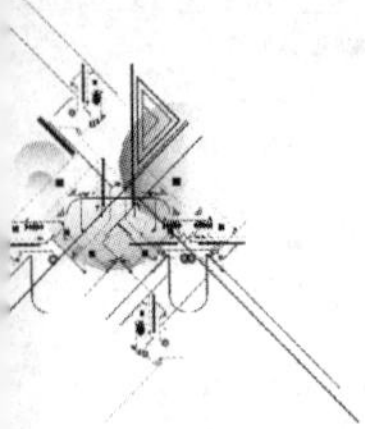

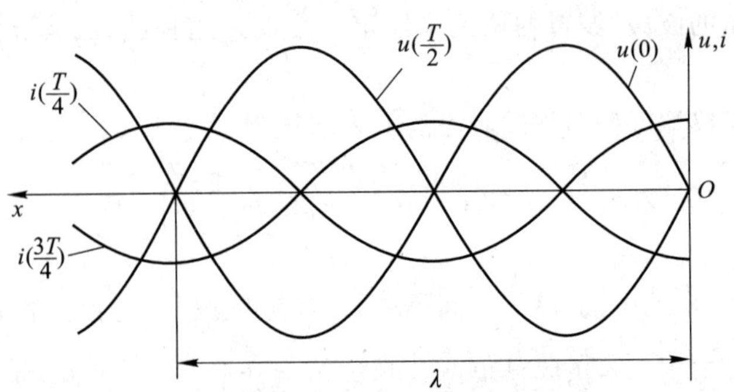

图 18-11　短路无损耗线的电压和电流分布曲线

短路时,在距终端 x 处向终端看去的输入阻抗为

$$Z_{ix}=\frac{\dot{U}_x}{\dot{I}_x}=jZ_c\tan(\beta x)=jZ_c\tan\left(\frac{2\pi}{\lambda}x\right)=jX_{sc} \tag{18-26}$$

可见 Z_{ix} 也是一个纯电抗。输入阻抗随 x 的变化如图 18-12 所示,与空载无损耗线阻抗图 18-10 比较,可见两者图形仅在长度上有$\frac{\lambda}{4}$的移动。

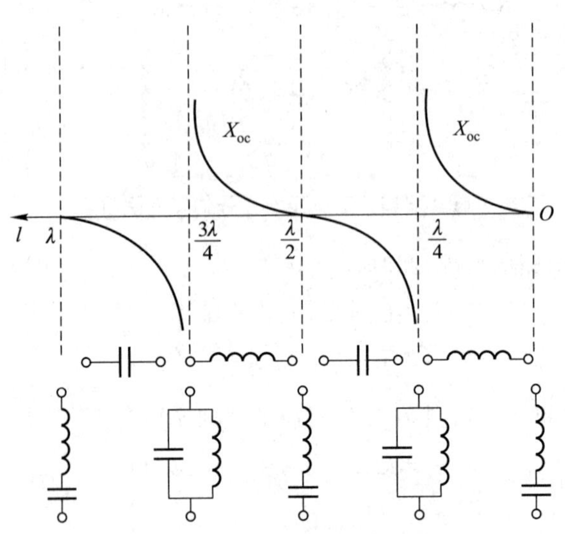

图 18-12　短路无损耗线的输入阻抗

上述无损耗线在终端开路或短路时,其输入阻抗具有的一些特点在高频技术中获得了一定的应用。

例如长度小于$\frac{\lambda}{4}$的开路无损耗线可以用来代替电容,而长度小于$\frac{\lambda}{4}$的短路无损耗线可以用来代替电感。考虑到频率较高时,常用的电感线圈或电容器已经不可能作为电感元件或电容元件工作,这种方法的意义就更明显了。假定要替代的容抗 X_C 或感抗

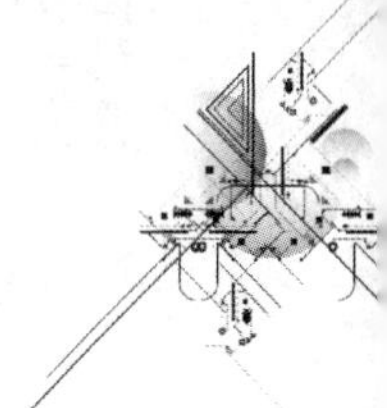

X_L 为已知，则利用下列公式就可以分别决定所需开路无损耗线或短路无损耗线的长度 l：

$$X_C=-\frac{1}{\omega C}=-Z_c\cot\left(\frac{2\pi}{\lambda}l\right)$$

$$X_L=\omega L=Z_c\tan\left(\frac{2\pi}{\lambda}l\right)$$

长度为$\frac{\lambda}{4}$的无损耗线，还可以用来作为接在传输线和负载之间的匹配元件，它的作用如同一个阻抗变换器。下面介绍其工作原理。

设无损耗线的特性阻抗为 Z_{c1}，负载阻抗为 Z_2，且设 Z_2 为纯电阻（即 $Z_2=R_2$），现在要求设法使 Z_2 和 Z_{c1} 匹配。为此目的，在传输线的终端与负载 Z_2 之间插入一段 $l=\frac{\lambda}{4}$的无损耗线（见图 18-13）。根据式（18-11），可以求得这段长度为$\frac{\lambda}{4}$的无损耗线的输入阻抗 Z_i 为（注意其终端负载为 Z_2）

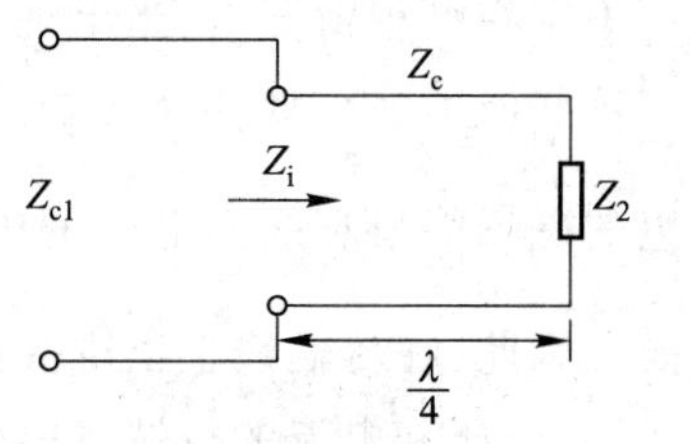

图 18-13　无损耗线作为阻抗变换器

$$Z_i=Z_c\frac{Z_2+jZ_c\tan\left(\frac{2\pi}{\lambda}\frac{\lambda}{4}\right)}{jZ_2\tan\left(\frac{2\pi}{\lambda}\frac{\lambda}{4}\right)+Z_c}\tag{18-27}$$

式中 Z_c 为无损耗线的特性阻抗。因为 $\tan\left(\frac{\pi}{2}\right)=\infty$，所以上式成为 $Z_i=\frac{Z_c^2}{Z_2}$。可见，为了达到匹配的目的，应使 $Z_i=Z_{c1}$。于是求得此$\frac{\lambda}{4}$无损耗线的特性阻抗应为

$$Z_c=\sqrt{Z_{c1}Z_2}$$

此外，在超高频技术中，用固体介质做成支持传输线的绝缘子，其介质损耗往往会太大，以致失去绝缘的作用。因而有时采用所谓“金属绝缘子”，也就是一段长度为$\frac{\lambda}{4}$的短路传输线作为支架。由于这种短路传输线的输入阻抗非常大（在理想情况等于无限大），因此其损耗小于介质绝缘子中的损耗。

当无损耗线的终端所接负载 $Z_2=\pm jX_2$ 为纯电抗时，沿线也将出现电压和电流驻波。这不难解释如下：由于电抗可以用一段适当长的开路或短路无损耗线代替，因此，沿终端接有电抗负载的无损耗线的电压和电流的分布情况，与开路或短路的无损耗线上的分布将没有什么本质上的差别。显然，终端接有电抗负载时，在终端处将既不是电流或电压的波腹，也不是电流或电压的波节（见图 18-14）。

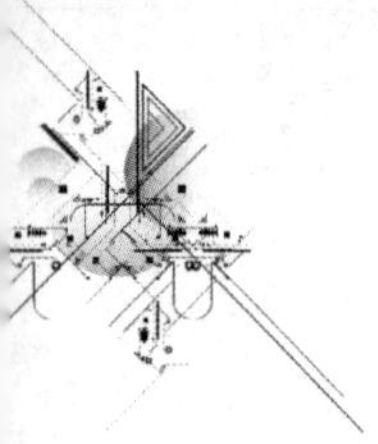

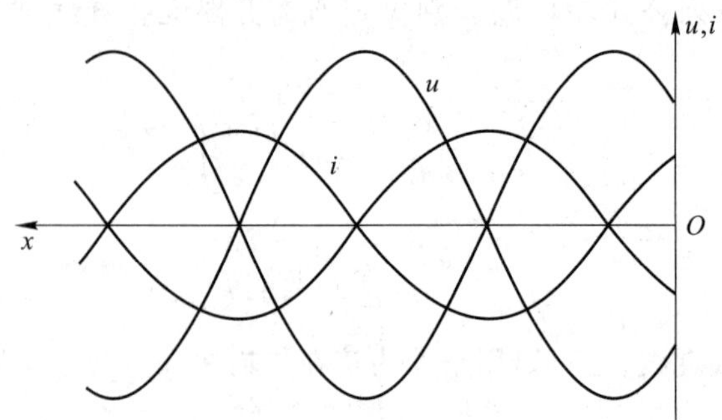

图 18-14 负载为纯电抗的无损耗线的电压和电流分布

不论在哪种情况下，当出现驻波时，在任何瞬间波节处的电压或电流始终为零。所以在这些波节所在处功率也恒等于零。这样，在相邻电压和电流波节之间能量（线上电感的磁场能量和线间电容的电场能量）被封闭在$\frac{\lambda}{4}$的区域内，不能越出波节而彼此交换。因此，在传输线上出现驻波，将意味着没有有功功率被传输到终端负载。一般说来，只有电压和电流的行波才能传输有功功率。

例 18-3 现用特性阻抗为 75 Ω 终端短路的无损耗线来实现工作频率$f=600$ MHz 下 0.758 9 μH 的电感，试求其长度 l。如果改用终端开路的同一线实现，则长度应为多少？

解 根据终端短路时输入阻抗公式，有

$$Z_i=jZ_c\tan\left(\frac{2\pi}{\lambda}l\right)$$

现有 $Z_c=75\ \Omega$，$\lambda=\frac{3\times10^8}{600\times10^6}\text{m}=0.5\ \text{m}$，则

$$Z_i=jX_L=j2\pi\times600\times10^6\times0.758\ 9\times10^{-6}\Omega=j2\ 861\ \Omega$$

故有 $\tan\left(\frac{2\pi}{\lambda}l\right)=\frac{2\ 861}{75}=38.146$，解得$\frac{2\pi}{0.5}l=1.544\ 6$，$l=0.123$ m。

如果使用终端开路的同一无损耗线，参阅图 8-10 和图 18-12 可知，应为 $l'=0.123+\frac{\lambda}{4}=0.248$ m。

例 18-4 现有一长度为 0.062 5 m、终端开路且 $Z_c=50\ \Omega$ 的无损耗线，已知其工作频率为 600 MHz，试求其输入阻抗，它相当于什么元件？

解 输入阻抗

$$Z_i=-jZ_c\cot\left(\frac{2\pi}{\lambda}l\right)$$

现 $Z_c=50\ \Omega$，$\lambda=0.5$ m，$l=0.062\ 5$ m，代入后可得 $Z_i=-j50\ \Omega$，故为容抗。相当的电容值为

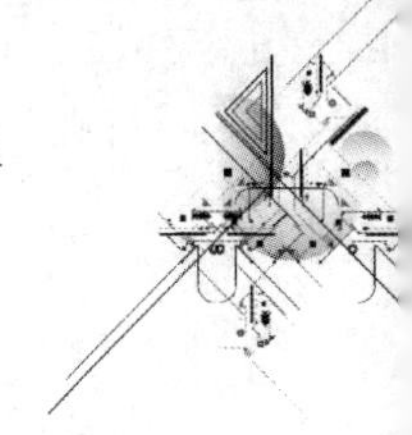

$$C=\frac{1}{\omega\times 50}=5.305\ \mathrm{pF}$$

例 18-5　架空无损耗线的特性阻抗 $Z_c=100\ \Omega$,线长 $l=60\ \mathrm{m}$,工作频率 $f=10^6\ \mathrm{Hz}$。今欲使始端的输入阻抗为零,试问终端应接怎样的负载?

解　根据输入阻抗的公式和题意,有

$$Z_i=Z_c\frac{Z_2+\mathrm{j}Z_c\tan(\beta l)}{Z_c+\mathrm{j}Z_2\tan(\beta l)}=0$$

从而得

$$Z_2+\mathrm{j}Z_c\tan(\beta l)=0$$

其中 $\beta=\frac{\omega}{c}$,而 c 为真空中的光速,故

$$\begin{aligned}Z_2&=-\mathrm{j}Z_c\tan(\beta l)=-\mathrm{j}100\tan\left(\frac{2\pi\times 10^6}{3\times 10^8}\times 60\right)\ \Omega\\&=-\mathrm{j}307.7\ \Omega\end{aligned}$$

在终端应接容抗值为 308 Ω 的负载。

例 18-6　把两段无损耗传输线连接起来,如图 18-15 所示。已知它们的特性阻抗分别为 $Z_{c1}=60\ \Omega$,$Z_{c2}=100\ \Omega$。为了使这两段线上都不产生反射,试求应接的负载 Z_1 和 Z_2。

解　由图 18-15 可以看出,要求在第二段线上不产生反射,必须满足 $Z_2=Z_{c2}=100\ \Omega$。这样在 2-2′处第二段线的输入阻抗 $Z_{i2}=Z_{c2}=100\ \Omega$。

为了使得在第一段线上没有反射,必须使该线的特性阻抗为

$$Z_{c1}=\frac{Z_1Z_{c2}}{Z_1+Z_{c2}}=\frac{100Z_1}{Z_1+100}$$

或

$$60=\frac{100Z_1}{Z_1+100}$$

所以

$$Z_1=150\ \Omega$$

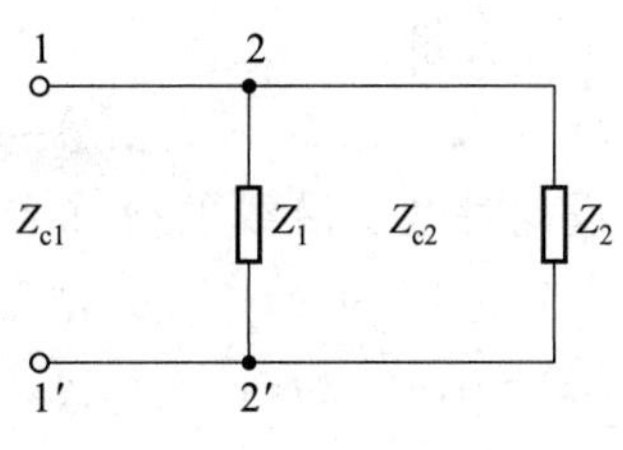

图 18-15　例 18-6 图

§18-6　无损耗线方程的通解

在前面各节中讨论了在正弦稳态下均匀传输线的一些特点,本节和下一节介绍均匀传输线的时域分析,并简要地讨论其中发生的过渡过程。这种过渡过程是一系列的波过程,所以与集总电路的过渡过程有所不同。

在 § 18-2 中导出了均匀传输线的偏微分方程式(18-1)

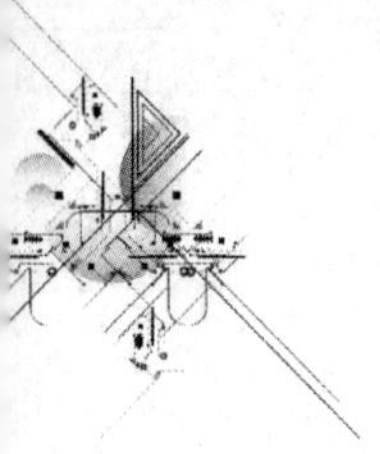

$$\left.\begin{aligned}-\frac{\partial u}{\partial x}&=R_0 i+L_0\frac{\partial i}{\partial t}\\-\frac{\partial i}{\partial x}&=G_0 u+C_0\frac{\partial u}{\partial t}\end{aligned}\right\}$$

式中 R_0、L_0、C_0 和 G_0 是传输线的原参数,x 是从始端到讨论点的距离。

为简化起见,忽略传输线的损耗,即认为 $R_0=0$ 和 $G_0=0$,则上述方程成为

$$\left.\begin{aligned}-\frac{\partial u}{\partial x}&=L_0\frac{\partial i}{\partial t}\\-\frac{\partial i}{\partial x}&=C_0\frac{\partial u}{\partial t}\end{aligned}\right\}\tag{18-28}$$

由于讨论的是均匀传输线,因此 L_0 和 C_0 为常数且与 x 无关。上述偏微分方程的通解具有下列形式:

$$\left.\begin{aligned}u(x,t)&=f_1(x-vt)+f_2(x+vt)=u^+ +u^-\\i(x,t)&=\sqrt{\frac{C_0}{L_0}}\left[f_1(x-vt)-f_2(x+vt)\right]=i^+ -i^-\end{aligned}\right\}\tag{18-29}$$

式中 $v=\dfrac{1}{\sqrt{L_0C_0}}$称为波的速度,简称波速(在数值上恰好等于正弦稳态下的相速 v_φ);而函数 f_1 和 f_2 均为待定,要根据具体的边界条件和初始条件确定。此通解的正确性,可以把它们代入方程(18-28)加以验证。

为了理解通解的每一项表示的意义,首先对式(18-29)中的电压分量 u^+进行讨论。设在 $t=t_0$ 时,电压分量

$$u^+(x,t_0)=f_1(x-vt_0)$$

设此时电压沿线的分布如图 18-16 中实线所示。在经过时间 Δt 后,此电压分量 u^+ 将为 $u^+(x,t_0+\Delta t)=f_1(x-v\Delta t-vt_0)=f_1(x-\Delta x-vt_0)$,式中 $\Delta x=v\Delta t$。

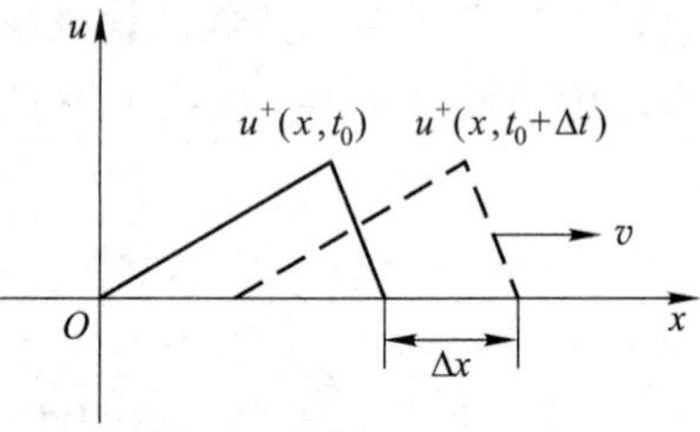

图 18-16　电压入射波沿线的分布

比较上两式可以看出,$u^+(x,t_0+\Delta t)$ 和 $u^+(x,t_0)$ 沿线的分布规律是相同的,只不过前者比后者向 x 增加的方向移动了一个距离 $\Delta x=v\Delta t$。所以 $u^+(x,t)$ 是向前(即从始端向终端)运动的行波分量,也即入射波,其波速显然就是 $v=\dfrac{\mathrm{d}x}{\mathrm{d}t}=\dfrac{1}{\sqrt{L_0C_0}}$。为了便于描述波的传播过程,引进"波前"的概念。对应于离始端为 x_{f} 的点,如果当 $x>x_{\mathrm{f}}$ 时,$u^+=0$,而 $x=x_{\mathrm{f}}$ 时,$u^+\neq 0$,则称该点为入射波的波前。

同理,用相同的方法分析电压分量 u^-,不难看出它是一个以相同波速 v 向 x 减少的方向运动的行波,也即反射波。

从式(18-29)可以得出沿线任一点电压分量 $u^+(u^-)$ 和电流分量 $i^+(i^-)$ 的比值为

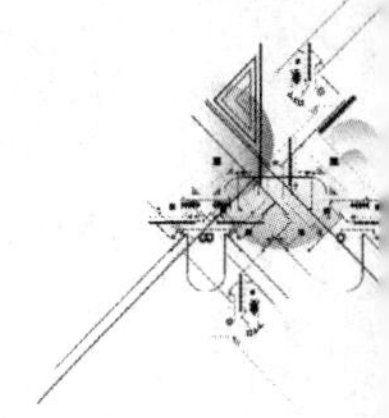

$$\frac{u^+}{i^+}=\frac{u^-}{i^-}=\sqrt{\frac{L_0}{C_0}}=Z_c$$

Z_c 就是无损耗线的特性阻抗或波阻抗。因此,u^+ 和 i^+ 都是从始端向终端传播的入射波;而 u^- 和 i^- 都是向相反方向传播的反射波。这样,在任何瞬间,沿线的电压和电流都可以看作是入射波和反射波的叠加。

为了形象地阐明电压波或电流波沿线传播的过程,假定研究的无损耗线原来没有充电,且其终端在无限远处(半无限长线)。设在 $t=0$ 时,将电压为 U_0 的直流电压源接到该线的始端。由于反射波是在终端产生的,而现在终端在无限远处,因此在有限的时间内,传输线上不会出现反射波,所以只要研究入射波就可以了。这时,电压波将沿线由始端向终端行进,使传输线充电到 U_0。设在某一瞬间波前传播到 m-n 处(见图 18-17),于是在 m-n 处的左边沿线各处线间电压为 U_0,同时来线(上方导线)带正电荷,回线(下方导线)带负电荷(显然,每单位长度所带电荷为 $q_0=C_0U_0$),而在 m-n 处的右边,由于电压波尚未到达,各处线间电压均为零,来、回线上也就没有电荷。

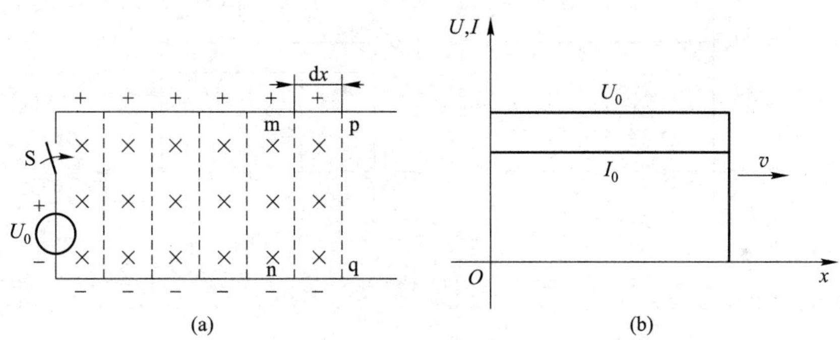

图 18-17 波沿线的传播

在时间 dt 内,电压波向前移动了距离 d$x=v$dt。与此同时在线段 dx 中获得的电荷 d$q=q_0$d$x=C_0U_0$dx。此充电电荷将通过 m-n 左边的所有截面,于是从电源到 m-n 的全线上就产生了充电电流

$$I_0=\frac{\mathrm{d}q}{\mathrm{d}t}=q_0\frac{\mathrm{d}x}{\mathrm{d}t}=C_0U_0\frac{\mathrm{d}x}{\mathrm{d}t}=C_0U_0v=\frac{U_0}{Z_c}$$

入射电流波伴随着入射电压波以同样速度向终端传播。

电源供给的功率为 U_0I_0,而入射波在 dt 时间内经过线段 dx 建立的电场和磁场储存的能量分别为

$$\mathrm{d}W_C=\frac{1}{2}C_0U_0^2\mathrm{d}x,\quad \mathrm{d}W_L=\frac{1}{2}L_0I_0^2\mathrm{d}x$$

由于 $\dfrac{U_0}{I_0}=Z_c=\sqrt{\dfrac{L_0}{C_0}}$,所以 d$W_C$=d$W_L$,在线段 d$x$ 内储存的总能量为

$$\mathrm{d}W=\mathrm{d}W_C+\mathrm{d}W_L=C_0U_0^2\mathrm{d}x \tag{18-30}$$

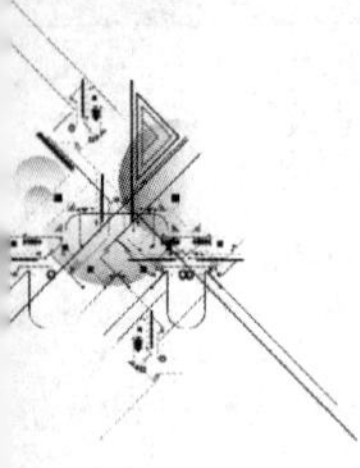

此能量是在 dt 时间内建立起来的，所以传输线吸收的功率为

$$p=\frac{\mathrm{d}W}{\mathrm{d}t}=C_0U_0^2\frac{\mathrm{d}x}{\mathrm{d}t}=C_0U_0^2v=\frac{U_0^2}{Z_c}=U_0I_0$$

此功率恰好就是始端电源供给的功率。

在无反射情况下传输线上的电压、电流行波可以解析形式表示。设始端电压为 $u(0,t)=U_0\varepsilon(t)$，式中 $\varepsilon(t)$ 为单位阶跃函数，线上任一点的电压、电流波为

$$u(x,t)=U_0\varepsilon\left(t-\frac{x}{v}\right)$$

$$i(x,t)=\frac{U_0}{\sqrt{\frac{L_0}{C_0}}}\varepsilon\left(t-\frac{x}{v}\right)$$

图 18-18 示出这些波形。

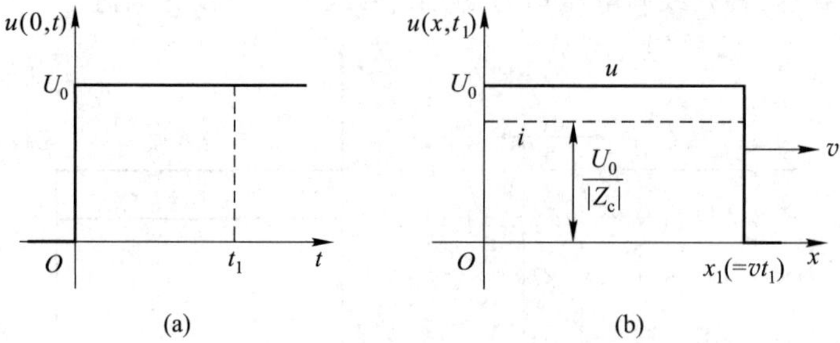

图 18-18　半无限长线的电压和电流行波

如果始端的激励电压为任意波形 $u_S(t)\varepsilon(t)$，如图 18-19(a)所示，可得到线上任一点 x 处在 t 时刻的电压为

$$u(x,t)=u_S\left(t-\frac{x}{v}\right)\varepsilon\left(t-\frac{x}{v}\right)$$

如图 18-19(b)所示。注意电压波以 $u_S(0)$ 为波前向 x 方向行进，图 18-19(b)示出了 t_1 时刻($t_1>t_2$)沿线的电压分布，可注意到图 18-19(a)(b)中两波形的相似关系。

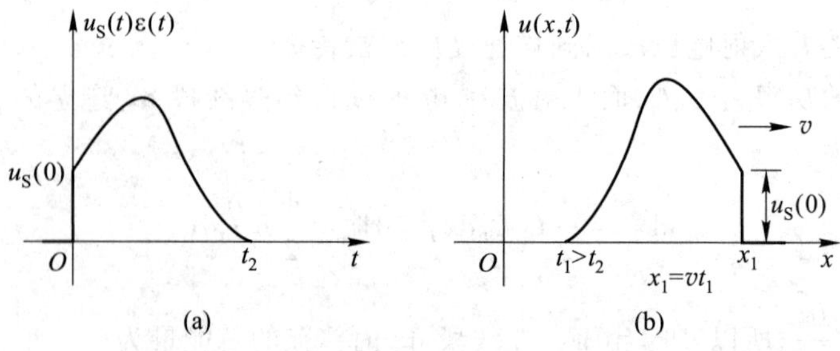

图 18-19　始端激励为任意波时波过程

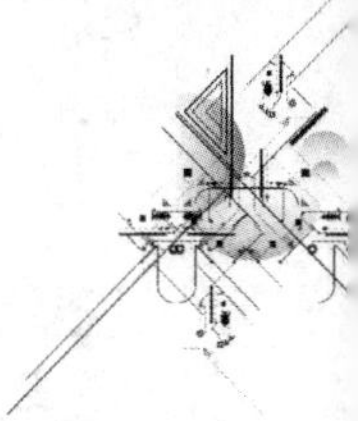

§18-7　无损耗线的波过程

上节中讨论了不存在反射时无损耗线上的波过程。当传输线存在终端且不匹配的情况下，在终端将引起波的反射，因此，传输线上除了入射波以外还将存在反射波。本节讨论无损耗线在终端开路和短路两种情况下波的反射过程。

首先研究终端开路的无损耗线接通直流电压 U_0 的波过程。在入射波未到达终端 $0<t<\dfrac{l}{v}$ 的时间间隔内，反射尚未产生，因此线上的波过程和上节所述相同。在 $t=\dfrac{l}{v}$ 时波到达终端，由于终端开路，这一边界条件要求电流反射波大小为 I_0，因为只有电流的这种全反射才能使终端电流为零($i=i^+-i^-$)。反射波所到之处电流变为零。由于 $u^-=Z_c i^-=U_0$，而 $u^+=U_0$，因此，电压的反射波所到之处使线间电压成为 $2U_0$，如图 18-20(a)(b)所示。这一过程发生在 $\dfrac{l}{v}\leqslant t<\dfrac{2l}{v}$ 之间。当反射波到达始端的前一瞬间时，全线电

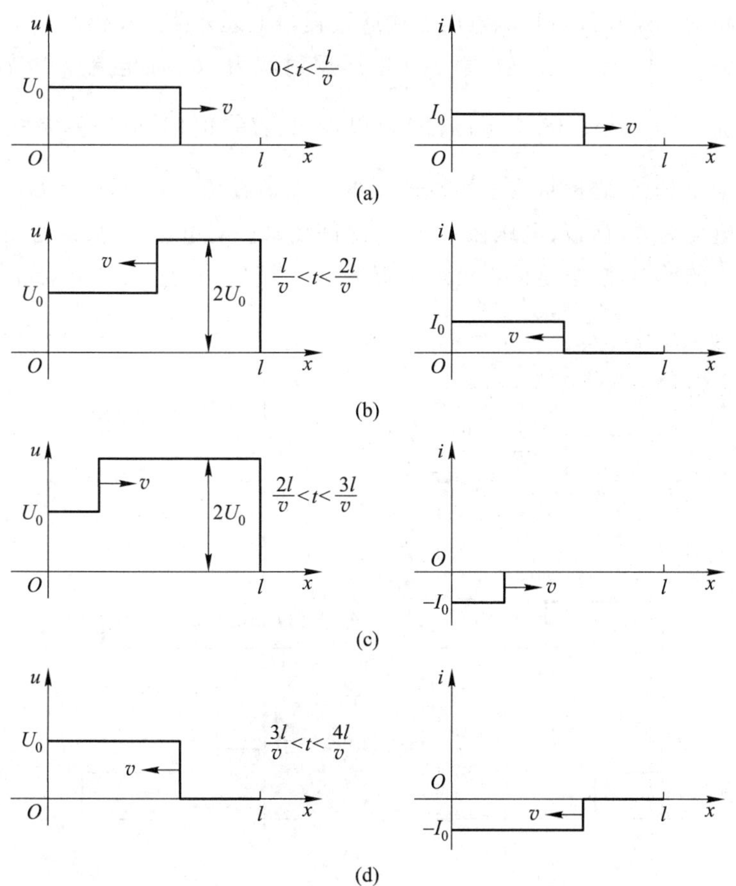

图 18-20　电压波和电流波在开路线上的多次入射和反射

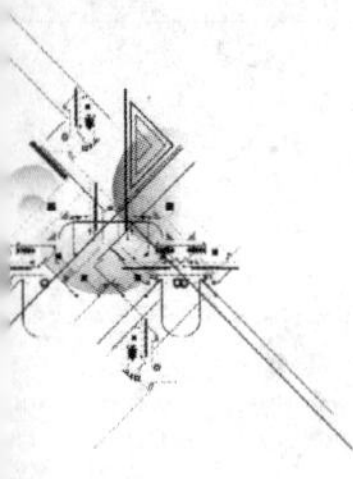

流为零，电压为 $2U_0$。当反射波到达始端时，由于始端的边界条件要求电压为 U_0，因此在始端也将产生反射，反射波（也即是第二次入射波）将为 $-U_0$ 以满足始端的边界条件，这也决定了第二次入射电流波为 $-I_0$。故 $\frac{2l}{v} \leqslant t < \frac{3l}{v}$ 的时间间隔内，波所到之处将使电压为 U_0 而电流为 $-I_0$，如图 18-20(c) 所示。在 $t=\frac{3l}{v}$ 第二次入射波到达终端时，终端的边界条件要求第二次反射波为 $-I_0$，使 $i^{+}-i^{-}=0$，第二次反射电压为 $-U_0$。故在 $\frac{3l}{v} \leqslant t < \frac{4l}{v}$ 时间间隔内，波所到之处将使线上电压和电流均为零，如图 18-20(d) 所示。当 $t=\frac{4l}{v}$ 时，第二次反射波到达始端，全线电压和电流均为零，完成接通过程的一次循环，即恢复到开始接通的状态。以后的过程将周期性地重复出现。此周期等于波行进 4 倍线长所需的时间，即 $T=\frac{4l}{v}=4l\sqrt{L_0C_0}$。

终端短路的无损耗线与直流电压的接通过程与上述开路线相仿。当第一次入射波到达终端时将产生电压的全反射，第一次电压反射波为 $-U_0$ 而电流反射波为 $-I_0$，将使线上电流增加为 $2I_0$，从图 18-21(a)(b) 可以看出，经 $\frac{2l}{v}$ 时间，电压就完成一次周期重复而电流将增至 $2I_0$。之后每次由始端产生的入射波使沿线电压变为 U_0，从终端产生的反射波使电压为零，所以，电压在零和 U_0 之间变动。对电流来说，在始端产生的入射波和终端产生的反射波，总是使得沿线电流增加一个 I_0。因此，线上电流最后将增加到无限大。

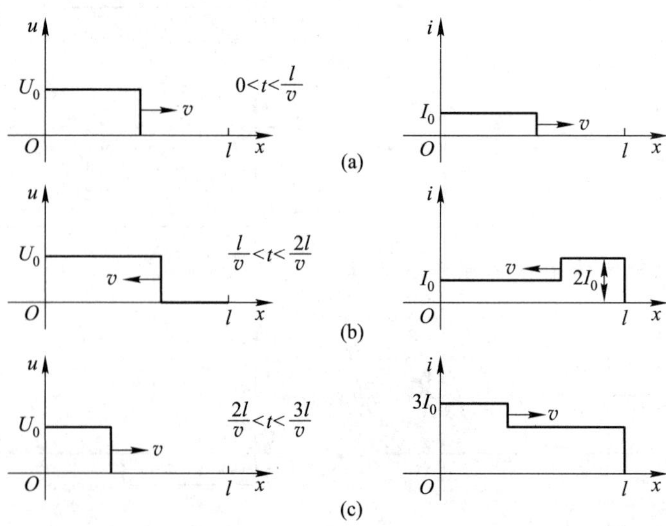

图 18-21　电压波和电流波在短路线上的多次入射和反射

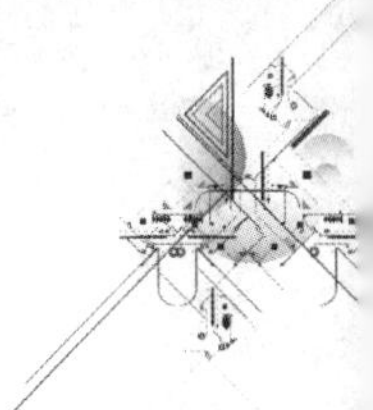

如果终端接以非匹配的电阻负载 R_L，则视此电阻 R_L 与 Z_c 的大小关系将有不同的反射。如果 $R_L>Z_c$，则反射使电流减小、电压增加；如果 $R_L<Z_c$，则反射将使电流增加、电压减少。两种情况下，经过多次反射以后沿线电压与电流趋近恒定。如果终端的负载不是纯电阻而是电阻与电感或电容的组合，则由于终端将出现集总元件的过渡过程，反射的方式也将随时间而变。对这类问题不再深入讨论。

前面介绍的是无损耗线的时域分析。如果需要计及传输线的 R_0 和 G_0，对有损耗线进行时域分析则要困难得多。

近年来由于超大规模集成电路的发展，并为提高数字电子计算机的运算速度，使用了更高的工作频率和变化更快的短脉冲，信号经过集成电路芯片之间的相互连接导线（简称互连）时，会产生延迟、畸变和交叉干扰等现象。对这种互连的时域分析需要用分布参数电路或传输线的观点处理。同时，这类传输线的损耗不能忽略，加上互连的数目很多，它们之间还有互感耦合，这些使得这类问题的分析变得更为复杂。

思考题

18-1　均匀传输线各处电流不同的原因什么？均匀传输线各处电压不同的原因是什么？

18-2　均匀传输线上的电压和电流为什么遵循波动规律？

18-3　在均匀传输线上产生驻波的条件是什么？

18-4　对长度不等的导线，在什么条件下，采用均匀传输线模型？如采用集总参数模型，对信号有什么要求？

18-5　对于直流输电工程中的传输线，分析稳定运行应采用什么模型？而发生暂态过程时，应采用什么模型？

18-6　在集成电路中各器件之间连接的导线，应采用什么电路模型？

习题

18-1　一对架空传输线的原参数是 $L_0=2.89\times10^{-3}$ H/km，$C_0=3.85\times10^{-9}$ F/km，$R_0=0.3$ Ω/km，$G_0=0$。试求当工作频率为 50 Hz 时的特性阻抗 Z_c、传播常数 γ、相位速度 v_φ 和波长 λ。如果频率为 10^4 Hz，重求上述各参数。

18-2　一同轴电缆的原参数为：$R_0=7$ Ω/km，$L_0=0.3$ mH/km，$C_0=0.2$ μF/km，$G_0=0.5\times10^{-6}$ S/km。试计算当工作频率为 800 Hz 时此电缆的特性阻抗 Z_c、传播常数 γ、相位速度 v_φ 和波长 λ。

18-3　传输线的长度 $l=70.8$ km，其中 $R_0=1$ Ω/km，$\omega C_0=4\times10^{-4}$ S/km，而 $G_0=0$，$L_0=0$。在线的终端所接阻抗 $Z_2=Z_c$。终端的电压 $U_2=3$ V。试求始端的电压 U_1 和电

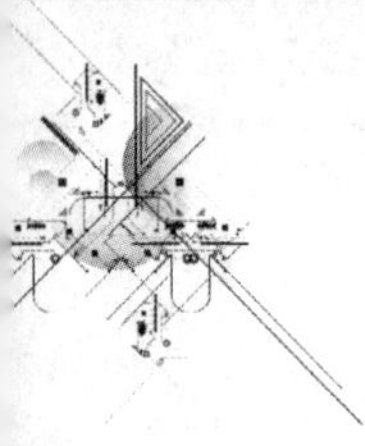

流 I_1。

18-4 一高压输电线长 300 km,线路原参数 $R_0=0.06\ \Omega/\text{km}$,$L_0=1.40\times10^{-3}\ \text{H/km}$,$G_0=3.75\times10^{-8}\ \text{S/km}$,$C_0=9.0\times10^{-9}\ \text{F/km}$。电源的频率为 50 Hz。终端为一电阻负载,终端的电压为 220 kV,电流为 455 A。试求始端的电压 $\dot{U}_1$ 和电流 $\dot{I}_1$。

18-5 两段特性阻抗分别为 Z_{c1} 和 Z_{c2} 的无损耗线连接的传输线如题 18-5 图所示。已知终端所接负载为 $Z_2=(50+\text{j}50)\ \Omega$。设 $Z_{c1}=75\ \Omega$,$Z_{c2}=50\ \Omega$。两段线的长度都为 0.2λ(λ 为线的工作波长),试求 1-1′端的输入阻抗。

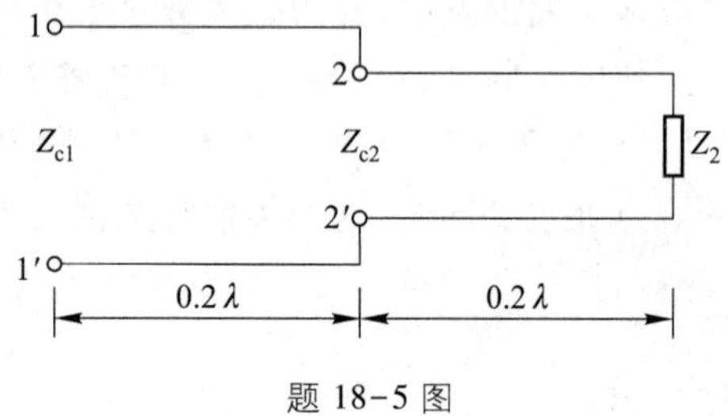

题 18-5 图

18-6 特性阻抗为 50 Ω 的同轴线,其中介质为空气,终端连接的负载 $Z_2=(50+\text{j}100)\ \Omega$。试求终端处的反射系数,距负载 2.5 cm 处的输入阻抗和反射系数。已知线的工作波长为 10 cm。

18-7 试证明无损耗线沿线电压和电流的分布及输入导纳可以表示为下面的形式:

$$\dot{U}=\dot{U}_2\left[\cos(\beta x)+\text{j}\frac{Y_2}{Y_c}\sin(\beta x)\right]$$

$$\dot{I}=\dot{I}_2\left[\cos(\beta x)+\text{j}\frac{Y_c}{Y_2}\sin(\beta x)\right]$$

$$Y_i=Y_c\frac{Y_2+\text{j}Y_c\tan(\beta x)}{Y_c+\text{j}Y_2\tan(\beta x)}$$

第十八章部分习题答案

其中 $Y_c=\dfrac{1}{Z_c}$,$Y_2=\dfrac{1}{Z_2}$,Z_2 为负载阻抗。

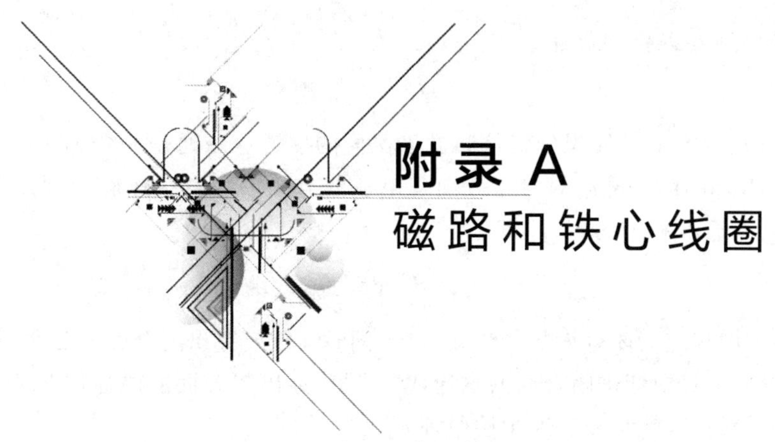

附录 A
磁路和铁心线圈

本附录介绍磁场、磁路和磁路定律，并对无分支磁路和有分支磁路的计算做简要介绍。另外还简要地介绍铁磁物质的磁化过程和铁心损耗以及磁饱和对电流和磁通波形的影响。最后介绍铁心线圈的电路模型和分析。

§A-1 磁场和磁路

根据电磁场理论，磁场是由电流产生的，它与电流在空间的分布和周围空间磁介质的性质密切相关。在工程中，常把载流导体制成的线圈绕在由磁性材料制成的(闭合)铁心上。由于磁性材料的磁导率比周围空气的磁导率大很多，因此，铁心中的磁场比周围空气中的磁场强得多，磁场的磁感线大部分汇聚于铁心中，工程上把这种由磁性材料组成的、能使磁感线集中通过的整体，称为磁路。磁路这种形式，可以用相对较小的电流，在其限定的区域内获得较强的磁场。在工程上，凡需要强磁场的场合，都广泛采用磁路实现，如各种型号的电机、变压器、继电器、电磁铁和电磁仪表等电气设备中，都有由磁性材料制成的磁路，图 A-1 是一种变压器的示意图。

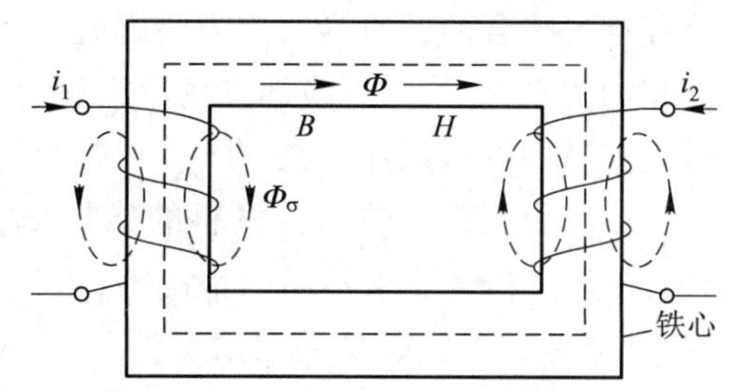

图 A-1 变压器的磁路

磁路在载流线圈的作用下(如图 A-1 中的电流 i_1 和 i_2)，在其内、外分布着电磁场，因此，磁路的分析计算实际上是电磁场的求解问题。描述磁场的两个基本物理量：磁感应强度 $\boldsymbol{B}$(向量)，磁场强度 $\boldsymbol{H}$(向量)以及它们的积分性质是分析计算磁路的基础。

磁感应强度用向量 $\boldsymbol{B}$ 表示，是根据洛伦兹力定义的。在 SI 中，$\boldsymbol{B}$ 的单位是 T(特斯拉)。$\boldsymbol{B}$ 与电流的关系满足毕奥-沙伐定律。穿过某一截面 $\boldsymbol{S}$ 的磁感应强度 $\boldsymbol{B}$ 的通量称为磁通量，简称磁通，它定义为

$$\Phi=\int_S \boldsymbol{B}\cdot \mathrm{d}\boldsymbol{S}$$

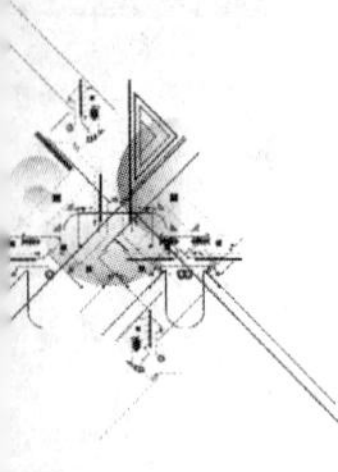

所以 $\boldsymbol{B}$ 在某截面 $\boldsymbol{S}$ 上的面积分就是通过该截面的磁通。磁通是一个标量,在 SI 中,它的单位是 Wb(韦伯)。磁通的参考方向与电流的方向满足右手螺旋定则。在磁场中,对 $\boldsymbol{B}$ 的任意闭合面积分为零,即有

$$\oint_S \boldsymbol{B} \cdot \mathrm{d}\boldsymbol{S}=0 \tag{A-1}$$

式中 $\mathrm{d}\boldsymbol{S}$ 的方向规定为闭合面的外法线方向,同时又规定穿出闭合面的磁通为它的参考方向。所以在上式中穿进闭合面的磁通取"-"号,穿出闭合面的磁通取"+"号,两者的绝对值是相等的,这就是磁通连续性原理。

磁场强度用向量 $\boldsymbol{H}$ 表示,在 SI 中它的单位是 A/m,它是计及磁介质的作用后,描述磁场的另一个物理量,它与磁感应强度 $\boldsymbol{B}$、磁介质的磁导率 μ 之间有如下关系:

$$\boldsymbol{B}=\mu \boldsymbol{H}$$

由于磁性材料的 μ 不是常量,所以,在磁路中上述关系为非线性关系。在磁场中,对 $\boldsymbol{H}$ 的任意闭合路径(环路)的线积分,等于穿过该闭合路径所界定面的电流的代数和,即

$$\oint_l \boldsymbol{H} \cdot \mathrm{d}\boldsymbol{l}=\sum Ni \tag{A-2}$$

该积分称为安培环路定律。当电流的参考方向与环路的绕向符合右手螺旋定则时,该电流前取"+"号,反之,取"-"号。Ni 又称为磁通势,可用 F_m 表示,即 $F_m=Ni$,其单位为 A,有时也用 At(安匝)。

以上有关 $\boldsymbol{B}$ 和 $\boldsymbol{H}$ 的内容可参阅电磁场理论或物理学的有关部分。

现对图 A-1 所示磁路做进一步的说明。图中载流线圈的电流 i_1 和 i_2 共同产生的磁通分为两部分,其中只经铁心闭合的磁通 $\boldsymbol{\Phi}$ 称为主磁通,另一部分是部分经铁心、部分经空气闭合的磁通 $\boldsymbol{\Phi}_\sigma$,称为漏磁通①。要精确分析计算电流与这两部分磁通在空间分布的关系,是一个非线性磁场的求解问题。为简化磁路的分析,工程上根据实际情况假设如下的近似条件存在:

(1) 由于铁心的磁性材料的磁导率 μ 与空气的磁导率 μ_0(真空)之比约为 $10^3 \sim 10^4$,在计算精度要求不高的情况下,可假设 $\boldsymbol{\Phi}_\sigma=0$(漏磁通)认为磁通全部集中在磁路内,即只考虑主磁通 $\boldsymbol{\Phi}$ 的计算。

(2) 磁路通常由同种类磁性材料或规则分段的不同种类的磁性材料组成,可以根据磁通的走向,按磁介质和截面都相同的原则分段计算。当每段磁路的截面较小时,可以近似地认为磁场是均匀分布的,即 $\boldsymbol{B}$ 和 $\boldsymbol{H}$ 在各磁路段内分别处处相等,并假设它们的方向和磁通的方向相同,均平行于磁路段的中心线,如图 A-1 中所示。

在上述条件下,可按下述关系分段计算磁路:

① 第 k 段磁路内的磁通

$$\boldsymbol{\Phi}_k=\int_{S_k} \boldsymbol{B}_k \cdot \mathrm{d}\boldsymbol{S}_k=B_k S_k, B_k=\frac{\boldsymbol{\Phi}_k}{S_k} \tag{A-3}$$

---

① 主磁通与两个线圈交链,漏磁通只穿过一个线圈的一部分。

② 沿第 k 磁路段的中心线，有

$$\int_{l_k} \boldsymbol{H} \cdot \mathrm{d}\boldsymbol{l} = H_k l_k = u_{mk} \tag{A-4}$$

上述积分是安培环路定律在一段路径上的积分结果，称为 k 磁路段的端磁位差（与电路中的端电压类似）。

③ $\boldsymbol{B}_k$ 与 $\boldsymbol{H}_k$ 之间的关系仍为

$$\boldsymbol{B}_k = \mu_k \boldsymbol{H}_k$$

这一非线性关系，在工程上将用 $B=f(H)$ 函数关系画出的曲线表示，称为 $B-H$ 曲线或磁化曲线，计算时可查阅。

真空的磁导率 $\mu_0 = 4\pi \times 10^{-7}$ H/m，μ_0 是一个常数。非铁磁物质的磁导率 μ 与 μ_0 相差无几，所以一般可以当作 μ_0 计算。

§A-2　铁磁物质的磁化曲线

工程上常用的铁磁材料主要是指铁、钴、镍及其合金，它们的磁化特性常用 $B-H$ 曲线的形式表示，称为磁化曲线，通常是通过实验的方法获得的。

图 A-2(a)(b)所示就是实验测得的磁化曲线，它表现为回线的形式，分别称为磁滞回线[图(a)所示]和磁滞回线簇[图(b)所示]。回线表明：B 和 H 之间是多值的函数关系，而且回线的形状与磁场强度的最大值 H_m 和磁化状态的历史有关。回线的走向与 ΔH 的符号有关，在回线任一点上 $\Delta H>0$（上升）和 $\Delta H<0$（下降）时的曲线不在同一条曲线上，当 $\Delta H>0$ 时，曲线是沿着右侧的曲线上升[图 A-2(a)所示]，$\Delta H<0$ 时，曲线是沿着左侧所示曲线下降，图(a)所示的回线是在相同的 H_m 和 $-H_m$ 下，连续地来回反

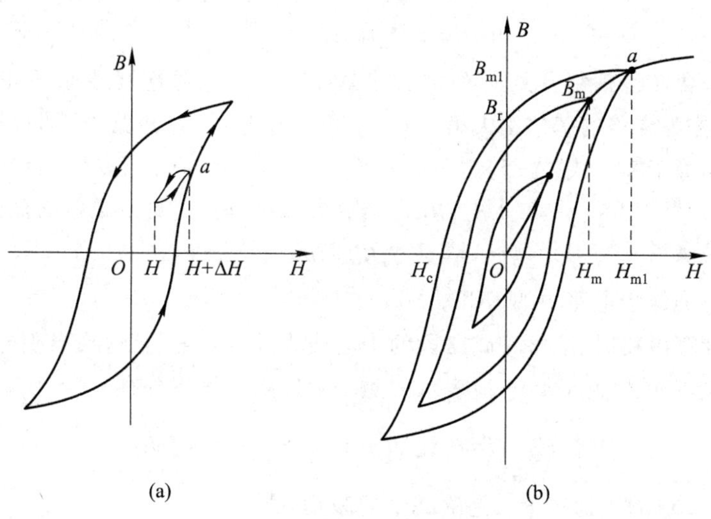

图 A-2　磁滞回线(簇)

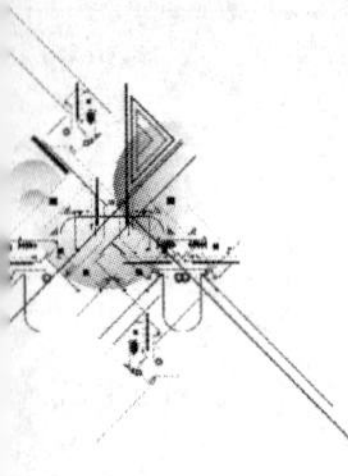

复十多次获得的结果。如果在回线上的任一点上[如图 A-2(a)中的 a 点],小范围内来回反复变化一次或数次,可以生成一条小回线(称为局部回线)。图 A-2(b)所示回线簇是在不同的最大值 H_m 下形成的磁滞回线。如果回线横向宽度较窄(回线所围成的面积较小),则铁磁材料称为软磁材料,电机、变压器等铁心是用软磁材料制成的。如果回线横向宽度较宽,则称为硬磁材料,工程上多用此材料制成永久磁铁。

计算软磁材料制成的磁路时,常采用一条基本磁化曲线近似替代磁滞回线,它是从 B-H 平面坐标的原点开始,到磁滞回线簇的顶点(H_m,B_m)描成的一条曲线,如图 A-2(b)所示。工程上给出的磁化曲线都是基本磁化曲线,如图 A-3 所示。从曲线上可以看出,开始 B 随 H 增长较慢(Oa 段),然后迅速增长(ab 段),之后,增长速率减慢(bc 段),逐渐趋向于饱和(cd 段)。c 点称为曲线饱和点。图中还画出了磁导率 μ 随 H 的变化曲线。

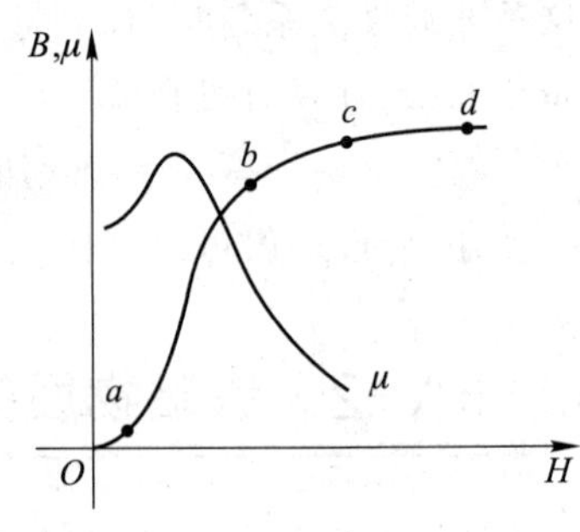

图 A-3　基本磁化曲线

磁化曲线还与温度有关,磁导率 μ 一般随温度的升高而下降,高于某一温度时(居里点)可能完全失去磁性材料的磁性,使 $\mu=\mu_0$(真空),如铁的居里点为 760℃。

§A-3　磁路的基本定律

由式(A-1)表示的磁感应强度 $\boldsymbol{B}$ 的闭合面积分在磁路中也处处适用,当用于磁路中不同磁段的截面结合处时,有

$$\oint_S \boldsymbol{B}\cdot \mathrm{d}\boldsymbol{S}=\boldsymbol{\Phi}_1+\boldsymbol{\Phi}_2+\cdots+\boldsymbol{\Phi}_k+\cdots=0$$

即有

$$\sum \boldsymbol{\Phi}=0 \tag{A-5}$$

积分式中的闭合面包括结合处所有磁段的截面。这是磁通连续性原理在磁路中的表示,式(A-5)称为磁路的基尔霍夫第一定律,可叙述为:穿过磁路中不同截面结合处的磁通的代数和等于零。式(A-5)也可表示为

$$B_1S_1+B_2S_2+\cdots+B_kS_k+\cdots=0$$
$$\sum BS=0$$

该定律形式上类似于电路中的 KCL。

在近似计算磁路时,取每一磁路段的中心线为计算长度的路径,当积分环路由磁路段的中心线组成时,应用式(A-2)表示的磁场强度闭合线积分有

$$\oint_l \boldsymbol{H}\cdot \mathrm{d}\boldsymbol{l}=H_1l_1+H_2l_2+\cdots+H_kl_k+\cdots=\sum Ni$$

根据式(A-2),Ni 为磁通势 F_m,是磁路中的激励,故

$$\sum Hl=\sum F_m \tag{A-6}$$

式(A-6)称为磁路的基尔霍夫第二定律,可叙述为:磁路中由磁路段的中心线组成的环路上各磁路段的 Hl 的代数和等于中心线(环路)交链的磁通势的代数和。此定律形式上类似于电路中的 KVL。

计算磁路时有时用到磁阻的概念。每一磁路段的磁阻 R_{mk} 是该磁路段的磁位差 $U_{mk}=H_k l_k$ 与该磁路段中的磁通 Φ_k 之比,即有

$$R_{mk}=\frac{H_k l_k}{\Phi_k}=\frac{H_k l_k}{\mu_k H_k S_k}=\frac{l_k}{\mu_k S_k}$$

磁阻类似于电路中的非线性电阻。上式表示的磁阻是静态磁阻,由于 μ_k 与 $B-H$ 曲线有关,不是常数,直接计算磁阻不很方便。

现以图 A-4 的有分支磁路为例说明磁路定律的应用。绕组 1 和 2 的匝数分别为 N_1 和 N_2,其中电流为 i_1 和 i_2。先把磁路分段,并画出各段的中心线,即图 A-4 中的虚线。为简化起见,设 ab、fa、ef 三段的材料和截面积相同,截面积设为 S_1;bc、cd、de 三段也作为一磁路段,截面积设为 S_2。根据磁通连续性原理,在 ab、fa、ef 三磁路段内的磁通是相等的,设为 Φ_1。由于这三段的截面又相等,故三段的 B 和 H 值分别是相等的,设为 B_1 和 H_1,而 Φ_1(或 B_1 和 H_1)的方向取为与电流 i_1 呈右手螺旋关系。同理,在 bc、cd、de 三磁路段内的磁通相等,设为 Φ_2,B 和 H 设为 B_2 和 H_2,其方向与电流 i_2 呈右手螺旋关系。对 be 段内的磁通设为 Φ_3,B 和 H 设为 B_3 和 H_3,截面积设为 S_3,Φ_3 的方向可任意指定,如图 A-4 所示。

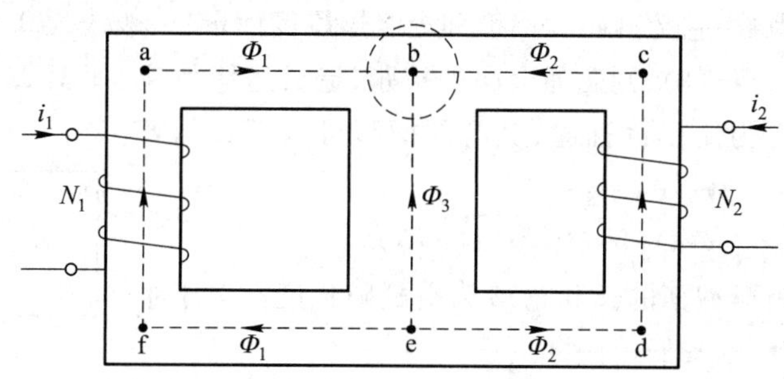

图 A-4　分支磁路的例子

按式(A-5),在 b 处有

$$-\Phi_1-\Phi_2-\Phi_3=0$$

按式(A-6),有

$$H_1(l_{fa}+l_{ab}+l_{ef})-H_3 l_{be}=N_1 i_1$$

$$H_2(l_{bc}+l_{cd}+l_{de})-H_3 l_{be}=N_2 i_2$$

其他关系有

$$B_1=\frac{\Phi_1}{S_1},\quad B_2=\frac{\Phi_2}{S_2},\quad B_3=\frac{\Phi_3}{S_3}$$

$$B_1=\mu_1 H_1,\quad B_2=\mu_2 H_2,\quad B_3=\mu_3 H_3$$

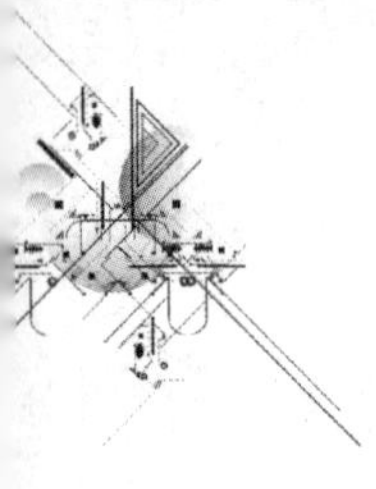

式中 μ_1、μ_2、μ_3 分别为三磁路段的磁导率。

若磁路为同一铁磁材料构成，则有 $\mu_1=\mu_2=\mu_3$。

§A-4　恒定磁通磁路的计算

通常在计算电机、电器的磁路时有两类问题，一类是预先给定磁通（或磁感应强度），然后按照给定的磁通和磁路的结构及材料去求所需磁通势 F_m。另一类问题是预先给定磁通势，要求求出磁路中的磁通。

恒定磁通磁路是指磁路中各励磁线圈的电流是直流，就是说磁路中的磁通和磁通势都是恒定的。

首先介绍无分支恒定磁通磁路的计算。无分支磁路的主要特点是在不计及漏磁通时，磁路中处处都有相等的（主）磁通 Φ，其计算可按下述步骤进行：

（1）根据磁路中各部分的材料和截面积进行分段，要求每一段磁路具有相同的材料和截面积。

（2）根据各分段磁路的尺寸计算出各段的截面积和平均长度（一般沿中心线计算）。在计算截面积时，必须注意，计算出的截面积称为视在面积，要扣除硅钢片之间的绝缘层占去的截面积，才是磁感线通过的有效面积，一般可以用下式近似表示：

$$\text{有效面积}=k\times\text{视在面积}$$

式中 k 称为填充因数，它随硅钢片厚度和绝缘层厚度而定，一般约为 0.9 左右。

如磁路中存在空气隙，则磁通会向外扩张，造成边缘效应，如图 A-5 所示，增大了有效面积。当铁心为矩形截面时，其有效面积可按下式估算（空气隙很短时）：

$$S_a\approx(a+\delta)(b+\delta)\approx ab+(a+b)\delta$$

式中 a、b 分别为矩形截面的长和宽，δ 为空气隙长度。对于半径为 r 的圆形截面，可按下式估算：

$$S_a\approx\pi\left(r+\frac{\delta}{2}\right)^2\approx\pi r^2+\pi r\delta$$

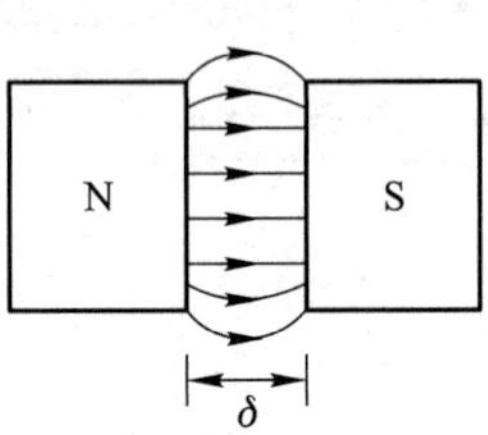

图 A-5　空气隙中磁通的边缘效应

（3）根据已知的磁通计算各磁路段的磁感应强度 $B=\dfrac{\Phi}{S}$。

（4）根据每一磁路段的 B，查阅对应的磁性材料的基本磁化曲线，求得每一磁路段的磁场强度 H；对于空气隙有 $H_a=\dfrac{B_a}{\mu_0}$，或采用下列近似公式：

$$H_a=\frac{B_a}{4\pi\times10^{-7}}\approx0.8\times10^6B_a$$

（5）求出每一磁段的 Hl 值。

（6）按式（A-6）求出所需磁通势。

例 A-1　某磁路的结构与尺寸(单位为 mm)如图 A-6(a)所示。已知 $\Phi=15\times10^{-4}$ Wb, $k=0.90$(填充因数),励磁绕组的匝数为 120,所用硅钢片的基本磁化曲线如图 A-6(b)所示。求励磁电流 I。

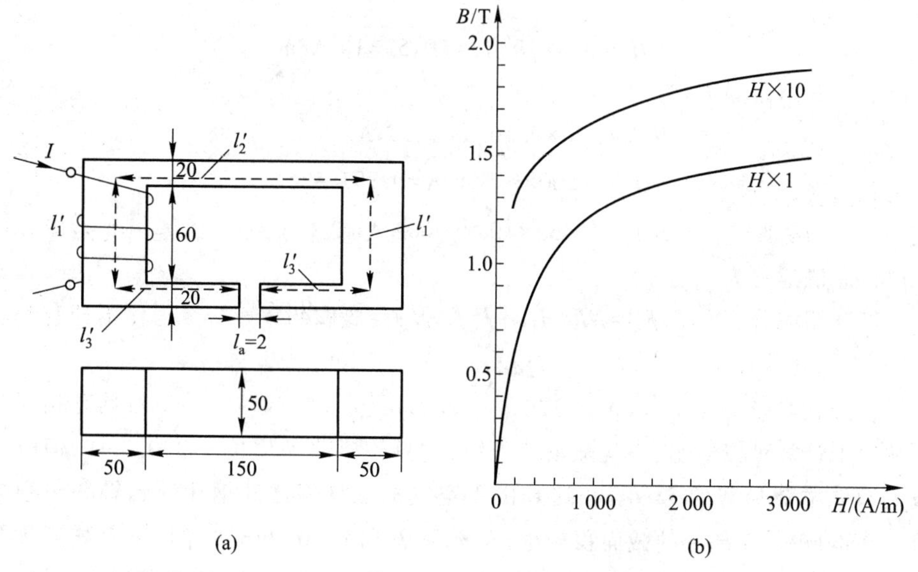

图 A-6　例 A-1 图

解　(1) 根据该磁路的结构和尺寸,硅钢片有两种截面积,所以,该磁路连同空气隙共分为三段计算。

(2) 每段的截面积和平均长度为

$$\begin{cases}S_1=50\times50\times0.9\ \text{mm}^2=22.5\times10^{-4}\text{m}^2\\ l_1=2l_1'=(100-20)\times2\ \text{mm}=0.16\ \text{m}\end{cases}$$

$$\begin{cases}S_2=50\times20\times0.9\ \text{mm}^2=9\times10^{-4}\text{m}^2\\ l_2=l_2'+2l_3'=[(250-50)\times2-2]\ \text{mm}=0.398\ \text{m}\end{cases}$$

$$\begin{cases}S_a=[20\times50+(20+50)\times2]\ \text{mm}^2=11.4\times10^{-4}\text{m}^2\\ l_a=2\ \text{mm}=0.002\ \text{m}\end{cases}$$

(3) 每磁路段的磁感应强度为

$$B_1=\frac{\Phi}{S_1}=\frac{15\times10^{-4}}{22.5\times10^{-4}}\text{T}=0.667\ \text{T}$$

$$B_2=\frac{\Phi}{S_2}=\frac{15\times10^{-4}}{9\times10^{-4}}\text{T}=1.667\ \text{T}$$

$$B_a=\frac{\Phi}{S_a}=\frac{15\times10^{-4}}{11.4\times10^{-4}}\text{T}=1.316\ \text{T}$$

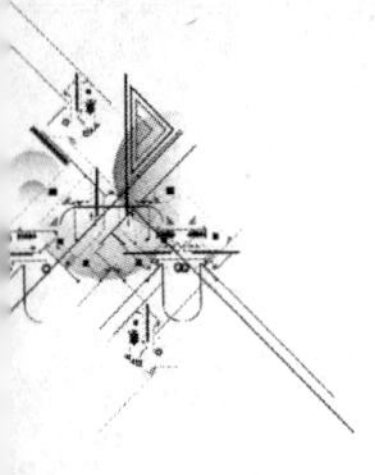

（4）每磁路段的磁场强度。

由图 A-6(b)所示曲线查得

$$H_1 = 170\ \text{A/m}, H_2 = 4\ 500\ \text{A/m}$$

根据公式可得

$$H_a = 0.8\times10^6 B_a = 10.53\times10^5\ \text{A/m}$$

（5）每磁路段的 Hl 为

$$H_1 l_1 = 170\times0.16\ \text{A} = 27.2\ \text{A}$$

$$H_2 l_2 = 4\ 500\times0.398\ \text{A} = 1\ 791\ \text{A}$$

$$H_a l_a = 10.53\times10^5\times0.002\ \text{A} = 2\ 106\ \text{A}$$

（6）总磁通势为

$$F_m = NI = H_1 l_1 + H_2 l_2 + H_a l_a = 3\ 924\ \text{At}$$

$$I = \frac{F_m}{N} = \frac{3\ 924}{120}\ \text{A} = 32.7\ \text{A}$$

从以上计算可以看出，空气隙虽然很短，它只占磁路平均长度的 0.35%，但空气隙的 $H_a l_a$ 却占总磁通势的 53.4%。这是由于空气的磁导率比硅钢片的磁导率小很多的缘故。在本例中，l_2 部分的截面积较小，在磁通 $\Phi = 15\times10^{-4}$Wb 的作用下已处于饱和状态，使这部分硅钢片的磁导率显著下降，所以这一段的磁阻较大，磁位差增大，否则空气隙的磁位差所占比例还要高。

如果给定无分支磁路的磁通势而要求出该磁通势在磁路中激发的磁通，则由于磁路各段的磁导率不是常数，因此需要采用试探法或图解法，其求解步骤见下例。

例 A-2 图 A-7(a)所示磁路中，空气隙的长度 $l_a = 1$ mm，磁路横截面面积 $S = 16\ \text{cm}^2$，中心线长度 $l = 50$ cm，线圈的匝数 $N = 1\ 250$，励磁电流 $I = 800$ mA。磁路的材料为铸钢，其基本磁化曲线如图 A-7(b)所示。求磁路中的磁通。

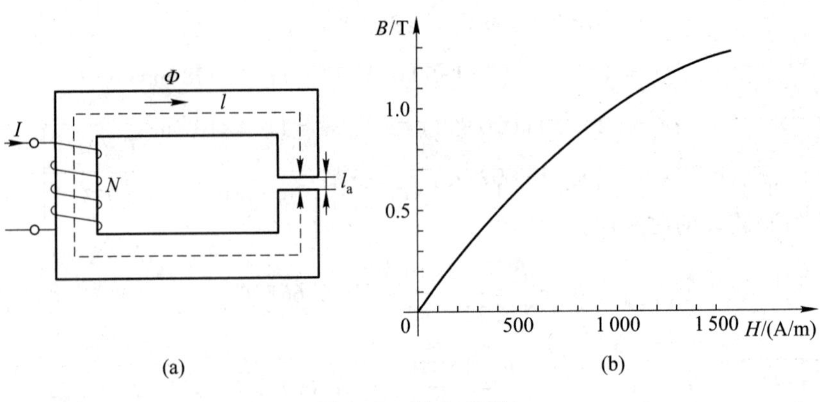

图 A-7 例 A-2 图

解 此磁路由两段构成，其平均长度和面积分别为（铸钢段）

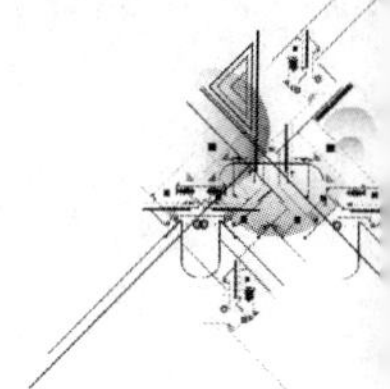

$$l_1 \approx 50\ \text{cm} = 0.5\ \text{m}$$

$$S_1 = 16\ \text{cm}^2 = 16\times10^{-4}\ \text{m}^2$$

(空气隙段)为简化起见,忽略空气隙的边缘效应,设

$$l_a = 0.1\ \text{cm} = 10^{-3}\text{m}, S_a \approx 16\times10^{-4}\text{m}^2$$

磁路中的磁通势为

$$F_m = NI = 1\ 250\times800\times10^{-3}\ \text{At} = 1\ 000\ \text{At}$$

由于空气隙的磁阻较大,故可暂设整个磁路磁通势全部用于空气隙中,这样算出的磁通作为第 1 次试探值 Φ^1,即

$$\Phi^1 = B_a^1 S_a = \frac{NI\mu_0 S_a}{l_a} = \frac{1\ 000\times16\times10^{-4}\times4\pi\times10^{-7}}{10^{-3}}\text{Wb}$$

$$= 20.11\times10^{-4}\ \text{Wb}$$

由于设 $S_1 = S_a$,故算得磁感应强度为

$$B_1^1 = B_a^1 = \frac{\Phi^1}{S_1} = \frac{20.11\times10^{-4}}{16\times10^{-4}}\text{T} = 1.26\ \text{T}$$

按图 A-7(b)查得

$$H^1 = 1\ 410\ \text{A/m}$$

空气隙中的磁场强度为

$$H_a^1 = 0.8\times10^6 B_a^1 = 10.08\times10^5\ \text{A/m}$$

磁通势为

$$F_m^1 = H_1^1 l_1 + H_a^1 l_a = 1\ 713\ \text{At}$$

由于 $F_m^1 \neq F_m(=NI)$,所以要进行第 2、3、… 次试探,直至误差小于某一给定值为止。从第 2 次试探起,各次试探值与前 1 次试探值之间可按下式联系起来:

$$\Phi^{n+1} = \Phi^n \frac{F_m}{F_m^n}$$

各次试探结果见表 A-1。

表 A-1

n	$\Phi^n\times10^{-4}$/Wb	$B_1=B_a$/T	H_1/(A/m)	H_a/(A/m)	F_m/At	误差/%
1	20.11	1.26	1 410	10.10×10^5	1 713	+71.3
2	11.74	0.733	640	5.87×10^5	906	−9.4
3	12.94	0.809	680	6.47×10^5	987	−1.3
4	13.11	0.819	694	6.55×10^5	1 002	+0.2

可见,第 4 次试探值可以作为最后的结果,即 $\Phi = \Phi^4 = 13.11\times10^{-4}$ Wb。求解这类问题的图解法与非线性电阻电路的图解法相似。以例 A-2 的无分支磁路为例说明,它可以看作是由两段磁路的磁阻串联组成,一是空气隙的磁阻 R_{ma},它是线性的,另一是铁心(铸

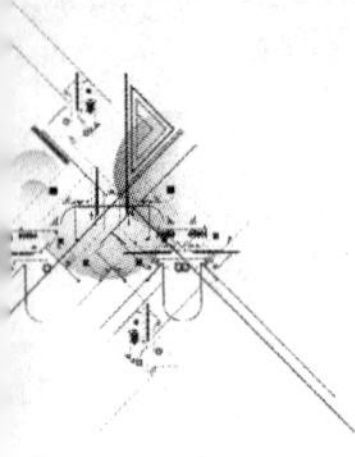

钢)的磁阻 R_{m1},它是非线性的,可以用韦安特性即磁通 Φ 与磁位差 $U_{m1}(=H_1l_1)$ 的关系曲线 Φ-U_{m1} 表示,它可以根据该磁段的截面积和平均长度,按基本磁化曲线上的磁感应强度值和对应的磁场强度值逐点求出。而 R_{ma} 则可表示为 $R_{ma}=\dfrac{l_a}{\mu_0 S_a}$。这样就可以获得图 A-8(a)所示计算磁路图,其中 $F_m=NI$ 相当于电路中的电压源电压。于是可以用类似于非线性电阻电路中的"曲线相交法"得出图 A-8(b),从两条曲线的交点即可求得所需磁通。

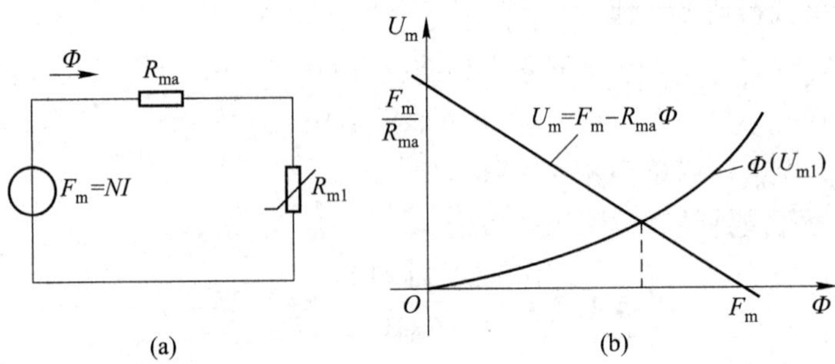

图 A-8　计算磁路图及图解法

如果给定的无分支磁路是由几段不同的磁段组成的,则其计算磁路图可以看作是由几个磁阻串联组成的,同样可以用图解法求解。

有分支的恒定磁通磁路的计算比较复杂。下面通过一个具体的示例介绍计算方法的思路。

图 A-9 是具有一个磁通势的分支磁路。按假设的各磁通参考方向和磁路定律式(A-5)、式(A-6),有下列关系式:

$$\Phi_1=\Phi_2+\Phi_3$$
$$H_2l_2+H_al_a=H_3l_3$$
$$H_1l_1+H_3l_3=NI$$

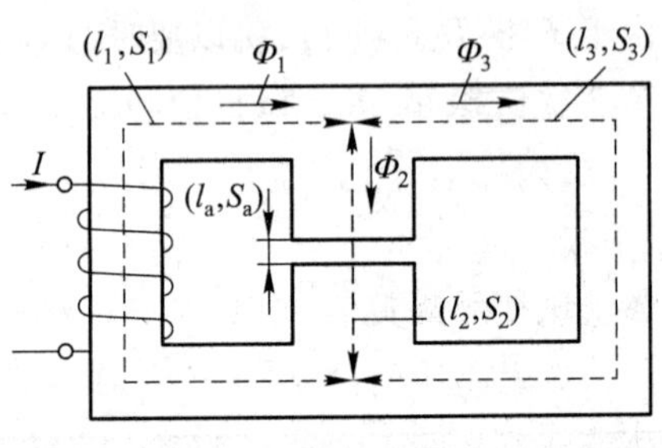

图 A-9　有分支磁路

如果给定的为通过空气隙的磁通 Φ_2,则可直接求出所需磁通势。主要步骤如下:

(1) 从给定 Φ_2 可以求得 $B_2\left(=\dfrac{\Phi_2}{S_2}\right)$,并从相应的基本磁化曲线查出 H_2,这样就可以按下式求出 H_3

$$H_3=\frac{H_2l_2+H_al_a}{l_3}$$

(2) 由 H_3 和基本磁化曲线 B_3-H_3 查得 B_3,并可求得 $\Phi_3=B_3S_3$。

(3) 按 $\Phi_1=\Phi_2+\Phi_3$,求得 Φ_1。

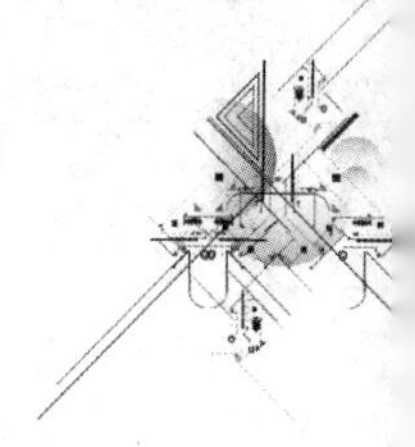

（4）从 Φ_1 求得 $B_1\left(=\dfrac{\Phi_1}{S_1}\right)$，查 B_1-H_1 曲线得 H_1 和求得 H_1l_1。

（5）最后求得磁通势：$NI=H_1l_1+H_3l_3$。

如果给定的是其他支路的磁通，则有一部分要采用试探法或图解法计算。如果是给定磁通势求各支路磁通，则必须用试探法或图解法求解。

§A-5　交变磁通磁路简介

恒定磁通的磁路中没有功率损耗。如果磁通随时间变化，这时，铁磁物质的磁滞现象将会产生磁滞损耗，电磁感应现象将会在铁磁物质中产生涡流，引起涡流损耗。通常把磁滞损耗和涡流损耗的总和称为铁心损耗。

可以证明磁滞损耗功率与铁磁物质的磁滞回线的面积成正比。对于同一铁心，磁滞回线的形状与磁感应强度的最大值 B_m 有关。工程上采用下列经验公式计算磁滞损耗：

$$P_h=\sigma_h f B_m^n V$$

式中 B_m 为磁感应强度最大值；n 由 B_m 值决定，当 $B_m<1$ T 时，取 $n=1.6$，当 $B_m>1.6$ T 时，取为 2；f 为工作频率；σ_h 是与材料有关的系数，同时又取决于所用单位；V 为铁心的体积。

铁心的涡流损耗功率的计算要用电磁场理论进行。涡流损耗功率与铁心的几何尺寸和材料有关。若铁心是由平行于磁感应强度的钢片叠成，涡流损耗与钢片厚度的平方成正比，还与交变磁通的频率、材料的电导率及磁感应强度最大值有关。所以为了减小涡流损耗，硅钢片越薄越好（电工钢片渗入硅，其电导率就减小）。受工艺条件的限制，硅钢片不可能做得很薄，工频下硅钢片的厚度约为 0.35~0.5 mm，音频下约为 0.02~0.05 mm，而高频下则采用磁介质，如铁淦氧。涡流损耗一般与工作频率 f 和磁感应强度的最大值 B_m 有关。

铁磁物质的磁感应强度与磁场强度之间不呈线性关系，所以磁路中的磁通也就与励磁电流之间不呈线性关系。当磁通是正弦形时，励磁电流则为非正弦形；反之，当励磁电流是正弦形时，磁通为非正弦形。

设无分支磁路由铁磁物质构成，其平均长度为 l，截面积为 S［图 A-10(a)］。在交变电流作用下，铁磁物质的磁化状态将沿磁滞回线周而复始地改变。为了简化讨论起见，设磁化状态是沿着基本磁化曲线变化的。这样，磁通 Φ 与电流 i 的关系就可以根据基本磁化曲线求得。按图 A-10(a)，有 $\Phi=BS$，而励磁电流 $i=\dfrac{Hl}{N}$，所以只要把铁心的基本磁化曲线上 B 的坐标乘以 S，H 的坐标乘以 $\dfrac{l}{N}$，即可获得表示铁心特性的 Φ-i 曲线，显然其形状与 B-H 曲线的形状是相似的。

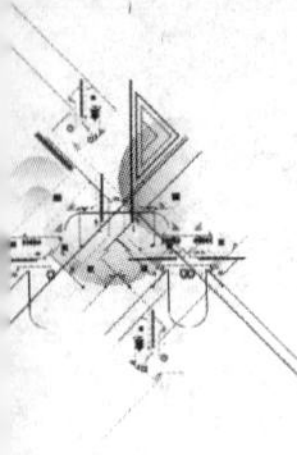

图 A-10(b)和(c)分别绘出了正弦磁通和正弦电流对应的电流和磁通的波形。当磁通作正弦变化时(至饱和区),电流曲线具有尖顶波形;而当电流作正弦变化且工作到饱和区域,则磁通具有平顶波形。如对非正弦形的电流和磁通波形进行谐波分析,则可以看出它们都是奇谐波函数,主要含有 3 次谐波,而且随铁心饱和程度的提高,3 次谐波分量就越显著。如果正弦电流和正弦磁通的最大值不太大,使铁心的工作状态在饱和点以下的近似直线段,则对应磁通和电流波形将比较接近于正弦形。以上讨论未计及磁滞回线的影响。如果考虑到这一因素,则在正弦磁通下的电流波形将与图 A-10(b)所示不同。铁心中的涡流损耗也会影响电流的波形。

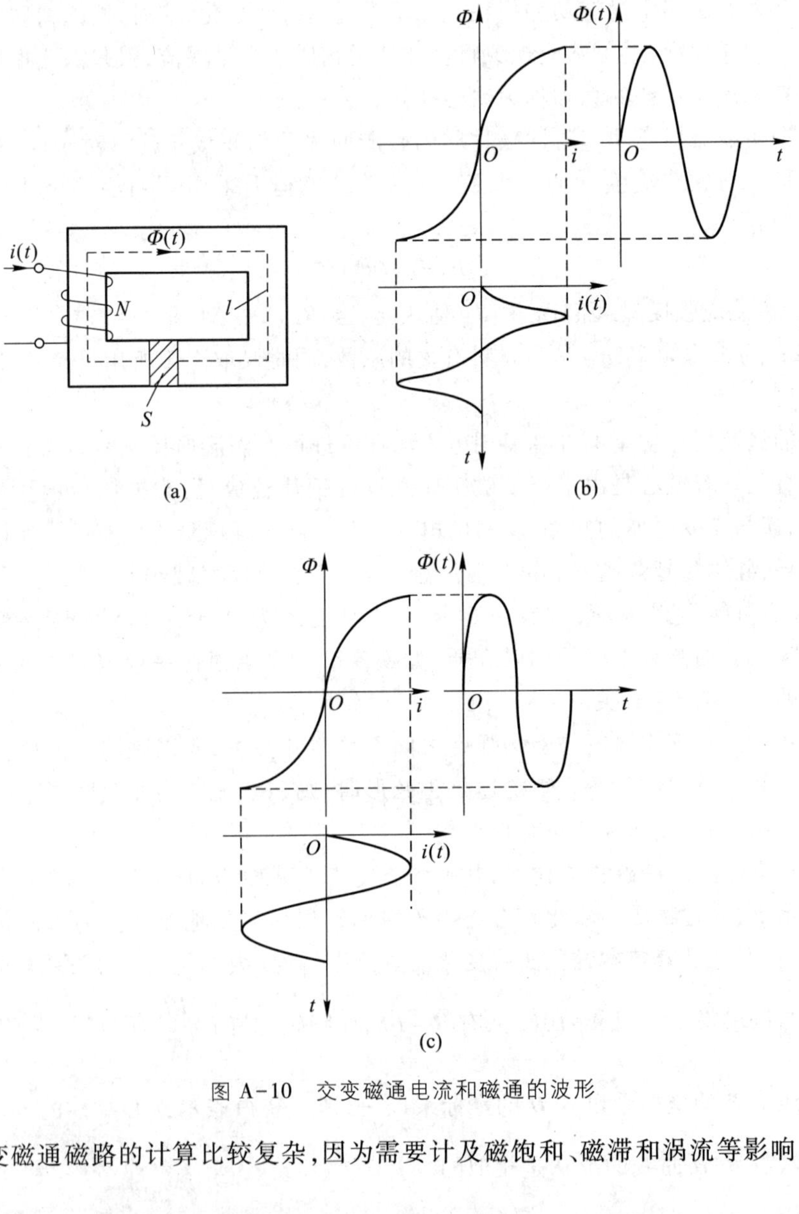

(a)　　(b)

(c)

图 A-10　交变磁通电流和磁通的波形

交变磁通磁路的计算比较复杂,因为需要计及磁饱和、磁滞和涡流等影响。

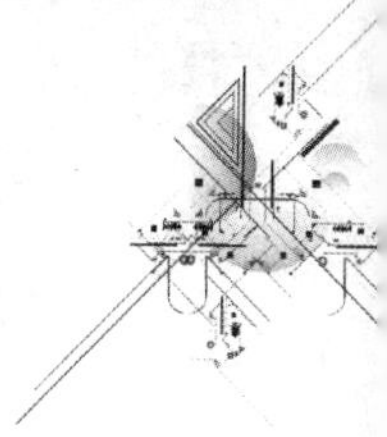

§A-6 铁心线圈

如图 A-11(a)所示的铁心线圈中通以交变电流时,其中便有交变磁通。Φ 是其主磁通,Φ_σ 是其漏磁通。

下面分析铁心线圈的电压和电流关系。主磁通和漏磁通分别在线圈中产生感应电压 u 和 u_σ,再加上线圈的电阻上的电压 u_R,线圈端电压 $u_1=u+u_\sigma+u_R$。通常 u_σ 和 u_R 都比 u 小很多,因而有 $u_1\approx u$,这样,当线圈两端的电压 u_1 是正弦形时,主磁通 Φ 同样是正弦形$\left(这是因为 u=\dfrac{\mathrm{d}\Phi}{\mathrm{d}t}\right)$,但是电流则是非正弦波。为了简化计算且利于应用相量法,常采用等效正弦电流替代实际的非正弦电流,其条件是两者的有效值相等,并保持有功功率不变。当然,这只有在高次谐波不显著时才相对准确。

如果暂不考虑线圈的电阻和漏磁通,图 A-11(b)给出了主磁通、电压和电流的相量图。图中电流相量 $\dot{I}$ 具有两个分量,一个分量 $\dot{I}_\mathrm{a}$ 与电压相量 $\dot{U}$ 同相,它是用来计及铁心损耗的,它是电流 $\dot{I}$ 的有功分量;另一个分量 $\dot{I}_\mathrm{r}$ 与磁通相量 $\dot{\Phi}$ 同相,它滞后电压 $\dot{U}$ 的相位为$\dfrac{\pi}{2}$,称为铁心线圈的磁化电流,是 $\dot{I}$ 的无功分量。通常 $I_\mathrm{r}>I_\mathrm{a}$。可以用图 A-11(c)所示电路模型描述这部分的电压、磁通和电流的关系,它由两条并联支路组成,一条支路为电导 G_0,通过的电流为 $\dot{I}_\mathrm{a}$,另一条支路为电感,通过电流为 $\dot{I}_\mathrm{r}$,其中 $G_0=\dfrac{I_\mathrm{a}}{U}$,而感纳 $|B_0|=\dfrac{I_\mathrm{r}}{U}$。

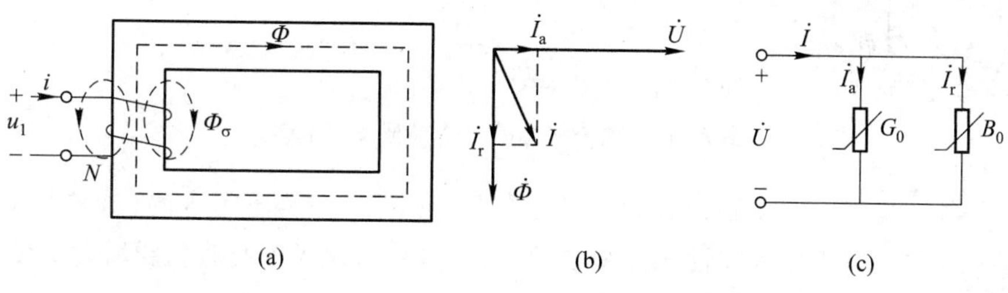

图 A-11 铁心线圈的部分电压电流关系

设 $\Phi=\Phi_\mathrm{m}\sin(\omega t)$,则

$$u=N\frac{\mathrm{d}\Phi}{\mathrm{d}t}=N\omega\Phi_\mathrm{m}\cos(\omega t)=2\pi fN\Phi_\mathrm{m}\cos(\omega t)$$

式中 N 为线圈的匝数,感应电压的有效值

$$U=\frac{N\omega\Phi_\mathrm{m}}{\sqrt{2}}=4.44fNB_\mathrm{m}S$$

式中 B_m 为磁感应强度最大值。设 P 和 Q 分别表示铁心的有功功率和无功功率,则有

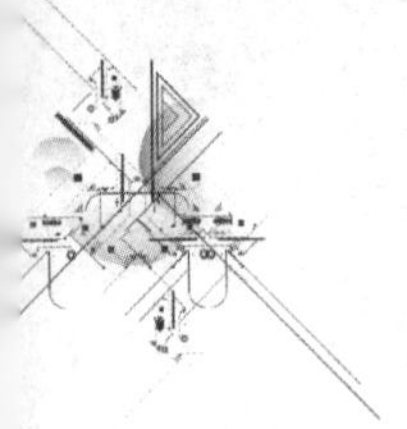

$P=I_aU, Q=I_rU$。这样

$$G_0=\frac{P}{U^2}=\frac{P}{(4.44fNB_mS)^2}$$

$$|B_0|=\frac{Q}{(4.44fNB_mS)^2}$$

P 和 Q 与 B_m 的关系是比较复杂的，要严格计算必须按照交变磁通磁路的观点进行。一般说来，G_0 和 B_0 都不是常数而随 B_m 或 U 而变，因此在图中用非线性元件表示。

现在，计及线圈的电阻和漏磁通的作用。线圈电阻 R 上的电压 $\dot{U}_R=R\dot{I}$，与电流同相。漏磁通链产生的感应电压 $\dot{U}_\sigma=\mathrm{j}\omega\dot{\Psi}_\sigma=\mathrm{j}\omega L_\sigma\dot{I}$，它超前电流 $\dot{I}$ 的相位为 $\frac{\pi}{2}$，式中 Ψ_σ 表示漏磁通链的有效值，$L_\sigma=\Psi_\sigma/I$ 是漏电感。因为漏磁通主要经过空气闭合，漏磁通磁路的磁阻主要取决于空气段的磁阻，所以，可以认为漏磁通链与电流之间有线性关系，而 L_σ 也就可以视为常数。于是，有

$$\dot{U}_1=\dot{U}_R+\dot{U}_\sigma+\dot{U}=R\dot{I}+\mathrm{j}\omega L_\sigma\dot{I}+\dot{U}$$

按照上式，并参照图 A-11(b)(c)，铁心线圈的相量图和电路模型将如图 A-12(a)(b)所示，图中 U_R 和 U_σ 一般仅为 U 的长度的百分之几，而图中画的是有意放大的。可见铁心线圈电路是一个含非线性电感的电路。

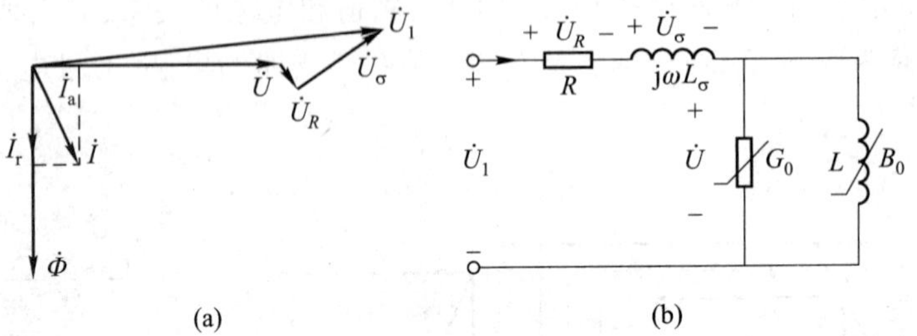

图 A-12　铁心线圈的电路模型及相量图

如果铁心线圈所用铁心带有较大的空气隙，或者铁心是不闭合的（如磁棒），则在这种情况下常把电感作为线性元件来处理，当然电感值比无铁心时仍要增大很多。

习　题

A-1　题 A-1 图所示磁路中的磁通为 3.2×10^{-4} Wb，设填充因数 $k=1$，铸钢和电工钢片的基本磁化曲线用下列表格表示。求磁通势（磁路尺寸：mm）。

铸　钢

$H/(\mathrm{A/m})$	200	300	400	500	600	700	800	900	1 000	1 100
B/T	0.27	0.39	0.50	0.61	0.72	0.82	0.90	0.98	1.05	1.11

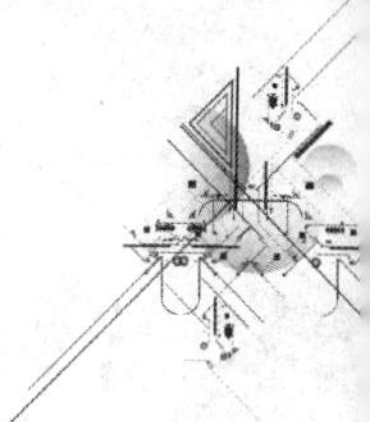

电工钢片

H/(A/m)	40	60	80	100	120	140	160	180	200
B/T	0.12	0.30	0.45	0.57	0.65	0.70	0.76	0.80	0.85

A-2 已知题 A-2 图所示磁路中尺寸单位为 mm，构成磁路的电工钢片的基本磁化曲线如图 A-6(b)所示，设 $k=0.91$，计算时要考虑空气隙的扩散作用。设磁通势为 860 At。求空气隙中的磁通。

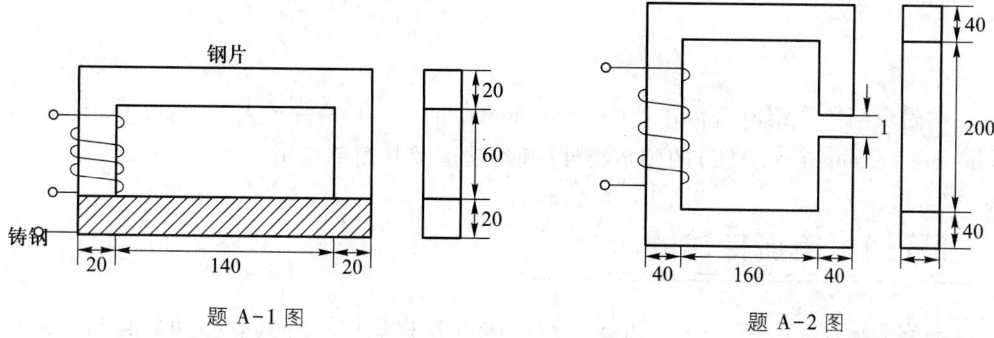

题 A-1 图　　题 A-2 图

A-3 已知磁路如题 A-3 图所示，其铁心材料的基本磁化曲线同题 A-2，磁路中的磁通 $\Phi=3.6\times10^{-3}$ Wb，$k=1$，计算时要计及空气隙的扩散作用。图中所示尺寸单位为 mm。求磁通势。

A-4 题 A-4 图所示为有分支磁路，由同一电工钢片叠成。各段磁路的平均长度和截面面积均示于图中，$l_a \ll l_2$。现在要求出在空气隙中产生磁通 Φ_a 所需磁通势，试给出解题的步骤。

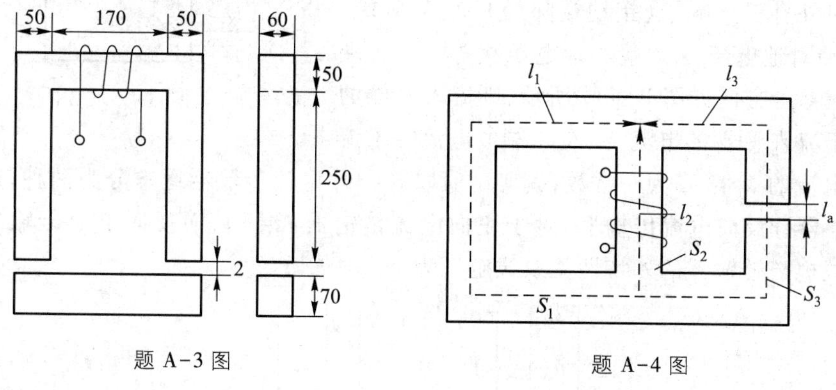

题 A-3 图　　题 A-4 图

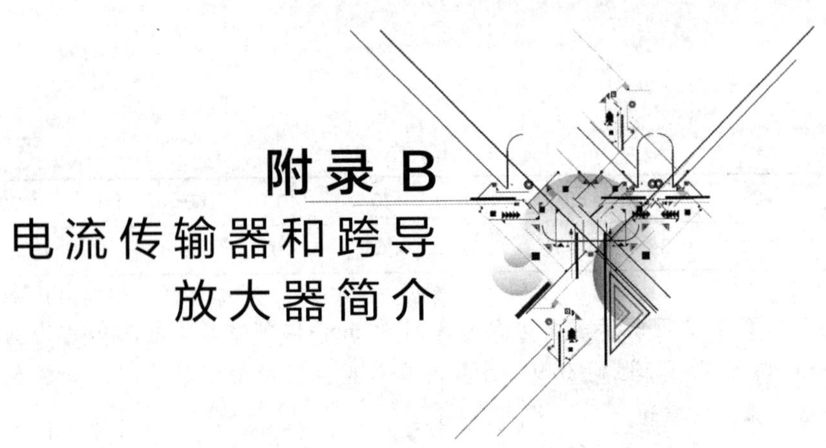

附录 B 电流传输器和跨导放大器简介

本附录简要介绍电流传输器(current convevor,CC)和跨导放大器(operational transconductance amplifier,OTC)的基本特性、基本功能及其简单应用。

§B-1 电流传输器

电流传输器(CC)是 Smith 和 Sedra 于 1968 年提出的一种具有多功能且与运算放大器相似的基本电路器件。随着集成电路的发展,电流传输器作为一种集成电路器件在振荡器、滤波器及放大器等电路构造中获得了广泛的应用。电流传输器在控制、测量、通信等领域具有重要用途。

电流传输器从第一代已经发展到第三代。第一代电流传输器简称 CCⅠ,用晶体管实现,其图形符号如图 B-1 所示。

图 B-1 CCⅠ

它对外有三个端子(接地端除外),X、Y、Z 端,其中 X 端对地电压与 Y 端对地电压相等。若各端子的电流参考方向如图 B-1 中所示,则流入 X 端的电流等于流入 Y 端的电流,流入 X 端的电流等于流入 Z 端电流的 K 倍,K 为一常数,其典型值取 $K=1$。电流传输器通常分为两种,即正向电流传输器和反向电流传输器,对于正向电流传输器 $K=+1$,而反向电流传输器则取 $K=-1$,故电流传输器的外特性关系式定义为

$$\begin{bmatrix} i_{Y} \\ u_{X} \\ i_{Z} \end{bmatrix} = \begin{bmatrix} 0 & 1 & 0 \\ 1 & 0 & 0 \\ 0 & \pm K & 0 \end{bmatrix} = \begin{bmatrix} u_{Y} \\ i_{X} \\ u_{Z} \end{bmatrix}$$

第二代电流传输器(CCⅡ)的外特性与第一代电流传输器不同,在其 Y 端不取电流,因此第二代电流传输器在实际使用中具有更大的灵活性。其外特性关系式定义为

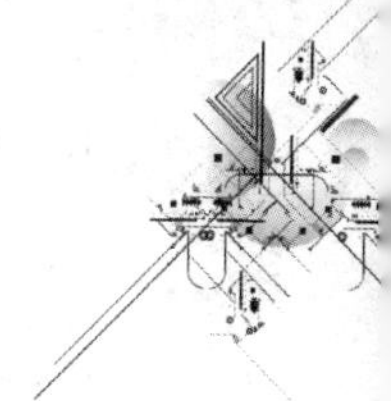

$$\begin{bmatrix} i_Y \\ u_X \\ i_Z \end{bmatrix} = \begin{bmatrix} 0 & 0 & 0 \\ 1 & 0 & 0 \\ 0 & \pm K & 0 \end{bmatrix} = \begin{bmatrix} u_Y \\ i_X \\ u_Z \end{bmatrix}$$

第二代电流传输器其 Y 端的输入阻抗为无限大，为电压输入端，而 X 端的电压总是跟随 Y 端的输入电压，因此 X 端的输入阻抗等于零，故 X 端的输入电流被传输到高阻抗 Z 输出端并得到了放大，即 $i_Z = \pm K i_X$。

第二代电流传输器比第一代电流传输器具有更广泛的用途。CCⅡ不但能直接处理电压信号，而且能直接处理电流信号。通常采用电流型有源器件设计的电路称为电流模式电路，这种电路的特点是其输入、输出均为电流，由于电流传输器具有能够将 X 端的输入电流放大传输到高阻抗 Z 输出端的功能，因此，由电流传输器构成的电路就被称为电流模式电路。电流模式电路频带较宽，因而在电路设计中受到重视。

由电流传输器既可以构成电压模式基本单元电路，也可以构成电流模式基本单元电路，构成的电压模式基本单元电路有电压放大器、电压积分器、电压微分器。

以电流传输器构成的电压放大器如图 B-2 所示，由于

$$U_o(s) = R_2 I_o(s)$$

则有

$$I_o(s) = \pm K I_X(s) = \pm K \frac{U_X(s)}{R_1}$$

故其传输函数为

$$H(s) = \frac{U_o(s)}{U_i(s)} = \pm \frac{R_2 K}{R_1}$$

以电流传输器构成的电压积分器如图 B-3 所示，其传输函数为

$$H(s) = \frac{U_o(s)}{U_i(s)} = \pm \frac{K}{sCR_1}$$

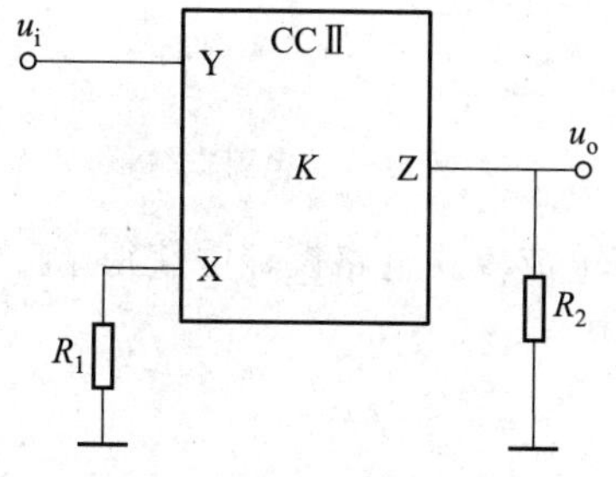

图 B-2　电压放大器

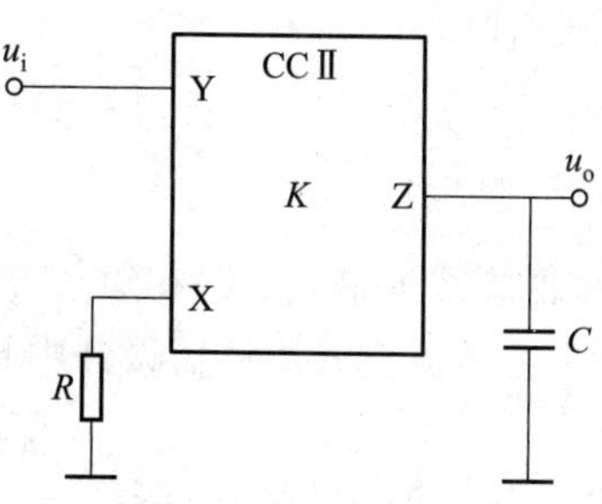

图 B-3　电压积分器

以电流传输器构成的电压微分器如图 B-4 所示，其传输函数为

$$H(s) = \frac{U_o(s)}{U_i(s)} = \pm sCRK$$

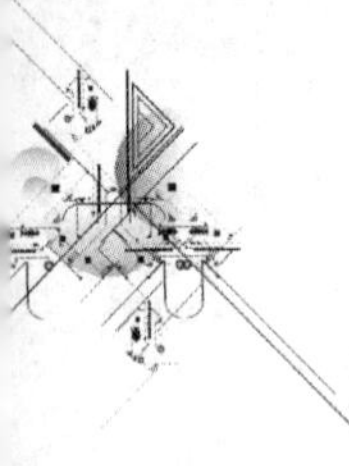

由电流传输器构成的电流模式基本单元电路有电流放大器、电流积分器、电流微分器。

以电流传输器构成的电流放大器如图 B-5 所示，其传输函数为

$$H(s)=\frac{I_o(s)}{I_i(s)}=\pm\frac{R_2K}{R_1}$$

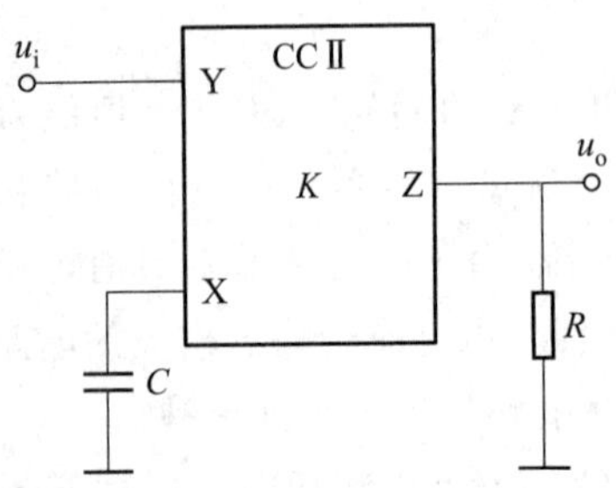

图 B-4 电压微分器

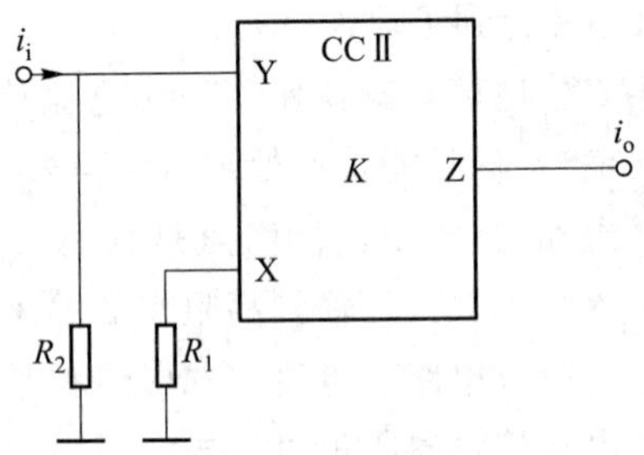

图 B-5 电流放大器

以电流传输器构成的电流积分器如图 B-6 所示，其传输函数为

$$H(s)=\frac{I_o(s)}{I_i(s)}=\pm\frac{K}{sCR}$$

以电流传输器构成的电流微分器如图 B-7 所示，其传输函数为

$$H(s)=\frac{I_o(s)}{I_i(s)}=\pm sCRK$$

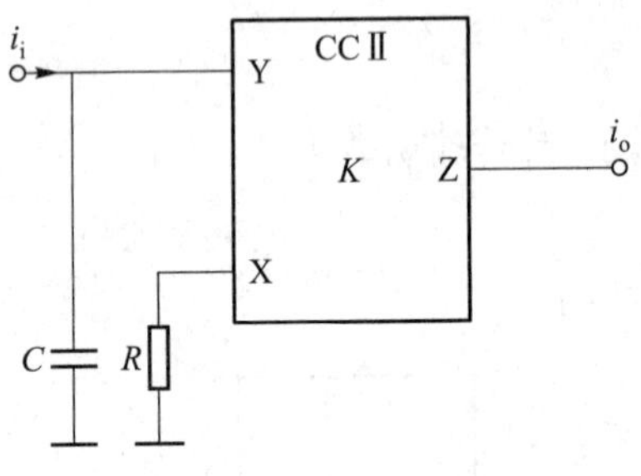

图 B-6 电流积分器

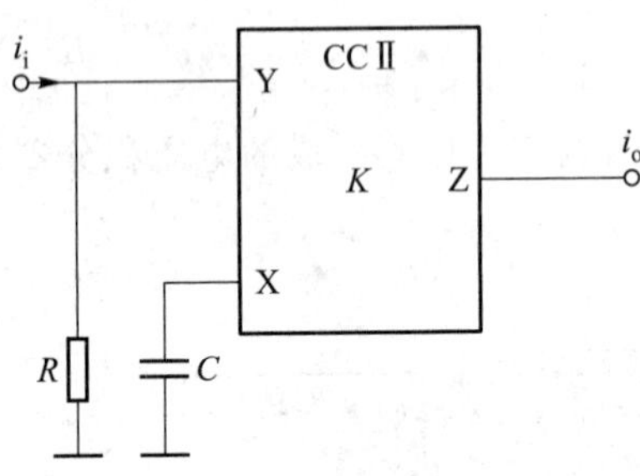

图 B-7 电流微分器

电流模式基本单元电路在通信、测量、控制等电流模式电路设计中获得了广泛的应用，特别是在电流模式滤波器设计中具有重要应用。

§B-2 跨导放大器

这里主要介绍(运算)跨导放大器(operationnal transconductance amplifier，OTA)，其图形符号和它的理想电路模型如图 B-8 所示，它有两个输入端，一个输出端，一个控制端。跨导运算放大器的输入信号为电压信号，图中“+”表示同相输入端，“-”表示反相

输入端，输出信号为电流信号，其开环增益称为跨导，用 g_m 表示，它具有电导的性质，受控制端的偏置电流 I_B 或偏置电压 U_B 控制。跨导运算放大器的输出电流近似为

$$i_m = g_m(u_P - u_N)$$

对于理想电路模型，由于两个电压输入端开路，故其差模输入阻抗无穷大，而输出电流类似于一个受差模输入电压控制的电流源，因此其输出阻抗为无穷大。

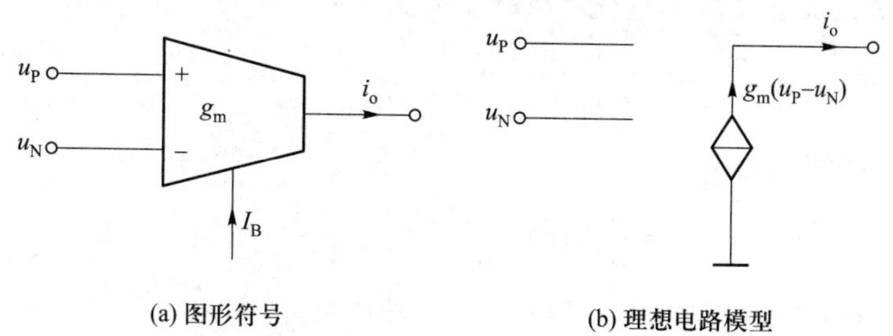

(a) 图形符号　　(b) 理想电路模型

图 B-8　跨导放大器

与常规的运算放大器（电压输入/电压输出）相比较，跨导运算放大器特点为：(1) 输入差模电压控制输出电流；(2) 增加了一个控制端，调节控制电流 I_B 可以改变跨导 g_m 值；(3) 具有电流模式电路的特点。

跨导运算放大器的作用是将电压信号变换为电流信号，可对电流模式电路输入信号进行预处理，通常在电压模式与电流模式电路之间作为接口电路使用，其次它可以构成各种基本单元电路用于滤波器设计及各种电子测量、控制、通信电路。

以跨导运算放大器构成的差模电压积分器如图 B-9 所示，其输出电流为

$$I_o(s) = g_m[U_P(s) - U_N(s)]$$

输出电压为

$$U_o(s) = \frac{1}{sC}I_o(s) = \frac{1}{sC}g_m U_i(s)$$

故传输函数为

$$H(s) = \frac{U_o(s)}{U_i(s)} = \frac{g_m}{sC}$$

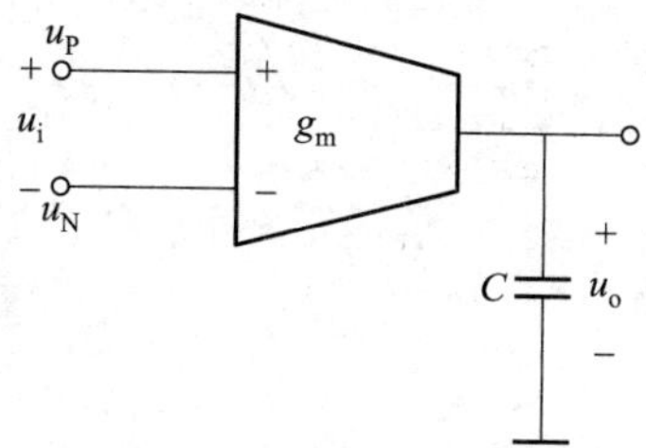

图 B-9　差模电压积分器

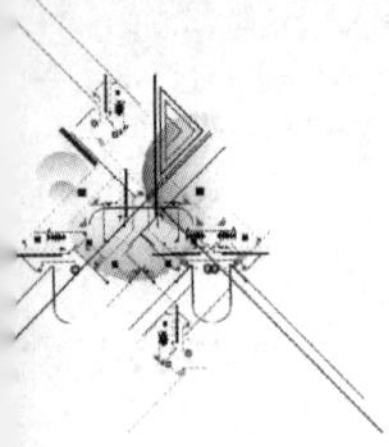

以跨导运算放大器构成的有损电压积分器如图 B-10 所示，其跨导运算放大器 1 输出电流 $I_{o1}(s)$ 为

$$I_{o1}(s)=g_{m1}[U_P(s)-U_N(s)]=g_{m1}U_i(s)$$

跨导运算放大器 2 的同相输入端接地，其输出电流 $I_{o2}(s)$ 为

$$I_{o2}(s)=g_{m2}[0-U_C(s)]=-g_{m2}U_C(s)$$

由于跨导运算放大器 2 输出电流 $I_{o2}(s)$ 反馈到它的反相输入端，因此电容 C 的电流 $I_C(s)$ 为

$$I_C(s)=I_{o1}(s)+I_{o2}(s)=g_{m1}U_i(s)-g_{m2}U_C(s)$$

而电容 C 的电压 $U_C(s)$ 为

$$U_C(s)=\frac{1}{sC}I_C(s)=\frac{1}{sC}g_{m1}U_i(s)-\frac{1}{sC}g_{m2}U_C(s)$$

由于电压 $U_o(s)=U_C(s)$，故有损电压积分器传输函数为

$$H(s)=\frac{U_o(s)}{U_i(s)}=\frac{g_{m1}}{sC+g_{m2}}$$

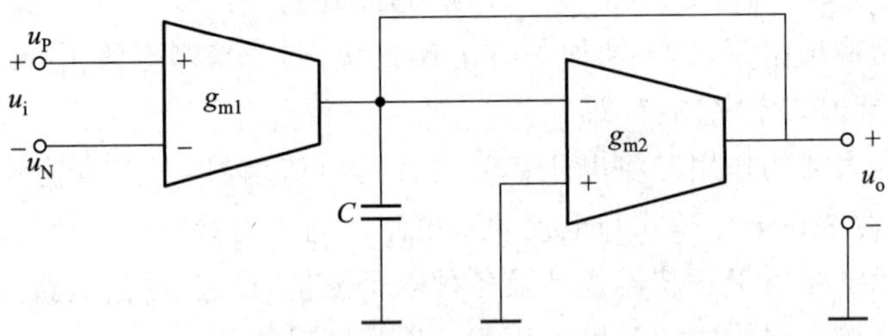

图 B-10 有损电压积分器

附录 C PSpice 简介

本附录简要介绍电路计算机辅助分析的有关概念和常用的一种电路模拟程序，即 PSpice 的初步知识。

§C-1 电路的计算机辅助分析

电路的计算机辅助分析是利用计算机作为辅助手段对电路进行分析。电路分析包括许多内容，其中主要有电阻电路分析（或直流电路分析）、正弦电流电路分析、线性动态电路分析、非线性电路分析等。用计算机进行电路分析，一般需要针对要求解决问题的类型编制程序，让计算机执行。当进行电路分析时，首先需要把电路拓扑结构的信息、电路元件的类型及元件值作为数据送进计算机。然后，使计算机根据输入数据自动形成电路方程并进行求解。

下面主要介绍建立电路方程的一些有关问题，其目的是为了说明编制程序的一些思路。

现结合图 C-1(a)所示电路说明如何应用计算机形成节点列表法方程。图 C-1(b)所示为该电路的图，它共有 4 个节点和 8 条支路。特别需要注意的是：每条支路仅含一个元件。独立电压源和独立电流源为同频率正弦量，因此用向量法进行分析。为了简化起见，没有考虑受控源、耦合电感、理想变压器等。节点和支路的编号如图 C-1(b)所

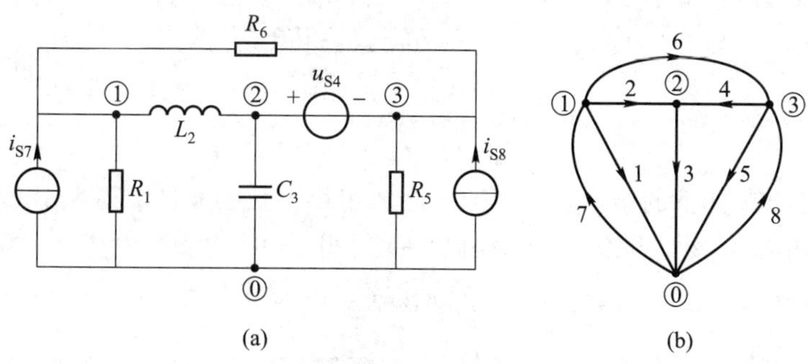

图 C-1　建立节点列表法的电路

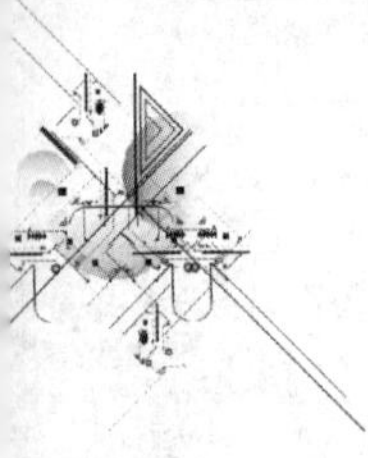

示，其中每条支路有一个始节点和一个终节点，支路的参考方向自始节点指向终节点，因此依据始节点和终节点的编号顺序就明确了支路的方向。

这里设计一个 5 变量数组(k,i,j,g,h)，其中 k 表示支路编号；i 表示第 k 支路的始节点；j 表示第 k 支路的终节点；g 是一个数，用来表示元件的类型，例如可用“1”表示电阻，用“2”表示电容，用“3”表示电感，用“4”表示独立电压源，用“5”表示独立电流源；h 表示元件的参数值。这个数组共 5 列和 8 行，即

支路号	始节点号	终节点号	元件类型	元件值
1	1	0	1	R_1
2	1	2	3	L_2
3	2	0	2	C_3
4	3	2	4	$-U_{s4}$
5	3	0	1	R_5
6	1	3	1	R_6
7	0	1	5	I_{s7}
8	0	3	5	I_{s8}

节点列表法的方程如下：

$$\boldsymbol{A}\dot{\boldsymbol{I}}=\boldsymbol{0}$$

$$-\boldsymbol{A}^{\mathrm{T}}\dot{\boldsymbol{U}}_{\mathrm{n}}+\dot{\boldsymbol{U}}=\boldsymbol{0}$$

$$\boldsymbol{F}\dot{\boldsymbol{U}}+\boldsymbol{H}\dot{\boldsymbol{I}}=\dot{\boldsymbol{U}}_{\mathrm{s}}+\dot{\boldsymbol{I}}_{\mathrm{s}}$$

其中 $\dot{\boldsymbol{U}}_{\mathrm{n}}$ 为节点电压列向量，$\dot{\boldsymbol{U}}$ 和 $\dot{\boldsymbol{I}}$ 分别为支路电压列向量和支路电流列向量，它们是方程中的未知量。

上列第一式可以按如下的步骤形成。按数组第 2、3 列，即从始节点编号到终节点编号，令 i、j 自 1 到 3 依次寻找连接于相同编号节点的支路，凡支路与同号始节点连接的，这些支路电流分别乘以“+1”，凡支路与同号终节点连接的，这些支路电流则分别乘以“-1”；这样可得

$$\dot{I}_1+\dot{I}_2+\dot{I}_6-\dot{I}_7=0$$

$$-\dot{I}_2+\dot{I}_3-\dot{I}_4=0$$

$$\dot{I}_4+\dot{I}_5-\dot{I}_6-\dot{I}_8=0$$

第二式可以按如下的步骤直接形成。令数组第 1 列的 k 自 1 到 8，依次检查第 2、3 列的 i 和 j。当 $i>0$，该节点电压 $\dot{U}_{ni}$ 乘以“-1”，当 $i=0$，该节点电压 $\dot{U}_{ni}$ 乘以“0”；当 $j>0$，该节点电压 $\dot{U}_{nj}$ 乘以“+1”，当 $j=0$，则该节点电压 $\dot{U}_{nj}$ 乘以“0”；支路电压 $\dot{U}_k$ 则依次分别乘以“+1”。这样可得

$$-\dot{U}_{n1}+\dot{U}_1=0$$

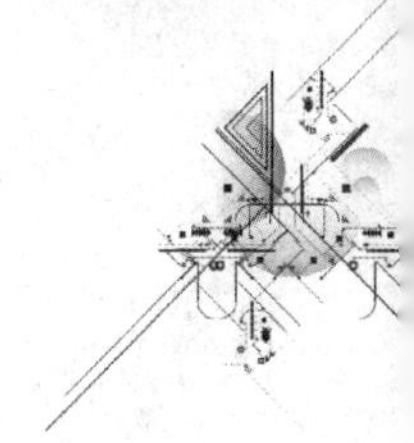

$$-\dot{U}_{n1}+\dot{U}_{n2}+\dot{U}_2=0$$

$$-\dot{U}_{n2}+\dot{U}_3=0$$

$$\cdots\cdots\cdots\cdots$$

$$\dot{U}_{n3}+\dot{U}_8=0$$

第三式形成的步骤如下。按数组第1列，令 k 从1到8，依次检查第4列和第5列。当第 k 支路为电容 C_k 时，该支路电压 $\dot{U}_k$ 乘以 $j\omega C_k$，支路电流 $\dot{I}_k$ 乘以"-1"；当第 k 支路为电阻 R_k 或电感 L_k 时，该支路电压 $\dot{U}_k$ 乘以"-1"，支路电流 $\dot{I}_k$ 乘以 R_k 或 $j\omega L_k$。当第 k 支路为独立电压源时，该支路电压 $\dot{U}_k$ 乘以"+1"，右方 $\dot{U}_{sk}$ 赋予元件值；当第 k 支路为独立电流源时，该支路电流 $\dot{I}_k$ 乘以"+1"，右方 $\dot{I}_{sk}$ 赋予元件值。这样可得

$$-\dot{U}_1+R_1\dot{I}_1=0$$

$$-\dot{U}_2+j\omega L_2\dot{I}_2=0$$

$$j\omega C_3\dot{U}_3-\dot{I}_3=0$$

$$\dot{U}_4=-\dot{U}_{s4}$$

$$-\dot{U}_5+R_5\dot{I}_5=0$$

$$-\dot{U}_6+R_6\dot{I}_6=0$$

$$\dot{I}_7=\dot{I}_{s7}$$

$$\dot{I}_8=\dot{I}_{s8}$$

以上通过一个简单的实例说明了如何根据输入的数据直接形成节点列表法方程的思路。如果电路中有受控源、耦合电感、理想变压器等，只要相应地改变输入数据的结构，仍然可以直接建立节点列表法所需方程。显然，如果要建立其他形式的电路方程，形成的方法将随之改变。

动态电路方程的形成以及电路方程的数值求解法超出本书范围。在计算机辅助分析中，线性代数方程的求解一般采用的有高斯消去法、LU分解法、高斯-塞德尔迭代法、稀疏矩阵法等。对于动态电路的分析，则要求解微分方程，常用的计算方法有梯形法、龙格-库塔法、基尔法等，可参阅有关书籍。

目前国内外有很多电路的计算机辅助分析程序，为了便于使用者应用，这类程序往往只要求使用者将被分析电路的有关信息以及进行哪种分析和所需要的输出，按规定编写成一个输入文件，输入计算机中，让计算机执行。至于该程序是根据什么原理(包括使用的电路方程的形式、数值求解法等)编制的，其细节如何，使用者无须了解。

使用计算机对电路进行分析和计算具有许多优点，计算机能处理大规模电路，如具有成千节点的集成电路、大型电力系统电路等。并且计算速度迅速，结果精确可靠。依靠计算机辅助分析还可以验证电路设计的正确性，所以计算机辅助分析是计算机辅助设计的重要组成部分。

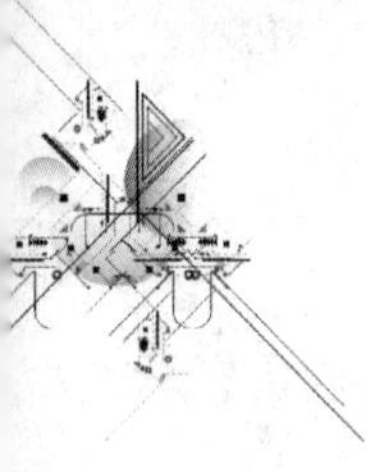

§C-2　PSpice

PSpice 是国际上广泛应用的通用电路模拟程序。主要是面向电子电路和集成电路的分析软件，是 Spice（Simulation Program with Integrated Circuit Emphasis）的一种（PC）微机版本，而且版本不断地在完善、修改和更新。PSpice 电路数据的输入既可以为文本方式，也可以为图形方式。供教学使用的 PSpice 通常只能分析规模较小的电路。

目前在 Windows 方式下的 PSpice 通常包括以下几个基本程序模块：电路原理图编辑程序 Capture，激励源编辑程序 Stimulus Editor，电路仿真程序 PSpice A/D，曲线输出程序 Probe，模型参数编辑程序 Model Editor，元器件模型参数库 LIB。

PSpice 能够处理的电子元器件非常广泛，可直接输入的电路元器件有：线性电路元件（包括电阻、电容、电感、耦合电感、独立电源，线性受控源、传输线等）；非线性受控源；电子元器件（包括二极管、双极型晶体管、结型场效应管和 MOS 场效应管、运算放大器等）；功率电子器件（包括晶闸管、电力晶体管、功率 MOS 管、IGBT 等）；用于电子测量、控制等常见的集成芯片等。

PSpice 的分析功能十分强大，它可以进行直流分析（电阻电路分析）、交流分析（正弦稳态分析）、瞬态分析（动态电路的时域分析）、傅里叶分析以及其他分析。

在 PSpice 中，电路结构和参数的输入有两种方式。一种是在（File/New/Textfile）的文本环境中，用电路描述语言编辑并保存符合语法规则的文本电路数据文件，用（Simulation/Run）命令直接执行 OrCAD/PSpiceA/D 程序进行仿真。另一种是调用 OrCAD/Captur 程序在图形方式下建立并编辑电路原理图，根据电路数据修改元器件的参数或型号。然后在主菜单（PSpice）中选取（New Simulation Profile）菜单设置或编辑分析类型，再进行仿真计算。无论采用何种输入方式，所有版本的 PSpice 最终都要通过电路文本格式文件确定元件间的连接关系，然后根据分析类型进行分析计算。

PSpice 的文本输入任务是构造一个文本格式的输入文件。在计算机中，有关电路信息可以通过元器件名称、连接节点、元件值等组成的语句来确定，文件名的后缀为“.cir”。在编写文本输入文件前，先要给电路节点编号，一般采用正整数，参考节点的编号必须为数字“0”，其他节点的编号可任意选取，序号可不连续。PSpice 要求文本输入文件中每一条语句必须独占一行。文件中星号“*”或“;”后的内容，只起解释作用，不参与分析计算。首行为标题，“.END”语句表示结束，其中圆点“.”不能省略，文本中其余语句顺序任意。文本格式为：标题描述、元件描述、电路分析功能描述、输出结果和要求描述、说明语句和结束描述。

标题描述可以是任何类型的注释，对电路的分析和计算不起任何影响。元件描述用下列关键字母，电阻用 R、电感用 L、电容用 C 、互感用 K、二极管用 D、VCVS 用 E、

CCCS 用 F、VCCS 用 G、CCVS 用 H、独立电压源用 V、独立电流源用 I、压控开关用 S。

执行和输出功能描述用下列关键词：交流分析用.AC，直流分用.DC，瞬态分析用.TRAN，打印输出数据用.PRINT，打印输出曲线用.PLOT；另一种曲线输出语句为.PROBE，在执行.PROBE 语句后，PSPICE 将在屏幕上显示一个菜单界面，用户可根据需要随时使用菜单添加输出变量，随后在屏幕上就可显示根据输出数据处理后所描绘的图形曲线。

使用的数字可以用整数、浮点数和指数（如 1.45E-12，1.25E+4）。比例因子规定有 10 种，以下只列出 8 种：

M=1E-3，U=1E-6，N=1E-9，P=1E-12，K=1E+3，MEG=1E+6，G=1E+9，T=1E+12。

此外，在数值后也可紧跟一些字母，如用 V、A、OHM 等表示电压、电流、电阻的单位。还需要注意的是：文件中不区分字母的大小写，当一行中数据没有写完时，续行的第一列必须用"+"号来表示；数据之间的分隔符，采用空格或逗号；电路中同类型的元件，元件名不能相同。为了确保电路在工作点处有唯一解，PSpice 要求电路中既不能含有电压源和电容构成的回路，也不能含有电流源和电感构成的割集。下面通过 3 个实例简要介绍文本输入，然后再通过例题简要介绍图形输入。

1. 文本输入

（1）直流分析：PSpice 的直流分析功能可以分析电路的静态工作点（.OP）、直流小信号传递特性（.TF）、直流扫描特性（.DC）、直流灵敏度（.SENS）。在直流分析中，电感直接按短路处理，电容直接按开路处理，PSpice 的基本输出量通常为节点电压、支路电压和支路电流。

例 C-1 图 C-2 所示的线性电路中，已知 $R_1=R_2=R_3=10\ \Omega$，$U_S=1\ \text{V}$，$I_S=0.2\ \text{A}$，VCCS 中的控制系数 $g=0.2\ \text{S}$，试按给定节点求出节点电压 u_{n1}、u_{n2}、u_{n3}。

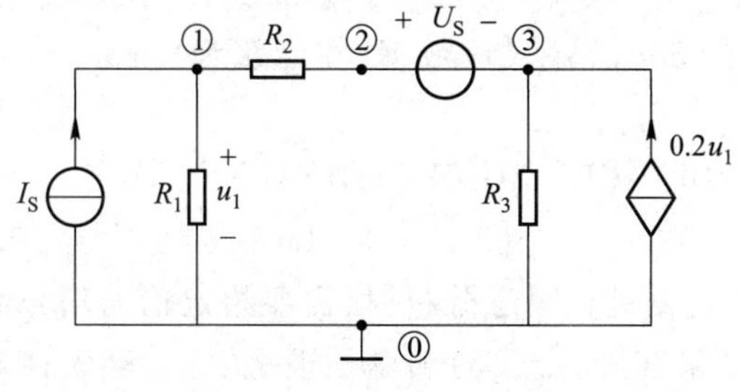

图 C-2 例 C-1 电路

解 输入文件：

```
EX1
VS  2 3 DC  1
IS  0 1 DC  0.2
G   0 3 1 0 0.2
```

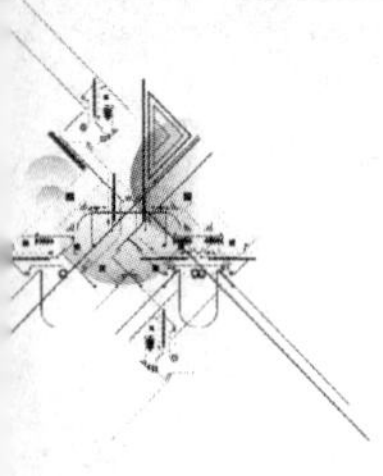

```
R1  1 0 10
R2  1 2 10
R3  3 0 10
.OP
.END
```

输入描述语言说明如下：

第 1 句是标题说明(可以由任意字符构成)。

第 2 句是独立电压源的说明,指出电源的名称,“2”“3”表示其正极和负极连接的节点编号,“DC”表示直流,“1”表示电压的幅值为 1 V(对于正弦量,其大小均用幅值,而不用有效值)。

第 3 句是独立电流源的说明,指出电源的名称,“0”“1”表示电流从“0”节点流向“1” 节点,“DC”表示直流,“0.2”表示电流的幅值为 0.2 A。

第 4 句是 VCCS 的说明,受控电流源从一个节点流向另一个节点的 2 个节点的编号,控制电压的正极和负极连接的 2 个节点的编号,控制系数 g 值。

第 5~7 句是电阻的说明,给出了电阻的名称,连接的始节点和终节点的编号和电阻值(单位为 Ω)。

第 8 句是直流工作点分析语句说明,该语句没有参数项,它能给出各节点电压、电压源电流及电路总的直流功率。

第 9 句是结束语句说明。

注意:当需要计算某支路电流时,通常采取在该支路中串接一个电压为零的电压源来实现。

为了对电路进行分析,确保电路方程不致奇异,PSpice 规定,每一个节点必须要有一条到地的直流通路。如果电路不满足该要求,必须在该节点与地之间连接一个对电路没有影响的大电阻。

最后计算时,调用 PSpice,输入该数据,在后缀为“.out”的文件中可得以下输出结果:

```
NODE   VOLTAGE    NODE   VOLTAGE    NODE   VOLTAGE
 (1)   5.000 V     (2)   8.000 V     (3)   7.000 V
```

(2) 瞬态分析:在电路进行瞬态分析时,需要给定输入信号和初始值。为了能够获得可靠的数值分析结果,时间步长的选取是很重要的,最大计算步长则限定 PSpice 的内部计算步长不得超过此值。瞬态分析可以计算动态电路的节点电压、支路电压和支路电流瞬时值,能够获得瞬时值随时间的变化曲线。

例 C-2 电路如图 C-3 所示,已知 $R_1=0.45\ \mathrm{k\Omega}$,$R_2=1\ \mathrm{k\Omega}$,$R_1=1\ \mathrm{M\Omega}$,$R_0=100\ \Omega$,$R_3=500\ \Omega$,$R_4=1\ \mathrm{k\Omega}$,$C_1=C_2=4\ \mu\mathrm{F}$,VCVS 的增益 $A=5\times10^5$。输入正弦电压 u_i 的幅值为 2 V,频率可变。要求在频率 1 Hz~10 kHz 范围内,按每个数量级取 20 个频率点,绘制输出电压 u_4 的幅频特性。

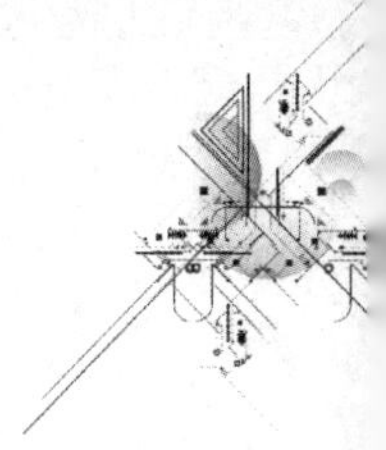

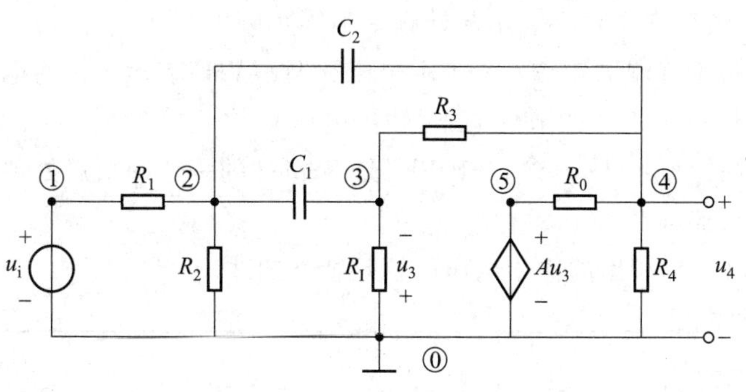

图 C-3　例 C-2 电路图

解　输入文件：

```
EX2
VIN 1 0 AC 2V
R1 1 2 0.45K
R2 2 0 1K
RI 3 0 1MEG
R0 5 4 100
R3 3 4 500
R4 4 0 1K
C1 2 3 4U
C2 2 4 4U
E1 5 0 0 3 500K
.AC DEC 20 1 10K
.PLOT AC VM(4)
.PROBE
.END
```

输入描述语言说明如下：

第 1 句是标题说明。

第 2 句是独立电压源的说明，“AC”表示交流，“2”表示电压的幅值为 2 V（正弦量的大小都用幅值，不用有效值）。

第 3~8 句是电阻的说明。

第 9~10 句是电容的说明，给出了电容的名称，连接的始节点和终节点的编号，电容值（单位为 F）。

第 11 句是 VCVS 的说明，受控电压源的正极和负极连接的 2 个节点编号，控制电压的正极和负极连接的 2 个节点编号，控制系数 A 值。

第 12 句是 AC 频率范围的说明，“DEC”表示按数量级变化，“20”表示在每一数量

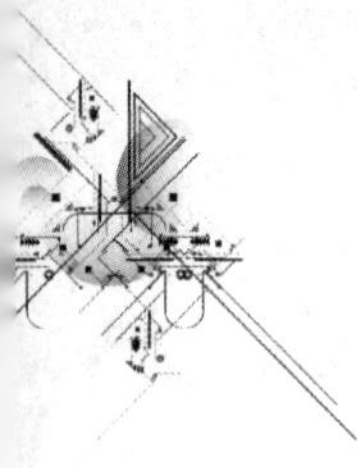

级内取 20 个点,最后 2 个数字表示起始频率和终止频率。

第 13 句是曲线打印语句,“AC”表示分析类型,“VM”表示输出为电压幅值,括号内的“4”表示该电压是节点 4 的节点电压(输出电压)。

第 14 句是探针显示语句。“. PROBE”是 PSpice 的一个图形后处理程序,可用来观察图形、曲线的局部细节。

图 C-4 给出了打印出的输出电压的幅频特性曲线。

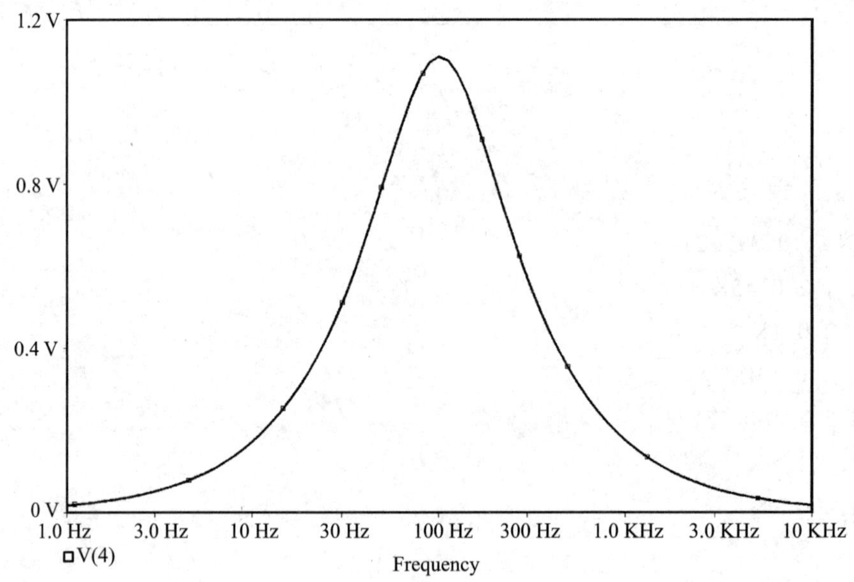

图 C-4　输出电压的幅频特性曲线

例 C-3　电路如图 C-5 所示,已知 $R_1=R_2=20\ \Omega$, $R_3=4\ \text{k}\Omega$, $L=0.2\ \text{H}$, $C=0.5\ \mu\text{F}$, $u_S(t)=10\varepsilon(t)\ \text{V}$,其中 $\varepsilon(t)$ 为单位阶跃函数, $u_C(0)=2\ \text{V}$, $i_L(0)=0.2\ \text{A}$,求 $u_C(t)$,并绘制 $u_C(t)$ 波形,设时间区间为 0~30 ms,打印时间间隔为 0.1 ms。

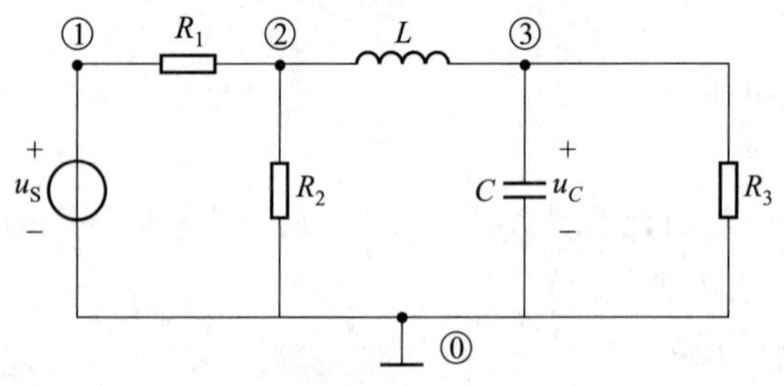

图 C-5　例 C-3 电路图

解　输入文件:

```
EX3
VS 1 0 10
```

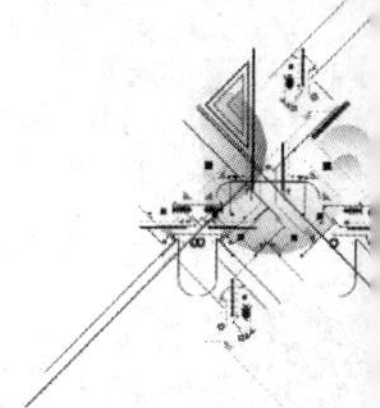

```
R1 1 2 20
R2 2 0 20
R3 3 0 4K
L  2 3 0.2 IC=0.2
C  3 0 0.5U IC=2
.TRAN  0.1M  30M UIC
.PLOT TRAN V(3,0)
.PROBE
.END
```

输入描述语言说明如下：

第 1 句是标题说明。

第 2 句是独立电压源的说明，指出电源的名称，它的正极和负极连接的节点编号和电压值。

第 3~4 句是电阻的说明，指出电阻的名称，连接的始节点和终节点编号和电阻值。

第 5 句是电感的说明，指出电感的名称，连接的始节点和终节点编号和电感值。注意电感电流的初始值用“IC”表示。

第 6 句是电容的说明，指出电容的名称，连接的始节点和终节点编号和电容值。注意电容电压的初始值也用“IC”表示。

第 7 句“.TRAN”定义瞬态分析，打印的时间间隔（0.1 M 表示 0.1 ms），打印的终止时间（30 M 表示 30 ms），而“UIC”表示使用者自己规定初始条件来进行瞬态分析，同时也规定了节点电压的初始值。所以第 2 句本来是直流电压源的说明，不过此句用了“UIC”，它表示此电压为阶跃电压。

第 8 句是曲线打印语句，“TRAN”表示分析类型，“V(3,0)”表示节点“3”和“0”之间的电压，即题中要求的电容电压。

第 9 句是探针显示语句。

第 10 句是结束语句。

图 C-6 给出了打印出的电容电压 $u_C(t)$ 的变化曲线。

2. 图形输入

为了简要说明图形输入的要点，按图形输入的命令次序来说明完成一个电路题目分析的操作过程。

(1) 在 WIN98 或 WIN2000 下单击“程序”，选中“orCAD Demo”，进入“Capture CIS Demo”窗口，选择执行 Fil/New/Project 命令，新建电路分析题目（在 Name 框中，键入带后缀.cir 的题目名）。选中“Analog or Mixed Signal Circuit”单选框，并按“OK”按钮，即表示对设计的电路可进行 PSpice 的数模混合仿真。随后，在元器件库中对元器件库进行再配置，按“Add”按钮，将元器件库增添进选用框中，再按“完成”按钮，即可进入图形编辑状态。

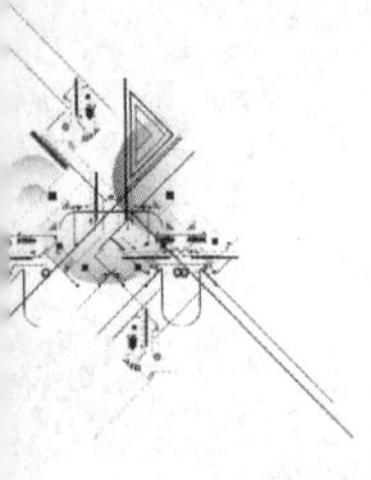

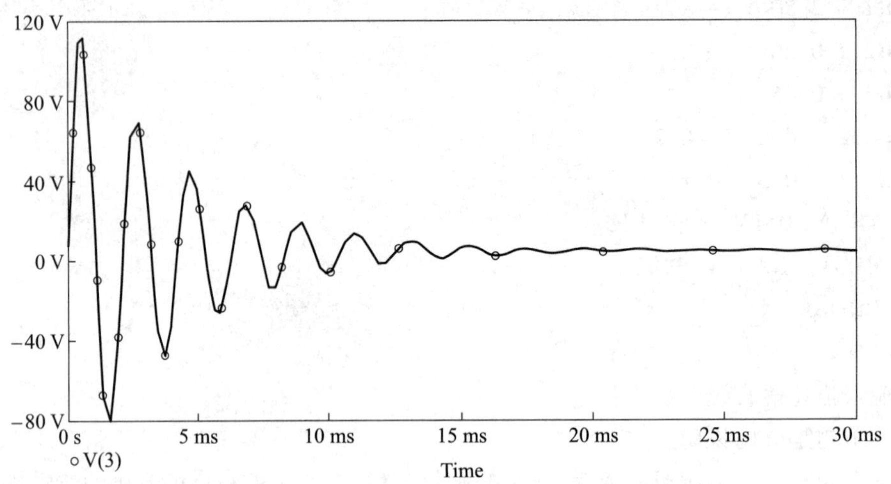

图 C-6 $u_C(t)$ 的变化曲线

(2) 开始设计电路,放置元器件,用鼠标单击“Place”菜单下的“Part”选项(或点击窗口右侧的“与门”图形符号),键入元器件的特征字符,选定并拖放元器件到图中相应位置。单击“Place”菜单下的“Wire”选项(或点击窗口右侧的连线图形符号)进行连线,单击鼠标左键选择连线起始点进行连接。单击“Place”菜单下的“Ground”选项(或点击窗口右侧的接地图形符号)设置接地点,注意每一个电路图中都必须设置接地点。

(3) 电路图编辑结束后,需定义和设置元器件的参数值。用鼠标双击元器件的图形符号或参数,弹出元器件对话框,键入修正值。

(4) 单击“PSpice”菜单下的“New Simulation Profile”选项设置分析类型,PSpice9.0 可供选择的四项基本分析功能为:Bias Point(直流工作点分析);DC Sweep(直流分析);AC Sweep/Noise(正弦小信号分析);Time Domain/Transient(瞬态分析)。其他分析功能如 Temperature(温度)、Parametric(参数)、Fourier(傅里叶)嵌套在此四项基本分析功能中。当屏幕上弹出 New Simulation 对话框,在 Name 文本栏内键入模拟类型分组名,按“Creat” 按钮,当屏幕上弹出分析类型和参数设置对话框后,即可进行分析类型和参数的设置。分析类型和参数的设置选择执行“PSpice/Edit Simulation Settings”选项进行设置。

(5) 单击“PSpice”菜单下的“Run” 选项进行仿真计算。

(6) 计算结束后,通过“Trace”菜单中的“Add” 选项可得到分析结果的波形曲线。

例 C-4 设计一 RLC 串联谐振电路,$L=0.25$ H,$C=0.1$ μF,$R=500$ Ω,电源电压有效值 $U=10$ V。当电源频率 f 从 100 Hz~10 kHz 变化时,试求以电阻电压为输出的频率特性。

解 按 PSpice9.0 图形输入的规定次序命令进行操作,设计电路,在“PSpice”菜单下编辑的电路如图 C-7 所示。单击“PSpice”菜单下的“Run” 选项进行仿真分析。计

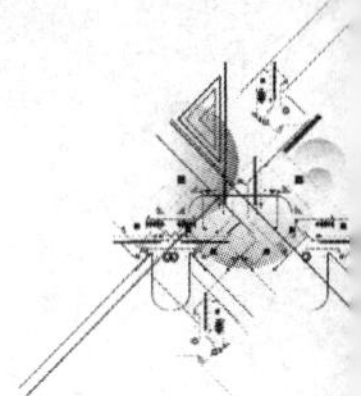

算结束后,通过“Trace”菜单中的“Add” 选项得到分析结果的波形曲线如图 C-8 所示。

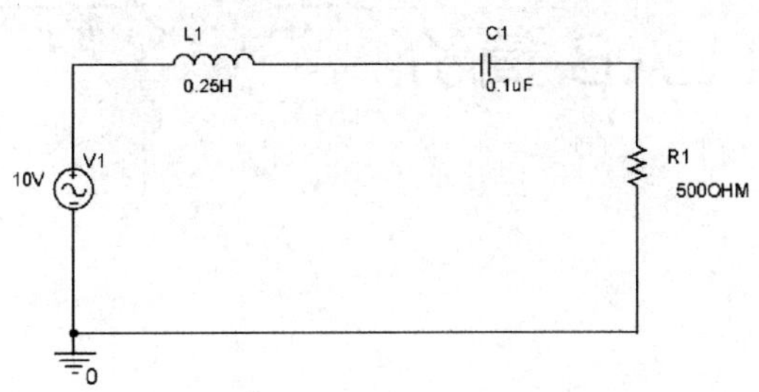

图 C-7 例 C-4 电路图

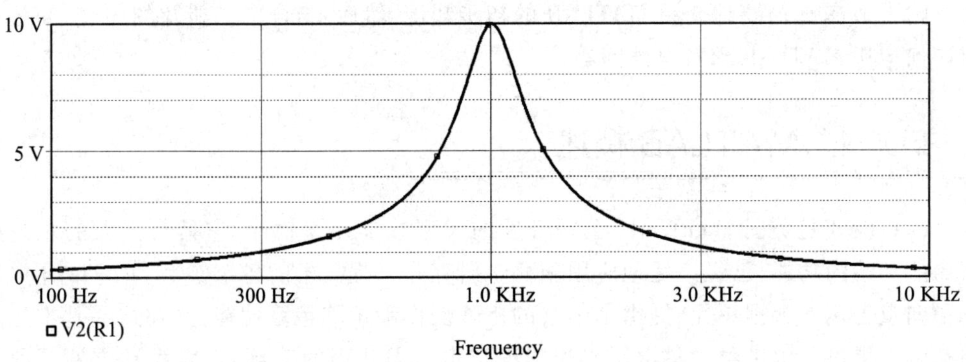

图 C-8 输出电压的幅频特性曲线

附录 D MATLAB 简介

附录 D 首先简要地介绍 MATLAB 的初步知识，然后，结合本书涉及的内容，简要介绍如何应用 MATLAB 求解电路问题。

§D-1 MATLAB 概述

MATLAB 是美国 MathWorks 公司开发的大型数学计算软件，它具有强大的矩阵处理功能和绘图功能，已经广泛地应用于科学研究和工程技术的各个领域，MATLAB 以矩阵和向量为基本数据单元，提供了丰富的矩阵操作和矩阵运算功能，并在这些基本运算的基础上提供了可供各种科学研究和工程技术门类使用的工具箱，极大地方便了科学计算和工程问题的求解，使得科技人员从复杂的编程工作中解放出来，专注于数学模型的建立。

例 D-1 求解以下线性代数方程组。

$$\begin{bmatrix} 1 & -1 & -1 \\ 10 & 10 & 0 \\ 10 & -10 & 10 \end{bmatrix}\begin{bmatrix} i_1 \\ i_2 \\ i_3 \end{bmatrix}=\begin{bmatrix} 0 \\ 10 \\ 0 \end{bmatrix}$$

解 下列语句实现矩阵相乘和线性代数方程组的求解运算功能。

```
A=[1 -1 -1; 10 10 0; 10 -10 10];
B=[0 10 0]';
i=inv(A) * B;
i
```

其中 A 是三阶方阵，B 是一阶转置矩阵，inv(A)表示 A 的逆阵。运算结果如下：

```
i=
  0.6000
  0.4000
  0.2000
```

在 MATLAB 函数库中，除了基本初等函数外，还有初等矩阵和矩阵变换、线性代数

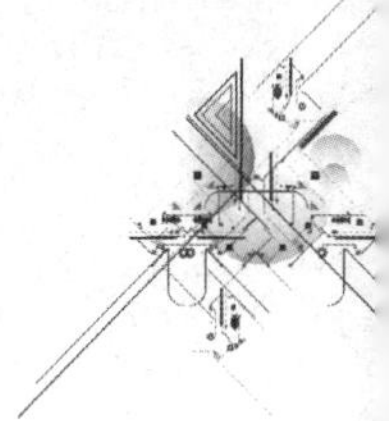

方程组和矩阵特征值的求解、多项式运算和求根、函数的插值和数据的多项式拟合、数值积分和常微分方程数值解、函数求极值、单变量非线性方程求根、数据分析和傅里叶变换,以及某些特殊的矩阵函数和数学函数,这些函数都可以直接调用。用户还可以根据自己的需要任意扩充函数库。

MATLAB 中常用的数学函数有:

三角函数和双曲函数类:正弦函数 sin、余弦函数 cos、正切函数 tan、余切函数 cot、反正弦函数 asin、反余弦函数 acos、反正切函数 atan、反余切函数 acot、双曲正弦函数 sinh、双曲余弦函数 cosh、双曲正切函数 tanh,双曲余切函数 coth、反双曲正弦函数 asinh、反双曲余弦函数 acosh、反双曲正切函数 atanh,反双曲余切函数 acoth 等。

指数对数函数类:指数函数 exp、自然对数函数 log、常用对数 log 10、以 2 为底的对数 log 2、平方根函数 sqrt 等。

圆整函数和求余函数类:向正无穷圆整函数 ceil、向负无穷圆整函数 floor、向 0 圆整函数 fix、模除求余函数 mod、四舍五入函数 round、符号函数 sign 等。

MATLAB 规定了一些内置变量,其中常用的有:eps 表示误差容限,i 和 j 表示虚数单位;inf 表示正无穷大量,而-inf 表示负无穷大量;用 NaN 表示不定值,如 inf/inf 或 0/0;pi 表示圆周率 π。

MATLAB 的基本算数运算符主要有:加法运算符+,减法运算符-,数组乘法运算符. *,数组除法运算符./,数组乘幂运算符.^,非共轭转置运算符.',共轭转置运算符',矩阵乘法运算符 * ,矩阵右除运算符/ ,矩阵左除运算符\(注意:MATLAB 中的除法中有右除和左除之分,如矩阵 A、B,则 AB^{-1} 可表示成 A/B,而 $A^{-1}B$ 表示为 A\B),矩阵乘幂运算符^等。

MATLAB 绘图功能使用方法也非常简便。可以绘制二维或三维图形,用户可以根据需要在坐标图上加标题、坐标轴标记、文本注释及栅格等,还可以指定图线形式(如实线、虚线等)和颜色,也可以在同一张图上画出不同函数的曲线,对于曲面图还能画出等高线。

MATLAB 常用绘图命令有:plot 表示线性 x-y 坐标图;plot3 表示线性 x-y-z 三维坐标图;mesh 表示三维消隐图。

MATLAB 常用图形注释命令有:title 表示题头标注,xlabel 表示 x 轴标注,ylabel 表示 y 轴标注。

§D-2 MATLAB 在电路分析中的应用举例

现以下述电路为例,简要介绍如何使用 MATLAB 进行电路分析问题的求解。

1. 直流电路分析

例 D-2 电路如图 D-1 所示,已知 $R_1=10\ \Omega$,$R_2=20\ \Omega$,$R_3=R_4=10\ \Omega$,$u_S=40\ V$,$i_S=1\ A$,求节点电压 u_{n1},u_{n2}。

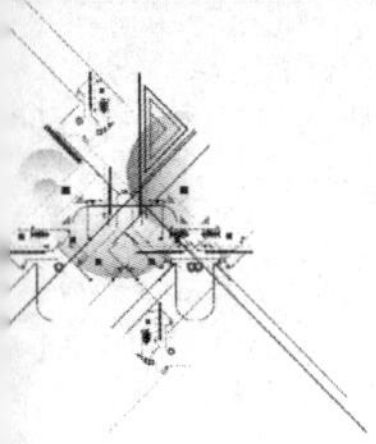

解 以节点⓪为参考节点，电路的节点电压方程为

$$(G_1+G_2+G_3)u_{n1}-G_3u_{n2}=G_1u_S+i_S$$
$$-(G_3+2G_4)u_{n1}+(G_3+G_4)u_{n2}=-i_S$$

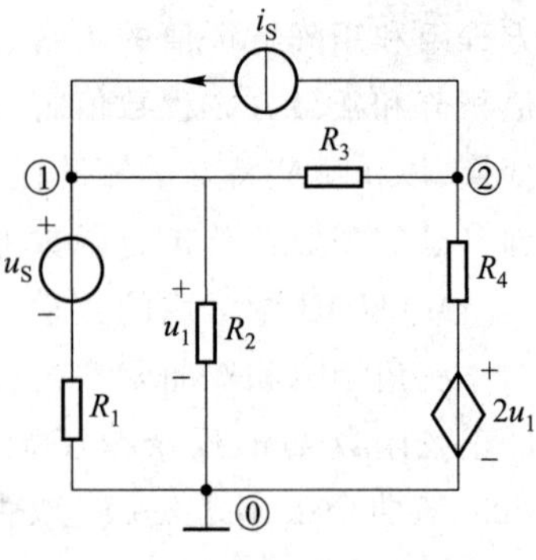

图 D-1 例 D-2 电路

将节点电压方程写成矩阵形式，在 MATLAB 命令菜单中输入 edit 命令进入程序编辑器，编辑文件。运行下述程序：

```
G1=1/10;G2=1/20;G3=1/10;G4=1/10;
us=40;is=1;
Gn=[G1+G2+G3 -G3; -(G3+2*G4) G3+G4]
In=[G1*us+is;-is];
Un=inv(Gn)*In
```

得出以下运算结果。

```
Gn =
    0.2500   -0.1000
   -0.3000    0.2000
Un =
   45.0000
   62.5000
```

2. 交流电路分析

应用 MATLAB 进行复数和相量运算也是很方便的，下面用例题予以说明。

例 D-3 正弦稳态电路如图 D-2 所示，已知 $R_1=R_2=5\ \Omega$，$\mathrm{j}\omega L_1=\mathrm{j}\omega L_2=\mathrm{j}5\ \Omega$，$-\mathrm{j}\dfrac{1}{\omega C}=-\mathrm{j}5\ \Omega$，$\dot{U}_S=10\angle 0°\ \mathrm{V}$，试求电流 $\dot{I}_{l1}$ 和 $\dot{I}_{l2}$。

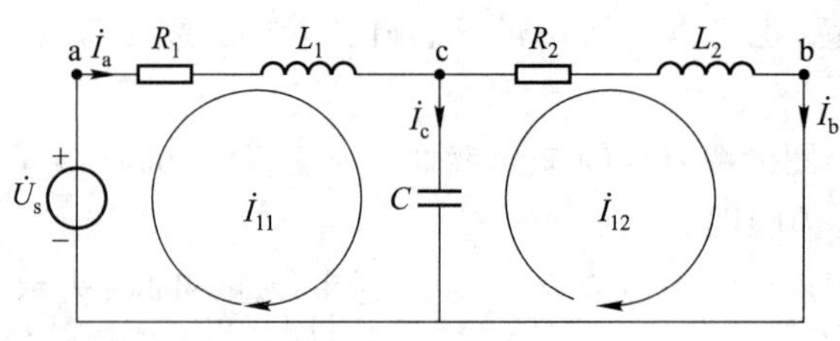

图 D-2 例 D-3 电路

解 其回路电流方程为

$$(5+\mathrm{j}5-\mathrm{j}5)\dot{I}_{l1}+\mathrm{j}5\dot{I}_{l2}=10\angle 0°$$
$$\mathrm{j}5\dot{I}_{l1}+(5+\mathrm{j}5-\mathrm{j}5)\dot{I}_{l2}=0$$

将回路电流方程写成矩阵形式，在 MATLAB 命令菜单中输入 edit 命令进入程序编辑器，编辑文件。注意：MATLAB 一般用“i”表示虚数，这里为了不重复，我们用“x”表示回路电流，运行下述程序：

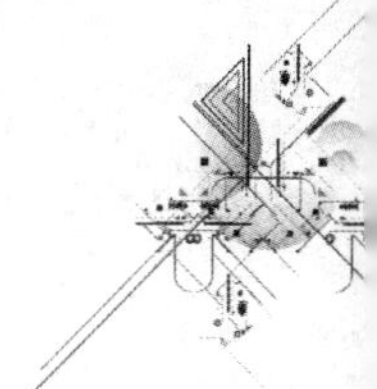

```
A=[5+5*i-5*i 5*i;5*i 5+5*i-5*i];
B=[10 0]';
x=inv(A)*B;
x
```

计算结果为

```
x =

  1.0000
        0 - 1.0000i
```

即 $\dot{I}_a=\dot{I}_{l1}=1\ \text{A}$, $\dot{I}_b=\dot{I}_{l2}=-\text{j}1\ \text{A}$。

这里若采用 MATLAB 中一般代数方程组的求解方式，求解指令是 solve，该指令的使用格式如下：

```
S=solve('eq1','eq2',...,'eqn','v1','v2',...,'vn')
```

其中'eq1','eq2',...,'eqn',是字符串表达的方程；而 'v1','v2',...,'vn'是字符串表达的求解变量名。S 是一个构架数组。如要显示求解结果，必须采用 S.v1,S.v2,...,S.vn 的援引方式。

将电路方程编写为如下程序文件：

```
S=solve('(5+5*i-5*i)*x+5*i*y=10','5*i*x+(5+5*i-5*i)*y=0','x','y');
disp('S,x'),disp(S.x),disp('S,y'),disp(S.y)
```

这里 x 表示回路电流 $\dot{I}_{l1}$，y 表示回路电流 $\dot{I}_{l2}$，运行程序后得

```
S,x
1


S,y
-i
```

可见采用 MATLAB 中的两种算法所得电路方程结果完全一致。

例 D-4 含理想运算放大器的低通滤波电路如图 D-3 所示，已知 $G_1=G_2=G_3=10^{-3}\ \text{S}$, $C_1=1.414\times10^{-3}\ \text{F}$, $C_2=0.707\times10^{-4}\ \text{F}$。试绘制传递函数 $H(s)=\dfrac{U_2(s)}{U_i(s)}$的幅频特性。

解 应用节点法得到传递函数 $H(s)$ 如下：

$$H(s)=\frac{U_2(s)}{U_i(s)}=-\frac{G_1G_2/C_1C_2}{s^2+\dfrac{(G_1+G_2+G_3)}{C_1}s+\dfrac{G_2G_3}{C_1C_2}}$$

$$=-\frac{10}{s^2+2.12s+10}$$

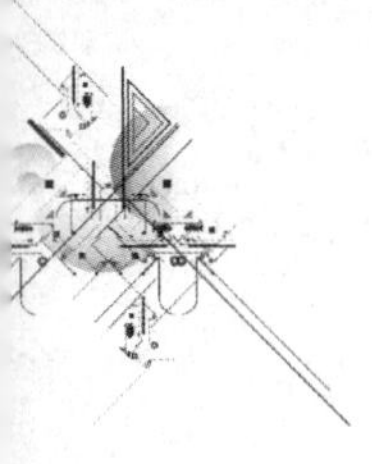

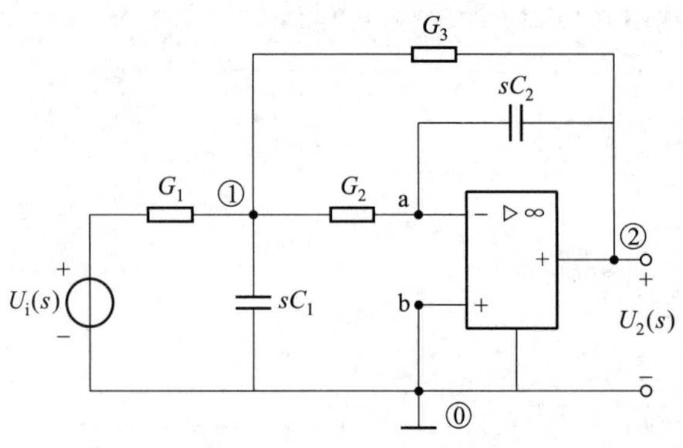

图 D-3　例 D-4 电路

应用 MATLAB,在命令菜单中输入 edit 命令进入程序编辑器,编辑并输入文件。有

```
num=10;
den=[1 2.12 10];
w=0:0.01:10;
g=freqs(num,den,w);
mag=abs(g);
plot(w,mag)
xlabel('Frequency-rad/s');
ylabel('Magnitude');
```

在程序中:

第 1 行,"num" 表示传递函数的分子多项式,"10"是分子。

第 2 行,"den"指传递函数的分母多项式,"1"是分母多项式中二次函数的系数,"2.12"是分母多项式中一次函数的系数,"10"是常数项。

第 3 行,"w"表示角频率,"0"表示起始频率,"0.01"表示间隔,"10"表示终止频率。

第 4 行,"g"表示传递函数,"freqs( )" 表示频率特性。

第 5 行,"mag=abs(g)" 表示传递函数幅频特性的幅值。

第 6 行,"plot(w,mag)" 表示绘出传递函数幅频特性图。

第 7 行,"xlabel"表示幅频特性图的横坐标。

第 8 行,"ylabel"表示幅频特性图的纵坐标。

运行上述程序得到的幅频特性如图 D-4 所示。

3. 动态电路计算

MATLAB 为求解常微分方程提供了一组配套齐全,结构完整的指令。包括:常微分方程解算指令(Solver),调用的 ODE 文件格式指令(MATLAB 中计算导数的 M 函数文件称为 ODE 文件)。"ode23"是采用二、三阶龙格-库塔法求解常微分方程调用的 ODE 文件,"ode45"是采用四、五阶龙格-库塔法求解常微分方程调用的 ODE 文件。

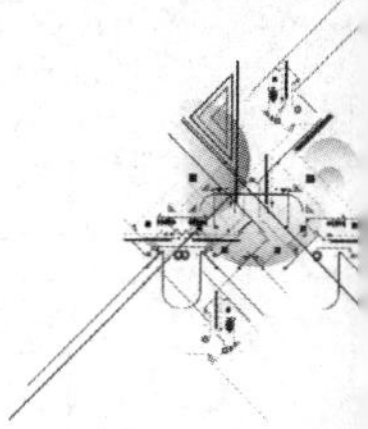

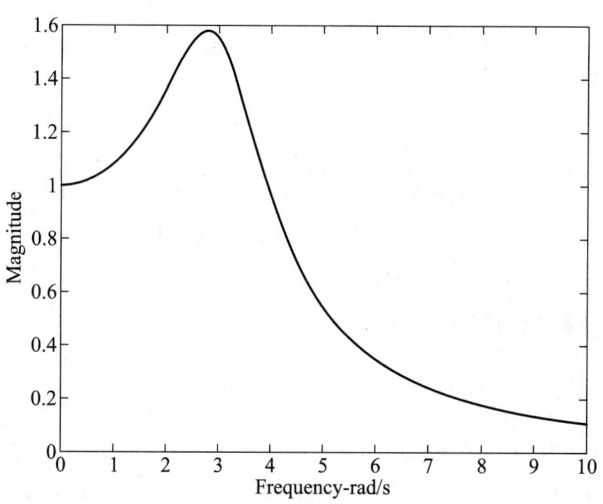

图 D-4　例 D-4 电路的幅频特性

利用 MATLAB 指令具体求解动态电路的步骤是:

(1) 应用支路法或回路法等写出电路的一阶微分方程组和相应的初始条件,这里变量指定用 y 表示。

(2) 编写能计算导数的 M 函数文件,最简易的编写方法是把 y,t 作为输入宗量。

(3) 将编写好能计算导数的 M 函数文件(ODE 函数文件)和初始值供微分方程解算指令 (solver)调用,运行程序后就可得到变量 y 及其导数在指定时间上的数值解。

solver 解算指令的使用格式为

[t,YY]=solver('F',tspan,Y0)

这是用 MATLAB 求解微分方程的最简单的格式。实际计算时,solver 应是具体指令名(如 ode45),这里输入宗量“F”是 ODE 函数文件名;当 tspan 被赋予二元向量[t0,tf]时,“tspan”用来定义求数值解的时间区间。输入宗量“Y0”表示初始值的列向量。

例 D-5　二阶动态电路如图 D-5 所示,已知电压源 $u_S=10$ V,$R_1=4\ \Omega$,$R_2=0.2\ \Omega$,$C_1=1$ F,$L=1$ H,$u_C(0_-)=0$,$i_L(0_-)=0$,$t=0$ 时开关 S 闭合,试绘出电容电压 u_C 的波形。

解　电路的状态方程表示如下:

$$\frac{\mathrm{d}u_C}{\mathrm{d}t}=-\frac{1}{R_1C}u_C-\frac{1}{C}i_L+\frac{u_S}{R_1C}$$

$$\frac{\mathrm{d}i_L}{\mathrm{d}t}=\frac{1}{L}u_C-\frac{R_2}{L}i_L$$

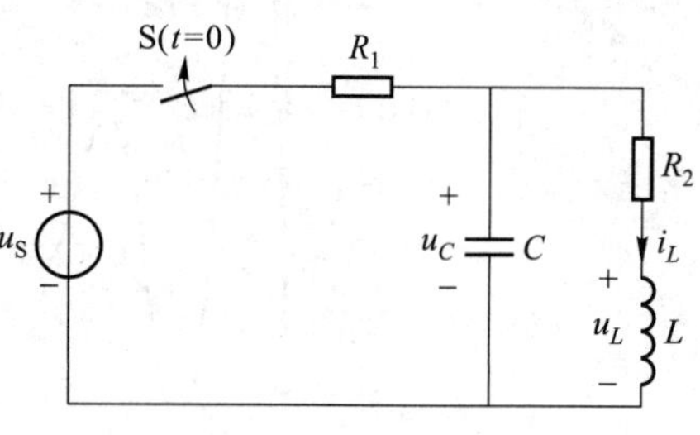

图 D-5　例 D-5 电路

应用 MATLAB,在命令菜单中输入 edit 命令进入程序编辑器,编辑文件。电路的一阶微分方程组编写的 MATLAB 文件为

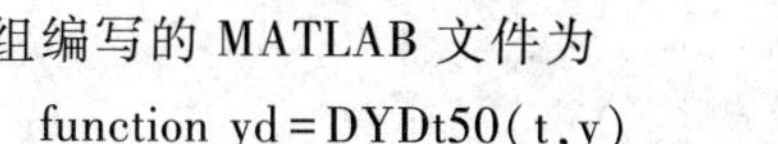

```
function yd=DYDt50(t,y)
```

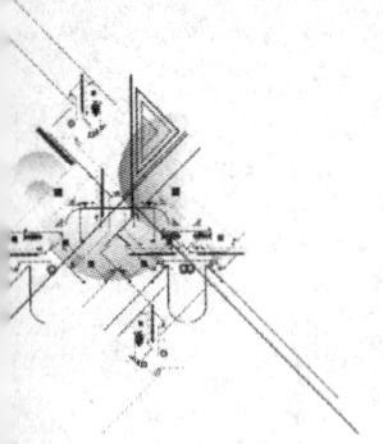

```
U=10;
R1=4;
R2=0.2;
C=1;
L=1;
yd=[-(1/(R1*C))*y(1)-(1/C)*y(2)+(1/(R1*C))*U;
    (1/L)*y(1)-(R2/L)*y(2)];
```

solver 解算指令的使用格式程序为

```
tspan=[0,40];
y0=[0;0];
[t,YY]=ode45('DYDt50',tspan,y0);
plot(t,YY(:,1));
xlabel('t'),ylabel('uc');
```

在程序中：

第 1 行，“tspan”用来定义求数值解的时间区间，“0”表示起始时间，“40” 表示终止时间。

第 2 行，“y0”表示电路变量的初始时值。

第 3 行，solver 解算指令的使用格式。

第 4 行，“plot(t,YY(:,1))”表示绘制变量 $y(1)$[即 $u_C(t)$]的时域波形图。

第 5 行，表示横坐标是 t，纵坐标是 u_C。

调用 solver 解算指令的使用格式程序，运行程序得 $u_C(t)$ 的时域波形如图 D-6 所示。

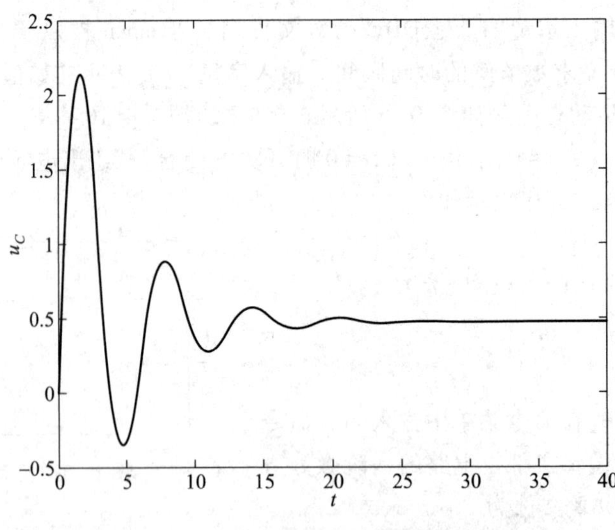

图 D-6　$u_C(t)$ 的时域波形

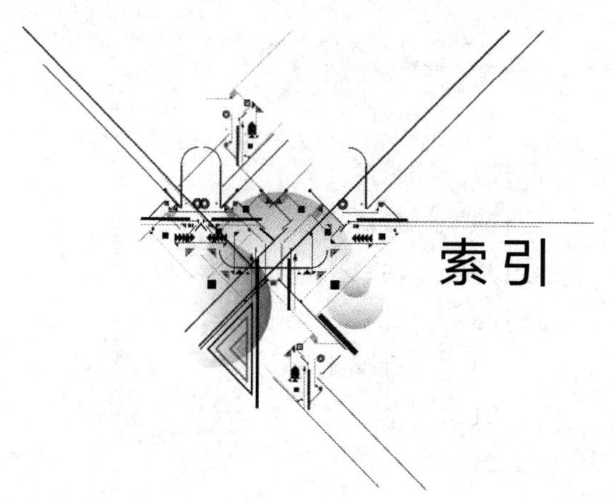

索引

E

F

G

H

J

T

V

W

X

Y

Z

其他

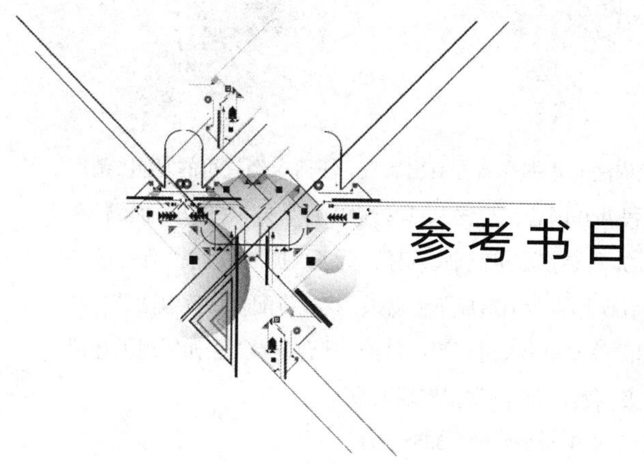

参考书目

[1] 周守昌. 电路原理(上、下册)[M]. 2 版. 北京:高等教育出版社,2004.

[2] 俞大光. 电工基础(中册). (修订本)[M]. 北京:高等教育出版社,1965.

[3] 陈希有. 电路理论教程[M]. 2 版. 北京:高等教育出版社,2020.

[4] 李翰荪. 电路分析基础[M]. 3 版. 北京:高等教育出版社,1993.

[5] 孙雨耕. 电路理论基础[M]. 北京:高等教育出版社,2011.

[6] 狄苏尔 C A,葛守仁. 电路基本理论[M]. 林争辉,译. 北京:高等教育出版社,1979.

[7] HAYT W H,KEMMERLY J E. Engineering Circuit Analysis[M]. 3rd ed. New York: McGraw-Hill,Inc.,1978.

[8] CHUA L O,DESOER C A,KUH E S. Linear and Nonlinear Circuits[M]. New York: McGraw-Hill Inc.,1987.

[9] ALEXANDER C K,SADIKU M N O. Fundamentals of Electric Circuits[M]. New York: McGraw-Hill Inc.,2000.

[10] BOYLESTAD R L. Introductory Circuit Analysis[M]. 9th ed. Upper Saddle River: Prentice-Hall,Inc.,2000.

[11] 肖达川. 电路分析[M]. 北京:科学出版社,1984.

[12] 林争辉. 电路理论(第一卷)[M]. 北京:高等教育出版社,1988.

[13] 邱关源,罗先觉. 电路[M]. 5 版. 北京:高等教育出版社,2006.

[14] 邱关源. 现代电路理论[M]. 北京:科学出版社,2001.